版 权 声 明

U0280028

序

本书的第1版于1990年问世，并迅速成为程序员学习网络编程的权威参考书。时至今日，计算机网络技术已发生了翻天覆地的变化，只要看看第1版给出的用于征集反馈意见的地址（uunet!hsi!netbook）就一目了然了。（有多少读者能看出这是20世纪80年代很流行的UUCP拨号网络的地址？）

现在UUCP网络已经很罕见了，而无线网络等新技术则变得无处不在！在这种背景下，新的网络协议和编程范型业已开发出来，但程序员却苦于找不到一本好的参考书来学习这些复杂的新技术。

这本书填补了这一空白。拥有本书旧版的读者一定想要一个新的版本来学习新的编程方法，了解IPv6等下一代协议方面的新内容。所有人都非常期待本书，因为它完美地结合了实践经验、历史视角以及在本领域浸淫多年才能获得的透彻理解。

阅读本书是一种享受，我收获颇丰。相信大家定会有同感。

Sam Leffler

UNIX
网络编程
卷 1：套接字联网 API

第 3 版

［美］
W. 理查德·史蒂文斯（W. Richard Stevens）
比尔·芬纳（Bill Fenner） 著
安德鲁·M. 鲁道夫（Andrew M.Rudoff）

人民邮电出版社
北 京

图书在版编目（CIP）数据

UNIX网络编程. 卷1，套接字联网API：第3版 =
UNIX Network Programming, Volume 1: The Sockets
Networking API, Third Edition / （美）W. 理查德·史
蒂文斯（W. Richard Stevens），（美）比尔·芬纳
（Bill Fenner），（美）安德鲁·M. 鲁道夫
（Andrew M.Rudoff）著. -- 3版. -- 北京：人民邮电出
版社，2019.10（2024.6重印）
ISBN 978-7-115-51779-1

Ⅰ．①U… Ⅱ．①W… ②比… ③安… Ⅲ．①UNIX操作
系统－程序设计－英文 Ⅳ．①TP316.81

中国版本图书馆CIP数据核字（2019）第172803号

内 容 提 要

　　本书是 UNIX 网络编程的经典之作。书中全面深入地介绍了如何使用套接字 API 进行网络编程。全
书不但介绍了基本编程内容，还涵盖了与套接字编程相关的高级主题，对于客户/服务器程序的各种设计
方法也作了完整的探讨，最后还深入分析了流这种设备驱动机制。

　　本书内容详尽且具权威性，几乎每章都提供精选的习题，并提供了部分习题的答案，是网络研究和
开发人员理想的参考书。

◆ 著　　　 [美] W. 理查德·史蒂文斯（W. Richard Stevens）

　　　　　　[美]比尔·芬纳（Bill Fenner）

　　　　　　[美]安德鲁·M. 鲁道夫（Andrew M.Rudoff）

　　责任编辑　杨海玲

　　责任印制　焦志炜

◆ 人民邮电出版社出版发行　　北京市丰台区成寿寺路 11 号

　　邮编　100164　　电子邮件　315@ptpress.com.cn

　　网址　http://www.ptpress.com.cn

　　固安县铭成印刷有限公司印刷

◆ 开本：787×1092　1/16

　　印张：51.5　　　　　　　　　　2019 年 10 月第 3 版

　　字数：1 363 千字　　　　　　　 2024 年 6 月河北第 15 次印刷

　　　　　著作权合同登记号　图字：01-2009-5715 号

定价：169.00 元

读者服务热线：(010)81055410　印装质量热线：(010)81055316
反盗版热线：(010)81055315
广告经营许可证：京东市监广登字20170147号

前　　言

概述

本书面向的读者是那些希望自己编写的程序能使用称为套接字（socket）的API进行彼此通信的人。有些读者可能已经非常熟悉套接字了，因为这个模型几乎已经成了网络编程的同义词，但有些读者可能仍需要从头开始学习。本书想达到的目标是向大家提供网络编程指导。这些内容不仅适用于专业人士，也适用于初学者；不仅适用于维护已有代码，也适用于开发新的网络应用程序；此外，还适用于那些只是想了解一下自己系统中网络组件的工作原理的人。

书中的所有示例都是在Unix系统上测试通过的真实的、可运行的代码。但是，考虑到许多非Unix的操作系统也支持套接字API，因而我们选取的示例与所讲述的一般性概念，在很大程度上是与操作系统无关的。几乎每种操作系统都提供了大量的网络应用程序，如网页浏览器、电子邮件客户端、文件共享服务器等。我们按常规的划分方法把这些应用程序分为客户程序和服务器程序，并在书中多次编写了相应的小型示例。

面向Unix介绍网络编程自然免不了要介绍Unix本身和TCP/IP的相关背景知识。需要更详尽的背景知识时，我们会指引读者查阅其他书籍。本书中经常提到以下4本书，我们将其简记如下。

- APUE：*Advanced Programming in the UNIX Environment* [Stevens 1992]。
- TCPv1：*TCP/IP Illustrated, Volume 1* [Stevens 1994]。
- TCPv2：*TCP/IP Illustrated, Volume 2* [Wright and Stevens 1995]。
- TCPv3：*TCP/IP Illustrated, Volume 3* [Stevens 1996]。

其中TCPv2包含了与本书内容密切相关的细节，它描述并给出了套接字API中网络编程函数（socket、bind、connect等）的真实4.4BSD实现。如果已经理解某个特性的实现，那么在应用程序中使用该特性就更有意义了。

与第 2 版的区别

从20世纪80年代开始，套接字就差不多是现在这个样子了。时至今日，套接字仍然是网络API的首选，其最初的设计的确值得称道。因此，当读者发现我们对出版于1998年的第2版又做了不少改动时，可能会觉得惊讶。本书中所做的改动归纳如下。

- 新版本包含了IPv6的最新信息。在第2版出版时，IPv6尚处于草案阶段，这些年来已经有所发展。
- 更新了全部函数和示例的描述，以反映最新的POSIX规范（POSIX 1003.1-2001），即*Single Unix Specification Version 3*。
- 删去了X/Open传输接口（XTI）的内容。这个API已经不常用了，连最新的POSIX 规范也不再提到。

- 删去了事务TCP协议（T/TCP）的内容。
- 新增了三章用于描述一种相对较新的传输协议——SCTP。这个可靠的面向消息的协议能够在两个端点之间提供多个流，并为多归属技术提供传输层支持。该协议最初是为了在因特网上传输电话信号而设计的，但它的一些特性可以用于许多应用。
- 新增一章描述密钥管理套接字，该套接字可用于网际协议安全（IPsec）和其他网络安全服务。
- 第2版中使用的机器及Unix变体都按最新版本更新，示例也根据机器的特性做了修改。许多情况下，修改示例是因为操作系统厂商修正了程序缺陷或者新增了特性。但读者可以想见，新的缺陷总能不时地被发现。本书中用于测试示例的机器如下：
  - 运行MacOS/X 10.2.6的Apple Power PC；
  - 运行HP-UX 11i 的HP PA-RISC；
  - 运行AIX 5.1的IBM Power PC；
  - 运行FreeBSD 4.8的Intel x86；
  - 运行Linux 2.4.7的Intel x86；
  - 运行FreeBSD 5.1的Sun SPARC；
  - 运行Solaris 9的Sun SPARC。

  这些机器的具体用法见图1-16。

本系列的第2卷（《UNIX网络编程 卷2：进程间通信》）基于本卷的内容进一步讨论了消息传递、同步、共享内存及远程过程调用。

如何使用本书

本书既可以作为网络编程的教程，也可以作为有经验的程序员的参考书。用作网络编程的教程或入门级教材时，重点应放在第二部分（第3章至第11章），然后可以看看其他感兴趣的主题。第二部分包含了TCP和UDP的基本套接字函数，以及SCTP、I/O多路复用、套接字选项和基本名字与地址的转换。所有读者都应该阅读第1章，尤其是1.4节，介绍了一些贯穿全书的包裹函数。读者可以根据自身的知识背景，选读第2章，或许还有附录A。第三部分的多数章节可以彼此独立地进行阅读。

为了方便读者把本书作为参考书，本书提供了完整的全文索引，并在最后几页总结了每个函数和结构的详细描述在正文中的哪里可以找到。为了给不按顺序阅读本书的读者提供方便，我们在全书中为相关主题提供了大量的交叉引用。

源代码与勘误

书中所有示例的源代码可以从www.unpbook.com获得[①]。学习网络编程的最好方法就是下载这些程序，对其进行修改和改进。只有这样实际编写代码才能深入理解有关概念和方法。每章末尾提供了大量的习题，大部分在附录E中给出答案。

本书的最新勘误表也可以在上述网站获取。

---

① 书中所有示例的源代码也可以从图灵网站（www.turingbook.com）本书网页免费注册下载。——编者注

致谢

本书第1版和第2版由W. Richard Stevens独立撰写，他不幸于1999年9月1日去世。Richard的著作体现了非常高的水准，被公认为是精练、翔实且极具可读性的艺术作品。在撰写这一修订版的过程中，我们力图保持Richard之前版本的高质量和全面性，这方面的任何不足都完全是新作者的过错。

任何作者的著作离不开家人与朋友的支持。Bill Fenner在此感谢爱妻Peggy（沙滩1/4英里赛冠军）与好友Christopher Boyd在本书撰写过程中承担了全部的家务，还要感谢朋友Jerry Winner，他的激励是无价的。同样地，Andrew Rudoff要特别感谢他的妻子Ellen和两个女儿Jo、Katie自始至终的理解与鼓励。没有你们的支持，我们不可能完成本书。

思科公司的Randall Stewart提供了许多SCTP的材料，非常感谢他的巨大贡献。如果缺少了他的工作，本书就不能涵盖这一新颖而有趣的主题。

本书的审稿人给出了宝贵的反馈意见。他们发现了一些错误，指出了一些需要更多解释的地方，并对文字和代码示例提出了一些改进建议。作者在这里对如下审稿人表示感谢：James Carlson、Wu-Chang Feng、Rick Jones、Brian Kernighan、Sam Leffler、John McCann、Craig Metz、Ian Lance Taylor、David Schwartz和Gary Wright。

许多个人及其单位为本书中一些示例的测试提供了帮助，他们义务向我们出借系统、软件或为我们提供系统访问权限。

- IBM奥斯汀实验室的Jessie Haug提供了AIX系统和编译器。
- 惠普公司的Rick Jones和William Gilliam为我们提供了运行HP-UX的多个系统的访问权限。

与Addison Wesley出版社的员工合作非常愉快，他们是Noreen Regina、Kathleen Caren、Dan DePasquale和Anthony Gemellaro。要特别感谢本书的编辑Mary Franz。

为了延续Rich Stevens的风格（不过该风格与流行的风格相反），我们用James Clark编写的优秀的Groff包为本书排版，用gpic程序绘制插图（其中用到了许多由Gary Wright编写的宏），用gtbl程序生成了表格，我们为全书添加了索引，并设计了最终的版式。录入源代码时用到了Dave Hanson的loom程序和Gary Wright写的一些脚本。在生成最终索引的过程中，还用到了Jon Bentley与Brian Kernighan编写的一组awk脚本。

欢迎读者以电子邮件的方式反馈意见、提出建议或订正错误。

Bill Fenner
加利福尼亚州伍德赛德市
Andrew M. Rudoff
科罗拉多州博尔德市
2003年10月
authors@unpbook.com
http://www.unpbook.com

资源与支持

本书由异步社区出品，社区（https://www.epubit.com/）为您提供后续服务。

配套资源

本书提供源代码下载，要获得源代码，请在异步社区本书页面中点击 配套资源 ，跳转到下载界面，按提示进行操作即可。注意：为保证购书读者的权益，该操作会给出相关提示，要求输入提取码进行验证。

提交勘误

作者和编辑尽最大努力来确保书中内容的准确性，但难免会存在疏漏。欢迎您将发现的问题反馈给我们，帮助我们提升图书的质量。

当您发现错误时，请登录异步社区，按书名搜索，进入本书页面，单击"提交勘误"，输入勘误信息，单击"提交"按钮即可（见下图）。本书的作者和编辑会对您提交的勘误进行审核，确认并接受后，您将获赠异步社区的100积分。积分可用于在异步社区兑换优惠券、样书或奖品。

扫码关注本书

扫描下方二维码，您将会在异步社区微信服务号中看到本书信息及相关的服务提示。

与我们联系

我们的联系邮箱是contact@epubit.com.cn。

如果您对本书有任何疑问或建议，请您发邮件给我们，并请在邮件标题中注明本书书名，以便我们更高效地做出反馈。

如果您有兴趣出版图书、录制教学视频，或者参与图书翻译、技术审校等工作，可以发邮件给我们；有意出版图书的作者也可以到异步社区在线提交投稿（直接访问www.epubit.com/selfpublish/submission即可）。

如果您来自学校、培训机构或企业，想批量购买本书或异步社区出版的其他图书，也可以发邮件给我们。

如果您在网上发现有针对异步社区出品图书的各种形式的盗版行为，包括对图书全部或部分内容的非授权传播，请您将怀疑有侵权行为的链接发邮件给我们。您的这一举动是对作者权益的保护，也是我们持续为您提供有价值的内容的动力之源。

关于异步社区和异步图书

"异步社区"是人民邮电出版社旗下IT专业图书社区，致力于出版精品IT技术图书和相关学习产品，为作译者提供优质出版服务。异步社区创办于2015年8月，提供大量精品IT技术图书和电子书，以及高品质技术文章和视频课程。更多详情请访问异步社区官网https://www.epubit.com。

"异步图书"是由异步社区编辑团队策划出版的精品IT专业图书的品牌，依托于人民邮电出版社近30年的计算机图书出版积累和专业编辑团队，相关图书在封面上印有异步图书的LOGO。异步图书的出版领域包括软件开发、大数据、AI、测试、前端、网络技术等。

异步社区　　　　　　　　　微信服务号

目 录

第一部分

简介和TCP/IP

第 **1** 章
简　介

1.1　概述

　　要编写通过计算机网络通信的程序，首先要确定这些程序相互通信所用的协议（protocol）。在深入设计一个协议的细节之前，应该从高层次决断通信由哪个程序发起以及响应在何时产生。举例来说，一般认为Web服务器程序是一个长时间运行的程序（即所谓的守护程序，daemon），它只在响应来自网络的请求时才发送网络消息。协议的另一端是Web客户程序，如某种浏览器，与服务器进程的通信总是由客户进程发起。大多数网络应用就是按照划分成客户（client）和服务器（server）①来组织的。在设计网络应用②时，确定总是由客户发起请求往往能够简化协议和程序③本身。当然一些较为复杂的网络应用还需要异步回调（asynchronous callback）通信，也就是由服务器向客户发起请求消息。然而坚持采纳图1-1所示的基本客户/服务器模型的网络应用毕竟要普遍得多。

图1-1　网络应用：客户和服务器

　　通常客户每次只与一个服务器通信，不过以使用Web浏览器为例，我们也许在10分钟内就可以与许多不同的Web服务器通信。从服务器的角度来看，一个服务器同时与多个客户通信并不稀奇，见图1-2。本书后面将介绍若干种让一个服务器同时处理多个客户请求的方法。

　　可认为客户与服务器之间是通过某个网络协议通信的，但实际上，这样的通信通常涉及多个网络协议层。本书的焦点是TCP/IP协议族，也称为网际协议族。举例来说，Web客户与服务

---

① 本书英文原文通篇频繁使用client（客户）和server（服务器）这两个术语。实际上它们的具体含义随上下文而变化，有时指静态的源程序或可执行程序（客户程序和服务器程序），有时指动态进程（客户进程和服务器进程），有时指运行进程的主机（客户主机和服务器主机）。在不致引起混淆的前提下，我们简单地称客户进程为客户，称服务器进程为服务器。——译者注

② 应用（application）这个术语的具体含义随上下文而变化，有时指程序（应用程序），有时指进程（应用进程），有时作为名词性修饰词译为应用。本书有时把同处应用层的客户和服务器对也用应用表示，我们称之为应用系统、网络应用或应用。——译者注

③ Unix系统中程序（program）和进程（process）是在系统调用exec上衔接的。exec既可以由shell隐式调用（直接输入命令行执行程序属于这种情况），也可以在用户程序中显式调用。显式exec调用执行的程序在本书中称为新程序，以示与exec调用所在程序的区别。exec调用前后两个程序实际上在同一个进程环境下执行，不过往往使用新程序的名字来称呼这个进程。exec调用往往跟在某个fork调用之后，这样新程序将在新的进程环境中执行。客户程序和迭代服务器程序运行时通常只有一个进程，并发服务器程序运行时除主进程外，通常还为每个客户派生一个进程。程序和进程的密切关系使得两者有时相互渗透使用，不易区分。——译者注

器之间使用TCP（Transmission Control Protocol，传输控制协议）通信。TCP又转而使用IP（Internet Protocol，网际协议）通信，IP再通过某种形式的数据链路层通信。如果客户与服务器处于同一个以太网，就有图1-3所示的通信层次。

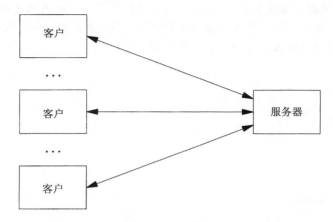

图1-2 一个服务器同时处理多个客户的请求

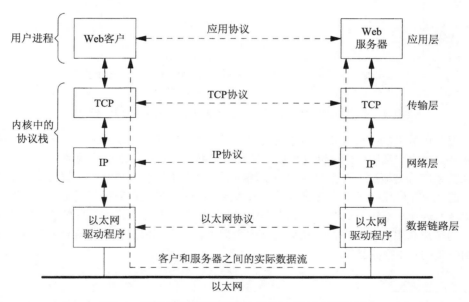

图1-3 客户与服务器使用TCP在同一个以太网中通信

尽管客户与服务器之间使用某个应用协议通信，传输层却使用TCP通信。注意，客户与服务器之间的信息流在其中一端是向下通过协议栈的，跨越网络后，在另一端则是向上通过协议栈的。另外注意，客户和服务器通常是用户进程，而TCP和IP协议通常是内核中协议栈的一部分。我们在图1-3右边标出了4个层。

本书讨论的协议不限于TCP和IP。有些客户和服务器改用UDP（User Datagram Protocol，用户数据报协议）而不是TCP，第2章将详细介绍这两个协议。此外，本书使用术语"IP"来称谓的那个协议，自20世纪80年代早期以来一直在使用，其实其正式名称是IPv4（IP version 4，IP

版本4)。IPv4的一个新版本IPv6（IP version 6，IP版本6）是在20世纪90年代中期开发出来的，将来会取代IPv4。本书既讨论使用IPv4的网络应用程序的开发，也讨论使用IPv6的网络应用程序的开发。附录A会给出IPv4和IPv6的一个比较，同时介绍正文中将讨论的其他协议。

同一网络应用的客户和服务器无需如图1-3所示处于同一个局域网（local area network，LAN）。例如，图1-4展示了处于不同局域网中的客户和服务器，而这两个局域网是使用路由器（router）连接到广域网（wide area network，WAN）的。

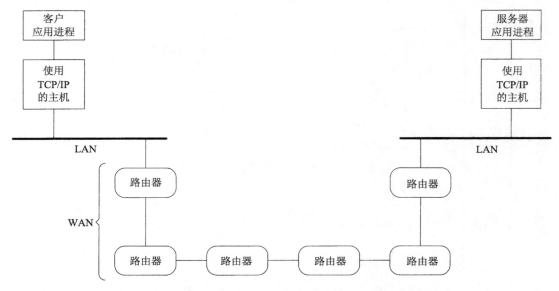

图1-4 处于不同局域网的客户主机和服务器主机通过广域网连接

路由器是广域网的架构设备。当今最大的广域网是因特网[①]（Internet）。许多公司也构建自己的广域网，而这些私用的广域网既可以连接到因特网，也可以不连接到因特网。

本章其余部分将概述多个主题，这些主题在后续章节中还会具体介绍。我们从一个尽管简单却完整的TCP客户程序开始，它展示了全书都会遇到的许多函数调用和概念。这个客户程序只能在IPv4上运行，不过我们会给出让它在IPv6上运行所需进行的修改。更好的办法是编写独立于协议的客户和服务器程序，这在第11章中会讨论。本章同时展示一个与该TCP客户程序配合工作的完整的TCP服务器程序。

---

① internet一词有多种含义。一是网际网（internet），采用TCP/IP协议族通信的任何网络都是网际网，因特网就是一个网际网。二是因特网（Internet），它是一个专用名词，特指从ARPANET发展而来的连接全球各个ISP的大型网际网。三是作为名词性修饰词，这时应根据情况分别译成"因特网""网际网"或"网际"。例如，Internet Protocol译成"网际协议"（注意："Internet Protocol"是"internet protocol"一词名词专用化的结果）；Internet Society则译成"因特网学会"。应注意区分因特网和网际网这两个概念：因特网只有一个，为了确保其中任何一个节点（主机或路由器）都能寻址到，其寻址规则和地址分配方案是全球统一的；不属于因特网的网际网却可以为其中的节点任意分配地址，譬如说把因特网中的多播地址（224.0.0.0/4）分配用于单播目的也没有问题，因为地址属性（单播、多播、广播、回馈、私用等）是额外配置到TCP/IP协议族上的，并非TCP/IP协议族的本质特征，尽管实际上TCP/IP的各个实现几乎一律采用因特网的寻址规则。虽然国内权威机构已经为"Internet"一词正过中文名（因特网），许多文献仍然沿用"互联网"这个不确切的名称。互联网的说法是相对内联网（intranet）而言的，后者特指使用因特网私用地址寻址各个节点的网际网，因而只是比较特殊的网际网。——译者注

为了简化代码，我们对本书中要调用的大多数系统函数定义了各自的包裹函数。多数情况下我们可以使用这些包裹函数来检查错误，输出适当的消息，以及在出错时终止程序的运行。我们还给出了本书中大多数例子所用的测试网络、主机、路由器以及它们的主机名、IP地址和操作系统。

如今讨论Unix时经常使用POSIX一词，它是一种被多数厂商采纳的标准。我们将介绍POSIX的历史以及它对本书所讲述的API的影响，并介绍该领域的其他主要标准。

1.2 一个简单的时间获取客户程序

让我们考虑一个具体的例子，引入将在本书中遇到的许多概念和说法。图1-5所示的是TCP当前时间查询客户程序的一个实现。该客户与其服务器建立一个TCP连接后，服务器以直观可读格式简单地送回当前时间和日期。

intro/daytimetcpcli.c

```
1 #include    "unp.h"

2 int
3 main(int argc, char **argv)
4 {
5     int     sockfd, n;
6     char    recvline[MAXLINE + 1];
7     struct sockaddr_in   servaddr;

8     if (argc != 2)
9         err_quit("usage: a.out <IPaddress>");

10    if ( (sockfd = socket(AF_INET, SOCK_STREAM, 0)) < 0)
11        err_sys("socket error");

12    bzero(&servaddr, sizeof(servaddr));
13    servaddr.sin_family = AF_INET;
14    servaddr.sin_port   = htons(13);   /* daytime server */
15    if (inet_pton(AF_INET, argv[1], &servaddr.sin_addr) <= 0)
16        err_quit("inet_pton error for %s", argv[1]);

17    if (connect(sockfd, (SA *) &servaddr, sizeof(servaddr)) < 0)
18        err_sys("connect error");

19    while ( (n = read(sockfd, recvline, MAXLINE)) > 0) {
20        recvline[n] = 0;           /* null terminate */
21        if (fputs(recvline, stdout) == EOF)
22            err_sys("fputs error");
23    }
24    if (n < 0)
25        err_sys("read error");

26    exit(0);
27 }
```

intro/daytimetcpcli.c

图1-5 TCP时间获取客户程序

这就是本书用于展示所有源代码的格式。每个非空行都被编排行号。如稍后所示，代码正文讲解部分一开始标注该段代码起始与结束的行号。有的段落会以一个简短的、描述性的醒目标题起头，对所讲解代码段进行概要说明。

每个源代码段起始与结束处的水平线标出了该代码段所在的源代码文件名，对于本例就是intro目录下的daytimetcpcli.c文件（intro/daytimetcpcli.c）。本书所有例子的源代码都可免费获得（见前言），在此标注它们的文件名便于读者找到其源文件。在阅读本书期间，编译、运行特别是修改这些程序是学习网络编程概念的好方法。

整本书中我们随时会插入缩进的小字号段落（如此处所示）来说明实现的细节和历史上的观点。

如果编译该程序生成默认的a.out可执行文件后执行它，我们会得到如下结果：

```
solaris % a.out 206.168.112.96                    我们的输入
Mon May 26 20:58:40 2003                          程序的输出
```

当我们展示交互的输入和输出时，输入总是采用加粗的等宽字体，而计算机的输出总是采用不加粗的等宽字体。注释用宋体字加在右边。作为shell提示一部分的系统名字（本例中为solaris）指明在哪个主机上执行该命令。图1-16展示了用于运行本书中大多数例子的各个系统，它们的主机名本身通常就说明了各自的操作系统。

在这个短短27行的程序中有许多细节值得考虑。这里我们简短地提一下，目的是让初次遇到网络程序的读者有所准备，本书后面会更详细地说明这些内容。

包含头文件

1　包含我们自己编写的名为unp.h的头文件，见D.1节。该头文件包含了大部分网络程序都需要的许多系统头文件，并定义了所用到的各种常值[①]（如MAXLINE）。

命令行参数

2~3　这是main函数的定义，其形式参数就是命令行参数。本书中的代码假设使用ANSI C编译器（也称为ISO C编译器）编写。

创建TCP套接字

10~11　socket函数创建一个网际（AF_INET）字节流（SOCK_STREAM）套接字，它是TCP套接字的花哨名字。该函数返回一个小整数描述符，以后的所有函数调用（如随后的connect和read）就用该描述符来标识这个套接字。

7

if语句包含3个操作：调用socket函数，把返回值赋给变量sockfd，再测试所赋的这个值是否小于0。虽然我们可以把该语句分割成两条C语句：

```
sockfd = socket(AF_INET, SOCK_STREAM, 0);
if (sockfd < 0)
```

但是把这两行合并成一行却是常见的C语言习惯用法。按照C语言的优先规则（小于运算符的优先级高于赋值运算符），函数调用和赋值语句外边的那对括号是必需的。作为一种编码风格，作者总是在这样的两个左括号间加一个空格，提示比较运算的左侧同时也是一个赋值运算。（这种风格借鉴自Minix源代码 [Tenenbaum 1987]。）该程序稍后的while语句也使用相同的样式。

---

① 严格地说，C语言中用#define伪命令定义的对象称为常数，用const限定词定义并初始化的对象称为常量（相对于变量而言）。常数的值在编译时确定，常量的值则在运行时初始化后确定（不过此后只能作为右值使用）。本书绝大多数恒定值是用#define定义的常数。不过"常数"这一称谓容易让人狭义地理解成仅仅是数而已，因此本书统一使用"常值"指代其值恒定不变的对象。——译者注

后面我们将遇到术语套接字（socket[①]）的许多不同用法。首先，我们正在使用的API称为套接字API（sockets API）。上一段中名为socket的函数就是套接字API的一部分。上一段中我们还提到了"TCP套接字"，它是"TCP端点"（TCP endpoint）的同义词。如果socket函数调用失败，我们就调用自己的err_sys函数放弃程序运行。err_sys函数输出我们作为参数提供的出错消息以及所发生的系统错误的描述（例如出自socket函数的可能错误之一"Protocol not supported"（协议不受支持）），然后终止进程。这个函数和以err_开头的其他若干个函数都是我们自行编写的，它们的调用将贯穿全书，D.3节会描述这些函数。

指定服务器的IP地址和端口

12~16 我们把服务器的IP地址和端口号填入一个网际套接字地址结构（一个名为servaddr的sockaddr_in结构变量）。使用bzero把整个结构清零后，置地址族为AF_INET，端口号为13（这是时间获取服务器的众所周知端口，支持该服务的任何TCP/IP主机都使用这个端口号，见图2-18），IP地址为第一个命令行参数的值（argv[1]）。网际套接字地址结构中IP地址和端口号这两个成员必须使用特定格式，为此我们调用库函数htons（"主机到网络短整数"）去转换二进制端口号，又调用库函数inet_pton（"呈现形式到数值"）去把ASCII命令行参数（例如运行本例子所用的206.168.112.96）转换为合适的格式。

> bzero不是一个ANSI C函数。它起源于早期的Berkeley网络编程代码。不过我们在整本书中使用它而不用ANSI C的memset函数，因为bzero（带2个参数）比memset（带3个参数）更好记忆。几乎所有支持套接字API的厂商都提供bzero，如果没有，那么可以使用unp.h头文件中提供的该函数的宏定义。
>
> 事实上，在TCPv3一书首次印刷时，作者在10处出现memset函数的地方犯了错，互换了第二和第三个参数。C编译器发现不了这个错误，因为这两个参数的类型是相同的。（其实第二个参数是int类型，第三个参数是size_t，通常定义为unsigned int类型，然而分别指定给这两个参数的值为0和16，它们对于两个参数的类型同样可以接受。）对memset的这些调用仍然正常，不过没做任何事，因为待初始化的字节数被指定成了0。程序之所以仍然工作是因为只有少数套接字函数要求网际套接字地址结构的最后8字节置0。无论如何，这确实是一个错误，且是一个通过使用bzero函数可以避免的错误，因为如果使用函数原型，C编译器总能发现bzero的两个参数被互换的错误。
>
> 此处也许是你第一次遇到inet_pton函数。它是一个支持IPv6（详见附录A）的新函数。以前的代码使用inet_addr函数来把ASCII点分十进制数串变换成正确的格式，不过它有不少局限，而这些局限在inet_pton中都得以纠正。如果你的系统尚未支持该函数，那你可以使用我们在3.7节中提供的它的一个实现。

建立与服务器的连接

17~18 connect函数应用于一个TCP套接字时，将与由它的第二个参数指向的套接字地址结构

① socket一词译者认为译成"套接口"更为准确，其理由如下。首先，作为网络编程API之一的套接口（sockets，注意这种用法总是采用复数形式，如sockets API、sockets library等）跟XTI一样，是应用层到传输层或其他协议层的访问接口。其次，具体使用的套接口是与Unix管道的某一端类似的东西，我们既可以往这个"口"写数据，也可以从这个"口"读数据。最后，套接口函数使用套接口描述字（discriptor）访问具体的套接口，如果把套接口描述字的简称sockfd译成"套接字"倒比较合适。从这个意义上看，一个套接口可对应多个套接字，因为Unix的描述字既可以复制，也可以继承；反过来，一个套接字对应且只对应一个套接口。但是，鉴于现在socket广泛被接受的译法是"套接字"，所以本书亦采用了"套接字"的译法。相应地，descriptor也采用了"描述符"的译法，而未坚持译为"描述字"。——编者注

指定的服务器建立一个TCP连接。该套接字地址结构的长度也必须作为该函数的第三个参数指定，对于网际套接字地址结构，我们总是使用C语言的sizeof操作符由编译器来计算这个长度。

　　在头文件unp.h中，我们使用#define把SA定义为struct sockaddr，也就是通用套接字地址结构。每当一个套接字函数需要一个指向某个套接字地址结构的指针时，这个指针必须强制类型转换成一个指向通用套接字地址结构的指针。这是因为套接字函数早于ANSI C标准，20世纪80年代早期开发这些函数时，ANSI C的void *指针类型还不可用。问题是"struct sockaddr"长达15个字符，往往造成源代码行超出屏幕（或者书页，若是排印在书上）的右边缘，因此我们把它缩减成SA。我们将在解释图3-3时详细讨论通用套接字地址结构。

读入并输出服务器的应答

19~25　我们使用read函数读取服务器的应答，并用标准的I/O函数fputs输出结果。[1]使用TCP时必须小心，因为TCP是一个没有记录边界的字节流协议。服务器的应答通常是如下格式的26字节字符串：

```
Mon May 26 20:58:40 2003\r\n
```

其中，\r是ASCII回车符，\n是ASCII换行符。使用字节流协议的情况下，这26字节可以有多种返回方式：既可以是包含所有26字节的单个TCP分节[2]，也可以是每个分

---

① 为求简洁明确，本书以后尽量采用直接把函数名或C语言关键词用作动词的译法。例如，本句的这种译法是"我们read服务器的应答，并fputs结果。"；又如："如果connect成功，那就break出循环。"的意思是："如果connect函数调用成功（表示连接成功），那就执行C语言的break语句跳出循环。"

② 计算机网络各层对等实体间交换的单位信息称为协议数据单元（protocol data unit，PDU），分节（segment）就是对应于TCP传输层的PDU。按照协议与服务之间的关系，除了最低层（物理层）外，每层的PDU通过由紧邻下层提供给本层的服务接口，作为下层的服务数据单元（service data unit，SDU）传递下层，并由下层间接完成本层的PDU交换。如果本层的PDU大小超过紧邻下层的最大SDU限制，那么本层还要事先把PDU划分成若干个合适的片段让下层分开载送，再在相反方向把这些片段重组成PDU。同一层内SDU作为PDU的净荷（payload）字段出现，因此可以说上层PDU由本层PDU（通过其SDU字段）承载。每层的PDU除用于承载紧邻上层的PDU（即承载数据）外，也用于承载本层协议内部通信所需的控制信息。由于本书涉及PDU种类较多，为避免混淆，我们在本章末汇总简要说明。

　　应用层实体（如客户或服务器进程）间交换的PDU称为应用数据（application data），其中在TCP应用进程之间交换的是没有长度限制的单个双向字节流，在UDP应用进程之间交换的是其长度不超过UDP发送缓冲区大小的单个记录（record），在SCTP应用进程之间交换的是没有总长度限制的单个或多个双向记录流。传输层实体（例如对应某个端口的传输层协议代码的一次运行）间交换的PDU称为消息（message），其中TCP的PDU特称为分节（segment）。消息或分节的长度是有限的。在TCP传输层中，发送端TCP把来自应用进程的字节流数据（即由应用进程通过一次次输出操作写出到发送端TCP套接字中的数据）按顺序经分割后封装在各个分节中传送给接收端TCP，其中每个分节所封装的数据既可能是发送端应用进程单次输出操作的结果，也可能是连续数次输出操作的结果，而且每个分节所封装的单次输出操作的结果或者首尾两次输出操作的结果既可能是完整的，也可能是不完整的，具体取决于可在连接建立阶段由对端通告的最大分节大小（maximum segment size，MSS）以及外出接口的最大传输单元（maximum transmission unit，MTU）或外出路径的路径MTU（如果网络层具有路径MTU发现功能，如IPv6）。分节除了用于承载应用数据外，也用于建立连接（SYN分节）、终止连接（FIN分节）、中止连接（RST分节）、确认数据接收（ACK分节）、刷送待发数据（PSH分节）和携带紧急数据指针（URG分节），而且这些功能（包括承载数据）可以灵活组合。UDP传输层相当简单，发送端UDP就把来自应用进程的单个记录整个封装在UDP消息中传送给接收端UDP。SCTP引入了称为块（chunk）的数据单元，SCTP消息就由一个公共首部加上一个或多个块构成：公共首部类似UDP消息的首部，仅仅给出源目的端口号和整个SCTP消息的校验和；块则既可以承载数据（称为DATA块），也可以承载控制信息（计有SACK块、INIT块、INIT ACK块、COOKIE ECHO块、COOKIE ACK块、SHUTDOWN块、SHUTDOWN ACK块、SHUTDOWN COMPLETE块、ABORT块、ERROR块、HEARTBEAT块和HEARTBEAT ACK块，总称为控制块）。发送端SCTP把来自应用进程的（一个或多个）记录流数据按照流内

节只含1字节的26个TCP分节，还可以是总共26字节的任何其他组合。通常服务器返回包含所有26字节的单个分节，但是如果数据量很大，我们就不能确保一次read调用能返回服务器的整个应答。因此从TCP套接字读取数据时，我们总是需要把read编写在某个循环中，当read返回0（表明对端关闭连接）或负值（表明发生错误）时终止循环。

本例中，服务器关闭连接表征记录的结束。HTTP（Hypertext Transfer Protocol，超文本传送协议）的1.0版本也采用这种技术。还可以用其他技术标记记录结束。例如，SMTP（Simple Mail Transfer Protocol，简单邮件传送协议）使用由ASCII回车符后跟换行符构成的2字节序列标记记录的结束；Sun远程过程调用（Remote Procedure Call，RPC）以及域名系统（Domain Name System，DNS）在使用TCP承载应用数据时，在每个要发送的记录之前放置一个二进制的计数值，给出这个记录的长度。这里的重要概念是TCP本身并不提供记录结束标志：如果应用程序需要确定记录的边界，它就要自己去实现，已有一些常用的方法可供选择。

终止程序

26 exit终止程序运行。Unix在一个进程终止时总是关闭该进程所有打开的描述符，我们的TCP套接字就此被关闭。

刚才已提过，本书后面会对刚才讲述的所有概念深入进行探讨。

1.3 协议无关性

图1-5中的程序是与IPv4协议相关的：我们分配并初始化一个sockaddr_in类型的结构，把该结构的协议族成员设置为AF_INET，并指定socket函数的第一个参数为AF_INET。

顺序和记录边界封装在各个DATA块中，并在DATA块首部记上各自的流ID。一个记录通常对应一个DATA块；对于过长的记录，发送端SCTP既可以像UDP那样拒绝发送，也可以把它们拆分到多个DATA块中以便发送，接收端SCTP收取后把它们组合成单个记录上传。作为传输层PDU的SCTP消息既可以只包含单个块（DATA块或控制块），也可以在接口MTU或路径MTU的限制下包含多个块（称为块的捆绑，控制块在前，DATA块在后），不过INIT块、INIT ACK块和SHUTDOWN COMPLETE块不能跟任何其他块捆绑。SCTP收发两端均独立处理捆绑在同一个消息中的各个块，鉴于此，我们可以直接把块作为传输层PDU看待，本书也往往这么使用。

网络层实体间交换的PDU称为IP数据报（IP datagram），其长度有限：IPv4数据报最大65 535字节，IPv6数据报最大65 575字节。发送端IP把来自传输层的消息（或TCP分节）整个封装在IP数据报中传送。链路层实体间交换的PDU称为帧（frame），其长度取决于具体的接口。IP数据报由IP首部和所承载的传输层数据（即网络层的SDU）构成。过长的IP数据报无法封装在单个帧中，需要先对其SDU进行分片（fragmentation），再把分成的各个片段（fragment）冠以新的IP首部封装到多个帧中。在一个IP数据报从源端到目的端的传送过程中，分片操作既可能发生在源端，也可能发生在途中，而其逆操作即重组（reassembly）一般只发生在目的端；SCTP为了传送过长的记录采取了类似的分片和重组措施。TCP/IP协议族为提高效率会尽可能避免IP的分片/重组操作：TCP根据MSS和MTU限定每个分节的大小以及SCTP根据MTU分片/重组过长记录都是这个目的（SCTP的块捆绑则是为了在避免IP分片/重组操作的前提下提高块传输效率）；另外，IPv6禁止在途中的分片操作（基于其路径MTU发现功能），IPv4也尽量避免这种操作。不论是否分片，都以IP作为链路层的SDU传入链路层，并由链路层封装在帧中的数据称为分组（packet，俗称包）。可见一个分组既可能是一个完整的IP数据报，也可能是某个IP数据报的SDU的一个片段被冠以新的IP首部后的结果。另外，本书中讨论的MSS是应用层（TCP）与传输层之间的接口属性，MTU则是网络层和链路层之间的接口属性。

上述讨论参见RFC 1122、RFC 793、RFC 768、RFC 3286、RFC 2960和本书2.11节、7.9节。另外需注意的是，SCTP目前只是处于提案标准（proposed standard）阶段，尚未进入能够被多数厂商采纳并实现的草案标准（draft standard）阶段，更没有像TCP和UDP那样历经考验而成为因特网标准（分配STD号）。——译者注为了让图1-5中的程序能够在IPv6上运行，我们必须修改这段代码。图1-6所示的是一个能够在IPv6上运行的版本，其中改动之处用加粗的等宽字体突出显示。

intro/daytimetcpcliv6.c

```
 1 #include    "unp.h"

 2 int
 3 main(int argc, char **argv)
 4 {
 5     int      sockfd, n;
 6     char     recvline[MAXLINE + 1];
 7     struct sockaddr_in6 servaddr;

 8     if (argc != 2)
 9         err_quit("usage: a.out <IPaddress>");

10     if ( (sockfd = socket(AF_INET6, SOCK_STREAM, 0)) < 0)
11         err_sys("socket error");

12     bzero(&servaddr, sizeof(servaddr));
13     servaddr.sin6_family = AF_INET6;
14     servaddr.sin6_port   = htons(13);  /* daytime server */
15     if (inet_pton(AF_INET6, argv[1], &servaddr.sin6_addr) <= 0)
16         err_quit("inet_pton error for %s", argv[1]);

17     if (connect(sockfd, (SA *) &servaddr, sizeof(servaddr)) < 0)
18         err_sys("connect error");

19     while ( (n = read(sockfd, recvline, MAXLINE)) > 0) {
20         recvline[n] = 0;     /* null terminate */
21         if (fputs(recvline, stdout) == EOF)
22             err_sys("fputs error");
23     }
24     if (n < 0)
25         err_sys("read error");

26     exit(0);
27 }
```

intro/daytimetcpcliv6.c

图1-6 适合于IPv6的图1-5所示程序的修改版

我们只修改了程序的5行代码，得到的却是另一个与协议相关的程序：这回是与IPv6协议相关的。更好的做法是编写协议无关的程序。图11-11将给出本客户程序的协议无关版本，它使用了getaddrinfo函数（由tcp_connect函数调用）。

这两个程序的另一个不足之处是：用户必须以点分十进制数格式给出服务器的IP地址（如适合于IPv4版本的206.168.112.219）。人们更习惯于用名字（如www.unpbook.com）来代替数字。我们将在第11章中讨论主机名与IP地址之间以及服务名与端口之间的转换函数。我们特意推迟讨论这些函数，在第11章之前继续使用IP地址和端口号，目的是了解我们必须填写和查看的套接字地址结构的细节，避免被另一个函数集的细节把网络编程的讨论搞复杂了。

1.4 错误处理：包裹函数

任何现实世界的程序都必须检查每个函数调用是否返回错误。在图1-5所示的程序中，我们检查socket、inet_pton、connect、read和fputs函数是否返回错误, 当发生错误时, 就调用我们自己的err_quit或err_sys函数输出一个出错消息并终止程序的运行。我们发现绝大多数情况下这正是我们想做的事。个别情况下, 当这些函数返回错误时, 我们想做的事并非简单地终止程序的运行, 如图5-12所示, 我们必须检查系统调用是否被中断了。

既然发生错误时终止程序的运行是普遍的情况, 我们可以通过定义包裹函数(wrapper function)来缩短程序。每个包裹函数完成实际的函数调用, 检查返回值, 并在发生错误时终止进程。我们约定包裹函数名是实际函数名的首字母大写形式。例如, 在语句

```
sockfd = Socket(AF_INET, SOCK_STREAM, 0);
```

中, 函数Socket是函数socket的包裹函数, 如图1-7所示。

——*lib/wrapsock.c*

```
236 int
237 Socket(int family, int type, int protocol)
238 {
239     int     n;

240     if ( (n = socket(family, type, protocol)) < 0)
241         err_sys("socket error");
242     return(n);
243 }
```

——*lib/wrapsock.c*

图1-7 socket函数的包裹函数

在本书中只要你遇到一个首字母大写的函数名, 它就是我们定义的某个包裹函数。它调用的实际函数的名字与包裹函数名相同, 不过以对应的小写字母开头。

然而在讲解本书中提供的源代码时, 我们总是指称被调用的最低级别的函数(如socket), 而不是包裹函数(如Socket)。

这些包裹函数不见得多节省代码量, 但当我们在第26章中讨论线程时, 将会发现线程函数遇到错误时并不设置标准Unix的errno变量, 而是把errno的值作为函数返回值返回调用者。这意味着每次调用以pthread_开头的某个函数时, 我们必须分配一个变量来存放函数返回值, 以便在调用err_sys前把errno变量设置成该值。为避免引入花括号把代码弄得很混乱, 我们可以使用C语言的逗号操作符, 把errno的赋值与err_sys的调用组合成一条语句, 如下所示:

```
int     n;

if ( (n = pthread_mutex_lock(&ndone_mutex)) != 0)
    errno = n, err_sys("pthread_mutex_lock error");
```

我们也可以为此定义一个新的错误处理函数, 它取系统的错误号作为一个参数, 不过通过定义如图1-8所示的包裹函数, 我们可以让以上这段代码更为易读:

```
Pthread_mutex_lock(&ndone_mutex);
```

> 要是仔细推敲C代码的编写, 我们可以用宏来替代函数, 从而稍微提高运行时效率, 不过包裹函数很少是程序性能的瓶颈所在。
>
> 选择首字母大写一个函数名作为其包裹函数名是一种折中的方法。其他方法也考虑过, 譬如给函数名加一个"e"前缀(如[Kernighan and Pike 1984]一书第182页所示), 给函数名加一个"_e"后缀, 等等。这些方法都能明显地提示调用了其他函数, 但我们的这种风格看来是最少分散注意力的。

这种技术还有助于检查那些错误返回值通常被忽略的函数是否出错，例如close和listen。

lib/wrappthread.c

```
72 void
73 Pthread_mutex_lock(pthread_mutex_t *mptr)
74 {
75     int    n;
76
77     if ( (n = pthread_mutex_lock(mptr)) == 0)
78        return;
79     errno = n;
80     err_sys("pthread_mutex_lock error");
81 }
```

lib/wrappthread.c

图1-8   pthread_mutex_lock的包裹函数

本书后面的例子中，除非必须检查某个确定的错误是否发生，并以不同于终止进程的其他某种方式处理它，否则就使用这些包裹函数。书中不提供所有包裹函数的源代码，不过它们是可以免费获得的（见前言）。

Unix **errno** 值

只要一个Unix函数（例如某个套接字函数）中有错误发生，全局变量errno就被置为一个指明该错误类型的正值，函数本身则通常返回-1。err_sys查看errno变量的值并输出相应的出错消息，例如当errno值等于ETIMEDOUT时，将输出"Connection timed out"（连接超时）。

errno的值只在函数发生错误时设置。如果函数不返回错误，errno的值就没有定义。errno的所有正数错误值都是常值，具有以"E"开头的全大写字母名字，并通常在<sys/errno.h>头文件中定义。值0不表示任何错误。

在全局变量中存放errno值对于共享所有全局变量的多个线程并不适合。我们将在第26章中讲述解决这一问题的方法。

全书中我们将使用诸如"connect函数返回ECONNREFUSED"这样的句子简明表达以下意思：该函数返回一个错误（通常函数返回值为-1），同时errno被置为指定的常值。

1.5   一个简单的时间获取服务器程序

我们可以编写一个简单的TCP时间获取服务器程序，它和1.2节中的客户程序一道工作。图1-9给出了这个服务器程序，它使用了上一节中讲过的包裹函数。

创建TCP套接字

10   TCP套接字的创建与客户程序相同。

把服务器的众所周知端口捆绑到套接字

11~15   通过填写一个网际套接字地址结构并调用bind函数，服务器的众所周知端口（对于时间获取服务是13）被捆绑到所创建的套接字。我们指定IP地址为INADDR_ANY，这样要是服务器主机有多个网络接口，服务器进程就可以在任意网络接口上接受客户连接。以后我们将了解怎样限定服务器进程只在单个网络接口上接受客户连接。

intro/daytimetcpsrv.c

```
1 #include     "unp.h"
2 #include     <time.h>

3 int
4 main(int argc, char **argv)
5 {
6     int      listenfd, connfd;
7     struct sockaddr_in  servaddr;
8     char     buff[MAXLINE];
9     time_t   ticks;

10    listenfd = Socket(AF_INET, SOCK_STREAM, 0);

11    bzero(&servaddr, sizeof(servaddr));
12    servaddr.sin_family = AF_INET;
13    servaddr.sin_addr.s_addr = htonl(INADDR_ANY);
14    servaddr.sin_port = htons(13);   /* daytime server */

15    Bind(listenfd, (SA *) &servaddr, sizeof(servaddr));

16    Listen(listenfd, LISTENQ);

17    for ( ; ; ) {
18        connfd = Accept(listenfd, (SA *) NULL, NULL);

19        ticks = time(NULL);
20        snprintf(buff, sizeof(buff), "%.24s\r\n", ctime(&ticks));
21        Write(connfd, buff, strlen(buff));

22        Close(connfd);
23    }
24 }
```

intro/daytimetcpsrv.c

图1-9　TCP时间获取服务器程序

把套接字转换成监听套接字

16　调用listen函数把该套接字转换成一个监听套接字，这样来自客户的外来连接就可在
该套接字上由内核接受。socket、bind和listen这3个调用步骤是任何TCP服务器准
备所谓的监听描述符（listening descriptor，本例中为listenfd）的正常步骤。
常值LISTENQ在我们的unp.h头文件中定义。它指定系统内核允许在这个监听描述符上
排队的最大客户连接数。我们将在4.5节详细说明客户连接的排队。

接受客户连接，发送应答

17~21　通常情况下，服务器进程在accept调用中被置于休眠状态，等待某个客户连接的到达
并被内核接受。TCP连接使用所谓的三路握手（three-way handshake）来建立连接。握
手完毕时accept返回，其返回值是一个称为已连接描述符（connected descriptor）的新
描述符（本例中为connfd）。该描述符用于与新近连接的那个客户通信。accept为每
个连接到本服务器的客户返回一个新描述符。

　　本书全文采用的无限循环采用以下风格：

```
for ( ; ; ) {
    . . .
}
```

当前时间和日期是由库函数time返回的，它实际上返回的是自Unix纪元即1970年1月1日0点0分0秒（国际标准时间）以来的秒数。下一个库函数ctime把该整数值转换成直观可读的时间格式，例如：

```
Mon May 26 20:58:40 2003
```

snprintf函数在这个字符串末尾添加一个回车符和一个回行符，随后write函数把结果字符串写给客户。

> 如果你尚不习惯改用snprintf代替较早的sprintf函数，那么现在是学习的时候了。调用sprintf无法检查目的缓冲区是否溢出。相反，snprintf要求其第二个参数指定目的缓冲区的大小，因此可确保该缓冲区不溢出。
>
> snprintf相对较晚才加到ANSI C标准中，在称为ISO C99的版本中引入。不过几乎所有厂商都把它作为标准C函数库的一部分提供，而且另有许多免费可得的版本可用。我们贯穿全书使用snprintf，也推荐你出于可靠性考虑在自己的程序中改用它来代替sprintf。
>
> 值得注意的是，许多网络入侵是由黑客通过发送数据，导致服务器对sprintf的调用使其缓冲区溢出而发生的。必须小心使用的函数还有gets、strcat和strcpy，通常应分别改为调用fgets、strncat和strncpy。更好的替代函数是后来才引入的strlcat和strlcpy，它们确保结果是正确终止的字符串。编写安全的网络程序的更多技巧参见[Garfinkel, Schwartz, and Spafford 2003] 的第23章。

终止连接

22 服务器通过调用close关闭与客户的连接。该调用引发正常的TCP连接终止序列：每个方向上发送一个FIN，每个FIN又由各自的对端确认。2.6节将详细讲述TCP的三路握手和用于终止一个TCP连接的4个TCP分组。

与上节查看客户程序一样，本节查看服务器程序也非常简略，具体细节留待本书以后论述。有以下几点需要注意。

- 与其客户程序一样，这一服务器程序也与IPv4协议相关。我们将在图11-13中给出使用getaddrinfo函数实现的一个协议无关的版本。
- 本服务器一次只能处理一个客户。如果多个客户连接差不多同时到达，系统内核在某个最大数目的限制下把它们排入队列，然后每次返回一个给accept函数。本服务器只需调用time和ctime这两个库函数，运行速度很快。然而如果服务器需用较多时间（譬如说几秒钟或一分钟）服务每个客户，那么我们必须以某种方式重叠对各个客户的服务。图1-9中所示的服务器称为迭代服务器（iterative server），因为对于每个客户它都迭代执行一次。同时能处理多个客户的并发服务器（concurrent server）有多种编写技术。最简单的技术是调用Unix的fork函数（4.7节），为每个客户创建一个子进程。其他技术包括使用线程代替fork（26.4节），或在服务器启动时预先fork一定数量的子进程（30.6节）。
- 如果从shell命令行启动本例这样的一个服务器，我们也许想要它运行很长时间，因为服务器往往在系统工作期间一直运行。这要求我们往服务器程序中添加代码，以便它能够作为一个Unix守护进程（daemon）——能在后台运行且不跟任何终端关联的进程——运行。我们将在13.4节讨论守护进程。

1.6   本书中客户/服务器程序示例索引表

贯穿全书的用于阐述网络编程中使用的各种技术的两个客户/服务器程序示例如下：

- 时间获取客户/服务器程序（开始于图1-5、图1-6和图1-9）；
- 回射客户/服务器程序（开始于第5章）。

为了提供本书所涵盖不同主题的路线图，我们用下面4个表格汇总了将要开发的程序，并给出了它们的源代码所在的起始图号。图1-10列出了本书开发的时间获取客户程序的不同版本，其中有两个版本前面已讲过。图1-11列出了时间获取服务器程序的不同版本。图1-12列出了回射客户程序的不同版本，图1-13列出了回射服务器程序的不同版本。

图　号	说　明
1-5	TCP/IPv4，协议相关
1-6	TCP/IPv6，协议相关
11-4	TCP/IPv4，协议相关，调用gethostbyname和getservbyname
11-11	TCP，协议无关，调用getaddrinfo和tcp_connect
11-16	UDP，协议无关，调用getaddrinfo和udp_client
16-11	TCP，使用非阻塞connect
31-8	TCP，协议相关，用TPI取代套接字
E-1	TCP，协议相关，产生SIGPIPE
E-5	TCP，协议相关，输出套接字接收缓冲区的大小和MSS
E-11	TCP，协议相关，允许主机名（gethostbyname）或者IP地址
E-12	TCP，协议无关，允许主机名（gethostbyname）

图1-10　本书开发的时间获取客户程序的不同版本

图　号	说　明
1-9	TCP/IPv4，协议相关
11-13	TCP，协议无关，调用getaddrinfo和tcp_listen
11-14	TCP，协议无关，调用getaddrinfo和tcp_listen
11-19	UDP，协议无关，调用getaddrinfo和udp_server
13-5	TCP，协议无关，作为孤立的守护进程运行
13-12	TCP，协议无关，从inetd守护进程派生

图1-11　本书开发的时间获取服务器程序的不同版本

图　号	说　明
5-4	TCP/IPv4，协议相关
6-9	TCP，使用select
6-13	TCP，使用select并操纵缓冲区
8-7	UDP/IPv4，协议相关
8-9	UDP，验证服务器的地址
8-17	UDP，调用connect获取异步错误
14-2	UDP，使用SIGALRM信号在读服务器的应答时启动超时
14-4	UDP，使用select函数在读服务器的应答时启动超时
14-5	UDP，使用SO_RCVTIMEO套接字选项在读服务器的应答时启动超时
15-4	Unix域字节流，协议相关
15-6	Unix域数据报，协议相关

图1-12　本书开发的回射客户程序的不同版本

图　号	说　明
16-3	TCP，使用非阻塞I/O
16-10	TCP，使用两个进程（fork）
16-21	TCP，建立连接，然后发送RST
14-15	TCP，使用/dev/poll达成多路复用
14-18	TCP，使用kqueue达成多路复用
20-5	UDP，具有竞争状态的广播
20-6	UDP，具有竞争状态的广播
20-7	UDP，通过使用pselect消除了竞争状态的广播
20-9	UDP，通过使用sigsetjmp和siglongjmp消除了竞争状态的广播
20-10	UDP，通过在信号处理函数中使用IPC消除了竞争状态的广播
22-6	UDP，使用超时、重传和序列号实现可靠性
24-14	（第2版）UDP，使用带外数据对服务器心搏测试[①]
26-2	TCP，使用两个线程
27-6	TCP/IPv4，指定一条源路径
27-13	UDP/IPv6，指定一条源路径

图1-12　（续）

图　号	说　明
5-2	TCP/IPv4，协议相关
5-12	TCP/IPv4，协议相关，收拾终止了的子进程
6-21	TCP/IPv4，协议相关，使用select，单个进程处理所有客户
6-25	TCP/IPv4，协议相关，使用poll，单个进程处理所有客户
8-3	UDP/IPv4，协议相关
8-24	TCP和UDP/IPv4，协议相关，使用select
14-14	TCP，使用标准I/O函数库
15-3	Unix域字节流，协议相关
15-5	Unix域数据报，协议相关
15-15	Unix域字节流，带有从客户端传递凭证
22-4	UDP，接收目的地址和收取接口信息，截取数据报
22-15	UDP，捆绑所有接口地址
25-4	UDP，使用信号驱动的I/O
26-3	TCP，每个客户一个线程
26-4	TCP，每个客户一个线程，可移植的参数传递
27-6	TCP/IPv4，输出接收到的源路径
27-14	UDP/IPv6，输出并反转接收到的源路径
28-31	UDP，使用icmpd接收异步错误
E-15	UDP，捆绑所有接口地址

图1-13　本书开发的回射服务器程序的不同版本

1.7　OSI 模型

描述一个网络中各个协议层的常用方法是使用国际标准化组织（International Organization

---

① 此处保留了本书第2版的内容。——译者注

for Standardization，ISO）的计算机通信开放系统互连（open systems interconnection，OSI）模型。这是一个七层模型，如图1-14所示。图中同时给出了它与网际协议族的近似映射。

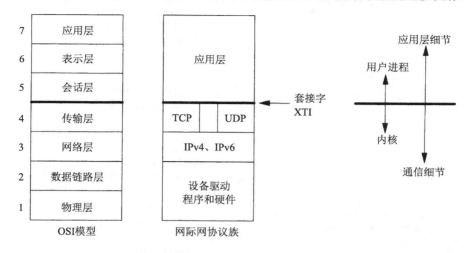

图1-14　OSI模型和网际协议族中的各层

我们认为OSI模型的底下两层是随系统提供的设备驱动程序和网络硬件。通常情况下，除需知道数据链路的某些特性外（如将在2.11节论述的1500字节以太网的MTU大小），我们不必关心这两层的具体情况。

网络层由IPv4和IPv6这两个协议处理，我们将在附录A中讲述它们。可以选择的传输层有TCP或UDP，我们将在第2章中讲述它们。图1-14中TCP与UDP之间留有间隙，表明网络应用绕过传输层直接使用IPv4或IPv6是可能的。这就是所谓的原始套接字（raw socket），我们将在第28章中讨论。

OSI模型的顶上三层被合并成一层，称为应用层。这就是Web客户（浏览器）、Telnet客户、Web服务器、FTP服务器和其他我们在使用的网络应用所在的层。对于网际协议，OSI模型的顶上三层协议几乎没有区别。

本书讲述的套接字编程接口是从顶上三层（网际协议的应用层）进入传输层的接口。本书的焦点是：如何使用套接字编写使用TCP或UDP的网络应用程序。我们已提到原始套接字，在第29章中我们将看到，甚至可以彻底绕过IP层直接读写数据链路层的帧。

为什么套接字提供的是从OSI模型的顶上三层进入传输层的接口？这样设计有两个理由，如图1-14右侧所注。理由之一是顶上三层处理具体网络应用（如FTP、Telnet或HTTP）的所有细节，却对通信细节了解很少；底下四层对具体网络应用了解不多，却处理所有的通信细节：发送数据，等待确认，给无序到达的数据排序，计算并验证校验和，等等。理由之二是顶上三层通常构成所谓的用户进程（user process），底下四层却通常作为操作系统内核的一部分提供。Unix与其他现代操作系统都提供分隔用户进程与内核的机制。由此可见，第4层和第5层之间的接口是构建API的自然位置。

1.8　BSD 网络支持历史

套接字API起源于1983年发行的4.2BSD操作系统。图1-15展示了各种BSD发行版本的发展史,并注明了TCP/IP的主要发展历程。1990年面世的4.3BSD Reno发行版本随着OSI协议进入BSD内核而对套接字API做了少量的改动。

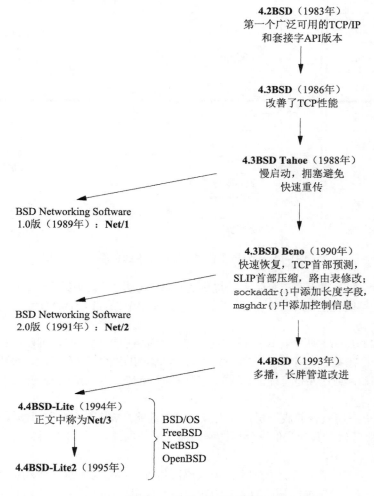

图1-15　各种BSD版本的历史

　　图1-15中从4.2BSD往下到4.4BSD的通路展示了源自Berkeley计算机系统研究组（Computer Systems Research Group，CSRG）的各个版本，它们要求获取者已拥有Unix的源代码许可权。然而其中的所有网络支持代码,不论是内核支持（如TCP/IP协议栈、Unix域协议栈及套接字API）还是应用程序（如Telnet和FTP客户和服务器程序）都是独立于源自AT&T的Unix代码开发的。因此从1989年起,Berkeley开始提供第一个BSD网络支持版本,它包含所有的网络支持代码以及不受Unix源代码许可权约束的其他各种BSD系统软件。这些包含网络支持代码的版本是可公开获取的,最终因特网上任何人都可通过匿名FTP获取。

　　源自Berkeley的最终版本是1994年的4.4BSD-Lite和1995年的4.4BSD-Lite2。我们指出这两个版本是其他多个系统（包括BSD/OS、FreeBSD、NetBSD和OpenBSD）的基础,这些系统大多数仍然处于活跃的开发和完善之中。有关各种BSD版本和各种Unix系统历史的详情参见［Mckusick et al.1996］的第1章。

许多Unix系统从某个版本的BSD网络支持代码（包括套接字API）开始提供网络支持，我们称这些实现为源自Berkeley的实现（Berkeley-derived implementation）。许多商业版本的Unix是基于System V版本4（System V Release 4，SVR4）的，其中有一些系统使用源自Berkeley的网络支持代码（如UnixWare 2.x），其他SVR4系统的网络支持代码却是独立起源的（如Solaris 2.x）。我们还要注意，Linux这种流行的可免费获得的Unix实现并不适合归属源自Berkeley的系列，因为它的网络支持代码和套接字API都是从头开始开发的。

20
～
21

1.9　测试用网络及主机

图1-16展示了本书示例所用的各个网络和主机。对于每个主机，我们都标出了它的操作系统和硬件类型（因为有些操作系统可运行在不止一种硬件上）。各个框内的名字就是出现在本书中的各个主机名。

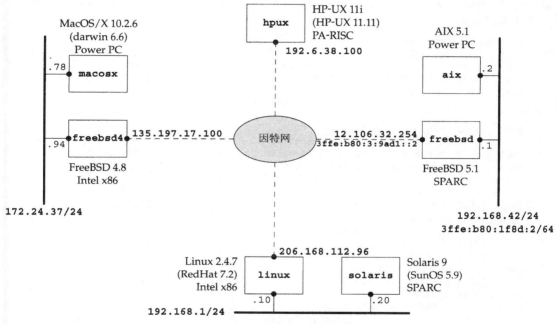

图1-16　本书示例所用的网络和主机

图1-16所示的拓扑适合本书的例子，不过机器大范围地散布在因特网上，物理拓扑实际上变得不太重要。事实上虚拟专用网络（virtual private network，VPN）或安全shell（secure shell，SSH）连接提供这些机器之间的连通性，而无需顾及这些主机的物理位置。

图中"/24"（和/64）指出从地址的最左位开始用于标识网络和子网的连续位数。A.4节将说明现今用于指定子网边界的/n记法。

> Sun操作系统的真实名字是SunOS 5.x，而不是Solaris 2.x，但是大家习惯称它为Solaris，实际上这是操作系统和与之捆绑的其他软件的合称。

22

网络拓扑的发现

图1-16展示了本书的全部示例所用主机的网络拓扑，但是为了在你自己的网络上运行这些

例子和完成习题，你可能需要了解自己的网络拓扑。尽管目前还没有关于网络配置和管理的现行Unix标准，但大多数Unix系统都提供了可用于发现某些网络细节的两个基本命令：netstat和ifconfig。通过阅读所用系统上这些命令的手册页面①，你可以获悉有关它们的输出信息的详情。要留意的是，有些厂商把这些命令存放在诸如/sbin或/usr/sbin这样的管理目录中，而不是通常的/usr/bin目录，而这些管理目录可能不在通常的shell搜索路径中（由PATH环境变量指定）。

(1) netstat -i提供网络接口的信息。我们还指定-n标志以输出数值地址，而不是试图把它们反向解析成名字。下面的例子给出了接口及其名字和统计信息：

```
linux % netstat -ni
Kernel Interface table
Iface   MTU Met    RX-OK RX-ERR RX-DRP RX-OVR    TX-OK TX-ERR TX-DRP TX-OVR Flg
eth0   1500 0    49211085     0      0       0 40540958     0      0      0 BMRU
lo    16436 0    98613572     0      0       0 98613572     0      0      0 LRU
```

其中环回（loopback）接口称为lo，以太网接口称为eth0。下面的例子给出了支持IPv6的一个主机的类似信息：

```
freebsd % netstat -ni
Name    Mtu Network       Address                Ipkts Ierrs    Opkts Oerrs  Coll
hme0   1500 <Link#1>      08:00:20:a7:68:6b   29100435    35 46561488     0     0
hme0   1500 12.106.32/24  12.106.32.254       28746630     - 46617260     -     -
hme0   1500 fe80:1::a00:20ff:fea7:686b/64
                          fe80:1::a00:20ff:fea7:686b
                                                     0     -        0     -     -
hme0   1500 3ffe:b80:1f8d:1::1/64
                          3ffe:b80:1f8d:1::1         0     -        0     -     -
hme1   1500 <Link#2>      08:00:20:a7:68:6b      51092     0    31537     0     0
hme1   1500 fe80:2::a00:20ff:fea7:686b/64
                          fe80:2::a00:20ff:fea7:686b
                                                     0     -       90     -     -
hme1   1500 192.168.42    192.168.42.1           43584     -    24173     -     -
hme1   1500 3ffe:b80:1f8d:2::1/64
                          3ffe:b80:1f8d:2::1        78     -        8     -     -
lo0   16384 <Link#6>                             10198     0    10198     0     0
lo0   16384 ::1/128       ::1                       10     -       10     -     -
lo0   16384 fe80:6::1/64  fe80:6::1                  0     -        0     -     -
lo0   16384 127           127.0.0.1              10167     -    10167     -     -
gif0   1280 <Link#8>                                 6     0        5     0     0
gif0   1280 3ffe:b80:3:9ad1::2/128
                          3ffe:b80:3:9ad1::2         0     -        0     -     -
gif0   1280 fe80:8::a00:20ff:fea7:686b/64
                          fe80:8::a00:20ff:fea7:686b
                                                     0     -        0     -     -
```

`23`

注意：为了对齐输出字段，我们对较长的代码行做了回行处理。

(2) netstat -r展示路由表，也是另一种确定接口的方法。我们通常指定-n标志以输出数值地址。它还给出默认路由器的IP地址。

```
freebsd % netstat -nr
Routing tables

Internet:
```

① 手册页面（manual page或man page）是所有Unix系统都提供的使用man命令查看到的有关命令、函数和文件等的帮助信息。某个条目的手册页面就是以该条目为命令行参数执行man的输出。——译者注

```
Destination        Gateway             Flags   Refs    Use  Netif   Expire
default            12.106.32.1         USGc    10     6877  hme0
12.106.32/24       link#1              UC      3        0  hme0
12.106.32.1        00:b0:8e:92:2c:00   UHLW    9        7  hme0    1187
12.106.32.253      08:00:20:b8:f7:e0   UHLW    0        1  hme0    140
12.106.32.254      08:00:20:a7:68:6b   UHLW    0        2  lo0
127.0.0.1          127.0.0.1           UH      1    10167  lo0
192.168.42         link#2              UC      2        0  hme1
192.168.42.1       08:00:20:a7:68:6b   UHLW    0       11  lo0
192.168.42.2       00:04:ac:17:bf:38   UHLW    2    24108  hme1    210

Internet6:
Destination                            Gateway             Flags    Netif Expire
::/96                                  ::1                 UGRSc    lo0 =>
default                                3ffe:b80:3:9ad1::1  UGSc     gif0
::1                                    ::1                 UH       lo0
::ffff:0.0.0.0/96                      ::1                 UGRSc    lo0
3ffe:b80:3:9ad1::1                     3ffe:b80:3:9ad1::2  UH       gif0
3ffe:b80:3:9ad1::2                     link#8              UHL      lo0
3ffe:b80:1f8d::/48                     lo0                 USc      lo0
3ffe:b80:1f8d:1::/64                   link#1              UC       hme0
3ffe:b80:1f8d:1::1                     08:00:20:a7:68:6b   UHL      lo0
3ffe:b80:1f8d:2::/64                   link#2              UC       hme1
3ffe:b80:1f8d:2::1                     08:00:20:a7:68:6b   UHL      lo0
3ffe:b80:1f8d:2:204:acff:fe17:bf38     00:04:ac:17:bf:38   UHLW     hme1
fe80::/10                              ::1                 UGRSc    lo0
fe80::%hme0/64                         link#1              UC       hme0
fe80::a00:20ff:fea7:686b%hme0          08:00:20:a7:68:6b   UHL      lo0
fe80::%hme1/64                         link#2              UC       hme1
fe80::a00:20ff:fea7:686b%hme1          08:00:20:a7:68:6b   UHL      lo0
fe80::%lo0/64                          fe80::1%lo0         Uc       lo0
fe80::1%lo0                            link#6              UHL      lo0
fe80::%gif0/64                         link#8              UC       gif0
fe80::a00:20ff:fea7:686b%gif0          link#8              UHL      lo0
ff01::/32                              ::1                 U        lo0
ff02::/16                              ::1                 UGRS     lo0
ff02::%hme0/32                         link#1              UC       hme0
ff02::%hme1/32                         link#2              UC       hme1
ff02::%lo0/32                          ::1                 UC       lo0
ff02::%gif0/32                         link#8              UC       gif0
```

(3) 有了各个网络接口的名字，执行ifconfig就可获得每个接口的详细信息。

```
linux % ifconfig eth0
eth0      Link encap:Ethernet  HWaddr 00:C0:9F:06:B0:E1
          inet addr:206.168.112.96  Bcast:206.168.112.127  Mask:255.255.255.128
          UP BROADCAST RUNNING MULTICAST  MTU:1500  Metric:1
          RX packets:49214397 errors:0 dropped:0 overruns:0 frame:0
          TX packets:40543799 errors:0 dropped:0 overruns:0 carrier:0
          collisions:0 txqueuelen:100
          RX bytes:1098069974 (1047.2 Mb)  TX bytes:3360546472 (3204.8 Mb)
          Interrupt:11 Base address:0x6000
```

该命令给出了指定接口的IP地址、子网掩码和广播地址。其中的MULTICAST标志通常指明该接口所在主机支持多播。有些ifconfig的实现还提供-a标志，用于输出所有已配置接口的信息。

(4) 找出本地网络中众多主机的IP地址的方法之一是，针对从上一步找到的本地接口的广播地址执行ping命令。

```
linux % ping -b 206.168.112.127
WARNING: pinging broadcast address
PING 206.168.112.127 (206.168.112.127) from 206.168.112.96 : 56(84) bytes of data.
64 bytes from 206.168.112.96: icmp_seq=0 ttl=255 time=241 usec
64 bytes from 206.168.112.40: icmp_seq=0 ttl=255 time=2.566 msec (DUP!)
64 bytes from 206.168.112.118: icmp_seq=0 ttl=255 time=2.973 msec (DUP!)
64 bytes from 206.168.112.14: icmp_seq=0 ttl=255 time=3.089 msec (DUP!)
64 bytes from 206.168.112.126: icmp_seq=0 ttl=255 time=3.200 msec (DUP!)
64 bytes from 206.168.112.71: icmp_seq=0 ttl=255 time=3.311 msec (DUP!)
64 bytes from 206.168.112.31: icmp_seq=0 ttl=64 time=3.541 msec (DUP!)
64 bytes from 206.168.112.7: icmp_seq=0 ttl=255 time=3.636 msec (DUP!)
...
```

1.10   Unix 标准

在编写本书时，最引人注目的Unix标准化活动是由Austin公共标准修订组（The Austin Common Standards Revision Group，CSRG）主持的。他们的努力结果是涵盖1 700多个编程接口的约4 000页内容的规范［Josey 2002］。这些规范既具有IEEE POSIX名字，也具有开放团体的技术标准（The Open Group's Technical Standard）名字。其结果是同一个Unix标准有多个名字来指称：ISO/IEC 9945:2002、IEEE Std 1003.1–2001和单一Unix规范第3版（Single Unix Specification Version 3）都指同一个标准。本书中除了像本节这样需要讨论各种较早期标准各自特性的章节外，我们简单地称这个Unix标准为POSIX规范（The POSIX Specification）。

获取这个统一标准的最简易方法是定购其CD–ROM副本或通过Web免费访问。这两种方法的起始点都是http://www.UNIX.org/version3。

25

1.10.1   POSIX 的背景

POSIX（可移植操作系统接口）是Portable Operating System Interface的首字母缩写。它并不是单个标准，而是由电气与电子工程师学会（the Institute for Electrical and Electronics Engineers, Inc.）即IEEE开发的一系列标准。POSIX标准已被国际标准化组织即ISO和国际电工委员会（the International Electrotechnical Commission）即IEC采纳为国际标准（这两个组织合称为ISO/IEC）。下面是POSIX标准的发展简史。

- 第一个POSIX标准是IEEE Std 1003.1–1988（317页）。它详述了进入类Unix内核的C语言接口，涵盖了下述领域：进程原语（fork、exec、信号和定时器）、进程环境（用户ID和进程组）、文件与目录（所有I/O函数）、终端I/O、系统数据库（口令文件和用户组文件）以及tar和cpio归档格式。

  > 第一个POSIX标准在1986年是称为"IEEE-IX"的试用版。POSIX这个名字是由Richard Stallman建议使用的。

- 第二个POSIX标准是IEEE Std 1003.1–1990（356页），也称为ISO/IEC 9945–1: 1990。从1988版本到1990版本只做了少量的修改。新添的副标题为"Part 1: System Application Program Interface (API) [C Language]"，表明本标准为C语言API。

- 下一个标准是两卷本的IEEE Std 1003.2–1992（约1300页）。它的副标题为"Part 2: Shell and Utilities"。这一部分定义了shell（基于System V的Bourne Shell）和大约100个实用程序（通常从shell启动执行的程序，如awk、basename、vi和yacc等）。本书称这个标准为POSIX.2。

- 再下一个标准是IEEE Std 1003.1b–1993（590页），先前称为IEEE P1003.4。这是对1003.1–1990标准的更新，添加了由P1003.4工作组开发的实时扩展。1003.1b–1993相比1990年版标准新增的条目包括：文件同步、异步I/O、信号量、存储管理（mmap和共享内存）、执行调度、时钟与定时器以及消息队列。

- 更下一个标准是IEEE Std 1003.1 1996年版［IEEE 1996］（743页），也称为ISO/IEC 9945–1：1996，它包括1003.1–1990（基本API）、1003.1b–1993（实时扩展）、1003.1c–1995（pthreads）和1003.1i–1995（对1003.1b的技术性修订）。该标准增添了3章关于线程的内容，并另有关于线程同步（互斥锁和条件变量）、线程调度和同步调度的各节。本书称这个标准为POSIX.1。该标准还有一个前言，其中声明ISO/IEC 9945由下面3个部分构成。

  - Part 1: System API (C language)——第1部分：系统API（C语言）。
  - Part 2: Shell and utilities——第2部分：Shell和实用程序。
  - Part 3: System administration——第3部分：系统管理（正在开发中）。

  第1部分和第2部分就是我们所说的POSIX.1和POSIX.2。

  > 743页中有超过四分之一的篇幅是一个标题为"Rationale and Notes"（理由与注解）的附录。该附录含有历史性信息和某些特性被加入或删除的理由。这些理由通常跟正式标准一样有教益。

- 最后一个标准是在2000年被认可[①]的IEEE Std 1003.1g: Protocol-independent interfaces (PII)。在单一Unix规范第3版（The Single Unix Specification Version 3）面世之前，这是与本书涵盖的主题最为相关的POSIX产品。它是联网API标准，它定义了两个API，并称它们为详尽网络接口（Detailed Network Interface，DNI）。

  - DNI/Socket，基于4.4BSD的套接字API。
  - DNI/XTI，基于X/Open的XPG4规范。

这个标准的工作作为P1003.12工作组（后来改名为P1003.1g）起始于20世纪80年代后期。本书称这个标准为POSIX.1g。

1.10.2 开放团体的背景

开放团体（The Open Group）是由1984年成立的X/Open公司（X/Open Company）和1988年成立的开放软件基金会（Open Software Foundation，OSF）于1996年合并成的组织。它是厂商、工业界最终用户、政府和学术机构共同参加的国际组织。下面是开放团体制定的标准的简要背景。

- X/Open公司于1989年出版了*X/Open Portability Guide*（X/Open移植性指南，XPG）第3期，即XPG3。

- XPG第4期即XPG4出版于1992年，其第2版出版于1994年。这个最新版本也称为"Spec 1 170"，其中魔数1170是系统接口数（926个）、头文件数（70个）和命令数（174个）的总和。这组规范的最终名字是X/Open Single Unix Specification（X/Open单一Unix规范），也称为"Unix 95"。

[①] 这里被认可标准（approved standard）意思是成为正式标准前的特定阶段。——译者注

- 单一Unix规范第2版于1997年3月发行。符合这个规范的产品称为"Unix 98"。本书就称这个规范为"Unix 98"。Unix 98的接口数目从1170个增长到1434个，而用于工作站的接口数则达到3 030个，因为它包含公共桌面环境（Common Desktop Environment，CDE），而公共桌面环境又需要X Windows系统和Motif用户接口。本规范的详情参见 http://www.UNIX.org/version2和［Josey 1997］。Unix 98为套接字API和XTI API定义了网络支持服务。这个规范与POSIX.1g几乎相同。

> 不幸的是，X/Open称它们的网络标准为XNS：X/Open Networking Services。定义Unix 98套接字和XTI的文档的这一版本称为"XNS Issue 5"（XNS第5期）。在网络界，XNS已是Xerox Network Systems体系结构的简称。所以，我们避免使用XNS，而称这个X/Open文档为Unix 98网络API标准。

27

1.10.3 标准的统一

如本节开头所提，伴随Austin CSRG发布单一Unix规范第3版，POSIX和开放团体都继续发展，达成统一的标准。CSRG促成50多家公司就单一标准达成一致意见，这在Unix发展史上确实是一件划时代之大事。如今大多数Unix系统都符合POSIX.1和POSIX.2的某个版本，不少系统符合单一Unix规范第3版。

历史上多数Unix系统或者源自Berkeley，或者源自System V，不过这些差别在慢慢消失，因为大多数厂商已开始采纳这些标准。然而在系统管理的处理上两者仍然存在较大差别，这个领域目前还没有标准可循。

本书的焦点是单一Unix规范第3版，其中又以套接字API为主。只要可能，我们就使用标准函数。

1.10.4 因特网工程任务攻坚组

因特网工程任务攻坚组（Internet Engineering Task Force，IETF）是一个由关心因特网体系结构的发展及其顺利运作的网络设计者、操作员、厂商和研究人员联合组成的开放的国际团体。它向任何感兴趣的个人开放。

因特网标准处理过程在RFC 2026［Bradner 1996］中说明。因特网标准一般处理协议问题而不是编程API，不过仍有两个RFC（RFC 3493［Gilligan et al. 2003］和RFC 3542［Stevens et al. 2003］）说明了IPv6的套接字API。它们是信息性的RFC，并不是标准，制定它们的目的是加速部署由多家从事IPv6工作较早的厂商所开发的可移植网络应用程序。尽管标准主体趋于花费很长的时间，其中许多API却已经在单一Unix规范第3版中标准化了。

1.11 64位体系结构

20世纪90年代中期到末期开始出现向64位体系结构和64位软件发展的趋势。其原因之一是在每个进程内部可以由此使用更长的编址长度（即64位指针），从而可以寻址很大的内存空间（超过2^{32}字节）。现有32位Unix系统上共同的编程模型称为ILP32模型，表示整数（I）、长整数（L）和指针（P）都占用32位。64位Unix系统上变得最为流行的模型称为LP64模型，表示只有长整数（L）和指针（P）占用64位。图1-17对这两种模型进行了比较。

28

从编程角度看，LP64模型意味着我们不能假设一个指针能存放在一个整数中。我们还必须考虑LP64模型对现有API的影响。

数据类型	ILP32模型	LP64模型
char	8	8
short	16	16
int	32	32
long	32	64
指针	32	64

图1-17　ILP32和LP64模型保存不同数据类型所占用的位数的比较

　　ANSI C创造了size_t数据类型，它用于作为malloc的唯一参数（待分配的字节数），或者作为read和write的第三个参数（待读或写的字节数）。在32位系统中size_t是一个32位值，但是在64位系统中它必须是一个64位值，以便发挥更大寻址模型的优势。这意味着64位系统中也许含有一个把size_t定义为unsigned long的typedef指令。联网API存在如下问题：POSIX.1g的某些草案规定，存放套接字地址结构大小的函数参数具有size_t数据类型（如bind和connect的第三个参数）。某些XTI结构也含有数据类型为long的成员（如t_info和t_opthdr结构）。如果这些规定不加修改，当Unix系统从ILP32模型转变为LP64模型时，size_t和long都将从32位值变为64位值。这两个例子实际上并不需要使用64位的数据类型：套接字地址结构的长度最多也就几百字节，给XTI的结构成员使用long数据类型则是个错误。

　　处理这些情况的办法是使用专门设计的数据类型。套接字API对套接字地址结构的长度使用socklen_t数据类型，XTI则使用t_scalar_t和t_uscalar_t数据类型。不把这些值由32位改为64位的理由是易于为那些已在32位系统中编译的应用程序提供在新的64位系统中的二进制代码兼容性。

1.12　小结

　　图1-5展示了一个尽管简单但却完整的TCP客户程序，它从某个指定的服务器读取当前时间和日期；而图1-9则展示了其服务器程序的一个完整版本。这两个例子引入了许多本书其他部分将要扩展的概念和术语。

　　我们的客户程序与IPv4协议相关，我们于是把它修改成使用IPv6，但这样做却只是给了我们另外一个协议相关的程序。我们将在第11章中开发一些可用来编写协议无关代码的函数，这在因特网开始使用IPv6后会变得非常重要。

　　纵贯本书，我们将使用1.4节中介绍的包裹函数来缩短代码，同时又保证测试每个函数调用，检查是否返回错误。我们的包裹函数都以一个大写字母开头。

　　单一Unix规范第3版有多个名称，我们简单地称之为POSIX规范。它是两个长期发展的标准团体各自努力的汇合，由Austin CSRG最终团结起来。

　　对Unix网络支持历史感兴趣的读者可参阅叙述Unix历史的［Salus 1994］和叙述TCP/IP及因特网历史的［Salus 1995］。

习题

1.1　按1.9节末尾的步骤找出你自己的网络拓扑的信息。

1.2　获取本书示例的源代码（见前言），编译并测试图1-5所示的TCP时间获取客户程序。运行这个程序若干次，每次以不同IP地址作为命令行参数。

1.3 把图1-5中的socket的第一参数改为9999。编译并运行这个程序。结果如何？找出对应于所输出出错的errno值。你如何可以找到关于这个错误的更多信息？

1.4 修改图1-5中的while循环，加入一个计数器，累计read返回大于零值的次数。在终止前输出这个计数器值。编译并运行你的新客户程序。

1.5 按下述步骤修改图1-9中的程序。首先，把赋予sin_port的端口号从13改为9999。然后，把write的单一调用改为循环调用，每次写出结果字符串的1字节。编译修改后的服务器程序并在后台启动执行。接着修改前一道习题中的客户程序（它在终止前输出计数器值），把赋予sin_port的端口号从13改为9999。启动这个客户程序，指定运行修改后的服务器程序的主机的IP地址作为命令行参数。客户程序计数器的输出值是多少？如果可能，在不同主机上运行这个客户与服务器程序。

第 2 章

传输层：TCP、UDP 和 SCTP

2.1 概述

本章提供本书示例所用TCP/IP协议的概貌。我们的目的是从网络编程角度提供足够的细节以理解如何使用这些协议，同时提供有关这些协议的实际设计、实现及历史的具体描述的参考点。

本章的焦点是传输层，包括TCP、UDP和SCTP（Stream Control Transmission Protocol，流控制传输协议）。绝大多数客户/服务器网络应用使用TCP或UDP。SCTP是一个较新的协议，最初设计用于跨因特网传输电话信令。这些传输协议都转而使用网络层协议IP：或是IPv4，或是IPv6。尽管可以绕过传输层直接使用IPv4或IPv6，但这种技术（往往称为原始套接字）却极少使用。因此，我们把IPv4和IPv6以及ICMPv4和ICMPv6的详细描述安排在附录A中。

UDP是一个简单的、不可靠的数据报协议，而TCP是一个复杂、可靠的字节流协议。SCTP与TCP类似之处在于它也是一个可靠的传输协议，但它还提供消息边界、传输级别多宿（multihoming）支持以及将头端阻塞（head-of-line blocking）减少到最小的一种方法。我们必须了解由这些传输层协议提供给应用进程的服务，这样才能弄清这些协议处理什么，应用进程中又需要处理什么。

TCP的某些特性一旦理解，就很容易编写健壮的客户和服务器程序，也很容易使用诸如netstat等普遍可用的工具来调试客户和服务器程序。本章将阐述以下相关主题：TCP的三路握手、TCP的连接终止序列和TCP的TIME_WAIT状态，SCTP的四路握手和SCTP的连接终止，加上由套接字层提供的TCP、UDP和SCTP缓冲机制，等等。

2.2 总图

虽然协议族被称为"TCP/IP"，但除了TCP和IP这两个主要协议外，还有许多其他成员。图2-1展示了这些协议的概况。

图2-1中同时展示了IPv4和IPv6。从右向左查看该图，最右边的5个网络应用在使用IPv6；我们将在第3章中随sockaddr_in6结构讲解AF_INET6常值。随后的6个网络应用使用IPv4。

最左边名为tcpdump的网络应用或者使用BSD分组过滤器（BSD packet filter，BPF），或者使用数据链路提供者接口（datalink provider interface，DLPI）直接与数据链路进行通信。处于其右边所有9个应用下面的虚线标记为API，它通常是套接字或XTI。访问BPF或DLPI的接口不使用套接字或XTI。

> 这种情况存在一个例外：Linux使用一种称为SOCK_PACKET的特殊套接字类型提供对于数据链路的访问。我们将在第28章中详细讲述这个例外。

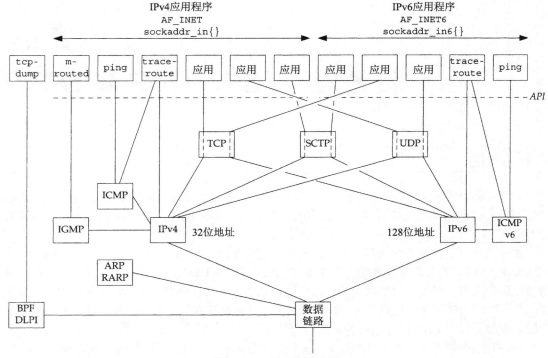

图2-1   TCP/IP协议概况

　　图2-1中还标明traceroute程序使用两种套接字：IP套接字用于访问IP，ICMP套接字用于访问ICMP。在第28章中，我们将开发ping和traceroute这两个应用的IPv4和IPv6版本。

　　下面我们讲解一下图2-1中的每一个协议框。

IPv4　　　　网际协议版本4（Internet Protocol version 4）。IPv4（通常称之为IP）自20世纪80年代早期以来一直是网际协议族的主力协议。它使用32位地址（见A.4节）。IPv4给TCP、UDP、SCTP、ICMP和IGMP提供分组递送服务。

IPv6　　　　网际协议版本6（Internet Protocol version 6）。IPv6是在20世纪90年代中期作为IPv4的一个替代品设计的。其主要变化是使用128位更大地址（见A.5节）以应对20世纪90年代因特网的爆发性增长。IPv6给TCP、UDP、SCTP和ICMPv6提供分组递送服务。

　　　　　　当无需区别IPv4和IPv6时，我们经常把"IP"一词作为形容词使用，如IP层、IP地址等。

TCP　　　　传输控制协议（Transmission Control Protocol）。TCP是一个面向连接的协议，为用户进程提供可靠的全双工字节流。TCP套接字是一种流套接字（stream socket）。TCP关心确认、超时和重传之类的细节。大多数因特网应用程序使用TCP。注意，TCP既可以使用IPv4，也可以使用IPv6。

UDP　　　　用户数据报协议（User Datagram Protocol）。UDP是一个无连接协议。UDP套接字是一种数据报套接字（datagram socket）。UDP数据报不能保证最终到达它们的目的地。与TCP一样，UDP既可以使用IPv4，也可以使用IPv6。

SCTP　　　　流控制传输协议（Stream Control Transmission Protocol）。SCTP是一个提供可靠

全双工关联的面向连接的协议，我们使用"关联"一词来指称SCTP中的连接，因为SCTP是多宿的，从而每个关联的两端均涉及一组IP地址和一个端口号。SCTP提供消息服务，也就是维护来自应用层的记录边界。与TCP和UDP一样，SCTP既可以使用IPv4，也可以使用IPv6，而且能够在同一个关联中同时使用它们。

ICMP   网际控制消息协议（Internet Control Message Protocol）。ICMP处理在路由器和主机之间流通的错误和控制消息。这些消息通常由TCP/IP网络支持软件本身（而不是用户进程）产生和处理，不过图中展示的ping和traceroute程序同样使用ICMP。有时我们称这个协议为ICMPv4，以便与ICMPv6相区别。

IGMP   网际组管理协议（Internet Group Management Protocol）。IGMP用于多播（见第21章），它在IPv4中是可选的。

ARP   地址解析协议（Address Resolution Protocol）。ARP把一个IPv4地址映射成一个硬件地址（如以太网地址）。ARP通常用于诸如以太网、令牌环网和FDDI等广播网络，在点到点网络上并不需要。

RARP   反向地址解析协议（Reverse Address Resolution Protocol）。RARP把一个硬件地址映射成一个IPv4地址。它有时用于无盘节点的引导。

ICMPv6   网际控制消息协议版本6（Internet Control Message Protocol version 6）。ICMPv6综合了ICMPv4、IGMP和ARP的功能。

BPF   BSD分组过滤器（BSD packet filter）。该接口提供对于数据链路层的访问能力，通常可以在源自Berkeley的内核中找到。

DLPI   数据链路提供者接口（datalink provider interface）。该接口也提供对于数据链路层的访问能力，通常随SVR4内核提供。

32
~
33

所有网际协议由一个或多个称为请求评注（Request for Comments，RFC）的文档定义，这些RFC就是它们的正式规范。习题2.1的答案说明如何获得这些RFC。

我们使用术语"IPv4/IPv6主机"或"双栈主机"表示同时支持IPv4和IPv6的主机。

TCP/IP协议的其他细节参见TCPv1。TCP/IP在4.4BSD上的实现参见TCPv2。

2.3 用户数据报协议（UDP）

UDP是一个简单的传输层协议，在RFC 768［Postel 1980］中有详细说明。应用进程往一个UDP套接字写入一个消息，该消息随后被封装（encapsulating）到一个UDP数据报，该UDP数据报进而又被封装到一个IP数据报，然后发送到目的地。UDP不保证UDP数据报会到达其最终目的地，不保证各个数据报的先后顺序跨网络后保持不变，也不保证每个数据报只到达一次。

我们使用UDP进行网络编程所遇到的问题是它缺乏可靠性。如果一个数据报到达了其最终目的地，但是校验和检测发现有错误，或者该数据报在网络传输途中被丢弃了，它就无法被投递给UDP套接字，也不会被源端自动重传。如果想要确保一个数据报到达其目的地，可以往应用程序中添置一大堆的特性：来自对端的确认、本端的超时与重传等。

每个UDP数据报都有一个长度。如果一个数据报正确地到达其目的地，那么该数据报的长度将随数据一道传递给接收端应用进程。我们已经提到过TCP是一个字节流（byte-stream）协议，没有任何记录边界（见1.2节），这一点不同于UDP。

我们也说UDP提供无连接的（connectionless）服务，因为UDP客户与服务器之间不必存在任何长期的关系。举例来说，一个UDP客户可以创建一个套接字并发送一个数据报给一个给定的服务器，然后立即用同一个套接字发送另一个数据报给另一个服务器。同样地，一个UDP服务器可以用同一个UDP套接字从若干个不同的客户接收数据报，每个客户一个数据报。

2.4　传输控制协议（TCP）

由TCP向应用进程提供的服务不同于由UDP提供的服务。TCP在RFC 793［Postel 1981c］中有详细说明，然后由RFC 1323［Jacobson, Braden, and Borman 1992］、RFC 2581［Allman, Paxson, and Stevens 1999］、RFC 2988［Paxson and Allman 2000］和RFC 3390［Allman, Floyd, and Partridge 2002］加以更新。首先，TCP提供客户与服务器之间的连接（connection）。TCP客户先与某个给定服务器建立一个连接，再跨该连接与那个服务器交换数据，然后终止这个连接。

其次，TCP还提供了可靠性（reliability）。当TCP向另一端发送数据时，它要求对端返回一个确认。如果没有收到确认，TCP就自动重传数据并等待更长时间。在数次重传失败后，TCP才放弃，如此在尝试发送数据上所花的总时间一般为4~10分钟（依赖于具体实现）。

> 注意，TCP并不保证数据一定会被对方端点接收，因为这是不可能做到的。如果有可能，TCP就把数据递送到对方端点，否则就（通过放弃重传并中断连接这一手段）通知用户。这么说来，TCP也不能被描述成是100%可靠的协议，它提供的是数据的可靠递送或故障的可靠通知。

TCP含有用于动态估算客户和服务器之间的往返时间（round-trip time，RTT）的算法，以便它知道等待一个确认需要多少时间。举例来说，RTT在一个局域网上大约是几毫秒，跨越一个广域网则可能是数秒。另外，因为RTT受网络流通各种变化因素影响，TCP还持续估算一个给定连接的RTT。

TCP通过给其中每字节关联一个序列号对所发送的数据进行排序（sequencing）。举例来说，假设一个应用写2048字节到一个TCP套接字，导致TCP发送2个分节：第一个分节所含数据的序列号为1~1024，第二个分节所含数据的序列号为1025~2048。（分节是TCP传递给IP的数据单元。）如果这些分节非顺序到达，接收端TCP将先根据它们的序列号重新排序，再把结果数据传递给接收应用。如果接收端TCP接收到来自对端的重复数据（譬如说对端认为一个分节已丢失并因此重传，而这个分节并没有真正丢失，只是网络通信过于拥挤），它可以（根据序列号）判定数据是重复的，从而丢弃重复数据。

> UDP不提供可靠性。UDP本身不提供确认、序列号、RTT估算、超时和重传等机制。如果一个UDP数据报在网络中被复制，两份副本就可能都递送到接收端的主机。同样地，如果一个UDP客户发送两个数据报到同一个目的地，它们可能被网络重新排序，颠倒顺序后到达目的地。UDP应用必须处理所有这些情况，在22.5节中我们将展示如何处理。

再次，TCP提供流量控制（flow control）。TCP总是告知对端在任何时刻它一次能够从对端接收多少字节的数据，这称为通告窗口（advertised window）。在任何时刻，该窗口指出接收缓冲区中当前可用的空间量，从而确保发送端发送的数据不会使接收缓冲区溢出。该窗口时刻动态变化：当接收到来自发送端的数据时，窗口大小就减小，但是当接收端应用从缓冲区中读取数据时，窗口大小就增大。通告窗口大小减小到0是有可能的：当TCP对应某个套接字的接收缓冲区已满，导致它必须等待应用从该缓冲区读取数据时，方能从对端再接收数据。

UDP不提供流量控制。如我们将在8.13节所示，让较快的UDP发送端以一个UDP接收端难以跟上的速率发送数据报是非常容易的。

最后，TCP连接是全双工的（full-duplex）。这意味着在一个给定的连接上应用可以在任何时刻在进出两个方向上既发送数据又接收数据。因此，TCP必须为每个数据流方向跟踪诸如序列号和通告窗口大小等状态信息。建立一个全双工连接后，需要的话可以把它转换成一个单工连接（见6.6节）。

UDP可以是全双工的。

2.5　流控制传输协议（SCTP）

SCTP提供的服务与UDP和TCP提供的类似。SCTP在RFC 2960［Stewart et al. 2000］中详细说明，并由RFC 3309［Stone, Stewart, and Otis 2002］加以更新。RFC 3286［Ong and Yoakum 2002］给出了SCTP的简要介绍。SCTP在客户和服务器之间提供关联（association），并像TCP那样给应用提供可靠性、排序、流量控制以及全双工的数据传送。SCTP中使用"关联"一词取代"连接"是为了避免这样的内涵：一个连接只涉及两个IP地址之间的通信。一个关联指代两个系统之间的一次通信，它可能因为SCTP支持多宿而涉及不止两个地址。

与TCP不同的是，SCTP是面向消息的（message-oriented）。它提供各个记录的按序递送服务。与UDP一样，由发送端写入的每条记录的长度随数据一道传递给接收端应用。

SCTP能够在所连接的端点之间提供多个流，每个流各自可靠地按序递送消息。一个流上某个消息的丢失不会阻塞同一关联其他流上消息的投递。这种做法与TCP正好相反，就TCP而言，在单一字节流中任何位置的字节丢失都将阻塞该连接上其后所有数据的递送，直到该丢失被修复为止。

SCTP还提供多宿特性，使得单个SCTP端点能够支持多个IP地址。该特性可以增强应对网络故障的健壮性。一个端点可能有多个冗余的网络连接，每个网络又可能有各自接入因特网基础设施的连接。当该端点与另一个端点建立一个关联后，如果它的某个网络或某个跨越因特网的通路发生故障，SCTP就可以通过切换到使用已与该关联相关的另一个地址来规避所发生的故障。

类似的健壮性在路由协议的辅助下也可以从TCP中获得。举例来说，由iBGP实现的同一域内的BGP连接往往把赋予路由器内某个虚拟接口的多个地址用作TCP连接的端点。该域的路由协议确保两个路由器之间只要存在一条路由，该路由就会被用上，从而保证这两个路由器之间的BGP连接可用；要是使用属于某个物理接口的地址来建立BGP连接，该物理接口又变得不工作了，这一点就不可能做到。SCTP的多宿特性允许主机（而不仅仅是路由器）也多宿，而且允许多宿跨越不同的服务供应商发生，这些基于路由的TCP多宿方法都无法做到。

36

2.6　TCP连接的建立和终止

为帮助大家理解connect、accept和close这3个函数并使用netstat程序调试TCP应用，我们必须了解TCP连接如何建立和终止，并掌握TCP的状态转换图。

2.6.1　三路握手

建立一个TCP连接时会发生下述情形。

(1) 服务器必须准备好接受外来的连接。这通常通过调用socket、bind和listen这3个函数来完成,我们称之为被动打开(passive open)。

(2) 客户通过调用connect发起主动打开(active open)。这导致客户TCP发送一个SYN(同步)分节,它告诉服务器客户将在(待建立的)连接中发送的数据的初始序列号。通常SYN分节不携带数据,其所在IP数据报只含有一个IP首部、一个TCP首部及可能有的TCP选项(我们稍后讲解)。

(3) 服务器必须确认(ACK)客户的SYN,同时自己也得发送一个SYN分节,它含有服务器将在同一连接中发送的数据的初始序列号。服务器在单个分节中发送SYN和对客户SYN的ACK(确认)。

(4) 客户必须确认服务器的SYN。

这种交换至少需要3个分组,因此称之为TCP的三路握手(three-way handshake)。图2-2展示了所交换的3个分节。

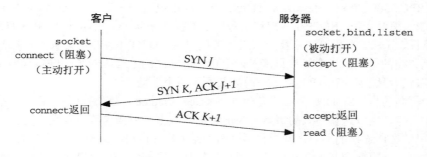

图2-2   TCP的三路握手

图2-2给出的客户的初始序列号为J,服务器的初始序列号为K。ACK中的确认号是发送这个ACK的一端所期待的下一个序列号。因为SYN占据1字节的序列号空间,所以每一个SYN的ACK中的确认号就是该SYN的初始序列号加1。类似地,每一个FIN(表示结束)的ACK中的确认号为该FIN的序列号加1。

> 建立TCP连接就好比一个电话系统[Nemeth 1997]。socket函数等同于有电话可用。bind函数是在告诉别人你的电话号码,这样他们可以呼叫你。listen函数是打开电话振铃,这样当有一个外来呼叫到达时,你就可以听到。connect函数要求我们知道对方的电话号码并拨打它。accept函数发生在被呼叫的人应答电话之时。由accept返回客户的标识(即客户的IP地址和端口号)类似于让电话机的呼叫者ID功能部件显示呼叫者的电话号码。然而两者的不同之处在于accept只在连接建立之后返回客户的标识,而呼叫者ID功能部件却在我们选择应答或不应答电话之前显示呼叫者的电话号码。如果使用域名系统DNS(见第11章),它就提供了一种类似于电话簿的服务。getaddrinfo类似于在电话簿中查找某个人的电话号码,getnameinfo则类似于有一本按照电话号码而不是按照用户名排序的电话簿。

2.6.2　TCP 选项

每一个SYN可以含有多个TCP选项。下面是常用的TCP选项。

* MSS选项。发送SYN的TCP一端使用本选项通告对端它的最大分节大小(maximum segment size)即MSS,也就是它在本连接的每个TCP分节中愿意接受的最大数据量。发送端TCP使用接收端的MSS值作为所发送分节的最大大小。我们将在7.9节看到如何使用

TCP_MAXSEG套接字选项提取和设置这个TCP选项。

- 窗口规模选项。TCP连接任何一端能够通告对端的最大窗口大小是65535，因为在TCP首部中相应的字段占16位。然而当今因特网上业已普及的高速网络连接（45 Mbit/s或更快，如RFC 1323［Jacobson, Braden, and Borman 1992］所述）或长延迟路径（卫星链路）要求有更大的窗口以获得尽可能大的吞吐量。这个新选项指定TCP首部中的通告窗口必须扩大（即左移）的位数（0～14），因此所提供的最大窗口接近1 GB（65535×2^{14}）。在一个TCP连接上使用窗口规模的前提是它的两个端系统必须都支持这个选项。我们将在7.5节看到如何使用SO_RCVBUF套接字选项影响这个TCP选项。

> 为提供与不支持这个选项的较早实现间的互操作性，需应用如下规则。TCP可以作为主动打开的部分内容随它的SYN发送该选项，但是只在对端也随它的SYN发送该选项的前提下，它才能扩大自己窗口的规模。类似地，服务器的TCP只有接收到随客户的SYN到达的该选项时，才能发送该选项。本逻辑假定实现忽略它们不理解的选项，如此忽略是必需的要求，也已普遍满足，但无法保证所有实现都满足此要求。

38

- 时间戳选项。这个选项对于高速网络连接是必要的，它可以防止由失而复现的分组[①]可能造成的数据损坏。它是一个较新的选项，也以类似于窗口规模选项的方式协商处理。作为网络编程人员，我们无需考虑这个选项。

TCP的大多数实现都支持这些常用选项。后两个选项有时称为"RFC 1323选项"，因为它们是在RFC 1323［Jacobson, Braden, and Borman 1992］中说明的。既然高带宽或长延迟的网络被称为"长胖管道"（long fat pipe），这两个选项也称为"长胖管道选项"。TCPv1的第24章对这些选项有详细的叙述。

2.6.3　TCP 连接终止

TCP建立一个连接需3个分节，终止一个连接则需4个分节。

(1) 某个应用进程首先调用close，我们称该端执行主动关闭（active close）。该端的TCP于是发送一个FIN分节，表示数据发送完毕。

(2) 接收到这个FIN的对端执行被动关闭（passive close）。这个FIN由TCP确认。它的接收也作为一个文件结束符（end-of-file）传递给接收端应用进程（放在已排队等候该应用进程接收的任何其他数据之后），因为FIN的接收意味着接收端应用进程在相应连接上再无额外数据可接收。

(3) 一段时间后，接收到这个文件结束符的应用进程将调用close关闭它的套接字。这导致它的TCP也发送一个FIN。

(4) 接收这个最终FIN的原发送端TCP（即执行主动关闭的那一端）确认这个FIN。

既然每个方向都需要一个FIN和一个ACK，因此通常需要4个分节。我们使用限定词"通常"是因为：某些情形下步骤1的FIN随数据一起发送；另外，步骤2和步骤3发送的分节都出自执行被动关闭那一端，有可能被合并成一个分节。图2-3展示了这些分组。

---

① "失而复现的分组"这个译法出自第2版，这一版中改为"陈旧的、延迟的或重复的分节"，却没能准确表达Stevens先生的原意。失而复现的分组并不是超时重传的分组，而是由暂时的路由原因造成的迷途的分组。当路由稳定后，它们又会正常到达目的地，其前提是它们在此前尚未被路由器丢弃。高速网络中32位的序列号短时间内就可能循环一轮重新使用，若不用时间戳选项，失而复现的分组所承载的分节可能与再次使用相同序列号的真正分节发生混淆。——译者注

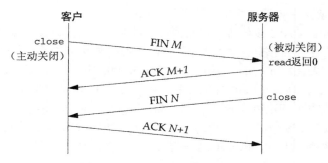

图2-3　TCP连接关闭时的分组交换

类似SYN，一个FIN也占据1字节的序列号空间。因此，每个FIN的ACK确认号就是这个FIN的序列号加1。

在步骤2与步骤3之间，从执行被动关闭一端到执行主动关闭一端流动数据是可能的。这称为半关闭（half-close），我们将在6.6节随shutdown函数再详细介绍。

当套接字被关闭时，其所在端TCP各自发送了一个FIN。我们在图中指出，这是由应用进程调用close而发生的，不过需认识到，当一个Unix进程无论自愿地（调用exit或从main函数返回）还是非自愿地（收到一个终止本进程的信号）终止时，所有打开的描述符都被关闭，这也导致仍然打开的任何TCP连接上也发出一个FIN。

图2-3展示了客户执行主动关闭的情形，不过我们指出，无论是客户还是服务器，任何一端都可以执行主动关闭。通常情况是客户执行主动关闭，但是某些协议（譬如值得注意的HTTP/1.0）却由服务器执行主动关闭。

2.6.4　TCP 状态转换图

TCP涉及连接建立和连接终止的操作可以用状态转换图（state transition diagram）来说明，如图2-4所示。

TCP为一个连接定义了11种状态，并且TCP规则规定如何基于当前状态及在该状态下所接收的分节从一个状态转换到另一个状态。举例来说，当某个应用进程在CLOSED状态下执行主动打开时，TCP将发送一个SYN，且新的状态是SYN_SENT。如果这个TCP接着接收到一个带ACK的SYN，它将发送一个ACK，且新的状态是ESTABLISHED。这个最终状态是绝大多数数据传送发生的状态。

自ESTABLISHED状态引出的两个箭头处理连接的终止。如果某个应用进程在接收到一个FIN之前调用close（主动关闭），那就转换到FIN_WAIT_1状态。但如果某个应用进程在ESTABLISHED状态期间接收到一个FIN（被动关闭），那就转换到CLOSE_WAIT状态。

我们用粗实线表示通常的客户状态转换，用粗虚线表示通常的服务器状态转换。图中还注明存在两个我们未曾讨论的转换：一个为同时打开（simultaneous open），发生在两端几乎同时发送SYN并且这两个SYN在网络中交错的情形下，另一个为同时关闭（simultaneous close），发生在两端几乎同时发送FIN的情形下。TCPv1的第18章中有这两种情况的例子和讨论，它们是可能发生的，不过非常罕见。

展示状态转换图的原因之一是给出11种TCP状态的名称。这些状态可使用netstat显示，它是一个在调试客户/服务器应用时很有用的工具。我们将在第5章中使用netstat去监视状态的变化。

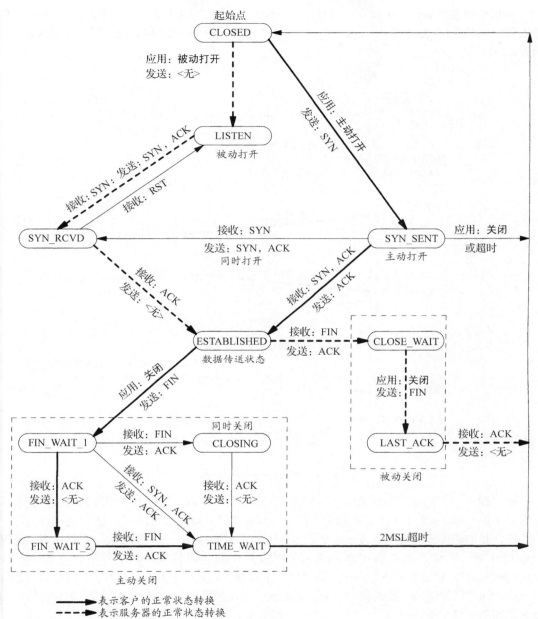

图2-4 TCP状态转换图

2.6.5 观察分组

图2-5展示一个完整的TCP连接所发生的实际分组交换情况,包括连接建立、数据传送和连接终止3个阶段。图中还展示了每个端点所历经的TCP状态。

41

　　本例中的客户通告一个值为536的MSS（表明该客户只实现了最小重组缓冲区大小），服务器通告一个值为1460的MSS（以太网上IPv4的典型值）。不同方向上MSS值不相同不成问题（见习题2.5）。

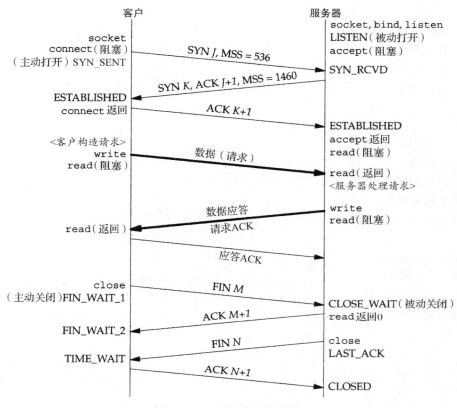

图2-5　TCP连接的分组交换

　　一旦建立一个连接，客户就构造一个请求并发送给服务器。这里我们假设该请求适合于单个TCP分节（即请求大小小于服务器通告的值为1460字节的MSS）。服务器处理该请求并发送一个应答，我们假设该应答也适合于单个分节（本例即小于536字节）。图中使用粗箭头表示这两个数据分节。注意，服务器对客户请求的确认是伴随其应答发送的。这种做法称为捎带（piggybacking），它通常在服务器处理请求并产生应答的时间少于200 ms时发生。如果服务器耗用更长时间，譬如说1 s，那么我们将看到先是确认后是应答。（TCP数据流机理在TCPv1的第19章和第20章中详细叙述。）

　　图中随后展示的是终止连接的4个分节。注意，执行主动关闭的那一端（本例子中为客户）进入我们将在下一节中讨论的TIME_WAIT状态。

　　图2-5中值得注意的是，如果该连接的整个目的仅仅是发送一个单分节的请求和接收一个单分节的应答，那么使用TCP有8个分节的开销。如果改用UDP，那么只需交换两个分组：一个承载请求，一个承载应答。然而从TCP切换到UDP将丧失TCP提供给应用进程的全部可靠性，迫使可靠服务的一大堆细节从传输层（TCP）转移到UDP应用进程。TCP提供的另一个重要特性即拥塞控制也必须由UDP应用进程来处理。尽管如此，我们仍然需要知道许多网络应用是使用UDP构建的，因为它们需要交换的数据量较少，而UDP避免了TCP连接建立和终止所需的开销。

2.7 TIME_WAIT 状态

毫无疑问，TCP中有关网络编程最不容易理解的是它的TIME_WAIT状态。在图2-4中我们看到执行主动关闭的那端经历了这个状态。该端点停留在这个状态的持续时间是最长分节生命期（maximum segment lifetime，MSL）的两倍，有时候称之为2MSL。

任何TCP实现都必须为MSL选择一个值。RFC 1122［Braden 1989］的建议值是2分钟，不过源自Berkeley的实现传统上改用30秒这个值。这意味着TIME_WAIT状态的持续时间在1分钟到4分钟之间。MSL是任何IP数据报能够在因特网中存活的最长时间。我们知道这个时间是有限的，因为每个数据报含有一个称为跳限（hop limit）的8位字段（见图A-1中IPv4的TTL字段和图A-2中IPv6的跳限字段），它的最大值为255。尽管这是一个跳数限制而不是真正的时间限制，我们仍然假设：具有最大跳限（255）的分组在网络中存在的时间不可能超过MSL秒。

分组在网络中"迷途"通常是路由异常的结果。某个路由器崩溃或某两个路由器之间的某个链路断开时，路由协议需花数秒到数分钟的时间才能稳定并找出另一条通路。在这段时间内有可能发生路由循环（路由器A把分组发送给路由器B，而B再把它们发送回A），我们关心的分组可能就此陷入这样的循环。假设迷途的分组是一个TCP分节，在它迷途期间，发送端TCP超时并重传该分组，而重传的分组却通过某条候选路径到达最终目的地。然而不久后（自迷途的分组开始其旅程起最多MSL秒以内）路由循环修复，早先迷失在这个循环中的分组最终也被送到目的地。这个原来的分组称为迷途的重复分组（lost duplicate）或漫游的重复分组（wandering duplicate）。TCP必须正确处理这些重复的分组。

TIME_WAIT状态有两个存在的理由：

(1) 可靠地实现TCP全双工连接的终止；

(2) 允许老的重复分节在网络中消逝。

第一个理由可以通过查看图2-5并假设最终的ACK丢失了来解释。服务器将重新发送它的最终那个FIN，因此客户必须维护状态信息，以允许它重新发送最终那个ACK。要是客户不维护状态信息，它将响应以一个RST（另外一种类型的TCP分节），该分节将被服务器解释成一个错误。如果TCP打算执行所有必要的工作以彻底终止某个连接上两个方向的数据流（即全双工关闭），那么它必须正确处理连接终止序列4个分节中任何一个分节丢失的情况。本例子也说明了为什么执行主动关闭的那一端是处于TIME_WAIT状态的那一端：因为可能不得不重传最终那个ACK的就是那一端。

为理解存在TIME_WAIT状态的第二个理由，我们假设在12.106.32.254的1500端口和206.168.112.219的21端口之间有一个TCP连接。我们关闭这个连接，过一段时间后在相同的IP地址和端口之间建立另一个连接。后一个连接称为前一个连接的化身（incarnation），因为它们的IP地址和端口号都相同。TCP必须防止来自某个连接的老的重复分组在该连接已终止后再现，从而被误解成属于同一连接的某个新的化身。为做到这一点，TCP将不给处于TIME_WAIT状态的连接发起新的化身。既然TIME_WAIT状态的持续时间是MSL的2倍，这就足以让某个方向上的分组最多存活MSL秒即被丢弃，另一个方向上的应答最多存活MSL秒也被丢弃。通过实施这个规则，我们就能保证每成功建立一个TCP连接时，来自该连接先前化身的老的重复分组都已在网络中消逝了。

> 这个规则存在一个例外：如果到达的SYN的序列号大于前一化身的结束序列号，源自Berkeley的实现将给当前处于TIME_WAIT状态的连接启动新的化身。TCPv2第958～959页对

43

这种情况有详细的叙述。它要求服务器执行主动关闭，因为接收下一个SYN的那一端必须处于TIME_WAIT状态。rsh命令具备这种能力。RFC 1185 [Jacobson, Braden, and Zhang 1990] 讲述了有关这种情形的一些陷阱。

2.8　SCTP 关联的建立和终止

44

与TCP一样，SCTP也是面向连接的，因而也有关联的建立与终止的握手过程。不过SCTP的握手过程不同于TCP，我们在此加以说明。

2.8.1　四路握手

建立一个SCTP关联的时候会发生下述情形（类似于TCP）。

(1) 服务器必须准备好接受外来的关联。这通常通过调用socket、bind和listen这3个函数来完成，称为被动打开。

(2) 客户通过调用connect或者发送一个隐式打开该关联的消息进行主动打开。这使得客户SCTP发送一个INIT消息（初始化），该消息告诉服务器客户的IP地址清单、初始序列号、用于标识本关联中所有分组的起始标记、客户请求的外出流的数目以及客户能够支持的外来流的数目。

(3) 服务器以一个INIT ACK消息确认客户的INIT消息，其中含有服务器的IP地址清单、初始序列号、起始标记、服务器请求的外出流的数目、服务器能够支持的外来流的数目以及一个状态cookie。状态cookie包含服务器用于确信本关联有效所需的所有状态，它是数字化签名过的，以确保其有效性。

(4) 客户以一个COOKIE ECHO消息回射服务器的状态cookie。除COOKIE ECHO外，该消息可能在同一个分组中还捆绑了用户数据。

(5) 服务器以一个COOKIE ACK消息确认客户回射的cookie是正确的，本关联于是建立。该消息也可能在同一个分组中还捆绑了用户数据。

以上交换过程至少需要4个分组，因此称之为SCTP的四路握手（four-way handshake）。图2-6展示了这4个分节。

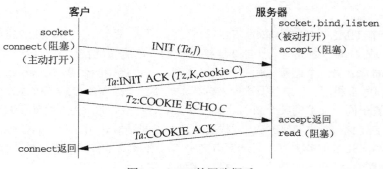

图2-6　SCTP的四路握手

45

SCTP的四路握手在很多方面类似于TCP的三路握手，差别主要在于作为SCTP整体一部分的cookie的生成。INIT（随其众多参数一道）承载一个验证标记Ta和一个初始序列号J。在关联的有效期内，验证标记Ta必须在对端发送的每个分组中出现。初始序列号J用作承载用户数据的

DATA块的起始序列号。对端也在INIT ACK中承载一个验证标记Tz，在关联的有效期内，验证标记Tz也必须在其发送的每个分组中出现。除了验证标记Tz和初始序列号K外，INIT的接收端还在作为响应的INIT ACK中提供一个cookie C。该cookie包含设置本SCTP关联所需的所有状态，这样服务器的SCTP栈就不必保存所关联客户的有关信息。SCTP关联设置的细节参见［Stewart and Xie 2001］的第4章。

四路握手过程结束时，两端各自选择一个主目的地址（primary destination address）。当不存在网络故障时，主目的地址将用作数据要发送到的默认目的地。

在SCTP中使用四路握手是为了避免一种将在4.5节讨论的拒绝服务攻击。

> SCTP使用cookie的四路握手定形了一种防护这种攻击的方法。TCP的许多实现也使用类似的方法。两者的主要差别在于，TCP中cookie状态必须编码到只有32位长的初始序列号中。SCTP为此提供了一个任意长度的字段，并且要求实施基于加密的安全性以防护攻击。

2.8.2 关联终止

SCTP不像TCP那样允许"半关闭"的关联。当一端关闭某个关联时，另一端必须停止发送新的数据。关联关闭请求的接收端发送完已经排队的数据（如果有的话）后，完成关联的关闭。图2-7展示了这一交换过程。

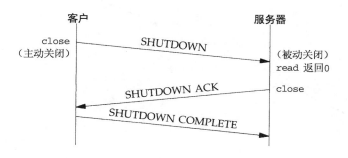

图2-7　SCTP关联关闭时的分组交换

SCTP没有类似于TCP的TIME_WAIT状态，因为SCTP使用了验证标记。所有后续块都在捆绑它们的SCTP分组的公共首部标记了初始的INIT块和INIT ACK块中作为起始标记交换的验证标记；由来自旧连接的块通过所在SCTP分组的公共首部间接携带的验证标记对于新连接来说是不正确的。因此，SCTP通过放置验证标记值就避免了TCP在TIME_WAIT状态保持整个连接的做法。

2.8.3 SCTP 状态转换图

SCTP涉及关联建立和关联终止的操作可以用状态转换图（state transition diagram）来说明，如图2-8所示。

与图2-4一样，本状态机中从一个状态到另一个状态的转换由SCTP规则基于当前状态及在该状态下所接收的块规定。举例来说，当某个应用进程在CLOSED状态下执行主动打开时，SCTP将发送一个INIT，且新的状态是COOKIE-WAIT。如果这个SCTP接着接收到一个INIT ACK，它将发送一个COOKIE ECHO，且新的状态是COOKIE-ECHOED。如果该SCTP随后接收到一个COOKIE ACK，它将转换成ESTABLISHED状态。这个最终状态是绝大多数数据传送发生点的状态，尽管DATA块也可以由COOKIE ECHO块或COOKIE ACK块所在消息捆绑捎带。

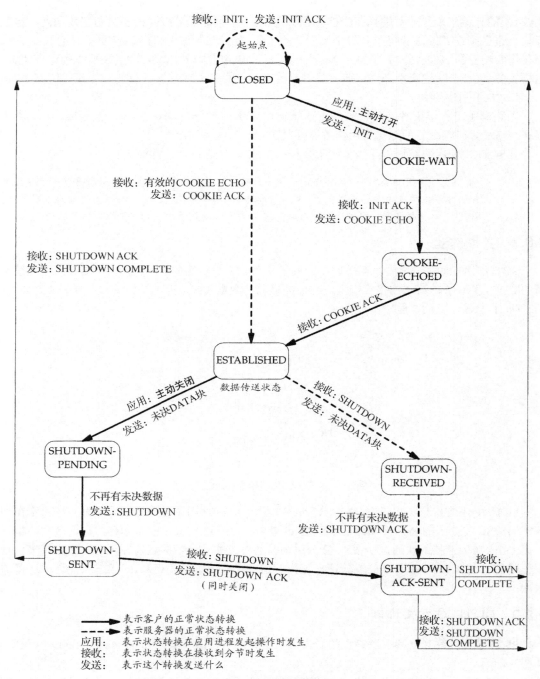

图2-8 SCTP状态转换图

从ESTABLISHED状态引出的两个箭头处理关联的终止。如果某个应用进程在接收到一个SHUTDOWN之前调用close（主动关闭），那就转换到SHUTDOWN-PENDING状态。否则，如果某个应用进程在ESTABLISHED状态期间接收到一个SHUTDOWN（被动关闭），那就转换到SHUTDOWN-RECEIVED状态。

47
~
48

2.8.4 观察分组

图2-9展示一个作为样例的SCTP关联所发生的实际分组交换情况，包括关联建立、数据传送和关联终止3个阶段。图中还展示了每个端点所历经的SCTP状态。

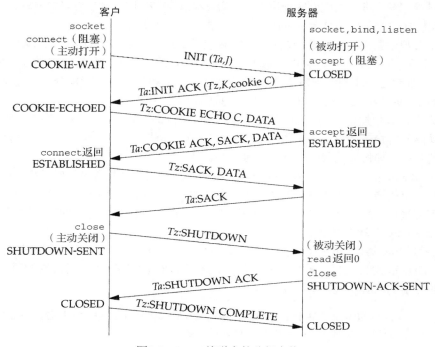

图2-9　SCTP关联中的分组交换

本例中，客户在COOKIE ECHO块所在分组中捎带了它的第一个DATA块，服务器则在作为应答的COOKIE ACK块所在分组中捎带了数据。一般而言，当网络应用采用一到多接口式样时（我们将在9.2节中讨论一到一和一到多这两种接口式样），COOKIE ECHO通常捎带一个或多个DATA块。

SCTP分组中信息的单位称为块（chunk）。块是自描述的，包含一个块类型、若干个块标记和一个块长度。这样做方便了多个块的绑缚，只要把它们简单地组合到一个SCTP外出消息中（［Stewart and Xie 2001］的第5章给出了块捆绑和常规数据传输过程的细节）。

2.8.5 SCTP 选项

SCTP使用参数和块方便增设可选特性。新的特性通过添加这两个条目之一加以定义，并允许通常的SCTP处理规则汇报未知的参数和未知的块。参数类型字段和块类型字段的高两位指明SCTP接收端该如何处置未知的参数或未知的块（［Stewart and Xie 2001］的3.1节给出了更多的细节）。

当前如下两个对SCTP的扩展正在开发中。

(1) 动态地址扩展，允许协作的SCTP端点从已有的某个关联中动态增删IP地址。

(2) 不完全可靠性扩展，允许协作的SCTP端点在应用进程的指导下限制数据的重传。当一个消息变得过于陈旧而无须发送时（按照应用进程的指导），该消息将被跳过而不再发送到对端。

49

这意味着不是所有数据都确保到达关联的另一端。

2.9　端口号

任何时候，多个进程可能同时使用TCP、UDP和SCTP这3种传输层协议中的任何一种。这3种协议都使用16位整数的端口号（port number）来区分这些进程。

当一个客户想要跟一个服务器联系时，它必须标识想要与之通信的这个服务器。TCP、UDP和SCTP定义了一组众所周知的端口（well-known port），用于标识众所周知的服务。举例来说，支持FTP的任何TCP/IP实现都把21这个众所周知的端口分配给FTP服务器。分配给简化文件传送协议（Trivial File Transfer Protocol，TFTP）的是UDP端口号69。

另一方面，客户通常使用短期存活的临时端口（ephemeral port）。这些端口号通常由传输层协议自动赋予客户。客户通常不关心其临时端口的具体值，而只需确信该端口在所在主机中是唯一的就行。传输协议的代码确保这种唯一性。

IANA（the Internet Assigned Numbers Authority，因特网已分配数值权威机构）维护着一个端口号分配状况的清单。该清单一度作为RFC多次发布；RFC 1700［Reynolds and Postel 1994］是这个系列的最后一个。RFC 3232［Reynolds 2002］给出了替代RFC 1700的在线数据库的位置：http://www.iana.org/。端口号被划分成以下3段。

(1) 众所周知的端口为0～1023。这些端口由IANA分配和控制。可能的话，相同端口号就分配给TCP、UDP和SCTP的同一给定服务。例如，不论TCP还是UDP端口号80都被赋予Web服务器，尽管它目前的所有实现都单纯使用TCP。

> 端口号80分配时SCTP尚不存在。新的端口分配将针对这3种协议执行，RFC 2960则声明所有现有的TCP端口号对于使用SCTP的同一服务同样有效。

(2) 已登记的端口（registered port）为1024～49151。这些端口不受IANA控制，不过由IANA登记并提供它们的使用情况清单，以方便整个群体。可能的话，相同端口号也分配给TCP和UDP的同一给定服务。例如，6000～6063分配给这两种协议的X Window服务器，尽管它的所有实现当前单纯使用TCP。49151这个上限的引入是为了给临时端口留出范围，而RFC 1700［Reynolds and Postel 1994］所列的上限为65535。

(3) 49152～65535是动态的（dynamic）或私用的（private）端口。IANA不管这些端口。它们就是我们所称的临时端口。（49152这个魔数是65536的四分之三。）

图2-10展示了端口号的划分情况和常见的分配情况。

我们要注意图2-10中以下几点。

- Unix系统有保留端口（reserved port）的概念，指的是小于1024的任何端口。这些端口只能赋予特权用户进程的套接字。所有IANA众所周知的端口都是保留端口，分配使用这些端口的服务器（例如FTP服务器）必须以超级用户特权启动。
- 由于历史原因，源自Berkeley的实现（从4.3BSD开始）曾在1024～5000范围内分配临时端口。这在20世纪80年代初期是可行的，但是如今很容易就找到一个在任何给定时间内同时支持多于3977个连接的主机。于是许多较新的系统从另外的范围分配临时端口以提供更多的临时端口，它们或者使用由IANA定义的临时端口范围，或者使用一个更大的其他范围（如图2-10所示的Solaris）。

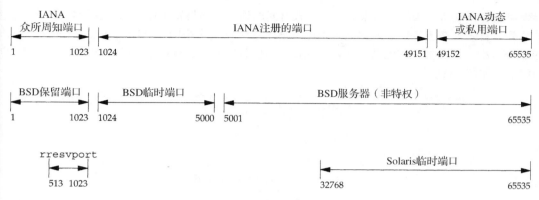

图2-10 端口号的分配

由于这个原因,许多较早的系统实现的临时端口范围的上限为5 000。5 000这个上限后来发现是一个排版错误 [Borman 1997a],本应该是50 000。

51

- 有少数客户(而不是服务器)需要一个保留端口用于客户/服务器的认证:rlogin和rsh客户就是常见的例子。这些客户调用库函数rresvport创建一个TCP套接字,并赋予它一个在513~1023范围内未使用的端口。该函数通常先尝试绑定端口1023,若失败则尝试1022,依次类推,直到在端口513上或成功,或失败。

注意:BSD的保留端口和rresvport函数都跟IANA众所周知端口的后半部分重叠。这是因为IANA众所周知端口早先的上限为255。1992年的RFC 1340(早先的一个 "Assigned Numbers" RFC)开始在256~1023之间分配众所周知的端口。1990年的RFC 1060(更早先的一个 "Assigned Numbers" RFC)称256~1023之间的端口为Unix标准服务(Unix Standard Services)。20世纪80年代有不少源自Berkeley的服务器在512以后挑选它们的众所周知的端口(留下256~511这个空档)。rresvport函数选择从1023开始往下寻找,直至513。

套接字对

一个TCP连接的套接字对(socket pair)是一个定义该连接的两个端点的四元组:本地IP地址、本地TCP端口号、外地IP地址、外地TCP端口号。套接字对唯一标识一个网络上的每个TCP连接。就SCTP而言,一个关联由一组本地IP地址、一个本地端口、一组外地IP地址、一个外地端口标识。在两个端点均非多宿这一最简单的情形下,SCTP与TCP所用的四元组套接字对一致。然而在某个关联的任何一个端点为多宿的情形下,同一个关联可能需要多个四元组标识(这些四元组的IP地址各不相同,但端口号是一样的)。

标识每个端点的两个值(IP地址和端口号)通常称为一个套接字。

我们可以把套接字对的概念扩展到UDP,即使UDP是无连接的。当讲解套接字函数(bind、connect、getpeername等)时,我们将指明它们在指定套接字对中的哪些值。举例来说,bind函数要求应用程序给TCP、UDP或SCTP套接字指定本地IP地址和本地端口号。

2.10 TCP端口号与并发服务器

并发服务器中主服务器循环通过派生一个子进程来处理每个新的连接。如果一个子进程继续使用服务器众所周知的端口来服务一个长时间的请求，那将发生什么？让我们来看一个典型的序列。首先，在主机freebsd上启动服务器，该主机是多宿的，其IP地址为12.106.32.254和192.168.42.1。服务器在它的众所周知的端口（本例为21）上执行被动打开，从而开始等待客户的请求，如图2-11所示。

图2-11　TCP服务器在端口21上执行被动打开

我们使用记号{*:21, *:*}指出服务器的套接字对。服务器在任意本地接口（第一个星号）的端口21上等待连接请求。外地IP地址和外地端口都没有指定，我们用"*.*"来表示。我们称它为监听套接字（listening socket）。

> 我们用冒号来分割IP地址和端口号，因为这是HTTP的用法，其他地方也常见。netstat程序使用点号来分割IP地址和端口号，不过如此表示有时候会让人混淆，因为点号既用于域名（如freebsd.unpbook.com.21），也用于IPv4的点分十进制数记法（如12.106.32.254.21）。

这里指定本地IP地址的星号称为通配（wildcard）符。如果运行服务器的主机是多宿的（如本例），服务器可以指定它只接受到达某个特定本地接口的外来连接。这里要么选一个接口要么选任意接口。服务器不能指定一个包含多个地址的清单。通配的本地地址表示"任意"这个选择。在图1-9中，通配地址通过在调用bind之前把套接字地址结构中的IP地址字段设置成INADDR_ANY来指定。

稍后在IP地址为206.168.112.219的主机上启动第一个客户，它对服务器的IP地址之一12.106.32.254执行主动打开。我们假设本例中客户主机的TCP为此选择的临时端口为1500，如图2-12所示。图中在该客户的下方标出了它的套接字对。

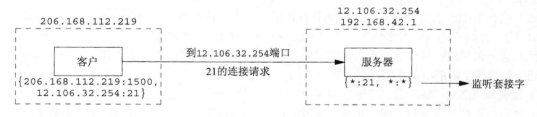

图2-12　客户对服务器的连接请求

当服务器接收并接受这个客户的连接时，它fork一个自身的副本，让子进程来处理该客户的请求，如图2-13所示。（我们将在4.7节中讲解fork函数。）

至此，我们必须在服务器主机上区分监听套接字和已连接套接字（connected socket）。注意已连接套接字使用与监听套接字相同的本地端口（21）。还要注意在多宿服务器主机上，连接一旦建立，已连接套接字的本地地址（12.106.32.254）随即填入。

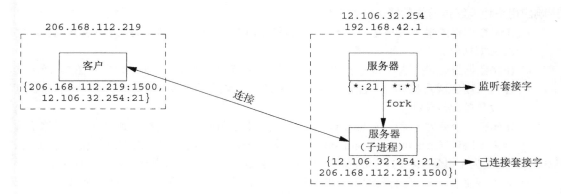

图2-13 并发服务器让子进程处理客户

下一步我们假设在客户主机上另有一个客户请求连接到同一个服务器。客户主机的TCP为这个新客户的套接字分配一个未使用的临时端口,譬如说1501,如图2-14所示。服务器上这两个连接是有区别的:第一个连接的套接字对和第二个连接的套接字对不一样,因为客户的TCP给第二个连接选择了一个未使用的端口(1501)。

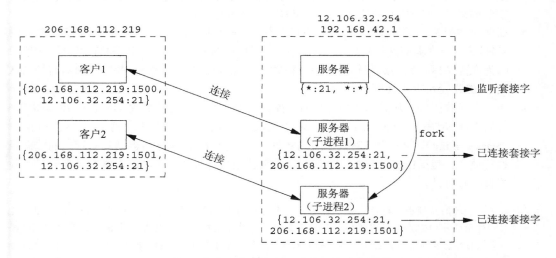

图2-14 第二个客户与同一个服务器的连接

通过本例应注意,TCP无法仅仅通过查看目的端口号来分离外来的分节到不同的端点。它必须查看套接字对的所有4个元素才能确定由哪个端点接收某个到达的分节。图2-14中对于同一个本地端口(21)存在3个套接字。如果一个分节来自206.168.112.219端口1500,目的地为12.106.32.254端口21,它就被递送给第一个子进程。如果一个分节来自206.168.112.219端口1501,目的地为12.106.32.254端口21,它就被递送给第二个子进程。所有目的端口为21的其他TCP分节都被递送给拥有监听套接字的最初那个服务器(父进程)。

2.11 缓冲区大小及限制

下面我们将介绍一些影响IP数据报大小的限制。我们首先介绍这些限制,然后就它们如何影响应用进程能够传送的数据进行综合分析。

- IPv4数据报的最大大小是65 535字节,包括IPv4首部。这是因为如图A-1所示其总长度字段占据16位。
- IPv6数据报的最大大小是65 575字节,包括40字节的IPv6首部。这是因为如图A-2所示其净荷长度字段占据16位。注意,IPv6的净荷长度字段不包括IPv6首部,而IPv4的总长度字段包括IPv4首部。

  IPv6有一个特大净荷(jumbo payload)选项,它把净荷长度字段扩展到32位,不过这个选项需要MTU(maximum transmission unit,最大传输单元)超过65 535的数据链路提供支持。(这是为主机到主机的内部连接而设计的,譬如HIPPI,它们通常没有内在的MTU。)

- 许多网络有一个可由硬件规定的MTU。举例来说,以太网的MTU是1500字节。另有一些链路(例如使用PPP协议的点到点链路)其MTU可以人为配置。较老的SLIP链路通常使用1006字节或296字节的MTU。

  IPv4要求的最小链路MTU是68字节。这允许最大的IPv4首部(包括20字节的固定长度部分和最多40字节的选项部分)拼接最小的片段(IPv4首部中片段偏移字段以8字节为单位)。IPv6要求的最小链路MTU为1280字节。IPv6可以运行在MTU小于此最小值的链路上,不过需要特定于链路的分片和重组功能,以使得这些链路看起来具有至少为1280字节的MTU(RFC 2460 [Deering and Hinden 1998])。

- 在两个主机之间的路径中最小的MTU称为路径MTU(path MTU)。1500字节的以太网MTU是当今常见的路径MTU。两个主机之间相反的两个方向上路径MTU可以不一致,因为在因特网中路由选择往往是不对称的 [Paxson 1196],也就是说从A到B的路径与从B到A的路径可以不相同。

- 当一个IP数据报将从某个接口送出时,如果它的大小超过相应链路的MTU,IPv4和IPv6都将执行分片(fragmentation)。这些片段在到达最终目的地之前通常不会被重组(reassembling)。IPv4主机对其产生的数据报执行分片,IPv4路由器则对其转发的数据报执行分片。然而IPv6只有主机对其产生的数据报执行分片,IPv6路由器不对其转发的数据报执行分片。

  > 我们必须小心这些术语的使用。一个标记为IPv6路由器的设备可能执行分片,不过只是对于那些由它产生的数据报,而绝不是对于那些由它转发的数据报。当该设备产生IPv6数据报时,它实际上作为主机运作。举例来说,大多数路由器支持Telnet协议,管理员就用它来配置路由器。由路由器的Telnet服务器产生的IP数据报是由路由器产生的,而不是由路由器转发的。

  > 你可能注意到,IPv4首部(图A-1)有用于处理IPv4分片的字段,IPv6首部(图A-2)却没有类似的字段。既然分片是例外情况而不是通常情况,IPv6于是引入一个可选首部以提供分片信息。

  > 某些通常用作路由器的防火墙可能会重组分片了的分组,以便查看整个IP数据报的内容。这样做使得不必在防火墙上引入额外的复杂性就能够防止某些攻击。它还要求防火墙设备是进出网络的唯一路径上的设备,从而减少了冗余的机会。

- IPv4首部(图A-1)的"不分片(don't fragment)"位(即DF位)若被设置,那么不管是发送这些数据报的主机还是转发它们的路由器,都不允许对它们分片。当路由器接收到一个超过其外出链路MTU大小且设置了DF位的IPv4数据报时,它将产生一个ICMPv4"destination unreachable, fragmentation needed but DF bit set"(目的地不可达,需分片但DF位已设置)出错消息(图A-15)。

既然IPv6路由器不执行分片，每个IPv6数据报于是隐含一个DF位。当IPv6路由器接收到一个超过其外出链路MTU大小的IPv6数据报时，它将产生一个ICMPv6 "packet too big"（分组太大）出错消息（图A-16）。

IPv4的DF位和IPv6的隐含DF位可用于路径MTU发现（IPv4的情形见RFC 1191［Mogul and Deering 1990］，IPv6的情形见RFC 1981［McCann, Deering, and Mogul 1996］）。举例来说，如果基于IPv4的TCP使用该技术，那么它将在所发送的所有数据报中设置DF位。如果某个中间路由器返回一个ICMP "destination unreachable, fragmentation needed but DF bit set"错误，TCP就减小每个数据报的数据量并重传。路径MTU发现对于IPv4是可选的，然而IPv6的所有实现要么必须支持它，要么必须总是使用最小的MTU发送IPv6数据报。

> 路径MTU发现在如今的因特网上是有问题的，许多防火墙丢弃所有ICMP消息，包括用于路径MTU发现的上述消息。这意味着TCP永远得不到要求它降低所发送数据量的信号。编写本书时，IETF已经开始尝试定义不依赖于ICMP出错消息的另一种路径MTU发现方法。

- IPv4和IPv6都定义了最小重组缓冲区大小（minimum reassembly buffer size），它是IPv4或IPv6的任何实现都必须保证支持的最小数据报大小。其值对于IPv4为576字节，对于IPv6为1500字节。例如，就IPv4而言，我们不能判定某个给定目的地能否接受577字节的数据报。为此有许多使用UDP的IPv4网络应用（如DNS、RIP、TFTP、BOOTP、SNMP）避免产生大于这个大小的数据报。

- TCP有一个MSS（maximum segment size，最大分节大小），用于向对端TCP通告对端在每个分节中能发送的最大TCP数据量。在图2-5中我们看到过SYN分节上的MSS选项。MSS的目的是告诉对端其重组缓冲区大小的实际值，从而试图避免分片。MSS经常设置成MTU减去IP和TCP首部的固定长度。在以太网中使用IPv4的MSS值为1460，使用IPv6的MSS值为1440（两者的TCP首部都是20字节，但IPv4首部是20字节，IPv6首部却是40字节）。在TCP的MSS选项中，MSS值是一个16位的字段，限定其最大值为65 535。这对于IPv4是适合的，因为IPv4数据报中的最大TCP数据量为65 495（65 535减去IPv4首部的20字节和TCP首部的20字节）。然而对于具有特大净荷选项的IPv6，却需要使用另外一种技巧（RFC 2675［Borman, Deering, and Hinden 1999］）。首先，没有特大净荷选项的IPv6数据报中的最大TCP数据量为65 515（65 535减去TCP首部的20字节）。65 535这个MSS值于是被视为表示"无限"的一个特殊值。该值只在用到特大净荷选项时才使用，不过这种情况却要求实际的MTU超过65 535。其次，如果TCP使用特大净荷选项，并且接收到的对端通告的MSS为65 535，那么它所发送数据报的大小限制就是接口MTU。如果这个值太大（也就是说所在路径中某个链路的MTU比较小），那么路径MTU发现功能将确定这个较小值。

- SCTP基于到对端所有地址发现的最小路径MTU保持一个分片点。这个最小MTU大小用于把较大的用户消息分割成较小的能够以单个IP数据报发送的若干片段。SCTP_MAXSEG套接字选项可以影响该值，使得用户能够请求一个更小的分片点。

2.11.1　TCP输出

图2-15展示了某个应用进程写数据到一个TCP套接字中时发生的步骤。

每一个TCP套接字有一个发送缓冲区，我们可以使用SO_SNDBUF套接字选项来更改该缓冲区的大小（见7.5节）。当某个应用进程调用write时，内核从该应用进程的缓冲区中复制所有数据到所写套接字的发送缓冲区。如果该套接字的发送缓冲区容不下该应用进程的所有数据（或是应用进程的缓冲区大于套接字的发送缓冲区，或是套接字的发送缓冲区中已有其他数据），该应用进程将被置于休眠状态。这里假设该套接字是阻塞的，它是通常的默认设置。（我们将在第16章中阐述非阻塞的套接字。）内核将不从write系统调用返回，直到应用进程缓冲区中的所有数据都复制到套接字发送缓冲区。因此，从写一个TCP套接字的write调用成功返回仅仅表示我们可以重新使用原来的应用进程缓冲区，并不表明对端的TCP或应用进程已接收到数据。（我们将在7.5节随SO_LINGER套接字选项详细讨论这一点。）

图2-15   应用进程写TCP套接字时涉及的步骤和缓冲区

这一端的TCP提取套接字发送缓冲区中的数据并把它发送给对端TCP，其过程基于TCP数据传送的所有规则（TCPv1的第19章和第20章）。对端TCP必须确认收到的数据，伴随来自对端的ACK的不断到达，本端TCP至此才能从套接字发送缓冲区中丢弃已确认的数据。TCP必须为已发送的数据保留一个副本，直到它被对端确认为止。

本端TCP以MSS大小的或更小的块把数据传递给IP，同时给每个数据块安上一个TCP首部以构成TCP分节，其中MSS或是由对端通告的值，或是536（若对端未发送一个MSS选项）。（536是IPv4最小重组缓冲区字节数576减去IPv4首部字节数20和TCP首部字节数20的结果。）IP给每个TCP分节安上一个IP首部以构成IP数据报，并按照其目的IP地址查找路由表以确定外出接口，然后把数据报传递给相应的数据链路。IP可能在把数据报传递给数据链路之前将其分片，不过我们已经谈到MSS选项的目的之一就是试图避免分片，较新的实现还使用了路径MTU发现功能。每个数据链路都有一个输出队列，如果该队列已满，那么新到的分组将被丢弃，并沿协议栈向上返回一个错误：从数据链路到IP，再从IP到TCP。TCP将注意到这个错误，并在以后某个时刻重传相应的分节。应用进程并不知道这种暂时的情况。

2.11.2   UDP 输出

图2-16展示了某个应用进程写数据到一个UDP套接字中时发生的步骤。

这一次我们以虚线框展示套接字发送缓冲区，因为它实际上并不存在。任何UDP套接字都有发送缓冲区大小（我们可以使用SO_SNDBUF套接字选项更改它，见7.5节），不过它仅仅是可写到该套接字的UDP数据报的大小上限。如果一个应用进程写一个大于套接字发送缓冲区大小的数据报，内核将返回该进程一个EMSGSIZE错误。既然UDP是不可靠的，它不必保存应用进程数据的一个副本，因此无需一个真正的发送缓冲区。（应用进程的数据在沿协议栈向下传递时，通常被复制到某种格式的一个内核缓冲区中，然而当该数据被发送之后，这个副本就被数据链路层丢弃了。）

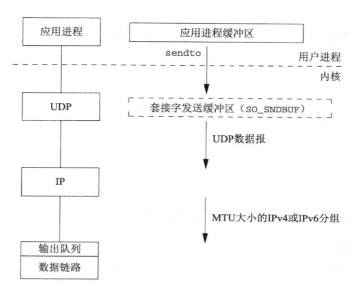

图2-16　应用进程写UDP套接字时涉及的步骤与缓冲区

　　这一端的UDP简单地给来自用户的数据报安上它的8字节的首部以构成UDP数据报，然后传递给IP。IPv4或IPv6给UDP数据报安上相应的IP首部以构成IP数据报，执行路由操作确定外出接口，然后或者直接把数据报加入数据链路层输出队列（如果适合于MTU），或者分片后再把每个片段加入数据链路层的输出队列。如果某个UDP应用进程发送大数据报（譬如说2000字节的数据报），那么它们相比TCP应用数据更有可能被分片，因为TCP会把应用数据划分成MSS大小的块，而UDP却没有对等的手段。

　　从写一个UDP套接字的write调用成功返回表示所写的数据报或其所有片段已被加入数据链路层的输出队列。如果该队列没有足够的空间存放该数据报或它的某个片段，内核通常会返回一个ENOBUFS错误给它的应用进程。

　　　不幸的是，有些UDP的实现不返回这种错误，这样甚至数据报未经发送就被丢弃的情况应用进程也不知道。

2.11.3　SCTP 输出

　　图2-17展示了某个应用进程写数据到一个SCTP套接字中时发生的步骤。

　　既然SCTP是与TCP类似的可靠协议，它的套接字也有一个发送缓冲区，而且跟TCP一样，我们可以用SO_SNDBUF套接字选项来更改这个缓冲区的大小（见7.5节）。当一个应用进程调用write时，内核从该应用进程的缓冲区中复制所有数据到所写套接字的发送缓冲区。如果该套接字的发送缓冲区容不下该应用进程的所有数据（或是应用进程的缓冲区大于套接字的发送缓冲区，或是套接字的发送缓冲区中已有其他数据），应用进程将被置于休眠状态。这里假设该套接字是阻塞的，它是通常的默认设置。（我们将在第16章中阐述非阻塞的套接字。）内核将不从 write系统调用返回，直到应用进程缓冲区中的所有数据都复制到套接字发送缓冲区。因此，从写一个SCTP套接字的write调用成功返回仅仅表示我们可以重新使用原来的应用进程缓冲区，并不表明对端的SCTP或应用进程已接收到数据。

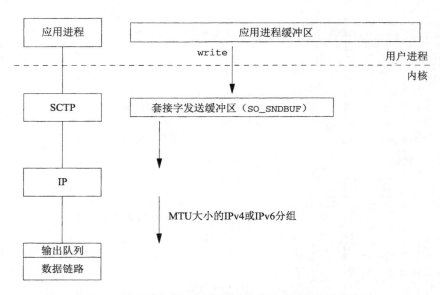

图2-17   应用进程写SCTP套接字时涉及的步骤和缓冲区

60

这一端的SCTP提取套接字发送缓冲区的数据并把它发送给对端SCTP，其过程基于SCTP数据传送的所有规则（数据传送的细节见［Stewart and Xie 2001］的第5章）。本端SCTP必须等待 SACK，在累积确认点超过已发送的数据后，才可以从套接字缓冲区中删除该数据。

2.12 标准因特网服务

图2-18列出了TCP/IP多数实现都提供的若干标准服务。注意，表中所有服务同时使用TCP 和UDP提供，并且这两个协议所用端口号也相同。

这些服务通常由Unix主机的inetd守护进程提供（见13.5节）。它们还提供使用标准的Telnet 客户程序就能完成的简易测试机制。举例来说，下面就是时间获取和回射这两个标准服务器的测试过程：

```
aix % telnet freebsd daytime
Trying 12.106.32.254...                    Telnet客户输出
Connected to freebsd.unpbook.com.          Telnet客户输出
Escape character is '^]'.                   Telnet客户输出
Mon Jul 28 11:56:22 2003                    daytime服务器输出
Connection closed by foreign host.         Telnet客户输出（服务器关闭连接）

aix % telnet freebsd echo
Trying 12.106.32.254...                    Telnet客户输出
Connected to freebsd.unpbook.com.          Telnet客户输出
```

```
Escape character is '^]'.          Telnet客户输出
hello,world                        我们键入这行
hello,world                        它由服务器回射回来
^]                                 键入Ctrl+]以与Telnet客户交谈
telnet> quit                       告诉客户我们已测试完毕
Connection closed.                 这次客户自己关闭连接
```

名　字	TCP端口	UDP端口	RFC	说　　明
echo（回射）	7	7	862	服务器返回客户发送的数据
discard（丢弃）	9	9	863	服务器废弃客户发送的数据
daytime（时间获取）	13	13	867	服务器返回直观可读的日期和时间
chargen（字符生成）	19	19	864	TCP服务器发送连续的字符流，直到客户终止连接。UDP服务器则每当客户发送一个数据报就返送一个包含随机数量（0~512）字符的数据报
time（流逝时间获取）	37	37	868	服务器返回一个32位二进制数值表示的时间。这个数值表示从1900年1月1日子时（UTC时间）以来所流逝的秒数

图2-18　大多数实现提供的标准TCP/IP服务[①]

在这两个例子中，我们键入主机名和服务名（daytime和echo）。这些服务名由/etc/services文件映射到图2-18所示的端口号，详见11.5节。

注意，当我们连接到daytime服务器时，服务器执行主动关闭，然而当连接到echo服务器时，客户执行主动关闭。回顾图2-4，我们知道执行主动关闭的那一端就是历经TIME_WAIT状态的那一端。

为了应付针对它们的拒绝服务攻击和其他资源使用攻击，在如今的系统中，这些简单的服务通常被禁用。

2.13　常见因特网应用的协议使用

图2-19总结了各种常见的因特网应用对协议的使用情况。

前两个因特网应用ping和traceroute是使用ICMP协议实现的网络诊断应用。traceroute自行构造UDP分组来发送并读取所引发的ICMP应答。

紧接着是3个流行的路由协议，它们展示了路由协议使用的各种传输协议。OSPF通过原始套接字直接使用IP，RIP使用UDP，BGP使用TCP。

接下来5个是基于UDP的网络应用，然后是7个TCP网络应用和4个同时使用UDP和TCP的网络应用，最后5个是IP电话网络应用，它们或者独自使用SCTP，或者选用UDP、TCP或SCTP。

---

① 本图同时给出了这些标准因特网服务的英文名称和中文名称，其中英文名称是正式名称（/etc/services文件使用这些名称）。之所以这么区分是因为本书围绕其中两种服务（回射和时间获取）的实现展开，为区分本书中的实现与各个Unix系统的内部实现，我们用中文名称称呼前者，用英文名称称呼后者（原书也对两者做了类似区分）。另外内部实现的服务总是使用标准端口号，本书实现的服务则可根据情况选择。因此当使用英文名称服务名时，必定与其标准端口号对应。——译者注

因特网应用	IP	ICMP	UDP	TCP	SCTP
ping		•			
traceroute		•	•		
OSPF（路由协议）	•				
RIP（路由协议）			•		
BGP（路由协议）				•	
BOOTP（引导协议）			•		
DHCP（引导协议）			•		
NTP（时间协议）			•		
TFTP（低级FTP）			•		
SNMP（网络管理）			•		
SMTP（电子邮件）				•	
Telnet（远程登录）				•	
SSH（安全的远程登录）				•	
FTP（文件传送）				•	
HTTP（Web）				•	
NNTP（网络新闻）				•	
LPR（远程打印）				•	
DNS（域名系统）			•	•	
NFS（网络文件系统）			•	•	
Sun RPC（远程过程调用）			•	•	
DCE RPC（远程过程调用）			•	•	
IUA（IP之上的ISDN）					•
M2UA/M3UA（SS7电话信令）					•
H.248（媒体网关控制）			•	•	•
H.323（IP电话）			•	•	•
SIP（IP电话）			•	•	•

图2-19　各种常见因特网应用的协议使用情况

2.14　小结

　　UDP是一个简单、不可靠、无连接的协议，而TCP是一个复杂、可靠、面向连接的协议。SCTP组合了这两个协议的一些特性，并提供了TCP所不具备的额外特性。尽管绝大多数因特网应用（Web、Telnet、FTP和电子邮件）使用TCP，但这3个协议对传输层都是必要的。在22.4节中我们将阐述选用UDP替代TCP的理由。在23.12节中我们将阐述选用SCTP替代TCP的理由。

　　TCP使用三路握手建立连接，使用四分组交换序列终止连接。当一个TCP连接被建立时，它从CLOSED状态转换到ESTABLISHED状态；当该连接被终止时，它又回到CLOSED状态。一个TCP连接可处于11种状态之一，其状态转换图给出了从一种状态转换到另一种状态的规则。理解状态转换图是使用netstat命令诊断网络问题的基础，也是理解当某个应用进程调用诸如connect、accept和close等函数时所发生过程的关键。

　　TCP的TIME_WAIT状态一直是一个造成网络编程人员混淆的来源。存在这一状态是为了实现TCP的全双工连接终止（即处理最终那个ACK丢失的情形），并允许老的重复分节从网络中消逝。

　　SCTP使用四路握手建立关联；使用三分组交换序列终止关联。当一个SCTP关联被建立时，它从CLOSED状态转换到ESTABLISHED状态；当该关联被终止时，它又回到CLOSED状态。一个SCTP关联可处于8种状态之一，其状态转换图给出从一种状态转换到另一种状态的规则。SCTP不像TCP那样需要TIME_WAIT状态，因为它使用了验证标记。

习题

2.1　我们已经提到IPv4（IP版本4）和IPv6（版本6）。IP版本5情况如何，IP版本0、1、2和3又是什么？（提示：查IANA的"Internet Protocol"注册处。要是你无法访问IANA所在网址http://www.iana.org，那就查看附录中的解答吧。）

2.2　你从哪里可以找到有关IP版本5的信息？

2.3　在讲解图2-15时我们说过，如果没收到来自对端的MSS选项，本端TCP就采用536这个MSS值。为什么使用这个值？

2.4　给在第1章中讲解的时间获取客户/服务器应用画出类似于图2-5的分组交换过程，假设服务器在单个TCP分节中返回26字节的完整数据。

2.5　在一个以太网上的主机和一个令牌环网上的主机之间建立一个连接，其中以太网上主机的TCP通告的MSS为1460，令牌环网上主机的TCP通告的MSS为4096。两个主机都没有实现路径MTU发现功能。观察分组，我们在两个相反方向上都找不到大于1460字节的数据，为什么？

2.6　在讲解图2-19时我们说过OSPF直接使用IP。承载OSPF数据报的IPv4首部（图A-1）的协议字段是什么值？

2.7　在讨论SCTP输出时我们说过，SCTP发送端必须等待累积确认点超过已发送的数据，才可以从套接字缓冲区中释放该数据。假设某个选择性确认（SACK）表明累积确认点之后的数据也得到了确认，这样的数据为什么却不能被释放呢？

第二部分

基本套接字编程

第 3 章

套接字编程简介

3.1 概述

本章开始讲解套接字API。我们从套接字地址结构开始讲解，本书中几乎每个例子都用到它们。这些结构可以在两个方向上传递：从进程到内核和从内核到进程。其中从内核到进程方向的传递是值-结果参数的一个例子，我们会在本书中讲到这些参数的许多例子。

地址转换函数在地址的文本表达和它们存放在套接字地址结构中的二进制值之间进行转换。多数现存的IPv4代码使用inet_addr和inet_ntoa这两个函数，不过两个新函数inet_pton和inet_ntop同时适用于IPv4和IPv6两种代码。

这些地址转换函数存在的一个问题是它们与所转换的地址类型协议相关，要考虑究竟是IPv4地址还是IPv6地址。为克服这个问题，我们开发了一组名字以sock_开头的函数，它们以协议无关方式使用套接字地址结构。我们将贯穿全书使用这组函数，使我们的代码与协议无关。

3.2 套接字地址结构

大多数套接字函数都需要一个指向套接字地址结构的指针作为参数。每个协议族都定义它自己的套接字地址结构。这些结构的名字均以sockaddr_开头，并以对应每个协议族的唯一后缀结尾。

3.2.1 IPv4 套接字地址结构

IPv4套接字地址结构通常也称为"网际套接字地址结构"，它以sockaddr_in命名，定义在<netinet/in.h>头文件中。图3-1给出了它的POSIX定义。

```
struct in_addr {
  in_addr_t   s_addr;               /* 32-bit IPv4 address */
                                    /* network byte ordered */
};

struct sockaddr_in {
  uint8_t        sin_len;           /* length of structure (16) */
  sa_family_t    sin_family;        /* AF_INET */
  in_port_t      sin_port;          /* 16-bit TCP or UDP port number */
                                    /* network byte ordered */
  struct in_addr sin_addr;          /* 32-bit IPv4 address */
                                    /* network byte ordered */
  char           sin_zero[8];       /* unused */
};
```

图3-1 网际（IPv4）套接字地址结构：sockaddr_in

利用图3-1所示的例子，我们对套接字地址结构做几点一般性的说明。

- 长度字段sin_len是为增加对OSI协议的支持而随4.3BSD-Reno添加的（图1-15）。在此之前，第一个成员是sin_family，它是一个无符号短整数（unsigned short）。并不是所有的厂家都支持套接字地址结构的长度字段，而且POSIX规范也不要求有这个成员。该成员的数据类型uint8_t是典型的，符合POSIX的系统都提供这种形式的数据类型（见图3-2）。

  正是因为有了长度字段，才简化了长度可变套接字地址结构的处理。

- 即使有长度字段，我们也无须设置和检查它，除非涉及路由套接字（见第18章）。它是由处理来自不同协议族的套接字地址结构的例程（例如路由表处理代码）在内核中使用的。

  > 在源自Berkeley的实现中，从进程到内核传递套接字地址结构的4个套接字函数（bind、connect、sendto和sendmsg）都要调用sockargs函数（见TCPv2第452页）。该函数从进程复制套接字地址结构，并显式地把它的sin_len字段设置成早先作为参数传递给这4个函数的该地址结构的长度。从内核到进程传递套接字地址结构的5个套接字函数分别是accept、recvfrom、recvmsg、getpeername和getsockname，均在返回到进程之前设置sin_len字段。 68
  >
  > 遗憾的是，通常没有简单的编译时测试来确定一个实现是否为它的套接字地址结构定义了长度字段。在我们的代码中，我们通过测试HAVE_SOCKADDR_SA_LEN常值（见图D.2）来确定，然而是否定义该常值则需编译一个使用这一可选结构成员的简单测试程序，并看是否编译成功来决定。在图3-4中我们将看到，如果套接字地址结构有长度字段，则IPv6实现需定义SIN6_LEN。一些IPv4实现（例如Digital Unix）基于某个编译时选项（例如_SOCKADDR_LEN）确定是否给应用程序提供套接字地址结构中的长度字段，这个特性为较早的程序提供了兼容性。

- POSIX规范只需要这个结构中的3个字段：sin_family、sin_addr和sin_port。对于符合POSIX的实现来说，定义额外的结构字段是可以接受的，这对于网际套接字地址结构来说也是正常的。几乎所有的实现都增加了sin_zero字段，所以所有的套接字地址结构大小都至少是16字节。

- 我们给出了字段s_addr、sin_family和sin_port的POSIX数据类型。in_addr_t数据类型必须是一个至少32位的无符号整数类型，in_port_t必须是一个至少16位的无符号整数类型，而sa_family_t可以是任何无符号整数类型。在支持长度字段的实现中，sa_family_t通常是一个8位的无符号整数，而在不支持长度字段的实现中，它则是一个16位的无符号整数。图3-2列出了POSIX定义的这些数据类型以及后面将会遇到的其他POSIX数据类型。

数据类型	说　明	头　文　件
int8_t	带符号的8位整数	<sys/types.h>
uint8_t	无符号的8位整数	<sys/types.h>
int16_t	带符号的16位整数	<sys/types.h>
uint16_t	无符号的16位整数	<sys/types.h>
int32_t	带符号的32位整数	<sys/types.h>
uint32_t	无符号的32位整数	<sys/types.h>
sa_family_t	套接字地址结构的地址族	<sys/socket.h>
socklen_t	套接字地址结构的长度，一般为uint32_t	<sys/socket.h>
in_addr_t	IPv4地址，一般为uint32_t	<netinet/in.h>
in_port_t	TCP或UDP端口，一般为uint16_t	<netinet/in.h>

图3-2 POSIX规范要求的数据类型

- 我们还将遇到数据类型u_char、u_short、u_int和u_long，它们都是无符号的。POSIX规范定义这些类型时特地标记它们已过时，仅是为向后兼容才提供的。

- IPv4地址和TCP或UDP端口号在套接字地址结构中总是以网络字节序来存储。在使用这些字段时，我们必须牢记这一点。我们将在3.4节中详细说明主机字节序与网络字节序的区别。

- 32位IPv4地址存在两种不同的访问方法。举例来说，如果serv定义为某个网际套接字地址结构，那么serv.sin_addr将按in_addr结构引用其中的32位IPv4地址，而serv.sin_addr.s_addr将按in_addr_t（通常是一个无符号的32位整数）引用同一个32位IPv4地址。因此，我们必须正确地使用IPv4地址，尤其是在将它作为函数的参数时，因为编译器对传递结构和传递整数的处理是完全不同的。

  > sin_addr字段是一个结构，而不仅仅是一个in_addr_t类型的无符号长整数，这是有历史原因的。早期的版本（4.2BSD）把in_addr结构定义为多种结构的联合（union），允许访问一个32位IPv4地址中的所有4字节，或者访问它的2个16位值。这用在地址被划分成A、B和C三类的时期，便于获取地址中的适当字节。然而随着子网划分技术的来临和无类地址编排（见A.4节）的出现，各种地址类正在消失，那个联合已不再需要了。如今大多数系统已经废除了该联合，转而把in_addr定义为仅有一个in_addr_t字段的结构。

- sin_zero字段未曾使用，不过在填写这种套接字地址结构时，我们总是把该字段置为0。按照惯例，我们总是在填写前把整个结构置为0，而不是单单把sin_zero字段置为0。

  > 尽管多数使用该结构的情况不要求这一字段为0，但是当捆绑一个非通配的IPv4地址时，该字段必须为0（TCPv2第731～732页）。

- 套接字地址结构仅在给定主机上使用：虽然结构中的某些字段（例如IP地址和端口号）用在不同主机之间的通信中，但是结构本身并不在主机之间传递。

3.2.2　通用套接字地址结构

当作为一个参数传递进任何套接字函数时，套接字地址结构总是以引用形式（也就是以指向该结构的指针）来传递。然而以这样的指针作为参数之一的任何套接字函数必须处理来自所支持的任何协议族的套接字地址结构。

在如何声明所传递指针的数据类型上存在一个问题。有了ANSI C后解决办法很简单：void *是通用的指针类型。然而套接字函数是在ANSI C之前定义的，在1982年采取的办法是在<sys/socket.h>头文件中定义一个通用的套接字地址结构，如图3-3所示。

```
struct sockaddr {
  uint8_t       sa_len;
  sa_family_t   sa_family;              /* address family: AF_xxx value */
  char          sa_data[14];            /* protocol-specific address */
};
```

图3-3　通用套接字地址结构：sockaddr

于是套接字函数被定义为以指向某个通用套接字地址结构的一个指针作为其参数之一，这正如bind函数的ANSI C函数原型所示：

int bind(int, struct sockaddr *, socklen_t);

这就要求对这些函数的任何调用都必须要将指向特定于协议的套接字地址结构的指针进行

类型强制转换（casting），变成指向某个通用套接字地址结构的指针，例如：

```
struct sockaddr_in serv;        /* IPv4 socket address structure */

/* fill in serv{} */

bind(sockfd, (struct sockaddr *) &serv, sizeof(serv));
```

如果我们省略了其中的类型强制转换部分"(struct sockaddr *)"，并假设系统的头文件中有bind函数的一个ANSI C原型，那么C编译器就会产生这样的警告信息："warning: passing arg 2 of 'bind' from incompatible pointer type."（警告：把不兼容的指针类型传递给bind函数的第二个参数。）

从应用程序开发人员的观点看，这些通用套接字地址结构的唯一用途就是对指向特定于协议的套接字地址结构的指针执行类型强制转换。

> 回顾一下1.2节，在我们自己的unp.h头文件中，把SA定义为struct sockaddr只是为了缩短类型强制转换这些指针所必须写的代码。
>
> 从内核的角度看，使用指向通用套接字地址结构的指针另有原因：内核必须取调用者的指针，把它类型强制转换为struct sockaddr *类型，然后检查其中sa_family字段的值来确定这个结构的真实类型。然而从应用程序开发人员的角度看，要是void *这个指针类型可用那就更简单了，因为无须显式进行类型强制转换。

3.2.3　IPv6套接字地址结构

IPv6套接字地址结构在<netinet/in.h>头文件中定义，如图3-4所示。

```
struct in6_addr {
  unit8_t   s6_addr[16];              /* 128-bit IPv6 address */
                                      /* network byte ordered */
};

#define SIN6_LEN               /* required for compile-time tests */
struct sockaddr_in6 {
  uint8_t         sin6_len;          /* length of this struct (28) */
  sa_family_t     sin6_family;       /* AF_INET6 */
  in_port_t       sin6_port;         /* transport layer port# */
                                     /* network byte ordered */
  uint32_t        sin6_flowinfo;     /* flow information, undefined */
  struct in6_addr sin6_addr;         /* IPv6 address */
                                     /* network byte ordered */
  uint32_t        sin6_scope_id;     /* set of interfaces for a scope */
};
```

图3-4　IPv6套接字地址结构：sockaddr_in6

> 关于IPv6对于套接字API的扩展定义在RFC 3493中［Gilligan et al. 2003］。

对于图3-4我们要注意以下几点。

- 如果系统支持套接字地址结构中的长度字段，那么SIN6_LEN常值必须定义。
- IPv6的地址族是AF_INET6，而IPv4的地址族是AF_INET。
- 结构中字段的先后顺序做过编排，使得如果sockaddr_in6结构本身是64位对齐的，那么128位的sin6_addr字段也是64位对齐的。在一些64位处理机上，如果64位数据存储在某个64位边界位置，那么对它的访问将得到优化处理。
- sin6_flowinfo字段分成两个字段：
  - 低序20位是流标（flow label）；
  - 高序12位保留。
  流标字段随图A-2讲解。它的使用仍然是一个研究课题。
- 对于具备范围的地址（scoped address），sin6_scope_id字段标识其范围（scope），最常见的是链路局部地址（link-local address）的接口索引（interface index）（见A.5节）。

3.2.4　新的通用套接字地址结构

作为IPv6套接字API的一部分而定义的新的通用套接字地址结构克服了现有struct sockaddr的一些缺点。不像struct sockaddr，新的struct sockaddr_storage足以容纳系统所支持的任何套接字地址结构。sockaddr_storage结构在<netinet/in.h>头文件中定义，如图3-5所示。

```
struct sockaddr_storage {
  uint8_t       ss_len;        /* length of this struct (implementation dependent) */
  sa_family_t   ss_family;     /* address family: AF_xxx value */
  /* implementation-dependent elements to provide:
   * a) alignment sufficient to fulfill the alignment requirements of
   *    all socket address types that the system supports.
   * b) enough storage to hold any type of socket address that the
   *    system supports.
   */
};
```

图3-5　存储套接字地址结构：sockaddr_storage

sockaddr_storage类型提供的通用套接字地址结构相比sockaddr存在以下两点差别。

(1) 如果系统支持的任何套接字地址结构有对齐需要，那么sockaddr_storage能够满足最苛刻的对齐要求。

(2) sockaddr_storage足够大，能够容纳系统支持的任何套接字地址结构。

注意，除了ss_family和ss_len外（如果有的话），sockaddr_storage结构中的其他字段对用户来说是透明的。sockaddr_storage结构必须类型强制转换成或复制到适合于ss_family字段所给出地址类型的套接字地址结构中，才能访问其他字段。

3.2.5　套接字地址结构的比较

在图3-6中，我们对本书将遇到的5种套接字地址结构进行了比较：IPv4、IPv6、Unix域（见图15-1）、数据链路（见图18-1）和存储。在该图中，我们假设所有套接字地址结构都包含一个单字节的长度字段，地址族字段也占用1字节，其他所有字段都占用确切的最短长度。

前两种套接字地址结构是固定长度的，而Unix域结构和数据链路结构是可变长度的。为了处理长度可变的结构，当我们把指向某个套接字地址结构的指针作为一个参数传递给某个套接字函数时，也把该结构的长度作为另一个参数传递这个函数。我们在每种长度固定的结构下方给出了这种结构的字节数长度（就4.4BSD实现而言）。

> sockaddr_un结构本身并非长度可变的（见图15-1），但是其中的信息（即结构中的路径名）却是长度可变的。当传递指向这些结构的指针时，我们必须小心处理长度字段，包括套接字地址结构本身的长度字段（如果其实现支持此字段），以及作为参数传给内核或从内

核返回的长度。

　　本图展示了我们贯穿全书的一种风格：结构名用加粗字体，后跟花括号，例如**sockaddr_in{}**。

　　我们早先指出，长度字段是随着4.3BSD Reno版本增加到所有套接字地址结构中的。要是长度字段随套接字API的原始版本提供了，那么所有套接字函数就不再需要长度参数——例如bind和connect函数的第三个参数。相反，结构的大小可以包含在结构的长度字段中。

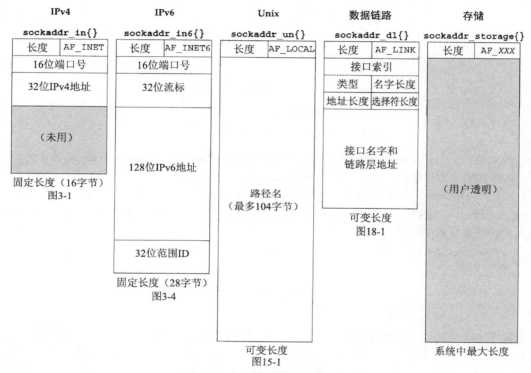

图3-6　不同套接字地址结构的比较

3.3　值-结果参数

　　我们提到过，当往一个套接字函数传递一个套接字地址结构时，该结构总是以引用形式来传递，也就是说传递的是指向该结构的一个指针。该结构的长度也作为一个参数来传递，不过其传递方式取决于该结构的传递方向：是从进程到内核，还是从内核到进程。

　　(1) 从进程到内核传递套接字地址结构的函数有3个：bind、connect和sendto。这些函数的一个参数是指向某个套接字地址结构的指针，另一个参数是该结构的整数大小，例如：

```
struct sockaddr_in  serv;

/* fill in serv{} */
connect(sockfd, (SA *) &serv, sizeof(serv));
```

　　既然指针和指针所指内容的大小都传递给了内核，于是内核知道到底需从进程复制多少数据进来。图3-7展示了这个情形。

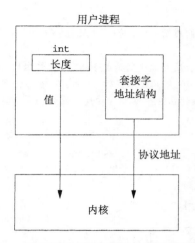

图3-7 从进程到内核传递套接字地址结构

我们将在下一章中看到，套接字地址结构大小的数据类型实际上是socklen_t，而不是int，不过POSIX规范建议将socklen_t定义为uint32_t。

(2) 从内核到进程传递套接字地址结构的函数有4个：accept、recvfrom、getsockname和getpeername。这4个函数的其中两个参数是指向某个套接字地址结构的指针和指向表示该结构大小的整数变量的指针。例如：

```
struct sockaddr_un  cli;    /* Unix domain */
socklen_t len;

len = sizeof(cli);          /* len is a value */
getpeername(unixfd, (SA *) &cli, &len);
/* len may have changed */
```

把套接字地址结构大小这个参数从一个整数改为指向某个整数变量的指针，其原因在于：当函数被调用时，结构大小是一个值（value），它告诉内核该结构的大小，这样内核在写该结构时不至于越界；当函数返回时，结构大小又是一个结果（result），它告诉进程内核在该结构中究竟存储了多少信息。这种类型的参数称为值-结果（value-result）参数。图3-8展示了这个情形。

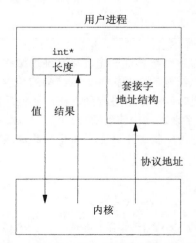

图3-8 从内核到进程传递套接字地址结构

我们将在图4-11中看到一个值-结果参数的例子。

　　我们一直在说套接字地址结构是在进程和内核之间传递的。对于诸如4.4BSD之类的实现来说，由于所有套接字函数都是内核中的系统调用，因此这是正确的。然而在另外一些实现特别是System V中，套接字函数只是作为普通用户进程执行的库函数，这些函数与内核中的协议栈如何接口是这些实现的细节问题，对我们来说通常没有任何影响。然而为简单起见，我们继续说这些结构通过诸如bind和connect等函数在进程与内核之间进行传递。我们将在C.1节看到，System V的确在进程和内核之间传递套接字地址结构，不过那是作为流消息（STREAMS message）的一部分传递的。

　　传递套接字地址结构的函数还有两个：recvmsg和sendmsg（见14.5节）。我们将看到，它们套接字地址结构的长度不是作为函数参数而是作为结构字段传递的。

当使用值-结果参数作为套接字地址结构的长度时，如果套接字地址结构是固定长度的（见图3-6），那么从内核返回的值总是那个固定长度，例如IPv4的sockaddr_in长度是16，IPv6的sockaddr_in6长度是28。然而对于可变长度的套接字地址结构（例如Unix域的sockaddr_un），返回值可能小于该结构的最大长度（见图15-2）。

在网络编程中，值-结果参数最常见的例子是所返回套接字地址结构的长度。不过本书中我们还会碰到其他值-结果参数：

- select函数中间的3个参数（见6.3节）；
- getsockopt函数的长度参数（见7.2节）；
- 使用recvmsg函数时，msghdr结构中的msg_namelen和msg_controllen字段（见14.5节）；
- ifconf结构中的ifc_len字段（见图17-2）；
- sysctl函数两个长度参数中的第一个（见18.4节）。

76

3.4　字节排序函数

考虑一个16位整数，它由2字节组成。内存中存储这2字节有两种方法：一种是将低序字节存储在起始地址，这称为小端（little-endian）字节序；另一种方法是将高序字节存储在起始地址，这称为大端（big-endian）字节序。图3-9展示了这两种格式。

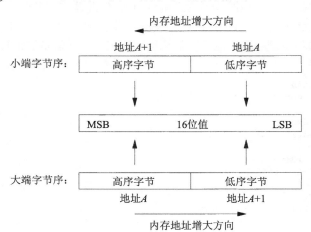

图3-9　16位整数的小端字节序和大端字节序

在该图中，我们在顶部标明内存地址增长的方向为从右到左，在底部标明内存地址增长的方向为从左到右。我们还标明最高有效位（most significant bit，MSB）是这个16位值最左边一位，最低有效位（least significant bit，LSB）是这个16位值最右边一位。

> 术语"小端"和"大端"表示多字节值的哪一端（小端或大端）存储在该值的起始地址。

遗憾的是，这两种字节序之间没有标准可循，两种格式都有系统使用。我们把某个给定系统所用的字节序称为主机字节序（host byte order）。图3-10所示程序输出主机字节序。

77

—— *intro/byteorder.c*

```
1 #include     "unp.h"
2 int
3 main(int argc, char **argv)
4 {
5     union {
6         short  s;
7         char   c[sizeof(short)];
8     } un;
9     un.s = 0x0102;
10    printf("%s: ", CPU_VENDOR_OS);
11    if (sizeof(short) == 2) {
12        if (un.c[0] == 1 && un.c[1] == 2)
13            printf("big-endian\n");
14        else if (un.c[0] == 2 && un.c[1] == 1)
15            printf("little-endian\n");
16        else
17            printf("unknown\n");
18    } else
19        printf("sizeof(short) = %d\n", sizeof(short));
20    exit(0);
21 }
```

—— *intro/byteorder.c*

图3-10   确定主机字节序的程序

我们在一个短整数变量中存放2字节的值0x0102，然后查看它的两个连续字节c[0]（对应图3-9中的地址A）和c[1]（对应图3-9中的地址$A+1$），以此确定字节序。

字符串CPU_VENDOR_OS是由GNU的autoconf程序在配置本书中的软件时确定的，它标识CPU类型、厂家和操作系统版本。这里我们给出一些例子，它们是这个程序在图1-16所示的各个系统上运行的结果。

```
freebsd4 % byteorder
i386-unknown-freebsd4.8: little-endian

macosx % byteorder
powerpc-apple-darwin6.6: big-endian

freebsd5 % byteorder
sparc64-unknown-freebsd5.1: big-endian

aix % byteorder
powerpc-ibm-aix5.1.0.0: big-endian

hpux % byteorder
hppa1.1-hp-hpux11.11: big-endian
```

```
linux % byteorder
i586-pc-linux-gnu: little-endian

solaris % byteorder
sparc-sun-solaris2.9: big-endian
```

78

我们已讨论了16位整数的字节序。显然，同样的讨论也适用于32位整数。

> 当今有不少系统能够在系统复位时（例如MIPS 2000），或者在运行之时（例如Intel i860），
> 在大端字节序和小端字节序之间切换。

既然网络协议必须指定一个网络字节序（network byte order），作为网络编程人员的我们必须清楚不同字节序之间的差异。举例来说，在每个TCP分节中都有16位的端口号和32位的IPv4地址。发送协议栈和接收协议栈必须就这些多字节字段各个字节的传送顺序达成一致。网际协议使用大端字节序来传送这些多字节整数。

从理论上说，具体实现可以按主机字节序存储套接字地址结构中的各个字段，等到需要在这些字段和协议首部相应字段之间移动时，再在主机字节序和网络字节序之间进行互转，让我们免于操心转换细节。然而由于历史的原因和POSIX规范的规定，套接字地址结构中的某些字段必须按照网络字节序进行维护。因此我们要关注如何在主机字节序和网络字节序之间相互转换。这两种字节序之间的转换使用以下4个函数。

```
#include <netinet/in.h>

uint16_t htons(uint16_t host16bitvalue);

uint32_t htonl(uint32_t host32bitvalue);
                                                均返回：网络字节序的值
uint16_t ntohs(uint16_t net16bitvalue);

uint32_t ntohl(uint32_t net32bitvalue);

                                                均返回：主机字节序的值
```

在这些函数的名字中，h代表*host*，n代表*network*，s代表*short*，l代表*long*。short和long这两个称谓是出自4.2BSD的Digital VAX实现的历史产物。如今我们应该把s视为一个16位的值（例如TCP或UDP端口号），把l视为一个32位的值（例如IPv4地址）。事实上即使在64位的Digital Alpha中，尽管长整数占用64位，htonl和ntohl函数操作的仍然是32位的值。

当使用这些函数时，我们并不关心主机字节序和网络字节序的真实值（或为大端，或为小端）。我们所要做的只是调用适当的函数在主机和网络字节序之间转换某个给定值。在那些与网际协议所用字节序（大端）相同的系统中，这四个函数通常被定义为空宏。

79

除了协议首部中各个字段的字节序问题外，我们将在5.18节和习题5.8中讨论网络分组中所含数据的字节序问题。

至此我们尚未定义字节（byte）这个术语。既然几乎所有的计算机系统都使用8位字节，我们就用该术语来表示一个8位的量。大多数因特网标准使用八位组（octet）这个术语而不是使用字节来表示8位的量。该术语起始于TCP/IP发展的早期，当时许多早期的工作是在诸如DEC-10这样的系统上进行的，这些系统就不使用8位的字节。

因特网标准中另外一个重要的约定是位序。在许多作为因特网标准的RFC文档中，可以看到类似如下的分组"图"示（该文本图出自RFC 791，是IPv4首部的前32位）：

```
 0                   1                   2                   3
 0 1 2 3 4 5 6 7 8 9 0 1 2 3 4 5 6 7 8 9 0 1 2 3 4 5 6 7 8 9 0 1
+-+-+-+-+-+-+-+-+-+-+-+-+-+-+-+-+-+-+-+-+-+-+-+-+-+-+-+-+-+-+-+-+
|Version|  IHL  |Type of Service|          Total Length         |
+-+-+-+-+-+-+-+-+-+-+-+-+-+-+-+-+-+-+-+-+-+-+-+-+-+-+-+-+-+-+-+-+
```

它表示按照在线缆上出现的顺序排列的4字节（32位），最左边的位是最早出现的最高有效位。注意位序的编号从0开始，分配给最高有效位的编号为0。我们应该开始熟悉这种记法，以方便阅读RFC文档中的协议定义。

> 20世纪80年代在网络编程上存在一个通病：在Sun工作站（大端Motorola 68000）上开发代码时没有调用这4个函数中的任何一个。这些代码在这些工作站上都能运行，但是当移植到小端机器（例如VAX系列机）上时，便根本不能工作。

3.5   字节操纵函数

操纵多字节字段的函数有两组，它们既不对数据作解释，也不假设数据是以空字符结束的C字符串。当处理套接字地址结构时，我们需要这些类型的函数，因为我们需要操纵诸如IP地址这样的字段，这些字段可能包含值为0的字节，却并不是C字符串。以空字符结尾的C字符串是由在<string.h>头文件中定义、名字以str（表示字符串）开头的函数处理的。

名字以b（表示字节）开头的第一组函数起源于4.2BSD，几乎所有现今支持套接字函数的系统仍然提供它们。名字以mem（表示内存）开头的第二组函数起源于ANSI C标准，支持ANSI C函数库的所有系统都提供它们。

我们首先给出源自Berkeley的函数，本书中我们只使用其中一个——bzero。（我们使用它是因为它只有2个参数，比起3个参数的memset函数来要容易记些，这在前边已解释过。）其他两个函数bcopy和bcmp你也许会在现有的应用程序中见到。

|80|

```
#include <strings.h>

void bzero(void *dest, size_t nbytes);

void bcopy(const void *src, void *dest, size_t nbytes);

int bcmp(const void *ptr1, const void *ptr2, size_t nbytes);
                                        返回：若相等则为0，否则为非0
```

> 这是我们首次遇到ANSI C的const限定词。就它在这儿的三处使用来说，它表示所限定的指针（src、ptr1和ptr2）所指的内容不会被函数更改。换句话说，函数只是读而不修改由const指针所指的内存单元。

bzero把目标字节串中指定数目的字节置为0。我们经常使用该函数来把一个套接字地址结构初始化为0。bcopy将指定数目的字节从源字节串移到目标字节串。bcmp比较两个任意的字节串，若相同则返回值为0，否则返回值为非0。

我们随后给出ANSI C函数：

```
#include <string.h>

void *memset(void *dest, int c, size_t len);

void *memcpy(void *dest, const void *src, size_t nbytes);

int memcmp(const void *ptr1, const void *ptr2, size_t nbytes);
                                        返回：若相等则为0，否则为<0或>0
```

memset把目标字节串指定数目的字节置为值*c*。memcpy类似bcopy，不过两个指针参数的顺序是相反的。当源字节串与目标字节串重叠时，bcopy能够正确处理，但是memcpy的操作结果却不可知。这种情形下必须改用ANSI C的memmove函数。

> 记住memcpy两个指针参数顺序的方法之一是记着它们是按照与C中的赋值语句相同的顺序从左到右书写的：
>
> *dest = src;*
>
> 记住memset最后两个参数顺序的方法之一是认识到所有ANSI C的mem*XXX*函数都需要一个长度参数，而且它总是最后一个参数。

memcmp比较两个任意的字节串，若相同则返回0，否则返回一个非0值，是大于0还是小于0则取决于第一个不等的字节：如果*ptr1*所指字节串中的这个字节大于*ptr2*所指字节中的对应字节，那么大于0，否则小于0。我们的比较操作是在假设两个不等的字节均为无符号字符（unsigned char）的前提下完成的。

81

3.6 **inet_aton**、**inet_addr** 和 **inet_ntoa** 函数

在本节和下一节，我们介绍两组地址转换函数。它们在ASCII字符串（这是人们偏爱使用的格式）与网络字节序的二进制值（这是存放在套接字地址结构中的值）之间转换网际地址。

(1) inet_aton、inet_addr和inet_ntoa在点分十进制数串（例如"206.168.112.96"）与它长度为32位的网络字节序二进制值间转换IPv4地址。你可能会在许多现有代码中见到这些函数。

(2) 两个较新的函数inet_pton和inet_ntop对于IPv4地址和IPv6地址都适用。我们将在下一节中讲解它们并在全书中使用它们。

```
#include <arpa/inet.h>

int inet_aton(const char *strptr, struct in_addr *addrptr);
```
返回：若字符串有效则为1，否则为0

```
in_addr_t inet_addr(const char *strptr);
```
返回：若字符串有效则为32位二进制网络字节序的IPv4地址，否则为INADDR_NONE

```
char *inet_ntoa(struct in_addr inaddr);
```
返回：指向一个点分十进制数串的指针

第一个函数inet_aton将*strptr*所指C字符串转换成一个32位的网络字节序二进制值，并通过指针*addrptr*来存储。若成功则返回1，否则返回0。

> inet_aton函数有一个没写入正式文档中的特征：如果*addrptr*指针为空，那么该函数仍然对输入的字符串执行有效性检查，但是不存储任何结果。

inet_addr进行相同的转换，返回值为32位的网络字节序二进制值。该函数存在一个问题：所有2^{32}个可能的二进制值都是有效的IP地址（从0.0.0.0到255.255.255.255），但是当出错时该函数返回INADDR_NONE常值（通常是一个32位均为1的值）。这意味着点分十进制数串255.255.255.255（这是IPv4的有限广播地址，见20.2节）不能由该函数处理，因为它的二进制值

被用来指示该函数失败。

> inet_addr函数还存在一个潜在的问题：一些手册页面声明该函数出错时返回-1而不是
> INADDR_NONE。这样在对该函数的返回值（一个无符号的值）和一个负常值（-1）进行比较
> 时可能会发生问题，具体取决于C编译器。

82

如今inet_addr已被废弃，新的代码应该改用inet_aton函数。更好的办法是使用下一节中介绍的新函数，它们对于IPv4地址和IPv6地址都适用。

inet_ntoa函数将一个32位的网络字节序二进制IPv4地址转换成相应的点分十进制数串。由该函数的返回值所指向的字符串驻留在静态内存中。这意味着该函数是不可重入的，这个概念我们将在11.18节中讨论。最后需要留意，该函数以一个结构而不是以指向该结构的一个指针作为其参数。

> 函数以结构为参数是罕见的，更常见的是以指向结构的指针为参数。

3.7 inet_pton 和 inet_ntop 函数

这两个函数是随IPv6出现的新函数，对于IPv4地址和IPv6地址都适用。本书通篇都在使用这两个函数。函数名中p和n分别代表表达（presentation）和数值（numeric）。地址的表达格式通常是ASCII字符串，数值格式则是存放到套接字地址结构中的二进制值。

```
#include <arpa/inet.h>

int inet_pton(int family, const char *strptr, void *addrptr);

                    返回：若成功则为1，若输入不是有效的表达格式则为 0，若出错则为-1

const char *inet_ntop(int family, const void *addrptr, char *strptr, size_t len);

                        返回：若成功则为指向结果的指针，若出错则为NULL
```

这两个函数的*family*参数既可以是AF_INET，也可以是AF_INET6。如果以不被支持的地址族作为*family*参数，这两个函数就都返回一个错误，并将errno置为EAFNOSUPPORT。

第一个函数尝试转换由*strptr*指针所指的字符串，并通过*addrptr*指针存放二进制结果。若成功则返回值为1，否则如果对所指定的*family*而言输入的字符串不是有效的表达格式，那么返回值为0。

inet_ntop进行相反的转换，从数值格式（*addrptr*）转换到表达格式（*strptr*）。*len*参数是目标存储单元的大小，以免该函数溢出其调用者的缓冲区。为有助于指定这个大小，在<netinet/in.h>头文件中有如下定义：

```
#define INET_ADDRSTRLEN     16        /* for IPv4 dotted-decimal */
#define INET6_ADDRSTRLEN    46        /* for IPv6 hex string */
```

如果*len*太小，不足以容纳表达格式结果（包括结尾的空字符），那么返回一个空指针，并置errno为ENOSPC。

83

inet_ntop函数的*strptr*参数不可以是一个空指针。调用者必须为目标存储单元分配内存并指定其大小。调用成功时，这个指针就是该函数的返回值。

图3-11总结了这一节和上一节中我们讨论过的5个函数。

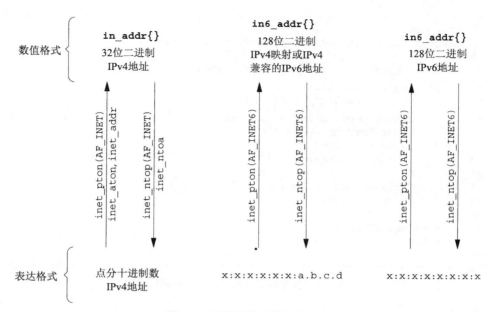

图3-11 地址转换函数小结

示例

即使你的系统还不支持IPv6，你也可以采取下列措施开始使用这些新函数，即用代码

```
inet_pton(AF_INET, cp, &foo.sin_addr);
```

代替代码

```
foo.sin_addr.s_addr = inet_addr(cp);
```

再用代码

```
char    str[INET_ADDRSTRLEN];
ptr = inet_ntop(AF_INET, &foo.sin_addr, str, sizeof(str));
```

代替代码

```
ptr = inet_ntoa(foo.sin_addr);
```

图3-12给出了只支持IPv4的inet_pton函数的简单定义。类似地，图3-13给出了只支持IPv4的inet_ntop函数的简化版本。

84

—— *libfree/inet_pton_ipv4.c*

```
10 int
11 inet_pton(int family, const char *strptr, void *addrptr)
12 {
13     if (family == AF_INET) {
14         struct in_addr  in_val;

15         if (inet_aton(strptr, &in_val)) {
16             memcpy(addrptr, &in_val, sizeof(struct in_addr));
17             return (1);
18         }
19         return(0);
20     }
21     errno = EAFNOSUPPORT;
22     return (-1);
23 }
```

—— *libfree/inet_pton_ipv4.c*

图3-12 仅支持IPv4的inet_pton简化版本

libfree/inet_ntop_ipv4.c

```
 8 const char *
 9 inet_ntop(int family, const void *addrptr, char *strptr, size_t len)
10 {
11     const u_char *p = (const u_char *) addrptr;
12     if (family == AF_INET) {
13         char    temp[INET_ADDRSTRLEN];
14         snprintf(temp, sizeof(temp), "%d.%d.%d.%d", p[0], p[1], p[2], p[3]);
15         if (strlen(temp) >= len) {
16             errno = ENOSPC;
17             return (NULL);
18         }
19         strcpy(strptr, temp);
20         return (strptr);
21     }
22     errno = EAFNOSUPPORT;
23     return (NULL);
24 }
```

libfree/inet_ntop_ipv4.c

85

图3-13   仅支持IPv4的inet_ntop简化版本

3.8 **sock_ntop** 和相关函数

inet_ntop的一个基本问题是：它要求调用者传递一个指向某个二进制地址的指针，而该地址通常包含在一个套接字地址结构中，这就要求调用者必须知道这个结构的格式和地址族。这就是说，为了使用这个函数，我们必须为IPv4编写如下代码：

```
struct sockaddr_in  addr;
inet_ntop(AF_INET, &addr.sin_addr, str, sizeof(str));
```

或为IPv6编写如下代码：

```
struct sockaddr_in6  addr6;
inet_ntop(AF_INET6, &addr6.sin6_addr, str, sizeof(str));
```

这就使得我们的代码与协议相关了。

为了解决这个问题，我们将自行编写一个名为sock_ntop的函数，它以指向某个套接字地址结构的指针为参数，查看该结构的内部，然后调用适当的函数返回该地址的表达格式。

```
#include "unp.h"

char *sock_ntop(const struct sockaddr *sockaddr, socklen_t addrlen);
```
返回：若成功则为非空指针，若出错则为NULL

这就是本书通篇使用的我们自己定义的函数（非标准系统函数）的说明形式：包围函数原型和返回值的方框是虚线。开头包括的头文件通常是我们自己的unp.h。

*sockaddr*指向一个长度为*addrlen*的套接字地址结构。本函数用它自己的静态缓冲区来保存结果，而指向该缓冲区的一个指针就是它的返回值。

注意：对结果进行静态存储导致该函数不可重入且非线程安全。这些概念我们将在11.18节中进一步讨论。对于该函数我们作这样的设计决策是为了让本书中的简单例子方便地调用它。

表达格式就是在一个IPv4地址的点分十进制数串格式之后，或者在一个括以方括号的IPv6地址的十六进制数串格式之后，跟一个终止符（我们使用一个分号，类似于URL语法），再跟一个十进制的端口号，最后跟一个空字符。因此，缓冲区大小对于IPv4至少为INET_ADDRSTRLEN加上6字节（16+6=22），对于IPv6至少为INET6_ADDRSTRLEN加上8字节（46+8=54）。

图3-14中我们给出了该函数仅为AF_INET情形下的源代码。

86

――――――――――――――――――――――――――――――――― lib/sock_ntop.c
```
 5 char *
 6 sock_ntop(const struct sockaddr *sa, socklen_t salen)
 7 {
 8     char    portstr[8];
 9     static char str[128];              /* Unix domain is largest */
10     switch (sa->sa_family) {
11     case AF_INET: {
12             struct sockaddr_in *sin = (struct sockaddr_in *) sa;
13             if (inet_ntop(AF_INET, &sin->sin_addr, str, sizeof(str)) == NULL)
14                 return(NULL);
15             if (ntohs(sin->sin_port) != 0) {
16                 snprintf(portstr, sizeof(portstr), ":%d",
17                         ntohs(sin->sin_port));
18                 strcat(str, portstr);
19             }
20             return(str);
21         }
```
――――――――――――――――――――――――――――――――― lib/sock_ntop.c

图3-14 我们自己的sock_ntop函数

我们还为操作套接字地址结构定义了其他几个函数，它们将简化我们的代码在IPv4与IPv6之间的移植。

```
#include "unp.h"

int sock_bind_wild(int sockfd, int family);
                                            返回：若成功则为0，若出错则为-1
int sock_cmp_addr(const struct sockaddr *sockaddr1,
                  const struct sockaddr *sockaddr2, socklen_t addrlen);
                                 返回：若地址为同一协议族且相同则为0，否则为非0
int sock_cmp_port(const struct sockaddr *sockaddr1,
                  const struct sockaddr *sockaddr2, socklen_t addrlen);
                                返回：若地址为同一协议族且端口相同则为0，否则为非0
int sock_get_port(const struct sockaddr *sockaddr, socklen_t addrlen);
                                 返回：若为IPv4或IPv6地址则为非负端口号，否则为-1
char *sock_ntop_host(const struct sockaddr *sockaddr, socklen_t addrlen);
                                        返回：若成功则为非空指针，若出错则为NULL

void sock_set_addr(const struct sockaddr *sockaddr, socklen_t addrlen, void *ptr);

void sock_set_port(const struct sockaddr *sockaddr, socklen_t addrlen, int port);

void sock_set_wild(struct sockaddr *sockaddr, socklen_t addrlen);
```

sock_bind_wild将通配地址和一个临时端口捆绑到一个套接字。sock_cmp_addr比较两个套接字地址结构的地址部分；sock_cmp_port则比较两个套接字地址结构的端口号部分。

87

sock_get_port只返回端口号。sock_ntop_host把一个套接字地址结构中的主机部分转换成表达格式（不包括端口号）。sock_set_addr把一个套接字地址结构中的地址部分置为*ptr*指针所指的值；sock_set_port则只设置一个套接字地址结构的端口号部分。sock_set_wild把一个套接字地址结构中的地址部分置为通配地址。跟本书所有函数一样，我们也为那些返回值不是void的上述函数提供了包裹函数，它们的名字以s开头，我们的程序通常调用这些包裹函数。我们不给出所有这些函数的源代码，不过它们是免费可得的（见前言）。

3.9   **readn**、**writen** 和 **readline** 函数

字节流套接字（例如TCP套接字）上的read和write函数所表现的行为不同于通常的文件I/O。字节流套接字上调用read或write输入或输出的字节数可能比请求的数量少，然而这不是出错的状态。这个现象的原因在于内核中用于套接字的缓冲区可能已达到了极限。此时所需的是调用者再次调用read或write函数，以输入或输出剩余的字节。有些版本的Unix在往一个管道中写多于4096字节的数据时也会表现出这样的行为。这个现象在读一个字节流套接字时很常见，但是在写一个字节流套接字时只能在该套接字为非阻塞的前提下才出现。尽管如此，为预防万一，不让实现返回一个不足的字节计数值，我们总是改为调用writen函数来取代write函数。

我们提供的以下3个函数是每当我们读或写一个字节流套接字时总要使用的函数。

```
#include "unp.h"

ssize_t readn(int filedes, void *buff, size_t nbytes);

ssize_t written(int filedes, const void *buff, size_t nbytes);

ssize_t readline(int filedes, void *buff, size_t maxlen);
```
                                                    均返回：读或写的字节数，若出错则为-1

88
图3-15给出了readn函数，图3-16给出了writen函数，图3-17给出了readline函数。

——*lib/readn.c*
```
 1 #include        "unp.h"
 2 ssize_t                               /* Read "n" bytes from a descriptor. */
 3 readn(int fd, void *vptr, size_t n)
 4 {
 5     size_t  nleft;
 6     ssize_t nread;
 7     char  *ptr;

 8     ptr = vptr;
 9     nleft = n;
10     while (nleft > 0) {
11         if ( (nread = read(fd, ptr, nleft)) < 0) {
12             if (errno == EINTR)
13                 nread = 0;         /* and call read() again */
14             else
15                 return(-1);
16         } else if (nread == 0)
17             break;                 /* EOF */
18         nleft -= nread;
19         ptr  += nread;
20     }
21     return(n - nleft);             /* return >= 0 */
22 }
```
——*lib/readn.c*

图3-15   readn函数：从一个描述符读*n*字节

—————————— lib/writen.c

```
1 #include    "unp.h"
2 ssize_t                      /* Write "n" bytes to a descriptor. */
3 writen(int fd, const void *vptr, size_t n)
4 {
5     size_t nleft;
6     ssize_t nwritten;
7     const char *ptr;

8     ptr = vptr;
9     nleft = n;
10    while (nleft > 0) {
11        if ( (nwritten = write(fd, ptr, nleft)) <= 0) {
12            if (nwritten < 0 && errno == EINTR)
13                nwritten = 0;   /* and call write() again */
14            else
15                return(-1);      /* error */
16        }
17        nleft -= nwritten;
18        ptr += nwritten;
19    }
20    return(n);
21 }
```

—————————— lib/writen.c

图3-16 writen函数：往一个描述符写*n*字节

—————————— test/readline1.c

```
1 #include    "unp.h"
2 /* PAINFULLY SLOW VERSION -- example only */
3 ssize_t
4 readline(int fd, void *vptr, size_t maxlen)
5 {
6     ssize_t n, rc;
7     char    c, *ptr;

8     ptr = vptr;
9     for (n = 1; n < maxlen; n++) {
10    again:
11        if ( (rc = read(fd, &c, 1)) == 1) {
12            *ptr++ = c;
13            if (c == '\n')
14                break;              /* newline is stored, like fgets() */
15        } else if (rc == 0) {
16            *ptr = 0;
17            return(n - 1);          /* EOF, n - 1 bytes were read */
18        } else {
19            if (errno == EINTR)
20                goto again;
21            return(-1);             /* error, errno set by read() */
22        }
23    }
24    *ptr = 0;                        /* null terminate like fgets() */
25    return(n);
26 }
```

—————————— test/readline1.c

图3-17 readline函数：从一个描述符读文本行，一次1字节

上述三个函数查找EINTR错误（表示系统调用被一个捕获的信号中断，我们将在5.9节中更详细地讨论），如果发生该错误则继续进行读或写操作。既然这些函数的作用是避免让调用者来处理不足的字节计数值，那么我们就地处理该错误，而不是强迫调用者再次调用readn或writen函数。

在14.3节我们会提到，MSG_WAITALL标志可随recv函数一起使用来取代独立的readn函数。

注意，这个readline函数每读一个字节的数据就调用一次系统的read函数。这是非常低效率的，为此我们特意在代码中注明"PAINFULLY SLOW（极端地慢）"。当面临从某个套接字读入文本行这一需求时，改用标准I/O函数库（称为stdio）相当诱人。我们将在14.8节中详细讨论这种方法，不过预先指出这是种危险的方法。解决本性能问题的stdio缓冲机制却引发许多后勤问题，可能导致在应用程序中存在相当隐蔽的缺陷。究其原因在于stdio缓冲区的状态是不可见的。为便于深入解释，让我们考虑客户和服务器之间的一个基于文本行的协议，而使用该协议的多个客户程序和服务器程序可能是在一段时间内先后实现的（这种情形其实相当普遍，举例来说，按照HTTP规范独立编写的Web浏览器程序和Web服务器程序就相当之多）。良好的防御性编程（defensive programming）技术要求这些程序不仅能够期望它们的对端程序也遵循相同的网络协议，而且能够检查出未预期的网络数据传送并加以修正（恶意企图自然也被检查出来），这样使得网络应用能够从存在问题的网络数据传送中恢复，可能的话还会继续工作。为了提升性能而使用stdio来缓冲数据违背了这些目标，因为这样的应用进程在任何时刻都没有办法分辨stdio缓冲区中是否持有未预期的数据。

基于文本行的网络协议相当多，譬如SMTP、HTTP、FTP的控制连接协议以及finger等。因此针对文本行操作这一需求一再被提出。然而我们的建议是依照缓冲区而不是文本行的要求来考虑编程。编写从缓冲区中读取数据的代码，当期待一个文本行时，就查看缓冲区中是否含有那一行。

图3-18给出了readline函数的一个较快速版本，它使用自己的而不是stdio提供的缓冲机制。其中重要的是readline内部缓冲区的状态是暴露的，这使得调用者能够查看缓冲区中到底收到了什么。即使使用这个特性，readline仍可能存在问题，具体见6.3节。诸如select等系统函数仍然不可能知道readline使用的内部缓冲区，因此编写不严谨的程序很可能发现自己在select上等待的数据早已收到并存放在readline的缓冲区中了。由于这个原因，混合调用readn和readline不会像预期的那样工作，除非把readn修改成也检查该内部缓冲区。

lib/readline.c

```
1 #include       "unp.h"

2 static int   read_cnt;
3 static char *read_ptr;
4 static char read_buf[MAXLINE];

5 static ssize_t
6 my_read(int fd, char *ptr)
7 {

8     if (read_cnt <= 0) {
9       again:
10        if ( (read_cnt = read(fd, read_buf, sizeof(read_buf))) < 0) {
```

图3-18 readline函数的改进版

```
11                if (errno == EINTR)
12                    goto again;
13                return(-1);
14            } else if (read_cnt == 0)
15                return(0);
16            read_ptr = read_buf;
17        }

18        read_cnt--;
19        *ptr = *read_ptr++;
20        return(1);
21    }
22    ssize_t
23    readline(int fd, void *vptr, size_t maxlen)
24    {
25        ssize_t n, rc;
26        char    c, *ptr;

27        ptr = vptr;
28        for (n = 1; n < maxlen; n++) {
29            if ( (rc = my_read(fd, &c)) == 1) {
30                *ptr++ = c;
31                if (c == '\n')
32                    break;                  /* newline is stored, like fgets() */
33            } else if (rc == 0) {
34                *ptr = 0;
35                return(n - 1);              /* EOF, n - 1 bytes were read */
36            } else
37                return(-1);                 /* error, errno set by read() */
38        }

39        *ptr = 0;                           /* null terminate like fgets() */
40        return(n);
41    }

42    ssize_t
43    readlinebuf(void **vptrptr)
44    {
45        if (read_cnt)
46            *vptrptr = read_ptr;
47        return(read_cnt);
48    }
```

lib/readline.c

图3-18　（续）

2~21　内部函数my_read每次最多读MAXLINE个字符，然后每次返回一个字符。

29　readline函数本身的唯一变化是用my_read调用取代read。

42~48　readlinebuf这个新函数能够展露内部缓冲区的状态，便于调用者查看在当前文本行之后是否收到了新的数据。

　　　　但是，在readline.c中使用静态变量实现跨相继函数调用的状态信息维护，其结果是这些函数变得不可重入或者说非线程安全了。我们将在11.18节和26.5节中讨论这一点。在图26-11中我们将使用特定于线程的数据开发一个线程安全的版本。

3.10   小结

　　套接字地址结构是每个网络程序的重要组成部分。我们分配它们，填写它们，把指向它们的指针传递给各个套接字函数。有时我们把指向这些结构之一的指针传递给一个套接字函数，并由该函数填写结构内容。我们总是以引用形式来传递这些结构（也就是说，我们传递的是指向结构的指针，而不是结构本身），而且将结构的大小作为另外一个参数来传递。当一个套接字函数需要填写一个结构时，该结构的长度也以引用形式传递，这样它的值也可以被函数更改。我们把这样的参数称为值-结果参数。

　　套接字地址结构是自定义的，因为它们总是以一个标识其中所含地址之协议族的字段开头。支持长度可变套接字地址结构的较新实现在开头还包含一个长度字段，它含有整个结构的长度信息。

　　在表达格式（我们平时书写的格式，例如ASCII字符串）和数值格式（存放到套接字地址结构中的格式）之间转换IP地址的两个函数是inet_pton和inet_ntop。虽然我们将在稍后的章节中使用这两个函数，但是必须说明，它们是协议相关的。操纵套接字地址结构的更好方法是把它们作为不透明对象，仅知道指向结构的指针和结构的大小而已。按照这种方法，我们开发了一组名字以sock_开头的函数，协助实现程序的协议无关性。我们将在第11章中使用getaddrinfo和getnameinfo函数完成这套协议无关工具的开发。

　　TCP套接字为应用进程提供了一个字节流，它们没有记录标记。从TCP套接字read的返回值可能比我们请求的数量少，但是这不表示发生了错误。为帮助读或写一个字节流，我们开发了readn、writen和readline这3个函数，并在全书中广泛使用。对于文本行交互的应用来说，程序应该按照操作缓冲区而非按照操作文本行来编写。

习题

3.1　为什么诸如套接字地址结构的长度之类的值-结果参数要用指针来传递？

3.2　为什么readn和writen函数都将void *型指针转换为char *型指针？

3.3　inet_aton和inet_addr函数对于接受什么作为点分十进制数IPv4地址串一直相当随意：允许由小数点分隔的1～4个数，也允许由一个前导的0x来指定一个十六进制数，还允许由一个前导的0来指定一个八进制数。（尝试运行telnet 0xe来检验一下这些特性。）inet_pton函数对IPv4地址的要求却严格得多，明确要求用三个小数点来分隔四个在0～255之间的十进制数。当指定地址族为AF_INET6时，inet_pton不允许指定点分十进制数地址，不过有人可能争辩说应该允许，返回值就是对应这个点分十进制数串的IPv4映射的IPv6地址（见图A-10）。

试写一个名为inet_pton_loose的函数，它能处理如下情形：如果地址族为AF_INET且inet_pton返回0，那就调用inet_aton看是否成功；类似地，如果地址族为AF_INET6且inet_pton返回0，那就调用inet_aton看是否成功，若成功则返回其IPv4映射的IPv6地址。

基本 TCP 套接字编程

4.1 概述

本章讲解编写一个完整的TCP客户/服务器程序所需要的基本套接字函数。讲解完即将使用的所有基本套接字函数之后，我们就在下一章中开发这个客户/服务器程序。我们将围绕该客户/服务器程序展开本书，并多次对它加以改进（图1-12和图1-13）。

我们还讲解并发服务器，它是在同时有大量的客户连接到同一服务器上时用于提供并发性的一种常用Unix技术。每个客户连接都迫使服务器为它派生（fork）一个新的进程。本章中我们只考虑使用fork实施的每客户单进程模型，然而当在第26章讨论线程时，我们将考虑称为每客户单线程的另外一种模型。

图4-1给出了在一对TCP客户与服务器进程之间发生的一些典型事件的时间表。服务器首先启动，稍后某个时刻客户启动，它试图连接到服务器。我们假设客户给服务器发送一个请求，服务器处理该请求，并且给客户发回一个响应。这个过程一直持续下去，直到客户关闭连接的客户端，从而给服务器发送一个EOF（文件结束）通知为止。服务器接着也关闭连接的服务器端，然后结束运行或者等待新的客户连接。

4.2 socket 函数

为了执行网络I/O，一个进程必须做的第一件事情就是调用socket函数，指定期望的通信协议类型（使用IPv4的TCP、使用IPv6的UDP、Unix域字节流协议等）。

```
#include <sys/socket.h>
int socket(int family, int type, int protocol);
```
返回：若成功则为非负描述符，若出错则为-1

其中*family*参数指明协议族，它是图4-2中所示的某个常值。该参数也往往被称为协议域。*type*参数指明套接字类型，它是图4-3中所示的某个常值。*protocol*参数应设为图4-4所示的某个协议类型常值，或者设为0，以选择所给定*family*和*type*组合的系统默认值。

并非所有套接字*family*与*type*的组合都是有效的，图4-5给出了一些有效的组合和对应的真正协议。其中标为"是"的项也是有效的，但还没有找到便捷的缩略词。而空白项则是无效组合。

你可能还会碰到作为socket函数第一个参数的相应的PF_*xxx*常值，我们在本节末讲述。

你也许会碰到AF_LOCAL（POSIX名称）被代之为AF_UNIX（历史上的Unix域名称），在第15章中我们再做详细说明。

参数*family*和*type*还有其他值。例如4.4BSD支持的*family*参数值还有AF_NS（Xerox NS协议，常称为XNS）和AF_ISO（OSI协议），不过现在很少有人使用这些协议。Xerox NS协议和OSI协议都实现了对SOCK_SEQPACKET这个*type*参数值的支持，我们将在9.2节讲解该值在

SCTP中的使用。然而TCP是一个字节流协议，仅支持SOCK_STREAM套接字。

Linux支持一个新的套接字类型SOCK_PACKET，它与图2-1中的BPF和DLPI类似，支持对数据链路的访问，具体将在第29章中叙述。

密钥套接字AF_KEY比较新，用于支持基于加密的安全性。跟路由套接字（AF_ROUTE）是内核中路由表的接口这种方式类似，密钥套接字是与内核中密钥表的接口。密钥套接字在第19章中讲解。

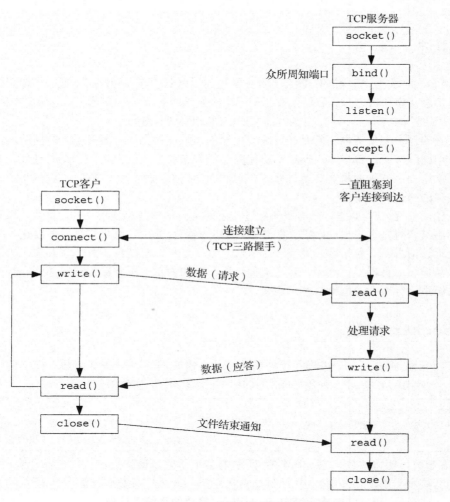

图4-1　基本TCP客户/服务器程序的套接字函数

family	说　明
AF_INET	IPv4协议
AF_INET6	IPv6协议
AF_LOCAL	Unix域协议（见第15章）
AF_ROUTE	路由套接字（见第18章）
AF_KEY	密钥套接字（见第19章）

图4-2　socket函数的*family*常值

type	说　明
SOCK_STREAM	字节流套接字
SOCK_DGRAM	数据报套接字
SOCK_SEQPACKET	有序分组套接字
SOCK_RAW	原始套接字

图4-3　socket函数的*type*常值

protocol	说　明
IPPROTO_TCP	TCP传输协议
IPPROTO_UDP	UDP传输协议
IPPROTO_SCTP	SCTP传输协议

图4-4　socket函数AF_INET或AF_INET6的*protocol*常值

	AF_INET	AF_INET6	AF_LOCAL	AF_ROUTE	AF_KEY
SOCK_STREAM	TCP|SCTP	TCP|SCTP	是		
SOCK_DGRAM	UDP	UDP	是		
SOCK_SEQPACKET	SCTP	SCTP	是		
SOCK_RAW	IPv4	IPv6		是	是

图4-5　socket函数中*family*和*type*参数的组合

socket函数在成功时返回一个小的非负整数值，它与文件描述符类似，我们把它称为套接字描述符（socket descriptor），简称sockfd。为了得到这个套接字描述符，我们只是指定了协议族（IPv4、IPv6或Unix）和套接字类型（字节流、数据报或原始套接字）。我们并没有指定本地协议地址或远程协议地址。

对比 **AF_***XXX* 和 **PF_***XXX*

AF_前缀表示地址族，PF_前缀表示协议族。历史上曾有这样的想法：单个协议族可以支持多个地址族，PF_值用来创建套接字，而AF_值用于套接字地址结构。但实际上，支持多个地址族的协议族从来就未实现过，而且头文件<sys/socket.h>中为一给定协议定义的PF_值总是与此协议的AF_值相等。尽管这种相等关系并不一定永远成立，但若有人试图给已有的协议改变这种约定，则许多现存代码都将崩溃。为与现存代码保持一致，本书中我们仅使用AF_常值，尽管（主要是）在调用socket时我们可能会碰到PF_值。

查看BSD/OS 2.1版中调用socket的137个程序，可以发现，有143个调用指定AF_值，仅有8个调用指定PF_值。

从历史上说，AF_前缀与PF_前缀具有相似常值集的原因要追溯到4.1cBSD [Lanciani 1996] 和比我们正讲述的（随4.2BSD出现的）socket函数早些的一个版本。socket函数的4.1cBSD版本采用了四个参数，其中有一个是指向sockproto结构的指针。该结构的第一个成员名为sp_family，它的值是某个PF_值；第二个成员即sp_protocol是一个协议号，与现行socket函数的第三个参数相似。指定协议族的唯一方法就是指定该结构，因此，在这个早期系统中，PF_值用来在sockproto结构中指定协议族的结构标签，而AF_值用来在套接字地址结构中指定地址族的结构标签。4.4BSD中仍有sockproto结构（TCPv2第626～627页），但仅由内核在内部使用。在最初的定义中，对sp_family成员有"protocol family"（协议族）的注释，在4.4BSD源代码中已改为"address family"（地址族）了。

　　让人更弄不清 AF_ 常值和 PF_ 常值之区别的是，其中有成员可与 socket 函数的第一个参数作比较的 Berkeley 内核数据结构（domain 结构的 dom_family 成员，TCPv2 第 187 页）有这样的注释：它含有 AF_ 值。尽管如此，内核中有些 domain 结构被初始化为相应的 AF_ 值（TCPv2 第 192 页），而其他 domain 结构则被初始化成 PF_ 值（TCPv2 第 646 页和 TCPv3 第 229 页）。

　　作为另一个历史注解，4.2BSD 中 socket 函数的手册页面（编写于 1983 年 7 月）将该函数的第一个参数称为 *af*，并把它的可能取值作为 AF_ 常值列出。

　　最后，我们指出 POSIX 规范指定 socket 函数的第一个参数为 PF_ 值，而 AF_ 值用于套接字地址结构。然而它在 addrinfo 结构（11.6 节）中却只定义了一个族值，既用于调用 socket 函数，也用于套接字地址结构中！

4.3　connect 函数

TCP 客户用 connect 函数来建立与 TCP 服务器的连接。

```
#include <sys/socket.h>
int connect(int sockfd, const struct sockaddr *servaddr, socklen_t addrlen);
                                                    返回：若成功则为0，若出错则为-1
```

sockfd 是由 socket 函数返回的套接字描述符，第二个、第三个参数分别是一个指向套接字地址结构的指针和该结构的大小，如 3.3 节所述。套接字地址结构必须含有服务器的 IP 地址和端口号。我们已在图 1-5 中见过本函数的一个例子。

　　客户在调用函数 connect 前不必非得调用 bind 函数（我们在下一节介绍该函数），因为如果需要的话，内核会确定源 IP 地址，并选择一个临时端口作为源端口。

　　如果是 TCP 套接字，调用 connect 函数将激发 TCP 的三路握手过程（2.6 节），而且仅在连接建立成功或出错时才返回，其中出错返回可能有以下几种情况。

　　(1) 若 TCP 客户没有收到 SYN 分节的响应，则返回 ETIMEDOUT 错误。举例来说，调用 connect 函数时，4.4BSD 内核发送一个 SYN，若无响应则等待 6s 后再发送一个，若仍无响应则等待 24s 后再发送一个（TCPv2 第 828 页）。若总共等了 75s 后仍未收到响应则返回本错误。

　　有些系统提供对超时值的管理性控制，见 TCPv1 的附录 E。

　　(2) 若对客户的 SYN 的响应是 RST（表示复位），则表明该服务器主机在我们指定的端口上没有进程在等待与之连接（例如服务器进程也许没在运行）。这是一种硬错误（hard error），客户一接收到 RST 就马上返回 ECONNREFUSED 错误。

　　RST 是 TCP 在发生错误时发送的一种 TCP 分节。产生 RST 的三个条件是：目的地为某端口的 SYN 到达，然而该端口上没有正在监听的服务器（如前所述）；TCP 想取消一个已有连接；TCP 接收到一个根本不存在的连接上的分节。（TCPv1 第 246～250 页有更详细的信息。）

　　(3) 若客户发出的 SYN 在中间的某个路由器上引发了一个 "destination unreachable"（目的地不可达）ICMP 错误，则认为是一种软错误（soft error）。客户主机内核保存该消息，并按第一种情况中所述的时间间隔继续发送 SYN。若在某个规定的时间（4.4BSD 规定 75s）后仍未收到响应，则把保存的消息（即 ICMP 错误）作为 EHOSTUNREACH 或 ENETUNREACH 错误返回给进程。以下两种情形也是有可能的：一是按照本地系统的转发表，根本没有到达远程系统的路径；二是 connect 调用根本不等待就返回。

　　许多早期系统（譬如 4.2BSD）在收到"目的地不可达"ICMP 错误时会不正确地放弃建

立连接的尝试。这种做法不正确是因为ICMP错误可能指示某个暂时状态。譬如说,它可能是终究可以修复的某个路由问题引起的。

　　注意,即使ICMP错误指示目的网络不可达,图A-15中也没有列出ENETUNREACH。网络不可达的错误被认为已过时,应用进程应该把ENETUNREACH和EHOSTUNREACH作为相同的错误对待。

　我们可以用图1-5所示的简单客户程序来查看这些不同的出错情况。首先指定本地主机(127.0.0.1),它正在运行对应的时间获取服务器程序,我们观察正常的输出:

```
solaris % daytimetcpcli 127.0.0.1
Sun Jul 27 22:01:51 2003
```

为了查看返回响应的另一种格式,我们指定另外一个主机的IP地址(本例中为那个HP-UX主机的IP地址):

```
solaris % daytimetcpcli 192.6.38.100
Sun Jul 27 22:04:59 PDT 2003
```

我们接着指定本地子网(192.168.1/24)上其主机ID(100)并不存在的一个IP地址,也就是说本地子网上没有一个主机ID为100的主机,这样当客户主机发出ARP请求(要求那个不存在的主机响应以其硬件地址)时,它将永远收不到ARP响应:

```
solaris % daytimetcpcli 192.168.1.100
connect error: Connection timed out
```

我们等到connect函数超时后(对于Solaris 9约为4分钟)才得到该错误。留意我们的err_sys函数以直观可读的字符串消息显示了ETIMEDOUT错误的含义。

　下一个例子中我们指定一个没有运行时间获取服务器程序的主机(其实是一个本地路由器)。

```
solaris % daytimetcpcli 192.168.1.5
connect error: Connection refused
```

服务器主机立刻响应以一个RST分节。

100

　最后一个例子中我们指定一个因特网中不可到达的IP地址。如果我们用tcpdump观察分组的情况,就会发现6跳远的路由器返回了主机不可达的ICMP错误。

```
solaris % daytimetcpcli 192.3.4.5
connect error: No route to host
```

跟ETIMEDOUT错误一样,本例中的connect也在等待规定的一段时间之后才返回EHOSTUNREACH错误。

　按照TCP状态转换图(图2-4),connect函数导致当前套接字从CLOSED状态(该套接字自从由socket函数创建以来一直所处的状态)转移到SYN_SENT状态,若成功则再转移到ESTABLISHED状态。若connect失败则该套接字不再可用,必须关闭,我们不能对这样的套接字再次调用connect函数。在图11-10中我们将看到,当循环调用函数connect为给定主机尝试各个IP地址直到有一个成功时,在每次connect失败后,都必须close当前的套接字描述符并重新调用socket。

4.4　**bind** 函数

　bind函数把一个本地协议地址赋予一个套接字。对于网际网协议,协议地址是32位的IPv4地址或128位的IPv6地址与16位的TCP或UDP端口号的组合。

```
#include <sys/socket.h>
int bind(int sockfd, const struct sockaddr *myaddr, socklen_t addrlen);
```
返回：若成功则为0，若出错则为-1

历史上讲述bind函数的手册页面曾说"bind assigns a name to an unnamed socket（bind 函数为一个无名的套接字命名）"。使用"name"（名字）一词易于让人混淆，因为它具有诸如foo.bar.com之类域名（第11章）的含义。bind函数其实与名字没有任何关系。它只是把一个协议地址赋予一个套接字，至于协议地址的含义则取决于协议本身。①

第二个参数是一个指向特定于协议的地址结构的指针，第三个参数是该地址结构的长度。对于TCP，调用bind函数可以指定一个端口号，或指定一个IP地址，也可以两者都指定，还可以都不指定。

- 服务器在启动时捆绑它们的众所周知端口，我们在图1-9中已看到了。如果一个TCP客户或服务器未曾调用bind捆绑一个端口，当调用connect或listen时，内核就要为相应的套接字选择一个临时端口。让内核来选择临时端口对于TCP客户来说是正常的，除非应用需要一个预留端口（图2-10）；然而对于TCP服务器来说却极为罕见，因为服务器是通过它们的众所周知端口被大家认识的。

  这个规则的例外是远程过程调用（Remote Procedure Call，RPC）服务器。它们通常就由内核为它们的监听套接字选择一个临时端口，而该端口随后通过RPC端口映射器进行注册。客户在connect这些服务器之前，必须与端口映射器联系以获取它们的临时端口。这种情况也适用于使用UDP的RPC服务器。

- 进程可以把一个特定的IP地址捆绑到它的套接字上，不过这个IP地址必须属于其所在主机的网络接口之一。对于TCP客户，这就为在该套接字上发送的IP数据报指派了源IP地址。对于TCP服务器，这就限定该套接字只接收那些目的地为这个IP地址的客户连接。TCP客户通常不把IP地址捆绑到它的套接字上。当连接套接字时，内核将根据所用外出网络接口来选择源IP地址，而所用外出接口则取决于到达服务器所需的路径（TCPv2第737页）。如果TCP服务器没有把IP地址捆绑到它的套接字上，内核就把客户发送的SYN的目的IP地址作为服务器的源IP地址（TCPv2第943页）。

正如我们所说，调用bind可以指定IP地址或端口，可以两者都指定，也可以都不指定。图4-6汇总了如何根据预期的结果，设置sin_addr和sin_port或者sin6_addr和sin6_port的值。

进程指定		结　　果
IP地址	端口	
通配地址	0	内核选择IP地址和端口
通配地址	非0	内核选择IP地址，进程指定端口
本地IP地址	0	进程指定IP地址，内核选择端口
本地IP地址	非0	进程指定IP地址和端口

图4-6　给bind函数指定要捆绑的IP地址和/或端口号产生的结果

---

① 捆绑（binding）操作涉及三个对象：套接字（在XTI API中为端点）、地址及端口。其中套接字是捆绑的主体，地址和端口是捆绑在套接字上的客体。由于涉及对象较多，我们先在这里澄清各种说法：（1）"捆绑地址A和/或端口P到套接字S"。同义说法还有："把地址A和/或端口P捆绑到套接字S"，"给套接字S捆绑地址A和/或端口P"，等等。（2）"跟端口P（地址A）一块捆绑地址A（端口P）"。绑定（bound）表示捆绑成功后的状态，它的各种说法如下：（1）"绑定地址A和/或端口P的套接字"。（2）"套接字S上绑定的地址或端口"。（3）"已绑定的地址或端口"。也就是说该地址或端口已为某个套接字所用。（4）"跟端口P（地址A）一块绑定的地址（端口）"。（5）"套接字S已绑定"。相反的说法是"套接字S未绑定"。

如果指定端口号为0，那么内核就在bind被调用时选择一个临时端口。然而如果指定IP地址为通配地址，那么内核将等到套接字已连接（TCP）或已在套接字上发出数据报（UDP）时才选择一个本地IP地址。

对于IPv4来说，通配地址由常值INADDR_ANY来指定，其值一般为0。它告知内核去选择IP地址。我们已在图1-9中随如下赋值语句看到过它的使用：

```
struct sockaddr_in    servaddr;
servaddr.sin_addr.s_addr = htonl(INADDR_ANY);        /* wildcard */
```

如此赋值对IPv4是可行的，因为其IP地址是一个32位的值，可以用一个简单的数字常值表示（本例中为0），对于IPv6，我们就不能这么做了，因为128位的IPv6地址是存放在一个结构中的。（在C语言中，赋值语句的右边无法表示常值结构。）为了解决这个问题，我们改写为：

```
struct sockaddr_in6    serv;
serv.sin6_addr = in6addr_any;    /* wildcard */
```

系统预先分配 in6addr_any 变量并将其初始化为常值 IN6ADDR_ANY_INIT。头文件 <netinet/in.h> 中含有 in6addr_any 的 extern 声明。

无论是网络字节序还是主机字节序，INADDR_ANY的值（为0）都一样，因此使用htonl并非必需。不过既然头文件<netinet/in.h>中定义的所有INADDR_常值都是按照主机字节序定义的，我们应该对任何这些常值都使用htonl。

如果让内核为套接字选择一个临时端口号，那么必须注意，函数bind并不返回所选择的值。实际上，由于bind函数的第二个参数有const限定词，它无法返回所选之值。为了得到内核所选择的这个临时端口值，必须调用函数getsockname来返回协议地址。

进程捆绑非通配IP地址到套接字上的常见例子是在为多个组织提供Web服务器的主机上（TCPv3的14.2节）。首先，每个组织都得有各自的域名，譬如这样的形式：www.organization.com。其次，每个组织的域名都映射到不同的IP地址，不过通常仍在同一个子网上。举例来说，如果子网是198.69.10，那么第一个组织的IP地址可以是198.69.10.128，第二个组织的可以是198.69.10.129，等等。然后，把所有这些IP地址都定义成单个网络接口的别名（譬如在4.4BSD系统上就使用ifconfig命令的alias选项来定义），这么一来，IP层将接收所有目的地为任何一个别名地址的外来数据报。最后，为每个组织启动一个HTTP服务器的副本，每个副本仅仅捆绑相应组织的IP地址。

> 替换上述方法的另一种技术是运行捆绑通配地址的单个服务器。当一个连接到达时，服务器调用getsockname函数获取来自客户的目的IP地址，它在我们的上述讨论中可以是198.69.10.128、198.69.10.129，等等。服务器然后根据这个客户连接所发往的IP地址来处理客户的请求。
>
> 捆绑非通配IP地址的好处是：把一个给定的目的IP地址解复用到一个给定的服务器进程是由内核（而不是服务器进程）完成的。
>
> 我们必须仔细区别一个分组的到达接口和该分组的目的IP地址。[①]我们将在8.8节讨论弱端系统模型和强端系统模型。大多数实现都采用前者，意味着一个分组只要其目的IP地址能

---

① 本书往后频繁使用到达（arriving）和接收（received）这两个修饰词，它们具有相同的含义，只是视角不同而已。譬如说一个分组的到达接口和接收接口指的是同一个接口，前者在接收主机以外看待这个接口，后者在接收主机以内看待这个接口。与这两个修饰词同义或近义的还有外来（incoming或inbound），反义的有外出（outgoing或outbound）和发送（sending或sent）。其中received和sent根据情况也译为所接收的和所发送的，或为（所）收取的和（所）送出的。——译者注

够标识目的主机的某个网络接口就行，不必一定是它的到达接口。（这里假设目的主机是多宿主机。）捆绑非通配IP地址只是限定根据目的IP地址来确定递送到套接字的数据报，而对于到达接口则未做任何限制，除非主机采用强端系统模型。

从bind函数返回的一个常见错误是EADDRINUSE（"Address already in use"，地址已使用）。到7.5节讨论SO_REUSEADDR和SO_REUSEPORT这两个套接字选项时我们再详细说明。

4.5　**listen** 函数

listen函数仅由TCP服务器调用，它做两件事情。

(1) 当socket函数创建一个套接字时，它被假设为一个主动套接字，也就是说，它是一个将调用connect发起连接的客户套接字。listen函数把一个未连接的套接字转换成一个被动套接字，指示内核应接受指向该套接字的连接请求。根据TCP状态转换图（图2-4），调用listen导致套接字从CLOSED状态转换到LISTEN状态。

(2) 本函数的第二个参数规定了内核应该为相应套接字排队的最大连接个数。

```
#include <sys/socket.h>
int listen(int sockfd, int backlog);
                                          返回：若成功则为0，若出错则为-1
```

本函数通常应该在调用socket和bind这两个函数之后，并在调用accept函数之前调用。

为了理解其中的*backlog*参数，我们必须认识到内核为任何一个给定的监听套接字维护两个队列：

(1) 未完成连接队列（incomplete connection queue），每个这样的SYN分节对应其中一项：已由某个客户发出并到达服务器，而服务器正在等待完成相应的TCP三路握手过程。这些套接字处于SYN_RCVD状态（图2-4）。

(2) 已完成连接队列（completed connection queue），每个已完成TCP三路握手过程的客户对应其中一项。这些套接字处于ESTABLISHED状态（图2-4）。

图4-7描绘了监听套接字的这两个队列。

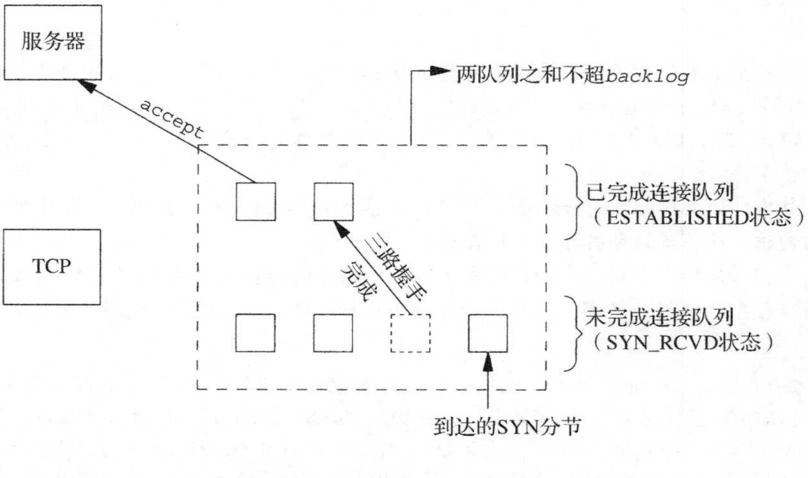

图4-7　TCP为监听套接字维护的两个队列

每当在未完成连接队列中创建一项时,来自监听套接字的参数就复制到即将建立的连接中。连接的创建机制是完全自动的,无需服务器进程插手。图4-8展示了用这两个队列建立连接时所交换的分组。

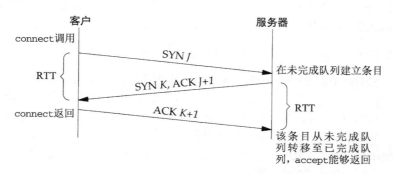

图4-8　TCP三路握手和监听套接字的两个队列

当来自客户的SYN到达时,TCP在未完成连接队列中创建一个新项,然后响应以三路握手的第二个分节:服务器的SYN响应,其中捎带对客户SYN的ACK(2.6节)。这一项一直保留在未完成连接队列中,直到三路握手的第三个分节(客户对服务器SYN的ACK)到达或者该项超时为止。(源自Berkeley的实现为这些未完成连接的项设置的超时值为75 s。)如果三路握手正常完成,该项就从未完成连接队列移到已完成连接队列的队尾。当进程调用accept时(该函数在下一节讲解),已完成连接队列中的队头项将返回给进程,或者如果该队列为空,那么进程将被置于休眠状态,直到TCP在该队列中放入一项才唤醒它。

关于这两个队列的处理,以下几点需要考虑。

- listen函数的*backlog*参数曾被规定为这两个队列总和的最大值。

    *backlog*的含义从未有过正式的定义。4.2BSD的手册页面宣称它定义的是:"the maximum length the queue of pending connections may grow to"(由未处理连接构成的队列可能增长到的最大长度)。许多手册页面甚至POSIX规范也逐字复制该定义,然而该定义并未解释未处理连接是处于SYN_RCVD状态的连接,还是尚未由进程接受的处于ESTABLISHED状态的连接,或两者皆可。这个历史性的定义出自追溯到4.2BSD版本的Berkeley的实现,后来被许多其他实现复制。

- 源自Berkeley的实现给*backlog*增设了一个模糊因子(fudge factor):把它乘以1.5得到未处理队列最大长度(TCPv1第257页和TCPv2第462页)。举例来说,通常指定为5的*backlog*值实际上允许最多有8项在排队,如图4-10所示。

    增设该模糊因子的理由已无可考证[Joy 1994],但是如果我们把*backlog*看成是内核能为某套接字排队的最大已完成连接数目([Borman 1997c],稍后讨论),那么增加模糊因子的理由就是把队列中的未完成连接也计算在内。

- 不要把*backlog*定义为0,因为不同的实现对此有不同的解释(图4-10)。如果你不想让任何客户连接到你的监听套接字上,那就关掉该监听套接字。

- 在三路握手正常完成的前提下(也就是说没有丢失分节,从而没有重传),未完成连接队列中的任何一项在其中的存留时间就是一个RTT,而RTT的值取决于特定的客户与服务器。TCPv3的14.4节指出,对于一个Web服务器,许多客户与单个服务器之间的中值RTT为187ms。(既然出现一些大值可能显著扭曲均值,对于该统计量通常使用中值。)

- 历来沿用的样例代码总是给出值为5的backlog，因为这是4.2BSD支持的最大值。这个值在20世纪80年代是足够的，当时繁忙的服务器一天也就处理几百个连接。然而随着万维网（World Wide Web，WWW）的发展，繁忙的服务器一天要处理几百万个连接，这个偏小的值就根本不够了（TCPv3第187～192页）。繁忙的HTTP服务器必须指定一个大得多的*backlog*值，而且较新的内核必须支持较大的*backlog*值。

    > 当前的许多系统允许管理员修改*backlog*的最大值。

- 问题是既然*backlog*值为5往往不够，那么应用进程应该指定多大值的*backlog*呢？这个问题不好回答。当今的HTTP服务器指定了一个较大的值，但是如果这个指定值在源代码中是一个常值，那么增长其大小需要重新编译服务器程序。另一个方法是设定一个默认值，不过允许通过命令行选项或环境变量覆写该默认值。指定一个比内核能够支持的值还要大的*backlog*也是可接受的，因为内核应该悄然把所指定的偏大值截成自身支持的最大值，而不返回错误（TCPv2第456页）。

    我们通过修改listen函数的包裹函数就能够提供解决本问题的一个简单办法。图4-9给出了实际的代码。我们允许环境变量LISTENQ覆写由调用者指定的值。

——— *lib/wrapsock.c*
```
137 void
138 Listen(int fd, int backlog)
139 {
140     char    *ptr;

141         /*4can override 2nd argument with environment variable */
142     if ( (ptr = getenv("LISTENQ")) != NULL)
143         backlog = atoi(ptr);

144     if (listen(fd, backlog) < 0)
145         err_sys("listen error");
146 }
```
——— *lib/wrapsock.c*

图4-9　允许通过环境变量指定*backlog*值的listen的包裹函数

- 手册和书本历来声称：将固定数目的未处理连接排成队列是为了处理服务器进程在相继的accept调用之间处于忙状态的情况。这就隐含着如此意义：在这两个队列中，已完成队列通常应该比未完成队列有更多的项。繁忙的Web服务器再次表明这是不对的。指定较大*backlog*值的理由在于：随着客户SYN分节的到达，未完成连接队列中的项数可能增长，它们等着三路握手的完成。

- 当一个客户SYN到达时，若这些队列是满的，TCP就忽略该分节（TCPv2第930～931页），也就是不发送RST。这么做是因为：这种情况是暂时的，客户TCP将重发SYN，期望不久就能在这些队列中找到可用空间。要是服务器TCP立即响应以一个RST，客户的connect调用就会立即返回一个错误，强制应用进程处理这种情况，而不是让TCP的正常重传机制来处理。另外，客户无法区别响应SYN的RST究竟意味着"该端口没有服务器在监听"，还是意味着"该端口有服务器在监听，不过它的队列满了"。

    > 有些实现在这些队列满时确实发送RST。由于上述原因，这种做法是不正确的，我们最好忽略其存在的可能性，除非客户明确要求与这样的服务器交互。处理这种情况的额外代码编写会降低客户程序的健壮性，在正常的RST情况下（即确实没有服务器在客户请求的端口上监听），也增加了网络的负荷。

- 在三路握手完成之后，但在服务器调用accept之前到达的数据应由服务器TCP排队，最大数据量为相应已连接套接字的接收缓冲区大小。

图4-10给出了图1-16所列的各种操作系统下，*backlog*参数取不同值时已排队连接的实际数目。7个操作系统被归纳成5列不同的值，可见对*backlog*的意义的解释是如此多样。

backlog	实际已排队连接的最大数目				
	MacOS 10.2.6 AIX 5.1	Linux 2.4.7	HP-UX 11.11	FreeBSD 4.8 FreeBSD 5.1	Solaris 2.9
0	1	3	1	1	1
1	2	4	1	2	2
2	4	5	3	3	4
3	5	6	4	4	5
4	7	7	6	5	6
5	8	8	7	6	8
6	10	9	9	7	10
7	11	10	10	8	11
8	13	11	12	9	13
9	14	12	13	10	14
10	16	13	15	11	16
11	17	14	16	12	17
12	19	15	18	13	19
13	20	16	19	14	20
14	22	17	21	15	22

图4-10　不同*backlog*值时已排队连接的实际数目

AIX和MacOS有传统的Berkeley算法，Solaris也似乎非常接近该算法，FreeBSD则是*backlog*值本身加1。

　　测量这些值的程序在习题15.4的解答中给出。

　　我们已提到过，历史上曾把*backlog*值指定为两个队列之和的最大值。在1996年间，因特网受到一种称之为SYN泛滥（SYN flooding）的新型攻击［CERT 1996b］。黑客编写了一个以高速率给受害主机发送SYN的程序，用以装填一个或多个TCP端口的未完成连接队列。（我们用黑客（hacker）一词来指称攻击者，见［Cheswick, Bellovin, and Rubin 2003］。）而且，该程序将每个SYN的源IP地址都置成随机数（称为IP欺骗（IP spoofing）），这样服务器的SYN/ACK就发往不知道什么地方，同时防止受攻击服务器获悉黑客的真实IP地址。这样，通过以伪造的SYN装填未完成连接队列，使合法的SYN排不上队，导致针对合法客户的服务被拒绝（denial of service）。有两种处理这种拒绝服务型攻击的常用方法，［Borman 1997c］作了总结。不过这儿我们最感兴趣的是回味一下listen的*backlog*参数的确切含义。它应该指定某个给定套接字上内核为之排队的最大已完成连接数。对于已完成连接数作出限制的目的在于：在监听某个给定套接字的应用进程（不论什么原因）停止接受连接的时候，防止内核在该套接字上继续接受新的连接请求。如果一个系统实现了这样的解释（例如BSD/OS 3.0），那么应用程序就无需仅仅因为服务器进程需要处理大量客户请求（例如繁忙的Web服务器）或者为了提供对SYN泛滥的防护而指定一个巨大的*backlog*值了。内核处理大量的未完成连接，而不论它们来自合法客户还是来自黑客。然而即使在这样的解释下，传统为5的*backlog*值不够大的情形依然发生。

4.6 `accept` 函数

accept函数由TCP服务器调用，用于从已完成连接队列队头返回下一个已完成连接（图4-7）。如果已完成连接队列为空，那么进程被置于休眠状态（假定套接字为默认的阻塞方式）。

```
#include <sys/socket.h>

int accept(int sockfd, struct sockaddr *cliaddr, socklen_t *addrlen);
```

返回：若成功则为非负描述符，若出错则为-1

参数*cliaddr*和*addrlen*用来返回已连接的对端进程（客户）的协议地址。*addrlen*是值-结果参数（3.3节）：调用前，我们将由**addrlen*所引用的整数值置为由*cliaddr*所指的套接字地址结构的长度，返回时，该整数值即为由内核存放在该套接字地址结构内的确切字节数。

如果accept成功，那么其返回值是由内核自动生成的一个全新描述符，代表与所返回客户的TCP连接。在讨论accept函数时，我们称它的第一个参数为监听套接字（listening socket）描述符（由socket创建，随后用作bind和listen的第一个参数的描述符），称它的返回值为已连接套接字（connected socket）描述符。区分这两个套接字非常重要。一个服务器通常仅仅创建一个监听套接字，它在该服务器的生命期内一直存在。内核为每个由服务器进程接受的客户连接创建一个已连接套接字（也就是说对于它的TCP三路握手过程已经完成）。当服务器完成对某个给定客户的服务时，相应的已连接套接字就被关闭。

本函数最多返回三个值：一个既可能是新套接字描述符也可能是出错指示的整数、客户进程的协议地址（由*cliaddr*指针所指）以及该地址的大小（由*addrlen*指针所指）。如果我们对返回客户协议地址不感兴趣，那么可以把*cliaddr*和*addrlen*均置为空指针。

图1-9展示了这些指针。已连接套接字每次都在循环中关闭，但监听套接字在服务器的整个有效期内都保持开放。我们还看到accept的第二和第三个参数都是空指针，因为我们对客户的身份不感兴趣。

例子：值-结果参数

现在，我们通过修改图1-9中所示代码以显示客户的IP地址和端口号，来看看如何处理accept的值-结果参数，见图4-11。

新的声明

7~8   我们定义两个新的变量：len，它将成为一个值-结果变量；cliaddr，它将存放客户的协议地址。

接受连接并显示客户地址

19~23   我们将len初始化为套接字地址结构的大小，将指向cliaddr结构的指针和指向len的指针分别作为accept的第二和第三个参数。调用inet_ntop（3.7节）将套接字地址结构中的32位IP地址转换为一个点分十进制数ASCII字符串，调用ntohs（3.4节）将16位的端口号从网络字节序转换为主机字节序。

> 调用sock_ntop来取代inet_ntop将使得我们的服务器更具协议无关性，不过该服务器已经依赖于IPv4了。我们将在图11-13中给出该服务器程序的协议无关版本。

运行这个新的服务器程序，然后在同一个主机上连续运行客户程序两次以连接到该服务器，我们得到来自客户的如下输出：

```
solaris % daytimetcpcli 127.0.0.1
Thu Sep 11 12:44:00 2003
solaris % daytimetcpcli 192.168.1.20
Thu Sep 11 12:44:09 2003
```

—— *intro/daytimetcpsrv1.c*

```
 1 #include    "unp.h"
 2 #include    <time.h>

 3 int
 4 main(int argc, char **argv)
 5 {
 6     int     listenfd, connfd;
 7     socklen_t len;
 8     struct sockaddr_in servaddr, cliaddr;
 9     char    buff[MAXLINE];
10     time_t  ticks;

11     listenfd = Socket(AF_INET, SOCK_STREAM, 0);

12     bzero(&servaddr, sizeof(servaddr));
13     servaddr.sin_family = AF_INET;
14     servaddr.sin_addr.s_addr = htonl(INADDR_ANY);
15     servaddr.sin_port = htons(13);/* daytime server */

16     Bind(listenfd, (SA *) &servaddr, sizeof(servaddr));

17     Listen(listenfd, LISTENQ);

18     for ( ; ; ) {
19         len = sizeof(cliaddr);
20         connfd = Accept(listenfd, (SA *) &cliaddr, &len);
21         printf("connection from %s, port %d\n",
22                 inet_ntop(AF_INET, &cliaddr.sin_addr, buff, sizeof(buff)),
23                 ntohs(cliaddr.sin_port));

24         ticks = time(NULL);
25         snprintf(buff, sizeof(buff), "%.24s\r\n", ctime(&ticks));
26         Write(connfd, buff, strlen(buff));

27         Close(connfd);
28     }
29 }
```

—— *intro/daytimetcpsrv1.c*

图4-11 显示客户IP地址和端口号的时间获取服务器程序

我们首先把服务器主机的地址指定为环回地址（127.0.0.1），然后指定为它自身的IP地址（192.168.1.20）。下面是相应的服务器输出：

```
solaris # daytimetcpsrv1
connection from 127.0.0.1, port 43388
connection from 192.168.1.20, port 43389
```

注意客户IP地址的变化。既然我们的时间获取客户程序（图1-5）不调用bind，而我们在4.4节说过，这样的客户由内核根据所用外出接口选定源IP地址。第一个案例中，内核把源IP地址置为环回地址；第二个案例中，内核把源IP地址置为以太网接口的IP地址。从本例子中我们还看到，由Solaris内核选择的临时端口号先是43388，后是43389（回顾图2-10）。

最后一点，服务器脚本的shell提示符变为井号（#），它是超级用户的常用提示符。该服务器必须以超级用户特权运行，以便绑定保留的13号端口。如果没有超级用户特权，调用bind将失败：

```
solaris % daytimetcpsrv1
bind error: Permission denied
```

4.7　**fork** 和 **exec** 函数

在阐述如何编写并发服务器程序之前（下一节），我们必须首先介绍一下Unix的fork函数。该函数（包括有些系统可能提供的它的各种变体）是Unix中派生新进程的唯一方法。

```
#include <unistd.h>

pid_t fork(void);
```
返回：在子进程中为0，在父进程中为子进程ID，若出错则为-1

如果你以前从未接触过该函数，那么理解fork最困难之处在于调用它一次，它却返回两次。它在调用进程（称为父进程）中返回一次，返回值是新派生进程（称为子进程）的进程ID号；在子进程又返回一次，返回值为0。因此，返回值本身告知当前进程是子进程还是父进程。

110
~
111

fork在子进程返回0而不是父进程的进程ID的原因在于：任何子进程只有一个父进程，而且子进程总是可以通过调用getppid取得父进程的进程ID。相反，父进程可以有许多子进程，而且无法获取各个子进程的进程ID。如果父进程想要跟踪所有子进程的进程ID，那么它必须记录每次调用fork的返回值。

父进程中调用fork之前打开的所有描述符在fork返回之后由子进程分享。我们将看到网络服务器利用了这个特性：父进程调用accept之后调用fork。所接受的已连接套接字随后就在父进程与子进程之间共享。通常情况下，子进程接着读写这个已连接套接字，父进程则关闭这个已连接套接字。

fork有两个典型用法。

(1) 一个进程创建一个自身的副本，这样每个副本都可以在另一个副本执行其他任务的同时处理各自的某个操作。这是网络服务器的典型用法。我们将在本书后面看到许多这样的例子。

(2) 一个进程想要执行另一个程序。既然创建新进程的唯一办法是调用fork，该进程于是首先调用fork创建一个自身的副本，然后其中一个副本（通常为子进程）调用exec（接下去介绍）把自身替换成新的程序。这是诸如shell之类程序的典型用法。

存放在硬盘上的可执行程序文件能够被Unix执行的唯一方法是：由一个现有进程调用六个exec函数中的某一个。（当这6个函数中是哪一个被调用并不重要时，我们往往把它们统称为exec函数。）exec把当前进程映像替换成新的程序文件，而且该新程序通常从main函数开始执行。进程ID并不改变。我们称调用exec的进程为调用进程（calling process），称新执行的程序为新程序（new program）。

> 较老的手册和书本不确切地称新程序为新进程（new process），这是错误的，因为其中并没有创建新的进程。

这6个exec函数之间的区别在于：（a）待执行的程序文件是由文件名（filename）还是由路径名（pathname）指定；（b）新程序的参数是一一列出还是由一个指针数组来引用；（c）把调用进程的环境传递给新程序还是给新程序指定新的环境。

112

```
#include <unistd.h>

int execl(const char *pathname, const char *arg0, ... /* (char *) 0 */ );

int execv(const char *pathname, char *const *argv[]);
```

```
int execle(const char *pathname, const char *arg0, ...
             /* (char *) 0, char *const envp[] */ );

int execve(const char *pathname, char *const argv[], char *const envp[]);

int execlp(const char *filename, const char *arg0, ... /* (char *) 0 */ );

int execvp(const char *filename, char *const argv[]);
```

均返回：若成功则不返回，若出错则为-1

这些函数只在出错时才返回到调用者。否则，控制将被传递给新程序的起始点，通常就是main函数。

这6个函数间的关系如图4-12所示。一般来说，只有execve是内核中的系统调用，其他5个都是调用execve的库函数。

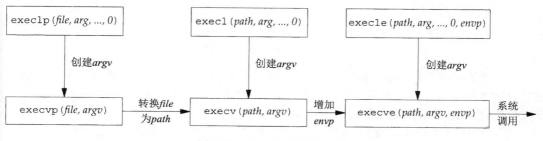

图4-12 6个exec函数的关系

注意这6个函数的下列区别。

(1) 上面那行的3个函数把新程序的每个参数字符串指定成exec的一个独立参数，并以一个空指针结束可变数量的这些参数。下面那行的3个函数都有一个作为exec参数的*argv*数组，其中含有指向新程序各个参数字符串的所有指针。既然没有指定参数字符串的数目，这个*argv*数组必须含有一个用于指定其末尾的空指针。

(2) 左列2个函数指定一个*filename*参数。exec将使用当前的PATH环境变量把该文件名参数转换为一个路径名。然而一旦这2个函数的*filename*参数中含有一个斜杠（/），就不再使用PATH环境变量。右两列4个函数指定一个全限定的*pathname*参数。

(3) 左两列4个函数不显式指定一个环境指针。相反，它们使用外部变量environ的当前值来构造一个传递给新程序的环境列表。右列2个函数显式指定一个环境列表，其*envp*指针数组必须以一个空指针结束。

进程在调用exec之前打开着的描述符通常跨exec继续保持打开。我们使用限定词"通常"是因为本默认行为可以使用fcntl设置FD_CLOEXEC描述符标志禁止掉。inetd服务器就利用了这个特性，我们将在13.5节讲述这一点。

4.8 并发服务器

图4-11中的服务器是一个迭代服务器（iterative server）。对于像时间获取这样的简单服务器来说，这就够了。然而当服务一个客户请求可能花费较长时间时，我们并不希望整个服务器被单个客户长期占用，而是希望同时服务多个客户。Unix中编写并发服务器程序最简单的办法就是fork一个子进程来服务每个客户。图4-13给出了一个典型的并发服务器程序的轮廓。

```
pid_t  pid;
int    listenfd, connfd;

listenfd = Socket( ... );

        /* fill in sockaddr_in{} with server's well-known port */
Bind(listenfd, ... );
Listen(listenfd, LISTENQ);

for ( ; ; ) {
        connfd = Accept(listenfd, ... );      /* probably blocks */

        if ( (pid = Fork()) == 0 ) {
            Close(listenfd);     /* child closes listening socket */
            doit(connfd);        /* process the request */
            Close(connfd);       /* done with this client */
            exit(0);             /* child terminates */
        }
        Close(connfd);           /* parent closes connected socket */
}
```

图4-13　典型的并发服务器程序轮廓

当一个连接建立时，accept返回，服务器接着调用fork，然后由子进程服务客户（通过已连接套接字connfd），父进程则等待另一个连接（通过监听套接字listenfd）。既然新的客户由子进程提供服务，父进程就关闭已连接套接字。

图4-13中我们假设由函数doit执行服务客户所需的所有操作。当该函数返回时，我们在子进程中显式地关闭已连接套接字。这一点并非必需，因为下一个语句就是调用exit，而进程终止处理的部分工作就是关闭所有由内核打开的描述符。是否显式调用close只和个人编程风格有关。

我们在2.6节说过，对一个TCP套接字调用close会导致发送一个FIN，随后是正常的TCP连接终止序列。为什么图4-13中父进程对connfd调用close没有终止它与客户的连接呢？为了便于理解，我们必须知道每个文件或套接字都有一个引用计数。引用计数在文件表项中维护（APUE第58～59页），它是当前打开着的引用该文件或套接字的描述符的个数。图4-13中，socket返回后与listenfd关联的文件表项的引用计数值为1。accept返回后与connfd关联的文件表项的引用计数值也为1。然而fork返回后，这两个描述符就在父进程与子进程间共享（也就是被复制），因此与这两个套接字相关联的文件表项各自的访问计数值均为2。这么一来，当父进程关闭connfd时，它只是把相应引用计数值从2减为1。该套接字真正的清理和资源释放要等到其引用计数值到达0时才发生。这会在稍后子进程也关闭connfd时发生。

我们还可以将图4-13中出现的套接字和连接用图示直观地表现出来。首先，图4-14给出了在服务器阻塞于accept调用且来自客户的连接请求到达时客户和服务器的状态。

图4-14　accept返回前客户/服务器的状态

从accept返回后，我们立即就有图4-15所示状态。连接被内核接受，新的套接字connfd被创建。这是一个已连接套接字，可由此跨连接读写数据。

图4-15 accept返回后客户/服务器的状态

[115]

并发服务器的下一步是调用fork，图4-16给出了从fork返回后的状态。

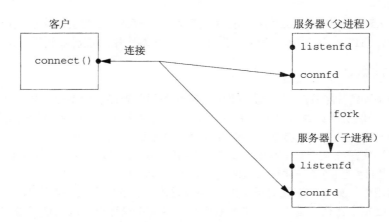

图4-16 fork返回后客户/服务器的状态

注意，此时listenfd和connfd这两个描述符都在父进程和子进程之间共享（被复制）。再下一步是由父进程关闭已连接套接字，由子进程关闭监听套接字，如图4-17所示。

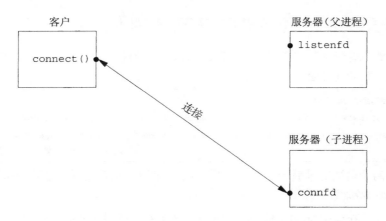

图4-17 父子进程关闭相应套接字后客户/服务器的状态

这是这两个套接字所期望的最终状态。子进程处理与客户的连接，父进程则可以在监听套接字上再次调用accept来处理下一个客户连接。

[116]

4.9 close 函数

通常的Unix close函数也用来关闭套接字，并终止TCP连接。

```
#include <unistd.h>
int close(int sockfd);
```

返回：若成功则为0，若出错则为-1

close一个TCP套接字的默认行为是把该套接字标记成已关闭，然后立即返回到调用进程。该套接字描述符不能再由调用进程使用，也就是说它不能再作为read或write的第一个参数。然而TCP将尝试发送已排队等待发送到对端的任何数据，发送完毕后发生的是正常的TCP连接终止序列（2.6节）。

我们将在7.5节介绍的SO_LINGER套接字选项可以用来改变TCP套接字的这种默认行为。我们还将在那节介绍TCP应用进程必须怎么做才能确信对端应用进程已收到所有未处理数据。

描述符引用计数

在4.8节末尾我们提到过，并发服务器中父进程关闭已连接套接字只是导致相应描述符的引用计数值减1。既然引用计数值仍大于0，这个close调用并不引发TCP的四分组连接终止序列。对于父进程与子进程共享已连接套接字的并发服务器来说，这正是所期望的。

如果我们确实想在某个TCP连接上发送一个FIN，那么可以改用shutdown函数（6.6节）以代替close。我们将在6.5节阐述这么做的动机。

我们还得清楚，如果父进程对每个由accept返回的已连接套接字都不调用close，那么并发服务器中将会发生什么。首先，父进程最终将耗尽可用描述符，因为任何进程在任何时刻可拥有的打开着的描述符数通常是有限制的。不过更重要的是，没有一个客户连接会被终止。当子进程关闭已连接套接字时，它的引用计数值将由2递减为1且保持为1，因为父进程永不关闭任何已连接套接字。这将妨碍TCP连接终止序列的发生，导致连接一直打开着。

4.10   getsockname 和 getpeername 函数

这两个函数或者返回与某个套接字关联的本地协议地址（getsockname），或者返回与某个套接字关联的外地协议地址（getpeername）。

117

```
#include <sys/socket.h>
int getsockname(int sockfd, struct sockaddr *localaddr, socklen_t *addrlen);
int getpeername(int sockfd, struct sockaddr *peeraddr, socklen_t *addrlen);
```

均返回：若成功则为0，若出错则为-1

注意，这两个函数的最后一个参数都是值-结果参数。这就是说，这两个函数都得装填由*localaddr*或*peeraddr*指针所指的套接字地址结构。

> 讨论bind时我们提到，使用"name"（名字）一词令人误解。这两个函数返回与某个网络连接的两端中任何一端相关联的协议地址，对于IPv4和IPv6来说，就是IP地址和端口号的组合。这两个函数与域名（第9章）没有任何联系。

需要这两个函数的理由如下所述。

- 在一个没有调用bind的TCP客户上，connect成功返回后，getsockname用于返回由内核赋予该连接的本地IP地址和本地端口号。
- 在以端口号0调用bind（告知内核去选择本地端口号）后，getsockname用于返回由内核赋予的本地端口号。

- getsockname可用于获取某个套接字的地址族，如图4-19所示。
- 在一个以通配IP地址调用bind的TCP服务器上（图1-9），与某个客户的连接一旦建立（accept成功返回），getsockname就可以用于返回由内核赋予该连接的本地IP地址。在这样的调用中，套接字描述符参数必须是已连接套接字的描述符，而不是监听套接字的描述符。
- 当一个服务器是由调用过accept的某个进程通过调用exec执行程序时，它能够获取客户身份的唯一途径便是调用getpeername。inetd（13.5节）fork并exec某个TCP服务器程序时就是如此情形，如图4-18所示。inetd调用accept（左上方方框）返回两个值：已连接套接字描述符connfd，这是函数的返回值；客户的IP地址及端口号，如图中标有"对端地址"的小方框所示（代表一个网际网套接字地址结构）。inetd随后调用fork，派生出inetd的一个子进程。既然子进程起始于父进程的内存映像的一个副本，父进程中的那个套接字地址结构在子进程中也可用，那个已连接套接字描述符也是如此（因为描述符在父子进程之间是共享的）。然而当子进程调用exec执行真正的服务器程序（譬如说Telnet服务器程序）时，子进程的内存映像被替换成新的Telnet服务器的程序文件（也就是说包含对端地址的那个套接字地址结构就此丢失），不过那个已连接套接字描述符跨exec继续保持开放。Telnet服务器首先调用的函数之一便是getpeername，用于获取客户的IP地址和端口号。

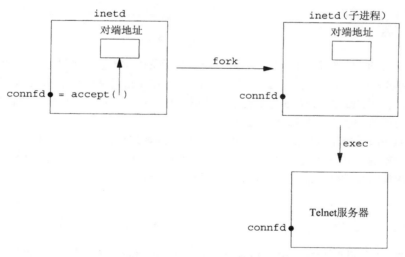

图4-18　inetd派生服务器的例子

显然，最后一个例子中的Telnet服务器必须在启动之后获取connfd的值。获取该值有两个常用方法。第一种方法是，调用exec的进程可以把这个描述符号格式化成一个字符串，再把它作为一个命令行参数传递给新程序。第二种方法是，约定在调用exec之前，总是把某个特定描述符置为所接受的已连接套接字的描述符。inetd采用的是第二种方法，它总是把描述符0、1和2置为所接受的已连接套接字的描述符。

例子：获取套接字的地址族

图4-19中所示的sockfd_to_family函数返回某个套接字的地址族。

—————————————————————————————— *lib/sockfd_to_family.c*

```
1 #include      "unp.h"

2 int
3 sockfd_to_family(int sockfd)
4 {
5     struct sockaddr_storage ss;
6     socklen_t len;

7     len = sizeof(ss);
8     if (getsockname(sockfd, (SA *) &ss, &len) < 0)
9         return(-1);
10    return(ss.ss_family);
11 }
```

118
~
119

—————————————————————————————— *lib/sockfd_to_family.c*

图4-19   返回套接字的地址族

为最大的套接字地址结构分配空间

5   既然不知道要分配的套接字地址结构的类型，我们于是采用sockaddr_storage这个通用结构，因为它能够承载系统支持的任何套接字地址结构。

调用getsockname

7~10   我们调用getsockname返回地址族。既然POSIX规范允许对未绑定的套接字调用getsockname，该函数应该适合任何已打开的套接字描述符。

4.11   小结

所有客户和服务器都从调用socket开始，它返回一个套接字描述符。客户随后调用connect，服务器则调用bind、listen和accept。套接字通常使用标准的close函数关闭，不过我们将看到使用shutdown函数关闭套接字的另一种方法（6.6节），我们还要查看SO_LINGER套接字选项对于关闭套接字的影响（7.5节）。

大多数TCP服务器是并发的，它们为每个待处理的客户连接调用fork派生一个子进程。我们将看到，大多数UDP服务器却是迭代的。尽管这两个模型已经成功地运用了许多年，我们仍将在第30章中探讨使用线程和进程的其他服务器程序设计方法。

习题

4.1   在4.4节中，我们说头文件<netinet/in.h>中定义的INADDR_常值是主机字节序的。我们应该如何辨别？

4.2   把图1-5改为在connect成功返回后调用getsockname。使用sock_ntop显示赋予TCP套接字的本地IP地址和本地端口号。你的系统的临时端口在什么范围内（图2-10）？

4.3   在一个并发服务器中，假设fork调用返回后子进程先运行，而且子进程随后在fork调用返回父进程之前就完成对客户的服务。图4-13中的两个close调用将会发生什么？

4.4   在图4-11中，先把服务器的端口号从13改为9999（这样不需要超级用户特权就能启动程序），再删掉listen调用，将会发生什么？

4.5   继续上一题。删掉bind调用，但是保留listen调用，又将发生什么？

第 5 章

TCP 客户/服务器程序示例

5.1 概述

我们将在本章使用前一章中介绍的基本函数编写一个完整的TCP客户/服务器程序示例。这个简单的例子是执行如下步骤的一个回射服务器：

(1) 客户从标准输入读入一行文本，并写给服务器；

(2) 服务器从网络输入读入这行文本，并回射给客户；

(3) 客户从网络输入读入这回射文本，并显示在标准输出上。

图5-1描述了这个简单的客户/服务器，并标出了用于输入和输出的函数。

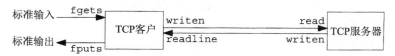

图5-1 简单的回射客户/服务器

我们在客户与服务器之间画了两个箭头，不过它们实际上构成一个全双工的TCP连接。fgets和fputs这两个函数来自标准I/O函数库，writen和readline这两个函数详见3.9节。

尽管我们将开发自己的回射服务器实现，大多数TCP/IP实现却已经提供了这样的服务器，既有使用TCP的，又有使用UDP的（2.12节）。我们还将与自己的客户一道使用这些服务器。

回射输入行这样一个客户/服务器程序是一个尽管简单然而有效的网络应用程序例子。实现任何客户/服务器网络应用所需的所有基本步骤可通过本例子阐明。若想把本例子扩充成你自己的应用程序，你只需修改服务器对来自客户的输入的处理过程。

除了以正常的方式运行本例子的客户和服务器（即键入一行文本并观察它的回射）之外，我们还会探讨它的许多边界条件：客户和服务器启动时发生什么？客户正常终止时发生什么？若服务器进程在客户之前终止，则客户会发生什么？若服务器主机崩溃，则客户发生什么？如此等等。通过观察这些情形，弄清在网络层次发生什么以及它们如何反映到套接字API，我们将更多地理解这些层次的工作原理，并体会如何编写应用程序代码来处理这些情形。

在所有这些例子中，我们把诸如地址和端口之类特定于协议的常值硬编写到代码中。这么做有两个原因：一是我们必须确切了解在特定于协议的地址结构中应存放什么内容；二是我们尚未讨论到可以使得代码更便于移植的库函数，这些库函数将在第11章中讨论。

我们现在就留意，随着学习越来越多的网络编程知识，我们将在后续各章中多次修改本章的客户和服务器程序（图1-12和图1-13）。

5.2 TCP 回射服务器程序：**main** 函数

我们的TCP客户和服务器程序遵循图4-1所示的函数调用流程。图5-2给出了其中的并发服务器程序。

tcpcliserv/tcpserv01.c

```
1 #include      "unp.h"
2 int
3 main(int argc, char **argv)
4 {
5     int      listenfd, connfd;
6     pid_t    childpid;
7     socklen_t clilen;
8     struct sockaddr_in cliaddr, servaddr;
9     listenfd = Socket(AF_INET, SOCK_STREAM, 0);
10    bzero(&servaddr, sizeof(servaddr));
11    servaddr.sin_family = AF_INET;
12    servaddr.sin_addr.s_addr = htonl(INADDR_ANY);
13    servaddr.sin_port = htons(SERV_PORT);
14    Bind(listenfd, (SA *) &servaddr, sizeof(servaddr));
15    Listen(listenfd, LISTENQ);
16    for ( ; ; ) {
17        clilen = sizeof(cliaddr);
18        connfd = Accept(listenfd, (SA *) &cliaddr, &clilen);
19        if ( (childpid = Fork()) == 0) {     /* child process */
20            Close(listenfd);        /* close listening socket */
21            str_echo(connfd);       /* process the request */
22            exit(0);
23        }
24        Close(connfd);              /* parent closes connected socket */
25    }
26 }
```

tcpcliserv/tcpserv01.c

图5-2 TCP回射服务器程序（在图5-12中会有所改进）

创建套接字，捆绑服务器的众所周知端口

9~15 创建一个TCP套接字。在待捆绑到该TCP套接字的网际网套接字地址结构中填入通配地址（INADDR_ANY）和服务器的众所周知端口（SERV_PORT，在头文件unp.h中其值定义为9877）。捆绑通配地址是在告知系统：要是系统是多宿主机，我们将接受目的地址为任何本地接口的连接。我们对TCP端口号的选择基于图2-10。它应该比1023大（我们不需要一个保留端口），比5000大（以免与许多源自Berkeley的实现分配临时端口的范围冲突），比49152小（以免与临时端口号的"正确"范围冲突），而且不应该与任何已注册的端口冲突。listen把该套接字转换成一个监听套接字。

等待完成客户连接

17~18 服务器阻塞于accept调用，等待客户连接的完成。

并发服务器

19~24 fork为每个客户派生一个处理它们的子进程。正如我们在4.8节讨论的那样，子进程关闭监听套接字，父进程关闭已连接套接字。子进程接着调用str_echo（图5-3）处理客户。

5.3 TCP 回射服务器程序：`str_echo` 函数

图5-3所示的str_echo函数执行处理每个客户的服务：从客户读入数据，并把它们回射给

客户。①

—————————————————————————————————————— lib/str_echo.c

```
1 #include      "unp.h"

2 void
3 str_echo(int sockfd)
 4 {
5     ssize_t   n;
6     char      buf[MAXLINE];

7 again:
8     while ( (n = read(sockfd, buf, MAXLINE)) > 0)
9         Writen(sockfd, buf, n);

10    if (n < 0 && errno == EINTR)
11        goto again;
12    else if (n < 0)
13        err_sys("str_echo: read error");
14 }
```

—————————————————————————————————————— lib/str_echo.c

图5-3　str_echo函数：在套接字上回射数据

读入缓冲区并回射其中内容

8~9　read函数从套接字读入数据，writen函数把其中内容回射给客户。如果客户关闭连接
　　　（这是正常情况），那么接收到客户的FIN将导致服务器子进程的read函数返回0，这又
　　　导致str_echo函数的返回，从而在图5-2中终止子进程。

122
~
123

5.4　TCP 回射客户程序：**main** 函数

　　　图5-4所示为TCP客户的main函数。

————————————————

① 这一版的新作者在图3-17和图3-18中修正了第2版中对应的图3-16和图3-17中的一个错误，也就是在读入一些数
据后再碰到EOF的情况下，Stevens先生把读入字符数少减了1；不过他们却在图5-3中过早地使用了不以文本行
为中心的代码，而本书以文本行为中心的回射服务讨论将持续到6.7节为止。在本书以文本行为中心的回射服务
讨论中，隐含假设服务器也是面向文本行从套接字读取数据，以便进一步处理（见5.18节），尽管纯粹的回射服
务没有这个需要。从这个意义上看，第2版中对应的图5-3更为确切，而且尽管新作者修改了str_echo函数，在
随后的章节中却又不加修改地沿用Stevens先生的解释，可能会让读者觉得不知所云。为此译者建议读者仍然采
用第2版中对应的图5-3，图5-1也调整为第2版中对应的图5-1（即TCP服务器使用readline而不是read读入文本
行）。话说回来，从纯粹的回射服务角度看，图5-3是正确的（符合RFC 862），而第2版中对应的图5-3只能面向
文本行，而不能面向二进制数据。需指出的是，面向文本行的套接字读操作中，一次read调用不能保证读入完
整的一行或数行；而读入完整的一行可能需要多次read调用，并检查其中是否出现换行符（这就是图3-17和图
3-18中的readline函数的功能）。如果在回射服务器调用的str_echo函数中舍弃现成的readline函数不用而直
接使用read系统调用，那么有可能在尚未完全读入一行文本之前，就开始回射其中的内容了。客户不会显示这
样的不完整文本行，因为客户的套接字读操作使用的是readline而不是read。事实上服务器也不大可能读入不
完整的文本行，因为客户把一个完整的文本行一次性地写入套接字，而较短的文本行通常就被封装在单个TCP
分节中递送到对端，如果MAXLINE常值足够大，那么通常情况下一次读操作恰好读入完整的一行；相反，超过
MSS的文本行将被封装到多个TCP分节中递送，服务器可能就需要多次read调用才能读入完整的一行。如果客
户把一个完整的文本行分多次写入套接字（譬如像Telnet客户那样把每个字符封装在单个分节中递送到对端），
那么服务器将持续读入不完整的文本行，7.9节讲解TCP的Nagle算法时就有这样的例子。另外，对于新作者在
图3-17和图3-18中修正的那个错误，译者认为更妥帖的做法是给这种不是以换行符结束的文本行添加一个换行
符，也就是在第2版的图3-16和图3-17中处理这种情况时添加一个语句："*ptr++ = '\n';"。这样读入字符数就
不用再减1了。这种做法有例可循，譬如用vi编辑器编辑并保存最后一行不是以换行符结尾的文本文件时，vi
同样会给最后一行添加一个换行符。——译者注

tcpcliserv/tcpcli01.c

```
1 #include    "unp.h"

2 int
3 main(int argc, char **argv)
4 {
5     int     sockfd;
6     struct sockaddr_in  servaddr;

7     if (argc != 2)
8         err_quit("usage: tcpcli <IPaddress>");

9     sockfd = Socket(AF_INET, SOCK_STREAM, 0);

10    bzero(&servaddr, sizeof(servaddr));
11    servaddr.sin_family = AF_INET;
12    servaddr.sin_port = htons(SERV_PORT);
13    Inet_pton(AF_INET, argv[1], &servaddr.sin_addr);

14    Connect(sockfd, (SA *) &servaddr, sizeof(servaddr));

15    str_cli(stdin, sockfd);         /* do it all */

16    exit(0);
17 }
```

tcpcliserv/tcpcli01.c

图5-4   TCP回射客户程序

创建套接字，装填网际网套接字地址结构

9~13   创建一个TCP套接字，用服务器的IP地址和端口号装填一个网际网套接字地址结构。我们可从命令行参数取得服务器的IP地址，从头文件unp.h取得服务器的众所周知端口号（SERV_PORT）。

连接到服务器

14~15   connect建立与服务器的连接。str_cli函数（图5-5）完成剩余部分的客户处理工作。

5.5 TCP 回射客户程序：`str_cli` 函数

图5-5所示的str_cli函数完成客户处理循环：从标准输入读入一行文本，写到服务器上，读回服务器对该行的回射，并把回射行写到标准输出上。

lib/str_cli.c

```
1 #include    "unp.h"

2 void
3 str_cli(FILE *fp, int sockfd)
4 {
5     char    sendline[MAXLINE], recvline[MAXLINE];

6     while (Fgets(sendline, MAXLINE, fp) != NULL) {

7         Writen(sockfd, sendline, strlen(sendline));

8         if (Readline(sockfd, recvline, MAXLINE) == 0)
9             err_quit("str_cli: server terminated prematurely");

10        Fputs(recvline, stdout);
11    }
12 }
```

lib/str_cli.c

图5-5 str_cli函数：客户处理循环

读入一行，写到服务器

6~7　fgets读入一行文本，writen把该行发送给服务器。

从服务器读入回射行，写到标准输出

8~10　readline从服务器读入回射行，fputs把它写到标准输出。

返回到main函数

11~12　当遇到文件结束符或错误时，fgets将返回一个空指针，于是客户处理循环终止。我们的Fgets包裹函数检查是否发生错误，若发生则中止进程，因此Fgets只是在遇到文件结束符时才返回一个空指针。

5.6 正常启动

尽管我们的TCP程序例子很小（两个main函数加str_echo、str_cli、readline和writen，总共约150行代码），然而对于我们弄清客户和服务器如何启动，如何终止，更为重要的是当发生某些错误（例如客户主机崩溃、客户进程崩溃、网络连接断开，等等）时将会发生什么，本例子却至关重要。只有搞清这些边界条件以及它们与TCP/IP协议的相互作用，我们才能写出能够处理这些情况的健壮的客户和服务器程序。

首先，我们在主机linux上后台启动服务器。

```
linux % tcpserv01 &
[1] 17870
```

服务器启动后，它调用socket、bind、listen和accept，并阻塞于accept调用。（我们还没有启动客户。）在启动客户之前，我们运行netstat程序来检查服务器监听套接字的状态。

```
linux % netstat -a
Active Internet connections (servers and established)
Proto Recv-Q Send-Q Local Address          Foreign Address        State
tcp        0      0 *:9877                  *:*                    LISTEN
```

我们这里只给出了输出的第一行（标题）以及我们最关心的那一行。本命令列出系统中所有套接字的状态，可能有大量输出。我们必须指定-a标志以查看监听套接字。

这个输出正是我们所期望的：有一个套接字处于LISTEN状态，它有通配的本地IP地址，本地端口为9877。netstat用星号"*"来表示一个为0的IP地址（INADDR_ANY，通配地址）或为0的端口号。

我们接着在同一个主机上启动客户，并指定服务器主机的IP地址为127.0.0.1（环回地址）。当然我们也可以指定该地址为该主机的普通（非环回）IP地址。

```
linux % tcpcli01 127.0.0.1
```

客户调用socket和connect，后者引起TCP的三路握手过程。当三路握手完成后，客户中的connect和服务器中的accept均返回，连接于是建立。接着发生的步骤如下：

(1) 客户调用str_cli函数，该函数将阻塞于fgets调用，因为我们还未曾键入过一行文本。

(2) 当服务器中的accept返回时，服务器调用fork，再由子进程调用str_echo。该函数调用readline，readline调用read，而read在等待客户送入一行文本期间阻塞。

(3) 另一方面，服务器父进程再次调用accept并阻塞，等待下一个客户连接。

至此，我们有3个都在休眠（即已阻塞）的进程：客户进程、服务器父进程和服务器子进程。

　　当三路握手完成时，我们特意首先列出客户的步骤，接着列出服务器的步骤。从图2-5中可知其原因：客户接收到三路握手的第二个分节时，connect返回，而服务器要直到接收到三路握手的第三个分节才返回，即在connect返回之后再过一半RTT才返回。

我们特意在同一个主机上运行客户和服务器，因为这是试验客户/服务器应用程序的最简单方法。既然我们是在同一个主机上运行客户和服务器，netstat给出了对应所建立TCP连接的两行额外的输出。

```
linux % netstat -a
Active Internet connections (servers and established)
Proto Recv-Q Send-Q Local Address          Foreign Address        State
tcp        0      0 localhost:9877         localhost:42758        ESTABLISHED
tcp        0      0 localhost:42758        localhost:9877         ESTABLISHED
tcp        0      0 *:9877                 *:*                    LISTEN
```

第一个ESTABLISHED行对应于服务器子进程的套接字，因为它的本地端口号是9877；第二个ESTABLISHED行对应于客户进程的套接字，因为它的本地端口号是42758。要是我们在不同的主机上运行客户和服务器，那么客户主机就只输出客户进程的套接字，服务器主机也只输出两个服务器进程（一个父进程一个子进程）的套接字。

我们也可用ps命令来检查这些进程的状态和关系。

```
linux % ps -t pts/6 -o pid,ppid,tty,stat,args,wchan
  PID  PPID TT       STAT COMMAND           WCHAN
22038 22036 pts/6    S    -bash             wait4
17870 22038 pts/6    S    ./tcpserv01       wait_for_connect
19315 17870 pts/6    S    ./tcpserv01       tcp_data_wait
19314 22038 pts/6    S    ./tcpcli01 127.0  read_chan
```

（我们已使用ps相当特定的命令行参数限定它只输出与本讨论相关的信息。）从输出中可见，客户和服务器运行在同一个窗口中（即pts/6，表示伪终端号6）。PID和PPID列给出了进程间的父子关系。由于子进程的PPID是父进程的PID，我们可以看出，第一个tcpserv01行是父进程，第二个tcpserv01行是子进程。而父进程的PPID是shell（bash）。

我们所有三个网络进程的STAT列都是"S"，表明进程在为等待某些资源而休眠。进程处于休眠状态时WCHAN列指出相应的条件。Linux在进程阻塞于accept或connect时，输出wait_for_connect；在进程阻塞于套接字输入或输出时，输出tcp_data_wait；在进程阻塞于终端I/O时，输出read_chan。这里我们的三个网络进程的WCHAN值所表示的意义一目了然。

5.7 正常终止

至此连接已经建立，不论我们在客户的标准输入中键入什么，都会回射到它的标准输出中。

```
linux % tcpcli01 127.0.0.1        我们已经给出过本行
hello, world                      现在键入这一行
hello, world                      这一行被回射回来
good bye                          
good bye                          
^D                                <Ctrl+D>是我们的终端EOF字符
```

我们键入两行，每行都得到回射，我们接着键入终端EOF字符（Control-D）以终止客户。此时如果立即执行netstat命令，我们将看到如下结果：

```
linux % netstat -a | grep 9877
tcp        0      0 *:9877             *:*                LISTEN
tcp        0      0 localhost:42758    localhost:9877     TIME_WAIT
```

当前连接的客户端（它的本地端口号为42758）进入了TIME_WAIT状态（2.7节），而监听服务器仍在等待另一个客户连接。（这回我们让命令netstat的输出通过管道作为grep的输入，从而只输出与服务器的众所周知端口相关的文本行。这样做也删掉了标题行。）

我们可以总结出正常终止客户和服务器的步骤。

(1) 当我们键入EOF字符时，fgets返回一个空指针，于是str_cli函数（图5-5）返回。

(2) 当str_cli返回到客户的main函数（图5-4）时，main通过调用exit终止。

(3) 进程终止处理的部分工作是关闭所有打开的描述符，因此客户打开的套接字由内核关闭。这导致客户TCP发送一个FIN给服务器，服务器TCP则以ACK响应，这就是TCP连接终止序列的前半部分。至此，服务器套接字处于CLOSE_WAIT状态，客户套接字则处于FIN_WAIT_2状态（图2-4和图2-5）。

(4) 当服务器TCP接收FIN时，服务器子进程阻塞于readline调用（图5-3），于是readline返回0。这导致str_echo函数返回服务器子进程的main函数。

(5) 服务器子进程通过调用exit来终止（图5-2）。

(6) 服务器子进程中打开的所有描述符随之关闭。由子进程来关闭已连接套接字会引发TCP连接终止序列的最后两个分节：一个从服务器到客户的FIN和一个从客户到服务器的ACK（图2-5）。至此，连接完全终止，客户套接字进入TIME_WAIT状态。

(7) 进程终止处理的另一部分内容是：在服务器子进程终止时，给父进程发送一个SIGCHLD信号。这一点在本例中发生了，但是我们没有在代码中捕获该信号，而该信号的默认行为是被忽略。既然父进程未加处理，子进程于是进入僵死状态。我们可以使用ps命令验证这一点。 |128|

```
linux % ps -t pts/6 -o pid,ppid,tty,stat,args,wchan
  PID  PPID TT      STAT COMMAND          WCHAN
22038 22036 pts/6   S    -bash            read_chan
17870 22038 pts/6   S    ./tcpserv01      wait_for_connect
19315 17870 pts/6   Z    [tcpserv01 <defu do_exit
```

子进程的状态现在是Z（表示僵死）。

我们必须清理僵死进程，这就涉及Unix信号的处理。我们将在下一节概述信号处理，在下一节继续我们的例子。

5.8　POSIX 信号处理

信号（signal）就是告知某个进程发生了某个事件的通知，有时也称为软件中断（software interrupt）。信号通常是异步发生的，也就是说进程预先不知道信号的准确发生时刻。

信号可以：

- 由一个进程发给另一个进程（或自身）；
- 由内核发给某个进程。

上一节结尾提到的SIGCHLD信号就是由内核在任何一个进程终止时发给它的父进程的一个信号。

每个信号都有一个与之关联的处置（disposition），也称为行为（action）。我们通过调用sigaction函数（稍后讨论）来设定一个信号的处置，并有三种选择。

(1) 我们可以提供一个函数，只要有特定信号发生它就被调用。这样的函数称为信号处理函数（signal handler），这种行为称为捕获（catching）信号。[①]有两个信号不能被捕获，它们是SIGKILL和SIGSTOP。信号处理函数由信号值这个单一的整数参数来调用，且没有返回值，其函数原型因此如下：

```
void handler(int signo);
```

---

① 信号处理函数也称为信号处理程序，这是相对于main函数所在的主程序而言的。——译者注

对于大多数信号来说，调用sigaction函数并指定信号发生时所调用的函数就是捕获信号所需做的全部工作。不过我们稍后将看到，SIGIO、SIGPOLL和SIGURG这些个别信号还要求捕获它们的进程做些额外工作。

(2) 我们可以把某个信号的处置设定为SIG_IGN来忽略（ignore）它。SIGKILL和SIGSTOP这两个信号不能被忽略。

(3) 我们可以把某个信号的处置设定为SIG_DFL来启用它的默认（default）处置。默认处置通常是在收到信号后终止进程，其中某些信号还在当前工作目录产生一个进程的核心映像（core image，也称为内存影像）。另有个别信号的默认处置是忽略，SIGCHLD和SIGURG（带外数据到达时发送，见第24章）就是本书中出现的默认处置为忽略的两个信号。

signal 函数

建立信号处置的POSIX方法就是调用sigaction函数。不过这有点复杂，因为该函数的参数之一是我们必须分配并填写的结构。简单些的方法就是调用signal函数，其第一个参数是信号名，第二个参数或为指向函数的指针，或为常值SIG_IGN或SIG_DFL。然而signal是早于POSIX出现的历史悠久的函数。调用它时，不同的实现提供不同的信号语义以达成后向兼容，而POSIX则明确规定了调用sigaction时的信号语义。我们的解决办法是定义自己的signal函数，它只是调用POSIX的sigaction函数。这就以所期望的POSIX语义提供了一个简单的接口。我们把该函数以及早先讲过的err_XXX函数和包裹函数等一道包含在自己的函数库中，而这个函数库在我们构造本书中的程序时指定。[①]该函数如图5-6所示。（我们没有给出它的包裹函数Signal，因为不论它调用本函数还是厂家提供的signal函数，效果都是一样的。）

---
lib/signal.c

```
 1 #include      "unp.h"

 2 Sigfunc *
 3 signal(int signo, Sigfunc *func)
 4 {
 5      struct sigaction act, oact;

 6      act.sa_handler = func;
 7      sigemptyset(&act.sa_mask);
 8      act.sa_flags = 0;
 9      if (signo == SIGALRM) {
10 #ifdef  SA_INTERRUPT
11          act.sa_flags |= SA_INTERRUPT;   /* SunOS 4.x */
12 #endif
13      } else {
14 #ifdef  SA_RESTART
15          act.sa_flags |= SA_RESTART; /* SVR4, 4.4BSD */
16 #endif
17      }
18      if (sigaction(signo, &act, &oact) < 0)
19          return(SIG_ERR);
20      return(oact.sa_handler);
21 }
```

---
lib/signal.c

图5-6   调用POSIX sigaction函数的signal函数

[①] 构造程序是指使用make工具把源程序和/或目标程序编译链接成可执行程序。本书随意可得的源代码（见前言）提供了构造其中各个程序的makefile文件。——译者注

用**typedef**简化函数原型

2~3 函数signal的正常函数原型因层次太多而变得很复杂：

```
void (*signal(int signo, void (*func)(int)))(int);
```

为了简化起见，我们在头文件unp.h中定义了如下的Sigfunc类型：

```
typedef void Sigfunc(int);
```

它说明信号处理函数是仅有一个整数参数且不返回值的函数。signal的函数原型于是变为：

```
Sigfunc *signal(int signo, Sigfunc *func);
```

该函数的第二个参数和返回值都是指向信号处理函数的指针。

设置处理函数

6 sigaction结构的sa_handler成员被置为*func*参数。

设置处理函数的信号掩码

7 POSIX允许我们指定这样一组信号，它们在信号处理函数被调用时阻塞。[①]任何阻塞的信号都不能递交（delivering）给进程。我们把sa_mask成员设置为空集，意味着在该信号处理函数运行期间，不阻塞额外的信号。POSIX保证被捕获的信号在其信号处理函数运行期间总是阻塞的。

设置**SA_RESTART**标志

8~17 SA_RESTART标志是可选的。如果设置，由相应信号中断的系统调用将由内核自动重启。（我们将在下一节继续上一节的例子时详细讨论被中断的系统调用。）如果被捕获的信号不是SIGALRM且SA_RESTART有定义，我们就设置该标志。（对SIGALRM进行特殊处理的原因在于：产生该信号的目的正如14.2节将讨论的那样，通常是为I/O操作设置超时，这种情况下我们希望受阻塞的系统调用被该信号中断掉。）一些较早期的系统（如SunOS 4.x）默认设置成自动重启被中断的系统调用，并定义了与SA_RESTART互补的SA_INTERRUPT标志。如果定义了该标志，我们就在被捕获的信号是SIGALRM时设置它。

调用**sigaction**函数

18~20 我们调用sigaction函数，并将相应信号的旧行为作为signal函数的返回值。

本书通篇使用图5-6的signal函数。

131

POSIX 信号语义

我们把符合POSIX的系统上的信号处理总结为以下几点。

- 一旦安装了信号处理函数，它便一直安装着（较早期的系统是每执行一次就将其拆除）。
- 在一个信号处理函数运行期间，正被递交的信号是阻塞的。而且，安装处理函数时在传递给sigaction函数的sa_mask信号集中指定的任何额外信号也被阻塞。在图5-6中，我们将sa_mask置为空集，意味着除了被捕获的信号外，没有额外信号被阻塞。
- 如果一个信号在被阻塞期间产生了一次或多次，那么该信号被解阻塞之后通常只递交一次，也就是说Unix信号默认是不排队的。我们将在下一节查看这样的一个例子。POSIX

---

① 这里的阻塞不同于我们此前一直使用的同名词。这里的阻塞是指阻塞某个信号或某个信号集，防止它们在阻塞期间递交（delivering）。它的反操作称为解阻塞。而此前一直使用的阻塞是指阻塞在某个系统调用上，也就是说这个系统调用因为目前没有必要资源可用而必须等待，直到这些资源变为可用后才可能返回。等待期间进程进入休眠状态。与它相对的概念是非阻塞，也就是说非阻塞的系统调用即使没有必要资源可用也立即返回，不过会告诉调用者发生了这种情况，这样调用者可以继续调用同一个系统调用。——译者注

实时标准1003.1b定义了一些排队的可靠信号，不过本书中我们不使用。

- 利用sigprocmask函数选择性地阻塞或解阻塞一组信号是可能的。这使得我们可以做到在一段临界区代码执行期间，防止捕获某些信号，以此保护这段代码。

5.9 处理 SIGCHLD 信号

设置僵死（zombie）状态的目的是维护子进程的信息，以便父进程在以后某个时候获取。这些信息包括子进程的进程ID、终止状态以及资源利用信息（CPU时间、内存使用量等等）。如果一个进程终止，而该进程有子进程处于僵死状态，那么它的所有僵死子进程的父进程ID将被重置为1（init进程）。继承这些子进程的init进程将清理它们（也就是说init进程将wait它们，从而去除它们的僵死状态）。有些Unix系统在ps命令输出的COMMAND栏以<defunct>指明僵死进程。

处理僵死进程

我们显然不愿意留存僵死进程。它们占用内核中的空间，最终可能导致我们耗尽进程资源。无论何时我们fork子进程都得wait它们，以防它们变成僵死进程。为此我们建立一个俘获SIGCHLD信号的信号处理函数，在函数体中我们调用wait。（我们将在5.10节介绍wait和waitpid函数。）通过在图5-2所示代码的listen调用之后增加如下函数调用：

```
Signal(SIGCHLD, sig_chld);
```

我们就建立了该信号处理函数。（这必须在fork第一个子进程之前完成，且只做一次。）我们接着定义名为sig_chld的这个信号处理函数，如图5-7所示。

tcpcliserv/sigchldwait.c

```
 1 #include    "unp.h"

 2 void
 3 sig_chld(int signo)
 4 {
 5     pid_t   pid;
 6     int     stat;

 7     pid = wait(&stat);
 8     printf("child %d terminated\n", pid);
 9     return;
10 }
```

tcpcliserv/sigchldwait.c

图5-7 调用wait的SIGCHLD信号处理函数（在图5-11中会有所改进）

警告：在信号处理函数中调用诸如printf这样的标准I/O函数是不合适的，其原因将在11.18节讨论。我们在这里调用printf只是作为查看子进程何时终止的诊断手段。

在System V和Unix 98标准下，如果一个进程把SIGCHLD的处置设定为SIG_IGN，它的子进程就不会变为僵死进程。不幸的是，这种做法仅仅适用于System V和Unix 98，而POSIX明确表示没有规定这样做。处理僵死进程的可移植方法就是捕获SIGCHLD，并调用wait或waitpid。

在Solaris 9下如此编译本程序：以图5-2中代码为基础，加上对Signal的调用以及我们的sig_chld信息处理函数，而且所用的signal函数来自系统自带的函数库（而不是图5-6中的版本）。我们将有如下结果：

```
solaris % tcpserv02 &                    在后台启动服务器
[2]          16939
solaris % tcpcli01 127.0.0.1             再在前台启动客户
hi there                                 我们键入这一行
hi there                                 这一行被回射回来
^D                                       我们键入EOF字符
child 16942 terminated                   这是信号处理函数中printf的输出
accept error: Interrupted system call    然而main函数中止执行
```

具体的各个步骤如下：

(1) 我们键入EOF字符来终止客户。客户TCP发送一个FIN给服务器，服务器响应以一个ACK。

(2)收到客户的FIN导致服务器TCP递送一个EOF给子进程阻塞中的readline，从而子进程终止。

(3) 当SIGCHLD信号递交时，父进程阻塞于accept调用。sig_chld函数（信号处理函数）执行，其wait调用取到子进程的PID和终止状态，随后是printf调用，最后返回。

(4) 既然该信号是在父进程阻塞于慢系统调用（accept）时由父进程捕获的，内核就会使accept返回一个EINTR错误（被中断的系统调用）。而父进程不处理该错误（图5-2），于是中止。

132
~
133

这个例子是为了说明，在编写捕获信号的网络程序时，我们必须认清被中断的系统调用且处理它们。在这个运行在Solaris 9环境下特定例子中，标准C函数库中提供的signal函数不会使内核自动重启被中断的系统调用。也就是说，我们在图5-6中设置的SA_RESTART标志在系统函数库的signal函数中并没有设置。另有些系统自动重启被中断的系统调用。如果我们在4.4BSD环境下照样使用系统函数库版本的signal函数运行上述例子，那么内核将重启被中断的系统调用，于是accept不会返回错误。我们定义自己的signal函数（图5-6）并在贯穿全书使用的理由之一就是应对不同操作系统之间的这个潜在问题。

作为本书使用的编程约定之一，我们总是在信号处理函数中显式给出return语句（图5-7），即使对于返回值类型为void的信号处理函数而言，从函数结尾处调出和执行return语句效果是一样的，我们也还是为其使用return语句。这么一来，当某个系统调用被我们编写的某个信号处理函数中断时，我们就可以得知该系统调用具体是被哪个信号处理函数的哪个return语句中断的。

处理被中断的系统调用

我们用术语慢系统调用（slow system call）描述过accept函数，该术语也适用于那些可能永远阻塞的系统调用。永远阻塞的系统调用是指调用有可能永远无法返回，多数网络支持函数都属于这一类。举例来说，如果没有客户连接到服务器上，那么服务器的accept调用就没有返回的保证。类似地，在图5-3中，如果客户从未发送过一行要求服务器回射的文本，那么服务器的read调用将永不返回。其他慢系统调用的例子是对管道和终端设备的读和写。一个值得注意的例外是磁盘I/O，它们一般都会返回到调用者（假设没有灾难性的硬件故障）。

适用于慢系统调用的基本规则是：当阻塞于某个慢系统调用的一个进程捕获某个信号且相应信号处理函数返回时，该系统调用可能返回一个EINTR错误。有些内核自动重启某些被中断的系统调用。不过为了便于移植，当我们编写捕获信号的程序时（多数并发服务器捕获SIGCHLD），我们必须对慢系统调用返回EINTR有所准备。移植性问题是由早期使用的修饰词"可能"、"有些"和对POSIX的SA_RESTART标志的支持是可选的这一事实造成的。即使某个实现支持SA_RESTART标志，也并非所有被中断系统调用都可以自动重启。举例来说，大多数源自

134 Berkeley的实现从不自动重启select，其中有些实现从不重启accept和recvfrom。

为了处理被中断的accept，我们把图5-2中对accept的调用从for循环开始改起，如下所示：

```
for ( ; ; ) {
    clilen = sizeof(cliaddr);
    if ( (connfd = accept(listenfd, (SA *) &cliaddr, &clilen)) < 0) {
        if (errno == EINTR)
            continue;            /* back to for() */
        else
            err_sys("accept error");
    }
```

注意，我们调用的是accept函数本身而不是它的包裹函数Accept，因为我们必须自己处理该函数的失败情况。

这段代码所做的事情就是自己重启被中断的系统调用。对于accept以及诸如read、write、select和open之类函数来说，这是合适的。不过有一个函数我们不能重启：connect。如果该函数返回EINTR，我们就不能再次调用它，否则将立即返回一个错误。当connect被一个捕获的信号中断而且不自动重启（TCPv2第466页）时，我们必须调用select来等待连接完成，如16.3节所述。

5.10 **wait 和 waitpid 函数**

在图5-7中，我们调用了函数wait来处理已终止的子进程。

```
#include <sys/wait.h>
pid_t wait(int *statloc);
pid_t waitpid(pid_t pid, int *statloc, int options);
```
                                均返回：若成功则为进程ID，若出错则为0或-1

函数wait和waitpid均返回两个值：已终止子进程的进程ID号，以及通过*statloc*指针返回的子进程终止状态（一个整数）。我们可以调用三个宏来检查终止状态，并辨别子进程是正常终止、由某个信号杀死还是仅仅由作业控制停止而已。另有些宏用于接着获取子进程的退出状态、杀死子进程的信号值或停止子进程的作业控制信号值。在图15-10中，我们将为此目的使用宏WIFEXITED和WEXITSTATUS。

如果调用wait的进程没有已终止的子进程，不过有一个或多个子进程仍在执行，那么wait将阻塞到现有子进程第一个终止为止。

waitpid函数就等待哪个进程以及是否阻塞给了我们更多的控制。首先，*pid*参数允许我们指定想等待的进程ID，值-1表示等待第一个终止的子进程。（另有一些处理进程组ID的可选值，

135 不过本书中用不上。）其次，*options*参数允许我们指定附加选项。最常用的选项是WNOHANG，它告知内核在没有已终止子进程时不要阻塞。

函数 **wait** 和 **waitpid** 的区别

我们现在图示出函数wait和waitpid在用来清理已终止子进程时的区别。为此，我们把TCP客户程序修改为如图5-9所示。客户建立5个与服务器的连接，随后在调用str_cli函数时仅用第一个连接（sockfd[0]）。建立多个连接的目的是从并发服务器上派生多个子进程，如图5-8所示。

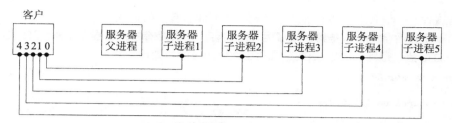

图5-8   与同一个并发服务器建立了5个连接的客户

tcpcliserv/tcpcli04.c

```
1 #include    "unp.h"
2 int
3 main(int argc, char **argv)
4 {
5     int    i, sockfd[5];
6     struct sockaddr_in  servaddr;
7     if (argc != 2)
8         err_quit("usage: tcpcli <IPaddress>");
9     for (i = 0; i < 5; i++) {
10         sockfd[i] = Socket(AF_INET, SOCK_STREAM, 0);
11         bzero(&servaddr, sizeof(servaddr));
12         servaddr.sin_family = AF_INET;
13         servaddr.sin_port = htons(SERV_PORT);
14         Inet_pton(AF_INET, argv[1], &servaddr.sin_addr);
15         Connect(sockfd[i], (SA *) &servaddr, sizeof(servaddr));
16     }
17     str_cli(stdin, sockfd[0]);  /* do it all */
18     exit(0);
19 }
```

tcpcliserv/tcpcli04.c

图5-9   与服务器建立了5个连接的TCP客户程序

136

当客户终止时,所有打开的描述符由内核自动关闭(我们不调用close,仅调用exit),且所有5个连接基本在同一时刻终止。这就引发了5个FIN,每个连接一个,它们反过来使服务器的5个子进程基本在同一时刻终止。这又导致差不多在同一时刻有5个SIGCHLD信号递交给父进程,如图5-10所示。

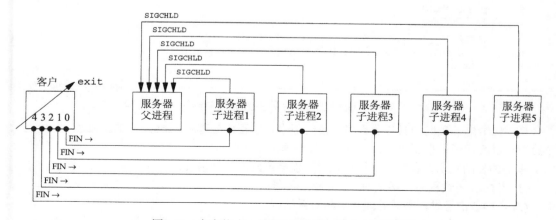

图5-10   客户终止,关闭5个连接,终止5个子进程

正是这种同一信号多个实例的递交造成了我们即将查看的问题。

我们首先在后台运行服务器,接着运行新的客户。我们的服务器程序由图5-2修改而来,它调用signal函数,把图5-7中的函数建立为SIGCHLD的信号处理函数。

```
linux % tcpserv03 &
[1] 20419
linux % tcpcli04 127.0.0.1
hello                               我们键入这一行
hello                               这一行被回射回来
^D                                  我们再键入EOF字符
child 20426 terminated              这是服务器的输出
```

我们注意到的第一件事是只有一个printf输出,而当时我们预期所有5个子进程都终止了。如果运行ps,我们将发现其他4个子进程仍然作为僵死进程存在着。

```
PTD TTY              TIME COM
20419 pts/6          00:00:00 tcpserv03
20421 pts/6          00:00:00 tcpserv03 <defunct>
20422 pts/6          00:00:00 tcpserv03 <defunct>
20423 pts/6          00:00:00 tcpserv03 <defunct>
```

建立一个信号处理函数并在其中调用wait并不足以防止出现僵死进程。本问题在于:所有
5个信号都在信号处理函数执行之前产生,而信号处理函数只执行一次,因为Unix信号一般是不排队的。更严重的是,本问题是不确定的。在我们刚刚运行的例子中,客户与服务器在同一个主机上,信号处理函数执行1次,留下4个僵死进程。但是如果我们在不同的主机上运行客户和服务器,那么信号处理函数一般执行2次:一次是第一个产生的信号引起的,由于另外4个信号在信号处理函数第一次执行时发生,因此该处理函数仅仅再被调用一次,从而留下3个僵死进程。不过有的时候,依赖于FIN到达服务器主机的时机,信号处理函数可能会执行3次甚至4次。

正确的解决办法是调用waitpid而不是wait,图5-11给出了正确处理SIGCHLD的sig_chld函数。这个版本管用的原因在于:我们在一个循环内调用waitpid,以获取所有已终止子进程的状态。我们必须指定WNOHANG选项,它告知waitpid在有尚未终止的子进程在运行时不要阻塞。我们在图5-7中不能在循环内调用wait,因为没有办法防止wait在正运行的子进程尚有未终止时阻塞。

—————— tcpcliserv/sigchldwaitpid.c

```
1 #include      "unp.h"
2 void
3 sig_chld(int signo)
4 {
5     pid_t   pid;
6     int     stat;
7     while ( (pid = waitpid(-1, &stat, WNOHANG)) > 0)
8         printf("child %d terminated\n", pid);
9     return;
10 }
```

—————— tcpcliserv/sigchldwaitpid.c

图5-11   调用waitpid函数的sig_chld函数最终(正确)版本

图5-12给出了我们的服务器程序的最终版本。它正确处理accept返回的EINTR,并建立一个给所有已终止子进程调用waitpid的信号处理函数(图5-11)。

本节的目的是示范我们在网络编程时可能会遇到的三种情况:

(1) 当fork子进程时,必须捕获SIGCHLD信号;

(2) 当捕获信号时,必须处理被中断的系统调用;

(3) SIGCHLD的信号处理函数必须正确编写,应使用waitpid函数以免留下僵死进程。

tcpcliserv/tcpserv04.c

```
 1 #include    "unp.h"
 2 int
 3 main(int argc, char **argv)
 4 {
 5     int     listenfd, connfd;
 6     pid_t   childpid;
 7     socklen_t clilen;
 8     struct sockaddr_in  cliaddr, servaddr;
 9     void    sig_chld(int);
10     listenfd = Socket(AF_INET, SOCK_STREAM, 0);
11     bzero(&servaddr, sizeof(servaddr));
12     servaddr.sin_family = AF_INET;
13     servaddr.sin_addr.s_addr = htonl(INADDR_ANY);
14     servaddr.sin_port = htons(SERV_PORT);
15     Bind(listenfd, (SA *) &servaddr, sizeof(servaddr));
16     Listen(listenfd, LISTENQ);
17     Signal(SIGCHLD, sig_chld);        /* must call waitpid() */
18     for ( ; ; ) {
19         clilen = sizeof(cliaddr);
20         if ( (connfd = accept(listenfd, (SA *) &cliaddr, &clilen)) < 0) {
21             if (errno == EINTR)
22                 continue;              /* back to for() */
23             else
24                 err_sys("accept error");
25         }
26         if ( (childpid = Fork()) == 0) {    /* child process */
27             Close(listenfd);           /* close listening socket */
28             str_echo(connfd);          /* process the request */
29             exit(0);
30         }
31         Close(connfd);                 /* parent closes connected socket */
32     }
33 }
```

tcpcliserv/tcpserv04.c

图5-12 处理accept返回EINTR错误的TCP服务器程序最终（正确）版本

我们的TCP服务器程序最终版本（图5-12）加上图5-11的SIGCHLD信号处理函数能够处理上述三种情况。

5.11 **accept** 返回前连接中止

类似于前一节中介绍的被中断系统调用的例子，另有一种情形也能够导致accept返回一个非致命的错误，在这种情况下，只需要再次调用accept。图5-13中所示的分组序列在较忙的服务器（典型的是较忙的Web服务器）上已出现过。

这里，三路握手完成从而连接建立之后，客户TCP却发送了一个RST（复位）。在服务器端看来，就在该连接已由TCP排队，等着服务器进程调用accept的时候RST到达。稍后，服务器进程调用accept。

> 模拟这种情形的一个简单方法就是：启动服务器，让它调用socket、bind和listen，然后在调用accept之前休眠一小段时间。在服务器进程休眠时，启动客户，让它调用socket和connect。一旦connect返回，就设置SO_LINGER套接字选项以产生这个RST（我们将在7.5节讨论该套接字选项，并在图16-21中给出一个例子），然后终止。

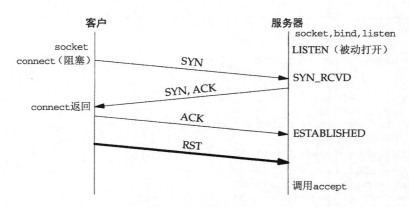

图5-13   ESTABLISHED状态的连接在调用accept之前收到RST

但是，如何处理这种中止的连接依赖于不同的实现。源自Berkeley的实现完全在内核中处理中止的连接，服务器进程根本看不到。然而大多数SVR4实现返回一个错误给服务器进程，作为accept的返回结果，不过错误本身取决于实现。这些SVR4实现返回一个EPROTO（"protocol error"，协议错误）errno值，而POSIX指出返回的errno值必须是ECONNABORTED（"software caused connection abort"，软件引起的连接中止）。POSIX作出修改的理由在于：流子系统（streams subsystem）中发生某些致命的协议相关事件时，也会返回EPROTO。要是对于由客户引起的一个已建立连接的非致命中止也返回同样的错误，那么服务器就不知道该再次调用accept还是不该了。换成ECONNABORTED错误，服务器就可以忽略它，再次调用accept就行。

> 源自Berkeley的内核从不把该错误传递给进程的做法所涉及的步骤在TCPv2中得到阐述。引发该错误的RST在第964页得到处理，导致tcp_close被调用。该函数在第897页调用in_pcbdetach，它又转而在第719页调用sofree。sofree函数（第473页）发现待中止的连接仍在监听套接字的已完成连接队列中，于是从该队列中删除该连接，并释放相应的已连接套接字。当服务器最终调用accept函数时，它根本不知道曾经有一个已完成的连接稍后被从已完成连接队列中删除了。

[140]

在16.6节我们将再次回到这些中止的连接，查看在与select函数和正常阻塞模式下的监听套接字组合时它们是如何成为问题的。

5.12   服务器进程终止

现在启动我们的客户/服务器对，然后杀死服务器子进程。这是在模拟服务器进程崩溃的情形，我们可从中查看客户将发生什么。（我们必须小心区别即将讨论的服务器进程崩溃与将在5.14节讨论的服务器主机崩溃。）所发生的步骤如下所述。

(1) 我们在同一个主机上启动服务器和客户，并在客户上键入一行文本，以验证一切正常。正常情况下该行文本由服务器子进程回射给客户。

(2) 找到服务器子进程的进程ID，并执行kill命令杀死它。作为进程终止处理的部分工作，子进程中所有打开着的描述符都被关闭。这就导致向客户发送一个FIN，而客户TCP则响应以一个ACK。这就是TCP连接终止工作的前半部分。

(3) SIGCHLD信号被发送给服务器父进程，并得到正确处理（图5-12）。

(4) 客户上没有发生任何特殊之事。客户TCP接收来自服务器TCP的FIN并响应以一个ACK，然而问题是客户进程阻塞在fgets调用上，等待从终端接收一行文本。

(5) 此时，在另外一个窗口上运行netstat命令，以观察套接字的状态。

```
linux % netstat -a | grep 9877
tcp        0        0 *:9877              *:*                 LISTEN
tcp        0        0 localhost:9877      localhost:43604     FIN_WAIT2
tcp        1        0 localhost:43604     localhost:9877      CLOSE_WAIT
```

参照图2-4，我们看到TCP连接终止序列的前半部分已经完成。

(6) 我们可以在客户上再键入一行文本。以下是从第一步开始发生在客户之事：

```
linux % tcpcli01 127.0.0.1          启动客户
hello                               键入第一行文本
hello                               它被正确回射
                                    在这儿杀死服务器子进程
another line                        然后键入下一行文本
str_cli: server terminated prematurely
```

当我们键入"another line"时，str_cli调用writen，客户TCP接着把数据发送给服务器。TCP允许这么做，因为客户TCP接收到FIN只是表示服务器进程已关闭了连接的服务器端，从而不再往其中发送任何数据而已。FIN的接收并没有告知客户TCP服务器进程已经终止（本例子中它确实是终止了）。在6.6节讨论TCP的半关闭时我们将再次论述这一点。

当服务器TCP接收到来自客户的数据时，既然先前打开那个套接字的进程已经终止，于是响应以一个RST。通过使用tcpdump来观察分组，我们可以验证该RST确实发送了。

(7) 然而客户进程看不到这个RST，因为它在调用writen后立即调用readline，并且由于第2步中接收的FIN，所调用的readline立即返回0（表示EOF）。我们的客户此时并未预期收到EOF（图5-5），于是以出错信息"server terminated prematurely"（服务器过早终止）退出。

(8) 当客户终止时（通过调用图5-5中的err_quit），它所有打开着的描述符都被关闭。

> 我们的上述讨论还取决于本例子的时序。客户调用readline既可能发生在服务器的RST被客户收到之前，也可能发生在收到之后。如果readline发生在收到RST之前（如本例子所示），那么结果是客户得到一个未预期的EOF；否则结果是由readline返回一个ECONNRESET（"connection reset by peer"，对方复位连接错误）。

本例子的问题在于：当FIN到达套接字时，客户正阻塞在fgets调用上。客户实际上在应对两个描述符——套接字和用户输入，它不能单纯阻塞在这两个源中某个特定源的输入上（正如目前编写的str_cli函数所为），而是应该阻塞在其中任何一个源的输入上。事实上这正是select和poll这两个函数的目的之一，我们将在第6章中讨论它们。我们在6.4节重新编写str_cli函数之后，一旦杀死服务器子进程，客户就会立即被告知已收到FIN。

5.13 SIGPIPE 信号

要是客户不理会readline函数返回的错误，反而写入更多的数据到服务器上，那又会发生什么呢？这种情况是可能发生的，举例来说，客户可能在读回任何数据之前执行两次针对服务器的写操作，而RST是由其中第一次写操作引发的。

适用于此的规则是：当一个进程向某个已收到RST的套接字执行写操作时，内核向该进程发送一个SIGPIPE信号。该信号的默认行为是终止进程，因此进程必须捕获它以免不情愿地被终止。

不论该进程是捕获了该信号并从其信号处理函数返回，还是简单地忽略该信号，写操作都将返回EPIPE错误。

一个在Usenet上经常问及的问题（frequently asked question，FAQ）是如何在第一次写操作时而不是在第二次写操作时捕获该信号。这是不可能的。遵照上述讨论，第一次写操作引发RST，第二次写引发SIGPIPE信号。写一个已接收了FIN的套接字不成问题，但是写一个已接收了RST的套接字则是一个错误。

为了看清有了SIGPIPE信号会发生什么，我们把客户程序修改成如图5-14所示。

tcpcliserv/str_cli11.c

```
1 #include        "unp.h"
2 void
3 str_cli(FILE *fp, int sockfd)
4 {
5     char    sendline[MAXLINE], recvline[MAXLINE];
6     while (Fgets(sendline, MAXLINE, fp) != NULL) {
7         Writen(sockfd, sendline, 1);
8         sleep(1);
9         Writen(sockfd, sendline+1, strlen(sendline)-1);
10        if (Readline(sockfd, recvline, MAXLINE) == 0)
11            err_quit("str_cli: server terminated prematurely");
12        Fputs(recvline, stdout);
13    }
14 }
```

tcpcliserv/str_cli11.c

图5-14   调用writen两次的str_cli函数

7~9   我们所做的修改就是调用writen两次：第一次把文本行数据的第一个字节写入套接字，暂停一秒后，第二次把同一文本行中剩余字节写入套接字。目的是让第一次writen引发一个RST，再让第二个writen产生SIGPIPE。

在我们的Linux主机上运行客户，我们得到如下结果：

```
linux % tcpcli11 127.0.0.1
hi there                          我们键入这行文本
hi there                          它被服务器回射回来
                                  在这儿杀死服务器子进程
bye                               然后键入这行文本
Broken pipe                       本行由shell显示
```

我们启动客户，键入一行文本，看到它被正确回射后，在服务器主机上终止服务器子进程。我们接着键入另一行文本（"bye"），结果是没有任何回射，而shell告诉我们客户进程因为SIGPIPE信号而死亡了。当前台进程未曾执行内存内容倾泻（core dumping）就死亡时，有些shell不显示任何信息，不过我们用于本例子的shell即bash却告知我们欲知的信息。

处理SIGPIPE的建议方法取决于它发生时应用进程想做什么。如果没有特殊的事情要做，那么将信号处理办法直接设置为SIG_IGN，并假设后续的输出操作将捕捉EPIPE错误并终止。如果信号出现时需采取特殊措施（可能需在日志文件中登记），那么就必须捕获该信号，以便在信号处理函数中执行所有期望的动作。但是必须意识到，如果使用了多个套接字，该信号的递交无法告诉我们是哪个套接字出的错。如果我们确实需要知道是哪个write出了错，那么必须要么不理会该信号，要么从信号处理函数返回后再处理来自write的EPIPE。

5.14   服务器主机崩溃

我们接着查看当服务器主机崩溃时会发生什么。为了模拟这种情形，我们必须在不同的主机上运行客户和服务器。我们先启动服务器，再启动客户，接着在客户上键入一行文本以确认连接工作正常，然后从网络上断开服务器主机，并在客户上键入另一行文本。这样同时也模拟了当客户发送数据时服务器主机不可达的情形（即建立连接后某些中间路由器不工作）。

步骤如下所述。

(1) 当服务器主机崩溃时，已有的网络连接上不发出任何东西。这里我们假设的是主机崩溃，而不是由操作员执行命令关机（我们将在5.16节讨论后者）。

(2) 我们在客户上键入一行文本，它由writen（图5-5）写入内核，再由客户TCP作为一个数据分节送出。客户随后阻塞于readline调用，等待回射的应答。

(3) 如果我们用tcpdump观察网络就会发现，客户TCP持续重传数据分节，试图从服务器上接收一个ACK。TCPv2的25.11节给出了TCP重传一个典型模式：源自Berkeley的实现重传该数据分节12次，共等待约9分钟才放弃重传。当客户TCP最后终于放弃时（假设在这段时间内，服务器主机没有重新启动，或者如果是服务器主机未崩溃但是从网络上不可达，那么假设主机仍然不可达），给客户进程返回一个错误。既然客户阻塞在readline调用上，该调用将返回一个错误。假设服务器主机已崩溃，从而对客户的数据分节根本没有响应，那么所返回的错误是ETIMEDOUT。然而如果某个中间路由器判定服务器主机已不可达，从而响应以一个"destination unreachable"（目的地不可达）ICMP消息，那么所返回的错误是EHOSTUNREACH或ENETUNREACH。

尽管我们的客户最终还是会发现对端主机已崩溃或不可达，不过有时候我们需要比不得不等待9分钟更快地检测出这种情况。所用方法就是对readline调用设置一个超时，我们将在14.2节讨论这一点。

我们刚刚讨论的情形只有在我们向服务器主机发送数据时才能检测出它已经崩溃。如果我们不主动向它发送数据也想检测出服务器主机的崩溃，那么需要采用另外一个技术，也就是我们将在7.5节讨论的SO_KEEPALIVE套接字选项。

5.15 服务器主机崩溃后重启

在这种情形中，我们先在客户与服务器之间建立连接，然后假设服务器主机崩溃并重启。前一节中，当我们发送数据时，服务器主机仍然处于崩溃状态；本节中，我们将在发送数据前重新启动已经崩溃的服务器主机。模拟这种情形的最简单方法就是：先建立连接，再从网络上断开服务器主机，将它关机后再重新启动，最后把它重新连接到网络中。我们不想客户知道服务器主机的关机（我们将在5.16节讨论这一点）。 144

正如前一节所述，如果在服务器主机崩溃时客户不主动给服务器发送数据，那么客户将不会知道服务器主机已经崩溃。（这里假设我们没有使用SO_KEEPALIVE套接字选项。）所发生的步骤如下所述。

(1) 我们启动服务器和客户，并在客户键入一行文本以确认连接已经建立。

(2) 服务器主机崩溃并重启。

(3) 在客户上键入一行文本，它将作为一个TCP数据分节发送到服务器主机。

(4) 当服务器主机崩溃后重启时，它的TCP丢失了崩溃前的所有连接信息，因此服务器TCP对于所收到的来自客户的数据分节响应以一个RST。

(5) 当客户TCP收到该RST时，客户正阻塞于readline调用，导致该调用返回ECONNRESET错误。

如果对客户而言检测服务器主机崩溃与否很重要，即使客户不主动发送数据也要能检测出来，就需要采用其他某种技术（诸如SO_KEEPALIVE套接字选项或某些客户/服务器心搏函数）。

5.16　服务器主机关机

前面两节讨论了服务器主机崩溃或无法通过网络到达的情形。本节考虑当我们的服务器进程正在运行时，服务器主机被操作员关机将会发生什么。

Unix系统关机时，init进程通常先给所有进程发送SIGTERM信号（该信号可被捕获），等待一段固定的时间（往往在5～20秒），然后给所有仍在运行的进程发送SIGKILL信号（该信号不能被捕获）。这么做留给所有运行的进程一小段时间来清除和终止。如果我们不捕获SIGTERM信号并终止，我们的服务器将由SIGKILL信号终止。[①]当服务器子进程终止时，它的所有打开着的描述符都被关闭，随后发生的步骤与5.12节中讨论过的一样。正如那一节所述，我们必须在客户中使用select或poll函数，使得服务器进程的终止一经发生，客户就能检测到。

145

5.17　TCP 程序例子小结

在TCP客户和服务器可以彼此通信之前，每一端都得指定连接的套接字对：本地IP地址、本地端口、外地IP地址、外地端口。在图5-15中我们以粗体圆点标出了这四个值。该图处于客户的角度。外地IP地址和外地端口必须在客户调用connect时指定，而两个本地值通常就由内核作为connect的一部分来选定。客户也可在调用connect之前，通过调用bind来指定其中一个或全部两个本地值，不过这种做法并不常见。

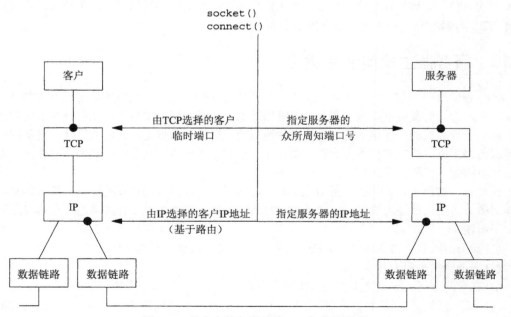

图5-15　从客户的角度总结TCP客户/服务器

---

① 应该说如果我们忽略SIGTERM信号，我们的服务器将由SIGKILL信号终止。SIGTERM信号的默认处置就是终止进程，因此要是我们不捕获它（也不忽略它），那么起作用的是它的默认处置，我们的服务器将被SIGTERM信号终止，SIGKILL信号不可能再发送给它。——译者注

正如4.10节所述，客户可以在连接建立后通过调用getsockname获取由内核指定的两个本地值。

图5-16标出了同样的四个值，不过处于服务器的角度。

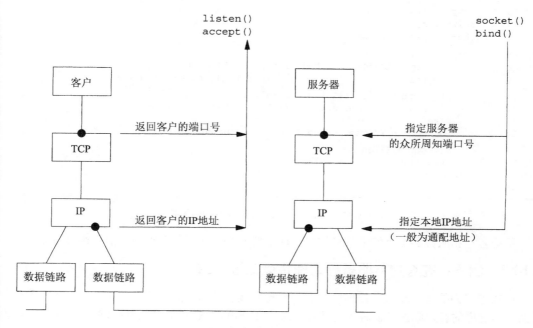

图5-16 从服务器的角度总结TCP客户/服务器

本地端口（服务器的众所周知端口）由bind指定。bind调用中服务器指定的本地IP地址通常是通配IP地址。如果服务器在一个多宿主机上绑定通配IP地址，那么它可以在连接建立后通过调用getsockname来确定本地IP地址（4.10节）。两个外地值则由accept调用返回给服务器。正如4.10节所述，如果另外一个程序由调用accept的服务器通过调用exec来执行，那么这个新程序可以在必要时调用getpeername来确定客户的IP地址和端口号。

5.18 数据格式

在我们的例子中，服务器从不检查来自客户的请求。它只管读入直到换行符（包括换行符）的所有数据，把它发回给客户，所搜索的仅仅是换行符。这只是一个例外，而不是通常规则，一般来说，我们必须关心在客户和服务器之间进行交换的数据的格式。

5.18.1 例子：在客户与服务器之间传递文本串

修改我们的服务器程序，它仍然从客户读入一行文本，不过新的服务器期望该文本行包含由空格分开的两个整数，服务器将返回这两个整数的和。我们的客户和服务器程序的main函数仍保持不变，str_cli函数也保持不变，所有修改都在str_echo函数，如图5-17所示。

11~14　我们调用sscanf把文本串中的两个参数转换为长整数，然后调用snprintf把结果转换为文本串。

146
~
147

―― *tcpcliserv/str_echo08.c*

```
1 #include     "unp.h"
2 void
3 str_echo(int sockfd)
4 {
5     long     arg1, arg2;
6     ssize_t n;
7     char     line[MAXLINE];
8     for ( ; ; ) {
9         if ( (n = Readline(sockfd, line, MAXLINE)) == 0)
10            return;                /* connection closed by other end */
11        if (sscanf(line, "%ld%ld", &arg1, &arg2) == 2)
12            snprintf(line, sizeof(line), "%ld\n", arg1 + arg2);
13        else
14            snprintf(line, sizeof(line), "input error\n");
15        n = strlen(line);
16        Writen(sockfd, line, n);
17    }
18 }
```

―― *tcpcliserv/str_echo08.c*

图5-17   对两个数求和的str_echo函数

不论客户和服务器主机的字节序如何，这个新的客户和服务器程序对都工作得很好。

5.18.2   例子：在客户与服务器之间传递二进制结构

现在把我们的客户和服务器程序修改为穿越套接字传递二进制值（而不是文本串）。我们将看到，当这样的客户和服务器程序运行在字节序不一样的或者所支持长整数的大小不一致的两个主机上时，工作将失常（图1-17）。

我们的客户和服务器程序的main函数无需改动。在头文件sum.h中，我们给两个参数定义了一个结构，给结果定义了另一个结构，如图5-18所示。图5-19给出了str_cli函数。

―― *tcpcliserv/sum.h*

```
1 struct args {
2     long     arg1;
3     long     arg2;
4 };

5 struct result {
6     long     sum;
7 };
```

―― *tcpcliserv/sum.h*

148

图5-18   头文件sum.h

―― *tcpcliserv/str_cli09.c*

```
1 #include     "unp.h"
2 #include     "sum.h"
3 void
4 str_cli(FILE *fp, int sockfd)
5 {
6     char     sendline[MAXLINE];
7     struct args args;
8     struct result result;
9     while (Fgets(sendline, MAXLINE, fp) != NULL) {
10        if (sscanf(sendline, "%ld%ld", &args.arg1, &args.arg2) != 2) {
```

图5-19   发送两个二进制整数给服务器的str_cli函数

```
11                printf("invalid input: %s", sendline);
12                continue;
13            }
14        Writen(sockfd, &args, sizeof(args));
15        if (Readn(sockfd, &result, sizeof(result)) == 0)
16            err_quit("str_cli: server terminated prematurely");
17        printf("%ld\n", result.sum);
18    }
19 }
```
——— *tcpcliserv/str_cli09.c*

图5-19   （续）

10~14   sscanf把两个参数从文本串转换为二进制数，我们接着调用writen将该参数结构发送
         给服务器。

15~17   我们调用readn来读回应答，并用printf来输出结果。

图5-20给出了str_echo函数。

——— *tcpcliserv/str_echo09.c*
```
 1 #include    "unp.h"
 2 #include    "sum.h"

 3 void
 4 str_echo(int sockfd)
 5 {
 6     ssize_t n;
 7     struct args args;
 8     struct result result;
 9     for ( ; ; ) {
10         if ( (n = Readn(sockfd, &args, sizeof(args))) == 0)
11             return;                 /* connection closed by other end */
12         result.sum = args.arg1 + args.arg2;
13         Writen(sockfd, &result, sizeof(result));
14     }
15 }
```
——— *tcpcliserv/str_echo09.c*

图5-20   对两个二进制整数求和的str_echo函数

149

9~14   我们通过调用readn来读入参数，计算并存储两数之和，然后调用writen把结果结构
        发回。

　　如果我们在具有相同体系结构的两个主机（譬如说两个SPARC主机）上运行我们的客户和
服务器程序，那么什么问题都没有。下面是客户的交互过程：

```
solaris % tcpcli09 12.106.32.254
11 22                              我们键入这两个数
33                                 这个数是服务器的应答
-11 -44
-55
```

　　但是如果在具有不同体系结构的两个主机上运行同样的客户和服务器程序（譬如说服务器
程序运行在大端字节序的SPARC系统freebsd上，客户运行在小端字节序的Intel系统linux上），
那就无法工作了。

```
linux % tcpcli09 206.168.112.96
1 2                                我们键入这两个数
3                                  结果正确
-22 -77                            我们再键入另外两个数
```

-16777314　　　　　　　　　　　　结果错误

　　问题在于由客户以小端字节序格式穿越套接字送出的两个二进制整数，却被服务器解释成了大端字节序整数。我们看到这对客户和服务器对于正整数看起来工作正常，但是对于负整数则工作失常了（见习题5.8）。本例子实际上存在三个潜在的问题。

　　(1) 不同的实现以不同的格式存储二进制数。最常见的格式便是3.4节讨论过的大端字节序与小端字节序。

　　(2) 不同的实现在存储相同的C数据类型上可能存在差异。举例来说，大多数32位Unix系统使用32位表示长整数，而64位系统却典型地使用64位来表示同样的数据类型（图1-17）。对于short、int或long等整数类型，它们各自的大小没有确定的保证。

　　(3) 不同的实现给结构打包的方式存在差异，取决于各种数据类型所用的位数以及机器的对齐限制。因此，穿越套接字传送二进制结构绝不是明智的。

　　解决这种数据格式问题有两个常用方法。

　　(1) 把所有的数值数据作为文本串来传递。这就是图5-17的做法。当然这里假设客户和服务器主机具有相同的字符集。

　　(2) 显式定义所支持数据类型的二进制格式（位数、大端或小端字节序），并以这样的格式在客户与服务器之间传递所有数据。远程过程调用（Remote Procedure Call，RPC）软件包通常使用这种技术。RFC 1832［Srinivasan 1995］阐述了Sun RPC软件包所用的外部数据表示（External Data Representation，XDR）标准。

5.19　小结

　　我们的回射客户/服务器程序的第一个版本总共约150行（包括函数readline和writen），不过提供了许多值得查看的细节问题。我们遇到的第一个问题是僵死子进程，通过捕获SIGCHLD信号加以处理。我们演示过该信号的处理函数随后必须调用的是waitpid函数而不是较早的wait函数，因为Unix信号是不排队的。这一点促成我们了解POSIX信号处理的一些细节（关于信号处理的额外信息参见APUE第10章）。

　　我们遇到的下一问题是当服务器进程终止时，客户进程没被告知。我们看到客户的TCP确实被告知了，但是客户进程由于正阻塞于等待用户输入而未接收到该通知。我们将在第6章中使用select或poll函数来处理这种情形，它们等待多个描述符中的任何一个就绪而不是阻塞于单个描述符。

　　我们还发现，服务器主机崩溃的情形要等到客户向服务器发送了数据才能检测到。有些应用进程要求能够尽早了解这个事实，我们将在7.5节利用SO_KEEPALIVE套接字选项来解决该问题。

　　我们的简单例子交换的是文本行，既然服务器根本不检查所回射的文本行，那么没什么问题。然而在客户与服务器之间发送数值数据时将引发一组新问题，文中已经讲述。

习题

5.1　基于图5-2和图5-3构造一个TCP服务器程序，基于图5-4和图5-5构造一个TCP客户程序。先启动服务器，再启动客户。键入若干文本行以确认客户和服务器工作正常。通过键入EOF字符终止客户，并记下时间。在客户主机上使用netstat命令验证本连接的客户端在经历TIME_WAIT状态。此后每5

秒左右执行一次netstat，查看TIME_WAIT状态何时结束。该客户主机的网络实现设置的MSL（最长分节生命期）有多长？

5.2 对于我们的客户/服务器程序，如果我们在运行客户时把它的标准输入重定向到一个二进制文件，将会发生什么？

5.3 我们的回射客户/服务器之间的通信与利用Telnet客户跟我们的回射服务器通信相比较，存在什么差别？

5.4 在5.12节的例子中，我们使用netstat命令通过查看套接字状态验证了连接终止序列的前两个分节（来自服务器的FIN和来自客户的对该分节的ACK）已经发送。该序列的后两个分节（来自客户的FIN和来自服务器的对该分节的ACK）会交换吗？如果交换的话，何时交换？如果不交换的话，为什么？

5.5 在5.14节给出的例子中，如果我们在步骤2与步骤3之间重新启动服务器主机上的服务器应用进程，将会发生什么？

5.6 为了验证我们在5.13节中声明的关于产生SIGPIPE信号的推断，我们对图5-4作如下修改。编写一个SIGPIPE信号处理函数，它只是显示一条消息便返回。在调用connect之前建立该信号处理函数。把服务器的端口号改为13，即daytime服务器。连接建立后，调用sleep休眠2秒，然后调用write往套接字中写入若干字节，再休眠2秒，往套接字中再写入若干字节。运行该程序，观察它将会发生什么？

5.7 在图5-15中，如果由客户在connect调用中指定的服务器主机的IP地址是与其右侧的数据链路关联的IP地址，而不是与其左侧的数据链路关联的IP地址，将会发生什么？

5.8 在出自图5-20的例子输出中，当客户和服务器位于不同字节序的系统上时，对于小的正整数该例子工作正常，但是对于小的负整数则工作失常，为什么？（提示：仿照图3-9画一个穿越套接字的数值交换图。）

5.9 在图5-19和图5-20的例子中，我们可以通过让客户先调用htonl函数把它的两个参数转换成网络字节序，再让服务器在做加法之前对每个参数调用ntohl函数，然后对结果做类似的转换来解决字节序问题吗？

5.10 如果客户在某个以32位存储长整数的SPARC主机上，而服务器在以64位存储长整数的Digital Alpha主机上，图5-19和图5-20中的例子将会发生什么？如果客户和服务器在这两个主机间互换，结果会改变吗？

5.11 在图5-15中，我们说客户IP地址是由IP基于路由选定的，这是什么含义？

151

152

I/O 复用: select 和 poll 函数

6.1 概述

在5.12节中，我们看到TCP客户同时处理两个输入：标准输入和TCP套接字。我们遇到的问题是就在客户阻塞于（标准输入上的）fgets调用期间，服务器进程会被杀死。服务器TCP虽然正确地给客户TCP发送了一个FIN，但是既然客户进程正阻塞于从标准输入读入的过程，它将看不到这个EOF，直到从套接字读时为止（可能已过了很长时间）。这样的进程需要一种预先告知内核的能力，使得内核一旦发现进程指定的一个或多个I/O条件就绪（也就是说输入已准备好被读取，或者描述符已能承接更多的输出），它就通知进程。这个能力称为I/O复用（I/O multiplexing），是由select和poll这两个函数支持的。我们还介绍前者较新的称为pselect的POSIX变种。

> 有些系统提供了更为先进的让进程在一串事件上等待的机制。轮询设备（poll device）就是这样的机制之一，不过不同厂家提供的方式不尽相同。我们将在第14章中阐述这种机制。

I/O复用典型使用在下列网络应用场合。

- 当客户处理多个描述符（通常是交互式输入和网络套接字）时，必须使用I/O复用。这是我们早先讲述过的场合。
- 一个客户同时处理多个套接字是可能的，不过比较少见。我们将在16.5节中结合一个Web客户的上下文给出这种场合使用select的例子。

<small>153</small>

- 如果一个TCP服务器既要处理监听套接字，又要处理已连接套接字，一般就要使用I/O复用，如6.8节所述。
- 如果一个服务器即要处理TCP，又要处理UDP，一般就要使用I/O复用。我们将在8.15节给出这种场合的一个例子。
- 如果一个服务器要处理多个服务或者多个协议（例如我们将在13.5节讲述的inetd守护进程），一般就要使用I/O复用。

I/O复用并非只限于网络编程，许多重要的应用程序也需要使用这项技术。

6.2 I/O 模型

在介绍select和poll这两个函数之前，我们需要回顾整体，查看Unix下可用的5种I/O模型的基本区别：

- 阻塞式I/O；
- 非阻塞式I/O；
- I/O复用（select和poll）；

- 信号驱动式I/O（`SIGIO`）；
- 异步I/O（POSIX的`aio_`系列函数）。

首次阅读本书时，你可以略读本节，在碰到以后各章节中详细介绍的各种I/O模型时再回头细读。

正如我们将在本节给出的所有例子所示，一个输入操作通常包括两个不同的阶段：

(1) 等待数据准备好；

(2) 从内核向进程复制数据。

对于一个套接字上的输入操作，第一步通常涉及等待数据从网络中到达。当所等待分组到达时，它被复制到内核中的某个缓冲区。第二步就是把数据从内核缓冲区复制到应用进程缓冲区。

6.2.1 阻塞式 I/O 模型

最流行的I/O模型是阻塞式I/O（blocking I/O）模型，本书到目前为止的所有例子都使用该模型。默认情形下，所有套接字都是阻塞的。以数据报套接字作为例子，我们有如图6-1所示的情形。

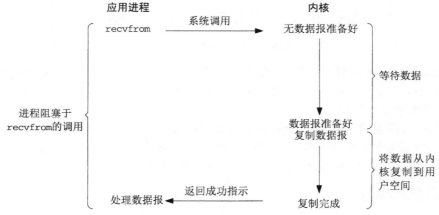

图6-1 阻塞式I/O模型

我们使用UDP而不是TCP作为例子的原因在于就UDP而言，数据准备好读取的概念比较简单：要么整个数据报已经收到，要么还没有。然而对于TCP来说，诸如套接字低水位标记（low-water mark）等额外变量开始起作用，导致这个概念变得复杂。

在本节的例子中，我们把recvfrom函数视为系统调用，因为我们正在区分应用进程和内核。不论它如何实现（在源自Berkeley的内核上是作为系统调用，在System V内核上是作为调用系统调用getmsg的函数），一般都会从在应用进程空间中运行切换到在内核空间中运行，一段时间之后再切换回来。

在图6-1中，进程调用recvfrom，其系统调用直到数据报到达且被复制到应用进程的缓冲区中或者发生错误才返回。最常见的错误是系统调用被信号中断，如5.9节所述。我们说进程在从调用recvfrom开始到它返回的整段时间内是被阻塞的。recvfrom成功返回后，应用进程开始处理数据报。

6.2.2 非阻塞式 I/O 模型

进程把一个套接字设置成非阻塞是在通知内核：当所请求的I/O操作非得把本进程置于休眠

状态才能完成时，不要把本进程置于休眠状态，而是返回一个错误。我们将在第16章中详细介绍非阻塞式I/O（nonblocking I/O），不过图6-2概要展示了我们即将考虑的例子。

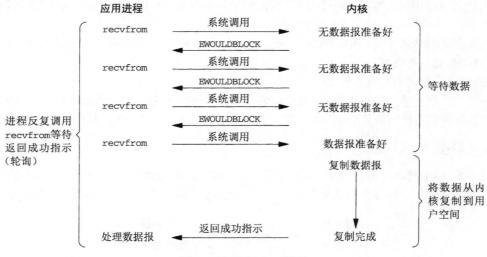

图6-2   非阻塞式I/O模型

前三次调用recvfrom时没有数据可返回，因此内核转而立即返回一个EWOULDBLOCK错误。第四次调用recvfrom时已有一个数据报准备好，它被复制到应用进程缓冲区，于是recvfrom成功返回。我们接着处理数据。

当一个应用进程像这样对一个非阻塞描述符循环调用recvfrom时，我们称之为轮询（polling）。应用进程持续轮询内核，以查看某个操作是否就绪。这么做往往耗费大量CPU时间，不过这种模型偶尔也会遇到，通常是在专门提供某一种功能的系统中才有。

6.2.3   I/O 复用模型

有了I/O复用（I/O multiplexing），我们就可以调用select或poll，阻塞在这两个系统调用中的某一个之上，而不是阻塞在真正的I/O系统调用上。图6-3概括展示了I/O复用模型。

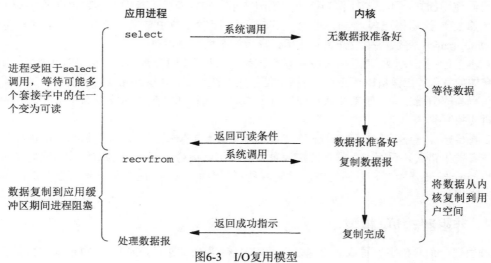

图6-3   I/O复用模型

我们阻塞于select调用，等待数据报套接字变为可读。当select返回套接字可读这一条件时，我们调用recvfrom把所读数据报复制到应用进程缓冲区。

比较图6-3和图6-1，I/O复用并不显得有什么优势，事实上由于使用select需要两个而不是单个系统调用，I/O复用还稍有劣势。不过我们将在本章稍后看到，使用select的优势在于我们可以等待多个描述符就绪。

> 与I/O复用密切相关的另一种I/O模型是在多线程中使用阻塞式I/O。这种模型与上述模型极为相似，但它没有使用select阻塞在多个文件描述符上，而是使用多个线程（每个文件描述符一个线程），这样每个线程都可以自由地调用诸如recvfrom之类的阻塞式I/O系统调用了。

6.2.4 信号驱动式 I/O 模型

我们也可以用信号，让内核在描述符就绪时发送SIGIO信号通知我们。我们称这种模型为信号驱动式I/O（signal-driven I/O），图6-4是它的概要展示。

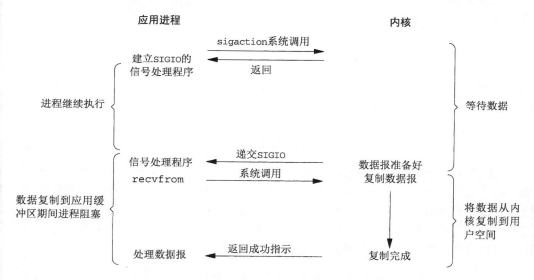

图6-4 信号驱动式I/O模型

我们首先开启套接字的信号驱动式I/O功能（我们将在25.2节讲解这个过程），并通过sigaction系统调用安装一个信号处理函数。该系统调用将立即返回，我们的进程继续工作，也就是说它没有被阻塞。当数据报准备好读取时，内核就为该进程产生一个SIGIO信号。我们随后既可以在信号处理函数中调用recvfrom读取数据报，并通知主循环数据已准备好待处理（这正是我们将在25.3节中所要做的事情），也可以立即通知主循环，让它读取数据报。

无论如何处理SIGIO信号，这种模型的优势在于等待数据报到达期间进程不被阻塞。主循环可以继续执行，只要等待来自信号处理函数的通知：既可以是数据已准备好被处理，也可以是数据报已准备好被读取。

6.2.5 异步 I/O 模型

异步I/O（asynchronous I/O）由POSIX规范定义。演变成当前POSIX规范的各种早期标准所定义的实时函数中存在的差异已经取得一致。一般地说，这些函数的工作机制是：告知内核启动某个操作，并让内核在整个操作（包括将数据从内核复制到我们自己的缓冲区）完成后通知我们。这种模型与前一节介绍的信号驱动模型的主要区别在于：信号驱动式I/O是由内核通知我们何时可以启动一个I/O操作，而异步I/O模型是由内核通知我们I/O操作何时完成。图6-5给出了一个例子。

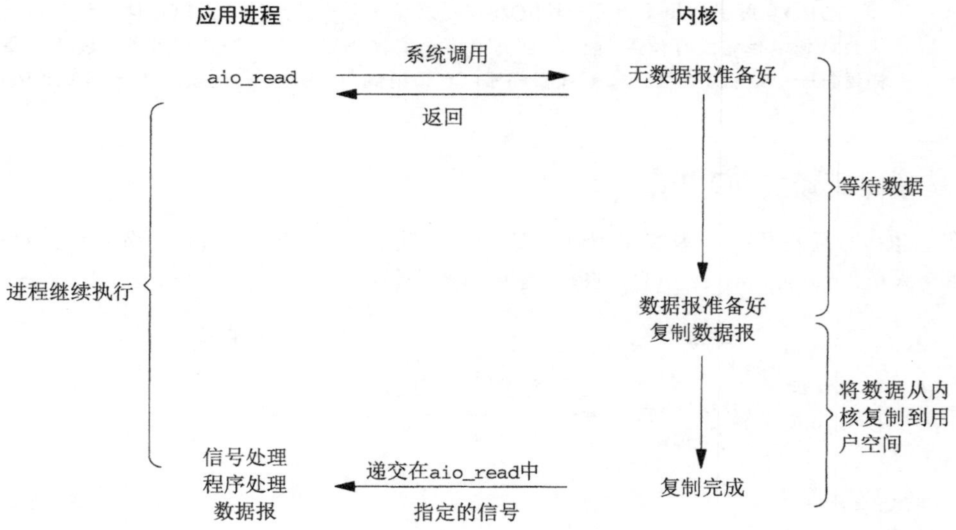

图6-5   异步I/O模型

我们调用aio_read函数（POSIX异步I/O函数以aio_或lio_开头），给内核传递描述符、缓冲区指针、缓冲区大小（与read相同的三个参数）和文件偏移（与lseek类似），并告诉内核当整个操作完成时如何通知我们。该系统调用立即返回，而且在等待I/O完成期间，我们的进程不被阻塞。本例子中我们假设要求内核在操作完成时产生某个信号。该信号直到数据已复制到应用进程缓冲区才产生，这一点不同于信号驱动式I/O模型。

> 本书编写至此的时候，支持POSIX异步I/O模型的系统仍较罕见。我们不能确定这样的系统是否支持套接字上的这种模型。这儿我们只是用它作为一个与信号驱动式I/O模型相比照的例子。

6.2.6   各种 I/O 模型的比较

图6-6对比了上述5种不同的I/O模型。可以看出，前4种模型的主要区别在于第一阶段，因为它们的第二阶段是一样的：在数据从内核复制到调用者的缓冲区期间，进程阻塞于recvfrom调用。相反，异步I/O模型在这两个阶段都要处理，从而不同于其他4种模型。

6.2.7   同步 I/O 和异步 I/O 对比

POSIX把这两个术语定义如下：
- 同步I/O操作（synchronous I/O operation）导致请求进程阻塞，直到I/O操作完成；
- 异步I/O操作（asynchronous I/O operation）不导致请求进程阻塞。

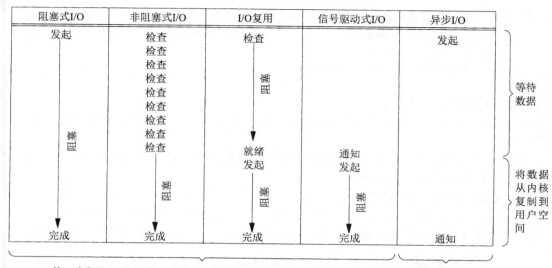

图6-6　5种I/O模型的比较

根据上述定义,我们的前4种模型——阻塞式I/O模型、非阻塞式I/O模型、I/O复用模型和信号驱动式I/O模型都是同步I/O模型,因为其中真正的I/O操作(recvfrom)将阻塞进程。只有异步I/O模型与POSIX定义的异步I/O相匹配。

6.3　select 函数

该函数允许进程指示内核等待多个事件中的任何一个发生,并只在有一个或多个事件发生或经历一段指定的时间后才唤醒它。

作为一个例子,我们可以调用select,告知内核仅在下列情况发生时才返回:

- 集合{1,4,5}中的任何描述符准备好读;
- 集合{2,7}中的任何描述符准备好写;
- 集合{1,4}中的任何描述符有异常条件待处理;
- 已经历了10.2秒。

也就是说,我们调用select告知内核对哪些描述符(就读、写或异常条件)感兴趣以及等待多长时间。我们感兴趣的描述符不局限于套接字,任何描述符都可以使用select来测试。

> 源自Berkeley的实现已经允许任何描述符的I/O复用。SVR3最初把I/O复用限制于对应流设备(STREAMS device,见第31章)的描述符,SVR4则去除了这个限制。

```
#include <sys/select.h>
#include <sys/time.h>

int select(int maxfdp1, fd_set *readset, fd_set *writeset, fd_set *exceptset,
        const struct timeval *timeout);
                                返回:若有就绪描述符则为其数目,若超时则为0,若出错则为-1
```

我们从该函数的最后一个参数timeout开始介绍,它告知内核等待所指定描述符中的任何一个就绪可花多长时间。其timeval结构用于指定这段时间的秒数和微秒数。

```
struct timeval {
  long   tv_sec;      /* seconds */
  long   tv_usec;     /* microseconds */
};
```

这个参数有以下三种可能。

(1) 永远等待下去：仅在有一个描述符准备好I/O时才返回。为此，我们把该参数设置为空指针。

(2) 等待一段固定时间：在有一个描述符准备好I/O时返回，但是不超过由该参数所指向的timeval结构中指定的秒数和微秒数。

(3) 根本不等待：检查描述符后立即返回，这称为轮询（polling）。为此，该参数必须指向一个timeval结构，而且其中的定时器值（由该结构指定的秒数和微秒数）必须为0。

前两种情形的等待通常会被进程在等待期间捕获的信号中断，并从信号处理函数返回。

> 源自Berkeley的内核绝不自动重启被中断的select（TCPv2第527页），然而SVR4可以自动重启被中断的select，条件是在安装信号处理函数时指定了SA_RESTART标志。这意味着从可移植性考虑，如果我们在捕获信号，那么必须做好select返回EINTR错误的准备。

尽管timeval结构允许我们指定了一个微秒级的分辨率，然而内核支持的真实分辨率往往粗糙得多。举例来说，许多Unix内核把超时值向上舍入成10 ms的倍数。另外还涉及调度延迟，也就是说定时器时间到后，内核还需花一点时间调度相应进程运行。

> 如果timeout参数所指向的timeval结构中的tv_sec成员值超过1亿秒，那么有些系统的select函数将以EINVAL错误失败返回。当然这是一个非常大的超时值（超过3年），不大可能有用，不过就此指出：timeval结构能够表达select不支持的值。

timeout参数的const限定词表示它在函数返回时不会被select修改。举例来说，如果我们指定一个10s的超时值，不过在定时器到时之前select就返回了（结果可能是有一个或多个描述符就绪，也可能是得到EINTR错误），那么timeout参数所指向的timeval结构不会被更新成该函数返回时剩余的秒数。如果我们需要知道这个值，那么必须在调用select之前取得系统时间，它返回后再取得系统时间，两者相减就是该值（任何健壮的程序都得考虑到系统时间可能在这段时间内偶尔会被管理员或ntpd之类守护进程调整）。

> 有些Linux版本会修改这个timeval结构。因此从移植性考虑，我们应该假设该timeval结构在select返回时未被定义，因而每次调用select之前都得对它进行初始化。POSIX规定对该结构使用const限定词。

中间的三个参数readset、writeset和exceptset指定我们要让内核测试读、写和异常条件的描述符。目前支持的异常条件只有两个：

(1) 某个套接字的带外数据的到达，我们将在第24章中详细讲述这个异常条件；

(2) 某个已置为分组模式的伪终端存在可从其主端读取的控制状态信息，本书不讨论伪终端。

如何给这3个参数中的每一个参数指定一个或多个描述符值是一个设计上的问题。select使用描述符集，通常是一个整数数组，其中每个整数中的每一位对应一个描述符。举例来说，假设使用32位整数，那么该数组的第一个元素对应于描述符0～31，第二个元素对应于描述符

32～63，依此类推。所有这些实现细节都与应用程序无关，它们隐藏在名为fd_set的数据类型和以下四个宏中：

```
void FD_ZERO(fd_set *fdset);        /* clear all bits in fdset */
void FD_SET(int fd, fd_set *fdset);  /* turn on the bit for fd in fdset */
void FD_CLR(int fd, fd_set *fdset);  /* trun off the bit for fd in fdset */
int  FD_ISSET(int fd, fd_set *fdset); /* is the bit for fd on in fdset ? */
```

我们分配一个fd_set数据类型的描述符集，并用这些宏设置或测试该集合中的每一位，也可以用C语言中的赋值语句把它赋值成另外一个描述符集。

> 我们所讨论的每个描述符占用整数数组中一位的方法仅仅是select函数的可能实现之一。不过把描述符集中的每个描述符指称为位（bit）是常见的，例如"打开读集合中表示监听描述符的位"。
>
> 我们将在6.10节看到poll函数使用一个完全不同的表示方法：一个可变长度的结构数组，其中每个结构代表一个描述符。

举个例子，以下代码用于定义一个fd_set类型的变量，然后打开描述符1、4和5的对应位：

```
fd_set  rset;

FD_ZERO(&rset);          /* initialize the set: all bits off */
FD_SET(1, &rset);        /* turn on bit for fd 1 */
FD_SET(4, &rset);        /* turn on bit for fd 4 */
FD_SET(5, &rset);        /* turn on bit for fd 5 */
```

描述符集的初始化非常重要，因为作为自动变量分配的一个描述符集如果没有初始化，那么可能发生不可预期的后果。

select函数的中间三个参数*readset*、*writeset*和*exceptset*中，如果我们对某一个的条件不感兴趣，就可以把它设为空指针。事实上，如果这三个指针均为空，我们就有了一个比Unix的sleep函数更为精确的定时器（休眠以秒为最小单位）。poll函数提供类似的功能。APUE的图C-9和图C-10给出了一个使用select和poll实现的sleep_us函数，它的休眠以微秒为单位。

*maxfdp1*参数指定待测试的描述符个数，它的值是待测试的最大描述符加1（因此我们把该参数命名为*maxfdp1*），描述符0, 1, 2, …，一直到*maxfdp1*-1均将被测试。

头文件<sys/select.h>中定义的FD_SETSIZE常值是数据类型fd_set中的描述符总数，其值通常是1024，不过很少有程序用到那么多的描述符。*maxfdp1*参数迫使我们计算出所关心的最大描述符并告知内核该值。以前面给出的打开描述符1、4和5的代码为例，其*maxfdp1*值就是6。是6而不是5的原因在于：我们指定的是描述符的个数而非最大值，而描述符是从0开始的。

> 存在这个参数以及计算其值的额外负担纯粹是为了效率原因。每个fd_set都有表示大量描述符（典型数量为1024）的空间，然而一个普通进程所用的数量却少得多。内核正是通过在进程与内核之间不复制描述符集中不必要的部分，从而不测试总为0的那些位来提高效率的（TCPv2的16.13节）。

select函数修改由指针*readset*、*writeset*和*exceptset*所指向的描述符集，因而这三个参数都是值-结果参数。调用该函数时，我们指定所关心的描述符的值，该函数返回时，结果将指示哪些描述符已就绪。该函数返回后，我们使用FD_ISSET宏来测试fd_set数据类型中的描述符。描述符集内任何与未就绪描述符对应的位返回时均清成0。为此，每次重新调用select函数时，我们都得再次把所有描述符集内所关心的位均置为1。

使用select时最常见的两个编程错误是：忘了对最大描述符加1；忘了描述符集是值-结果参数。第二个错误导致调用select时，描述符集内我们认为是1的位却被置为0。

该函数的返回值表示跨所有描述符集的已就绪的总位数。如果在任何描述符就绪之前定时器到时，那么返回0。返回-1表示出错（这是可能发生的，譬如本函数被一个所捕获的信号中断）。

SVR4的早期版本中select的实现有一个缺陷：如果返回时多个描述符集内的同一位为1，譬如说某个描述符既准备好读又准备好写的情况，那么在函数返回值中只计一次。当前的版本修正了这个缺陷。

6.3.1 描述符就绪条件

我们一直在讨论等待某个描述符准备好I/O（读或写）或是等待其上发生一个待处理的异常条件（带外数据）。尽管可读性和可写性对于普通文件这样的描述符显而易见，然而对于引起select返回套接字“就绪”的条件我们必须讨论得更明确些（TCPv2的图16-52）。

(1) 满足下列四个条件中的任何一个时，一个套接字准备好读。

a) 该套接字接收缓冲区中的数据字节数大于等于套接字接收缓冲区低水位标记的当前大小。对这样的套接字执行读操作不会阻塞并将返回一个大于0的值（也就是返回准备好读入的数据）。我们可以使用SO_RCVLOWAT套接字选项设置该套接字的低水位标记。对于TCP和UDP套接字而言，其默认值为1。

b) 该连接的读半部关闭（也就是接收了FIN的TCP连接）。对这样的套接字的读操作将不阻塞并返回0（也就是返回EOF）。

c) 该套接字是一个监听套接字且已完成的连接数不为0。对这样的套接字的accept通常不会阻塞，不过我们将在15.6节讲解accept可能阻塞的一种时序条件。

d) 其上有一个套接字错误待处理。对这样的套接字的读操作将不阻塞并返回-1（也就是返回一个错误），同时把errno设置成确切的错误条件。这些待处理错误（pending error）也可以通过指定SO_ERROR套接字选项调用getsockopt获取并清除。

(2) 下列四个条件中的任何一个满足时，一个套接字准备好写。

a) 该套接字发送缓冲区中的可用空间字节数大于等于套接字发送缓冲区低水位标记的当前大小，并且或者该套接字已连接，或者该套接字不需要连接（如UDP套接字）。这意味着如果我们把这样的套接字设置成非阻塞（第16章），写操作将不阻塞并返回一个正值（如由传输层接受的字节数）。我们可以使用SO_SNDLOWAT套接字选项来设置该套接字的低水位标记。对于TCP和UDP套接字而言，其默认值通常为2048。

b) 该连接的写半部关闭。对这样的套接字的写操作将产生SIGPIPE信号（5.12节）。

c) 使用非阻塞式connect的套接字已建立连接，或者connect已经以失败告终。

d) 其上有一个套接字错误待处理。对这样的套接字的写操作将不阻塞并返回-1（也就是返回一个错误），同时把errno设置成确切的错误条件。这些待处理的错误也可以通过指定SO_ERROR套接字选项调用getsockopt获取并清除。

(3) 如果一个套接字存在带外数据或者仍处于带外标记，那么它有异常条件待处理。（我们将在第24章中讲述带外数据。）

我们对“可读性”和“可写性”的定义直接取自TCPv2第530～531页中内核的soreadable和sowriteable宏。与此类似，我们对套接字“异常条件”的定义取自同一页中的soo_select函数。

注意，当某个套接字上发生错误时，它将由select标记为既可读又可写。

接收低水位标记和发送低水位标记的目的在于：允许应用进程控制在select返回可读或可写条件之前有多少数据可读或有多大空间可用于写。举例来说，如果我们知道除非至少存在64字节的数据，否则我们的应用进程没有任何有效工作可做，那么可以把接收低水位标记设置为64，以防少于64字节的数据准备好读时select唤醒我们。

任何UDP套接字只要其发送低水位标记小于等于发送缓冲区大小（默认应该总是这种关系）就总是可写的，这是因为UDP套接字不需要连接。

图6-7汇总了上述导致select返回某个套接字就绪的条件。

条　　件	可读吗？	可写吗？	异常吗？
有数据可读	●		
关闭连接的读一半	●		
给监听套接口准备好新连接	●		
有可用于写的空间		●	
关闭连接的写一半		●	
待处理错误	●	●	
TCP带外数据			●

图6-7　select返回某个套接字就绪的条件小结

6.3.2 **select** 的最大描述符数

早些时候我们说过，大多数应用程序不会用到许多描述符。譬如说我们很少能找到一个使用几百个描述符的应用程序。然而使用那么多描述符的应用程序确实存在，它们往往使用select来复选描述符。最初设计select时，操作系统通常对每个进程可用的最大描述符数设置了上限（4.2BSD的限制为31），select就使用相同的限制值。然而当今的Unix版本允许每个进程使用事实上无限数目的描述符（往往仅受限于内存总量和管理性限制），因此我们的问题是：这对select有什么影响？

许多实现有类似于下面的声明，它取自4.4BSD的<sys/types.h>头文件：

```
/*
 * select uses bitmasks of file descriptors in longs. These macros
 * manipulate such bit fields (the filesystem macros use chars).
 * FD_SETSIZE may be defined by the user, but the default here should
 * be enough for most uses.
 */
#ifndef FD_SETSIZE
#define FD_SETSIZE    256
#endif
```

这使我们想到，可以在包括该头文件之前把FD_SETSIZE定义为某个更大的值以增加select所用描述符集的大小。不幸的是，这样做通常行不通。[①]

> 为了弄清楚到底出了什么差错，请注意TCPv2的图16-53声明了3个在内核中的描述符集，并把内核的FD_SETSIZE定义作为上限使用。因此增大描述符集大小的唯一方法是先增大FD_SETSIZE的值，再重新编译内核。不重新编译内核而改变其值是不够的。

---

① FD_SETSIZE常值的声明一直是在头文件<sys/types.h>中（4.4BSD和4.4BSD-Lite2），不过更新的源自BSD的内核和源自SVR4的内核把它改放在头文件<sys/select.h>中。值得注意的是，有些应用程序（典型例子是需要复选大量描述符的事件驱动型服务器程序，所需描述符量超过1024个）开始改用poll代替select，这样可以避免描述符有限的问题。还要注意的是，select的典型实现在描述符数增大时可能存在扩展性问题。

有些厂家正在将 select 的实现修改为允许进程将 FD_SETSIZE 定义为比默认值更大的某个
值。BSD/OS 已改变了内核实现以允许更大的描述符集，并定义了四个新的 *FD_xxx* 宏用于动态分
配并操纵这样的描述符集。然而从可移植性考虑，使用大描述符集需要小心。

166

6.4　**str_cli** 函数（修订版）

现在我们可以使用 select 重写 5.5 节中的 str_cli 函数了，这样服务器进程一终止，客户就
能马上得到通知。早先那个版本的问题在于：当套接字上发生某些事件时，客户可能阻塞于
fgets 调用。新版本改为阻塞于 select 调用，或是等待标准输入可读，或是等待套接字可读。
图 6-8 展示了调用 select 所处理的各种条件。

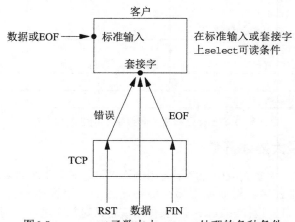

图6-8　str_cli 函数中由 select 处理的各种条件

客户的套接字上的三个条件处理如下。

(1) 如果对端 TCP 发送数据，那么该套接字变为可读，并且 read 返回一个大于 0 的值（即读
入数据的字节数）。

(2) 如果对端 TCP 发送一个 FIN（对端进程终止），那么该套接字变为可读，并且 read 返回 0
（EOF）。

(3) 如果对端 TCP 发送一个 RST（对端主机崩溃并重新启动），那么该套接字变为可读，并
且 read 返回 -1，而 errno 中含有确切的错误码。

图 6-9 给出了这个新版本的源代码。

167

调用 select

8~13　我们只需要一个用于检查可读性的描述符集。该集合由 FD_ZERO 初始化，并用 FD_SET
打开两位：一位对应于标准 I/O 文件指针 fp，一位对应于套接字 sockfd。fileno 函数
把标准 I/O 文件指针转换为对应的描述符。select（和 poll）只工作在描述符上。

　　　计算出两个描述符中的较大值后，调用 select。在该调用中，写集合指针和异常集合
指针都是空指针。最后一个参数（时间限制）也是空指针，因为我们希望本调用阻塞
到某个描述符就绪为止。

处理可读套接字

14~18　如果在 select 返回时套接字是可读的，那就先用 readline 读入回射文本行，再用
fputs 输出它。

————————————————————————— select/strcliselect01.c

```
 1 #include    "unp.h"

 2 void
 3 str_cli(FILE *fp, int sockfd)
 4 {
 5     int     maxfdp1;
 6     fd_set rset;
 7     char    sendline[MAXLINE], recvline[MAXLINE];

 8     FD_ZERO(&rset);
 9     for ( ; ; ) {
10         FD_SET(fileno(fp), &rset);
11         FD_SET(sockfd, &rset);
12         maxfdp1 = max(fileno(fp), sockfd) + 1;
13         Select(maxfdp1, &rset, NULL, NULL, NULL);

14         if (FD_ISSET(sockfd, &rset)) { /* socket is readable */
15             if (Readline(sockfd, recvline, MAXLINE) == 0)
16                 err_quit("str_cli: server terminated prematurely");
17             Fputs(recvline, stdout);
18         }

19         if (FD_ISSET(fileno(fp), &rset)) {  /* input is readable */
20             if (Fgets(sendline, MAXLINE, fp) == NULL)
21                 return;            /* all done */
22             Writen(sockfd, sendline, strlen(sendline));
23         }
24     }
25 }
```

————————————————————————— select/strcliselect01.c

图6-9　使用select的str_cli函数的实现（在图6-13中改进）

处理可读输入

19~23　如果标准输入可读，那就先用fgets读入一行文本，再用writen把它写到套接字中。

请注意，这个版本使用了与5.5节的版本相同的四个I/O函数：fgets、writen、readline和fputs，不过它们在本函数中的驱动流发生了变化。新的版本是由select调用来驱动的，而旧的版本则是由fgets调用来驱动的。与图5-5相比，图6-9中的代码仅增加了几行，就大大提高了客户程序的健壮性。

6.5　批量输入

不幸的是，我们的str_cli函数仍然不正确。首先让我们回到其最初版本，即图5-5。它以停-等方式工作，这对交互式使用是合适的：发送一行文本给服务器，然后等待应答。这段时间是往返时间（round-trip time，RTT）加上服务器的处理时间（对于简单的回射服务器而言，处理时间几乎为0）。如果知道了客户与服务器之间的RTT，我们便可以估计出回射固定数目的行需花多长时间。

ping程序是测量RTT的一个简单方法。我们曾经从自己的主机solaris往主机connix.com执行ping命令，得到30次测量的平均RTT值为175 ms。TCPv1第89页说明，这些ping测量所用的是长度为84字节的IP数据报。如果提取Solaris上termcap文件的前2000行，那么所得文件大小为98349字节，平均每行49字节。再加上IP首部（20字节）和TCP首部（20字节）的大小，那么每行对应的分组大小约为89字节，基本与ping分组的大小一致。这么一来，我们可以估算出所

有2000行文本的客户处理时间大约为350秒（2000×0.175秒）。如果运行第5章中的TCP回射客户
程序，得到的真实时间大约为354秒，与我们的估计非常接近。

　　如果我们把客户与服务器之间的网络作为全双工管道来考虑，请求是从客户向服务器发送，
应答从服务器向客户发送，那么图6-10展示了这样的停-等方式。

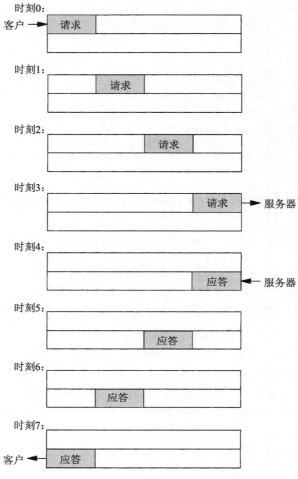

图6-10　停-等方式的时间线：交互式输入

　　客户在时刻0发出请求，我们假设RTT为8个时间单位。其应答在时刻4发出并在时刻7接收
到。我们还假设没有服务器处理时间而且请求大小与应答大小相同。图6-10仅仅展示了客户与
服务器之间的数据分组，而忽略了同样穿越网络的TCP确认。

　　既然一个分组从管道的一端发出到到达管道的另一端存在延迟，而管道是全双工的，就本
例子而言，我们仅仅使用了管道容量的1/8。这种停-等方式对于交互式输入是合适的，然而由
于我们的客户是从标准输入读并往标准输出写，在Unix的shell环境下重定向标准输入和标准输
出又是轻而易举之事，我们可以很容易地以批量方式运行客户。当我们把标准输入和标准输出
重定向到文件来运行新的客户程序时，却发现输出文件总是小于输入文件（而对于回射服务器
而言，它们理应相等）。

　　为了搞清楚到底发生了什么，我们应该意识到在批量方式下，客户能够以网络可以接受的

最快速度持续发送请求,服务器以相同的速度处理它们并发回应答。这就导致时刻7时管道充满,如图6-11所示。

时刻7:

请求8	请求7	请求6	请求5
应答1	应答2	应答3	应答4

时刻8:

请求9	请求8	请求7	请求6
应答2	应答3	应答4	应答5

图6-11 填充客户与服务器之间的管道:批量方式

这里我们假设发出第一个请求后,立即发出下一个,紧接着再下一个。我们还假设客户能够以网络可以接受它们的最快速度持续发送请求,并且能够以网络可提供给它们的最快速度处理应答。

> 这里我们忽略了涉及TCP批量数据流的许多微妙问题,例如限制数据在一个全新的或空闲的连接上的发送速率的慢启动算法,以及返回的ACK。这些都在TCPv1的第20章中讨论。

为了搞清楚图6-9中的str_cli函数存在的问题,我们假设输入文件只有9行。最后一行在时刻8发出,如图6-11所示。写完这个请求后,我们并不能立即关闭连接,因为管道中还有其他的请求和应答。问题的起因在于我们对标准输入中的EOF的处理:str_cli函数就此返回到main函数,而main函数随后终止。然而在批量方式下,标准输入中的EOF并不意味着我们同时也完成了从套接字的读入;可能仍有请求在去往服务器的路上,或者仍有应答在返回客户的路上。

我们需要的是一种关闭TCP连接其中一半的方法。也就是说,我们想给服务器发送一个FIN,告诉它我们已经完成了数据发送,但是仍然保持套接字描述符打开以便读取。这由将在下一节讲述的shutdown函数来完成。

一般地说,为提升性能而引入缓冲机制增加了网络应用程序的复杂性,图6-9所示的代码就遭受这种复杂性之害。考虑有多个来自标准输入的文本输入行可用的情况。select将使第20行代码用fgets读取输入,这又转而使已可用的文本输入行被读入到stdio所用的缓冲区中。然而fgets只返回其中第一行,其余输入行仍在stdio缓冲区中。第22行代码把fgets返回的单个输入行写给服务器,随后select再次被调用以等待新的工作,而不管stdio缓冲区中还有额外的输入行待消费。究其原因在于select不知道stdio使用了缓冲区——它只是从read系统调用的角度指出是否有数据可读,而不是从fgets之类调用的角度考虑。基于上述原因,混合使用stdio和select被认为是非常容易犯错误的,在这样做时必须极其小心。

同样的问题存在于图6-9的readline调用中。这回select不可见的数据不是隐藏在stdio缓冲区中,而是隐藏在readline自己的缓冲区中。回顾3.9节我们提供的一个可以看到readline缓冲区的函数,因此可能的解决办法之一是修改我们的代码,在调用select之前使用那个函数,以查看是否存在已经读入而尚未消费的数据。然而为了处理readline缓冲区中既可能有不完整的输入行(意味着我们需要继续读入),也可能有一个或多个完整的输入行(这些行我们可以直接消费)这两种情况而引入的复杂性会迅速增长到难以控制的地步。

我们将在6.7节给出的str_cli改进后版本中解决这些缓冲区问题。

[171]

6.6　**shutdown** 函数

终止网络连接的通常方法是调用close函数。不过close有两个限制，却可以使用shutdown来避免。

(1) close把描述符的引用计数减1，仅在该计数变为0时才关闭套接字。我们已在4.8节讨论过这一点。使用shutdown可以不管引用计数就激发TCP的正常连接终止序列（图2-5中由FIN开始的4个分节）。

(2) close终止读和写两个方向的数据传送。既然TCP连接是全双工的，有时候我们需要告知对端我们已经完成了数据发送，即使对端仍有数据要发送给我们。这就是我们在前一节中遇到的str_cli函数在批量输入时的情况。图6-12展示了这样的情况下典型的函数调用。

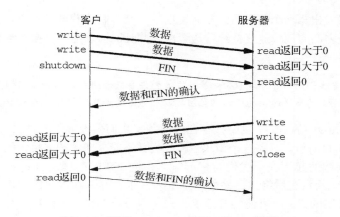

图6-12　调用shutdown关闭一半TCP连接

```
#include <sys/socket.h>

int shutdown(int sockfd, int howto);
```

返回：若成功则为0，若出错则为-1

该函数的行为依赖于howto参数的值。

SHUT_RD　关闭连接的读这一半——套接字中不再有数据可接收，而且套接字接收缓冲区中的现有数据都被丢弃。进程不能再对这样的套接字调用任何读函数。对一个TCP套接字这样调用shutdown函数后，由该套接字接收的来自对端的任何数据都被确认，然后悄然丢弃。

　　　　　　默认情形下，写入一个路由套接字（第18章）中的所有数据都被作为同一个主机上所有路由套接字的可能输入环回。有些程序把第二个参数指定为SHUT_RD来调用shutdown函数以防止环回复制。防止环回复制的另一种方法是关闭SO_USELOOPBACK套接字选项。

SHUT_WR　关闭连接的写这一半——对于TCP套接字，这称为半关闭（half-close，见TCPv1的18.5节）。当前留在套接字发送缓冲区中的数据将被发送掉，后跟TCP的正常连接终止序列。我们已经说过，不管套接字描述符的引用计数是否等于0，这样的写半部关闭照样执行。进程不能再对这样的套接字调用任何写函数。

172

SHUT_RDWR　连接的读半部和写半部都关闭——这与调用shutdown两次等效：第一次调用指定SHUT_RD，第二次调用指定SHUT_WR。

图7-12将汇总进程调用shutdown或close的各种可能。close的操作取决于SO_LINGER套接字选项的值。

> 这三个SHUT_xxx名字由POSIX规范定义。howto参数的典型值将会是0（关闭读半部）、1（关闭写半部）和2（读半部和写半部都关闭）。

6.7　str_cli 函数（再修订版）

图6-13给出str_cli函数的改进（且正确）版本。它使用了select和shutdown，其中前者只要服务器关闭它那一端的连接就会通知我们，后者允许我们正确地处理批量输入。这个版本还废弃了以文本行为中心的代码，改而针对缓冲区操作，从而消除了6.5节中提出的复杂性问题。 |173|

————————————————————————————— elect/strcliselect02.c

```
1 #include      "unp.h"
2 void
3 str_cli(FILE *fp, int sockfd)
4 {
5     int      maxfdp1, stdineof;
6     fd_set   rset;
7     char     buf[MAXLINE];
8     int      n;

9     stdineof = 0;
10    FD_ZERO(&rset);
11    for ( ; ; ) {
12        if (stdineof == 0)
13            FD_SET(fileno(fp), &rset);
14        FD_SET(sockfd, &rset);
15        maxfdp1 = max(fileno(fp), sockfd) + 1;
16        Select(maxfdp1, &rset, NULL, NULL, NULL);

17        if (FD_ISSET(sockfd, &rset)) { /* socket is readable */
18            if ( (n = Read(sockfd, buf, MAXLINE)) == 0) {
19                if (stdineof == 1)
20                    return;          /* normal termination */
21                else
22                    err_quit("str_cli: server terminated prematurely");
23            }
24            Write(fileno(stdout), buf, n);
25        }

26        if (FD_ISSET(fileno(fp), &rset)) {  /* input is readable */
27            if ( (n = Read(fileno(fp), buf, MAXLINE)) == 0) {
28                stdineof = 1;
29                Shutdown(sockfd, SHUT_WR);  /* send FIN */
30                FD_CLR(fileno(fp), &rset);
31                continue;
32            }
33            Writen(sockfd, buf, n);
34        }
35    }
36 }
```

————————————————————————————— elect/strcliselect02.c

图6-13　使用select正确处理EOF的str_cli函数

5~8　stdineof是一个初始化为0的新标志。只要该标志为0,每次在主循环中我们总是select标准输入的可读性。

17~25　当我们在套接字上读到EOF时,如果我们已在标准输入上遇到EOF,那就是正常的终止,于是函数返回;但是如果我们在标准输入上没有遇到EOF,那么服务器进程已过早终止。我们改用read和write对缓冲区而不是文本行进行操作,使得select能够如期地工作。

174

26~34　当我们在标准输入上碰到EOF时,我们把新标志stdineof置为1,并把第二个参数指定为SHUT_WR来调用shutdown以发送FIN。这儿我们也改用read和write对缓冲区而不是文本行进行操作。

我们对str_cli函数的讨论还没有结束。16.2节中我们将开发一个使用非阻塞式I/O模型的版本,26.3节中我们将开发一个使用线程的版本。

6.8　TCP 回射服务器程序（修订版）

我们可以回顾5.2节和5.3节中讲解的TCP回射服务器程序,把它重写成使用select来处理任意个客户的单进程程序,而不是为每个客户派生一个子进程。在给出具体代码之前,让我们先查看用以跟踪客户的数据结构。图6-14给出了第一个客户建立连接前服务器的状态。

图6-14　第一个客户建立连接前的服务器状态

服务器有单个监听描述符,我们用一个圆点来表示。

服务器只维护一个读描述符集,如图6-15所示。假设服务器是在前台启动的,那么描述符0、1和2将分别被设置为标准输入、标准输出和标准错误输出。可见监听套接字的第一个可用描述符是3。图6-15还展示了一个名为client的整型数组,它含有每个客户的已连接套接字描述符。该数组的所有元素都被初始化为-1。

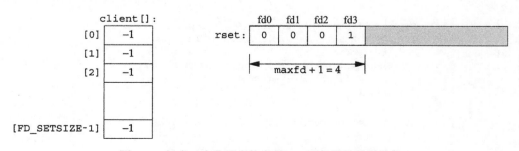

图6-15　仅有一个监听套接字的TCP服务器的数据结构

175

描述符集中唯一的非0项是表示监听套接字的项,因此select的第一个参数将为4。

当第一个客户与服务器建立连接时，监听描述符变为可读，我们的服务器于是调用
accept。在本例的假设下，由accept返回的新的已连接描述符将是4。图6-16展示了从客户
到服务器的连接。

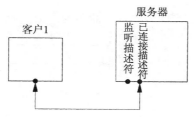

图6-16　第一个客户建立连接后的TCP服务器

从现在起，我们的服务器必须在其client数组中记住每个新的已连接描述符，并把它加到
描述符集中去。图6-17展示了这样更新后的数据结构。

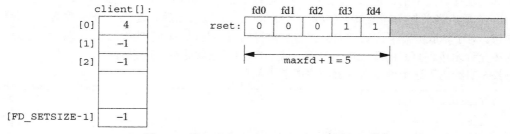

图6-17　第一个客户连接建立后的数据结构

稍后，第二个客户与服务器建立连接，图6-18展示了这种情形。

图6-18　第二个客户建立连接后的TCP服务器

新的已连接描述符（假设是5）必须被记住，从而给出如图6-19所示的数据结构。

176

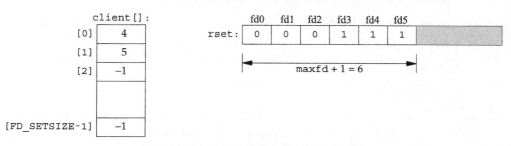

图6-19　第二个客户连接建立后的数据结构

我们接着假设第一个客户终止它的连接。该客户的TCP发送一个FIN，使得服务器中的描述

符4变为可读。当服务器读这个已连接套接字时，read将返回0。我们于是关闭该套接字并相应
地更新数据结构：把client[0]的值置为-1，把描述符集中描述符4的位设置为0，如图6-20所
示。注意，maxfd的值没有改变。

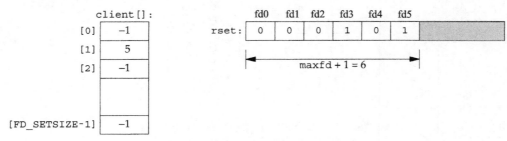

图6-20　第一个客户终止连接后的数据结构

　　总之，当有客户到达时，我们在client数组中的第一个可用项（即值为-1的第一个项）中
记录其已连接套接字的描述符。我们还必须把这个已连接描述符加到读描述符集中。变量maxi
是client数组当前使用项的最大下标，而变量maxfd（加1之后）是select函数第一个参数的
当前值。对于本服务器所能处理的最大客户数目的限制是以下两个值中的较小者：FD_SETSIZE
和内核允许本进程打开的最大描述符数（我们在6.3节结尾处讨论过它）。

　　图6-21给出了这个版本服务器程序的前半部分。

tcpcliserv/tcpservselect01.c

```
 1 #include    "unp.h"

 2 int
 3 main(int argc, char **argv)
 4 {
 5     int    i, maxi, maxfd, listenfd, connfd, sockfd;
 6     int    nready, client[FD_SETSIZE];
 7     ssize_t n;
 8     fd_set rset, allset;
 9     char   buf[MAXLINE];
10     socklen_t clilen;
11     struct sockaddr_in cliaddr, servaddr;

12     listenfd = Socket(AF_INET, SOCK_STREAM, 0);

13     bzero(&servaddr, sizeof(servaddr));
14     servaddr.sin_family = AF_INET;
15     servaddr.sin_addr.s_addr = htonl(INADDR_ANY);
16     servaddr.sin_port = htons(SERV_PORT);

17     Bind(listenfd, (SA *) &servaddr, sizeof(servaddr));

18     Listen(listenfd, LISTENQ);

19     maxfd = listenfd;          /* initialize */
20     maxi = -1;                 /* index into client[] array */
21     for (i = 0; i < FD_SETSIZE; i++)
22         client[i] = -1;        /* -1 indicates available entry */
23     FD_ZERO(&allset);
24     FD_SET(listenfd, &allset);
```

tcpcliserv/tcpservselect01.c

图6-21　使用单进程和select的TCP服务器程序：初始化

创建监听套接字并为调用select进行初始化

12~24　创建监听套接字的步骤与早先版本一样：socket、bind和listen。我们按照一开始

select的唯一描述符是监听描述符这一前提初始化我们的数据结构。
main函数的后半部分示于图6-22中。

tcpcliserv/tcpservselect01.c

```
25    for ( ; ; ) {
26        rset = allset;              /* structure assignment */
27        nready = Select(maxfd+1, &rset, NULL, NULL, NULL);

28        if (FD_ISSET(listenfd, &rset)) {    /* new client connection */
29            clilen = sizeof(cliaddr);
30            connfd = Accept(listenfd, (SA *) &cliaddr, &clilen);

31            for (i = 0; i < FD_SETSIZE; i++)
32                if (client[i] < 0) {
33                    client[i] = connfd;       /* save descriptor */
34                    break;
35                }
36            if (i == FD_SETSIZE)
37                err_quit("too many clients");

38            FD_SET(connfd, &allset);    /* add new descriptor to set */
39            if (connfd > maxfd)
40                maxfd = connfd; /* for select */
41            if (i > maxi)
42                maxi = i;          /* max index in client[] array */

43            if (--nready <= 0)
44                continue;          /* no more readable descriptors */
45        }

46        for (i = 0; i <= maxi; i++) {   /* check all clients for data */
47            if ( (sockfd = client[i]) < 0)
48                continue;
49            if (FD_ISSET(sockfd, &rset)) {
50                if ( (n = Read(sockfd, buf, MAXLINE)) == 0) {
51                    /*connection closed by client */
52                    Close(sockfd);
53                    FD_CLR(sockfd, &allset);
54                    client[i] = -1;
55                } else
56                    Writen(sockfd, buf, n);

57                if (--nready <= 0)
58                    break;       /* no more readable descriptors */
59            }
60        }
61    }
62 }
```

tcpcliserv/tcpservselect01.c

图6-22　使用单进程和select的TCP服务器程序：循环

阻塞于`select`

26~27　select等待某个事件发生：或是新客户连接的建立，或是数据、FIN或RST的到达。

`accept`新的连接

28~45　如果监听套接字变为可读，那么已建立了一个新的连接。我们调用accept并相应地更新数据结构，使用client数组中的第一个未用项记录这个已连接描述符。就绪描述符数目减1，若其值变为0，就可以避免进入下一个for循环。这样做让我们可以使用select的返回值来避免检查未就绪的描述符。

检查现有连接

46~60　对于每个现有的客户连接，我们要测试其描述符是否在select返回的描述符集中。如果是就从该客户读入一行文本并回射给它。如果该客户关闭了连接，那么read将返回0，我们于是相应地更新数据结构。

我们从不减少maxi的值，不过每次有客户关闭其连接时，我们可以检查是否存在这样的可能性。

本服务器程序版本比图5-2和图5-3所示的版本复杂，不过它避免了为每个客户创建一个新进程的所有开销，因而是一个使用select的精彩例子。尽管如此，我们仍将在16.6节讲解本服务器程序存在的一个问题，不过通过将监听套接字设置成非阻塞，然后检查并忽略来自accept的若干错误可以很容易地解决该问题。

拒绝服务型攻击

不幸的是，我们刚刚给出的服务器程序存在一个问题。考虑一下如果有一个恶意的客户连接到该服务器，发送一字节的数据（不是换行符）后进入休眠状态，将会发生什么。服务器将调用read，它从客户读入这个单字节的数据，然后阻塞于下一个read调用，以等待来自该客户的其余数据。[①]服务器于是因为这么一个客户而被阻塞（称它被"挂起"也许更确切些），不能再为其他任何客户提供服务（不论是接受新的客户连接还是读取现有客户的数据），直到那个恶意客户发出一个换行符或者终止为止。

这里的一个基本概念是：当一个服务器在处理多个客户时，它绝对不能阻塞于只与单个客户相关的某个函数调用。否则可能导致服务器被挂起，拒绝为所有其他客户提供服务。这就是所谓的拒绝服务（denial of service）型攻击。它就是针对服务器做些动作，导致服务器不再能为其他合法客户提供服务。可能的解决办法包括：（a）使用非阻塞式I/O（第16章）；（b）让每个客户由单独的控制线程提供服务（例如创建一个子进程或一个线程来服务每个客户）；（c）对I/O操作设置一个超时（14.2节）。

6.9　**pselect** 函数

pselect函数是由POSIX发明的，如今有许多Unix变种支持它。

```
#include <sys/select.h>
#include <signal.h>
#include <time.h>

int pselect(int maxfdp1, fd_set *readset, fd_set *writeset, fd_set *exceptset,
            const struct timespec *timeout, const sigset_t *sigmask);
```
返回：若有就绪描述符则为其数目，若超时则为0，若出错则为-1

[①] 新作者从6.7节开始关于回射服务的讨论实际上已经放弃第2版面向文本行的一贯做法，这是符合RFC 862的。尽管程序是正确的，然而在解释程序时他们有时候却往往直接照抄Stevens先生的说法。以上这段文字就是直接照抄的，只是在第一次出现read一词的地方，把Stevens先生使用的readline改成了read。第2版中对应的本服务器程序是面向文本行的，调用的是readline而不是read，上一段文字中出现的第二个read指的是readline内部的read调用（readline总是要读到换行符或EOF才返回）。对于不再面向文本行的回射服务来说，Stevens先生讲述的由于等待读入换行符或EOF而引起的拒绝服务攻击已不复存在。接下去的文字仍然需要按照第2版中对应的服务器程序来理解。——译者注

pselect相对于通常的select有两个变化。

(1) pselect使用timespec结构，而不使用timeval结构。timespec结构是POSIX的又一个发明。

```
struct timespec {
    time_t tv_sec;          /* seconds */
    long   tv_nsec;         /* nanoseconds */
};
```

这两个结构的区别在于第二个成员：新结构的该成员tv_nsec指定纳秒数，而旧结构的该成员tv_usec指定微秒数。

(2) pselect函数增加了第六个参数：一个指向信号掩码的指针。该参数允许程序先禁止递交某些信号，再测试由这些当前被禁止信号的信号处理函数设置的全局变量，然后调用pselect，告诉它重新设置信号掩码。

关于第二点，考虑下面的例子（在APUE第308～309页讨论）。这个程序的SIGINT信号处理函数仅仅设置全局变量intr_flag并返回。如果我们的进程阻塞于select调用，那么从信号处理函数的返回将导致select返回EINTR错误。然而调用select时，代码看起来大体如下：

```
if (intr_flag)
    handle_intr();          /* handle the signal */
if ( (nready = select( ... )) < 0) {
    if (errno == EINTR) {
        if (intr_flag)
            handle_intr();
    }
    ...
}
```

问题是，在测试intr_flag和调用select之间如果有信号发生，那么若select永远阻塞，该信号将丢失。有了pselect后，我们可以按以下方式可靠地编写这个例子的代码：

```
sigset_t  newmask, oldmask, zeromask;

sigemptyset(&zeromask);
sigemptyset(&newmask);
sigaddset(&newmask, SIGINT);

sigprocmask(SIG_BLOCK, &newmask, &oldmask);    /* block SIGINT */
if (intr_flag)
    handle_intr();          /* handle the signal */
if ( (nready = pselect( ... , &zeromask)) < 0) {
    if (errno == EINTR) {
        if (intr_flag)
            handle_intr();
    }
    ...
}
```

在测试intr_flag变量之前，我们阻塞SIGINT。当pselect被调用时，它先以空集（即zeromask）替代进程的信号掩码，再检查描述符，并可能进入休眠状态。然而当pselect函数返回时，进程的信号掩码又被重置为调用pselect之前的值（即SIGINT被阻塞）。

我们将在20.5节对pselect作更多的讨论，并给出一个它的例子。其中图20-7使用了pselect，图20-8给出pselect的一个简单但不太正确的实现。

> 这两个select函数还有另外一个小区别。timeval结构的第一个成员是有符号的长整数，而timespec结构的第一个成员是time_t。前者的有符号长整数本也应该是time_t，不过并没有做这样的追溯性修改，以防破坏已有代码。而全新的pselect函数可以做这样的修改。

181

6.10 `poll` 函数

poll 函数起源于 SVR3，最初局限于流设备（第 31 章）。SVR4 取消了这种限制，允许 poll 工作在任何描述符上。poll 提供的功能与 select 类似，不过在处理流设备时，它能够提供额外的信息。

```
#include <poll.h>

int poll(struct pollfd *fdarray, unsigned long nfds, int timeout);
```
返回：若有就绪描述符则为其数目，若超时则为0，若出错则为-1

第一个参数是指向一个结构数组第一个元素的指针。每个数组元素都是一个 pollfd 结构，用于指定测试某个给定描述符 fd 的条件。

```
struct pollfd {
    int     fd;          /* descriptor to check */
    short   events;      /* events of interest on fd */
    short   revents;     /* events that occurred on fd */
};
```

要测试的条件由 events 成员指定，函数在相应的 revents 成员中返回该描述符的状态。（每个描述符都有两个变量，一个为调用值，另一个为返回结果，从而避免使用值-结果参数。回想 select 函数的中间三个参数都是值-结果参数。）这两个成员中的每一个都由指定某个特定条件的一位或多位构成。图 6-23 列出了用于指定 events 标志以及测试 revents 标志的一些常值。

常 值	作为 *events* 的输入吗？	作为 *revents* 的结果吗？	说 明
POLLIN	●	●	普通或优先级带数据可读
POLLRDNORM	●	●	普通数据可读
POLLRDBAND	●	●	优先级带数据可读
POLLPRI	●	●	高优先级数据可读
POLLOUT	●	●	普通数据可写
POLLWRNORM	●	●	普通数据可写
POLLWRBAND	●	●	优先级带数据可写
POLLERR		●	发生错误
POLLHUP		●	发生挂起
POLLNVAL		●	描述符不是一个打开的文件

图6-23   poll 函数的输入 *events* 和返回 *revents*

我们将该图分为三个部分：第一部分是处理输入的四个常值，第二部分是处理输出的三个常值，第三部分是处理错误的三个常值。其中第三部分的三个常值不能在 events 中设置，但是当相应条件存在时就在 revents 中返回。

poll 识别三类数据：普通（normal）、优先级带（priority band）和高优先级（high priority）。这些术语均出自基于流的实现（图 31-5）。

> POLLIN 可被定义为 POLLRDNORM 和 POLLRDBAND 的逻辑或。POLLIN 自 SVR3 实现就存在，早于 SVR4 中的优先级带，为了向后兼容，该常值继续保留。类似地，POLLOUT 等同于 POLLWRNORM，前者早于后者。

就TCP和UDP套接字而言,以下条件引起poll返回特定的*revent*。不幸的是,POSIX在其poll的定义中留了许多空洞(也就是说有多种方法可返回相同的条件)。

- 所有正规TCP数据和所有UDP数据都被认为是普通数据。
- TCP的带外数据(第24章)被认为是优先级带数据。
- 当TCP连接的读半部关闭时(譬如收到了一个来自对端的FIN),也被认为是普通数据,随后的读操作将返回0。
- TCP连接存在错误既可认为是普通数据,也可认为是错误(POLLERR)。无论哪种情况,随后的读操作将返回-1,并把errno设置成合适的值。这可用于处理诸如接收到RST或发生超时等条件。
- 在监听套接字上有新的连接可用既可认为是普通数据,也可认为是优先级数据。大多数实现视之为普通数据。
- 非阻塞式connect的完成被认为是使相应套接字可写。

结构数组中元素的个数是由*nfds*参数指定。

> 历史上这个参数曾被定义为无符号长整数(unsigned long),似乎过分大了。定义为无符号整数(unsigned int)可能就足够了。Unix 98为该参数定义了名为nfds_t的新的数据类型。

*timeout*参数指定poll函数返回前等待多长时间。它是一个指定应等待毫秒数的正值。图6-24给出了它的可能取值。

*timeout*值	说　　明
INFTIM	永远等待
0	立即返回,不阻塞进程
> 0	等待指定数目的毫秒数

图6-24　poll的*timeout*参数值

INFTIM常值被定义为一个负值。如果系统不能提供毫秒级精度的定时器,该值就向上舍入到最接近的支持值。

> POSIX规范要求在头文件<poll.h>中定义INFTIM,不过许多系统仍然把它定义在头文件<sys/stropts.h>中。
>
> 正如select,给poll指定的任何超时值都受限于实际系统实现的时钟分辨率(通常是10 ms)。

当发生错误时,poll函数的返回值为-1,若定时器到时之前没有任何描述符就绪,则返回0,否则返回就绪描述符的个数,即revents成员值非0的描述符个数。

如果我们不再关心某个特定描述符,那么可以把与它对应的pollfd结构的fd成员设置成一个负值。poll函数将忽略这样的pollfd结构的events成员,返回时将它的revents成员的值置为0。

回顾6.3节结尾处我们就FD_SETSIZE以及就每个描述符集中最大描述符数目相比每个进程中最大描述符数目展开的讨论。有了poll就不再有那样的问题了,因为分配一个pollfd结构的数组并把该数组中元素的数目通知内核成了调用者的责任。内核不再需要知道类似fd_set的固定大小的数据类型。

POSIX规范对select和poll都有需要。然而从当今的可移植性角度考虑，支持select的系统比支持poll的系统要多。另外POSIX还定义了pselect，它是能够处理信号阻塞并提供了更高时间分辨率的select的增强版本。POSIX没有为poll定义类似的东西。

6.11　TCP 回射服务器程序（再修订版）

我们现在用poll替代select重写6.8节的TCP回射服务器程序。在使用select早先那个版本中，我们必须分配一个client数组以及一个名为rset的描述符集（图6-15）。改用poll后，我们只需分配一个pollfd结构的数组来维护客户信息，而不必分配另外一个数组。我们以与图6-15中处理client数组相同的方法处理该数组的fd成员：值-1表示所在项未用，否则即为描述符值。回顾前一节，我们知道传递给poll的pollfd结构数组中的任何fd成员为负值的项都被poll忽略。

图6-25给出了我们的服务器程序的前半部分。

185

tcpcliserv/tcpservpoll01.c

```
 1 #include      "unp.h"
 2 #include      <limits.h>          /* for OPEN_MAX */

 3 int
 4 main(int argc, char **argv)
 5 {
 6      int     i, maxi, listenfd, connfd, sockfd;
 7      int     nready;
 8      ssize_t n;
 9      char    buf[MAXLINE];
10      socklen_t clilen;
11      struct pollfd client[OPEN_MAX];
12      struct sockaddr_in  cliaddr, servaddr;

13      listenfd = Socket(AF_INET, SOCK_STREAM, 0);

14      bzero(&servaddr, sizeof(servaddr));
15      servaddr.sin_family = AF_INET;
16      servaddr.sin_addr.s_addr = htonl(INADDR_ANY);
17      servaddr.sin_port = htons(SERV_PORT);

18      Bind(listenfd, (SA *) &servaddr, sizeof(servaddr));

19      Listen(listenfd, LISTENQ);

20      client[0].fd = listenfd;
21      client[0].events = POLLRDNORM;
22      for (i = 1; i < OPEN_MAX; i++)
23          client[i].fd = -1;          /* -1 indicates available entry */
24      maxi = 0;                       /* max index into client[] array */
```

tcpcliserv/tcpservpoll01.c

图6-25　使用poll函数的TCP服务器程序的前半部分

分配pollfd结构数组

11　我们声明在pollfd结构数组中存在OPEN_MAX个元素。确定一个进程任何时刻能够打开的最大描述符数目并不容易，我们将在图13-4中再次遇到这个问题。方法之一是以参数_SC_OPEN_MAX调用POSIX的sysconf函数（如APUE第42~44页[1]所述），然后动态分

---

① 此处为APUE第1版英文原版书页码，第2版英文原版书为第41页，第2版中文版为第32~33页。——编者注

配一个合适大小的数组。然而 sysconf 的可能返回之一是 "indeterminate"（不确定），意味着我们仍然不得不猜测一个值。这里我们就用 POSIX 的 OPEN_MAX 常值。

初始化

20~24　我们把 client 数组的第一项用于监听套接字，并把其余各项的描述符成员置为-1。我们还给第一项设置 POLLRDNORM 事件，这样当有新的连接准备好被接受时 poll 将通知我们。maxi 变量含有 client 数组当前正在使用的最大下标值。

main 函数的后半部分示于图6-26中。

186

tcpcliserv/tcpservpoll01.c

```
25     for ( ; ; ) {
26         nready = Poll(client, maxi + 1, INFTIM);
27         if (client[0].revents & POLLRDNORM) {    /* new client connection */
28             clilen = sizeof(cliaddr);
29             connfd = Accept(listenfd, (SA *) &cliaddr, &clilen);

30             for (i = 1; i < OPEN_MAX; i++)
31                 if (client[i].fd < 0) {
32                     client[i].fd = connfd;  /* save descriptor */
33                     break;
34                 }
35             if (i == OPEN_MAX)
36                 err_quit("too many clients");

37             client[i].events = POLLRDNORM;
38             if (i > maxi)
39                 maxi = i;          /* max index in client[] array */

40             if (--nready <= 0)
41                 continue;          /* no more readable descriptors */
42         }

43         for (i = 1; i <= maxi; i++) {  /* check all clients for data */
44             if ( (sockfd = client[i].fd) < 0)
45                 continue;
46             if (client[i].revents & (POLLRDNORM | POLLERR)) {
47                 if ( (n = read(sockfd, buf, MAXLINE)) < 0) {
48                     if (errno == ECONNRESET) {
49                             /*connection reset by client */
50                         Close(sockfd);
51                         client[i].fd = -1;
52                     } else
53                         err_sys("read error");
54                 } else if (n == 0) {
55                         /*connection closed by client */
56                     Close(sockfd);
57                     client[i].fd = -1;
58                 } else
59                     Writen(sockfd, buf, n);

60                 if (--nready <= 0)
61                     break;                      /* no more readable descriptors */
62             }
63         }
64     }
65 }
```

tcpcliserv/tcpservpoll01.c

图6-26　使用 poll 的 TCP 服务器程序的后半部分

调用poll，检查新的连接

26~42　我们调用poll以等待新的连接或者现有连接上有数据可读。当一个新的连接被接受后，
　　　　我们在client数组中查找第一个描述符成员为负的可用项。注意，我们从下标1开始搜
　　　　索，因为client[0]固定用于监听套接字。找到一个可用项之后，我们把新连接的描
　　　　述符保存到其中，并设置POLLRDNORM事件。

检查某个现有连接上的数据

43~63　我们检查的两个返回事件是POLLRDNORM和POLLERR。其中我们并没有在event成员中
　　　　设置第二个事件，因为它在条件成立时总是返回。我们检查POLLERR的原因在于：有
　　　　些实现在一个连接上接收到RST时返回的是POLLERR事件，而其他实现返回的只是
　　　　POLLRDNORM事件。不论哪种情形，我们都调用read，当有错误发生时，read将返回这
　　　　个错误。当一个现有连接由它的客户终止时，我们就把它的fd成员置为-1。

6.12   小结

Unix提供了五种不同的I/O模型：
- 阻塞式I/O模型；
- 非阻塞式I/O模型；
- I/O复用模型；
- 信号驱动式I/O模型；
- 异步I/O模型。

默认为阻塞式I/O模型，它也是最常用的I/O模型。在以后章节中，我们将讨论非阻塞式I/O
模型和信号驱动式I/O模型，而本章讨论的是I/O复用模型。真正的异步I/O模型是由POSIX规范
定义的，不过很少有它的实现存在。

I/O复用模型最常用的函数是select。我们告知该函数（就读、写和异常条件）所关心的
描述符、最长等待时间以及最大描述符（加1）。大多数select调用指定的是可读条件，而对
于套接字描述符，唯一的异常条件是带外数据的到达（第24章）。既然select可以提供函数阻
塞时长的一个限制，我们将在图14-3中使用该特性对输入操作设置一个时间限制。

我们以批量方式运行用select编写的回射客户程序，发现即使已经遇到了用户输入的结
尾，仍可能有数据处于去往或来自服务器的管道中。处理这种情形要求使用shutdown函数，这
使得我们能够用上TCP的半关闭特性。

混合使用stdio缓冲机制（我们自己的readline缓冲机制也不例外）和select的危险促成我
们提供针对缓冲区而不是文本行操作的回射客户程序和服务器程序的正确版本。

POSIX定义的pselect函数把时间精度从微秒级增加到纳秒级，并采用一个指向信号集的
指针作为它的一个新参数。当有信号需要捕获时，该参数能够让我们避免竞争条件，我们将在
20.5节进一步讨论竞争条件。

出自System V的poll函数提供类似于select的功能，不过能够为流设备提供额外信息。
POSIX对select和poll都有需要，不过前者使用得更为频繁。

习题

6.1　我们说过一个描述符集可以用C语言中的赋值语句赋给另一描述符集。如果描述符集是一个整型数组，那么这是如何做到的？（提示：研究一下你自己的系统中的`<sys/select.h>`或`<sys/types.h>`头文件。）

6.2　在6.3节讨论select返回"可写"条件时，为什么必须限定套接字为非阻塞才可以说一次写操作将返回一个正值？

6.3　如果在图6-9的第19行上的`if`关键词前加上`else`关键词，将会发生什么？

6.4　在图6-21的例子中加上一段代码，使得服务器能够使用内核当前允许的最多描述符数。（提示：研究一下setrlimit函数。）

6.5　让我们看看当shutdown的第二个参数为SHUT_RD时将发生什么。以图5-4中的TCP客户程序为基础并做如下改动：把端口号从SERV_PORT改为19，也就是chargen服务器（图2-18）所监听的端口；以调用pause取代调用str_cli。指定本地局域网上运行chargen服务器的某个主机的IP地址来运行这个客户程序。以诸如tcpdump（C.5节）这类工具观察分组，看到发生了什么？

6.6　为什么应用程序会以参数SHUT_RDWR来调用shutdown，而不是仅仅调用close？

6.7　图6-22中当客户发送一个RST来终止连接时，将会发生什么？

6.8　重写图6-25中的代码，调用sysconf来确定描述符的最大数目，并相应地分配client数组。

189

第 **7** 章

套接字选项

7.1 概述

有很多方法来获取和设置影响套接字的选项：

- getsockopt和setsockopt函数；
- fcntl函数；
- ioctl函数。

本章从介绍getsockopt和setsockopt函数开始，接着给出一个输出所有选项默认值的例子，然后详细介绍所有套接字选项。我们按以下分类进行详细介绍：通用、IPv4、IPv6、TCP和SCTP。在第一次阅读本章时，这些细节可以跳过，当需要时再回来看个别章节。个别选项在后续章节中还有更为详细的讨论，譬如IPv4和IPv6多播选项在21.6节我们讲解多播时还会讨论到。

我们还介绍fcntl函数，因为它是把套接字设置为非阻塞式I/O型或信号驱动式I/O型以及设置套接字属主的POSIX的方法。我们把ioctl函数的讨论留到第17章。

7.2 **getsockopt** 和 **setsockopt** 函数

这两个函数仅用于套接字。

```
#include <sys/socket.h>

int getsockopt(int sockfd, int level, int optname, void *optval, socklen_t *optlen);

int setsockopt(int sockfd, int level, int optname, const void *optval,
               socklen_t optlen);
```

均返回：若成功则为0，若出错则为-1

其中*sockfd*必须指向一个打开的套接字描述符，*level*（级别）指定系统中解释选项的代码或为通用套接字代码，或为某个特定于协议的代码（例如IPv4、IPv6、TCP或SCTP）。

*optval*是一个指向某个变量（**optval*）的指针，setsockopt从**optval*中取得选项待设置的新值，getsockopt则把已获取的选项当前值存放到**optval*中。**optval*的大小由最后一个参数指定，它对于setsockopt是一个值参数，对于getsockopt是一个值-结果参数。

图7-1和图7-2汇总了可由getsockopt获取或由setsockopt设置的选项。其中的"数据类型"列给出了指针*optval*必须指向的每个选项的数据类型。我们用后跟一对花括号的记法来表示一个结构，如linger{}就表示struct linger。

套接字选项粗分为两大基本类型：一是启用或禁止某个特性的二元选项（称为标志选项），二是取得并返回我们可以设置或检查的特定值的选项（称为值选项）。标有"标志"的列指出一

level（级别）	optname（选项名）	get	set	说　明	标志	数据类型
SOL_SOCKET	SO_BROADCAST	●	●	允许发送广播数据报	●	int
	SO_DEBUG	●	●	开启调试跟踪	●	int
	SO_DONTROUTE	●	●	绕过外出路由表查询	●	int
	SO_ERROR	●		获取待处理错误并清除		int
	SO_KEEPALIVE	●	●	周期性测试连接是否仍存活	●	int
	SO_LINGER	●	●	若有数据待发送则延迟关闭		linger{}
	SO_OOBINLINE	●	●	让接收到的带外数据继续在线留存	●	int
	SO_RCVBUF	●	●	接收缓冲区大小		int
	SO_SNDBUF	●	●	发送缓冲区大小		int
	SO_RCVLOWAT	●	●	接收缓冲区低水位标记		int
	SO_SNDLOWAT	●	●	发送缓冲区低水位标记		int
	SO_RCVTIMEO	●	●	接收超时		timeval{}
	SO_SNDTIMEO	●	●	发送超时		timeval{}
	SO_REUSEADDR	●	●	允许重用本地地址	●	int
	SO_REUSEPORT	●	●	允许重用本地端口	●	int
	SO_TYPE	●		取得套接字类型		int
	SO_USELOOPBACK	●	●	路由套接字取得所发送数据的副本	●	int
IPPROTO_IP	IP_HDRINCL	●	●	随数据包含的IP首部	●	int
	IP_OPTIONS	●	●	IP首部选项		（见正文）
	IP_RECVDSTADDR	●	●	返回目的IP地址	●	int
	IP_RECVIF	●	●	返回接收接口索引	●	int
	IP_TOS	●	●	服务类型和优先权		int
	IP_TTL	●	●	存活时间		int
	IP_MULTICAST_IF	●	●	指定外出接口		in_addr{}
	IP_MULTICAST_TTL	●	●	指定外出TTL		u_char
	IP_MULTICAST_LOOP	●	●	指定是否环回		u_char
	IP_ADD_MEMBERSHIP		●	加入多播组		ip_mreq{}
	IP_DROP_MEMBERSHIP		●	离开多播组		ip_mreq{}
	IP_BLOCK_SOURCE		●	阻塞多播源		ip_mreq_source{}
	IP_UNBLOCK_SOURCE		●	开通多播源		ip_mreq_source{}
	IP_ADD_SOURCE_MEMBERSHIP		●	加入源特定多播组		ip_mreq_source{}
	IP_DROP_SOURCE_MEMBERSHIP		●	离开源特定多播组		ip_mreq_source{}
IPPROTO_ICMPV6	ICMP6_FILTER	●	●	指定待传递的ICMPv6消息类型		icmp6_filter{}
IPPROTO_IPV6	IPV6_CHECKSUM	●	●	用于原始套接字的校验和字段偏移		int
	IPV6_DONTFRAG	●	●	丢弃大的分组而非将其分片	●	int
	IPV6_NEXTHOP	●	●	指定下一跳地址		sockaddr_in6{}
	IPV6_PATHMTU	●		获取当前路径MTU		ip6_mtuinfo{}
	IPV6_RECVDSTOPTS	●	●	接收目的地选项	●	int
	IPV6_RECVHOPLIMIT	●	●	接收单播跳限	●	int
	IPV6_RECVHOPOPTS	●	●	接收步跳选项	●	int
	IPV6_RECVPATHMTU	●	●	接收路径MTU	●	int
	IPV6_RECVPKTINFO	●	●	接收分组信息	●	int
	IPV6_RECVRTHDR	●	●	接收源路径	●	int
	IPV6_RECVTCLASS	●	●	接收流通类别	●	int
	IPV6_UNICAST_HOPS	●	●	默认单播跳限		int
	IPV6_USE_MIN_MTU	●	●	使用最小MTU		int
	IPV6_V6ONLY	●	●	禁止v4兼容		int
	IPV6_XXX	●	●	黏附性辅助数据		（见正文）
	IPV6_MULTICAST_IF	●	●	指定外出接口		u_int
	IPV6_MULTICAST_HOPS	●	●	指定外出跳限		int
	IPV6_MULTICAST_LOOP	●	●	指定是否环回	●	u_int
	IPV6_JOIN_GROUP		●	加入多播组		ipv6_mreq{}
	IPV6_LEAVE_GROUP		●	离开多播组		ipv6_mreq{}
IPPROTO_IP或 IPPROTO_IPV6	MCAST_JOIN_GROUP		●	加入多播组		group_req{}
	MCAST_LEAVE_GROUP		●	离开多播组		group_source_req{}
	MCAST_BLOCK_SOURCE		●	阻塞多播源		group_source_req{}
	MCAST_UNBLOCK_SOURCE		●	开通多播源		group_source_req{}
	MCAST_JOIN_SOURCE_GROUP		●	加入源特定多播组		group_source_req{}
	MCAST_LEAVE_SOURCE_GROUP		●	离开源特定多播组		group_source_req{}

图7-1　套接字层和IP层的套接字选项汇总

level（级别）	optname（选项名）	get	set	说　　明	标志	数据类型
IPPROTO_TCP	TCP_MAXSEG	●	●	TCP最大分节大小		int
	TCP_NODELAY	●	●	禁止Nagle算法	●	int
IPPROTO_SCTP	SCTP_ADAPTION_LAYER	●	●	适配层指示		sctp_setadaption{}
	SCTP_ASSOCINFO	†	●	检查并设置关联信息		sctp_assocparams{}
	SCTP_AUTOCLOSE	●	●	自动关闭操作		int
	SCTP_DEFAULT_SEND_PARAM	●	●	默认发送参数		sctp_sndrcvinfo{}
	SCTP_DISABLE_FRAGMENTS	●	●	SCTP分片	●	int
	SCTP_EVENTS	●	●	感兴趣事件的通知		sctp_event_subscribe{}
	SCTP_GET_PEER_ADDR_INFO	†		获取对端地址状态		sctp_paddrinfo{}
	SCTP_I_WANT_MAPPED_V4_ADDR	●	●	映射的v4地址	●	int
	SCTP_INITMSG	●	●	默认的INIT参数		sctp_initmsg{}
	SCTP_MAXBURST	●	●	最大猝发大小		int
	SCTP_MAXSEG	●	●	最大分片大小		int
	SCTP_NODELAY	●	●	禁止Nagle算法	●	int
	SCTP_PEER_ADDR_PARAMS	†	●	对端地址参数		sctp_paddrparams{}
	SCTP_PRIMARY_ADDR	†	●	主目的地址		sctp_setprim{}
	SCTP_RTOINFO	†	●	RTO信息		sctp_rtoinfo{}
	SCTP_SET_PEER_PRIMARY_ADDR		●	对端的主目的地址		sctp_setpeerprim{}
	SCTP_STATUS	†		获取关联状态		sctp_status{}

图7-2　传输层的套接字选项汇总

个选项是否为标志选项。当给这些标志选项调用getsockopt函数时，*optval是一个整数。*optval中返回的值为0表示相应选项被禁止，不为0表示相应选项被启用。类似地，setsockopt函数需要一个不为0的*optval值来启用选项，一个为0的*optval值来禁止选项。如果"标志"列不含有"•"，那么相应选项用于在用户进程与系统之间传递所指定数据类型的值。

　　本章后续各节将给出影响套接字的各个选项的额外细节。

7.3　检查选项是否受支持并获取默认值

　　现在我们写一个程序来检查图7-1和图7-2中定义的大多数选项是否得到支持，若是则输出它们的默认值。图7-3给出了我们这个程序的所有声明。

声明可能值的union

3~8　对于getsockopt的每个可能的返回值，我们的union类型中都有一个成员。

定义函数原型

9~12　我们为用于输出给定套接字选项的值的4个函数定义了原型。

定义结构并初始化数组

13~52　我们的sock_opts结构包含了给每个套接字选项调用getsockopt并输出其当前值所需要的所有信息。它的最后一个成员opt_val_str是指向用于4个选项值输出函数中的某一个的指针。我们分配并初始化这个结构的一个数组，它的每个元素代表一个套接字选项。

　　　　并非所有实现都支持所有的套接字选项。确定某个给定选项是否得到支持的方法是用语句#ifdef或#if defined，如图中SO_REUSEPORT选项所示。为求完整的话，本数组中每个元素都应类似SO_REUSEPORT所示编写，不过我们省略了这些，因为一大堆#ifdef语句仅仅加长了代码，对于我们的讨论没有什么用处。

―――――――――――――――――――――――――――――――――― *sockopt/checkopts.c*

```
 1 #include      "unp.h"
 2 #include      <netinet/tcp.h>       /* for TCP_xxx defines */

 3 union val {
 4   int              i_val;
 5   long             l_val;
 6   struct linger    linger_val;
 7   struct timeval   timeval_val;
 8 } val;
 9 static char *sock_str_flag(union val *, int);
10 static char *sock_str_int(union val *, int);
11 static char *sock_str_linger(union val *, int);
12 static char *sock_str_timeval(union val *, int);
13 struct sock_opts {
14   const char      *opt_str;
15   int      opt_level;
16   int      opt_name;
17   char     *(*opt_val_str)(union val *, int);
18 } sock_opts[] = {
19   { "SO_BROADCAST",      SOL_SOCKET, SO_BROADCAST,     sock_str_flag },
20   { "SO_DEBUG",          SOL_SOCKET, SO_DEBUG,         sock_str_flag },
21   { "SO_DONTROUTE",      SOL_SOCKET, SO_DONTROUTE,     sock_str_flag },
22   { "SO_ERROR",          SOL_SOCKET, SO_ERROR,         sock_str_int },
23   { "SO_KEEPALIVE",      SOL_SOCKET, SO_KEEPALIVE,     sock_str_flag },
24   { "SO_LINGER",         SOL_SOCKET, SO_LINGER,        sock_str_linger },
25   { "SO_OOBINLINE",      SOL_SOCKET, SO_OOBINLINE,     sock_str_flag },
26   { "SO_RCVBUF",         SOL_SOCKET, SO_RCVBUF,        sock_str_int },
27   { "SO_SNDBUF",         SOL_SOCKET, SO_SNDBUF,        sock_str_int },
28   { "SO_RCVLOWAT",       SOL_SOCKET, SO_RCVLOWAT,      sock_str_int },
29   { "SO_SNDLOWAT",       SOL_SOCKET, SO_SNDLOWAT,      sock_str_int },
30   { "SO_RCVTIMEO",       SOL_SOCKET, SO_RCVTIMEO,      sock_str_timeval },
31   { "SO_SNDTIMEO",       SOL_SOCKET, SO_SNDTIMEO,      sock_str_timeval },
32   { "SO_REUSEADDR",      SOL_SOCKET, SO_REUSEADDR,     sock_str_flag },
33 #ifdef  SO_REUSEPORT
34   { "SO_REUSEPORT",      SOL_SOCKET, SO_REUSEPORT,     sock_str_flag },
35 #else
36   { "SO_REUSEPORT",      0,          0,                NULL },
37 #endif
38   { "SO_TYPE",           SOL_SOCKET, SO_TYPE,          sock_str_int },
39   { "SO_USELOOPBACK",    SOL_SOCKET, SO_USELOOPBACK,   sock_str_flag },
40   { "IP_TOS",            IPPROTO_IP, IP_TOS,           sock_str_int },
41   { "IP_TTL",            IPPROTO_IP, IP_TTL,           sock_str_int },
42   { "IPV6_DONTFRAG",     IPPROTO_IPV6,IPV6_DONTFRAG,   sock_str_flag },
43   { "IPV6_UNICAST_HOPS", IPPROTO_IPV6,IPV6_UNICAST_HOPS,sock_str_int },
44   { "IPV6_V6ONLY",       IPPROTO_IPV6,IPV6_V6ONLY,     sock_str_flag },
45   { "TCP_MAXSEG",        IPPROTO_TCP, TCP_MAXSEG,      sock_str_int },
46   { "TCP_NODELAY",       IPPROTO_TCP, TCP_NODELAY,     sock_str_flag },
47   { "SCTP_AUTOCLOSE",    IPPROTO_SCTP,SCTP_AUTOCLOSE,  sock_str_int },
48   { "SCTP_MAXBURST",     IPPROTO_SCTP,SCTP_MAXBURST,   sock_str_int },
49   { "SCTP_MAXSEG",       IPPROTO_SCTP,SCTP_MAXSEG,     sock_str_int },
50   { "SCTP_NODELAY",      IPPROTO_SCTP,SCTP_NODELAY,    sock_str_flag },
51   { NULL,                0,          0,                NULL }
52 };
```

―――――――――――――――――――――――――――――――――― *sockopt/checkopts.c*

图7-3　套接字选项检查程序的声明

图7-4给出了我们的main函数。

————————————————————————————————— sockopt/checkopts.c

```
53 int
54 main(int argc, char **argv)
55 {
56     int     fd;
57     socklen_t len;
58     struct sock_opts*ptr;

59     for (ptr = sock_opts; ptr->opt_str != NULL; ptr++) {
60         printf("%s: ", ptr->opt_str);
61         if (ptr->opt_val_str == NULL)
62             printf("(undefined)\n");
63         else {
64             switch(ptr->opt_level) {
65             case SOL_SOCKET:
66             case IPPROTO_IP:
67             case IPPROTO_TCP:
68                 fd = Socket(AF_INET, SOCK_STREAM, 0);
69                 break;
70 #ifdef  IPV6
71             case IPPROTO_IPV6:
72                 fd = Socket(AF_INET6, SOCK_STREAM, 0);
73                 break;
74 #endif
75 #ifdef  IPPROTO_SCTP
76             case IPPROTO_SCTP:
77                 fd = Socket(AF_INET, SOCK_SEQPACKET, IPPROTO_SCTP);
78                 break;
79 #endif
80             default:
81                 err_quit("Can't create fd for level %d\n", ptr->opt_level);
82             }

83             len = sizeof(val);
84             if (getsockopt(fd, ptr->opt_level, ptr->opt_name,
85                            &val, &len) == -1) {
86                 err_ret("getsockopt error");
87             } else {
88                 printf("default = %s\n", (*ptr->opt_val_str)(&val, len));
89             }
90             close(fd);
91         }
92     }
93     exit(0);
94 }
```

————————————————————————————————— sockopt/checkopts.c

图7-4   检查所有套接字选项的main函数

遍历所有选项

59~63   我们遍历sock_opts[]数组中的所有元素。如果某个元素的opt_val_str指针为空，
那么该实现没有定义相应的选项（我们的例子中SO_REUSEPORT选项有可能就是这样）。

创建套接字

63~82   我们创建一个用于测试选项的套接字。测试套接字层、TCP层和IPv4层套接字选项所用
的是一个IPv4的TCP套接字，测试IPv6层套接字选项所用的是一个IPv6的TCP套接字，
测试SCTP层套接字选项所用的是一个IPv4的SCTP套接字。

调用getsockopt

83~87 我们调用getsockopt，不过在返回错误时并不终止。许多实现会定义一些尚未提供支持的套接字选项的名字。这些不受支持的选项应该引发一个ENOPROTOOPT错误。

输出选项的默认值

88~89 如果getsockopt返回成功，那么我们调用相应的选项值输出函数将选项值转换为一个字符串并输出。

在图7-3中我们给出了4个函数原型，每个类型的选项值一个。图7-5给出了这4个函数中的一个即sock_str_flag，它输出标志类型选项的值。其他3个函数与之类似。

—— *sockopt/checkopts.c*

```
 95 static char strres[128];

 96 static char*
 97 sock_str_flag(union val *ptr, int len)
 98 {
 99     if (len != sizeof(int))
100         snprintf(strres, sizeof(strres), "size (%d) not sizeof(int)", len);
101     else
102         snprintf(strres, sizeof(strres),
103                 "%s", (ptr->i_val == 0) ? "off" : "on");
104     return(strres);
105 }
```

—— *sockopt/checkopts.c*

图7-5 sock_str_flag函数：将标志选项转换为字符串

99~104 回顾getsockopt的最后一个参数，它是值-结果参数。我们所做的第一项检查就是getsockopt返回值的大小是否为期望的大小。本函数返回的字符串或为off，或为on，取决于标志选项的值是0还是非0。

在安装了KAME SCTP补丁的FreeBSD 4.8上运行该程序得到如下输出：

```
freebsd % checkopts
SO_BROADCAST: default = off
SO_DEBUG: default = off
SO_DONTROUTE: default = off
SO_ERROR: default = 0
SO_KEEPALIVE: default = off
SO_LINGER: default = l_onoff = 0, l_linger = 0
SO_OOBINLINE: default = off
SO_RCVBUF: default = 57344
SO_SNDBUF: default = 32768
SO_RCVLOWAT: default = 1
SO_SNDLOWAT: default = 2048
SO_RCVTIMEO: default = 0 sec, 0 usec
SO_SNDTIMEO: default = 0 sec, 0 usec
SO_REUSEADDR: default = off
SO_REUSEPORT: default = off
SO_TYPE: default = 1
SO_USELOOPBACK: default = off
IP_TOS: default = 0
IP_TTL: default = 64
IPV6_DONTFRAG: default = off
IPV6_UNICAST_HOPS: default = -1
IPV6_V6ONLY: default = off
TCP_MAXSEG: default = 512
TCP_NODELAY: default = off
```

```
SCTP_AUTOCLOSE: default = 0
SCTP_MAXBURST: default = 4
SCTP_MAXSEG: default = 1408
SCTP_NODELAY: default = off
```

SO_TYPE选项的返回值1对应于该实现的SOCK_STREAM。

7.4   套接字状态

对于某些套接字选项，针对套接字的状态，什么时候设置或获取选项有时序上的考虑。我们对受影响的选项论及这一点。

下面的套接字选项是由TCP已连接套接字从监听套接字继承来的（TCPv2第462~463页）：SO_DEBUG、 SO_DONTROUTE、 SO_KEEPALIVE、 SO_LINGER、 SO_OOBINLINE、 SO_RCVBUF、SO_RCVLOWAT、SO_SNDBUF、SO_SNDLOWAT、TCP_MAXSEG和TCP_NODELAY。这对TCP是很重要的，因为accept一直要到TCP层完成三路握手后才会给服务器返回已连接套接字。如果想在三路握手完成时确保这些套接字选项中的某一个是给已连接套接字设置的，那么我们必须先给监听套接字设置该选项。

7.5   通用套接字选项

我们从通用套接字选项开始讨论。这些选项是协议无关的（也就是说，它们由内核中的协议无关代码处理，而不是由诸如IPv4之类特殊的协议模块处理），不过其中有些选项只能应用到某些特定类型的套接字中。举例来说，尽管我们称SO_BROADCAST套接字选项是"通用"的，它却只能应用于数据报套接字。

198

7.5.1   SO_BROADCAST 套接字选项

本选项开启或禁止进程发送广播消息的能力。只有数据报套接字支持广播，并且还必须是在支持广播消息的网络上（例如以太网、令牌环网等）。我们不可能在点对点链路上进行广播，也不可能在基于连接的传输协议（例如TCP和SCTP）之上进行广播。我们将在第20章中更为详细地讨论广播。

由于应用进程在发送广播数据报之前必须设置本套接字选项，因此它能够有效地防止一个进程在其应用程序根本没有设计成可广播时就发送广播数据报。举例来说，一个UDP应用程序可能以命令行参数的形式取得目的IP地址，不过它并不期望用户键入一个广播地址。处理方法并非让应用进程来确定一个给定地址是否为广播地址，而是在内核中进行测试：如果该目的地址是一个广播地址且本套接字选项没有设置，那么返回EACCES错误（TCPv2第233页）。

7.5.2   SO_DEBUG 套接字选项

本选项仅由TCP支持。当给一个TCP套接字开启本选项时，内核将为TCP在该套接字发送和接收的所有分组保留详细跟踪信息。这些信息保存在内核的某个环形缓冲区中，并可使用trpt程序进行检查。TCPv2第916~920页提供了更为详细的信息和使用了本选项的一个例子。

7.5.3   SO_DONTROUTE 套接字选项

本选项规定外出的分组将绕过底层协议的正常路由机制。举例来说，在IPv4情况下外出分组将被定向到适当的本地接口，也就是由其目的地址的网络和子网部分确定的本地接口。如果这样的本地接口无法由目的地址确定（譬如说目的地主机不在一个点对点链路的另一端，也不在一个共享的网络上），那么返回ENETUNREACH错误。

给函数send、sendto或sendmsg使用MSG_DONTROUTE标志也能在个别的数据报上取得与本选项相同的效果。

路由守护进程（routed和gated）经常使用本选项来绕过路由表（路由表不正确的情况下），以强制将分组从特定接口送出。

7.5.4 SO_ERROR 套接字选项

当一个套接字上发生错误时，源自Berkeley的内核中的协议模块将该套接字的名为so_error的变量设为标准的Unix Exxx值中的一个，我们称它为该套接字的待处理错误（pending error）。内核能够以下面两种方式之一立即通知进程这个错误。

(1) 如果进程阻塞在对该套接字的select调用上（6.3节），那么无论是检查可读条件还是可写条件，select均返回并设置其中一个或所有两个条件。

(2) 如果进程使用信号驱动式I/O模型（第25章），那就给进程或进程组产生一个SIGIO信号。

进程然后可以通过访问SO_ERROR套接字选项获取so_error的值。由getsockopt返回的整数值就是该套接字的待处理错误。so_error随后由内核复位为0（TCPv2第547页）。

当进程调用read且没有数据返回时，如果so_error为非0值，那么read返回-1且errno被置为so_error的值（TCPv2第516页）。so_error随后被复位为0。如果该套接字上有数据在排队等待读取，那么read返回那些数据而不是返回错误条件。如果在进程调用write时so_error为非0值，那么write返回-1且errno被设为so_error的值（TCPv2第495页）。so_error随后被复位为0。

> TCPv2第495页所示代码中有一个缺陷，那儿so_error没有被复位为0，这在BSD/OS的版本中已经修改了。一个套接字上出现的待处理错误一旦返回给用户进程，它的so_error就得复位为0。

这是我们遇到的第一个可以获取但不能设置的套接字选项。

7.5.5 SO_KEEPALIVE 套接字选项

给一个TCP套接字设置保持存活（keep-alive）选项后，如果2小时内在该套接字的任一方向上都没有数据交换，TCP就自动给对端发送一个保持存活探测分节（keep-alive probe）。这是一个对端必须响应的TCP分节，它会导致以下三种情况之一。

(1) 对端以期望的ACK响应。应用进程得不到通知（因为一切正常）。在又经过仍无动静的2小时后，TCP将发出另一个探测分节。

(2) 对端以RST响应，它告知本端TCP：对端已崩溃且已重新启动。该套接字的待处理错误被置为ECONNRESET，套接字本身则被关闭。

(3) 对端对保持存活探测分节没有任何响应。源自Berkeley的TCP将另外发送8个探测分节，两两相隔75秒，试图得到一个响应。TCP在发出第一个探测分节后11分15秒内若没有得到任何响应则放弃。

> HP-UX以处理数据的方式来处理保持存活探测分节，即在重传超时之后发送第二个探测分节，并把超时值加倍，这样一直重传到预配置最大间隔时间为止，而最大间隔时间的默认值为10分钟。

如果根本没有对TCP的探测分节的响应，该套接字的待处理错误就被置为ETIMEOUT，套接字本身则被关闭。然而如果该套接字收到一个ICMP错误作为某个探测分节的响应，那就返回相应的错误（图A-15和图A-16），套接字本身也被关闭。这种情形下一个常见的ICMP错误是"host unreachable"（主机不可达），说明对端主机可能并没有崩溃，只是不可达，这种情况下待处理错误被置为EHOSTUNREACH。发生这种情况的原因或者是发生网络故障，或者是对端主机已经崩溃，而最后一跳的路由器也已经检测到它的崩溃。

TCPv1第23章和TCPv2第828～831页均有对保持存活选项的详细阐述。

对于本选项的一个最常见的问题无疑是时间参数是否可改（通常是想把2小时的无活动周期改为短些的值）。TCPv1的附录E讨论了如何给各种内核修改这些定时参数，不过必须注意大多数内核是基于整个内核维护这些时间参数的，而不是基于每个套接字维护的，因此如果把无活动周期从2小时改为（譬如说）15分钟，那将影响到该主机上所有开启了本选项的套接字。然而这些问题通常是由对本选项功用的误解导致的。

本选项的功用是检测对端主机是否崩溃或变得不可达（譬如拨号调制解调器连接掉线，电源发生故障，等等）。如果对端进程崩溃，它的TCP将跨连接发送一个FIN，这可以通过调用select很容易地检测到。（这就是我们在6.4节中使用select的原因。）同时也要认识到，即使对任何保持存活探测分节均无响应（第三种情况），我们也不能肯定对端主机已经崩溃，因而TCP可能会终止一个有效连接。某个中间路由器崩溃15分钟是有可能的，而这段时间正好与主机的11分15秒的保持存活探测周期完全重叠。事实上本功能称为"切断"（make-dead）而不是"保持存活"也许更合适些，因为它可能终止存活的连接。

本选项一般由服务器使用，不过客户也可以使用。服务器使用本选项是因为它们花大部分时间阻塞在等待穿越TCP连接的输入上，也就是说在等待客户的请求。然而如果客户主机连接掉线、电源掉电或系统崩溃，服务器进程将永远不会知道，并将继续等待永远不会到达的输入。我们称这种情况为半开连接（half-open connection）。保持存活选项将检测出这些半开连接并终止它们。

有些服务器（特别是FTP服务器）提供一个分钟量级的应用层超时。这是由应用进程本身完成的，一般在读下一个客户命令的read调用附近。这个超时与本套接字选项无关。这通常是清理通向不可达客户的半开连接的较好办法，因为如果应用系统自己实现超时，应用进程就具备完全的控制能力。

> SCTP有与TCP的保持存活机制类似的心搏（heartbeat）机制。心搏机制通过本章稍后讨论的SCTP_SET_PEER_ADDR_PARAMS套接字选项的参数而不是本套接字选项控制。对SCTP套接字进行本套接字选项的设置将被忽略，它不影响SCTP的心搏机制。

图7-6对一个TCP连接的另一端发生某些事件时我们可以采用的各种检测方法作了汇总。当我们说"使用select判断可读条件"时，其含义为调用select来检测套接字是否可读。

7.5.6 SO_LINGER 套接字选项

本选项指定close函数对面向连接的协议（例如TCP和SCTP，但不是UDP）如何操作。默认操作是close立即返回，但是如果有数据残留在套接字发送缓冲区中，系统将试着把这些数据发送给对端。

情形	对端进程崩溃	对端主机崩溃	对端主机不可达
本端TCP正主动发送数据	对端TCP发送一个FIN，这通过使用select判断可读条件立即能检测出来。如果本端TCP发送另外一个分节，对端TCP就以RST响应。如果在本端TCP收到RST之后应用进程仍试图写套接字，我们的套接字实现就给该进程发送一个SIGPIPE信号	本端TCP将超时，且套接字的待处理错误被设置为ETIMEDOUT	本端TCP将超时，且套接字的待处理错误被设置为EHOSTUNREACH
本端TCP正主动接收数据	对端TCP将发送一个FIN，我们将把它作为一个（可能是过早的）EOF读入	我们将停止接收数据	我们将停止接收数据
连接空闲，保持存活选项已设置	对端TCP发送一个FIN，这通过使用select判断可读条件立即能检测出来	在毫无动静2小时后，发送9个保持存活探测分节，然后套接字的待处理错误被设置为ETIMEDOUT	在毫无动静2小时后，发送9个保持存活探测分节，然后套接字的待处理错误被设置为EHOSTUNREACH
连接空闲，保持存活选项未设置	对端TCP发送一个FIN，这通过使用select判断可读条件立即能检测出来	（无）	（无）

图7-6　检测各种TCP条件的方法

SO_LINGER套接字选项使得我们可以改变这个默认设置。本选项要求在用户进程与内核间传递如下结构，它在头文件<sys/socket.h>中定义：

```
struct linger {
    int    l_onoff;        /* 0=off, nonzero=on */
    int    l_linger;       /* linger time, POSIX specifies units as seconds */
};
```

对setsockopt的调用将根据其中两个结构成员的值形成下列3种情形之一。

(1) 如果l_onoff为0，那么关闭本选项。l_linger的值被忽略，先前讨论的TCP默认设置生效，即close立即返回。

(2) 如果l_onoff为非0值且l_linger为0，那么当close某个连接时TCP将中止该连接（TCPv2第1019～1020页）。这就是说TCP将丢弃保留在套接字发送缓冲区中的任何数据，并发送一个RST给对端，而没有通常的四分组连接终止序列（2.6节）。我们将在图16-21中给出这样的一个例子。这么一来避免了TCP的TIME_WAIT状态，然而存在以下可能性：在2MSL秒内创建该连接的另一个化身，导致来自刚被终止的连接上的旧的重复分节被不正确地递送到新的化身上（2.7节）。

这种情形下SCTP也通过发送一个ABORT块给对端而中止性地关闭关联（［Stewart and Xie 2001］9.2节）。

> 偶尔张贴在USENET上的消息提倡使用本特性，其目的是为了避免TIME_WAIT状态，并且即使在跟某个服务器的众所周知端口的连接仍在使用的情况下也能重启其监听服务器。这么做万万不可，它可能导致数据被破坏，详情见RFC 1337［Braden 1992a］。作为替代，总是在服务器程序中调用bind前使用SO_REUSEADDR套接字选项，我们马上会讲述到。TIME_WAIT状态是我们的朋友，它是有助于我们的（也就是说，它让旧的重复分节在网络中超时消失）。不要试图避免这个状态，而是应该弄清楚它（2.7节）。
>
> 个别环境下使用本特性执行中止性的关闭是合理的。例子之一是因试图向某个停滞的终端端口递送数据而可能永远滞留在CLOSE_WAIT状态的一个RS-232终端服务器，要是它得到一个RST以丢弃待处理的数据，它会适当地复位那个停滞的终端端口。

(3) 如果l_onoff为非0值且l_linger也为非0值，那么当套接字关闭时内核将拖延一段时

202

间。这就是说如果在套接字发送缓冲区中仍残留有数据，那么进程将被置于休眠状态，直到（a）所有数据都已发送完且均被对方确认或（b）延滞时间到。如果套接字被设置为非阻塞型（第16章），那么它将不等待close完成，即使延滞时间为非0也是如此。当使用SO_LINGER选项的这个特性时，应用进程检查close的返回值是非常重要的，因为如果在数据发送完并被确认前延滞时间到的话，close将返回EWOULDBLOCK错误，且套接字发送缓冲区中的任何残留数据都被丢弃。

现在我们需要看看，对于已讨论的各种情况，套接字上的close确切来说是什么时候返回的。我们假设客户将数据写到套接字上，然后调用close。图7-7给出了默认情况。

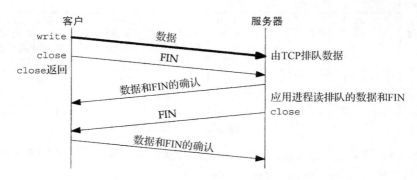

图7-7   close的默认操作：立即返回

我们假设在客户数据到达时，服务器暂时处于忙状态。那么这些数据由TCP加入服务器的套接字接收缓冲区中。类似地，下一个分节即客户的FIN也加入该套接字接收缓冲区中（不论实现以何种方法记录该连接上已收到一个FIN这一事件）。默认情况下客户的close立即返回。如图所示，客户的close可能在服务器读套接字接收缓区中的剩余数据之前就返回。对于服务器主机来说，在服务器应用进程读这些剩余数据之前就崩溃是完全可能的，而且客户应用进程永远不会知道。

客户可以设置SO_LINGER套接字选项，指定一个正的延滞时间。这种情况下客户的close要到它的数据和FIN已被服务器主机的TCP确认后才返回，如图7-8所示。

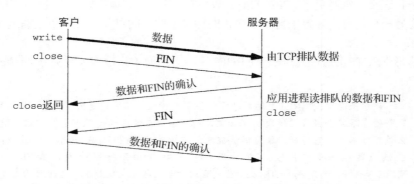

图7-8   设置SO_LINGER套接字选项且l_linger为正值时的close

然而我们仍然有与图7-7一样的问题：在服务器应用进程读剩余数据之前，服务器主机可能崩溃，并且客户应用进程永远不会知道。更糟糕的是，图7-9展示了当给SO_LINGER选项设置偏低的延滞时间值时可能发生的现象。

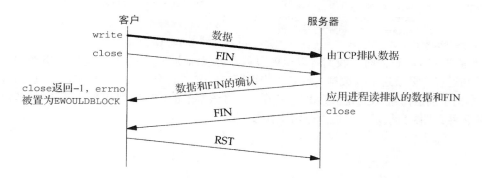

图7-9 设置SO_LINGER套接字选项且1_linger为偏小正值时的close

这里有一个基本原则：设置SO_LINGER套接字选项后，close的成功返回只是告诉我们先前发送的数据（和FIN）已由对端TCP确认，而不能告诉我们对端应用进程是否已读取数据。如果不设置该套接字选项，那么我们连对端TCP是否确认了数据都不知道。

让客户知道服务器已读取其数据的一个方法是改为调用shutdown（并设置它的第二个参数为SHUT_WR）而不是调用close，并等待对端close连接的当地端（服务器端），如图7-10所示。

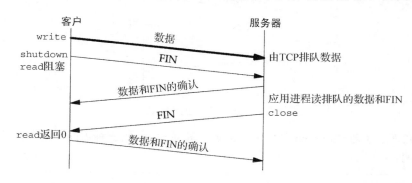

图7-10 用shutdown来获知对方已接收数据

比较本图与图7-7及图7-8我们看到，当关闭连接的本地端（客户端）时，根据所调用的函数（close或shutdown）以及是否设置了SO_LINGER套接字选项，可在以下3个不同的时机返回。

(1) close立即返回，根本不等待（默认状况，图7-7）。

(2) close一直拖延到接收了对于客户端FIN的ACK才返回（图7-8）。

(3) 后跟一个read调用的shutdown一直等到接收了对端的FIN才返回（图7-10）。

获知对端应用进程已读取我们的数据的另外一个方法是使用应用级确认（application-level acknowledge，简称应用ACK（application ACK））。在下面的例子中，客户在向服务器发送数据后调用read来读取1字节的数据：

```
char ack;

Write(sockfd, data, nbytes);    /* data from client to server */
n = Read(sockfd, &ack, 1);      /* wait for application-level ACK */
```

服务器读取来自客户的数据后发回1字节的应用级ACK：

205

```
nbytes = Read(sockfd, buff, sizeof(buff));      /* data from client */
        /* server verifies it received correct
           amount of data from the client */
Write(sockfd, "", 1);                   /* server's ACK back to client */
```

当客户的read返回时，我们可以保证服务器进程已读完了我们所发送的所有数据。（假设服务器知道客户要发送多少数据，或者由应用程序定义了某个记录结束标志，不过这儿没有给出。）本例子的应用级ACK是值为0的1字节，不过该字节的内容可以用来从服务器向客户指示其他的条件。图7-11展示了可能的分组交换过程。

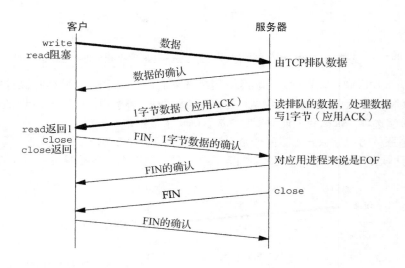

图7-11　应用ACK

图7-12汇总了对shutdown的两种可能调用和对close的三种可能调用，以及它们对TCP套接字的影响。

函　　　数	说　　　明
shutdown, SHUT_RD	在套接字上不能再发出接收请求；进程仍可往套接字发送数据；套接字接收缓冲区中所有数据被丢弃；再接收到的任何数据由TCP丢弃（习题6.5）；对套接字发送缓冲区没有任何影响。
shutdown, SHUT_WR	在套接字上不能再发出发送请求；进程仍可从套接字接收数据；套接字发送缓冲区中的内容被发送到对端，后跟正常的TCP连接终止序列（即发送FIN）；对套接字接收缓冲区无任何影响。
close, l_onoff = 0（默认情况）	在套接字上不能再发出发送或接收请求；套接字发送缓冲区中的内容被发送到对端。如果描述符引用计数变为0：在发送完发送缓冲区中的数据后，跟以正常的TCP连接终止序列（即发送FIN）；套接字接收缓冲区中内容被丢弃。
close, l_onoff = 1　　l_ linger = 0	在套接字上不能再发出发送或接收请求。如果描述符引用计数变为0：RST被发送到对端；连接的状态被置为CLOSED（没有TIME_WAIT状态）；套接字发送缓冲区和套接字接收缓冲区中的数据被丢弃。
close, l_onoff = 1　　l_ linger != 0	在套接字上不能再发出发送或接收请求；套接字发送缓冲区中的数据被发送到对端。如果描述符引用计数变为0：在发送完发送缓冲区中的数据后，跟以正常的TCP连接终止序列（即发送FIN）；套接字接收缓冲区中数据被丢弃；如果在连接变为CLOSED状态前延滞时间到，那么close返回EWOULDBLOCK错误。

图7-12　shutdown和SO_LINGER各种情况的总结

7.5.7 SO_OOBINLINE 套接字选项

当本选项开启时，带外数据将被留在正常的输入队列中（即在线留存）。这种情况下接收函数的MSG_OOB标志不能用来读带外数据。我们将在第24章中详细讨论带外数据。

7.5.8 SO_RCVBUF 和 SO_SNDBUF 套接字选项

每个套接字都有一个发送缓冲区和一个接收缓冲区。我们在图2-15、图2-16和图2-17中分别描述了TCP、UDP和SCTP套接字中发送缓冲区的操作。

接收缓冲区被TCP、UDP和SCTP用来保存接收到的数据，直到由应用进程来读取。对于TCP来说，套接字接收缓冲区中可用空间的大小限定了TCP通告对端的窗口大小。TCP套接字接收缓冲区不可能溢出，因为不允许对端发出超过本端所通告窗口大小的数据。这就是TCP的流量控制，如果对端无视窗口大小而发出了超过该窗口大小的数据，本端TCP将丢弃它们。然而对于UDP来说，当接收到的数据报装不进套接字接收缓冲区时，该数据报就被丢弃。回顾一下，UDP是没有流量控制的：较快的发送端可以很容易地淹没较慢的接收端，导致接收端的UDP丢弃数据报，我们在8.13节将展示这一点。事实上较快的发送端甚至可以淹没本机的网络接口，导致数据报被本机丢弃。

这两个套接字选项允许我们改变这两个缓冲区的默认大小。对于不同的实现，默认值的大小可以有很大的差别。较早期的源自Berkeley的实现将TCP发送和接收缓冲区的大小均默认为4 096字节，而较新的系统使用较大的值，可以是8 192～61 440字节间的任何值。如果主机支持NFS，那么UDP发送缓冲区的大小经常默认为9 000字节左右的一个值，而UDP接收缓冲区的大小则经常默认为40 000字节左右的一个值。

当设置TCP套接字接收缓冲区的大小时，函数调用的顺序很重要。这是因为TCP的窗口规模选项（2.6节）是在建立连接时用SYN分节与对端互换得到的。对于客户，这意味着SO_RCVBUF选项必须在调用connect之前设置；对于服务器，这意味着该选项必须在调用listen之前给监听套接字设置。给已连接套接字设置该选项对于可能存在的窗口规模选项没有任何影响，因为accept直到TCP的三路握手完成才会创建并返回已连接套接字。这就是必须给监听套接字设置本选项的原因。（套接字缓冲区的大小总是由新创建的已连接套接字从监听套接字继承而来：TCPv2第462～463页）。

TCP套接字缓冲区的大小至少应该是相应连接的MSS值的4倍。对于单向数据传输（譬如单个方向的文件传送），当我们说"套接字缓冲区大小"时，我们指的是发送端主机上的套接字发送缓冲区大小和接收端主机上的套接字接收缓冲区大小。对于双向数据传输，我们在发送端指的是收发两个套接字缓冲区的大小，在接收端也是指收发两个套接字缓冲区的大小。典型的缓冲区大小默认值是8192字节或更大，典型的MSS值为512或1460，这些要求一般总能被满足。

> TCP套接字缓冲区的大小至少为MSS值的4倍这一点的依据是TCP快速恢复算法的工作机制。TCP发送端使用3个重复的确认来检测某个分节是否丢失（RFC 2581 [Allman, Paxson, and Stevens 1999]）。发现某个分节丢失后，接收端将给新收到的每个分节发送一个重复的确认。如果窗口大小不足以存放4个这样的分节，那就不可能连发三个重复的确认，从而无法激活快速恢复算法。

为避免潜在的缓冲区空间浪费，TCP套接字缓冲区大小还必须是相应连接的MSS值的偶数倍。有些实现替应用进程处理这个细节问题，在连接建立后向上舍入套接字缓冲区大小（TCPv2第902页）。这是在建立连接之前设置这两个套接字选项的另外一个原因。使用默认的4.4BSD大小8 192举例来说，假设以太网的MSS为1 460，在连接建立时收发两个套接字缓冲区的大小将被向上舍入成8 760（6×1 460）。这个要求并非必需；只不过套接字缓冲区中MSS整数倍大小以外的空间不会被使用。

在设置套接字缓冲区大小时另一个需考虑的问题涉及性能。图7-13展示了两个端点之间容量为8个分节的一个TCP连接（我们称其为管道）。

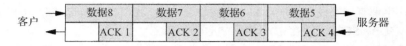

图7-13   8个分节容量的TCP连接（管道）

我们在顶部给出4个数据分节，在底部给出4个ACK。即使管道中只有4个数据分节，客户也必须有至少8个分节容量的发送缓冲区，因为客户TCP必须为每个分节保留一个副本，直到接收到来自服务器的相应ACK。

> 这里我们忽略了一些细节。首先，TCP的慢启动算法限制了在一个空闲连接上最初发送分节的速度。其次，TCP通常每两个分节确认一次，而不是我们所示的每个分节确认一次。所有这些细节在TCPv1的第20章和第24章均有阐述。

理解的重点在于全双工管道的概念、它的容量以及它们如何关系到连接两端的套接字缓冲区大小。管道的容量称为带宽-延迟积（bandwidth-delay product），它通过将带宽（bit/s）和RTT（秒）相乘，再将结果由位转换为字节计算得到。其中RTT可以很容易地使用ping程序测得。

带宽是相应于两个端点之间最慢链路的值，某种程度上是已知的。举例来说，RTT为60 ms的一条T1链路（1 536 000 bit/s）的带宽-延迟积为11 520字节。如果套接字缓冲区大小小于该值，管道将不会处于满状态，性能也将低于期望值。当带宽变大（如45 Mbit/s的T3链路）或RTT变大（如RTT约为500 ms的卫星链路）时，套接字缓冲区也需要增长。当带宽-延迟积超过TCP的最大正常窗口大小（65 535字节）时，两端就得设置我们在2.6节提到过的TCP长胖管道（long fat pipe）选项。

> 大多数实现对套接字发送缓冲区和接收缓冲区的大小都设有一个上限，有时这个上限可由管理员进行修改。较早期的源自Berkeley的实现有一个约为52 000字节的硬上限，然而较新的实现将默认值增加为256 000字节甚至更大，而且通常可以由管理员继续增加。不幸的是，对于应用程序来说，没有一个简单的方法来确定这个极限。POSIX定义了fpathconf函数（大多数实现都支持），使用_PC_SOCK_MAXBUF常值作为它的第二个参数，我们就能获取套接字缓冲区的最大大小。当然应用程序也可以先尝试把套接字缓冲区设置成预想的大小，若失败则减半继续尝试，直到成功。最后我们指出，应用程序在把套接字缓冲区的大小设置成某个预配置的"大"值时，应该确保这样做不会反而让缓冲区变小了；最好一开始就调用getsockopt获取系统的默认值并判定是否已足够大。

7.5.9   **SO_RCVLOWAT** 和 **SO_SNDLOWAT** 套接字选项

每个套接字还有一个接收低水位标记和一个发送低水位标记。它们由select函数使用，如6.3节所述。这两个套接字选项允许我们修改这两个低水位标记。

接收低水位标记是让select返回"可读"时套接字接收缓冲区中所需的数据量。对于TCP、UDP和SCTP套接字，其默认值为1。发送低水位标记是让select返回"可写"时套接字发送缓冲区中所需的可用空间。对于TCP套接字，其默认值通常为2048。如6.3节所述，UDP也使用发送低水位标记，然而由于UDP套接字的发送缓冲区中可用空间的字节数从不改变（因为UDP并不为由应用进程传递给它的数据报保留副本），只要一个UDP套接字的发送缓冲区大小大于该套接字的低水位标记，该UDP套接字就总是可写。回顾图2-16，我们记得UDP并没有发送缓冲区，而只有发送缓冲区大小这个属性。

7.5.10　`SO_RCVTIMEO` 和 `SO_SNDTIMEO` 套接字选项

　　这两个选项允许我们给套接字的接收和发送设置一个超时值。注意，访问它们的`getsockopt`和`setsockopt`函数的参数是指向`timeval`结构的指针，与`select`所用参数相同（6.3节）。这可让我们用秒数和微秒数来规定超时。我们通过设置其值为0s和0μs来禁止超时。默认情况下这两个超时都是禁止的。

　　接收超时影响5个输入函数：`read`、`readv`、`recv`、`recvfrom`和`recvmsg`。发送超时影响5个输出函数：`write`、`writev`、`send`、`sendto`和`sendmsg`。我们将在14.2节详细讨论套接字超时。

> 　　这两个套接字选项以及套接字接收超时和发送超时的继承概念是在4.3BSD Reno中增加的。
>
> 　　在源自Berkeley的实现中，这两个值实际上用于实现针对读或写系统调用的休止状态定时器（inactivity timer），而不是不论状态的绝对定时器（absolute timer）。TCPv2第496～516页对此作了详细讨论。

7.5.11　`SO_REUSEADDR` 和 `SO_REUSEPORT` 套接字选项

　　`SO_REUSEADDR`套接字选项能起到以下4个不同的功用。

　　(1) `SO_REUSEADDR`允许启动一个监听服务器并捆绑其众所周知端口，即使以前建立的将该端口用作它们的本地端口的连接仍存在。这个条件通常是这样碰到的：

　　a) 启动一个监听服务器；

　　b) 连接请求到达，派生一个子进程来处理这个客户；

　　c) 监听服务器终止，但子进程继续为现有连接上的客户提供服务；

　　d) 重启监听服务器。

　　默认情况下，当监听服务器在步骤d通过调用`socket`、`bind`和`listen`重新启动时，由于它试图捆绑一个现有连接（即正由早先派生的那个子进程处理着的连接）上的端口，从而`bind`调用会失败。但是如果该服务器在`socket`和`bind`两个调用之间设置了`SO_REUSEADDR`套接字选项，那么`bind`将成功。所有TCP服务器都应该指定本套接字选项，以允许服务器在这种情形下被重新启动。

> 　　这种情形是USENET中问得最频繁的问题之一。

　　(2) `SO_REUSEADDR`允许在同一端口上启动同一服务器的多个实例，只要每个实例捆绑一个不同的本地IP地址即可。这对于使用IP别名技术（A.4节）托管多个HTTP服务器的网点（site）来说是很常见的。举例来说，假设本地主机的主IP地址为198.69.10.2，不过它有两个别名：198.69.10.128和198.69.10.129。在其上启动三个HTTP服务器。第一个HTTP服务器以本地通配IP地址`INADDR_ANY`和本地端口号80（HTTP的众所周知端口）调用`bind`。第二个HTTP服务器以本地IP地址198.69.10.128和本地端口号80调用`bind`。这次调用`bind`将失败，除非在调用前设置了

SO_REUSEADDR套接字选项。第三个HTTP服务器以本地IP地址198.69.10.129和本地端口号80调用bind。这次调用bind成功的先决条件同样是预先设置SO_REUSEADDR。假设SO_REUSEADDR均已设置,从而三个服务器都启动了,目的IP地址为198.69.10.128、目的端口号为80的外来TCP连接请求将被递送给第二个服务器,目的IP地址198.69.10.129、目的端口号为80的外来请求将被递送给第三个服务器,目的端口号为80的所有其他TCP连接请求将都递送给第一个服务器。这个"默认"服务器处理目的地址为198.69.10.2或该主机已配置的任何其他IP别名的请求。这里通配地址的意思就是"没有更好的(即更为明确的)匹配的任何地址"。注意,允许某个给定服务存在多个服务器的情形在服务器总是设置SO_REUSEADDR套接字选项时是自动处理的(我们建议设置这个选项)。

对于TCP,我们绝不可能启动捆绑相同IP地址和相同端口号的多个服务器:这是完全重复的捆绑(completely duplicate binding)。也就是说,我们不可能在启动绑定198.69.10.2和端口80的服务器后,再启动同样捆绑198.69.10.2和端口80的另一个服务器,即使我们给第二个服务器设置了SO_REUSEADDR套接字选项也不管用。

为了安全起见,有些操作系统不允许对已经绑定了通配地址的端口再捆绑任何"更为明确的"地址,也就是说不论是否预先设置SO_REUSEADDR,上述例子中的系列bind调用都会失败。在这样的系统上,执行通配地址捆绑的服务器进程必须最后一个启动。这么做是为了防止把恶意的服务器捆绑到某个系统服务正在使用的IP地址和端口上,造成合法请求被截取。这一点对于NFS更成问题,因为NFS通常不使用特权端口。

(3) SO_REUSEADDR允许单个进程捆绑同一端口到多个套接字上,只要每次捆绑指定不同的本地IP地址即可。在不支持IP_RECVDSTADDR套接字选项的系统上,这对于要求知道客户请求的目的IP地址的UDP服务器来说是非常普遍的。TCP服务器通常不使用这种方法,因为TCP服务器在建立连接后总是能够通过调用getsockname来确定客户请求的目的IP地址。然而对于希望在一个多目的主机的若干个(而非全部)本地地址上服务连接的TCP服务器进程来说,仍需采用这种方法。

(4) SO_REUSEADDR允许完全重复的捆绑:当一个IP地址和端口已绑定到某个套接字上时,如果传输协议支持,同样的IP地址和端口还可以捆绑到另一个套接字上。一般来说,本特性仅支持UDP套接字。

本特性用于多播时,允许在同一个主机上同时运行同一个应用程序的多个副本。当一个UDP数据报需由这些重复捆绑套接字中的一个接收时,所用规则为:如果该数据报的目的地址是一个广播地址或多播地址,那就给每个匹配的套接字递送一个该数据报的副本;但是如果该数据报的目的地址是一个单播地址,那么它只递送给单个套接字。在单播数据报情况下,如果有多个套接字匹配该数据报,那么该选择由哪个套接字接收它取决于实现。TCPv2第777~779页详细讨论了本特性。我们将在第20章和第21章中详细讨论广播和多播。

习题7.5和习题7.6给出了本套接字选项的几个例子。

4.4BSD随多播支持的添加引入了SO_REUSEPORT这个套接字选项。它并未在SO_REUSEADDR上重载所需多播语义(即允许完全重复的捆绑),而是给SO_REUSEPORT引入了以下语义:

(1) 本选项允许完全重复的捆绑,不过只有在想要捆绑同一IP地址和端口的每个套接字都指定了本套接字选项才行;

(2) 如果被捆绑的IP地址是一个多播地址,那么SO_REUSEADDR和SO_REUSEPORT被认为是等效的(TCPv2第731页)。

本套接字选项的问题在于并非所有系统都支持它。在那些不支持本选项但是支持多播的系统上，我们改用SO_REUSEADDR以允许合理的完全重复的捆绑（也就是同一时刻在同一个主机上可运行多次且期待接收广播或多播数据报的UDP服务器）。

我们以下面的建议来总结对这些套接字选项的讨论：

(1) 在所有TCP服务器程序中，在调用bind之前设置SO_REUSEADDR套接字选项；

(2) 当编写一个可在同一时刻在同一主机上运行多次的多播应用程序时，设置SO_REUSEADDR套接字选项，并将所参加多播组的地址作为本地IP地址捆绑。

TCPv2第22章对这两个套接字选项作了详细的讨论。

SO_REUSEADDR有一个潜在的安全问题。举例来说，假设存在一个绑定了通配地址和端口5555的套接字，如果指定SO_REUSEADDR，我们就可以把相同的端口捆绑到不同的IP地址上，譬如说就是所在主机的主IP地址。此后目的地为端口5555及新绑定IP地址的数据报将被递送到新的套接字，而不是递送到绑定了通配地址的已有套接字。这些数据报可以是TCP的SYN分节、SCTP的INIT块或UDP数据报。（习题11.9展示了UDP的这个特性。）对于大多数众所周知的服务（如HTTP、FTP和Telnet）来说，这不成问题，因为这些服务器绑定的是保留端口。这种情况下，后来的试图捆绑这些端口更为明确的实例（也就是盗用这些端口）的任何进程都需要超级用户特权。然而NFS可能是一个问题，因为它的通常端口（2049）并不是保留端口。

> 套接字API的一个底层问题是：套接字对的设置由两个函数调用（bind和connect）而不是一个来完成。[Torek 1994]为解决本问题提议了如下单个函数：
>
> ```
> int bind_connect_listen(int sockfd,
>                         const struct sockaddr *laddr, int laddrlen,
>                         const struct sockaddr *faddr, int faddrlen,
>                         int listen);
> ```
>
> 其中*laddr*指定本地IP地址和本地端口号，*faddr*指定外地IP地址和外地端口号，*listen*指定一个客户（0）或一个服务器（非0，与listen函数的*backlog*参数相同）。这样的话，bind将是一个用空指针的*faddr*和为0的*faddrlen*来调用该函数的库函数，connect将是一个用空指针的*laddr*和为0的*laddrlen*来调用该函数的库函数。有些应用程序（特别是TFTP）需要同时指定会话的本地地址对和外地地址对，它们可以直接调用bind_connect_listen。有了这样的一个函数就不需要SO_REUSEADDR了，除非面对明确要求允许完全重复地捆绑相同IP地址和端口的多播UDP服务器。本函数的另一个好处是：TCP服务器可以限定自己仅为来自特定IP地址和端口的连接请求提供服务。这是RFC 793 [Postel 1981c]规定的，但是对于现有的套接字API来说却是不可能实现的。

7.5.12 SO_TYPE 套接字选项

本选项返回套接字的类型，返回的整数值是一个诸如SOCK_STREAM或SOCK_DGRAM之类的值。本选项通常由启动时继承了套接字的进程使用。

7.5.13 SO_USELOOPBACK 套接字选项

本选项仅用于路由域（AF_ROUTE）的套接字。对于这些套接字，它的默认设置为打开（这是唯一一个默认值为打开而不是关闭的SO_*xxx*二元套接字选项）。当本选项开启时，相应套接字将接收在其上发送的任何数据报的一个副本。

> 禁止这些环回副本的另一个方法是调用shutdown，并设置它的第二个参数为SHUT_RD。

7.6　IPv4 套接字选项

这些套接字选项由IPv4处理，它们的级别（即getsockopt和setsockopt函数的第二个参数）为IPPROTO_IP。我们把其中的多播套接字选项推迟到21.6节再讨论。

7.6.1　**IP_HDRINCL** 套接字选项

如果本选项是给一个原始IP套接字（第28章）设置的，那么我们必须为所有在该原始套接字上发送的数据报构造自己的IP首部。一般情况下，在原始套接字上发送的数据报其IP首部是由内核构造的，不过有些应用程序（特别是路由跟踪程序traceroute）需要构造自己的IP首部以取代IP置于该首部中的某些字段。

当本选项开启时，我们构造完整的IP首部，不过下列情况例外。

- IP总是计算并存储IP首部校验和。
- 如果我们将IP标识字段置为0，内核将设置该字段。
- 如果源IP地址是INADDR_ANY，IP将把它设置为外出接口的主IP地址。
- 如何设置IP选项取决于实现。有些实现取出我们预先使用IP_OPTIONS套接字选项设置的任何IP选项，把它们添加到我们构造的首部中，而其他实现则要求我们亲自在首部指定任何期望的IP选项。
- IP首部中有些字段必须以主机字节序填写，有些字段必须以网络字节序填写，具体取决于实现。这使得利用本套接字选项编排原始分组的代码不像期待的那样便于移植。

我们将在29.7节给出本选项的一个例子。TCPv2第1056～1057页提供了本选项的额外详情。

7.6.2　**IP_OPTIONS** 套接字选项

本选项的设置允许我们在IPv4首部中设置IP选项。这要求我们熟悉IP首部中IP选项的格式。我们将在27.3节讲述IPv4源路径时讨论这个选项。

7.6.3　**IP_RECVDSTADDR** 套接字选项

本套接字选项导致所收到UDP数据报的目的IP地址由recvmsg函数作为辅助数据返回。我们将在22.2节给出本选项的一个例子。

7.6.4　**IP_RECVIF** 套接字选项

本套接字选项导致所收到UDP数据报的接收接口索引由recvmsg函数作为辅助数据返回。我们将在22.2节给出本选项的一个例子。

7.6.5　**IP_TOS** 套接字选项

本套接字选项允许我们为TCP、UDP或SCTP套接字设置IP首部中的服务类型字段（图A-1，该字段包含DSCP和ECN子字段）。如果我们给本选项调用getsockopt，那么用于放入外出IP数据报首部的DSCP和ECN字段中的TOS当前值（默认为0）将返回。我们没有办法从接收到的IP数据报中取得该值。

应用进程可以把DSCP设置成用户和网络业务供应商预先协商好的某个值，以便接受预定的服务，例如对IP电话的低延迟服务，对海量数据传送的高吞吐量服务。由RFC 2474 [Nichols et al. 1998] 定义的区分服务（diffserv）体系结构只是有限向后兼容历史性的TOS字段定义（RFC

1349［Almquist 1992］）。把 `IP_TOS` 设置成 `<netinet/ip.h>` 中定义的某个常值（例如 `IPTOS_LOWDELAY` 和 `IPTOS_THROUGHPUT`）的应用程序应该改为使用由用户指定的某个DSCP值。区分服务存留的TOS值只有优先权级别6（"internetwork control"，网间控制）和7（"network control"，网内控制），这意味着把 `IP_TOS` 设置成 `IPTOS_PREC_NETCONTROL` 或 `IPTOS_PREC_INTERNETCONTROL` 的应用程序在区分服务网络中可以继续工作。

RFC 3168［Ramakrishnan, Floyd, and Black 2001］中有ECN字段的定义。应用进程通常应该把ECN字段的设置留给内核，也就是把由 `IP_TOS` 设置的值中的低两位指定为0。

7.6.6　`IP_TTL` 套接字选项

我们可以使用本选项设置或获取系统用在从某个给定套接字发送的单播分组上的默认TTL值（图A-1）。（多播TTL值使用 `IP_MULTICAST_TTL` 套接字选项设置，见21.6节。）例如4.4BSD对TCP和UDP套接字使用的默认值都是64（这由IANA的"IP Option Numbers"注册处规定），对原始套接字使用的默认值则是255。跟TOS字段一样，调用 `getsockopt` 返回的是系统将用于外出数据报的字段的默认值。我们没有办法从接收到的IP数据报中取得该值。我们将在图28-19所示的 `traceroute` 程序中设置本套接字选项。

215

7.7　ICMPv6 套接字选项

这个唯一的套接字选项由ICMPv6处理，它的级别（即 `getsockopt` 和 `setsockopt` 函数的第二个参数）为 `IPPROTO_ICMPV6`。

`ICMP6_FILTER` 套接字选项

本选项允许我们获取或设置一个 `icmp6_filter` 结构，该结构指出256个可能的ICMPv6消息类型中哪些将经由某个原始套接字传递给所在进程。我们将在28.4节再讨论本选项。

7.8　IPv6 套接字选项

这些套接字选项由IPv6处理，它们的级别（即 `getsockopt` 和 `setsockopt` 函数的第二个参数）为 `IPPROTO_IPV6`。我们把多播套接字选项推迟到21.6节再讨论。这些选项中有许多用上了 `recvmsg` 函数的辅助数据（ancillary data）参数，我们将在14.6节讨论它。所有IPv6套接字选项都定义在RFC 3493［Gilligan et al. 2003］和RFC 3542［Stevens et al. 2003］中。

7.8.1　`IPV6_CHECKSUM` 套接字选项

本选项指定用户数据中校验和所处位置的字节偏移。如果该值为非负，那么内核将：（i）给所有外出分组计算并存储校验和；（ii）验证外来分组的校验和，丢弃所有校验和无效的分组。本选项影响除ICMPv6原始套接字以外的所有IPv6原始套接字。（内核总是给ICMPv6原始套接字计算并存储校验和。）如果指定本选项的值为-1（默认值），那么内核不会在相应的原始套接字上计算并存储外出分组的校验和，也不会验证外来分组的校验和。

> 所有使用IPv6的协议在它们各自的协议首部都应该有一个校验和。这些校验和包含一个伪首部（pseudoheader）（RFC 2460［Deering and Hinden 1998］），而伪首部包括作为校验和一部分的源IPv6地址（这一点不同于通常使用IPv4原始套接字来实现的所有其他协议）。这样不

必强求使用原始套接字的应用进程进行源地址选择，而是由内核这么做，并由内核计算并存储包含标准IPv6伪首部的检验和。

7.8.2　**IPV6_DONTFRAG** 套接字选项

开启本选项将禁止为UDP套接字或原始套接字自动插入分片首部，外出分组中大小超过发送接口MTU的那些分组将被丢弃。发送分组的系统调用不会为此返回错误，因为已发送出去仍在途中的分组也可能因为超过路径MTU而被丢弃。应用进程应该开启IPV6_RECVPATHMTU选项以获悉路径MTU的变动。

216

7.8.3　**IPV6_NEXTHOP** 套接字选项

本选项将外出数据报的下一跳地址指定为一个套接字地址结构。这是一个特权操作。我们将在22.8节详细讨论这个特性。

7.8.4　**IPV6_PATHMTU** 套接字选项

本选项不能设置，只能获取。获取本选项时，返回值为由路径MTU发现功能确定的当前MTU（见22.9节）。

7.8.5　**IPV6_RECVDSTOPTS** 套接字选项

开启本选项表明，任何接收到的IPv6目的地选项都将由recvmsg作为辅助数据返回。本选项默认为关闭。我们将在27.5节讲述用来创建和处理这些目的地选项的函数。

7.8.6　**IPV6_RECVHOPLIMIT** 套接字选项

开启本选项表明，任何接收到的跳限字段都将由recvmsg作为辅助数据返回。本选项默认为关闭。我们将在22.8节讲述本选项。

> 对IPv4而言，没有办法可以获取接收到的TTL字段。

7.8.7　**IPV6_RECVHOPOPTS** 套接字选项

开启本选项表明，任何接收到的IPv6步跳选项都将由recvmsg作为辅助数据返回。本选项默认为关闭。我们将在27.5节讲述用于创建和处理这些步跳选项的函数。

7.8.8　**IPV6_RECVPATHMTU** 套接字选项

开启本选项表明，某条路径的路径MTU在发生变化时将由recvmsg作为辅助数据返回（不伴随任何数据）。我们将在22.9节讲述本选项。

7.8.9　**IPV6_RECVPKTINFO** 套接字选项

开启本选项表明，接收到的IPv6数据报的以下两条信息将由recvmsg作为辅助数据返回：

217

目的IPv6地址和到达接口索引。我们将在22.8节讲述本选项。

7.8.10　**IPV6_RECVRTHDR** 套接字选项

开启本选项表明，接收到的IPv6路由首部将由recvmsg作为辅助数据返回。本选项默认为关闭。我们将在27.6节讲述用于创建和处理IPv6路由首部的函数。

7.8.11　**IPV6_RECVTCLASS** 套接字选项

开启本选项表明，接收到的流通类别（包含DSCP和ECN字段）将由recvmsg作为辅助数据返回。本选项默认为关闭。我们将在22.8节讲述本选项。

7.8.12　**IPV6_UNICAST_HOPS** 套接字选项

本IPv6选项类似于IPv4的IP_TTL套接字选项。设置本选项会给在相应套接字上发送的外出数据报指定默认跳限，获取本选项会返回内核用于相应套接字的跳限值。来自接收到的IPv6数据报中跳限字段的实际值通过使用IPV6_RECVHOPLIMIT套接字选项取得。我们将在图28-19所示的traceroute程序中设置本套接字选项。

7.8.13　**IPV6_USE_MIN_MTU** 套接字选项

把本选项设置为1表明，路径MTU发现功能不必执行，为避免分片，分组就使用IPv6的最小MTU发送。把本选项设置为0表明，路径MTU发现功能对于所有目的地都得执行。把本选项设置为-1表明，路径MTU发现功能仅对单播目的地执行，对于多播目的地就使用最小MTU。本选项默认值为-1。我们将在22.9节讲述本选项。

7.8.14　**IPV6_V6ONLY** 套接字选项

在一个AF_INET6套接字上开启本选项将限制它只执行IPv6通信。本选项默认为关闭，不过有些系统存在默认开启本选项的手段。我们将在12.2节和12.3节讲述使用AF_INET6套接字的IPv4和IPv6通信。

7.8.15　**IPV6_XXX** 套接字选项

大多数用于修改协议首部的IPv6选项假设：就UDP套接字而言，信息由recvmsg和sendmsg作为辅助数据在内核和应用进程之间传递；就TCP套接字而言，同样的信息改用getsockopt和setsockopt获取和设置。套接字选项和辅助数据的类型一致，并且访问套接字选项的缓冲区所含的信息和辅助数据中存放的信息也一致。我们将在27.7节讲述这一点。

218

7.9　TCP 套接字选项

TCP有两个套接字选项，它们的级别（即getsockopt和setsockopt函数的第二个参数）为IPPROTO_TCP。

7.9.1　**TCP_MAXSEG** 套接字选项

本选项允许我们获取或设置TCP连接的最大分节大小（MSS）。返回值是我们的TCP可以发送给对端的最大数据量，它通常是由对端使用SYN分节通告的MSS，除非我们的TCP选择使用一个比对端通告的MSS小些的值。如果该值在相应套接字的连接建立之前取得，那么返回值是未从对端收到MSS选项的情况下所用的默认值。还得注意的是，如果用上譬如说时间戳选项的话，那么实际用于连接中的最大分节大小可能小于本套接字选项的返回值，因为时间戳选项在每个分节中要占用12字节的TCP选项容量。

如果TCP支持路径MTU发现功能，那么它将发送的每个分节的最大数据量还可能在连接存活期内改变。如果到对端的路径发生变动，该值就会有所调整。

我们在图7-1中指出，本套接字选项也可以由应用进程设置。这一点并非在所有系统上都可行，毕竟本选项原本是个只读选项。4.4BSD限制应用进程只能减少其值，而不能增加其值（TCPv2第1023页）。既然本选项控制TCP可以发送的每个分节的数据量，禁止应用进程增加其值是明智的。一旦连接建立，本选项的值就是对端通告的MSS选项值，TCP不能发送超过该值的分节。当然，TCP总是可以发送数据量少于对端通告的MSS值的分节。

7.9.2 TCP_NODELAY 套接字选项

开启本选项将禁止TCP的Nagle算法（TCPv1的19.4节和TCPv2第858～859页）。默认情况下该算法是启动的。

Nagle算法的目的在于减少广域网（WAN）上小分组的数目。该算法指出：如果某个给定连接上有待确认数据（outstanding data），那么原本应该作为用户写操作之响应的在该连接上立即发送相应小分组的行为就不会发生，直到现有数据被确认为止。[①]这里"小"分组的定义就是小于MSS的任何分组。TCP总是尽可能地发送最大大小的分组，Nagle算法的目的在于防止一个连接在任何时刻有多个小分组待确认。

Rlogin和Telnet的客户端是两个常见的小分组产生进程，它们通常把每次击键作为单个分组发送。在快速的局域网（LAN）上，我们通常不会注意到Nagle算法对这些客户进程的影响，因为小分组所需的确认时间一般也就几毫秒，远远小于我们相继键入两个字符的间隔时间。然而在广域网上，小分组所需的确认时间可能长达一秒，我们就会注意到字符回显的延迟，而且该延迟往往被Nagle算法进一步放大。

考虑下面的例子：我们在Rlogin或Telnet的客户端键入6个字符的串"hello!"，每个字符间间隔正好是250 ms。到服务器端的RTT为600 ms，而且服务器立即发回每个字符的回显。我们假设对客户端字符的ACK是和字符回显一同发回给客户端的，并且忽略客户端发送的对服务器端回显的ACK。（我们稍后将讨论延滞的ACK。）假设Nagle算法是禁止的，我们得到图7-14所示的12个分组。

图中每个字符在各自的分组中发送：数据分节从左到右，ACK从右到左。

如果Nagle算法是开启的（这是默认情形），我们就得到图7-15所示的8个分组。第一个字符独自作为一个分组发送，然而下两个字符没有立即发送，因为该连接上有一个小分组待确认。在时刻600处收到对第一个分组的ACK后（该ACK由第一个字符的回显捎带），这两个字符才被发送。在该分组在时刻1200处被确认之前，没有其他小分组被发送。

Nagle算法常常与另一个TCP算法联合使用：ACK延滞算法（delayed ACK algorithm）。该算法使得TCP在接收到数据后不立即发送ACK，而是等待一小段时间（典型值为50～200ms），然后才发送ACK。TCP期待在这一小段时间内自身有数据发送回对端，被延滞的ACK就可以由这些数据捎带，从而省掉一个TCP分节。这种情形对于Rlogin和Telnet客户来说通常可行，因为它们的服务器一般都回显客户发送来的每个字符，这样对客户端字符的ACK完全可以在服务器对该字符的回显中捎带返回。

---

① 待确认数据（outstanding data）直译为未决数据，也就是我们的TCP已发送但还在等待对端确认的数据，参见RFC 793图4，就是其中标为2的部分。从涵义上讲，采用未决一词更确切些，因为其中有"悬"而"未决"两层意思，"悬"表示数据已发送，"未决"表示数据尚未得到确认。采用待确认一词未能体现出"悬"的含义，也就是说在发送队列中到底有没有发送的数据也是有待确认的。鉴于采用未决说法略显突兀，本书没有采用；待确认说法的含义读者自明。——译者注

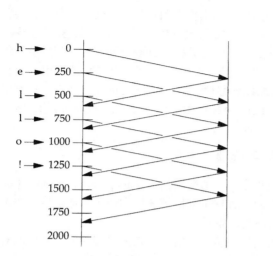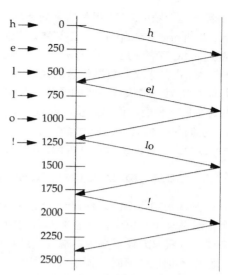

图7-14 禁止Nagle算法时由服务器回显的六个字符　图7-15 开启Nagle算法时由服务器回显的六个字符

　　然而对于其服务器不在相反方向产生数据以便携带ACK的客户来说，ACK延滞算法存在问题。这些客户可能觉察到明显的延迟，因为客户TCP要等到服务器的ACK延滞定时器超时才继续给服务器发送数据。这些客户需要一种禁止Nagle算法的方法，TCP_NODELAY选项就能起到这个作用。

220

　　另一类不适合使用Nagle算法和TCP的ACK延滞算法的客户是以若干小片数据向服务器发送单个逻辑请求的客户。举例来说，假设某个客户向它的服务器发送一个400字节的请求，该请求由一个4字节的请求类型和后跟的396字节的请求数据构成。如果客户先执行一个4字节的write调用，再执行一个396字节的write调用，那么第二个写操作的数据将一直等到服务器的TCP确认了第一个写操作的4字节数据后才由客户的TCP发送出去。而且，由于服务器应用进程难以在收到其余396字节前对先收到的4字节数据进行操作，服务器的TCP将拖延该4字节数据的ACK（也就是说，暂时不会有从服务器到客户的任何数据可以捎带这个ACK）。有三种办法修正这类客户程序。

　　(1) 使用writev（14.4节）而不是两次调用write。对于本例子，单个writev调用最终导致调用TCP输出功能一次而不是两次，其结果是只产生一个TCP分节。这是首选的办法。

　　(2) 把前4字节的数据和后396字节的数据复制到单个缓冲区中，然后对该缓冲区调用一次write。

　　(3) 设置TCP_NODELAY套接字选项，继续调用write两次。这是最不可取的办法，而且有损于网络，通常不应该考虑。

　　习题7.8和习题7.9将继续讨论本例子。

221

7.10 SCTP 套接字选项

　　数目相对较多的SCTP套接字选项（编写本书时为17个）反映出SCTP为应用程序开发人员提供了较细粒度的控制能力。它们的级别（即getsockopt和setsockopt函数的第二个参数）为IPPROTO_SCTP。

若干用于获取SCTP相关信息的选项要求把一些数据（例如关联ID和/或对端地址）传递进内核。尽管getsockopt的一些实现支持进程与内核之间的双向数据传递，然而并非所有实现都能做到。SCTP的API为此定义了一个sctp_opt_info函数（9.11节）以隐藏这个差异。在getsockopt支持双向数据传递的系统上，sctp_opt_info只是getsockopt的一个简单外包。在其他系统上，它执行所需的操作，其中可能用到定制的ioctl或某个新的系统调用。当获取这些选项时，我们建议总是使用sctp_opt_info以便移植。图7-2中这些选项被标上了匕首记号（†），它们包括SCTP_ASSOCINFO、SCTP_GET_PEER_ADDR_INFO、SCTP_PEER_ADDR_PARAMS、SCTP_PRIMARY_ADDR、SCTP_RTOINFO和SCTP_STATUS。

7.10.1　SCTP_ADAPTION_LAYER 套接字选项

在关联初始化期间，任何一个端点都可能指定一个适配层指示（adaption layer indication）。这个指示是一个32位无符号整数，可由两端的应用进程用来协调任何本地应用适配层。本选项允许调用者获取或设置将由本端提供给对端的适配层指示。

获取本选项的值时，调用者得到的是本地套接字将提供给所有未来对端的值。要获取对端的适配层指示，应用进程必须预订适配层事件。

7.10.2　SCTP_ASSOCINFO 套接字选项

本套接字选项可用于以下三个目的：（a）获取关于某个现有关联的信息，（b）改变某个已有关联的参数，（c）为未来的关联设置默认信息。在获取关于某个现有关联的信息时，应该使用sctp_opt_info函数而不是getsockopt函数。作为本选项的输入的是sctp_assocparams结构。

```
struct sctp_assocparams {
  sctp_assoc_t sasoc_assoc_id;
  u_int16_t sasoc_asocmaxrxt;
  u_int16_t sasoc_number_peer_destinations;
  u_int32_t sasoc_peer_rwnd;
  u_int32_t sasoc_local_rwnd;
  u_int32_t sasoc_cookie_life;
};
```

这些字段的含义如下所述。

- sasoc_assoc_id存放待访问关联的标识（即关联ID）。如果在调用setsockopt时置0本字段，那么sasoc_asocmaxrxt和sasoc_cookie_life字段代表将作为默认信息设置在相应套接字上的值。如果在调用getsockopt时提供关联ID，返回的就是特定于该关联的信息，否则如果置0本字段，返回的就是默认的端点设置信息。

- sasoc_asocmaxrxt存放的是某个关联在已发送数据没有得到确认的情况下尝试重传的最大次数。达到这个次数后SCTP放弃重传，报告用户对端不可用，然后关闭该关联。

- sasoc_number_peer_destinations存放对端目的地址数。它不能设置，只能获取。

- sasoc_peer_rwnd存放对端的当前接收窗口。该值表示还能发送给对端的数据字节总数。本字段是动态的，本地端点发送数据时其值减小，外地应用进程读取已经收到的数据时其值增大。它不能设置，只能获取。

- sasoc_local_rwnd存放本地SCTP协议栈当前通告对端的接收窗口。本字段也是动态的，并受SO_SNDBUF套接字选项影响。它不能设置，只能获取。

- sasoc_cookie_life存放送给对端的状态cookie以毫秒为单位的有效期。为了防护重放

（replay）攻击，每个随INIT-ACK块送给对端的状态cookie都关联有一个生命期。原本为60 000毫秒的生命期默认值可以通过置sasoc_assoc_id为0并设置本选项加以修改。

我们将在23.11节给出为提升性能而调整sasoc_asocmaxrxt字段值的建议。sasoc_cookie_life字段值可以降低以便更好地防护cookie重放攻击，不过这么一来，针对网络延迟的健壮性在关联发起期间有所降低。其他字段可以用于调试程序。

7.10.3 SCTP_AUTOCLOSE 套接字选项

本选项允许我们获取或设置一个SCTP端点的自动关闭时间。自动关闭时间是一个SCTP关联在空闲时保持打开的秒数。SCTP协议栈把空闲定义为一个关联的两个端点都没有在发送或接收用户数据的状态。自动关闭功能默认是禁止的。

自动关闭选项意在用于一到多式SCTP接口（第9章）。当设置本选项时，传递给它的整数值为某个空闲关联被自动关闭前的持续秒数，值为0表示禁止自动关闭。本选项仅仅影响由相应本地端点将来创建的关联，已有关联保持它们的现行设置不变。

自动关闭功能可由服务器用来强制关闭空闲的关联，服务器无需为此维护额外的状态。使用本特性的服务器应该仔细估算它的所有关联预期的最长空闲时间。自动关闭时间设置过短会导致关联的过早关闭。

223

7.10.4 SCTP_DEFAULT_SEND_PARAM 套接字选项

SCTP有许多可选的发送参数，它们通常作为辅助数据传递，或者由sctp_sendmsg函数使用（sctp_sendmsg通常作为库函数实现，它替用户传递辅助数据）。希望发送大量消息且所有消息具有相同发送参数的应用进程可以使用本选项设置默认参数，从而避免使用辅助数据或执行sctp_sendmsg调用。本选项接受sctp_sndrcvinfo结构作为输入。

```
struct sctp_sndrcvinfo {
  u_int16_t sinfo_stream;
  u_int16_t sinfo_ssn;
  u_int16_t sinfo_flags;
  u_int32_t sinfo_ppid;
  u_int32_t sinfo_context;
  u_int32_t sinfo_timetolive;
  u_int32_t sinfo_tsn;
  u_int32_t sinfo_cumtsn;
  sctp_assoc_t sinfo_assoc_id;
};
```

这些字段的含义如下所述。

- sinfo_stream指定新的默认流，所有外出消息将被发送到该流中。

- sinfo_ssn在设置默认发送参数时被忽略。当使用recvmsg或sctp_recvmsg函数接收消息时，本字段将存放由对端置于SCTP DATA块的流序号（stream sequence number，SSN）字段中的值。

- sinfo_flags指定新的默认标志，它们将应用于所有消息发送。图7-16列出了这些标志值。

- sinfo_ppid指定将置于所有外出消息中的SCTP净荷协议标识（payload protocol identifier）字段的默认值。

- sinfo_context指定新的默认上下文。本字段是个本地标志，用于检索无法发送到对端的消息。

常　值	说　明
MSG_ABORT	启动中止性的关联终止过程。
MSG_ADDR_OVER	指定SCTP不顾主目的地址而改用给定的地址。
MSG_EOF	发送完本消息后启动雅致的关联终止过程。
MSG_PR_BUFFER	开启部分可靠性特性（如果可用的话）基于缓冲区的层面（profile）。
MSG_PR_SCTP	针对本消息开启部分可靠性特性（如果可用的话）。
MSG_UNORDERED	指定本消息使用无序的消息传递服务。

图7-16   sinfo_flags字段允许的SCTP标志值

- sinfo_timetolive指定新的默认生命期，它将应用于所有消息发送。SCTP协议栈使用本字段判定何时丢弃（尚未执行首次传送就）因过度拖延而失效的外出消息。如果同一关联的两个端点都支持部分可靠性（partial reliability）选项，那么本生命期也用于指定完成首次传送后的消息的继续有效期。
- sinfo_tsn在设置默认发送参数时被忽略。当使用recvmsg或sctp_recvmsg函数接收消息时，本字段将存放由对端置于SCTP DATA块的传输序号（transport sequence number，TSN）字段中的值。
- sinfo_cumtsn在设置默认发送参数时被忽略。当使用recvmsg或sctp_recvmsg函数接收消息时，本字段将存放本地SCTP协议栈已与对端挂钩的当前累积TSN。
- sinfo_assoc_id指定请求者希望对其设置默认参数的关联标识。对于一到一式套接字，本字段被忽略。

注意，所有默认设置只影响没有指定sctp_sndrcvinfo结构的消息发送。指定了该结构的消息发送（例如带辅助数据的sctp_sendmsg或sendmsg函数调用）将覆写默认设置。除了进行默认设置，通过使用sctp_opt_info函数，本选项也可用于获取当前的默认设置。

7.10.5 SCTP_DISABLE_FRAGMENTS 套接字选项

SCTP通常把太大而不适合置于单个SCTP分组中的用户消息分割成多个DATA块。开启本选项将在发送端禁止这种行为。被禁止后，SCTP将为此向用户返回EMSGSIZE错误，并且不发送用户消息。SCTP的默认行为与本选项被禁止等效，也就是说，SCTP通常会对用户消息执行分片。

那些希望自己控制消息大小的应用进程可以使用本选项，以便确保每个用户应用消息都适合置于单个IP分组中。开启了本选项的应用进程必须准备好处理出错情况（即消息过大），它们既可以提供应用层的消息分片机制，也可以改用较小的消息。

7.10.6 SCTP_EVENTS 套接字选项

本套接字选项允许调用者获取、开启或禁止各种SCTP通知。SCTP通知是由SCTP协议栈发送给应用进程的消息。这种消息就像普通消息那么读取，只需把recvmsg函数的msghdr结构参数中的msg_flags字段设置为MSG_NOTIFICATION。不准备使用recvmsg或sctp_recvmsg函数的应用进程不应该开启事件通知功能。使用本选项传递一个sctp_event_subscribe结构就可以预订8类事件的通知。该结构的格式如下，其中各个字段的值为0表示不预订，为1表示预订。

```
struct sctp_event_subscribe {
    u_int8_t sctp_data_io_event;
    u_int8_t sctp_association_event;
    u_int8_t sctp_address_event;
    u_int8_t sctp_send_failure_event;
```

```
    u_int8_t sctp_peer_error_event;
    u_int8_t sctp_shutdown_event;
    u_int8_t sctp_partial_delivery_event;
    u_int8_t sctp_adaption_layer_event;
};
```

图7-17汇总了这些事件。我们将在9.14节继续讨论事件通知。

字 段	说 明
sctp_data_io_event	开启/禁止每次recvmsg调用返回sctp_sndrcvinfo。
sctp_association_event	开启/禁止关联建立事件通知。
sctp_address_event	开启/禁止地址事件通知。
sctp_send_failure_event	开启/禁止消息发送故障事件通知。
sctp_peer_error_event	开启/禁止对端协议出错事件通知。
sctp_shutdown_event	开启/禁止关联终止事件通知。
sctp_partial_delivery_event	开启/禁止部分递送API事件通知。
sctp_adaption_layer_event	开启/禁止适配层事件通知。

图7-17 sctp_event_subscribe结构的各个字段

7.10.7 **SCTP_GET_PEER_ADDR_INFO 套接字选项**

本选项仅用于获取某个给定对端地址的相关信息,包括拥塞窗口、平滑化后的RTT和MTU等。作为本选项的输入的是sctp_paddrinfo结构。调用者在其中的spinfo_address字段填入待查询的对端地址,并且为了便于移植,应该使用sctp_opt_info函数而不是getsockopt函数。sctp_paddrinfo结构的格式如下:

```
struct sctp_paddrinfo {
  sctp_assoc_t spinfo_assoc_id;
  struct sockaddr_storage spinfo_address;
  int32_t spinfo_state;
  u_int32_t spinfo_cwnd;
  u_int32_t spinfo_srtt;
  u_int32_t spinfo_rto;
  u_int32_t spinfo_mtu;
};
```

返回给调用者的该结构中各个字段的含义如下所述。

- spinfo_assoc_id存放关联标识,它和"communication up"(通信开始)即SCTP_COMM_UP通知中提供的信息一致。几乎所有SCTP操作都可以使用这个唯一的值作为相应关联的简明标识。

- spinfo_address由调用者设置,用于告知SCTP套接字想要获取哪一个对端地址的信息。调用返回时其值不应该改变。

- spinfo_state存放图7-18所示的一个或多个常值。

常 值	说 明
SCTP_ACTIVE	地址活跃且可达。
SCTP_INACTIVE	地址当前不可达。
SCTP_ADDR_UNCONFIRMED	地址尚未由心搏或用户数据证实。

图7-18 SCTP对端地址状态

其中未证实地址(unconfirmed address)是一个对端已作为有效地址列出,而本地SCTP尚不能证实对端确实持有它的地址。当送往某个地址的心搏或用户数据得到对端确认时,本地SCTP端点就可以证实该地址确实为对端所有了。注意,未证实的地址并没有有效的重传超时

（retransmission timeout，RTO）值。活跃地址则表示被认为是可用的地址。

- spinfo_cwnd表示为所指定对端地址维护的当前拥塞窗口。［Stewart and Xie 2001］第177页讲述了如何管理cwnd值。
- spinfo_srtt表示就所指定对端地址而言的平滑化后RTT的当前估计值。
- spinfo_rto表示用于所指定对端地址的当前重传超时值。
- spinfo_mtu表示由路径MTU发现功能发现的通往所指定对端地址的路径MTU的当前值。

本选项的一个有意思的用途是：把一个IP地址结构转换成一个可用于其他调用的关联标识。我们将在第23章中阐述这个套接字选项的用法。另一个可能用途是：由应用进程跟踪一个多宿对端主机每个地址的性能，并把相应关联的主目的地址更新为其中性能最佳的一个。这些值也同样有利于日志记录和程序调试。

7.10.8 **SCTP_I_WANT_MAPPED_V4_ADDR** 套接字选项

这个标志套接字选项用于为AF_INET6类型的套接字开启或禁止IPv4映射地址，其默认状态为开启。注意，本选项开启时，所有IPv4地址在送往应用进程之前将被映射成一个IPv6地址。本选项禁止时，SCTP套接字不会对IPv4地址进行映射，而是作为sockaddr_in结构直接传递。

7.10.9 **SCTP_INITMSG** 套接字选项

本套接字选项用于获取或设置某个SCTP套接字在发送INIT消息时所用的默认初始参数。作为本选项的输入的是sctp_initmsg结构，其定义如下：

```
struct sctp_initmsg {
  uint16_t sinit_num_ostreams;
  uint16_t sinit_max_instreams;
  uint16_t sinit_max_attempts;
  uint16_t sinit_max_init_timeo;
};
```

这些字段的含义如下所述。

- sinit_num_ostreams表示应用进程想要请求的外出SCTP流的数目。该值要等到相应关联完成初始握手后才得到确认，而且可能因为对端的限制而向下协调。
- sinit_max_instreams表示应用进程准备允许的外来SCTP流的最大数目。如果该值大于SCTP协议栈所支持的最大允许流数，那么它将被改为这个最大数。
- sinit_max_attempts表示SCTP协议栈应该重传多少次初始INIT消息才认为对端不可达。
- sinit_max_init_timeo表示用于INIT定时器的最大RTO值。在初始定时器进行指数退避期间，该值将替代RTO.max作为重传RTO极限。该值以毫秒为单位。

注意，当设置这些字段时，SCTP将忽略其中的任何0值。一到多式套接字（9.2节）的用户在关联隐性建立期间也可能在辅助数据中传递一个sctp_initmsg结构。

7.10.10 **SCTP_MAXBURST** 套接字选项

本套接字选项允许应用进程获取或设置用于分组发送的最大猝发大小（maximum burst size）。当SCTP向对端发送数据时，一次不能发送多于这个数目的分组，以免网络被分组淹没。具体的SCTP实现有两种方法应用这个限制：（1）把拥塞窗口缩减为当前飞行大小（current flight size）加上最大猝发大小与路径MTU的乘积；（2）把该值作为一个独立的微观控制量，在任意一个发送机会最多只发送这个数目的分组。

7.10.11 `SCTP_MAXSEG` 套接字选项

本套接字选项允许应用进程获取或设置用于SCTP分片的最大片段大小（maximum fragment size）。本选项和7.9节中讲述的TCP选项`TCP_MAXSEG`类似。

当某个SCTP发送端从其应用进程收到一个大于这个大小的消息时，它将把该消息分割成多个块，以便分别传送到对端。SCTP发送端通常使用的这个大小是通达它的对端的所有路径各自的MTU中的最小值（每条路径对应一个对端地址）。设置本选项可以把这个大小降低到所指定的值。注意，SCTP可能以比本选项所请求的值更小的边界分割消息。当通达对端的某条路径的MTU变得比本选项所请求的值还要小时，这种偏小的分割就会发生。

最大片段大小是一个端点范围的设置，在一到多式接口中，它可能影响不止一个关联。

7.10.12 `SCTP_NODELAY` 套接字选项

开启本选项将禁止SCTP的Nagle算法。本选项默认关闭（也就是说默认情况下Nagle算法是启动的）。SCTP的Nagle算法与TCP的Nagle算法工作原理相同，区别在于前者对付多个DATA块，后者对付单个流上的字节。关于Nagle算法的讨论见`TCP_NODELAY`。

7.10.13 `SCTP_PEER_ADDR_PARAMS` 套接字选项

本套接字选项允许应用进程获取或设置关于某个关联的对端地址的各种参数。作为本选项的输入的是sctp_paddrparams结构。调用者必须在该结构中填写关联标识和/或一个对端地址，其定义如下：

```
struct sctp_paddrparams {
  sctp_assoc_t spp_assoc_id;
  struct sockaddr_storage spp_address;
  u_int32_t spp_hbinterval;
  u_int16_t spp_pathmaxrxt;
};
```

这些字段的含义如下所述。

- spp_assoc_id存放在其上获取或设置参数信息的关联标识。如果该值为0，那么所访问的是端点默认参数，而不是特定于关联的参数。
- spp_address指定其参数待获取或待设置的对端IP地址。如果spp_assoc_id字段值为0，那么本字段被忽略。
- spp_hbinterval表示心搏间隔时间。设置该值为SCTP_NO_HB将禁止心搏，为SCTP_ISSUE_HB将按请求心搏，为其他值则将把心搏间隔重置为以毫秒为单位的新值。设置端点默认参数时，不能使用SCTP_ISSUE_HB这个值。
- spp_pathmaxrxt表示在声明所指定对端地址为不活跃之前将尝试的重传次数。当主目的地址被声明为不活跃时，另外一个对端地址将被选为主目的地址。

7.10.14 `SCTP_PRIMARY_ADDR` 套接字选项

本套接字选项用于获取或设置本地端点所用的主目的地址。主目的地址是本端发送给对端的所有消息的默认目的地址。作为本选项的输入的是sctp_setprim结构。调用者必须在该结构中填写关联标识，若是设置主目的地址则再填写一个将用作主目的地址的对端地址，其定义如下：

```
struct sctp_setprim {
  sctp_assoc_t              ssp_assoc_id;
  struct sockaddr_storage ssp_addr;
};
```

这些字段的含义如下所述。

- ssp_assoc_id存放在其上获取或设置当前主目的地址的关联标识。对于一到一式套接字，本字段被忽略。
- ssp_addr指定主目的地址（主目的地址必须是一个属于对端的地址）。使用setsockopt函数设置本选项时，本字段为请求者要求设置的主目的地址的新值，使用getsockopt函数获取本选项时，本字段为当前所用主目的地址的值。

注意，在只有一个本地地址与之关联的一到一式套接字上获取本选项的值跟直接调用getsockname是一样的。

7.10.15 SCTP_RTOINFO 套接字选项

本套接字选项用于获取或设置各种RTO信息，它们既可以是关于某个给定关联的设置，也可以是用于本地端点的默认设置。为了便于移植，当获取信息时，调用者应该使用sctp_opt_info函数而不是getsockopt函数。作为本选项的输入的是sctp_rtoinfo结构，其定义如下：

```
struct sctp_rtoinfo {
  sctp_assoc_t              srto_assoc_id;
  uint32_t                  srto_initial;
  uint32_t                  srto_max;
  uint32_t                  srto_min;
};
```

[230]

这些字段的含义如下所述。

- srto_assoc_id存放感兴趣关联的标识或0。若值为0，当前函数调用会对系统的默认参数产生影响。
- srto_initial存放用于对端地址的初始RTO值。初始RTO值在向对端发送INIT块时使用。该值以毫秒为单位且默认值为3 000。
- srto_max存放在更新重传定时器时使用的最大RTO值。如果更新后的RTO值大于这个RTO最大值，那就把这个最大值作为新的RTO值。该值默认为60 000。
- srto_min存放在启动重传定时器时使用的最小RTO值。任何时候RTO定时器一旦更改，就对照这个RTO最小值检查新值。如果新值小于最小值，那就把这个最小值作为新的RTO值。该值默认为1 000。

srto_initial、srto_max或srto_min值为0表示当前设定的默认值不应改变。所有时间值都以毫秒为单位。我们将在23.11节给出为提升性能而设置这些定时器值的指导。

7.10.16 SCTP_SET_PEER_PRIMARY_ADDR 套接字选项

设置本套接字选项导致发送一个消息：请求对端把所指定的本地地址作为它的主目的地址。作为本选项的输入的是sctp_setpeerprim结构。调用者必须在该结构中填写关联标识和一个请求对端标为其主目的地址的本地地址。这个本地地址必须已经绑定在本地端点。

sctp_setpeerprim结构的定义如下：

```
struct sctp_setpeerprim {
  sctp_assoc_t              sspp_assoc_id;
  struct sockaddr_storage   sspp_addr;
};
```

这些字段的含义如下。

- sspp_assoc_id指定在其上想要设置主目的地址的关联标识。对于一到一式套接字，本字段被忽略。
- sspp_addr存放想要对端设置为主目的地址的本地地址。

本特性是可选的，只有两端均支持才能运作。如果本地端点不支持本特性，那就给调用者EOPNOTSUPP返回错误。如果远程端点不支持本特性，那就返回调用者EINVAL错误。另外注意，本套接字选项只能设置，不能获取。

7.10.17　SCTP_STATUS 套接字选项

本套接字选项用于获取某个SCTP关联的状态。为了便于移植，调用者应该使用sctp_opt_info函数而不是getsockopt函数。作为本选项的输入的是sctp_status结构。调用者必须在该结构中填写关联标识，关于这个关联的信息将在返回时被填写到该结构的其他字段中。sctp_status结构的格式如下：

```
struct sctp_status {
  sctp_assoc_t sstat_assoc_id;
  int32_t sstat_state;
  u_int32_t sstat_rwnd;
  u_int16_t sstat_unackdata;
  u_int16_t sstat_penddata;
  u_int16_t sstat_instrms;
  u_int16_t sstat_outstrms;
  u_int32_t sstat_fragmentation_point;
  struct sctp_paddrinfo sstat_primary;
};
```

这些字段的含义如下。

- sstat_assoc_id存放关联标识。
- sstat_state存放图7-19所示常值之一，指出关联的总体状态。图2-8详细描述了在关联建立或终止期间，一个SCTP端点经历的状态。
- sstat_rwnd存放本地端点对于对端接收窗口的当前估计。
- sstat_unackdata存放等着对端处理的未确认DATA块数目。
- sstat_penddata存放本地端点暂存并等着应用进程读取的未读DATA块数目。
- sstat_instrms存放对端用于向本端发送数据的流的数目。
- sstat_outstrms存放本端可用于向对端发送数据的流的数目。
- sstat_fragmentation_point存放本地SCTP端点将其用作用户消息分割点的当前值。该值通常是所有目的地址的最小MTU，或者是由本地应用进程使用SCTP_MAXSEG套接字选项设置的更小的值。
- sstat_primary存放当前主目的地址。主目的地址是向对端发送数据时使用的默认目的地址。

这些值可用于诊断或确定会话的特征。举例来说，10.2节将介绍的sctp_get_no_strms函数将使用sstat_outstrms成员确定有多少外出流可用。偏低的sstat_rwnd值和/或偏高的

sstat_unackdata值可用于判定对端的接收套接字缓冲区正在变满,这一点又可用作让应用进程尽可能降低发送速率的信号。有些应用进程使用sstat_fragmentation_point减少SCTP不得不创建的片段数量,办法就是发送较小的应用消息。

常　值	说　明
SCTP_CLOSED	关联已关闭
SCTP_COOKIE_WAIT	关联已发送INIT
SCTP_COOKIE_ECHOED	关联已回射COOKIE
SCTP_ESTABLISHED	关联已建立
SCTP_SHUTDOWN_PENDING	关联期待发送SHUTDOWN
SCTP_SHUTDOWN_SENT	关联已发送SHUTDOWN
SCTP_SHUTDOWN_RECEIVED	关联已收到SHUTDOWN
SCTP_SHUTDOWN_ACK_SENT	关联在等待SHUTDOWN-COMPLETE

图7-19　SCTP 状态

7.11　fcntl 函数

与代表"file control"(文件控制)的名字相符,fcntl函数可执行各种描述符控制操作。在讲解该函数及其如何影响套接字之前,我们需要看得远一点。图7-20汇总了由fcntl、ioctl和路由套接字执行的不同操作。

操　作	fcntl	ioctl	路由套接字	POSIX
设置套接字为非阻塞式I/O型	F_SETFL, O_NONBLOCK	FIONBIO		fcntl
设置套接字为信号驱动式I/O型	F_SETFL, O_ASYNC	FIOASYNC		fcntl
设置套接字属主	F_SETOWN	SIOCSPGRP或FIOSETOWN		fcntl
获取套接字属主	F_GETOWN	SIOCGPGRP或FIOGETOWN		fcntl
获取套接字接收缓冲区中的字节数		FIONREAD		
测试套接字是否处于带外标志		SIOCATMARK		sockatmark
获取接口列表		SIOCGIFCONF	sysctl	
接口操作		SIOC[GS]IFxxx		
ARP高速缓存操作		SIOCxARP	RTM_xxx	
路由表操作		SIOCxxxRT	RTM_xxx	

图7-20　fcntl、ioctl和路由套接字操作小结

其中前六个操作可由任何进程应用于套接字,接着两个操作(接口操作)比较少见,不过也是通用的,后两个操作(ARP和路由表操作)由诸如ifconfig和route之类管理程序执行。我们将在第17章中详细讨论各种ioctl操作,在第18章中详细讨论路由套接字。

执行前四个操作的方法不止一种,不过我们在最后一列指出,POSIX规定fcntl方法是首选的。我们还指出,POSIX提供sockatmark函数(24.3节)作为测试是否处于带外标志的首选方法。最后一列空白的其余操作没有被POSIX标准化。

> 我们还指出,设置套接字为非阻塞式I/O型和信号驱动式I/O型的前两个操作,历史上曾用fcntl的FNDELAY和FASYNC命令执行。POSIX定义的是O_xxx常值。

fcntl函数提供了与网络编程相关的如下特性。

- 非阻塞式I/O。通过使用F_SETFL命令设置O_NONBLOCK文件状态标志，我们可以把一个套接字设置为非阻塞型。我们将在第16章中讲述非阻塞式I/O。
- 信号驱动式I/O。通过使用F_SETFL命令设置O_ASYNC文件状态标志，我们可以把一个套接字设置成一旦其状态发生变化，内核就产生一个SIGIO信号。我们将在第25章中讨论这一点。
- F_SETOWN命令允许我们指定用于接收SIGIO和SIGURG信号的套接字属主（进程ID或进程组ID）。其中SIGIO信号是套接字被设置为信号驱动式I/O型后产生的（第25章），SIGURG信号是在新的带外数据到达套接字时产生的（第24章）。F_GETOWN命令返回套接字的当前属主。

234

> 术语"套接字属主"由POSIX定义。历史上源自Berkeley的实现称之为"套接字的进程组ID"，因为存放该ID的变量是socket结构的so_pgid成员（TCPv2第438页）。

```
#include <fcntl.h>

int fcntl(int fd, int cmd, ... /* int arg */ );
```
返回：若成功则取决于cmd，若出错则为-1

　　每种描述符（包括套接字描述符）都有一组由F_GETFL命令获取或由F_SETFL命令设置的文件标志。其中影响套接字描述符的两个标志是：

O_NONBLOCK——非阻塞式I/O；

O_ASYNC——信号驱动式I/O。

　　后面我们将详细讲述这两个特性。现在我们只需注意，使用fcntl开启非阻塞式I/O的典型代码将是：

```
int     flags;

    /* Set a socket as nonblocking */
if ( (flags = fcntl(fd, F_GETFL, 0)) < 0)
    err_sys("F_GETFL error");
flags |= O_NONBLOCK;
if (fcntl(fd, F_SETFL, flags) < 0)
    err_sys("F_SETFL error");
```

　　下面是你可能会遇到的、简单地设置所期望标志的代码：

```
    /* Wrong way to set a socket as nonblocking */
if (fcntl(fd, F_SETFL, O_NONBLOCK) < 0)
    err_sys("F_SETFL error");
```

　　这段代码在设置非阻塞标志的同时也清除了所有其他文件状态标志。设置某个文件状态标志的唯一正确的方法是：先取得当前标志，与新标志逻辑或后再设置标志。

　　以下代码关闭非阻塞标志，其中假设flags是由上面所示的fcntl调用来设置的：

```
flags &= ~O_NONBLOCK;
if (fcntl(fd, F_SETFL, flags) < 0)
    err_sys("F_SETFL error");
```

　　信号SIGIO和SIGURG与其他信号的不同之处在于，这两个信号仅在已使用F_SETOWN命令给相关套接字指派了属主后才会产生。F_SETOWN命令的整数类型*arg*参数既可以是一个正整数，指出接收信号的进程ID，也可以是一个负整数，其绝对值指出接收信号的进程组ID。F_GETOWN命令把套接字属主作为fcntl函数的返回值返回，它既可以是进程ID（一个正的返回值），也可

235

以是进程组ID（一个除-1以外的负值）。指定接收信号的套接字属主为一个进程或一个进程组的差别在于：前者仅导致单个进程接收信号，而后者则导致整个进程组中的所有进程（也许不止一个进程）接收信号。

使用socket函数新创建的套接字并没有属主。然而如果一个新的套接字是从一个监听套接字创建来的，那么套接字属主将由已连接套接字从监听套接字继承而来（许多套接字选项也是这样继承，见TCPv2第462~463页）。

7.12   小结

套接字选项从非常通用（如SO_ERROR）到非常专门（如IP首部选项）都有。我们可能遇到的最常用的选项是：SO_KEEPALIVE、SO_RCVBUF、SO_SNDBUF和SO_REUSEADDR。其中最后那个选项应该总是在一个TCP服务器进程调用bind之前预先设置（图11-12）。SO_BROADCAST选项和10个多播套接字选项仅仅分别适用于进行广播或多播的应用程序。

许多TCP服务器设置SO_KEEPALIVE套接字选项以自动终止一个半开连接。该选项的优点在于它由TCP层处理，不需要有一个应用级的休止状态定时器；而它的缺点是无法区别客户主机崩溃和到客户主机连通性的暂时丢失。SCTP提供了17个应用程序用来控制传输的套接字选项。SCTP_NODELAY和SCTP_MAXSEG选项与TCP_NODELAY和TCP_MAXSEG选项类似，并有着相同的功能。而其他15个选项为应用程序带来了对SCTP栈的更佳控制。我们将在第23章讨论其中许多选项的用途。

SO_LINGER套接字选项使得我们能够更好地控制close函数返回的时机，而且允许我们强制发送RST而不是TCP的四分组连接终止序列。我们必须小心发送RST，因为这么做回避了TCP的TIME_WAIT状态。本套接字选项许多时候无法提供我们所需的信息，这种情况下应用级ACK变得必要。

每个TCP套接字和SCTP套接字都有一个发送缓冲区和一个接收缓冲区，每个UDP套接字都有一个接收缓冲区。SO_SNDBUF和SO_RCVBUF套接字选项允许我们改变这些缓冲区的大小。这两个选项最常见的用途是长胖管道上的批量数据传送。长胖管道是或高带宽或长延时的TCP连接，通常使用RFC 1323中为高性能定义的扩展。另一方面，UDP套接字可能期望增加接收缓冲区的大小以允许内核在应用进程较忙时排队更多的数据报。

习题

7.1   写一个输出默认TCP和UDP发送和接收缓冲区大小的程序，并在你有访问权限的系统上运行该程序。

7.2   将图1-5做如下修改：在调用connect之前，调用getsockopt得到套接字接收缓冲区的大小和MSS，并输出这两个值。connect返回成功后，再次获取这两个套接字选项并输出它们的值。值变化了吗？为什么？运行本客户程序两个实例，一个连接到本地网络上的一个服务器，另一个连接到非本地网络上的一个远程服务器。MSS变化吗？为什么？你应在你有访问权的任何不同主机上运行本程序。

7.3   从图5-2和图5-3的TCP服务器程序以及图5-4和图5-5的TCP客户程序开始，修改客户程序的main函数：在调用exit之前设置SO_LINGER套接字选项，把作为其输入的linger结构中的l_onoff成员设置为1，l_linger成员设置为0。先启动服务器，然后启动客户。在客户上键入一行或两行文本以检验操作正常，然后键入EOF以终止客户，将发生什么情况？终止客户后，在客户主机上运行netstat，查看套接字是否经历了TIME_WAIT状态。

7.4　假设有两个TCP客户在同一时间启动，都设置SO_REUSEADDR套接字选项，且以相同的本地IP地址和相同的端口号（譬如说，1500）调用bind，但一个客户连接到198.69.10.2的端口7000，另一个客户连接到198.69.10.2（相同的IP地址）的端口8000。阐述所出现的竞争状态。

7.5　获取本书中例子的源代码（见前言）并编译sock程序（C.3节）。将你的主机划分为三类：(1)没有多播支持，(2)有多播支持但不提供SO_REUSEPORT，(3)有多播支持且提供SO_REUSEPORT。试着在同一个端口上启动sock程序的多个实例作为TCP服务器（-s命令行选项），分别捆绑通配地址、你的主机的某个接口地址以及环回地址。你需要指定SO_REUSEADDR选项（-A命令行选项）吗？使用netstat命令查看监听套接字。

7.6　继续前面的例子，不过启动的是作为UDP服务器（-u命令行选项）的两个实例，捆绑相同的本地IP地址和端口号。如果你的实现支持SO_REUSEPORT，试着用它（-T命令行选项）。

7.7　ping程序的许多版本有一个-d标志用于开启SO_DEBUG套接字选项，这是干什么用的？

7.8　继续我们在讨论TCP_NODELAY套接字选项结尾处的例子。假设客户执行了两个write调用：第一个写4字节，第二个写396字节。另假设服务器的ACK延滞时间为100ms，客户与服务器之间的RTT为100ms，服务器处理客户请求的时间为50ms。画一个时间线图展示延滞的ACK与Nagle算法的相互作用。

7.9　假设设置了TCP_NODELAY套接字选项，重做上个习题。

7.10　假设进程调用writev一次性处理完4字节缓冲区和396字节缓冲区，重做习题7.8。

7.11　读RFC 1122［Barden 1989］以确定延滞ACK的建议间隔。　　237

7.12　图5-2和图5-3中的服务器程序什么地方耗时最多？假设服务器设置了SO_KEEPALIVE套接字选项，而且连接上没有数据在交换，如果客户主机崩溃且没有重启，那将发生什么？

7.13　图5-4和图5-5中的客户程序什么地方耗时最多？假设客户设置了SO_KEEPALIVE套接字选项，而且连接上没有数据在交换，如果服务器主机崩溃且没有重启，那将发生什么？

7.14　图5-4和图6-13中的客户程序什么地方耗时最多？假设客户设置了SO_KEEPALIVE套接字选项，而且连接上没有数据在交换，如果服务器主机崩溃且没有重启，那将发生什么？

7.15　假设客户和服务器都设置了SO_KEEPALIVE套接字选项。连接两端维护连通性，但是连接上没有应用数据在交换。当保持存活定时器每2小时到期时，在连接上有多少TCP分节被交换？

7.16　几乎所有实现都在头文件<sys/socket.h>中定义了SO_ACCEPTCON常值，不过我们没有讲述这个选项。阅读［Lanciani 1996］，弄清该选项为什么存在。　　238

第 **8** 章

基本 UDP 套接字编程

8.1 概述

在使用TCP编写的应用程序和使用UDP编写的应用程序之间存在一些本质差异，其原因在于这两个传输层之间的差别：UDP是无连接不可靠的数据报协议，非常不同于TCP提供的面向连接的可靠字节流。然而相比TCP，有些场合确实更适合使用UDP，我们将在22.4节探讨这个设计选择。使用UDP编写的一些常见的应用程序有：DNS（域名系统）、NFS（网络文件系统）和SNMP（简单网络管理协议）。

图8-1给出了典型的UDP客户/服务器程序的函数调用。客户不与服务器建立连接，而是只管使用sendto函数（将在下一节介绍）给服务器发送数据报，其中必须指定目的地（即服务器）的地址作为参数。类似地，服务器不接受来自客户的连接，而是只管调用recvfrom函数，等待来自某个客户的数据到达。recvfrom将与所接收的数据报一道返回客户的协议地址，因此服务器可以把响应发送给正确的客户。

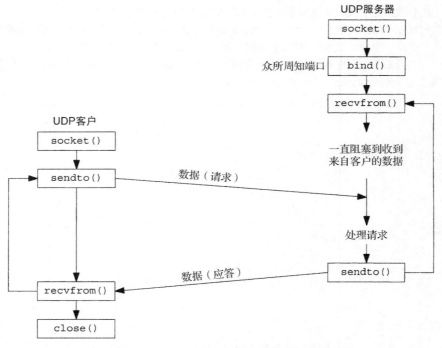

图8-1　UDP客户/服务器程序所用的套接字函数

图8-1所示为UDP客户/服务器交互中发生的典型情形的时间线图。我们可以将该图和图4-1

所示的TCP的典型交互进行比较。

　　本章中我们将介绍用于UDP套接字的两个新函数recvfrom和sendto，并使用UDP重写我们的回射客户/服务器程序。我们还将介绍connect函数在UDP套接字中的用法以及异步错误这个概念。

8.2　`recvfrom` 和 `sendto` 函数

这两个函数类似于标准的read和write函数，不过需要三个额外的参数。

```
#include <sys/socket.h>

ssize_t recvfrom(int sockfd, void *buff, size_t nbytes, int flags,
                 struct sockaddr *from, socklen_t *addrlen);

ssize_t sendto(int sockfd, const void *buff, size_t nbytes, int flags,
               const struct sockaddr *to, socklen_t addrlen);
                                       均返回：若成功则为读或写的字节数，若出错则为-1
```

　　前三个参数*sockfd*、*buff*和*nbytes*等同于read和write函数的三个参数：描述符、指向读入或写出缓冲区的指针和读写字节数。

　　*flags*参数将在第14章中讨论recv、send、recvmsg和sendmsg等函数时再介绍，本章中重写简单的UDP回射客户/服务器程序用不着它们。时下我们总是把*flags*置为0。

　　sendto的*to*参数指向一个含有数据报接收者的协议地址（如IP地址及端口号）的套接字地址结构，其大小由*addrlen*参数指定。recvfrom的*from*参数指向一个将由该函数在返回时填写数据报发送者的协议地址的套接字地址结构，而在该套接字地址结构中填写的字节数则放在*addrlen*参数所指的整数中返回给调用者。注意，sendto的最后一个参数是一个整数值，而recvfrom的最后一个参数是一个指向整数值的指针（即值-结果参数）。

　　recvfrom的最后两个参数类似于accept的最后两个参数：返回时其中套接字地址结构的内容告诉我们是谁发送了数据报（UDP情况下）或是谁发起了连接（TCP情况下）。sendto的最后两个参数类似于connect的最后两个参数：调用时其中套接字地址结构被我们填入数据报将发往（UDP情况下）或与之建立连接（TCP情况下）的协议地址。

　　这两个函数都把所读写数据的长度作为函数返回值。在recvfrom使用数据报协议的典型用途中，返回值就是所接收数据报中的用户数据量。

　　写一个长度为0的数据报是可行的。在UDP情况下，这会形成一个只包含一个IP首部（对于IPv4通常为20字节，对于IPv6通常为40字节）和一个8字节UDP首部而没有数据的IP数据报。这也意味着对于数据报协议，recvfrom返回0值是可接受的：它并不像TCP套接字上read返回0值那样表示对端已关闭连接。既然UDP是无连接的，因此也就没有诸如关闭一个UDP连接之类事情。

　　如果recvfrom的*from*参数是一个空指针，那么相应的长度参数（*addrlen*）也必须是一个空指针，表示我们并不关心数据发送者的协议地址。

　　recvfrom和sendto都可以用于TCP，尽管通常没有理由这样做。

8.3　UDP 回射服务器程序：`main` 函数

　　现在，我们用UDP重新编写第5章中简单的回射客户/服务器程序。我们的UDP客户程序和服务器程序依循图8-1中所示的函数调用流程。图8-2描述了它们所使用的函数，图8-3则给出了

239
~
240

服务器程序的main函数。

图8-2   使用UDP的简单回射客户/服务器

udpcliserv/udpserv01.c

```
1 #include    "unp.h"

2 int
3 main(int argc, char **argv)
4 {
5     int      sockfd;
6     struct sockaddr_in servaddr, cliaddr;

7     sockfd = Socket(AF_INET, SOCK_DGRAM, 0);

8     bzero(&servaddr, sizeof(servaddr));
9     servaddr.sin_family = AF_INET;
10    servaddr.sin_addr.s_addr = htonl(INADDR_ANY);
11    servaddr.sin_port = htons(SERV_PORT);

12    Bind(sockfd, (SA *) &servaddr, sizeof(servaddr));

13    dg_echo(sockfd, (SA *) &cliaddr, sizeof(cliaddr));
14 }
```

udpcliserv/udpserv01.c

图8-3   UDP回射服务器程序

创建UDP套接字，捆绑服务器的众所周知端口

7~12   我们通过将socket函数的第二个参数指定为SOCK_DGRAM（IPv4协议中的数据报套接字）创建一个UDP套接字。正如TCP服务器程序的例子，用于bind的服务器IPv4地址被指定为INADDR_ANY，而服务器的众所周知端口是头文件<unp.h>中定义的SERV_PORT常值。

13   接着，调用函数dg_echo来执行服务器的处理工作。

8.4   UDP 回射服务器程序：**dg_echo** 函数

图8-4给出了dg_echo函数。

lib/dg_echo.c

```
1 #include    "unp.h"

2 void
3 dg_echo(int sockfd, SA *pcliaddr, socklen_t clilen)
4 {
5     int      n;
6     socklen_t len;
7     char     mesg[MAXLINE];

8     for ( ; ; ) {
9         len = clilen;
10        n = Recvfrom(sockfd, mesg, MAXLINE, 0, pcliaddr, &len);

11        Sendto(sockfd, mesg, n, 0, pcliaddr, len);
12    }
13 }
```

lib/dg_echo.c

图8-4   dg_echo函数：在数据报套接字上回射文本行

读数据报并回射给发送者

8~12   该函数是一个简单的循环，它使用recvfrom读入下一个到达服务器端口的数据报，再使用
sendto把它发送回发送者。

尽管这个函数很简单，不过也有许多细节问题需要考虑。首先，该函数永不终止，因为UDP
是一个无连接的协议，它没有像TCP中EOF之类的东西。

其次，该函数提供的是一个迭代服务器（iterative server），而不是像TCP服务器那样可以提
供一个并发服务器。其中没有对fork的调用，因此单个服务器进程就得处理所有客户。一般来
说，大多数TCP服务器是并发的，而大多数UDP服务器是迭代的。

对于本套接字，UDP层中隐含有排队发生。事实上每个UDP套接字都有一个接收缓冲区，
到达该套接字的每个数据报都进入这个套接字接收缓冲区。当进程调用recvfrom时，缓冲区中
的下一个数据报以FIFO（先入先出）顺序返回给进程。这样，在进程能够读该套接字中任何已
排好队的数据报之前，如果有多个数据报到达该套接字，那么相继到达的数据报仅仅加到该套
接字的接收缓冲区中。然而这个缓冲区的大小是有限的。我们已在7.5节随SO_RCVBUF套接字选
项讨论了这个大小以及如何增大它。

图8-5总结了第5章中的TCP客户/服务器在两个客户与服务器建立连接时的情形。

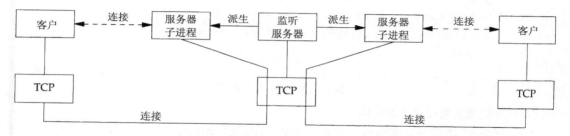

图8-5   两个客户的TCP客户/服务器小结

服务器主机上有两个已连接套接字，其中每一个都有各自的套接字接收缓冲区。

图8-6展示了两个客户发送数据报到UDP服务器的情形。

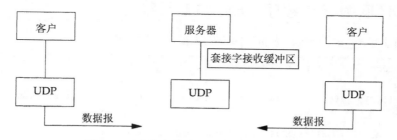

图8-6   两个客户的UDP客户/服务器小结

243

其中只有一个服务器进程，它仅有的单个套接字用于接收所有到达的数据报并发回所有的
响应。该套接字有一个接收缓冲区用来存放所到达的数据报。

图8-3中的main函数是协议相关的（它创建一个AF_INET协议的套接字，分配并初始化一个
IPv4套接字地址结构），而dg_echo函数是协议无关的。dg_echo协议无关的理由如下：调用者
（在我们的例子中为main函数）必须分配一个正确大小的套接字地址结构，且指向该结构的指
针和该结构的大小都必须作为参数传递给dg_echo。dg_echo绝不查看这个协议相关结构的内

容，而是简单地把一个指向该结构的指针传递给recvfrom和sendto。recvfrom返回时把客户的IP地址和端口号填入该结构，而随后作为目的地址传递给sendto的又是同一个指针（pcliaddr），这样所接收的任何数据报就被回射给发送该数据报的客户。

8.5　UDP 回射客户程序：**main** 函数

图8-7给出了UDP客户程序的main函数。

udpcliserv/udpcli01.c

```
1 #include     "unp.h"
2 int
3 main(int argc, char **argv)
4 {
5     int     sockfd;
6     struct sockaddr_in  servaddr;

7     if (argc != 2)
8         err_quit("usage: udpcli <IPaddress>");

9     bzero(&servaddr, sizeof(servaddr));
10    servaddr.sin_family = AF_INET;
11    servaddr.sin_port = htons(SERV_PORT);
12    Inet_pton(AF_INET, argv[1], &servaddr.sin_addr);

13    sockfd = Socket(AF_INET, SOCK_DGRAM, 0);

14    dg_cli(stdin, sockfd, (SA *) &servaddr, sizeof(servaddr));

15    exit(0);
16 }
```

udpcliserv/udpcli01.c

图8-7　UDP回射客户程序

把服务器地址填入套接字地址结构

9~12　把服务器的IP地址和端口号填入一个IPv4的套接字地址结构。该结构将传递给dg_cli函数，以指明数据报将发往何处。

244 13~14　创建一个UDP套接字，然后调用dg_cli。

8.6　UDP 回射客户程序：**dg_cli** 函数

图8-8给出了dg_cli函数，它执行客户的大部分处理工作。

lib/dg_cli.c

```
1 #include         "unp.h"
2 void
3 dg_cli(FILE *fp, int sockfd, const SA *pservaddr, socklen_t servlen)
4 {
5     int     n;
6     char    sendline[MAXLINE], recvline[MAXLINE + 1];

7     while (Fgets(sendline, MAXLINE, fp) != NULL) {

8         Sendto(sockfd, sendline, strlen(sendline), 0, pservaddr, servlen);

9         n = Recvfrom(sockfd, recvline, MAXLINE, 0, NULL, NULL);

10        recvline[n] = 0;            /* null terminate */
11        Fputs(recvline, stdout);
12    }
13 }
```

lib/dg_cli.c

图8-8　dg_cli函数：客户处理循环

7~12 客户处理循环中有四个步骤：使用`fgets`从标准输入读入一个文本行，使用`sendto`将该文本行发送给服务器，使用`recvfrom`读回服务器的回射，使用`fputs`把回射的文本行显示到标准输出。

我们的客户尚未请求内核给它的套接字指派一个临时端口。（对于TCP客户而言，我们说过`connect`调用正是这种指派发生之处。）对于一个UDP套接字，如果其进程首次调用`sendto`时它没有绑定一个本地端口，那么内核就在此时为它选择一个临时端口。跟TCP一样，客户可以显式地调用`bind`，不过很少这样做。

注意，调用`recvfrom`指定的第五和第六个参数是空指针。这告知内核我们并不关心应答数据报由谁发送。这样做存在一个风险：任何进程不论是在与本客户进程相同的主机上还是在不同的主机上，都可以向本客户的IP地址和端口发送数据报，这些数据报将被客户读入并被认为是服务器的应答。我们将在8.8节解决这个问题。

与服务器的`dg_echo`函数一样，客户的`dg_cli`函数也是协议无关的，不过客户的`main`函数是协议相关的。`main`函数分配并初始化一个某个协议类型的套接字地址结构，并把指向该结构的指针及该结构的大小传递给`dg_cli`。

8.7 数据报的丢失

我们的UDP客户/服务器例子是不可靠的。如果一个客户数据报丢失（譬如说，被客户主机与服务器主机之间的某个路由器丢弃），客户将永远阻塞于`dg_cli`函数中的`recvfrom`调用，等待一个永远不会到达的服务器应答。类似地，如果客户数据报到达服务器，但是服务器的应答丢失了，客户也将永远阻塞于`recvfrom`调用。防止这样永久阻塞的一般方法是给客户的`recvfrom`调用设置一个超时。我们将在14.2节继续讨论这一点。

仅仅给`recvfrom`调用设置超时并不是完整的解决办法。举例来说，如果确实超时了，我们将无从判定超时原因是我们的数据报没有到达服务器，还是服务器的应答没有回到客户。如果客户的请求是"从账户A往账户B转一定数目的钱"而不是我们的简单回射服务器例子，那么请求丢失和应答丢失是极不相同的。我们将在22.5节具体讨论如何给UDP客户/服务器程序增加可靠性。

8.8 验证接收到的响应

在8.6节结尾我们提到，知道客户临时端口号的任何进程都可往客户发送数据报，而且这些数据报会与正常的服务器应答混杂。我们的解决办法是修改图8-8中的`recvfrom`调用以返回数据报发送者的IP地址和端口号，保留来自数据报所发往服务器的应答，而忽略任何其他数据报。然而这样做照样存在一些缺陷，我们马上就会看到。

我们首先把客户程序的`main`函数（图8-7）改为使用标准回射服务器（图2-13）。这只需把以下赋值语句

```
servaddr.sin_port = htons(SERV_PORT);
```

替换为

```
servaddr.sin_port = htons(7);
```

这样，我们的客户就可以使用任何运行标准回射服务器的主机了。

我们接着重写dg_cli函数以分配另一个套接字地址结构用于存放由recvfrom返回的结构，如图8-9所示。

———————————————————————————————————— *udpcliserv/dgcliaddr.c*

```
1 #include    "unp.h"

2 void
3 dg_cli(FILE *fp, int sockfd, const SA *pservaddr, socklen_t servlen)
4 {
5     int     n;
6     char    sendline[MAXLINE], recvline[MAXLINE + 1];
7     socklen_t len;
8     struct sockaddr *preply_addr;

9     preply_addr = Malloc(servlen);

10     while (Fgets(sendline, MAXLINE, fp) != NULL) {

11         Sendto(sockfd, sendline, strlen(sendline), 0, pservaddr, servlen);

12         len = servlen;
13         n = Recvfrom(sockfd, recvline, MAXLINE, 0, preply_addr, &len);
14         if (len != servlen || memcmp(pservaddr, preply_addr, len) != 0) {
15             printf("reply from %s (ignored)\n", Sock_ntop(preply_addr, len));
16             continue;
17         }

18         recvline[n] = 0;          /* null terminate */
19         Fputs(recvline, stdout);
20     }
21 }
```

———————————————————————————————————— *udpcliserv/dgcliaddr.c*

图8-9 验证返回的套接字地址的dg_cli函数版本

分配另一个套接字地址结构

9 我们调用malloc来分配另一个套接字地址结构。注意dg_cli函数仍然是协议无关的，因为我们并不关心所处理套接字地址结构的类型，而只是在malloc调用中使用其大小。

比较返回的地址

12~18 在recvfrom的调用中，我们通知内核返回数据报发送者的地址。我们首先比较由recvfrom在值-结果参数中返回的长度，然后用memcmp比较套接字地址结构本身。

> 我们在3.2节说过，即使套接字地址结构包含一个长度字段，我们也不必设置或检查它。然而此处memcmp比较两个套接字地址结构中的每个数据字节，而内核返回套接字地址结构时，其中长度字段是设置的；因此对于本例，与之比较的另一个套接字地址结构也必须预先设置其长度字段。否则，memcmp将比较一个值为0的字节（因为没有设置长度字段）和一个值为16的字节（假设具体为sockaddr_in结构），结果自然不匹配。

如果服务器运行在一个只有单个IP地址的主机上，那么这个新版本的客户工作正常。然而如果服务器主机是多宿的，该客户就有可能失败。我们针对有两个接口和两个IP地址的主机freebsd4运行本客户程序。

```
macosx % host freebsd4
freebsd4.unpbook.com has address 172.24.37.94
freebsd4.unpbook.com has address 135.197.17.100
macosx % udpcli02 135.197.17.100
hello
```

```
reply from 172.24.37.94:7 (ignored)
goodbye
reply from 172.24.37.94:7 (ignored)
```

我们指定的服务器IP地址不与客户主机共享同一个子网。

> 这样指定服务器IP地址通常是允许的。[①]大多数IP实现接受目的地址为本主机任一IP地址的数据报,而不管数据报到达的接口(TCPv2第217~219页)。RFC 1122 [Braden 1989] 称之为弱端系统模型(weak end system model)。如果一个系统实现的是该RFC中所说的强端系统模型(strong end system model),那么它将只接受到达接口与目的地址一致的数据报。

recvfrom返回的IP地址(UDP数据报的源IP地址)不是我们所发送数据报的目的IP地址。当服务器发送应答时,目的IP地址是172.24.37.78。主机freebsd4内核中的路由功能为之选择172.24.37.94作为外出接口。既然服务器没有在其套接字上绑定一个实际的IP地址(服务器绑定在其套接字上的是通配IP地址,这一点可通过在freebsd4上运行netstat来验证),因此内核将为封装这些应答的IP数据报选择源地址。选为源地址的是外出接口的主IP地址(TCPv2第232~233页)。还有,既然它是外出接口的主IP地址,如果我们指定发送数据报到该接口的某个非主IP地址(即一个IP别名),那么也将导致图8-9版本客户程序的测试失败。

一个解决办法是:得到由recvfrom返回的IP地址后,客户通过在DNS(第11章)中查找服务器主机的名字来验证该主机的域名(而不是它的IP地址)。另一个解决办法是:UDP服务器给服务器主机上配置的每个IP地址创建一个套接字,用bind捆绑每个IP地址到各自的套接字,然后在所有这些套接字上使用select(等待其中任何一个变得可读),再从可读的套接字给出应答。既然用于给出应答的套接字上绑定的IP地址就是客户请求的目的IP地址(否则该数据报不会被投递到该套接字),这就保证应答的源地址与请求的目的地址相同。我们将在22.6节给出一个这样的例子。

> 在多宿Solaris系统上,服务器应答的源IP地址就是客户请求的目的IP地址。本节讲述的情形针对源自Berkeley的实现,这些实现基于外出接口选择源IP地址。

8.9 服务器进程未运行

我们下一个要检查的情形是在不启动服务器的前提下启动客户。如果我们这么做后在客户上键入一行文本,那么什么也不发生。客户永远阻塞于它的recvfrom调用,等待一个永不出现的服务器应答。然而这是一个很好的例子,它要求我们更多地了解底层协议以理解网络应用进程将发生什么。

首先,我们在主机macosx上启动tcpdump,然后在同一个主机上启动客户,指定主机freebsd4为服务器主机。接着,我们键入一行文本,不过这行文本没有被回射。

```
macosx % udpcli01 172.24.37.94
hello, world                              我们键入这一行
                                          但没有任何内容回射回来
```

图8-10给出了tcpdump的输出。

[①] 这句话是针对本例子所用的主机和网络环境而言的,其中隐含假设从客户主机到服务器主机非共享子网IP地址的路径与从客户主机到服务器主机共享子网IP地址的路径一致。通常情形下这两条路经不一定一致。不注意到这一点,作者随后的解释将难以理解。——译者注

```
1   0.0                     arp who-has freebsd4 tell macosx
2   0.003576 ( 0.0036) arp reply freebsd4 is-at 0:40:5:42:d6:de
3   0.003601 ( 0.0000) macosx.51139 > freebsd4.9877: udp 13
4   0.009781 ( 0.0062) freebsd4 > macosx: icmp: freebsd4 udp port 9877 unreachable
```

248

图8-10 当服务器主机上未启动服务器进程时tcpdump的输出

首先我们注意到，在客户主机能够往服务器主机发送那个UDP数据报之前，需要一次ARP请求和应答的交换。（我们把这个交换保留在tcpdump的输出中，是为了强调在IP数据报可发往本地网络上另一个主机或路由器之前，还是有可能出现ARP请求-应答的。）

我们从第3行看到客户数据报发出，然而从第4行看到，服务器主机响应的是一个"port unreachable"（端口不可达）ICMP消息。（长度13是12个字符加换行符。）不过这个ICMP错误不返回给客户进程，其原因我们稍后讲述。客户永远阻塞于图8-8中的recvfrom调用。我们还指出ICMPv6也有端口不可达错误类型，类似于ICMPv4（见图A-15和图A-16），因此这里讨论的结果对于IPv6也类似。

我们称这个ICMP错误为异步错误（asynchronous error）。该错误由sendto引起，但是sendto本身却成功返回。回顾2.11节，我们知道从UDP输出操作成功返回仅仅表示在接口输出队列中具有存放所形成IP数据报的空间。该ICMP错误直到后来才返回（图8-10所示为4ms之后），这就是称其为异步的原因。

一个基本规则是：对于一个UDP套接字，由它引发的异步错误却并不返回给它，除非它已连接。我们将在8.11节讨论如何给UDP套接字调用connect。很少有人明白套接字最初实现时为什么做此设计决策。（实现内涵在TCPv2第748~749页讨论。）

考虑在单个UDP套接字上接连发送3个数据报给3个不同的服务器（即3个不同的IP地址）的一个UDP客户。该客户随后进入一个调用recvfrom读取应答的循环。其中有2个数据报被正确递送（也就是说，3个主机中有2个在运行服务器），但是第三个主机没有运行服务器。第三个主机于是以一个ICMP端口不可达错误响应。这个ICMP出错消息包含引起错误的数据报的IP首部和UDP首部。（ICMPv4和ICMPv6出错消息总是包含IP首部和所有的UDP首部或部分TCP首部，以便其接收者确定由哪个套接字引发该错误，如图28-21和图28-22所示。）发送这3个数据报的客户需要知道引发该错误的数据报的目的地址以区分究竟是哪一个数据报引发了错误。但是内核如何把该信息返回给客户进程呢？recvfrom可以返回的信息仅有errno值，它没有办法返回出错数据报的目的IP地址和目的UDP端口号。因此做出决定：仅在进程已将其UDP套接字连接到恰恰一个对端后，这些异步错误才返回给进程。

> 只要SO_BSDCOMPAT套接字选项没有开启，Linux甚至对未连接的套接字也返回大多数ICMP "destination unreachable"（目的地不可达）错误。图A-15中除代码为0、1、4、5、11和12之外的所有ICMP目的地不可达错误均被返回。

我们将在28.7节再次讨论UDP套接字上异步错误的这个问题，并给出一个使用我们自己的守护进程获取未连接套接字上这些错误的简便方法。

249

8.10 UDP 程序例子小结

图8-11以圆点的形式给出了在客户发送UDP数据报时必须指定或选择的四个值。

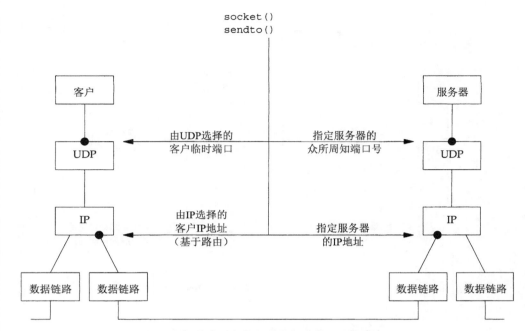

图8-11 从客户角度总结UDP客户/服务器

客户必须给sendto调用指定服务器的IP地址和端口号。一般来说，客户的IP地址和端口号都由内核自动选择，尽管我们提到过，客户也可以调用bind指定它们。在客户的这两个值由内核选择的情形下我们也提到过，客户的临时端口是在第一次调用sendto时一次性选定，不能改变；然而客户的IP地址却可以随客户发送的每个UDP数据报而变动（假设客户没有捆绑一个具体的IP地址到其套接字上）。其原因如图8-11所示：如果客户主机是多宿的，客户有可能在两个目的地之间交替选择，其中一个由左边的数据链路外出，另一个由右边的数据链路外出。在这种最坏的情形下，由内核基于外出数据链路选择的客户IP地址将随每个数据报而改变。

如果客户捆绑了一个IP地址到其套接字上，但是内核决定外出数据报必须从另一个数据链路发出，那么将会发生什么？这种情形下，IP数据报将包含一个不同于外出链路IP地址的源IP地址（见习题8.6）。

图8-12给出了同样的四个值，但是是从服务器的角度出发的。

服务器可能想从到达的IP数据报上取得至少四条信息：源IP地址、目的IP地址、源端口号和目的端口号。图8-13给出了从TCP服务器或UDP服务器返回这些信息的函数调用。

TCP服务器总是能便捷地访问已连接套接字的所有这四条信息，而且这四个值在连接的整个生命期内保持不变。然而对于UDP套接字，目的IP地址只能通过为IPv4设置IP_RECVDSTADDR套接字选项（或为IPv6设置IPV6_PKTINFO套接字选项）然后调用recvmsg（而不是recvfrom）取得。由于UDP是无连接的，因此目的IP地址可随发送到服务器的每个数据报而改变。UDP服务器也可接收目的地址为服务器主机的某个广播地址或多播地址的数据报，这些我们将在第20章和第21章中讨论。我们将在22.2节讨论recvmsg函数之后，展示如何确定一个UDP数据报的目的地址。

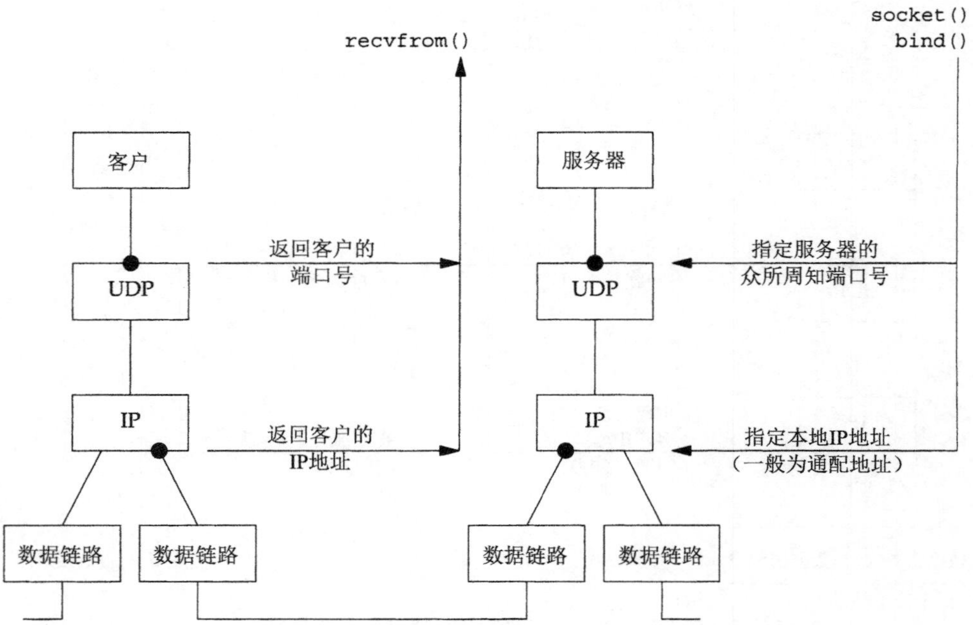

图8-12　从服务器角度总结UDP客户/服务器

来自客户的IP数据报	TCP服务器	UDP服务器
源IP地址	accept	recvfrom
源端口号	accept	recvfrom
目的IP地址	getsockname	recvmsg
目的端口号	getsockname	getsockname

图8-13　服务器可从到达的IP数据报中获取的信息

8.11　UDP 的 **connect** 函数

在8.9节结尾我们提到，除非套接字已连接，否则异步错误是不会返回到UDP套接字的。我们确实可以给UDP套接字调用connect（4.3节），然而这样做的结果却与TCP连接大相径庭：没有三路握手过程。内核只是检查是否存在立即可知的错误（例如一个显然不可达的目的地），记录对端的IP地址和端口号（取自传递给connect的套接字地址结构），然后立即返回到调用进程。

> 给connect函数重载（overload）UDP套接字的这种能力容易让人混淆。如果使用约定，令sockname是本地协议地址，peername是外地协议地址，那么更好的名字本该是setpeername。类似地，bind函数更好的名字本该是setsockname。

有了这个能力后，我们必须区分：
- 未连接UDP套接字（unconnected UDP socket），新创建UDP套接字默认如此；
- 已连接UDP套接字（connected UDP socket），对UDP套接字调用connect的结果。

对于已连接UDP套接字，与默认的未连接UDP套接字相比，发生了三个变化。

(1) 我们再也不能给输出操作指定目的IP地址和端口号。也就是说，我们不使用sendto，而改用write或send。写到已连接UDP套接字上的任何内容都自动发送到由connect指定的协议地址（如IP地址和端口号）。

> 其实我们可以给已连接UDP套接字调用sendto，但是不能指定目的地址。sendto的第五个参数（指向指明目的地址的套接字地址结构的指针）必须为空指针，第六个参数（该套接字地址结构的大小）应该为0。POSIX规范指出当第五个参数是空指针时，第六个参数的取值就不再考虑。

(2) 我们不必使用recvfrom以获悉数据报的发送者，而改用read、recv或recvmsg。在一个已连接UDP套接字上，由内核为输入操作返回的数据报只有那些来自connect所指定协议地址的数据报。目的地为这个已连接UDP套接字的本地协议地址（如IP地址和端口号），发源地却不是该套接字早先connect到的协议地址的数据报，不会投递到该套接字。这样就限制一个已连接UDP套接字能且仅能与一个对端交换数据报。

> 确切地说，一个已连接UDP套接字仅仅与一个IP地址交换数据报，因为connect到多播或广播地址是可能的。

(3) 由已连接UDP套接字引发的异步错误会返回给它们所在的进程，而未连接UDP套接字不接收任何异步错误。 `252`

图8-14就4.4BSD总结了上列第一点。

套接字类型	write或send	不指定目的地址的 sendto	指定目的地址的 sendto
TCP套接字	可以	可以	EISCONN
UDP套接字，已连接	可以	可以	EISCONN
UDP套接字，未连接	EDESTADDRREQ	EDESTADDRREQ	可以

图8-14   TCP和UDP套接字：可指定目的地协议地址吗？

> POSIX规范指出，在未连接UDP套接字上不指定目的地址的输出操作应该返回ENOTCONN，而不是EDESTADDRREQ。

图8-15总结了我们给已连接UDP套接字归纳的三点。

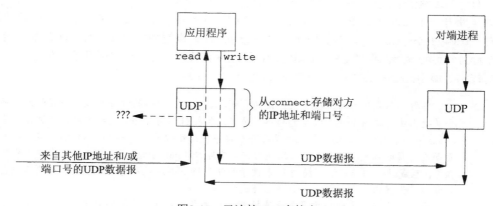

图8-15   已连接UDP套接字

应用进程首先调用connect指定对端的IP地址和端口号，然后使用read和write与对端进程交换数据。

来自任何其他IP地址或端口的数据报（图8-15中我们用"???"表示）不投递给这个已连接套接字，因为它们要么源IP地址要么源UDP端口不与该套接字connect到的协议地址相匹配。这些数据报可能投递给同一个主机上的其他某个UDP套接字。如果没有相匹配的其他套接字，UDP将丢弃它们并生成相应的ICMP端口不可达错误。

作为小结，我们可以说UDP客户进程或服务器进程只在使用自己的UDP套接字与确定的唯一对端进行通信时，才可以调用connect。调用connect的通常是UDP客户，不过有些网络应用中的UDP服务器会与单个客户长时间通信（如TFTP），这种情况下，客户和服务器都可能调用connect。

DNS提供了另一个例子，如图8-16所示。

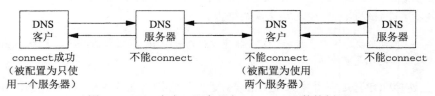

图8-16   DNS客户、服务器与connect函数的例子

通常通过在/etc/resolv.conf文件中列出服务器主机的IP地址，一个DNS客户主机就能被配置成使用一个或多个DNS服务器。如果列出的是单个服务器主机（图中最左边的方框），客户进程就可以调用connect，但是如果列出的是多个服务器主机（图中从右边数第二个方框），客户进程就不能调用connect。另外DNS服务器进程通常是处理客户请求的，因此服务器进程不能调用connect。

8.11.1　给一个 UDP 套接字多次调用 connect

拥有一个已连接UDP套接字的进程可出于下列两个目的之一再次调用connect：
- 指定新的IP地址和端口号；
- 断开套接字。

第一个目的（即给一个已连接UDP套接字指定新的对端）不同于TCP套接字中connect的使用：对于TCP套接字，connect只能调用一次。

为了断开一个已连接UDP套接字，我们再次调用connect时把套接字地址结构的地址族成员（对于IPv4为sin_family，对于IPv6为sin6_family）设置为AF_UNSPEC。这么做可能会返回一个EAFNOSUPPORT错误（TCPv2第736页），不过没有关系。使套接字断开连接的是在已连接UDP套接字上调用connect的进程（TCPv2第787～788页）。

> 各种Unix变体断开套接字上连接的方式存在差异，同样的方法可能适合某些系统而不适合其他系统。举例来说，以空的套接字地址结构指针调用connect的方法仅仅适合某些系统（而在另一些系统上，要求第三个参数即套接字地址结构长度为非0）。POSIX规范和BSD手册页面在此帮助不大，只是提到必须使用一个空地址（null address），而根本没有提到出错返回值（甚至成功返回值也没有提到）。最便于移植的解决办法就是清零一个地址结构后把它的地址族成员设置为AF_UNSPEC，再把它传递给connect。
>
> 另一个存在差异的地方是断开连接前后套接字本地绑定地址的取值。AIX保留被选中的本地IP地址和端口号，即使它们起源于隐式捆绑。FreeBSD和Linux把本地IP地址设置回全0，即使早先调用过bind，端口号也保持不变。Solaris在隐式捆绑时把本地IP地址设置回全0，在显式调用过bind时保持IP地址不变。

8.11.2 性能

当应用进程在一个未连接的UDP套接字上调用sendto时，源自Berkeley的内核暂时连接该套接字，发送数据报，然后断开该连接（TCPv2第762～763页）。在一个未连接的UDP套接字上给两个数据报调用sendto函数于是涉及内核执行下列6个步骤：

- 连接套接字；
- 输出第一个数据报；
- 断开套接字连接；
- 连接套接字；
- 输出第二个数据报；
- 断开套接字连接。

> 另一个考虑是搜索路由表的次数。第一次临时连接需为目的IP地址搜索路由表并高速缓存这条信息。第二次临时连接注意到目的地址等于已高速缓存的路由表信息的目的地（我们假设这两个sendto调用有相同的目的地址），于是就不必再次查找路由表（TCPv2第737～738页）。

当应用进程知道自己要给同一目的地址发送多个数据报时，显式连接套接字效率更高。调用connect后调用两次write涉及内核执行如下步骤：

- 连接套接字；
- 输出第一个数据报；
- 输出第二个数据报。

在这种情况下，内核只复制一次含有目的IP地址和端口号的套接字地址结构，相反当调用两次sendto时，需复制两次。[Partridge和Pink 1993]指出，临时连接未连接的UDP套接字大约会耗费每个UDP传输三分之一的开销。

255

8.12 `dg_cli` 函数（修订版）

现在我们回到图8-8中的dg_cli函数，把它重写成调用connect。图8-17所示为新的函数。

——— udpcliserv/dgcliconnect.c

```
1 #include     "unp.h"

2 void
3 dg_cli(FILE *fp, int sockfd, const SA *pservaddr, socklen_t servlen)
4 {
5     int     n;
6     char    sendline[MAXLINE], recvline[MAXLINE + 1];

7     Connect(sockfd, (SA *) pservaddr, servlen);

8     while (Fgets(sendline, MAXLINE, fp) != NULL) {

9         Write(sockfd, sendline, strlen(sendline));

10        n = Read(sockfd, recvline, MAXLINE);

11        recvline[n] = 0;          /* null terminate */
12        Fputs(recvline, stdout);
13    }
14 }
```

——— udpcliserv/dgcliconnect.c

图8-17　调用connect的dg_cli函数

所做的修改是调用connect，并以read和write调用代替sendto和recvfrom调用。该函数不查看传递给connect的套接字地址结构的内容，因此它仍然是协议无关的。图8-7中的客户程序main函数保持不变。

在主机macosx上运行该程序，并指定主机freebsd4的IP地址（它没有在端口9877上运行相应的服务器程序），我们得到如下输出：

```
macosx % udpcli04 172.24.37.94
hello, world
read error: Connection refused
```

我们首先注意到，当启动客户进程时我们并没有收到这个错误。该错误只是在我们发送第一个数据报给服务器之后才发生。正是发送该数据报引发了来自服务器主机的ICMP错误。然而当一个TCP客户进程调用connect，指定一个不在运行服务器进程的服务器主机时，connect将返回同样的错误，因为调用connect会造成TCP三路握手，而其中第一个分节导致服务器TCP返送RST（4.3节）。

图8-18给出了tcpdump的输出。

[256]

```
macosx % tcpdump
1    0.0                          macosx.51139 > freebsd4.9877: udp 13
2    0.006180 ( 0.0062)           freebsd4 > macosx: icmp: freebsd4 udp port 9877 unreachable
```

图8-18   当运行图8-17中程序时tcpdump的输出

我们还从图A-15中看到，该ICMP错误由内核映射成ECONNREFUSED错误，对应于由err_sys函数输出的消息串："Connection refused"（连接被拒绝）。

> 不幸的是，并非所有内核都能像本节的示例那样把ICMP消息返送给已连接的UDP套接字。一般来说，源自Berkeley的内核返回这种错误，而System V内核则不。举例来说，如果我们在一个Solaris 2.4主机上运行同一个客户程序，并connect到没有运行服务器的一个主机上，我们就可以用tcpdump观察并验证服务器主机返回了ICMP端口不可达错误，但是客户的read调用永不返回。这个缺陷在Solaris 2.5中已修复。UnixWare不返回这种错误，而AIX、Digital Unix、HP-UX和Linux都返回这种错误。

8.13   UDP 缺乏流量控制

现在我们查看无任何流量控制的UDP对数据报传输的影响。首先，我们把dg_cli函数修改为发送固定数目的数据报，并不再从标准输入读。图8-19所示为新的版本，它写2000个1400字节大小的UDP数据报给服务器。

————————————————————————————————————— udpcliserv/dgcliloop1.c

```
1 #include     "unp.h"

2 #define NDG      2000            /* datagrams to send */
3 #define DGLEN    1400            /* length of each datagram */

4 void
5 dg_cli(FILE *fp, int sockfd, const SA *pservaddr, socklen_t servlen)
6 {
7     int     i;
8     char    sendline[DGLEN];

9     for (i = 0; i < NDG; i++) {
10        Sendto(sockfd, sendline, DGLEN, 0, pservaddr, servlen);
11    }
12 }
```

————————————————————————————————————— udpcliserv/dgcliloop1.c

图8-19   写固定数目的数据报到服务器的dg_cli函数

然后，我们把服务器程序修改为接收数据报并对其计数，并不再把数据报回射给客户。
图8-20所示为新的dg_echo函数。当我们用终端中断键终止服务器时（相当于向它发送SIGINT
信号），服务器会显示所接收到数据报的数目并终止。

udpcliserv/dgecholoop1.c

```
 1 #include     "unp.h"

 2 static void recvfrom_int(int);
 3 static int   count;

 4 void
 5 dg_echo(int sockfd, SA *pcliaddr, socklen_t clilen)
 6 {
 7     socklen_t len;
 8     char      mesg[MAXLINE];

 9     Signal(SIGINT, recvfrom_int);

10     for ( ; ; ) {
11         len = clilen;
12         Recvfrom(sockfd, mesg, MAXLINE, 0, pcliaddr, &len);

13         count++;
14     }
15 }

16 static void
17 recvfrom_int(int signo)
18 {
19     printf("\nreceived %d datagrams\n", count);
20     exit(0);
21 }
```

udpcliserv/dgecholoop1.c

图8-20 对接收到数据报进行计数的dg_echo函数

现在我们在主机freebsd上运行服务器，它是一个慢速的SPARC工作站；在RS/6000系统aix
上运行客户，两个主机间以100 Mbit/s以太网相连。另外，我们在服务器主机上运行netstat -s
命令，在服务器启动前和结束后各运行一次，因为它们输出的统计数据将表明丢失了多少数据
报。图8-21给出了服务器主机上的输出。

客户发出2000个数据报，但是服务器只收到其中的30个，丢失率为98%。对于服务器应用
进程或客户应用进程都没有给出任何指示说这些数据报已丢失。这证实了我们说过的话，即UDP
没有流量控制并且是不可靠的。本例表明UDP发送端淹没其接收端是轻而易举之事。

检查netstat的输出，我们看到服务器主机（而不是服务器本身）接收到的数据报总数是
2000（73208-71208）。"dropped due to full socket buffers"（因套接字缓冲区满而丢弃）计数器的
值表示已被UDP接收，但是因为接收套接字的接收队列已满而被丢弃的数据报的数目（TCPv2
第775页）。该值为1970（3491-1971），它加上由应用进程输出的计数值（30）等于服务器主机
接收到的2000个数据报。不幸的是，因套接字缓冲区满而丢弃数据报的netstat计数值是全系
统范围的值，没有办法确定具体影响到哪些应用进程（如哪些UDP端口）。

本例中由服务器接收的数据报的数目是不确定的。它依赖于许多因素，例如网络负载、客
户主机的处理负载以及服务器主机的处理负载。

如果我们再次运行相同的客户和服务器，不过这一次让客户运行在慢速的Sun主机上，让
服务器运行在较快的RS/6000主机上，那就没有数据报丢失。

257
~
258

```
aix % udpserv06
^?                                        客户运行完毕后敲入中断键
received 2000 datagrams
freebsd % netstat -s -p udp
udp:
        71208 datagrams received
        0 with incomplete header
        0 with bad data length field
        0 with bad checksum
        0 with no checksum
        832 dropped due to no socket
        16 broadcast/multicast datagrams dropped due to no socket
        1971 dropped due to full socket buffers
        0 not for hashed pcb
        68389 delivered
        137685 datagrams output
freebsd % udpserv06                       启动我们的服务器
                                          再在此处运行客户
^C                                        客户运行完毕后敲中断键
received 30 datagrams
freebsd % netstat -s -p udp
udp:
        73208 datagrams received
        0 with incomplete header
        0 with bad data length field
        0 with bad checksum
        0 with no checksum
        832 dropped due to no socket
        16 broadcast/multicast datagrams dropped due to no socket
        3941 dropped due to full socket buffers
        0 not for hashed pcb
        68419 delivered
        137685 datagrams output
```

图8-21   服务器主机上的输出

UDP 套接字接收缓冲区

由UDP给某个特定套接字排队的UDP数据报数目受限于该套接字接收缓冲区的大小。我们可以使用SO_RCVBUF套接字选项修改该值，如7.5节所述。在FreeBSD下UDP套接字接收缓冲区的默认大小为42 080字节，也就是只有30个1400字节数据报的容纳空间。如果我们增大套接字接收缓冲区的大小，那么服务器有望接收更多的数据报。图8-22给出了对图8-20中dg_echo函数的修改，把套接字接收缓冲区设置为240 KB。

在Sun主机上运行这个服务器程序，在RS/6000主机上运行其客户程序，接收到的数据报计数现在变为103。这比前面使用默认套接字接收缓冲区的例子稍有改善，不过仍然不能从根本上解决问题。

在图8-22中我们为什么把接收套接字缓冲区大小设为220×1 024字节呢？FreeBSD5.1中一个套接字接收缓冲区的最大大小默认为262 144字节（256×1 024），但是由于缓冲区分配策略（见TCPv2第2章），真实的限制是233 016字节。许多基于4.3BSD的早期系统把一个套接字缓冲区的大小限制为52 000字节左右。

udpcliserv/dgecholoop2.c

```
 1 #include     "unp.h"

 2 static void recvfrom_int(int);
 3 static int   count;

 4 void
 5 dg_echo(int sockfd, SA *pcliaddr, socklen_t clilen)
 6 {
 7     int       n;
 8     socklen_t len;
 9     char      mesg[MAXLINE];

10     Signal(SIGINT, recvfrom_int);

11     n = 220 * 1024;
12     Setsockopt(sockfd, SOL_SOCKET, SO_RCVBUF, &n, sizeof(n));

13     for ( ; ; ) {
14         len = clilen;
15         Recvfrom(sockfd, mesg, MAXLINE, 0, pcliaddr, &len);

16         count++;
17     }
18 }

19 static void
20 recvfrom_int(int signo)
21 {
22     printf("\nreceived %d datagrams\n", count);
23     exit(0);
24 }
```

udpcliserv/dgecholoop2.c

图8-22 增大套接字接收队列大小的dg_echo函数

8.14 UDP 中的外出接口的确定

已连接UDP套接字还可用来确定用于某个特定目的地的外出接口。这是由connect函数应用到UDP套接字时的一个副作用造成的：内核选择本地IP地址（假设其进程未曾调用bind显式指派它）。这个本地IP地址通过为目的IP地址搜索路由表得到外出接口，然后选用该接口的主IP地址而选定。

图8-23给出了一个简单的UDP程序，它connect到一个指定的IP地址后调用getsockname得到本地IP地址和端口号并显示输出。

在多宿主机freebsd上运行该程序，我们得到如下输出：

```
freebsd % udpcli09 206.168.112.96
local address 12.106.32.254:52329

freebsd % udpcli09 192.168.42.2
local address 192.168.42.1:52330

freebsd % udpcli09 127.0.0.1
local address 127.0.0.1:52331
```

第一次运行该程序时所用命令行参数是一个遵循默认路径的IP地址。内核把本地IP地址指派成默认路径所指接口的主IP地址。第二次运行该程序时所用命令行参数是连接到另一个以太网接口的一个系统的IP地址，因此内核把本地IP地址指派成该接口的主地址。在UDP套接字上调用connect并不给对端主机发送任何信息，它完全是一个本地操作，只是保存对端的IP地址和端口号。我们还看到，在一个未绑定端口号的UDP套接字上调用connect同时也给该套接字指派一个临时端口。

udpcliserv/udpcli09.c

```
1 #include      "unp.h"

2 int
3 main(int argc, char **argv)
4 {
5     int       sockfd;
6     socklen_t len;
7     struct sockaddr_in  cliaddr, servaddr;

8     if (argc != 2)
9         err_quit("usage: udpcli <IPaddress>");

10    sockfd = Socket(AF_INET, SOCK_DGRAM, 0);

11    bzero(&servaddr, sizeof(servaddr));
12    servaddr.sin_family = AF_INET;
13    servaddr.sin_port = htons(SERV_PORT);
14    Inet_pton(AF_INET, argv[1], &servaddr.sin_addr);

15    Connect(sockfd, (SA *) &servaddr, sizeof(servaddr));

16    len = sizeof(cliaddr);
17    Getsockname(sockfd, (SA *) &cliaddr, &len);
18    printf("local address %s\n", Sock_ntop((SA *) &cliaddr, len));

19    exit(0);
20 }
```

udpcliserv/udpcli09.c

图8-23　使用connect来确定输出接口的UDP程序

　　　　不幸的是，这项技术并非对所有实现都有效，尤其是源自SVR4的内核。举例来说，它对Solaris 2.5无效，对AIX、HP-UX 11、MacOS X、FreeBSD、Linux、Solaris 2.6及其以后版本却均有效。

8.15　使用 `select` 函数的 TCP 和 UDP 回射服务器程序

　　现在，我们把第5章中的并发TCP回射服务器程序与本章中的迭代UDP回射服务器程序组合成单个使用select来复用TCP和UDP套接字的服务器程序。图8-24是该程序的前半部分。

创建监听TCP套接字

14~22　创建一个监听TCP套接字并捆绑服务器的众所周知端口，设置SO_REUSEADDR套接字选项以防该端口上已有连接存在。

创建UDP套接字

23~29　还创建一个UDP套接字并捆绑与TCP套接字相同的端口。这里无需在调用bind之前设置SO_REUSEADDR套接字选项，因为TCP端口是独立于UDP端口的。

udpcliserv/udpservselect01.c

```
 1 #include      "unp.h"

 2 int
 3 main(int argc, char **argv)
 4 {
 5     int     listenfd, connfd, udpfd, nready, maxfdp1;
 6     char    mesg[MAXLINE];
 7     pid_t   childpid;
 8     fd_set  rset;
 9     ssize_t n;
10     socklen_t len;
11     const int on = 1;
12     struct sockaddr_in  cliaddr, servaddr;
13     void    sig_chld(int);

14         /* create listening TCP socket */
15     listenfd = Socket(AF_INET, SOCK_STREAM, 0);

16     bzero(&servaddr, sizeof(servaddr));
17     servaddr.sin_family = AF_INET;
18     servaddr.sin_addr.s_addr = htonl(INADDR_ANY);
19     servaddr.sin_port = htons(SERV_PORT);

20     Setsockopt(listenfd, SOL_SOCKET, SO_REUSEADDR, &on, sizeof(on));
21     Bind(listenfd, (SA *) &servaddr, sizeof(servaddr));

22     Listen(listenfd, LISTENQ);

23         /* create UDP socket */
24     udpfd = Socket(AF_INET, SOCK_DGRAM, 0);

25     bzero(&servaddr, sizeof(servaddr));
26     servaddr.sin_family = AF_INET;
27     servaddr.sin_addr.s_addr = htonl(INADDR_ANY);
28     servaddr.sin_port = htons(SERV_PORT);

29     Bind(udpfd, (SA *) &servaddr, sizeof(servaddr));
```

udpcliserv/udpservselect01.c

图8-24　使用select处理TCP和UDP的回射服务器程序：前半部分

图8-25给出了服务器程序的后半部分。

给SIGCHLD建立信号处理程序

30　给SIGCHLD建立信号处理程序，因为TCP连接将由某个子进程处理。我们已在图5-11中给出了这个信号处理函数。

准备调用select

31~32　我们给select初始化一个描述符集，并计算出我们等待的两个描述符的较大者。

调用select

34~41　我们调用select只是为了等待监听TCP套接字的可读条件或UDP套接字的可读条件。既然我们的sig_chld信号处理函数可能中断我们对select的调用，我们于是需要处理EINTR错误。

处理新的客户连接

42~51　当监听TCP套接字可读时，我们accept一个新的客户连接，fork一个子进程，并在子进程中调用str_echo函数。这与第5章中采取的步骤相同。

udpcliserv/udpservselect01.c

```
30        Signal(SIGCHLD, sig_chld);       /* must call waitpid() */

31        FD_ZERO(&rset);
32        maxfdp1 = max(listenfd, udpfd) + 1;
33        for ( ; ; ) {
34            FD_SET(listenfd, &rset);
35            FD_SET(udpfd, &rset);
36            if ( (nready = select(maxfdp1, &rset, NULL, NULL, NULL)) < 0) {
37                if (errno == EINTR)
38                    continue;           /* back to for() */
39                else
40                    err_sys("select error");
41            }

42            if (FD_ISSET(listenfd, &rset)) {
43                len = sizeof(cliaddr);
44                connfd = Accept(listenfd, (SA *) &cliaddr, &len);

45                if ( (childpid = Fork()) == 0) { /* child process */
46                    Close(listenfd);      /* close listening socket */
47                    str_echo(connfd);     /* process the request */
48                    exit(0);
49                }
50                Close(connfd);            /* parent closes connected socket */
51            }

52            if (FD_ISSET(udpfd, &rset)) {
53                len = sizeof(cliaddr);
54                n = Recvfrom(udpfd, mesg, MAXLINE, 0, (SA *) &cliaddr, &len);
55                Sendto(udpfd, mesg, n, 0, (SA *) &cliaddr, len);
56            }
57        }
58 }
```

udpcliserv/udpservselect01.c

图8-25　使用select处理TCP和UDP的回射服务器程序：后半部分

处理数据报的到达

52~57　如果UDP套接字可读，那么已有一个数据报到达。我们使用recvfrom读入它，再使用sendto把它发回给客户。

8.16　小结

　　把我们的TCP回射客户/服务器程序转换成UDP回射客户/服务器程序比较容易，然而TCP提供的许多功能也消失了：检测丢失的分组并重传，验证响应是否来自正确的对端，等等。到22.5节我们再回过头来讨论这个话题，并查看如何给UDP应用程序增加一些可靠性。

　　UDP套接字可能产生异步错误，它们是在分组发送完一段时间后才报告的错误。TCP套接字总是给应用进程报告这些错误，但是UDP套接字必须已连接才能接收这些错误。

　　UDP没有流量控制，这一点很容易演示证明。一般来说，这不成什么问题，因为许多UDP应用程序是用请求-应答模式构造的，而且不用于传送大量数据。

编写UDP应用程序时还有许多问题需要考虑，不过我们把它们留到第22章，也就是在讲解了接口函数、广播和多播以后再作讨论。

习题

8.1 我们有两个应用程序，一个使用TCP，另一个使用UDP。TCP套接字的接收缓冲区中有4096字节的数据，UDP套接字的接收缓冲区中有两个2048字节的数据报。TCP应用程序调用read，指定其第三个参数为4096，UDP应用程序调用recvfrom，指定其第三个参数也为4096。这两个应用程序有什么差别吗？

8.2 在图8-4中，如果我们用clilen来代替sendto的最后一个参数（它原本是len），将会发生什么？

8.3 编译并运行图8-3及图8-4的UDP服务器程序和图8-7及图8-8的UDP客户程序。验证一下客户与服务器能一起工作。

8.4 在一个窗口中运行ping程序，指定-i 60选项（每60秒发一个分组；有些系统用-I而不是-i）、-v选项（输出所有接收到的ICMP错误）和环回地址（通常为127.0.0.1）。我们将用该程序来观察由服务器主机返回的端口不可达ICMP错误。然后，在另一个窗口运行上一个习题中的客户，指定不在运行服务器的某主机的IP地址。将会发生什么？

8.5 对于图8-5我们说过每个已连接TCP套接字都有自己的套接字接收缓冲区。监听套接字情况怎样？你认为它有自己的套接字接收缓冲区吗？

8.6 用sock程序（C.3节）和诸如tcpdump（C.5节）之类的工具来测试我们在8.10节给出的声明：如果客户bind一个IP地址到它的套接字上，但是发送一个从其他接口外出的数据报，那么该数据报仍然包含绑定在该套接字上的IP地址，即使该IP地址与该数据报的外出接口并不相符也不管。

8.7 编译8.13节中的程序并在不同的主机上运行客户和服务器。在客户程序中每次写一个数据报到套接字处放一个printf调用，这会改变接收到分组的百分比吗？为什么？在服务器程序中每次从套接字读一个数据报处放一个printf调用，这会改变接收到分组的百分比吗？为什么？

8.8 对于UDP/IPv4套接字，可传递给sendto的最大长度是多少；也就是说，可装填在一个UDP/IPv4数据报中的最大数据量是多少？UDP/IPv6又有什么不同？
修改图8-8以发送最大长度的UDP数据报，读回它，并输出由recvfrom返回的字节数。

8.9 通过对UDP套接字使用IP_RECVDSTADDR套接字选项，把图8-25的程序修改为符合RFC 1122。

第*9*章

基本 SCTP 套接字编程

9.1 概述

SCTP是一个较新的传输协议，于2000年在IETF得到标准化（而TCP是在1981年标准化的）。它最初是为满足不断增长的IP电话市场设计的，具体地说就是穿越因特网传输电话信令。它设计实现的需求在RFC 2719［Ong et al. 1999］中说明。SCTP是一个可靠的面向消息的协议，在端点之间提供多个流，并为多宿提供传输级支持。既然是一个较新的传输协议，它没有TCP或UDP那样无处不在，然而它提供了一些有可能简化特定应用程序设计的新特性。我们将在23.12节讨论考虑用SCTP代替TCP的原因。

尽管SCTP和TCP之间存在一些本质性的差别，然而SCTP的一到一（one-to-one）接口与TCP提供的应用接口非常接近。这一点允许轻而易举地移植应用程序，不过没法使用SCTP的某些高级特性。SCTP的一到多（one-to-many）接口提供了这些特性的完全支持，然而可能需要费时费力地重新编写已有的应用程序。对于大多数使用SCTP开发的新应用程序而言，推荐使用一到多接口。

本章讲解可额外用于SCTP的基本套接字函数。我们首先讲解应用程序开发人员可以使用的两种不同的接口模型。在第10章中，我们将使用一到多模型开发回射服务器程序的一个版本。我还讲解仅仅用于SCTP的新函数，随后查看shutdown函数，了解它在SCTP中的使用与在TCP中的使用如何不同。我们接着简要讨论SCTP中通知（notification）的使用。通知使得一个应用进程能够知晓用户数据到达以外的重要协议事件。23.4节中我们将会看到一个如何使用通知的例子。

SCTP各种特性的接口因为本身较新而尚未完全稳定。编写本书时，书中讲解的接口被认为是已经稳定，不过当然没有像套接字API其余部分那样普遍存在。仅使用SCTP的应用程序的用户需准备好安装内核补丁或升级操作系统，而想要在各种平台上使用的应用程序需同时考虑使用TCP，以应对SCTP不可用的系统。

9.2 接口模型

SCTP套接字分为：一到一套接字和一到多套接字。一到一套接字对应一个单独的SCTP关联。（回顾2.5节，我们知道一个SCTP关联是两个系统之间的一个连接，不过可能由于多宿原因而在每个端点涉及不止一个IP地址。）这种映射类似于TCP套接字和TCP连接的对应关系。对于一到多套接字，一个给定套接字上可以同时有多个活跃的SCTP关联。这种映射类似于绑定了某个特定端口的UDP套接字能够从若干个同时在发送数据的远程UDP端点接收彼此交错的数据报。

在决定使用哪种接口形式时，需要考虑应用程序的多个因素。

所编写的服务器程序是迭代的还是并发的？

服务器希望管理多少套接字描述符？

优化关联建立的四路握手过程，使得能够在其中第三个（也可能是第四个）分组交换用户
　　数据，这一点很重要吗？
应用进程希望维护多少个连接状态？

　　　　　在开发SCTP的套接字API期间，这两种形式的套接字曾经用过别的称谓，在文档或源代
　　码中，读者有时会碰到这些旧的名称。一到一套接字原本称为TCP风格（TCP-style）套接字，
　　一到多套接字原本称为UDP风格套接字。
　　　　　这些风格称谓后来被取消了，因为它们易于造成混淆，即SCTP可能被误解成其行为更像
　　TCP或UDP，具体取决于使用哪种风格的套接字。事实上这些称谓仅仅引用了TCP套接字和
　　UDP套接字在一个方面的差异（即是否支持多个并发的传输层关联）。它们目前的称谓（一到
　　一与一到多）集中体现了这两种套接字形式之间的关键差异。最后指出，有些作者使用多到
　　一这个称谓代替一到多，两者可以互换。

268

9.2.1　一到一形式

　　开发一到一形式的目的是方便将现有TCP应用程序移植到SCTP上。它提供的模型与第4章
中介绍的几乎一样。以下是这两者之间必须搞清的差异，特别是在把现有TCP应用程序移植到
SCTP的这种形式上时。

　　(1) 任何TCP套接字选项必须转换成等效的SCTP套接字选项。两个较常见的选项是
TCP_NODELAY和TCP_MAXSEG，它们应该映射成SCTP_NODELAY和SCTP_MAXSEG。

　　(2) SCTP保存消息边界，因而应用层消息边界并非必需。举例来说，基于TCP的某个应用协
议可能先执行一个双字节的write系统调用，给出消息的长度x，再调用一个x字节的write系统
调用，写出消息数据本身。改用SCTP后，接收端SCTP将收到两个独立的消息（也就是说得有两
次read系统调用才能返回全部数据：第一次返回一个双字节数据，第二次返回一个x字节消息）。

　　(3) 有些TCP应用进程使用半关闭来告知对端去往它的数据流已经结束。将这样的应用程序移
植到SCTP需要额外重写应用层协议，让应用进程在应用数据流中告知对端该传输数据流已经结束。

　　(4) send函数能够以普通方式使用。使用sendto或sendmsg函数时，指定的任何地址都被
认为是对目的地主地址（2.8节）的重写（overriding，意为弃原值、置新值）。

　　图9-1所示为一到一套接字典型用法的时间线图。服务器启动后，打开一个套接字，bind
一个地址，然后就等着accept客户关联。一段时间后客户启动，它也打开一个套接字，并初始
化与服务器的一个关联。我们假设客户向服务器发送一个请求，服务器处理该请求后向客户发
回一个应答。这个循环持续到客户开始终止该关联为止。这样主动关闭关联之后，服务器或者
退出，或者等待新的关联。通过对比图4-1所示TCP典型用法的时间线图，我们看到SCTP一到一
套接字的交互类似于TCP套接字。

269

　　一到一式SCTP套接字是一个类型为SOCK_STREAM，协议为IPPROTO_SCTP的网际网套接字
（即协议族为AF_INET或AF_INET6）。

9.2.2　一到多形式

　　一到多形式给应用程序开发人员提供这样的能力：编写的服务器程序无需管理大量的套接
字描述符。单个套接字描述符将代表多个关联，就像一个UDP套接字能够从多个客户接收消息
那样。在一到多式套接字上，用于标识单个关联的是一个关联标识（association identifier）。关
联标识是一个类型为sctp_assoc_t的值，通常是一个整数。它是一个不透明的值，应用进程不
应该使用不是由内核先前给予的任何关联标识。一到多式套接字的用户应该掌握以下几点。

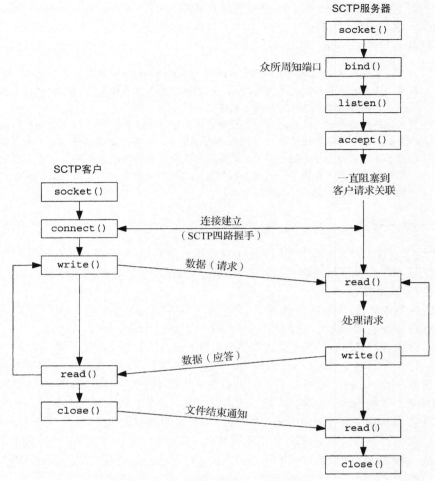

图9-1　SCTP一到一形式的套接字函数

(1) 当一个客户关闭其关联时，其服务器也将自动关闭同一个关联，服务器主机内核中不再有该关联的状态。

(2) 可用于致使在四路握手的第三个或第四个分组中捎带用户数据的唯一办法就是使用一到多形式（见习题9.3）。

(3) 对于一个与它还没有关联存在的IP地址，任何以它为目的地的sendto、sendmsg或sctp_sendmsg将导致对主动打开的尝试，从而（如果成功的话）建立一个与该地址的新关联。这种行为的发生与执行分组发送的这个应用进程是否曾调用过listen函数以请求被动打开无关。

(4) 用户必须使用sendto、sendmsg或sctp_sendmsg这3个分组发送函数，而不能使用send或write这2个分组发送函数，除非已经使用sctp_peeloff函数从一个一到多式套接字剥离出一个一到一式套接字。

(5) 任何时候调用其中任何一个分组发送函数时，所用的目的地址是由系统在关联建立阶段（2.8节）选定的主目的地址，除非调用者在所提供的sctp_sndrcvinfo结构中设置了MSG_ADDR_OVER标志。为了提供这个结构，调用者必须使用伴随辅助数据的sendmsg函数或sctp_sendmsg函数。

(6) 关联事件（将在9.14节讨论的众多SCTP通知之一）可能被启用，因此要是应用进程不希望收到这些事件，就得使用SCTP_EVENTS套接字选项显式禁止它们。默认情况下启用的唯一事件是sctp_data_io_event，它给recvmsg和sctp_recvmsg调用提供辅助数据。这个默认设置同时适用于一到一形式和一到多形式。

> 最初开发SCTP的套接字API时，一到多形式接口被定义成默认情况下也开启关联事件通知。该API文档的后续版本禁止了一到一和一到多这两种形式接口除sctp_data_io_event以外的所有事件通知。尽管如此，并非所有实现都具备这样的行为。对于应用程序开发人员来说，显式禁止（或启用）不想要的（或想要的）通知是最好的做法，能够确保不论代码移植到哪种操作系统，总是导致所期望的行为。

图9-2所示为一到多套接字典型用法的时间线图。服务器启动后打开一个套接字，bind一个地址，调用listen以允许客户建立关联，然后就调用sctp_recvmsg阻塞于等待第一个消息的到达。客户启动后也打开一个套接字，并调用sctp_sendto，它导致隐式建立关联，而数据请求由四路握手的第三个分组捎带给服务器。服务器收到该请求后进行处理并向该客户发回一个应答。客户收到应答后关闭其套接字，从而终止其上的关联。服务器循环回去接收下一个消息。

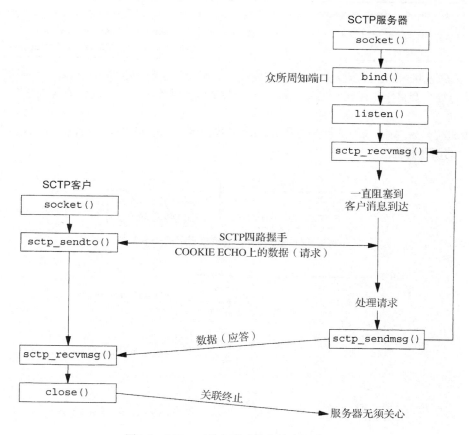

图9-2　SCTP一到多形式的套接字函数

本例子展示的是一个迭代服务器，来自许多关联（也就是许多客户）的（可能交错的）消息能够由单个控制线程处理。在SCTP中，一个一到多套接字也能够结合使用sctp_peeloff函数（9.12节）以允许组合迭代服务器模型和并发服务器模型，它们的关系如下。

(1) sctp_peeloff函数用于从一个一到多套接字剥离出某个特定的关联（如一个长期持续的会话），独自构成一个一到一式套接字。

(2) 剥离出的关联所在的一到一套接字随后就可以遣送给它自己的线程，或者遣送给为它派生的进程（就像在并发模型中那样）。

(3) 与此同时，主线程继续在原来的套接字上以迭代方式处理来自任何剩余关联的消息。

一到多式SCTP套接字是一个类型为SOCK_SEQPACKET，协议为IPPROTO_SCTP的网际网套接字（即协议族为AF_INET或AF_INET6）。

9.3　sctp_bindx 函数

SCTP服务器可能希望捆绑与所在主机系统相关IP地址的一个子集。传统意义上，TCP服务器或UDP服务器要么捆绑所在主机的某个地址，要么捆绑所有地址，而不能捆绑这些地址的一个子集。sctp_bindx函数允许SCTP套接字捆绑一个特定地址子集。

```
#include <netinet/sctp.h>

int sctp_bindx(int sockfd, const struct sockaddr *addrs, int addrcnt, int flags);
                                            返回：若成功则为0，若出错则为-1
```

*sockfd*是由socket函数返回的套接字描述符。第二个参数*addrs*是一个指向紧凑的地址列表的指针。每个套接字地址结构紧跟在前一个套接字地址结构之后，中间没有填充字节。例子见图9-4。

传递给sctp_bindx的地址个数由*addrcnt*参数指定。*flags*参数指导sctp_bindx调用执行图9-3所示的两种行为之一。

flags	说　　明
SCTP_BINDX_ADD_ADDR	往套接字中添加地址
SCTP_BINDX_REM_ADDR	从套接字中删除地址

图9-3　sctp_bind x函数所用的*flags*参数

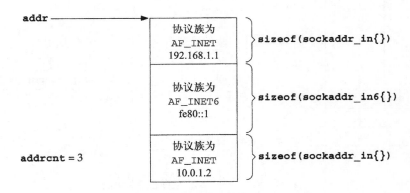

图9-4　SCTP调用所需的紧凑地址列表格式

sctp_bindx调用既可用于已绑定的套接字，也可用于未绑定的套接字。对于未绑定的套接字，sctp_bindx调用将把给定的地址集合捆绑到其上。对于已绑定的套接字，若指定SCTP_BINDX_ADD_ADDR则把额外的地址加入套接字描述符，若指定SCTP_BINDX_REM_ADDR则从套接字描述符的已加入地址中移除给定的地址。如果在一个监听套接字上执行sctp_bindx调用，那么将来产生的关联将使用新的地址配置，已经存在的关联则不受影响。传递给sctp_bindx的两个标志是互斥的，如果同时指定，调用就会失败，返回的错误码为EINVAL。所有套接字地址结构的端口号必须相同，而且必须与已经绑定的端口号相匹配，否则调用就会失败，返回EINVAL错误码。

如果一个端点支持动态地址特性，指定SCTP_BINDX_ADD_ADDR或SCTP_BINDX_REM_ADDR标志调用sctp_bindx将导致该端点向对端发送一个合适的消息，以修改对端的地址列表。由于增减一个已连接关联的地址只是一个可选的功能，因此不支持本功能的实现将返回EOPNOTSUPP。注意，本功能正确操作要求两个端点都支持这个特性。本特性对于支持动态接口供给的系统可能有用，举例来说，如果调出一个新的以太网接口，那么应用进程可以指定SCTP_BINDX_ADD_ADDR标志在已经存在的连接上启动使用这个接口。

9.4　**sctp_connectx** 函数

```
#include <netinet/sctp.h>

int sctp_connectx(int sockfd, const struct sockaddr *addrs, int addrcnt);
                                          返回：若成功则为0，若出错则为-1
```

sctp_connectx函数用于连接到一个多宿对端主机。该函数在*addrs*参数中指定*addrcnt*个全部属于同一对端的地址。*addrs*参数是一个紧凑的地址列表，如图9-4所示。SCTP栈使用其中一个或多个地址建立关联。列在*addrs*参数中的所有地址都被认为是有效的经过证实的地址。

270 ～ 274

9.5　**sctp_getpaddrs** 函数

getpeername函数不是为支持多宿概念的传输协议设计的；当用于SCTP时它仅仅返回主目的地址。如果需要知道对端的所有地址，那么应该使用sctp_getpaddrs函数。

```
#include <netinet/sctp.h>

int sctp_getpaddrs(int sockfd, sctp_assoc_t id, struct sockaddr **addrs);
                          返回：若成功则为存放在addrs中的对端地址数，若出错则为-1
```

*sockfd*参数是由socket函数返回的套接字描述符。*id*参数是一到多式套接字的关联标识，而一到一式套接字则会忽略该字段。*addrs*参数是一个地址指针，而地址内容是由本函数动态分配并填入的紧凑的地址列表。关于这个返回值的细节参见图9-4和图23-12。用完之后，调用者应该使用sctp_freepaddrs释放所分配的资源。

9.6　**sctp_freepaddrs** 函数

函数sctp_freepaddrs函数释放由sctp_getpaddrs函数分配的资源。

```
#include <netinet/sctp.h>

void sctp_freepaddrs(struct sockaddr *addrs);
```

*addrs*参数是指向由sctp_getpaddrs返回的地址数组的指针。

9.7 `sctp_getladdrs` 函数

sctp_getladdrs函数用于获取属于某个关联的本地地址。当需要知道一个本地端点究竟在使用哪些本地地址时（它们可能是主机所有地址的某个子集），可以调用本函数。

```
#include <netinet/sctp.h>

int sctp_getladdrs(int sockfd, sctp_assoc_t id, struct sockaddr **addrs);
```
返回：若成功则为存放在addrs中的本端地址数，若出错则为-1

275

*sockfd*参数是由socket函数返回的套接字描述符。*id*参数是一到多式套接字的关联标识，而一到一式套接字则会忽略它。*addrs*参数是一个地址指针，而地址内容是由本函数动态分配并填入的紧凑的地址列表。关于这个返回值的细节参见图9-4和图23-12。用完之后，调用者应该使用sctp_freeladdrs释放所分配的资源。

9.8 `sctp_freeladdrs` 函数

sctp_freeladdrs函数释放由sctp_getladdrs函数分配的资源。

```
#include <netinet/sctp.h>

void sctp_freeladdrs(struct sockaddr *addrs);
```

*addrs*参数是指向由sctp_getladdrs返回的地址数组的指针。

9.9 `sctp_sendmsg` 函数

通过使用伴随辅助数据的sendmsg函数（第14章），应用进程能够控制SCTP的各种特性。然而既然使用辅助数据可能不大方便，许多SCTP实现提供了一个辅助函数库调用（有可能作为系统调用实现），以方便应用进程使用SCTP的高级特性。

```
#include <netinet/sctp.h>

ssize_t sctp_sendmsg(int sockfd, const void *msg, size_t msgsz,
                     const struct sockaddr *to, socklen_t tolen,
                     uint32_t ppid,
                     uint32_t flags, uint16_t stream,
                     uint32_t timetolive, uint32_t context);
```
返回：若成功则为所写字节数，若出错则为-1

sctp_sendmsg的使用者以指定更多参数为代价简化了发送方法。*sockfd*参数是由socket函数返回的套接字描述符。*msg*参数指向一个长度为*msgsz*字节的缓冲区，其中内容将发送给对端端点*to*。*tolen*参数指定存放在*to*中的地址长度。*ppid*参数指定将随数据块传递的净荷协议标识符。*flags*参数将传递给SCTP栈，用以标识任何SCTP选项，图7-16给出了这个参数的有效取值。

调用者在*stream*参数中指定一个SCTP流号。调用者可以在*lifetime*参数中以毫秒为单位指定消息的生命期，其中0表示无限生命期。*context*参数用于指定可能有的用户上下文。用户上下文把通过消息通知机制收到的某次失败的消息发送与某个特定于应用的本地上下文关联起来。举例来说，要发送一个消息到流号1，发送标志设为MSG_PR_SCTP_TTL，生命期设为1000毫秒，净荷协议标识符为24，上下文为52，调用格式如下：

```
ret = sctp_sendmsg(sockfd,
                    data, datasz, &dest, sizeof(dest),
                    24, MSG_PR_SCTP_TTL, 1, 1000, 52);
```

这种方法比分配必要的辅助数据空间并在msghdr结构中设置合适的结构容易些。注意，如果实现把sctp_sendmsg函数映射成sendmsg函数，那么sendmsg的*flags*参数被设为0。

9.10 `sctp_recvmsg` 函数

与sctp_sendmsg一样，sctp_recvmsg函数也为SCTP的高级特性提供一个更方便用户的接口。使用本函数不仅能获取对端的地址，也能获取通常伴随recvmsg函数调用返回的msg_flags参数（如MSG_NOTIFICATION和MSG_EOR等）。本函数也允许获取已读入消息缓冲区中的伴随所接收消息的sctp_sndrcvinfo结构。注意，如果应用进程想要接收sctp_sndrcvinfo信息，那么必须使用SCTP_EVENTS套接字选项预订sctp_data_io_event（默认情况下开启）。

```
#include <netinet/sctp.h>

ssize_t sctp_recvmsg(int sockfd, void *msg, size_t msgsz,
                     struct sockaddr *from, socklen_t *fromlen,
                     struct sctp_sndrcvinfo *sinfo,
                     int *msg_flags);
```
返回：若成功则为所读字节数，若出错则为-1

本函数调用返回时，*msg*参数所指缓冲区中被填入最多*msgsz*字节的数据。消息发送者的地址存放在*from*参数中，地址结构大小存放在*fromlen*参数中。*msg_flags*参数中存放可能有的消息标志。如果通知的sctp_data_io_event被启用（默认情形），就会有与消息相关的细节信息来填充sctp_sndrcvinfo结构。注意，如果实现把sctp_recvmsg函数映射成recvmsg函数，那么recvmsg的*flags*参数被设为0。

9.11 `sctp_opt_info` 函数

sctp_opt_info函数是为无法为SCTP使用getsockopt函数的那些实现提供的。getsockopt无法支持SCTP的原因在于有些SCTP套接字选项（如SCTP_STATUS）需要一个入出（in_out）变量传递关联标识。对于无法为getsockopt函数提供入出变量的系统来说，只能使用sctp_opt_info函数。对于FreeBSD之类允许在套接字选项中使用出入变量的系统来说，sctp_opt_info是一个把参数重新包装到合适的getsockopt调用中的库函数。从可移植性考虑，应用程序应该对需要入出变量的所有选项（7.10节）使用sctp_opt_info函数。

```
#include <netinet/sctp.h>

int sctp_opt_info(int sockfd, sctp_assoc_t assoc_id, int opt,
                  void *arg, socklen_t *siz);
```
返回：若成功则为0，若出错则为-1

　　*sockfd*参数给出获取其上套接字选项信息的套接字描述符。*assoc_id*参数给出可能存在的关联标识。*opt*参数是SCTP的套接字选项（见7.10节）。*arg*给出套接字选项参数，*siz*是一个*socklen_t*类型指针，用于存放参数的大小。

9.12　sctp_peeloff 函数

　　如前所述，有可能从一个一到多式套接字中抽取一个关联，构成单独一个一到一式套接字。其语义很像带有一个额外参数的accept函数。调用者把一到多式套接字的*sockfd*和待抽取的关联标识*id*传递给函数调用。调用结束时将返回一个新的套接字描述符，它是一个与所请求关联对应的一到一式套接字描述符。

```
#include <netinet/sctp.h>

int sctp_peeloff(int sockfd, sctp_assoc_t id);
```
返回：若成功则为一个新的套接字描述符，若出错则为-1

9.13　shutdown 函数

　　6.6节讨论的shutdown函数可用于一到一式接口的SCTP端点。由于SCTP设计成不提供半关闭状态，SCTP端点对shutdown调用的反应不同于TCP端点。当相互通信的两个SCTP端点中任何一个发起关联终止序列时，这两个端点都得把已排队的任何数据发送掉，然后关闭关联。关联主动打开的发起端点改用shutdown而不是close的可能原因是：同一个端点可用于连接到一个新的对端端点。与TCP不同，新的套接字打开之前不必调用close。SCTP允许一个端点调用shutdown，shutdown结束之后，这个端点就可以重用原套接字连接到一个新的对端。注意，如果这个端点没有等到SCTP关联终止序列结束，新的连接就会失败。图9-5给出了这种情形下的典型函数调用。

　　注意，图9-5标出了用户接收MSG_NOTIFICATION事件。如果用户未曾预订接收这些事件，那么返回的是结果长度为0的read调用。6.6节讲解了shutdown函数对TCP的效果。对于SCTP，shutdown函数的*howto*参数语义如下。

SHUT_RD　　与6.6节讨论的对于TCP的语义等同，没有任何SCTP协议行为发生。

SHUT_WR　　禁止后续发送操作，激活SCTP关联终止过程，以此终止当前关联。注意，本操作不提供半关闭状态，不过允许本地端点读取已经排队的数据，这些数据是对端在收到SCTP的SHUTDOWN消息之前发送给本端的。

SHUT_RDWR　禁止所有read操作和write操作，激活SCTP关联终止过程。传送到本地端点的任何已经排队的数据都得到确认，然后悄然丢弃。

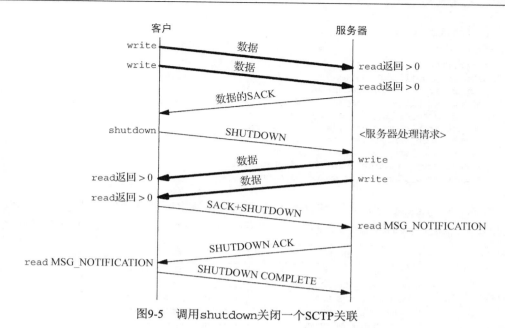

图9-5 调用shutdown关闭一个SCTP关联

9.14 通知

SCTP为应用程序提供了多种可用的通知。SCTP用户可以经由这些通知追踪相关关联的状态。通知传递的是传输级的事件，包括网络状态变动、关联启动、远程操作错误以及消息不可递送。不论是一到一式接口还是一到多式接口，默认情况下除sctp_data_io_event以外的所有事件都是被禁止的。我们将在23.7节查看一个使用通知的例子。

使用SCTP_EVENTS套接字选项可以预订8个事件。其中7个事件产生称为通知（notification）的额外数据，通知本身可经由普通的套接字描述符获取。当产生它们的事件发生时，这些通知内嵌在数据中加入套接字描述符。在预订相应通知的前提下读取某个套接字时，用户数据和通知将在套接字缓冲区中交错出现。为了区分来自对端的数据和由事件产生的通知，用户应该使用recvmsg函数或sctp_recvmsg函数。如果所返回的数据是一个事件通知，那么这两个函数返回的msg_flags参数将含有MSG_NOTIFICATION标志。这个标志告知应用进程刚刚读入的消息不是来自对端的数据，而是来自本地SCTP栈的一个通知。

每种通知都采用标签-长度-值（tag-length-value，TLV）格式，其中前8字节给出通知的类型和总长度。开启sctp_data_io_event事件（这一点对于SCTP的两种接口都是默认设置）将导致每次读入用户数据都收到一个sctp_sndrcvinfo结构。一般情况下，这些信息通过调用recvmsg作为辅助数据获取。应用进程也可以调用sctp_recvmsg，同样的信息将被填写到某个指针指出的sctp_sndrcvinfo结构中。

含有SCTP错误起因代码字段的通知有两种。该字段的值列在RFC 2960［Stewart et al. 2000］的3.3.10节以及http://www.iana.org/assignments/sctp-parameters的"CAUSE CODES"一节。

通知的格式如下：

```
struct sctp_tlv {
  u_int16_t sn_type;
  u_int16_t sn_flags;
```

```
      u_int32_t sn_length;
};

/* notification event */
union sctp_notification {
  struct sctp_tlv sn_header;
  struct sctp_assoc_change sn_assoc_change;
  struct sctp_paddr_change sn_paddr_change;
  struct sctp_remote_error sn_remote_error;
  struct sctp_send_failed sn_send_failed;
  struct sctp_shutdown_event sn_shutdown_event;
  struct sctp_adaption_event sn_adaption_event;
  struct sctp_pdapi_event sn_pdapi_event;
};
```

279
~
280

注意，sn_header字段用于解释类型值，以便译解出所处理的实际消息。图9-6剖析了
sn_header.sn_type的取值与SCTP_EVENTS套接字选项中使用的预订字段之间的对应关系。

sn_type	预订字段
SCTP_ASSOC_CHANGE	sctp_association_event
SCTP_PEER_ADDR_CHANGE	sctp_address_event
SCTP_REMOTE_ERROR	sctp_peer_error_event
SCTP_SEND_FAILED	sctp_send_failure_event
SCTP_SHUTDOWN_EVENT	sctp_shutdown_event
SCTP_ADAPTION_INDICATION	sctp_adaption_layer_event
SCTP_PARTIAL_DELIVERY_EVENT	sctp_partial_delivery_event

图9-6 *sn_type*字段和事件预订字段

每种通知有各自的结构，给出在传输中发生的相应事件的具体信息。

1. SCTP_ASSOC_CHANGE

本通知告知应用进程关联本身发生变动：或者已开始一个新的关联，或者已结束一个现有
的关联。本事件提供的信息定义如下：

```
struct sctp_assoc_change {
  u_int16_t sac_type;
  u_int16_t sac_flags;
  u_int32_t sac_length;
  u_int16_t sac_state;
  u_int16_t sac_error;
  u_int16_t sac_outbound_streams;
  u_int16_t sac_inbound_streams;
  sctp_assoc_t sac_assoc_id;
  uint8_t   sac_info[];
};
```

其中*sac_state*给出关联上发生的事件类型，取如下值之一。

281

SCTP_COMM_UP　　　　　　本状态指示某个新的关联刚刚启动。其中内入流和外出流字段分
别指出各自方向有多少流可用。关联标识字段给出这个关联在本
地SCTP栈的唯一访问标识。

SCTP_COMM_LOST　　　　　本状态指示由关联标识字段给出的关联已经关闭，原因既可以是
触发了某个不可达门限（例如本地SCTP端点多次超时触及门限，
表明对端不再可达），也可以是对端执行了对于该关联的中止性
关闭（通常使用SO_LINGER套接字选项或以MSG_ABORT标志使用
sendmsg）。特定于用户的信息存放在本通知的sac_info字段。

SCTP_RESTART	本状态指示对端已经重启。本通知最可能的原因是对端主机崩溃并重新启动了。应用进程应该验证每个方向流的数目，因为这些值可能在重启过程中发生变动。
SCTP_SHUTDOWN_COMP	本状态指示由本地端点激发的关联终止过程（或者通过调用shutdown，或者通过以MSG_EOF标志使用sendmsg）已经结束。对于一到一式接口，收到本通知后，相应套接字描述符可再次用于连接到另一个对端。
SCTP_CANT_STR_ASSOC	本状态指示对端对于本端的关联建立尝试（例如INIT消息）未曾给出响应。

*sac_error*字段存放导致本关联变动的SCTP协议错误起因代码。*sac_outbound_streams*和*sac_inbound_streams*字段存放本关联上每个方向协定的流数目。*sac_assoc_id*字段存放本关联的唯一句柄，不论是套接字选项还是以后的通知都可用它标识本关联。*sac_info*字段存放用户可用的其他信息。举例来说，如果某个关联被对端的某个用户自定义错误中止，这个错误就存放在该字段中。

2. SCTP_PEER_ADDR_CHANGE

本通知告知对端的某个地址经历了状态变动。这种变动既可以是失败性质（例如目的地不对所发送的消息作出响应），也可以是恢复性质（例如早先处于故障状态的某个目的地恢复正常）。伴随地址变动的结构如下：

```
struct sctp_paddr_change {
    u_int16_t spc_type;
    u_int16_t spc_flags;
    u_int32_t spc_length;
    struct sockaddr_storage spc_aaddr;
    u_int32_t spc_state;
    u_int32_t spc_error;
    sctp_assoc_t spc_assoc_id;
};
```

其中*spc_aaddr*字段存放本事件所影响的对端地址。*spc_state*字段存放图9-7说明的值之一。

spc_state	说　　明
SCTP_ADDR_ADDED	地址现已加入关联
SCTP_ADDR_AVAILABLE	地址现已可达
SCTP_ADDR_CONFIRMED	地址现已证实有效
SCTP_ADDR_MADE_PRIM	地址现已成为主目的地址
SCTP_ADDR_REMOVED	地址不再属于关联
SCTP_ADDR_UNREACHABLE	地址不再可达

图9-7　SCTP对端地址状态通知

当一个地址被声明为SCTP_ADDR_UNREACHABLE状态时，发送到该地址的任何数据将被重新路由到一个候选地址。注意，其中一些状态仅仅适用于支持动态地址选项的SCTP实现（例如SCTP_ADDR_ADDED和SCTP_ADDR_REMOVED）。

*spc_error*字段存放用于提供关于事件更详细信息的通知错误代码，*spc_assoc_id*存放关联标识。

3. SCTP_REMOTE_ERROR

远程端点可能给本地端点发送一个操作性错误消息。这些消息可以指示当前关联的各种出错条件。当开启本通知时，整个错误块（error chunk）将以内嵌格式传递给应用进程。本消息的格式如下：

```
struct sctp_remote_error {
    u_int16_t sre_type;
    u_int16_t sre_flags;
    u_int32_t sre_length;
    u_int16_t sre_error;
    sctp_assoc_t sre_assoc_id;
    u_int8_t  sre_data[];
};
```

其中*sre_error*存放SCTP协议错误起因代码，*sre_assoc_id*存放关联标识，*sre_data*以内嵌格式存放完整的错误。

283

4. SCTP_SEND_FAILED

无法递送到对端的消息通过本通知送回用户。本通知之后不久通常跟有一个关联故障通知。大多数情况下一个消息不能被递送的唯一原因是关联已经失效。关联有效前提下消息递送失败的唯一情况是使用了SCTP的部分可靠性扩展。本通知提供的结构如下：

```
struct sctp_send_failed {
    u_int16_t ssf_type;
    u_int16_t ssf_flags;
    u_int32_t ssf_length;
    u_int32_t ssf_error;
    struct sctp_sndrcvinfo ssf_info;
    sctp_assoc_t ssf_assoc_id;
    u_int8_t ssf_data[];
};
```

其中*ssf_flags*可取以下两个值之一。

SCTP_DATA_UNSENT：指示相应消息无法发送到对端（例如流控导致该消息无法在其生命期终止之前送出），因此对端永远收不到该消息。

SCTP_DATA_SENT：指示相应消息已经至少发送到对端一次，然而对端一直没有确认。这种情况下，对端可能收到了该消息，不过无法给出确认。

这种区分对于事务性协议可能比较重要，因为这样的协议可能需要基于是否收到某个给定消息而采取不同的行为以恢复一个破裂的连接。*ssf_error*字段若不为0则存放一个特定于本通知的错误代码。*ssf_info*字段若有的话提供的是发送数据时传递给内核的信息（如流数目、上下文等）。*ssf_assoc_id*存放的是关联标识，*ssf_data*存放未能递送的消息本身。

5. SCTP_SHUTDOWN_EVENT

当对端发送一个SHUTDOWN块到本地端点时，本通知被传递给应用进程。本通知告知应用进程在相应套接字上不再接受新的数据。所有当前已排队的数据将被发送出去，发送完毕后相应关联就被终止。本通知的格式如下：

```
struct sctp_shutdown_event {
    uint16_t sse_type;
    uint16_t sse_flags;
    uint32_t sse_length;
    sctp_assoc_t sse_assoc_id;
};
```

284

其中*sse_assoc_id*存放正在关闭中不再接受数据的那个关联的关联标识。

6. `SCTP_ADAPTION_INDICATION`

有些实现支持适应层指示参数（adaption layer indication parameter）。该参数在INIT和INIT-ACK中交换，用于通知对端将执行什么类型的应用适应行为。本通知的格式如下：

```
struct sctp_adaption_event {
    u_int16_t    sai_type;
    u_int16_t    sai_flags;
    u_int32_t    sai_length;
    u_int32_t    sai_adaption_ind;
    sctp_assoc_t sai_assoc_id;
};
```

其中*sai_assoc_id*字段给出本适应层通知的关联标识。*sai_adaption_ind*字段给出对端在INIT或INIT-ACK消息中传递给本地主机的32位整数。外出适应层使用`SCTP_ADAPTION_LAYER`套接字选项（7.10节）设置。适应层INIT/INIT-ACK选项在［Stewart et al. 2003b］中讲述，［Stewart et al. 2003a］给出了本选项在远程直接内存访问/直接数据放置中的示例用法。

7. `SCTP_PARTIAL_DELIVERY_EVENT`

部分递送应用程序接口用于经由套接字缓冲区向用户传送大消息。考虑一个用户写出单个大小为4MB的消息。如此大小的消息有可能耗尽系统资源。要是一个SCTP实现没有在整个消息到达之前就开始递送它的机制，那就无法处理这样的消息。能够如此递送消息的实现称为具备部分递送API。部分递送API由SCTP实现如此调用：置空msg_flags字段发送一个消息的各部分数据，直到准备递送最后一部分数据为止。发送最后一部分数据时把msg_flags字段设置为MSG_EOR。注意，如果应用进程准备接收大消息，那就应该使用recvmsg或sctp_recvmsg，以便查看msg_flags字段确定是否出现本条件。

有些情况下，部分递送API需要向应用进程传递状态信息。举例来说，如果需要中止一次部分递送API调用，`SCTP_PARTIAL_DELIVERY_EVENT`通知就得送给接收应用进程。本通知的格式如下：

```
struct sctp_pdapi_event {
    uint16_t pdapi_type;
    uint16_t pdapi_flags;
    uint32_t pdapi_length;
    uint32_t pdapi_indication;
    sctp_assoc_t pdapi_assoc_id;
};
```

其中*pdapi_assoc_id*字段给出部分递送API事件发生的关联标识。*pdapi_indication*存放发生的事件。目前该字段的唯一有效值是`SCTP_PARTIAL_DELIVERY_ABORTED`，它指出当前活跃的部分递送已被中止。

9.15 小结

SCTP为应用程序开发人员提供了两个接口式样：为便于移植到SCTP而基本上与现有TCP应用程序兼容的一到一式，以及允许发挥SCTP所有特性的一到多式。sctp_peeloff函数提供了从一种式样的关联中抽取出另一种式样的关联的一种方法。SCTP还提供不少传输事件通知，应用进程可以预订它们。这些事件有助于应用进程更好地管理所维护的关联。

既然SCTP是多宿的，第4章中讲解的标准套接字函数就不再都够用。诸如sctp_bindx、sctp_connectx、sctp_getladdrs、sctp_getpaddrs等函数提供了更好地控制和查看众多地址的方法,这些地址共同构成一个SCTP关联。诸如sctp_sendmsg和scpt_recvmsg等工具函数可以简化这些高级特性的使用。我们将在第10章和第23章中通过例子详细探讨本章引入的许多概念。

习题

9.1   什么情形下应用程序开发人员最可能使用sctp_peeloff函数?

9.2   在讨论一到多式接口时我们说过"当一个客户关闭其关联时,其服务器也将自动关闭同一个关联",请说明原因。

9.3   为什么必须使用一到多式接口才能在四路握手的第三个分组中捎带数据?(提示:在关联建立阶段必须具备数据发送能力才能这么做。)

9.4   在什么情形下会发生四路握手的第三个和第四个分组都捎带数据?

286 9.5   9.7节指出本地地址集可能是所绑定地址的某个合适的子集。这会在什么情形下发生?

SCTP 客户/服务器程序例子

10.1 概述

我们将在本章使用第4章和第9章中介绍的基本函数编写一个完整的一到多式SCTP客户/服务器程序例子。这个简单的例子类似于第5章中给出的回射服务器，执行如下步骤。

(1) 客户从标准输入读入一行文本，并发送给服务器。该文本行遵循**[#]text**格式，方括弧中的数字是在其上发送该文本消息的SCTP流号。

(2) 服务器从网络接收这个文本消息，把在其上到达该消息的流号增1，再在新的流号上发送回同一个文本消息给客户。

(3) 客户从网络读入这行回射文本，并显示在标准输出上，内容包括流号、流序列号和文本串。

图10-1描述了这个简单的客户/服务器，并标出了用于输入和输出的函数。

图10-1 简单的SCTP流分回射客户/服务器

我们在客户与服务器之间画了两个代表所用单向流的箭头，不过整个关联是全双工的。fgets和fputs这两个函数来自标准I/O函数库。我们没有使用3.9节定义的writen和readline这两个函数，因为没有必要。相反，我们改用在9.9节和9.10节定义的sctp_sendmsg和sctp_recvmsg函数。

本例子使用一到多式接口的服务器。如此抉择是有原因的。第5章中的例子可以略作修改就运行在SCTP之上：把socket函数调用改为指定IPPROTO_SCTP而不是IPPROTO_TCP作为第三个参数。然而如此简单的改动难以发挥SCTP提供的除多宿以外的其他特性。使用一到多式接口允许使用SCTP的所有特性。

10.2 SCTP 一到多式流分回射服务器程序：**main** 函数

我们的SCTP客户和服务器程序依循图9-2所示的函数调用流程。图10-2给出了一个迭代服务器程序。

设置流号增长选项

13~14 默认情况下服务器响应所用的流号是在其上接收消息的流号加1。如果通过命令行传递一个整数参数，那么服务器将把该参数解释成stream_increment的值。也就是说该参数决定是否增长外来消息的流号。我们将在10.5节讨论头端阻塞时使用这个选项。

sctp/sctpserv01.c

```
1 #include     "unp.h"

2 int
3 main(int argc, char **argv)
4 {
5      int       sock_fd, msg_flags;
6      char      readbuf[BUFFSIZE];
7      struct sockaddr_in servaddr, cliaddr;
8      struct sctp_sndrcvinfo sri;
9      struct sctp_event_subscribe evnts;
10     int       stream_increment=1;
11     socklen_t len;
12     size_t rd_sz;

13     if (argc == 2)
14         stream_increment = atoi(argv[1]);
15     sock_fd = Socket(AF_INET, SOCK_SEQPACKET, IPPROTO_SCTP);
16     bzero(&servaddr, sizeof(servaddr));
17     servaddr.sin_family = AF_INET;
18     servaddr.sin_addr.s_addr = htonl(INADDR_ANY);
19     servaddr.sin_port = htons(SERV_PORT);

20     Bind(sock_fd, (SA *) &servaddr, sizeof(servaddr));

21     bzero(&evnts, sizeof(evnts));
22     evnts.sctp_data_io_event = 1;
23     Setsockopt(sock_fd, IPPROTO_SCTP, SCTP_EVENTS, &evnts, sizeof(evnts));

24     Listen(sock_fd, LISTENQ);
25     for ( ; ; ) {
26         len = sizeof(struct sockaddr_in);
27         rd_sz = Sctp_recvmsg(sock_fd, readbuf, sizeof(readbuf),
28                         (SA *)&cliaddr, &len, &sri, &msg_flags);
29         if (stream_increment) {
30             sri.sinfo_stream++;
31             if (sri.sinfo_stream >=
32                 sctp_get_no_strms(sock_fd, (SA *)&cliaddr, len))
33                 sri.sinfo_stream = 0;
34         }
35         Sctp_sendmsg(sock_fd, readbuf, rd_sz,
36                     (SA *)&cliaddr, len,
37                     sri.sinfo_ppid,
38                     sri.sinfo_flags, sri.sinfo_stream, 0, 0);
39     }
40 }
```

sctp/sctpserv01.c

图10-2 SCTP流分回射服务器程序

创建一个SCTP套接字

15　　创建一个SCTP一到多式套接字。

捆绑一个地址

16~20　在待捆绑到该套接字的网际网套接字地址结构中填入通配地址（INADDR_ANY）和服务器的众所周知端口（SERV_PORT）。捆绑通配地址是在告知系统：本SCTP端点将在建立的任何关联中使用所有可用的本地地址。对于多宿主机而言，这种捆绑意味着一个远程端点能够与这个本地主机任何一个可路由地址建立关联并发送分组。我们对于SCTP端口号的选择基于图2-10。5.2节的例子中就端口号的考虑同样适用于本例子。

预订感兴趣的通知

21~23 服务器修改其一到多式SCTP套接字的通知预订。它仅仅预订sctp_data_io_ event，从而允许服务器查看sctp_sndrcvinfo结构。服务器可从该结构确定消息到达所在的流号。

开启外来关联

24 服务器以listen调用开启外来关联。随后控制进入主处理循环。

等待消息

26~28 服务器初始化客户套接字地址结构的大小，然后阻塞在等待来自任何一个远程对端的消息之上。

288
~
289

若需要则增长流号

29~34 当一个消息到达时，服务器检查stream_increment标志变量以确定是否需要增长流号。如果设置了该标志（没有通过命令行传递参数或所传递命令行参数不为0），服务器就把消息的流号增1。如果流号增长到大于等于最大流号（通过调用内部函数sctp_get_no_strms获取），服务器就把流号重置为0。sctp_get_no_strms函数没有给出，它使用7.10节讨论的SCTP_STATUS套接字选项找出商定的流数目。

发送回响应

35~38 服务器使用来自sri结构的净荷协议ID、标志以及可能改动过的流号发送回消息本身。

　　注意，本服务器不希望得到关联通知，因此禁止了会向上传递消息到套接字缓冲区的所有事件。本服务器依赖于sctp_sndrcvinfo结构中的信息和*cliaddr*中返回的地址定位对端的关联地址并返送回射消息。

　　本程序一直运行到用户以外部信号杀灭服务器进程为止。

10.3　SCTP 一到多式流分回射客户程序：**main** 函数

　　图10-3所示为SCTP客户程序的main函数。

验证参数并创建一个套接字

9~15 客户验证传递给它的参数：调用者必须提供消息发送到的主机，并可以启用"回射到全部（echo to all）"选项（见10.5节）。客户然后创建一个SCTP一到多式套接字。

设置服务器地址

16~20 客户使用inet_pton函数把通过命令行传递的服务器地址从表达格式转换成数值格式。它与服务器的众所周知端口号组合成的地址就是请求的目的地。

预订感兴趣的通知

21~23 客户显式设置其一到多式SCTP套接字的通知预订。与服务器一样，客户也不希望得到MSG_NOTIFICATION事件，因此要禁止这些事件通知，而仅仅开启sctp_sndrcvinfo结构的接收。

调用回射处理函数

24~28 如果没有设置echo_to_all标志，客户就调用将在10.4节讨论的sctpstr_cli函数，否则调用将在10.5节讨论的sctpstr_cli_echoall函数。

290

结束处理

29~31 从回射处理函数返回之后，客户关闭其SCTP套接字，从而终止使用该套接字的任何SCTP关联。客户随后从main函数返回值为0的代码，表明本程序的运行是成功的。

sctp/sctpclient01.c

```
1 #include      "unp.h"

2 int
3 main(int argc, char **argv)
4 {
5      int      sock_fd;
6      struct sockaddr_in servaddr;
7      struct sctp_event_subscribe evnts;
8      int      echo_to_all=0;

9      if (argc < 2)
10         err_quit("Missing host argument - use '%s host [echo]'\n", argv[0]);
11     if (argc > 2) {
12         printf("Echoing messages to all streams\n");
13         echo_to_all = 1;
14     }
15     sock_fd = Socket(AF_INET, SOCK_SEQPACKET, IPPROTO_SCTP);
16     bzero(&servaddr, sizeof(servaddr));
17     servaddr.sin_family = AF_INET;
18     servaddr.sin_addr.s_addr = htonl(INADDR_ANY);
19     servaddr.sin_port = htons(SERV_PORT);
20     Inet_pton(AF_INET, argv[1], &servaddr.sin_addr);

21     bzero(&evnts, sizeof(evnts));
22     evnts.sctp_data_io_event = 1;
23     Setsockopt(sock_fd,IPPROTO_SCTP, SCTP_EVENTS, &evnts, sizeof(evnts));
24     if (echo_to_all == 0)
25         sctpstr_cli(stdin, sock_fd, (SA *)&servaddr, sizeof(servaddr));
26     else
27         sctpstr_cli_echoall(stdin, sock_fd, (SA*)&servaddr,
28                             sizeof(servaddr));
29     Close(sock_fd);
30     return(0);
31 }
```

sctp/sctpclient01.c

291

图10-3   SCTP流分回射客户程序main函数

10.4   SCTP 流分回射客户程序：**sctpstr_cli** 函数

图10-4所示为默认的SCTP客户处理函数。

初始化sri结构并进入循环

11~12   客户以清零名为sri的sctp_sndrcvinfo结构变量开始，随后进入一个循环：以阻塞式fgets调用从由调用者传入的文件指针fp中读取文本行。main函数传入本函数的fp是stdin，因此用户输入在本循环中一直被读入并处理，直到用户键入终端EOF字符（Control-D）。用户如此操作将结束本函数，从而返回到调用者。

验证输入

13~16   客户检查用户输入符合**[#]text**格式。若不符合则显示一个出错消息，然后再次进入阻塞式fgets调用所在的循环。

转换流号

17   客户把用户在输入中请求的流号转换成sri结构的sinfo_stream字段。

```
                                                                    ── sctp/sctp_strcli.c
 1 #include    "unp.h"

 2 void
 3 sctpstr_cli(FILE *fp, int sock_fd, struct sockaddr *to, socklen_t tolen)
 4 {
 5      struct  sockaddr_in peeraddr;
 6      struct  sctp_sndrcvinfo sri;
 7      char    sendline[MAXLINE], recvline[MAXLINE];
 8      socklen_t len;
 9      int     out_sz,rd_sz;
10      int     msg_flags;

11      bzero(&sri,sizeof(sri));
12      while (fgets(sendline, MAXLINE, fp) != NULL) {
13          if (sendline[0] != '[') {
14              printf("Error, line must be of the form '[streamnum]text'\n");
15              continue;
16          }
17          sri.sinfo_stream = strtol(&sendline[1],NULL,0);
18          out_sz = strlen(sendline);
19          Sctp_sendmsg(sock_fd, sendline, out_sz,
20                      to, tolen, 0, 0, sri.sinfo_stream, 0, 0);

21          len = sizeof(peeraddr);
22          rd_sz = Sctp_recvmsg(sock_fd, recvline, sizeof(recvline),
23                          (SA *)&peeraddr, &len, &sri, &msg_flags);
24          printf("From str:%d seq:%d (assoc:0x%x):",
25                  sri.sinfo_stream, sri.sinfo_ssn, (u_int)sri.sinfo_assoc_id);
26          printf("%.*s",rd_sz,recvline);
27      }
28 }
                                                                    ── sctp/sctp_strcli.c
```

图10-4　sctpstr_cli函数：客户处理循环

发送消息

18~20　初始化目的地址结构的长度以及用户数据的大小之后，客户使用sctp_sendmsg函数发送消息。

阻塞在消息等待上

21~23　客户阻塞，等待来自服务器的回射消息。

显示返回的消息并循环

24~26　客户显示回射给它的返回消息，包括流号、流序列号以及文本消息本身。显示所回射的消息之后，客户循环回去获取用户的下一个请求。

运行代码

在一个FreeBSD主机上不带命令行参数启动SCTP回射服务器，然后启动其客户，客户的命令行参数仅仅指出服务器主机的地址。

```
freebsd4% sctpclient01 10.1.1.5
[0]Hello                                           在流0上发送一个消息
From str:1 seq:0 (assoc:0xc99e15a0):[0]Hello       服务器在流1上回射这个消息
[4]Message two                                     在流4上发送一个消息
From str:5 seq:0 (assoc:0xc99e15a0):[4]Message two 服务器在流5上回射这个消息
[4]Message three                                   在流4上发送另一个消息
From str:5 seq:1 (assoc:0xc99e15a0):[4]Message three 服务器在流5上回射这个消息
^D                                                 <Ctrl+D>是我们的EOF字符
freebsd4%
```

注意，客户在流0和流4上发送消息与服务器在流1和流5上回射消息是同时发生的。对于不带命令行参数的SCTP回射服务器来说，这是预期的行为。另外在流5上收到的第二个消息对应的流序列号也如预期地增1了。

10.5　探究头端阻塞

前述服务器尽管简单却提供了往多个流中的任何一个流发送文本消息的一个方法。SCTP中的流（stream）不同于TCP中的字节流，它是关联内部具有先后顺序的一个消息序列。这种以流本身而不是以流所在关联为单位进行消息排序的做法用于避免仅使用单个TCP字节流导致的头端阻塞（head-of-line blocking）现象。

头端阻塞发生在一个TCP分节丢失，导致其后续分节不按序到达接收端的时候。该后续分节将被接收端一直保持到第一个分节被发送端重传并到达接收端为止。该后续分节的延迟递送确保接收应用进程能够按顺序得到由发送应用进程发送的数据。这种为达到完全有序效果而引入的延迟非常有用，不过也有不利之处。假设在单个TCP连接上发送语义上独立的消息，譬如说服务器可能发送3幅不同的图像供Web浏览器显示。为了营造这几幅图像在用户屏幕上并行显示的效果，服务器先发送第一幅图像的一个断片，再发送第二幅图像的一个断片，然后发送第三幅图像的一个断片；服务器重复这个过程，直到这3幅图像全部成功地发送到浏览器为止。要是承载第一幅图像某个断片内容的TCP分节丢失了，将会发生什么呢？客户将保持已不按序到达的所有数据，直到丢失的分节被重传并成功到达为止。这样不仅延缓了第一幅图像数据的递送，也延缓了第二幅和第三幅图像数据的递送。图10-5展示了这个问题。

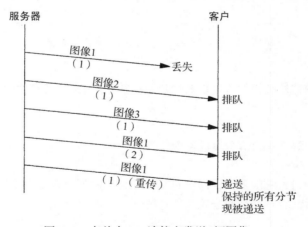

图10-5　在单个TCP连接上发送3幅图像

尽管不属于HTTP的工作原理，诸如SCP [Spero 1996] 和SMUX [Gettys and Nielsen 1998] 等扩展手段已被提议，它们能够在TCP之上提供类似的并行功能。提议这些复用协议旨在避免由多个不共享状态的并行TCP连接造成的有害行为 [Touch 1997]。尽管为每幅图像创建一个TCP连接（HTTP客户通常这么做）避免了头端阻塞问题，每个连接却不得不独立发现RTT和可用带宽；一个连接上的分节丢失（这是该连接所在路径上存在拥塞的一个信号）无法必然导致其他连接减缓传输速率。这将导致拥塞网络上较低的整体利用率。

应用进程并不希望发生头端阻塞。理想情况下，只有第一幅图像的后续断片会被延缓，而按顺序到达的第二幅和第三幅图像的各个断片将被立即递送给用户。

SCTP的多流特性能够尽可能地减少头端阻塞。图10-6展示了同样3幅图像的传送过程。这回服务器使用多个流，使得头端阻塞仅仅发生于期望的地方，这样第二幅和第三幅图像的递送不再受第一幅图像的影响，而第一幅图像部分接收的数据将保持到可以顺序递送为止。

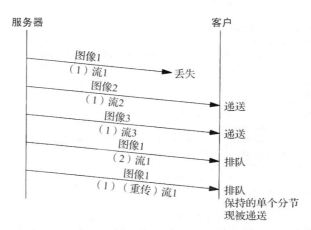

图10-6　在3个SCTP流上发送3幅图像

图10-7给出了SCTP回射客户程序的sctpstr_cli_echoall函数，我们用它展示SCTP如何把头端阻塞减少到最小。这个函数类似早先的sctpstr_cli函数，差别在于客户不再需要标准输入指出每个文本消息的流号。本函数将把用户输入的文本消息发送到多达SERV_MAX_SCTP_STRM个的流中。发送完消息后，客户等待来自服务器的所有响应的到达。在运行服务器程序时，我们传递一个额外的命令行参数，使得服务器在接收消息的同一个流上给出响应。这么一来用户就能更好地追踪服务器发送的响应以及它们到达客户的顺序。

初始化数据结构并等待输入

13~15　客户照样初始化用于建立各个流的sri结构，客户的数据发送和接收将通过这些流进行。客户还清零用于收集用户输入的数据缓冲区。客户随后同样进入阻塞于用户输入的主循环。

预处理消息

16~20　客户设置消息大小之后删除缓冲区末尾的换行符（如果有的话）。

发送消息到每个流

21~26　客户使用sctp_sendmsg函数发送消息，发送的是长度为SCTP_MAXLINE字节的整个缓冲区。在发送消息之前，客户添加上字符串".msg."和流号，这样我们就能观察各个响应消息的到达顺序，并与客户发送请求消息的顺序相比较。注意，客户只是把消息发送到固定数目的流中，而不管其中有多少流已经真正建立。要是对端向下商定流的数目，那么客户的若干个消息发送可能失败。

> 要是发送或接收窗口过小，本程序就有失败的潜在可能。要是对端的接收窗口过小，客户有可能被阻塞。既然客户在完成消息发送之前不会读取任何信息，服务器在等待客户完成读取已经送出的响应期间也可能潜在地阻塞。这种情形的后果是两个端点发生死锁。本程序不具备可扩展性，意图只是以简单直观的方式说明多个流和头端阻塞的关系。

sctp/sctp_strcliecho.c

```
 1 #include      "unp.h"

 2 #define SCTP_MAXLINE     800

 3 void
 4 sctpstr_cli_echoall(FILE *fp, int sock_fd, struct sockaddr *to,
 5                     socklen_t tolen)
 6 {
 7     struct sockaddr_in peeraddr;
 8     struct sctp_sndrcvinfo sri;
 9     char    sendline[SCTP_MAXLINE], recvline[SCTP_MAXLINE];
10     socklen_t len;
11     int     rd_sz, i, strsz;
12     int     msg_flags;

13     bzero(sendline, sizeof(sendline));
14     bzero(&sri, sizeof(sri));
15     while (fgets(sendline, SCTP_MAXLINE - 9, fp) != NULL) {
16         strsz = strlen(sendline);
17         if (sendline[strsz-1] == '\n') {
18             sendline[strsz-1] = '\0';
19             strsz--;
20         }
21         for (i = 0;i < SERV_MAX_SCTP_STRM; i++) {
22             snprintf(sendline + strsz, sizeof(sendline) - strsz,
23                      ".msg.%d", i);
24             Sctp_sendmsg(sock_fd, sendline, sizeof(sendline),
25                          to, tolen, 0, 0, i, 0, 0);
26         }
27         for (i = 0; i < SERV_MAX_SCTP_STRM; i++) {
28             len = sizeof(peeraddr);
29             rd_sz = Sctp_recvmsg(sock_fd, recvline, sizeof(recvline),
30                                  (SA *)&peeraddr, &len, &sri, &msg_flags);
31             printf("From str:%d seq:%d (assoc:0x%x):",
32                    sri.sinfo_stream, sri.sinfo_ssn,
33                    (u_int)sri.sinfo_assoc_id);
34             printf("%.*s\n", rd_sz, recvline);
35         }
36     }
37 }
```

sctp/sctp_strcliecho.c

图10-7 sctpstr_cli_echoall函数

读回回射的消息并显示

27~35   客户读入来自服务器的所有响应消息，并照样显示它们。读入最后一个回射的消息后，
客户循环回去获取用户的下一个输入。

10.5.1   运行代码

我们在两个不同的FreeBSD主机上执行客户程序和服务器程序。这两个主机由一个可配置
的路由器分割开，如图10-8所示。路由器能够配置成插入延迟和丢失。我们首先查看在路由器
不插入丢失前提下程序的执行情况。

我们以一个额外的命令行参数"0"启动服务器，迫使服务器不增长应答所用的流号。

我们接着启动客户，通过命令行传入回射服务器主机的地址和一个额外的参数，使得客户
把任何消息发送到每个流。

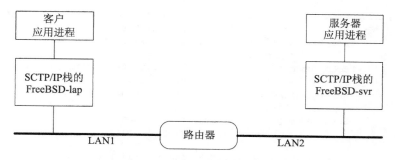

图10-8 SCTP客户/服务器实验环境

```
freebsd4% sctpclient01 10.1.4.1 echo
Echoing messages to all streams
Hello
From str:0 seq:0 (assoc:0xc99e15a0):Hello.msg.0
From str:1 seq:0 (assoc:0xc99e15a0):Hello.msg.1
From str:2 seq:0 (assoc:0xc99e15a0):Hello.msg.2
From str:3 seq:0 (assoc:0xc99e15a0):Hello.msg.3
From str:4 seq:0 (assoc:0xc99e15a0):Hello.msg.4
From str:5 seq:0 (assoc:0xc99e15a0):Hello.msg.5
From str:6 seq:0 (assoc:0xc99e15a0):Hello.msg.6
From str:7 seq:0 (assoc:0xc99e15a0):Hello.msg.7
From str:8 seq:0 (assoc:0xc99e15a0):Hello.msg.8
From str:9 seq:0 (assoc:0xc99e15a0):Hello.msg.9
^D
freebsd4%
```

在没有丢失的前提下，客户看到响应消息按照发送它们的顺序到达。我们随后把路由器参数改为两个方向的分组丢失率均为10%，并重新启动客户。

```
freebsd4% sctpclient01 10.1.4.1 echo
Echoing messages to all streams
Hello
From str:0 seq:0 (assoc:0xc99e15a0):Hello.msg.0
From str:2 seq:0 (assoc:0xc99e15a0):Hello.msg.2
From str:3 seq:0 (assoc:0xc99e15a0):Hello.msg.3
From str:5 seq:0 (assoc:0xc99e15a0):Hello.msg.5
From str:1 seq:0 (assoc:0xc99e15a0):Hello.msg.1
From str:8 seq:0 (assoc:0xc99e15a0):Hello.msg.8
From str:4 seq:0 (assoc:0xc99e15a0):Hello.msg.4
From str:7 seq:0 (assoc:0xc99e15a0):Hello.msg.7
From str:9 seq:0 (assoc:0xc99e15a0):Hello.msg.9
From str:6 seq:0 (assoc:0xc99e15a0):Hello.msg.6
^D
freebsd4%
```

让客户往每个流中发送两个消息，我们就能验证同一个流内的消息因重新排序所需而被适当地保持着。我们还把客户程序改为增添一个消息序号作为消息后缀，以便标识同一个流内的两个消息。图10-9展示了改动部分的代码。

添加额外的消息序号并发送

22~25 客户添加一个额外的消息序号1以帮助追踪待发送的消息，然后使用sctp_ sendmsg 函数把消息发送出去。

修改消息序号再次发送

26~29 客户把消息序号从1改为2，然后把更改后的消息发送到同一个流中。

sctp/sctp_strcliecho2.c

```
21              for (i =0 ; i < SERV_MAX_SCTP_STRM; i++) {
22                  snprintf(sendline + strsz, sizeof(sendline) - strsz,
23                          ".msg.%d 1", i);
24                  Sctp_sendmsg(sock_fd, sendline, sizeof(sendline),
25                              to, tolen, 0, 0, i, 0, 0);
26                  snprintf(sendline + strsz, sizeof(sendline) - strsz,
27                          ".msg.%d 2", i);
28                  Sctp_sendmsg(sock_fd, sendline, sizeof(sendline),
29                              to, tolen, 0, 0, i, 0, 0);
30              }
31              for (i = 0; i < SERV_MAX_SCTP_STRM * 2; i++) {
32                  len = sizeof(peeraddr);
```

sctp/sctp_strcliecho2.c

图10-9   sctpstr_cli函数改动部分

读回消息并显示

31   这儿的代码只需略加改动：把客户期待收回的来自回射服务器的消息数目翻倍。

10.5.2   运行改动过的代码

我们像先前那样执行服务器程序和改动过的客户程序，得到的来自客户的输出如下。

```
freebsd4% sctpclient01 10.1.4.1 echo
Echoing messages to all streams
Hello
From str:0 seq:0 (assoc:0xc99e15a0):Hello.msg.0 1
From str:0 seq:1 (assoc:0xc99e15a0):Hello.msg.0 2
From str:1 seq:0 (assoc:0xc99e15a0):Hello.msg.1 1
From str:4 seq:0 (assoc:0xc99e15a0):Hello.msg.4 1
From str:5 seq:0 (assoc:0xc99e15a0):Hello.msg.5 1
From str:7 seq:0 (assoc:0xc99e15a0):Hello.msg.7 1
From str:8 seq:0 (assoc:0xc99e15a0):Hello.msg.8 1
From str:9 seq:0 (assoc:0xc99e15a0):Hello.msg.9 1
From str:3 seq:0 (assoc:0xc99e15a0):Hello.msg.3 1
From str:3 seq:1 (assoc:0xc99e15a0):Hello.msg.3 2
From str:1 seq:1 (assoc:0xc99e15a0):Hello.msg.1 2
From str:5 seq:1 (assoc:0xc99e15a0):Hello.msg.5 2
From str:2 seq:0 (assoc:0xc99e15a0):Hello.msg.2 1
From str:6 seq:0 (assoc:0xc99e15a0):Hello.msg.6 1
From str:6 seq:1 (assoc:0xc99e15a0):Hello.msg.6 2
From str:2 seq:1 (assoc:0xc99e15a0):Hello.msg.2 2
From str:7 seq:1 (assoc:0xc99e15a0):Hello.msg.7 2
From str:8 seq:1 (assoc:0xc99e15a0):Hello.msg.8 2
From str:9 seq:1 (assoc:0xc99e15a0):Hello.msg.9 2
From str:4 seq:1 (assoc:0xc99e15a0):Hello.msg.4 2
^D
freebsd4%
```

从中可以看出，消息存在丢失现象，不过只有同一个流内的消息才因此延缓，其他流中的消息不受影响。SCTP流可以说是一个既能避免头端阻塞又能在相关的消息之间保持顺序的有效机制。

10.6 控制流的数目

我们已经查看了如何使用SCTP流,另一个问题是关联初始化阶段如何控制一个端点请求的流数目。我们早先的例子使用的是外出流数目的系统默认值。对于FreeBSD上SCTP的KAME实现而言,这个默认值是10。如果客户和服务器想要使用多于10个的流情况又如何呢?在图10-10中,我们把服务器程序改为允许在关联启动阶段增长端点请求的流数目。注意,这个变动必须针对尚未建立关联的套接字进行。

sctp/sctpserv02.c

```
14      if (argc == 2)
15          stream_increment = atoi(argv[1]);
16      sock_fd = Socket(AF_INET, SOCK_SEQPACKET, IPPROTO_SCTP);
17      bzero(&initm,sizeof(initm));
18      initm.sinit_num_ostreams = SERV_MORE_STRMS_SCTP;
19      Setsockopt(sock_fd, IPPROTO_SCTP, SCTP_INITMSG, &initm, sizeof(initm));
```

sctp/sctpserv02.c

图10-10 服务器程序请求更多流的改动部分

初始设置

14~16 服务器照样根据额外的命令行参数设置标志并打开套接字。

修改流数目请求

17~19 这几行含有增加到服务器程序中的新代码。服务器首先清零sctp_initmsg结构,以确保setsockopt调用不会无意中改动任何其他值。服务器接着把sinit_max_ostreams字段设置成期望请求的流数目,然后以初始消息参数设置套接字选项。

设置套接字选项的另一种方法是:使用sendmsg函数并提供辅助数据以请求不同于默认设置的流参数。这种类型的辅助数据仅仅适用于一到多式套接字。

299

10.7 控制终结

在早先的例子中,我们依赖于客户关闭套接字来终止关联。然而客户可能并不总是愿意关闭套接字。服务器也可能不愿意在发送了应答消息之后继续保持关联开放。这种情况下,我们需要查看终止一个关联的另外两个机制。对于一到多式接口,这两个可能的方法都可用:其中一个是雅致的,另一个则是破坏性的。

如果服务器希望在发送完一个应答消息后终止一个关联,那么可以在与该消息对应的sctp_sndrcvinfo结构的sinfo_flags字段中设置MSG_EOF标志。该标志迫使所发送消息被客户确认之后,相应关联也被终止。另一个方法是把MSG_ABORT标志应用于sinfo_flags字段。该标志将以ABORT块迫使立即终止关联。SCTP的ABORT块类似TCP的RST分节,能够无延迟地中止任何关联,尚未发送的任何数据都被丢弃。然而以ABORT块关闭一个SCTP会话并没有诸如防止TCP的TIME_WAIT状态之类的不良影响,ABORT块导致的是"优雅的"中止性关闭。图10-11给出的是回射服务器程序的改动部分,用于在送出响应消息的同时激活优雅的关联终止。图10-12给出的是回射客户程序的改动部分,用于在关闭套接字之前发送一个ABORT块。

发送回响应,同时终止关联

38 本行的改动仅仅是给sctp_sendmsg函数的标志参数或上MSG_EOF标志。该标志促成服务器在应答消息被客户成功确认之后关闭关联。

sctp/sctpserv03.c

```
25      for ( ; ; ) {
26          len = sizeof(struct sockaddr_in);
27          rd_sz = Sctp_recvmsg(sock_fd, readbuf, sizeof(readbuf),
28                               (SA *)&cliaddr, &len, &sri, &msg_flags);
29          if (stream_increment) {
30              sri.sinfo_stream++;
31              if (sri.sinfo_stream  >=
32                  sctp_get_no_strms(sock_fd, (SA *)&cliaddr, len))
33                  sri.sinfo_stream = 0;
34          }
35          Sctp_sendmsg(sock_fd, readbuf, rd_sz,
36                       (SA *)&cliaddr, len,
37                       sri.sinfo_ppid,
38                       (sri.sinfo_flags | MSG_EOF), sri.sinfo_stream, 0, 0);
39      }
```

sctp/sctpserv03.c

图10-11　服务器程序应答同时终止关联的改动部分

sctp/scptclient02.c

```
25      if  (echo_to_all == 0)
26          sctpstr_cli(stdin, sock_fd, (SA *)&servaddr, sizeof(servaddr));
27      else
28          sctpstr_cli_echoall(stdin, sock_fd, (SA *)&servaddr,
29                              sizeof(servaddr));
30      strcpy(byemsg, "goodbye");
31      Sctp_sendmsg(sock_fd, byemsg, strlen(byemsg),
32                   (SA *)&servaddr, sizeof(servaddr), 0, MSG_ABORT, 0, 0, 0);
33      Close(sock_fd);
```

sctp/sctpclient02.c

图10-12　客户程序预先中止关联的改动部分

关闭套接字前中止关联

30~32　客户准备一个消息作为关联中止的用户错误起因，然后以 MSG_ABORT 标志调用
　　　 sctp_sendmsg 函数。该标志导致发送一个 ABORT 块，从而立即终止当前关联。这个
　　　 ABORT 块包含用户发起错误起因代码，其上层原因字段中的消息为 "goodbye"。

关闭套接字描述符

33　即使关联已经中止，我们仍得关闭套接字描述符以释放与之关联的系统资源。

10.8　小结

　　我们查看了约为150行代码的简单 SCTP 客户和服务器程序。这两个程序都使用一到多式
SCTP 接口。服务器程序按照迭代式样构造，这也是使用一到多式接口时的常用式样。服务器接
收每个请求消息之后，应答消息或者发送到请求消息到来的流上，或者发送到编号稍高的流上。
我们接着查看了头端阻塞问题。通过修改客户程序强调本问题，我们表明 SCTP 流可用于避免这
个问题。我们使用众多可用于控制 SCTP 行为的套接字选项之一查看了如何操纵流的数目。最后，
我们再次修改服务器和客户程序，使得它们或能中止一个关联（并包含一个用户上层原因代码），
或能（对于我们的服务器情形）在发送一个消息之后优雅地终止关联。

　　我们将在第23章深入探讨 SCTP。

习题

10.1 在图10-4所示的客户程序中，如果SCTP返回错误，将会发生什么？如何改正程序以解决这个问题呢？

10.2 如果我们的服务器在给出响应之前退出，将会发生什么？有什么办法能够让客户知晓这种情况呢？

10.3 在图10-7的第22行，我们把out_sz设置成800字节。你认为我们这么做的理由是什么？有更好的办法找出较为理想的大小值来设置该变量吗？

10.4 Nagle算法（7.10节）对于图10-7所示的客户程序有什么影响？禁止Nagle算法有助于本程序吗？把客户和服务器程序改为都禁止Nagle算法，再构造并运行它们。

10.5 在10.6节我们指出，应用进程应该在建立关联之前修改流的数目。如果应用进程在建立关联之后修改流的数目，将会发生什么？

10.6 在讨论修改流的数目时我们指出，一到多式套接字是唯一可使用辅助数据以请求更多流的式样。其理由是什么？（提示：辅助数据必须随消息一道发送。）

10.7 为什么服务器可以不追踪自己打开的关联而离开呢？不追踪关联存在危险吗？

10.8 在10.7节，我们把服务器程序改为在应答每个消息后终止相应的关联。这么做会导致任何问题吗？这是一个好的设计决策吗？

302

第 11 章

名字与地址转换

11.1 概述

到目前为止，本书中所有例子都用数值地址来表示主机（如206.6.226.33），用数值端口号来标识服务器（例如端口13代表标准的daytime服务器，端口9877代表我们的回射服务器）。然而出于许多理由，我们应该使用名字而不是数值：名字比较容易记住；数值地址可以变动而名字保持不变；随着往IPv6上转移，数值地址变得相当长，手工键入数值地址更易出错。本章讲述在名字和数值地址间进行转换的函数：gethostbyname和gethostbyaddr在主机名字与IPv4地址之间进行转换，getservbyname和getservbyport在服务名字和端口号之间进行转换。本章还讲述两个协议无关的转换函数：getaddrinfo和getnameinfo，分别用于主机名字和IP地址之间以及服务名字和端口号之间的转换。

11.2 域名系统

域名系统（Domain Name System，DNS）主要用于主机名字与IP地址之间的映射。主机名既可以是一个简单名字（simple name），例如solaris或bsdi，也可以是一个全限定域名（Fully Qualified Domain Name，FQDN），例如solaris.unpbook.com。

> 严格说来，FQDN也称为绝对名字（absolute name），而且必须以一个点号结尾，不过用户们往往省略结尾的点号。这个点号告知DNS解析器该名字是全限定的，从而不必搜索解析器自己维护的可能域名列表。

我们在本节仅仅讨论网络编程所需的DNS基础知识。对于更多细节感兴趣的读者可参阅TCPv1的第14章和［Albitz and Liu 2001］。IPv6所要求的附加内容出自RFC 1886［Thomson and Huitema 1995］和RFC 3152［Bush 2001］。

11.2.1 资源记录

DNS中的条目称为资源记录（resource record，RR）。我们感兴趣的RR类型只有若干个。

A   A记录把一个主机名映射成一个32位的IPv4地址。举例来说，以下是unpbook.com域中关于主机freebsd的4个DNS记录，其中第一个是一个A记录：

```
freebsd    IN    A      12.106.32.254
           IN    AAAA   3ffe:b80:1f8d:1:a00:20ff:fea7:686b
           IN    MX     5  freebsd.unpbook.com.
           IN    MX     10 mailhost.unpbook.com.
```

AAAA   称为"四A"（quad A）记录的AAAA记录把一个主机名映射成一个128位的IPv6地址。选择"四A"这个称呼是由于128位地址是32位地址的四倍。

PTR　　　称为"指针记录"（pointer record）的PTR记录把IP地址映射成主机名。对于IPv4
地址，32位地址的4字节先反转顺序，每字节都转换成各自的十进制ASCII值（0～
255）后，再添上in-addr.arpa，结果字符串用于PTR查询。

对于IPv6地址，128位地址中的32个四位组先反转顺序，每个四位组都被转换成
相应的十六进制ASCII值（0～9，a～f）后，再添上ip6.arpa。

举例来说，上例中主机freebsd的两个PTR记录分别是254.32.106.12.in-
addr.arpa和b.6.8.6.7.a.e.f.f.f.0.2.0.0.a.0.1.0.0.0.d.8.f.1.0.8.
b.0.e.f.f.3.ip6.arpa。

　　　　早期标准指定在ip6.int域中反向查找IPv6地址。IPv6的反向查找域现已改为
ip6.arpa，以与IPv4保持一致。这两个域之间存在一个过渡期，期间两者都可以使用。

MX　　　MX记录把一个主机指定作为给定主机的"邮件交换器"（mail exchanger）。上例
中主机freebsd有2个MX记录：第一个的优先级值为5，第二个的优先级值为10。
当存在多个MX记录时，它们按照优先级顺序使用，值越小优先级越高。

　　　　本书不用MX记录，我们提及这种类型RR是因为它们在现实世界中应用相当广泛。 |304|

CNAME　CNAME代表"canonical name"（规范名字），它的常见用法是为常用的服务（例
如ftp和www）指派CNAME记录。如果人们使用这些服务名而不是真实的主机
名，那么相应的服务挪到另一个主机时他们也不必知道。举例来说，我们名为
linux的主机有以下2个CNAME记录：

```
ftp       IN    CNAME  linux.unpbook.com.
www       IN    CNAME  linux.unpbook.com.
```

　　目前处于IPv6部署的极早期，系统管理员们会给同时支持IPv4和IPv6的主机使用什么样的
命名约定尚不清楚。在本节前面的例子中，我们给主机freebsd同时指定了A记录和AAAA记录。
一种可能的约定是：把A记录和AAAA记录都置于主机的通常名字之下（如前所示），再创建另
一个名字以-4结尾、含有A记录的RR，另一个名字以-6结尾、含有AAAA记录的RR，以及另一
个名字以-611结尾、含有AAAA记录及主机的链路局部地址的RR（这个RR有时便于调试）。以
下是我们另一个主机的所有这些记录：

```
aix       IN    A      192.168.42.2
          IN    AAAA   3ffe:b80:1f8d:2:204:acff:fe17:bf38
          IN    MX     5  aix.unpbook.com.
          IN    MX     10 mailhost.unpbook.com.
aix-4     IN    A      192.168.42.2
aix-6     IN    AAAA   3ffe:b80:1f8d:2:204:acff:fe17:bf38
aix-611   IN    AAAA              fe80::204:acff:fe17:bf38
```

　　这种约定给予我们额外的应用程序协议选择控制权，具体讨论见下一章。

11.2.2　解析器和名字服务器

　　每个组织机构往往运行一个或多个名字服务器（name server），它们通常就是所谓的BIND
（Berkeley Internet Name Domain的简称）程序。诸如我们在本书中编写的客户和服务器等应用程
序通过调用称为解析器（resolver）的函数库中的函数接触DNS服务器。常见的解析器函数是将

在本章讲解的gethostbyname和gethostbyaddr，前者把主机名映射成IPv4地址，后者则执行相反的映射。

图11-1展示了应用进程、解析器和名字服务器之间的一个典型关系。现在考虑编写应用程序代码。解析器代码通常包含在一个系统函数库中，在构造应用程序时被链编（link-editing）到应用程序中。另有些系统提供一个由全体应用进程共享的集中式解析器守护进程，并提供向这个守护进程执行RPC的系统函数库代码。不论哪种情况，应用程序代码使用通常的函数调用来执行解析器中的代码，调用的典型函数是gethostbyname和gethostbyaddr。

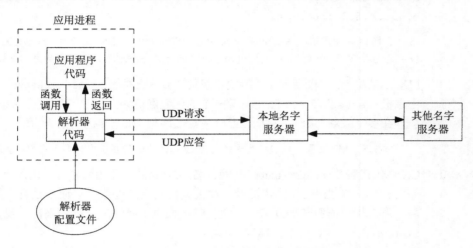

图11-1　客户、解析器和名字服务器的典型关系

解析器代码通过读取其系统相关配置文件确定本组织机构的名字服务器们的所在位置。（我们使用复数"名字服务器们"是因为大多数组织机构运行多个名字服务器，尽管我们在图中只展示了一个本地服务器。出于可靠和冗余的目的，必须要设置多个名字服务器。）文件/etc/resolv.conf通常包含本地名字服务器主机的IP地址。

> 既然名字要比地址好记易配，要是能够在/etc/resolv.conf文件中也使用名字服务器主机的名字该有多好，然而这样做会引入一个鸡与蛋的问题：名字服务器主机自身的名字到地址转换由谁执行呢？

解析器使用UDP向本地名字服务器发出查询。如果本地名字服务器不知道答案，它通常就会使用UDP在整个因特网上查询其他名字服务器。如果答案太长，超出了UDP消息的承载能力，本地名字服务器和解析器会自动切换到TCP。

11.2.3　DNS 替代方法

不使用DNS也可能获取名字和地址信息。常用的替代方法有静态主机文件（通常是/etc/hosts文件，如图11-21所示）、网络信息系统（Network Information System，NIS）以及轻权目录访问协议（Lightweight Directory Access Protocol，LDAP）。不幸的是，系统管理员如何配置一个主机以使用不同类型的名字服务是实现相关的。Solaris 2.x、HP-UX 10及后续版本、FreeBSD 5.x及后续版本使用文件/etc/nsswitch.conf，AIX使用文件/etc/netsvc.conf。BIND 9.2.2提供了自己的名为信息检索服务（Information Retrieval Service，IRS）的版本，使用文

件/etc/irs.conf。如果使用名字服务器查找主机名，那么所有这些系统都使用文件
/etc/resolv.conf指定名字服务器的IP地址。幸运的是，这些差异对于应用程序开发人员来说
通常是透明的，我们只需调用诸如gethostbyname和gethostbyaddr这样的解析器函数。

11.3 **gethostbyname** 函数

认知计算机主机通常采用直观可读的名字。本书到目前为止的所有例子都有意使用IP地址
而不是名字，这样我们能够确切地知道：对于诸如connect和sendto这样的函数，进入套接字
地址结构的是什么内容；对于诸如accept和recvfrom这样的函数，返回的是什么内容。然而大
多数应用程序应该处理名字而不是地址。当我们往IPv6转移时，这一点变得尤为正确，因为IPv6
地址（十六进制数串）比IPv4点分十进制数串要长得多。（上一节中的AAAA记录例子和
ip6.arpa域PTR记录例子足以说明问题了。）

查找主机名最基本的函数是gethostbyname。如果调用成功，它就返回一个指向hostent
结构的指针，该结构中含有所查找主机的所有IPv4地址。这个函数的局限是只能返回IPv4地址，
而11.6节讲解的getaddrinfo函数能够同时处理IPv4地址和IPv6地址。POSIX规范预警可能会在
将来的某个版本中撤销gethostbyname函数。

> gethostbyname函数不大可能真正消失，除非整个因特网改为使用IPv6，那可能是在遥
> 遥无期的将来。从POSIX规范中撤销该函数意在声明新的程序不该再使用它。我们鼓励在新
> 的程序中改用getaddrinfo函数。

```
#include <netdb.h>

struct hostent *gethostbyname(const char *hostname);
```
返回：若成功则为非空指针，若出错则为NULL且设置h_errno

本函数返回的非空指针指向如下的hostent结构。

```
struct hostent {
  char  *h_name;      /* official (canonical) name of host */
  char **h_aliases;   /* pointer to array of pointers to alias names */
  int    h_addrtype;  /* host address type: AF_INET */
  int    h_length;    /* length of address: 4 */
  char **h_addr_list; /* ptr to array of ptrs with IPv4 addrs */
};
```

按照DNS的说法，gethostbyname执行的是对A记录的查询。它只能返回IPv4地址。

图11-2所示为hostent结构和它所指向的各种信息之间的关系，其中假设所查询的主机名
有2个别名和3个IPv4地址。在这些字段中，所查询主机的正式主机名（official host）和所有别
名（alias）都是以空字符结尾的C字符串。

返回的h_name称为所查询主机的规范（canonical）名字。以上一节的CNAME记录例子为
例，主机ftp.unpbook.com的规范名字是linux.unpbook.com。另外，如果我们在主机aix上
以一个非限定主机名（例如solaris）调用gethostbyname，那么作为规范名字返回的是它的
FQDN（即solaris.unpbook.com）。

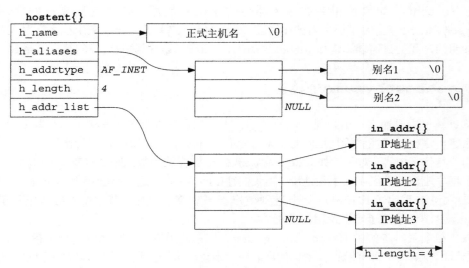

图11-2   hostent结构和它所包含的信息

有些版本的gethostbyname函数实现允许*hostname*参数是一个点分十进制数串，也就是如下格式的调用是可行的：

```
hptr = gethostbyname("192.168.42.2");
```

添加如此处理*hostname*参数的代码是因为Rlogin客户只接受主机名，并以它为参数调用gethostbyname，而不接受点分十进制数串 [Vixie 1996]。POSIX规范允许但不强求如此处理*hostname*参数，因此考虑可移植性的应用程序不能依赖这个特性。

gethostbyname与我们介绍过的其他套接字函数的不同之处在于：当发生错误时，它不设置errno变量，而是将全局整数变量h_errno设置为在头文件<netdb.h>中定义的下列常值之一：

HOST_NOT_FOUND；

TRY_AGAIN；

NO_RECOVERY；

NO_DATA（等同于NO_ADDRESS）。

NO_DATA错误表示指定的名字有效，但是它没有A记录。只有MX记录的主机名就是这样的一个例子。

如今多数解析器提供名为hstrerror的函数，它以某个h_errno值作为唯一的参数，返回的是一个const char *指针，指向相应错误的说明。在下面的例子中，我们给出由该函数返回的一些字符串例子。

例子

图11-3给出了一个简单例子，它为任意数目的命令行参数调用gethostbyname，并显示返回的所有信息。

308

8~14   给每个命令行参数调用gethostbyname。

15~17   输出规范主机名，后跟别名列表。

18~24   pptr指向一个指针数组，其中每个指针指向一个地址。对于每一个地址，我们调用inet_ntop并输出返回的字符串。

———————— names/hostent.c

```
 1 #include    "unp.h"

 2 int
 3 main(int argc, char **argv)
 4 {
 5     char      *ptr, **pptr;
 6     char       str[INET_ADDRSTRLEN];
 7     struct hostent   *hptr;

 8     while (--argc > 0) {
 9         ptr = *++argv;
10         if ( (hptr = gethostbyname(ptr)) == NULL) {
11             err_msg("gethostbyname error for host: %s: %s",
12                     ptr, hstrerror(h_errno));
13             continue;
14         }
15         printf("official hostname: %s\n", hptr->h_name);

16         for (pptr = hptr->h_aliases; *pptr != NULL; pptr++)
17             printf("\talias: %s\n", *pptr);

18         switch (hptr->h_addrtype) {
19         case AF_INET:
20             pptr = hptr->h_addr_list;
21             for ( ; *pptr != NULL; pptr++)
22                 printf("\taddress: %s\n",
23                         Inet_ntop(hptr->h_addrtype, *pptr, str, sizeof(str)));
24             break;

25         default:
26             err_ret("unknown address type");
27             break;
28         }
29     }
30     exit(0);
31 }
```

———————— names/hostent.c

图11-3 调用gethostbyname并显示返回的信息

我们首先以主机aix的名字作为参数运行该程序，该主机只有一个IPv4地址。

```
freebsd % hostent aix
official hostname: aix.unpbook.com
        address: 192.168.42.2
```

注意，正式主机名就是FQDN。另外，即使该主机有IPv6地址，返回的也仅仅是IPv4地址。 309
接着是有多个IPv4地址的一个Web服务器主机的输出。

```
freebsd % hostent cnn.com
official hostname: cnn.com
        address: 64.236.16.20
        address: 64.236.16.52
        address: 64.236.16.84
        address: 64.236.16.116
        address: 64.236.24.4
        address: 64.236.24.12
        address: 64.236.24.20
        address: 64.236.24.28
```

下一个名字在11.2节的例子中有一个CNAME记录。

```
freebsd % hostent www
```

```
official hostname: linux.unpbook.com
        alias: www.unpbook.com
        address: 206.168.112.219
```

正如预期的那样，正式主机名不同于我们的命令行参数。

为了查看由hstrerror函数返回的错误信息串，我们先指定一个不存在的主机名，再指定一个仅有MX记录的名字。

```
freebsd % hostent nosuchname.invalid
gethostbyname error for host: nosuchname.invalid: Unknown host
```

```
freebsd % hostent uunet.uu.net
gethostbyname error for host: uunet.uu.net: No address associated with name
```

11.4　gethostbyaddr 函数

gethostbyaddr函数试图由一个二进制的IP地址找到相应的主机名，与gethostbyname的行为刚好相反。

```
#include <netdb.h>

struct hostent *gethostbyaddr(const char *addr, socklen_t len, int family);
```
                                返回：若成功则为非空指针，若出错则为NULL且设置h_errno

本函数返回一个指向与之前所述同样的hostent结构的指针。对于这个随gethostbyname函数讲解过的hostent结构，我们感兴趣的字段通常是存放规范主机名的h_name。

*addr*参数实际上不是char *类型，而是一个指向存放IPv4地址的某个in_addr结构的指针；*len*参数是这个结构的大小：对于IPv4地址为4。*family*参数为AF_INET。

按照DNS的说法，gethostbyaddr在in_addr.arpa域中向一个名字服务器查询PTR记录。

11.5　getservbyname 和 getservbyport 函数

像主机一样，服务也通常靠名字来认知。如果我们在程序代码中通过其名字而不是其端口号来指代一个服务，而且从名字到端口号的映射关系保存在一个文件中（通常是/etc/services），那么即使端口号发生变动，我们需修改的仅仅是/etc/services文件中的某一行，而不必重新编译应用程序。getservbyname函数用于根据给定名字查找相应服务。

> 赋予各个服务的端口号规范列表由IANA通过http://www.iana.org/assignments/port-numbers维护（2.9节）。/etc/services文件通常包含由IANA维护的规范赋值列表的某个子集。

```
#include <netdb.h>

struct servent *getservbyname(const char *servname, const char *protoname);
```
                                返回：若成功则为非空指针，若出错则为NULL

本函数返回的非空指针指向如下的servent结构。

```
struct servent {
  char  *s_name;      /* official service name */
  char  **s_aliases;   /* alias list */
  int    s_port;       /* port number, network byte order */
```

```
    char    *s_proto;         /* protocol to use */
};
```

服务名参数*servname*必须指定。如果同时指定了协议（即*protoname*参数为非空指针），那么指定服务必须有匹配的协议。有些因特网服务既用TCP也用UDP提供（例如DNS以及图2-18中的所有服务），其他因特网服务则仅仅支持单个协议（例如FTP要求使用TCP）。如果*protoname*未指定而servname指定服务支持多个协议，那么返回哪个端口号取决于实现。通常情况下这种选择无关紧要，因为支持多个协议的服务往往使用相同的TCP端口号和UDP端口号，不过这点并没有保证。

servent结构中我们关心的主要字段是端口号。既然端口号是以网络字节序返回的，把它存放到套接字地址结构时绝对不能调用htons。

本函数的典型调用如下：

```
struct servent *sptr;

sptr = getservbyname("domain", "udp");    /* DNS using UDP */
sptr = getservbyname("ftp", "tcp");       /* FTP using TCP */
sptr = getservbyname("ftp", NULL);        /* FTP using TCP */
sptr = getservbyname("ftp", "udp");       /* this call will fail */
```

既然FTP仅仅支持TCP，第二个调用和第三个调用等效，第四个调用则会失败。以下是 |311| /etc/services文件中典型的文本行：

```
freebsd % grep -e ^ftp -e ^domain /etc/services
ftp-data        20/tcp      #File Transfer [Default Data]
ftp             21/tcp      #File Transfer [Control]
domain          53/tcp      #Domain Name Server
domain          53/udp      #Domain Name Server
ftp-agent       574/tcp     #FTP Software Agent System
ftp-agent       574/udp     #FTP Software Agent System
ftps-data       989/tcp                 # ftp protocol, data, over TLS/SSL
ftps            990/tcp                 # ftp protocol, control, over TLS/SSL
```

下一个函数getservbyport用于根据给定端口号和可选协议查找相应服务。

```
#include <netdb.h>

struct servent *getservbyport(int port, const char *protoname);
```
返回：若成功则为非空指针，若出错则为NULL

*port*参数的值必须为网络字节序。本函数的典型调用如下：

```
struct servent *sptr;

sptr = getservbyport(htons(53),"udp");    /* DNS using UDP */
sptr = getservbyport(htons(21), "tcp");   /* FTP using TCP */
sptr = getservbyport(htons(21), NULL);    /* FTP using TCP */
sptr = getservbyport(htons(21), "udp");   /* this call will fail */
```

因为UDP上没有服务使用端口21，所以最后一个调用将失败。

必须清楚的是，有些端口号在TCP上用于一种服务，在UDP上却用于完全不同的另一种服务。例如：

```
freebsd % grep 514 /etc/services
shell           514/tcp     cmd     #like exec, but automatic
syslog          514/udp
```

表明端口514在TCP上由rsh命令使用，在UDP上却由syslog守护进程使用。512～514范围内的端口都有这个特性。

例子：使用 `gethostbyname` 和 `getservbyname`

我们现在可以把图1-5中的TCP时间获取客户程序改为使用gethostbyname和getservby-name，并改用2个命令行参数：主机名和服务名。图11-4是改动后的程序。它还展示了一个期望的行为，尝试连接到多宿服务器主机的每个IP地址，直到有一个连接成功或所有地址尝试完毕为止。

names/daytimetcpcli1.c

```
1 #include    "unp.h"

2 int
3 main(int argc, char **argv)
4 {
5     int     sockfd, n;
6     char    recvline[MAXLINE + 1];
7     struct sockaddr_in  servaddr;
8     struct in_addr **pptr;
9     struct in_addr *inetaddrp[2];
10    struct in_addr  inetaddr;
11    struct hostent  *hp;
12    struct servent  *sp;

13    if (argc != 3)
14        err_quit("usage: daytimetcpcli1 <hostname> <service>");

15    if ( (hp = gethostbyname(argv[1])) == NULL) {
16        if (inet_aton(argv[1], &inetaddr) == 0) {
17            err_quit("hostname error for %s: %s", argv[1],
18                    hstrerror(h_errno));
19        } else {
20            inetaddrp[0] = &inetaddr;
21            inetaddrp[1] = NULL;
22            pptr = inetaddrp;
23        }
24    } else {
25        pptr = (struct in_addr **) hp->h_addr_list;
26    }

27    if ( (sp = getservbyname(argv[2], "tcp")) == NULL)
28        err_quit("getservbyname error for %s", argv[2]);

29    for ( ; *pptr != NULL; pptr++) {
30        sockfd = Socket(AF_INET, SOCK_STREAM, 0);

31        bzero(&servaddr, sizeof(servaddr));
32        servaddr.sin_family = AF_INET;
33        servaddr.sin_port = sp->s_port;
34        memcpy(&servaddr.sin_addr, *pptr, sizeof(struct in_addr));
35        printf("trying %s\n", Sock_ntop((SA *) &servaddr, sizeof(servaddr)));

36        if (connect(sockfd, (SA *) &servaddr, sizeof(servaddr)) == 0)
37            break;              /* success */
38        err_ret("connect error");
39        close(sockfd);
40    }
41    if (*pptr == NULL)
42        err_quit("unable to connect");

43    while ( (n = Read(sockfd, recvline, MAXLINE)) > 0) {
44        recvline[n] = 0;        /* null terminate */
45        Fputs(recvline, stdout);
46    }
47    exit(0);
48 }
```

names/daytimetcpcli1.c

图11-4 使用gethostbyname和getservbyname的时间获取客户程序

调用gethostbyname和getservbyname

13~28 第一个命令行参数是主机名，我们把它作为参数传递给gethostbyname，第二个命令行参数是服务名，我们把它作为参数传递给getservbyname。假设我们的代码使用TCP，我们把它作为getservbyname的第二个参数。如果gethostbyname名字查找失败，我们就尝试使用inet_aton函数（3.6节），确定其参数是否已是ASCII格式的地址，若是则构造一个由相应的地址构成的单元素列表。

尝试每个服务器主机地址

29~35 我们把对socket和connect的调用放在一个循环中，该循环为服务器主机的每个地址执行一次，直到connect成功或IP地址列表试完为止。调用socket以后，我们以服务器主机的IP地址和端口装填网际网套接字地址结构。尽管我们可以把对bzero的调用和它后面的两个赋值语句置于循环体之外以提高执行效率，不过如图所示的代码要易读些。与服务器建立连接几乎不会成为网络客户的性能瓶颈。

调用connect

36~39 接着调用connect。如果调用成功，那就使用break语句终止循环，否则输出一个出错消息并关闭套接字。回顾一下，我们知道connect调用失败的描述符必须关闭，不能再用。

检查是否失败

41~42 如果循环终止的原因是没有一个connect调用成功，那就终止程序运行。

读取服务器的应答

43~47 否则，我们读取服务器的应答，并在服务器关闭连接后终止程序运行。

如果我们针对正在运行标准daytime服务器的某个主机运行本客户程序，我们就会得到预期的输出：

```
freebsd % daytimetcpcli1 aix daytime
trying 192.168.42.2:13
Sun Jul 27 22:44:19 2003
```

更有意思的是针对一个不在运行标准daytime服务器的多宿系统运行本程序：

```
freebsd % daytimetcpcli1 gateway.tuc.noao.edu daytime
trying 140.252.108.1:13
connect error: Operation timed out
trying 140.252.1.4:13
connect error: Operation timed out
trying 140.252.104.1:13
connect error: Connection refused
unable to connect
```

314

11.6　**getaddrinfo 函数**

gethostbyname和gethostbyaddr这两个函数仅仅支持IPv4。正如11.20节将介绍的那样，解析IPv6地址的API经历了若干次反复；最终结果是getaddrinfo函数。getaddrinfo函数能够处理名字到地址以及服务到端口这两种转换，返回的是一个sockaddr结构而不是一个地址列表。这些sockaddr结构随后可由套接字函数直接使用。如此一来，getaddrinfo函数把协议相关性完全隐藏在这个库函数内部。应用程序只需处理由getaddrinfo填写的套接字地址结构。该函数在POSIX规范中定义。

POSIX对这个函数的定义来源于一个由Keith Sklower早先提出的名为getconninfo的函数。这个函数是他与Eric Allman、Walliam Durst、Michael Karels、Steven Wise共同讨论的结果，起源于Eric Allman编写的一个早期实现。指定主机名和服务名足以独立于协议细节连接到一个具体服务，这个评述是由Marshall Rose在X/Open的一个提议中作出的。

```
#include <netdb.h>

int getaddrinfo(const char *hostname, const char *service,
                const struct addrinfo *hints, struct addrinfo **result);
```
返回：若成功则为0，若出错则为非0（见图11-7）

本函数通过*result*指针参数返回一个指向addrinfo结构链表的指针，而addrinfo结构定义在头文件<netdb.h>中。

```
struct addrinfo {
    int         ai_flags;       /* AI_PASSIVE, AI_CANONNAME */
    int         ai_family;      /* AF_xxx */
    int         ai_socktype;    /* SOCK_xxx */
    int         ai_protocol;    /* 0 or IPPROTO_xxx for IPv4 and IPv6 */
    socklen_t   ai_addrlen;     /* length of ai_addr */
    char        *ai_canonname;  /* ptr to canonical name for host */
    struct sockaddr *ai_addr;   /* ptr to socket address structure */
    struct addrinfo *ai_next;   /* ptr to next structure in linked list */
};
```

其中*hostname*参数是一个主机名或地址串（IPv4的点分十进制数串或IPv6的十六进制数串）。*service*参数是一个服务名或十进制端口号数串。（习题11.4也要求允许使用地址串作为主机名，使用端口号数串作为服务名。）

*hints*参数可以是一个空指针，也可以是一个指向某个addrinfo结构的指针，调用者在这个结构中填入关于期望返回的信息类型的暗示。举例来说，如果指定的服务既支持TCP也支持UDP（例如指代某个DNS服务器的domain服务），那么调用者可以把*hints*结构中的ai_socktype成员设置为SOCK_DGRAM，使得返回的仅仅是适用于数据报套接字的信息。

315

*hints*结构中调用者可以设置的成员有：

ai_flags（零个或多个或在一起的AI_*xxx*值）；

ai_family（某个AF_*xxx*值）；

ai_socktype（某个SOCK_*xxx*值）；

ai_protocol。

其中ai_flags成员可用的标志值及其含义如下。

AI_PASSIVE	套接字将用于被动打开。
AI_CANONNAME	告知getaddrinfo函数返回主机的规范名字。
AI_NUMERICHOST	防止任何类型的名字到地址映射，*hostname*参数必须是一个地址串。
AI_NUMERICSERV	防止任何类型的名字到服务映射，*service*参数必须是一个十进制端口号数串。
AI_V4MAPPED	如果同时指定ai_family成员的值为AF_INET6，那么如果没有可用的AAAA记录，就返回与A记录对应的IPv4映射的IPv6地址。
AI_ALL	如果同时指定AI_V4MAPPED标志，那么除了返回与AAAA记录对应的IPv6地址外，还返回与A记录对应的IPv4映射的IPv6地址。
AI_ADDRCONFIG	按照所在主机的配置选择返回地址类型，也就是只查找与所在主机回馈接口以外的网络接口配置的IP地址版本一致的地址。

如果*hints*参数是一个空指针，本函数就假设ai_flag、ai_socktype和ai_protocol的值均为0，ai_family的值为AF_UNSPEC。

如果本函数返回成功（0），那么由*result*参数指向的变量已被填入一个指针，它指向的是由其中的ai_next成员串接起来的addrinfo结构链表。可导致返回多个addrinfo结构的情形有以下两个。

(1) 如果与*hostname*参数关联的地址有多个，那么适用于所请求地址族（可通过*hints*结构的ai_family成员设置）的每个地址都返回一个对应的结构。

(2) 如果*service*参数指定的服务支持多个套接字类型，那么每个套接字类型都可能返回一个对应的结构，具体取决于*hints*结构的ai_socktype成员。（注意，getaddrinfo的多数实现认为只能按照由ai_socktype成员请求的套接字类型端口号数串到端口的转换，如果没有指定这个成员，那就返回一个错误。）

举例来说，如果在没有提供任何暗示信息的前提下，请求查找有2个IP地址的某个主机上的domain服务，那将返回4个addrinfo结构，分别是：

第一个IP地址组合SOCK_STREAM套接字类型；

第一个IP地址组合SOCK_DGRAM套接字类型；

第二个IP地址组合SOCK_STREAM套接字类型；

第二个IP地址组合SOCK_DGRAM套接字类型。

图11-5展示了本例子。当有多个addrinfo结构返回时，这些结构的先后顺序没有保证，也就是说，我们并不能假定TCP服务总是先于UDP服务返回。

> 尽管没有保证，本函数的实现却应该按照DNS返回的顺序返回各个IP地址。有些解析器允许系统管理员在/etc/resolv.conf文件中指定地址的排序顺序。IPv6可指定地址选择规则（RFC 3483 [Draves 2003]），可能影响由getaddrinfo返回地址的顺序。

在addrinfo结构中返回的信息可现成用于socket调用，随后现成用于适合客户的connect或sendto调用，或者是适合服务器的bind调用。socket函数的参数就是addrinfo结构中的ai_family、ai_socktype和ai_addr成员。connect或bind函数的第二个和第三个参数就是该结构中的ai_addr（一个指向适当类型套接字地址结构的指针，地址结构的内容由getaddrinfo函数填写）和ai_addrlen（这个套接字地址结构的大小）成员。

如果在*hints*结构中设置了AI_CANONNAME标志，那么本函数返回的第一个addrinfo结构的ai_canonname成员指向所查找主机的规范名字。按照DNS的说法，规范名字通常是FQDN。诸如telnet之类程序往往使用这个标志以显示所连接到主机的规范名字，这样即使用户给定的是一个简单名字或别名，他们也能搞清真正查找的名字。

图11-5给出了执行下列程序片段返回的信息。

```
struct addrinfo    hints, *res;

bzero(&hints, sizeof(hints));
hints.ai_flags = AI_CANONNAME;
hints.ai_family = AF_INET;

getaddrinfo("freebsd4", "domain", &hints, &res);
```

图中除res变量外的所有内容都是由getaddrinfo函数动态分配的内存空间（譬如来自malloc调用）。我们假设主机freebsd4的规范名字是freebsd4.unpbook.com，并且它在DNS中有2个IPv4地址。

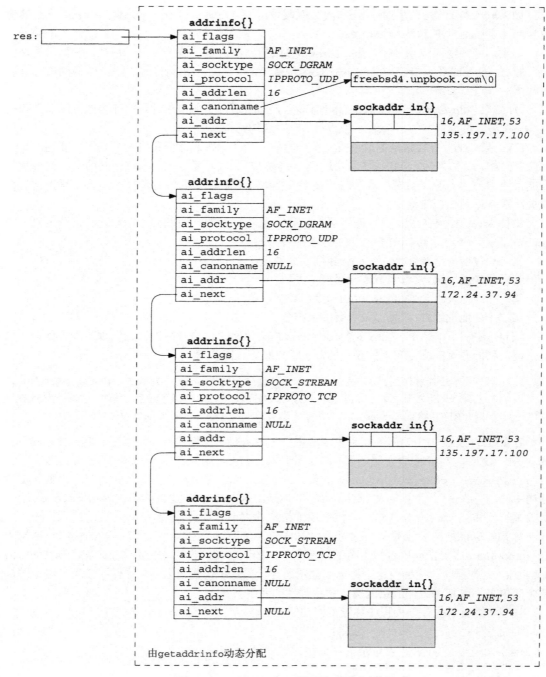

图11-5 getaddrinfo返回信息的实例

　　端口53用于domain服务。这个端口号在套接字地址结构中按照网络字节序存放。返回的
ai_protocol值或为IPPROTO_TCP，或为IPPROTO_UDP。要是ai_family和ai_socktype组
合能够完全指定TCP或UDP协议，那么返回的ai_protocol值为0也可以接受。也就是说，如果
系统没有实现除TCP外的其他SOCK_STREAM协议（如SCTP），套接字类型值为SOCK_STREAM的那

两个addrinfo结构协议值可为0；同样地，如果系统没有实现除UDP外的其他SOCK_DGRAM协议（编写本书时还没有标准化的协议，不过IETF正在开发两个这类协议），套接字类型值为SOCK_DGRAM的那两个addrinfo结构协议值可为0。最安全的做法是让getaddrinfo总是返回明确的协议值。

图11-6汇总了根据指定的服务名（可以是一个十进制端口号数串）和ai_socktype暗示信息为每个通过主机名查找获得的IP地址返回addrinfo结构的数目。

ai_socktype 暗示	服务以名字标识，它的提供者为：						服务以端口号标识
	仅TCP	仅UDP	仅SCTP	TCP和UDP	TCP和SCTP	TCP、UDP和SCTP	
0	1	1	1	2	2	3	错误
SOCK_STREAM	1	错误	1	1	2	2	2
SOCK_DGRAM	错误	1	错误	1	错误	1	1
SOCK_SEQPACKET	错误	错误	1	错误	1	1	1

图11-6 为每个IP地址返回的addrinfo结构的数目

在不考虑SCTP的前提下，只有在未提供ai_socktype暗示信息时才可能为每个IP地址返回多个addrinfo结构，此时或者服务以名字标识并且同时支持TCP和UDP（在/etc/services文件中指明），或者服务以端口号标识。

如果枚举getaddrinfo所有64种可能的输入（因为它共有6个二值输入变量），那么许多是无效的，有些则没有多大意义。为此我们只查看一些常见的输入。

指定*hostname*和*service*。这是TCP或UDP客户进程调用getaddrinfo的常规输入。该调用返回后，TCP客户在一个循环中针对每个返回的IP地址，逐一调用socket和connect，直到有一个连接成功，或者所有地址尝试完毕为止。我们将在图11-10中随自行开发的tcp_connect函数给出这样的一个例子。

对于UDP客户，由getaddrinfo填入的套接字地址结构用于调用sendto或connect。如果客户能够判定第一个地址看来不工作（其手段不外乎或者在已连接的UDP套接字上收到出错消息，或者在未连接的套接字上经历消息接收超时），那么可以尝试其余的地址。

如果客户清楚自己只处理一种类型的套接字（例如Telnet和FTP客户只处理TCP，TFTP客户只处理UDP），那么应该把*hints*结构的ai_socktype成员设置成SOCK_STREAM或SOCK_DGRAM。

典型的服务器进程只指定*service*而不指定*hostname*，同时在*hints*结构中指定AI_PASSIVE标志。返回的套接字地址结构中应含有一个值为INADDR_ANY（对于IPv4）或IN6ADDR_ANY_INIT（对于IPv6）的IP地址。TCP服务器随后调用socket、bind和listen。如果服务器想要malloc另一个套接字地址结构以从accept获取客户的地址，那么返回的ai_addrlen值给出了这个套接字地址结构的大小。

UDP服务器将调用socket、bind和recvfrom。如果服务器想要malloc另一个套接字地址结构以从recvfrom获取客户的地址，那么返回的ai_addrlen值给出了这个套接字地址结构的大小。

与典型的客户一样，如果服务器清楚自己只处理一种类型的套接字，那么应该把*hints*结构的ai_socktype成员设置成SOCK_STREAM或SOCK_DGRAM。这样可以避免返回多个结构，其中可能出现错误的ai_socktype值。

319

到目前为止，我们展示的TCP服务器仅仅创建一个监听套接字，UDP服务器也仅仅创建一个数据报套接字。这也是我们讨论上一点隐含的一个假设。服务器程序的另一种设计方法是使用select或poll函数让服务器进程处理多个套接字。这种情形下，服务器将遍历由getaddrinfo返回的整个addrinfo结构链表，并为每个结构创建一个套接字，再使用select或poll。

这个技术的问题在于，getaddrinfo返回多个结构的原因之一是该服务可同时由IPv4和IPv6处理（图11-8）。然而正如将在12.2节看到的那样，这两个协议并非完全独立。也就是说，如果我们为某个给定端口创建了一个IPv6监听套接字，那么没有必要为同一个端口再创建一个IPv4套接字，因为来自IPv4客户的连接将由协议栈和IPv6监听套接字自动处理，而不论是否设置了IPV6_V6ONLY套接字选项。

尽管getaddrinfo函数确实比gethostbyname和getservbyname这两个函数"好"（它方便我们编写协议无关的程序代码，单个函数能够同时处理主机名和服务，所有返回信息都是动态而不是静态分配的），不过它仍然没有像期待的那样好用。问题在于我们必须先分配一个*hints*结构，把它清零后填写需要的字段，再调用getaddrinfo，然后遍历一个链表逐一尝试每个返回地址。在以后几节我们将为典型的TCP或UDP客户和服务器提供一些较简单的接口，并用在本书以后的程序编写中。

getaddrinfo解决了把主机名和服务名转换成套接字地址结构的问题。我们将在11.17节讲解它的反义函数getnameinfo，它把套接字地址结构转换成主机名和服务名。

11.7　`gai_strerror` 函数

图11-7给出了可由getaddrinfo返回的非0错误值的名字和含义。gai_strerror以这些值为它的唯一参数，返回一个指向对应的出错信息串的指针。

```
#include <netdb.h>

const char *gai_strerror(int error);
```
返回：指向错误描述消息字符串的指针

常　值	说　　明
EAI_AGAIN	名字解析中临时失败
EAI_BADFLAGS	ai_flags的值无效
EAI_FAIL	名字解析中不可恢复地失败
EAI_FAMILY	不支持ai_family
EAI_MEMORY	内存分配失败
EAI_NONAME	*hostname*或*service*未提供，或者不可知
EAI_OVERFLOW	用户参数缓冲区溢出（仅限getnameinfo()函数）
EAI_SERVICE	不支持ai_socktype类型的*service*
EAI_SOCKTYPE	不支持ai_socktype
EAI_SYSTEM	在errno变量中有系统错误返回

图11-7　getaddrinfo返回的非0错误常值

11.8   **freeaddrinfo** 函数

由getaddrinfo返回的所有存储空间都是动态获取的（譬如来自malloc调用），包括addrinfo结构、ai_addr结构和ai_canonname字符串。这些存储空间通过调用freeaddrinfo返还给系统。

```
#include <netdb.h>

void freeaddrinfo(struct addrinfo *ai);
```

*ai*参数应指向由getaddrinfo返回的第一个addrinfo结构。这个链表中的所有结构以及由它们指向的任何动态存储空间（譬如套接字地址结构和规范主机名）都被释放掉。

假设我们调用getaddrinfo，遍历返回的addrinfo结构链表后找到所需的结构。如果我们为保存其信息而仅仅复制这个addrinfo结构，然后调用freeaddrinfo，那就引入了一个潜藏的错误。原因在于这个addrinfo结构本身指向动态分配的内存空间（用于存放套接字地址结构和可能有的规范主机名），因此由我们保存的结构指向的内存空间已在调用freeaddrinfo时返还给系统，稍后可能用于其他目的。

> 只复制这个addrinfo结构而不复制由它转而指向的其他结构称为浅复制（shallow copy）。既复制这个addrinfo结构又复制由它指向的所有其他结构称为深复制（deep copy）。

11.9   **getaddrinfo** 函数：IPv6

POSIX规范定义了getaddrinfo函数以及该函数为IPv4或IPv6返回的信息。在以图11-8汇总这些返回值之前，我们注意以下几点。

- getaddrinfo在处理两个不同的输入：一个是套接字地址结构类型，调用者期待返回的地址结构符合这个类型；另一个是资源记录类型，在DNS或其他数据库中执行的查找符合这个类型。
- 由调用者在*hints*结构中提供的地址族指定调用者期待返回的套接字地址结构的类型。如果调用者指定AF_INET，getaddrinfo函数就不能返回任何sockaddr_in6结构；如果调用者指定AF_INET6，getaddrinfo函数就不能返回任何sockaddr_in结构。
- POSIX声称如果调用者指定AF_UNSPEC，那么getaddrinfo函数返回的是适用于指定主机名和服务名且适合任意协议族的地址。这就意味着如果某个主机既有AAAA记录又有A记录，那么AAAA记录将作为sockaddr_in6结构返回，A记录将作为sockaddr_in结构返回。在sockaddr_in6结构中作为IPv4映射的IPv6地址返回A记录没有任何意义，因为这么做没有提供任何额外信息：这些地址已在sockaddr_in结构中返回过了。
- POSIX的这个声明也意味着如果设置了AI_PASSIVE标志但是没有指定主机名，那么IPv6通配地址（IN6ADDR_ANY_INIT或0::0）应该作为sockaddr_in6结构返回，同样IPv4通配地址（INADDR_ANY或0.0.0.0）应该作为sockaddr_in结构返回。首先返回IPv6通配地址也是有意义的，因为我们将在12.2节看到双栈主机上的IPv6服务器能够同时处理IPv6客户和IPv4客户。
- 在*hints*结构的ai_family成员中指定的地址族以及在ai_flags成员中指定的AI_V4MAPPED和AI_ALL等标志决定了在DNS中查找的资源记录类型（A和/或AAAA），

也决定了返回地址的类型（IPv4、IPv6和/或IPv4映射的IPv6）。图11-8对此作了汇总。

主机名参数还可以是IPv6的十六进制数串或IPv4的点分十进制数串。这个数串的有效性取决于由调用者指定的地址族。如果指定AF_INET，那就不能接受IPv6的十六进制数串；如果指定AF_INET6，那就不能接受IPv4的点分十进制数串。然而如果指定的是AF_UNSPEC，那么这两种数串都可以接受，返回的是相应类型的套接字地址结构。

有人可能会争论说，如果指定了AF_INET6，那么，点分十进制数串应该作为IPv4映射的IPv6地址在sockaddr_in6结构中返回。然而得到同样结果另有简单的方法，就是在点分十进制数串前加上0::ffff:。

322

图11-8汇总了getaddrinfo如何处理IPv4和IPv6地址。"结果"一栏是在给定前三栏的变量后，该函数返回给调用者的结果。"行为"一栏则说明该函数如何获取这些结果。

调用者指定的主机名	调用者指定的地址族	主机名字符串包含	结　　果	行　　为
非空主机名字符串；主动或被动	AF_UNSPEC	主机名	以sockaddr_in6{}返回所有AAAA记录，以sockaddr_in{}返回所有A记录	AAAA记录搜索加上A记录搜索
		十六进制数串	一个sockaddr_in6{}	inet_pton(AF_INET6)
		点分十进制数串	一个sockaddr_in{}	inet_pton(AF_INET)
	AF_INET6	主机名	以sockaddr_in6{}返回所有AAAA记录	AAAA记录搜索
		主机名	在ai_flags含AI_V4MAPPED前提下：若存在AAAA记录则以sockaddr_in6{}返回所有AAAA记录；否则以sockaddr_in6{}作为IPv4映射的IPv6地址返回所有A记录	AAAA记录搜索，若无结果则A记录搜索
		主机名	在ai_flags含AI_V4MAPPED和AI_ALL前提下：以sockaddr_in6{}返回所有AAAA记录，并且以sockaddr_in6{}作为IPv4映射的IPv6地址返回所有A记录	AAAA记录搜索加上A记录搜索
		十六进制数串	一个sockaddr_in6{}	inet_pton(AF_INET6)
		点分十进制数串	作为主机名查找	
	AF_INET	主机名	以sockaddr_in{}返回所有A记录	A记录搜索
		十六进制数串	作为主机名查找	
		点分十进制数串	一个sockaddr_in{}	inet_pton(AF_INET)
空主机名字符串；被动	AF_UNSPEC	隐含0::0 隐含0.0.0.0	一个sockaddr_in6{}和一个sockaddr_in{}	inet_pton(AF_INET6) inet_pton(AF_INET)
	AF_INET6	隐含0::0	一个sockaddr_in6{}	inet_pton(AF_INET6)
	AF_INET	隐含0.0.0.0	一个sockaddr_in{}	inet_pton(AF_INET)
空主机名字符串；主动	AF_UNSPEC	隐含0::1 隐含127.0.0.1	一个sockaddr_in6{}和一个sockaddr_in{}	inet_pton(AF_INET6) inet_pton(AF_INET)
	AF_INET6	隐含0::1	一个sockaddr_in6{}	inet_pton(AF_INET6)
	AF_INET	隐含127.0.0.1	一个sockaddr_in{}	inet_pton(AF_INET)

图11-8　getaddrinfo函数及其行为和结果汇总

图11-8仅仅说明getaddrinfo如何处理IPv4和IPv6，也就是返回给调用者的地址数目。返

回给调用者的addrinfo结构的确切数目还取决于指定的套接字类型和服务名，就如图11-6总结的那样。

323

11.10 getaddrinfo 函数：例子

我们将使用一个测试程序来展示getaddrinfo的一些例子，该程序允许我们输入所有参数：主机名、服务名、地址族、套接字类型、AI_CANONNAME和AI_PASSIVE标志。（我们没有给出这个程序的源文件，因为它约有350行教益不大的代码。如前言中所述，它作为本书的源代码提供。）该程序输出getaddrinfo函数返回的数目不定的addrinfo结构中的有关信息，包括调用socket所用的参数以及每个套接字地址结构中的地址。

我们首先展示与图11-5同样的例子。

```
freebsd % testga  -f inet  -c  -h freebsd4  -s domain
socket(AF_INET, SOCK_STREAM, 17), ai_canonname = freebsd4.unpbook.com
        address: 135.197.17.100:53
socket(AF_INET, SOCK_DGRAM, 17)
        address: 172.24.37.94:53
socket(AF_INET, SOCK_STREAM, 6), ai_canonname = freebsd4.unpbook.com
        address: 135.197.17.100:53
socket(AF_INET, SOCK_DGRAM, 6)
        address: 172.24.37.94:53
```

其中-f inet选项指定地址族，-c表示返回规范主机名，-h freebsd4指定主机名，-s domain指定服务名。

常见的客户情形是指定地址族、套接字类型（-t选项）、主机名和服务名。下面的例子展示了这一点，其中主机名对应一个拥有3个IPv4地址的多宿主机。

```
freebsd % testga  -f inet  -t stream  -h gateway.tuc.noao.edu  -s daytime
socket(AF_INET, SOCK_STREAM, 6)
        address: 140.252.108.1:13
socket(AF_INET, SOCK_STREAM, 6)
        address: 140.252.1.4:13
socket(AF_INET, SOCK_STREAM, 6)
        address: 140.252.104.1:13
```

接着指定的是我们的主机aix，它有一个AAAA记录和一个A记录。我们不指定地址族，不过指定一个服务名为ftp，该服务仅在TCP上提供。

324

```
freebsd % testga  -h aix  -s ftp  -t stream
socket(AF_INET6, SOCK_STREAM, 6)
        address: [3ffe:b80:1f8d:2:204:acff:fe17:bf38]:21
socket(AF_INET, SOCK_STREAM, 6)
        address: 192.168.42.2:21
```

既然没有指定地址族，而且本例子运行在一个同时支持IPv4和IPv6的主机上，因此有2个地址结构返回：一个是IPv4的，一个是IPv6的。

最后我们指定AI_PASSIVE标志（-p选项），但是不指定地址族，也不指定主机名（隐含使用通配地址），另外指定端口号为8888，套接字类型为SOCK_STREAM。

```
freebsd % testga  -p  -s 8888  -t stream
socket(AF_INET6, SOCK_STREAM, 6)
        address: [::]:8888
```

```
socket(AF_INET, SOCK_STREAM, 6)
        address: 0.0.0.0:8888
```

本例子返回2个结构。既然我们是在一个同时支持IPv6和IPv4的主机上运行本例子,又没有指定地址族,getaddrinfo返回的是IPv6通配地址和IPv4通配地址。IPv6地址结构早于IPv4地址结构返回,因为我们将在第12章看到,双栈主机上的IPv6客户或服务器既能与IPv6对端通信,也能与IPv4对端通信。

11.11　host_serv 函数

访问getaddrinfo的第一个接口函数不要求调用者分配并填写一个*hints*结构。该结构中我们感兴趣的两个字段(地址族和套接字类型)成为这个名为host_serv的接口函数的参数。

```
#include "unp.h"

struct addrinfo *host_serv(const char *hostname, const char *service,
                           int family, int socktype);
```
返回:若成功则为指向addrinfo结构的指针,若出错则为NULL

325　图11-9是这个函数的源代码。

lib/host_serv.c

```
 1 #include    "unp.h"

 2 struct addrinfo *
 3 host_serv(const char *host, const char *serv, int family, int socktype)
 4 {
 5     int     n;
 6     struct addrinfo hints, *res;

 7     bzero(&hints, sizeof(struct addrinfo));
 8     hints.ai_flags = AI_CANONNAME;  /* always return canonical name */
 9     hints.ai_family = family;       /* AF_UNSPEC, AF_INET, AF_INET6, etc. */
10     hints.ai_socktype = socktype;   /* 0, SOCK_STREAM, SOCK_DGRAM, etc. */

11     if ( (n = getaddrinfo(host, serv, &hints, &res)) != 0)
12         return(NULL);

13     return(res);                    /* return pointer to first on linked list */
14 }
```
lib/host_serv.c

图11-9　host_serv函数

7~13　该函数初始化一个*hints*结构,调用getaddrinfo,若出错则返回一个空指针。

我们将在图16-17中调用本函数,因为那时我们既想使用getaddrinfo获取主机和服务信息,又想自己建立连接。

11.12　tcp_connect 函数

现在我们编写使用getaddrinfo处理TCP客户和服务器大多数情形的两个函数。第一个函数即tcp_connect执行客户的通常步骤:创建一个TCP套接字并连接到一个服务器。

```
#include "unp.h"

int tcp_connect(const char *hostname, const char *service);
```

返回：若成功则为已连接套接字描述符，若出错则不返回

图11-10是该函数的源代码。

326

lib/tcp_connect.c

```
 1 #include       "unp.h"

 2 int
 3 tcp_connect(const char *host, const char *serv)
 4 {
 5     int       sockfd, n;
 6     struct addrinfo hints, *res, *ressave;

 7     bzero(&hints, sizeof(struct addrinfo));
 8     hints.ai_family = AF_UNSPEC;
 9     hints.ai_socktype = SOCK_STREAM;

10     if ( (n = getaddrinfo(host, serv, &hints, &res)) != 0)
11         err_quit("tcp_connect error for %s, %s: %s",
12                 host, serv, gai_strerror(n));
13     ressave = res;

14     do {
15         sockfd = socket(res->ai_family, res->ai_socktype, res->ai_protocol);
16         if (sockfd < 0)
17             continue;               /* ignore this one */

18         if (connect(sockfd, res->ai_addr, res->ai_addrlen) == 0)
19             break;                  /* success */

20         Close(sockfd);              /* ignore this one */
21     } while ( (res = res->ai_next) != NULL);

22     if (res == NULL)                /* errno set from final connect() */
23         err_sys("tcp_connect error for %s, %s", host, serv);

24     freeaddrinfo(ressave);

25     return(sockfd);
26 }
```

lib/tcp_connect.c

图11-10　tcp_connect函数：执行客户的通常步骤

调用getaddrinfo

7~13　调用getaddrinfo一次，指定地址族为AF_UNSPEC，套接字类型为SOCK_STREAM。

尝试每个addrinfo结构直至成功或到达链表尾

14~25　尝试getaddrinfo返回的每个IP地址，针对它们调用socket和connect。socket调用失败不是致命的错误，因为如果返回地址中有IPv6地址而主机内核并不支持IPv6，这种失败就可能发生。如果connect成功，break语句将跳出循环。否则尝试完所有地址后，循环也终止。freeaddrinfo把所有动态分配的内存空间返送回系统。

327

　　一旦getaddrinfo失败或者connect调用没有一次成功，本函数（以及将在以下各节中讲解的getaddrinfo的其他简单接口函数）将终止。它们只是在成功时才返回。这些函数不另加一个参数难以返回错误码（某个EAI_*xxx*常值）。这意味着它们的包裹函数无所事事。

```
    int
```

```
Tcp_connect(const char *host,const char *serv)
{
    return(tcp_connect(host, serv));
}
```

尽管如此，为了保持全书的一致性，我们照样使用包裹函数而不是tcp_connect。

> 返回值的问题在于描述符是非负的，但是我们不清楚EAI_*xxx*是正的还是负的。如果这些
> 值是正的，那么我们可以在getaddrinfo失败时返回这些值的负值，然而我们还得返回另外
> 某个负值以表明所有结构都已无一成功地尝试完毕。

例子：时间获取客户程序

图11-11是把图1-5中的时间获取客户程序重新编写成使用tcp_connect的结果。

names/daytimetcpcli.c

```
 1 #include    "unp.h"

 2 int
 3 main(int argc, char **argv)
 4 {
 5     int     sockfd, n;
 6     char    recvline[MAXLINE + 1];
 7     socklen_t len;
 8     struct sockaddr_storage  ss;

 9     if (argc != 3)
10        err_quit
11            ("usage: daytimetcpcli <hostname/IPaddress> <service/port#>");

12     sockfd = Tcp_connect(argv[1], argv[2]);

13     len = sizeof(ss);
14     Getpeername(sockfd, (SA *)&ss, &len);
15     printf("connected to %s\n", Sock_ntop_host((SA *)&ss, len));

16     while ( (n = Read(sockfd, recvline, MAXLINE)) > 0) {
17         recvline[n] = 0;            /* null terminate */
18         Fputs(recvline, stdout);
19     }
20     exit(0);
21 }
```

names/daytimetcpcli.c

图11-11   用tcp_connect重新编写的时间获取客户程序

328

命令行参数

9~11   我们需要另一个命令行参数来指定服务名或端口号，它允许本程序连接到其他端口。

连接到服务器

12   本客户程序的所有套接字代码现由tcp_connect执行。

显示服务器地址

13~15   我们调用getpeername取得服务器的协议地址并显示出来。这么做是为了在后面的例
子中验证所用的协议。

注意，tcp_connect并不返回内部connect用到的套接字地址结构大小。我们可以增设一
个指针参数来返回该值，然而本函数的设计目标之一却是相比getaddrinfo减少参数的数目。
于是我们改用一个sockaddr_storage套接字地址结构，它大得足以存放系统支持的任何套接
字地址类型，又能满足它们的对齐限制。

这个版本的客户程序同时支持IPv4和IPv6，而图1-5中的版本只支持IPv4，图1-6中的版本只支持IPv6。你还应该对比这个新版本和图E.12中的版本，后者编写成使用gethostbyname和getservbyname以同时支持IPv4和IPv6。

我们首先指定一个只支持IPv4的主机名。

```
freebsd % daytimetcpcli linux daytime
connected to 206.168.112.96
Sun Jul 27 23:06:24 2003
```

我们接着指定一个同时支持IPv4和IPv6的主机名。

```
freebsd % daytimetcpcli aix daytime
connected to 3ffe:b80:1f8d:2:204:acff:fe17:bf38
Sun Jul 27 23:17:13 2003
```

本例子实际使用IPv6地址的原因在于：该主机既有一个AAAA记录又有一个A记录，而tcp_connect把地址族设为AF_UNSPEC，根据图11-8，首先搜索的是AAAA记录，然后搜索的是A记录，connect顺序靠前的IPv6地址一旦成功，tcp_connect就不再尝试connect顺序靠后的IPv4地址。

在下一个例子中，我们通过指定带-4后缀的主机名来强制使用IPv4地址，我们已在11.2节指出这是我们对于只有A记录的主机名的约定命名。

```
freebsd % daytimetcpcli aix-4 daytime
connected to 192.168.42.2
Sun Jul 27 23:17:48 2003
```

329

11.13 **tcp_listen** 函数

下一个函数即tcp_listen执行TCP服务器的通常步骤：创建一个TCP套接字，给它捆绑服务器的众所周知端口，并允许接受外来的连接请求。图11-12是它的源代码。

```
#include "unp.h"

int tcp_listen(const char *hostname, const char *service, socklen_t *addrlenp);
```

返回：若成功则为已连接套接字描述符，若出错则不返回

调用getaddrinfo

8~15　初始化一个addrinfo结构提供如下暗示信息：AI_PASSIVE（因为本函数供服务器使用）、AF_UNSPEC（地址族）、SOCK_STREAM。回顾图11-8，如果不指定主机名（对于想捆绑通配地址的服务器通常如此），AI_PASSIVE和AF_UNSPEC这两个暗示信息将会返回两个套接字地址结构：第一个是IPv6的，第二个是IPv4的（假定运行在一个双栈主机上）。

创建套接字并给它捆绑地址

16~25　调用socket和bind函数。如果任何一个调用失败，那就忽略当前addrinfo结构而改用下一个。正如7.5节中声明的那样，对于TCP服务器我们总是设置SO_REUSEADDR套接字选项。

———*lib/tcp_listen.c*

```
1 #include    "unp.h"

2 int
3 tcp_listen(const char *host, const char *serv, socklen_t *addrlenp)
4 {
5     int     listenfd, n;
6     const int on = 1;
7     struct addrinfo hints, *res, *ressave;

8     bzero(&hints, sizeof(struct addrinfo));
9     hints.ai_flags = AI_PASSIVE;
10    hints.ai_family = AF_UNSPEC;
11    hints.ai_socktype = SOCK_STREAM;

12    if ( (n = getaddrinfo(host, serv, &hints, &res)) != 0)
13        err_quit("tcp_listen error for %s, %s: %s",
14                host, serv, gai_strerror(n));
15    ressave = res;

16    do {
17        listenfd =
18            socket(res->ai_family, res->ai_socktype, res->ai_protocol);
19        if (listenfd < 0)
20            continue;           /* error, try next one */

21        Setsockopt(listenfd, SOL_SOCKET, SO_REUSEADDR, &on, sizeof(on));
22        if (bind(listenfd, res->ai_addr, res->ai_addrlen) == 0)
23            break;              /* success */

24        Close(listenfd);        /* bind error, close and try next one */
25    } while ( (res = res->ai_next) != NULL);

26    if (res == NULL)            /* errno from final socket() or bind() */
27        err_sys("tcp_listen error for %s, %s", host, serv);

28    Listen(listenfd, LISTENQ);

29    if (addrlenp)
30        *addrlenp = res->ai_addrlen;   /* return size of protocol address */

31    freeaddrinfo(ressave);

32    return(listenfd);
33 }
```

———*lib/tcp_listen.c*

图11-12 tcp_listen函数：执行服务器的通常步骤

检查是否失败

26~27   如果针对每个地址结构的socket调用和bind调用都失败，我们就显示一个出错消息并终止。
         就像前一节的tcp_connect函数一样，本函数也不会试图返回这种错误。

28   调用listen使得当前套接字变成一个监听套接字。

返回套接字地址结构的大小

29~32   如果*addrlenp*参数非空，我们就通过这个指针返回协议地址的大小。这个大小允许调
         用者在通过accept获取客户的协议地址时分配一个套接字地址结构的内存空间。（另
         见习题11.7。）

11.13.1 例子: 时间获取服务器程序

图11-13是把图4-11的时间获取服务器程序重新编写成使用tcp_listen的结果。

—— names/daytimetcpsrv1.c

```
 1 #include    "unp.h"
 2 #include    <time.h>

 3 int
 4 main(int argc, char **argv)
 5 {
 6     int     listenfd, connfd;
 7     socklen_t len;
 8     char    buff[MAXLINE];
 9     time_t  ticks;
10     struct sockaddr_storage   cliaddr;

11     if (argc != 2)
12         err_quit("usage: daytimetcpsrv1 <service or port#>");

13     listenfd = Tcp_listen(NULL, argv[1], NULL);

14     for ( ; ; ) {
15         len = sizeof(cliaddr);
16         connfd = Accept(listenfd, (SA *)&cliaddr, &len);
17         printf("connection from %s\n", Sock_ntop((SA *)&cliaddr, len));

18         ticks = time(NULL);
19         snprintf(buff, sizeof(buff), "%.24s\r\n", ctime(&ticks));
20         Write(connfd, buff, strlen(buff));

21         Close(connfd);
22     }
23 }
```

—— names/daytimetcpsrv1.c

图11-13 用tcp_listen重新编写的时间获取服务器程序(另见图11-14)

服务名或端口号需作为命令行参数

11~12 我们需要一个命令行参数来指定服务名或端口号。这样更便于测试本服务器程序,因为给标准daytime服务器捆绑端口13需要超级用户特权。

创建监听套接字

13 tcp_listen创建监听套接字。作为第三个参数传递给该函数的是一个空指针,因为我们并不关心当前地址族在使用多大大小的地址结构,我们将使用sockaddr_storage。

服务器循环

14~22 accept等待每个客户连接。sock_ntop用于输出客户的地址。无论是IPv4还是IPv6,该函数都会显示IP地址和端口号。我们可以使用getnameinfo函数(11.17节)尝试获取客户主机的主机名,不过这将涉及DNS中的PTR记录查询,而PTR查询需花一段时间,特别是在查询失败的情形下。TCPv3的14.8节指出:在一个繁忙的Web服务器主机上,与之建立连接的所有客户主机中没有PTR记录的几乎占25%。既然不想让服务器(特别是迭代服务器)就为PTR查询等待数秒,我们于是直接显示IP地址和端口号。

11.13.2   例子：可指定协议的时间获取服务器程序

图11-13中的程序存在一个小问题：tcp_listen的第一个参数是一个空指针，而且由tcp_listen内部指定的地址族为AF_UNSPEC，两者结合可能导致getaddrinfo返回非期望地址族的套接字地址结构。举例来说，在双栈主机上返回的第一个套接字地址结构将是IPv6的（图11-8），但是我们可能希望该服务器仅仅处理IPv4。

客户程序没有这样的问题，因为客户总得指定一个IP地址或主机名。客户程序通常允许用户作为命令行参数输入它。我们于是有机会指定一个与特定类型的IP地址关联的主机名（回顾11.2节带-4或-6后缀的主机名），或者要么指定一个IPv4的点分十进制数串（以强制使用IPv4），要么指定一个IPv6的十六进制数串（以强制使用IPv6）。

然而有一个简单的技巧允许我们强制服务器使用某个给定的协议——或为IPv4，或为IPv6：允许用户作为程序的命令行参数输入一个IP地址或主机名，并把它传递给getaddrinfo。如果输入的是IP地址，那么IPv4的点分十进制数串不同于IPv6的十六进制数串。对于inet_pton的如下调用将如下所示地成功或失败。

```
inet_pton(AF_INET, "0.0.0.0", &foo);      /* succeeds */
inet_pton(AF_INET, "0::0",    &foo);      /* fails */
inet_pton(AF_INET6,"0.0.0.0", &foo);      /* fails */
inet_pton(AF_INET6,"0::0",    &foo);      /* succeeds */
```

因此，如果把我们的服务器程序改为能够接受一个可选的参数，那么要是键入

```
% server
```

在双栈主机上就默认为使用IPv6，但是键入

```
% server 0.0.0.0
```

则显式指定使用IPv4，键入

```
% server 0::0
```

则显式指定使用IPv6。

图11-14是我们的时间获取服务器程序的最终版本。

处理命令行参数

11~16   与图11-13相比唯一的改动是对命令行参数的处理，除了服务名或端口号外，新版本允许用户指定一个主机名或IP地址供服务器捆绑。

我们首先以一个IPv4套接字启动服务器，然后从运行在处于同一本地子网的另外两个主机上的客户向该服务器发起连接。

```
freebsd % daytimetcpsrv2 0.0.0.0 9999
connection from 192.168.42.2:32961
connection from 192.168.42.3:1389
```

接着以一个IPv6套接字启动服务器。

```
freebsd % daytimetcpsrv2 0::0 9999
connection from [3ffe:b80:1f8d:2:204:acff:fe17:bf38]:32964
connection from [3ffe:b80:1f8d:2:230:65ff:fe15:caa7]:49601
connection from [::ffff:192.168.42.2]:32967
connection from [::ffff:192.168.42.3]:49602
```

第一个连接来自主机aix并使用IPv6，第二个连接来自主机macosx并使用IPv6。随后两个连接同样来自主机aix和macosx，不过使用IPv4而不是IPv6。这是因为由accept返回的这两个客户的地址都是IPv4映射的IPv6地址。

names/daytimetcpsrv2.c

```
1 #include      "unp.h"
2 #include      <time.h>

3 int
4 main(int argc, char **argv)
5 {
6     int     listenfd, connfd;
7     socklen_t len;
8     char    buff[MAXLINE];
9     time_t  ticks;
10    struct sockaddr_storage   cliaddr;

11    if (argc == 2)
12        listenfd = Tcp_listen(NULL, argv[1], &addrlen);
13    else if (argc == 3)
14        listenfd = Tcp_listen(argv[1], argv[2], &addrlen);
15    else
16        err_quit("usage: daytimetcpsrv2 [ <host> ] <service or port>");

17    for ( ; ; ) {
18        len = sizeof(cliaddr);
19        connfd = Accept(listenfd, (SA *)&cliaddr, &len);
20        printf("connection from %s\n", Sock_ntop((SA *)&cliaddr, len));

21        ticks = time(NULL);
22        snprintf(buff, sizeof(buff), "%.24s\r\n", ctime(&ticks));
23        Write(connfd, buff, strlen(buff));

24        Close(connfd);
25    }
26 }
```

names/daytimetcpsrv2.c

图11-14 使用tcp_listen的协议无关时间获取服务器程序

我们刚才已经展示：运行在双栈主机上的IPv6服务器既能够处理IPv4客户，也能够处理IPv6客户。正如12.2节将讨论的那样，IPv4客户主机的地址作为IPv4映射的IPv6地址传递给IPv6服务器。

11.14 udp_client 函数

访问getaddrinfo的较简单接口函数对于UDP情形有所改变，即客户函数演变成两个：一个是本节讲解的用于创建未连接UDP套接字的udp_client函数，另一个是下一节讲解的用于创建已连接UDP套接字的udp_connect函数。

```
#include "unp.h"

int udp_client(const char *hostname, const char *service,
               struct sockaddr **saptr, socklen_t *lenp);
```

返回：若成功则为未连接套接字描述符，若出错则不返回

本函数创建一个未连接UDP套接字，并返回三项数据。首先，返回值是该套接字的描述符。其次，*saptr*是指向某个（由udp_client动态分配的）套接字地址结构的（由调用者自行声明的）一个指针的地址，本函数把目的IP地址和端口存放在这个结构中，用于稍后调用sendto。最后，这个套接字地址结构的大小在*lenp*指向的变量中返回。*lenp*这个结尾参数不能是一个空指针（而

tcp_listen允许其结尾参数是一个空指针），因为任何sendto和recvfrom调用都需要知道套接字地址结构的长度。

图11-15给出了这个函数的源代码。

─── lib/udp_client.c

```
1 #include      "unp.h"

2 int
3 udp_client(const char *host, const char *serv, SA **saptr, socklen_t *lenp)
4 {
5     int     sockfd, n;
6     struct addrinfo hints, *res, *ressave;

7     bzero(&hints, sizeof(struct addrinfo));
8     hints.ai_family = AF_UNSPEC;
9     hints.ai_socktype = SOCK_DGRAM;

10    if ( (n = getaddrinfo(host, serv, &hints, &res)) != 0)
11        err_quit("udp_client error for %s, %s: %s",
12                    host, serv, gai_strerror(n));
13    ressave = res;

14    do {
15        sockfd = socket(res->ai_family, res->ai_socktype, res->ai_protocol);
16        if (sockfd >= 0)
17            break;              /* success */
18    } while ( (res = res->ai_next) != NULL);

19    if (res == NULL)            /* errno set from final socket() */
20        err_sys("udp_client error for %s, %s", host, serv);

21    *saptr = Malloc(res->ai_addrlen);
22    memcpy(*saptr, res->ai_addr, res->ai_addrlen);
23    *lenp = res->ai_addrlen;

24    freeaddrinfo(ressave);

25    return(sockfd);
26 }
```

─── lib/udp_client.c

图11-15 udp_client函数：创建一个未连接UDP套接字

getaddrinfo用于转换*hostname*和*service*参数。socket用于创建一个数据报套接字。malloc用于分配一个套接字地址结构的内存空间，并由memcpy把对应所创建套接字的地址结构复制到这个内存空间中。

例子：协议无关时间获取客户程序

我们现在把图11-11中的时间获取客户程序重新编写成改用UDP和udp_client函数。图11-16给出了这个协议无关程序的源代码。

12~17 我们调用udp_client函数，然后显示将向其发送UDP数据报的服务器的IP地址和端口号。发送一个1字节的数据报后读取并显示应答数据报。

> 实际上我们只需要发送一个0字节的UDP数据报，因为来自标准daytime服务器的响应只靠数据报的到达触发，而与其长度或内容无关。然而许多SVR4实现却不允许0长度的UDP数据报。

―――― *names/daytimeudpcli1.c*

```
1 #include    "unp.h"

2 int
3 main(int argc, char **argv)
4 {
5     int     sockfd, n;
6     char    recvline[MAXLINE + 1];
7     socklen_t salen;
8     struct sockaddr *sa;

9     if (argc != 3)
10        err_quit
11            ("usage: daytimeudpcli1 <hostname/IPaddress> <service/port#>");

12    sockfd = Udp_client(argv[1], argv[2], (void **) &sa, &salen);

13    printf("sending to %s\n", Sock_ntop_host(sa, salen));

14    Sendto(sockfd, "", 1, 0, sa, salen);    /* send 1-byte datagram */

15    n = Recvfrom(sockfd, recvline, MAXLINE, 0, NULL, NULL);
16    recvline[n] = '\0';              /* null terminate */
17    Fputs(recvline, stdout);

18    exit(0);
19 }
```

―――― *names/daytimeudpcli1.c*

图11-16　使用udp_client的UDP时间获取客户程序

我们首先指定拥有一个AAAA记录和一个A记录的某个主机名运行本客户程序。既然由 getaddrinfo首先返回的是对应AAAA记录的结构,所创建的是一个IPv6套接字。

```
freebsd % daytimeudpcli1 aix daytime
sending to 3ffe:b80:1f8d:2:204:acff:fe17:bf38
Sun Jul 27 23:21:12 2003
```

我们接着指定同一个主机的点分十进制数串地址,结果创建的是一个IPv4套接字。

```
freebsd % daytimeudpcli1 192.168.42.2 daytime
sending to 192.168.42.2
Sun Jul 27 23:21:40 2003
```

336

11.15　**udp_connect** 函数

udp_connect函数创建一个已连接UDP套接字。

```
#include "unp.h"

int udp_connect(const char *hostname, const char *service);
```

                                    返回:若成功则为已连接套接字描述符,若出错则不返回

有了已连接UDP套接字后,udp_client必需的结尾两个参数就不再需要了。调用者可改用 write代替sendto,因此本函数不必返回一个套接字地址结构及其长度。

图11-17是本函数的源代码。

lib/udp_connect.c

```
1 #include    "unp.h"

2 int
3 udp_connect(const char *host, const char *serv)
4 {
5     int     sockfd, n;
6     struct addrinfo hints, *res, *ressave;

7     bzero(&hints, sizeof(struct addrinfo));
8     hints.ai_family = AF_UNSPEC;
9     hints.ai_socktype = SOCK_DGRAM;

10    if ( (n = getaddrinfo(host, serv, &hints, &res)) != 0)
11        err_quit("udp_connect error for %s, %s: %s",
12                host, serv, gai_strerror(n));
13    ressave = res;

14    do {
15        sockfd = socket(res->ai_family, res->ai_socktype, res->ai_protocol);
16        if (sockfd < 0)
17            continue;           /* ignore this one */

18        if (connect(sockfd, res->ai_addr, res->ai_addrlen) == 0)
19            break;              /* success */

20        Close(sockfd);          /* ignore this one */
21    } while ( (res = res->ai_next) != NULL);

22    if (res == NULL)            /* errno set from final connect() */
23        err_sys("udp_connect error for %s, %s", host, serv);

24    freeaddrinfo(ressave);

25    return(sockfd);
26 }
```

lib/udp_connect.c

图11-17 udp_connect函数：创建一个已连接UDP套接字

本函数几乎等同于tcp_connect。两者的差别之一是UDP套接字上的connect调用不会发送任何东西到对端。如果存在错误（譬如对端不可达或所指定端口上没有服务器），调用者就得等到向对端发送一个数据报之后才能发现。

11.16 **udp_server** 函数

用于简化访问getaddrinfo的最后一个UDP接口函数是udp_server。

```
#include "unp.h"

int udp_server(const char *hostname, const char *service, socklen_t *lenptr);
```
返回：若成功则为未连接套接字描述符，若出错则不返回

本函数的参数与tcp_listen一样，有一个可选的*hostname*和一个必需的*service*（从而可捆绑其端口号），以及一个可选的指向某个变量的指针，用于返回套接字地址结构的大小。

图11-18给出本函数的源代码。

lib/udp_server.c

```
1 #include    "unp.h"

2 int
3 udp_server(const char *host, const char *serv, socklen_t *addrlenp)
4 {
5     int     sockfd, n;
6     struct addrinfo hints, *res, *ressave;

7     bzero(&hints, sizeof(struct addrinfo));
8     hints.ai_flags = AI_PASSIVE;
9     hints.ai_family = AF_UNSPEC;
10    hints.ai_socktype = SOCK_DGRAM;

11    if ( (n = getaddrinfo(host, serv, &hints, &res)) != 0)
12        err_quit("udp_server error for %s, %s: %s",
13                  host, serv, gai_strerror(n));
14    ressave = res;

15    do {
16        sockfd = socket(res->ai_family, res->ai_socktype, res->ai_protocol);
17        if (sockfd < 0)
18            continue;           /* error - try next one */

19        if (bind(sockfd, res->ai_addr, res->ai_addrlen) == 0)
20            break;              /* success */

21        Close(sockfd);          /* bind error - close and try next one */
22    } while ( (res = res->ai_next) != NULL);

23    if (res == NULL)            /* errno from final socket() or bind() */
24        err_sys("udp_server error for %s, %s", host, serv);

25    if (addrlenp)
26        *addrlenp = res->ai_addrlen;   /* return size of protocol address */

27    freeaddrinfo(ressave);

28    return(sockfd);
29 }
```

lib/udp_server.c

图11-18 udp_server函数：为UDP服务器创建一个未连接套接字

338

除了没有调用listen外，本函数几乎等同于tcp_listen。我们把地址族设置成AF_UNSPEC，不过调用者可以使用我们随11-14讲解的同样技巧来强制使用某个特定协议（IPv4或IPv6）。

对于UDP套接字我们不设置SO_REUSEADDR选项，因为正如7.5节所述，本套接字选项允许在支持多播的主机上把同一个UDP端口捆绑到多个套接字上。既然UDP套接字没有TCP的TIME_WAIT状态的类似物，启动服务器时就没有设置这个套接字选项的必要。

例子：协议无关时间获取服务器程序

图11-19给出修改自图11-14，改用UDP的时间获取服务器程序。

names/daytimeudpsrv2.c

```
1 #include     "unp.h"
2 #include     <time.h>

3 int
4 main(int argc, char **argv)
5 {
6     int     sockfd;
7     ssize_t n;
8     char    buff[MAXLINE];
9     time_t  ticks;
10    socklen_t len;
11    struct sockaddr_storage   cliaddr;

12    if (argc == 2)
13        sockfd = Udp_server(NULL, argv[1], NULL);
14    else if (argc == 3)
15        sockfd = Udp_server(argv[1], argv[2], NULL);
16    else
17        err_quit("usage: daytimeudpsrv [ <host> ] <service or port>");

18    for ( ; ; ) {
19        len = sizeof(cliaddr);
20        n = Recvfrom(sockfd, buff, MAXLINE, 0, (SA *)&cliaddr, &len);
21        printf("datagram from %s\n", Sock_ntop((SA *)&cliaddr, len));

22        ticks = time(NULL);
23        snprintf(buff, sizeof(buff), "%.24s\r\n", ctime(&ticks));
24        Sendto(sockfd, buff, strlen(buff), 0, (SA *)&cliaddr, len);
25    }
26 }
```

names/daytimeudpsrv2.c

图11-19　协议无关的UDP时间获取服务器程序

11.17　**getnameinfo** 函数

getnameinfo是getaddrinfo的互补函数，它以一个套接字地址为参数，返回描述其中的主机的一个字符串和描述其中的服务的另一个字符串。本函数以协议无关的方式提供这些信息，也就是说，调用者不必关心存放在套接字地址结构中的协议地址的类型，因为这些细节由本函数自行处理。

```
#include <netdb.h>

int getnameinfo(const struct sockaddr *sockaddr, socklen_t addrlen,
                char *host, socklen_t hostlen,
                char *serv, socklen_t servlen, int flags);
```
返回：若成功则为0，若出错则为非0（见图11-7）

*sockaddr*指向一个套接字地址结构，其中包含待转换成直观可读的字符串的协议地址，*addrlen*是这个结构的长度。该结构及其长度通常由accept、recvfrom、getsockname或getpeername返回。

待返回的2个直观可读字符串由调用者预先分配存储空间，*host*和*hostlen*指定主机字符串，*serv*和*servlen*指定服务字符串。如果调用者不想返回主机字符串，那就指定*hostlen*为0。同样，把*servlen*指定为0就是不想返回服务字符串。

sock_ntop和getnameinfo的差别在于，前者不涉及DNS，只返回IP地址和端口号的一个可显示版本；后者通常尝试获取主机和服务的名字。

图11-20中给出了6个可指定的标志，用于改变getnameinfo的操作。

常　值	说　明
NI_DGRAM	数据报服务
NI_NAMEREQD	若不能从地址解析出名字则返回错误
NI_NOFQDN	只返回FQDN的主机名部分
NI_NUMERICHOST	以数串格式返回主机字符串
NI_NUMERICSCOPE	以数串格式返回范围标识字符串
NI_NUMERICSERV	以数串格式返回服务字符串

图11-20 getnameinfo的标志值

当知道处理的是数据报套接字时，调用者应设置NI_DGRAM标志，因为在套接字地址结构中给出的仅仅是IP地址和端口号，getnameinfo无法就此确定所用协议（TCP或UDP）。有若干个端口号在TCP上用于一个服务，在UDP上却用于截然不同的另一个服务。端口514就是这样的一个例子，它在TCP上提供rsh服务，在UDP上提供syslog服务。

如果无法使用DNS反向解析出主机名，NI_NAMEREQD标志将导致返回一个错误。需要把客户的IP地址映射成主机名的那些服务器可以使用这个特性。这些服务器随后以这样返回的主机名调用gethostbyname，以便验证gethostbyname返回的某个地址就是早先调用getnameinfo指定的套接字地址结构中的地址。

NI_NOFQDN标志导致返回的主机名第一个点号之后的内容被截去。举例来说，假设套接字地址结构中的IP地址为192.168.42.2，那么不设置本标志的gethostbyaddr返回的主机名为aix.unpbook.com，而设置本标志的gethostbyaddr返回的主机名为aix。

NI_NUMERICHOST标志告知getnameinfo不要调用DNS（因为调用DNS可能耗时），而是以数值表达格式以字符串的形式返回IP地址（可能通过调用inet_ntop实现）。类似地，NI_NUMERICSERV标志指定以十进制数格式作为字符串返回端口号，以代替查找服务名；NI_NUMERICSCOPE标志指定以数值格式作为字符串返回范围标识，以代替其名字。既然客户的端口号通常没有关联的服务名——它们是临时的端口，服务器通常应该设置NI_NUMERICSERV标志。

对于这些标志有意义的组合（例如NI_DGRAM和NI_NUMERICHOST），可以把其中各个标志逻辑或在一起。

11.18　可重入函数

11.3节的gethostbyname函数提出了一个我们尚未讨论过的有趣问题：它不是可重入的（re-entrant）。到第26章讨论线程时我们会普遍地遇到这个问题，不过在涉及线程概念之前探讨本问题并查看其解决办法也是必要的。

我们首先查看该函数的工作机理。如果阅读其源代码（这一点易于做到，因为整个BIND版本的源代码都是公开可得的），我们会发现一个包含gethostbyname和gethostbyaddr的文件，该文件的内容大体如下：

340

```
static struct hostent  host;          /* result stored here */
struct hostent *
gethostbyname(const char *hostname)
{
    return(gethostbyname2(hostname, family));
}
struct hostent *
gethostbyname2(const char *hostname, int family)
{
    /* call DNS functions for A or AAAA query */

    /* fill in host structure */

    return(&host);
}
struct hostent *
gethostbyaddr(const char *addr, socklen_t len, int family)
{
    /* call DNS functions for PTR query in in-addr.arpa domain */

    /* fill in host structure */

    return(&host);
}
```

[341]

我们突出显示结果结构的static存储类别限定词，意在表明它是问题的关键。该文件中定义的3个函数共用同一个host变量这一事实还引入了我们将在习题11.1中讨论的另一个问题。(其中gethostbyname2函数是在BIND 4.9.4中为支持IPv6而引入的。它现已被淘汰，详见11.20节。当调用gethostbyname时，我们将忽略它实际上调用gethostbyname2这一事实，因为如此忽略并不影响本讨论。)

在一个普通的UNIX进程中发生重入问题的条件是：从它的主控制流中和某个信号处理函数中同时调用gethostbyname或gethostbyaddr。当这个调用信号处理函数被调用时（譬如说它是一个每秒产生一次的SIGALRM信号），该进程的主控制流被暂停以执行信号处理函数。考虑如下例子：

```
main()
{
    struct hostent *hptr;

    ...
    signal(SIGALRM, sig_alrm);

    ...
    hptr = gethostbyname( ... );
    ...
}

void
sig_alrm(int signo)
{
    struct hostent *hptr;

    ...
    hptr = gethostbyname( ... );
    ...
}
```

如果主控制流被暂停时正处于执行gethostbyname期间（譬如说该函数已经填写好host变量并即将返回），而且信号处理函数随后调用gethostbyname，那么该host变量将被重用，因为该进程中只存在该变量的单个副本。这么一来，原先由主控制流计算出的值被重写成了由当前信号处理函数调用计算出的值。

查看本章讲解的名字和地址转换函数以及第4章中的inet_*XXX*函数，我们就重入问题提请注意以下几点。

因历史原因，gethostbyname、gethostbyaddr、getservbyname和getservbyport这4个函数是不可重入的，因为它们都返回指向同一个静态结构的指针。

支持线程的一些实现（例如Solaris 2.x）同时提供这4个函数的可重入版本，它们的名字以_r结尾，我们将在下一节介绍它们。

支持线程的另一些实现（例如HP-UX 10.30及以后版本）使用线程特定数据（26.5节）提供这些函数的可重入版本。

inet_pton和inet_ntop总是可重入的。

因历史原因，inet_ntoa是不可重入的，不过支持线程的一些实现提供了使用线程特定数据的可重入版本。

getaddrinfo可重入的前提是由它调用的函数都可重入，这就是说，它应该调用可重入版本的gethostbyname（以解析主机名）和getservbyname（以解析服务名）。本函数返回的结果全部存放在动态分配内存空间的原因之一就是允许它可重入。

getnameinfo可重入的前提是由它调用的函数都可重入，这就是说，它应该调用可重入版本的gethostbyaddr（以反向解析主机名）和getservbyport（以反向解析服务名）。它的2个结果字符串（分别为主机名和服务名）由调用者分配存储空间，从而允许它可重入。

errno变量存在类似的问题。这个整型变量历来每个进程各有一个副本。如果一个进程执行的某个系统调用返回一个错误，该进程的这个变量中就被存入一个整数错误码。举例来说，当调用标准C函数库中名为close的函数时，进程可能执行类似如下的伪代码：

把系统调用的参数（一个整数描述符）置于一个寄存器；

把一个值置于另一个寄存器，以指出待调用的是close系统调用；

激活该系统调用（用一条特殊指令切换到内核态）；

测试一个寄存器的值以判定是否发生过某个错误；

若没有错误则执行return(0)；

否则把另外某个寄存器的值存入errno；

执行return(-1)。

首先应该注意若没有任何错误发生则errno的值不会改变。因此，除非知道发生了一个错误（通常由函数调用返回-1指示），否则不应该查看errno的值。

假设一个程序先测试close函数的返回值，判定发生了一个错误后再显示errno的值，其代码如下：

```
if (close(fd) < 0) {
    fprintf(stderr,"close error, errno = %d\n", errno);
    exit(1);
}
```

从close系统调用返回时把错误码存入errno到稍后由程序显示errno的值之间存在一个

小的时间窗口，期间同一个进程内的另一个执行线程（例如一个信号处理函数的某次调用）可能改变了errno的值。举例来说，如果这个信号处理函数被调用时主控制流处于close和fprintf之间，而且这个信号处理函数调用的另外某个系统调用（譬如write）也返回一个错误，那么由write系统调用存放的errno值将覆写由close系统调用存放的errno值。

就信号处理函数考虑这两个问题，其中gethostbyname问题（返回一个指向某个静态变量的指针）的解决办法之一是在信号处理函数中不调用任何不可重入的函数，errno问题（其值可被信号处理函数改变的单个全局变量）可通过把信号处理函数编写成预先保存并事后恢复errno的值加以避免，其代码如下：

```
void
sig_alrm(int signo)
{
    int   errno_save;

    errno_save = errno;      /* save its value on entry */
    if (write( ... ) != nbytes)
        fprintf(stderr, "write error, errno = %d\n", errno);
    errno = errno_save;      /*  restore its value on return */
}
```

在这段例子代码中，我们还从信号处理函数中调用了fprintf这个标准I/O函数。它引入了另一个重入问题，因为许多版本的标准I/O函数库是不可重入的，也就是说我们不应该从信号处理函数中调用标准I/O函数。

我们将在第26章中重提这个重入问题，并查看线程如何处理errno变量的问题。下一节介绍主机名转换函数的一些可重入版本。

11.19   **gethostbyname_r** 和 **gethostbyaddr_r** 函数

有两种方法可以把诸如gethostbyname之类不可重入的函数改为可重入函数。

(1) 把由不可重入函数填写并返回静态结构的做法改为由调用者分配再由可重入函数填写结构。这是把不可重入的gethostbyname改为可重入的gethostbyname_r所用的技巧。但这种方法比较复杂，因为不仅调用者必须提供有待填写的hostent结构，而且该结构还指向其他信息：规范名字、别名指针数组、各个别名字符串、地址指针数组以及各个地址（参见图11-2）。调用者必须提供一个足以存放这些额外信息的大缓冲区以及一个待填写的hostent结构，所填写的内容包括多个指向这个大缓冲区的指针。这么一来该函数至少得增设3个参数：指向待填写的hostent结构的一个指针、指向存放所有其他信息所用缓冲区的一个指针以及该缓冲区的大小。作为第四个额外参数，指向用于存放错误码的某个整数变量的一个指针也是必要的，因为不能再用全局整数变量h_errno。（全局变量h_errno引起与errno所引起的相同的重入问题。）

getnameinfo和inet_ntop也使用这种方法。

(2) 由可重入函数调用malloc以动态分配内存空间。这是getaddrinfo使用的技巧。这种方法的问题是调用该函数的应用进程必须调用freeaddrinfo释放动态分配的内存空间。如果不这么做就会导致内存空间泄漏（memory leak）：进程每调用一次动态分配内存空间的函数，所用内存量就相应增长。如果进程长时间运行（网络服务器的公共特性之一），那么内存耗用量就随时间不断增加。

现在讨论Solaris 2.x用于从名字到地址和从地址到名字进行解析的可重入函数。

```
#include <netdb.h>
struct hostent *gethostbyname_r(const char *hostname,
                                struct hostent *result,
                                char *buf, int buflen, int *h_errnop);
struct hostent *gethostbyaddr_r(const char *addr, int len, int type,
                                struct hostent *result,
                                char *buf, int buflen, int *h_errnop);
                         均返回: 若成功则为非空指针, 若出错则为NULL
```

每个函数都需要4个额外的参数。其中*result*参数指向由调用者分配并由被调用函数填写的 hostent结构。成功返回时本指针同时作为函数的返回值。

*buf*参数指向由调用者分配且大小为*buflen*的缓冲区。该缓冲区用于存放规范主机名、别名指针数组、各个别名字符串、地址指针数组以及各个实际地址。由*result*指向的*hostent*结构中的所有指针都指向该缓冲区内部。那这个缓冲区要有多大才行呢? 不幸的是, 就该缓冲区的大小而言, 大多数手册页面只是含糊地说"该缓冲区必须大得足以存放与hostent结构关联的所有数据"。gethostbyname当前的实现最多能够返回35个别名指针和35个地址指针, 并内部使用一个8192字节的缓冲区存放这些别名和地址。因此大小为8192字节的缓冲区应该足够了。

如果出错, 错误码就通过*h_errnop*指针而不是全局变量h_errno返回。

345

> 不幸的是, 重入问题比它表面看来更要严重。首先, 关于gethostbyname和gethost-byaddr的重入问题无标准可循。POSIX规范声明这两个函数不必是可重入的。Unix 98只说这两个函数不必是线程安全的。

> 其次, 关于_r函数也没有标准可循。本节(出于作为例子目的)展示的那两个_r函数由Solaris 2.x提供。Linux提供相似的_r函数, 但函数会返回一个hostent结构, 该结构是使用作为倒数第二个参数的值-结果参数返回的。若查找成功, 则返回函数和h_errno参数的值。Digital Unix 4.0和HP-UX 10.30同样提供这两个函数的_r版本, 只是参数不同而已。它们的gethostbyname_r函数有与Solaris版本同样的前2个参数, 不过Solaris版本的后3个参数被前者组合成一个新的hostent_data结构(它必须由调用者分配存储空间), 指向该结构的一个指针构成本函数的第三个兼最后一个参数。通过使用线程特定数据(26.5节), Digital Unix 4.0和HP-UX 10.30系统中普通的gethostbyname和gethostbyaddr函数也变得可重入。Solaris 2.x的_r函数的开发历史参见[Maslen 1997]。

> 最后, 虽然gethostbyname的可重入版本可以在同时调用它的不同线程之间提供安全性, 却没有提及支撑它的解析器函数的重入性。

11.20 作废的 IPv6 地址解析函数

在开发IPv6期间, 用于查找IPv6地址的API经历了若干次反复。这些早期的API既复杂又没有足够的灵活性, 于是在RFC 2553[Gilligan et al. 1999]中被淘汰掉。RFC 2553又引入了新的函数, 它们最终在RFC 3493[Gilligan et al. 2003]中被简单地替换成getaddrinfo和getnameinfo。本节简要介绍一些早期的API, 以辅助转换已经使用它们的程序。

11.20.1 RES_USE_INET6 常值

gethostbyname没有可指定所关心地址族的参数(就像getaddrinfo的hints.ai_family

结构成员），因此这个API的第一个修订本使用RES_USE_INET6常值，使用者必须以一个私用的内部接口把该常值加到解析器标志中。这个API不大容易移植，因为使用别的内部解析器接口的系统不得不模仿BIND解析器接口以提供它。

启用RES_USE_INET6会使gethostbyname首先查找AAAA记录，若找不到任何AAAA记录则接着查找A记录。因为hostent结构只有一个地址长度字段，所以gethostbyname只能要么返回IPv6地址，要么返回IPv4地址，而不能同时返回这两种地址。

启用RES_USE_INET6还会使gethostbyname2以IPv4映射的IPv6地址的形式返回IPv4地址。

11.20.2   gethostbyname2 函数

gethostbyname2函数给gethostbyname增设了一个地址族参数。

```
#include <sys/socket.h>
#include <netdb.h>

struct hostent *gethostbyname2(const char *name, int af);
```
返回：若成功则为非空指针，若出错则为NULL且设置h_errno

当*af*参数为AF_INET时，gethostbyname2的行为与gethostbyname一样，即查找并返回IPv4地址。当*af*参数为AF_INET6时，gethostbyname2只查找AAAA记录并返回IPv6地址。

11.20.3   getipnodebyname 函数

RFC 2553［Gilligan et al. 1999］因为RES_USE_INET6标志的全局特性以及对返回信息进行更多控制的愿望而废除了RES_USE_INET6和gethostbyname2。为了解决其中一些问题，它同时引入getipnodebyname函数。

```
#include <sys/socket.h>
#include <netdb.h>

struct hostent *getipnodebyname(const char *name, int af,
                                int flags, int *error_num);
```
返回：若成功则为非空指针，若出错则为NULL且设置error_num

本函数返回的指针指向的是我们随gethostbyname函数讲解过的*hostent*结构。*af*和*flags*这两个参数直接映射到getaddrinfo的hints.ai_family和hints.ai_flags参数。为了线程安全起见，返回值是动态分配的，因而必须使用freehostent函数释放。

```
#include <netdb.h>

void freehostent(struct hostent *ptr);
```

getipnodebyname和与之匹配的getipnodebyaddr函数被RFC 3493［Gilligan et al. 2003］废除，并代之以getaddrinfo和getnameinfo函数。

11.21   其他网络相关信息

我们在本章中一直关注主机名和IP地址以及服务名和端口号。然而我们的视野可以更广阔些，应用进程可能想要查找四类与网络相关的信息：主机、网络、协议和服务。大多数查找针对的是主机(gethostbyname和gethostbyaddr),一小部分查找针对的是服务(getservbyname和getservbyport),更小一部分查找针对的是网络和协议。

所有四类信息都可以存放在一个文件中,每类信息各定义有三个访问函数:

(1) 函数get*XXX*ent读出文件中的下一个表项,必要的话首先打开文件;

(2) 函数set*XXX*ent打开(如果尚未打开的话)并回绕文件;

(3) 函数end*XXX*ent关闭文件。

每类信息都定义了各自的结构,包括hostent、netent、protoent和servent。这些定义通过包含头文件<netdb.h>提供。

除了用于顺序处理文件的get、set和end这三个函数外,每类信息还提供一些键值查找(keyed loopup)函数。这些函数顺序遍历整个文件(通过调用get*XXX*ent函数读出每一行),但是不把每一行都返回给调用者,而是寻找与某个参数匹配的一个表项。这些键值查找函数具有形如get*XXX*by*YYY*的名字。举例来说,针对主机信息的两个键值查找函数是gethostbyname(查找匹配某个主机名的表项)和gethostbyaddr(查找匹配某个IP地址的表项)。图11-21汇总了这些信息。

信息	数据文件	结构	键值查找函数
主机	/etc/hosts	hostent	gethostbyaddr, gethostbyname
网络	/etc/networks	netent	getnetbyaddr, getnetbyname
协议	/etc/protocols	protoent	getprotobyname, getprotobynumber
服务	/etc/services	servent	getservbyname, getservbyport

图11-21 四类网络相关信息

在使用DNS的前提下如何应用这些函数呢?首先,只有主机和网络信息可通过DNS获取,协议和服务信息总是从相应的文件中读取。我们早先在本章中(图11-1)提到过,不同的实现有不同的方法供系统管理员指定是使用DNS还是使用文件来查找主机和网络信息。

其次,如果使用DNS查找主机和网络信息,那么只有键值查找函数才有意义。举例来说,你不能使用gethostent并期待顺序遍历DNS中的所有表项。如果调用gethostent,那么它仅仅读取/etc/hosts文件并避免访问DNS。

> 虽然网络信息可以做成通过DNS能够访问到,但是很少有人这么做。[Albitz and Liu 2001]讲述了这个特性。典型的做法反而是:系统管理员创建并维护一个/etc/networks文件,网络信息通过它而不是通过DNS获取。如果存在这个文件,指定-i选项的netstat程序就使用它显示每个网络的名字。然而无类寻址(A.4节)使得这些函数几近无用,而且它们又不支持IPv6,因此新的网络应用应该避免使用网络名字。

11.22 小结

应用程序用来把主机名转换成IP地址或做相反转换的一组函数称为解析器。gethostbyname和gethostbyaddr是解析器曾常用的入口点。随着向IPv6和线程化编程模型的转移,getaddrinfo和getnameinfo显得更为有用,因为它们既能解析IPv6地址,又符合线程安全调用约定。

处理服务名和端口号的常用函数是getservbyname,它接受一个服务名作为参数,并返回一个包含相应端口号的结构。这种映射关系通常包含在一个文本文件中。还有用于把协议名映射成协议号以及把网络名映射成网络号的函数, 不过很少使用。

我们没有提到的另一种可选方法是: 直接调用解析器函数, 以代替使用gethostbyname和gethostbyaddr。如此直接应用DNS的程序之一是sendmail, 因为它需要搜索MX资源记录, 这是gethostby*XXX*函数无法做到的。解析器函数都有以res_开头的名字, res_init函数就是一个例子。[Albitz and Liu 2001] 第15章讲述了这些函数, 并有调用它们的一个例子程序, 键入"man resolver"应该得到这些函数的手册页面。

getaddrinfo是一个非常有用的函数, 它允许我们编写协议无关的代码。然而直接调用它要花多个步骤, 而且对于不同的情形仍有反复出现的细节需要处理: 如遍历所有返回的结构, 忽略socket返回的错误, 为TCP服务器设置SO_REUSEADDR套接字选项, 等等。我们编写了5个访问getaddrinfo的接口函数tcp_connect、tcp_listen、udp_client、udp_connect、udp_server, 以简化所有这些细节。我们通过编写TCP上或UDP上时间获取客户和服务器程序的协议无关版本展示了这些函数的用法。

gethostbyname和gethostbyaddr通常也是不可重入的函数。这两个函数共享一个静态的结果结构, 都返回指向该结构的一个指针。到第26章介绍线程时我们还会遇到并讨论重入问题。我们介绍了一些厂商提供的这两个函数的_r版本。它们提供了一种解决方法, 但是需要对调用这些函数的所有应用程序加以修改。

习题

11.1　修改图11-3中的程序, 为每个返回的地址调用gethostbyaddr, 然后显示由它返回的h_name。首先指定一个只有单个IP地址的主机名运行本程序, 然后指定一个有多个IP地址的主机名运行本程序, 将会发生什么?

11.2　修复上个习题中出现的问题。

11.3　将服务名指定为chargen, 运行图11-4中的程序。

11.4　指定一个点分十进制数串格式的IP地址作为主机名运行图11-4中的程序。你的解析器允许这么做吗? 把图11-4中的程序改为允许把点分十进制数串格式的IP地址作为主机名, 把十进制数串格式的端口号作为服务名。在测试主机名参数是一个点分十进制数串还是一个主机名字符串时, 应该如何编排这两个测试的顺序?

11.5　修改图11-4中的程序, 使得它对于IPv4和IPv6都能工作。

11.6　修改图11-4中的程序, 使得它反向查找DNS, 然后比较返回的IP地址和目的主机的所有IP地址。也就是说, 先用recvfrom返回的IP地址调用gethostbyaddr, 后跟gethostbyname调用以找出目的主机的所有IP地址。

11.7　在图11-12中, 调用者必须传递一个整数指针以获取协议地址的大小。如果调用者没有这么做 (也就是作为最后一个参数传递的是一个空指针), 那么它怎样才能取得协议地址真正的大小呢?

11.8　修改图11-14中的程序, 改用getnameinfo代替sock_ntop。应该传递给getnameinfo哪些标志?

11.9　在7.5节我们随SO_REUSEADDR套接字选项讨论过端口盗用问题。为了弄清它的工作机理, 我们以图11-19为源程序构造一个协议无关的UDP时间获取服务器程序。在一个窗口中启动该服务器的一个实例, 给它捆绑通配地址和某个由你选择的端口。在另一个窗口中启动一个客户, 并验证服务器正在处理客户请求 (注意服务器的printf调用)。接着在第三个窗口中启动服务器的另一个实例, 这次给它捆绑该主机的一个单播地址以及与第一个服务器相同的端口。你马上碰到的是什么问题? 修复这个问题后重新启动第二个服务器。启动一个客户, 发送一个数据报, 验证第二个服务器已盗用了第一个服务器的端口。要是可能的话, 使用与启动第一个服务器所用的登录账号不同的另一个账号再次启动第二个服务器，看能否继续成功盗用。有些厂商只允许用户ID相同的进程再次捆绑之前某个进程已绑定的端口。

11.10 在2.12节末尾我们展示了两个telnet例子：一个连接到时间获取服务器，另一个连接到回射服务器。已知客户要经历gethostbyname和connect这两个步骤，你能判定它的哪些输出行对应哪个步骤吗？

11.11 如果找不到给定IP地址对应的主机名，gethostbyaddr可能就得花很长时间（最长80s）才能返回一个错误。编写一个新的名为getnameinfo_timeo的函数，它有一个额外的整数参数用于指定等待应答的最大秒数。如果发生超时并且没有设置NI_NAMEREQD标志，那就调用inet_ntop返回一个地址串。

350

第三部分

高级套接字编程

第 12 章

IPv4 与 IPv6 的互操作性

12.1 概述

在未来数年内，因特网也许会逐渐地从IPv4过渡到IPv6。在这个过渡阶段，基于IPv4的现有应用程序能够和基于IPv6的全新应用程序继续协同工作显得非常重要。举例来说，厂商不应该只提供仅能与IPv6 telnet服务器程序协同工作的telnet客户程序，而应该既提供能与IPv4服务器程序协同工作的客户程序，又提供能与IPv6服务器程序协同工作的客户程序。更理想的情形是，一个IPv6的telnet客户程序既能与IPv4服务器程序协同工作，又能与IPv6服务器程序协同工作，相应地一个IPv6的telnet服务器程序既能与IPv4客户程序协同工作，又能与IPv6客户程序协同工作。我们将通过本章了解这是如何实现的。

我们贯穿本章假设主机都运行着双栈（dual stacks），意指一个IPv4协议栈和一个IPv6协议栈。我们在图2-1中展示的例子就是一个双栈主机。在向IPv6转换的漫长过渡期内，主机和路由器也许会如此运行许多年。到了某个时间点后，许多系统可以关闭它们的IPv4协议栈，然而只有时间才能告诉我们这种情况何时（以及是否）会发生。

在本章中，我们将讨论IPv4应用进程和IPv6应用进程如何才能彼此通信。使用IPv4或IPv6的客户或服务器之间存在如图12-1所示的四种组合。

	IPv4服务器	IPv6服务器
IPv4客户	几乎全部现有客户和服务器程序	见12.2节
IPv6客户	见12.3节	对于大多数现有客户和服务器程序的简单修改（例如从图1-5至图1-6）

图12-1　使用IPv4或IPv6的客户与服务器的组合

对于客户和服务器使用相同协议的那两种情形我们不再过多讨论。我们感兴趣的是客户和服务器使用不同协议的那两种情形。

12.2 IPv4 客户与 IPv6 服务器

双栈主机的一个基本特性是其上的IPv6服务器既能处理IPv4客户，又能处理IPv6客户。这是通过使用IPv4映射的IPv6地址实现的（图A-10）。图12-2展示了这样的一个例子。

左侧有一个IPv4客户和一个IPv6客户。右侧的服务器其程序使用IPv6编写。该服务器创建了一个绑定在IPv6通配地址和TCP端口9999上的IPv6监听TCP套接字。

我们假设客户和服务器主机处于同一个以太网。当然它们也可以通过路由器连接，只要所有路由器都同时支持IPv4和IPv6，不过这对于我们的讨论并没有任何影响。B.3节将讨论另外一种情况，IPv6的客户和服务器主机之间通过只支持IPv4的路由器连接。

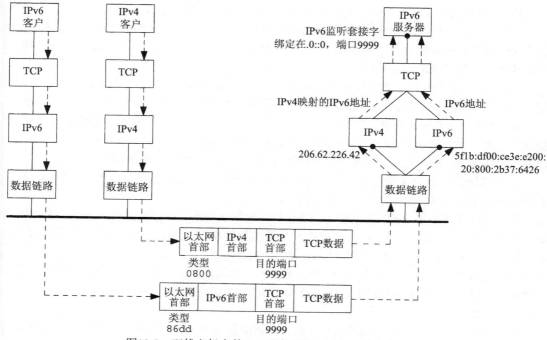

图12-2　双栈主机上的IPv6服务器为IPv4和IPv6客户服务

我们假设这两个客户都发送SYN分节以建立与服务器的连接。IPv4客户主机在一个IPv4数据报中载送SYN，IPv6客户主机在一个IPv6数据报中载送SYN。来自IPv4客户的TCP分节在以太网线上表现为一个以太网首部后跟一个IPv4首部、一个TCP首部以及TCP数据。以太网首部中包含的类型字段值为0x0800，它把本以太网帧标识为一个IPv4帧。TCP首部中包含的目的端口为9999。（这些首部的格式和内容在附录A中详细讲解。）IPv4首部中的包含的目的IP地址为206.62.226.42。

来自IPv6客户的TCP分节在以太网线上表现为一个以太网首部后跟一个IPv6首部、一个TCP首部以及TCP数据。以太网首部中包含的类型字段值为0x86dd，它把本以太网帧标识为一个IPv6帧。这个TCP首部和IPv4数据报中的TCP首部格式完全一样，也包含值为9999的目的端口。IPv6首部中包含的目的IP地址为5f1b:df00:ce3e:e200:20:800:2b37:6426。

接收数据链路通过查看以太网类型字段把每个帧传递给相应的IP模块。IPv4模块结合其上的TCP模块检测到IPv4数据报的目的端口对应一个IPv6套接字，于是把该数据报IPv4首部中的源IPv4地址转换成一个等价的IPv4映射的IPv6地址。当accept系统调用把这个已经接受的IPv4客户连接返回给服务器进程时，这个映射后的地址将作为客户的IPv6地址返回到服务器的IPv6套接字。该连接上其余的数据报同样都是IPv4数据报。

当accept系统调用把接受的IPv6客户连接返回给服务器进程时，该客户的IPv6地址就是出现在IPv6首部中的源地址，未做任何改动。该连接上其余的数据报都是IPv6数据报。

我们可以把允许一个IPv4的TCP客户和一个IPv6的TCP服务器进行通信的步骤总结如下。

(1) IPv6服务器启动后创建一个IPv6的监听套接字，我们假定服务器把通配地址捆绑到该套接字。

(2) IPv4客户调用gethostbyname找到服务器主机的一个A记录。服务器主机既有一个A记录，又有一个AAAA记录，因为它同时支持IPv4和IPv6，不过IPv4客户需要的只是一个A记录。

(3) 客户调用connect，导致客户主机发送一个IPv4 SYN到服务器主机。

(4) 服务器主机接收这个目的地为IPv6监听套接字的IPv4 SYN，设置一个标志指示本连接应使用IPv4映射的IPv6地址，然后响应以一个IPv4 SYN/ACK。该连接建立后，由accept返回给服务器的地址就是这个IPv4映射的IPv6地址。

(5) 当服务器主机往这个IPv4映射的IPv6地址发送TCP分节时，其IP栈产生目的地址为所映射IPv4地址的IPv4载送数据报。因此，客户和服务器之间的所有通信都使用IPv4的载送数据报。

(6) 除非服务器显式检查这个IPv6地址是不是一个IPv4映射的IPv6地址（使用将在12.4节介绍的IN6_IS_ADDR_V4MAPPED宏），否则它永远不知道自己是在与一个IPv4客户通信。这个细节由双协议栈处理。同样地，IPv4客户也不知道自己是在与一个IPv6服务器通信。

上述情形的一个支撑性假设是：双栈服务器主机既有一个IPv4地址，又有一个IPv6地址。在所有IPv4地址耗尽之前，这个假设没有问题。

IPv6的UDP服务器也有类似的情形，不过每个数据报的地址格式可能有所变动。举例来说，如果IPv6服务器收到来自某个IPv4客户的一个数据报，由recvfrom返回的地址将是该客户的IPv4映射的IPv6地址。服务器以这个IPv4映射的IPv6地址调用sendto给出对本客户请求的响应。这个地址格式告知内核向客户发送一个IPv4数据报。然而服务器收到的下一个数据报可能是一个IPv6数据报，recvfrom将返回其客户的IPv6地址。如果服务器给出响应，那么内核将产生一个IPv6数据报。

图12-3汇总了在一个双栈主机上收到的IPv4数据报或IPv6数据报如何根据接收套接字的类型（TCP或UDP）进行处理的流程。

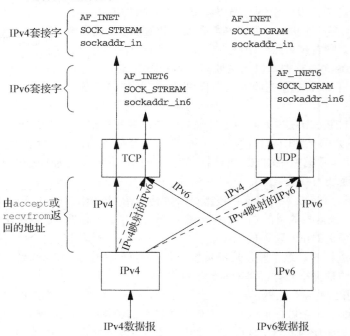

图12-3　根据接收套接字类型处理收到的IPv4数据报或IPv6数据报

- 如果收到一个目的地为某个IPv4套接字的IPv4数据报，那么无需任何特殊处理。它们在图中是标为"IPv4"的那两个箭头：一个到TCP，一个到UDP。客户和服务器之间交换的是IPv4数据报。

- 如果收到一个目的地为某个IPv6套接字的IPv6数据报，那么无需任何特殊处理。它们在图中是标为"IPv6"的那两个箭头：一个到TCP，一个到UDP。客户和服务器之间交换的是IPv6数据报。
- 如果收到一个目的地为某个IPv6套接字的IPv4数据报，那么内核把与该数据报的源IPv4地址对应的IPv4映射的IPv6地址作为由accept（TCP）或recvfrom（UDP）返回的对端IPv6地址。它们在图中是两个虚线箭头。这样的映射是可行的，因为任何一个IPv4地址总能表示成一个IPv6地址。客户和服务器之间交换的是IPv4数据报。
- 上一点的相反面却不成立：一般说来，一个IPv6地址无法表示成一个IPv4地址；因此图中没有从IPv6协议框到两个IPv4套接字的箭头。

大多数双栈主机在处理监听套接字时应使用以下规则。

(1) IPv4监听套接字只能接受来自IPv4客户的外来连接。

(2) 如果服务器有一个绑定了通配地址的IPv6监听套接字，而且该套接字未设置IPV6_V6ONLY套接字选项（7.8节），那么该套接字既能接受来自IPv4客户的外来连接，又能接受来自IPv6客户的外来连接。对于来自IPv4客户的连接而言，其服务器端的本地地址将是与某个本地IPv4地址对应的IPv4映射的IPv6地址。

(3) 如果服务器有一个IPv6监听套接字，而且绑定在其上的是除IPv4映射的IPv6地址之外的某个非通配IPv6地址，或者绑定在其上的是通配地址，不过还设置了IPV6_V6ONLY套接字选项（7.8节），那么该套接字只能接受来自IPv6客户的外来连接。

12.3　IPv6 客户与 IPv4 服务器

我们现在对换一下上一节例子中的客户和服务器使用的协议。首先考虑运行在一个双栈主机上的一个IPv6的TCP客户。

(1) 一个IPv4服务器在只支持IPv4的一个主机上启动后创建一个IPv4的监听套接字。

(2) IPv6客户启动后调用getaddrinfo单纯查找IPv6地址（因为它请求的是AF_INET6地址族，而且在hints结构中设置了AI_V4MAPPED标志）。既然只支持IPv4的那个服务器主机只有A记录，我们从图11-8看到返回给客户的是一个IPv4映射的IPv6地址。

(3) IPv6客户在作为函数参数的IPv6套接字地址结构中设置这个IPv4映射的IPv6地址后调用connect。内核检测到这个映射地址后自动发送一个IPv4 SYN到服务器。

(4) 服务器响应以一个IPv4 SYN/ACK，连接于是通过使用IPv4数据报建立。

我们可以用图12-4汇总上述通信步骤。

- 如果一个IPv4的TCP客户指定一个IPv4地址以调用connect，或者一个IPv4的UDP客户指定一个IPv4地址以调用sendto，那么无需任何特殊处理。它们在图中是标为"IPv4"的那两个箭头。
- 如果一个IPv6的TCP客户指定一个IPv6地址以调用connect，或者一个IPv6的UDP客户指定一个IPv6地址以调用sendto，那么无需任何特殊处理。它们在图中是标为"IPv6"的那两个箭头。
- 如果一个IPv6的TCP客户指定一个IPv4映射的IPv6地址以调用connect，或者一个IPv6的UDP客户指定一个IPv4映射的IPv6地址以调用sendto，那么内核检测到这个映射地址后改为发送一个IPv4数据报而不是IPv6数据报。它们在图中是两个虚线箭头。

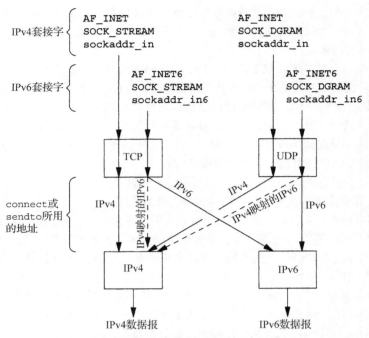

图12-4　根据地址类型和套接字类型处理客户请求

- 不论调用 connect 还是调用 sendto，IPv4 客户都不能指定一个 IPv6 地址，因为 16 字节的 IPv6 地址超出了 IPv4 的 sockaddr_in 结构中的 in_addr 成员结构的 4 字节长度。因此图中没有从 IPv4 套接字到 IPv6 协议框的箭头。

358

　　上一节讨论的 IPv4 数据报到达某个 IPv6 套接字的情形中，内核把收到的 IPv4 地址转换成 IPv4 映射的 IPv6 地址，并通过 accept 或 recvfrom 把映射地址透明地返回给应用进程。本节讨论的通过某个 IPv6 套接字发送 IPv4 数据报的情形中，从 IPv4 地址到 IPv4 映射的 IPv6 地址之间的转换却由解析器根据图 11-8 中的规则完成，映射地址随后由应用进程透明地传递给 connect 或 sendto。

对互操作性的总结

　　图 12-5 汇总了本节和上一节的内容，同时给出了客户和服务器的各种组合。

	IPv4 服务器 IPv4 单栈主机（纯A）	IPv6 服务器 IPv6 单栈主机（纯AAAA）	IPv4 服务器双栈主机（A和AAAA）	IPv6 服务器双栈主机（A和AAAA）
IPv4 客户，IPv4 单栈主机	IPv4	（无）	IPv4	IPv4
IPv6 客户，IPv6 单栈主机	（无）	IPv6	（无）	IPv6
IPv4 客户，双栈主机	IPv4	（无）	IPv4	IPv4
IPv6 客户，双栈主机	IPv4	IPv6	（无*）	IPv6

图12-5　IPv4 和 IPv6 客户与服务器互操作性总结

　　图中标为"IPv4"或"IPv6"的栏目表示相应组合有效，并指出了实际使用的协议；标为"(no)"的栏目表示相应组合无效。最后一行第三列标了星号，因为该栏目的互操作性取决于客户选择的地址。如果选择 AAAA 记录从而发送 IPv6 数据报，那就不能工作。然而如果选择 A 记录，而这个A记录实际作为一个IPv4映射的IPv6地址返回给客户,使得客户发送IPv4数据报,那就能够工作。通过如图11-4所示在一个循环中遍试由getaddrinfo返回的所有地址,可确保试用这个IPv4映射的IPv6地址。

尽管从图示表格看有四分之一强的组合不能互操作,然而在可预见将来的现实世界中,IPv6的多数实现将运行在双栈主机上,因而不是IPv6单栈实现。如果我们因此删去表中的第二行和第二列,那么所有标为"(no)"的栏目都消失了,剩下的唯一问题是标了星号的栏目。

359

12.4　IPv6 地址测试宏

有一小类的IPv6应用进程必须清楚与其通信的是不是IPv4对端。这些应用程序需要知道对端的地址是不是一个IPv4映射的IPv6地址。头文件<netinet/in.h>中定义的以下12个宏用于测试一个IPv6地址是否归属某个类型。

```
#include <netinet/in.h>

int IN6_IS_ADDR_UNSPECIFIED(const struct in6_addr *aptr);
int IN6_IS_ADDR_LOOPBACK(const struct in6_addr *aptr);
int IN6_IS_ADDR_MULTICAST(const struct in6_addr *aptr);
int IN6_IS_ADDR_LINKLOCAL(const struct in6_addr *aptr);
int IN6_IS_ADDR_SITELOCAL(const struct in6_addr *aptr);
int IN6_IS_ADDR_V4MAPPED(const struct in6_addr *aptr);
int IN6_IS_ADDR_V4COMPAT(const struct in6_addr *aptr);

int IN6_IS_ADDR_MC_NODELOCAL(const struct in6_addr *aptr);
int IN6_IS_ADDR_MC_LINKLOCAL(const struct in6_addr *aptr);
int IN6_IS_ADDR_MC_SITELOCAL(const struct in6_addr *aptr);
int IN6_IS_ADDR_MC_ORGLOCAL(const struct in6_addr *aptr);
int IN6_IS_ADDR_MC_GLOBAL(const struct in6_addr *aptr);
```
                                均返回:若IPv6地址归属指定类型则为非0,否则为0

前7个宏测试IPv6地址的基本类型。我们在A.5节中介绍这些地址类型。后5个宏测试IPv6多播地址的范围(21.2节)。

> IPv4兼容的IPv6地址用于后来不被看好的某个过渡机制。你不大可能实际看到这类地址,也没有测试它的必要。

IPv6客户可以调用IN6_IS_ADDR_V4MAPPED宏测试由解析器返回的IPv6地址。IPv6服务器同样可以调用这个宏测试由accept或recvfrom返回的IPv6地址。

作为需要使用这个宏的一个例子,让我们考虑FTP和它的PORT指令。如果启动一个FTP客户,登录到一个FTP服务器,然后发出FTP的dir命令,那么FTP客户将通过控制连接向FTP服务器发送一个PORT指令。这条指令把客户的IP地址和端口号告知服务器,服务器据此随后就建立一个数据连接。(TCPv1的第27章中包含FTP应用协议的所有细节。)然而IPv6的FTP客户必须清楚对端是一个IPv4服务器还是一个IPv6服务器,因为两者所需的PORT指令格式是不同的。前者需要的格式形如"PORT a1,a2,a3,a4,P1,P2",其中前四个数字(每个都在0~255之间)构成一个4字节的IPv4地址,后两个数字构成2字节的端口号。后者需要一个EPRT指令(参见RFC 2428[Allman, Ostermann, and Metz 1998]),包含一个地址族、文本格式的地址和文本格式的端口号。习题12.1给出了IPv4和IPv6上FTP协议行为的一个例子。

360

12.5　源代码可移植性

大多数现有的网络应用程序是为IPv4编写的。这些应用程序分配并填写一个或多个sockaddr_in结构，并且调用socket总是指定AF_INET为第一个函数参数。从图1-5到图1-6的转换可以看出，把这些IPv4应用程序转换成用上IPv6并不费劲。我们展示过的修改操作中有许多可使用一些编辑脚本自动执行。较为依赖IPv4的程序转换起来需多花些功夫，因为它们使用了诸如多播、IP选项或原始套接字等特性。

如果在源代码级上把一个应用程序转换成用上IPv6并发布它，那么我们还不得不考虑接纳者的系统是否支持IPv6。这个考虑的典型处理办法是在代码中到处使用#ifdef伪代码，以尽可能使用IPv6（因为我们已在本章中看到，IPv6客户仍能与IPv4服务器通信，反之亦然）。这种办法的问题是：代码将被杂乱无章地迅速插入许多#ifdef伪代码，在代码理解和维护上造成困难。

更好的办法是把这种向IPv6的转换视为促成程序变得协议无关的一个机会。第一步去除所有 gethostbyname 和 gethostbyaddr 调用，改用前一章中讲解过的 getaddrinfo 和 getnameinfo这两个函数。这一步使得我们能够把套接字地址结构作为不透明对象来处理，并且就像bind、connect、recvfrom等基本套接字函数所做的那样，用一个指针及大小来指代它们。3.8节的sock_*XXX*函数能够帮助我们独立于IPv4和IPv6地操纵它们。显然这些函数中含有#ifdef伪代码以处理IPv4和IPv6，但是把所有的协议相关内容隐蔽在若干个库函数中将简化我们的代码。我们将在21.7节开发一组mcast_*XXX*函数，它们能够使得多播应用程序独立于IPv4或IPv6。

另一点需要考虑的是：如果我们在一个同时支持IPv4和IPv6的系统上编译源代码，然后发布其可执行代码或目标文件（但是不发布源代码），然而某个接纳者却在不支持IPv6的某个系统上执行我们的应用程序，那会发生什么？假设该接纳者存在这样一个机会：本地名字服务器支持AAAA记录，并且能够为我们的应用进程尝试连接到的某个对端主机同时返回AAAA记录和A记录。当我们的应用进程调用socket创建IPv6套接字时，如果本地主机不支持IPv6，那么socket调用将以失败告终。我们可以忽略来自socket的错误，继续尝试由名字服务器返回的地址列表中的下一个地址，而这些细节由我们在前一章中介绍过的帮手函数（即getaddrinfo的若干个简化访问接口函数）来处理。假设对端主机有一个A记录，并且名字服务器在返回所有AAAA记录之后还返回这个A记录，那就有可能成功创建一个IPv4套接字。这类功能应归属某个库函数提供，而不应该出现在每个应用程序的源代码中。

为了能够把套接字描述符传递给单纯支持IPv4或IPv6的应用进程，RFC 2133 ［Gilligan et al. 1997］引入了IPV6_ADDRFROM套接字选项，它能够返回一个套接字描述符，或者潜在地改变与一个套接字关联的地址族。然而这个套接字选项的语义从未完整地说明过，而且它仅仅在非常特定的若干情况下才有用，这个API的下一个修订本于是把它删除掉了。

12.6　小结

双栈主机上的IPv6服务器既能服务于IPv4客户，又能服务于IPv6客户。IPv4客户发送给这种服务器的仍然是IPv4数据报，不过服务器的协议栈会把客户主机的地址转换成一个IPv4映射的IPv6地址，因为IPv6服务器仅仅处理IPv6套接字地址结构。

类似地，双栈主机上的IPv6客户能够和IPv4服务器通信。客户的解析器会把服务器主机所有的A记录作为IPv4映射的IPv6地址返回给客户，而客户指定这些地址之一调用connect将会使双栈发送一个IPv4 SYN分节。只有少量特殊的客户和服务器需要知道对端使用的具体协议（例如FTP），而 IN6_IS_ADDR_V4MAPPED 宏可用于判定对端是否在使用IPv4。

习题

12.1 在一个运行IPv4和IPv6的双栈主机上启动一个IPv6的FTP客户。连接到一个IPv4的FTP服务器，确保客户处于主动（active）模式（也许得发出passive命令以关闭被动模式），发出debug命令，然后是dir命令。然后对一个IPv6的FTP服务器执行同样的操作，比较由dir命令引发的两个PORT指令。

12.2 编写一个程序，它需要一个IPv4点分十进制数串地址作为唯一的命令行参数。它创建一个IPv4的TCP套接字，并把这个地址和某个端口号（譬如9999）捆绑到该套接字，接着调用listen，然后就是pause。编写类似的另一个程序，它的唯一命令行参数是一个IPv6的十六进制数串地址，而且创建的是IPv6的TCP监听套接字。以通配地址作为参数启动编写的IPv4程序。然后在另一个窗口中以IPv6通配地址作为参数启动编写的IPv6程序。在IPv4程序已经绑定一个端口的前提下，你能启动捆绑同一个端口号的IPv6程序吗？SO_REUSEADDR套接字选项会有所帮助吗？如果先启动IPv6程序，再尝试启动IPv4程序，又是什么情况？

362

第 13 章

守护进程和 **inetd** 超级服务器

13.1 概述

守护进程（daemon）是在后台运行且不与任何控制终端关联的进程。Unix系统通常有很多守护进程在后台运行（在20～50个的量级），执行不同的管理任务。

守护进程没有控制终端通常源于它们由系统初始化脚本启动。然而守护进程也可能从某个终端由用户在shell提示符下键入命令行启动，这样的守护进程必须亲自脱离与控制终端的关联，从而避免与作业控制、终端会话管理、终端产生信号等发生任何不期望的交互，也可以避免在后台运行的守护进程非预期地输出到终端。

守护进程有多种启动方法。

(1) 在系统启动阶段，许多守护进程由系统初始化脚本启动。这些脚本通常位于/etc目录或以/etc/rc开头的某个目录中，它们的具体位置和内容却是实现相关的。由这些脚本启动的守护进程一开始时拥有超级用户特权。

有若干个网络服务器通常从这些脚本启动：inetd超级服务器（见下一条）、Web服务器、邮件服务器（经常是sendmail）。我们将在13.2节讲解的syslogd守护进程通常也由某个系统初始化脚本启动。

(2) 许多网络服务器由将在本章靠后介绍的inetd超级服务器启动。inetd自身由上一条中的某个脚本启动。inetd监听网络请求（Telnet、FTP等），每当有一个请求到达时，启动相应的实际服务器（Telnet服务器、FTP服务器等）。

(3) cron守护进程按照规则定期执行一些程序，而由它启动执行的程序同样作为守护进程运行。cron自身由第1条启动方法中的某个脚本启动。

(4) at命令用于指定将来某个时刻的程序执行。这些程序的执行时刻到来时，通常由cron守护进程启动执行它们，因此这些程序同样作为守护进程运行。

(5) 守护进程还可以从用户终端或在前台或在后台启动。这么做往往是为了测试守护程序或重启因某种原因而终止了的某个守护进程。

因为守护进程没有控制终端，所以当有事发生时它们得有输出消息的某种方法可用，而这些消息既可能是普通的通告性消息，也可能是需由系统管理员处理的紧急事件消息。syslog函数是输出这些消息的标准方法，它把这些消息发送给syslogd守护进程。

13.2 **syslogd** 守护进程

Unix系统中的syslogd守护进程通常由某个系统初始化脚本启动，而且在系统工作期间一直运行。源自Berkeley的syslogd实现在启动时执行以下步骤。

(1) 读取配置文件。通常为/etc/syslog.conf的配置文件指定本守护进程可能收取的各种日志消息（log message）应该如何处理。这些消息可能被添加到一个文件（/dev/console文件是一个特例，它把消息写到控制台上），或被写到指定用户的登录窗口（若该用户已登录到本守护进程所在系统中），或被转发给另一个主机上的syslogd进程。

(2) 创建一个Unix域数据报套接字，给它捆绑路径名/var/run/log（在某些系统上是/dev/log）。

(3) 创建一个UDP套接字，给它捆绑端口514（syslog服务使用的端口号）。

(4) 打开路径名/dev/klog。来自内核中的任何出错消息看着像是这个设备的输入。

此后syslogd守护进程在一个无限循环中运行：调用select以等待它的3个描述符（分别来自上述第2步、第3步和第4步）之一变为可读，读入日志消息，并按照配置文件进行处理。如果守护进程收到SIGHUP信号，那就重新读取配置文件。

通过创建一个Unix域数据报套接字，我们就可以从自己的守护进程中通过往syslogd绑定的路径名发送我们的消息达到发送日志消息的目的，然而更简单的接口是使用将在下一节讲解的syslog函数。另外，我们也可以创建一个UDP套接字，通过往环回地址和端口514发送我们的消息达到发送日志消息的目的。

| 364 |

> 较新的syslogd实现禁止创建UDP套接字，除非管理员明确要求。如此改变的理由在于：允许任何进程往这个套接字发送UDP数据报会让系统易遭拒绝服务攻击，其文件系统可能被填满（例如通过填满日志文件达到目的），来自合法进程的日志消息可能被排挤掉（例如通过溢出syslogd的套接字接收缓冲区达到目的）。

> syslogd的各种实现之间存在差异。举例来说，源自Berkeley的实现使用Unix域套接字，而System V的实现使用基于流的日志驱动程序。[①]源自Berkeley的各种不同实现给Unix域套接字使用的路径名也不尽相同。如果使用syslog函数，我们就可以忽略所有这些细节。

13.3　**syslog** 函数

既然守护进程没有控制终端，它们就不能把消息fprintf到stderr上。从守护进程中登记消息的常用技巧就是调用syslog函数。

```
#include <syslog.h>

void syslog(int priority, const char *message, ... );
```

本函数最初是为BSD系统开发的，不过如今几乎所有Unix厂商都有提供。POSIX规范对syslog的说明与本节所述相符。RFC 3164给出了BSD上syslog协议的文档。

本函数的*priority*参数是级别（*level*）和设施（*facility*）两者的组合，分别如图13-1和图13-2所示。RFC 3164还有关于该参数的额外细节。*message*参数类似printf的格式串，不过增设了%m规范，它将被替换成与当前errno值对应的出错消息。*message*参数的末尾可以出现一个换行符，不过并非必需。

---

① 注意区别这里的流（streams）和我们一直在使用的字节流（stream）。前者是一种访问驱动程序（driver）的方法，在本书第31章中介绍，也称为STREAMS；后者是与数据报相对立的数据传送方式，我们把它译成字节流一方面避免了与流相混淆，另一方面强调它是无记录边界的数据流（不同于面向记录的数据流，例如SCTP关联中的各个流），或者说它的记录单元是无可最小的字节（而面向记录数据流的记录单元往往远不止1字节）。另外一个应该避免混淆的概念是标准I/O函数库中的标准I/O流（standard I/O streams），它在本书中出现得极少。多媒体通信中还有流媒体的概念。——译者注

如图13-1所示，日志消息的*level*可以是0~7，它们是按从高到低的顺序排列的。如果发送者未指定*level*值，那就默认为LOG_NOTICE。

level	值	说　　明
LOG_EMERG	0	系统不可用（最高优先级）
LOG_ALERT	1	必须立即采取行动
LOG_CRIT	2	临界条件
LOG_ERR	3	出错条件
LOG_WARNING	4	警告条件
LOG_NOTICE	5	正常然而重要的条件（默认值）
LOG_INFO	6	通告消息
LOG_DEBUG	7	调试级消息（最低优先级）

图13-1　日志消息的*level*

日志消息还包含一个用于标识消息发送进程类型的*facility*。图13-2列出了*facility*的各种值。如果发送者未指定*facility*值，那就默认为LOG_USER。

facility	说　　明
LOG_AUTH	安全/授权消息
LOG_AUTHPRIV	安全/授权消息（私用）
LOG_CRON	cron守护进程
LOG_DAEMON	系统守护进程
LOG_FTP	FTP守护进程
LOG_KERN	内核消息
LOG_LOCAL0	本地使用
LOG_LOCAL1	本地使用
LOG_LOCAL2	本地使用
LOG_LOCAL3	本地使用
LOG_LOCAL4	本地使用
LOG_LOCAL5	本地使用
LOG_LOCAL6	本地使用
LOG_LOCAL7	本地使用
LOG_LPR	行式打印机系统
LOG_MAIL	邮件系统
LOG_NEWS	网络新闻系统
LOG_SYSLOG	由syslogd内部产生的消息
LOG_USER	任意的用户级消息（默认）
LOG_UUCP	UUCP系统

图13-2　日志消息的*facility*

举例来说，当rename函数调用意外失败时，守护进程可以执行以下调用：

```
syslog(LOG_INFO|LOG_LOCAL2, "rename(%s, %s): %m", file1, file2);
```

*facility*和*level*的目的在于，允许在/etc/syslog.conf文件中统一配置来自同一给定设施的所有消息，或者统一配置具有相同级别的所有消息。举例来说，该配置文件可能含有以下两行：

```
kern.*          /dev/console
local7.debug    /var/log/cisco.log
```

这两行指定所有内核消息登记到控制台，来自local7设施的所有debug消息添加到文件/var/log/cisco.log的末尾。

当syslog被应用进程首次调用时，它创建一个Unix域数据报套接字，然后调用connect连接到由syslogd守护进程创建的Unix域数据报套接字的众所周知路径名（譬如/var/run/log）。这个套接字一直保持打开，直到进程终止为止。作为替换，进程也可以调用openlog和closelog。

```
#include <syslog.h>

void openlog(const char *ident, int options, int facility);

void closelog(void);
```

openlog可以在首次调用syslog前调用，closelog可以在应用进程不再需要发送日志消息时调用。

*ident*参数是一个由syslog冠于每个日志消息之前的字符串。它的值通常是程序名。[①]

*options*参数由图13-3所示的一个或多个常值的逻辑或构成。

options	说　明
LOG_CONS	若无法发送到syslogd守护进程则登记到控制台
LOG_NDELAY	不延迟打开，立即创建套接字
LOG_PERROR	既发送到syslogd守护进程，又登记到标准错误输出
LOG_PID	随每个日志消息登记进程ID

图13-3　openlog的*options*

openlog被调用时，通常并不立即创建Unix域套接字。相反，该套接字直到首次调用syslog时才打开。LOG_NDELAY选项迫使该套接字在openlog被调用时就创建。

openlog的*facility*参数为没有指定设施的后续syslog调用指定一个默认值。有些守护进程通过调用openlog指定一个设施（对于一个给定守护进程，设施通常不变），然后在每次调用syslog时只指定级别（因为级别可随错误性质改变）。

日志消息也可以由logger命令产生。举例来说，logger命令可用在shell脚本中以向syslogd发送消息。

13.4 **daemon_init** 函数

图13-4给出了名为daemon_init的函数，通过调用它（通常从服务器程序中），我们能够把一个普通进程转变为守护进程。该函数在所有Unix变体上都应该适合使用，不过有些Unix变体提供一个名为daemon的C库函数，实现类似的功能。BSD和Linux均提供这个daemon函数。 |367|

fork

10~13　首先调用fork，然后终止父进程，留下子进程继续运行。如果本进程是从前台作为一个shell命令启动的，当父进程终止时，shell就认为该命令已执行完毕。这样子进程就自动在后台运行。另外，子进程继承了父进程的进程组ID，不过它有自己的进程ID。这就保证子进程不是一个进程组的头进程，这是接下去调用setsid的必要条件。

setsid

15~16　setsid是一个POSIX函数，用于创建一个新的会话（session）。（APUE第9章详细讨论进程关系和会话。）当前进程变为新会话的会话头进程以及新进程组的进程组头进程，从而不再有控制终端。

---

① 请留意openlog的大多数实现仅仅保存一个指向*ident*字符串的指针；它们不复制这个字符串。这就是说该字符串不应该在栈上分配（自动变量就是这样），因为以后调用syslog时如果相应的栈帧被弹走了，那么由openlog保存的指针将不再指向原*ident*字符串。——Stevens注

—— *lib/daemon_init.c*

```
 1 #include    "unp.h"
 2 #include    <syslog.h>

 3 #define MAXFD    64

 4 extern int  daemon_proc;        /* defined in error.c */

 5 int
 6 daemon_init(const char *pname, int facility)
 7 {
 8     int     i;
 9     pid_t   pid;

10     if ( (pid = Fork()) < 0)
11         return (-1);
12     else if (pid)
13         _exit(0);               /* parent terminates */

14     /* child 1 continues... */

15     if (setsid() < 0)           /* become session leader */
16         return (-1);

17     Signal(SIGHUP, SIG_IGN);
18     if ( (pid = Fork()) < 0)
19         return (-1);
20     else if (pid)
21         _exit(0);               /* child 1 terminates */

22     /* child 2 continues... */

23     daemon_proc = 1;            /* for err_XXX() functions */

24     chdir("/");                 /* change working directory */

25     /* close off file descriptors */
26     for (i = 0; i < MAXFD; i++)
27         close(i);

28     /* redirect stdin, stdout, and stderr to /dev/null */
29     open("/dev/null", O_RDONLY);
30     open("/dev/null", O_RDWR);
31     open("/dev/null", O_RDWR);

32     openlog(pname, LOG_PID, facility);

33     return (0);                 /* success */
34 }
```

—— *lib/daemon_init.c*

图13-4　daemon_init函数：守护进程化当前进程

忽略SIGHUP信号并再次fork

17~21　忽略SIGHUP信号并再次调用fork。该函数返回时，父进程实际上是上一次调用fork
产生的子进程，它被终止掉，留下新的子进程继续运行。再次fork的目的是确保本守
护进程将来即使打开了一个终端设备，也不会自动获得控制终端。当没有控制终端的
一个会话头进程打开一个终端设备时（该终端不会是当前某个其他会话的控制终端），
该终端自动成为这个会话头进程的控制终端。然而再次调用fork之后，我们确保新的
子进程不再是一个会话头进程，从而不能自动获得一个控制终端。这里必须忽略
SIGHUP信号，因为当会话头进程（即首次fork产生的子进程）终止时，其会话中的所
有进程（即再次fork产生的子进程）都收到SIGHUP信号。

为错误处理函数设置标识

23　把全局变量daemon_proc置为非0值。这个外部变量由我们的err_*XXX*函数（D.4节）定义，其值非0是在告知它们改为调用syslog，以取代fprintf到标准错误输出。该变量省得我们从头到尾修改程序代码，在服务器不是作为守护进程运行的场合（例如测试服务器程序时）调用某个错误处理函数，在服务器作为守护进程运行的场合调用syslog。

改变工作目录

24　把工作目录改到根目录，不过有些守护进程另有原因需改到其他某个目录。举例来说，打印机守护进程可能改到打印机的假脱机处理（spool）目录，因为那里是它做全部工作的地方。要是守护进程产生了某个core文件，该文件就存放在当前工作目录中。改变工作目录的另一个理由是，守护进程可能是在某个任意的文件系统中启动，如果仍然在其中，那么该文件系统就无法拆卸（unmounting），除非使用潜在破坏性的强制措施。

关闭所有打开的描述符

25~27　关闭本守护进程从执行它的进程（通常是一个shell）继承来的所有打开着的描述符。问题是怎样检测正在使用的最大描述符：没有现成的Unix函数提供该值。检测当前进程能够打开的最大描述符数目自有办法，然而由于这个限制可以是无限的，这样的监测也变得复杂起来（参见APUE第43页）。我们的解决办法是干脆关闭前64个描述符，即使其中大部分可能并没有打开。

> Solaris提供了一个名为closefrom的函数，可用于解决守护进程的这个问题。

将stdin、stdout和stderr重定向到/dev/null

29~31　打开/dev/null作为本守护进程的标准输入、标准输出和标准错误输出。这一点保证这些常用描述符是打开的，针对它们的read系统调用返回0（EOF），write系统调用则由内核丢弃所写数据。打开这些描述符的理由在于，守护进程调用的那些假设能从标准输入读或者往标准输出或标准错误输出写的库函数将不会因这些描述符未打开而失败。这种失败是一种隐患。要是一个守护进程未打开这些描述符，却作为服务器打开了与某个客户关联的一个套接字，那么这个套接字很可能占用这些描述符（譬如标准输出或标准错误输出的描述符1或2），这种情况下如果守护进程调用诸如perror之类函数，那就会把非预期的数据发送给那个客户。

使用syslogd处理错误

32　调用openlog。其中第一个参数来自调用者，通常是程序的名字（譬如argv[0]）。第二个参数指定把进程ID加到每个日志消息中。第三个参数同样由调用者指定，其值为图13-2所示的常值之一或为0（如果默认值LOG_USER可接受的话）。

我们指出，既然守护进程在没有控制终端的环境下运行，它绝不会收到来自内核的SIGHUP信号。许多守护进程因此把这个信号作为来自系统管理员的一个通知，表示其配置文件已发生改动，守护进程应该重新读入其配置文件。守护进程同样绝不会收到来自内核的SIGINT信号和SIGWINCH信号，因此这些信号也可以安全地用作系统管理员的通知手段，指示守护进程应做出反应的某种变动已经发生。

例子：作为守护进程运行的时间获取服务器程序

图13-5修改自图11-14中的协议无关时间获取服务器程序，它调用我们的daemon_init函数

以作为守护进程运行。

inetd/daytimetcpsrv2.c

```
 1 #include    "unp.h"
 2 #include    <time.h>

 3 int
 4 main(int argc, char **argv)
 5 {
 6     int listenfd, connfd;
 7     socklen_t addrlen, len;
 8     struct sockaddr *cliaddr;
 9     char buff[MAXLINE];
10     time_t ticks;

11     if (argc < 2 || argc > 3)
12         err_quit("usage: daytimetcpsrv2 [ <host> ] <service or port>");

13     daemon_init(argv[0], 0);

14     if (argc == 2)
15         listenfd = Tcp_listen(NULL, argv[1], &addrlen);
16     else
17         listenfd = Tcp_listen(argv[1], argv[2], &addrlen);

18     cliaddr = Malloc(addrlen);

19     for ( ; ; ) {
20         len = addrlen;
21         connfd = Accept(listenfd, cliaddr, &len);
22         err_msg("connection from %s", Sock_ntop(cliaddr, len));

23         ticks = time(NULL);
24         snprintf(buff, sizeof(buff), "%.24s\r\n", ctime(&ticks));
25         Write(connfd, buff, strlen(buff));

26         Close(connfd);
27     }
28 }
```

inetd/daytimetcpsrv2.c

图13-5　作为守护进程运行的协议无关时间获取服务器程序

改动的地方只有两个，在程序开始执行处尽早调用我们的daemon_init函数，再把输出客户IP地址和端口号的printf改为调用我们的err_msg函数。事实上，如果想要一个程序作为守护进程运行，我们就得避免调用诸如printf和fprintf之类函数，改而调用我们的err_msg函数。

注意在调用daemon_init之前我们是如何检查argc并输出合适的用法消息的。这么做使得启动本守护进程的用户一旦提供数目不正确的命令行参数就能立即得到反馈。调用daemon_init之后，所有后续出错消息进入syslog，不再有作为标准错误输出的控制终端可用。

如果先在主机linux上运行本程序，再从同一个主机进行连接（譬如指定连接到localhost），然后检查/var/adm/messages文件（设施为LOG_USER的消息都发送到该文件），就可能找到类似如下的日志消息：

```
Jun 10 09:54:37 linux daytimetcpsrv2[24288]:
connection from 127.0.0.1.55862
```

（本行太长已做折行处理。）其中日期、时间和主机名由syslogd守护进程自动冠于日志消息之前。

13.5 **inetd** 守护进程

典型的Unix系统可能存在许多服务器，它们只是等待客户请求的到达，例如FTP、Telnet、Rlogin、TFTP等等。4.3BSD面世之前的系统中，所有这些服务都有一个进程与之关联。这些进程都是在系统自举阶段从/etc/rc文件中启动，而且每个进程执行几乎相同的启动任务：创建一个套接字，把本服务器的众所周知端口捆绑到该套接字，等待一个连接（若是TCP）或一个数据报（若是UDP），然后派生子进程。子进程为客户提供服务，父进程则继续等待下一个客户请求。这个模型存在两个问题。

(1) 所有这些守护进程含有几乎相同的启动代码，既表现在创建套接字上，也表现在演变成守护进程上（类似我们的daemon_init函数）。

(2) 每个守护进程在进程表中占据一个表项，然而它们大部分时间处于休眠状态。

4.3BSD版本通过提供一个因特网超级服务器（即inetd守护进程）使上述问题得到简化。基于TCP或UDP的服务器都可以使用这个守护进程。它是这样解决上述两个问题的。

(1) 通过由inetd处理普通守护进程的大部分启动细节以简化守护程序的编写。这么一来每个服务器不再有调用daemon_init函数的必要。

(2) 单个进程（inetd）就能为多个服务等待外来的客户请求，以此取代每个服务一个进程的做法。这么做减少了系统中的进程总数。

inetd进程使用我们随daemon_init函数讲解的技巧把自己演变成一个守护进程。它接着读入并处理自己的配置文件。通常是/etc/inetd.conf的配置文件指定本超级服务器处理哪些服务以及当一个服务请求到达时该怎么做。该文件中每行包含的字段如图13-6所示。

字　　段	说　　明
service-name	必须在/etc/services文件中定义
socket-type	stream（对于TCP）或dgram（对于UDP）
protocol	必须在/etc/protocols文件中定义：tcp或udp
wait-flag	对于TCP一般为nowait，对于UDP一般为wait
login-name	来自/etc/passwd的用户名，一般为root
server-program	调用exec指定的完整路径名
server-program-arguments	调用exec指定的命令行参数

图13-6 inetd.conf文件中的字段

下面是inetd.conf文件中作为例子的若干行：

```
ftp      stream  tcp   nowait   root    /usr/bin/ftpd     ftpd -l
telnet   stream  tcp   nowait   root    /usr/bin/telnetd  telnetd
login    stream  tcp   nowait   root    /usr/bin/rlogind  rlogind -s
tftp     dgram   udp   wait     nobody  /usr/bin/tftpd    tftpd -s /tftpboot
```

当inetd调用exec执行某个服务器程序时，该服务器的真实名字总是作为程序的第一个参数传递。

图13-6及其示例行仅仅是例子而已。许多厂商为inetd自行增设了新的特性。例如在TCP服务器和UDP服务器之外，添加处理RPC服务器的能力；又如在TCP和UDP之外，添加处理其他协议的能力。另外，调用exec指定的路径名和服务器的命令行参数也取决于实现。

*wait-flag*字段可能易于混淆。总的来说，它指定由inetd启动的守护进程是否有意接管与之关联的监听套接字。UDP服务没有分离的监听套接字和接受套接字，因此几乎总是配置成

wait。TCP服务既支持wait也支持nowait，具体取决于守护程序的开发人员，不过nowait
更为常见。

　　IPv6与/etc/inetd.conf的交互取决于各个厂商的实现，并要求特别关注其中的细节。
有些厂商使用名为tcp6或udp6的*protocol*字段表示应为相应服务创建一个IPv6套接字。有些
厂商使用名为tcp46或udp46的*protocol*字段表示相应服务希望所创建的套接字同时支持IPv6
客户和IPv4客户。这些特殊协议名通常不出现在/etc/protocols文件中。

图13-7展示了inetd守护进程的工作流程。

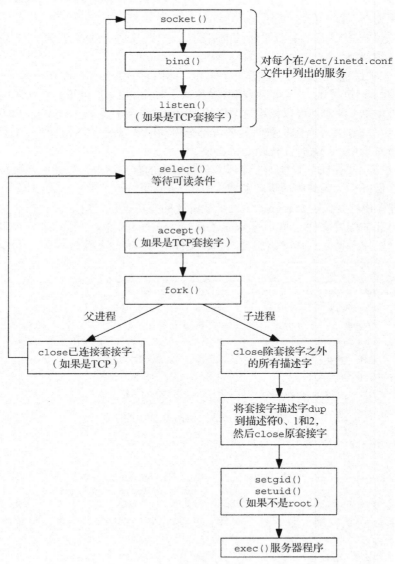

图13-7　inetd的工作流程

　　(1) 在启动阶段，读入/etc/inetd.conf文件并给该文件中指定的每个服务创建一个适当
类型（字节流或数据报）的套接字。inetd能够处理的服务器的最大数目取决于inetd能够创
建的描述符的最大数目。新创建的每个套接字都被加入将由某个select调用使用的一个描述

符集中。

(2) 为每个套接字调用bind，指定捆绑相应服务器的众所周知端口和通配地址。这个TCP或UDP端口号通过调用getservbyname获得，作为函数参数的是相应服务器在配置文件中的*service-name*字段和*protocol*字段。

(3) 对于每个TCP套接字，调用listen以接受外来的连接请求。对于数据报套接字则不执行本步骤。

(4) 创建完毕所有套接字之后，调用select等待其中任何一个套接字变为可读。回顾6.3节，我们知道TCP监听套接字将在有一个新连接准备好可被接受时变为可读，UDP套接字将在有一个数据报到达时变为可读。inetd的大部分时间花在阻塞于select调用内部，等待某个套接字变为可读。

(5) 当select返回指出某个套接字已可读之后，如果该套接字是一个TCP套接字，而且其服务器的*wait-flag*值为nowait，那就调用accept接受这个新连接。

(6) inetd守护进程调用fork派生进程，并由子进程处理服务请求。这一点类似标准的并发服务器（4.8节）。

子进程关闭除要处理的套接字描述符之外的所有描述符：对于TCP服务器来说，这个套接字是由accept返回的新的已连接套接字，对于UDP服务器来说，这个套接字是父进程最初创建的UDP套接字。子进程调用dup2三次，把这个待处理套接字的描述符复制到描述符0、1和2（标准输入、标准输出和标准错误输出），然后关闭原套接字描述符。子进程打开的描述符于是只有0、1和2。子进程自标准输入读实际是从所处理的套接字读，往标准输出或标准错误输出写实际上是往所处理的套接字写。子进程根据它在配置文件中的*login-name*字段值，调用getpwnam获取对应的保密字文件表项。如果*login-name*字段值不是root，子进程就通过调用setgid和setuid把自身改为指定的用户。（既然inetd进程以值为0的用户ID运行，其子进程将跨fork调用继承这个用户ID，因而能够变成所选定的任何用户。）

子进程然后调用exec执行由相应的*server-program*字段指定的程序来具体处理请求，相应的*server-program-arguments*字段值则作为命令行参数传递给该程序。

373
~
374

(7) 如果第5步中select返回的是一个字节流套接字，那么父进程必须关闭已连接套接字（就像标准并发服务器那样）。父进程再次调用select，等待下一个变为可读的套接字。

让我们更仔细地查看inetd中发生的描述符处理。图13-8展示了当有一个来自某个FTP客户的新连接请求到达时inetd中的描述符。

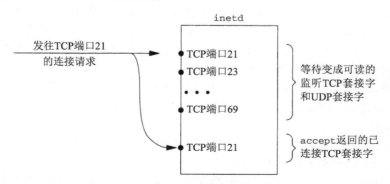

图13-8 目标为TCP端口21的连接请求到达时的inetd描述符

这个连接请求指向TCP端口21，不过accept为它创建了一个新的已连接套接字。

图13-9展示了在调用过fork，并关闭了除这个已连接套接字描述符之外的所有描述符之后，子进程中的描述符。

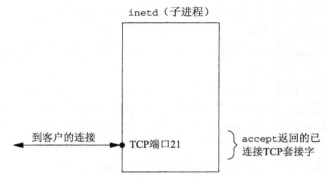

图13-9 子进程中的inetd描述符

下一步是子进程把这个已连接套接字描述符复制到描述符0、1和2，然后关闭原描述符。图13-10展示了此时的描述符。

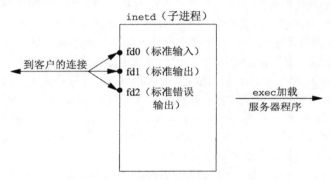

图13-10 dup2后子进程中的inetd描述符

子进程接着调用exec。回顾4.7节，我们知道通常情况下所有描述符跨exec保持打开，因此exec加载的实际服务器程序使用描述符0、1或2之一与客户通信。服务器中应该只打开这些描述符。

上述情形处理的是配置文件中指定了nowait标志的服务器。对于TCP服务这是典型的设置，意味着inetd不必等待某个子进程终止就可以接受对于该子进程所提供之服务的另一个连接。如果对于某个子进程所提供之服务的另一个连接确实在该子进程终止之前到达，那么一旦父进程再次调用select，这个连接就立即返回到父进程。前面列出的第4、第5和第6个步骤再次被执行，于是派生出另一个子进程来处理这个新请求。

给一个数据报服务指定wait标志导致父进程执行的步骤发生变化。这个标志要求inetd必须在这个套接字再次成为select调用的候选套接字之前等待当前服务该套接字的子进程终止。发生的变化有以下几点。

(1) fork返回到父进程时，父进程保存子进程的进程ID。这么做使得父进程能够通过查看由waitpid返回的值确定这个子进程的终止时间。

(2) 父进程通过使用FD_CLR宏关闭这个套接字在select所用描述符集中对应的位，达成在将来的select调用中禁止这个套接字的目的。这一点意味着子进程将接管该套接字，直到自身终止为止。

(3) 当子进程终止时，父进程被通知以一个SIGCHLD信号，而父进程的信号处理函数将取得这个子进程的进程ID。父进程通过打开相应的套接字在select所用描述符集中对应的位，使得该套接字重新成为select的候选套接字。

数据报服务器必须接管其套接字直至自身终止，以防inetd在此期间让select检查该套接字的可读性（也就是等待来自任何客户的另一个数据报），这是因为每个数据报服务器只有一个套接字，而不像每个TCP服务器那样既有一个监听套接字，对于每个客户又各有一个已连接套接字。如果inetd不关闭对于某个数据报套接字的可读条件检查，而且父进程（inetd）先于服务该套接字的子进程执行，那么引发本次fork的那个数据报仍然在套接字接收缓冲区中，导致select再次返回可读条件，致使inetd再次fork另一个（不必要的）子进程。inetd必须在得知子进程已从套接字接收队列中读走该数据报之前忽略这个数据报套接字。inetd得知子进程何时使用完其套接字的手段是通过接收表明子进程已终止的SIGCHLD信号。我们将在22.7节展示这样的一个例子。

图2-18中介绍的5个标准因特网服务是由inetd内部处理的（见习题13.2）。

既然替一个TCP服务器调用accept的进程是inetd，由inetd启动的真正服务器通常通过调用getpeername获取客户的IP地址和端口号。回顾图4-18，我们知道fork和exec发生之后（就如inetd），真正的服务器获悉客户身份的唯一方法是调用getpeername。

inetd通常不适用于服务密集型服务器，其中值得注意的有邮件服务器和Web服务器。举例来说，我们在4.8节介绍过的sendmail通常作为一个标准的并发服务器来运行。这种模式下每个客户连接的进程控制开销仅仅是一个fork，而由inetd启动的每个TCP服务器的开销是一个fork加一个exec。而Web服务器则使用多种技术把每个客户连接的进程控制开销降低到最小，具体在第30章中讨论。

> 在Linux等系统上，称为xinetd的扩展式因特网服务守护进程业已常见。xinetd提供与inetd一致的基本服务，不过还提供数目众多的其他特性，包括根据客户的地址登记、接受或拒绝连接的选项，每个服务一个配置文件的做法，等等。我们不深入讨论xinetd，因为它背后的基本超级服务器概念和inetd是一样的。

13.6 **daemon_inetd** 函数

图13-11给出了一个名为daemon_inetd的函数，可用于已知由inetd启动的服务器程序中。

---
lib/daemon_inetd.c
```
1 #include   "unp.h"
2 #include   <syslog.h>

3 extern int daemon_proc;           /* defined in error.c */

4 void
5 daemon_inetd(const char *pname, int facility)
6 {
7     daemon_proc = 1;              /* for our err_XXX() functions */
8     openlog(pname, LOG_PID, facility);
9 }
```
lib/daemon_inetd.c

图13-11 daemon_inetd函数：守护进程化由inetd运行的进程

本函数与daemon_init相比显得微不足道，因为所有守护进程化步骤已由inetd在启动时执行。本函数的任务仅仅是为错误处理函数（图D-3）设置daemon_proc标志，并以与图13-4中的调用相同的参数调用openlog。

例子：由 **inetd** 作为守护进程启动的时间获取服务器程序

图13-12给出的时间获取服务器程序修改自图13-5，它可以由inetd启动。

inetd/daytimetcpsrv3.c

```
 1 #include    "unp.h"
 2 #include    <time.h>

 3 int
 4 main(int argc, char **argv)
 5 {
 6     socklen_t len;
 7     struct sockaddr *cliaddr;
 8     char    buff[MAXLINE];
 9     time_t  ticks;

10     daemon_inetd(argv[0], 0);

11     cliaddr = Malloc(sizeof(struct sockaddr_storage));
12     len = sizeof(struct sockaddr_storage);
13     Getpeername(0, cliaddr, &len);
14     err_msg("connection from %s", Sock_ntop(cliaddr, len));

15     ticks = time(NULL);
16     snprintf(buff, sizeof(buff), "%.24s\r\n", ctime(&ticks));
17     Write(0, buff, strlen(buff));

18     Close(0);                     /* close TCP connection */
19     exit(0);
20 }
```

inetd/daytimetcpsrv3.c

图13-12 可由inetd启动的协议无关时间获取服务器程序

这个程序有两个大的改动。首先，所有套接字创建代码（即对tcp_listen和accept的调用）都消失了。这些步骤改由inetd执行，我们使用描述符0（标准输入）指代已由inetd接受的TCP连接。其次，无限的for循环也消失了，因为本服务器程序将针对每个客户连接启动一次。服务完当前客户后进程就终止。

调用getpeername

11~14 既然未曾调用tcp_listen，我们不知道由它返回的套接字地址结构的大小，而且既然未曾调用accept，我们也不知道客户的协议地址。我们于是使用sizeof (struct sockaddr_storage)给套接字地址结构分配一个缓冲区，并以描述符0为第一个参数调用getpeername。

为了在我们的Solaris系统上运行本例子程序，我们首先赋予本服务一个名字和一个端口，将把如下行加到/etc/services文件中：

```
mydaytime    9999/tcp
```

接着把如下行加到/etc/inetd.conf文件中：

```
mydaytime  stream  tcp  nowait  andy
    /home/andy/daytimetcpsrv3   daytimetcpsrv3
```

（本行太长已做折行处理。）把可执行文件放到指定的位置后，我们给inetd发送一个SIGHUP信号，告知它重新读入其配置文件。紧接着我们执行netstat命令验证inetd已在TCP端口9999上创建了一个监听套接字：

```
solaris % netstat -na | grep 9999
    *.9999              *.*           0      0 49152     0 LISTEN
```

然后从另一个主机访问这个服务器：

```
linux % telnet solaris 9999
Trying 192.168.1.20...
Connected to solaris.
Escape character is '^]'.
Tue Jun 10 11:04:02 2003
Connection closed by foreign host.
```

/var/adm/messages文件（这是根据/etc/syslog.conf文件，将LOG_USER设施的消息登记到其中的文件）中有如下的日志消息：

```
Jun 10 11:04:02 solaris daytimetcpsrv3[28724]: connection from
192.168.1.10.58145
```

13.7   小结

守护进程是在后台运行并独立于所有终端控制的进程。许多网络服务器作为守护进程运行。守护进程产生的所有输出通常通过调用syslog函数发送给syslogd守护进程。系统管理员可根据发送消息的守护进程以及消息的严重级别，完全控制这些消息的处理方式。

启动任意一个程序并让它作为守护进程运行需要以下步骤：调用fork以转到后台运行，调用setsid建立一个新的POSIX会话并成为会话头进程，再次fork以避免无意中获得新的控制终端，改变工作目录和文件创建模式掩码，最后关闭所有非必要的描述符。我们的daemon_init函数处理所有这些细节。

许多Unix服务器由inetd守护进程启动。它处理全部守护进程化所需的步骤，当启动真正的服务器时，套接字已在标准输入、标准输出和标准错误输出上打开。这样我们无需调用socket、bind、listen和accpet，因为这些步骤已由inetd处理。

379

习题

13.1   图13-5中如果我们把daemon_init调用挪到检查命令行参数之前，使得err_quit调用位于daemon_init调用之后，那会发生什么？

13.2   对于由inetd内部处理的5个服务（图2-18），考虑每个服务各有一个TCP版本和一个UDP版本，这样总共10个服务器的实现中，哪些用到了fork调用，哪些不需要fork调用？

13.3   如果我们创建一个UDP套接字，把端口7（图2-18中标准echo服务器所用端口）捆绑到其上，然后把一个UDP数据报发送到某个标准chargen服务器，将会发生什么？

13.4   Solaris 2.x关于inetd的手册页面讲述了一个-t标志，它会使inetd调用syslog（所用设施为LOG_DAEMON，级别为LOG_NOTICE）为inetd处理的任何TCP服务登记客户的IP地址和端口号。inetd是如何取得本信息的？

该手册页面还说inetd不能为所处理的UDP服务执行同样操作。为什么？有什么办法可以绕过对于UDP服务的这个限制呢？

380

第 14 章

高级 I/O 函数

14.1 概述

本章讨论我们笼统地归为"高级I/O"的各个函数和技术。首先是在I/O操作上设置超时，这里有三种方法。然后是read和write这两个函数的三个变体：recv和send允许通过第四个参数从进程到内核传递标志；readv和writev允许指定往其中输入数据或从其中输出数据的缓冲区向量；recvmsg和sendmsg结合了其他I/O函数的所有特性，并具备接收和发送辅助数据的新能力。

我们还在本章中考虑如何确定套接字接收缓冲区中的数据量，如何在套接字上使用C的标准I/O函数库，并讨论等待事件的一些高级方法。

14.2 套接字超时

在涉及套接字的I/O操作上设置超时的方法有以下三种。

(1) 调用alarm，它在指定超时期满时产生SIGALRM信号。这个方法涉及信号处理，而信号处理在不同的实现上存在差异，而且可能干扰进程中现有的alarm调用。

(2) 在select中阻塞等待I/O（select有内置的时间限制），以此代替直接阻塞在read或write调用上。

381

(3) 使用较新的SO_RCVTIMEO和SO_SNDTIMEO套接字选项。这个方法的问题在于并非所有实现都支持这两个套接字选项。

上述三个技术都适用于输入和输出操作（例如read、write及其诸如recvfrom、sendto之类的变体），不过我们依然期待可用于connect的技术，因为TCP内置的connect超时相当长（典型值为75秒）。select可用来在connect上设置超时的先决条件是相应套接字处于非阻塞模式（详见16.3节），而那两个套接字选项对connect并不适用。我们还指出，前两个技术适用于任何描述符，而第三个技术仅仅使用于套接字描述符。

我们接下去给出使用这三个技术的例子。

14.2.1 使用 SIGALRM 为 connect 设置超时

图14-1给出了我们的connect_timeo函数，它以由调用者指定的超时上限调用connect。它的前3个参数用于调用connect，第四个参数是等待的秒数。

建立信号处理函数

8   为SIGALRM建立一个信号处理函数。现有信号处理函数（如果有的话）得以保存，以便在本函数结束时恢复它。

——lib/connect_timeo.c

```
 1 #include    "unp.h"

 2 static void connect_alarm(int);

 3 int
 4 connect_timeo(int sockfd, const SA *saptr, socklen_t salen, int nsec)
 5 {
 6     Sigfunc *sigfunc;
 7     int     n;

 8     sigfunc = Signal(SIGALRM, connect_alarm);
 9     if (alarm(nsec) != 0)
10         err_msg("connect_timeo: alarm was already set");

11     if ( (n = connect(sockfd, saptr, salen)) < 0) {
12         close(sockfd);
13         if (errno == EINTR)
14             errno = ETIMEDOUT;
15     }
16     alarm(0);                   /* turn off the alarm */
17     Signal(SIGALRM, sigfunc); /* restore previous signal handler */

18     return(n);
19 }

20 static void
21 connect_alarm(int signo)
22 {
23     return;      /* just interrupt the connect() */
24 }
```

——lib/connect_timeo.c

图14-1 带超时的connect

设置报警（时钟）

9~10　把本进程的报警时钟设置成由调用者指定的秒数。如果此前已经给本进程设置过报警时钟，那么alarm的返回值是这个报警时钟的当前剩余秒数，否则alarm的返回值为0。若是前一种情况，我们还显示一个警告信息，因为我们推翻了先前设置的报警时钟（见习题14.2）。

调用connect

11~15　调用connect，如果本调用被中断（即返回EINTR错误），那就把errno值改设为ETIMEOUT，同时关闭套接字，以防三路握手继续进行。

关闭alarm并恢复原来的信号处理函数

16~18　通过以0为参数值调用alarm关闭本进程的报警时钟，同时恢复原来的信号处理函数（如果有的话）。

处理SIGALRM

20~24　信号处理函数只是简单地返回。我们设想本return语句将中断进程主控制流中那个未决的connect调用，使得它返回一个EINTR错误。回顾我们的signal函数（图5-6），当被捕获的信号为SIGALRM时，signal函数不设置SA_RESTART标志。

　　就本例子我们指出两点，第一点是使用本技术总能减少connect的超时期限，但是无法延长内核现有的超时。源自Berkeley的内核中connect的超时通常为75秒。在调用我们的函数时，可以指定一个比75小的值（如10），但是如果指定一个比75大的值（如80），那么connect仍将在75s后发生超时。

另一点是我们使用了系统调用（connect）的可中断能力，使得它们能够在内核超时发生之前返回。这一点不成问题的前提是：我们执行的是系统调用，并且能够直接处理由它们返回的EINTR错误。我们将在29.7节碰到一个也执行系统调用的库函数，不过系统调用返回EINTR时这个库函数重新执行同一个系统调用。在这种情形下我们仍能使用SIGALRM，不过将在图29-10中看到，我们还不得不使用sigsetjmp和siglongjmp以绕过函数库对于EINTR的忽略。

尽管本例子相当简单，但在多线程化程序中正确使用信号却非常困难（见第26章）。因此我们建议只是在未线程化或单线程化的程序中使用本技术。

14.2.2　使用 SIGALRM 为 recvfrom 设置超时

图14-2改写自图8-8中的dg_cli函数，新的dg_cli函数通过调用alarm使得一旦在5秒内收不到任何应答就中断recvfrom。

advio/dgclitimeo3.c

```
1 #include      "unp.h"

2 static void sig_alrm(int);

3 void
4 dg_cli(FILE *fp, int sockfd, const SA *pservaddr, socklen_t servlen)
5 {
6     int     n;
7     char    sendline[MAXLINE], recvline[MAXLINE + 1];

8     Signal(SIGALRM, sig_alrm);

9     while (Fgets(sendline, MAXLINE, fp) != NULL) {

10        Sendto(sockfd, sendline, strlen(sendline), 0, pservaddr, servlen);

11        alarm(5);
12        if ( (n = recvfrom(sockfd, recvline, MAXLINE, 0, NULL, NULL)) < 0) {
13            if (errno == EINTR)
14                fprintf(stderr, "socket timeout\n");
15            else
16                err_sys("recvfrom error");
17        } else {
18            alarm(0);
19            recvline[n] = 0;    /* null terminate */
20            Fputs(recvline, stdout);
21        }
22    }
23 }

24 static void
25 sig_alrm(int signo)
26 {
27     return;                      /* just interrupt the recvfrom() */
28 }
```

advio/dgclitimeo3.c

图14-2　使用alarm超时recvfrom的dg_cli函数

处理来自recvfrom的超时

8~22　为SIGALRM建立一个信号处理函数，并在每次调用recvfrom前通过调用alarm设置一个5秒的超时。如果recvfrom被我们的信号处理函数中断了，那就输出一个信息并继续执行。如果读到一行来自服务器的文本，那就关掉报警时钟并输出服务器的应答。

SIGALRM信号处理函数

24~28 信号处理函数只是简单地返回，以中断被阻塞的recvfrom。

本例子工作正常，因为每次调用alarm设置报警时钟后，期待读取的只是单个应答。我们将在20.4节使用同样的技术，然而由于每个报警时钟对应读取多个应答，我们还得处理存在于其中的竞争条件。

14.2.3 使用 select 为 recvfrom 设置超时

图14-3示例了设置超时的第二个技术（使用select）。这个名为readable_timeo的函数等待一个描述符最多在指定的秒数内变为可读。

```
                                                              lib/readable_timeo.c
 1 #include      "unp.h"

 2 int
 3 readable_timeo(int fd, int sec)
 4 {
 5      fd_set       rset;
 6      struct timeval  tv;

 7      FD_ZERO(&rset);
 8      FD_SET(fd, &rset);

 9      tv.tv_sec = sec;
10      tv.tv_usec = 0;

11      return(select(fd+1, &rset, NULL, NULL, &tv));
12          /* > 0 if descriptor is readable */
13 }
                                                              lib/readable_timeo.c
```

图14-3 readable_timeo函数：等待一个描述符变为可读

准备select的参数

7~10 在读描述符集中打开与调用者给定描述符对应的位。把调用者给定的等待秒数设置在一个timeval结构中。

阻塞在select上

11~12 select等待该描述符变为可读，或者发生超时。本函数的返回值就是select的返回值：出错时为-1，超时发生时为0，否则返回的正值给出已就绪描述符的数目。

本函数不执行读操作，它只是等待给定描述符变为可读。因此本函数适用于任何类型的套接字，既可以是TCP也可以是UDP。

我们可以轻而易举地创建等待描述符变为可写的名为writeable_timeo的类似函数。

我们在图14-4中使用这个函数，它改写自图8-8中的dg_cli函数。这个新版本只是在readable_timeo返回一个正值时才调用recvfrom。

```
                                                              advio/dgclitimeo1.c
 1 #include      "unp.h"

 2 void
 3 dg_cli(FILE *fp, int sockfd, const SA *pservaddr, socklen_t servlen)
 4 {
 5      int      n;
 6      char     sendline[MAXLINE], recvline[MAXLINE + 1];
```

图14-4 调用readable_timeo设置超时的dg_cli函数

```
 7      while (Fgets(sendline, MAXLINE, fp) != NULL) {
 8          Sendto(sockfd, sendline, strlen(sendline), 0, pservaddr, servlen);
 9          if (Readable_timeo(sockfd, 5) == 0) {
10              fprintf(stderr, "socket timeout\n");
11          } else {
12              n = Recvfrom(sockfd, recvline, MAXLINE, 0, NULL, NULL);
13              recvline[n] = 0;  /* null terminate */
14              Fputs(recvline, stdout);
15          }
16      }
17  }
```
advio/dgclitimeo1.c

图14-4   （续）

直到readable_timeo告知所关注的描述符已变为可读后我们才调用recvfrom，这一点保证recvfrom不会阻塞。

14.2.4   使用 SO_RCVTIMEO 套接字选项为 recvfrom 设置超时

最后一个例子展示SO_RCVTIMEO套接字选项如何设置超时。本选项一旦设置到某个描述符（包括指定超时值），其超时设置将应用于该描述符上的所有读操作。本方法的优势就体现在一次性设置选项上，而前两个方法总是要求我们在欲设置时间限制的每个操作发生之前做些工作。本套接字选项仅仅应用于读操作，类似的SO_SNDTIMEO选项则仅仅应用于写操作，两者都不能用于为connect设置超时。

图14-5是使用SO_RCVTIMEO套接字选项的另一个版本的dg_cli函数。

advio/dgclitimeo2.c
```
 1 #include    "unp.h"
 2 void
 3 dg_cli(FILE *fp, int sockfd, const SA *pservaddr, socklen_t servlen)
 4 {
 5      int     n;
 6      char    sendline[MAXLINE], recvline[MAXLINE + 1];
 7      struct timeval  tv;

 8      tv.tv_sec = 5;
 9      tv.tv_usec = 0;
10      Setsockopt(sockfd, SOL_SOCKET, SO_RCVTIMEO, &tv, sizeof(tv));

11      while (Fgets(sendline, MAXLINE, fp) != NULL) {

12          Sendto(sockfd, sendline, strlen(sendline), 0, pservaddr, servlen);

13          n = recvfrom(sockfd, recvline, MAXLINE, 0, NULL, NULL);
14          if (n < 0) {
15              if (errno == EWOULDBLOCK) {
16                  fprintf(stderr, "socket timeout\n");
17                  continue;
18              } else
19                  err_sys("recvfrom error");
20          }

21          recvline[n] = 0;               /* null terminate */
22          Fputs(recvline, stdout);
23      }
24  }
```
advio/dgclitimeo2.c

图14-5   使用SO_RCVTIMEO套接字选项设置超时的dg_cli函数

设置套接字选项

8~10   setsockopt的第四个参数是指向某个timeval结构的一个指针，其中填入了期望的超时值。

测试超时

15~17   如果I/O操作超时，其函数（这里是recvfrom）将返回一个EWOULDBLOCK错误。

14.3   **recv 和 send 函数**

这两个函数类似标准的read和write函数，不过需要一个额外的参数。

```
#include <sys/socket.h>
ssize_t recv(int sockfd, void *buff, size_t nbytes, int flags);
ssize_t send(int sockfd, const void *buff, size_t nbytes, int flags);
```
返回：若成功则为读入或写出的字节数，若出错则为-1

386
～
387

recv和send的前3个参数等同于read和write的3个参数。*flags*参数的值或为0，或为图14-6列出的一个或多个常值的逻辑或。

flags	说　　明	recv	send
MSG_DONTROUTE	绕过路由表查找		●
MSG_DONTWAIT	仅本操作非阻塞	●	●
MSG_OOB	发送或接收带外数据	●	●
MSG_PEEK	窥看外来消息	●	
MSG_WAITALL	等待所有数据	●	

图14-6   I/O函数的flags参数

MSG_DONTROUTE   本标志告知内核目的主机在某个直接连接的本地网络上，因而无需执行路由表查找。我们已随SO_DONTROUTE套接字选项（7.5节）提供了本特性的额外信息。这个既可以使用MSG_DONTROUTE标志针对单个输出操作开启，也可以使用SO_DONTROUTE套接字选项针对某个给定套接字上的所有输出操作开启。

MSG_DONTWAIT   本标志在无需打开相应套接字的非阻塞标志的前提下，把单个I/O操作临时指定为非阻塞，接着执行I/O操作，然后关闭非阻塞标志。我们将在第16章中介绍非阻塞式I/O以及如何打开或关闭某个套接字上所有I/O操作的非阻塞标志。

> 这个标志是随Net/3新增设的，可能并非所有系统都支持它。

MSG_OOB   对于send，本标志指明即将发送带外数据。正如我们将在第24章中讲述的那样，TCP连接上只有1字节可以作为带外数据发送。对于recv，本标志指明即将读入的是带外数据而不是普通数据。

MSG_PEEK   本标志适用于recv和recvfrom，它允许我们查看已可读取的数据，而且系统不在recv或recvfrom返回后丢弃这些数据。我们将在14.7节详细讨论这个标志。

MSG_WAITALL   本标志随4.3BSD Reno引入。它告知内核不要在尚未读入请求数目的字
节之前让一个读操作返回。如果系统支持本标志,我们就可以省掉readn
函数(图3-15),而代之以如下的宏:

```
#define readn(fd, ptr, n)    recv(fd, ptr, n, MSG_WAITALL)
```

即使指定了MSG_WAITALL,如果发生下列情况之一:(a)捕获一个信号,
(b)连接被终止,(c)套接字发生一个错误,相应的读函数仍有可能返回比
所请求字节数要少的数据。

另有一些标志适用于TCP/IP以外的协议族。举例来说,OSI的传输层是基于记录的(不像
TCP那样是一个字节流),其输出操作支持MSG_EOR标志,指示逻辑记录的结束。

*flags*参数在设计上存在一个基本问题:它是按值传递的,而不是一个值-结果参数。因此它
只能用于从进程向内核传递标志。内核无法向进程传回标志。对于TCP/IP这一点不成问题,因
为TCP/IP几乎不需要从内核向进程传回标志。然而随着OSI协议被加到4.3BSD Reno中,却提出
了随输入操作向进程返送MSG_EOR标志的需求。4.3BSD Reno做出的决定是保持常用输入函数
(recv和recvfrom)的参数不变,而改变recvmsg和sendmsg所用的msghdr结构。我们将在14.5
节中看到该结构新增了一个整数msg_flags成员,而且既然该结构按引用传递,内核就可以在
返回时修改这些标志。这个决定同时意味着如果一个进程需要由内核更新标志,它就必须调用
recvmsg,而不是调用recv或recvfrom。

14.4   **readv 和 writev 函数**

这两个函数类似read和write,不过readv和writev允许单个系统调用读入到或写出自一
个或多个缓冲区。这些操作分别称为分散读(scatter read)和集中写(gather write),因为来自
读操作的输入数据被分散到多个应用缓冲区中,而来自多个应用缓冲区的输出数据则被集中提
供给单个写操作。

```
#include <sys/uio.h>

ssize_t readv(int filedes, const struct iovec *iov, int iovcnt);

ssize_t writev(int filedes, const struct iovec *iov, int iovcnt);
                                    返回:若成功则为读入或写出的字节数,若出错则为-1
```

这两个函数的第二个参数都是指向某个iovec结构数组的一个指针,其中iovec结构在头文
件<sys/uio.h>中定义:

```
struct iovec {
  void    *iov_base;    /* starting address of buffer */
  size_t  iov_len;      /* size of buffer */
};
```

> 这里给出的iovec结构其各个成员的数据类型符合POSIX规范。你可能会碰到把
> iovec_base成员定义为char *,把iov_len成员定义为int的实现。

iovec结构数组中元素的数目存在某个限制,具体取决于实现。举例来说,4.3BSD和Linux
均最多允许1024个,而HP-UX最多允许2100个。POSIX要求在头文件<sys/uio.h>中定义
IOV_MAX常值,而且其值至少为16。

readv和writev这两个函数可用于任何描述符,而不仅限于套接字。另外writev是一个原子操作,意味着对于一个基于记录的协议(例如UDP)而言,一次writev调用只产生单个UDP数据报。

我们在7.9节随TCP_NODELAY套接字选项提到过writev的一个用途。当时我们说一个4字节的write跟一个396字节的write可能触发Nagle算法,首选办法之一是针对这两个缓冲区调用writev。

14.5 recvmsg 和 sendmsg 函数

这两个函数是最通用的I/O函数。实际上我们可以把所有read、readv、recv和recvfrom调用替换成recvmsg调用。类似地,各种输出函数调用也可以替换成sendmsg调用。

```
#include <sys/socket.h>

ssize_t recvmsg(int sockfd, struct msghdr *msg, int flags);

ssize_t sendmsg(int sockfd, struct msghdr *msg, int flags);
                              返回:若成功则为读入或写出的字节数,若出错则为-1
```

这两个函数把大部分参数封装到一个msghdr结构中:

```
struct msghdr {
  void          *msg_name;        /* protocol address */
  socklen_t     msg_namelen;      /* size of protocol address */
  struct iovec  *msg_iov;         /* scatter/gather array */
  int           msg_iovlen;       /* # elements in msg_iov */
  void          *msg_control;     /* ancillary data (cmsghdr struct) */
  socklen_t     msg_controllen;   /* length of ancillary data */
  int           msg_flags;        /* flags returned by recvmsg() */
};
```

> 这里给出的msghdr结构符合POSIX规范。有些系统仍然使用本结构源自4.2BSD的较旧版本。这个较旧的结构没有msg_flags成员,而且msg_control和msg_controllen成员分别被称为msg_accrights和msg_accrightslen。这个较旧结构唯一支持的辅助数据形式用于传递文件描述符(称为访问权限)。

msg_name和msg_namelen这两个成员用于套接字未连接的场合(譬如未连接UDP套接字)。它们类似recvfrom和sendto的第五个和第六个参数:msg_name指向一个套接字地址结构,调用者在其中存放接收者(对于sendmsg调用)或发送者(对于recvmsg调用)的协议地址。如果无需指明协议地址(例如对于TCP套接字或已连接UDP套接字),msg_name应置为空指针。 390
msg_namelen对于sendmsg是一个值参数,对于recvmsg却是一个值-结果参数。

msg_iov和msg_iovlen这两个成员指定输入或输出缓冲区数组(即iovec结构数组),类似readv或writev的第二个和第三个参数。msg_control和msg_controllen这两个成员指定可选的辅助数据的位置和大小。msg_controllen对于recvmsg是一个值-结果参数。我们将在14.6节讲解辅助数据。

对于recvmsg和sendmsg,我们必须区别它们的两个标志变量,一个是传递值的*flags*参数,另一个是所传递msghdr结构的msg_flags成员,它传递的是引用,因为传递给函数的是该结构的地址。

● 只有recvmsg使用msg_flags成员。recvmsg被调用时，*flags*参数被复制到msg_flags成员（TCPv2第502页），并由内核使用其值驱动接收处理过程。内核还依据recvmsg的结果更新msg_flags成员的值。

● sendmsg则忽略msg_flags成员，因为它直接使用*flags*参数驱动发送处理过程。这一点意味着如果想在某个sendmsg调用中设置MSG_DONTWAIT标志，那就把*flags*参数设置为该值，把msg_flags成员设置为该值不起作用。

图14-7汇总了内核为输入和输出函数检查的*flags*参数值以及recvmsg可能返回的msg_flags成员值。其中没有sendmsg msg_flags一栏，因为我们已提及本组合无效。

标　　志	由内核检查send、sendto或sendmsg函数的*flags*参数	由内核检查recv、recvfrom或recvmsg函数的*flags*参数	由内核通过recvmsg函数的msg_flags结构参数成员返回
MSG_DONTROUTE	●		
MSG_DONTWAIT	●	●	
MSG_PEEK		●	
MSG_WAITALL		●	
MSG_EOR	●		●
MSG_OOB	●	●	●
MSG_BCAST			●
MSG_MCAST			●
MSG_TRUNC			●
MSG_CTRUNC			●
MSG_NOTIFICATION			●

图14-7　各种I/O函数输入和输出标志的总结

391

这些标志中，内核只检查而不返回前4个标志，既检查又返回接下来的2个标志，不检查而只返回后4个标志。recvmsg返回的7个标志解释如下。

MSG_BCAST　　　　本标志随BSD/OS引入，相对较新。它的返回条件是本数据报作为链路层广播收取或者其目的IP地址是一个广播地址。与IP_RECVD-STADDR套接字选项相比，本标志是用于判定一个UDP数据报是否发往某个广播地址的更好方法。

MSG_MCAST　　　　本标志随BSD/OS引入，相对较新。它的返回条件是本数据报作为链路层多播收取。

MSG_TRUNC　　　　本标志的返回条件是本数据报被截断，也就是说，内核预备返回的数据超过进程事先分配的空间（所有iov_len成员之和）。我们将在22.3节详细讨论本问题。

MSG_CTRUNC　　　　本标志的返回条件是本数据报的辅助数据被截断，也就是说，内核预备返回的辅助数据超过进程事先分配的空间（msg_controllen）。

MSG_EOR　　　　　本标志的返回条件是返回数据结束一个逻辑记录。TCP不使用本标志，因为它是一个字节流协议。

MSG_OOB　　　　　本标志绝不为TCP带外数据返回。它用于其他协议族（例如OSI协议族）。

MSG_NOTIFICATION　本标志由SCTP接收者返回，指示读入的消息是一个事件通知，而不是数据消息。

具体实现可能会在msg_flags成员中返回一些输入*flags*参数值，因此我们应该只检查那些感兴趣的标志值（例如图14-7中的后6个标志）。

图14-8展示了一个msghdr结构以及它指向的各种信息。图中假设进程即将对一个UDP套接字调用recvmsg。

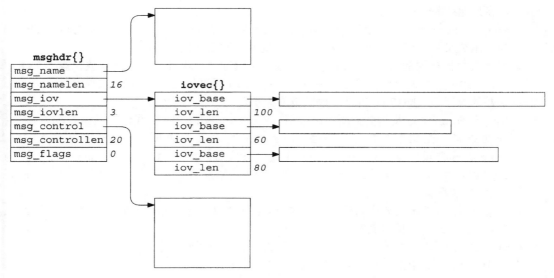

图14-8 对一个UDP套接字调用recvmsg时的数据结构

图中给协议地址分配了16字节,给辅助数据分配了20字节。为缓冲数据初始化了一个由3个iovec结构构成的数组:第一个指定一个100字节的缓冲区,第二个指定一个60字节的缓冲区,第三个指定一个80字节的缓冲区。我们还假设已为这个套接字设置了IP_RECVDSTADDR套接字选项,以接收所读取UDP数据报的目的IP地址。

我们接着假设从192.6.38.100端口2000到达一个170字节的UDP数据报,它的目的地是我们的UDP套接字,目的IP地址为206.168.112.96。图14-9展示了recvmsg返回时msghdr结构中的所有信息。

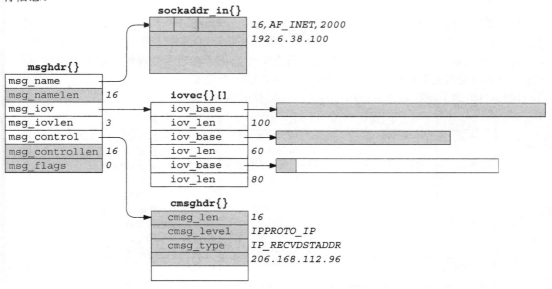

图14-9 recvmsg返回时对图14-8的更新

图中被recvmsg修改过的字段标上了阴影。从图14-8到图14-9的变动包括以下几点。

- 由msg_name成员指向的缓冲区被填以一个网际网套接字地址结构,其中有所收到数据报的源IP地址和源UDP端口号。
- msg_namelen成员(一个值-结果参数)被更新为存放在msg_name所指缓冲区中的数据量。本成员并无变化,因为recvmsg调用前和返回后其值均为16。
- 所收取数据报的前100字节数据存放在第一个缓冲区,中60字节数据存放在第二个缓冲区,后10字节数据存放在第三个缓冲区。最后那个缓冲区的后70字节没有改动。recvmsg函数的返回值(即170)就是该数据报的大小。
- 由msg_control成员指向的缓冲区被填以一个cmsghdr结构。(我们将在14.6节详细讨论辅助数据,在22.2节详细讨论IP_RECVDSTADDR套接字选项。)该cmsghdr结构中,cmsg_len成员值为16,cmsg_level成员值为IPPROTO_IP,cmsg_type成员值为IP_RECVDSTADDR,随后4字节存放所收到UDP数据报的目的IP地址。这个20字节缓冲区的后4字节没有改动。
- msg_controllen成员被更新为所存放辅助数据的实际数据量。本成员也是一个值-结果参数,recvmsg返回时其结果为16。
- msg_flags成员同样被recvmsg更新,不过没有标志返回给进程。

图14-10汇总了我们已讲述的5组I/O函数之间的差异。

函　　数	任何描述符	仅套接字描述符	单个读/写缓冲区	分散/集中读/写	可选标志	可选对端地址	可选控制信息
read, write	●		●				
readv, writev	●			●			
recv, send		●	●		●		
recvfrom, sendto		●	●		●	●	
recvmsg, sendmsg		●		●	●	●	●

图14-10　5组I/O函数的比较

14.6　辅助数据

辅助数据(ancillary data)可通过调用sendmsg和recvmsg这两个函数,使用msghdr结构中的msg_control和msg_controllen这两个成员发送和接收。辅助数据的另一个称谓是控制信息(control information)。我们将在本节讲解其概念并给出用于构造和处理辅助数据的结构和宏,不过介绍辅助数据实际用途的代码例子将留到以后的相关章节。

图14-11汇总了我们将在本书中讨论的辅助数据的各种用途。

协议	cmsg_level	cmsg_type	说　　明
IPv4	IPPROTO_IP	IP_RECVDSTADDR	随UDP数据报接收目的地址
		IP_RECVIF	随UDP数据报接收接口索引
IPv6	IPPROTO_IPV6	IPV6_DSTOPTS	指定/接收目的地选项
		IPV6_HOPLIMIT	指定/接收跳限
		IPV6_HOPOPTS	指定/接收步跳选项
		IPV6_NEXTHOP	指定下一跳地址
		IPV6_PKTINFO	指定/接收分组信息
		IPV6_RTHDR	指定/接收路由首部
		IPV6_TCLASS	指定/接收分组流通类别
Unix域	SOL_SOCKET	SCM_RIGHTS	发送/接收描述符
		SCM_CREDS	发送/接收用户凭证

图14-11　辅助数据用途的总结

OSI协议族也出于各种目的使用辅助数据，但本书不做讨论。

辅助数据由一个或多个辅助数据对象（ancillary data object）构成，每个对象以一个定义在头文件<sys/socket.h>中的cmsghdr结构开头。

```
struct cmsghdr {
  socklen_t    cmsg_len;    /* length in bytes, including this structure */
  int          cmsg_level;  /* originating protocol  */
  int          cmsg_type;   /* protocol-specific type */
        /* followed by unsigned char cmsg_data[] */
};
```

我们已在图14-9中见识过这个结构，当时它由IP_RECVDSTADDR套接字选项用来返回所收取UDP数据报的目的IP地址。由msg_control指向的辅助数据必须为csmghdr结构适当地对齐。我们将在图15-11中展示一个对齐方法。

图14-12展示了在一个控制缓冲区中出现2个辅助数据对象的例子。

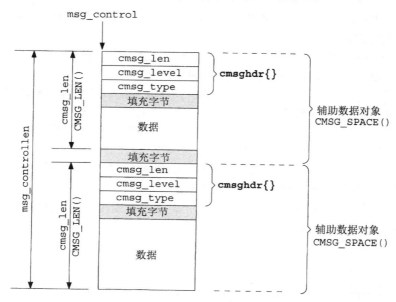

图14-12　包含两个辅助数据对象的辅助数据

msg_control指向第一个辅助数据对象，辅助数据的总长度则由msg_controllen指定。每个对象开头都是一个描述该对象的cmsghdr结构。在cmsg_type成员和实际数据之间可以有填充字节，从数据结尾处到下一个辅助数据对象之前也可以有填充字节。我们稍后讲解的5个CMSG_*XXX*宏会解决这种可能的填充问题。

> 不是所有实现都支持在单个控制缓冲区中存放多个辅助数据对象。

图14-13展示了通过一个Unix域套接字传递描述符（15.7节）或传递凭证（15.8节）时所用cmsghdr结构的格式。

图14-13中我们假设cmsghdr结构的每个成员（总共3个）都占用4字节，而且在cmsghdr结构和实际数据之间没有填充字节。当传递描述符时，cmsg_data数组的内容是真正的描述符值。图中只展示了一个待传递的描述符，然而一般总能传递多个描述符（这种情况下cmsg_len的值为12加上4乘以描述符的数目，这里假设每个描述符占据4字节）。

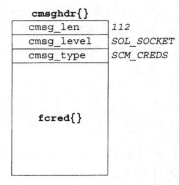

图14-13　用在Unix域套接字上的cmsghdr结构

　　既然由recvmsg返回的辅助数据可含有任意数目的辅助数据对象，为了对应用程序屏蔽可能出现的填充字节，头文件<sys/socket.h>中定义了以下5个宏，以简化对辅助数据的处理。

```
#include <sys/socket.h>
#include <sys/param.h>    /* for ALIGN macro on many implementations */

struct cmsghdr *CMSG_FIRSTHDR(struct msghdr *mhdrptr);
                           返回：指向第一个cmsghdr结构的指针，若无辅助数据则为NULL
struct cmsghdr *CMSG_NXTHDR(struct msghdr *mhdrptr, struct cmsghdr *cmsgptr);
                       返回：指向下一个cmsghdr结构的指针，若不再有辅助数据对象则为NULL
unsigned char *CMSG_DATA(struct cmsghdr *cmsgptr);
                          返回：指向与cmsghdr结构关联的数据的第一个字节的指针
unsigned int CMSG_LEN(unsigned int length);
                                返回：给定数据量下存放到cmsg_len中的值
unsigned int CMSG_SPACE(unsigned int length);
                             返回：给定数据量下一个辅助数据对象总的大小
```

397

　　　　　　POSIX定义了前3个宏，RFC 3542 [Stevens et al. 2003] 定义了后2个宏。

这些宏能以如下伪代码形式使用。

```
struct msghdr   msg;
struct cmsghdr *cmsgptr;

/* fill in msg structure */

/* call recvmsg() */

for (cmsgptr = CMSG_FIRSTHDR(&msg); cmsgptr != NULL;
     cmsgptr = CMSG_NXTHDR(&msg, cmsgptr)) {
    if (cmsgptr->cmsg_level == ... &&
        cmsgptr->cmsg_type == ...) {
        u_char *ptr;

        ptr = CMSG_DATA(cmsgptr);
        /* process data pointed to by ptr */
    }
}
```

CSMG_FIRSTHDR返回指向第一个辅助数据对象的指针，然而如果在msghdr结构中没有辅助数据（或者msg_control为一个空指针，或者csmg_len小于一个cmsghdr结构的大小），那就返回一个空指针。当控制缓冲区中不再有下一个辅助数据对象时，CSMG_NXTHDR也返回一个空指针。

> CMSG_FIRSTHDR的许多现有实现并不检查msg_controllen而直接返回msg_control的值。在图22-2中，我们将在调用该宏之前测试msg_controllen的值。

CMSG_LEN和CMSG_SPACE的区别在于，前者不计辅助数据对象中数据部分之后可能的填充字节，因而返回的是用于存放在cmsg_len成员中的值，后者计上结尾处可能的填充字节，因而返回的是为辅助数据对象动态分配空间的大小值。

14.7　排队的数据量

有时候我们想要在不真正读取数据的前提下知道一个套接字上已有多少数据排队等着读取。有3个技术可用于获悉已排队的数据量。

(1) 如果获悉已排队数据量的目的在于避免读操作阻塞在内核中（因为没有数据可读时我们还有其他事情可做），那么可以使用非阻塞式I/O。我们将在第16章中讨论非阻塞式I/O。

(2) 如果我们既想查看数据，又想数据仍然留在接收队列中以供本进程其他部分稍后读取，那么可以使用MSG_PEEK标志（图14-6）。如果我们想这样做，然而不能肯定是否真有数据可读，那么可以结合非阻塞套接字使用该标志，也可以组合使用MSG_DONTWAIT标志和MSG_PEEK标志。需注意的是，就一个字节流套接字而言，其接收队列中的数据量可能在两次相继的recv调用之间发生变化。举例来说，假设指定MSG_PEEK标志以一个长度为1024字节的缓冲区对一个TCP套接字调用recv，而且其返回值为100。如果再次调用同一个recv，返回值就有可能超过100（假设指定的缓冲区长度大于100），因为在这两次调用之间TCP可能又收到了一些数据。

就一个UDP套接字而言，假设其接收队列中已有一个数据报，如果我们指定MSG_PEEK标志调用recvfrom一次，稍后不指定该标志再调用recvfrom一次，那么即使另有数据报在这两次调用之间加入该套接字的接收队列，这两个调用的返回值（数据报大小、内容及发送者地址）也完全相同。（当然这里假设没有其他进程共享该套接字并从中读取数据。）

(3) 一些实现支持ioctl的FIONREAD命令。该命令的第三个ioctl参数是指向某个整数的一个指针，内核通过该整数返回的值就是套接字接收队列的当前字节数（TCPv2第553页）。该值是已排队字节的总和，对于UDP套接字而言包括所有已排队的数据报。还要注意的是，在源自Berkeley的实现中，为UDP套接字返回的值还包括一个套接字地址结构的空间，其中含有发送者的IP地址和端口号（对于IPv4为16字节，对于IPv6为24字节）。

14.8　套接字和标准 I/O

到目前为止的所有例子中，我们一直使用也称为Unix I/O——包括read、write这两个函数及它们的变体（recv、send等等）——的函数执行I/O。这些函数围绕描述符（descriptor）工作，通常作为Unix内核中的系统调用实现。

执行I/O的另一个方法是使用标准I/O函数库（standard I/O library）。这个函数库由ANSI C标准规范，意在便于移植到支持ANSI C的非Unix系统上。标准I/O函数库处理我们直接使用Unix I/O函数时必须考虑的一些细节，譬如自动缓冲输入流和输出流。不幸的是，它对于流的缓冲处理可能导致我们同样必须考虑的一组新的问题。APUE第5章详细讨论了标准I/O函数库，[Plauger 1992] 给出并讨论了标准I/O函数库的一个完整的实现。

> 标准I/O函数库也使用流（stream）这个称谓，譬如"打开一个输入流"或"刷写输出流"。不要把它和我们将在第31章中讨论的流（STREAMS）子系统相混淆。

标准I/O函数库可用于套接字，不过需要考虑以下几点。

- 通过调用fdopen，可以从任何一个描述符创建出一个标准I/O流。类似地，通过调用fileno，可以获取一个给定标准I/O流对应的描述符。我们第一次遇到fileno是在图6-9中，当时我们想在一个标准I/O流上调用select。select只能用于描述符，因此我们不得不获取那个标准I/O流的描述符。
- TCP和UDP套接字是全双工的。标准I/O流也可以是全双工的：只要以r+类型打开流即可，r+意味着读写。然而在这样的流上，我们必须在调用一个输出函数之后插入一个fflush、fseek、fsetpos或rewind调用才能接着调用一个输入函数。类似地，调用一个输入函数后也必须插入一个fseek、fsetpos或rewind调用才能调用一个输出函数，除非输入函数遇到一个EOF。fseek、fsetpos和rewind这3个函数的问题是它们都调用lseek，而lseek用在套接字上只会失败。
- 解决上述读写问题的最简单方法是为一个给定套接字打开两个标准I/O流：一个用于读，一个用于写。

例子：使用标准 I/O 的 **str_echo** 函数

下面我们使用标准I/O代替read和writen重新编写图5-3中的TCP回射服务器程序。图14-14是改用标准I/O的str_echo函数版本。（这个版本存在一个我们稍后要讲解的问题。）

—— *advio/str_echo_stdio02.c*

```
 1 #include    "unp.h"

 2 void
 3 str_echo(int sockfd)
 4 {
 5     char    line[MAXLINE];
 6     FILE    *fpin, *fpout;

 7     fpin = Fdopen(sockfd, "r");
 8     fpout = Fdopen(sockfd, "w");

 9     while (Fgets(line, MAXLINE, fpin) != NULL)
10         Fputs(line, fpout);
11 }
```

—— *advio/str_echo_stdio02.c*

图14-14　重写成改用标准I/O的str_echo函数

把描述符转换成输入流和输出流

7~10　调用fdopen创建两个标准I/O流，一个用于输入，一个用于输出。把原来的read和writen调用替换成fgets和fputs调用。

如果以这个版本的str_echo运行我们的服务器，然后运行其客户，我们得到以下结果：

```
hpux % tcpcli02 206.168.112.96
hello, world              键入本行，但无回射输出
and hi                    再键入本行，仍无回射输出
hello??                   再键入本行，仍无回射输出
```

```
^D                           键入EOF字符
hello, world                 至此才输出那三个回射行
and hi
hello??
```

服务器直到我们键入EOF字符才回射所有文本行的原因在于这里存在一个缓冲问题。以下是实际发生的步骤。

- 我们键入第一行输入文本，它被发送到服务器。
- 服务器用fgets读入本行，再用fputs回射本行。
- 服务器的标准I/O流被标准I/O函数库完全缓冲。这意味着该函数库把回射行复制到输出流的标准I/O缓冲区，但是不把该缓冲区中的内容写到描述符，因为该缓冲区未满。
- 我们键入第二行输入文本，它被发送到服务器。
- 服务器用fgets读入本行，再用fputs回射本行。
- 服务器的标准I/O函数库再次把回射行复制到输出流的标准I/O缓冲区，但是不把该缓冲区中的内容写到描述符，因为该缓冲区仍未满。
- 同样的情形发生在我们键入的第三行文本上。
- 我们键入EOF字符，致使我们的str_cli函数（图6-13）调用shutdown，从而发送一个FIN到服务器。
- 服务器TCP收取这个FIN，它被fgets读入，致使fgets返回一个空指针。
- str_echo函数返回到服务器的main函数（图5-12），子进程通过调用exit终止。
- C库函数exit调用标准I/O清理函数（APUE第162～164页[①]）。之前由我们的fputs调用填入输出缓冲区中的未满内容现被输出。
- 服务器子进程终止，致使它的已连接套接字被关闭，从而发送一个FIN到客户，完成TCP的四分组终止序列。
- 我们的str_cli函数收取并输出由服务器回射的三行文本。
- str_cli接着在其套接字上收到一个EOF，客户于是终止。

这里的问题出在服务器中由标准I/O函数库自动执行的缓冲之上。标准I/O函数库执行以下三类缓冲。

(1) 完全缓冲（fully buffering）意味着只在出现下列情况时才发生I/O：缓冲区满，进程显式调用fflush，或进程调用exit终止自身。标准I/O缓冲区的通常大小为8192字节。

(2) 行缓冲（line buffering）意味着只在出现下列情况时才发生I/O：碰到一个换行符，进程调用fflush，或进程调用exit终止自身。

(3) 不缓冲（unbuffering）意味着每次调用标准I/O输出函数都发生I/O。

标准I/O函数库的大多数Unix实现使用如下规则。

- 标准错误输出总是不缓冲。
- 标准输入和标准输出完全缓冲，除非它们指代终端设备（这种情况下它们行缓冲）。
- 所有其他I/O流都是完全缓冲，除非它们指代终端设备（这种情况下它们行缓冲）。

既然套接字不是终端设备，图14-14中的str_echo函数的上述问题就在于输出流（fpout）是完全缓冲的。本问题有两个解决办法。第一个办法是通过调用setvbuf迫使这个输出流变为行缓冲。第二个办法是在每次调用fputs之后通过调用fflush强制输出每个回射行。然而在现实使用中，这两种办法都易于犯错，与Nagle算法（如7.9节所述）的交互可能也成问题。大多

---

① 此处为APUE第1版英文原版书页码，第2版英文原版书为第180～181页，第2版中文版为第148～149页。

数情况下，最好的解决办法是彻底避免在套接字上使用标准I/O函数库，并且如3.9节所述在缓冲区而不是文本行上执行操作。当标准I/O流的便利性大过对缓冲带来的bug的担忧时，在套接字上使用标准I/O流也可能可行，但这种情况很罕见。

> 要注意的是标准I/O库的某些实现在描述符大于255情况下还有一个问题。这一点对于需处理大量描述符的网络服务器可能也是一个问题。检查你的`<stdio.h>`头文件中定义的FILE结构，看看存放描述符的变量是什么类型。

14.9 高级轮询技术

我们已在本章早先讨论过为套接字操作设置时间限制的若干方法。如今许多操作系统还提供其他可选方法，它们具备我们已在第6章中讲解过的select和poll这两个函数的特性。这些方法尚未被POSIX采纳，而且在不同实现上存在细微差异，因此使用这些机制的代码应被认为是不可移植的。本节介绍两个机制，其他机制与它们类似。

14.9.1 /dev/poll 接口

Solaris上名为/dev/poll的特殊文件提供了一个可扩展的轮询大量描述符的方法。select和poll存在的一个问题是，每次调用它们都得传递待查询的文件描述符。轮询设备能在调用之间维持状态，因此轮询进程可以预先设置好待查询描述符的列表，然后进入一个循环等待事件发生，每次循环回来时不必再次设置该列表。

打开/dev/poll之后，轮询进程必须先初始化一个pollfd结构（即poll函数使用的结构，不过本机制不使用其中的revents成员）数组，再调用write往/dev/poll设备上写这个结构数组以把它传递给内核，然后执行ioctl的DP_POLL命令阻塞自身以等待事件发生。传递给ioctl调用的结构如下：

```
struct dvpoll {
    struct pollfd* dp_fds;
    int            dp_nfds;
    int            dp_timeout;
}
```

其中dp_fds成员指向一个缓冲区，供ioctl在返回时存放一个pollfd结构数组。dp_nfds成员指定该缓冲区的大小。ioctl调用将一直阻塞到任何一个被轮询描述符上发生所关心的事件，或者流逝时间超过经由dp_timeout成员指定的毫秒数为止。dp_timeout指定为0将导致ioctl立即返回，从而提供了使用本接口的非阻塞手段。dp_timeout指定为-1表示没有超时设置。

我们把图6-13中使用select的str_cli函数改为图14-15中使用/dev/poll的版本。

向/dev/poll提供描述符列表

14~21 填写好一个pollfd结构数组后，把它传递给/dev/poll。本例子只需要2个描述符，我们于是使用静态数组。使用/dev/poll的现实程序可能需要监视成百个甚至上千个描述符，它们的这个数组有可能是动态分配的。

等待有事可做

24~28 让进程阻塞在ioctl调用上，等待有事可做。ioctl的返回值就是已就绪描述符的个数。

遍查描述符

30~49 本例子的代码相当简单，因为我们知道就绪的描述符不外乎sockfd和输入文件描述符。规模较大的程序描述符遍查工作比较复杂，可能涉及往线程派遣任务。

———*advio/str_cli_poll03.c*

```
 1 #include       "unp.h"
 2 #include       <sys/devpoll.h>

 3 void
 4 str_cli(FILE *fp, int sockfd)
 5 {
 6     int      stdineof;
 7     char     buf[MAXLINE];
 8     int      n;
 9     int      wfd;
10     struct pollfd    pollfd[2];
11     struct dvpoll     dopoll;
12     int      i;
13     int      result;

14     wfd = Open("/dev/poll", O_RDWR, 0);

15     pollfd[0].fd = fileno(fp);
16     pollfd[0].events = POLLIN;
17     pollfd[0].revents = 0;

18     pollfd[1].fd = sockfd;
19     pollfd[1].events = POLLIN;
20     pollfd[1].revents = 0;

21     Write(wfd, pollfd, sizeof(struct pollfd) * 2);

22     stdineof = 0;
23     for ( ; ; ) {
24         /* block until /dev/poll says something is ready */
25         dopoll.dp_timeout = -1;
26         dopoll.dp_nfds = 2;
27         dopoll.dp_fds = pollfd;
28         result = Ioctl(wfd, DP_POLL, &dopoll);

29         /* loop through ready file descriptors */
30         for (i = 0; i < result; i++) {
31             if (dopoll.dp_fds[i].fd == sockfd) {
32                 /* socket is readable */
33                 if ( (n = Read(sockfd, buf, MAXLINE)) == 0) {
34                     if (stdineof == 1)
35                         return;  /* normal termination */
36                     else
37                         err_quit("str_cli: server terminated prematurely");
38                 }

39                 Write(fileno(stdout), buf, n);
40             } else {
41                 /* input is readable */
42                 if ( (n = Read(fileno(fp), buf, MAXLINE)) == 0) {
43                     stdineof = 1;
44                     Shutdown(sockfd, SHUT_WR);  /* send FIN */
45                     continue;
46                 }

47                 Writen(sockfd, buf, n);
48             }
49         }
50     }
51 }
```

———*advio/str_cli_poll03.c*

图14-15 使用/dev/poll的str_cli函数

14.9.2　`kqueue` 接口

FreeBSD随4.1版本引入了kqueue接口。本接口允许进程向内核注册描述所关注kqueue事件的事件过滤器（event filter）。事件除了与select所关注类似的文件I/O和超时外，还有异步I/O、文件修改通知（例如文件被删除或修改时发出的通知）、进程跟踪（例如进程调用exit或fork时发出的通知）和信号处理。kqueue接口包括如下2个函数和1个宏。

```
#include <sys/types.h>
#include <sys/event.h>
#include <sys/time.h>

int kqueue(void);
int kevent(int kq, const struct kevent *changelist, int nchanges,
           struct kevent *eventlist, int nevents,
           const struct timespec *timeout);
void EV_SET(struct kevent *kev, uintptr_t ident, short filter,
            u_short flags, u_int fflags, intptr_t data, void *udata);
```

kqueue函数返回一个新的kqueue描述符，用于后续的kevent调用中。kevent函数既用于注册所关注的事件，也用于确定是否有所关注事件发生。*changelist*和*nchanges*这两个参数给出对所关注事件做出的更改，若无更改则分别取值NULL和0。如果*nchanges*不为0，kevent函数就执行*changelist*数组中所请求的每个事件过滤器更改。其条件已经触发的任何事件（包括刚在*changelist*中增设的那些事件）由*kevent*函数通过*eventlist*参数返回，它指向一个由*nevents*个元素构成的kevent结构数组。kevent函数在*eventlist*中返回的事件数目作为函数返回值返回，0表示发生超时。超时通过*timeout*参数设置，其处理类似select：NULL阻塞进程，非0值timespec指定明确的超时值，0值timespec执行非阻塞事件检查。注意，kevent使用的timespec结构不同于select使用的timeval结构，前者的分辨率为纳秒，后者的分辨率为微秒。

kevent结构在头文件<sys/event.h>中定义：

```
struct kevent {
  uintptr_t ident;    /* identifier (e.g., file descriptor) */
  short     filter;   /* filter type (e.g., EVFILT_READ) */
  u_short   flags;    /* action flags (e.g., EV_ADD) */
  u_int     fflags;   /* filter-specific flags */
  intptr_t  data;     /* filter-specific data */
  void      *udata;   /* opaque user data */
};
```

其中*flags*成员在调用时指定过滤器更改行为，在返回时额外给出条件，如图14-16所示。

flags	说　　　明	更改	返回
EV_ADD	增设事件；自动启用，除非同时指定EV_DISABLE	●	
EV_CLEAR	用户获取后复位事件状态	●	
EV_DELETE	删除事件	●	
EV_DISABLE	禁用事件但不删除	●	
EV_ENABLE	重新启用先前禁用的事件	●	
EV_ONESHOT	触发一次后删除事件	●	
EV_EOF	发生EOF条件		●
EV_ERROR	发生错误；errno值在data成员中		●

图14-16　kevent结构的*flags*成员

*filter*成员指定的过滤器类型如图14-17所示。

filter	说　　　明
EVFILT_AIO	异步I/O事件（6.2节）
EVFILT_PROC	进程exit、fork或exec事件
EVFILT_READ	描述符可读，类似select
EVFILT_SIGNAL	收到信号
EVFILT_TIMER	周期性或一次性的定时器
EVFILT_VNODE	文件修改和删除事件
EVFILT_WRITE	描述符可写，类似select

图14-17　kevent结构的*filter*成员

我们把图6-13中使用select的str_cli函数改为图14-18中使用kqueue的版本。

——————— advio/str_cli_kqueue04.c

```
 1 #include      "unp.h"

 2 void
 3 str_cli(FILE *fp, int sockfd)
 4 {
 5     int       kq, i, n, nev, stdineof = 0, isfile;
 6     char      buf[MAXLINE];
 7     struct kevent   kev[2];
 8     struct timespec ts;
 9     struct stat st;

10     isfile = ((fstat(fileno(fp), &st) == 0) &&
11               (st.st_mode & S_IFMT) == S_IFREG);

12     EV_SET(&kev[0], fileno(fp), EVFILT_READ, EV_ADD, 0, 0, NULL);
13     EV_SET(&kev[1], sockfd, EVFILT_READ, EV_ADD, 0, 0, NULL);

14     kq = Kqueue();
15     ts.tv_sec = ts.tv_nsec = 0;
16     Kevent(kq, kev, 2, NULL, 0, &ts);

17     for ( ; ; ) {
18         nev = Kevent(kq, NULL, 0, kev, 2, NULL);

19         for (i = 0; i < nev; i++) {
20             if (kev[i].ident == sockfd) {   /* socket is readable */
21                 if ( (n = Read(sockfd, buf, MAXLINE)) == 0) {
22                     if (stdineof == 1)
23                         return; /* normal termination */
24                     else
25                         err_quit("str_cli: server terminated prematurely");
26                 }

27                 Write(fileno(stdout), buf, n);
28             }

29             if (kev[i].ident == fileno(fp)) {   /* input is readable */
30                 n = Read(fileno(fp), buf, MAXLINE);
31                 if (n > 0)
32                     Writen(sockfd, buf, n);

33                 if (n == 0 || (isfile && n == kev[i].data)) {
34                     stdineof = 1;
35                     Shutdown(sockfd, SHUT_WR);   /* send FIN */
36                     kev[i].flags = EV_DELETE;
37                     Kevent(kq, &kev[i], 1, NULL, 0, &ts);  /* remove kevent */
38                     continue;
39                 }
40             }
41         }
42     }
43 }
```

——————— advio/str_cli_kqueue04.c

图14-18　使用kqueue的str_cli函数

判定文件指针是否指向文件

10~11　kqueue碰到EOF的处理行为取决于文件描述符关联的是文件、管道还是终端，因此我
　　　　们调用fstat判定由调用者指定的文件指针是否关联一个文件。本判定手段以后还会
　　　　用到。

为kqueue设置kevent结构

12~13　使用EV_SET宏设置2个kevent结构，它们都指定类型为读的过滤器（EVFILT_READ），
　　　　并请求把本事件加入该过滤器中（EV_ADD）。

创建kqueue并增设过滤器

14~16　调用kqueue取得一个kqueue描述符，把超时值设为0以便非阻塞地调用kevent，以设
　　　　置好的kevent结构数组作为过滤器更改请求调用kevent。

无限循环，阻塞在kevent中

17~18　进入无限循环，每次循环回来都阻塞在kevent中。每次调用kevent指定的过滤器更改
　　　　列表为NULL（因为我们仅仅关注早已注册过的事件），超时参数为NULL（永远阻塞）。

遍查返回的事件

19　遍查返回的每个事件并分别处理它们。

套接字变为可读

20~28　这段代码与图6-13一样。

输入变为可读

29~40　这段代码类似图6-13，不过为了处理kqueue的EOF报告方式，在代码结构上稍有调整。
　　　　对于管道和终端，kqueue就像select那样返回一个可读指示表示有一个EOF待处理。
　　　　然而对于文件，kqueue只是在kevent结构的data成员中返回文件中剩余字节数，并
　　　　假设应用进程能够由此获悉是否到达文件尾。我们于是首先把本处理循环重构成若读
　　　　入字节数非0则把数据写出到网络。接着把EOF判断条件改为读入字节数为0（或者对
　　　　于文件而言，读入字节数等于文件中剩余字节数）。最后，把图6-13中使用FD_CLR从
　　　　描述符集中删除输入描述符的代码改为设置EV_DELETE标志调用kevent从内核维护
　　　　的过滤器中删除本事件。

14.9.3　建议

　　就这些新近发展中的接口而言，阅读它们特定于操作系统具体版本的文档时必须小心。这
些接口在不同版本之间往往存在细微的差别，因为操作系统厂商仍然在推敲它们该如何工作的
细节。

　　尽管总体说来应该避免编写不可移植的代码，然而对于一个任务繁重的网络应用程序而言，
使用各种可能的方式为它在特定的主机系统上进行优化也相当普通。

14.10　T/TCP：事务目的 TCP[①]

　　T/TCP是对TCP进行过略微修改的一个版本，能够避免近来彼此通信过的主机之间的三路
握手。关于T/TCP详见TCPv3、RFC 1379［Braden 1992b］和RFC 1644［Braden 1994］。

　　　① 本节为本书的第2版的内容，本版的新作者删掉了这一节。这部分内容还是很重要的，故此处保留了这一部分内
　　　　容。——译者注

T/TCP最广为流传的实现是在FreeBSD中。

T/TCP能够把SYN、FIN和数据组合到单个分节中，前提是数据的大小小于MSS。图14-19展示最小T/TCP事务的时间线。第一个分节是由客户的单个sendto调用产生的SYN、FIN和数据。该分节组合了connect、write和shutdown共三个调用的功能。服务器执行通常的套接字函数调用步骤：socket、bind、listen和accept，其中后者在客户的分节到达时返回。服务器用send发回其应答并关闭套接字。这使得服务器在同一个分节中向客户发出SYN、FIN和应答。比较图14-19和图2-5，我们看到不仅需在网络中传输的分节有所减少（T/TCP需3个，TCP需10个，UDP需2个），而且客户从初始化连接到发送一个请求再到读取相应应答所花费的时间也减少了一个RTT。

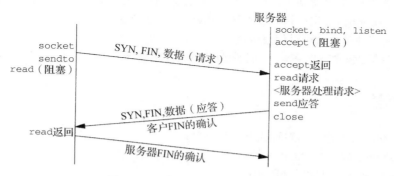

图14-19 最小T/TCP事务的时间线

T/TCP的优势在于TCP的所有可靠性（序列号、超时、重传，等等）得以保留，而不像UDP那样把可靠性推给应用程序去实现。T/TCP同样维持TCP的慢启动和拥塞避免措施，UDP应用程序却往往缺乏这些特性。

> 这里我们忽略了一些细节，它们都在TCPv3中讨论。举例来说，客户与服务器第一次通信时三路握手是需要的。不过将来只要两端各自高速缓存的一些信息都没过时，并且没有一端的主机崩溃并重启过，那么就可以避免三路握手。图14-19展示的3个分节构成最少请求-应答交换。如果或者请求或者应答超过一个分节的承载量，那就需要额外的分节。术语"事务"的含义是客户的请求与服务器的应答。常见的事务例子有DNS请求与服务器的应答以及HTTP请求与服务器的应答。该术语并非用于指称两阶段提交协议（two-phase commit protocol）。

为了处理T/TCP，套接字API需做些变动。我们指出，在提供T/TCP的系统上TCP应用程序无需任何改动，除非要使用T/TCP的特性。所有现有TCP应用程序继续使用我们已经讲述过的套接字API工作。

- 客户调用sendto，以便把数据的发送结合到连接的建立之中。该调用替换单独的connect调用和write调用。服务器的协议地址改为传递给sendto而不是connect。
- 新增一个输出标志MSG_EOF（参见图14-6），用于指示本套接字上不再有数据待发送。该标志允许我们把shutdown调用结合到输出操作（send或sendto）之中。给一个sendto调用同时指定本标志和服务器的协议地址有可能导致发送单个含有SYN、FIN和数据的分节。我们还在图14-19中指出，服务器发送应答使用的是send而不是write，其原因在于为了指定MSG_EOF标志，以便随应答一起发送FIN。（不要把这个新标志与已有的MSG_EOR标志混为一谈，后者为面向记录的协议指示记录结束条件）。

- 新定义一个级别为IPPROTO_TCP的套接字选项TCP_NOPUSH。本选项防止TCP只为腾空套接字发送缓冲区而发送分节。当某个客户准备以单个sendto发送一个请求时，如果该请求大小超过MSS，它就应该为相应套接字设置本选项，以减少所发送分节的数目。TCPv3第47～49页详细讨论了这个新套接字选项。
- 想跟一个服务器建立连接并且使用T/TCP发送一个请求的客户应该调用socket、setsockopt（开启TCP_NOPUSH选项）和sendto（若只有一个请求待发送则指定MSG_EOF标志）。如果setsockopt返回ENOPROTOOPT错误或者sendto返回ENOTCONN错误，那么本主机不支持T/TCP。这种情况下客户可以干脆调用connect和write，加上可能后跟的shutdown（如果只有一个请求待发送）。
- 服务器所需的唯一变动是，如果服务器想随应答一起发送FIN，它就应该指定MSG_EOF标志调用send以发送应答，而不是调用write以发送应答。
- T/TCP的编译时测试可以使用伪代码#ifdef MSG_EOF。

TCPv3的附录B包含T/TCP客户程序和服务器程序的例子。

14.11　小结

在套接字操作上设置时间限制的方法有三个：
- 使用alarm函数和SIGALRM信号；
- 使用由select提供的时间限制；
- 使用较新的SO_RCVTIMEO和SO_SNDTIMEO套接字选项。

第一个方法易于使用，不过涉及信号处理，而信号处理正如我们将在20.5节看到的那样可能导致竞争条件。使用select意味着我们阻塞在指定过时间限制的这个函数上，而不是阻塞在read、write或connect调用上。第三个方法也易于使用，不过并非所有实现都提供。

recvmsg和sendmsg是所提供的5组I/O函数中最为通用的。它们组合了如下能力：指定MSG_*xxx*标志（出自recv和send），返回或指定对端的协议地址（出自recvfrom和sendto），使用多个缓冲区（出自readv和writev）。此外还增加了两个新的特性：给应用进程返回标志，接收或发送辅助数据。

我们在文中讲述了10种不同格式的辅助数据，其中6种是随IPv6新定义的。辅助数据由一个或多个辅助数据对象构成，每个对象都以一个cmsghdr结构打头，它指定数据的长度、协议级别及类型。5个以CMSG_打头的函数可用于构建和分析辅助数据。

C标准I/O函数库也可以用在套接字上，不过这么做将在已经由TCP提供的缓冲级别之上新增一级缓冲。实际上，对由标准I/O函数库执行的缓冲缺乏了解是使用这个函数库最常见的问题。既然套接字不是终端设备，这个潜在问题的常用解决办法就是把标准I/O流置成不缓冲，或者干脆不要在套接字上使用标准I/O。

许多厂家提供轮询大量事件却没有select和poll所需开销的高级方法。尽管应该避免编写不可移植的代码，有时候性能改善的收益会重于不可移植造成的风险。

T/TCP是对TCP的一个简单增强版本，能够在客户和服务器近来彼此通信过的前提下避免三路握手，使得服务器对于客户的请求更快地给出应答。从编程角度看，客户通过调用sendto而不是通常的connect、write和shutdown调用序列发挥T/TCP的优势。

习题

14.1 在图14-1中，如果当我们重新设置SIGALRM的信号处理函数时进程未曾建立过SIGALRM的任何信号处理函数，那将会发生什么？

14.2 在图14-1中，如果进程已设置了一个alarm定时器，connect_timeo就显示一个警告。修改该函数，使得它在connect调用之后和自身返回之前重新设置这个alarm定时器。

14.3 如下修改图11-11：在调用read之前指定MSG_PEEK标志调用recv，recv返回后再以FIONREAD命令调用ioctl，并显示已排队在套接字接收缓冲区中的字节数，然后调用read真正读入数据。

14.4 如果进程自然掉出main函数末尾，而不是调用exit退出，标准I/O缓冲区中尚未输出的数据将会发生什么？

14.5 按照图14-14之后讲解的两个方法修改图中程序，验证它们确实能够解决缓冲问题。

409

15.1 概述

Unix域协议并不是一个实际的协议族，而是在单个主机上执行客户/服务器通信的一种方法，所用API就是在不同主机上执行客户/服务器通信所用的API（套接字API）。本系列书第2卷介绍的进程间通信（IPC）实际上就是单个主机上的客户/服务器通信，Unix域协议因此可视为IPC方法之一。TCPv3的第三部分提供了在源自Berkeley的内核中真正实现Unix域套接字的细节。

Unix域提供两类套接字：字节流套接字（类似TCP）和数据报套接字（类似DUP）。尽管也提供原始套接字，不过它的语义不曾见于任何文档，作者们也未见过任何使用它的程序，POSIX也没有它的定义。

使用Unix域套接字有以下3个理由。

(1) 在源自Berkeley的实现中，Unix域套接字往往比通信两端位于同一个主机的TCP套接字快出一倍（TCPv3第223~224页）。X Window System发挥了Unix域套接字的这个优势。当一个X11客户启动并打开到X11服务器的连接时，该客户检查DISPLAY环境变量的值，其中指定服务器的主机名、窗口和屏幕。如果服务器与客户处于同一个主机，客户就打开一个到服务器的Unix域字节流连接，否则打开一个到服务器的TCP连接。

(2) Unix域套接字可用于在同一个主机上的不同进程之间传递描述符。我们将在15.7节提供一个传递描述符的完整例子。

(3) Unix域套接字较新的实现把客户的凭证（用户ID和组ID）提供给服务器，从而能够提供额外的安全检查措施。我们将在15.8节讲解凭证的收发。

Unix域中用于标识客户和服务器的协议地址是普通文件系统中的路径名。我们知道IPv4协议地址由一个32位地址和一个16位端口号构成，IPv6协议地址则由一个128位地址和一个16位端口号构成。这些路径名不是普通的Unix文件：除非把它们和Unix域套接字关联起来，否则无法读写这些文件。

15.2 Unix 域套接字地址结构

图15-1列出了在头文件<sys/un.h>中定义的Unix域套接字地址结构。

```
struct sockaddr_un {
  sa_family_t  sun_family;      /* AF_LOCAL */
  char         sun_path[104];   /* null-terminated pathname */
};
```

图15-1　Unix域套接字地址结构sockaddr_un

BSD早期版本定义sun_path数组的大小为108字节，而不是图中所示的104字节。POSIX
规范没有定义sun_path数组的大小，而且明确警示应用进程不应该假设一个特定长度。应用
进程应该在运行时刻使用sizeof运算符得出本结构的长度，再验证一个路径名是否适合存放
到其中的sun_path数组。数组长度很可能在92到108之间，而不是足以存放任何路径名的更
大的值。存在这些限制缘起于4.2BSD的实现细节，要求本结构适合装入一个128字节的mbuf
（一种内核内存缓冲区）。

存放在sun_path数组中的路径名必须以空字符结尾。实现提供的SUN_LEN宏以一个指向
sockaddr_un结构的指针为参数并返回该结构的长度，其中包括路径名中非空字节数。未指定
地址通过以空字符串作为路径名指示，也就是一个sun_path[0]值为0的地址结构。它等价于
IPv4的INADDR_ANY常值以及IPv6的IN6ADDR_ANY_INIT常值。

> POSIX把Unix域协议重新命名为"本地IPC"，以消除它对于Unix操作系统的依赖。历史
> 性常值AF_UNIX变为AF_LOCAL。尽管如此，我们依然使用"Unix域"这个称谓，因为这已成
> 为它约定俗成的名字，与支撑它的操作系统无关。另外，尽管POSIX努力使它独立于操作系
> 统，它的套接字地址结构仍然保留_un后缀。

412

例子：Unix 域套接字的 bind 调用

图15-2中的程序创建一个Unix域套接字，往其上bind一个路径名，再调用getsockname输
出这个绑定的路径名。

———————————————————————————————— *unixdomain/unixbind.c*

```
 1 #include      "unp.h"
 2 int
 3 main(int argc, char **argv)
 4 {
 5     int      sockfd;
 6     socklen_t    len;
 7     struct sockaddr_un  addr1, addr2;
 8     if (argc != 2)
 9         err_quit("usage: unixbind <pathname>");
10     sockfd = Socket(AF_LOCAL, SOCK_STREAM, 0);
11     unlink(argv[1]);            /* OK if this fails */
12     bzero(&addr1, sizeof(addr1));
13     addr1.sun_family = AF_LOCAL;
14     strncpy(addr1.sun_path, argv[1], sizeof(addr1.sun_path)-1);
15     Bind(sockfd, (SA *) &addr1, SUN_LEN(&addr1));
16     len = sizeof(addr2);
17     Getsockname(sockfd, (SA *) &addr2, &len);
18     printf("bound name = %s, returned len = %d\n", addr2.sun_path, len);
19     exit(0);
20 }
```

———————————————————————————————— *unixdomain/unixbind.c*

图15-2 给一个Unix域套接字bind一个路径名

删除路径名

11　我们调用bind捆绑到套接字上的路径名就是命令行参数。如果文件系统中已存在该路
径名，bind将会失败。为此我们先调用unlink删除这个路径名，以防它已经存在。如
果它不存在，unlink将返回一个我们要将其忽略的错误。

bind然后getsockname

12~18   我们使用strncpy复制命令行参数，以免路径名过长导致其溢出结构。既然我们已把该结构初始化为0，并且从sun_path数组的大小中减去1，可以肯定该路径名将以空字符结尾。之后调用bind，并使用SUN_LEN宏计算bind的长度参数。接着调用getsockname取得刚绑定的路径名并显示结果。

如果在Solaris系统上运行本程序，我们得到如下结果：

```
solaris % umask                                 首先输出umask的值
022                                             shell以八进制格式输出该值
solaris % unixbind /tmp/moose
bound name = /tmp/moose, returned len = 13
solaris % unixbind /tmp/moose                   再运行一次
bound name = /tmp/moose, returned len = 13
solaris % ls -1 /tmp/moose
srwxr-xr-x   1 andy      staff          0 Aug 10 13:13 /tmp/moose
solaris % ls -1F /tmp/moose
srwxr-xr-x   1 andy      staff          0 Aug 10 13:13 /tmp/moose=
```

我们首先输出umask的值，因为POSIX规定结果路径名的文件访问权限应根据该值修正。我们的值为22的文件模式掩码关闭组用户写位和其他用户写位。接着运行程序，看到getsockname返回的长度为13：sun_family占2字节，路径名占11字节（扣除结尾的空字符）。这是一个"值-结果"参数的例子，函数返回时的结果不同于调用函数时的值。我们可以使用printf的%s格式输出该路径名，因为sun_path成员中的该路径名是以空字符结尾的。我们然后再次运行程序，以验证unlink调用删除了该路径名。

我们运行ls -1命令查看文件权限和类型。在Solaris（以及大多数Unix变体）上，该路径名的文件类型为显示为s的套接字。我们还注意到权限位已正确地根据umask值修正。最后指定-F选项再次运行ls，它会让Solaris在该路径名之后添加一个等号。

> 历史上umask值未被应用于Unix域套接字文件，不过多数Unix厂商已渐渐地修复了这一点，使得umask如期地工作。文件权限位（不论umask为何值）或全都设置或全不设置的系统仍然存在。此外，有些系统把Unix域套接字文件视为FIFO，从而显示为p。本例展示的是最常见的行为。

15.3   socketpair 函数

socketpair函数创建两个随后连接起来的套接字。本函数仅适用于Unix域套接字。

```
#include <sys/socket.h>

int socketpair(int family, int type, int protocol, int sockfd[2]);
                                          返回：若成功则为非0，若出错则为-1
```

*family*参数必须为AF_LOCAL，*protocol*参数必须为0。*type*参数既可以是SOCK_STREAM，也可以是SOCK_DGRAM。新创建的两个套接字描述符作为*sockfd[0]*和*sockfd[1]*返回。

> 本函数类似Unix的pipe函数，会返回两个彼此连接的描述符。事实上，源自Berkeley的实现通过执行与sokcetpair一样的内部操作［TCPv3第253~254页］给出pipe接口。

这样创建的两个套接字不曾命名，也就是说其中没有涉及隐式的bind调用。

指定*type*参数为SOCK_STRAEM调用socketpair得到的结果称为流管道（stream pipe）。它与调用pipe创建的普通Unix管道类似，差别在于流管道是全双工的，即两个描述符都是既可读又可写。图15-7展示了调用socketpair创建的流管道。

> POSIX不要求全双工管道。SVR4上pipe返回两个全双工的描述符，而源自Berkeley的内核传统地返回两个半双工的描述符（TCPv3的图17-31）。

15.4 套接字函数

当用于Unix域套接字时，套接字函数中存在一些差异和限制。我们尽量列出POSIX的要求，并指出并非所有实现目前都已达到这个级别。

(1) 由bind创建的路径名默认访问权限应为0777（属主用户、组用户和其他用户都可读、可写并可执行），并按照当前umask值进行修正。

(2) 与Unix域套接字关联的路径名应该是一个绝对路径名，而不是一个相对路径名。避免使用后者的原因是它的解析依赖于调用者的当前工作目录。也就是说，要是服务器捆绑一个相对路径名，客户就得在与服务器相同的目录中（或者必须知道这个目录）才能成功调用connect或sendto。

> POSIX声称给Unix域套接字捆绑相对路径名将导致不可预计的结果。

(3) 在connect调用中指定的路径名必须是一个当前绑定在某个打开的Unix域套接字上的路径名，而且它们的套接字类型（字节流或数据报）也必须一致。出错条件包括：（a）该路径名已存在却不是一个套接字；（b）该路径名已存在且是一个套接字，不过没有与之关联的打开的描述符；（c）该路径名已存在且是一个打开的套接字，不过类型不符（也就是说Unix域字节流套接字不能连接到与Unix域数据报套接字关联的路径名，反之亦然）。

(4) 调用connect连接一个Unix域套接字涉及的权限测试等同于调用open以只写方式访问相应的路径名。

(5) Unix域字节流套接字类似TCP套接字：它们都为进程提供一个无记录边界的字节流接口。

(6) 如果对于某个Unix域字节流套接字的connect调用发现这个监听套接字的队列已满（4.5节），调用就立即返回一个ECONNREFUSED错误。这一点不同于TCP：如果TCP监听套接字的队列已满，TCP监听端就忽略新到达的SYN，而TCP连接发起端将数次发送SYN进行重试。

(7) Unix域数据报套接字类似于UDP套接字：它们都提供一个保留记录边界的不可靠的数据报服务。

(8) 在一个未绑定的Unix域套接字上发送数据报不会自动给这个套接字捆绑一个路径名，这一点不同于UDP套接字：在一个未绑定的UDP套接字上发送UDP数据报导致给这个套接字捆绑一个临时端口。这一点意味着除非数据报发送端已经捆绑一个路径名到它的套接字，否则数据报接收端无法发回应答数据报。类似地，对于某个Unix域数据报套接字的connect调用不会给本套接字捆绑一个路径名，这一点不同于TCP和UDP。

15.5 Unix 域字节流客户/服务器程序

我们现在把第5章中的TCP回射客户/服务器程序重新编写成使用Unix域套接字。图15-3改写自图5-12中使用TCP的服务器程序。

unixdomain/unixstrserv01.c

```
 1 #include     "unp.h"

 2 int
 3 main(int argc, char **argv)
 4 {
 5     int     listenfd, connfd;
 6     pid_t   childpid;
 7     socklen_t clilen;
 8     struct sockaddr_un  cliaddr, servaddr;
 9     void    sig_chld(int);

10     listenfd = Socket(AF_LOCAL, SOCK_STREAM, 0);

11     unlink(UNIXSTR_PATH);
12     bzero(&servaddr, sizeof(servaddr));
13     servaddr.sun_family = AF_LOCAL;
14     strcpy(servaddr.sun_path, UNIXSTR_PATH);

15     Bind(listenfd, (SA *) &servaddr, sizeof(servaddr));

16     Listen(listenfd, LISTENQ);

17     Signal(SIGCHLD, sig_chld);

18     for ( ; ; ) {
19         clilen = sizeof(cliaddr);
20         if ( (connfd = accept(listenfd, (SA *) &cliaddr, &clilen)) < 0) {
21             if (errno == EINTR)
22                 continue;        /* back to for() */
23             else
24                 err_sys("accept error");
25         }

26         if ( (childpid = Fork()) == 0) { /* child process */
27             Close(listenfd);      /* close listening socket */
28             str_echo(connfd);    /* process request */
29             exit(0);
30         }
31         Close(connfd);                /* parent closes connected socket */
32     }
33 }
```

unixdomain/unixstrserv01.c

图15-3　使用Unix域字节流协议的回射服务器程序

8　　两个套接字地址结构的数据类型现在是sockaddr_un。

10　　socket的第一个参数是AF_LOCAL，用以创建一个Unix域字节流套接字。

11~15　unp.h中定义的UNIXSTR_PATH常值为/tmp/unix.str。我们首先unlink该路径名，以防早先某次运行本程序导致该路径名已经存在；然后在调用bind前初始化套接字地址结构。unlink出错没有关系。

　　注意，这里的bind调用不同于图15-2中的调用。这里我们指定套接字地址结构的大小（bind的第三个参数）是sockaddr_un结构总的大小，而不是只把路径名占用的字节数计算在内。这两个长度都是有效的，因为路径名必须以空字符结尾。

　　这个main函数的其余部分和图5-12中的相同，而且使用同样的str_echo函数（图5-3）。

　　图15-4是使用Unix域字节流协议的回射客户程序，改写自图5-4。

unixdomain/unixstrcli01.c

```
 1 #include    "unp.h"

 2 int
 3 main(int argc, char **argv)
 4 {
 5     int     sockfd;
 6     struct sockaddr_un  servaddr;

 7     sockfd = Socket(AF_LOCAL, SOCK_STREAM, 0);

 8     bzero(&servaddr, sizeof(servaddr));
 9     servaddr.sun_family = AF_LOCAL;
10     strcpy(servaddr.sun_path, UNIXSTR_PATH);

11     Connect(sockfd, (SA *) &servaddr, sizeof(servaddr));

12     str_cli(stdin, sockfd);     /* do it all */

13     exit(0);
14 }
```

unixdomain/unixstrcli01.c

图15-4 使用Unix域字节流协议的回射客户程序

6   含有服务器地址的套接字地址结构现在是一个sockaddr_un结构。

7   socket的第一个参数是AF_LOCAL。

8~10   填写套接字地址结构的代码与服务器程序的相同：把结构初始化成0，把family成员设置为AF_LOCAL，再把路径名复制到sun_path成员中。

12   str_cli函数和先前使用的一样（图6-13是我们开发的最近一个版本）。

15.6 Unix 域数据报客户/服务器程序

我们现在把出自8.3节和8.5节的UDP回射客户/服务器程序重新编写成使用Unix域数据报套接字。图15-5改写自图8-3中的服务器程序。

unixdomain/unixdgserv01.c

```
 1 #include    "unp.h"

 2 int
 3 main(int argc, char **argv)
 4 {
 5     int     sockfd;
 6     struct sockaddr_un  servaddr, cliaddr;

 7     sockfd = Socket(AF_LOCAL, SOCK_DGRAM, 0);

 8     unlink(UNIXDG_PATH);
 9     bzero(&servaddr, sizeof(servaddr));
10     servaddr.sun_family = AF_LOCAL;
11     strcpy(servaddr.sun_path, UNIXDG_PATH);

12     Bind(sockfd, (SA *) &servaddr, sizeof(servaddr));

13     dg_echo(sockfd, (SA *) &cliaddr, sizeof(cliaddr));
14 }
```

unixdomain/unixdgserv01.c

图15-5 使用Unix域数据报协议的回射服务器程序

6   两个套接字地址结构的数据类型现在是sockaddr_un。

7 socket的第一个参数是AF_LOCAL，用于创建一个Unix域数据报套接字。

8~12 unp.h中定义的UNIXDG_PATH常值为/tmp/unix.dg。我们首先unlink该路径名，以防早先某次运行本程序导致该路径名已经存在，然后在调用bind之前初始化套接字地址结构。unlink出错没有关系。

13 使用同样的dg_echo函数（图8-4）。

图15-6是使用Unix域数据报协议的回射客户程序，改写自图8-7。

unixdomain/unixdgcli01.c

```
1 #include    "unp.h"

2 int
3 main(int argc, char **argv)
4 {
5     int     sockfd;
6     struct sockaddr_un  cliaddr, servaddr;

7     sockfd = Socket(AF_LOCAL, SOCK_DGRAM, 0);

8     bzero(&cliaddr, sizeof(cliaddr));    /* bind an address for us */
9     cliaddr.sun_family = AF_LOCAL;
10    strcpy(cliaddr.sun_path, tmpnam(NULL));

11    Bind(sockfd, (SA *) &cliaddr, sizeof(cliaddr));

12    bzero(&servaddr, sizeof(servaddr)); /* fill in server's address */
13    servaddr.sun_family = AF_LOCAL;
14    strcpy(servaddr.sun_path, UNIXDG_PATH);

15    dg_cli(stdin, sockfd, (SA *) &servaddr, sizeof(servaddr));

16    exit(0);
17 }
```

unixdomain/unixdgcli01.c

图15-6 使用Unix域数据报协议的回射客户程序

6 含有服务器地址的套接字地址结构现在是一个sockaddr_un结构。我们还分配这样的一个结构以存放客户的地址。

7 socket的第一个参数是AF_LOCAL。

8~11 与UDP客户不同的是，当使用Unix域数据报协议时，我们必须显式bind一个路径名到我们的套接字，这样服务器才会有能回射应答的路径名。我们调用tmpnam赋值一个唯一的路径名，然后把它bind到该套接字。回顾15.4节，我们知道由一个未绑定的Unix域数据报套接字发送数据报不会隐式地给这个套接字捆绑一个路径名。因此要是我们省掉这一步，那么服务器在dg_echo函数中的recvfrom调用将返回一个空路径名，这个空路径名将导致服务器在调用sendto时发生错误。

12~14 用来往套接字地址结构中填写服务器那众所周知路径名的代码与先前的服务器程序一样。

15 dg_cli函数与图8-8所示的一样。

15.7 描述符传递

当考虑从一个进程到另一个进程传递打开的描述符时，我们通常会想到：

- fork调用返回之后，子进程共享父进程的所有打开的描述符；
- exec调用执行之后，所有描述符通常保持打开状态不变。

第一个例子中，进程先打开一个描述符，再调用fork，然后父进程关闭这个描述符，子进程则处理这个描述符。这样一个打开的描述符就从父进程传递到子进程。然而我们也可能想让子进程打开一个描述符并把它传递给父进程。

当前的Unix系统提供了用于从一个进程向任一其他进程传递任一打开的描述符的方法。也就是说，这两个进程之间无需存在亲缘关系，譬如父子进程关系。这种技术要求首先在这两个进程之间创建一个Unix域套接字，然后使用sendmsg跨这个套接字发送一个特殊消息。这个消息由内核来专门处理，会把打开的描述符从发送进程传递到接收进程。

> TCPv3第18章详细讲解了4.4BSD内核在跨Unix域套接字传递打开的描述符过程中执行的神奇操作。
>
> SVR4内核使用另一种不同的技术来传递打开的描述符：APUE的15.5.1节[①]中讲解的I_SENDFD和I_RECVFD这两个ioctl命令。然而进程仍然可以使用Unix域套接字访问这个内核特性。在本书中我们介绍使用Unix域套接字的描述符传递方法，因为这是最便于移植的编程技术：这种技术不论是在源自Berkeley的内核上、还是在SVR4内核上都能工作，而使用I_SENDFD和I_RECVFD这两个ioctl命令的技术只能用在SVR4内核上。
>
> 4.4BSD的技术允许单个sendmsg调用传递多个描述符，而SVR4的技术一次只能传递单个描述符。我们所有的例子都是每次传递一个描述符。

在两个进程之间传递描述符涉及的步骤如下。

(1) 创建一个字节流的或数据报的Unix域套接字。

如果目标是fork一个子进程，让子进程打开待传递的描述符，再把它传递回父进程，那么父进程可以预先调用socketpair创建一个可用于在父子进程之间交换描述符的流管道。

如果进程之间没有亲缘关系，那么服务器进程必须创建一个Unix域字节流套接字，bind一个路径名到该套接字，以允许客户进程connect到该套接字。然后客户可以向服务器发送一个打开某个描述符的请求，服务器再把该描述符通过Unix域套接字传递回客户。客户和服务器之间也可以使用Unix域数据报套接字，不过这么做没什么好处，而且数据报还存在被丢弃的可能性。在本节的例子中，客户和服务器之间使用字节流套接字。

(2) 发送进程通过调用返回描述符的任一Unix函数打开一个描述符，这些函数的例子有open、pipe、mkfifo、socket和accept。可以在进程之间传递的描述符不限类型，这就是我们称这种技术为"描述符传递"而不是"文件描述符传递"的原因。

(3) 发送进程创建一个msghdr结构（14.5节），其中含有待传的描述符。POSIX规定描述符作为辅助数据（msghdr结构的msg_control成员，见14.6节）发送，不过较老的实现使用msg_accrights成员。发送进程调用sendmsg跨来自步骤1的Unix域套接字发送该描述符。至此我们说这个描述符"在飞行中（in flight）"。即使发送进程在调用sendmsg之后但在接收进程调用recvmsg（见下一步骤）之前关闭了该描述符，对于接收进程它仍然保持打开状态。发送一个描述符会使该描述符的引用计数加1。

(4) 接收进程调用recvmsg在来自步骤1的Unix域套接字上接收这个描述符。这个描述符在接收进程中的描述符号不同于它在发送进程中的描述符号是正常的。传递一个描述符并不是传递一个描述符号，而是涉及在接收进程中创建一个新的描述符，而这个新描述符和发送进程中飞行前的那个描述符指向内核中相同的文件表项。

---

① 此处为APUE第1版英文原版书的节号，APUE第2版为17.4.1节。——编者注

客户和服务器之间必须存在某种应用协议，以便描述符的接收进程预先知道何时期待接收。如果接收进程调用recvmsg时没有分配用于接收描述符的空间，而且之前已有一个描述符被传递并正等着被读取，这个早先传递的描述符就会被关闭（TCPv2第518页）。另外，在期待接收描述符的recvmsg调用中应该避免使用MSG_PEEK标志，否则后果不可预料。

描述符传递的例子

我们现在给出一个描述符传递的例子。这是一个名为mycat的程序，它通过命令行参数取得一个路径名，打开这个文件，再把文件的内容复制到标准输出。该程序调用我们名为my_open的函数，而不是调用普通的Unix open函数。my_open创建一个流管道，并调用fork和exec启动执行另一个程序，期待输出的文件由这个程序打开。该程序随后必须把打开的描述符通过流管道传递回父进程。

图15-7展示上述步骤（1）：通过调用socketpair创建一个流管道后的mycat进程。我们以 421 [0]和[1]标示socketpair返回的两个描述符。

图15-7 使用socketpair创建流管道后的mycat进程

mycat进程接着调用fork，子进程再调用exec执行openfile程序。父进程关闭[1]描述符，子进程关闭[0]描述符。（流管道的两端之间没有差异，我们也可以让子进程关闭[1]，让父进程关闭[0]。）图15-8展示了如此处理后的结果。

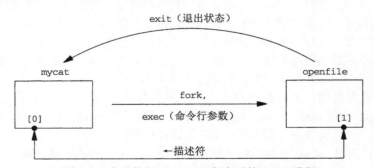

图15-8 启动执行openfile程序后的mycat进程

父进程必须给openfile程序传递三条信息：(1)待打开文件的路径名，(2)打开方式（只读、读写或只写），(3)流管道本进程端（图中标为[1]）对应的描述符号。我们选择将这三条信息作为命令行参数在调用exec时进行传递。当然我们也可以通过流管道将这三条信息作为数据发送。openfile程序在通过流管道发送回打开的描述符后便终止。该程序的退出状态告知父进程文件能否打开，若不能则同时告知发生了什么类型的错误。

通过执行另一个程序来打开文件的优势在于，另一个程序可以是一个setuid到root的程序，能够打开我们通常没有打开权限的文件。该程序能够把通常的Unix权限概念（用户、用户组和其他用户）扩展到它想要的任何形式的访问检查。

422 我们以mycat程序开始讨论，如图15-9所示。

```
                                                              —— unixdomain/mycat.c
 1 #include    "unp.h"

 2 int      my_open(const char *, int);

 3 int
 4 main(int argc, char **argv)
 5 {
 6     int     fd, n;
 7     char    buff[BUFFSIZE];

 8     if (argc != 2)
 9         err_quit("usage: mycat <pathname>");

10     if ( (fd = my_open(argv[1], O_RDONLY)) < 0)
11         err_sys("cannot open %s", argv[1]);

12     while ( (n = Read(fd, buff, BUFFSIZE)) > 0)
13         Write(STDOUT_FILENO, buff, n);

14     exit(0);
15 }
```

—— unixdomain/mycat.c

图15-9 mycat程序：把一个文件复制到标准输出

如果把其中的my_open调用换成open调用，这个简单的程序就只是把一个文件复制到标准输出。

图15-10所示的my_open函数有意编写成有着和通常的Unix open函数一致的调用接口。它取两个参数，即一个路径名和一个打开方式（譬如意为只读的O_RDONLY），打开该文件，然后返回一个描述符。

```
                                                              —— unixdomain/myopen.c
 1 #include    "unp.h"

 2 int
 3 my_open(const char *pathname, int mode)
 4 {
 5     int     fd, sockfd[2], status;
 6     pid_t   childpid;
 7     char    c, argsockfd[10], argmode[10];

 8     Socketpair(AF_LOCAL, SOCK_STREAM, 0, sockfd);

 9     if ( (childpid = Fork()) == 0) { /* child process */
10         Close(sockfd[0]);
11         snprintf(argsockfd, sizeof(argsockfd), "%d", sockfd[1]);
12         snprintf(argmode, sizeof(argmode), "%d", mode);
13         execl("./openfile", "openfile", argsockfd, pathname, argmode,
14             (char *) NULL);
15         err_sys("execl error");
16     }

17     /* parent process - wait for the child to terminate */
18     Close(sockfd[1]);              /* close the end we don't use */

19     Waitpid(childpid, &status, 0);
20     if (WIFEXITED(status) == 0)
21         err_quit("child did not terminate");
22     if ( (status = WEXITSTATUS(status)) == 0)
23         Read_fd(sockfd[0], &c, 1, &fd);
24     else {
25         errno = status;            /* set errno value from child's status */
26         fd = -1;
27     }

28     Close(sockfd[0]);
29     return(fd);
30 }
```

—— unixdomain/myopen.c

图15-10 my_open函数：打开一个文件并返回其描述符

创建流管道

8　调用socketpair创建一个流管道，返回两个描述符：sockfd[0]和sockfd[1]。这是图15-7所示的状态。

fork并exec

9~16　调用fork，子进程然后关闭流管道的一端。流管道另一端的描述符号格式化输出到argsockfd字符数组，打开方式则格式化输出到argmode字符数组。这里调用snprintf进行格式化输出是因为exec的参数必须是字符串。子进程随后调用execl执行openfile程序。该函数不会返回，除非它发生错误。一旦成功，openfile 程序的main函数就开始执行。

父进程等待子进程

17~22　父进程关闭流管道的另一端并调用waitpid等待子进程终止。子进程的终止状态在status变量中返回，我们首先检查该程序是否正常终止（也就是说并非被某个信号终止），若正常终止则接着调用WEXITSTATUS宏把终止状态转换成退出状态，退出状态的取值在0～255之间。我们马上会看到，如果openfile程序在打开所请求文件时碰到一个错误，它将以相应的errno值作为退出状态终止自身。

接收描述符

23　接着给出的read_fd函数通过流管道接收描述符。除了描述符外，我们还读取1字节的数据，但不对数据进行任何处理。

> 通过流管道发送和接收描述符时，我们总是发送至少1字节的数据，即便接收进程不对数据做任何处理。要是不这么做，接收进程将难以辨别read_fd的返回值为0意味着"没有数据（但是可能伴有一个描述符）"还是"文件已结束"。

图15-11给出了read_fd函数，它调用recvmsg在一个Unix域套接字上接收数据和描述符。该函数的前3个参数和read函数一样，第四个参数是指向某个整数的指针，用以返回收取的描述符。

9~26　本函数必须处理两个版本的recvmsg，一个使用msg_control成员，另一个使用msg_accrights成员。如果所支持的是msg_control版本，我们的config.h头文件（图D-2）就会定义常量HAVE_MSGHDR_MSG_CONTROL。

确保msg_control正确对齐

10~13　msg_control缓冲区必须为cmsghdr结构适当地对齐。单纯分配一个字符数组是不够的。这里我们声明了由一个cmsghdr结构和一个字符数组构成的一个联合，这个联合确保字符数组正确对齐。确保对齐的另一个方法是调用malloc，不过需要在函数返回前释放所分配的内存空间。

27~45　调用recvmsg。如果返回了辅助数据，那么其格式应如图14-13所示。我们要验证辅助数据的长度、级别和类型，然后从中取出新建的描述符，并通过调用者给出的recvfd指针返回该描述符。CMSG_DATA返回一个unsigned char指针，指向辅助数据对象的cmsg_data成员。我们把它类型强制转换（casting）成一个int指针，并取出它指向的整数描述符。

如果所支持的是较老的msg_accrights成员，那么它的长度应该是一个整数的大小，从中取出的新建描述符同样通过调用者给出的recvfd指针返回。

lib/read_fd.c

```
1 #include    "unp.h"

2 ssize_t
3 read_fd(int fd, void *ptr, size_t nbytes, int *recvfd)
4 {
5     struct msghdr msg;
6     struct iovec iov[1];
7     ssize_t n;

8 #ifdef   HAVE_MSGHDR_MSG_CONTROL
9     union {
10      struct cmsghdr cm;
11      char      control[CMSG_SPACE(sizeof(int))];
12    } control_un;
13    struct cmsghdr *cmptr;

14    msg.msg_control = control_un.control;
15    msg.msg_controllen = sizeof(control_un.control);
16 #else
17    int      newfd;

18    msg.msg_accrights = (caddr_t) &newfd;
19    msg.msg_accrightslen = sizeof(int);
20 #endif

21    msg.msg_name = NULL;
22    msg.msg_namelen = 0;

23    iov[0].iov_base = ptr;
24    iov[0].iov_len = nbytes;
25    msg.msg_iov = iov;
26    msg.msg_iovlen = 1;

27    if ( (n = recvmsg(fd, &msg, 0)) <= 0)
28        return(n);

29 #ifdef   HAVE_MSGHDR_MSG_CONTROL
30    if ( (cmptr = CMSG_FIRSTHDR(&msg)) != NULL &&
31        cmptr->cmsg_len == CMSG_LEN(sizeof(int))) {
32        if (cmptr->cmsg_level != SOL_SOCKET)
33            err_quit("control level != SOL_SOCKET");
34        if (cmptr->cmsg_type != SCM_RIGHTS)
35            err_quit("control type != SCM_RIGHTS");
36        *recvfd = *((int *) CMSG_DATA(cmptr));
37    } else
38        *recvfd = -1;     /* descriptor was not passed */
39 #else
40    if (msg.msg_accrightslen == sizeof(int))
41        *recvfd = newfd;
42    else
43        *recvfd = -1;     /* descriptor was not passed */
44 #endif

45    return(n);
46 }
```

lib/read_fd.c

图15-11 read_fd函数：接收数据和一个描述符

图15-12给出了openfile程序。它取三个必须传入的命令行参数，并调用通常的open函数。

————————————————————————— unixdomain/openfile.c

```
1 #include    "unp.h"

2 int
3 main(int argc, char **argv)
4 {
5     int     fd;

6     if (argc != 4)
7         err_quit("openfile <sockfd#> <filename> <mode>");

8     if ( (fd = open(argv[2], atoi(argv[3]))) < 0)
9         exit( (errno > 0) ? errno : 255 );

10     if (write_fd(atoi(argv[1]), "", 1, fd) < 0)
11         exit( (errno > 0) ? errno : 255 );

12     exit(0);
13 }
```

————————————————————————— unixdomain/openfile.c

图15-12   openfile函数：打开一个文件并传递回其描述符

命令行参数

7~12   三个命令行参数中的两个早先由my_open格式化成字符串，需使用atoi把它们转换回整数。

打开文件

9~10   调用open打开文件。如果出错，与open错误对应的errno值就作为进程退出状态返回。

传递回描述符

11~12   由接着要讲到的write_fd函数把描述符传递回父进程之后，本进程立即终止。本章早先说过，发送进程可以不等落地就关闭已传递的描述符（调用exit时发生），因为内核知道该描述符在飞行中，从而为接收进程保持其打开状态。

> 退出状态必须在0到255之间。目前最大的errno值约为150。另一个错误返送方法不要求errno值必须小于256，就是作为sendmsg调用中的普通数据传递回错误代码。

图15-13给出了作为本例子最后一个函数的write_fd，它调用sendmsg跨一个Unix域套接字发送一个描述符（以及可选的数据，但本函数没有采用它们）。

|427|

————————————————————————— lib/write_fd.c

```
1 #include    "unp.h"

2 ssize_t
3 write_fd(int fd, void *ptr, size_t nbytes, int sendfd)
4 {
5     struct msghdr msg;
6     struct iovec iov[1];

7 #ifdef  HAVE_MSGHDR_MSG_CONTROL
8     union {
9         struct cmsghdr  cm;
10        char     control[CMSG_SPACE(sizeof(int))];
11    } control_un;
12    struct cmsghdr  *cmptr;

13    msg.msg_control = control_un.control;
14    msg.msg_controllen = sizeof(control_un.control);
```

————————————————————————— lib/write_fd.c

图15-13   write_fd函数：调用sendmsg传递一个描述符

```
15          cmptr = CMSG_FIRSTHDR(&msg);
16          cmptr->cmsg_len = CMSG_LEN(sizeof(int));
17          cmptr->cmsg_level = SOL_SOCKET;
18          cmptr->cmsg_type = SCM_RIGHTS;
19          *((int *) CMSG_DATA(cmptr)) = sendfd;
20 #else
21          msg.msg_accrights = (caddr_t) & sendfd;
22          msg.msg_accrightslen = sizeof(int);
23 #endif
24          msg.msg_name = NULL;
25          msg.msg_namelen = 0;

26          iov[0].iov_base = ptr;
27          iov[0].iov_len = nbytes;
28          msg.msg_iov = iov;
29          msg.msg_iovlen = 1;

30          return(sendmsg(fd, &msg, 0));
31 }
```

lib/write_fd.c

图15-13　（续）

与read_fd函数一样，本函数也必须既能处理辅助数据又能处理较老的访问权限。不论在哪种情况下，本函数都先初始化一个msghdr结构，再调用sendmsg。

我们将在28.7节展示一个在无亲缘关系进程之间传递描述符的例子，再在30.9节中展示一个在有亲缘关系进程之间传递描述符的例子。它们将使用上述read_fd和write_fd函数。

428

15.8　接收发送者的凭证

图14-13展示的可通过Unix域套接字作为辅助数据传递的另一种数据是用户凭证（user credential）。作为辅助数据的凭证其具体封装方式和发送方式往往特定于操作系统。本节只讨论FreeBSD的凭证传递，不过其他Unix变体也是类似的（难点通常在确定使用哪个结构上）。凭证传递仍然是一个尚未普及且无统一规范的特性，然而因为它是对Unix域协议的一个尽管简单却也重要的补充，所以我们还是要介绍一下它。当客户和服务器进行通信时，服务器通常需以一定手段获悉客户的身份，以便验证客户是否有权限请求相应服务。

FreeBSD使用在头文件<sys/socket.h>中定义的cmsgcred结构传递凭证。

```
struct cmsgcred {
        pid_t    cmcred_pid;                  /* PID of sending process */
        uid_t    cmcred_uid;                  /* real UID of sending process */
        uid_t    cmcred_euid;                 /* effective UID of sending process */
        gid_t    cmcred_gid;                  /* read GID of sending process */
        short    cmcred_ngroups;              /* number of groups */
        gid_t    cmcred_groups[CMGROUP_MAX];  /* groups */
};
```

CMGROUP_MAX常值通常为16。cmcred_ngroups总是至少为1，而且cmcred_groups数组的第一个元素是有效组ID。

凭证信息总是可以通过Unix域套接字在两个进程间传递，然而发送进程发送它们时往往需做特殊的封装处理，接收进程接收它们时也往往需做特殊的接受处理（例如打开套接字选项）。在FreeBSD系统中，接收进程只需在调用recvmsg同时提供一个足以存放凭证的辅助数据空间即可，如图15-14给出的例子所示。而发送进程调用sendmsg发送数据时必须作为辅助数据包含一个cmsgcred结构才会随数据传递凭证。需注意的是，尽管FreeBSD要求凭证发送进程必须提供其结构，其内容却是由内核填写的，发送进程无法伪造。这么做使得通过Unix域套接字传递凭证成为服务器验证客户身份的可靠手段。

例子

作为凭证传递的一个例子，我们把上一节中的Unix域字节流服务器程序改为服务器请求客户的用户凭证。图15-14给出了名为read_cred的新函数，它和read类似，不过同时返回一个含有发送进程的凭证的cmsgcred结构。

————————————————————————————— unixdomain/readcred.c

```
 1 #include    "unp.h"

 2 #define CONTROL_LEN (sizeof(struct cmsghdr) + sizeof(struct cmsgcred))

 3 ssize_t
 4 read_cred(int fd, void *ptr, size_t nbytes, struct cmsgcred *cmsgcredptr)
 5 {
 6     struct msghdr msg;
 7     struct iovec iov[1];
 8     char    control[CONTROL_LEN];
 9     int     n;

10     msg.msg_name = NULL;
11     msg.msg_namelen = 0;
12     iov[0].iov_base = ptr;
13     iov[0].iov_len = nbytes;
14     msg.msg_iov = iov;
15     msg.msg_iovlen = 1;
16     msg.msg_control = control;
17     msg.msg_controllen = sizeof(control);
18     msg.msg_flags = 0;

19     if ( (n = recvmsg(fd, &msg, 0)) < 0)
20         return(n);

21     cmsgcredptr->cmcred_ngroups = 0;    /* indicates no credentials returned */
22     if (cmsgcredptr && msg.msg_controllen > 0) {
23         struct cmsghdr  *cmptr = (struct cmsghdr *) control;

24         if (cmptr->cmsg_len < CONTROL_LEN)
25             err_quit("control length = %d", cmptr->cmsg_len);
26         if (cmptr->cmsg_level != SOL_SOCKET)
27             err_quit("control level != SOL_SOCKET");
28         if (cmptr->cmsg_type != SCM_CREDS)
29             err_quit("control type != SCM_CREDS");
30         memcpy(cmsgcredptr, CMSG_DATA(cmptr), sizeof(struct cmsgcred));
31     }

32     return(n);
33 }
```

————————————————————————————— unixdomain/readcred.c

图15-14　read_cred函数：读取并返回发送者的凭证

3~4　该函数的前3个参数和read函数一样，第四个参数是指向某个cmsgcred结构的一个指针，用以返回客户的凭证。返回的辅助数据格式如图14-13所示，不过其中的fcred{}应该改为cmsgcred{}。

22~31　如果有凭证返回，我们就验证辅助数据的长度、级别和类型，然后从中取出凭证复制到由调用者指定的cmsgcred结构。如果无返回凭证，我们就将这个结构置0。既然用户组的数目（cmcred_ngroups）总是至少为1，其值为0就是向调用者指出内核未返回凭证。

图15-3给出的回射服务器程序main函数没有改动。图15-15是新版的str_echo函数，它改写自图5-3。该函数由子进程在父进程接受了一个新的客户连接并调用fork之后调用。

————— unixdomain/strecho.c

```
 1 #include     "unp.h"

 2 ssize_t read_cred(int, void *, size_t, struct cmsgcred *);

 3 void
 4 str_echo(int sockfd)
 5 {
 6     ssize_t n;
 7     int     i;
 8     char    buf[MAXLINE];
 9     struct cmsgcred cred;

10 again:
11     while ( (n = read_cred(sockfd, buf, MAXLINE, &cred)) > 0) {
12         if (cred.cmcred_ngroups == 0) {
13             printf("(no credentials returned)\n");
14         } else {
15             printf("PID of sender = %d\n", cred.cmcred_pid);
16             printf("real user ID = %d\n", cred.cmcred_uid);
17             printf("real group ID = %d\n", cred.cmcred_gid);
18             printf("effective user ID = %d\n", cred.cmcred_euid);
19             printf("%d groups:", cred.cmcred_ngroups - 1);
20             for (i = 1; i < cred.cmcred_ngroups; i++)
21                 printf(" %d", cred.cmcred_groups[i]);
22             printf("\n");
23         }
24         Writen(sockfd, buf, n);
25     }

26     if (n < 0 && errno == EINTR)
27         goto again;
28     else if (n < 0)
29         err_sys("str_echo: read error");
30 }
```

————— unixdomain/strecho.c

图15-15 str_echo函数：请求客户的凭证

11~23 如果有凭证返回就显示它们。

24~25 循环的其余部分没有改动。这段代码把来自客户的数据读入缓冲区，再把缓冲区中的数据写出给客户。

图15-4中的客户程序只有稍许改动，即在调用sendmsg时传入一个空的cmsgcred结构（该结构由内核自动填写）。

在运行客户之前，我们可以使用id命令查看个人的当前凭证。

```
freebsd % id
uid=1007(andy) gid=1007(andy) groups=1007(andy), 0(wheel)
```

在一个窗口中运行服务器，再在另一个窗口中运行客户一次，服务器产生如下输出。

```
freebsd % unixstrserv02
PID of sender = 26881
```

```
real user ID = 1007
real group ID = 1007
effective user ID = 1007
2 groups: 1007 0
```

这些信息一直到客户向服务器发出数据后才输出。它们与id命令给出的结果相匹配。

15.9　小结

Unix域套接字是客户和服务器在同一个主机上的IPC方法之一。与IPC其他方法相比，Unix域套接字的优势体现在其API几乎等同于网络客户/服务器使用的API。与客户和服务器在同一个主机上的TCP相比，Unix域字节流套接字的优势体现在性能的增长上。

我们把自己的TCP和UDP回射客户和服务器程序修改成了使用Unix域协议的版本，其中唯一的主要差别是：必须bind一个路径名到UDP套接字（对应Unix域数据报套接字）的客户，以使UDP服务器有发送应答的目的地。

同一个主机上客户和服务器之间的描述符传递是一个非常有用的技术，它通过Unix域套接字发生。我们在15.7节中展示了从一个子进程到其父进程传递回一个描述符的一个例子。我们还将在28.7节中展示客户和服务器没有亲缘关系的一个例子，在30.9节中展示从一个父进程到一个子进程传递描述符的例子。

习题

15.1　如果一个Unix域服务器在调用bind之后调用unlink，将会发生什么？

15.2　如果一个Unix域服务器在终止时不unlink它的众所周知路径名，并且有一个客户试图在该服务器终止后某个时刻connect该服务器，将会发生什么？

15.3　如下修改图11-11：显示对端的协议地址后调用sleep(5)，并在每次read返回一个正值时显示由read返回的字节数。
　　　如下修改图11-14：对于即将发送给客户的结果中的每字节分别调用write。（我们已在习题1.5的解答中讨论过类似的修改。）在同一个主机上使用TCP运行这两个客户和服务器程序。客户读入了多少字节？
　　　在同一个主机上使用Unix域套接字运行这两个客户和服务器程序。结果是否有所变化？
　　　然后把服务器程序中的write调用改为send调用，并指定MSG_EOR标志。（完成本习题需要一个源自Berkeley的实现。）在同一个主机上使用Unix域套接字运行经修改的这两个客户和服务器程序。结果是否有所变化？

15.4　编写一个程序以确定图4-10中展示的值。方法之一是先创建一个流管道，再fork成一个父进程和一个子进程。父进程进入一个for循环，把backlog从0递增到14。每次循环回来后，父进程首先把backlog的值写入流管道。子进程读入该值，创建一个套接字，捆绑环回地址到其上，指定backlog为所读入的值调用listen，从而得到一个监听套接字。子进程接着通过写流管道告知父进程自己已准备好。父进程然后尝试建立尽可能多的连接，以检测何时因connect阻塞而击中backlog极限。父进程可以设置一个2秒的alarm报警时钟以检测阻塞的connect。子进程从不调用accept，这样内核将排队来自父进程的所有连接。当父进程alarm时钟报警时，它可以从循环计数器获悉击中backlog极限的是哪个connect。父进程随后关闭所有用于连接尝试的套接字，并把backlog的下一个值写入流管道供子进程读取。子进程读入这个新值后，关闭原来的监听套接字，创建一个新的监听套接字，重新开始上述过程。

15.5　验证删掉图15-6中的bind调用将导致服务器发生错误。

非阻塞式 I/O

16.1 概述

套接字的默认状态是阻塞的。这就意味着当发出一个不能立即完成的套接字调用时，其进程将被置于休眠状态，等待相应操作完成。可能阻塞的套接字调用可分为以下四类。

(1) 输入操作，包括read、readv、recv、recvfrom和recvmsg共5个函数。如果某个进程对一个阻塞的TCP套接字（默认设置）调用这些输入函数之一，而且该套接字的接收缓冲区中没有数据可读，该进程将被置于休眠状态，直到有一些数据到达。既然TCP是字节流协议，该进程的唤醒就是只要有一些数据到达，这些数据既可能是单个字节，也可以是一个完整的TCP分节中的数据。如果想等到某个固定数目的数据可读为止，那么可以调用我们的readn函数（图3-15），或者指定MSG_WAITALL标志（图14-6）。

既然UDP是数据报协议，如果一个阻塞的UDP套接字的接收缓冲区为空，对它调用输入函数的进程将被置于休眠状态，直到有UDP数据报到达。

对于非阻塞的套接字，如果输入操作不能被满足（对于TCP套接字即至少有1字节的数据可读，对于UDP套接字即有一个完整的数据报可读），相应调用将立即返回一个EWOULDBLOCK错误。

(2) 输出操作，包括write、writev、send、sendto和sendmsg共5个函数。对于一个TCP套接字我们已在2.11节说过，内核将从应用进程的缓冲区到该套接字的发送缓冲区复制数据。对于阻塞的套接字，如果其发送缓冲区中没有空间，进程将被置于休眠状态，直到有空间为止。

对于一个非阻塞的TCP套接字，如果其发送缓冲区中根本没有空间，输出函数调用将立即返回一个EWOULDBLOCK错误。如果其发送缓冲区中有一些空间，返回值将是内核能够复制到该缓冲区中的字节数。这个字节数也称为不足计数（short count）。

我们还在2.11节说过，UDP套接字不存在真正的发送缓冲区。内核只是复制应用进程数据并把它沿协议栈向下传送，渐次冠以UDP首部和IP首部。因此对一个阻塞的UDP套接字（默认设置），输出函数调用将不会因与TCP套接字一样的原因而阻塞，不过有可能会因其他的原因而阻塞。

(3) 接受外来连接，即accept函数。如果对一个阻塞的套接字调用accept函数，并且尚无新的连接到达，调用进程将被置于休眠状态。

如果对一个非阻塞的套接字调用accept函数，并且尚无新的连接到达，accept调用将立即返回一个EWOULDBLOCK错误。

(4) 发起外出连接，即用于TCP的connect函数。（回顾一下，我们知道connect同样可用于UDP，不过它不能使一个"真正"的连接建立起来，它只是使内核保存对端的IP地址和端口号。）我们已在2.6节展示过，TCP连接的建立涉及一个三路握手过程，而且connect函数一直要等到客户收到对于自己的SYN的ACK为止才返回。这意味着TCP的每个connect总会阻塞其调用进程至少一个到服务器的RTT时间。

如果对一个非阻塞的TCP套接字调用connect，并且连接不能立即建立，那么连接的建立能照样发起（譬如送出TCP三路握手的第一个分组），不过会返回一个EINPROGRESS错误。注意这个错误不同于上述三个情形中返回的错误。另请注意有些连接可以立即建立，通常发生在服务器和客户处于同一个主机的情况下。因此即使对于一个非阻塞的connect，我们也得预备connect成功返回的情况发生。我们将在16.3节展示一个非阻塞connect的例子。

> 按照传统，对于不能被满足的非阻塞式I/O操作，System V会返回EAGAIN错误，而源自Berkeley的实现则返回EWOULDBLOCK错误。顾及历史原因，POSIX规范声称这种情况下这两个错误码都可以返回。幸运的是，大多数当前的系统把这两个错误码定义成相同的值（检查一下你自己的系统中的<sys/errno.h>头文件），因此具体使用哪一个并无多大关系。我们在本书中使用EWOULDBLOCK。

6.2节汇总了I/O的各种可用模型，并比较了非阻塞式I/O和其他模型。在本章中，我们将提供上述所有四类操作的非阻塞式I/O例子，并开发一个类似Web客户程序的新型客户程序，它使用非阻塞connect同时发起多个TCP连接。

436

16.2　非阻塞读和写：`str_cli` 函数（修订版）

我们再次回到在5.5节和6.4节讨论过的str_cli函数。6.4节讲过的使用了select的版本仍使用阻塞式I/O。举例来说，如果在标准输入有一行文本可读，我们就调用read读入它，再调用writen把它发送给服务器。然而如果套接字发送缓冲区已满，writen调用将会阻塞。在进程阻塞于writen调用期间，可能有来自套接字接收缓冲区的数据可供读取。类似地，如果从套接字中有一行输入文本可读，那么一旦标准输出比网络还要慢，进程照样可能阻塞于后续的write调用。本节的目标是开发这个函数的一个使用非阻塞式I/O的版本。这样可以防止进程在可做任何有效工作期间发生阻塞。

不幸的是，非阻塞式I/O的加入让本函数的缓冲区管理显著地复杂化了，因此我们将分片介绍这个函数。我们已在第6章和第14章中讨论过在套接字上使用标准I/O的潜在问题和困难，它们在非阻塞式I/O操作中显得尤为突出。本例子中继续避免使用标准I/O。

我们维护着两个缓冲区：to容纳从标准输入到服务器去的数据，fr容纳自服务器到标准输出来的数据。图16-1展示了to缓冲区的组织和指向该缓冲区中的指针。

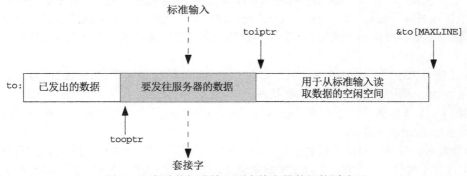

图16-1　容纳从标准输入到套接字的数据的缓冲区

其中toiptr指针指向从标准输入读入的数据可以存放的下一个字节。tooptr指向下一个必须写到套接字的字节。有 toiptr-tooptr 字节需写到套接字。可从标准输入读入的字节数是 &to[MAXLINE]-toiptr。一旦 tooptr 移动到 toiptr，这两个指针就一起恢复到缓冲区开始处。

图16-2展示了 fr 缓冲区相应的组织。

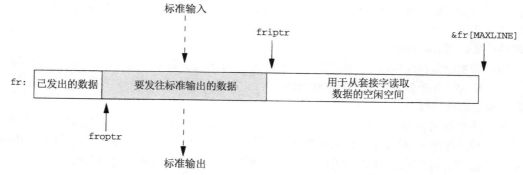

图16-2 容纳从套接字到标准输出的数据的缓冲区

图16-3给出了本函数的第一部分。

```
                                                              ──── nonblock/strclinonb.c
 1 #include      "unp.h"
 2 void
 3 str_cli(FILE *fp, int sockfd)
 4 {
 5     int      maxfdp1, val, stdineof;
 6     ssize_t n, nwritten;
 7     fd_set   rset, wset;
 8     char     to[MAXLINE], fr[MAXLINE];
 9     char    *toiptr, *tooptr, *friptr, *froptr;
10     val = Fcntl(sockfd, F_GETFL, 0);
11     Fcntl(sockfd, F_SETFL, val | O_NONBLOCK);
12     val = Fcntl(STDIN_FILENO, F_GETFL, 0);
13     Fcntl(STDIN_FILENO, F_SETFL, val | O_NONBLOCK);
14     val = Fcntl(STDOUT_FILENO, F_GETFL, 0);
15     Fcntl(STDOUT_FILENO, F_SETFL, val | O_NONBLOCK);
16     toiptr = tooptr = to;        /* initialize buffer pointers */
17     friptr = froptr = fr;
18     stdineof = 0;
19     maxfdp1 = max(max(STDIN_FILENO, STDOUT_FILENO), sockfd) + 1;
20     for ( ; ; ) {
21         FD_ZERO(&rset);
22         FD_ZERO(&wset);
23         if (stdineof == 0 && toiptr < &to[MAXLINE])
24             FD_SET(STDIN_FILENO, &rset);    /* read from stdin */
25         if (friptr < &fr[MAXLINE])
26             FD_SET(sockfd, &rset);   /* read from socket */
27         if (tooptr != toiptr)
28             FD_SET(sockfd, &wset);   /* data to write to socket */
29         if (froptr != friptr)
30             FD_SET(STDOUT_FILENO, &wset);    /* data to write to stdout */
31         Select(maxfdp1, &rset, &wset, NULL, NULL);
                                                              ──── nonblock/strclinonb.c
```

图16-3 str_cli 函数第一部分: 初始化并调用 select

把描述符设置为非阻塞

10~15   使用fcntl把所用3个描述符都设置为非阻塞，包括连接到服务器的套接字、标准输入和标准输出。

初始化缓冲区指针

16~19   初始化指向两个缓冲区的指针，并把最大的描述符号加1，以用作select的第一个参数。

主循环：准备调用select

20   和本函数在图6-13中给出的版本一样，这个版本的主循环也是一个select调用后跟对所关注各个条件所进行的单独测试。

指定所关注的描述符

21~30   两个描述符集都先清零再打开最多2位。如果在标准输入上尚未读到EOF，而且在to缓冲区中有至少1字节的可用空间，那就打开读描述符集中对应标准输入的位。如果在fr缓冲区中有至少1字节的可用空间，那就打开读描述符集中对应套接字的位。如果在to缓冲区中有要写到套接字的数据，那就打开写描述符集中对应套接字的位。最后，如果在fr缓冲区中有要写到标准输出的数据，那就打开写描述符集中对应标准输出的位。

调用select

31   调用select，等待4个可能条件中任何一个变为真。我们没有为本select调用设置超时。

    str_cli函数的下一部分在图16-4中给出。本部分代码包含select返回后执行的4个测试中的前2个。

从标准输入read

32~33   如果标准输入可读，那就调用read。指定的第三个参数是to缓冲区中的可用空间量。

处理非阻塞错误

34~35   如果发生一个EWOULDBLOCK错误，我们就忽略它。通常情况下这种条件"不应该发生"，因为这种条件意味着，select告知我们相应描述符可读，然而read该描述符却返回EWOULDBLOCK错误，不过我们无论如何还是处理这种条件。

read返回EOF

36~40   如果read返回0，那么标准输入处理就此结束，我们还设置stdineof标志。如果在to缓冲区中不再有数据要发送（即tooptr等于toiptr），那就调用shutdown发送FIN到服务器。如果在to缓冲区中仍有数据要发送，FIN的发送就得推迟到缓冲区中数据已写到套接字之后。

我们输出一行文本到标准错误输出以表示这个EOF，同时输出当前时间。本输出信息的用途会在讲解完本函数之后展示。类似的fprintf在本函数中还多处出现。

read返回数据

41~45   当read返回数据时，我们相应地增加toiptr。我们还打开写描述符集中与套接字对应的位，使得以后在本循环内对该位的测试为真，从而导致调用write写到套接字。

nonblock/strclinonb.c

```
32          if (FD_ISSET(STDIN_FILENO, &rset)) {
33              if ( (n = read(STDIN_FILENO, toiptr, &to[MAXLINE] - toiptr)) < 0){
34                  if (errno != EWOULDBLOCK)
35                      err_sys("read error on stdin");
36              } else if (n == 0) {
37                  fprintf(stderr, "%s: EOF on stdin\n", gf_time());
38                  stdineof = 1;        /* all done with stdin */
39                  if (tooptr == toiptr)
40                      Shutdown(sockfd, SHUT_WR);    /* send FIN */
41              } else {
42                  fprintf(stderr, "%s: read %d bytes from stdin\n", gf_time(),
43                          n);
44                  toiptr += n;              /* # just read */
45                  FD_SET(sockfd, &wset); /* try and write to socket below */
46              }
47          }
48          if (FD_ISSET(sockfd, &rset)) {
49              if ( (n = read(sockfd, friptr, &fr[MAXLINE] - friptr)) < 0) {
50                  if (errno != EWOULDBLOCK)
51                      err_sys("read error on socket");
52              } else if (n == 0) {
53                  fprintf(stderr, "%s: EOF on socket\n", gf_time());
54                  if (stdineof)
55                      return;          /* normal termination */
56                  else
57                      err_quit("str_cli: server terminated prematurely");
58              } else {
59                  fprintf(stderr, "%s: read %d bytes from socket\n",
60                          gf_time(), n);
61                  friptr += n;     /* # just read */
62                  FD_SET(STDOUT_FILENO, &wset);   /* try and write below */
63              }
64          }
```

nonblock/strclinonb.c

图16-4 str_cli函数第二部分：从标准输入或套接字读入

　　这是编写代码时需要做出的艰难抉择之一。这里有若干个手段可供选择。我们可以什么都不做，不用在写集合中设置位，这种情况下select将在下次被调用时测试套接字的可写性。然而这个无为手段要求在已知有数据要写到套接字的情况下，再次进入另一轮循环以调用select。另一个手段是将用于写到套接字的代码复制至此。然而这个手段不仅看似浪费，而且是一个潜在的犯错根源（万一被复制的代码中存在某个缺陷，而我们只在其中某个位置修复了该缺陷，却忘了另一个位置）。再一个手段是创建一个写到套接字的函数，并以调用该函数取代代码复制。然而这个手段要求该函数共享str_cli的3个局部变量，有可能使得这些变量成为全局变量。在这里所作出的选择是作者自认为最好的。

从套接字read

48~64　　这段代码类似于刚才讲解的处理标准输入可读条件的if语句。如果read返回EWOULDBLOCK错误，那么不做任何处理。如果遇到来自服务器的EOF，那么若我们已经在标准输入上遇到EOF则没有问题，否则来自服务器的EOF并非预期。如果read返回一些数据，我们就相应地增加friptr，并把写描述符集中与标准输出对应的位打开，以尝试在本函数第三部分中将这些数据写出到标准输出。

图16-5给出了本函数的最后一部分。

nonblock/strclinonb.c

```
65            if (FD_ISSET(STDOUT_FILENO, &wset) && ( (n = friptr - froptr) > 0)) {
66                if ( (nwritten = write(STDOUT_FILENO, froptr, n)) < 0) {
67                    if (errno != EWOULDBLOCK)
68                        err_sys("write error to stdout");

69                } else {
70                    fprintf(stderr, "%s: wrote %d bytes to stdout\n",
71                            gf_time(), nwritten);
72                    froptr += nwritten;            /* # just written */
73                    if (froptr == friptr)
74                        froptr = friptr = fr;  /* back to beginning of buffer */
75                }
76            }

77            if (FD_ISSET(sockfd, &wset) && ( (n = toiptr - tooptr) > 0)) {
78                if ( (nwritten = write(sockfd, tooptr, n)) < 0) {
79                    if (errno != EWOULDBLOCK)
80                        err_sys("write error to socket");

81                } else {
82                    fprintf(stderr, "%s: wrote %d bytes to socket\n",
83                            gf_time(), nwritten);
84                    tooptr += nwritten;        /* # just written */
85                    if (tooptr == toiptr) {
86                        toiptr = tooptr = to;   /* back to beginning of buffer */
87                        if (stdineof)
88                            Shutdown(sockfd, SHUT_WR);   /* send FIN */
89                    }
90                }
91            }
92        }
93 }
```

nonblock/strclinonb.c

图16-5 str_cli函数第三部分：写到标准输出或套接字

write到标准输出

65~68　如果标准输出可写而且要写的字节数大于0，那就调用write。如果返回EWOULDBLOCK错误，那么不做任何处理。注意这种条件完全可能发生，因为本函数第二部分末尾的代码在不清楚write是否会成功的前提下就打开了写描述符集中与标准输出对应的位。

write成功

69~75　如果write成功，froptr就增加已写出的字节数。如果输出指针（froptr）追上输入指针（friptr），这两个指针就同时恢复为指向缓冲区开始处。

write到套接字

77~91　这段代码类似于刚才讲解的处理标准输出可写条件的if语句。唯一的差别是当输出指针追上输入指针时，不仅这两个指针同时恢复到缓冲区开始处，而且如果已经在标准输入上遇到EOF就要发送FIN到服务器。

我们接着查看本函数的操作以及非阻塞式I/O间的重选。图16-6给出了本函数调用的gf_time函数。

—— lib/gf_time.c

```
 1 #include      "unp.h"
 2 #include      <time.h>

 3 char *
 4 gf_time(void)
 5 {
 6     struct timeval  tv;
 7     static char str[30];
 8     char   *ptr;

 9     if (gettimeofday(&tv, NULL) < 0)
10         err_sys("gettimeofday error");

11     ptr = ctime(&tv.tv_sec);
12     strcpy(str, &ptr[11]);
13     /* Fri Sep 13 00:00:00 1986\n\0 */
14     /* 01234567890123456789 01234 5  */
15     snprintf(str + 8, sizeof(str) - 8, ".%061d", tv.tv_usec);

16     return(str);
17 }
```

—— lib/gf_time.c

图16-6 gf_time函数：返回指向时间字符串的指针

gf_time函数返回一个含有当前时间的字符串，包括微秒，格式如下：

12:34:56.123456

442

这里特意采用与tcpdump的时间戳输出一致的格式。还要注意的是，str_cli 函数中的所有
fprintf调用都写到标准错误输出，使得我们能够区分标准输出（内容为由服务器回射的文本
行）和诊断输出。这样一来我们可以同时运行我们的TCP回射客户程序和tcpdump程序，并把
得到的诊断输出和tcpdump输出放在一起按时间统一排序。我们可以从中查看本客户程序中到
底发生了什么，并和相应的TCP行为相关联。

举例来说，我们首先在主机solaris上运行tcpdump，指定捕获只去往或来自端口7（回射
服务器）的TCP分节，程序输出存到在名为tcpd的文件中：

solaris % **tcpdump -w tcpd tcp and port 7**

然后在同一个主机上运行我们的TCP客户程序，指定连接到主机linux上的标准echo服务器：

solaris % **tcpcli02 192.168.1.10 < 2000.lines > out 2> diag**

标准输入是文件2000.lines，曾用于讨论图6-13。标准输出发送到文件out，标准错误输
出发送到文件diag。程序执行完毕后我们运行以下命令：

solaris % **diff 2000.lines out**

以验证回射文本行等同于输入文本行。最后我们用中断键终止tcpdump，输出tcpdump记录，并
整合客户程序的诊断输出一起排序。图16-7给出了这个结果的第一部分。

443

我们对那些包含SYN的过长的行进行了折行处理，并删掉了Solaris分节的不分片（DF）记
号，该记号表示设置了不分片位（用于路径MTU发现）。

根据这个输出，我们可以把发生的事情以时间线图描绘出来。图16-8展示了这个结果，其
中时间按向下方向递增。

```
solaris % tcpdump -r tcpd -N | sort diag -
10:18:34.486392 solaris.33621 > linux.echo: S 1802738644:1802738644(0)
                                             win 8760 <mss 1460>
10:18:34.488278 linux.echo > solaris.33621: S 3212986316:3212986316(0)
                                             ack 1802738645 win 8760 <mss 1460>
10:18:34.488490 solaris.33621 > linux.echo: . ack 1 win 8760

10:18:34.491482: read 4096 bytes from stdin
10:18:34.518663 solaris.33621 > linux.echo: P 1:1461(1460) ack 1 win 8760
10:18:34.519016: wrote 4096 bytes to socket
10:18:34.528529 linux.echo > solaris.33621: P 1:1461(1460) ack 1461 win 8760
10:18:34.528785 solaris.33621 > linux.echo: . 1461:2921(1460) ack 1461 win 8760
10:18:34.528900 solaris.33621 > linux.echo: P 2921:4097(1176) ack 1461 win 8760
10:18:34.528958 solaris.33621 > linux.echo: . ack 1461 win 8760
10:18:34.536193 linux.echo > solaris.33621: . 1461:2921(1460) ack 4097 win 8760
10:18:34.536697 linux.echo > solaris.33621: P 2921:3509(588) ack 4097 win 8760
10:18:34.544636: read 4096 bytes from stdin
10:18:34.568505: read 3508 bytes from socket
10:18:34.580373 solaris.33621 > linux.echo: . ack 3509 win 8760
10:18:34.582244 linux.echo > solaris.33621: P 3509:4097(588) ack 4097 win 8760
10:18:34.593354: wrote 3508 bytes to stdout
10:18:34.617272 solaris.33621 > linux.echo: P 4097:5557(1460) ack 4097 win 8760
10:18:34.617610 solaris.33621 > linux.echo: P 5557:7017(1460) ack 4097 win 8760
10:18:34.617908 solaris.33621 > linux.echo: P 7017:8193(1176) ack 4097 win 8760
10:18:34.618062: wrote 4096 bytes to socket
10:18:34.623310 linux.echo > solaris.33621: . ack 8193 win 8760
10:18:34.626129 linux.echo > solaris.33621: . 4097:5557(1460) ack 8193 win 8760
10:18:34.626339 solaris.33621 > linux.echo: . ack 5557 win 8760
10:18:34.626611 linux.echo > solaris.33621: P 5557:6145(588) ack 8193 win 8760
10:18:34.628396 linux.echo > solaris.33621: . 6145:7605(1460) ack 8193 win 8760
10:18:34.643524: read 4096 bytes from stdin
10:18:34.667305: read 2636 bytes from socket
10:18:34.670324 solaris.33621 > linux.echo: . ack 7605 win 8760
10:18:34.672221 linux.echo > solaris.33621: P 7605:8193(588) ack 8193 win 8760
10:18:34.691039: wrote 2636 bytes to stdout
```

图16-7   排序后的tcpdump输出和诊断输出

　　我们没有在图中绘出ACK分节。还要意识到的是，当程序输出"wrote N bytes to stdout（已将N字节写到标准输出）"时，write调用已经返回，并可能导致TCP发送了一个或多个分节的数据。

　　我们从这幅时间线图可以看出客户/服务器数据交换的动态性。使用非阻塞式I/O使程序能发挥动态性的优势，只要I/O操作有可能发生，就执行合适的读操作或写操作。通过使用select函数，我们让内核可以告诉我们何时某个I/O操作可以发生。

　　我们可以像在6.7节展示的那样使用相同的2000行文件和相同的服务器主机（它与客户主机间的RTT为175毫秒）测算执行非阻塞版客户程序所花的时间。[1]执行非阻塞版本的时钟时间（clock time）为6.9秒，比照6.7节中的版本执行时钟时间为12.3秒。因此就本例子而言，非阻塞式I/O整体上减少了往服务器发送一个文件所花的时间。

----

　　① Stevens先生显然在6.7节遗漏了所述内容。本书第2版6.7节和第3版6.7节的内容是一致的。——译者注

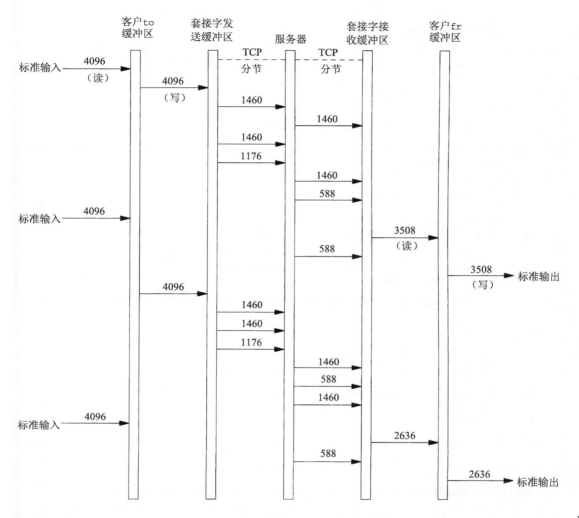

图16-8　非阻塞式I/O例子的时间线

16.2.1　`str_cli` 的较简单版本

刚才给出的str_cli函数非阻塞版本比较复杂——约有135行代码，与之相比，图6-13中使用select和阻塞式I/O的版本有着40行代码，而最初的停-等版本（图5-5）则只有区区20行代码。我们知道代码长度从20行倍增到40行的努力是值得的，因为在批量模式下执行速度几乎提高了30倍，而且在阻塞的描述符上使用select并不太复杂。然而考虑到结果代码的复杂性，把应用程序编写成使用非阻塞式I/O的努力是否照样值得呢？回答是否定的。每当我们发现需要使用非阻塞式I/O时，更简单的办法通常是把应用程序任务划分到多个进程（使用fork）或多个线程（第26章）。

图16-10是str_cli函数的另一个版本，该函数使用fork把当前进程划分成两个进程。

这个函数一开始就调用fork把当前进程划分成一个父进程和一个子进程。子进程把来自服务器的文本行复制到标准输出，父进程把来自标准输入的文本行复制到服务器，如图16-9所示。

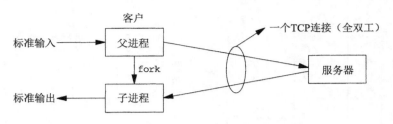

图16-9   使用两个进程的 str_cli 函数

———————————————————————————————————— *nonblock/strclifork.c*

```
1 #include     "unp.h"

2 void
3 str_cli(FILE *fp, int sockfd)
4 {
5     pid_t   pid;
6     char    sendline[MAXLINE], recvline[MAXLINE];

7     if ( (pid = Fork()) == 0) {    /* child: server -> stdout */
8         while (Readline(sockfd, recvline, MAXLINE) > 0)
9             Fputs(recvline, stdout);

10        kill(getppid(), SIGTERM);   /* in case parent still running */
11        exit(0);
12    }

13    /* parent: stdin -> server */
14    while (Fgets(sendline, MAXLINE, fp) != NULL)
15        Writen(sockfd, sendline, strlen(sendline));

16    Shutdown(sockfd, SHUT_WR);     /* EOF on stdin, send FIN */
17    pause();
18    return;
19 }
```

———————————————————————————————————— *nonblock/strclifork.c*

图16-10   使用 fork 的 str_cli 函数

我们在图中明确地指出所用TCP连接是全双工的,而且父子进程共享同一个套接字:父进程往该套接字中写,子进程从该套接字中读。尽管套接字只有一个,其接收缓冲区和发送缓冲区也分别只有一个,然而这个套接字却有两个描述符在引用它:一个在父进程中,另一个在子进程中。

我们同样需要考虑进程终止序列。正常的终止序列从在标准输入上遇到EOF之时开始发生。父进程读入来自标准输入的EOF后调用shutdown发送FIN。(父进程不能调用close,见习题15.1。)但当这发生之后,子进程需继续从服务器到标准输出执行数据复制,直到在套接字上读到EOF。

服务器进程过早终止也有可能发生(5.12节)。要是发生这种情况,子进程将在套接字上读到EOF。这样的子进程必须告知父进程停止从标准输入到套接字复制数据(见习题16.2)。在图16-10中,子进程向父进程发送一个SIGTERM信号,以防父进程仍在运行(见习题16.3)。如此处理的另一个手段是子进程无为地终止,使得父进程(如果仍在运行的话)捕获一个SIGCHLD信号。

父进程完成数据复制后调用pause让自己进入休眠状态,直到捕获一个信号(子进程来的SIGTERM信号),尽管它不主动捕获任何信号。SIGTERM信号的默认行为是终止进程,这对于本例子是合适的。我们让父进程等待子进程的目的在于精确测量调用此版str_cli函数的TCP客户程序的执行时钟时间。正常情况下子进程在父进程之后结束,然而我们用于测量时钟时间的是shell内部命令time,它要求父进程持续到测量结束时刻。

注意该版本相比本节前面给出的非阻塞版本体现的简单性。非阻塞版本同时管理4个不同的I/O流,而且由于这4个流都是非阻塞的,我们不得不考虑对于所有4个流的部分读和部分写问题。然而在fork版本中,每个进程只处理2个I/O流,从一个复制到另一个。这里不需要非阻塞式I/O,因为如果从输入流没有数据可读,往相应的输出流就没有数据可写。

16.2.2 `str_cli` 执行时间

我们已经给出str_cli函数的4个不同版本。以下是调用这些版本以及一个使用线程的版本(图26-2)的TCP客户程序执行时钟时间的汇总,测量环境是从一个Solaris客户主机向RTT为175毫秒的一个服务器主机复制2000行文本。

- 354.0秒,停等版本(图5-5)。
- 12.3秒,select加阻塞式I/O版本(图6-13)。
- 6.9秒,非阻塞式I/O版本(图16-3)。
- 8.7秒,fork版本(图16-10)。
- 8.5秒,线程化版本(图26-2)。

非阻塞版本几乎比select加阻塞式I/O版本快出一倍。fork版本比非阻塞版本稍慢,然而考虑到非阻塞版本代码相比fork版本代码的复杂性,我们推荐简单得多的fork版本。

16.3 非阻塞 connect

当在一个非阻塞的TCP套接字上调用connect时,connect将立即返回一个EINPROGRESS错误,不过已经发起的TCP三路握手继续进行。我们接着使用select检测这个连接或成功或失败的已建立条件。非阻塞的connect有三个用途。

(1)我们可以把三路握手叠加在其他处理上。完成一个connect要花一个RTT时间(2.5节),而RTT波动范围很大,从局域网上的几个毫秒到几百个毫秒甚至是广域网上的几秒。这段时间内也许有我们想要执行的其他处理工作可执行。

(2)我们可以使用这个技术同时建立多个连接。这个用途已随着Web浏览器变得流行起来,我们将在16.5节给出这样的一个例子。

(3)既然使用select等待连接的建立,我们可以给select指定一个时间限制,使得我们能够缩短connect的超时。许多实现有着从75秒到数分钟的connect超时时间。应用程序有时想要一个更短的超时时间,实现方法之一就是使用非阻塞connect。我们已在14.2节讨论过在套接字操作上设置超时时间的其他方法。

非阻塞connnct虽然听似简单,却有一些我们必须处理的细节。

- 尽管套接字是非阻塞的,如果连接到的服务器在同一个主机上,那么当我们调用connect时,连接通常立刻建立。我们必须处理这种情形。
- 源自Berkeley的实现(和POSIX)有关于select和非阻塞connect的两个规则:(1)当连接成功建立时,描述符变为可写(TCPv2第531页);(2)当连接建立遇到错误时,描述符变为既可读又可写(TCPv2第530页)。

关于select的这两个规则出自6.3节中关于描述符就绪条件的相关规则。一个TCP套接字变为可写的条件是:其发送缓冲区中有可用空间(对于连接建立中的套接字而言本子条件总为真,因为尚未往其中写出任何数据),并且该套接字已建立连接(本子条件为真发生在三路握手完成之后)。一个TCP套接字上发生某个错误时,这个待处理错误总是导致该套接字变为既可读又可写。

在下面的例子中我们将提及有关非阻塞connect的许多移植性问题。

16.4 非阻塞 connect：时间获取客户程序

图16-11给出的connect_nonb函数执行一个非阻塞connect。我们把图1-5的connect调用替换成：

```
if (connect_nonb(sockfd, (SA*) &servaddr, sizeof(servaddr), 0) < 0)
    err_sys("connect error");
```

它的前3个参数和connect的一样，第四个参数是等待连接完成的秒数。值为0暗指不给select设置超时；因此内核将使用通常的TCP连接建立超时。

设置套接字为非阻塞

9~10 调用fcntl把套接字设置为非阻塞。

11~14 发起非阻塞connect。期望的错误是EINPROGRESS，表示连接建立已经启动但是尚未完成（TCPv2第466页）。connect返回的任何其他错误返回给本函数的调用者。

在其他处理上迭合连接建立

15 至此我们可以在等待连接建立完成期间做任何我们想做的事情。

检查连接是否立即建立

16~17 如果非阻塞connect返回0，那么连接已经建立。我们已经说过，当服务器处于客户所在主机时这种情况可能发生。

调用select

18~24 调用select等待套接字变为可读或可写。我们清零rset，打开这个描述符集中对应sockfd的位，然后将rset复制到wset。复制描述符集的赋值可能是一个结构赋值，因为描述符集通常作为结构表示。我们还初始化timeval结构，然后调用select。如果调用者把第四个参数指定为0（表示使用默认超时时间），那么我们必须把select的最后一个参数指定为一个空指针，而不是一个值为0的timeval结构（后者意味着根本不等待）。

处理超时

25~28 如果select返回0，那么超时发生，我们于是返回ETIMEOUT错误给调用者。我们还要关闭套接字，以防止已经启动的三路握手继续下去。

检查可读或可写条件

29~34 如果描述符变为可读或可写，我们就调用getsockopt取得套接字的待处理错误（使用SO_ERROR套接字选项）。如果连接成功建立，该值将为0。如果连接建立发生错误，该值就是对应连接错误的errno值（譬如ECONNREFUSED、ETIMEDOUT等）。这里我们会遇到第一个移植性问题。如果发生错误，getsockopt源自Berkeley的实现将在我们的变量error中返回待处理错误，getsockopt本身返回0；然而Solaris却让getsockopt返回-1，并把errno变量置为待处理错误。不过我们的程序能够同时处理这两种情形。

关闭非阻塞状态并返回

36~42 恢复套接字的文件状态标志并返回。如果自getsockopt返回的error变量为非0值，我们就把该值存入errno，函数本身返回-1。

lib/connect_nonb.c

```
 1 #include     "unp.h"

 2 int
 3 connect_nonb(int sockfd, const SA *saptr, socklen_t salen, int nsec)
 4 {
 5     int     flags, n, error;
 6     socklen_t len;
 7     fd_set  rset, wset;
 8     struct timeval  tval;

 9     flags = Fcntl(sockfd, F_GETFL, 0);
10     Fcntl(sockfd, F_SETFL, flags | O_NONBLOCK);

11     error = 0;
12     if ( (n = connect(sockfd, saptr, salen)) < 0)
13         if (errno != EINPROGRESS)
14             return(-1);

15     /* Do whatever we want while the connect is taking place. */

16     if (n == 0)
17         goto done;                    /* connect completed immediately */

18     FD_ZERO(&rset);
19     FD_SET(sockfd, &rset);
20     wset = rset;
21     tval.tv_sec = nsec;
22     tval.tv_usec = 0;

23     if ( (n = Select(sockfd+1, &rset, &wset, NULL,
24                     nsec ? &tval : NULL)) == 0) {
25         close(sockfd);                /* timeout */
26         errno = ETIMEDOUT;
27         return(-1);
28     }

29     if (FD_ISSET(sockfd, &rset) || FD_ISSET(sockfd, &wset)) {
30         len = sizeof(error);
31         if (getsockopt(sockfd, SOL_SOCKET, SO_ERROR, &error, &len) < 0)
32             return(-1);               /* Solaris pending error */
33     } else
34         err_quit("select error: sockfd not set");

35 done:
36     Fcntl(sockfd, F_SETFL, flags);/* restore file status flags */

37     if (error) {
38         close(sockfd);                     /* just in case */
39         errno = error;
40         return(-1);
41     }
42     return(0);
43 }
```

lib/connect_nonb.c

图16-11 发起一个非阻塞connect

我们之前说过，套接字的各种实现以及非阻塞connect会带来移植性问题。首先，调用select之前有可能连接已经建立并有来自对端的数据到达。这种情况下即使套接字上不发生错误，套接字也是既可读又可写，这和连接建立失败情况下套接字的读写条件一样。图16-11中的代码通过调用getsockopt并检查套接字上是否存在待处理错误来处理这种情形。

其次，既然我们不能假设套接字的可写（而不可读）条件是select返回套接字操作成功条件的唯一方法，下一个移植性问题就是怎样判断连接建立是否成功。张贴到Usenet上的解决办法各式各样。这些方法可以取代图16-11中的getsockopt调用。

(1) 调用getpeername代替getsockopt。如果getpeername以ENOTCONN错误失败返回，那么连接建立已经失败，我们必须接着以SO_ERROR调用getsockopt取得套接字上待处理的错误。

(2) 以值为0的长度参数调用read。如果read失败，那么connect已经失败，read返回的errno给出了连接失败的原因。如果连接建立成功，那么read应该返回0。

(3) 再调用connect一次。它应该失败，如果错误是EISCONN，那么套接字已经连接，也就是说第一次连接已经成功。

不幸的是，非阻塞connect是网络编程中最不易移植的部分。使用该技术必须准备应付移植性问题，特别是对于较老的实现。避免移植性问题的一个较简单技术是为每个连接创建一个处理线程（第26章）。

被中断的 connect

对于一个正常的阻塞式套接字，如果其上的connect调用在TCP三路握手完成前被中断（譬如说捕获了某个信号），将会发生什么呢？假设被中断的connect调用不由内核自动重启，那么它将返回EINTR。我们不能再次调用connect等待未完成的连接继续完成。这样做将导致返回EADDRINUSE错误。

这种情形下我们只能调用select，就像本节对于非阻塞connect所做的那样。连接建立成功时select返回套接字可写条件，连接建立失败时select返回套接字既可读又可写条件。

16.5   非阻塞 connect：Web 客户程序

非阻塞connect的现实例子出自Netscape的Web客户程序（TCPv3的13.4节）。客户先建立一个与某个Web服务器的HTTP连接，再获取一个主页（homepage）。该主页往往含有多个对于其他网页（Web page）的引用。客户可以使用非阻塞connect同时获取多个网页，以此取代每次只获取一个网页的串行获取手段。图16-12展示了一个并行建立多个连接的例子。最左边情形表示串行执行所有3个连接。假设第一个连接耗用10个时间单位，第二个耗用15个，第三个耗用4个，总计29个时间单位。

中间情形并行执行2个连接。在时刻0启动前2个连接，当其中之一结束时，启动第三个连接。总计耗时差不多减半，从29变为15，不过必须意识到这是就理想情况而言。如果并行执行的连接共享同一个低速链路（譬如说客户主机通过一个拨号调制解调器链路接入因特网），那么每个连接可能彼此竞争有限的资源，使得每个连接都可能耗用更长的时间。举例来说，10个时间单位的连接可能变为15，15个时间单位的可能变为20，4个时间单位的可能变为6。即便如此，总计耗时将是21，仍然短于串行执行的情形。

最右边情形并行执行所有3个连接，其中再次假设这3个连接之间没有干扰（理想情况）。然而就我们选择的例子时间而言，本情形的总计耗时和中间情形的一样，都是15个时间单位。

在处理Web客户时，第一个连接独立执行，来自该连接的数据含有多个引用，随后用于访问这些引用的多个连接则并行执行，如图16-13所示。

为了进一步优化连接执行序列，客户可以在第一个连接尚未完成前就开始分析从中陆续返回的数据，以便尽早得悉其中含有的引用，并尽快启动相应的额外连接。

既然准备同时处理多个非阻塞connect，我们就不能使用图16-11中的connect_nonb函数，因为它直到连接已经建立才返回。我们必须自行管理这些（可能尚未成功建立的）连接。

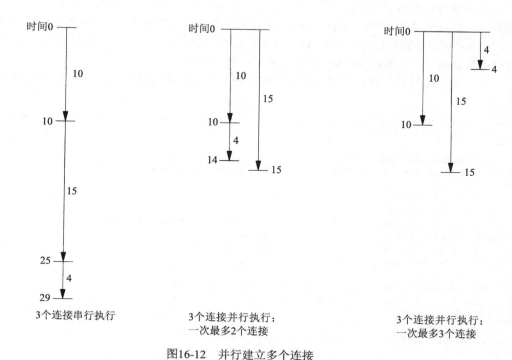

图16-12 并行建立多个连接

3个连接串行执行

3个连接并行执行；
一次最多2个连接

3个连接并行执行；
一次最多3个连接

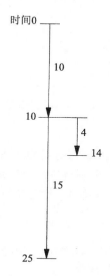

图16-13 完成第一个连接后并行操作多个连接

我们的程序最多读20个来自Web服务器的文件。最大并行连接数、服务器的主机名以及要从服务器获取的每个文件的文件名都会作为命令行参数指定。执行本程序的一个典型例子如下。

```
solaris % web  3  www.foobar.com  /  image1.gif  image2.gif \
image3.gif  image4.gif  image5.gif \
image6.gif  image7.gif
```

本命令行参数指定并行执行最多3个连接、服务器的主机名、主页的文件名（/是服务器的根网页）以及随后读入的7个文件（本例中都是GIF图像）。这7个文件通常在指定主页中引用，现实的Web客户将读取指定主页并通过分析HTML获悉这些文件名。我们不想因加入HTML分析而使本例复杂化，于是直接在命令行上指定了这些文件名。

这个例子比较长，我们把它分成若干个部分给出。图16-14是每个文件都包括的web.h头文件。

nonblock/web.h

```
 1 #include     "unp.h"

 2 #define MAXFILES     20
 3 #define SERV         "80"        /* port number or service name */

 4 struct file {
 5   char  *f_name;                 /* filename */
 6   char  *f_host;                 /* hostname or IPv4/IPv6 address */
 7   int    f_fd;                   /* descriptor */
 8   int    f_flags;                /* F_xxx below */
 9 } file[MAXFILES];

10 #define F_CONNECTING    1        /* connect() in progress */
11 #define F_READING       2        /* connect() complete; now reading */
12 #define F_DONE          4        /* all done */

13 #define GET_CMD      "GET %s HTTP/1.0\r\n\r\n"

14           /* globals */
15 int     nconn, nfiles, nlefttoconn, nlefttoread, maxfd;
16 fd_set  rset, wset;

17           /* function prototypes */
18 void  home_page(const char *, const char *);
19 void  start_connect(struct file *);
20 void  write_get_cmd(struct file *);
```

nonblock/web.h

图16-14 web.h头文件

定义file结构

2~13 本程序最多读MAXFILES个来自Web服务器的文件。我们维护一个file结构，其中包含关于每个文件的信息：文件名（复制自命令行参数）、文件所在服务器主机名或IP地址、用于读取文件的套接字描述符以及用于指定准备对文件执行什么操作（连接、读取或完成）的一组标志。

定义全局变量和函数原型

14~20 定义全局变量和稍后讲解的各个函数的函数原型。

图16-15给出了程序main函数的第一部分。

处理命令行参数

11~17 以来自命令行参数的相关信息填写file结构数组。

读取主页

18 接着给出的home_page函数创建一个TCP连接，发出一个命令到服务器，然后读取主页。这是第一个连接，需在我们开始并行建立多个连接之前独自完成。

nonblock/web.c

```
 1 #include    "web.h"
 2 int
 3 main(int argc, char **argv)
 4 {
 5     int     i, fd, n, maxnconn, flags, error;
 6     char    buf[MAXLINE];
 7     fd_set  rs, ws;
 8     if (argc < 5)
 9         err_quit("usage: web <#conns> <hostname> <homepage> <file1> ...");
10     maxnconn = atoi(argv[1]);
11     nfiles = min(argc - 4, MAXFILES);
12     for (i = 0; i < nfiles; i++) {
13         file[i].f_name = argv[i + 4];
14         file[i].f_host = argv[2];
15         file[i].f_flags = 0;
16     }
17     printf("nfiles = %d\n", nfiles);
18     home_page(argv[2], argv[3]);
19     FD_ZERO(&rset);
20     FD_ZERO(&wset);
21     maxfd = -1;
22     nlefttoread = nlefttoconn = nfiles;
23     nconn = 0;
```

nonblock/web.c

图16-15 同时connect程序的第一部分：全局变量和main函数开头部分

455

初始化全局变量

19~23 初始化两个描述符集，一个用于读一个用于写。maxfd是select需要的最大描述符（我们把它初始化成-1，因为描述符都是非负的），nlefttoread是仍待读取的文件数（当它到达0时程序任务完成），nlefttoconn是尚无TCP连接的文件数，nconn是当前打开着的连接数（它不能超过第一个命令行参数）。

图16-16给出了main函数一开始就调用过一次的home_page函数。

nonblock/home_page.c

```
 1 #include    "web.h"
 2 void
 3 home_page(const char *host, const char *fname)
 4 {
 5     int     fd, n;
 6     char    line[MAXLINE];
 7     fd = Tcp_connect(host, SERV); /* blocking connect() */
 8     n = snprintf(line, sizeof(line), GET_CMD, fname);
 9     Writen(fd, line, n);
10     for ( ; ; ) {
11         if ( ( n = Read(fd, line, MAXLINE)) == 0)
12             break;                  /* server closed connection */
13         printf("read %d bytes of home page\n", n);
14         /* do whatever with data */
15     }
16     printf("end-of-file on home page\n");
17     Close(fd);
18 }
```

nonblock/home_page.c

图16-16 home_page函数

建立与服务器的连接

7   我们的tcp_connect会建立一个与服务器的连接。

发送HTTP命令到服务器，读取应答

8~17   发出一个HTTP GET命令以获取主页（文件名经常是/）。读取应答（我们不对应答做任
何操作），然后关闭连接。

图16-17中给出的函数start_connect发起非阻塞connect。

—— *nonblock/start_connect.c*

```
 1 #include    "web.h"

 2 void
 3 start_connect(struct file *fptr)
 4 {
 5     int        fd, flags, n;
 6     struct addrinfo *ai;

 7     ai = Host_serv(fptr->f_host, SERV, 0, SOCK_STREAM);

 8     fd = Socket(ai->ai_family, ai->ai_socktype, ai->ai_protocol);
 9     fptr->f_fd = fd;
10     printf("start_connect for %s, fd %d\n", fptr->f_name, fd);

11         /* Set socket nonblocking */
12     flags = Fcntl(fd, F_GETFL, 0);
13     Fcntl(fd, F_SETFL, flags | O_NONBLOCK);

14         /* Initiate nonblocking connect to the server. */
15     if ( (n = connect(fd, ai->ai_addr, ai->ai_addrlen)) < 0) {
16         if (errno != EINPROGRESS)
17             err_sys("nonblocking connect error");
18         fptr->f_flags = F_CONNECTING;
19         FD_SET(fd, &rset);          /* select for reading and writing */
20         FD_SET(fd, &wset);
21         if (fd > maxfd)
22             maxfd = fd;

23     } else if (n >= 0)              /* connect is already done */
24         write_get_cmd(fptr);       /* write() the GET command */
25 }
```

—— *nonblock/start_connect.c*

图16-17   发起非阻塞connect

创建套接字，设置为非阻塞

7~13   调用我们的host_serv函数（图11-9）查找并转换主机名和服务名，它返回指向某个
addrinfo结构数组的一个指针。我们只使用其中第一个结构。创建一个TCP套接字并
把它设置为非阻塞。

发起非阻塞

14~22   发起非阻塞connect，并把相应文件的标志设置为F_CONNECTING。在读描述符集和写
描述符集中对应的位打开套接字描述符，因为select将等待其中任何一个条件变为真
作为连接已建立完毕的指示。我们还根据需要更新maxfd的值。

处理连接建立完成情况

23~24   如果connect成功返回，那么连接已经建立，于是调用write_get_cmd函数（接着给
出）发送一个命令到服务器。

我们为connect把套接字设置为非阻塞后，不再把它重置为默认的阻塞模式。这么做没有问题，因为我们只往套接字中写出少量的数据（下一个函数中的GET命令，可以认为它比套接字发送缓冲区小得多）。即使write因为非阻塞标志造成返回一个不足计数（16.1节），我们的writen函数（write由本函数间接调用）也会对此进行处理。套接字继续处于非阻塞模式对于后续的read也没有影响，因为我们总是在调用select等待套接字变为可读后才调用read。

图16-18给出了write_get_cmd函数，它发送一个HTTP GET命令到服务器。

nonblock/write_get_cmd.c

```
 1 #include     "web.h"

 2 void
 3 write_get_cmd(struct file *fptr)
 4 {
 5     int     n;
 6     char    line[MAXLINE];

 7     n = snprintf(line, sizeof(line), GET_CMD, fptr->f_name);
 8     Writen(fptr->f_fd, line, n);
 9     printf("wrote %d bytes for %s\n", n, fptr->f_name);

10     fptr->f_flags = F_READING;     /* clears F_CONNECTING */

11     FD_SET(fptr->f_fd, &rset);     /* will read server's reply */
12     if (fptr->f_fd > maxfd)
13         maxfd = fptr->f_fd;
14 }
```

nonblock/write_get_cmd.c

图16-18　发送一个HTTP GET命令到服务器

构造命令并发送

7~9　构造命令并写出到套接字。

设置标志

10~13　设置相应文件的F_READING标志，它同时清除F_CONNECTING标志（如果设置了的话）。该标志向main函数主循环指出，本描述符已经准备好提供输入。在读描述符集中打开与本描述符对应的位，并根据需要更新maxfd。

现在回到图16-19给出的main函数主循环部分，它紧接在图16-15之后。这是程序的主循环：只要还有文件要处理（nlefttoread大于0），若有可能并需要的话就启动另一个连接，然后在所有活跃的描述符上使用select，以便既处理非阻塞连接的建立，又处理来自服务器的数据。

可能的话发起另一个连接

24~35　如果没有到达最大并行连接数而且另有连接需要建立，那就找到一个尚未处理的文件（由值为0的f_flags指示），然后调用start_connect发起另一个连接。活跃连接数（nconn）增1，仍待建立连接数（nlefttoconn）减1。

458

select：等待事件发生

36~37　select等待的不是可读条件就是可写条件。有一个非阻塞connect正在进展的描述符可能会同时开启这两个描述符集，而连接建立完毕并正在等待来自服务器的数据的描述符只会开启读描述符集。

```
24      while (nlefttoread > 0) {
25          while (nconn < maxnconn && nlefttoconn > 0) {
26                  /* find a file to read */
27              for (i = 0 ; i < nfiles; i++)
28                  if (file[i].f_flags == 0)
29                      break;
30              if (i == nfiles)
31                  err_quit("nlefttoconn = %d but nothing found", nlefttoconn);
32              start_connect(&file[i]);
33              nconn++;
34              nlefttoconn--;
35          }

36          rs = rset;
37          ws = wset;
38          n = Select(maxfd+1, &rs, &ws, NULL, NULL);

39          for (i = 0; i < nfiles; i++) {
40              flags = file[i].f_flags;
41              if (flags == 0 || flags & F_DONE)
42                  continue;
43              fd = file[i].f_fd;
44              if (flags & F_CONNECTING &&
45                  (FD_ISSET(fd, &rs) || FD_ISSET(fd, &ws))) {
46                  n = sizeof(error);
47                  if (getsockopt(fd, SOL_SOCKET, SO_ERROR, &error, &n) < 0 ||
48                      error != 0) {
49                      err_ret("nonblocking connect failed for %s",
50                          file[i].f_name);
51                  }
52                  /* connection established */
53                  printf("connection established for %s\n", file[i].f_name);
54                  FD_CLR(fd, &wset);      /* no more writeability test */
55                  write_get_cmd(&file[i]);        /* write() the GET command */

56              } else if (flags & F_READING && FD_ISSET(fd, &rs)) {
57                  if ( (n = Read(fd, buf, sizeof(buf))) == 0) {
58                      printf("end-of-file on %s\n", file[i].f_name);
59                      Close(fd);
60                      file[i].f_flags = F_DONE;   /* clears F_READING */
61                      FD_CLR(fd, &rset);
62                      nconn--;
63                      nlefttoread--;
64                  } else {
65                      printf("read %d bytes from %s\n", n, file[i].f_name);
66                  }
67              }
68          }
69      }
70      exit(0);
71 }
```

图16-19　main函数的主循环

处理所有就绪的描述符

39~55   遍查file结构数组中的每个元素,确定哪些描述符需要处理。对于设置了F_CONNECTING
标志的一个描述符,如果它在读描述符集或写描述符集中对应的位已打开,那么非阻塞connect已经完成。正如我们随图16-11讲述的那样，我们调用getsockopt获取该套接字的待处理错误。如果该值为0，那么连接已经成功建立。这种情况下我们关闭该描述符在写描述符集中对应的位，然后调用write_get_cmd发送HTTP请求到服务器。

检查描述符是否有数据

56~67 对于设置了F_READING标志的一个描述符，如果它在读描述符集中对应的位已打开，我们就调用read。如果相应连接被对端关闭，我们就关闭该套接字，并设置F_DONE标志，然后关闭该描述符在读描述符集中对应的位，把活动连接数和要处理的连接总数都减1。

在本例子中我们有两个优化措施没有执行（以避免使程序更为复杂）。首先，当select告知已经就绪的那么多描述符被处理完之后，我们可以终止图16-19中select之后的for循环。其次，如果可能的话我们可以减小maxfd的值，省得select检查那些不再设置的描述符位。既然本程序任何时候执行处理的描述符数都可能小于10而不是成千上万，相比额外造成的复杂性，这些优化措施是否值得添加令人怀疑。

459
∼
460

同时连接的性能

同时建立多个连接的性能收益如何呢？图16-20给出了获取某个Web服务器的主页并后跟来自该服务器的9个图像文件所需的时钟时间。到该服务器的RTT约为150 ms。主页的大小为4017字节，9个图像文件的平均大小为1621字节。TCP分节大小为512字节。为了便于比较，本图还包含了将在26.9节开发的本程序使用线程的一个版本的这些数据。

同时连接数	时钟时间（秒），非阻塞	时钟时间（秒），线程
1	6.0	6.3
2	4.1	4.2
3	3.0	3.1
4	2.8	3.0
5	2.5	2.7
6	2.4	2.5
7	2.3	2.3
8	2.2	2.3
9	2.0	2.2

图16-20　各个同时连接数的时钟时间

主要的性能改善是在同时连接数为3的时候取得的（时钟时间减半），同时连接数为4或更多的时候性能增长要少得多。

我们提供这个使用同时连接的例子是因为它是一个使用非阻塞式I/O的好例子，而且它对性能的影响可以测量出来。这也是一个流行的Web应用程序即Netscape浏览器使用的特性之一。然而如果网络中存在拥塞，这个技术就会有缺陷。TCPv1的第21章介绍了TCP的慢启动和拥塞避免算法的细节。当从一个客户到一个服务器建立多个连接时，这些连接之间在TCP层并无通信。也就是说，即使其中一个连接遇到分组丢失（隐式指示网络已经拥塞），IP地址对相同的其他连接也不会得到通知，这种情况下这些连接很可能马上遇到分组丢失，除非它们事先得到通知而慢下来。这些额外的连接是在往已经拥塞的网络中发送更多的分组。这个技术还会增加服务器主机的负荷。

16.6 非阻塞 accept

我们在第6章中陈述过,当有一个已完成的连接准备好被accept时,select将作为可读描述符返回该连接的监听套接字。因此,如果我们使用select在某个监听套接字上等待一个外来连接,那就没有必要把该监听套接字设置为非阻塞,这是因为如果select告诉我们该套接字上已有连接就绪,那么随后的accept调用不应该阻塞。

不幸的是,这里存在一个可能让我们掉入陷阱的定时问题[Gierth 1996]。为了查看这个问题,我们首先把图5-4中的TCP回射客户程序改写成建立连接后发送一个RST到服务器。图16-21给出了这个新版本。

————————————— *nonblock/tcpcli03.c*

```
 1 #include     "unp.h"

 2 int
 3 main(int argc, char **argv)
 4 {
 5     int     sockfd;
 6     struct linger ling;
 7     struct sockaddr_in servaddr;

 8     if (argc != 2)
 9         err_quit("usage: tcpcli <IPaddress>");

10     sockfd = Socket(AF_INET, SOCK_STREAM, 0);

11     bzero(&servaddr, sizeof(servaddr));
12     servaddr.sin_family = AF_INET;
13     servaddr.sin_port = htons(SERV_PORT);
14     Inet_pton(AF_INET, argv[1], &servaddr.sin_addr);

15     Connect(sockfd, (SA *) &servaddr, sizeof(servaddr));

16     ling.l_onoff = 1;              /* cause RST to be sent on close() */
17     ling.l_linger = 0;
18     Setsockopt(sockfd, SOL_SOCKET, SO_LINGER, &ling, sizeof(ling));
19     Close(sockfd);

20     exit(0);
21 }
```

————————————— *nonblock/tcpcli03.c*

图16-21 建立连接并发送一个RST的TCP回射客户程序

设置SO_LINGER套接字选项

16~19 一旦连接建立,我们设置SO_LINGER套接字选项,把l_onoff标志设置为1,把l_linger时间设置为0。正如7.5节所述,这样的设置导致连接被关闭时在TCP套接字上发送一个RST。我们随后关闭该套接字。

我们接着修改图6-21和图6-22中的TCP回射服务器程序,在select返回监听套接字的可读条件之后但在调用accept之前暂停。在下面这段来自图6-22开头的代码中,以加号打头的那两行是新加的。

```
     if (FD_ISSET(listenfd, &rset)) {      /* new client connection */
+        printf("listening socket readable\n");
+        sleep(5);
         clilen = sizeof(cliaddr);
         connfd = Accept(listenfd, (SA *) &cliaddr, &clilen);
```

这里我们是在模拟一个繁忙的服务器,它无法在select返回监听套接字的可读条件后就马上调用accpet。通常情况下服务器的这种迟钝不成问题(实际上这就是要维护一个已完成连接队列的原因),但是结合上连接建立之后到达的来自客户的RST,问题就出现了。 462

我们在5.11节指出,当客户在服务器调用accept之前中止某个连接时,源自Berkeley的实现不把这个中止的连接返回给服务器,而其他实现应该返回ECONNABORTED错误,却往往代之以返回EPROTO错误。考虑一个源自Berkeley的实现上的如下例子。

- 客户如图16-21所示建立一个连接并随后中止它。
- select向服务器进程返回可读条件,不过服务器要过一小段时间才调用accept。
- 在服务器从select返回到调用accept期间,服务器TCP收到来自客户的RST。
- 这个已完成的连接被服务器TCP驱除出队列,我们假设队列中没有其他已完成的连接。
- 服务器调用accept,但是由于没有任何已完成的连接,服务器于是阻塞。

服务器会一直阻塞在accept调用上,直到其他某个客户建立一个连接为止。但是在此期间,就以图6-22给出的服务器程序为例,服务器单纯阻塞在accept调用上,无法处理任何其他已就绪的描述符。

> 本问题和6.8节讲述的拒绝服务攻击多少有些类似,不过对于这个新的缺陷,一旦另有客户建立一个连接,服务器就会脱出阻塞中的accept。

本问题的解决办法如下。

(1) 当使用select获悉某个监听套接字上何时有已完成连接准备好被accept时,总是把这个监听套接字设置为非阻塞。

(2) 在后续的accept调用中忽略以下错误:EWOULDBLOCK(源自Berkeley的实现,客户中止连接时)、ECONNABORTED(POSIX实现,客户中止连接时)、EPROTO(SVR4实现,客户中止连接时)和EINTR(如果有信号被捕获)。

16.7　小结

16.2节给出的非阻塞读与写的例子取自5.5节和6.4节调用str_cli函数的回射客户程序,改写成在客户与服务器的TCP连接上使用非阻塞式I/O。select通常结合非阻塞式I/O一起使用,以便判断描述符何时可读或可写。这个版本的客户程序是我们给出的所有版本中执行速度最快的,尽管其代码修改确非易事。在这之后我们展示说明使用fork把客户程序划分成两部分由不同进程分别执行要简单得多,我们将在图26-2中改用线程应用同样的技术。 463

非阻塞connect使我们能够在TCP三路握手发生期间做其他处理,而不是光阻塞在connect上。不幸的是,非阻塞connect不可移植,不同的实现有不同的手段指示连接已成功建立或已碰到错误。我们使用非阻塞connect开发了一个新型客户程序,它类似同时打开多个TCP连接以减少从单个服务器取得多个文件所需时钟时间的Web客户程序。如此发起多个连接可以减少时钟时间,不过考虑到TCP的拥塞避免机制,它是对网络不利的。

习题

16.1　在关于图16-10的讨论中我们提到过,父进程必须调用shutdown而不是close。这是为什么?

16.2　在图16-10中,如果服务器进程过早终止,而客户子进程收到来自服务器的EOF后不通知父进程就终止，将会发生什么？

16.3　在图16-10中，如果父进程在子进程之前意外死亡，而子进程随后从套接字读到EOF，将会发生什么？

16.4　在图16-11中如果删掉以下两行将会发生什么？

```
if (n == 0)
    goto done;          /* connect completed immediately */
```

16.5　我们在16.3节说过，来自对端的数据有可能在本端的connect调用返回前到达套接字。这是如何发生的？

ioctl 操作

17.1 概述

ioctl函数传统上一直作为那些不适合归入其他精细定义类别的特性的系统接口。POSIX致力于摆脱处于标准化过程中的特定功能的ioctl接口，办法是为它们创造一些特殊的函数以取代ioctl请求。举例来说，Unix终端接口传统上使用ioctl访问，然而POSIX为终端创造了12个新函数：`tcgetattr`用于获取终端属性，`tcflush`用于冲刷待处理输入或输出，等等。类似地，POSIX替换了一个用于网络的ioctl请求：新的`sockatmark`函数（24.3节）取代SIOCATMARK ioctl。尽管如此，为与网络编程相关且依赖于实现的特性保留的ioctl请求为数依然不少，它们用于获取接口信息、访问路由表、访问ARP高速缓存，等等。

本章给出与网络编程相关的ioctl请求的概貌，其中有许多依赖于具体的实现。此外，包括源自4.4BSD的系统和Solaris 2.6及以后版本在内的一些实现改用AF_ROUTE域套接字（路由套接字）来完成其中许多操作。我们将在第18章讨论路由套接字。

网络程序（特别是服务器程序）经常在程序启动执行后使用ioctl获取所在主机全部网络接口的信息，包括：接口地址、是否支持广播、是否支持多播，等等。我们将自行开发用于返回这些信息的函数，在本章提供一个使用ioctl的实现，在第18章再提供一个使用路由套接字的实现。

17.2 **ioctl** 函数

本函数影响由*fd*参数引用的一个打开的文件。

```
#include <unistd.h>

int ioctl(int fd, int request, ... /* void *arg */ );
```
返回：若成功则为0，若出错则为-1

其中第三个参数总是一个指针，但指针的类型依赖于*request*参数。

> 4.4BSD把第三个参数定义为unsigned long而不是int，不过这不成问题，因为用作这个参数的常值由头文件定义。只要原型在范围内（例如使用ioctl的程序包含了<unistd.h>头文件），那么系统使用的就是正确的类型。
>
> 一些实现把第三个参数指定为void *指针而不是ANSI C省略号记法。
>
> 定义ioctl函数原型的头文件没有标准，因为POSIX未对它进行标准化。许多系统如上所示地在<unistd.h>中定义它，不过传统的BSD系统在<sys/ioctl.h>中定义它。

我们可以把和网络相关的请求（*request*）划分为6类：

- 套接字操作；
- 文件操作；
- 接口操作；
- ARP高速缓存操作；
- 路由表操作；
- 流系统（见第31章）。

回顾图7-20，我们知道不但某些ioctl操作和某些fcntl操作功能重叠（譬如把套接字设置为非阻塞），而且某些操作可以使用ioctl以不止一种方式指定（譬如设置套接字的进程组属主）。

图17-1列出了网络相关ioctl请求的*request*参数及*arg*地址必须指向的数据类型。以下各节详细讲解这些请求。

类别	*request*	说　　明	数据类型
套接字	SIOCATMARK	是否位于带外标记	int
	SIOCSPGRP	设置套接字的进程ID或进程组ID	int
	SIOCGPGRP	获取套接字的进程ID或进程组ID	int
文件	FIONBIO	设置/清除非阻塞式I/O标志	int
	FIOASYNC	设置/清除信号驱动异步I/O标志	int
	FIONREAD	获取接收缓冲区中的字节数	int
	FIOSETOWN	设置文件的进程ID或进程组ID	int
	FIOGETOWN	获取文件的进程ID或进程组ID	int
接口	SIOCGIFCONF	获取所有接口的列表	struct ifconf
	SIOCSIFADDR	设置接口地址	struct ifreq
	SIOCGIFADDR	获取接口地址	struct ifreq
	SIOCSIFFLAGS	设置接口标志	struct ifreq
	SIOCGIFFLAGS	获取接口标志	struct ifreq
	SIOCSIFDSTADDR	设置点到点地址	struct ifreq
	SIOCGIFDSTADDR	获取点到点地址	struct ifreq
	SIOCGIFBRDADDR	获取广播地址	struct ifreq
	SIOCSIFBRDADDR	设置广播地址	struct ifreq
	SIOCGIFNETMASK	获取子网掩码	struct ifreq
	SIOCSIFNETMASK	设置子网掩码	struct ifreq
	SIOCGIFMETRIC	获取接口的测度	struct ifreq
	SIOCSIFMETRIC	设置接口的测度	struct ifreq
	SIOCGIFMTU	获取接口MTU	struct ifreq
	SIOC*xxx*	（还有很多；取决于实现）	struct ifreq
ARP	SIOCSARP	创建/修改ARP表项	struct arpreq
	SIOCGARP	获取ARP表项	struct arpreq
	SIOCDARP	删除ARP表项	struct arpreq
路由	SIOCADDRT	增加路径	struct rtentry
	SIOCDELRT	删除路径	struct rtentry
流	I_*xxx*	（参见31.5节）	

图17-1　网络相关ioctl请求的总结

17.3　套接字操作

明确用于套接字的ioctl请求有3个（TCPv2第551～553页）。它们都要求ioctl的第三个参数是指向某个整数的一个指针。

SIOCATMARK 　如果本套接字的读指针当前位于带外标记,那就通过由第三个参数指向的整数返回一个非0值;否则返回一个0值。我们将在第24章详细讲解带外数据。POSIX以函数sockatmark替换本请求,我们将在24.3节给出这个新函数使用ioctl的一个实现。

SIOCGPGRP 　通过由第三个参数指向的整数返回本套接字的进程ID或进程组ID,该ID指定针对本套接字的SIGIO或SIGURG信号的接收进程。本请求和fcntl的F_GETOWN命令等效,而图7-20指出POSIX标准化的是fcntl操作。

466
~
467

SIOCSPGRP 　把本套接字的进程ID或进程组ID设置成由第三个参数指向的整数,该ID指定针对本套接字的SIGIO或SIGURG信号的接收进程。本请求和fcntl的F_SETOWN命令等效,而图7-20指出POSIX标准化的是fcntl操作。

17.4 文件操作

下一组请求以FIO打头,它们可能还适用于除套接字外某些特定类型的文件。本节仅仅讨论适用于套接字的请求(TCPv2第553页)。以下5个请求都要求ioctl的第三个参数指向一个整数。

FIONBIO 　根据ioctl的第三个参数指向一个0值或非0值,可清除或设置本套接字的非阻塞式I/O标志。本请求和O_NONBLOCK文件状态标志等效,而可以通过fcntl的F_SETFL命令清除或设置该标志。

FIOASYNC 　根据ioctl的第三个参数指向一个0值或非0值,可清除或设置针对本套接字的信号驱动异步I/O标志,它决定是否收取针对本套接字的异步I/O信号(SIGIO)。本请求和O_ASYNC文件状态标志等效,而可以通过fcntl的F_SETFL命令清除或设置该标志。

FIONREAD 　通过由ioctl的第三个参数指向的整数返回当前在本套接字接收缓冲区中的字节数。本特性同样适用于文件、管道和终端。我们已在14.7节讨论过本请求。

FIOSETOWN 　对于套接字和SIOCSPGRP等效。

FIOGETOWN 　对于套接字和SIOCGPGRP等效。

17.5 接口配置

需处理网络接口的许多程序沿用的初始步骤之一就是从内核获取配置在系统中的所有接口。本任务由SIOCGIFCONF请求完成,它使用ifconf结构,ifconf又使用ifreq结构,图17-2给出了这两个结构的定义。

在调用ioctl前我们先分配一个缓冲区和一个ifconf结构,然后初始化后者。图17-3展示了这个ifconf结构的初始化结果,其中假设缓冲区的大小为1024字节。ioctl的第三个参数指向这样的ifconf结构。

假设内核返回2个ifreq结构,在ioctl返回时通过同一个ifconf结构所返回的值如图17-4所示。阴影区域为被ioctl修改过的部分。缓冲区中填入了那2个ifreq结构,ifconf结构的ifc_len成员也被更新,以反映存放在缓冲区中的信息量。本图假设每个ifreq结构占用32字节。

———————————————————————————————————— <net/if.h>

```
struct ifconf {
    lint ifc_len;                            /* size of buffer, value-result */
    union {
        caddr_t     ifcu_buf;                /* input from user -> kernel */
        struct      ifreq *ifcu_req;         /* return from kernel -> user */
    } ifc_ifcu;
};
#define   ifc_buf        ifc_ifcu.ifcu_buf  /* buffer address */
#define   ifc_req        ifc_ifcu.ifcu_req  /* array of structures returned */

#define   IFNAMSIZ          16

struct ifreq {
    char    ifr_name[IFNAMSIZ];              /* interface name, e.g., "le0" */
    union {
        struct   sockaddr ifru_addr;
        struct   sockaddr ifru_dstaddr;
        struct   sockaddr ifru_broadaddr;
        short    ifru_flags;
        int      ifru_metric;
        caddr_t  ifru_data;
    } ifr_ifru;
};
#define ifr_addr        ifr_ifru.ifru_addr       /* address */
#define ifr_dstaddr     ifr_ifru.ifru_dstaddr    /* other end of p-to-p link */
#define ifr_broadaddr   ifr_ifru.ifru_broadaddr /* broadcast address */
#define ifr_flags       ifr_ifru.ifru_flags      /* flags */
#define ifr_metric      ifr_ifru.ifru_metric     /* metric */
#define ifr_data        ifr_ifru.ifru_data       /* for use by interface */
```

———————————————————————————————————— <net/if.h>

图17-2   用于接口类各个ioctl请求的ifconf结构和ifreq结构

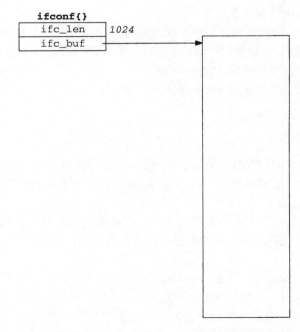

图17-3   SIOCGIFCONF前ifconf结构的初始化结果

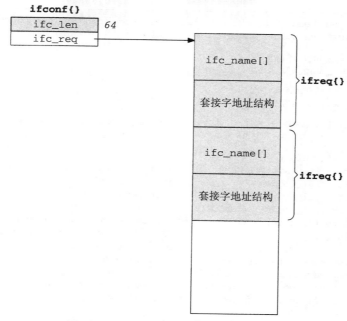

图17-4　SIOCGIFCONF返回的值

　　指向某个ifreq结构的指针也用作图17-1所示接口类其余ioctl请求的一个参数，对此我们将在17.7节继续讲解。注意ifreq结构中含有一个联合，而众多#define隐藏了这些字段实际上是该联合的成员这一事实。对于该联合某个成员的所有引用都使用如此定义的名字。注意有些系统往这个ifr_ifru联合中增添了许多依赖于实现的成员。

17.6　get_ifi_info 函数

　　既然很多程序需知道系统中的所有接口，我们于是开发一个名为get_ifi_info的函数，它返回一个结构链表，其中每个结构对应一个当前处于"up"（在工）状态的接口。我们在本节使用SIOCGIFCONF ioctl实现这个函数，在第18章中将开发一个使用路由套接字的版本。

> FreeBSD提供了一个实现类似功能的名为getifaddrs的函数。
>
> 搜索FreeBSD 4.8的整个源代码树发现有12个程序发出SIOCGIFCONF ioctl请求以确定存在的接口。

　　我们首先在一个名为unpifi.h的新头文件中定义ifi_info结构，如图17-5所示。

9~21　我们的函数返回一个本结构的链表，其中每个结构的ifi_next成员指向下一个结构。我们在本结构中返回了典型的应用程序可能关注的信息：接口名字、接口索引、MTU、硬件地址（譬如以太网地址）、接口标志（以便应用程序判断接口是否支持广播或多播，或是一个点到点接口）、接口地址、广播地址、点到点链路的目的地址。用于存放ifi_info结构和其中所含套接字地址结构的内存空间都是动态获取的。我们于是还提供一个名为free_ifi_info的函数以释放所有动态获取的内存空间。

lib/unpifi.h

```
1  /* Our own header for the programs that need interface configuration info.
2     Include this file, instead of "unp.h". */

3  #ifndef __unp_ifi_h
4  #define __unp_ifi_h

5  #include   "unp.h"
6  #include   <net/if.h>

7  #define IFI_NAME     16        /* same as IFNAMSIZ in <net/if.h> */
8  #define IFI_HADDR     8        /* allow for 64-bit EUI-64 in future */

9  struct ifi_info {
10   char    ifi_name[IFI_NAME];  /* interface name, null-terminated */
11   short   ifi_index;           /* interface index */
12   short   ifi_mtu;             /* interface MTU */
13   u_char  ifi_haddr[IFI_HADDR];   /* hardware address */
14   u_short ifi_hlen;            /* # bytes in hardware address: 0, 6, 8 */
15   short   ifi_flags;           /* IFF_xxx constants from <net/if.h> */
16   short   ifi_myflags;         /* our own IFI_xxx flags */
17   struct sockaddr  *ifi_addr;  /* primary address */
18   struct sockaddr  *ifi_brdaddr;  /* broadcast address */
19   struct sockaddr  *ifi_dstaddr;  /* destination address */
20   struct ifi_info  *ifi_next;  /* next of these structures */
21  };

22  #define IFI_ALIAS    1         /* ifi_addr is an alias */

23                      /* function prototypes */
24  struct ifi_info *get_ifi_info(int, int);
25  struct ifi_info *Get_ifi_info(int, int);
26  void    free_ifi_info(struct ifi_info *);

27  #endif  /* __unp_ifi_h */
```

lib/unpifi.h

图17-5   unpifi.h头文件

在给出get_ifi_info函数的实现之前,我们先给出一个调用该函数并随后输出所有信息的简单程序。该程序是ifconfig程序的一个微型版本,如图17-6所示。

18~47   本程序是一个for循环,调用get_ifi_info一次后遍历所返回的所有ifi_info结构。

20~36   显示接口的名字、索引和标志。如果硬件地址长度大于0,那就将其显示为十六进制数的形式。(如果无法得到硬件地址,get_ifi_info函数返回的ifi_hlen值将为0。)

37~46   如果返回的话,显示MTU和那3个IP地址。

如果在主机macosx(图1-16)上执行这个程序,我们得到如下输出。

```
macosx % prifinfo inet4 0
lo0: <UP MCAST LOOP >
  MTU: 16384
  IP addr: 127.0.0.1
en1: <UP BCAST MCAST >
  MTU: 1500
  IP addr: 172.24.37.78
  broadcast addr: 172.24.37.95
```

ioctl/prifinfo.c

```
 1 #include     "unpifi.h"

 2 int
 3 main(int argc, char **argv)
 4 {
 5     struct ifi_info *ifi, *ifihead;
 6     struct sockaddr *sa;
 7     u_char *ptr;
 8     int    i, family, doaliases;

 9     if (argc != 3)
10         err_quit("usage: prifinfo <inet4|inet6> <doaliases>");
11     if (strcmp(argv[1], "inet4") == 0)
12         family = AF_INET;
13     else if (strcmp(argv[1], "inet6") == 0)
14         family = AF_INET6;
15     else
16         err_quit("invalid <address-family>");
17     doaliases = atoi(argv[2]);
18     for (ifihead = ifi = Get_ifi_info(family, doaliases);
19          ifi != NULL; ifi = ifi->ifi_next) {
20         printf("%s: ", ifi->ifi_name);
21         if (ifi->ifi_index != 0)
22             printf("(%d) ", ifi->ifi_index);
23         printf("<");
24         if (ifi->ifi_flags & IFF_UP)           printf("UP ");
25         if (ifi->ifi_flags & IFF_BROADCAST)    printf("BCAST ");
26         if (ifi->ifi_flags & IFF_MULTICAST)    printf("MCAST ");
27         if (ifi->ifi_flags & IFF_LOOPBACK)     printf("LOOP ");
28         if (ifi->ifi_flags & IFF_POINTOPOINT)  printf("P2P ");
29         printf(">\n");

30         if ( (i = ifi->ifi_hlen) > 0) {
31             ptr = ifi->ifi_haddr;
32             do {
33                 printf("%s%x", (i == ifi->ifi_hlen) ? "  " : ":", *ptr++);
34             } while (--i > 0);
35             printf("\n");
36         }
37         if (ifi->ifi_mtu != 0)
38             printf("  MTU: %d\n", ifi->ifi_mtu);

39         if ( (sa = ifi->ifi_addr) != NULL)
40             printf("  IP addr: %s\n", Sock_ntop_host(sa, sizeof(*sa)));
41         if ( (sa = ifi->ifi_brdaddr) != NULL)
42             printf("  broadcast addr: %s\n",
43                     Sock_ntop_host(sa, sizeof(*sa)));
44         if ( (sa = ifi->ifi_dstaddr) != NULL)
45             printf("  destination addr: %s\n",
46                     Sock_ntop_host(sa, sizeof(*sa)));
47     }
48     free_ifi_info(ifihead);
49     exit(0);
50 }
```

ioctl/prifinfo.c

图17-6　调用get_ifi_info函数的prifinfo程序

第一个命令行参数inet4指定IPv4地址，第二个命令行参数0指定不返回地址别名（我们将在A.4节讲解IP地址别名）。注意在MacOS X系统上，使用这种方法无法得到以太网接口的硬件地址。

如果给以太网接口（en1）增设3个别名地址（它们的主机ID分别为79、80和81），并且把第二个命令行参数改为1，我们会得到以下结果。

```
maxosx % prifinfo inet4 1
lo0: <UP MCAST LOOP >
  MTU: 16384
  IP addr: 127.0.0.1
en1: <UP BCAST MCAST >
  MTU: 1500
  IP addr: 172.24.37.78            主IP地址
  broadcast addr: 172.24.37.95
en1: <UP BCAST MCAST >
  MTU: 1500
  IP addr: 172.24.37.79            第一个别名地址
  broadcast addr: 172.24.37.95
en1: <UP BCAST MCAST >
  MTU: 1500
  IP addr: 172.24.37.80            第二个别名地址
  broadcast addr: 172.24.37.95
en1: <UP BCAST MCAST >
  MTU: 1500
  IP addr: 172.24.37.81            第三个别名地址
  broadcast addr: 172.24.37.95
```

如果在FreeBSD系统上运行同样的程序，不过使用图18-16中的get_ifi_info实现（使用这个实现可以很容易地获取硬件地址），我们得到以下结果。

```
freebsd4 % prifinfo inet4 1
de0: <UP BCAST MCAST >
  0:80:c8:2b:d9:28
  IP addr: 135.197.17.100
  broadcast addr: 135.197.17.255
de1: <UP BCAST MCAST >
  0:40:5:42:d6:de
  IP addr: 172.24.37.94            主IP地址
  broadcast addr: 172.24.37.95
de1: <UP BCAST MCAST >
  0:40:5:42:d6:de
  IP addr: 172.24.37.93            别名地址
  broadcast addr: 172.24.37.93
lo0: <UP MCAST LOOP >
  IP addr: 127.0.0.1
```

在本例中我们指示程序输出别名地址，结果发现第二个以太网接口（de1）定义了一个主机ID为93的别名。

下面给出使用SIOCGIFCONF ioctl实现的get_ifi_info函数。图17-7给出第一部分，它从内核获取接口配置。

创建一个网际网套接字

12 创建一个用于ioctl的UDP套接字。TCP套接字或UDP套接字都可以使用（TCPv2第163页）。

— lib/get_ifi_info.c

```
1 #include    "unpifi.h"

2 struct ifi_info *
3 get_ifi_info(int family, int doaliases)
4 {
5     struct ifi_info *ifi, *ifihead, **ifipnext;
6     int     sockfd, len, lastlen, flags, myflags, idx = 0, hlen = 0;
7     char    *ptr, *buf, lastname[IFNAMSIZ], *cptr, *haddr, *sdlname;
8     struct ifconf   ifc;
9     struct ifreq    *ifr, ifrcopy;
10    struct sockaddr_in *sinptr;
11    struct sockaddr_in6 *sin6ptr;

12    sockfd = Socket(AF_INET, SOCK_DGRAM, 0);

13    lastlen = 0;
14    len = 100 * sizeof(struct ifreq);  /* initial buffer size guess */
15    for ( ; ; ) {
16        buf = Malloc(len);
17        ifc.ifc_len = len;
18        ifc.ifc_buf = buf;
19        if (ioctl(sockfd, SIOCGIFCONF, &ifc) < 0) {
20            if (errno != EINVAL || lastlen != 0)
21                err_sys("ioctl error");
22        } else {
23            if (ifc.ifc_len == lastlen)
24                break;              /* success, len has not changed */
25            lastlen = ifc.ifc_len;
26        }
27        len += 10 * sizeof(struct ifreq);   /* increment */
28        free(buf);
29    }
30    ifihead = NULL;
31    ifipnext = &ifihead;
32    lastname[0] = 0;
33    sdlname = NULL;
```

— lib/get_ifi_info.c

图17-7　发出SIOCGIFCONF请求以获取接口配置

在一个循环中发出SIOCGIFCONF请求

13~29　SIOCGIFCONF请求存在的一个严重问题是，在缓冲区的大小不足以存放结果时，一些实现不返回错误，而是截断结果并返回成功（即ioctl的返回值为0）。这一点意味着要知道缓冲区是否足够大的唯一办法是：发出请求，记下返回的长度，用更大的缓冲区发出请求，比较返回的长度和刚才记下的长度。只有这两个长度相同，我们的缓冲区才足够大。

源自Berkeley的实现在缓冲区太小时不返回错误（TCPv2第118～119页），结果被截成适合缓冲区的可用大小。与此相反，Solaris 2.5在返回的长度将会大于或等于缓冲区的长度时返回EINVAL错误。然而即使返回的长度小于缓冲区的大小，我们也不能肯定确实成功，因为源自Berkeley的实现在剩下的空间装不下另一个结构时返回的长度也小于缓冲区长度。

有些实现中提供了用于返回接口数目的名为SIOCGIFNUM的请求。它使得应用进程能够在发出SIOCGIFCONF请求之前分配一个足够大小的缓冲区，不过这个新请求尚未被广泛实现。

随着Web的增长，为SIOCGIFCONF请求返回的结果预分配一个固定长度的缓冲区这一做法也成了问题，因为大的Web服务器主机把越来越多的别名地址赋予单个接口。举例来说，

Solaris 2.5对于每个接口可赋予别名地址数的限制为256, Solaris 2.6则把这个限制增加到8192。使用大量别名地址的网站已经发现使用固定大小缓冲区获取接口信息的程序开始工作失常。尽管Solaris在缓冲区太小时返回错误, 这些程序只是分配固定大小的缓冲区, 发出ioctl却不处理可能返回的错误 (譬如重新分配缓冲区再次发出ioctl), 导致进程可能意外死亡。

13~16 动态分配一个缓冲区, 一开始为100个ifreq结构的空间。在lastlen中记录最近一次SIOCGIFCONF请求返回的长度, 其初始值为0。

20~21 如果ioctl调用返回一个EINVAL错误, 而且成功返回的ioctl调用未曾发出过 (即lastlen仍为0), 那么我们刚才分配的缓冲区还不够大, 于是继续经历循环。

23~24 如果ioctl调用返回成功, 而且返回的长度等于lastlen, 那么与上次ioctl调用返回的长度相比没有变化 (表明刚才分配的缓冲区已足够大), 于是break出循环, 因为我们已经得到所有接口配置信息。

27~28 每次经历循环时, 把缓冲区的大小增至能额外存放10个ifreq结构。

初始化链表指针

30~33 既然将来要返回指向某个ifi_info结构链表之头结构的一个指针, 我们于是使用两个变量ifihead和ifipnext在链表构造过程中保存指针。

get_ifi_info函数的第二部分是主循环的前段, 如图17-8所示。

步入下一个套接字地址结构

35~51 在遍历所有ifreq结构的过程中, ifr将指向每个结构, 我们随后增长ptr以指向下一个结构。这里我们必须既处理为套接字地址结构提供长度字段的较新系统, 又处理不提供这个长度的较老系统。尽管图17-2中的声明指出ifreq结构中包含的套接字地址结构是一个通用套接字地址结构, 在较新的系统中它却可以是任何类型的套接字地址结构。事实上4.4BSD还为每个接口返回一个数据链路套接字地址结构 (TCPv2第118页)。因此如果长度成员受支持, 我们就必须使用其值来更新指向下一个套接字地址结构的指针ptr, 否则基于地址族使用一个长度, 默认为通用套接字地址结构的大小 (16字节)。

> 我们为支持IPv6的较新系统增添一个case语句只是以防万一。问题在于ifreq结构中的那个联合把返回地址定义为通用的16字节sockaddr结构, 它对于IPv4的16字节sockaddr_in结构是够了, 对于IPv6的24字节sockaddr_in6结构却太小。尽管在为sockaddr结构提供长度字段 (sa_len) 的较新系统中可以使用其值来解决本问题, 然而返回IPv6地址仍有可能破坏认为ifreq结构中的sockaddr结构长度固定不变的现有代码。

处理AF_LINK

52~60 如果系统支持在SIOCGIFCONF中返回AF_LINK地址族的sockaddr结构, 我们就从中复制接口索引和硬件地址信息。

62~63 忽略所有不是调用者期望的地址族的地址。

处理别名地址

64~72 我们必须检测当前接口可能存在的任何别名地址 (即赋予该接口的额外地址)。注意Solaris用于别名地址的接口名字中含有一个冒号, 4.4BSD却不在接口名字上区分别名地址和主地址。为了处理这两种情况, 我们把最近处理过的接口名字存入lastname, 并且在与当前接口名字比较时, 若有冒号则只比较到冒号。不论是否有冒号, 如果比较结果为相同, 我们就忽略当前接口。

lib/get_ifi_info.c

```
34          for (ptr = buf; ptr < buf + ifc.ifc_len; ) {
35              ifr = (struct ifreq *) ptr;

36 #ifdef   HAVE_SOCKADDR_SA_LEN
37              len = max(sizeof(struct sockaddr), ifr->ifr_addr.sa_len);
38 #else
39              switch (ifr->ifr_addr.sa_family) {
40 #ifdef   IPV6
41              case AF_INET6:
42                  len = sizeof(struct sockaddr_in6);
43                  break;
44 #endif
45              case AF_INET:
46              default:
47                  len = sizeof(struct sockaddr);
48                  break;
49              }
50 #endif    /* HAVE_SOCKADDR_SA_LEN */
51              ptr += sizeof(ifr->ifr_name) + len; /* for next one in buffer */

52 #ifdef   HAVE_SOCKADDR_DL_STRUCT
53              /* assumes that AF_LINK precedes AF_INET or AF_INET6 */
54              if (ifr->ifr_addr.sa_family == AF_LINK) {
55                  struct sockaddr_dl *sdl = (struct sockaddr_dl *)&ifr->ifr_addr;
56                  sdlname = ifr->ifr_name;
57                  idx = sdl->sdl_index;
58                  haddr = sdl->sdl_data + sdl->sdl_nlen;
59                  hlen = sdl->sdl_alen;
60              }
61 #endif

62              if (ifr->ifr_addr.sa_family != family)
63                  continue;               /* ignore if not desired address family */

64              myflags = 0;
65              if ( (cptr = strchr(ifr->ifr_name, ':')) != NULL)
66                  *cptr = 0;              /* replace colon with null */
67              if (strncmp(lastname, ifr->ifr_name, IFNAMSIZ) == 0) {
68                  if (doaliases == 0)
69                      continue;           /* already processed this interface */
70                  myflags = IFI_ALIAS;
71              }
72              memcpy(lastname, ifr->ifr_name, IFNAMSIZ);

73              ifrcopy = *ifr;
74              Ioctl(sockfd, SIOCGIFFLAGS, &ifrcopy);
75              flags = ifrcopy.ifr_flags;
76              if ((flags & IFF_UP) == 0)
77                  continue;               /* ignore if interface not up */
```

lib/get_ifi_info.c

图17-8 处理接口配置

获取接口标志

73~77　我们发出一个ioctl的SIOCGIFFLAGS请求（17.5节）以获取接口标志。ioctl的第三
　　　　个参数是指向某个ifreq结构的一个指针，该结构中必须包含要获取其标志的接口的
　　　　名字。该结构是我们在调用ioctl之前从当前ifreq结构复制成的，因为如果不这么做，

ioctl调用将覆写当前ifreq结构中已有的IP地址，因为接口标志和IP地址在ifreq结构中是同一个联合的不同成员，如图17-2所示。如果当前接口不处于在工状态，我们就忽略它。

图17-9给出get_ifi_info函数的第三部分。

```
                                                              ─ lib/get_ifi_info.c
78          ifi = Calloc(1, sizeof(struct ifi_info));
79          *ifipnext = ifi;          /* prev points to this new one */
80          ifipnext = &ifi->ifi_next;  /* pointer to next one goes here */

81          ifi->ifi_flags = flags; /* IFF_xxx values */
82          ifi->ifi_myflags = myflags; /* IFI_xxx values */
83 #if defined(SIOCGIFMTU) && defined(HAVE_STRUCT_IFREQ_IFR_MTU)
84          Ioctl(sockfd, SIOCGIFMTU, &ifrcopy);
85          ifi->ifi_mtu = ifrcopy.ifr_mtu;
86 #else
87          ifi->ifi_mtu = 0;
88 #endif
89          memcpy(ifi->ifi_name, ifr->ifr_name, IFI_NAME);
90          ifi->ifi_name[IFI_NAME-1] = '\0';
91          /* If the sockaddr_dl is from a different interface, ignore it */
92          if (sdlname == NULL || strcmp(sdlname, ifr->ifr_name) != 0)
93              idx = hlen = 0;
94          ifi->ifi_index = idx;
95          ifi->ifi_hlen = hlen;
96          if (ifi->ifi_hlen > IFI_HADDR)
97              ifi->ifi_hlen = IFI_HADDR;
98          if (hlen)
99              memcpy(ifi->ifi_haddr, haddr, ifi->ifi_hlen);
                                                              ─ lib/get_ifi_info.c
```

图17-9　分配并初始化ifi_info结构

分配并初始化ifi_info结构

78~99　至此我们知道将向调用者返回当前接口。我们动态分配一个ifi_info结构，并把它加到正在构造中的链表的末尾。我们把接口的标志、MTU和名字复制到这个结构中。我们确保接口的名字总是以空字符结尾，而且既然calloc已把所分配区域全部初始化为0，我们知道ifi_next也已被初始化为空指针。我们复制保存的接口索引和硬件地址长度，若该长度不为0则同时复制保存的硬件地址。

图17-10给出get_ifi_info函数的最后一部分。

102~104　把由最初的SIOCGIFCONF请求返回的IP地址复制到我们正在构造的结构中。

106~119　如果当前接口支持广播，我们就用ioctl的SIOCGIFBRDADDR请求取得它的广播地址。我们动态分配一个套接字地址结构以存放该地址，并把它加到正在构造的ifi_info结构中。类似地，如果当前接口是一个点到点接口，我们就用ioctl的SIOCGIFDSTADDR请求取得它的链路对端IP地址。

123~133　这是IPv6的情形，这段代码与IPv4情形的类似，不过没有SIOCGIFBRDADDR，因为IPv6不支持广播。

图17-11给出的是free_ifi_info函数，它以由某个get_ifi_info调用返回的指针为参数，释放先前为这个调用动态分配的所有内存空间。

lib/get_ifi_info.c

```
100              switch (ifr->ifr_addr.sa_family) {
101              case AF_INET:
102                  sinptr = (struct sockaddr_in *) &ifr->ifr_addr;
103                  ifi->ifi_addr = Calloc(1, sizeof(struct sockaddr_in));
104                  memcpy(ifi->ifi_addr, sinptr, sizeof(struct sockaddr_in));
105 #ifdef SIOCGIFBRDADDR
106                  if (flags & IFF_BROADCAST) {
107                      Ioctl(sockfd, SIOCGIFBRDADDR, &ifrcopy);
108                      sinptr = (struct sockaddr_in *) &ifrcopy.ifr_broadaddr;
109                      ifi->ifi_brdaddr = Calloc(1, sizeof(struct sockaddr_in));
110                      memcpy(ifi->ifi_brdaddr, sinptr,sizeof(struct sockaddr_in));
111                  }
112 #endif
113 #ifdef SIOCGIFDSTADDR
114                  if (flags & IFF_POINTOPOINT) {
115                      Ioctl(sockfd, SIOCGIFDSTADDR, &ifrcopy);
116                      sinptr = (struct sockaddr_in *) &ifrcopy.ifr_dstaddr;
117                      ifi->ifi_dstaddr = Calloc(1, sizeof(struct sockaddr_in));
118                      memcpy(ifi->ifi_dstaddr, sinptr, izeof(struct sockaddr_in));
119                  }
120 #endif
121                  break;

122              case AF_INET6:
123                  sin6ptr = (struct sockaddr_in6 *) &ifr->ifr_addr;
124                  ifi->ifi_addr = Calloc(1, sizeof(struct sockaddr_in6));
125                  memcpy(ifi->ifi_addr, sin6ptr, sizeof(struct sockaddr_in6));
126 #ifdef SIOCGIFDSTADDR
127                  if (flags & IFF_POINTOPOINT) {
128                      Ioctl(sockfd, SIOCGIFDSTADDR, &ifrcopy);
129                      sin6ptr = (struct sockaddr_in6 *) &ifrcopy.ifr_dstaddr;
130                      ifi->ifi_dstaddr = Calloc(1, sizeof(struct sockaddr_in6));
131                      memcpy(ifi->ifi_dstaddr, sin6ptr,
132                          sizeof(struct sockaddr_in6));
133                  }
134 #endif
135                  break;

136              default:
137                  break;
138              }
139          }
140          free(buf);
141          return(ifihead);                  /* pointer to first structure in linked list */
142      }
```

lib/get_ifi_info.c

图17-10 获取并返回接口地址

lib/get_ifi_info.c

```
143 void
144 free_ifi_info(struct ifi_info *ifihead)
145 {
146     struct ifi_info *ifi, *ifinext;

147     for (ifi = ifihead; ifi != NULL; ifi = ifinext) {
148         if (ifi->ifi_addr != NULL)
149             free(ifi->ifi_addr);
150         if (ifi->ifi_brdaddr != NULL)
151             free(ifi->ifi_brdaddr);
152         if (ifi->ifi_dstaddr != NULL)
153             free(ifi->ifi_dstaddr);
154         ifinext = ifi->ifi_next;     /* can't fetch ifi_next after free() */
155         free(ifi);                   /* the ifi_info{} itself */
156     }
157 }
```

lib/get_ifi_info.c

图17-11 free_ifi_info函数：释放由get_ifi_info动态分配的内存空间

17.7　接口操作

我们已在上一节展示过，SIOCGIFCONF请求为每个已配置的接口返回其名字以及一个套接字地址结构。我们接着可以发出多个接口类其他请求以设置或获取每个接口的其他特征。这些请求的获取（*get*）版本（SIOCG*xxx*）通常由netstat程序发出，设置（*set*）版本（SIOCS*xxx*）通常由ifconfig程序发出。任何用户都可以获取接口信息，设置接口信息却要求具备超级用户权限。

这些请求接受或返回一个ifreq结构中的信息，而这个结构的地址则作为ioctl调用的第三个参数指定。接口总是以其名字标识，在ifreq结构的ifr_name成员中指定，如le0、lo0、ppp0等。

这些请求中有许多使用套接字地址结构在应用进程和内核之间指定或返回具体接口的IP地址或地址掩码。对于IPv4，这个地址或掩码存放在一个网际网套接字地址结构的sin_addr成员中；对于IPv6，它是一个IPv6套接字地址结构的sin6_addr成员。

SIOCGIFADDR	在ifr_addr成员中返回单播地址。
SIOCSIFADDR	用ifr_addr成员设置接口地址。这个接口的初始化函数也被调用。
SIOCGIFFLAGS	在ifr_flags成员中返回接口标志。这些标志的名字格式为IFF_*xxx*，在<net/if.h>头文件中定义。举例来说，这些标志指示接口是否处于在工状态（IFF_UP），是否为一个点到点接口（IFF_POINTOPOINT），是否支持广播（IFF_BROADCAST），等等。
SIOCSIFFLAGS	用ifr_flags成员设置接口标志。
SIOCGIFDSTADDR	在ifr_dstaddr成员中返回点到点地址。
SIOCSIFDSTADDR	用ifr_dstaddr成员设置点到点地址。
SIOCGIFBRDADDR	在ifr_broadaddr成员中返回广播地址。应用进程必须首先获取接口标志，然后发出正确的请求：对于广播接口为SIOCGIFBRDADDR，对于点到点接口为SIOCGIFDSTADDR。
SIOCSIFBRDADDR	用ifr_broadaddr成员设置广播地址。
SIOCGIFNETMASK	在ifr_addr成员中返回子网掩码。
SIOCSIFNETMASK	用ifr_addr成员设置子网掩码。
SIOCGIFMETRIC	用ifr_metric成员返回接口测度。接口测度由内核为每个接口维护，不过使用它的是路由守护进程routed。接口测度被routed加到跳数上（使得某个接口更不被看好）。
SIOCSIFMETRIC	用ifr_metric成员设置接口的路由测度。

本节讲述的是通用的接口请求。许多实现中都加入了其他的请求。

17.8　ARP 高速缓存操作

ARP高速缓存也通过ioctl函数操纵。使用路由域套接字（第18章）的系统往往改用路由套接字访问ARP高速缓存。这些请求使用一个如图17-12所示的arpreq结构，它定义在头文件<net/if_arp.h>中。

———————————————————————————————— *<net/f_arp.h>*

```
struct arpreq {
    struct    sockaddr    arp_pa;      /* protocol address */
    struct    sockaddr    arp_ha;      /* hardware address */
    int                   arp_flags;   /* flags */
};

#define  ATF_INUSE      0x01  /* entry in use */
#define  ATF_COM        0x02  /* completed entry (hardware addr valid) */
#define  ATF_PERM       0x04  /* permanent entry */
#define  ATF_PUBL       0x08  /* published entry (respond for other host) */
```

———————————————————————————————— *<net/f_arp.h>*

图17-12　ARP高速缓存类ioctl请求所用的arpreq结构

ioctl的第三个参数必须指向某个arpreq结构。操纵ARP高速缓存的ioctl请求有以下3个。

SIOCSARP　把一个新的表项加到ARP高速缓存，或者修改其中已经存在的一个表项。其中 arp_pa是一个含有IP地址的网际网套接字地址结构，arp_ha则是一个通用套 接字地址结构，它的sa_family值为AF_UNSPEC，sa_data中含有硬件地址（例 如6字节的以太网地址）。ATF_PERM和ATF_PUBL这两个标志也可以由应用程序 指定。另外两个标志（ATF_INUSE和ATF_COM）则由内核设置。

SIOCDARP　从ARP高速缓存中删除一个表项。调用者指定要删除表项的网际网地址。

SIOCGARP　从ARP高速缓存中获取一个表项。调用者指定网际网地址，相应的硬件地址（例 如以太网地址）随标志一起返回。

只有超级用户才能增加或删除表项。这3个请求通常由arp程序发出。

> 一些较新的系统不支持这些与ARP相关的ioctl请求，而改用路由套接字执行这些ARP 操作。

注意ioctl没有办法列出ARP高速缓存中的所有表项。当指定-a标志（列出ARP高速缓存 中的所有表项）执行arp命令时，大多数版本的arp程序通过读取内核的内存（/dev/kmem）获 得ARP高速缓存的当前内容。我们将在18.4节讨论一个使用sysctl做到这一点的更简单（且更 好）的方法，不过这个方法并非所有系统上都可用。

例子：输出主机的硬件地址

现在使用我们的get_ifi_info函数返回一个主机的所有IP地址，然后对每个IP地址发出一 个SIOCGARP请求以获取并显示它的硬件地址。程序如图17-13所示。

获取地址列表并遍历每个地址

12　调用get_ifi_info获取本主机所有IP地址，然后在一个循环中遍历每个地址。

输出IP地址

13　使用inet_ntop显示IP地址。我们要求get_ifi_info仅仅返回IPv4地址，因为IPv6不 使用ARP。

发出ioctl请求并检查错误

14~19　作为一个IPv4套接字地址结构在arp_pa中填入IPv4地址。调用ioctl，若返回错误（譬 如说所提供的地址不在支持ARP的某个接口上）则显示相应错误消息，并继续处理下 一个地址。

输出硬件地址

20~22　显示由ioctl调用返回的硬件地址。

ioctl/prmac.c

```
1 #include      "unpifi.h"
2 #include      <net/if_arp.h>

3 int
4 main(int argc, char **argv)
5 {
6     int       sockfd;
7     struct ifi_info *ifi;
8     unsigned char *ptr;
9     struct arpreq arpreq;
10    struct sockaddr_in *sin;

11    sockfd = Socket(AF_INET, SOCK_DGRAM, 0);
12    for (ifi = get_ifi_info(AF_INET, 0); ifi != NULL; ifi = ifi->ifi_next) {
13        printf("%s: ", Sock_ntop(ifi->ifi_addr, sizeof(struct sockaddr_in)));

14        sin = (struct sockaddr_in *) &arpreq.arp_pa;
15        memcpy(sin, ifi->ifi_addr, sizeof(struct sockaddr_in));

16        if (ioctl(sockfd, SIOCGARP, &arpreq) < 0) {
17            err_ret("ioctl SIOCGARP");
18            continue;
19        }

20        ptr = &arpreq.arp_ha.sa_data[0];
21        printf("%x:%x:%x:%x:%x:%x\n", *ptr, *(ptr+1),
22                *(ptr+2), *(ptr+3), *(ptr+4), *(ptr+5));
23    }
24    exit(0);
25 }
```

ioctl/prmac.c

图17-13　输出一个主机的硬件地址

在我们的hpux主机上运行本程序得到如下结果：

```
hpux % prmac
192.6.38.100: 0:60:b0:c2:68:9b
192.168.1.1: 0:60:b0:b2:28:2b
127.0.0.1: ioctl SIOCGARP: Invalid argument
```

17.9 路由表操作

有些系统提供2个用于操纵路由表的ioctl请求。这2个请求要求ioctl的第三个参数是指向某个rtentry结构的一个指针，该结构定义在<net/route.h>头文件中。这些请求通常由route程序发出。只有超级用户才能发出这些请求。在支持路由域套接字（第18章）的系统中，这些请求改由路由套接字而不是ioctl执行。

SIOCADDRT　　往路由表中增加一个表项。

SIOCDELRT　　从路由表中删除一个表项。

ioctl没有办法列出路由表中的所有表项。这个操作通常由netstat程序在指定-r标志执行时完成。netstat程序通过读取内核的内存（/dev/kmem）获得整个路由表。与ARP高速缓存的列示一样，我们将在18.4节讨论一个使用sysctl做到这一点的更简单（且更好）的方法。

17.10 小结

用于网络编程的ioctl命令可划分为6类：
- 套接字操作（是否位于带外标记等）；
- 文件操作（设置或清除非阻塞标志等）；
- 接口操作（返回接口列表，获取广播地址等）；
- ARP表操作（创建、修改、获取或删除）；
- 路由表操作（增加或删除）；
- 流系统（第31章）。

我们将使用其中的套接字操作和文件操作，而接口列表的获取是一个相当常用的操作，我们为此开发了一个完成本操作的函数。在本书以后章节我们会数次使用这个函数。只有若干个特殊用途的程序使用ioctl的ARP高速缓冲操作和路由表操作。

习题

17.1 在17.7节我们说过，由SIOCGIFBRDADDR请求返回的广播地址是通过ifreq结构的ifr_broadaddr成员返回的。然而查看TCPv2第173页，我们注意到它是在ifr_dstaddr成员中返回的。这里有问题吗？

17.2 修改get_ifi_info函数，当发出第一个SIOCGIFCONF请求时指定缓冲区的大小（由ifconf结构的ifc_len成员指定）为只能容纳1个ifreq结构，以后每回循环时指定缓冲区的大小为新增1个ifreq结构的容量。然后在循环体中增加一些语句，以显示每回发出请求时指定的缓冲区大小以及ioctl是否返回错误，若成功返回则显示返回的缓冲区长度。运行prifinfo程序，查看你自己的系统在缓冲区太小时如何处理这样的请求。对于由ioctl返回的其地址族并非所期望值的任何套接字地址结构，也显示其地址族值，以便了解你的系统返回了哪些其他结构。

17.3 修改get_ifi_info函数，如果某个接口存在别名地址，而且当前正处理的别名地址与该接口最近处理的地址（主地址或另一个别名地址）不在同一个子网上，那么也返回关于当前别名地址的信息。那么17.6节中的版本忽略从206.62.226.44到206.62.226.46的别名地址是可以接受的，因为它们都处于主地址所在的子网。然而如果该接口又一个别名地址（譬如192.3.4.5）不在同一个子网，那么修改后的版本应该也为该别名地址返回一个ifi_info结构。

17.4 如果你的系统支持SIOCGIFNUM ioctl，那就修改图17-7，先发出这个请求，再以其返回值作为最初猜测的缓冲区大小。

第 18 章

路由套接字

18.1　概述

内核中的Unix路由表传统上一直使用ioctl命令访问。我们在17.9节讲解了用于增加或删除路径的2个ioctl请求：SIOCADDRT和SIOCDELRT。我们还提到没有ioctl命令可以倾泻出整个路由表，相反，诸如netstat等程序通过读取内核的内存获取路由表的内容。使得问题更为复杂的再一点是，诸如gated等路由守护进程需要监视由内核收取的ICMP重定向消息，它们通常创建一个原始ICMP套接字（第28章），再在这个套接字上监听所有收到的ICMP消息。

4.3BSD Reno通过创建AF_ROUTE域对访问内核中路由子系统的接口做了清理。在路由域中支持的唯一一种套接字是原始套接字。路由套接字上支持3种类型的操作。

(1) 进程可以通过写出到路由套接字而往内核发送消息。路径的增加和删除采用这种操作实现。

(2) 进程可以通过从路由套接字读入而自内核接收消息。内核采用这种操作通知进程已收到并处理一个ICMP重定向消息，或者请求外部路由进程解析一个路径。

以上两种操作可以复合使用。举例来说，进程通过写一个路由套接字往内核发送一个消息，请求内核提供关于某个给定路径的所有信息，又通过读这个路由套接字接收内核的应答。

(3) 进程可以使用sysctl函数（18.4节）倾泻出路由表或列出所有已配置的接口。

前两种操作需要超级用户权限，最后一种操作任何进程都可以执行。

> 一些较新的操作系统版本取消了打开路由套接字的超级用户权限要求，转而仅仅限制改动路由表的消息需要超级用户权限才能访问。这样任何进程无需成为超级用户就可以使用诸如RTM_GET之类的消息来查找路径。
>
> 从技术上说，第3种操作并非使用路由套接字执行，而是涉及通用的sysctl函数。然而我们将会看到，sysctl的输入参数之一是地址族。对于本章讲解的第3种操作来说，这个参数为AF_ROUTE，而且sysctl返回的信息与内核通过路由套接字返回的信息有相同的格式。实际上在4.4BSD内核中，sysctl对AF_ROUTE地址族的处理是路由套接字代码的一部分（TCPv2第632~643页）。
>
> sysctl工具首先出现在4.4BSD中。不幸的是，并非所有支持路由套接字的实现都提供sysctl。举例来说，AIX 5.1和Solaris 9都支持路由套接字，然而两者都不支持sysctl。

18.2　数据链路套接字地址结构

通过路由套接字返回的一些消息中含有作为返回值给出的数据链路套接字地址结构。图18-1给出了这个结构，它定义在<net/if_dl.h>头文件中。

```
struct sockaddr_dl {
  uint8_t       sdl_len;
  sa_family_t   sdl_family;      /* AF_LINK */
  uint16_t      sdl_index;       /* system assigned index, if > 0 */
  uint8_t       sdl_type;        /* IFT_ETHER, ect. from <net/if_types.h> */
  uint8_t       sdl_nlen;        /* name length, starting in sdl_data[0] */
  uint8_t       sdl_alen;        /* link-layer address length */
  uint8_t       sdl_slen;        /* link-layer selector length */
  char          sdl_data[12];    /* minimum work area, can be larger;
                                    contains i/f name and link-layer address */
};
```

图18-1 数据链路套接字地址结构

每个接口都有一个唯一的正值索引，返回索引的手段有：本章靠后讲解的if_nametoindex和if_nameindex函数，第21章中讲解的IPv6多播套接字选项，第27章中讲解的一些IPv4和IPv6高级套接字选项。

sdl_data成员含有名字和链路层地址（例如以太网接口的48位MAC地址）。名字从sdl_data[0]开始，而且不以空字符结尾。链路层地址从sdl_data[sdl_nlen]开始。定义本结构的头文件定义了以下这个宏以返回指向链路层地址的指针。

```
#define LLADDR(s)  ((caddr_t)((s)->sdl_data + (s)->sdl_nlen))
```

486

数据链路套接字地址结构是可变长度的（TCPv2第89页）。如果链路层地址和名字总长超出12字节，结构将大于20字节。在32位系统上，这个大小通常向上舍入到下一个4字节的倍数。我们还将在图22-3中看到，由IP_RECVIF套接字选项返回的本结构中，所有3个长度成员都为0，从而根本没有sdl_data成员。

18.3 读和写

创建一个路由套接字后，进程可以通过写到该套接字向内核发送命令，通过读自该套接字从内核接收信息。路由域套接字共有12个路由消息，其中5个可以由进程发出。[①]这些消息定义在<net/route.h>头文件中，如图18-2所示。

消息类型	去往内核?	来自内核?	说　明	结构类型
RTM_ADD	●	●	增加路径	rt_msghdr
RTM_CHANGE	●	●	改动网关、测度或标志	rt_msghdr
RTM_DELADDR		●	地址正被删离接口	ifa_msghdr
RTM_DELETE	●	●	删除路径	rt_msghdr
RTM_DELMADDR		●	多播地址正被删离接口	ifma_msghdr
RTM_GET	●	●	报告测度及其他路径信息	rt_msghdr
RTM_IFANNOUNCE		●	接口正被增至或删离系统	if_announcemsghdr
RTM_IFINFO		●	接口正在开工、停工等	if_msghdr
RTM_LOCK	●	●	锁住给定的测度	rt_msghdr

图18-2 通过路由套接字交换的消息类型

---

① 第3版原文仅仅在图18-2中新增了**RTM_DELMADDR**（多播地址正被删离接口）、**RTM_IFANNOUNCE**（接口正被增至或删离系统）、**RTM_NEWMADDR**（接口正在加入多播地址）3个路由消息，既没有更新正文（仍然说共有12个路由消息），也没有任何解释（包括在其他章节中）。这种不一致现象表现在新作者只替换Stevens先生在第2版给出的图表、程序代码和程序运行例子，而很少甚至根本不在正文、习题和习题答案中做相应的调整，个别程序运行例子甚至有篡改嫌疑，而不是直接取自程序运行结果（不排除排版差错）。对于第3版原文中存在的这些问题，译者已尽可能地予以订正。——译者注

消息类型	去往内核?	来自内核?	说　　明	结构类型
RTM_LOSING		●	内核怀疑路径即将失效	rt_msghdr
RTM_MISS		●	地址查找失败	rt_msghdr
RTM_NEWADDR		●	地址正被增至接口	ifa_msghdr
RTM_NEWMADDR		●	多播地址正被增至接口	ifma_msghdr
RTM_REDIRECT		●	内核被告知使用另外的路径	rt_msghdr
RTM_RESOLVE		●	请求把目的地址解析成链路层地址	rt_msghdr

图18-2　（续）

通过路由套接字交换的结构有5个类型，如图18-2中最后一列所示：rt_msghdr、
if_msghdr、ifa_msghdr、ifma_msghdr和if_announcemsghdr，具体的定义如图18-3所示。

487

```
struct rt_msghdr {      /* from <net/route.h> */
  u_short  rtm_msglen;   /* to skip over non-understood messages */
  u_char   rtm_version;  /* future binary compatibility */
  u_char   rtm_type;     /* message type */
  u_short  rtm_index;    /* index for associated ifp */
  int      rtm_flags;    /* flags, incl. kern & message, e.g., DONE */
  int      rtm_addrs;    /* bitmask identifying sockaddrs in msg */
  pid_t    rtm_pid;      /* identify sender */
  int      rtm_seq;      /* for sender to identify action */
  int      rtm_errno;    /* why failed */
  int      rtm_use;      /* from rtentry */
  u_long   rtm_inits;    /* which metrics we are initializing */
  struct rt_metricsrtm_rmx; /* metrics themselves */
};
struct if_msghdr {      /* from <net/if.h> */
  u_short  ifm_msglen;   /* to skip over non-understood messages */
  u_char   ifm_version;  /* future binary compatibility */
  u_char   ifm_type;     /* message type */
  int      ifm_addrs;    /* like rtm_addrs */
  int      ifm_flags;    /* value of if_flags */
  u_short  ifm_index;    /* index for associated ifp */
  struct if_data   ifm_data; /* statistics and other data about if */
};
struct ifa_msghdr {      /* from <net/if.h> */
  u_short  ifam_msglen;   /* to skip over non-understood messages */
  u_char   ifam_version;  /* future binary compatibility */
  u_char   ifam_type;     /* message type */
  int      ifam_addrs;    /* like rtm_addrs */
  int      ifam_flags;    /* value of ifa_flags */
  u_short  ifam_index;    /* index for associated ifp */
  int      ifam_metric;   /* value of ifa_metric */
};
struct ifma_msghdr {    /* from <net/if.h> */
  u_short  ifmam_msglen;  /* to skip over non-understood messages */
  u_char   ifmam_version; /* future binary compatibility */
  u_char   ifmam_type;    /* message type */
  int      ifmam_addrs;   /* like rtm_addrs */
  int      ifmam_flags;   /* value of ifa_flags */
  u_short  ifmam_index;   /* index for associated ifp */
};
struct if_announcemsghdr { /* from <net/if.h> */
  u_short  ifan_msglen;   /* to skip over non-understood messages */
  u_char   ifan_version;  /* future binary compatibility */
  u_char   ifan_type;     /* message type */
  u_short  ifan_index;    /* index for associated ifp */
  char     ifan_name[IFNAMSIZ]; /* if name, e.g. "en0" */
  u_short  ifan_what;     /* what type of announcement */
};
```

图18-3　路由消息返回的三种结构

每个结构有相同的前3个成员：本消息的长度、版本和类型。类型成员是图18-2第一列中的常值之一。长度成员允许应用进程跳过不理解的消息类型。

`rtm_addrs`、`ifm_addrs`和`ifam_addrs`这3个成员是数位掩码（bit mask），指明本消息后跟的套接字地址结构是8个可能选择中的哪几个。图18-4给出了在`<net/route.h>`头文件中定义的可用于逻辑或成数位掩码的各个常值及具体数值。

数位掩码		数组下标		套接字地址结构包含
常值	数值	常值	数值	
RTA_DST	0x01	RTAX_DST	0	目的地址
RTA_GATEWAY	0x02	RTAX_GATEWAY	1	网关地址
RTA_NETMASK	0x04	RTAX_NETMASK	2	网络掩码
RTA_GENMASK	0x08	RTAX_GENMASK	3	克隆掩码
RTA_IFP	0x10	RTAX_IFP	4	接口名字
RTA_IFA	0x20	RTAX_IFA	5	接口地址
RTA_AUTHOR	0x40	RTAX_AUTHOR	6	重定向原创者
RTA_BRD	0x80	RTAX_BRD	7	广播或点到点目的地址
		RTAX_MAX	8	最大元素数目

图18-4　在路由消息中用于指称套接字地址结构的常值

当存在多个套接字地址结构时，它们总是按表中所示的顺序排列。

例子：获取并输出一个路由表项

下面举一个使用路由套接字的例子。我们这个程序作为命令行参数取得一个IPv4点分十进制数地址，并就这个地址向内核发送一个RTM_GET消息。内核在它的IPv4路由表中查找这个地址，并作为一个RTM_GET消息返回相应路由表项的信息。举例来说，如果在主机freebsd上执行如下命令：

```
freebsd # getrt 206.168.112.219
dest: 0.0.0.0
gateway: 12.106.32.1
netmask: 0.0.0.0
```

那么可以看到目的地址使用默认路径（默认路径在路由表中的目的IP地址为0.0.0.0，掩码为0.0.0.0）。下一跳路由器是主机freebsd接入因特网的网关。如果指定主机freebsd的第二个以太网接口所在子网为目的地址执行如下命令：

```
freebsd # getrt 192.168.42.0
dest: 192.168.42.0
gateway: AF_LINK, index=2
netmask: 255.255.255.0
```

那么目的地址就是网络本身。网关现在是外出接口，它作为一个sockaddr_dl结构返回，接口索引为2。

在给出源代码之前，我们通过图18-5展示写到路由套接字的信息以及由内核返回的信息。

我们构造一个缓冲区：以一个rt_msghdr结构开头，后跟一个套接字地址结构，其中含有要内核查找的目的地址。rtm_type为RTM_GET，rtm_addrs为RTA_DST（回顾图18-4，这表示那个唯一的套接字地址结构中含有目的地址）。本命令可用于任何内核为之提供路由表的协议族，因为待查找地址的协议族包含在套接字地址结构中。

489

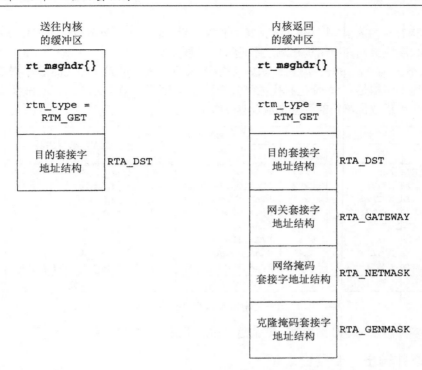

图18-5　RTM_GET命令通过路由套接字与内核交换的数据

把该消息发送给内核后，我们读回应答，其格式如图18-5右侧所示：一个rt_msghdr结构后最多跟4个套接字地址结构。这4个套接字地址结构中哪些得以返回取决于路由表项。我们通过检查返回的rt_msghdr结构中rtm_addrs成员的值得悉返回了哪些套接字地址结构。每个套接字地址结构的协议族包含在sa_family成员中，对于刚才那两个例子，前者返回的网关是一个IPv4套接字地址结构，后者返回的网关则是一个数据链路套接字地址结构。

图18-6给出了我们的程序的前半部分。

1~3　unproute.h头文件以#include伪代码包含一些必需的头文件，最后是unp.h文件。常值BUFLEN是我们分配来存放发送给内核的消息和内核返回的应答的缓冲区的大小。该缓冲区应能存放一个rt_msghdr结构和可能多达8个的套接字地址结构（能够返回的最大数目）。既然一个IPv6套接字地址结构的大小是28字节，512字节空间足以存放这么多套接字地址结构。

创建路由套接字

17　创建一个AF_ROUTE域的原始套接字，如前所述，这一步可能需要超级用户权限。

填写rt_msghdr结构

18~25　分配一个缓冲区并初始化为0。在该缓冲区上构造一个rt_msghdr结构：填写我们的请求，并存放我们的进程ID和选定的序列号。我们将在读取的应答中匹配这些值，以寻找正确的应答。

以目的地址填写网际网套接字地址结构

26~29　紧跟rt_msghdr结构，我们构造一个sockaddr_in结构，其中含有要内核在其路由表中查找的目的IPv4地址。我们仅仅设置地址长度、地址族和地址本身。

```
 1 #include    "unproute.h"

 2 #define BUFLEN   (sizeof(struct rt_msghdr) + 512)
 3                       /* sizeof(struct sockaddr_in6) * 8 = 192 */
 4 #define SEQ      9999

 5 int
 6 main(int argc, char **argv)
 7 {
 8     int      sockfd;
 9     char     *buf;
10     pid_t    pid;
11     ssize_t n;
12     struct rt_msghdr *rtm;
13     struct sockaddr *sa, *rti_info[RTAX_MAX];
14     struct sockaddr_in *sin;

15     if (argc != 2)
16         err_quit("usage: getrt <IPaddress>");

17     sockfd = Socket(AF_ROUTE, SOCK_RAW, 0); /* need superuser privileges */

18     buf = Calloc(1, BUFLEN);    /* and initialized to 0 */

19     rtm = (struct rt_msghdr *) buf;
20     rtm->rtm_msglen = sizeof(struct rt_msghdr) + sizeof(struct sockaddr_in);
21     rtm->rtm_version = RTM_VERSION;
22     rtm->rtm_type = RTM_GET;
23     rtm->rtm_addrs = RTA_DST;
24     rtm->rtm_pid = pid = getpid();
25     rtm->rtm_seq = SEQ;

26     sin = (struct sockaddr_in *) (rtm + 1);
27     sin->sin_len = sizeof(struct sockaddr_in);
28     sin->sin_family = AF_INET;
29     Inet_pton(AF_INET, argv[1], &sin->sin_addr);

30     Write(sockfd, rtm, rtm->rtm_msglen);

31     do {
32         n = Read(sockfd, rtm, BUFLEN);
33     } while (rtm->rtm_type != RTM_GET || rtm->rtm_seq != SEQ ||
34             rtm->rtm_pid != pid);
```

图18-6　通过路由套接字发出RTM_GET命令的程序的前半部分

write消息到内核并read应答

30~34　write构造好的消息到内核并read回应答。既然其他进程也可能打开路由套接字，而
且内核给所有路由套接字都传送一个全部路由消息的副本，于是我们必须检查消息的
类型、序列号和进程ID，以确保收到的消息正是我们所等待的应答。

本程序的后半部分在图18-7中给出。这一半会处理应答。

35~36　rtm指向rt_msghdr结构，sa指向接在其后的第一个套接字地址结构。

37　rtm_addrs是一个数位掩码，指出接在rt_msghdr结构之后的是8个可能的套接字地址
结构中的哪几个。get_rtaddrs函数（接着给出）以该掩码和指向第一个套接字地
址结构的指针（sa）为参数，在rti_info数组中填入指向相应套接字地址结构的指
针。假设图18-5所示的所有4个套接字地址结构都被内核返回，结果rti_info数组将
如图18-8所示。

route/getrt.c

```
35      rtm = (struct rt_msghdr *) buf;
36      sa = (struct sockaddr *) (rtm + 1);
37      get_rtaddrs(rtm->rtm_addrs, sa, rti_info);
38      if ( (sa = rti_info[RTAX_DST]) != NULL)
39          printf("dest: %s\n", Sock_ntop_host(sa, sa->sa_len));

40      if ( (sa = rti_info[RTAX_GATEWAY]) != NULL)
41          printf("gateway: %s\n", Sock_ntop_host(sa, sa->sa_len));

42      if ( (sa = rti_info[RTAX_NETMASK]) != NULL)
43          printf("netmask: %s\n", Sock_masktop(sa, sa->sa_len));

44      if ( (sa = rti_info[RTAX_GENMASK]) != NULL)
45          printf("genmask: %s\n", Sock_masktop(sa, sa->sa_len));

46      exit(0);
47  }
```

route/getrt.c

图18-7　通过路由套接字发出RTM_GET命令的程序的后半部分

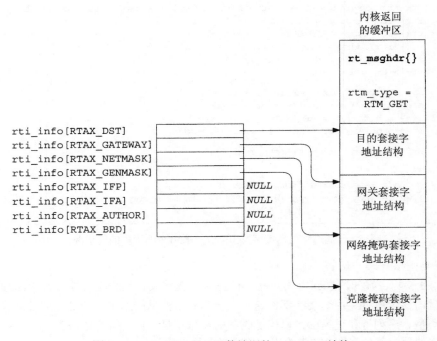

图18-8　get_rtaddrs函数填写的rti_info结构

　　然后我们的程序会遍查rti_info数组,对其中所有非空指针执行想做的处理。

38~45　若存在则逐个显示4个可能的地址。显示目的地址和网关地址使用sock_ntop_ host函数,显示两个掩码使用sock_masktop函数。我们稍后给出这个新函数。

　　图18-9给出的是图18-7中调用的get_rtaddrs函数。

——— libroute/get_rtaddrs.c

```
 1 #include    "unproute.h"

 2 /*
 3  * Round up 'a' to next multiple of 'size', which must be a power of 2
 4  */
 5 #define ROUNDUP(a, size) (((a) & ((size)-1)) ? (1 + ((a) | ((size)-1))) : (a))

 6 /*
 7  * Step to next socket address structure;
 8  * if sa_len is 0, assume it is sizeof(u_long).
 9  */
10 #define NEXT_SA(ap) ap = (SA *) \
11     ((caddr_t) ap + (ap->sa_len ? ROUNDUP(ap->sa_len, sizeof (u_long)) : \
12                                   sizeof(u_long)))

13 void
14 get_rtaddrs(int addrs, SA *sa, SA **rti_info)
15 {
16     int     i;

17     for (i = 0; i < RTAX_MAX; i++) {
18         if (addrs & (1 << i)) {
19             rti_info[i] = sa;
20             NEXT_SA(sa);
21         } else
22             rti_info[i] = NULL;
23     }
24 }
```

——— libroute/get_rtaddrs.c

图18-9 构造指向路由消息中各个套接字地址结构的指针数组

遍历8个可能的指针

17~23 图18-4中RTAX_MAX值为8，它是内核在单个路由消息中能够返回的套接字地址结构的最大数目。本函数中的循环查看图18-4中8个RTA_*xxx*数位掩码常值中的每一个，而图18-3中3种结构的rtm_addrs、ifm_addrs或ifam_addrs成员都用于返回数位掩码。如果某位被置，rti_info数组中对应的元素就被设置为指向相应套接字地址结构的指针，否则该数组中对应的元素被设置为空指针。

步入下一个套接字地址结构

2~12 套接字地址结构是可变长度的，不过这段代码假设每个结构都有一个指明自身长度的sa_len成员。这里有两件麻烦事情必须处理。首先，网络掩码和克隆掩码这两个掩码可以通过sa_len成员值为0的套接字地址结构中返回，然而这种结构实际上占用一个unsigned long的大小。（TCPv2第19章讨论了4.4BSD路由表的克隆特性。）这种结构值表示所有位全为0的掩码，我们早先的例子中把默认路径这样的网络掩码显示成0.0.0.0。其次，每个套接字地址结构可在末尾增添填充字节，使得下一个结构从特定的边界开始，对于本例子就是一个unsigned long的大小（譬如在32位体系结构中就是一个4字节的边界）。尽管sockaddr_in结构因占据16字节而不需要填充，掩码却往往会在末尾出现填充字节。

我们尚未给出的本示例程序的最后一个函数是图18-10中的sock_masktop，它返回可通过路由套接字返回的那两种掩码的表达字符串。掩码存放在套接字地址结构中。掩码的套接字地址结构的sa_family成员没有定义，但是对于32位的IPv4掩码sa_len成员可能取值0、5、6、

7或8。当这个长度大于0时，真正的掩码离起点的偏移和IPv4地址在sockaddr_in结构中离开头的偏移一样，都是4字节（如TCPv2第577页图18-21所示），也就是通用套接字地址结构的s_data[2]成员。

libroute/sock_masktop.c

```
 1 #include      "unproute.h"

 2 const char *
 3 sock_masktop(SA *sa, socklen_t salen)
 4 {
 5     static char str[INET6_ADDRSTRLEN];
 6     unsigned char *ptr = &sa->sa_data[2];

 7     if (sa->sa_len == 0)
 8         return("0.0.0.0");
 9     else if (sa->sa_len == 5)
10         snprintf(str, sizeof(str), "%d.0.0.0", *ptr);
11     else if (sa->sa_len == 6)
12         snprintf(str, sizeof(str), "%d.%d.0.0", *ptr, *(ptr+1));
13     else if (sa->sa_len == 7)
14         snprintf(str, sizeof(str), "%d.%d.%d.0", *ptr, *(ptr+1),
15                     *(ptr+2));
16     else if (sa->sa_len == 8)
17         snprintf(str, sizeof(str), "%d.%d.%d.%d",
18                     *ptr, *(ptr+1), *(ptr+2), *(ptr+3));
19     else
20         snprintf(str, sizeof(str), "(unknown mask, len = %d, family = %d)",
21                     sa->sa_len, sa->sa_family);
22     return(str);
23 }
```

libroute/sock_masktop.c

图18-10 把一个掩码的值转换成它的表达格式

7~21 如果长度为0，隐含的掩码就是0.0.0.0。如果长度为5，就只存放32位掩码的第一个字节，其余3字节的隐含值为0。当长度为8时，掩码的所有4字节都被保存。

本例子中我们想读取内核的应答，因为应答中含有我们正在查找的信息。然而通常情况下，write到路由套接字的返回值会告知我们发送给内核命令是否执行成功。如果我们只需要知道发送的命令是否执行成功，那么可以在打开路由套接字之后立即以SHUT_RD为第二个参数调用shutdown，以防止内核发送应答。举例来说，如果我们是在删除一个路径，那么write返回0意味着成功，返回ESRCH错误意味着内核找不到这个路径（TCPv2第608页）。类似地，当增加一个路径时，write返回EEXIST错误意味着与这个路径一致的路由表项已经存在。在图18-6的例子中，如果给定目的地址的路由表项不存在（譬如说该主机没有设置默认路径），write将返回一个ESRCH错误。

18.4 sysctl 操作

我们对路由套接字的主要兴趣点在于使用sysctl函数检查路由表和接口列表。创建路由套接字（一个AF_ROUTE域的原始套接字）需要超级用户权限，然而使用sysctl检查路由表和接口列表的进程却不限用户权限。

```
#include <sys/param.h>
#include <sys/sysctl.h>

int sysctl(int *name, u_int namelen, void *oldp, size_t *oldlenp,
           void *newp, size_t newlen);
```

返回：若成功则为0，若出错则为-1

这个函数使用类似简单网络管理协议（Simple Network Management Protocol，SNMP）中管理信息库（management information base，MIB）的名字。TCPv1第25章详细讨论SNMP和它的MIB。这些名字是分层结构的。

name参数是指定名字的一个整数数组，namelen参数指定该数组中的元素数目。该数组中的第一个元素指定本请求定向到内核的哪个子系统。第二个及其后元素逐次细化指定该子系统的某个部分。图18-11展示了这样的分层排列，以前3级使用的一些常值作为例子。

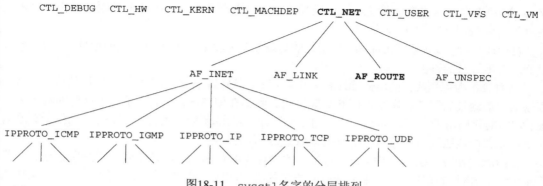

图18-11 sysctl名字的分层排列

为了获取某个值，oldp参数指向一个供内核存放该值的缓冲区。oldlenp则是一个值-结果参数：函数被调用时，oldlenp指向的值指定该缓冲区的大小；函数返回时，该值给出内核存放在该缓冲区中的数据量。如果这个缓冲区不够大，函数就返回ENOMEM错误。作为特例，oldp可以是一个空指针而oldlenp却是一个非空指针，内核确定这样的调用应该返回的数据量，并通过oldlenp返回这个大小。

为了设置某个新值，newp参数指向一个大小为newlen参数值的缓冲区。如果不准备指定一个新值，那么newp应为一个空指针，newlen应为0。

sysctl的手册页面详细叙述了可使用该函数获取的各种系统信息，有文件系统、虚拟内存、内核限制、硬件等各方面的信息。我们感兴趣的是网络子系统，通过把name数组的第一个元素设置为CTL_NET来指定。（CTL_xxx常值在<sys/sysctl.h>头文件中定义。）第二个元素可以是以下几种。

- AF_INET：获取或设置影响网际网协议的变量。下一级为使用某个IPPROTO_xxx常值指定的具体协议。FreeBSD 5.0在这一级提供了大约75个变量，用于控制诸如内核是否应该产生ICMP重定向、TCP是否应该使用RFC 1323选项、UDP校验和是否应该发送等特性。我们将在本节靠后给出sysctl如此用途的一个例子。
- AF_LINK：获取或设置链路层信息，譬如PPP接口的数目。
- AF_ROUTE：返回路由表或接口列表的信息。我们稍候讲解这些信息。
- AF_UNSPEC：获取或设置一些套接字层变量，譬如套接字发送或接收缓冲区的最大大小。

496

当name数组的第二个元素为AF_ROUTE时，第三个元素（协议号）总是为0（因为AF_ROUTE族不像譬如说AF_INET族那样其中有协议），第四个元素是一个地址族，第五和第六级指定做什么。图18-12对此做了汇总。

name[]	返回IPv4路由表	返回IPv4 ARP高速缓存	返回IPv6路由表	返回接口清单
0	CTL_NET	CTL_NET	CTL_NET	CTL_NET
1	AF_ROUTE	AF_ROUTE	AF_ROUTE	AF_ROUTE
2	0	0	0	0
3	AF_INET	AF_INET	AF_INET6	0
4	NET_RT_DUMP	NET_RT_FLAGS	NET_RT_DUMP	NET_RT_IFLIST
5	0	RTF_LLINFO	0	0

图18-12   sysctl在AF_ROUTE域返回的信息

路由域支持3种操作，由name[4]指定。（NET_RT_*xxx*常值在<sys/socket.h>头文件中定义。）这3种操作返回的信息通过sysctl调用中的oldp指针返回。oldp指向的缓冲区中含有可变数目的RTM_*xxx*消息（图18-2）。

(1) NET_RT_DUMP返回由name[3]指定的地址族的路由表。如果所指定的地址族为0，那么返回所有地址族的路由表。

路由表作为可变数目的RTM_GET消息返回，每个消息后跟最多4个套接字地址结构：本路由表项的目的地址、网关、网络掩码和克隆掩码。我们在图18-5右侧展示了一个这样的消息，而图18-7中的代码用于分析这样的消息。相比直接读写路由套接字的操作，sysctl操作所有改动仅仅体现在内核通过后者返回一个或多个RTM_GET信息。

(2) NET_RT_FLAGS返回由name[3]指定的地址族的路由表，但是仅限于那些所带标志（若干个RTF_*xxx*常值的逻辑或）与由name[5]指定的标志相匹配的路由表项。路由表中所有ARP高速缓存表项均设置了RTF_LLINFO标志位。

这种操作的信息返回格式和上一种操作的一致。

(3) NET_RT_IFLIST返回所有已配置接口的信息。如果name[5]不为0，它就是某个接口的索引号，于是仅仅返回该接口的信息。（我们将在18.6节讨论接口索引。）已赋予每个接口的所有地址也同时返回，不过如果name[3]不为0，那么仅限于返回指定地址族的地址。

每个接口的返回信息包括一个RTM_IFINFO消息和后跟的零个或多个RTM_NEWADDR消息，其中每个RTM_NEWADDR消息对应已赋予该接口的一个地址。接在RTM_IFINFO消息首部之后的是一个数据链路套接字地址结构，接在每个RTM_NEWADDR消息首部之后的则是最多3个套接字地址结构：接口地址、网络掩码和广播地址。图18-13展示了这两个消息。

例子：判断 UDP 校验和是否开启

下面提供一个sysctl的简单例子，对于网际网协议检查UDP校验和是否开启。有些UDP应用程序（如BIND）在启动时检查UDP校验和是否已经开启，若没有则尝试开启。当然开启诸如此类的特性需要超级用户权限，不过本例子仅仅检查这个特性是否已经开启。图18-14给出了本程序。

包含系统头文件

2~4   我们必须包含<netinet/udp_var.h>头文件以获得sysctl的UDP常值定义。另外两个头文件是本头文件所需的。

内核返回的缓冲区

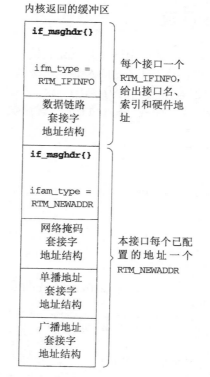

| if_msghdr{} |
| ifm_type =
RTM_IFINFO |
| 数据链路
套接字
地址结构 |

每个接口一个
RTM_IFINFO,
给出接口名、
索引和硬件地
址

| if_msghdr{} |
| ifam_type =
RTM_NEWADDR |
| 网络掩码
套接字
地址结构 |
| 单播地址
套接字
地址结构 |
| 广播地址
套接字
地址结构 |

本接口每个已配
置的地址一个
RTM_NEWADDR

图18-13　由sysctl的CTL_NET/AF_ROUTE/NET_RT_IFLIST命令返回的信息

route/checkudpsum.c

```
1  #include      "unproute.h"
2  #include      <netinet/udp.h>
3  #include      <netinet/ip_var.h>
4  #include      <netinet/udp_var.h>        /* for UDPCTL_xxx constants */
5  int
6  main(int argc, char **argv)
7  {
8      int     mib[4], val;
9      size_t  len;
10     mib[0] = CTL_NET;
11     mib[1] = AF_INET;
12     mib[2] = IPPROTO_UDP;
13     mib[3] = UDPCTL_CHECKSUM;
14     len = sizeof(val);
15     Sysctl(mib, 4, &val, &len, NULL, 0);
16     printf("udp checksum flag: %d\n", val);
17     exit(0);
18 }
```

route/checkudpsum.c

图18-14　检查UDP校验和是否开启

调用 sysctl

10~16　静态分配一个4个元素的整数数组，并存放相应于图18-11所示层次结构的各个常值。
　　　　既然仅仅获取一个变量的值而不是给它设置新值，我们指定sysctl的*newp*参数为一
　　　　个空指针，*newlen*参数为0。*oldp*指向一个我们提供来存放结果的整数变量，*oldenp*指
　　　　向一个"值-结果"变量，其值为该整数变量的大小。我们显示的标志将为0（禁止）
　　　　或1（开启）。

18.5　`get_ifi_info` 函数

我们现在返回到17.6节的例子: 作为一个ifi_info结构链表返回所有在工(即处于UP状态)的接口(图17-5)。prifinfo程序保持不变(图17-6), 但是这里给出的get_ifi_info函数是使用sysctl实现的版本, 它取代图17-7中使用的SIOCGIFCONF ioctl实现的版本。

我们首先在图18-15中给出函数net_rt_iflist。该函数以NET_RT_IFLIST命令调用sysctl返回指定地址族的接口列表。

libroute/net_rt_iflist.c

```
 1 #include     "unproute.h"

 2 char *
 3 net_rt_iflist(int family, int flags, size_t *lenp)
 4 {
 5     int    mib[6];
 6     char  *buf;

 7     mib[0] = CTL_NET;
 8     mib[1] = AF_ROUTE;
 9     mib[2] = 0;
10     mib[3] = family;           /* only addresses of this family */
11     mib[4] = NET_RT_IFLIST;
12     mib[5] = flags;            /* interface index or 0 */
13     if (sysctl(mib, 6, NULL, lenp, NULL, 0) < 0)
14         return(NULL);

15     if ( (buf = malloc(*lenp)) == NULL)
16         return(NULL);
17     if (sysctl(mib, 6, buf, lenp, NULL, 0) < 0) {
18         free(buf);
19         return(NULL);
20     }

21     return(buf);
22 }
```

libroute/net_rt_iflist.c

图18-15　调用sysctl返回接口列表

7~14　如图18-12所示, 我们把数组mib初始化成用于返回接口列表以及每个接口已配置的指定地址族的地址。然后调用sysctl两次。第一次调用时指定第三个参数为空指针, 从而lenp指向的变量中将返回存放所有接口信息所需缓冲区的大小。

15~21　动态分配这个缓冲区并再次调用sysctl, 这次指定第三个参数为指向新分配缓冲区的一个指针。这次lenp指向的变量将返回存放在缓冲区中的信息量, 而这个变量是调用者分配的。指向这个缓冲区的指针则作为函数返回值返回给调用者。

> 既然路由表的大小和接口的数目可能在两次sysctl调用之间发生变化, 第一次调用的返回值实际含有一个10%的余量因子(TCPv2第639~640页)。

图18-16给出了get_ifi_info函数的前半部分。

6~14　声明局部变量, 然后调用net_rt_iflist函数。

17~19　for循环遍查由sysctl返回并填写到缓冲区中的每个路由消息。我们假定消息是一个if_msghdr结构, 再查看其ifm_type成员。(注意所有3种路由消息结构的前3个成员是相同的, 因此用这3种结构中的哪一种来查看类型成员并无分别。)

```
                                                            ———— route/get_ifi_info.c
 1 #include     "unpifi.h"
 2 #include     "unproute.h"

 3 struct ifi_info *
 4 get_ifi_info(int family, int doaliases)
 5 {
 6     int     flags;
 7     char    *buf, *next, *lim;
 8     size_t len;
 9     struct if_msghdr*ifm;
10     struct ifa_msghdr    *ifam;
11     struct sockaddr      *sa, *rti_info[RTAX_MAX];
12     struct sockaddr_dl   *sdl;
13     struct ifi_info      *ifi, *ifisave, *ifihead, **ifipnext;

14     buf = net_rt_iflist(family, 0, &len);

15     ifihead = NULL;
16     ifipnext = &ifihead;

17     lim = buf + len;
18     for (next = buf; next < lim; next += ifm->ifm_msglen) {
19         ifm = (struct if_msghdr *) next;
20         if (ifm->ifm_type == RTM_IFINFO) {
21             if ( ((flags = ifm->ifm_flags) & IFF_UP) == 0)
22                 continue;       /* ignore if interface not up */

23             sa = (struct sockaddr *) (ifm + 1);
24             get_rtaddrs(ifm->ifm_addrs, sa, rti_info);
25             if ( (sa = rti_info[RTAX_IFP]) != NULL) {
26                 ifi = Calloc(1, sizeof(struct ifi_info));
27                 *ifipnext = ifi;                /* prev points to this new one */
28                 ifipnext = &ifi->ifi_next; /* ptr to next one goes here */

29                 ifi->ifi_flags = flags;
30                 if (sa->sa_family == AF_LINK) {
31                     sdl = (struct sockaddr_dl *) sa;
32                     ifi->ifi_index = sdl->sdl_index;
33                     if (sdl->sdl_nlen > 0)
34                         snprintf(ifi->ifi_name, IFI_NAME, "%*s",
35                                 sdl->sdl_nlen, &sdl->sdl_data[0]);
36                     else
37                         snprintf(ifi->ifi_name, IFI_NAME, "index %d",
38                                 sdl->sdl_index);

39                     if ( (ifi->ifi_hlen = sdl->sdl_alen) > 0)
40                         memcpy(ifi->ifi_haddr, LLADDR(sdl),
41                                 min(IFI_HADDR, sdl->sdl_alen));
42                 }
43             }
                                                            ———— route/get_ifi_info.c
```

图18-16 get_ifi_info函数前半部分

检查接口是否在工作

20~22 sysctl已为每个接口返回一个RTM_IFINFO结构。如果当前接口不在工作（处于DOWN状态），那就忽略它。

判断存在哪些套接字地址结构

23~24 sa指向if_msghdr结构之后的第一个套接字地址结构。get_rtaddrs函数将根据出现哪些套接字地址结构初始化rti_info数组。

处理接口名字

25~43　如果出现携带接口名字的套接字地址结构，那就动态分配一个ifi_info结构并存放接口标志。这个套接字地址结构的预期地址族为AF_LINK，表示它是一个数据链路套接字地址结构。我们把其中的接口索引存放到ifi_index成员。如果sdl_nlen成员不为0，那就把接口名字复制到ifi_info结构；否则把接口索引字符串作为接口名字存放。如果sdl_alen成员不为0，那就把硬件地址（譬如以太网地址）复制到ifi_info结构，其长度则在ifi_hlen中返回。

图18-17给出了get_ifi_info函数的后半部分，用于返回当前接口的IP地址。

route/get_ifi_info.c

```
44              } else if (ifm->ifm_type == RTM_NEWADDR) {
45                  if (ifi->ifi_addr) {   /* already have an IP addr for i/f */
46                      if (doaliases == 0)
47                          continue;

48                      /* we have a new IP addr for existing interface */
49                      ifisave = ifi;
50                      ifi = Calloc(1, sizeof(struct ifi_info));
51                      *ifipnext = ifi;        /* prev points to this new one */
52                      ifipnext = &ifi->ifi_next; /* ptr to next one goes here */
53                      ifi->ifi_flags = ifisave->ifi_flags;
54                      ifi->ifi_index = ifisave->ifi_index;
55                      ifi->ifi_hlen = ifisave->ifi_hlen;
56                      memcpy(ifi->ifi_name, ifisave->ifi_name, IFI_NAME);
57                      memcpy(ifi->ifi_haddr, ifisave->ifi_haddr, IFI_HADDR);
58                  }

59                  ifam = (struct ifa_msghdr *) next;
60                  sa = (struct sockaddr *) (ifam + 1);
61                  get_rtaddrs(ifam->ifam_addrs, sa, rti_info);

62                  if ( (sa = rti_info[RTAX_IFA]) != NULL) {
63                      ifi->ifi_addr = Calloc(1, sa->sa_len);
64                      memcpy(ifi->ifi_addr, sa, sa->sa_len);
65                  }

66                  if ((flags & IFF_BROADCAST)&&(sa = rti_info[RTAX_BRD]) ! =NULL){
67                      ifi->ifi_brdaddr = Calloc(1, sa->sa_len);
68                      memcpy(ifi->ifi_brdaddr, sa, sa->sa_len);
69                  }

70                  if ((flags & IFF_POINTOPOINT) &&
71                      (sa = rti_info[RTAX_BRD]) != NULL) {
72                      ifi->ifi_dstaddr = Calloc(1, sa->sa_len);
73                      memcpy(ifi->ifi_dstaddr, sa, sa->sa_len);
74                  }

75          } else
76              err_quit("unexpected message type %d", ifm->ifm_type);
77      }
78      /* "ifihead" points to the first structure in the linked list */
79      return(ifihead);            /* ptr to first structure in linked list */
80  }
```

route/get_ifi_info.c

图18-17　get_ifi_info函数后半部分

返回IP地址

44~65　sysctl已为当前接口每个已配置地址返回一个RTM_NEWADDR消息，包括主地址和所有别名地址。如果当前接口在其ifi_info结构中的IP地址已经填写，我们就知道当前处理的是一个别名地址。这种情况下如果调用者想要别名地址，我们就得再分配一个ifi_info结构，复制已经填写的字段，然后填入当前处理的别名地址。

返回广播地址和目的地址

66~75 如果当前接口支持广播，那就返回其广播地址；如果当前接口是点对点接口，那就返回其目的地址。

501
≀
503

18.6 接口名字和索引函数

RFC 3493［Gilligan et al. 2003］定义了4个处理接口名字和索引的函数。这4个函数用于需要描述一个接口的场合，并且是为IPv6 API引入的，不过也适用于IPv4 API。我们将在第21章介绍IPv6多播和在第27章介绍IPv6选项时讲解它们的用途。这里存在一个基本概念，即每个接口都有一个唯一的名字和一个唯一的正值索引（0从不用作索引）。

```
#include <net/if.h>

unsigned int if_nametoindex(const char *ifname);
                                    返回：若成功则为正的接口索引，若出错则为0

char *if_indextoname(unsigned int ifindex, char *ifname);
                                返回：若成功则为指向接口名字的指针，若出错则为NULL

struct if_nameindex *if_nameindex(void);
                                    返回：若成功则为非空指针，若出错则为NULL

void if_freenameindex(struct if_nameindex *ptr);
```

if_nametoindex返回名字为*ifname*的接口的索引。if_indextoname返回索引为*ifindex*的接口的名字。*ifname*参数指向一个大小为IFNAMSIZ的缓冲区（该常值在<net/if.h>头文件中定义，如图17-2所示），调用者必须分配这个缓冲区以保存结果，调用成功时这个指针也是函数的返回值。

if_nameindex返回一个指向if_nameindex结构数组的指针，该结构定义如下。

```
struct if_nameindex {
  unsigned int    if_index; /* 1, 2, ... */
  char           *if_name;  /* null terminated name: "le0", ... */
};
```

该数组最后一个元素的if_index成员为0，if_name成员为空指针。该数组本身以及数组中各个元素指向的名字所用的内存空间由该函数动态获取，然后由if_freenameindex函数归还给系统。

下面使用路由套接字给出这4个函数的一个实现。

504

18.6.1 **if_nametoindex** 函数

图18-18给出的是if_nametoindex函数。

获取接口列表

12~13 我们的net_rt_iflist函数返回接口列表。

只处理RTM_IFINFO消息

17~30 处理缓冲区中的消息（图18-13），仅仅查找RTM_IFINFO消息。找到一个后调用get_rtaddrs函数设置指向各个套接字地址结构的指针；如果存在一个接口名字结构（它由rti_info［RTAX_IFP］指针所指），那就比较其中的接口名字和调用者指定的参数。

libroute/if_nametoindex.c

```
 1 #include    "unpifi.h"
 2 #include    "unproute.h"

 3 unsigned int
 4 if_nametoindex(const char *name)
 5 {
 6     unsigned int idx, namelen;
 7     char  *buf, *next, *lim;
 8     size_t  len;
 9     struct if_msghdr *ifm;
10     struct sockaddr *sa, *rti_info[RTAX_MAX];
11     struct sockaddr_dl  *sdl;

12     if ( (buf = net_rt_iflist(0, 0, &len)) == NULL)
13         return(0);

14     namelen = strlen(name);
15     lim = buf + len;
16     for (next = buf; next < lim; next += ifm->ifm_msglen) {
17         ifm = (struct if_msghdr *) next;
18         if (ifm->ifm_type == RTM_IFINFO) {
19             sa = (struct sockaddr *) (ifm + 1);
20             get_rtaddrs(ifm->ifm_addrs, sa, rti_info);
21             if ( (sa = rti_info[RTAX_IFP]) != NULL) {
22                 if (sa->sa_family == AF_LINK) {
23                     sdl = (struct sockaddr_dl *) sa;
24                     if (sdl->sdl_nlen == namelen
25                         && strncmp(&sdl->sdl_data[0], name,
26                             sdl->sdl_nlen) == 0) {
27                         idx = sdl->sdl_index;   /* save before free() */
28                         free(buf);
29                         return(idx);
30                     }
31                 }
32             }
33         }
34     }
35     free(buf);
36     return(0);                  /* no match for name */
37 }
```

libroute/if_nametoindex.c

图18-18   给定接口名字返回其接口索引

18.6.2 `if_indextoname` 函数

下一个函数ifindextoname如图18-19所示。

libroute/if_indextoname.c

```
 1 #include    "unpifi.h"
 2 #include    "unproute.h"

 3 char *
 4 if_indextoname(unsigned int idx, char *name)
 5 {
 6     char  *buf, *next, *lim;
 7     size_t  len;
```

libroute/if_indextoname.c

图18-19   给定接口索引返回其接口名字

```
 8          struct if_msghdr     *ifm;
 9          struct sockaddr      *sa, *rti_info[RTAX_MAX];
10          struct sockaddr_dl   *sdl;

11          if ( (buf = net_rt_iflist(0, idx, &len)) == NULL)
12              return(NULL);

13          lim = buf + len;
14          for (next = buf; next < lim; next += ifm->ifm_msglen) {
15              ifm = (struct if_msghdr *) next;
16              if (ifm->ifm_type == RTM_IFINFO) {
17                  sa = (struct sockaddr *) (ifm + 1);
18                  get_rtaddrs(ifm->ifm_addrs, sa, rti_info);
19                  if ( (sa = rti_info[RTAX_IFP]) != NULL) {
20                      if (sa->sa_family == AF_LINK) {
21                          sdl = (struct sockaddr_dl *) sa;
22                          if (sdl->sdl_index == idx) {
23                              int slen = min(IFNAMSIZ - 1, sdl->sdl_nlen);
24                              strncpy(name, sdl->sdl_data, slen);
25                              name[slen] = 0;       /* null terminate */
26                              free(buf);
27                              return(name);
28                          }
29                      }
30                  }
31              }
32          }
33          free(buf);
34          return(NULL);              /* no match for index */
35      }
```

libroute/if_indextoname.c

图18-19   （续）

本函数和前一个函数几乎相同，不过这里我们不是查找接口名字，而是比较接口索引和由调用者指定的参数。另外，调用net_rt_iflist函数指定的第二个参数是期望的索引，因此结果应该只含有期望接口的信息。找到匹配的接口后，复制并返回以空字符结尾的接口名字。

505
~
506

18.6.3 if_nameindex 函数

下一个函数if_nameindex返回一个if_nameindex结构数组，其中含有所有的接口名字和索引对，如图18-20所示。

获取接口列表，为结果分配空间

13~18   调用我们的net_rt_iflist函数返回接口列表。我们还把由这个函数返回的大小作为分配一个缓冲区的大小，该缓冲区用于存放将返回给调用者的if_nameindex结构数组。这是一个过高的估计，不过总比遍历两趟接口列表简单：一趟是为了统计接口的数目和各个名字总的大小，另一趟是为了填写信息。我们从该缓冲区的开头往前（正向）构建if_nameindex数组，从缓冲区末尾往后（反向）存放接口名字。

只处理RTM_IFINFO消息

22~36   遍历所有的消息，从中查找各个RTM_INFO消息及后跟的数据链路套接字地址结构。把接口名字和索引存放到正在构建的数组中。

终止数组

38~39   把数组最后一个元素的if_name置为空，if_index置为0。

libroute/if_nameindex.c

```
 1 #include      "unpifi.h"
 2 #include      "unproute.h"

 3 struct if_nameindex *
 4 if_nameindex(void)
 5 {
 6     char    *buf, *next, *lim;
 7     size_t  len;
 8     struct if_msghdr *ifm;
 9     struct sockaddr *sa, *rti_info[RTAX_MAX];
10     struct sockaddr_dl  *sdl;
11     struct if_nameindex *result, *ifptr;
12     char    *namptr;

13     if ( (buf = net_rt_iflist(0, 0, &len)) == NULL)
14         return(NULL);

15     if ( (result = malloc(len)) == NULL)    /* overestimate */
16         return(NULL);
17     ifptr = result;
18     namptr = (char *) result + len;    /* names start at end of buffer */

19     lim = buf + len;
20     for (next = buf; next < lim; next += ifm->ifm_msglen) {
21         ifm = (struct if_msghdr *) next;
22         if (ifm->ifm_type == RTM_IFINFO) {
23             sa = (struct sockaddr *) (ifm + 1);
24             get_rtaddrs(ifm->ifm_addrs, sa, rti_info);
25             if ( (sa = rti_info[RTAX_IFP]) != NULL) {
26                 if (sa->sa_family == AF_LINK) {
27                     sdl = (struct sockaddr_dl *) sa;
28                     namptr -= sdl->sdl_nlen + 1;
29                     strncpy(namptr, &sdl->sdl_data[0], sdl->sdl_nlen);
30                     namptr[sdl->sdl_nlen] = 0;   /* null terminate */
31                     ifptr->if_name = namptr;
32                     ifptr->if_index = sdl->sdl_index;
33                     ifptr++;
34                 }
35             }

36         }
37     }
38     ifptr->if_name = NULL;    /* mark end of array of structs */
39     ifptr->if_index = 0;
40     free(buf);
41     return(result);           /* caller must free() this when done */
42 }
```

libroute/if_nameindex.c

图18-20　返回所有的接口名字和索引

18.6.4　**if_freenameindex** 函数

最后一个函数如图18-21所示，它释放为if_nameindex结构数组及其中所含的名字分配的内存空间。

libroute/if_nameindex.c

```
43 void
44 if_freenameindex(struct if_nameindex *ptr)
45 {
46     free(ptr);
47 }
```

libroute/if_nameindex.c

图18-21　释放由if_nameindex分配的内存空间

本函数极其简单,因为在if_nameindex函数中我们把结构数组和名字存放在同一个缓冲区内。要是我们在if_nameindex函数中对每个名字都调用malloc,那么为了释放内存空间,我们将不得不遍历整个数组,先释放每个名字的内存空间,再释放数组本身。

18.7　小结

我们在本书中最后遇到的套接字地址结构是sockaddr_dl结构,它是一种可变长度的数据链路套接字地址结构。源自Berkeley的内核把它们和接口联系起来,以便返回接口索引、名字和硬件地址。

进程可以写到路由套接字的消息有5个类型,内核可通过路由套接字异步返回的消息有15个类型。我们给出了这样一个例子:进程向内核请求关于一个路由表项的信息,内核作为响应给出所有的细节信息。这些内核响应消息含有最多8个套接字地址结构,我们必须分析这些消息以获取其中的每条信息。

sysctl函数是获取和设置操作系统参数的一个通用方法。我们所关注的sysctl操作包括:

- 倾泻出接口列表;
- 倾泻出路由表;
- 倾泻出ARP高速缓存。

IPv6要求对套接字API实施的相关改动包括在接口名字和接口索引之间进行映射的4个函数。每个接口都被赋予一个唯一的正值索引。源自Berkeley的实现已经把索引和每个接口联系在一起,因此我们可以很容易地使用sysctl实现这些函数。

习题

18.1　对于一个名为eth10且链路层地址是一个64位IEEE EUI-64地址的接口而言,你预期它的数据链路套接字地址结构中的sdl_len成员会是什么?

18.2　图18-6中若在调用write之前禁止SO_USELOOPBACK套接字选项,将会发生什么?

第 19 章

密钥管理套接字

19.1 概述

随着IP安全体系结构（IPsec，见RFC 2401［Kent and Atkinson 1998a］）的引入，私钥体系加密和认证密钥的管理越来越需要一套标准的机制。RFC 2367［McDonald, Metz, and Phan 1998］介绍了一个通用密钥管理API，可用于IPsec和其他网络安全服务。与路由域套接字（第18章）类似，该API也创建了一个新的协议族即PF_KEY域。在这个密钥管理域中，唯一支持的一种套接字是原始套接字。

> 正如4.2节中所述，在大多数系统上常值AF_KEY将被定义成与PF_KEY有相同的值。然而RFC 2367相当明确地认为密钥管理套接字必须使用PF_KEY这个常值。

打开原始密钥管理套接字需要特权。在特权按需分割的系统上，打开密钥管理套接字这样的操作必须自有一个单独的特权。在普通的Unix系统上，密钥管理套接字仅限超级用户有打开权限。

IPsec基于安全关联（security association，SA）为分组提供安全服务。SA描述了源地址与目的地址（加上可选的传输协议和端口）、机制（例如认证）以及密钥素材的组合。单个分组交通流上每个方向都可以应用不止一个SA（例如一个用于认证，一个用于加密）。存放在一个系统中的所有SA构成的集合称为安全关联数据库（security association database，SADB）。

一个系统的SADB可能用于IPsec以外的场合，举例来说，OSPFv2、RIPv2、RSVP、Mobile-IP等在SADB中也可能有各自的表项。据此PF_KEY套接字不仅限IPsec使用。

IPsec还需要一个安全策略数据库（security policy database，SPDB）。SPDB描述分组流通的需求，例如，主机A和主机B之间的分组流通必须使用IPsec AH认证，未经认证的一律被丢弃。SADB描述如何执行所需的安全步骤，例如，假设主机A和主机B之间的分组流通按照策略在使用IPsec AH，SADB就含有所用的算法和密钥。不幸的是，SPDB没有标准的维护机制。尽管PF_KEY可以维护SADB，对SPDB却无能为力。KAME的IPsec实现使用PF_KEY的扩展类型来维护SPDB，不过这种做法没有标准可循。

密钥管理套接字上支持3种类型的操作。

(1) 通过写出到密钥管理套接字，进程可以往内核以及打开着密钥管理套接字的所有其他进程发送消息。SADB表项的增加和删除采用这种操作实现，诸如OSPFv2等自行保障安全的进程也采用这种操作从某个密钥管理守护进程请求密钥。

(2) 通过从密钥管理套接字读入，进程可以自内核（或其他进程）接收消息。内核可以采用这种操作请求某个密钥管理守护进程为依照策略需受保护的一个新的TCP会话安装一个SA。

(3) 进程可以往内核发送一个倾泻（dumping）请求消息，内核作为应答倾泻出当前的SADB。这是一个调试功能，并非所有系统上都一定可用。

19.2　读和写

穿越密钥管理套接字的所有消息都有同样的基本首部，如图19-1所示。每个消息可能后跟各种扩展（extention），取决于可提供的或所请求的额外信息。所有这些相关结构都定义在头文件<net/pfkeyv2.h>中。每个消息和扩展都是64位对齐的，长度是8字节的整数倍。所有的长度字段均以64位为单位，也就是说长度为1意味着8字节。数据部分不是恰好处于某个64位边界的扩展必须填充到下一个64位边界。填充字节的具体值没有定义。

```
struct sadb_msg {
  u_int8_t sadb_msg_version;       /* PF_KEY_V2 */
  u_int8_t sadb_msg_type;          /* see Figure 19.2 */
  u_int8_t sadb_msg_errno;         /* error indication */
  u_int8_t sadb_msg_satype;        /* see Figure 19.3 */
  u_int16_t sadb_msg_len;          /* length of header + extension / 8 */
  u_int16_t sadb_msg_reserved;     /* zero on transmit, ignored on receive */
  u_int32_t sadb_msg_seq;          /* sequence number */
  u_int32_t sadb_msg_pid;          /* process ID of source or dest */
};
```

图19-1　密钥管理消息首部

sadb_msg_type成员确定本消息是图19-2列出的10个密钥管理消息类型中的哪一个。每个sadb_msg首部将后跟零个或多个扩展。大多数消息类型都有必需的和可选的扩展，我们将在讲解每个消息类型时提到这些。图19-3列出了16个扩展类型以及定义各个扩展的结构的名称。

消息类型	去往内核?	来自内核?	说　明
SADB_ACQUIRE	●	●	请求创建一个SADB表项
SADB_ADD	●	●	增加一个完整的SADB表项
SADB_DELETE	●	●	删除一个SADB表项
SADB_DUMP	●	●	倾泻出SADB（调试用）
SADB_EXPIRE		●	通知某个SADB表项已经期满
SADB_FLUSH	●	●	冲刷整个SADB
SADB_GET	●	●	获取一个SADB表项
SADB_GETSPI	●	●	分配一个用于创建SADB表项的SPI
SADB_REGISTER	●	●	注册成SADB_ACQUIRE的应答者
SADB_UPDATE	●	●	更改一个不完备的SADB表项

图19-2　通过密钥管理套接字交换的消息类型

扩展首部类型	说　明	结　构
SADB_EXT_ADDRESS_DST	SA目的地址	sadb_address
SADB_EXT_ADDRESS_PROXY	SA代理地址	sadb_address
SADB_EXT_ADDRESS_SRC	SA源地址	sadb_address
SADB_EXT_IDENTITY_DST	目的身份	sadb_ident
SADB_EXT_IDENTITY_SRC	源身份	sadb_ident
SADB_EXT_KEY_AUTH	认证密钥	sadb_key
SADB_EXT_KEY_ENCRYPT	加密密钥	sadb_key
SADB_EXT_LIFETIME_CURRENT	SA当前生命期	sadb_lifetime
SADB_EXT_LIFETIME_HARD	SA生命期硬限制	sadb_lifetime
SADB_EXT_LIFETIME_SOFT	SA生命期软限制	sadb_lifetime

图19-3　PF_KEY扩展类型

SADB_EXT_PROPOSAL	得到提议的情形	sadb_prop
SADB_EXT_SA	SA	sadb_sa
SADB_EXT_SENSITIVITY	SA敏感性	sadb_sens
SADB_EXT_SPIRANGE	可接受的SPI值范围	sadb_spirange
SADB_EXT_SUPPORTED_AUTH	得到支持的认证算法	sadb_supported
SADB_EXT_SUPPORTED_ENCRYPT	得到支持的加密算法	sadb_supported

图19-3　（续）

我们接下来给出一些例子，并展示通过密钥管理套接字执行的若干常见操作所涉及的消息和扩展。

19.3　倾泻安全关联数据库

进程使用SADB_DUMP消息倾泻当前SADB。它是最简单的密钥管理消息，不需要任何扩展，单纯是16字节的sadb_msg首部。一个进程通过某个密钥管理套接字发送一个SADB_DUMP消息到内核后，内核通过同一个套接字响应以一系列SADB_DUMP消息，每个消息对应一个SADB表项。这个列表的末尾由sadb_msg_seq成员值为0的一个消息指示。

通过把请求消息的sadb_msg_satype成员设置为图19-4给出的某个确定值，进程可限制SA的类型。若该成员的值为非确定的SADB_SATYPE_UNSPEC常值则SADB中的所有SA均返回。并非所有系统都支持全部SA类型。KAME实现仅仅支持IPsec的两类SA（SADB_SATYPE_AH和SADB_SATYPE_ESP），因此要是试图倾泻SADB_SATYPE_RIPV2类型的SA，将返回EINVAL错误。如果SADB中没有所请求确定类型的SA，那么将返回ENOENT错误。

安全关联类型	说　　明
SADB_SATYPE_AH	IPsec安全首部
SADB_SATYPE_ESP	IPsec安全净荷封装
SADB_SATYPE_MIP	可移动IP认证
SADB_SATYPE_OSPFV2	OSPFv2认证
SADB_SATYPE_RIPV2	RIPv2认证
SADB_SATYPE_RSVP	RSVP认证
SADB_SATYPE_UNSPECIFIED	未指明；仅限于请求消息

图19-4　SA类型

图19-5给出了用于倾泻SADB的程序。

这是我们第一次碰到POSIX的getopt函数。该函数的第三个参数是一个字符串，指定允许作为命令行选项出现的字符，本例中为t。这个字符后跟一个冒号，表示这个选项需要一个参数。在允许有不止一个作为命令行选项出现的字符的程序中，这些字符就串接在一起。例如图29-7所示程序中，这个参数是0i:l:v，表示那个程序接受4个选项：i和l这两个选项需要参数，0和v这两个选项不需要参数。getopt函数与在<unistd.h>头文件中定义的以下4个全局变量协同工作。

```
extern char *optarg:
extern int optind, opterr, optopt;
```

在调用getopt之前我们把opterr设置为0，以防发生命令行参数与该函数第三个参数不匹配等错误时该函数把出错消息写出到标准错误输出,因为我们想自行处理这些错误。POSIX 声称把该函数的第三个参数指定为以一个冒号打头也可以阻止该函数写出到标准错误输出,不过并非所有实现都支持这一点。

key/dump.c

```
 1 void
 2 sadb_dump(int type)
 3 {
 4     int     s;
 5     char    buf[4096];
 6     struct sadb_msg msg;
 7     int     goteof;

 8     s = Socket(PF_KEY, SOCK_RAW, PF_KEY_V2);

 9     /* Build and write SADB_DUMP request */
10     bzero(&msg, sizeof(msg));
11     msg.sadb_msg_version = PF_KEY_V2;
12     msg.sadb_msg_type = SADB_DUMP;
13     msg.sadb_msg_satype = type;
14     msg.sadb_msg_len = sizeof(msg) / 8;
15     msg.sadb_msg_pid = getpid();
16     printf("Sending dump message:\n");
17     print_sadb_msg(&msg, sizeof(msg));
18     Write(s, &msg, sizeof(msg));
19     printf("\nMessages returned:\n");
20     /* Read and print SADB_DUMP replies until done */
21     goteof = 0;
22     while (goteof == 0) {
23         int     msglen;
24         struct sadb_msg *msgp;
25         msglen = Read(s, &buf, sizeof(buf));
26         msgp = (struct sadb_msg *)&buf;
27         print_sadb_msg(msgp, msglen);
28         if (msgp->sadb_msg_seq == 0)
29             goteof = 1;
30     }
31     close(s);
32 }
33 int
34 main(int argc, char **argv)
35 {
36     int satype = SADB_SATYPE_UNSPEC;
37     int c;

38     opterr = 0;              /* don't want getopt() writing to stderr */
39     while ( (c = getopt(argc, argv, "t:")) != -1) {
40         switch (c) {
41         case 't':
42             if ((satype = getsatypebyname(optarg)) == -1)
43                 err_quit("invalid -t option %s", optarg);
44             break;
45         default:
46             err_quit("unrecognized option: %c", c);
47         }
48     }
49     sadb_dump(satype);
50 }
```

key/dump.c

图19-5 通过密钥管理套接字发出SADB_DUMP命令的程序

打开PF_KEY套接字

1~8 打开一个PF_KEY套接字。这个操作需要特定系统权限，因为它允许访问敏感的密钥素材。

构造SADB_DUMP请求

9~15 先清零sadb_msg结构以跳过对那些我们希望其保持为零的字段的初始化，再单独将其余字段填充到sadb_msg结构中。在以PF_KEY_V2为第三个参数调用socket打开的PF_KEY套接字上写出的所有消息必须把消息版本都设置为PF_KEY_V2。消息类型为SADB_DUMP。长度为不带扩展的基本首部长度。我们还设置进程ID为自己的PID，因为从进程到内核的所有消息必须以发送者的PID来标识。

输出SADB_DUMP消息并写到套接字

16~18 使用我们的print_sadb_msg函数显示本消息。我们不给出这个冗长而无味的函数，它包含在可自由获取的源代码中。它接受正写到或已读自密钥管理套接字的某个消息，以直观可读方式显示其中的所有信息。我们接着写出本消息到套接字。

读取应答

19~30 进入一个循环逐一读取每个应答，并使用print_sadb_msg显示输出。倾泻序列中最后一个消息的消息序列号为0，所以我们将其作为"文件结束"标志。

关闭PF_KEY套接字

32 最后关闭先前打开的套接字。

处理命令行参数

38~48 main函数没多少事可做。本程序取一个可选的命令行参数，用以指定待倾泻的SA类型。SA类型默认为SADB_SATYPE_UNSPEC，这会倾泻所有类型的SA。通过指定命令行参数，用户可以选择倾泻哪种类型的SA。本程序使用我们的getsatypebyname函数从文本串得到类型值。

调用sadb_dump函数

515
～
516

49 最后调用刚定义的sadb_dump函数完成全部工作。

运行示例

下面是在一个具有2个静态SA的系统上运行本倾泻程序的输出。

```
macosx % dump
Sending dump message:
SADB Message Dump, errno 0, satype Unspecified, seq 0, pid 20623

Messages returned:
SADB Message Dump, errno 0, satype IPsec AH, seq 1, pid 20623
 SA: SPI=258 Replay Window=0 State=Mature
  Authentication Algorithm: HMAC-MD5
  Encryption Algorithm: None
 [unknown extension 19]
 Current lifetime:
  0 allocations, 0 bytes
  added at Sun May 18 16:28:11 2003, never used
 Source address:   2.3.4.5/128 (IP proto 255)
 Dest address:   6.7.8.9/128 (IP proto 255)
 Authentication key, 128 bits: 0x2020202020202020002020202020202
SADB Message Dump, errno 0, satype IPsec AH, seq 0, pid 20623
```

```
SA: SPI=257 Replay Window=0 State=Mature
 Authentication Algorithm: HMAC-MD5
 Encryption Algorithm: None
[unknown extension 19]
Current lifetime:
 0 allocations, 0 bytes
 added at Sun May 18 16:26:24 2003, never used
Source address:   1.2.3.4/128 (IP proto 255)
Dest address:   5.6.7.8/128 (IP proto 255)
Authentication key, 128 bits: 0x10101010101010100101010101010101
```

19.4　创建静态安全关联

向SADB增加一个SA最直接的方法是手工指定所有参数填写并发送一个SADB_ADD消息。尽管手工指定密钥素材会导致不易更改密钥（这一点对于避免密码分析攻击至关重要），配置起来却相当容易：Alice和Bob使用带外手段达成一个密钥和算法，然后使用它们。我们给出创建和发送一个SADB_ADD消息的步骤。

SADB_ADD消息必需的扩展有3种：SA、地址和密钥。可选的扩展也有3种：生命期、身份和敏感性。我们首先讲解必需的扩展。SA扩展由如图19-6所示的sadb_sa结构描述。

517

```
struct sadb_sa {
  u_int16_t sadb_sa_len;        /* length of extension / 8 */
  u_int16_t sadb_sa_exttype;    /* SADB_EXT_SA */
  u_int32_t sadb_sa_spi;        /* Security Parameters Index (SPI) */
  u_int8_t  sadb_sa_replay;     /* replay window size, or zero */
  u_int8_t  sadb_sa_state;      /* SA state, see Figure 19.7 */
  u_int8_t  sadb_sa_auth;       /* authentication algorithm,see Figure 19.8*/
  u_int8_t  sadb_sa_encrypt;    /* encryption algorithm, see Figure 19.8 */
  u_int32_t sadb_sa_flags;       /* bitmask of flags */
};
```

图19-6　SA扩展

sadb_sa_spi成员含有安全参数索引（Security Parameters Index，SPI）。SPI结合目的地址和所用协议（如IPsec AH）唯一标识一个SA。在接收分组时，SPI用于查找该分组的SA；当发送分组时，SPI插入到分组中供对端使用。SPI没有别的含义，因此其值可以顺序地或随机地分配，也可以使用目的系统首选的方法进行分配。sadb_sa_replay指定反重放窗口的大小。既然静态生成密钥无法反重放，我们把它设置为0。[1]sadb_sa_state成员值在动态创建的SA的生命周期内会发生变化，可取值如图19-7所示。然而手工创建的SA总是处于SADB_SASTATE_ MATURE状态。[2]我们将在19.5节看到其他状态。

---

① 本书第3版新作者对于若干概念存在一些误解，这里是其中之一。反重放（也称为重放保护）与静态生成密钥没有任何关系。反重放是一个时效性相当强的概念，通常情况下远小于密钥的有效期。密钥的有效期可以设置得相当长（如若干年），主要取决于密钥的强度和同时代计算能力破解密钥可能花费的时间；这也是密钥可以通过带外手段静态生成的理由之一。反重放通常有时间戳（timestamp）和现时（nonce）两种手段。前者为每个分组指定一个到达时间窗口，不在该窗口内到达的分组视为被重放的分组而丢弃，条件是源和目的主机时间基本同步。后者仅适用于一对主机彼此交替发送分组的场合（譬如事务处理），通过严格锁步达到反重放目的，源和目的主机时间无需同步。——译者注

② 手工静态创建的SA和动态创建的SA相比实际上只缺乏LARVAL这个状态。——译者注

SA状态	说　　明	可用否？
SADB_SASTATE_LARVAL	被创建过程中	否
SADB_SASTATE_MATURE	完全形成	是
SADB_SASTATE_DYING	软生命期结束	是
SADB_SASTATE_DEAD	硬生命期结束	否

图19-7　SA的可能状态

sadb_sa_auth成员和sadb_sa_encrypt成员分别指定本SA的认证算法和加密算法，可取值如图19-8所示。sadb_sa_flags成员目前只定义了一个标志，即SADB_SAFLAGS_PFS。该标志要求完备前向安全（perfect forward security），也就说这样的密钥一定不依赖于任何先前的密钥或某个主密钥。该标志值用于从密钥管理守护进程请求密钥的场合，增加静态SA时不用。

算　　法	说　　明	参　　考
SADB_AALG_NONE	不认证	
SADB_AALG_MD5HMAC	HMAC-MD5-96	RFC 2403
SADB_AALG_SHA1HMAC	HMAC-SHA-1-96	RFC 2404
SADB_EALG_NONE	不加密	
SADB_EALG_DESCBC	DES-CBC	RFC 2405
SADB_EALG_3DESCBC	3DES-CBC	RFC 1851
SADB_EALG_NULL	NULL	RFC 2410

图19-8　认证和加密算法

SADB_ADD消息下一种必需的扩展是地址。分别由常值SADB_EXT_ADDRESS_SRC和SADB_EXT_ADDRESS_DST指定的源地址与目的地址是必需的，而由常值SADB_EXT_ADDRESS_PROXY指定的代理地址是可选的。代理地址详见RFC 2367［McDonald, Metz, and Phan 1998］。地址使用如图19-9所示的sadb_address扩展所指定。该结构的sadb_address_exttype成员确定本地址的上述类别。sadb_address_proto成员指定本SA有待匹配的IP协议，若为0则匹配所有协议。sadb_address_prefixlen成员给出本地址的有效位数，这样单个SA可以匹配多个地址。sadb_address结构后跟合适地址族的sockaddr结构（如sockaddr_in或sockaddr_in6）。sockaddr中的端口仅在sadb_address_proto指定的协议支持端口号的前提下（如IPPROTO_TCP）才有效。

```
struct sadb_address {
  u_int16_t sadb_address_len;        /* length of extension + address / 8 */
  u_int16_t sadb_address_exttype;    /* SADB_EXT_ADDRESS_{SRC,DST,PROXY} */
  u_int8_t  sadb_address_proto;      /* IP protocol, or 0 for all */
  u_int8_t  sadb_address_prefixlen;  /* # significant bits in address */
  u_int16_t sadb_address_reserved;   /* reserved for extension */
};

                                     /* followed by appropriate sockaddr */
```

图19-9　地址扩展

SADB_ADD消息最后一种必需的扩展是认证和加密密钥，分别由常值SADB_EXT_KEY_AUTH和SADB_EXT_KEY_ENCRYPT指定，由如图19-10所示的sadb_key结构描述。其中sadb_key_exttype成员定义本密钥是认证密钥还是加密密钥，sadb_key_bits成员指定本密钥的位数，密钥本身则紧跟在sadb_key结构之后。

```
struct sadb_key {
  u_int16_t sadb_key_len;          /* length of extension + key / 8 */
  u_int16_t sadb_key_exttype;      /* SADB_EXT_KEY_{AUTH,ENCRYPT} */
  u_int16_t sadb_key_bits;         /* # bits in key */
  u_int16_t sadb_key_reserved;     /* reserved for extension */
};

                                   /* followed by key data */
```

图19-10 密钥扩展

图19-11给出了增加一个静态SADB表项的程序代码。

```
                                                          ————————————key/add.c
33 void
34 sadb_add(struct sockaddr *src, struct sockaddr *dst, int type, int alg,
35          int spi, int keybits, unsigned char *keydata)
36 {
37     int     s;
38     char    buf[4096], *p;     /* XXX */
39     struct sadb_msg *msg;
40     struct sadb_sa *saext;
41     struct sadb_address *addrext;
42     struct sadb_key *keyext;
43     int     len;
44     int     mypid;

45     s = Socket(PF_KEY, SOCK_RAW, PF_KEY_V2);

46     mypid = getpid();

47     /* Build and write SADB_ADD request */
48     bzero(&buf, sizeof(buf));
49     p = buf;
50     msg = (struct sadb_msg *)p;
51     msg->sadb_msg_version = PF_KEY_V2;
52     msg->sadb_msg_type = SADB_ADD;
53     msg->sadb_msg_satype = type;
54     msg->sadb_msg_pid = getpid();
55     len = sizeof(*msg);
56     p += sizeof(*msg);

57     saext = (struct sadb_sa *)p;
58     saext->sadb_sa_len = sizeof(*saext) / 8;
59     saext->sadb_sa_exttype = SADB_EXT_SA;
60     saext->sadb_sa_spi = htonl(spi);
61     saext->sadb_sa_replay = 0;     /* no replay protection with static keys */
62     saext->sadb_sa_state = SADB_SASTATE_MATURE;
63     saext->sadb_sa_auth = alg;
64     saext->sadb_sa_encrypt = SADB_EALG_NONE;
65     saext->sadb_sa_flags = 0;
66     len += saext->sadb_sa_len * 8;
67     p += saext->sadb_sa_len * 8;

68     addrext = (struct sadb_address *)p;
69     addrext->sadb_address_len = (sizeof(*addrext) + salen(src) + 7) / 8;
70     addrext->sadb_address_exttype = SADB_EXT_ADDRESS_SRC;
71     addrext->sadb_address_proto = 0;     /* any protocol */
72     addrext->sadb_address_prefixlen = prefix_all(src);
73     addrext->sadb_address_reserved = 0;
```

图19-11 通过密钥管理套接字发出SADB_ADD命令的程序

```
74        memcpy(addrext + 1, src, salen(src));
75        len += addrext->sadb_address_len * 8;
76        p += addrext->sadb_address_len * 8;

77        addrext = (struct sadb_address *)p;
78        addrext->sadb_address_len = (sizeof(*addrext) + salen(dst) + 7) / 8;
79        addrext->sadb_address_exttype = SADB_EXT_ADDRESS_DST;
80        addrext->sadb_address_proto = 0;    /* any protocol */
81        addrext->sadb_address_prefixlen = prefix_all(dst);
82        addrext->sadb_address_reserved = 0;
83        memcpy(addrext + 1, dst, salen(dst));
84        len += addrext->sadb_address_len * 8;
85        p += addrext->sadb_address_len * 8;

86        keyext = (struct sadb_key *)p;
87        /* "+7" handles alignment requirements */
88        keyext->sadb_key_len = (sizeof(*keyext) + (keybits / 8) + 7) / 8;
89        keyext->sadb_key_exttype = SADB_EXT_KEY_AUTH;
90        keyext->sadb_key_bits = keybits;
91        keyext->sadb_key_reserved = 0;
92        memcpy(keyext + 1, keydata, keybits / 8);
93        len += keyext->sadb_key_len * 8;
94        p += keyext->sadb_key_len * 8;

95        msg->sadb_msg_len = len / 8;
96        printf("Sending add message:\n");
97        print_sadb_msg(buf, len);
98        Write(s, buf, len);

99        printf("\nReply returned:\n");
100       /* Read and print SADB_ADD reply, discarding any others */
101       for (;;) {
102           int        msglen;
103           struct sadb_msg *msgp;

104           msglen = Read(s, &buf, sizeof(buf));
105           msgp = (struct sadb_msg *)&buf;
106           if (msgp->sadb_msg_pid == mypid && msgp->sadb_msg_type == SADB_ADD) {
107               print_sadb_msg(msgp, msglen);
108               break;
109           }
110       }
111       close(s);
112   }
```
                                                                    — key/add.c

图19-11   （续）

打开 PF_KEY 套接字并保存 PID

47~56   打开一个 PF_KEY 套接字，保存我们的 PID 供以后使用。

构造 SADB_ADD 消息首部

55~56   构造一个普通的 SADB_ADD 消息首部。直到写出本消息之前再设置 sadb_msg_len 成员，以便确切反映整个消息的长度。len 变量追踪本消息的当前长度，而 p 指针总是缓冲区中第一个未用的字节。

添加 SA 扩展

57~67   接下来我们要添加必需的 SA 扩展（图19-6）。sadb_sa_spi 必须以网络字节序存放，htonl 用于把作为本函数的参数传入的主机字节序的 SPI 值转换成网络字节序。关掉重放保护，把 SA 状态设置为 SADB_SASTATE_MATURE。把认证算法设置为通过命令行参数指定的算法，加密算法则设置为 SADB_EALG_NONE。

添加源地址

68~76 将源地址以 SADB_EXT_ADDRESS_SRC 扩展的形式添加到本消息。协议值被置为0，表示本SA适用于所有协议。前缀长度被置为相应IP版本的地址长度，对于IPv4为32位，对于IPv6为128位。长度字段的计算是先加7再除以8，以确保反映出按64位边界填充后的长度。把sockaddr结构复制到本扩展首部紧后。

添加目的地址

77~85 目的地址按照与源地址一样的方式以 SADB_EXT_ADDRESS_DST 扩展的形式添加到本消息。

添加认证密钥

86~94 以 SADB_EXT_KEY_AUTH 扩展的形式添加认证密钥。长度字段计算与添加源地址一样。设置好密钥位数后把密钥数据复制到本扩展首部紧后。

写出本消息

95~98 调用 print_sadb_msg 函数显示本消息后把它写出到套接字。

读取应答

99~111 读取来自套接字的应答，寻找PID与本进程一致的 SADB_ADD 消息。调用 print_sadb_msg 函数显示该消息后退出。

运行示例

运行本程序，发送 SADB_ADD 消息为127.0.0.1和127.0.0.1之间的分组流通增设一个SA。

```
macosx % add 127.0.0.1 127.0.0.1 HMAC_SHA-1-96 160 \
                         0123456789abcdef0123456789abcdef01234567
Sending add message:
SADB Message Add, errno 0, satype IPsec AH, seq 0, pid 6246
 SA: SPI=39030 Replay Window=0 State=Mature
  Authentication Algorithm: HMAC-SHA-1
  Encryption Algorithm: None
 Source address:   127.0.0.1/32
 Dest address:    127.0.0.1/32
 Authentication key, 160 bits: 0x0123456789abcdef0123456789abcdef01234567

Reply returned:
SADB Message Add, errno 0, satype IPsec AH, seq 0, pid 6246
SA: SPI=39030 Replay Window=0 State=Mature
  Authentication Algorithm: HMAC-SHA-1
  Encryption Algorithm: None
 Source address:   127.0.0.1/32
 Dest address:    127.0.0.1/32
```

注意作为请求消息的回射的应答消息没有给出密钥内容。这么做是因为应答消息被发送到所有 PF_KEY 套接字，然而不同的套接字可能属于不同的保护域，密钥数据不应该跨越保护域。把这个SA添加到SADB之后，我们对127.0.0.1执行ping命令以促使该SA被用上，然后倾泻出SADB以检查所添加的SA。

```
macosx % dump
Sending dump message:
SADB Message Dump, errno 0, satype Unspecified, seq 0, pid 6283

Messages returned:
SADB Message Dump, errno 0, satype IPsec AH, seq 0, pid 6283
 SA: SPI=39030 Replay Window=0 State=Mature
```

```
Authentication Algorithm: HMAC-SHA-1
Encryption Algorithm: None
[unknown extension 19]
Current lifetime:
 36 allocations, 0 bytes
 added at Thu Jun  5 21:01:31 2003, first used at Thu Jun  5 21:15:07 2003
Source address:   127.0.0.1/128 (IP proto 255)
Dest address:   127.0.0.1/128 (IP proto 255)
Authentication key, 160 bits: 0x0123456789abcdef0123456789abcdef01234567
```

从倾泻出的结果可以看到，内核把我们的IP协议由0改为255。这是本实现的一个特征（实际上是一个缺陷），而并非PF_KEY套接字的普遍特征。此外我们看到内核把前缀长度由32改为128（本实现的另一个缺陷）。它看似由内核混淆IPv4和IPv6地址引起。内核还返回一个我们的倾泻程序不认识的扩展（编号为19）。不认识的扩展利用它的长度字段跳过。所返回的生命期扩展（图19-12）含有本SA的当前生命期信息。

```
struct sadb_lifetime {
  u_int16_t sadb_lifetime_len;            /* length of extension / 8 */
  u_int16_t sadb_lifetime_exttype;        /* SADB_EXT_LIFETIME_{SOFT,HARD,CURRENT} */
  u_int32_t sadb_lifetime_allocations;    /* # connections, endpoints, or flows */
  u_int64_t sadb_lifetime_bytes;          /* # bytes */
  u_int64_t sadb_lifetime_addtime;        /* time of creation, or time from
                                             creation to expiration */
  u_int64_t sadb_lifetime_usetime;        /* time frist used, or time from
                                             first use to expiration */
};
```

图19-12　生命期扩展

生命期扩展共有3个类型。SADB_LIFETIME_SOFT和SADB_LIFETIME_HARD这两个扩展分别指定一个SA的软生命期和硬生命期。当软生命期结束时，内核发送一个SADB_EXPIRE消息；当硬生命期结束后，该SA不能再用。用于指出相应SA当前生命期的SADB_LIFETIME_CURRENT扩展在以下响应消息中返回：SADB_DUMP、SADB_EXPIRE和SADB_GET。

19.5　动态维护安全关联

周期性地重新产生密钥有助于进一步提高安全性。这种操作通常由诸如IKE（RFC 2409 ［Harkins and Carrel 1998］）之类协议执行。

编写本书时IETF IPsec工作组正在规范IKE的一个替代协议。

为了获悉何时需要为一对主机提供新的SA，密钥管理守护进程应预先使用SADB_REGISTER请求消息向内核注册自身，其中的sadb_msg_satype成员会指出所能处理的SA类型。如果守护进程能够处理多个SA类型，它就为其中每个类型发送一个SADB_REGISTER请求消息。在相应的SADB_REGISTER应答消息中，内核提供一个受支持算法扩展，指出哪些加密和/或认证机制及密钥长度得到支持。受支持算法扩展由如图19-13所示的sadb_supported结构描述，紧跟该扩展首部的是以一系列sadb_alg结构形式给出的加密或认证算法描述。

sadb_supported扩展首部之后出现的每个sadb_alg结构代表系统支持的一个算法。图19-14给出了对于某个注册处理SA类型为SADB_SATYPE_ESP的SADB_REGISTER请求的一个可能应答。

```
struct sadb_supported {
  u_int16_t sadb_supported_len;          /* length of extension + algorithms / 8 */
  u_int16_t sadb_supported_exttype;      /* SADB_EXT_SUPPORTED_{AUTH,ENCRYPT} */
  u_int32_t sadb_supported_reserved;     /* reserved for future expansion */
};

                                         /* followed by algorithm list */

struct sadb_alg {
  u_int8_t  sadb_alg_id;                 /* algorithm ID from Figure 19.8 */
  u_int8_t  sadb_alg_ivlen;              /* IV length, or zero */
  u_int16_t sadb_alg_minbits;            /* minimum key length */
  u_int16_t sadb_alg_maxbits;            /* maximum key length */
  u_int16_t sadb_alg_reserved;           /* reserved for future expansion */
};
```

图19-13 受支持算法扩展

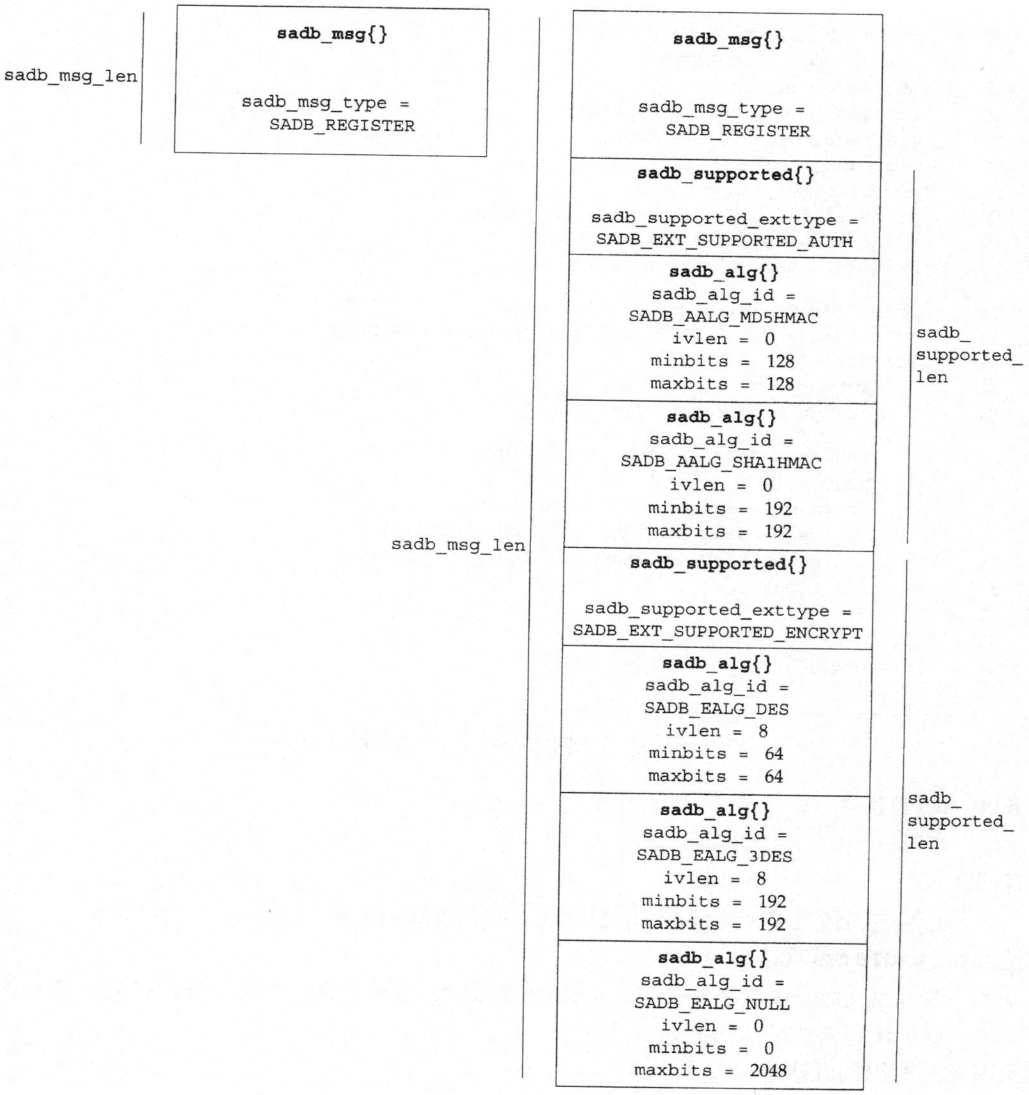

图19-14 内核为SADB_REGISTER请求返回的应答

图19-15给出的程序使用SADB_REGISTER请求向内核注册自身进程,然后显示内核在应答中返回的受支持算法列表。

key/register.c

```
 1 void
 2 sadb_register(int type)
 3 {
 4     int     s;
 5     char    buf[4096];              /* XXX */
 6     struct sadb_msg msg;
 7     int     goteof;
 8     int     mypid;

 9     s = Socket(PF_KEY, SOCK_RAW, PF_KEY_V2);

10     mypid = getpid();

11     /* Build and write SADB_REGISTER request */
12     bzero(&msg, sizeof(msg));
13     msg.sadb_msg_version = PF_KEY_V2;
14     msg.sadb_msg_type = SADB_REGISTER;
15     msg.sadb_msg_satype = type;
16     msg.sadb_msg_len = sizeof(msg) / 8;
17     msg.sadb_msg_pid = mypid;
18     printf("Sending register message:\n");
19     print_sadb_msg(&msg, sizeof(msg));
20     Write(s, &msg, sizeof(msg));

21     printf("\nReply returned:\n");
22     /* Read and print SADB_REGISTER reply, discarding any others */
23     for (;;) {
24         int msglen;
25         struct sadb_msg *msgp;

26         msglen = Read(s, &buf, sizeof(buf));
27         msgp = (struct sadb_msg *)&buf;
28         if (msgp->sadb_msg_pid == mypid &&
29             msgp->sadb_msg_type == SADB_REGISTER) {
30             print_sadb_msg(msgp, msglen);
31             break;
32         }
33     }
34     close(s);
35 }
```

key/register.c

图19-15 通过密钥管理套接字注册进程的程序

打开PF_KEY套接字

1~9 打开一个PF_KEY套接字。

保存PID

10 既然应答消息将使用我们的PID寻址,我们保存自己的PID供以后比较用。

构造SADB_REGISTER消息

11~17 像SADB_DUMP请求消息一样,SADB_REGISTER请求消息也不需要任何扩展。清零该消息后填写所需的成员即可。

显示消息并写出到套接字

18~20 使用print_sadb_msg函数显示刚构造的消息,并把它写出到套接字。

等待应答

23~33 从套接字读入消息，找出与我们的注册请求消息对应的应答消息。该应答消息是一个 PID值为本进程PID的SADB_REGISTER消息，其中含有一个受支持算法的列表，全部由 print_sadb_msg函数显示输出。

运行示例

我们在一个不仅仅支持RFC 2367中规定协议的系统上运行register程序。

```
macosx % register -t ah
Sending register message:
SADB Message Register, errno 0, satype IPsec AH, seq 0, pid 20746

Reply returned:
SADB Message Register, errno 0, satype IPsec AH, seq 0, pid 20746
 Supported authentication algorithms:
  HMAC-MD5 ivlen 0 bits 128-128
  HMAC-SHA-1 ivlen 0 bits 160-160
  Keyed MD5 ivlen 0 bits 128-128
  Keyed SHA-1 ivlen 0 bits 160-160
  Null ivlen 0 bits 0-2048
  SHA2-256 ivlen 0 bits 256-256
  SHA2-384 ivlen 0 bits 384-384
  SHA2-512 ivlen 0 bits 512-512
 Supported encryption algorithms:
  DES-CBC ivlen 8 bits 64-64
  3DES-CBC ivlen 8 bits 192-192
  Null ivlen 0 bits 0-2048
  Blowfish-CBC ivlen 8 bits 40-448
  CAST128-CBC ivlen 8 bits 40-128
  AES ivlen 16 bits 128-256
```

当内核需与某个目的地址通信时，如果根据策略该单向分组流必须经由一个SA而内核却并没有一个SA可用，内核就向注册了所需SA类型的密钥管理套接字发送一个SADB_ACQUIRE消息，其中含有一个描述内核所提议算法及密钥长度的提议扩展。该提议可能综合了系统支持的配置与限制该单向分组流的预配置策略。提议内容是一个由算法、密钥长度和生命期构成的按照优选顺序排列的列表。当一个密钥管理守护进程收到一个SADB_ACQUIRE消息之后，它执行必要的操作以选择一个符合内核之提议的密钥，再把该密钥安装到内核中。它使用SADB_GETSPI消息请求内核从一个期望的范围内选择一个SPI。内核对于该SADB_GETSPI消息的响应包括建立一个处于幼虫（larval）状态的SA。然后守护进程使用由内核提供的这个SPI与远端协商安全参数，接着使用SADB_UPDATE更新该SA，使它进入成熟（mature）状态。动态创建的SA通常还有关联的软生命期和硬生命期。当任何一个生命期结束时，内核将发送一个SADB_EXPIRE消息，其中指出期满的是软生命期还是硬生命期。如果软生命期结束，其SA就进入垂死（dying）状态，期间它仍然可以使用，不过内核应该为它获取一个新的SA。如果硬生命期结束，其SA就进入死亡（dead）状态，这种状态的SA不能继续使用，必须从SADB中删除。

[527]

19.6 小结

密钥管理套接字用于在内核、密钥管理守护进程以及诸如路由守护进程等安全服务消费进程之间交换SA。SA既可以手工静态安装，也可以使用密钥协商协议自动动态安装。动态密钥有关联的生命期。当软生命期结束时，密钥管理守护进程得到通知。这样的SA如果在硬生命期结束前未被新的SA替换，那就不能再使用。

　　进程和内核通过密钥管理套接字交换的消息共有10个类型。每个消息类型都有关联的扩展，有的是必需的，有的是可选的。每个由进程发送的消息被内核回射到所有其他打开着的密钥管理套接字，不过任何含有敏感数据的扩展会被抹除。

习题

19.1　编写一个程序，打开一个PF_KEY套接字后显示从中收取的所有消息？

19.2　访问IETF IPsec工作组的网页http://www.ietf.org/html.charters/ipsec-charter.html，找出由该工作组创建的用于替换IKE的新协议。

528

第20章

广 播

20.1 概述

我们将在本章和下一章分别介绍广播（broadcasting）和多播（multicasting）。本书迄今为止的所有的例子处理的都是单播（unicasting）：一个进程就与另一个进程通信。实际上TCP只支持单播寻址，而UDP和原始IP还支持其他寻址类型。图20-1比较了不同类型的寻址方式。

类　型	IPv4	IPv6	TCP	UDP	所标识接口数	递送到接口数
单播	●	●	●	●	一个	一个
任播	*	●	尚没有	●	一组	一组中的一个
多播	可选	●		●	一组	一组中的全体
广播	●			●	全体	全体

图20-1　不同的寻址方式

IPv6往寻址体系结构中增加了任播（anycasting）方式。RFC 1546［Partridge, Mendez, and Milliken 1993］讲述了一个IPv4任播版本，它从未广泛部署过。IPv6任播则定义在RFC 3513［Hinden and Deering 2003］中。任播允许从一组通常提供相同服务的主机中选择一个（一般是选择按某种测度而言离源主机最近的）。通过适当地配置路由，并在多个位置往路由协议中注入同一个地址，多个IPv4或IPv6主机可以提供该地址的任播服务。然而RFC 3513的任播只允许路由器拥有任播地址，主机可能无法提供任播服务。编写本书时还没有使用任播地址的API可用。细化IPv6任播体系结构的工作仍在进展之中，将来的主机也许能够动态地提供任播服务。

图20-1中的要点是：

- 多播支持在IPv4中是可选的，在IPv6中却是必需的；
- IPv6不支持广播。使用广播的任何IPv4应用程序一旦移植到IPv6就必须改用多播重新编写；
- 广播和多播要求用于UDP或原始IP，它们不能用于TCP。

广播的用途之一是在本地子网定位一个服务器主机，前提是已知或认定这个服务器主机位于本地子网，但是不知道它的单播IP地址。这种操作也称为资源发现（resource discovery）。另一个用途是在有多个客户主机与单个服务器主机通信的局域网环境中尽量减少分组流通。出于这个目的使用广播的因特网应用有多个例子。

- ARP（Address Resolution Protocol，地址解析协议）。ARP并不是一个用户应用，而是IPv4的基本组成部分之一。ARP在本地子网上广播一个请求说"IP地址为a.b.c.d的系统亮明身份，告诉我你的硬件地址"。ARP使用链路层广播而不是IP层广播。
- DHCP（Dynamic Host Configration Protocol，动态主机配置协议）。在认定本地子网上有一个DHCP服务器主机或中继主机的前提下，DHCP客户主机向广播地址（通常是255.255.255.255，因为客户还不知道自己的IP地址、子网掩码以及本子网的受限广播地址）发送自己的请求。

- NTP（Network Time Protocol，网络时间协议）。NTP的一种常见使用情形是客户主机配置上待使用的一个或多个服务器主机的IP地址，然后以某个频度（每隔64秒或更长时间一次）轮询这些服务器主机。根据由服务器返送的当前时间和到达服务器主机的RTT，客户使用精妙的算法更新本地时钟。然而在一个广播局域网上，服务器主机却可以为本地子网上的所有客户主机每隔64秒广播一次当前时间，免得每个客户主机各自轮询这个服务器主机，从而减少网络分组流通量。
- 路由守护进程。routed是最早实现且最常用的路由守护进程之一，它在一个局域网上广播自己的路由表。这么一来连接到该局域网上的所有其他路由器都可以接收这些路由通告，而无须事先为每个路由器配置其邻居路由器的IP地址。这个特性也能被该局域网上的主机用于监听这些路由通告，并相应地更新各自的路由表。RIP第2版既允许使用多播，也允许使用广播。

我们必须指出，多播可以顶替广播的上述两个用途（资源发现和减少网络分组流通）。我们将在本章靠后的内容和下一章中阐述广播存在的问题。[①]

20.2 广播地址

我们可以使用记法{子网ID，主机ID}表示一个IPv4地址，其中子网ID表示由子网掩码（或CIDR前缀）覆盖的连续位，主机ID表示以外的位。如此表示的广播地址有以下两种，其中-1表示所有位均为1的字段。

(1) 子网定向广播地址：{子网ID，-1}。作为指定子网上所有接口的广播地址。举例来说，如果我们有一个192.168.42/24子网，那么192.168.42.255就是该子网上所有接口的子网定向广播地址。

通常情况下路由器不转发这种广播（TCPv2第226～227页）。图20-2展示了连接子网192.168.42/24和192.168.123/24的一个路由器。

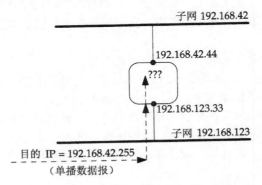

图20-2 路由器转发子网定向广播分组吗？

[①] 广播可以减少局域网上的分组流通，与无盘系统之间却存在一个不合需要的交互问题。假设一个NTP服务器主机每隔64秒广播一次当前时间。如果在此期间所有无盘客户主机上的NTP守护进程被换出主存，那么当它们每隔64秒收到一个NTP数据报时，操作系统将立刻从也在该局域网上的磁盘服务器主机把NTP守护进程读回主存。这么一来，因无盘客户主机周期性地把NTP守护进程通过网络换入主存而造成局域网上每隔64秒就出现一次分组涌流。幸运的是随着磁盘驱动器价格的一路走低，无盘系统几乎已经绝迹。——译者注

路由器在子网192.168.123/24上收到一个目的地址为192.168.42.255（另一个接口的子网定向广播地址）的一个单播IP数据报。路由器通常情况下不把这个数据报转发到子网192.168.42/24。有些系统提供一个允许转发子网定向广播数据报的配置选项（TCPv1附录E）。

转发子网定向广播分组反而能够促成称为放大攻击（amplification）的一类拒绝服务攻击，例如，往一个子网定向广播地址发送ICMP echo请求将造成有多个应答发送给那个受害系统。再加上一个伪造的源地址，会导致针对该系统的带宽利用攻击，所以最好将该配置选项关闭。

由于这个原因，最好不要设计依赖子网定向广播数据报之转发的应用程序，除非是在可以安全地开启该选项的受控环境中。

(2) 受限广播地址：{-1，-1}或255.255.255.255。路由器从不转发目的地址为255.255.255.255的IP数据报。

诸如BOOTP和DHCP等应用在自举过程中把255.255.255.255用作目的地址，因为此时客户主机还不知道服务器主机的IP地址。

问题是：当应用进程发送一个目的地址为255.255.255.255的UDP数据报时主机怎么做？大多数主机允许发送这种广播数据报（假设进程已经设置了SO_BROADCAST套接字选项），并把该目的地址转换成外出接口的子网定向广播地址。BSD/OS 3.0有一个名为IP_ONESBCAST的套接字选项，一旦开启就不论调用sendto指定的目的地址是子网定向广播地址还是受限广播地址一律由内核设置为255.255.255.255。

另一个问题是：当应用进程发送一个目的地址为255.255.255.255的UDP数据报时多目的主机怎么做？有些系统只在主接口（第一个被配置的接口）上发送单个广播分组，其中的目的地址被置为该接口的子网定向广播地址（TCPv2第736页）。其他系统却在每个具备广播能力的接口上发送一个该数据报的副本。RFC 1122 [Braden 1989] 的3.3.6节对于本问题"taking no stand"（未作规定）。然而为了便于移植，如果应用进程需要从每个具备广播能力的接口发送同一个广播数据报，它就应该首先获取各个接口的配置（17.6节），然后对每个具备广播能力的接口执行一个目的地址指定为该接口之子网定向广播地址的sendto调用。

20.3   单播和广播的比较

在查看广播之前，我们有必要搞清楚向一个单播地址发送一个UDP数据报时所发生的步骤。图20-3展示了某个以太网上的3个主机。

图中以太网子网地址为192.168.42/24，其中24位作为子网ID，剩下8位作为主机ID。左侧的应用进程在一个UDP套接字上调用sendto往IP地址192.168.42.3端口7433发送一个数据报。UDP层对它冠以一个UDP首部后把UDP数据报传递到IP层。IP层对它冠以一个IPv4首部，确定其外出接口，在以太网情况下还激活ARP把目的IP地址映射成相应的以太网地址：00:0a:95:79:bc:b4。该分组然后作为一个目的以太网地址为这个48位地址的以太网帧发送出去。该以太网帧的帧类型字段值为表示IPv4分组的0x0800。IPv6分组的帧类型为0x86dd。

中间主机的以太网接口看到该帧后把它的目的以太网地址与自己的以太网地址（00:04:ac:17:bf:38）进行比较。既然它们不一致，该接口于是忽略这个帧。可见单播帧不会对该主机造成任何额外开销，因为忽略它们的是接口而不是主机。

右侧主机的以太网接口也看到该帧，当它比较该帧的目的以太网地址和自己的以太网地址时，会发现它们相同。该接口于是读入整个帧，读入完毕后可能产生一个硬件中断，致使相应设备驱动程序从接口内存中读取该帧。既然帧类型为0x0800，该帧承载的分组于是被置于IP的输入队列。

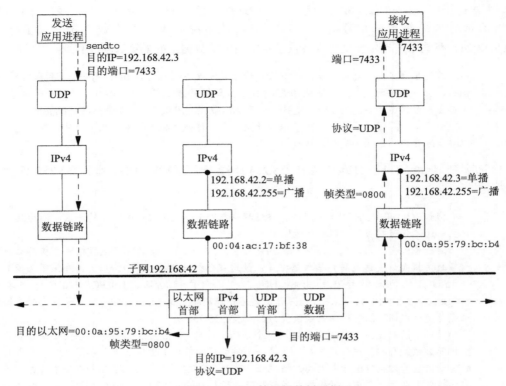

图20-3 UDP数据报单播示例

当IP层处理该分组时，它首先比较该分组的目的IP地址（192.168.42.3）和自己所有的IP地址。（我们知道主机可以多宿，另外回顾一下我们在8.8节就强端系统模型和弱端系统模型进行的讨论。）既然这个目的地址是本主机自己的IP地址之一，该分组于是被接受。

IP层接着查看该分组IPv4首部中的协议字段，其值为表示UDP的17。该分组承载的UDP数据报于是被传递到UDP层。

UDP层检查该UDP数据报的目的端口（如果其UDP套接字已经连接，那么还检查源端口），接着在本例子中把该数据报置于相应套接字的接收队列。必要的话UDP层作为内核一部分唤醒阻塞在相应输入操作上的进程，由该进程读取这个新收取的数据报。

本例子的关键点是单播IP数据报仅由通过目的IP地址指定的单个主机接收。子网上的其他主机都不受任何影响。

我们接着考虑一个类似的例子：同样的子网，不过发送进程发送的是一个目的地址为子网定向广播地址192.168.42.255的数据报。图20-4展示了这个例子。

当左侧的主机发送该数据报时，它注意到目的IP地址是所在以太网的子网定向广播地址，于是把它映射成48位全为1的以太网地址：ff:ff:ff:ff:ff:ff。这个地址使得该子网上的每一个以太网接口都接收该帧，图中右侧两个运行IPv4的主机自然都接收该帧。既然以太网帧类型为0x0800，这两个主机于是都把该帧承载的分组传递到IP层。既然该分组的目的IP地址匹配两者的广播地址，并且协议字段为17（UDP），这两个主机于是都把该分组承载的UDP数据报传递到UDP。

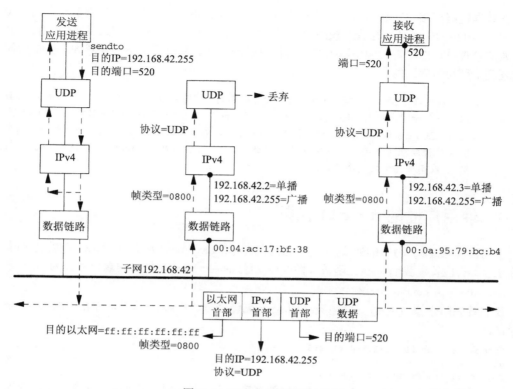

图20-4 UDP数据报广播示例

右侧的那个主机把该UDP数据报传递给绑定端口520的应用进程。一个应用进程无需就为接收广播UDP数据报而进行任何特殊处理：它只需要创建一个UDP套接字，并把应用的端口号捆绑到其上。（我们假设捆绑的IP地址是典型的INADDR_ANY。）

然而中间的那个主机没有任何应用进程绑定UDP端口520。该主机的UDP代码于是丢弃这个已收取的数据报。该主机绝不能发送一个ICMP端口不可达消息，因为这么做可能产生广播风暴（broadcast storm），即子网上大量主机几乎同时产生一个响应，导致网络在一段时间内不可用。另外发送该数据报的主机如何处理这些ICMP出错消息也成问题：有的接收主机报告了错误，有的未报告，那得怎么办？

我们还在图中表示出由左侧主机发送的数据报也被递送给自己。这是广播的一个属性，根据定义，广播分组去往子网上的所有主机，包括发送主机自身（TCPv2第109～110页）。我们假设发送应用进程还绑定自己要发送到的端口（520），这样它将收到自己发送的每个广播数据报的一个副本。（然而一般说来，发送UDP广播数据报的应用进程并不需要捆绑这些数据报的目的端口。）

> 我们在图中展示了由IP层或数据链路层执行的一个逻辑回馈，通过这个回馈，每个数据报被复制一份并沿协议栈向上传送（TCPv2第109～110页）。网络子系统也可以使用物理回馈，不过这么做在网络存在故障条件下（例如没有终结的以太网）会导致问题。

本例展示了广播存在的根本问题，子网上未参加相应广播应用的所有主机也不得不沿协议栈一路向上完整地处理收取的UDP广播数据报，直到该数据报历经UDP层时被丢弃为止。（回顾我们就图8-21展开的讨论。）另外，子网上所有非IP的主机（例如运行Novell IPX的主机）也不

534

得不在数据链路层接收完整的帧,然后再丢弃它(假设这些主机不支该帧的帧类型,对于IPv4
分组就是0x0800)。要是运行着以较高速率产生IP数据报的应用(例如音频、视频应用),这些
非必要的处理有可能严重影响子网上这些其他主机的工作。我们将在下一章看到多播是如何在
一定程度上解决本问题的。

> 我们在图20-4中选择UDP端口为520是有意的。该端口由routed守护进程用于交换RIP分
> 组。一个子网上使用RIP版本1的所有路由器每隔30秒发送一个UDP广播数据报。如果该子网
> 上存在200个系统(包括2个使用RIP的路由器),那么作为主机的其余198个系统将不得不每
> 隔30秒就处理(并丢弃)一次这些广播数据报(假设这198个主机无一运行routed)。RIP
> 第2版改用多播解决这个问题。

20.4 使用广播的 `dg_cli` 函数

我们再次修改dg_cli函数,这次允许它向UDP标准daytime服务器(图2-18)广播发送请求,
然后显示所有应答。我们对main函数(图8-7)所做的唯一改动是把目的端口号改为13:

```
servaddr.sin_port = htons(13);
```

我们首先随未修改的dg_cli函数(图8-8)编译经修改的main函数,并在主机freebsd上
运行它。

```
freebsd % udpcli01 192.168.42.255
hi
sendto error: Permission denied
```

命令行参数是该主机第二个以太网接口的子网定向广播地址。我们键入一行文本,程序调
用sendto,结果返回EACCES错误。我们收到这个错误的原因在于,除非显式告诉内核我们准备
发送广播数据报,否则系统不允许我们这么做。我们通过设置SO_BROADCAST套接字选项来做到
这一点(7.5节)。

> 源自Berkeley的实现实施这种健全性检查。而对于Solaris 2.5,即使不指定SO_BROADCAST
> 套接字选项也能接受目的地址为广播地址的数据报。POSIX规范要求发送广播数据报必须设
> 置该套接字选项。
> 对于不存在SO_BROADCAST套接字选项的4.2BSD来说,广播是一个特权操作。该选项增
> 设到4.3BSD之后,任何进程都允许设置它以执行广播操作。

我们现在按图20-5所示方式修改dg_cli函数。这个版本设置SO_BROADCAST套接字选项并
显示在5 s内收到的所有应答。

给服务器地址分配空间,设置套接字选项

11~13   malloc为由recvfrom返回的服务器地址分配空间。设置SO_BROADCAST套接字选项,
         并安装一个SIGALRM信号处理函数。

从标准输入读取一行,发送至套接字,读取所有应答

14~24   以下两步(即fgets和sendto)类似该函数以前的版本。然而既然发送的是一个广播
         数据报,我们可能因此收到多个应答。我们在一个循环中调用recvfrom,并显示在5
         秒内收到的所有应答。5秒后系统产生SIGALARM信号,其信号处理函数被调用,导致
         recvfrom返回EINTR错误。

―――――――― *bcast/dgclibcast1.c*

```
 1 #include      "unp.h"

 2 static void recvfrom_alarm(int);

 3 void
 4 dg_cli(FILE *fp, int sockfd, const SA *pservaddr, socklen_t servlen)
 5 {
 6     int      n;
 7     const int on = 1;
 8     char      sendline[MAXLINE], recvline[MAXLINE + 1];
 9     socklen_t len;
10     struct sockaddr *preply_addr;

11     preply_addr = Malloc(servlen);

12     Setsockopt(sockfd, SOL_SOCKET, SO_BROADCAST, &on, sizeof(on));

13     Signal(SIGALRM, recvfrom_alarm);

14     while (Fgets(sendline, MAXLINE, fp) != NULL) {

15         Sendto(sockfd, sendline, strlen(sendline), 0, pservaddr, servlen);

16         alarm(5);
17         for ( ; ; ) {
18             len = servlen;
19             n = recvfrom(sockfd, recvline, MAXLINE, 0, preply_addr, &len);
20             if (n < 0) {
21                 if (errno == EINTR)
22                     break;           /* waited long enough for replies */
23                 else
24                     err_sys("recvfrom error");
25             } else {
26                 recvline[n] = 0;          /* null terminate */
27                 printf("from %s: %s",
28                         Sock_ntop_host(preply_addr, len), recvline);
29             }
30         }
31     }
32     free(preply_addr);
33 }

34 static void
35 recvfrom_alarm(int signo)
36 {
37     return;                              /* just interrupt the recvfrom() */
38 }
```

―――――――― *bcast/dgclibcast1.c*

图20-5 广播请求的 dg_cli 函数

输出收到的每个应答

25~29 我们对收到的每个应答都调用 sock_ntop_host，让该函数以点分十进制数格式返回服
务器的IP地址（假设IPv4情形）。服务器IP地址和来自它的应答一道显示。

如果指定192.168.42.255这个子网定向广播地址运行本程序，我们得到如下结果：

```
freebsd % udpcli01 192.168.42.255
hi
from 192.168.42.2: Sat Aug  2 16:42:45 2003
from 192.168.42.1: Sat Aug  2 16:42:45 2003
from 192.168.42.3: Sat Aug  2 16:42:45 2003
hello
from 192.168.42.3: Sat Aug  2 16:42:57 2003
```

```
from 192.168.42.2: Sat Aug  2 16:42:57 2003
from 192.168.42.1: Sat Aug  2 16:42:57 2003
```

我们必须每次键入一行文本以产生UDP数据报输出。我们每次收到3个应答，其中有一个来自发送主机本身。如前所述，广播数据报的目的主机是包括发送主机在内的接入同一个子网的所有主机。所有应答数据报都是单播的，因为作为其目的地址的请求数据报源地址是一个单播地址。

所有系统都报告同样的时间，这是因为它们都运行NTP。

IP 分片和广播

源自Berkeley的内核不允许对广播数据报执行分片。对于目的地址是广播地址的IP数据报，如果其大小超过外出接口的MTU，发送它的系统调用将返回EMSGSIZE错误（TCPv2第233~234页）。这是一个自BSD4.2以来就存在的决策。不允许内核对广播数据报执行分片的理由并不充分，感觉上是既然广播已经施加给网络相当大的负担，再因分片而造成这个负担倍乘片段的数量就更不应该。

我们可以使用图20-5中的程序观察这种情形。我们将标准输入重定向自一个含有长度为2000字节的单个文本行的文件，它将导致在以太网上发生分片。

```
freebsd % udpcli01 192.168.42.255 < 2000line
sendto error:Message too long
```

> AIX、FreeBSD和MacOS都实施了这种限制。Linux、Solaris和HP-UX都允许对目的地址为广播地址的数据报进行分片。然而为了便于移植起见，需要广播的应用程序应该使用SIOCGIFMTU ioctl确定外出接口的MTU，从中扣除IP首部和UDP首部的长度得到最大净荷大小。如果是在局域网上，那么可以把广播数据报大小限制在1472字节以内（1472根据值为1500的以太网MTU得出），因为局域网中以太网的MTU通常是最小的。

20.5 竞争状态

当有多个进程访问共享的数据，而正确结果取决于进程的执行顺序时，我们称这些进程处于竞争状态（race condition）。由于在典型的Unix系统中进程的执行顺序取决于每回都会发生变化的众多因素，因此处于竞争状态的进程有时产生正确的结果，有时产生不正确的结果。最难调试的一类竞争状态是通常情况下结果正确，偶尔才发生结果不正确现象的那些。我们将在第26章讨论互斥变量和条件变量时进一步探讨竞争状态类型。竞争状态对于线程化编程始终是一个关注点，因为在线程之间共享着如此之多的数据（如所有的全局变量）。

当涉及信号处理时，往往会出现另一种类型的竞争状态。发生问题的原因在于信号会在程序执行过程中由内核随时随地递交。POSIX允许我们临时阻塞某些信号的递交，不过在进行I/O操作时往往没有多少用处。

了解竞争状态问题最简单方法是考察例子。图20-5中存在一个竞争状态；花几分钟时间细读一下，看看你能否找出它来。（提示：当信号被递交时我们可能正在哪里执行？）你还可以按如下做法强行产生该竞争状态：把alarm的参数从5改为1，在printf紧前增加sleep(1)。

对函数做了这些修改后我们键入第一个输入文本行，它被作为一个广播数据报发送出去，1秒的alarm报警时钟也同时启动。我们随后阻塞在recvfrom调用中，第一个应答可能在数毫秒内到达我们的套接字。该应答由recvfrom返回后，我们进入1秒的休眠期。其他应答陆续到达后被置于我们的套接字接收缓冲区。然而就在我们休眠期间，alarm定时器到时，从而产生SIGALRM信号：我们的信号处理函数被调用，而且它只是返回并中断让我们阻塞在其中的sleep

调用。我们接着循环回去,每读入一个已经在套接字接收缓冲区中排队的应答就先暂停1秒再显示其内容。当处理完所有的应答时我们再次阻塞在recvfrom调用中,而此时定时器已不再运转,我们于是将永远阻塞在recvfrom中。这里的根本问题是:尽管我们的意图是让信号处理函数中断某个阻塞中的recvfrom,然而信号却可以在任何时刻被递交,当它被递交时,我们可能在无限for循环中的任何地方执行。

我们接下去讨论本问题的4个解决办法,其中1个是不正确的,另外3个是正确的。

20.5.1 阻塞和解阻塞信号

第一个(不正确的)办法是在执行for循环的其他部分期间通过阻塞信号的递交来减小出错的窗口。图20-6给出了这个新版本。

539

```
                                                          bcast/dgclibcast3.c
 1 #include      "unp.h"
 2 static void recvfrom_alarm(int);
 3 void
 4 dg_cli(FILE *fp, int sockfd, const SA *pservaddr, socklen_t servlen)
 5 {
 6     int     n;
 7     const int on = 1;
 8     char    sendline[MAXLINE], recvline[MAXLINE + 1];
 9     sigset_t sigset_alrm;
10     socklen_t len;
11     struct sockaddr *preply_addr;

12     preply_addr = Malloc(servlen);

13     Setsockopt(sockfd, SOL_SOCKET, SO_BROADCAST, &on, sizeof(on));
14     Sigemptyset(&sigset_alrm);
15     Sigaddset(&sigset_alrm, SIGALRM);
16     Signal(SIGALRM, recvfrom_alarm);
17     while (Fgets(sendline, MAXLINE, fp) != NULL) {
18         Sendto(sockfd, sendline, strlen(sendline), 0, pservaddr, servlen);
19         alarm(5);
20         for ( ; ; ) {
21             len = servlen;
22             Sigprocmask(SIG_UNBLOCK, &sigset_alrm, NULL);
23             n = recvfrom(sockfd, recvline, MAXLINE, 0, preply_addr, &len);
24             Sigprocmask(SIG_BLOCK, &sigset_alrm, NULL);
25             if (n < 0) {
26                 if (errno == EINTR)
27                     break;          /* waited long enough for replies */
28                 else
29                     err_sys("recvfrom error");
30             } else {
31                 recvline[n] = 0;   /* null terminate */
32                 printf("from %s: %s",
33                         Sock_ntop_host(preply_addr, len), recvline);
34             }
35         }
36     }
37     free(preply_addr);
38 }
39 static void
40 recvfrom_alarm(int signo)
41 {
42     return;                         /* just interrupt the recvfrom() */
43 }
                                                          bcast/dgclibcast3.c
```

图20-6 在for循环内执行期间阻塞信号(不正确办法)

540

声明信号集并初始化

14~15 声明一个信号集，把它初始化为空集（sigemptyset），再打开与SIGALRM对应的位（sigaddset）。

解阻塞信号和阻塞信号

21~24 在调用recvfrom前，我们解阻塞SIGALRM信号（以便我们被阻塞在该调用期间该信号能被递交）；在recvfrom返回后，我们立即阻塞该信号。如果SIGALRM信号产生（即定时器时间到）时该信号处于被阻塞期间，那么内核将记住这个事实，但是不递交该信号（即调用其信号处理函数），直到该信号被解阻塞。这就是信号的*产生*与*递交*之间本质的区别。APUE第10章提供了POSIX信号处理所有这些方面的额外细节。

如果编译运行本程序，它看起来工作正常，然而存在竞争状态的大多数程序在大多数情况下照样工作正常!该程序仍然存在的一个问题是：解阻塞信号、调用recvfrom和阻塞信号都是互相独立的系统调用。如果SIGALRM信号恰在recvfrom返回最后一个应答数据报之后与接着阻塞该信号之间递交，那么下一次调用recvfrom将永远阻塞。我们已经缩小了出错的窗口，但是问题依然存在。

这种办法的一个变体是在信号被递交后让信号处理函数设置一个全局标志。

```
static void
recvfrom_alarm(int signo)
{
    had_alarm = 1;
    return;
}
```

每次调用alarm之前把该标志初始化为0。我们的dg_cli函数在调用recvfrom之前检查这个标志，如果其值不为0就不再调用recvfrom。

```
for (; ;) {
    len = servlen;
    Sigprocmask(SIG_UNBLOCK, &sigset_alrm, NULL);
    if (had_alarm == 1)
        break;
    n = recvfrom(sockfd, recvline, MAXLINE, 0, preply_addr, &len);
```

如果SIGALRM信号是在它被阻塞期间（即自上一次recvfrom返回后），或者在它被这段代码解阻塞之时产生，那么它将在sigprocmask返回之前递交并设置标志。然而在测试标志和调用recvfrom之间仍然存在一个较小的时间窗口，期间SIGALRM信号可能产生并递交；如果真发生该情况，recvfrom调用将永远阻塞（当然假定不再收到额外的应答）。

20.5.2 用 **pselect** 阻塞和解阻塞信号

正确办法之一是使用pselect（6.9节），如图20-7所示。

22~33 阻塞SIGALRM并调用pselect。pselect最后一个参数是指向sigset_empty变量的一个指针。sigset_empty是一个没有任何信号被阻塞的信号集，也就是说其所有信号都是解阻塞的。pselect保存当前信号掩码（其中只有SIGALRM信号被阻塞），测试指定的描述符,如果必要则把进程信号掩码设置为空集再阻塞进程。然而在返回之前,pselect把进程信号掩码恢复成刚被调用时的值。pselect的关键点在于：设置信号掩码、测试描述符以及恢复信号掩码这3个操作在调用进程看来自成原子操作。

34~38 如果套接字变为可读，那就调用recvfrom，我们知道它不会阻塞。

bcast/dgclibcast4.c

```
 1 #include      "unp.h"

 2 static void recvfrom_alarm(int);

 3 void
 4 dg_cli(FILE *fp, int sockfd, const SA *pservaddr, socklen_t servlen)
 5 {
 6     int     n;
 7     const int on = 1;
 8     char    sendline[MAXLINE], recvline[MAXLINE + 1];
 9     fd_set  rset;
10     sigset_t sigset_alrm, sigset_empty;
11     socklen_t len;
12     struct sockaddr *preply_addr;

13     preply_addr = Malloc(servlen);

14     Setsockopt(sockfd, SOL_SOCKET, SO_BROADCAST, &on, sizeof(on));

15     FD_ZERO(&rset);

16     Sigemptyset(&sigset_empty);
17     Sigemptyset(&sigset_alrm);
18     Sigaddset(&sigset_alrm, SIGALRM);

19     Signal(SIGALRM, recvfrom_alarm);

20     while (Fgets(sendline, MAXLINE, fp) != NULL) {
21         Sendto(sockfd, sendline, strlen(sendline), 0, pservaddr, servlen);

22         Sigprocmask(SIG_BLOCK, &sigset_alrm, NULL);
23         alarm(5);
24         for ( ; ; ) {
25             FD_SET(sockfd, &rset);
26             n = pselect(sockfd+1, &rset, NULL, NULL, NULL, &sigset_empty);
27             if (n < 0) {
28                 if (errno == EINTR)
29                     break;
30                 else
31                     err_sys("pselect error");
32             } else if (n != 1)
33                 err_sys("pselect error: returned %d", n);

34             len = servlen;
35             n = Recvfrom(sockfd, recvline, MAXLINE, 0, preply_addr, &len);
36             recvline[n] = 0;      /* null terminate */
37             printf("from %s: %s",
38                     Sock_ntop_host(preply_addr, len), recvline);
39         }
40     }
41     free(preply_addr);
42 }

43 static void
44 recvfrom_alarm(int signo)
45 {
46     return;                       /* just interrupt the recvfrom() */
47 }
```

bcast/dgclibcast4.c

图20-7　使用pselect阻塞和解阻塞信号

正如6.9节所提，pselect是一个新增的POSIX函数；在图1-16中的所有系统中，只有FreeBSD和Linux支持它。无论如何，我们在图20-8中给出了它的一个尽管不正确然而简单的实现。给出这个不正确实现的原因在于展示pselect涉及的3个步骤：（1）保存当前信号掩码，并把信号掩码设置为由调用者指定的值，（2）测试描述符，以及（3）恢复信号掩码。

——————— lib/pselect.c

```
 9 #include     "unp.h"

10 int
11 pselect(int nfds, fd_set *rset, fd_set *wset, fd_set *xset,
12         const struct timespec *ts, const sigset_t *sigmask)
13 {
14     int      n;
15     struct timeval   tv;
16     sigset_t savemask;

17     if (ts != NULL) {
18         tv.tv_sec = ts->tv_sec;
19         tv.tv_usec = ts->tv_nsec / 1000;    /* nanosec -> microsec */
20     }

21     sigprocmask(SIG_SETMASK, sigmask, &savemask);    /* caller's mask */
22     n = select(nfds, rset, wset, xset, (ts == NULL) ? NULL : &tv);
23     sigprocmask(SIG_SETMASK, &savemask, NULL);  /* restore mask */

24     return(n);
25 }
```

——————— lib/pselect.c

图20-8　pselect的一个简单但不正确的实现

20.5.3　使用 sigsetjmp 和 siglongjmp

解决竞争状态问题的另一个正确办法并非利用信号处理函数中断被阻塞系统调用的能力，而是从信号处理函数中调用siglongjmp。我们称siglongjmp为非局部跳转（nonlocal goto），因为使用它可以从一个函数跳转回另一个函数。图20-9展示了这个技术。

542
~
543

分配跳转缓冲区

4　分配一个将由本函数及其信号处理函数使用的跳转缓冲区。

调用sigsetjmp

20~23　从dg_cli函数中直接调用sigsetjmp时，它在建立跳转缓冲区后返回0。接着调用recvfrom。

处理SIGALRM并调用siglongjmp

31~35　当SIGALRM信号被递交时，我们调用siglongjmp。这会使dg_cli函数中的sigsetjmp返回，返回值为siglongjmp的第二个参数（1），它必须是一个非0值。sigsetjmp返回会导致dg_cli中的for循环结束。

以这种方式使用sigsetjmp和siglongjmp确保我们不会因为信号递交时间不当而永远阻塞在recvfrom调用中。发生问题的唯一潜在条件是信号在printf处理输出的过程中被递交。我们可以从printf中跳出，并返回sigsetjmp。不过这可能会使printf的私有数据结构前后不一致。为了防止出现这种情况，我们应该把图20-6中的信号阻塞和解阻塞办法结合非局部跳转办法一起使用。①但这会使该解决方法变得很不灵便，因为任何可能从中中断的低性能函数周围都可能发生信号阻塞。

—— bcast/dgclibcast5.c

```
 1 #include     "unp.h"
 2 #include     <setjmp.h>

 3 static void recvfrom_alarm(int);
 4 static sigjmp_buf jmpbuf;

 5 void
 6 dg_cli(FILE *fp, int sockfd, const SA *pservaddr, socklen_t servlen)
 7 {
 8     int      n;
 9     const int on = 1;
10     char     sendline[MAXLINE], recvline[MAXLINE + 1];
11     socklen_t len;
12     struct sockaddr *preply_addr;

13     preply_addr = Malloc(servlen);

14     Setsockopt(sockfd, SOL_SOCKET, SO_BROADCAST, &on, sizeof(on));

15     Signal(SIGALRM, recvfrom_alarm);

16     while (Fgets(sendline, MAXLINE, fp) != NULL) {

17         Sendto(sockfd, sendline, strlen(sendline), 0, pservaddr, servlen);

18         alarm(5);
19         for ( ; ; ) {
20             if (sigsetjmp(jmpbuf, 1) != 0)
21                 break;
22             len = servlen;
23             n = Recvfrom(sockfd, recvline, MAXLINE, 0, preply_addr, &len);
24             recvline[n] = 0;  /* null terminate */
25             printf("from %s: %s",
26                     Sock_ntop_host(preply_addr, len), recvline);
27         }
28     }
29     free(preply_addr);
30 }

31 static void
32 recvfrom_alarm(int signo)
33 {
34     siglongjmp(jmpbuf, 1);
35 }
```

—— bcast/dgclibcast5.c

图20-9　从信号处理函数中使用sigsetjmp和siglongjmp

① 图20-9存在两个潜在的时序问题。首先考虑如果信号是在recvfrom返回和把它的返回值存入n之间被递交，那么会发生什么现象。该数据报将被认为已丢失（尽管它已由recvfrom收取），不过UDP应用程序应该能够处理数据报的丢失。然而如果同样的技术用于TCP应用程序，数据就永远丢失了（因为TCP已确认了这个数据并把它递送给了应用进程）。图20-10使用IPC的dg_cli函数也存在类似的问题：信号可能在recvfrom成功返回和把返回值存入n之间被递交。该问题可通过在select返回之后关掉alarm来解决。另一种办法是不用alarm，而改用select的定时功能。第二个问题是alarm调用和首次sigsetjmp调用之间的时间无法保证小于alarm时间（5秒）。解决办法之一是在调用sigsetjmp之后再设置一个标志，并在信号处理函数中测试该标志：如果该标志还没有设置，那么不调用siglongjmp，仅仅重置alarm就行。结论是：为了在这些可能的情形下保证健壮性，应避免使用siglongjmp，而改用pselect或IPC方法。

20.5.4 使用从信号处理函数到主控函数的 IPC

解决竞争状态问题还有一个正确办法。本办法不是让信号处理函数简单地返回并期望该返回能够中断阻塞中的recvfrom，而是让信号处理函数使用IPC通知主控函数dg_cli定时器已到时。这与我们早先给出的让信号处理函数在定时器时间到时设置全局变量had_alarm的提议多少有些类似，因为该全局变量被用作IPC的一种形式（dg_cli函数和信号处理函数之间的共享内存区）。使用全局变量办法的问题在于主控函数必须测试该变量，如果信号的递交和变量的测试几乎同时发生，竞争状态的时序问题就会发生。

我们在图20-10中使用的是进程内部的一个管道。当定时器时间到时，信号处理函数将向该管道中写出一个字节；dg_cli函数读入该字节以决定何时终止for循环。使得本方法如此完美的是我们使用select来检测该管道是否变为可读。select同时测试套接字和管道的可读性。

bcast/dgclibcast6.c

```
 1 #include    "unp.h"

 2 static void recvfrom_alarm(int);
 3 static int  pipefd[2];

 4 void
 5 dg_cli(FILE *fp, int sockfd, const SA *pservaddr, socklen_t servlen)
 6 {
 7     int     n, maxfdp1;
 8     const int on = 1;
 9     char    sendline[MAXLINE], recvline[MAXLINE + 1];
10     fd_set  rset;
11     socklen_t len;
12     struct sockaddr *preply_addr;

13     preply_addr = Malloc(servlen);

14     Setsockopt(sockfd, SOL_SOCKET, SO_BROADCAST, &on, sizeof(on));

15     Pipe(pipefd);
16     maxfdp1 = max(sockfd, pipefd[0]) + 1;

17     FD_ZERO(&rset);

18     Signal(SIGALRM, recvfrom_alarm);

19     while (Fgets(sendline, MAXLINE, fp) != NULL) {
20         Sendto(sockfd, sendline, strlen(sendline), 0, pservaddr, servlen);

21         alarm(5);
22         for ( ; ; ) {
23             FD_SET(sockfd, &rset);
24             FD_SET(pipefd[0], &rset);
25             if ( (n = select(maxfdp1, &rset, NULL, NULL, NULL)) < 0) {
26                 if (errno == EINTR)
27                     continue;
28                 else
29                     err_sys("select error");
30             }
31             if (FD_ISSET(sockfd, &rset)) {
32                 len = servlen;
33                 n = Recvfrom(sockfd, recvline, MAXLINE, 0, preply_addr,
```

图20-10　使用从信号处理函数到主控函数的管道作为IPC

```
34                               &len);
35                      recvline[n] = 0;   /* null terminate */
36                      printf("from %s: %s",
37                          Sock_ntop_host(preply_addr, len), recvline);
38                  }
39              if (FD_ISSET(pipefd[0], &rset)) {
40                  Read(pipefd[0], &n, 1); /* timer expired */
41                  break;
42              }
43          }
44      }
45      free(preply_addr);
46  }
47  static void
48  recvfrom_alarm(int signo)
49  {
50      Write(pipefd[1], "", 1);                    /* write one null byte to pipe */
51      return;
52  }
```

bcast/dgclibcast6.c

图20-10 （续）

创建管道

15 我们创建一个普通的Unix管道，返回两个描述符。`pipefd[0]`是读入端，`pipefd[1]`是写出端。

> 我们也可以调用`socketpair`创建一个全双工管道。某些系统上普通的Unix管道也总是全双工的，可以从任何一端读入，也可以写出到任何一端。

对套接字和管道读入端进行`select`

23~30 针对套接字`sockfd`和管道读入端`pipefd[0]`调用`select`测试可读条件。

47~52 当`SIGALRM`信号被递交时，信号处理函数往管道中写入一个字节，使得该管道的读入端变为可读。本信号处理函数的返回有可能中断`select`调用。当`select`返回`EINTR`错误时我们忽略该错误，因为我们知道管道的读入端将最终变为可读，从而终结`for`循环。

从管道`read`

39~42 当管道的读入端变为可读时，我们调用`read`从管道中读入由信号处理函数写出的那个空字节并忽略它。然而管道变为可读这一点告诉我们定时器已到时，于是我们`break`出这个无限的`for`循环。

20.6 小结

广播发送的数据报由发送主机某个所在子网上的所有主机接收。广播的劣势在于同一子网上的所有主机都必须处理数据报，若是UDP数据报则需沿协议栈向上一直处理到UDP层，即使不参与广播应用的主机也不能幸免。要是运行诸如音频、视频等以较高数据速率工作的应用，这些非必要的处理会给这些主机带来过度的处理负担。我们将在下一章看到多播可以解决本问题，因为多播发送的数据报只会由对相应多播应用感兴趣的主机接收。

我们把UDP时间获取客户程序改写成向标准daytime服务器发送一个广播请求，然后显示在

5秒内收到的所有应答。我们通过这个例子展示由SIGALRM信号引起的竞争状态。因为使用alarm函数和SIGALRM信号是对读操作设置超时的一个常用方法，这个微妙的错误在网络应用程序中比较常见。我们给出了解决这个问题的一个不正确办法和以下三个正确办法：

- 使用pselect；
- 使用sigsetjmp和siglongjmp；
- 使用从信号处理函数到主循环的IPC（典型为管道）。

习题

20.1　运行使用dg_cli函数广播版本（图20-5）的UDP客户程序。你接收到了多少个应答？它们总是以同样的顺序到达吗？你的网络上的主机具有同步时钟吗？

20.2　在图20-10中select返回之后插入若干printf语句，以便查看select究竟返回一个错误还是那两个描述符之一的可读条件。当alarm时间到时，你的系统返回了EINTR错误还是管道的可读条件？

20.3　运行诸如tcpdump之类工具查找局域网上的广播数据报，所用命令为tcpdump ether broadcast。分析一下这些广播数据报分别属于哪些协议族。

第 21 章

多　播

21.1　概述

如图20-1所示，单播地址标识单个IP接口，广播地址标识某个子网的所有IP接口，多播地址标识一组IP接口。单播和广播是寻址方案的两个极端（要么单个要么全部），多播则意在两者之间提供一种折中方案。多播数据报只应该由对它感兴趣的接口接收，也就是说由运行相应多播会话应用系统的主机上的接口接收。另外，广播一般局限于局域网内使用，而多播则既可用于局域网，也可跨广域网使用。事实上，基于MBone（B.2节）的应用系统每天都在跨整个因特网多播。

套接字API为支持多播而增添的内容比较简单：9个套接字选项，其中3个影响目的地址为多播地址的UDP数据报的发送，另外6个影响主机对于多播数据报的接收。

21.2　多播地址

在讲解多播地址的时候，我们必须区分IPv4多播地址和IPv6多播地址。

21.2.1　IPv4 的 D 类地址

IPv4的D类地址（从224.0.0.0到239.255.255.255）是IPv4多播地址（图A-3）。D类地址的低序28位构成多播组ID（group ID），整个32位地址则称为组地址（group address）。

图21-1展示了从IPv4多播地址到以太网地址的映射方法。IPv4多播地址到以太网地址的映射见RFC 1112［Deering 1989］，到FDDI网络地址的映射见RFC 1390［Katz 1993］，到令牌环网地址的映射见RFC 1469［Pusateri 1993］。图中还展示了IPv6多播地址到以太网地址的映射，以便比较二者映射成的结果以太网地址。

考察一下IPv4的映射。以太网地址的高序24位总是01:00:5e。下一位总是0，低序23位复制自多播组ID的低序23位。多播组ID的高序5位在映射过程中被忽略。这一点意味着32个多播地址映射成单个以太网地址，因此这个映射关系不是一对一的。

以太网地址首字节的低序2位标明该地址是一个统一管理的组地址。统一管理（universally administered）属性位意味着以太网地址的高序24位由IEEE分配，组地址属性位由接收接口识别并进行特殊处理。

下面是若干个特殊的IPv4多播地址。

- 224.0.0.1是所有主机（all-hosts）组。子网上所有具有多播能力的节点（主机、路由器或打印机等）必须在所有具有多播能力的接口上加入该组。（我们不久将讨论到加入一个多播组意味着什么。）
- 224.0.0.2是所有路由器（all-routers）组。子网上所有多播路由器必须在所有具有多播能力的接口上加入该组。

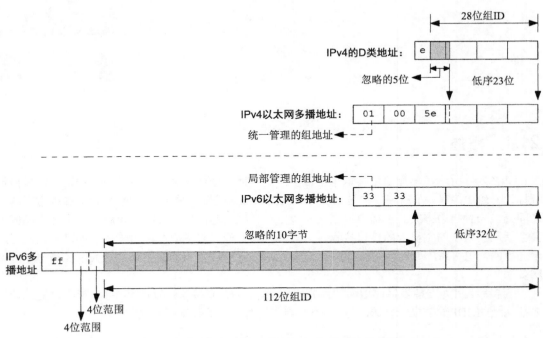

图21-1　IPv4和IPv6多播地址到以太网地址的映射

　　介于224.0.0.0到224.0.0.255之间的地址（也可以写成224.0.0.0/24）称为链路局部的（link local）多播地址。这些地址是为低级拓扑发现和维护协议保留的。多播路由器从不转发以这些地址为目的地址的数据报。我们将在考察IPv6多播地址之后再讨论IPv4多播地址的范围。

21.2.2　IPv6 多播地址

　　IPv6多播地址的高序字节值为ff。图21-1给出了把16字节IPv6多播地址映射成6字节以太网地址的方法。112位组ID的低序32位复制到以太网地址的低序32位。以太网地址的高序2字节为33:33。IPv6多播地址到以太网地址的映射见RFC 2464［Crawford 1998a］，到FDDI网络地址的映射见RFC 2467［Crawford 1998b］，到令牌环网地址的映射见［Thomas 1997］。

　　以太网地址首字节的低序2位标明该地址是一个局部管理的组地址。局部管理（locally administered）属性位意味着不能保证该地址对于IPv6的唯一性。可能有IPv6以外的其他协议族共享同一网络并使用同样的以太网地址高序2字节值。正如我们早先所提，组地址属性位由接收接口识别并进行特殊处理。

　　IPv6多播地址定义有两种格式，如图21-2所示。当P标志为0时，T标志区分众所周知多播组（其值为0）还是临时（transient）多播组（其值为1）。P标志值为1表示多播地址是基于某个单播前缀赋予的（定义见RFC 3306［Haberman and Thaler 2002］）。当P标志为1时，T标志必须也为1（也就是说基于单播的多播地址总是临时的），plen和prefix这两个字段分别设置为前缀长度和单播前缀的值。4位标志字段的高2位是被保留的。IPv6多播地址还有一个4位范围（scope）字段，我们不久将讨论到。RFC 3307［Haberman 2002］叙述了IPv6组地址的低序32位（狭义组ID，属于图21-1中112位广义组ID一部分）独立于P标志的分配机制。

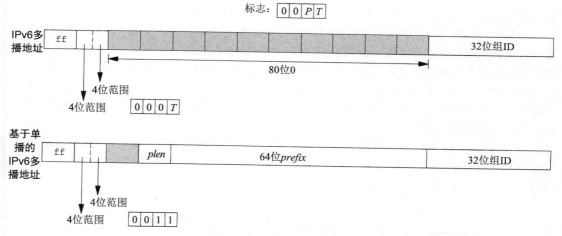

图21-2 IPv6多播地址格式

下面是若干特殊的IPv6多播地址。

- ff01::1和ff02::1是所有节点（all-nodes）组。子网上所有具有多播能力的节点（主机、路由器和打印机等）必须在所有具有多播能力的接口上加入该组，类似于IPv4的224.0.0.1多播地址。但多播是IPv6的一个组成部分，这与IPv4是不同的。

   > 尽管对应的IPv4组称为所有主机组，而IPv6组称为所有节点组，它们的含义是一致的。IPv6重新命名意在更为清晰地指出本组包括了子网上的主机、路由器、打印机，以及任何IP设备。

- ff01::2、ff02::2和ff05::2是所有路由器（all-routers）组。子网上所有多播路由器必须在所有具有多播能力的接口上加入该组，类似于IPv4的224.0.0.2多播地址。

21.2.3 多播地址的范围

IPv6多播地址显式存在一个4位的范围（scope）字段，用于指定多播数据报能够游走的范围。IPv6分组还有一个跳限（hop limit）字段，用于限制分组被路由器转发的次数。下面是若干个已经分配给范围字段的值。

1：接口局部的（interface-local）。

2：链路局部的（link-local）。

4：管区局部的（admin-local）。

5：网点局部的（site-local）。

8：组织机构局部的（organization-local）。

14：全球或全局的（global）。

其余值或者不作分配，或者保留。接口局部数据报不准由接口输出，链路局部数据报不可由路由器转发。管区（admin region）、网点（site）和组织机构（organization）的具体定义由该网点或组织机构的多播路由器管理员决定。只是范围字段值不同的IPv6多播地址代表不同的组。

IPv4多播数据报没有单独的范围字段。因历史沿用关系，IPv4首部中的TTL字段兼用作多播范围字段：0意为接口局部，1意为链路局部，2～32意为网点局部，33～64意为地区局部（region-local），65～128意为大洲局部（continent-local），129～255意为无范围限制（全球）。

TTL字段的这种双重用途已经导致一些困难，RFC 2365［Meyer 1998］对比有详细的描述。

尽管把IPv4的TTL字段用作多播范围控制已被接受并且是受推荐的做法，但是如果可能的话可管理的范围划分更为可取。这样做会把IPv4介于239.0.0.0到239.255.255.255之间的地址定义为可管理地划分范围的IPv4多播空间（administratively scoped IPv4 multicast space）（RFC 2365［Meyer 1998］），它占据多播地址空间的高端。该范围内的地址由组织机构内部分配，但是不保证跨组织机构边界的唯一性。任何组织机构必须把它的边界多播路由器配置成禁止转发以这些地址为目的地址的多播数据报。

可管理地划分范围的IPv4多播地址空间被进一步划分为本地范围（local scope）和组织机构局部范围（organization-local scope），其中前者类似于IPv6的网点局部范围（但是语义上不等价）。图21-3汇总了不同的范围划分规则。

范围	IPv6范围	IPv4	
		TTL范围	可管理范围
接口局部	1	0	
链路局部	2	1	224.0.0.0到224.0.0.255
网点局部	5	<32	239.255.0.0到239.255.255.255
组织机构局部	8		239.192.0.0到239.195.255.255
全球	14	≤255	224.0.1.0到238.255.255.255

图21-3　IPv4和IPv6多播地址范围

21.2.4　多播会话

特别是在流式多媒体应用中，一个多播地址（IPv4或IPv6地址）和一个传输层端口（通常是UDP端口）的组合称为一个会话（session）。举例来说，一个音频/视频电话会议可能由两个会话构成：一个用于音频，另一个用于视频。这些会话几乎总是使用不同的端口，有时还使用不同的多播组，以便接收时灵活地选取，例如有的客户可能选择只接收音频会话，而有的客户可能选择同时接收音频和视频会话。要是不同会话使用相同的组地址，这种选择就不大可能做到。

21.3　局域网上多播和广播的比较

我们现在返回到图20-3和图20-4中展示的例子，看看在多播情况下将发生什么。我们以图21-4所示的IPv4情形作为例子，不过IPv6涉及的步骤与之类似。

右侧主机上的接收应用进程启动，并创建一个UDP套接字，捆绑端口123到该套接字上，然后加入多播组224.0.1.1。我们不久将看到这种"加入"（joining）操作通过调用setsockopt完成。上述操作完成之后，IPv4层内部保存这些信息，并告知合适的数据链路接收目的以太网地址为01:00:5e:00:01:01的以太网帧（TCPv2的12.11节）。该地址是与接收应用进程刚加入的多播地址对应的以太网地址，其中所用映射方法如图21-1所示。

下一个步骤是左侧主机上的发送应用进程创建一个UDP套接字，往IP地址224.0.1.1的123端口发送一个数据报。发送多播数据报无需任何特殊处理；发送应用进程不必为此加入多播组。发送主机把该IP地址转换成相应的以太网目的地址，再发送承载该数据报的以太网帧。注意该帧中同时含有目的以太网地址（由接口检查）和目的IP地址（由IP层检查）。

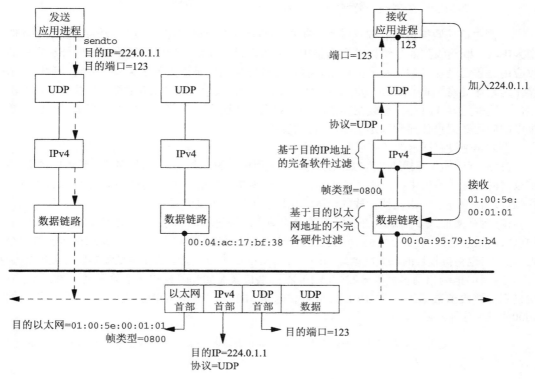

图21-4　UDP数据报多播示例

我们假设中间主机不具备IPv4多播能力（因为IPv4多播支持是可选的）。它将完全忽略该帧，因为（1）该帧的目的以太网地址不匹配该主机的接口地址，（2）该帧的目的以太网地址不是以太网广播地址，（3）该主机的接口未被告知接收任何组地址（高序字节的低序位被置为1的以太网地址，如图21-1所示）。

该帧基于我们所称的不完备过滤（imperfect filtering）被右侧主机的数据链路接收，其中的过滤操作由相应接口使用该帧的以太网目的地址执行。我们之所以说这种过滤不完备是因为尽管我们告知该接口接收以某个特定以太网组地址为目的地址的帧，通常它也会接收以其他以太网组地址为目的地址的帧。

当我们告知一个以太网接口接收目的地址为某个特定以太网组地址的帧时，许多当前的以太网接口卡对这个地址应用某个散列（hash）函数，计算出一个介于0和511之间的值，然后把该值在一个512位数组中对应的位置1。当有一个目的地为某个组地址的帧在线缆上经过时，接口对其目的地址应用同样的散列函数，计算出一个介于0和511之间的值。如果该值在同一个数组中对应的位为1，那就接收这个帧；否则忽略这个帧。较老的网络接口卡所用数位数组仅有64位，把它增加到512位可以减少接口接收非关注帧的可能性。随着时间的推移和越来越多的应用系统使用多播，数位数组的大小可能进一步增加。当今有些接口卡已经实现完备过滤（perfect filtering）。另有些接口卡根本没有多播过滤，当告知它们接收某个特定组地址时，它们必须接收所有的多播帧（有时称为"multicast promiscuous"多播混杂模式）。有一款流行的接口卡既具备容量为16个组地址的完备过滤能力，又有一个512位的散列结果数位数组作为补充。另有一款接口卡能够为80个组地址的执行完备过滤，超出容量后却不得不进入多播混杂模式。即使接口执行完备过滤，IP层的完备软件过滤仍然是必需的，因为从IP

多播地址到硬件地址的映射不是一对一的。

右侧主机的数据链路收取该帧后，把由该帧承载的分组传递到IP层，因为该以太网帧的类型为IPv4。既然收到的分组以某个多播IP地址作为目的地址，IP层于是比较该地址和本机的接收应用进程已经加入的所有多播地址，根据比较结果确定是接受还是丢弃该分组。我们称这个操作为完备过滤（perfect filtering），因为它基于IPv4报头中完整的32位D类地址执行。在本例子中，IP层接受该分组并把承载在其中的UDP数据报传递到UDP层，UDP层再把承载在UDP数据报中的应用数据报传递到绑定了端口123的套接字。

图21-4中没有展示的还有以下三种情形。

(1) 运行所加入多播地址为225.0.1.1的某个应用进程的一个主机。既然多播地址组ID的高5位在到以太网地址的映射中被忽略，该主机的接口也将接收目的以太网地址为01:00:5e:00:01:01的帧。这种情况下，由该帧承载的分组将由IP层中的完备过滤丢弃。

(2) 运行所加入多播地址符合以下条件的某个应用进程的一个主机：由这个多播地址映射成的以太网地址恰好和01:00:5e:00:01:01一样被该主机执行非完备过滤的接口散列到同一个结果。该接口也将接收目的以太网地址为01:00:5e:00:01:01的帧,直到由数据链路层或IP层丢弃。

(3) 目的地为相同多播组（224.0.1.1）不同端口（譬如4000）的一个数据报。图21-4中右侧主机仍然接收该数据报，并由IP层接受并传递给UDP层，不过UDP层将丢弃它（假设绑定端口4000的套接字不存在）。

这种情形表明让一个进程接收某个多播数据报的先决条件是该进程加入相应多播组并绑定相应端口。

21.4 广域网上的多播

正如上一节所述，单个局域网上的多播是简单的。一个主机发送一个多播分组，对它感兴趣的任何主机接收该分组。多播相对于广播的优势在于不会给对多播分组不感兴趣的主机增加额外负担。

广域网也可以从多播中受益。考虑如图21-5所示的广域网，其中5个局域网通过5个多播路由器互连。

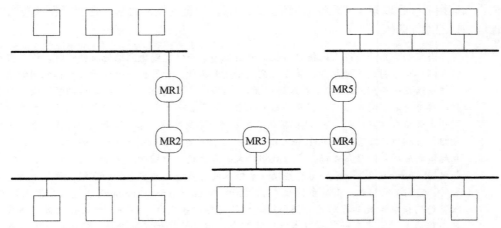

图21-5　用5个多播路由器互连的5个局域网

假设在其中的5个主机上启动了某个程序（比如说监听某个多播音频会话的一个程序），而且这5个程序（实为进程）加入了一个给定多播组（我们也说这5个主机加入了那个多播组）。另外假设每个多播路由器与其邻居多播路由器的通信使用某个多播路由协议（multicast routing protocol），我们就用MRP指称。图21-6展示了整个情形。

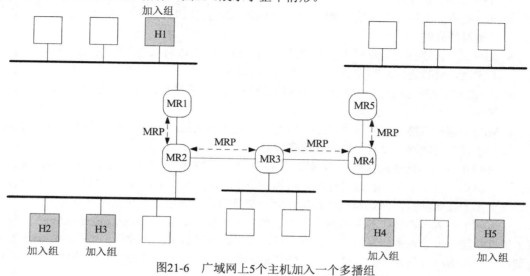

图21-6 广域网上5个主机加入一个多播组

当某个主机上的一个进程加入一个多播组时，该主机向所有直接连接的多播路由器发送一个IGMP消息，告知它们本主机已加入了那个多播组。多播路由器随后使用MRP交换这些信息，这样每个多播路由器就知道在收到目的地为所加入多播地址的分组时该如何处理。

> 多播路由仍然是一个活跃的研究课题，单纯讨论它就极可能耗费一本书的容量。

接着假设左上方主机上的一个进程开始发送目的地为那个给定多播地址的分组。比如说这个进程发送的是那些多播接收进程正等着接收的音频分组。图21-7展示了这些分组。

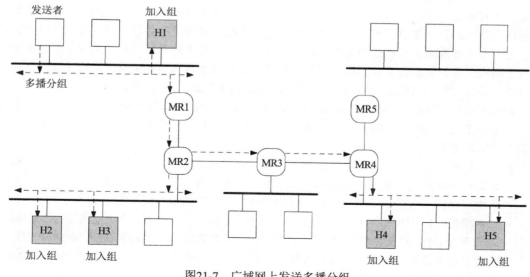

图21-7 广域网上发送多播分组

我们可以跟踪这些多播分组从发送进程游走到所有接收进程所经历的步骤。

- 这些分组在左上方局域网上由发送进程多播发送。接收主机H1接收这些分组（因为它已经加入给定多播组），多播路由器MR1也接收这些分组（因为每个多播路由器都必须接收所有多播分组）。
- MR1把这些多播分组转发到MR2，因为MRP已经通告MR1：MR2需要接收目的地为给定多播组的分组。
- MR2在直接连接的局域网上多播发送这些分组，因为该局域网上的主机H2和H3属于该多播组。MR2还向MR3发送这些分组的一个副本。
- 像MR2那样对分组进行复制是多播转发所特有的。单播分组在被路由器转发时从不被复制。
- MR3把这些多播分组发送到MR4，但是不在直接连接的局域网上多播这些分组，因为我们假设该局域网上没有主机加入该多播组。
- MR4在直接连接的局域网上多播发送这些分组，因为该局域网上的主机H4和H5属于该多播组。它并不向MR5发送这些分组的一个副本，因为直接连接MR5的局域网上没有主机属于该多播组，而MR4已经根据与MR5交换的多播路由信息知道这一点。

广域网上作为多播替代手段的两个不大合意的方法是广播泛滥（broadcast flooding）以及给每个接收者发送单个副本。使用第一种方法时，分组由发送进程广播发送，每个路由器在除分组到达接口外的所有其他接口广播发送这些分组。显然，这个方法将增加对这些分组不感兴趣但又必须处理它们的主机和路由器的数目。

使用第二个方法时，发送进程必须知道所有接收进程的IP地址并且给每个接收进程发送一个副本。对于图21-7所示的5个接收主机情形而言，这个方法要求在发送主机的局域网上出现5个分组，从MR1到MR2走4个分组，从MR2到MR3再到MR4走2个分组。

21.5　源特定多播

广域网上的多播因为多个原因而难以部署。最大的问题是运行MRP要求每个多播路由器接收来自所有本地接收主机的多播组加入及其他请求，并在所有多播路由器之间交换这些信息；多播路由器的转发功能要求把来自网络中任何发送主机的数据复制并发送到网络中任何接收主机。另一个大问题是多播地址的分配：IPv4没有足够数量的多播地址可以静态地分配给想用的任何多播应用系统使用。要在广域范围发送多播分组而又不与其他多播发送进程冲突，多播应用系统就得使用唯一的地址，然而全球性的多播地址分配机制尚未出现。

源特定多播（source-specific multicast，SSM）[Holbrook and Cheriton 1999] 给出了这些问题的一个务实的解决办法。SSM把应用系统的源地址结合到组地址上，从而在有限程度上如下地解决了这些问题：

- 接收进程向多播路由器提供发送进程的源地址作为多播组加入操作的一部分。这么做可以降低多播路由器就每个分组的转发聚散度，因为每个接收进程都必须知道源地址。这么做还保留了多播地址的包容性，因为发送进程无需知道任何接收进程的地址。
- 把多播组的标识从单纯多播组地址细化为单播源地址和多播目的地址之组合（SSM称之为通道）。这一点意味着发送进程可以挑选任何多播地址，因为现在源地址和目的地址的组合是必须唯一的，而源地址本身往往已经使得该组合唯一了。SSM会话由源地址、目的地址和端口三者的组合标识。

SSM还提供一定的反窃听（anti-spoofing）能力，也就是说，让源2在源1的通道上发送较为困难，因为源1的通道包含了源1的源地址。当然窃听仍然是可能的，不过要困难得多。

21.6 多播套接字选项

传统意义的多播API支持只需要5个套接字选项。*SSM*所需的源过滤（source filtering）额外要求多播API支持新增4个套接字选项。图21-8给出了与组成员无关的3个套接字选项的IPv4和IPv6版本以及它们在getsockopt或setsockopt调用中期望第四个参数指向的数据类型。图21-9给出了与组成员相关的6个套接字选项的IPv4、IPv6和与IP版本无关的API。所有9个选项对于setsockopt都是合法的，但是加入和离开多播组或源的6个选项却不允许用在getsockopt中。

选项名	数据类型	说　　明
IP_MULTICAST_IF	struct in_addr	指定外出多播数据报的默认接口
IP_MULTICAST_TTL	u_char	指定外出多播数据报的TTL
IP_MULTICAST_LOOP	u_char	开启或禁止外出多播数据报的回馈
IPV6_MULTICAST_IF	u_int	指定外出多播数据报的默认接口
IPV6_MULTICAST_HOPS	int	指定外出多播数据报的跳限
IPV6_MULTICAST_LOOP	u_int	开启或禁止外出多播数据报的回馈

图21-8　组成员无关多播套接字选项

选项名	数据类型	说　　明
IP_ADD_MEMBERSHIP	struct ip_mreq	加入一个多播组
IP_DROP_MEMBERSHIP	struct ip_mreq	离开一个多播组
IP_BLOCK_SOURCE	struct ip_mreq_source	在一个已加入组上阻塞某个源
IP_UNBLOCK_SOURCE	struct ip_mreq_source	开通一个早先阻塞的源
IP_ADD_SOURCE_MEMBERSHIP	struct ip_mreq_source	加入一个源特定多播组
IP_DROP_SOURCE_MEMBERSHIP	struct ip_mreq_source	离开一个源特定多播组
IPV6_JOIN_GROUP	struct ipv6_mreq	加入一个多播组
IPV6_LEAVE_GROUP	struct ipv6_mreq	离开一个多播组
MCAST_JOIN_GROUP	struct group_req	加入一个多播组
MCAST_LEAVE_GROUP	struct group_req	离开一个多播组
MCAST_BLOCK_SOURCE	struct group_source_req	在一个已加入组上阻塞某个源
MCAST_UNBLOCK_SOURCE	struct group_source_req	开通一个早先阻塞的源
MCAST_JOIN_SOURCE_GROUP	struct group_source_req	加入一个源特定多播组
MCAST_LEAVE_SOURCE_GROUP	struct group_source_req	离开一个源特定多播组

图21-9　组成员相关多播套接字选项

IPv4的TTL和回馈选项取u_char类型的参数，而IPv6的跳限和回馈选项分别取int和u_int这两个类型的参数。图7-1中大多数其他套接字选项都取整数作为参数，因此使用IPv4多播选项的一个常见编程错误就是作为int参数指定TTL或回馈调用setsockopt（这是不允许的，见TCPv2第354～355页）。IPv6所做的改动使得它们与其他选项更为一致。

我们接着详细讲解这9个套接字选项。注意它们在IPv4和IPv6中有相同的概念，差别只是名字和参数类型。

1. IP_ADD_MEMBERSHIP、IPV6_JOIN_GROUP和MCAST_JOIN_GROUP

在一个指定的本地接口上加入一个不限源的多播组。对于IPv4版本,本地接口使用某个单播地址指定;对于IPv6和与协议无关的API,本地接口使用某个接口索引指定。以下3个结构在加入或离开不限源的多播组时使用。

```
struct ip_mreq {
  struct in_addr    imr_multiaddr;      /* IPv4 class D multicast addr */
  struct in_addr    imr_interface;      /* IPv4 addr of local interface */
};

struct ipv6_mreq {
  struct in6_addr   ipv6mr_multiaddr;   /* IPv6 multicast addr */
  unsigned int      ipv6mr_interface;   /* interface index, or 0 */
};

struct group_req {
  unsigned int             gr_interface;  /* interface index, or 0 */
  struct sockaddr_storage  gr_group;      /* IPv4 or IPv6 multicast addr */
};
```

如果本地接口指定为IPv4的通配地址(INADDR_ANY)或IPv6值为0的索引,那就由内核选择一个本地接口。

一个主机在某个给定接口上属于一个给定多播组的前提是该主机上当前有一个或多个进程在那个接口上属于该组。

在一个给定套接字上可以多次加入多播组,不过每次加入的必须是不同的多播地址,或者是在不同接口上的同一个多播地址。多次加入可用于多宿主机,例如创建一个套接字后对于一个给定多播地址在每个接口上执行一次加入。

回顾图21-3,我们知道IPv6多播地址显式存在一个范围字段。我们还指出,仅仅范围有差异的IPv6多播地址代表不同的多播组。因此如果某个NTP实现想要不论范围接收所有NTP分组,它就必须加入ff01::101(接口局部)、ff02::101(链路局部)、ff05::101(网点局部)、ff08::101(组织机构局部)和ff0e::101(全球)。所有这些加入都可以在单个套接字上执行,而且可以通过设置IPV6_PKTINFO套接字选项(22.8节)让recvmsg返回每个数据报的目的地址。

IP协议无关的套接字选项(MCAST_JOIN_GROUP)与IPv6版本几乎相同,差别只是改用一个sockaddr_storage结构代替in6_addr结构传递多播组地址。sockaddr_storage应足以存放系统支持的任何类型的地址。

> 大多数实现对于每个套接字上允许执行加入的次数有一个限制。IPv4的这个限制通常由常值IP_MAX_MEMBERSHIPS指定,对于源自Berkeley的实现其值往往是20。
> 当不指定在其上执行加入的接口时,源自Berkeley的内核在普通的IP路由表中查找给定多播地址并使用找出的接口(TCPv2第357页)。为了处理这种情形,有些系统在初始化阶段为所有多播地址安装一个路径(对于IPv4就是目的地址为224.0.0.0/8的路径)。[①]
> IPv6和协议无关版本改用接口索引指定接口,以取代IPv4版本使用本地单播地址指定接口的做法,意图在于允许在未指定网络地址的(unnumbered)接口或隧道端点(tunnel endpoint)上执行加入。
> 原始的IPv6多播API定义使用了IPV6_ADD_MEMBERSHIP而不是IPV6_JOIN_GROUP。稍后讲解的mcast_join函数隐藏了这两个版本的差异。

---

① 原书中给出的IPv4的所有多播地址为224.0.0.0/8,但译者认为应该是224.0.0.0/4(见21.2节)。224.0.0.0/8仅仅是其中的链路局部多播地址的一个超集。——译者注

2. IP_DROP_MEMBERSHIP、IPV6_LEAVE_GROUP和MCAST_LEAVE_GROUP

离开指定的本地接口上不限源的多播组。我们刚才给出的加入不限源多播组所用的结构同样适用于本套接字选项的各种版本。如果未指定本地接口（也就是说对于IPv4其值为INADDR_ANY，对于IPv6为0值接口索引），那么抹除首个匹配的多播组成员关系。

如果一个进程加入某个多播组后从不显式离开该组，那么当相应套接字关闭时（因显式地关闭，或因进程终止），该成员关系也自动地抹除。单个主机上可能有多个套接字各自加入相同的多播组，这种情况下，单个套接字上成员关系的抹除不影响该主机继续作为该多播组的成员，直到最后一个套接字也离开该多播组。

> 原始的IPv6多播API定义使用的是IPV6_DROP_MEMBERSHIP而不是IPV6_LEAVE_GROUP。稍后讲解的mcast_leave函数隐藏了这两个版本的差异。

561

3. IP_BLOCK_SOURCE和MCAST_BLOCK_SOURCE

对于一个所指定本地接口上已存在的一个不限源的多播组，在本套接字上阻塞接收来自某个源的多播分组。如果加入同一个多播组的所有套接字都阻塞了相同的源，那么主机系统可以通知多播路由器这种分组流通不再需要，并可能由此影响网络中的多播路由。该套接字选项可用于忽略譬如说来自无赖发送进程的分组流通。对于IPv4版本，本地接口由某个单播地址指定；对于与IP协议无关的API，本地接口由某个接口索引指定。以下2个结构在阻塞或开通某个源时使用。

```
struct ip_mreq_source {
  struct in_addr    imr_multiaddr;        /* IPv4 class D multicast addr */
  struct in_addr    imr_sourceaddr;       /* IPv4 source addr */
  struct in_addr    imr_interface;        /* IPv4 addr of local interface */
};

struct group_source_req {
  unsigned int          gsr_interface;    /* interface index, or 0 */
  struct sockaddr_storage   gsr_group;    /* IPv4 or IPv6 multicast addr */
  struct sockaddr_storage   gsr_source;   /* IPv4 or IPv6 source addr */
};
```

如果本地接口指定为IPv4的通配地址（INADDR_ANY）或与协议无关的API的0值索引，那就由内核选择与首个匹配的多播组成员关系对应的本地接口。

源阻塞请求修改已存在的组成员关系，因此必须已经使用IP_ADD_MEMBERSHIP、IPV6_JOIN_GROUP或MCAST_JOIN_GROUP在对应的接口上加入对应的多播组。

4. IP_UNBLOCK_SOURCE和MCAST_UNBLOCK_SOURCE

开通一个先前被阻塞的源。我们刚才给出的用于阻塞某个源的结构同样适用于本套接字选项的各种版本。

如果未指定本地接口（也就是说对于IPv4其值为INADDR_ANY，对于与协议无关的API为0值索引），那么开通首个匹配的被阻塞源。

5. IP_ADD_SOURCE_MEMBERSHIP和MCAST_JOIN_SOURCE_GROUP

在一个指定的本地接口上加入一个特定于源的多播组。我们刚才给出的用于阻塞或开通某个源的结构同样适用于本套接字选项的各种版本。在这个本地接口上绝不能作为不限源的多播组已经或将要使用IP_ADD_MEMBERSHIP、IPV6_JOIN_GROUP或MCAST_JOIN_GROUP加入这个多播组。

如果本地接口指定为IPv4的通配地址（INADDR_ANY）或与协议无关的API的0值索引，那就由内核选择一个本地接口。

6. IP_DROP_SOURCE_MEMBERSHIP和MCAST_LEAVE_SOURCE_GROUP

在一个指定的本地接口上离开一个特定于源的多播组。我们刚才给出的用于阻塞或开通某个源的结构同样适用于本套接字选项的各种版本。如果未指定本地接口（也就是说对于IPv4其值为INADDR_ANY，对于与协议无关的API为0值接口索引），那么抹除首个匹配的特定于源的多播组成员关系。

如果一个进程加入某个特定于源的多播组后从不显式离开该组，那么当相应的套接字关闭时（或因显式地关闭，或因进程终止），该成员关系也自动地抹除。单个主机上可能有多个套接字各自加入相同的源特定多播组，这种情况下，单个套接字上成员关系的抹除不影响该主机继续作为该多播组的成员，直到最后一个套接字也离开该多播组。

7. IP_MULTICAST_IF和IPV6_MULTICAST_IF

指定通过本套接字发送的多播数据报的外出接口。对于IPv4版本，该接口由某个in_addr结构指定；对于IPv6，该接口由某个接口索引指定。如果其值对于IPv4为INADDR_ANY，对于IPv6为0值接口索引，那么先前通过本套接字选项指派的任何接口将被抹除，系统改为每次发送数据报都选择外出接口。

注意仔细区分当进程加入多播组时指定的（或由内核选定的）本地接口（到达多播数据报通过该接口接收）以及当进程送出多播数据报时指定的（或由内核选定的）本地接口。

> 源自Berkeley的内核通过在普通的IP路由表中查找通往目的多播地址的路径来选择多播数据报的默认外出接口。同样的技术也用于选择接收接口，前提是进程在加入多播组时未指定这个接口。这里假定如果存在通往某个给定多播地址的一个路径（或许是路由表中的默认路径），那么该路径对应的接口应该既用于输出，也用于输入。

8. IP_MULTICAST_TTL和IPV6_MULTICAST_HOPS

给外出的多播数据报设置IPv4的TTL或IPv6的跳限。如果不指定，这两个版本就都默认为1，从而把多播数据报限制在本地子网。

9. IP_MULTICAST_LOOP和IPV6_MULTICAST_LOOP

开启或禁止多播数据报的本地自环（即回馈）。默认情况下回馈开启：如果一个主机在某个外出接口上属于某个多播组，那么该主机上由某个进程发送的目的地为该多播组的每个数据报都有一个副本回馈，被该主机作为一个收取的数据报处理。

类似广播的是，一个主机上发送的任何广播数据报也被该主机作为收取的数据报处理（图20-4）。（对于广播而言，这种回馈无法禁止。）这一点意味着如果一个进程同时属于所发送数据

报的目的多播组，它就会收到自己发送的任何数据报。

> 在这里讨论的回馈是在IP层或更高层进行的内部回馈。要是接口听到了自己发送的比特位流，RFC 1112 [Deering 1989] 要求驱动程序丢弃这些副本。该RFC同时声明本回馈套接字选项默认情况下开启的原因在于作为"一个针对某些上层协议的性能优化手段，这些协议（如路由协议）把一个多播组的成员关系限定为每个主机只有一个进程属于该多播组"。

上述9个套接字选项中（包括它们的各种版本），前6个影响多播数据报的接收，而后3个影响多播数据报的发送（外出接口、TTL或跳限及回馈）。我们以前提到过多播数据报的发送无需任何特殊处理。如果在发送多播数据报之前没有指定影响发送的多播套接字选项，那么数据报的外出接口将由内核选择，TTL或跳限将为1，并有一个副本自环回来。

为了接收目的地址为某个组地址且目的端口为某个端口的多播数据报，进程必须加入该多

播组，并捆绑该端口到某个UDP套接字。这两个操作是截然不同的，不过都是必需的。多播组
加入操作告知所在主机的IP层和数据链路层接收发往该组的多播数据报。端口捆绑操作则是应
用进程向UDP指示它想接收发往该端口之数据报的手段。有些应用进程除端口外还把多播地址
也捆绑到某个套接字，从而防止所在主机IP层把为该端口收取的目的地址为其他单播、广播或
多播地址的数据报递送到该套接字。

为了接收目的地址为某个多播组目的端口为某个端口的数据报，历史上源自Berkeley的实
现曾经只要求某个套接字加入该多播组，而这个套接字不必是捆绑该套接字从而接收这些数
据报的那个套接字。然而这些实现存在把多播数据报递送到无多播意识之应用进程的潜在可
能性。新的多播内核要求进程为用于接收多播数据报的套接字捆绑相应端口并任意设置一个
多播套接字选项，其中后者作为该应用进程具备多播意识的指示。最通常设置的多播套接字
选项是多播组的加入。Solaris的做法有所不同，它只把收到的多播数据报递送到既加入了多
播组又绑定了端口的套接字。为便于移植起见，所有多播应用程序都应该加入组并捆绑端口。

较新的多播API支持就如Solaris那样强调加入多播组是接收多播数据报的必要条件：IP层
只把多播数据报递送给已经加入相应的多播组和/或单播源的套接字。这个做法是随着
IGMPv3（RFC 3376 [Cain et al. 2002]）而引入的，意在允许源过滤和源特定多播。它强调加
入组这个需求，而放松捆绑组地址的需求（这个需求本来就是非必要的）。然而为便于移植起
见，多播应用程序应该加入组并捆绑端口和组地址。

有些较老的具备多播能力的主机不允许把多播地址捆绑到套接字。为了便于移植，应用
程序可以忽略bind多播地址返回的错误，并用INADDR_ANY或in6addr_any再次尝试bind。

564

21.7 **mcast_join** 和相关函数

尽管多播套接字选项的IPv4和IPv6版本彼此相似，但是仍有过多的差别造成使用多播的协
议无关代码因插入大量的#ifdef伪代码而变得凌乱不堪。一个较好的解决办法是使用以下12个
函数隐藏这些区别。

```
#include "unp.h"

int mcast_join(int sockfd, const struct sockaddr *grp, socklen_t grplen,
                const char *ifname, u_int ifindex);

int mcast_leave(int sockfd, const struct sockaddr *grp, socklen_t grplen);

int mcast_block_source(int sockfd,
                const struct sockaddr *src, socklen_t srclen,
                const struct sockaddr *grp, socklen_t grplen);

int mcast_unblock_source(int sockfd,
                const struct sockaddr *src, socklen_t srclen,
                const struct sockaddr *grp, socklen_t grplen);

int mcast_join_source_group(int sockfd,
                const struct sockaddr *src, socklen_t srclen,
                const struct sockaddr *grp, socklen_t grplen,
                const char *ifname, u_int ifindex);

int mcast_leave_source_group(int sockfd,
                const struct sockaddr *src, socklen_t srclen,
                const struct sockaddr *grp, socklen_t grplen);
```

```
int mcast_set_if(int sockfd, const char *ifname, u_int ifindex);

int mcast_set_loop(int sockfd, int flag);

int mcast_set_ttl(int sockfd, int ttl);
```

以上均返回：若成功则为0，若出错则为-1

```
int mcast_get_if(int sockfd);
```

返回：若成功则为非负接口索引，若出错则为-1

```
int mcast_get_loop(int sockfd);
```

返回：若成功则为当前回馈标志，若出错则为-1

```
int mcast_get_ttl(int sockfd);
```

返回：若成功则为当前TTL或跳限，若出错则为-1

565

　　mcast_join加入一个不限源的多播组，该组的IP地址存放在由grp指向的长度为grplen的套接字地址结构中。我们可以指定在其上加入该组的接口，或者使用接口名字（一个非空的ifname），或者使用非零的接口索引（ifindex），若两者都没有指定则由内核选择这个接口。如前所述对于IPv6，接口通过其索引指定给套接字选项；如果给定的是接口名字，那就调用if_nametoindex获取其索引。对于IPv4，接口通过其单播IP地址指定给套接字选项：如果给定的是接口名字，那就以SIOCGIFADDR请求调用ioctl函数获取其单播IP地址；如果给定的是接口索引，那就先调用if_indextoname函数获取其名字，再如刚才所述处理该名字。

> 让用户指定接口通常采用接口的名字（譬如le0或ether0），而不用接口的IP地址或索引。举例来说，tcpdump是允许用户指定接口的少数几个程序之一，它的-i选项以一个接口名字作为参数。

　　mcast_leave离开一个不限源的多播组，该组的IP地址存放在由grp指向的长度为grplen的套接字地址结构中。mcast_leave不能指定早先在其上加入该组的接口；它总是抹除首个匹配的多播组成员关系。这么做简化了库函数接口，需要针对接口控制组成员关系的程序却不得不直接使用setsockopt函数。

　　mcast_block_source阻塞接收从给定单播源到给定多播组的数据报，其中单播源和多播组分别由src和grp指向的长度分别为srclen和grplen的两个套接字地址结构给出。本套接字上必须已为给定多播组调用过mcast_join。

　　mcast_unblock_source开通从给定单播源到给定多播组的数据报接收。所指定的参数必须与早先某个mcast_block_source调用一致。

　　mcast_join_source_group加入一个特定于源的多播组，该源和该组分别由src和grp指向的长度分别为srclen和grplen的两个套接字地址结构给出。在其上加入该多播组的接口可以使用接口名字（一个非空的ifname）或非零的接口索引（ifindex）指定，若两者都未指定则由内核选择这个接口。

　　mcast_leave_source_group离开一个特定于源的多播组，该源和该组分别由src和grp指向的长度分别为srclen和grplen的两个套接字地址结构给出。与mcast_leave一样，本函数也不能指定早先在其上加入该组的接口，它总是抹除首个匹配的多播组成员关系。

mcast_set_if设置外出多播数据报的默认接口索引。如果*ifname*非空，那么它指定接口的名字；否则如果*ifindex*大于0，那么它指定接口的索引。对于IPv6，接口从名字到索引的映射调用if_nametoindex完成。对于IPv4，接口从名字或索引到单播IP地址的映射使用与mcast_join一样的方法完成。

mcast_set_loop把回馈套接字选项设置为1或0，mcast_set_ttl则设置IPv4的TTL或IPv6的跳限。3个mcast_get_*XXX*函数返回相应的值。

566

21.7.1 例子：**mcast_join** 函数

图21-10给出了mcast_join函数的前三分之一部分。这部分处理IP无关套接字选项版本。

———lib/mcast_join.c

```
 1 #include    "unp.h"
 2 #include    <net/if.h>

 3 int
 4 mcast_join(int sockfd, const SA *grp, socklen_t grplen,
 5            const char *ifname, u_int ifindex)
 6 {
 7 #ifdef MCAST_JOIN_GROUP
 8     struct group_req req;
 9     if (ifindex > 0) {
10         req.gr_interface = ifindex;
11     } else if (ifname != NULL) {
12         if ( (req.gr_interface = if_nametoindex(ifname)) == 0) {
13             errno = ENXIO;        /* i/f name not found */
14             return(-1);
15         }
16     } else
17         req.gr_interface = 0;
18     if (grplen > sizeof(req.gr_group)) {
19         errno = EINVAL;
20         return -1;
21     }
22     memcpy(&req.gr_group, grp, grplen);
23     return (setsockopt(sockfd, family_to_level(grp->sa_family),
24                 MCAST_JOIN_GROUP, &req, sizeof(req)));
25 #else
```

———lib/mcast_join.c

图21-10 加入一个多播组：IP无关套接字

处理索引

9~17 如果调用者给定接口索引，那就直接使用它。否则如果调用者给定接口名字，那就调用if_nametoindex把名字转换成索引。再不然就把接口索引置为0，告知内核去选择接口。

复制地址并调用setsockopt

18~22 把调用者给定的套接字地址结构直接复制到一个group_req结构中。该结构的gr_group成员是一个sockaddr_storage结构，足以存放系统支持的任何地址类型。然而为了防备因代码编写不慎而引起缓冲区溢出，我们仍然检查调用者给定的套接字地址结构的大小，若过大则返回EINVAL错误。

23~24 setsockopt执行组加入操作。setsockopt的*level*参数由我们的family_to_ level函

数根据组地址的地址族确定。一些系统支持*level*参数和套接字地址族的不匹配，例如，为MCAST_JOIN_GROUP甚至是AF_INET6套接字使用IPPROTO_IP，但也并非全部支持。这样一来我们可以把地址族维持在一个适当的水平。我们不给出这个无关紧要的函数，不过其源代码同样随意可得（见前言）。

图21-11给出了mcast_join函数的中间三分之一部分。这部分处理IPv4套接字选项版本。

lib/mcast_join.c

```
26          switch (grp->sa_family) {
27          case AF_INET: {
28                  struct ip_mreq mreq;
29                  struct ifreq ifreq;

30                  memcpy(&mreq.imr_multiaddr,
31                      &((const struct sockaddr_in *) grp)->sin_addr,
32                      sizeof(struct in_addr));

33                  if (ifindex > 0) {
34                      if (if_indextoname(ifindex, ifreq.ifr_name) == NULL) {
35                          errno = ENXIO;/* i/f index not found */
36                          return(-1);
37                      }
38                      goto doioctl;
39                  } else if (ifname != NULL) {
40                      strncpy(ifreq.ifr_name, ifname, IFNAMSIZ);
41                    doioctl:
42                      if (ioctl(sockfd, SIOCGIFADDR, &ifreq) < 0)
43                          return(-1);
44                      memcpy(&mreq.imr_interface,
45                          &((struct sockaddr_in *) &ifreq.ifr_addr)->sin_addr,
46                          sizeof(struct in_addr));
47                  } else
48                      mreq.imr_interface.s_addr = htonl(INADDR_ANY);

49                  return(setsockopt(sockfd, IPPROTO_IP, IP_ADD_MEMBERSHIP,
50                                  &mreq, sizeof(mreq)));
51          }
```

lib/mcast_join.c

图21-11 加入一个多播组：IPv4套接字

处理索引

33~38 把套接字地址结构中的IPv4多播地址复制到一个ip_mreq结构中。如果调用者给定接口索引，那就调用if_indextoname把接口名字存入一个ifreq结构中。该调用成功返回后，我们往前跳转以发出ioctl请求。

处理名字

39~46 把调用者给定的接口名字复制到一个ifreq结构中，并发出ioctl的SIOCGIFADDR请求返回与该名字关联的单播地址。把成功返回的IPv4单播地址复制到那个ip_mreq结构的imr_interface成员。

指定默认设置

47~48 如果接口索引和接口名字都未给定，那就把接口设置为通配地址，告知内核去选择接口。

49~50 setsockopt执行组加入操作。

　　图21-12给出了mcast_join函数的后三分之一部分。这部分处理IPv6套接字选项版本。

lib/mcast_join.c

```
52 #ifdef  IPV6
53     case AF_INET6: {
54             struct ipv6_mreq mreq6;

55             memcpy(&mreq6.ipv6mr_multiaddr,
56                 &((const struct sockaddr_in6 *) grp)->sin6_addr,
57                 sizeof(struct in6_addr));

58             if (ifindex > 0) {
59                 mreq6.ipv6mr_interface = ifindex;
60             } else if (ifname != NULL) {
61                 if ( (mreq6.ipv6mr_interface = if_nametoindex(ifname)) == 0) {
62                     errno = ENXIO;/* i/f name not found */
63                     return(-1);
64                 }
65             } else
66                 mreq6.ipv6mr_interface = 0;

67             return(setsockopt(sockfd, IPPROTO_IPV6, IPV6_JOIN_GROUP,
68                             &mreq6, sizeof(mreq6)));
69         }
70 #endif

71     default:
72         errno = EAFNOSUPPORT;
73         return(-1);
74     }
75 #endif
76 }
```

lib/mcast_join.c

图21-12　加入一个多播组：IPv6套接字

复制地址

55~57 首先把套接字地址结构中的IPv6多播地址复制到一个ipv6_mreq结构中。

处理索引、名字或默认设置

58~66 如果调用者给定接口索引，那就把该索引复制到ipv6mr_interface成员；否则如果调用者给定接口名字，那就调用if_nametoindex取得索引；再不然就把接口索引置为0，告知内核去选择接口。

67~68 最后调用setsockopt加入组。

21.7.2 例子：`mcast_set_loop` 函数

　　图21-13给出了我们的mcast_set_loop函数。

　　既然函数参数是一个套接字描述符而不是一个套接字地址结构，我们于是调用自己的sockfd_to_family函数获取该套接字的地址族。随后设置相应的套接字选项。

　　我们不再给出其余mcast_*XXX*函数的源代码，不过它们都是可自由获取的（见前言）。

—— lib/mcast_set_loop.c

```
1 #include     "unp.h"

2 int
3 mcast_set_loop(int sockfd, int onoff)
4 {
5     switch (sockfd_to_family(sockfd)) {
6     case AF_INET: {
7             u_char  flag;

8             flag = onoff;
9             return(setsockopt(sockfd, IPPROTO_IP, IP_MULTICAST_LOOP,
10                            &flag, sizeof(flag)));
11         }

12 #ifdef  IPV6
13     case AF_INET6: {
14         u_int       flag;

15         flag = onoff;
16         return(setsockopt(sockfd, IPPROTO_IPV6, IPV6_MULTICAST_LOOP,
17                        &flag, sizeof(flag)));
18     }
19 #endif

20     default:
21         errno = EAFNOSUPPORT;
22         return(-1);
23     }
24 }
```

—— lib/mcast_set_loop.c

图21-13   设置多播回馈选项

21.8   使用多播的 `dg_cli` 函数

我们通过简单地去掉setsockopt调用来修改图20-5中的dg_cli函数。如前所述，如果外出接口、TTL和回馈选项的默认设置可以接受，那么发送多播数据报无需设置任何多播套接字选项。我们指定所有主机组为服务器地址来运行我们的客户程序。

```
macosx % udpcli01 224.0.0.1
hi there
from 172.24.37.78: hi there              MacOS X
from 172.24.37.94: hi there              FreeBSD
```

所在子网中共有两个主机响应。它们具备多播能力，从而都加入了所有主机组，并且都运行着端口号为7的标准UDP回射服务器。每个应答数据报都是单播的，因为请求数据报的单播源地址被每个服务器用作应答数据报的目的地址。

IP 分片和多播

我们在20.4节末尾提过，大多数系统把不允许对广播数据报执行分片作为一个决策。分片操作对于多播数据报却不成问题，我们可以使用同一个含有长度为2000字节的单个文本行的文件简单地验证。

```
macosx % udpcli01 224.0.0.1 < 2000line
from 172.24.37.78: xxxxxxxxxx[...]
from 172.24.37.94: xxxxxxxxxx[...]
```

21.9 接收 IP 多播基础设施会话声明

IP多播基础设施（IP multicast infrastructure）是具备域间多播能力的因特网之一部分。多播并未在整个因特网上开通。IP多播基础设施的前身是作为一个层叠网络从1992年开始的MBone（B.2节），到1998年转成作为因特网基础设施之一部分部署的多播基础设施。多播可能在企业范围内部署较广，然而很少是域间IP多播基础设施的构成部分。

为了在IP多播基础设施上接收一个多媒体会议，站点只需要知道该会议的多播地址及其会议数据流（音频和视频等）所用的UDP端口。会话声明协议（Session Announcement Protocol，SAP，见RFC 2974［Handley, Perkins, and Whelan 2000］）描述会话声明方法（多播到IP多播基础设施上的会话声明所用的分组首部和发送频率），会话描述协议（Session Description Protocol，SDP，见RFC 2327［Handley and Jacobson 1998］）则描述所声明的内容（如何指定会话的多播地址和UDP端口）。想要在IP多播基础设施上声明某个会话的站点会周期性地往一个众所周知的多播组和UDP端口发送包含所声明会话的某个描述的一个多播分组。IP多播基础设施上的站点运行一个名为sdr的程序来接收这些声明。这个程序做许多工作，不仅接收会话声明，而且提供一个交互式的用户界面以显示这些信息并允许用户发送自己的声明。

我们在本节开发一个仅仅接收这些会话声明的简单程序，从而展示一个简单的多播接收程序例子。我们的目的在于展示多播接收器程序的简单性，而不是深入到其中的细节。

图21-14给出了接收定期多播的SAP/SDP声明的程序的main函数。

————————————————————————————————————— mysdr/main.c

```
 1 #include    "unp.h"

 2 #define SAP_NAME    "sap.mcast.net" /* default group name and port */
 3 #define SAP_PORT    "9875"

 4 void    loop(int, socklen_t);

 5 int
 6 main(int argc, char **argv)
 7 {
 8     int     sockfd;
 9     const int on = 1;
10     socklen_t salen;
11     struct sockaddr *sa;
12     if (argc == 1)
13         sockfd = Udp_client(SAP_NAME, SAP_PORT, (void **) &sa, &salen);
14     else if (argc == 4)
15         sockfd = Udp_client(argv[1], argv[2], (void **) &sa, &salen);
16     else
17         err_quit("usage: mysdr <mcast-addr> <port#> <interface-name>");
18     Setsockopt(sockfd, SOL_SOCKET, SO_REUSEADDR, &on, sizeof(on));
19     Bind(sockfd, sa, salen);
20     Mcast_join(sockfd, sa, salen, (argc == 4) ? argv[3] : NULL, 0);
21     loop(sockfd, salen);         /* receive and print */
22     exit(0);
23 }
```

————————————————————————————————————— mysdr/main.c

图21-14 SAP/SDP声明接收程序的main函数

众所周知的域名和众所周知的端口

2~3 赋予SAP声明的多播地址是224.2.127.254，它的域名是sap.mcast.net。所有众所周知多播地址的DNS域名（见http://www.iana.org/assignments/multicastaddresses）都出现在

mcast.net层次之下。众所周知的UDP端口是9875。

创建UDP套接字

12~17　我们调用自己的udp_client函数查找名字和端口，并让它把结果信息填写到合适的套接字地址结构中。如果命令行参数未曾指定，我们就使用默认的名字和端口，否则就从命令行参数中取得多播地址、端口号和接口名字。

bind端口

18~19　设置SO_REUSEADDR套接字选项以允许在单个主机上运行本程序的多个实例，然后将给定端口bind到该套接字。通过将给定多播地址捆绑到该套接字，我们防止该套接字接收目的端口为给定端口的其他UDP数据报。多播地址的捆绑并非必须，不过它提供了由内核过滤非所关注分组的手段。

加入多播组

20　调用mcast_join函数加入给定组。如果接口名字已经作为命令行参数给定，那就把它传递给该函数；否则就让内核去选择在哪个接口上加入组。

21　我们调用图21-15中给出的loop函数读取并显示所有的声明。

mysdr/loop.c

```
 1 #include    "mysdr.h"
 2 void
 3 loop(int sockfd, socklen_t salen)
 4 {
 5     socklen_t len;
 6     ssize_t n;
 7     char   *p;
 8     struct sockaddr *sa;
 9     struct sap_packet {
10       uint32_t   sap_header;
11       uint32_t   sap_src;
12       char       sap_data[BUFFSIZE];
13     } buf;
14     sa = Malloc(salen);
15     for ( ; ; ) {
16         len = salen;
17         n = Recvfrom(sockfd, &buf, sizeof(buf) - 1, 0, sa, &len);
18         ((char *)&buf)[n] = 0;                /* null terminate */
19         buf.sap_header = ntohl(buf.sap_header);
20         printf("From %s hash 0x%04x\n", Sock_ntop(sa, len),
21                   buf.sap_header & SAP_HASH_MASK);
22         if (((buf.sap_header & SAP_VERSION_MASK) >> SAP_VERSION_SHIFT) > 1) {
23             err_msg("... version field not 1 (0x%08x)", buf.sap_header);
24             continue;
25         }
26         if (buf.sap_header & SAP_IPV6) {
27             err_msg("... IPv6");
28             continue;
29         }
30         if (buf.sap_header & (SAP_DELETE|SAP_ENCRYPTED|SAP_COMPRESSED)) {
31             err_msg("... can't parse this packet type (0x%08x)",
32                  buf.sap_header);
33             continue;
34         }
35         p = buf.sap_data + ((buf.sap_header & SAP_AUTHLEN_MASK)
36                     >> SAP_AUTHLEN_SHIFT);
37         if (strcmp(p, "application/sdp") == 0)
38             p += 16;
39         printf("%s\n", p);
40     }
41 }
```

mysdr/loop.c

图21-15　接收并显示SAP/SDP声明的循环

分组格式

9~13 sap_packet结构描述SDP分组：一个32位SAP首部，后跟一个32位源地址，再跟真正 571 ~ 573
的声明。声明仅仅是若干行ISO 8859-1文本，不得超过1024字节。每个UDP数据报只能
承载一个会话声明。

读入UDP数据报，输出发送者和内容

15~21 recvfrom等待下一个到达套接字的UDP数据报。一个UDP数据报到达后，我们在存放
它的缓冲区末尾放置一个空字节，修正首部字段的字节序，然后显示其发送者的IP地
址和端口号，并显示SAP散列值。

检查SAP首部

22~34 检查SAP首部，确认是否为我们处理的类型。我们不处理在首部中使用IPv6地址的SAP
分组，也不处理压缩的或加密的分组。

找到声明起始处并显示

35~39 跳过可能存在任何认证数据和分组内容类型，然后显示分组的内容。
图21-16给出了出自本程序的一些典型输出。

```
freebsd % mysdr
From 128.223.83.33:1028 hash 0x0000
v=0
o=- 60345 0 IN IP4 128.223.214.198
s=UO Broadcast - NASA Videos - 25 Years of Progress
i=25 Years of Progress, parts 1-13. Broadcast with Cisco System's
 IP/TV using MPEG1 codec (6 hours 5 Minutes; repeats) More information
 about IP/TV and the client needed to view this program is available
 from http://videolab.uoregon.edu/download.html
u=http://videolab.uoregon.edu/
e=Hans Kuhn <multicast@lists.uoregon.edu>
p=Hans Kuhn <541/346-1758>
b=AS:1000
t=0 0
a=type:broadcast
a=tool:IP/TV Content Manager 3.2.24
a=x-iptv-file:1 name y:25yop1234567890123.mpg
m=video 63096 RTP/AVP 32 31 96
c=IN IP4 224.2.245.25/127
a=framerate:30
a=rtpmap:96 WBIH/90000
a=x-iptv-svr:video blaster2.uoregon.edu file 1 loop
m=audio 31954 RTP/AVP 14 96 0 3 5 97 98 99 100 101 102 10 11 103 104 105 106
c=IN IP4 224.2.216.85/127
a=rtpmap:96 X-WAVE/8000
a=rtpmap:97 L8/8000/2
a=rtpmap:98 L8/8000
a=rtpmap:99 L8/22050/2
a=rtpmap:100 L8/22050
a=rtpmap:101 L8/11025/2
a=rtpmap:102 L8/11025
a=rtpmap:103 L16/22050/2
a=rtpmap:104 L16/22050
a=rtpmap:105 L16/11025/2
a=rtpmap:106 L16/11025
a=x-iptv-svr:audio blaster2.uoregon.edu file 1 loop
```

图21-16 典型的SAP/SDP声明 574

这个声明描述的是NASA在IP多播基础设施上关于某次航天飞机使命的报道。SDP会话描述由许多形如*type=value*格式的文本行构成，其中*type*总是单个字符且区分大小写。*value*则是一个依赖于*type*的有结构的文本串。等号两边不允许有空格。

v=0是版本。

o=是来源。–表示无确切用户名，60345是会话ID，0是这个声明的版本号，IN是网络类型，IP4是地址类型，128.223.214.198是地址。由用户名、会话ID、网络类型、地址类型和地址构成的五元组是本会话的一个全球唯一的标识。

s=定义会话名字，i=给出关于会话的信息。我们对后者按每80字节一次作了折行处理。u=给出一个统一资源标识（Uniform Resource Identifier，URI），其上提供关于本会话的更详细信息，e=和p=则分别提供会议负责人的电子邮件地址和电话号码。

b=提供本会话预期带宽的一个测算量。t=提供均以NTP单位给出的起始时间和停止时间，即从1900年1月1日UTC时间以来的秒数。本会话是永久的，因为起止时间都是0。

a=是属性行，若出现在任何m=行之前则为会话属性，若出现在某个m=行之后则为相应媒体的属性。

m=是媒体声明，共有2行。其中第一行指明视频在端口63096上，格式为实时传输协议（Real-time Transport Protocol，RTP），使用音频/视频轮廓（Audio/Video Profile），可能净荷类型为32、31和96（分别表示MPEG、H.261和WBIH）。紧接的c=行提供本媒体连接信息，在本例子中指明该连接基于IP，使用IPv4，多播地址为224.2.245.25，TTL为127。虽然这些是由斜杠分开的，就如同CIDR前缀那样，但这并不是用来表示前缀或掩码的。

下一个m=行指明音频在31954端口，可能的RTP/AVP净荷类型有若干个，其中一些是标准的，一些由随后的a=rtpmap:进一步说明。紧接的c=行提供本媒体的连接信息，在本例子中指明该连接基于IP，使用IPv4，多播地址为224.2.216.85，TTL为127。

21.10   发送和接收

上一节中的IP多播基础设施会话声明程序只接收多播数据报。我们在本节开发一个既发送又接收多播数据报的简单程序。该程序包含两部分。第一部分每5秒发送一个目的地为指定组的多播数据报，其中含有发送进程的主机名和进程ID。第二部分是一个无限循环，先加入由第一部分发往的多播组，再显示接收到的每个数据报（其中含有发送进程的主机名和进程ID）。这样安排使得我们可以在一个局域网内的多个主机上启动该程序，以便查看哪个主机在接收来自哪些发送进程的数据报。

图21-17给出了该程序的main函数。

我们创建两个套接字，一个用于发送，另一个用于接收。我们想要给接收套接字捆绑多播组和端口，比如说239.255.1.2端口8888。（回顾一下，我们可以只捆绑通配IP地址和端口8888，不过还是捆绑多播地址以防止目的端口同为8888的其他数据报到达本套接字。）接着想要接收套接字加入多播组。发送套接字将发送数据报到同一个多播地址和端口，也就是239.255.1.2端口8888。但是如果我们试图用单个套接字进行发送和接收，那么所收发数据报的源协议地址将是出自bind调用的239.255.1.2:8888（使用netstat记法），目的协议地址（调用sendto时指定）也将是239.255.1.2:8888。这么一来，捆绑在该套接字上的源协议地址成了UDP数据报的源IP地址，而RFC 1122［Braden 1989］禁止出现源IP地址是多播地址或广播地址的IP数据报（见习题21.2）。因此，我们必须创建两个套接字：一个用于发送，另一个用于接收。

```
                                                                  ——mcast/main.c
1 #include     "unp.h"
2 void    recv_all(int, socklen_t);
3 void    send_all(int, SA *, socklen_t);
4 int
5 main(int argc, char **argv)
6 {
7       int       sendfd, recvfd;
8       const int on = 1;
9       socklen_t salen;
10      struct sockaddr    *sasend, *sarecv;
11      if (argc != 3)
12          err_quit("usage: sendrecv <IP-multicast-address> <port#>");
13      sendfd = Udp_client(argv[1], argv[2], (void **) &sasend, &salen);
14      recvfd = Socket(sasend->sa_family, SOCK_DGRAM, 0);
15      Setsockopt(recvfd, SOL_SOCKET, SO_REUSEADDR, &on, sizeof(on));
16      sarecv = Malloc(salen);
17      memcpy(sarecv, sasend, salen);
18      Bind(recvfd, sarecv, salen);
19      Mcast_join(recvfd, sasend, salen, NULL, 0);
20      Mcast_set_loop(sendfd, 0);
21      if (Fork() == 0)
22          recv_all(recvfd, salen);         /* child -> receives */
23      send_all(sendfd, sasend, salen);     /* parent -> sends */
24 }
```
——mcast/main.c

图21-17 创建套接字，fork，再启动发送进程与接收进程

576

创建发送套接字

13　我们的udp_client函数创建发送套接字，并处理指定多播地址和端口号的那两个命令行参数。该函数还返回可用于调用sendto的一个套接字地址结构及其长度。

创建接收套接字并捆绑多播地址和端口

14~18　创建接收套接字，所用地址族与创建发送套接字所用的一样。设置SO_REUSEADDR套接字选项以允许这个程序的多个实例同时在单一主机上运行。我们接着给这个套接字分配一个套接字地址结构的空间，并从发送套接字地址结构复制其内容（发送套接字的地址和端口取自命令行参数），再把其中的多播地址和端口bind在接收套接字上。

加入多播组并禁止回馈

19~20　调用我们的mcast_join函数在接收套接字上加入多播组，再调用我们的mcast_set_loop函数禁止发送套接字上的回馈特性。加入多播组时指定接口名字为空指针，接口索引为0，从而告知内核去选择接口。

fork并调用相应函数

21~23　fork后子进程就是接收循环，父进程就是发送循环。

　　图21-18给出了我们的send_all函数，它每5秒发送一个多播数据报。main函数把套接字描述符、指向包含多播目的地址和目的端口的套接字地址结构的指针以及该结构的长度作为参数传递给send_all。

获取主机名并形成数据报内容

9~11　从uname函数获得主机名并构造一个包含主机名和进程ID的输出行。

发送数据报，接着休眠

12~15   发送一个数据报后调用sleep休眠5秒。

mcast/send.c

```
 1 #include       "unp.h"
 2 #include     <sys/utsname.h>

 3 #define SENDRATE    5              /* send one datagram every five seconds */
 4 void
 5 send_all(int sendfd, SA *sadest,  socklen_t salen)
 6 {
 7     char    line[MAXLINE];         /* hostname and process ID */
 8     struct utsname  myname;

 9     if (uname(&myname) < 0)
10         err_sys("uname error");;
11     snprintf(line, sizeof(line), "%s, %d\n", myname.nodename, getpid());

12     for ( ; ; ) {
13         Sendto(sendfd, line, strlen(line), 0, sadest, salen);
14         sleep(SENDRATE);
15     }
16 }
```

mcast/send.c

图21-18   每5秒发送一个多播数据报

图21-19给出了我们的recv_all函数，它是一个无限的接收循环。

mcast/recv.c

```
 1 #include       "unp.h"
 2 void
 3 recv_all(int recvfd, socklen_t salen)
 4 {
 5     int     n;
 6     char    line[MAXLINE+1];
 7     socklen_t len;
 8     struct sockaddr *safrom;

 9     safrom = Malloc(salen);

10     for ( ; ; ) {
11         len = salen;
12         n = Recvfrom(recvfd, line, MAXLINE, 0, safrom, &len);
13         line[n] = 0;                 /* null terminate */
14         printf("from %s: %s", Sock_ntop(safrom, len), line);
15     }
16 }
```

mcast/recv.c

图21-19   接收到达所加入组的所有多播数据报

分配套接字地址结构

9   分配一个套接字地址结构以存放每次调用recvfrom返回的发送进程的协议地址。

读入并输出数据报

10~15   每一个数据报由recvfrom读入，以空字符结尾后显示输出。

运行示例

我们在freebsd4和macosx这两个系统上运行本程序，看到每个系统都接收了由另一个系统发送的分组。

```
freebsd4 % sendrecv 239.255.1.2 8888
from 172.24.37.78:51297: macosx, 21891
from 172.24.37.78:51297: macosx, 21891
from 172.24.37.78:51297: macosx, 21891
from 172.24.37.78:51297: macosx, 21891

macosx % sendrecv 239.255.1.2 8888
from 172.24.37.94:1215: freebsd4, 55372
from 172.24.37.94:1215: freebsd4, 55372
from 172.24.37.94:1215: freebsd4, 55372
from 172.24.37.94:1215: freebsd4, 55372
```

21.11 SNTP：简单网络时间协议

网络时间协议NTP是一个用于跨广域网或局域网同步时钟的复杂协议，往往能够达到毫秒级的精度。RFC 1305 [Mills 1992] 详细叙述了这个协议，RFC 2030 [Mills 1996] 则叙述了NTP的一个简化版本SNTP，用于那些不需要完整的NTP实现之复杂性的主机。通常的做法是：让局域网内的少数几个主机跨因特网与其他NTP主机同步时钟，然后由这些主机在局域网内使用广播或多播重新发布时间。

我们在本节开发一个SNTP客户程序，它在与本地主机直接连接的所有网络上听取NTP广播或多播分组，接着输出各个NTP分组与本地主机当前时间之差。我们并不试图修正当前时间，因为那么做需要超级用户权限。

如图21-20所示的ntp.h文件包含关于NTP分组格式的一些基本定义。

————————————————————————————— ssntp/ntp.h
```
 1 #define JAN_1970    2208988800UL        /* 1970 - 1900 in seconds */
 2 struct l_fixedpt {                       /* 64-bit fixed-point */
 3   uint32_t  int_part;
 4   uint32_t  fraction;
 5 };

 6 struct s_fixedpt {                       /* 32-bit fixed-point */
 7   uint16_t  int_part;
 8   uint16_t  fraction;
 9 };

10 struct ntpdata {                         /* NTP header */
11   u_char      status;
12   u_char      stratum;
13   u_char      ppoll;
14   int         precision:8;
15   struct s_fixedpt  distance;
16   struct s_fixedpt  dispersion;
17   uint32_t refid;
18   struct l_fixedpt  reftime;
19   struct l_fixedpt  org;
20   struct l_fixedpt  rec;
21   struct l_fixedpt  xmt;
22 };

23 #define VERSION_MASK   0x38
24 #define MODE_MASK      0x07

25 #define MODE_CLIENT     3
26 #define MODE_SERVER     4
27 #define MODE_BROADCAST  5
```
————————————————————————————— ssntp/ntp.h

图21-20 ntp.h头文件：NTP分组格式与定义

2~22   l_fixedpt定义NTP用于时间戳的64位定点值，s_fixedpt定义NTP所用的32位定点值。ntpdata结构是48字节的NTP数据报格式。

图21-21给出了main函数。

ssntp/main.c

```
 1 #include    "sntp.h"

 2 int
 3 main(int argc, char **argv)
 4 {
 5      int     sockfd;
 6      char    buf[MAXLINE];
 7      ssize_t n;
 8      socklen_t salen, len;
 9      struct ifi_info *ifi;
10      struct sockaddr *mcastsa, *wild, *from;
11      struct timeval  now;

12      if (argc != 2)
13          err_quit("usage: ssntp <IPaddress>");

14      sockfd = Udp_client(argv[1], "ntp", (void **) &mcastsa, &salen);

15      wild = Malloc(salen);
16      memcpy(wild, mcastsa, salen); /* copy family and port */
17      sock_set_wild(wild, salen);
18      Bind(sockfd, wild, salen);    /* bind wildcard */

19 #ifdef  MCAST
20          /* obtain interface list and process each one */
21      for (ifi = Get_ifi_info(mcastsa->sa_family, 1); ifi != NULL;
22          ifi = ifi->ifi_next) {
23          if (ifi->ifi_flags & IFF_MULTICAST) {
24              Mcast_join(sockfd, mcastsa, salen, ifi->ifi_name, 0);
25              printf("joined %s on %s\n",
26                      Sock_ntop(mcastsa, salen), ifi->ifi_name);
27          }
28      }
29 #endif

30      from = Malloc(salen);
31      for ( ; ; ) {
32          len = salen;
33          n = Recvfrom(sockfd, buf, sizeof(buf), 0, from, &len);
34          Gettimeofday(&now, NULL);
35          sntp_proc(buf, n, &now);
36      }
37 }
```

ssntp/main.c

图21-21 main函数

获得多播IP地址

12~14   用户执行本程序时必须作为命令行参数指定要加入的多播地址。对于IPv4，这将是224.0.1.1或域名ntp.mcast.net。对于IPv6，这将是网点局部范围内NTP的ff05::101。我们的udp_client函数为一个正确类型（IPv4或IPv6）的套接字地址结构分配空间，并在该结构中存放多播地址和端口。如果是在不支持多播的主机上运行本程序，那么可以随意指定一个IP地址，因为本程序仅仅使用取自该结构的地址族和端口号信息。

注意udp_client并不把地址捆绑到套接字上，它只是创建套接字并填写套接字地址结构。

把通配地址捆绑到套接字

15~18 为另一个套接字地址结构分配空间，并把由udp_client填写的结构复制填写到其中，从而设置该结构的地址族和端口字段。接着调用我们的sock_set_wild函数设置该结构的IP地址字段为通配地址，然后调用bind。

获得接口列表

20~22 我们的get_ifi_info函数返回所有接口和地址的信息。我们查询的地址族取自以udp_client基于命令行参数填写的套接字地址结构。

加入多播组

23~27 调用我们的mcast_join函数在每个具备多播能力的接口上加入由命令行参数指定的多播组。所有这些加入操作都通过本程序使用的单个套接字执行。我们以前提到过，通常每个套接字都有一个IP_MAX_MEMBERSHIPS（其值一般为20）次加入操作的限制，不过拥有那么多接口的多宿主机相当少见。

读入并处理所有NTP分组

30~36 再分配一个套接字地址结构的空间以存放由recvfrom返回的地址。程序接着进入一个无限循环，先读入本主机收到的所有NTP分组，再调用我们的sntp_proc函数（稍后讲解）处理每个分组。既然本套接字上绑定的是通配地址，而且已经在所有具备多播能力的接口上加入了给定多播组，因此本套接字应该接收本主机收到的任何单播、广播或多播NTP分组。在调用sntp_proc前我们调用gettimeofday取得当前时间，因为sntp_proc需计算包含在NTP分组中的时间和当前时间之差。

图21-22给出的sntp_proc函数处理真正的NTP分组。

验证分组的有效性

10~21 首先检查分组的大小，接着输出版本、模式和服务器层次（server stratum）。如果模式为MODE_CLIENT，那么本分组是一个客户请求而不是一个服务器应答，于是我们忽略它。

从NTP分组获取发送时间

22~33 NTP分组中我们感兴趣的字段是表示发送时间戳的xmt，它是服务器发送本分组时刻的64位定点时间。由于NTP时间戳从1900年开始计秒数，而Unix时间戳从1970年开始计秒数，我们于是首先从xmt的整数部分中减去JAN_1970（1900～1970共70年的秒数）。

xmt的小数部分是一个32位无符号整数，其值介于0到4294967295之间（含边界值）。我们把它从32位整数（useci）复制到一个双精度浮点变量（usecf），再除以4294967296（2^{32}）。结果为大于等于0.0，小于1.0。我们对它乘以1000000（1秒的微秒数），并把结果作为一个32位无符号整数存放在变量useci中。这是介于0～999999的微秒数（见习题21.5）。我们转换成微秒数是因为由gettimeofday返回的Unix时间戳包含两个整数：从1970年1月1日UTC时间以来的秒数以及微秒数。我们然后计算并显示主机的当前时间与NTP服务器当前时间之间以微秒为单位的时间差。

本程序没有考虑服务器和客户之间的网络延迟。然而我们假设在局域网内NTP分组通常作为广播或多播数据报接收，这种情况下网络延迟应该只有几毫秒。

ssntp/sntp_proc.c

```
 1 #include    "sntp.h"

 2 void
 3 sntp_proc(char *buf, ssize_t n, struct timeval *nowptr)
 4 {
 5     int     version, mode;
 6     uint32_t nsec, useci;
 7     double  usecf;
 8     struct timeval diff;
 9     struct ntpdata *ntp;

10     if (n < (ssize_t)sizeof(struct ntpdata)) {
11         printf("\npacket too small: %d bytes\n", n);
12         return;
13     }

14     ntp = (struct ntpdata *) buf;
15     version = (ntp->status & VERSION_MASK) >> 3;
16     mode = ntp->status & MODE_MASK;
17     printf("\nv%d, mode %d, strat %d, ", version, mode, ntp->stratum);
18     if (mode == MODE_CLIENT) {
19         printf("client\n");
20         return;
21     }

22     nsec = ntohl(ntp->xmt.int_part) - JAN_1970;
23     useci = ntohl(ntp->xmt.fraction);  /* 32-bit integer fraction */
24     usecf = useci;                     /* integer fraction -> double */
25     usecf /= 4294967296.0;             /* divide by 2**32 -> [0, 1.0) */
26     useci = usecf * 1000000.0;         /* fraction -> parts per million */

27     diff.tv_sec = nowptr->tv_sec - nsec;
28     if ( (diff.tv_usec = nowptr->tv_usec - useci) < 0) {
29         diff.tv_usec += 1000000;
30         diff.tv_sec--;
31     }
32     useci = (diff.tv_sec * 1000000) + diff.tv_usec;  /* diff in microsec */
33     printf("clock difference = %d usec\n", useci);
34 }
```

ssntp/sntp_proc.c

图21-22　sntp_proc函数：处理SNTP分组

我们在主机macosx上运行本程序，而运行在主机freebsd4上的NTP服务器每隔64秒多播NTP分组一次到所在的以太网，于是得到如下输出：

```
macosx # ssntp 224.0.1.1
joined 224.0.1.1.123 on lo0
joined 224.0.1.1.123 on en1

v4, mode 5, start 3, clock difference = 661 usec

v4, mode 5, start 3, clock difference = -1789 usec

v4, mode 5, start 3, clock difference = -2945 usec

v4, mode 5, start 3, clock difference = -3689 usec

v4, mode 5, start 3, clock difference = -5425 usec

v4, mode 5, start 3, clock difference = -6700 usec

v4, mode 5, start 3, clock difference = -8520 usec
```

我们先终止运行在本主机上的正常的NTP服务器再运行本程序,这样当本程序启动时本主机的时间非常接近于NTP服务器主机的时间。我们看到本主机在384秒内盈余9181微秒,即每24小时约差2秒。

21.12 小结

多播应用进程一开始就通过设置套接字选项请求加入赋予它的多播组。该请求告知IP层加入给定组,IP层再告知数据链路层接收发往相应硬件层多播地址的多播帧。多播利用多数接口卡都提供的硬件过滤减少非期望分组的接收,而且过滤质量越好非期望分组接收量也越少。这种硬件过滤的运用还降低了不参与多播应用系统的其他主机上的负荷。

广域网上的多播需要具备多播能力的路由器和多播路由协议。在因特网上所有路由器都具备多播能力之前,多播仅仅在因特网的某些"孤岛"上可用。这些孤岛连接起来构成所谓的IP多播基础设施。

584

9个套接字选项提供了支持多播的API:
- 在一个接口上加入一个不限源的多播组;
- 离开一个不限源的多播组;
- 阻塞接收从一个源到一个已加入多播组的数据报;
- 开通一个被阻塞的源;
- 在一个接口上加入一个特定于源的多播组;
- 离开一个特定于源的多播组;
- 设置外出多播数据报的默认接口;
- 设置外出多播数据报的TTL或跳限;
- 开启或禁止多播数据报的回馈。

前6个用于接收,后3个用于发送。这些套接字选项的IPv4和IPv6版本之间存在过多的差异,使得使用多播的协议无关代码因插入大量的#ifdef伪代码而迅速变得凌乱不堪。我们开发了12个均以mcast_打头的函数,可以有助于编写对于IPv4和IPv6都适用的多播应用程序。

习题

21.1 构造图20-9中的程序,在命令行上指定IP地址224.0.0.1执行它,会发生什么?

21.2 接着上个习题,把图20-9中的程序改为捆绑IP地址224.0.0.1和端口0到它的套接字,然后执行它。你的系统允许捆绑多播地址到套接字吗?如果你有诸如tcpdump等工具可用,那就用它们观察网络上的分组。你发送的数据报的源IP地址是什么?

21.3 获悉子网上哪些主机具备多播能力的一个方法是ping所有主机组224.0.0.1,试一下。

21.4 判定你的主机是否连接到IP多播基础设施的一个方法是执行21.9节中的程序,等待数分钟,看是否有任何会话声明出现。试一下看你是否收到任何声明。

21.5 当NTP时间戳的小数部分是1073741824(即$1/4 \times 2^{32}$)时,过一遍图21-22中的计算过程。对最大可能的整数小数部分($2^{32}-1$)重新计算一遍。

21.6 修改mcast_set_if的实现中对于IPv4版本的操作,让程序记住已经获取其IP地址的每个接口的名字,以免为这些接口再次调用ioctl。

585

第22章

高级 UDP 套接字编程

22.1 概述

本章汇集了影响应用程序使用UDP套接字的多个论题。首先是确定某个外来UDP数据报的目的地址及其接收接口（也就是到达接口），因为绑定某个UDP端口和通配地址的一个套接字能够在任何接口上接收单播、广播和多播数据报。

TCP是一个字节流协议，又使用滑动窗口，因此没有诸如记录边界或发送者数据发送能力超过接收者数据接收能力之类的事情。然而对于UDP而言，每个输入操作对应一个UDP数据报（一个记录），因此当收取的数据报大于应用进程的输入缓冲区时就有如何处理的问题。

UDP是不可靠的协议，不过有些应用程序确实有理由使用UDP而不使用TCP。我们将讨论影响何时用UDP代替TCP的若干因素。在这些UDP应用程序中，我们必须包含一些特性以弥补UDP的不可靠性：超时和重传（用于处理丢失的数据报）、序列号（用于匹配应答与请求）。我们将开发一组可在UDP应用程序中调用的函数以处理这些细节。

如果实现不支持IP_RECVDSTADDR套接字选项，那么确定外来UDP数据报目的IP地址的方法之一是捆绑所有的接口地址并使用select。

多数UDP服务器程序是迭代运行的，不过有些应用系统在客户和服务器之间交换多个UDP数据报，因而需要某种形式的并发。TFTP是一个常见的例子，我们将讨论有inetd参与和无inetd参与这两种情况下如何做到这些。

最后的论题是可作为每个IPv6数据报的辅助数据指定的特定于分组的信息：源IP地址、发送接口、外出跳限和下一跳地址。可随每个IPv6数据报返回的类似信息还有：目的IP地址、接收接口和接收跳限。

22.2 接收标志、目的 IP 地址和接口索引

历史上sendmsg和recvmsg一直只用于通过Unix域套接字传递描述符（15.7节），而且甚至这种用途也不多见。然而由于以下两个原因，这两个函数的使用情况正在不断改观。

(1) 随4.3BSD Reno加到msghdr结构的msg_flags成员返回标志给应用进程。我们已在图14-7中汇总了这些标志。

(2) 辅助数据正被用于在应用进程和内核之间传递越来越多的信息。我们将在第27章看到IPv6延续了这种趋势。

作为recvmsg的一个例子，我们将编写一个名为recvfrom_flags的函数，它类似recvfrom不过还返回：

- 所返回的msg_flags值；
- 所收取数据报的目的地址（通过IP_RECVDSTADDR套接字选项获取）；

- 所收取数据报接收接口的索引（通过IP_RECVIF套接字选项获取）。

为了返回最后两项，我们在unp.h头文件中定义如下结构。

```
struct unp_in_pktinfo {
  struct in_addr   ipi_addr;      /* destination IPv4 address */
  int              ipi_ifindex;   /* received interface index */
};
```

我们特意选取该结构及其成员的名字，使得它们类似于IPv6情形为IPv6套接字返回同样两项的in6_pktinfo结构（22.8节）。我们的recvfrom_flags函数将取指向某个in_pktinfo结构的一个指针作为参数，如果该指针不为空，本函数就通过该指针所指结构返回信息。

有关这个结构的一个设计问题是：如果IP_RECVDSTADDR信息不可得（也就是说实现不支持这个套接字选项），那么返回什么。接口索引容易处理，因为值0可以指示索引不可知。然而IP地址的所有32位值都是有效的。我们选择这么做：当实际值不可得时返回一个全0值（0.0.0.0）作为目的地址。尽管它是一个有效IP地址，却从不允许作为目的IP地址（RFC 1122 [Braden 1989]）；它只有作为源IP地址才有效，而且必须是在主机正在引导，从而还不知道自己的IP地址的时候。　　|588|

> 不幸的是，源自Berkeley的内核接受目的地址为0.0.0.0的IP数据报（TCPv2第218~219页）。这些数据报是由源自4.2BSD的内核产生的作废了的广播数据报。

我们在图22-1中给出recvfrom_flags函数的前半部分。该函数意在用于UDP套接字。

advio/recvfromflags.c

```
 1 #include     "unp.h"
 2 #include     <sys/param.h>              /* ALIGN macro for CMSG_NXTHDR() macro */

 3 ssize_t
 4 recvfrom_flags(int fd, void *ptr, size_t nbytes, int *flagsp,
 5                SA *sa, socklen_t *salenptr, struct unp_in_pktinfo *pktp)
 6 {
 7     struct msghdr msg;
 8     struct iovec  iov[1];
 9     ssize_t n;
10 #ifdef  HAVE_MSGHDR_MSG_CONTROL
11     struct cmsghdr  *cmptr;
12     union {
13         struct cmsghdr cm;
14         char           control[CMSG_SPACE(sizeof(struct in_addr)) +
15                                 CMSG_SPACE(sizeof(struct unp_in_pktinfo))];
16     } control_un;

17     msg.msg_control = control_un.control;
18     msg.msg_controllen = sizeof(control_un.control);
19     msg.msg_flags = 0;
20 #else
21     bzero(&msg, sizeof(msg));          /* make certain msg_accrightslen = 0 */
22 #endif

23     msg.msg_name = sa;
24     msg.msg_namelen = *salenptr;
25     iov[0].iov_base = ptr;
26     iov[0].iov_len = nbytes;
27     msg.msg_iov = iov;
28     msg.msg_iovlen = 1;

29     if ( (n = recvmsg(fd, &msg, *flagsp)) < 0)
30         return(n);

31     *salenptr = msg.msg_namelen;       /* pass back results */
32     if (pktp)
33         bzero(pktp, sizeof(struct unp_in_pktinfo));  /* 0.0.0.0, i/f = 0 */
```

advio/recvfromflags.c

图22-1　recvfrom_flags函数：调用recvmsg

包含文件

1~2 宏CMSG_NXTHDR的使用需要包含头文件<sys/param.h>。

函数参数

3~5 本函数的参数类似recvfrom，不过第四个参数现在是指向某个整数标志的一个指针（我们可由此返回由recvmsg返回的标志），第七个参数则是新的：它是指向某个in_pktinfo结构的一个指针，本函数由此返回所接收数据报的目的IPv4地址和它的接收接口索引。

实现差异

10~22 在处理msghdr结构和各种MSG_*xxx*常值时，我们会遇到许多不同实现的差异。我们处理这些差异的手段是使用C的条件包含特性（#ifdef）。如果本实现支持msg_control成员，那就分配空间以便存放将由套接字选项IP_RECVDSTADDR和IP_RECVIF返回的值，并且初始化适当的成员。

填写**msghdr**结构并调用**recvmsg**

23~33 填写一个msghdr结构并调用recvmsg。msg_namelen和msg_flags这两个成员的值必须传递回调用者；它们是值-结果参数。我们还初始化调用者的in_pktinfo结构，置IP地址为0.0.0.0，置接口索引为0。

图22-2给出了本函数的后半部分。

advio/recvfromflags.c

```
34 #ifndef HAVE_MSGHDR_MSG_CONTROL
35     *flagsp = 0;                     /* pass back results */
36     return(n);
37 #else
38     *flagsp = msg.msg_flags;        /* pass back results */
39     if (msg.msg_controllen < sizeof(struct cmsghdr) ||
40         (msg.msg_flags & MSG_CTRUNC) || pktp == NULL)
41         return(n);

42     for (cmptr = CMSG_FIRSTHDR(&msg); cmptr != NULL;
43          cmptr = CMSG_NXTHDR(&msg, cmptr)) {
44 #ifdef   IP_RECVDSTADDR
45         if (cmptr->cmsg_level == IPPROTO_IP &&
46             cmptr->cmsg_type == IP_RECVDSTADDR) {

47             memcpy(&pktp->ipi_addr, CMSG_DATA(cmptr),
48                     sizeof(struct in_addr));
49             continue;
50         }
51 #endif

52 #ifdef   IP_RECVIF
53         if (cmptr->cmsg_level == IPPROTO_IP && cmptr->cmsg_type == IP_RECVIF){
54             struct sockaddr_dl     *sdl;

55             sdl = (struct sockaddr_dl *) CMSG_DATA(cmptr);
56             pktp->ipi_ifindex = sdl->sdl_index;
57             continue;
58         }
59 #endif
60         err_quit("unknown ancillary data, len = %d, level = %d, type = %d",
61                 cmptr->cmsg_len, cmptr->cmsg_level, cmptr->cmsg_type);
62     }
63     return(n);
64 #endif  /* HAVE_MSGHDR_MSG_CONTROL */
65 }
```

advio/recvfromflags.c

图22-2 recvfrom_flags函数：返回标志和目的地址

34~37　如果本实现不支持msg_control成员，那就把待返回标志设置为0并返回。本函数其余部分处理msg_control信息。

如果没有控制信息则返回

38~41　返回msg_flags成员的值，然后如果满足以下条件之一就将其返回到调用者：（a）没有控制信息，（b）控制信息被截断，（c）调用者不想返回一个in_pktinfo结构。

处理辅助数据

42~43　使用宏CMSG_FIRSTHDR和CMSG_NXTHDR处理任意数目的辅助数据对象。

处理IP_RECVDSTADDR

44~51　如果目的IP地址作为控制信息返回（图14-9），那就把它返回给调用者。

处理IP_RECVIF

52~59　如果接收接口的索引作为控制信息返回，那就把它返回给调用者。图22-3展示了由recvmsg返回的本辅助数据对象的内容。

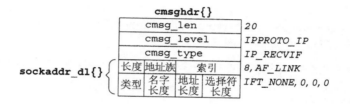

图22-3　IP_RECVIF返回的辅助数据对象

590
~
591

回顾图18-1中的数据链路套接字地址结构。在图22-3所示的辅助数据对象中返回的数据正是这种结构之一，不过其中3个长度成员（名字长度、地址长度和选择符长度）都是0。因此这些长度成员不必后跟任何数据，整个结构的长度应该是8字节，而不是图18-1所示的20字节。我们返回的信息是接口索引。

例子：输出目的 IP 地址和数据报截断标志

为了测试recvfrom_flags函数，我们把dg_echo函数（图8-4）改为调用recvfrom_flags而不是recvfrom。图22-4给出了这个新版本的dg_echo函数。

修改MAXLINE

2~3　去掉出现在unp.h头文件中已有的MAXLINE定义，把它重新定义为20。我们这样做是为了查看当收到一个比我们传递给输入函数（本例中是recvmsg）的缓冲区更大的UDP数据报时会发生什么。

设置IP_RECVDSTADDR和IP_RECVIF套接字选项

14~21　如果IP_RECVDSTADDR套接字选项有定义，那就开启它。同样地如果IP_RECVIF套接字选项有定义，那就开启它。

读入数据报，输出源IP地址和端口号

24~28　调用recvfrom_flags读入数据报。调用sock_ntop把所收取服务器应答的源IP地址和端口号转换为表达格式，再显示输出。

输出目的IP地址

29~31　如果返回的IP地址不是0，那就调用inet_ntop把它转换为表达格式并显示。

advio/dgechoaddr.c

```
 1 #include    "unpifi.h"

 2 #undef   MAXLINE
 3 #define MAXLINE 20              /* to see datagram truncation */

 4 void
 5 dg_echo(int sockfd, SA *pcliaddr, socklen_t clilen)
 6 {
 7     int     flags;
 8     const int on = 1;
 9     socklen_t len;
10     ssize_t n;
11     char    mesg[MAXLINE], str[INET6_ADDRSTRLEN], ifname[IFNAMSIZ];
12     struct in_addr  in_zero;
13     struct unp_in_pktinfo pktinfo;
14 #ifdef   IP_RECVDSTADDR
15     if (setsockopt(sockfd, IPPROTO_IP, IP_RECVDSTADDR, &on, sizeof(on)) < 0)
16         err_ret("setsockopt of IP_RECVDSTADDR");
17 #endif
18 #ifdef   IP_RECVIF
19     if (setsockopt(sockfd, IPPROTO_IP, IP_RECVIF, &on, sizeof(on)) < 0)
20         err_ret("setsockopt of IP_RECVIF");
21 #endif
22     bzero(&in_zero, sizeof(struct in_addr));     /* all 0 IPv4 address */

23     for ( ; ; ) {
24         len = clilen;
25         flags = 0;
26         n = Recvfrom_flags(sockfd, mesg, MAXLINE, &flags,
27                         pcliaddr, &len, &pktinfo);
28         printf("%d-byte datagram from %s", n, Sock_ntop(pcliaddr, len));
29         if (memcmp(&pktinfo.ipi_addr, &in_zero, sizeof(in_zero)) != 0)
30             printf(", to %s", Inet_ntop(AF_INET, &pktinfo.ipi_addr,
31                                 str, sizeof(str)));
32         if (pktinfo.ipi_ifindex > 0)
33             printf(", recv i/f = %s",
34                     If_indextoname(pktinfo.ipi_ifindex, ifname));
35 #ifdef   MSG_TRUNC
36         if (flags & MSG_TRUNC)
37             printf(" (datagram truncated)");
38 #endif
39 #ifdef   MSG_CTRUNC
40         if (flags & MSG_CTRUNC)
41             printf(" (control info truncated)");
42 #endif
43 #ifdef   MSG_BCAST
44         if (flags & MSG_BCAST)
45             printf(" (broadcast)");
46 #endif
47 #ifdef   MSG_MCAST
48         if (flags & MSG_MCAST)
49             printf(" (multicast)");
50 #endif
51         printf("\n");

52         Sendto(sockfd, mesg, n, 0, pcliaddr, len);
53     }
54 }
```

advio/dgechoaddr.c

图22-4   调用recvfrom_flags函数的dg_echo函数

输出接收接口的名字

32~34 如果返回的接口索引不是0,那就调用if_indextoname获取接口名字并显示。

测试各种标志

35~51 我们接着另外测试4个标志,如果其中任何一个是打开的就显示一个消息。

22.3 数据报截断

在源自BSD的系统上,当到达的一个UDP数据报超过应用进程提供的缓冲区容量时,recvmsg在其msghdr结构(图14-7)的msg_flags成员上设置MSG_TRUNC标志。所有支持msghdr结构及其msg_flags成员的源自Berkeley的实现都提供这种通知。

> MSG_TRUNC是必须从内核返回到进程的标志之一。我们已在14.3节提到过,函数recv和recvfrom存在的一个设计问题是它们的*flags*参数是一个整数,因而只允许从进程到内核传递标志,而不能反方向返回标志。

不幸的是,并非所有实现都以这种方式处理超过预期长度的UDP数据报。这里存在以下3个可能的情形。

(1) 丢弃超出部分的字节并向应用进程返回MSG_TRUNC标志。本处理方式要求应用进程调用recvmsg以接收这个标志。

(2) 丢弃超出部分的字节但不告知应用进程这个事实。

(3) 保留超出部分的字节并在同一套接字上后续的读操作中返回它们。

> POSIX采纳第一种处理行为:丢弃超出部分的字节并设置MSG_TRUNC标志。早期的SVR4版本展现的是第三种类型的行为。

既然不同的实现在处理超过应用进程接收缓冲区大小的数据报时存在上述差异,检测本问题的一个有效方法就是:总是分配比应用进程预期接收的最大数据报还多1字节的应用进程缓冲区。如果收到长度等于该缓冲区的数据报,那就认定它是一个过长数据报。

22.4 何时用 UDP 代替 TCP

我们已在2.3节和2.4节讲述过UDP和TCP的主要区别。既然TCP是可靠的而UDP却不是,有待回答的问题就是:何时我们应该用UDP代替TCP?为什么?我们首先列举UDP的优势。

- 正如图20-1所示,UDP支持广播和多播。事实上如果应用程序使用广播或多播,那就必须使用UDP。我们已在第20章和第21章讨论过这两种寻址模式。
- UDP没有连接建立和拆除。相对于图2-5,UDP只需要两个分组就能交换一个请求和一个应答(假设两者的长度都小于两个端系统之间的最小MTU)。TCP却需要大约20个分组,这里假设为每次请求–应答交换建立一个新的TCP连接。

获得应答所需的分组往返次数在这种分组数目分析中也很重要。正如TCPv3附录A所述,从请求到应答的分组往返次数在延迟超过带宽情形下变得非常重要。那段文字表明,就单个UDP请求–应答交换而言的最小事务处理时间(transaction time)为RTT+SPT,其中RTT表示客户与服务器之间的往返时间(round-trip time),SPT则表示客户请求的服务器处理时间(server processing time)。然而就TCP而言,如果同样的请求–应答交换用到一个新的TCP连接，那么最小事务处理时间将是$2\times$RTT+SPT，比UDP时间多一个RTT。

关于第二点我们应该清楚：如果单个TCP连接用于多个请求-应答交换，那么连接的建立和拆除开销就由所有的请求和应答分担，这样的设计通常比为每个请求-应答交换使用新连接要好。尽管如此，有些应用系统还是为每个请求-应答交换使用一个新的TCP连接（如较早版本的HTTP），而有些应用系统则在客户和服务器交换一个请求-应答后，可能数小时或数天不再通信（如DNS）。

我们接着列出UDP无法提供的TCP特性，这意味着如果这些特性对于具体应用系统是必需的，那么其应用程序必须自行提供它们。需注意的是，不是所有应用程序都需要TCP的所有这些特性。举例来说，对于实时音频应用程序而言，如果接收进程能够通过插值弥补遗失数据，那么丢失的分节也许不必重传。同样，对于简单的请求-应答事务处理而言，如果两端事先协定最大的请求和应答大小，那么也许不需要窗口式流量控制。

- 正面确认，丢失分组重传，重复分组检测，给被网络打乱次序的分组排序。TCP确认所有数据，以便检测出丢失的分组。这些特性的实现要求每个TCP数据分节都包含一个能被对端确认的序列号。这些特性还要求TCP为每个连接估算重传超时值，该值应随着两个端系统之间分组流通的变化持续更新。
- 窗口式流量控制。接收端TCP告知发送端自己已为接收数据分配了多大的缓冲区空间，发送端不能发送超过这个大小的数据。也就是说，发送端的未确认数据量不能超过接收端告知的窗口。

- 慢启动和拥塞避免。这是由发送端实施的一种流量控制形式，它通过检测当前的网络容量来应对阵发的拥塞。当前所有的TCP必须支持这两个特性，而且我们根据20世纪80年代后期这些算法实现之前的经验知道，那些面临拥塞而不"后退"（back off）的协议只会导致拥塞变得更糟糕（如［Jacobson 1988］）。

作为总结，我们可以陈述如下建议。

- 对于广播或多播应用程序必须使用UDP。任何形式的错误控制必须加到客户和服务器程序之中，不过应用系统往往是在可以接受一定量（假设是少量）的错误的前提下（如音频或视频的分组丢失）使用广播和多播。要求可靠递送的多播应用系统（如多播文件传输）确非没有，不过我们必须衡量使用多播的性能收益（发送单个分组到N个目的地，对比跨N个TCP连接发送该分组的N个副本）是否权重于为提供可靠通信而要求增添到应用程序中的复杂性。
- 对于简单的请求-应答应用程序可以使用UDP，不过错误检测功能必须加到应用程序内部。错误检测至少涉及确认、超时和重传。流量控制对于合理大小的请求和应答往往不成问题。我们将在22.5节给出的UDP应用程序中提供这些特性的一个例子。这里需要考虑的因素包括客户和服务器通信的频度（可否在相继的通信之间保持所用的TCP连接？）以及所交换的数据量（如果通常需要多个分组，那么TCP连接的建立和拆除开销将变得不大重要）。
- 对于海量数据传输（如文件传输）不应该使用UDP。因为这么做除了上一点要求的特性外，还要求把窗口式流量控制、拥塞避免和慢启动这些特性也加到应用程序中，意味着我们是在应用程序中再造TCP。我们应该让厂商来关注更好的TCP性能，而自己应该致力于提升应用程序本身。

这些规则存在例外，尤其是在现有的应用程序中。举例来说，TFTP就用UDP传送海量数据。TFTP选用UDP的原因在于，在系统自举引导代码中使用UDP比使用TCP易于实现（如TCPv2中使用UDP的C代码约为800行，而使用TCP则约为4500行），而且TFTP只用于在局域网上引导系统，而不是跨广域网传送海量数据。不过这样一来就要求TFTP自含用于确认的序列号字段，并具备超时和重传能力。

NFS是这些规则的另一个例外：它也用UDP传送海量数据（尽管有人可能声称它实际上是一个请求-应答应用系统，不过使用较大的请求和应答而已）。这样的选择部分出于历史原因，因为在20世纪80年代中期设计NFS的时候，UDP的实现要比TCP的快，而且NFS仅仅用于局域网，那里分组丢失率往往比在广域网上少几个数量级。然而随着NFS从20世纪90年代早期开始被用于跨广域网范围，并且TCP的实现在海量数据传送性能上开始超过UDP的实现，NFS第3版被设计成支持TCP，大多数厂商现已改为同时在UDP和TCP上提供NFS。同样的理由（20世纪80年代中期UDP要比TCP快且局域网上的使用远远超过广域网）导致DCE远程过程调用（remote procedure call，RPC）的前身软件包（Apollo NCS软件包）也选择UDP而不是TCP，不过如今的实现同时支持UDP和TCP。

既然如今良好的TCP实现能够充分发挥网络的带宽容量，而且越来越少的应用系统设计人员愿意在自己的UDP应用中再造TCP，这些事实可能诱使我们说：相比TCP，UDP的用途在递减。然而预期中下一个十年多媒体应用领域的增长将会促成UDP使用的增加，因为多媒体通常意味着需要UDP的多播。

22.5 给 UDP 应用增加可靠性

正如上一节所提，如果想要让请求-应答式应用程序使用UDP，那么必须在客户程序中增加以下两个特性。

(1) 超时和重传：用于处理丢失的数据报。

(2) 序列号：供客户验证一个应答是否匹配相应的请求。

这两个特性是使用简单的请求-应答范式的大多数现有UDP应用程序的一部分，如DNS解析器、SNMP代理、TFTP和RPC。我们不打算使用UDP传送海量数据，而是要剖析发送一个请求并等待一个应答的应用程序。

> 根据其定义，数据报是不可靠的，因此我们故意不称如此增加的可靠性为"可靠的数据报服务"。事实上"可靠的数据报"是一个自相矛盾的说法。我们将展示的是在不可靠的数据报服务（UDP）之上加入可靠性的一个应用程序。

增加序列号比较简单。客户为每个请求冠以一个序列号，服务器必须在返送给客户的应答中回射这个序列号。这样客户就可以验证某个给定的应答是否匹配早先发出的请求。

处理超时和重传的老式方法是先发送一个请求并等待N秒。如果期间没有收到应答，那就重新发送同一个请求并再等待N秒。如此发生一定次数后放弃发送。这是线性重传定时器的一个例子。（TCPv1的图6-8给出了使用这个技巧的TFTP客户程序的一个例子。许多TFTP客户程序仍使用这个方法。）

这个方法的问题在于数据报在网络上的往返时间可以从局域网的远不到一秒变化到广域网的好几秒。影响往返时间（RTT）的因素包括距离、网络速度和拥塞。另外，客户和服务器之间的RTT会因网络条件的变化而随着时间迅速变化。我们必须采用一个把实测到的RTT及其随时间的变化考虑在内的超时和重传算法。这个领域已有不少研究工作，大多数涉及TCP，不过同样的想法适用于任何网络应用。

我们想要计算用于发送每个分组的重传超时（retransmission timeout，RTO）。为此先测量每个分组的实际往返时间RTT。每测得一个RTT，我们就更新2个统计估算因子：*srtt*是平滑化RTT估算因子（smoothed RTT estimator），*rttvar*是平滑化平均偏差估算因子（smoothed mean deviation estimator）。后者只是标准偏差的一个较好近似，不过由于不涉及开方而易于计算。有了这2个估算因子，待用的*RTO*就是*srtt*加上4倍*rttvar*。[Jacobson 1988] 给出了这些计算的所有细节，我们可以用以下4个方程式加以总结。

$$delta = 测得RTT - srtt$$

$$srtt \leftarrow srtt + g \times delta$$

$$rttvar \leftarrow rttvar + h \left(|delta| - rttvar\right)$$

$$RTO = srtt + 4 \times rttvar$$

*delta*是测得RTT和当前平滑化RTT估算因子（*srtt*）之差。*g*是施加在RTT估算因子上的增益，值为1/8。*h*是施加在平均偏差估算因子上的增益，值为1/4。

> *RTO*计算中的两个增益和乘数4都特意选为2的指数，这样使用移位运算而不是乘除运算就可以计算相关值。事实上TCP内核实现（TCPv2的25.7节）为了速度起见通常使用定点算术运算进行计算，不过为了简便起见，我们在本节后续代码中使用浮点计算。

[Jacobson 1988] 指出的另一点是：当重传定时器期满时，必须对下一个*RTO*应用某个指数回退（exponential backoff）。举例来说，如果第一个*RTO*是2秒，期间未收到应答，那么下一个*RTO*是4秒。如果仍未收到应答，那么再下一个*RTO*是8秒、16秒，依次类推。

Jacobson的算法告诉我们每次测得一个RTT后如何计算*RTO*以及重传时如何增加*RTO*。然而当我们不得不重传一个分组并随后收到一个应答时，称为"重传二义性问题"（retransmission ambiguity problem）的新问题出现了。图22-5展示了重传定时器期满时可能出现的如下3种情形：

- 请求丢失了；
- 应答丢失了；
- *RTO*太小。

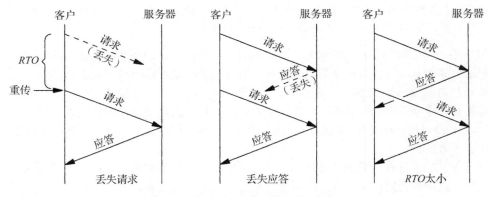

图22-5　重传定时器期满时的3种情形

当客户收到重传过的某个请求的一个应答时，它不能区分该应答对应哪一次请求。对于右侧的例子，该应答对应初始的请求；对于另外两个例子，该应答对应重传的请求。

Karn的算法［Karn and Partridge 1987］可以解决重传二义性问题，即一旦收到重传过的某个请求的一个应答，就应用以下规则。

- 即使测得一个RTT，也不用它更新估算因子，因为我们不知道其中的应答对应哪次重传的请求。
- 既然应答在重传定时器期满前到达，（可能指数回退过的）当前*RTO*将继续用于下一个分组。只有当我们收到未重传的某个请求的一个应答时，我们才更新RTT估算因子并重新计算*RTO*。

在编写我们的RTT函数时采用Karn的算法并不困难，然而还存在着更为精妙的解决办法。这个办法来自TCP用于应对"长胖管道"（有较高带宽或有较长RTT，抑或两者都有的网络）的扩展，见RFC 1323［Jacobson, Braden, and Borman 1992］。本办法除了为每个请求冠以一个服务器必须回射的序列号外，还为每个请求冠以一个服务器同样必须回射的时间戳（**timestamp**）。每次发送一个请求时，我们把当前时间保存在该时间戳中。当收到一个应答时，我们从当前时间减去由服务器在其应答中回射的时间戳就算出RTT。既然每个请求携带一个将由服务器回射的时间戳，我们可以如此算出所收到的*每个*应答的RTT。采用本办法不再有任何二义性。此外，既然服务器所做的只是回射客户的时间戳，因此客户可以给时间戳使用任何期望的时间单位，而且客户和服务器根本不需要为此拥有同步的时钟。

例子

我们接下去通过一个例子实现所有上述内容。首先把图8-7中的UDP回射客户程序的main函数所用的端口号从SERV_PORT改为7（标准回射服务器，图2-18）。

图22-6是dg_cli函数。与图8-8相比，仅有的改动是把sendto和recvfrom调用替换为调用我们的新函数dg_send_recv。

```
                                                              ─────rtt/dg_cli.c
 1 #include     "unp.h"

 2 ssize_t Dg_send_recv(int, const void *, size_t, void *, size_t,
 3                     const SA *, socklen_t);

 4 void
 5 dg_cli(FILE *fp, int sockfd, const SA *pservaddr, socklen_t servlen)
 6 {
 7     ssize_t n;
 8     char    sendline[MAXLINE], recvline[MAXLINE + 1];

 9     while (Fgets(sendline, MAXLINE, fp) != NULL) {

10         n = Dg_send_recv(sockfd, sendline, strlen(sendline),
11                     recvline, MAXLINE, pservaddr, servlen);

12         recvline[n] = 0;            /* null terminate */
13         Fputs(recvline, stdout);
14     }
15 }
                                                              ─────rtt/dg_cli.c
```

图22-6　调用我们的dg_send_recv函数的dg_cli函数

在给出dg_send_recv函数和它调用的RTT函数之前，我们先通过图22-7给出如何给一个UDP客户程序增加可靠性的轮廓。所有以rtt_打头的函数随后给出。

```
static sigjmp_buf jmpbuf;
{
    . . .
    构造请求
    signal(SIGALRM, sig_alrm); /* establish signal handler */
    rtt_newpack();              /* initialize rexmt counter to 0 */
sendagain:
    sendto();
    alarm(rtt_start());         /* set alarm for RTO seconds */
    if (sigsetjmp(jmpbuf, 1) != 0) {
        if (rtt_timeout())      /* double RTO, retransmitted enough? */
            放弃
        goto sendagain;         /* retransmit */
    }
    do {
        recvfrom();
    } while (序列号错误);

    alarm(0);                   /* turn off alarm */
    rtt_stop();                 /* calculate RTT and update estimators */
    处理应答
    . . .
}
void
sig_alrm(int signo)
{
    siglongjmp(jmpbuf, 1);
}
```

图22-7　RTT函数的轮廓以及它们的调用时机

当收到一个其序列号并非期望值的应答时，我们再次调用recvfrom，但是不重传请求，也不重启运行中的重传定数器。注意图22-5右侧的例子，与重传的那个请求对应的最后一个应答将在客户下一次发送一个新请求时出现在套接字接收缓冲区中。它不会引起问题，因为客户会读入这个应答，注意到它的序列号并非期望值，于是丢弃它并再次调用recvfrom。

我们调用sigsetjmp和siglongjmp来避免20.5节讨论过的由SIGALRM信号引起的竞争状态。

图22-8给出了dg_send_recv函数的前半部分。

1~5　我们包含一个新的头文件unprtt.h，它在图22-10中给出，其中定义了用于为客户维护RTT信息的rtt_info结构。我们声明一个rtt_info结构变量和许多其他变量。

定义msghdr结构和hdr结构

6~10　我们希望向调用者隐藏我们为每个分组冠以一个序列号和一个时间戳这一事实。最简单的方法是使用writev，作为单个UDP数据报先写出我们的首部（hdr结构），再写出调用者的数据。回顾一下，我们知道writev在数据报套接字上的输出是单个数据报。该方法既比迫使调用者在其缓冲区前部预留供我们使用的空间来得简单，也比把我们的首部和调用者的数据复制到一个还需分配其空间的缓冲区中以便调用单个sendto来得迅速。然而由于我们在使用UDP且必须指定目的地址，因此我们必须使用sendmsg和recvmsg的iovec能力代替sendto和recvfrom。回顾14.5节，我们知道就辅助数据

而言，有些系统定义的msghdr结构比较新，较老的系统定义的该结构末尾仍然是访问
权限成员。为了避免因插入用来处理这些差别的#ifdef而把代码搞复杂，我们把2个
msghdr结构变量声明为static全局变量，从而按照C语言规范迫使它们被初始化为全
0，以后只需简单地忽略这2个结构末尾没有用到的成员。

rtt/dg_send_recv.c

```
 1 #include      "unprtt.h"
 2 #include      <setjmp.h>

 3 #define RTT_DEBUG

 4 static struct rtt_info   rttinfo;
 5 static int  rttinit = 0;
 6 static struct msghdr msgsend, msgrecv; /* assumed init to 0 */
 7 static struct hdr {
 8   uint32_t  seq;                  /* sequence # */
 9   uint32_t  ts;                   /* timestamp when sent */
10 } sendhdr, recvhdr;

11 static void sig_alrm(int signo);
12 static sigjmp_buf    jmpbuf;

13 ssize_t
14 dg_send_recv(int fd, const void *outbuff, size_t outbytes,
15              void *inbuff, size_t inbytes,
16              const SA *destaddr, socklen_t destlen)
17 {
18     ssize_t n;
19     struct iovec iovsend[2], iovrecv[2];

20     if (rttinit == 0) {
21         rtt_init(&rttinfo);     /* first time we're called */
22         rttinit = 1;
23         rtt_d_flag = 1;
24     }

25     sendhdr.seq++;
26     msgsend.msg_name = destaddr;
27     msgsend.msg_namelen = destlen;
28     msgsend.msg_iov = iovsend;
29     msgsend.msg_iovlen = 2;
30     iovsend[0].iov_base = &sendhdr;
31     iovsend[0].iov_len = sizeof(struct hdr);
32     iovsend[1].iov_base = outbuff;
33     iovsend[1].iov_len = outbytes;

34     msgrecv.msg_name = NULL;
35     msgrecv.msg_namelen = 0;
36     msgrecv.msg_iov = iovrecv;
37     msgrecv.msg_iovlen = 2;
38     iovrecv[0].iov_base = &recvhdr;
39     iovrecv[0].iov_len = sizeof(struct hdr);
40     iovrecv[1].iov_base = inbuff;
41     iovrecv[1].iov_len = inbytes;
```

rtt/dg_send_recv.c

图22-8 dg_send_recv函数：前半部分

首次被调用时进行初始化

20~24 当本函数首次被调用时，调用rtt_init函数进行初始化。
填写msghdr结构

25~41 填写分别用于输入和输出的2个msghdr结构。给当前分组递增发送序列号，但是直到发

送之前暂不设置发送时间戳（因为该分组有可能被重传，而每次重传都需要当前时间戳）。

本函数的后半部分以及sig_alrm信号处理函数在图22-9中给出。

rtt/dg_send_recv.c

```
42        Signal(SIGALRM, sig_alrm);
43        rtt_newpack(&rttinfo);          /* initialize for this packet */

44    sendagain:
45        sendhdr.ts = rtt_ts(&rttinfo);
46        Sendmsg(fd, &msgsend, 0);

47        alarm(rtt_start(&rttinfo)); /* calc timeout value & start timer */

48        if (sigsetjmp(jmpbuf, 1) != 0) {
49            if (rtt_timeout(&rttinfo) < 0) {
50                err_msg("dg_send_recv: no response from server, giving up");
51                rttinit = 0;           /* reinit in case we're called again */
52                errno = ETIMEDOUT;
53                return(-1);
54            }
55            goto sendagain;
56        }

57        do {
58            n = Recvmsg(fd, &msgrecv, 0);
59        } while (n < sizeof(struct hdr) || recvhdr.seq != sendhdr.seq);
60        alarm(0);                               /* stop SIGALRM timer */
61            /* calculate & store new RTT estimator values */
62        rtt_stop(&rttinfo, rtt_ts(&rttinfo) - recvhdr.ts);

63        return(n - sizeof(struct hdr));     /* return size of received datagram */
64  }

65  static void
66  sig_alrm(int signo)
67  {
68        siglongjmp(jmpbuf, 1);
69  }
```

rtt/dg_send_recv.c

图22-9 dg_send_recv函数：后半部分[①]

建立信号处理函数

42~43   建立一个SIGALRM信号处理函数，调用rtt_newpack把重传计数器设置为0。

发送数据报

45~47   调用rtt_ts获取当前时间戳，并把它存入将安置在用户数据之前的hdr结构中。调用sendmsg发送单个UDP数据报。rtt_start返回以秒为单位的本次超时值，我们以此调用alarm以调度SIGALRM。

建立跳转缓冲区

48   调用sigsetjmp为信号处理函数建立了一个跳转缓冲区。若sigsetjmp的返回不是由长跳转引起则调用recvmsg等待下一个数据报的到达。（我们已在图20-9中随SIGALRM讨论过sigsetjmp和siglongjmp的用法）。如果alarm定时器期满，sigsetjmp就由长跳转返回1。

[①] 图22-9中存在一个非致命的竞争状态：如果SIGALRM是在某个成功的recvmsg调用之后的第59行和第60行之间递交，那么它将导致一次非必要的重传。——译者注

处理超时

49~55　当超时发生时，rtt_timeout用于计算下一个*RTO*（指数回退），而且若应放弃则返回
　　　　-1，若应重传则返回0。若放弃则把errno设置为ETIMEDOUT并返回给调用者。

调用recvmsg，比较序列号

57~59　通过调用recvmsg等待一个数据报的到达。所接收数据报的长度必须至少是我们的hdr
　　　　结构的大小，而且其序列号必须等于所发送数据报的序列号。如果有一个比较失败，
　　　　那就再次调用recvmsg。

关闭alarm并更新RTT估算因子

60~62　收到期待的应答后，关闭尚未期满的alarm并调用rtt_stop更新RTT估算因子。
　　　　rtt_stop调用中，rtt_ts返回当前时间戳，从中减去所接收数据报的时间戳得到RTT。

SIGALRM处理函数

65~69　调用siglongjmp，使dg_send_recv中的sigsetjmp返回1。
　　　　我们接着查看由dg_send_recv调用的各个RTT函数。图22-10给出了unprtt.h头文件。

```
                                                              —— lib/unprtt.h
 1 #ifndef __unp_rtt_h
 2 #define __unp_rtt_h

 3 #include     "unp.h"

 4 struct rtt_info {
 5     float    rtt_rtt;          /* most recent measured RTT, in seconds */
 6     float    rtt_srtt;         /* smoothed RTT estimator, in seconds */
 7     float    rtt_rttvar;       /* smoothed mean deviation, in seconds */
 8     float    rtt_rto;          /* current RTO to use, in seconds */
 9     int      rtt_nrexmt;       /* # times retransmitted: 0, 1, 2, ... */
10     uint32_t rtt_base;         /* # sec since 1/1/1970 at start */
11 };

12 #define RTT_RXTMIN       2     /* min retransmit timeout value, in seconds */
13 #define RTT_RXTMAX       60    /* max retransmit timeout value, in seconds */
14 #define RTT_MAXNREXMT    3     /* max # times to retransmit */

15             /* function prototypes */
16 void     rtt_debug(struct rtt_info *);
17 void     rtt_init(struct rtt_info *);
18 void     rtt_newpack(struct rtt_info *);
19 int      rtt_start(struct rtt_info *);
20 void     rtt_stop(struct rtt_info *, uint32_t);
21 int      rtt_timeout(struct rtt_info *);
22 uint32_t rtt_ts(struct rtt_info *);

23 extern int  rtt_d_flag;             /* can be set to nonzero for addl info */

24 #endif  /* __unp_rtt_h */
                                                              —— lib/unprtt.h
```

图22-10　unprtt.h头文件

rtt_info结构

4~11　这个结构含有用于在客户和服务器之间定时分组所必需的变量。前4个变量来自本节开
　　　　始处给出的方程式。

12~14　这些常值定义最小和最大重传超时值以及最大重传次数。

图22-11给出了一个宏和前2个RTT函数。

—————————————————————————————————————lib/rtt.c

```
 1 #include    "unprtt.h"
 2 int        rtt_d_flag = 0;              /* debug flag; can be set by caller */
 3 /*
 4  * Calculate the RTO value based on current estimators:
 5  *       smoothed RTT plus four times the deviation
 6  */
 7 #define RTT_RTOCALC(ptr) ((ptr)->rtt_srtt + (4.0 * (ptr)->rtt_rttvar))
 8 static float
 9 rtt_minmax(float rto)
10 {
11     if (rto < RTT_RXTMIN)
12         rto = RTT_RXTMIN;
13     else if (rto > RTT_RXTMAX)
14         rto = RTT_RXTMAX;
15     return(rto);
16 }
17 void
18 rtt_init(struct rtt_info *ptr)
19 {
20     struct timeval  tv;
21     Gettimeofday(&tv, NULL);
22     ptr->rtt_base = tv.tv_sec;  /* # sec since 1/1/1970 at start */
23     ptr->rtt_rtt    = 0;
24     ptr->rtt_srtt   = 0;
25     ptr->rtt_rttvar = 0.75;
26     ptr->rtt_rto = rtt_minmax(RTT_RTOCALC(ptr));
27     /* first RTO at (srtt + (4 * rttvar)) = 3 seconds */
28 }
```

—————————————————————————————————————lib/rtt.c

图22-11　RTT_RTOCALC宏以及rtt_minmax和rtt_init函数

3~7　RTT_RTOCALC宏用RTT估算因子加上4倍平均偏差估算因子计算出*RTO*。

8~16　rtt_minmax确保*RTO*在unprtt.h头文件中定义的上下界之间。

17~28　rtt_init由dg_send_recv在首次发送任意一个分组时调用。其中gettimeofday返回当前时间和日期，存放在select函数（6.3节）也使用的timeval结构中。我们仅仅保存自Unix纪元（1970年1月1日00:00:00 UTC时间）以来的秒数。测得的RTT初置为0，RTT估算因子和平均偏差估算因子分别初置为0和0.75，给出初始*RTO*为3秒。

图22-12给出以下3个RTT函数。

34~42　rtt_ts返回当前时间戳，供调用者作为一个无符号32位整数存放在待发送的数据报中。我们调用gettimeofday获取当前时间和日期，从中减去调用rtt_init时的秒数（即存放在rtt_base中的值）；接着把这个差值转换成毫秒数，并把由gettimeofday返回的微秒值转换成毫秒数。时间戳就是以毫秒为单位的这两个数值之和。

两次rtt_ts调用返回值之差就是这两次调用之间的毫秒数。我们把以毫秒为单位的时间戳存放在无符号32位整数中，而不是存放在timeval结构中。

43~47　rtt_newpack只是把重传计数器设置为0。每当第一次发送一个新的分组时，都得调用这个函数。

48~53　rtt_start以秒为单位返回当前*RTO*。返回值随后可用作alarm的参数。

```
                                                                    — lib/rtt.c
34 uint32_t
35 rtt_ts(struct rtt_info *ptr)
36 {
37     uint32_t ts;
38     struct timeval tv;

39     Gettimeofday(&tv, NULL);
40     ts = ((tv.tv_sec - ptr->rtt_base) * 1000) + (tv.tv_usec / 1000);
41     return(ts);
42 }

43 void
44 rtt_newpack(struct rtt_info *ptr)
45 {
46     ptr->rtt_nrexmt = 0;
47 }

48 int
49 rtt_start(struct rtt_info *ptr)
50 {
51     return((int) (ptr->rtt_rto + 0.5));    /* round float to int */
52         /* return value can be used as: alarm(rtt_start(&foo)) */
53 }
                                                                    — lib/rtt.c
```

图22-12 rtt_ts、rtt_newpack和rtt_start函数

图22-13给出的rtt_stop在收到一个应答后调用，用于更新RTT估算因子并计算新的*RTO*。

```
                                                                    — lib/rtt.c
62 void
63 rtt_stop(struct rtt_info *ptr, uint32_t ms)
64 {
65     double delta;

66     ptr->rtt_rtt = ms / 1000.0;    /* measured RTT in seconds */

67     /*
68      * Update our estimators of RTT and mean deviation of RTT.
69      * See Jacobson's SIGCOMM '88 paper, Appendix A, for the details.
70      * We use floating point here for simplicity.
71      */

72     delta = ptr->rtt_rtt - ptr->rtt_srtt;
73     ptr->rtt_srtt += delta / 8;    /* g = 1/8 */

74     if (delta < 0.0)
75         delta = -delta;            /* |delta| */

76     ptr->rtt_rttvar += (delta - ptr->rtt_rttvar) / 4;    /* h = 1/4 */

77     ptr->rtt_rto = rtt_minmax(RTT_RTOCALC(ptr));
78 }
                                                                    — lib/rtt.c
```

图22-13 rtt_stop函数：更新RTT估算因子并计算新的*RTO*

62~78 第二个参数是测得的RTT，它由调用者通过从当前时间戳（rtt_ts）中减去收到的应答中的时间戳得到。本函数应用本节开始处的方程式，在rtt_srtt、rtt_rttvar和rtt_rto这3个成员中存放新值。

图22-14给出的最后一个RTT函数rtt_timeout在重传定时器期满时调用。

—— *lib/rtt.c*

```
83  int
84  rtt_timeout(struct rtt_info *ptr)
85  {
86      ptr->rtt_rto *= 2;              /* next RTO */
87      if (++ptr->rtt_nrexmt > RTT_MAXNREXMT)
88          return(-1);                /* time to give up for this packet */
89      return(0);
90  }
```

—— *lib/rtt.c*

图22-14   rtt_timeout函数：应用指数回退

606
~
607

86   当前*RTO*加倍：这就是指数回退。

87~89   如果已经达到最大重传次数，那就返回-1，告知调用者放弃；否则返回0。

作为一个例子，我们的客户程序在某个工作日早上针对2个跨因特网的不同echo服务器执行了2次。发送给每个服务器的都是500行文本。去往第一个服务器的分组有8个丢失，去往第二个服务器的有16个丢失。去往第二个服务器的丢失分组中，有一个连着丢失两次：也就是说在收到该分组的某个应答之前，客户不得不重传该分组两次。所有其他丢失分组都只需要一次重传处理。我们可以通过显示每个收到分组的序列号来验证这些分组确实丢失了。如果一个分组仅仅被延迟而并没有丢失，那么重传之后客户会收到两个应答：一个对应于被延迟了的初始传送，另一个对应于再次传送。当重传分组时，我们无法区分被丢弃的分组究竟是客户的请求还是服务器的应答。

> 为了测试本客户程序，作者在本书第一版中编写了一个随机丢弃分组的UDP服务器程序。这种程序现在不再需要了；我们只要针对一个跨因特网的服务器执行客户程序就行，我们几乎可以保证总有些分组会丢失！

22.6   捆绑接口地址

get_ifi_info函数的常见用途之一是用于需要监视本地主机所有接口以便获悉某个数据报在何时及哪个接口上到达的UDP应用程序。这种用途允许接收程序获悉该UDP数据报的目的地址，因为决定一个数据报的递送套接字的正是它的目的地址，即使主机不支持IP_RECVDSTADDR套接字选项也不影响目的地址的获悉。

> 回顾22.2节末尾的讨论。如果主机使用普通的弱端系统模型，那么目的IP地址可能不同于接收接口的IP地址。这种情况下我们只能确定数据报的目的地址，它不必是分配给接收接口的某个地址。为了确定接收接口，需要IP_RECVIF或IPV6_PKTINFO这两个套接字选项之一。

图22-15给出了使用该技术的一个简单UDP服务器程序例子的第一部分，它捆绑所有单播地址、所有广播地址以及通配地址。

调用get_ifi_info获取接口信息

11~12   调用get_ifi_info获取所有接口的所有IPv4地址，包括别名地址在内。本程序接着遍历每个返回的ifi_info结构。

创建UDP套接字并捆绑单播地址

13~20   创建一个UDP套接字，在其上捆绑单播地址。我们还设置SO_REUSEADDR套接字选项，因为我们要给所有IP地址捆绑同一个端口（SERV_PORT）。

—— *advio/udpserv03.c*

```
1 #include        "unpifi.h"

2 void mydg_echo(int, SA *, socklen_t, SA *);

3 int
4 main(int argc, char **argv)
5 {
6     int      sockfd;
7     const int on = 1;
8     pid_t    pid;
9     struct ifi_info *ifi, *ifihead;
10    struct sockaddr_in  *sa, cliaddr, wildaddr;

11    for (ifihead = ifi = Get_ifi_info(AF_INET, 1);
12        ifi != NULL; ifi = ifi->ifi_next) {

13            /* bind unicast address */
14        sockfd = Socket(AF_INET, SOCK_DGRAM, 0);

15        Setsockopt(sockfd, SOL_SOCKET, SO_REUSEADDR, &on, sizeof(on));

16        sa = (struct sockaddr_in *) ifi->ifi_addr;
17        sa->sin_family = AF_INET;
18        sa->sin_port = htons(SERV_PORT);
19        Bind(sockfd, (SA *) sa, sizeof(*sa));
20        printf("bound %s\n", Sock_ntop((SA *) sa, sizeof(*sa)));

21        if ( (pid = Fork()) == 0) {   /* child */
22            mydg_echo(sockfd, (SA *) &cliaddr, sizeof(cliaddr), (SA *) sa);
23            exit(0);                 /* never executed */
24        }
```

—— *advio/udpserv03.c*

图22-15　捆绑所有地址的UDP服务器程序的第一部分

　　并非所有的实现都需要设置这个套接字选项。举例来说，源自Berkeley的实现不需要该选项就允许重新bind一个已经绑定的端口，只要新捆绑的IP地址：（a）不是通配地址，（b）不同于已经绑定在该端口上任何一个IP地址。

为当前地址fork子进程

21~24　fork一个子进程并由子进程调用mydg_echo函数。该函数等待任意数据报到达这个套接字，然后把它回射给发送者。
　　图22-16给出了main函数的第二部分，这部分处理的是广播地址。

捆绑广播地址

25~42　如果当前接口支持广播，那就创建一个UDP套接字并在其上捆绑广播地址。这次我们允许bind调用以EADDRINUSE错误返回失败的结果，因为如果某个接口有多个处于同一个子网的地址（别名），那么这些单播地址要对应同一个广播地址。我们在图17-6之后给出过这样的一个例子。这种情形下我们只能期望第一次bind是成功的。

fork子进程

43~47　fork一个子进程并由子进程调用mydg_echo函数。
　　main函数最后一部分在图22-17中给出。这段代码bind通配地址，以处理除已经绑定的单播和广播地址之外的任何目的地址。能够到达这个套接字的数据报只应该是目的地为受限广播地址（255.255.255.255）的数据报。

advio/udpserv03.c

```
25              if (ifi->ifi_flags & IFF_BROADCAST) {
26                      /* try to bind broadcast address */
27                  sockfd = Socket(AF_INET, SOCK_DGRAM, 0);
28                  Setsockopt(sockfd, SOL_SOCKET, SO_REUSEADDR, &on, sizeof(on));

29                  sa = (struct sockaddr_in *) ifi->ifi_brdaddr;
30                  sa->sin_family = AF_INET;
31                  sa->sin_port = htons(SERV_PORT);
32                  if (bind(sockfd, (SA *) sa, sizeof(*sa)) < 0) {
33                      if (errno == EADDRINUSE) {
34                          printf("EADDRINUSE: %s\n",
35                                  Sock_ntop((SA *) sa, sizeof(*sa)));
36                          Close(sockfd);
37                          continue;
38                      } else
39                          err_sys("bind error for %s",
40                                  Sock_ntop((SA *) sa, sizeof(*sa)));
41                  }
42                  printf("bound %s\n", Sock_ntop((SA *) sa, sizeof(*sa)));

43                  if ( (pid = Fork()) == 0) {  /* child */
44                      mydg_echo(sockfd, (SA *) &cliaddr, sizeof(cliaddr),
45                              (SA *) sa);
46                      exit(0);            /* never executed */
47                  }
48              }
49          }
```

advio/udpserv03.c

图22-16　捆绑所有地址的UDP服务器程序的第二部分

advio/udpserv03.c

```
50          /* bind wildcard address */
51      sockfd = Socket(AF_INET, SOCK_DGRAM, 0);
52      Setsockopt(sockfd, SOL_SOCKET, SO_REUSEADDR, &on, sizeof(on));

53      bzero(&wildaddr, sizeof(wildaddr));
54      wildaddr.sin_family = AF_INET;
55      wildaddr.sin_addr.s_addr = htonl(INADDR_ANY);
56      wildaddr.sin_port = htons(SERV_PORT);
57      Bind(sockfd, (SA *) &wildaddr, sizeof(wildaddr));
58      printf("bound %s\n", Sock_ntop((SA *) &wildaddr, sizeof(wildaddr)));

59      if ( (pid = Fork()) == 0) {  /* child */
60          mydg_echo(sockfd, (SA *) &cliaddr, sizeof(cliaddr), (SA *) sa);
61          exit(0);                  /* never executed */
62      }
63      exit(0);
64  }
```

advio/udpserv03.c

图22-17　捆绑所有地址的UDP服务器程序的最后一部分

创建套接字并捆绑通配地址

50~62　创建一个UDP套接字，设置SO_REUSEADDR套接字选项，捆绑通配IP地址。派生一个子
进程并由子进程调用mydg_echo函数。

main函数终止

63　main函数终止，服务器父进程结束，不过已派生的所有子进程继续运行。

图22-18给出了所有子进程都执行的mydg_echo函数。

———*advio/udpserv03.c*

```
65 void
66 mydg_echo(int sockfd, SA *pcliaddr, socklen_t clilen, SA *myaddr)
67 {
68     int        n;
69     char       mesg[MAXLINE];
70     socklen_t len;

71     for ( ; ; ) {
72         len = clilen;
73         n = Recvfrom(sockfd, mesg, MAXLINE, 0, pcliaddr, &len);
74         printf("child %d, datagram from %s", getpid(),
75                 Sock_ntop(pcliaddr, len));
76         printf(", to %s\n", Sock_ntop(myaddr, clilen));

77         Sendto(sockfd, mesg, n, 0, pcliaddr, len);
78     }
79 }
```

———*advio/udpserv03.c*

图22-18　mydg_echo函数

新参数

65~66　本函数的第四个参数是绑定在给定套接字上的IP地址。这个套接字应该只接收目的地址为该IP地址的数据报。如果该IP地址是通配地址,那么这个套接字应该只接收与绑定到同一端口的任何其他套接字都不匹配的数据报。

读入数据报并且返送应答

71~78　调用recvfrom读入数据报,再调用sendto把它发回给客户。本函数还输出客户的IP地址以及绑定在这个套接字上的IP地址。

在主机solaris上先为hme0以太网接口设置一个别名地址,再运行本程序。那个别名地址为10.0.0.200/24。

```
solaris % udpserv03
bound 127.0.0.1:9877           环回接口
bound 10.0.0.200:9877          hme0:1接口的单播地址
bound 10.0.0.255:9877          hme0:1接口的广播地址
bound 192.168.1.20:9877        hme0接口的单播地址
bound 192.168.1.255:9877       hme0接口的广播地址
bound 0.0.0.0:9877             通配地址
```

我们可以使用netstat检查所有这些套接字确实绑定了所指出的IP地址和端口号。

```
solaris % netstat -na | grep 9877
127.0.0.1.9877                        Idle
10.0.0.200.9877                       Idle
     *.9877                           Idle
192.129.100.100.9877                  Idle
     *.9877                           Idle
     *.9877                           Idle
```

应该指出,我们采用为每个套接字派生一个子进程的设计只为简单起见,也可以采用其他的设计。举例来说,为了减少进程数目,程序可以使用select管理所有描述符,而不必调用fork。该设计的问题在于代码复杂性增长。尽管使用select可以很容易地检测所有描述符的可访问条件,我们却不得不维护从每个描述符到它的绑定IP地址的某类映射(可能是一个结构数组),这样当从某个套接字读入一个数据报时,我们能够显示它的目的IP地址。为每个操作或描述符使用单独的进程或线程往往比由单个进程多路处理多个不同的操作或描述符来得简单。

22.7 并发 UDP 服务器

大多数UDP服务器程序是迭代运行的，服务器等待一个客户请求，读入这个请求，处理这个请求，送回其应答，接着等待下一个客户请求。然而当客户请求的处理需耗用过长时间时，我们期望UDP服务器程序具有某种形式的并发性。

"过长时间"是指另一个客户因服务器正在服务当前客户而被迫等待的被认为是太长的时间。举例来说，如果两个客户请求在10毫秒内相继到达，而且每个客户的平均服务时间为5秒，那么第二个客户不得不等待约10秒才能收到应答，而不是请求一到达就处理情形下的约5秒。

对于TCP服务器，并发处理只是简单地fork一个新的子进程（或者创建一个新的线程，见第26章），并让子进程处理新的客户。当使用TCP时，服务器的并发处理得以简化的根源在于每个客户连接都是唯一的：标识每个客户连接的是唯一的TCP套接字对。然而对于UDP，我们必须应对两种不同类型的服务器。

(1) 第一种UDP服务器比较简单，读入一个客户请求并发送一个应答后，与这个客户就不再相关了。这种情形下，读入客户请求的服务器可以fork一个子进程并让子进程去处理该请求。该"请求"（即请求数据报的内容以及含有客户协议地址的套接字地址结构）通过由fork复制的内存映像传递给子进程。然后子进程把它的应答直接发送给客户。

(2) 第二种UDP服务器与客户交换多个数据报。问题是客户知道的服务器端口号只有服务器的一个众所周知端口。一个客户发送其请求的第一个数据报到这个端口，但是服务器如何区分这是来自该客户同一个请求的后续数据报还是来自其他客户请求的数据报呢？这个问题典型的解决办法是让服务器为每个客户创建一个新的套接字，在其上bind一个临时端口，然后使用该套接字发送对该客户的所有应答。这个办法要求客户查看服务器第一个应答中的源端口号，并把本请求的后续数据报发送到该端口。

第二种类型UDP服务器的一个例子是TFTP。使用TFTP传送一个文件通常需要许多数据报（成百上千，取决于文件长度），因为该协议发送的每个数据报只有512字节的数据。客户往服务器的众所周知端口（69）发送一个数据报，指定要发送或接收的文件。服务器读入该请求，但是从另外一个由它创建并绑定某个临时端口的套接字发送它的应答。客户和服务器之间传送该文件的所有后续数据报都使用这个新的套接字。这么做允许主TFTP服务器在文件传送发生的同时（可能持续数秒甚至数分钟）继续处理到达端口69的其他客户请求。

对于一个独立的TFTP服务器（即不是由inetd激发），我们有图22-19所示的情形。我们假设子进程捆绑到新套接字上的临时端口是2134。

对于由inetd激活的TFTP服务器，其情形涉及另外一个步骤。回顾图13-6，我们知道大多数UDP服务器把inetd配置文本行中的*wait-flag*字段指定为wait。我们在图13-10之后的叙述中说过，该值导致inetd停止在相应套接字上选择可访问条件，直到相应子进程终止为止，从而允许该子进程读入到达该套接字的数据报。图22-20展示了本情形涉及的步骤。

自成inetd子进程的TFTP服务器调用recvfrom读入客户请求，然后fork一个自己的子进程，并由该子进程处理该客户请求。TFTP服务器随后调用exit，以便给inetd发送SIGCHLD信号，告知inetd重新在绑定UDP端口69的套接字上select可访问条件。

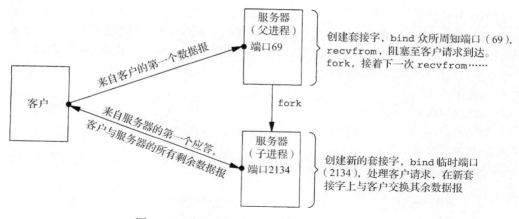

图22-19 独立运行的UDP并发服务器所涉及步骤

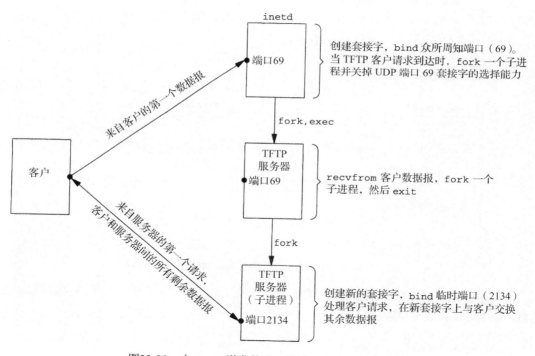

图22-20 由inetd激发的UDP并发服务器所涉及步骤

614

22.8 IPv6 分组信息

IPv6允许应用进程为每个外出数据报指定最多5条信息:

(1) 源IPv6地址;

(2) 外出接口索引;

(3) 外出跳限;

(4) 下一跳地址;

(5) 外出流通类别。

这些信息会作为辅助数据使用sendmsg发送。它们还有对应的套接字黏附选项，用于对所发送的每个分组隐式指定这些信息（27.7节）。IPv6还允许为每个接收分组返回4条类似的信息，它们同样作为辅助数据由recvmsg返回：

(1) 目的IPv6地址；

(2) 到达接口索引；

(3) 到达跳限；

(4) 到达流通类别。

图22-21总结了我们稍后讨论的这些辅助数据的内容。

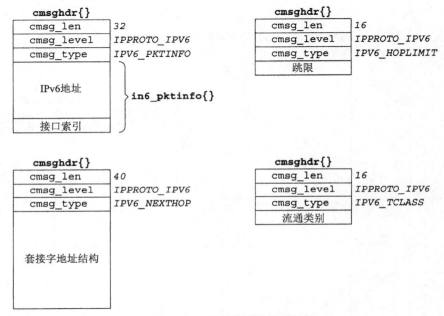

图22-21　IPv6分组信息的辅助数据

in6_pktinfo结构对于外出数据报含有源IPv6地址和外出接口索引，对于接收数据报含有目的IPv6地址和到达接口索引。

```
struct in6_pktinfo {
  struct in6_addr  ipi6_addr;    /* src/dst IPv6 address */
  int              ipi6_ifindex; /* send/recv interface index */
};
```

该结构定义在<netinet/in.h>头文件中。包含本辅助数据的cmsghdr结构中，cmsg_level成员将是IPPROTO_IPV6，cmsg_type成员将是IPV6_PKTINFO，数据的第一个字节将是in6_pktinfo结构的第一个字节。在图22-21的例子中，我们假设cmsghdr结构和数据之间没有填充字节，并且一个整数的大小为4字节。

这些信息有两个指定途径：如果针对单个数据报，那就作为辅助数据指定为调用sendmsg的控制信息；如果针对通过某个套接字发送的所有数据报，那就作为一个in6_pktinfo结构的选项值设置IPV6_PKTINFO套接字选项。这些信息由recvmsg作为辅助数据返回的前提是应用进程已经开启IPV6_RECVPKTINFO套接字选项。

22.8.1　外出和到达接口

正如18.6节所述，IPv6节点的接口由正值整数标识。任何接口都不会被赋予0值索引。指定外出接口时，如果ipi6_ifindex成员值为0，那就由内核选择外出接口。如果应用进程为某个多播数据报指定了外出接口，那么单就这个数据报而言，由辅助数据指定的接口将覆写由IPV6_MULTICAST_IF套接字选项指定的任意接口。

22.8.2　源和目的 IPv6 地址

源IPv6地址通常通过调用bind指定。不过连同数据一起指定源地址可能并不需要多少开销。后者还允许服务器确保所发送应答的源地址等于相应客户请求的目的地址，这是一个某些客户需要且IPv4又难以提供的特性（习题22.4）。

当作为辅助数据指定源IPv6地址时，如果in6_pktinfo结构的ipi6_addr成员是IN6ADDR_ANY_INIT，那么：（a）如果该套接字上已经绑定某个地址，那就把它用作源地址；或者（b）如果该套接字上未绑定任何地址，那就由内核选择源地址。否则，如果ipi6_addr成员不是这个非确定地址，不过该套接字上已经绑定某个源地址，那么单就本次输出操作而言，ipi6_addr值将覆写已经绑定的源地址。内核将验证所请求的源地址确实是赋予本节点的某个单播地址。

当in6_pktinfo结构由recvmsg作为辅助数据返回时，其ipi6_addr成员含有取自所接收分组的目的IPv6地址。这一点在概念上类似IPv4的IP_RECVDSTADDR套接字选项。

616

22.8.3　指定和接收跳限

对于单播数据报，外出跳限通常使用IPV6_UNICAST_HOPS套接字选项指定（7.8节）；对于多播数据报，外出跳限通常使用IPV6_MULTICAST_HOPS套接字选项指定（21.6节）。不论目的地为单播地址还是多播地址，作为辅助数据指定跳限却允许我们单就某次输出操作覆写内核的默认值或早先指定的普适值。对于诸如traceroute之类的程序以及需验证接收跳限为255（表示分组未被转发过）的一类IPv6应用程序来说，返回接收跳限是有用的。

接收跳限由recvmsg作为辅助数据返回的前提是应用进程已经开启IPV6_RECVHOPLIMIT套接字选项。包含本辅助数据的cmsghdr结构中，cmsg_level成员将是IPPROTO_IPV6，cmsg_type成员将是IPV6_HOPLIMIT，数据的第一个字节将是4字节整数跳限的第一个字节。我们在图22-21中展示了该结构。需留意的是，作为辅助数据返回的值是来自所接收数据报的真实值，而由getsockopt返回的IPV6_UNICAST_HOPS套接字选项值是内核将用于相应套接字上所有外出数据报中的默认值。

要控制给定分组的外出跳限，只要把控制信息指定为sendmsg的辅助数据。跳限的正常值在0~255之间（含），若为-1则告知内核使用默认值。

> 跳限没有包含在in6_pktinfo结构中的原因如下：一些UDP服务器希望以这样的方式来响应客户请求，即从相应请求的接收接口发送应答，而且所用IPv6源地址就是相应请求的IPv6目的地址。为了做到这一点，应用进程可以只开启IPV6_RECVPKTINFO套接字选项，然后把来自recvmsg的接收控制信息用作sendmsg的外出控制信息。应用进程根本不必检查或修改in6_pktinfo结构。然而要是跳限包含在该结构中，那么应用进程将不得不分析接收控制信息并修改跳限成员，因为接收跳限并不是外出分组期望的跳限值。

22.8.4   指定下一跳地址

IPV6_NEXTHOP辅助数据对象将数据报的下一跳指定为一个套接字地址结构。在包含本辅助数据的cmsghdr结构中，cmsg_level成员是IPPROTO_IPV6，cmsg_type成员是IPV6_NEXTHOP，数据的第一字节是套接字地址结构的第一个字节。

我们在图22-21中展示了本辅助数据对象的一个例子，其中假设套接字地址结构是28字节的sockaddr_in6结构。本例中由下一跳地址标识的节点必须是发送主机的一个邻居。如果该地址等于数据报的目的IPv6地址，那么相当于已有的SO_DONTROUTE套接字选项。下一跳地址也可以针对通过某个套接字发送的所有数据报设置，途径是以一个sockaddr_in6结构作为选项值设置IPV6_NEXTHOP套接字选项。设置本选项需要超级用户权限。

22.8.5   指定和接收流通类别

IPV6_TCLASS辅助数据对象指定数据报的流通类别。在包含本辅助数据的cmsghdr结构中，cmsg_level成员将是IPPROTO_IPV6，cmsg_type成员将是IPV6_TCLASS，数据的第一个字节将是4字节整数流通类别的第一个字节。我们在图22-21中展示了该结构。正如A.3节所述，流通类别由DSCP和ECN两个字段构成。它们必须一起设置。如果内核有必要控制这些值，它就屏蔽或忽略用户指定的值（譬如说如果内核实现了ECN，它可能就不顾应用进程通过IPV6_TCLASS套接字选项设置的2位ECN值而自行设置ECN）。流通类别的正常值在0~255之间（含），若为-1则告知内核使用默认值。

如果为某个给定分组指定流通类别，那么只需包含辅助数据；如果为通过某个套接字的所有分组指定流通类别，那就以一个整数选项值设置IPV6_TCLASS套接字选项，如27.7节所述。接收流通类别由recvmsg作为辅助数据返回的前提是应用进程已开启IPV6_RECVTCLASS套接字选项。

22.9   IPv6 路径 MTU 控制

IPv6为应用程序提供了若干路径MTU发现控制手段（2.11节）。默认设置对于绝大多数应用程序是合适的，不过特殊目的程序可能想要更改路径MTU发现行为。IPv6为此提供了4个套接字选项。

22.9.1   以最小 MTU 发送

执行路径MTU发现时，IP数据报通常按照外出接口的MTU或路径MTU二者中较小者进行分片。IPv6定义了值为1280字节的最小MTU，所有链路都必须支持。按照这个最小MTU进行分片可能丧失一些发送较大分组的机会，不过避免了路径MTU发现的缺点（MTU发现期间的分组丢失和数据发送延迟）。

有两种类型的应用程序可能想要使用最小MTU发送分组：一种使用多播，另一种与多个目的地简短地交互（譬如DNS）。与接收并处理大量ICMP"packet too big"消息所付代价相比，为多播会话发现MTU显得并不重要。诸如DNS之类应用程序通常不与单个服务器频繁地通信，使得冒路径MTU发现的分组丢失之险难见所值。

使用最小MTU由IPV6_USE_MIN_MTU套接字选项控制。该选项有3个已定义的值：默认值-1表示对多播目的地使用最小MTU，对单播目的地执行路径MTU发现；0表示对所有目的地都执行路径MTU发现；1表示对所有目的地都使用最小MTU。

IPV6_USE_MIN_MTU选项值也可以作为辅助数据发送。包含本辅助数据的cmsghdr结构中，cmsg_level成员将是IPPROTO_IPV6，cmsg_type成员将是IPV6_USE_MIN_MTU，数据的第一个字节将是4字节整数本选项值的第一个字节。

22.9.2　接收路径 MTU 变动指示

应用进程可以开启IPV6_RECVPATHMTU套接字选项以接收路径MTU变动通知。本标志值使得任何时候路径MTU发生变动时作为辅助数据由recvmsg返回变动后的路径MTU。由recvmsg这样返回的数据报长度可能为0，不过含有指示路径MTU的辅助数据。包含本辅助数据的cmsghdr结构中，cmsg_level成员将是IPPROTO_IPV6，cmsg_type成员将是IPV6_PATHMTU，数据的第一个字节将是一个ip6_mtuinfo结构的第一个字节。该结构含有路径MTU发生变动的目的地和以字节为单位新的路径MTU值，定义在<netinet/in.h>头文件中。

```
struct ip6_mtuinfo {
    struct sockaddr_in6   ip6m_addr;   /* destination address */
    uint32_t              ip6m_mtu;    /* path MTU in host byte order */
};
```

22.9.3　确定当前路径 MTU

如果一个应用进程并没有使用IPV6_RECVPATHMTU套接字选项一直在跟踪路径MTU的变动，那么可以使用IPV6_PATHMTU套接字选项确定某个已连接套接字的当前路径MTU。这是一个只能获取的选项，作为选项值的ip6_mtuinfo结构（见上）含有当前路径MTU。如果未能确定路径MTU，那就返回外出接口的MTU。返回的地址值没有定义。

22.9.4　避免分片

默认情况下IPv6协议栈将按照路径MTU对外出IP数据报执行分片。诸如traceroute之类程序可能不希望有这种自动分片特性，而是自行发现路径MTU。IPV6_DONTFRAG套接字选项用于关闭自动分片特性；其值为0（默认值）表示允许自动分片，为1则关闭自动分片。

关闭自动分片后，提供需要分片的分组的send调用可以返回EMSGSIZE错误；不过实现并非必须提供这种错误指示。确定某个分组是否需要分片的唯一确实有效的方法是使用IPV6_RECVPATHMTU套接字选项。

IPV6_DONTFRAG选项值也可以作为辅助数据发送。包含本辅助数据的cmsghdr结构中，cmsg_level成员将是IPPROTO_IPV6，cmsg_type成员将是IPV6_DONTFRAG，数据的第一个字节将是4字节整数本选项值的第一个字节。

619

22.10　小结

有些应用程序需要知道某个UDP数据报的目的IPv4地址和接收接口。开启IP_RECVDSTADDR和IP_RECVIF套接字选项可以作为辅助数据随每个数据报返回这些信息。对于IPv6套接字，类似IPv4的信息以及接收跳限和接收流通类别可以通过开启IPV6_RECVPKTINFO、IPV6_RECVHOP-LIMIT或IPV6_RECVTCLASS套接字选项返回。

尽管UDP无法提供TCP提供的众多特性，需要使用UDP的场合依然不少。广播或多播应用必须使用UDP。简单的请求-应答情形也可以使用UDP，不过必须在应用程序中增加某种形式的可靠性。UDP不应该用于海量数据的传送。

通过使用超时和重传机制检测丢失分组，我们在22.5节增加了UDP回射客户程序的可靠性。通过给每个分组增加一个时间戳并追踪RTT及其平均偏差这两个估算因子，我们在动态地修改重传超时值。我们还给每个分组增加一个序列号以验证某个给定应答是期望的应答。该客户程序仍然采用简单的停等协议，不过这是UDP所能支持的应用程序类型。

习题

22.1 在图22-18中为什么有两次printf调用？

22.2 dg_send_recv（图22-8和图22-9）能否返回0？

22.3 重新编写dg_send_recv，改用select及其定时器取代alarm、SIGALRM、sigsetjmp和siglongjmp。

22.4 IPv4服务器如何保证所发送应答的源地址等于相应客户请求的目的地址（类似由IPV6_PKTINFO套接字选项提供的功能）？

22.5 图22-6中的main函数是IPv4协议相关的，把它改写成协议无关的版本。要求用户指定一个或两个命令行参数，第一个是可选的IP地址（譬如0.0.0.0或0::0），第二个是必需的端口号。接着调用udp_client获取套接字地址结构的地址族、端口号和长度。既然udp_client并没有给getaddrinfo指定AI_PASSIVE暗示信息，如果像建议的那样不指定hostname参数就调用udp_client，将会发生什么？

22.6 更改相关RTT函数以输出每个RTT，然后对跨因特网的标准echo服务器运行图22-6所在的客户程序。修改dg_send_recv函数以输出每个收到的序列号。伴随RTT及其平均偏差这两个估算因子绘出结果RTT的动态变化。

第 **23** 章

高级 SCTP 套接字编程

23.1 概述

我们将在本章较深入地讨论SCTP，查看SCTP提供的更多特性和套接字选项。我们将讨论多个论题，包括故障检测的控制、无序的数据以及通知。本章提供了多个代码例子，以展示如何使用SCTP的某些高级特性。

SCTP是一个面向消息的协议，递送给用户的是部分的或完整的消息。部分消息的递送前提是应用进程选择向对端发送大消息（如大于套接字缓冲区一半大小）。部分消息被递送给应用进程之后，多个部分消息组合成单个完整消息并不由SCTP负责。在应用进程看来，一个消息既可以由单个输入操作接收，也可以由若干个相继的输入操作接收。我们将通过一个作为例子的函数说明处理这种部分递送机制的一个方法。

SCTP服务器程序既可以迭代运行，也可以并发运行，这取决于应用程序开发人员选取的套接字式样。SCTP还提供了从一到多式套接字抽取某个关联并使其成为一到一式套接字的方法。本方法允许构造既可迭代运行又可并发运行的服务器程序。

23.2 自动关闭的一到多式服务器程序

回顾我们在第10章中编写的服务器程序，它不保持任何关联状态，因为它依赖客户程序关闭关联。依赖客户关闭关联存在这样的弱点：要是客户打开一个关联后从不发送任何数据，将发生什么？服务器不得不将资源分配给从不使用这些资源的客户。懒惰的客户会无意中造成对于SCTP实现的拒绝服务攻击。为了避免这个问题，SCTP增设了自动关闭（autoclosing）特性。

自动关闭允许SCTP端点指定某个关联可以保持空闲的最大秒数。关联在任何方向上都没有用户数据在传送时就认为它是空闲的。如果关联的空闲时间超过它的最大允许时间，该关联就由SCTP实现自动关闭。

使用自动关闭套接字选项应该仔细选择其值。若服务器选择太小的值，它可能会发现自己是在已经关闭的关联上发送数据。重新打开关联以便向客户发送回数据需要额外开销，更何况客户不大可能已经调用过listen以允许外来关联。图23-1是第10章中服务器程序的修订版本，其中插入必要的调用以避免出现长期空闲的关联。正如7.10节所述，自动关闭特性默认是禁止的，其开启必须显式使用SCTP_AUTOCLOSE套接字选项。

设置自动关闭选项

17~19 选择120秒为空闲关联自动关闭时间，并将该值置于变量close_time中。接着调用setsockopt套接字选项配置该自动关闭时间。其余代码保持不变。

621

现在SCTP将自动关闭空闲时间超过两分钟的关联。通过这种自动强制关闭关联的方法，我们减少了懒惰客户的资源消耗。

```
                                                    ─────── sctp/sctpserv04.c
14      if (argc == 2)
15          stream_increment = atoi(argv[1]);
16          sock_fd = Socket(AF_INET, SOCK_SEQPACKET, IPPROTO_SCTP);
17      close_time = 120;
18      Setsockopt(sock_fd, IPPROTO_SCTP, SCTP_AUTOCLOSE,
19                  &close_time, sizeof(close_time));

20      bzero(&servaddr, sizeof(servaddr));
21      servaddr.sin_family = AF_INET;
22      servaddr.sin_addr.s_addr = htonl(INADDR_ANY);
23      servaddr.sin_port = htons(SERV_PORT);
                                                    ─────── sctp/sctpserv04.c
```

图23-1　开启自动关闭特性的服务器程序

23.3　部分递送

当应用进程要求SCTP传输过大的消息时，SCTP可能采取部分递送措施，这里"过大"意味着SCTP栈认为没有足够的资源专用于这样的消息。接收端SCTP实现开启本API需要考虑以下几点。

- 所接收消息的缓冲区空间耗用量必须满足或超过某个门槛。
- SCTP栈最多只能从该消息开始处顺序递送到首个缺失断片。
- 一旦激发，其他消息必须等到当前消息已被完整地接收并递送给接收端应用进程之后才能被递送。也就是说过大的消息会阻塞通常情况下可以递送的所有其他消息的递送，包括其他流中的消息。

SCTP的KAME实现使用的门槛是套接字接收缓冲区的一半大小。编写本书时这个SCTP栈的默认接收缓冲区大小为131072字节。因此要是不修改SO_RCVBUF套接字选项值，单个消息必须超过65536字节才会激起部分递送API。为了把10.2节给出的服务器程序改为使用部分递送，我们先编写一个包裹sctp_recvmsg函数调用的实用函数，再创建使用这个新函数的改进服务器。图23-2给出了处理部分递送API的sctp_recvmsg外包函数。

准备缓冲区

12~15　如果由全局静态指针指向的接收缓冲区尚未分配，那就动态分配其空间并设置与它关联的状态。

读入消息

16~18　调用sctp_recvmsg读入消息，它可能是某个消息的第一个断片。

处理读入错误

19~22　如果sctp_recvmsg返回错误或EOF，那就直接返回到调用者。

本消息还有其余断片

23~24　如果消息标志表明sctp_recvmsg收取的不是一个完整的消息，那就继续收集其余断片。函数首先要计算接收缓冲区中剩余的空间。

检查是否需要增长缓冲区

25~34　当接收缓冲区中剩余的空间小于某个最小量时，调用realloc函数增长缓冲区的大小。

新的缓冲区大小是当前大小加上一个增长量。如果realloc调用失败，那就显示一个出错消息并退出。

sctp/sctp_pdapircv.c

```
 1 #include    "unp.h"

 2 static uint8_t *sctp_pdapi_readbuf=NULL;
 3 static int sctp_pdapi_rdbuf_sz=0;

 4 uint8_t *
 5 pdapi_recvmsg(int sock_fd,
 6               int *rdlen,
 7               SA *from,
 8               int *from_len, struct sctp_sndrcvinfo *sri, int *msg_flags)
 9 {
10     int     rdsz,left,at_in_buf;
11     int     frmlen=0;

12     if (sctp_pdapi_readbuf == NULL) {
13         sctp_pdapi_readbuf = (uint8_t *)Malloc(SCTP_PDAPI_INCR_SZ);
14         sctp_pdapi_rdbuf_sz = SCTP_PDAPI_INCR_SZ;
15     }
16     at_in_buf =
17         Sctp_recvmsg(sock_fd, sctp_pdapi_readbuf, sctp_pdapi_rdbuf_sz, from,
18                     from_len, sri, msg_flags);
19     if(at_in_buf < 1){
20         *rdlen = at_in_buf;
21         return(NULL);
22     }
23     while((*msg_flags & MSG_EOR) == 0) {
24         left = sctp_pdapi_rdbuf_sz - at_in_buf;
25         if(left < SCTP_PDAPI_NEED_MORE_THRESHOLD) {
26             sctp_pdapi_readbuf =
27                 realloc(sctp_pdapi_readbuf,
28                         sctp_pdapi_rdbuf_sz + SCTP_PDAPI_INCR_SZ);
29             if(sctp_pdapi_readbuf == NULL) {
30                 err_quit("sctp_pdapi ran out of memory");
31             }
32             sctp_pdapi_rdbuf_sz += SCTP_PDAPI_INCR_SZ;
33             left = sctp_pdapi_rdbuf_sz - at_in_buf;
34         }
35         rdsz = Sctp_recvmsg(sock_fd, &sctp_pdapi_readbuf[at_in_buf],
36                         left, NULL, &frmlen, NULL, msg_flags);
37         at_in_buf += rdsz;
38     }
39     *rdlen = at_in_buf;
40     return(sctp_pdapi_readbuf);
41 }
```

sctp/sctp_pdapircv.c

图23-2　处理部分递送API

接收其余断片

35~36　调用sctp_recvmsg读入本消息其余断片。

前向移动索引

37~38　增加缓冲区索引，循环回去测试是否已经读入本消息所有断片。

循环结束

39~40　循环结束后把读入的字节数复制到由调用者提供的指针所指的整数变量中，再返回指向所分配缓冲区的一个指针。

图23-3给出了使用本函数的服务器程序main函数。

```
                                                          sctp/sctpserv05.c
26    for ( ; ; ) {
27        len = sizeof(struct sockaddr_in);
28        bzero(&sri,sizeof(sri));
29        readbuf = pdapi_recvmsg(sock_fd, &rd_sz,
30                                (SA *)&cliaddr, &len, &sri,&msg_flags);
31        if(readbuf == NULL)
32            continue;
                                                          sctp/sctpserv05.c
```

图23-3　使用部分递送API的服务器程序

读入消息

29~30　服务器调用新的部分递送实用函数。服务器会在清理掉可能占据sri变量的旧数据后调用该函数。

验证读入非空

31~32　验证刚才的读入是否非空。若为空（读入EOF或发生错误）则继续。

23.4　通知

我们已在9.14节讨论过，应用进程可以预订7个通知。到目前为止，我们的SCTP程序都忽略除新数据的收取以外所有可能发生的事件。本节的例子给出如何接收并解释SCTP通知事件的概貌。图23-4给出的函数用于显示来自SCTP的任何通知。我们还把10.2节给出的服务器程序改为预订所有事件，当收到一个通知时调用这个新函数。注意，我们的服务器程序并没有把通知用于任何特定的目的。

```
                                                          sctp/sctp_displayevents.c
1 #include       "unp.h"

2 void
3 print_notification(char *notify_buf)
4 {
5     union sctp_notification *snp;
6     struct sctp_assoc_change *sac;
7     struct sctp_paddr_change *spc;
8     struct sctp_remote_error *sre;
9     struct sctp_send_failed *ssf;
10    struct sctp_shutdown_event *sse;
11    struct sctp_adaption_event *ae;
12    struct sctp_pdapi_event *pdapi;
13    const char *str;

14    snp = (union sctp_notification *)notify_buf;
15    switch(snp->sn_header.sn_type) {
16    case SCTP_ASSOC_CHANGE:
17        sac = &snp->sn_assoc_change;
18        switch(sac->sac_state) {
19        case SCTP_COMM_UP:
20            str = "COMMUNICATION UP";
21            break;
22        case SCTP_COMM_LOST:
```

图23-4　通知显示实用函数

```
23              str = "COMMUNICATION LOST";
24              break;
25          case SCTP_RESTART:
26              str = "RESTART";
27              break;
28          case SCTP_SHUTDOWN_COMP:
29              str = "SHUTDOWN COMPLETE";
30              break;
31          case SCTP_CANT_STR_ASSOC:
32              str = "CAN'T START ASSOC";
33              break;
34          default:
35              str = "UNKNOWN";
36              break;
37          }                               /* end switch(sac->sac_state) */
38          printf("SCTP_ASSOC_CHANGE: %s, assoc=0x%x\n", str,
39                  (uint32_t)sac->sac_assoc_id);
40          break;
41      case SCTP_PEER_ADDR_CHANGE:
42          spc = &snp->sn_paddr_change;
43          switch(spc->spc_state) {
44          case SCTP_ADDR_AVAILABLE:
45              str = "ADDRESS AVAILABLE";
46              break;
47          case SCTP_ADDR_UNREACHABLE:
48              str = "ADDRESS UNREACHABLE";
49              break;
50          case SCTP_ADDR_REMOVED:
51              str = "ADDRESS REMOVED";
52              break;
53          case SCTP_ADDR_ADDED:
54              str = "ADDRESS ADDED";
55              break;
56          case SCTP_ADDR_MADE_PRIM:
57              str = "ADDRESS MADE PRIMARY";
58              break;
59          default:
60              str = "UNKNOWN";
61              break;
62          }                               /* end switch(spc->spc_state) */
63          printf("SCTP_PEER_ADDR_CHANGE: %s, addr=%s, assoc=0x%x\n", str,
64                  Sock_ntop((SA *)&spc->spc_aaddr, sizeof(spc->spc_aaddr)),
65                  (uint32_t)spc->spc_assoc_id);
66          break;
67      case SCTP_REMOTE_ERROR:
68          sre = &snp->sn_remote_error;
69          printf("SCTP_REMOTE_ERROR: assoc=0x%x error=%d\n",
70                  (uint32_t)sre->sre_assoc_id, sre->sre_error);
71          break;
72      case SCTP_SEND_FAILED:
73          ssf = &snp->sn_send_failed;
74          printf("SCTP_SEND_FAILED: assoc=0x%x error=%d\n",
75                  (uint32_t)ssf->ssf_assoc_id, ssf->ssf_error);
76          break;
77      case SCTP_ADAPTION_INDICATION:
78          ae = &snp->sn_adaption_event;
79          printf("SCTP_ADAPTION_INDICATION: 0x%x\n",
80                  (u_int)ae->sai_adaption_ind);
```

图23-4 （续）

```
81              break;
82          case SCTP_PARTIAL_DELIVERY_EVENT:
83              pdapi = &snp->sn_pdapi_event;
84              if(pdapi->pdapi_indication == SCTP_PARTIAL_DELIVERY_ABORTED)
85                  printf("SCTP_PARTIAL_DELIEVERY_ABORTED\n");
86              else
87                  printf("Unknown SCTP_PARTIAL_DELIVERY_EVENT 0x%x\n",
88                          pdapi->pdapi_indication);
89              break;
90          case SCTP_SHUTDOWN_EVENT:
91              sse = &snp->sn_shutdown_event;
92              printf("SCTP_SHUTDOWN_EVENT: assoc=0x%x\n",
93                      (uint32_t)sse->sse_assoc_id);
94              break;
95          default:
96              printf("Unknown notification event type=0x%x\n",
97                      snp->sn_header.sn_type);
98          }
99  }
```
sctp/sctp_displayevents.c

图23-4   （续）

类型强制转换并进行跳转

14~15   把存放通知的输入缓冲区类型强制转换成整体性的联合类型。按照该联合类型中的通用sn_header结构的sn_type成员的可能取值进行跳转。

处理关联变动

16~40   如果函数在缓冲区中发现"关联改变"通知，则显示已发生的关联变动的类型。

处理对端地址变动

41~66   如果是发现对端地址通知，则显示经译码的地址事件和变动后的地址。

处理远程错误

67~71   如果函数发现远程错误，则显示该错误和发生它的关联的ID。本函数不试图译解并显示由远程对端所报告的真正错误。该信息可从sctp_remote_error结构的sre_data成员获得。

处理发送失败

72~76   如果函数解码出"发送失败"通知，它就知道消息未能发送到对端。这意味着：（a）关联正在关闭之中，马上就会得到一个关联通知（如果还没有到达的话）；或者（b）服务器在使用部分递送扩展，并有一个消息未成功发送（由设置在传送上的限制造成）。待发送的数据实际上存放在ssf_data成员中。

处理适配层指示符

77~81   如果函数解码出适配层指示符，则显示在关联建立消息（INIT或INIT-ACK）中传递的32位值。

处理部分递送事件

82~89   如果有"部分递送"通知到达，则显示通知的事件。目前唯一的事件是部分递送被取消。

处理关联终止事件

90~94   如果函数解码出该通知，则表示对端已经发出一个雅致的SHUTDOWN消息。到关联终止序列完成时，通常会得到一个关联变动通知。

图23-5给出了使用本函数的服务器程序main函数。

```
                                                                    ──sctp/sctpserv06.c
21      bzero(&evnts, sizeof(evnts));
22      evnts.sctp_data_io_event = 1;
23      evnts.sctp_association_event = 1;
24      evnts.sctp_address_event = 1;
25      evnts.sctp_send_failure_event = 1;
26      evnts.sctp_peer_error_event = 1;
27      evnts.sctp_shutdown_event = 1;
28      evnts.sctp_partial_delivery_event = 1;
29      evnts.sctp_adaption_layer_event = 1;
30      Setsockopt(sock_fd, IPPROTO_SCTP, SCTP_EVENTS, &evnts, sizeof(evnts));

31      Listen(sock_fd, LISTENQ);
32      for ( ; ; ) {
33          len = sizeof(struct sockaddr_in);
34          rd_sz = Sctp_recvmsg(sock_fd, readbuf, sizeof(readbuf),
35                          (SA *)&cliaddr, &len, &sri, &msg_flags);
36          if(msg_flags & MSG_NOTIFICATION) {
37              print_notification(readbuf);
38              continue;
39          }
```
                                                                    ──sctp/sctpserv06.c

图23-5　使用通知的服务器程序

进行设置以接收通知

21~30　服务器修改事件设置以接收所有通知。

通常的接收代码

31~35　这段服务器程序代码没有改动。

处理通知

36~39　服务器检查msg_flags，如果发现数据是通知，那就调用新的实用函数print_ notification显示这个通知，然后循环回去读入下一个消息。

623
~
628

运行代码

我们按以下方式启动客户并发送一个消息。

```
FreeBSD-lap: ./sctpclient01 10.1.1.5
[0]Hello
From str:1 seq:0 (assoc:c99e15a0):[0]Hello
Control-D
FreeBSD-lap:
```

在接收关联建立消息、用户消息和关联终止消息时，我们的服务器程序按以下方式显示每个发生的事件。

```
FreeBSD-lap: ./sctpserv06
SCTP_ADAPTION_INDICATION:0x504c5253
SCTP_ASSOC_CHANGE: COMMUNICATION UP, assoc=c99e2680h
SCTP_SHUTDOWN_EVENT: assoc=c99e2680h
SCTP_ASSOC_CHANGE: SHUTDOWN COMPLETE, assoc=c99e2680h
Control-c
```

可见，服务器声明了在传输层发生的事件。

23.5　无序的数据

SCTP通常提供可靠的有序数据传输服务，不过也提供可靠的无序数据传输服务。指定

MSG_UNORDERED标志发送的消息没有顺序限制，一到达对端就能被递送。无序的数据可以在任何SCTP流中发送，不用赋予流序列号。图23-6给出了为了使用无序数据服务向回射服务器发送请求而对客户程序所做的修改。

```
———————————————————————————————————————— sctp/sctp_strcli_un.c
18          out_sz = strlen(sendline);
19          Sctp_sendmsg(sock_fd, sendline, out_sz,
20                       to, tolen, 0, MSG_UNORDERED, sri.sinfo_stream, 0, 0);
———————————————————————————————————————— sctp/sctp_strcli_un.c
```

图23-6   发送无序数据的sctp_strcli函数

使用无序服务发送数据

18~20 这和10.4节中的sctpstr_cli函数几乎一模一样。唯一的改变在第21行：指定MSG_UNORDERED标志调用sctp_sendmsg以使用无序服务发送请求消息。通常情况下，一个给定SCTP流中的所有数据都标以序列号以便排序。该标志使相应数据以无序方式发送，即不标以序列号，一到达对端就能被递送，即使同一个SCTP流上早先发送的其他无序数据尚未到达也是这样。

23.6   捆绑地址子集

有些应用程序可能想要把主机的全体IP地址的某个合适的子集捆绑到单个套接字。TCP和UDP传统上只能捆绑单个地址，而不能捆绑一个地址子集。bind系统调用允许应用进程捆绑单个地址或通配地址。由SCTP提供的新的sctp_bindx函数调用允许应用进程捆绑不止一个地址。注意，所有这些地址必须使用相同的端口，而且如果已经调用过bind，那么所用端口必须是调用bind时指定的端口，否则sctp_bindx调用将失败。图23-7给出了一个实用函数，它把作为函数参数提供的地址子集捆绑到给定的套接字。

```
———————————————————————————————————————— sctp/sctp_bindargs.c
 1 #include    "unp.h"

 2 int
 3 sctp_bind_arg_list(int sock_fd, char **argv, int argc)
 4 {
 5     struct addrinfo *addr;
 6     char    *bindbuf, *p, portbuf[10];
 7     int      addrcnt=0;
 8     int      i;

 9     bindbuf = (char *)Calloc(argc, sizeof(struct sockaddr_storage));
10     p = bindbuf;
11     sprintf(portbuf, "%d", SERV_PORT);
12     for ( i=0; i<argc; i++ ) {
13         addr = Host_serv(argv[i], portbuf, AF_UNSPEC, SOCK_SEQPACKET);
14         memcpy(p, addr->ai_addr, addr->ai_addrlen);
15         freeaddrinfo(addr);
16         addrcnt++;
17         p += addr->ai_addrlen;
18     }
19     Sctp_bindx(sock_fd,(SA *)bindbuf,addrcnt,SCTP_BINDX_ADD_ADDR);
20     free(bindbuf);
21     return(0);
22 }
———————————————————————————————————————— sctp/sctp_bindargs.c
```

图23-7   捆绑一个地址子集的函数

分配捆绑参数所需空间

9~10 sctp_bind_arg_list函数首先会分配sctp_bindx调用的地址列表参数所需的空间。注意sctp_bindx能够混合接受IPv4和IPv6地址。我们为每个地址分配足以装下sockaddr_storage结构的空间，尽管地址列表参数是多个实际套接字地址结构的紧凑列表（图9-4）。这么做导致一定的内存空间浪费，不过总比处理参数表两次以计算出精确的内存空间大小简单些。

处理参数

11~18 把*portbuf*设置成端口的ASCII表达形式，以便调用getaddrinfo的外包函数之一host_serv。把每个地址和这个端口传递给host_serv，同时传递AF_UNSPEC作为地址族以允许IPv4或IPv6地址，传递SOCK_SEQPACKET作为套接字类型指明使用SCTP。我们仅仅复制host_serv返回的第一个套接字地址结构。既然本函数的参数是各个地址的数串表达式，而不是可能关联多个地址的名字表达式，这么处理是安全的。随后释放由host_serv内包的getaddrinfo分配的空间，递增地址计数，并把指针移到紧凑的套接字地址结构数组的下一个元素。 | 630 |

调用捆绑函数

19 该函数会将指针重置到所捆绑缓冲区的顶端，并以刚才准备的地址列表调用sctp_bindx。

返回成功

20~21 如果函数能运行至此，则清理所用缓冲区并返回成功。

图23-8给出了使用本函数的服务器程序main函数，它改为捆绑以命令行参数形式传递的一系列地址。我们只是稍作改动，因此总是在回射请求消息到达的流上回射应答消息。

```
                                                         ─────sctp/sctpserv07.c
12      if(argc < 2)
13          err_quit("Error, use %s [list of addresses to bind]\n", argv[0]);
14      sock_fd = Socket(AF_INET6, SOCK_SEQPACKET, IPPROTO_SCTP);

15      if(sctp_bind_arg_list(sock_fd, argv + 1, argc - 1))
16          err_sys("Can't bind the address set");

17      bzero(&evnts, sizeof(evnts));
18      evnts.sctp_data_io_event = 1;
                                                         ─────sctp/sctpserv07.c
```

图23-8 使用数目可变的一组地址的服务器程序

使用IPv6的程序代码

14 这里我们看到的是全章都在介绍的服务器程序，不过有点小改动。在这里服务器创建的是AF_INET6套接字，因此IPv4和IPv6都能使用。

调用新的函数

15~16 服务器调用新的捆绑函数，把命令行参数作为函数参数传递给它处理。

23.7 确定对端和本端地址信息

SCTP是一个多宿协议，找出一个关联的本地端点和远程端点所用的地址需要使用不同于单宿协议的机制。本节中我们把10.4节的客户程序改为接收通信开工（communication up）通知，然后使用该通知显示关联的本端和对端的地址。图23-9和图23-10给出修改后的客户程序main函数和sctp_strcli函数。图23-11和图23-12给出新增的函数。 | 631 |

——————————————————————— sctp/sctpclient04

```
16        bzero(&evnts, sizeof(evnts));
17        evnts.sctp_data_io_event = 1;
18        evnts.sctp_association_event = 1;
19        Setsockopt(sock_fd,IPPROTO_SCTP, SCTP_EVENTS, &evnts, sizeof(evnts));

20        sctpstr_cli(stdin,sock_fd,(SA *)&servaddr,sizeof(servaddr));
```

——————————————————————— sctp/sctpclient04

图23-9　设置接收通信开工通知的客户程序

设置时间通知并调用回射函数

16~20　main函数有了些许改动。客户程序显式预订关联变动通知,通信开工通知属于该通知类型。

接着是sctp_strcli函数的改动(见图23-10),它使用新的通信处理实用函数check_notification。

——————————————————————— sctp/sctp_strcli1.c

```
21        do {
22            len = sizeof(peeraddr);
23            rd_sz = Sctp_recvmsg(sock_fd, recvline, sizeof(recvline),
24                          (SA *)&peeraddr, &len, &sri, &msg_flags);
25            if (msg_flags & MSG_NOTIFICATION)
26                check_notification(sock_fd,recvline,rd_sz);
27        } while (msg_flags & MSG_NOTIFICATION);
28        printf("From str:%d seq:%d (assoc:0x%x):",
29                sri.sinfo_stream,sri.sinfo_ssn, (u_int)sri.sinfo_assoc_id);
30        printf("%.*s", rd_sz, recvline);
```

——————————————————————— sctp/sctp_strcli1.c

图23-10　处理通知的sctp_strcli函数

循环等待消息

21~24　客户会设置套接字地址结构长度变量,调用接收函数获取由服务器回射的应答消息。

检查通知

25~26　客户会查看刚读入的消息是不是一个通知。若是则调用图23-11所示的通知处理函数。

直到读入数据

27　如果刚读入的是一个通知,那就继续循环,直到读入真正的数据。

显示消息

28~30　显式消息并回到处理循环顶部,等待用户输入。

再接着是check_notification函数(见图23-11),它在某个关联通知到达之后显示本地和远程两个端点的地址。

检查是否为期望的通知

9~13　该函数把接收缓冲区类型强制转换成通用的通知指针,以便找出通知类型。如果本通知是所关注的类型(即关联变动类通知),那就测试它是否为一个新的或重新激活的关联(SCTP_COMM_UP或SCTP_RESTART)。我们忽略所有其他通知。

收集并显示对端地址

14~17　调用sctp_getpaddrs汇集远程地址列表,然后显示地址数目,并调用图23-12所示的地址显示实用函数sctp_print_addresses显示各个地址。完成之后调用sctp_freepaddrs释放由sctp_getpaddrs分配的资源。

sctp/sctp_check_notify.c

```
 1 #include     "unp.h"
 2 void
 3 check_notification(int sock_fd,char *recvline,int rd_len)
 4 {
 5     union sctp_notification *snp;
 6     struct sctp_assoc_change *sac;
 7     struct sockaddr_storage *sal,*sar;
 8     int     num_rem, num_loc;

 9     snp = (union sctp_notification *)recvline;
10     if(snp->sn_header.sn_type == SCTP_ASSOC_CHANGE) {
11         sac = &snp->sn_assoc_change;
12         if ((sac->sac_state == SCTP_COMM_UP) ||
13             (sac->sac_state == SCTP_RESTART)) {
14             num_rem = sctp_getpaddrs(sock_fd,sac->sac_assoc_id,&sar);
15             printf("There are %d remote addresses and they are:\n", num_rem);
16             sctp_print_addresses(sar, num_rem);
17             sctp_freepaddrs(sar);

18             num_loc = sctp_getladdrs(sock_fd,sac->sac_assoc_id,&sal);
19             printf("There are %d local addresses and they are:\n", num_loc);
20             sctp_print_addresses(sal,num_loc);
21             sctp_freeladdrs(sal);
22         }
23     }
24 }
```

sctp/sctp_check_notify.c

图23-11　通知处理函数

sctp/sctp_print_addrs.c

```
 1 #include     "unp.h"
 2 void
 3 sctp_print_addresses(struct sockaddr_storage *addrs, int num)
 4 {
 5     struct sockaddr_storage *ss;
 6     int     i,salen;
 7     ss = addrs;
 8     for (i=0; i<num; i++) {
 9         printf("%s\n", Sock_ntop((SA *)ss, salen));
10 #ifdef HAVE_SOCKADDR_SA_LEN
11         salen = ss->ss_len;
12 #else
13         switch(ss->ss_family) {
14         case AF_INET:
15             salen = sizeof(struct sockaddr_in);
16             break;
17 #ifdef IPV6
18         case AF_INET6:
19             salen = sizeof(struct sockaddr_in6);
20             break;
21 #endif
22         default:
23             err_quit("sctp_print_addresses: unknown AF");
24             break;
25         }
26 #endif
27         ss = (struct sockaddr_storage *)((char *)ss + salen);
28     }
29 }
```

sctp/sctp_print_addrs.c

图23-12　地址列表显示函数

收集并显示本地地址

18~21　调用sctp_getladdrs收集本地地址列表，并显示地址数目和各个地址本身。在通知处理函数使用完这些地址后调用sctp_freeladdrs释放由sctp_getladdrs分配的资源。

　　最后是sctp_print_addresses函数（见图23-12），它显示由sctp_getpaddrs或sctp_getladdrs返回的地址列表。

处理每个地址

7~8　根据调用者指定的地址数目遍历每个地址。

显示地址

9　调用sock_ntop显示地址。该函数能够显示系统支持的任何套接字地址结构格式。

确定地址大小

10~26　地址列表是一个紧凑的套接字地址结构数组，而不是单一sockaddr_storage结构的数组。这是因为sockaddr_storage结构太大，用它在内核和进程之间传递地址过于浪费内存空间。如果套接字地址结构自带长度成员，那就直接使用其值作为本结构的长度；否则就根据地址族选择长度，若不是已知地址族则显示一个出错消息并退出。

移动地址指针

27　根据所确定的地址大小前向移动地址指针，指向下一个待处理的地址。

运行代码

　　我们按以下方式启动客户并发送一个消息：

```
FreeBSD-lap: ./sctpclient01 10.1.1.5
[0]Hi
There are 2 remote addresses and they are:
10.1.1.5:9877
127.0.0.1:9877
There are 2 local addresses and they are:
10.1.1.5:1025
127.0.0.1:1025
From str:0 seq:0 (assoc:c99e2680):[0]Hi
Control-D
FreeBSD-lap:
```

23.8　给定 IP 地址找出关联 ID

　　在23.7节所做的客户程序改动中，客户使用关联通知事件引发地址列表的获取。这类通知在sac_assoc_id成员中给出了关联标识，因此可用于从IP地址反查关联ID。然而如果应用进程没有在跟踪关联标识，而且只知道一个对端地址，它如何才能找到它的关联ID呢？图23-13给出了从一个对端IP地址转换成一个关联ID的简单函数。23.10节给出的服务器程序将使用本函数。

初始化

7~8　初始化所用的sctp_paddrparams结构。

复制地址

9　把作为参数传入的套接字地址结构按照同时传入的长度复制到sctp_paddrparams结构中。

```
                                                    sctp/sctp_addr_to_associd.c
 1 #include    "unp.h"

 2 sctp_assoc_t
 3 sctp_address_to_associd(int sock_fd, struct sockaddr *sa, socklen_t salen)
 4 {
 5     struct sctp_paddrparams sp;
 6     int     siz;

 7     siz = sizeof(struct sctp_paddrparams);
 8     bzero(&sp,siz);
 9     memcpy(&sp.spp_address, sa, salen);
10     sctp_opt_info(sock_fd, 0, SCTP_PEER_ADDR_PARAMS, &sp, &siz);
11     return(sp.spp_assoc_id);
12 }
```
                                                    sctp/sctp_addr_to_associd.c

图23-13　从IP地址到关联ID的转换函数

获取套接字选项值

10　通过获取SCTP_PEER_ADDR_PARAMS套接字选项值取得对端地址参数。既然该套接字选项需要既往内核复制又从内核复制出参数，因此我们不用getsockopt，而用sctp_opt_ info。本调用返回当前心搏间隔、SCTP实现认定对端地址不可达所需的最大重传次数以及最为重要的关联ID。我们不检查本调用的返回值，如果调用失败，那就返回0。

11　把关联ID返回给调用者。如果刚才的调用失败，早先对sctp_paddrparams结构的清零将确保调用者得到值为0的关联ID。关联ID不允许为0，不过SCTP也可以使用0值关联ID作为没有关联的指示。

23.9　心搏和地址不可达

　　SCTP提供类似TCP的保持存活选项的心搏机制。SCTP的心搏机制默认就开启。应用进程可以使用23.8节用到的同一个套接字选项设置某个对端地址的心搏间隔和出错门限。出错门限是认定这个对端地址不可达之前必须发生的心搏遗失亦即超时重传次数。由心搏检测到该对端地址再次变为可达时，该地址重新开始活跃。

　　应用进程可以禁止心搏，不过要是没有心搏的话，SCTP将无法检测一个被认定不可达的对端地址再次变为可达。没有用户干预，这些地址就不能回到活跃状态。

　　sctp_paddrparams结构中的心搏间隔字段是spp_hbinterval。其值为SCTP_NO_HB即0表示禁止心搏。其值为SCTP_ISSUE_HB即0xffffffff表示一经请求立即心搏。任何其他值以毫秒为单位设置心搏间隔。该值加上当前重传计时器的值，再加上一个随机的抖动值就构成了心搏的间隔时间。图23-14给出的小函数可用于针对某个对端地址设置确切的心搏间隔，或请求立即心搏一次，或禁止心搏。注意，把sctp_paddrparams结构中的重传次数成员spp_pathmaxrxt设置为0表示保持其当前值不变。

635
～
636

清零sctp_paddrparams结构并复制心搏间隔

7~8　清零sctp_paddrparams结构，确保不改动心搏机制的任何非关注参数。把调用者给定的心搏间隔值复制到该结构中，可以是SCTP_ISSUE_HB、SCTP_NO_HB或一个确切的心搏间隔。

sctp/sctp_modify_hb.c

```
 1 #include    "unp.h"

 2 int
 3 heartbeat_action(int sock_fd, struct sockaddr *sa, socklen_t salen,
 4                  u_int value)
 5 {
 6     struct sctp_paddrparams sp;
 7     int     siz;

 8     bzero(&sp,sizeof(sp));
 9     sp.spp_hbinterval = value;
10     memcpy((caddr_t)&sp.spp_address, sa, salen);
11     Setsockopt(sock_fd, IPPROTO_SCTP,
12                SCTP_PEER_ADDR_PARAMS, &sp, sizeof(sp));
13     return(0);
14 }
```

sctp/sctp_modify_hb.c

图23-14　心搏控制实用函数

设置对端地址

10　把实施心搏的对端地址复制到sctp_paddrparams结构中，以便SCTP实现了解我们希望它向哪个地址发送心搏请求。

执行所需行为

11~12　调用setsockopt执行用户请求的行为。

23.10　关联剥离

至此我们一直在关注SCTP提供的一到多式接口。一到多式接口相比更为传统的一到一式接口存在以下优势。

- 只需维护单个描述符。
- 允许编写简单的迭代服务器程序。
- 允许应用进程在四路握手的第三个和第四个分组发送数据，只需使用sendmsg或sctp_sendmsg隐式建立关联就行。
- 无需跟踪传输状态。也就是说应用进程只需在套接字描述符上执行一个接收调用就可以接收消息，之前不必执行传统的connect或accept调用。

然而一到多式接口却存在一个主要缺陷：造成难以编写并发服务器程序（用线程或派生子进程）。该缺陷促成增设sctp_peeloff函数。该函数取一个一到多式套接字描述符和一个关联ID，返回一个新的仅仅附以给定关联的一到一式套接字描述符（再加上已经排队在该关联上的通知和数据）。原始的一到多式套接字继续开放，它代表的其他关联均不受此影响。

该套接字然后可以递交给某个专门的线程或子进程加以处理，从而实现并发服务器。我们把10.2节给出的服务器程序改为：先处理某个客户的第一个请求消息，再使用sctp_peeloff剥离出处理该客户的一个套接字，派生一个子进程后由子进程调用5.3节介绍的str_echo函数，如图23-15所示。我们调用23.8节给出的实用函数把所接收消息的源地址转换成关联ID。当然这个关联ID也出现在sri.sinfo_assoc_id中，我们这么转换只是为了展示这个从IP地址确定关联ID的方法。派生子进程后，服务器父进程循环回去处理来自下一个客户的请求。

接收并处理来自客户的第一个消息

26~30　接收并处理由某个客户发送的第一个消息。

```
23      for ( ; ; ) {                                              ─── sctp/sctpserv_fork.c
24          len = sizeof(struct sockaddr_in);
25          rd_sz = Sctp_recvmsg(sock_fd, readbuf, sizeof(readbuf),
26                              (SA *)&cliaddr, &len, &sri, &msg_flags);
27          Sctp_sendmsg(sock_fd, readbuf, rd_sz,
28                      (SA *)&cliaddr, len,
29                          sri.sinfo_ppid,
30                          sri.sinfo_flags, sri.sinfo_stream, 0, 0);
31          assoc = sctp_address_to_associd(sock_fd, (SA *)&cliaddr, len);
32          if ((int)assoc == 0) {
33              err_ret("Can't get association id");
34              continue;
35          }
36          connfd = sctp_peeloff(sock_fd, assoc);
37          if (connfd == -1) {
38              err_ret("sctp_peeloff fails");
39              continue;
40          }
41          if((childpid = fork()) == 0) {
42              Close(sock_fd);
43              str_echo(connfd);
44              exit(0);
45          } else {
46              Close(connfd);
47          }
48      }
```
─── sctp/sctpserv_fork.c

图23-15 一个并发SCTP服务器程序

638

把地址转换成关联ID

31~35 调用图23-13给出的函数把该消息的源地址转换成一个关联ID。如果无法取得该关联ID，那就跳过它而不试图派生子进程继续处理。

剥离出关联

36~40 调用sctp_peeloff把与该客户的关联剥离到自己的一到一式套接字中。这会形成一个可以被传递到先前的TCP版str_echo函数的一对一式套接字。

派遣工作给子进程

41~47 派生一个子进程，让该子进程执行这个新套接字上的所有后续工作。

23.11 定时控制

SCTP有许多用户可调的控制量，它们都通过我们在7.10节讨论过的套接字选项访问。我们在本节讨论一些定时控制量，它们影响SCTP端点需多久才能声称某个关联或某个对端地址已经失效。

SCTP有7个确定失效检测定时的控制量，如图23-16所示。

这些控制量影响SCTP的失效检测速度或重传尝试次数，可以认为它们是缩短或延长端点失效检测时间的控制手柄。我们首先查看以下两种情形。

(1) 一个SCTP端点试图打开与某个对端的关联，而该对端主机已经断开与网络的物理连接。

(2) 两个多宿的SCTP端点主机在交换数据，其中之一在通信过程中关机。由于防火墙的过滤，对端主机没有收到任何ICMP消息。

字　　段	说　　明	默认值	单　　位
srto_min	最小重传超时	1000	毫秒
srto_max	最大重传超时	60000	毫秒
srto_initial	初始重传超时	3000	毫秒
sinit_max_init_timeo	INIT阶段最大重传超时	60000	毫秒
sinit_max_attempts	INIT的最大重传次数	8	次数
spp_pathmaxrxt	每个地址的最大重传次数	5	次数
sasoc_asocmaxrxt	每个关联的最大重传次数	10	次数

图23-16　SCTP中控制定时的字段

第一种情形下，试图打开关联的系统首先把RTO定时器设置成srto_initial值即3000 ms。发生一次超时后，它重传INIT消息并把RTO定时器倍增成6000 ms。这样的行为将持续到已经发送了sinit_max_attempts值即8次INIT消息，且每次传送都发生超时为止。RTO定时器的倍增以sinit_max_init_timeo值即60 000 ms这一上限。因此SCTP从开始发送INIT消息到宣告潜在对端主机不可达所花的总时间为3+6+12+24+48+60+60+60=273 s。

我们可以旋动一些手柄或手柄组合来缩短或延长这个时间。让我们聚焦在可用于把这个时间缩短到譬如270 s的两个参数sinit_max_attempts和sinit_max_init_timeo。方法之一是减少由sinit_max_attempts规定的重传次数。如果把重传次数减少到4次，失效检测时间将缩短到45 s，约是默认设置给出的时间的1/6。这个方法的缺点是增加了发生如下情况的概率：对端主机可达，不过由于网络丢失或对端主机过载等原因，我们声称它不可达。

方法之二是缩短由sinit_max_init_timeo规定的INIT消息最大RTO值。如果把最大RTO降低到20 s，失效检测时间将缩短到121 s，不到原初值的一半。这个方法的缺点是过低的最大RTO可能导致过密地重传INIT消息。

第二种情形下，假设一个端点有2个地址IP-A和IP-B，另一个端点也有2个地址IP-X和IP-Y。如果其中之一因关机而变得不可达（假设数据原先由现未关机的那个端点发送），发送端点将对于每个对端地址相继发生超时，开始为srto_min值（默认为1 s），以后一直倍增到对于每个对端地址都达到上限的srto_max值（默认为60 s）。该端点将重传关联的sasoc_asocmaxrxt值（默认为10次重传）。

发送端点经历的超时总和为1（IP-A）+1（IP-B）+2（IP-A）+2（IP-B）+4（IP-A）+4（IP-B）+8（IP-A）+8（IP-B）+16（IP-A）+16（IP-B）=62 s。srto_max没有起上限作用，因为在它能够起作用之前关联重传次数已经达到sasoc_asocmaxrxt。让我们再次聚焦在可用于影响这些超时和最终失效检测时间的两个参数：修改sasoc_asocmaxrxt值（默认为10）可以减少重传尝试次数，修改srto_max值（默认为60 s）可以降低最大RTO。如果把srto_max设置成10 s，检测时间就能减少12 s，结果为50 s。如果把sasoc_asocmaxrxt设置成8，检测时间就会缩短到30 s。第一种情形下提及的缺陷同样适用于本情形：持续时间较短的可恢复网络故障或远程系统过载可能导致工作中的关联被自动拆除。

在众多定时控制量中，我们不建议降低最小RTO（srto_min）。跨因特网通信时降低该值会导致以更短的间隔重传消息，从而过度消耗因特网基础设施资源。在私用网络上调低该值尚可接受，然而对于大多数应用来说，该值不宜减少。

应用进程在旋动这些定时手柄之前必须考虑以下若干因素。

- 应用进程需要以多快的速度进行失效检测？
- 应用进程运行在整个端对端路径相对因特网而言更广为人知且变化更少的私用网络上吗？

- 虚假的失效检测会有什么后果？

仔细回答这些问题后，应用进程才能恰当地调整SCTP的定时参数。

23.12　何时改用 SCTP 代替 TCP

SCTP最初开发目的是跨因特网传输电话呼叫控制信令。然而在其开发过程中，其适用范围被扩展到自成一个通用传输协议的程度。它提供TCP的大多数特性，又增设广泛的崭新传输层服务。多数应用程序可以从中受益。因此何时值得改用SCTP呢？我们先列出SCTP的益处。

(1) SCTP直接支持多宿。一个端点可以利用它的多个直接连接的网络获得额外的可靠性。除了移植到SCTP外，应用程序无需采取其他行为就可以自动使用SCTP的多宿服务。关于SCTP的多宿细节参见［Stewart and Xie 2001］的7.4节。

(2) 可以消除头端阻塞。应用进程可以使用单个SCTP关联并行地传输多个数据元素。同一个关联内，一个流中的数据丢失不会影响其他并行的流中的数据流动（10.5节）。

(3) 保持应用层消息边界。许多应用发送的并不是字节流，而是消息。SCTP保持应用进程发送的消息边界，从而略微简化了应用程序开发人员的任务。使用SCTP无需在字节流中标记消息边界，也无需提供在接收端从字节流中重构出消息的特殊处理代码。

(4) 提供无序消息服务。对于某些应用，消息的到达顺序无关紧要。这样的应用出于可靠性要求一般使用TCP，不过没有顺序要求的消息还是将按照发送端提交顺序递送到接收端。其中任何一个消息的丢失将导致并非不可避免的头端阻塞，即后续消息即使到达也不能提前无序递送。SCTP的无序服务可用于避免这个问题，使得应用需求与传输服务直接匹配。

(5) 有些SCTP实现提供部分可靠服务。这个特性允许SCTP发送端为每个消息指定一个生命期，使用的是sctp_sndrcvinfo结构的sinfo_timetolive字段。（这个生命期不同于IPv4的TTL或IPv6的跳限，它是真正的时间长度。）当源端点和目的端点都支持本特性时，时间敏感的过期数据可改由传输层而不是应用进程丢弃（该数据可能发送过，不过丢失了），从而在面临网络阻塞时优化数据的传输。

(6) SCTP以一到一式接口提供了从TCP到SCTP的简易移植手段。该接口类似典型的TCP接口，因此稍加修改，一个TCP应用程序就能移植成SCTP应用程序。

(7) SCTP提供TCP的许多特性，包括正面确认、重传丢失数据、重排数据、窗口式流量控制、慢启动、拥塞避免、选择性确认，没有包括进来的两个例外特性是半关闭状态和紧急数据。

(8) SCTP提供许多供应用进程配置和调整传输服务，以便基于关联匹配其需求的挂钩（见本章和7.10节）。这些挂钩提供的灵活性配合良好的默认设置（供不希望调整传输服务的应用进程使用），为应用程序提供了TCP难以企及的控制能力。

SCTP不提供的TCP特性之一是半关闭状态。当一个应用进程关闭了某个TCP连接的自身一半却仍然允许对端发送数据时，该连接进入半关闭状态（6.6节），同时告知对端本端已经发送完数据。使用本特性的应用不是很多，因此在SCTP开发阶段，本特性被认为不值得增加到SCTP中。确实需要本特性的应用程序移植到SCTP时不得不修改应用层协议，在应用数据流中提供这个告知EOF的手段。有些个案如此修改协议并非轻而易举之事。

SCTP不提供的TCP特性之二是紧急数据。使用分离的SCTP流传输紧急数据多少类似TCP的紧急数据的语义，不过难以准确复制这个特性。

不能从SCTP中真正获益的是那些确实必须使用面向字节流传输服务的应用，如telnet、rlogin、rsh、ssh等。对于这样的应用，TCP能够比SCTP更高效地把字节流分割分装到TCP

分节中。SCTP忠实地保持消息边界，当每个消息的长度只是1字节时，SCTP封装消息到数据块中的效率非常之低，导致过多的开销。

总之，许多应用可以考虑改用SCTP重新实现，前提是SCTP能够在Unix平台上得以普及。应该看到应用可以从SCTP的特殊特性中获益，要是SCTP得到普及，那就不必死盯着TCP了。

642

23.13　小结

在本章中，我们学习了SCTP的自动关闭机制，了解了怎样使用它限制一到多式套接字中可能存在的闲置关联。编写了利用部分递送API接收过大消息的简单实用函数。通过一个单纯显示通知的简单实用函数说明了应用进程可以译解在传输中发生的事件。我们还简单查看了如何发送无序的数据以及捆绑一个地址子集。我们还查看了如何获悉一个关联的本地端点地址和远程端点地址，并提供了从一个对端地址到一个关联ID的转换方法。

心搏（在TCP中称为保持存活）在SCTP关联上默认就在交换。我们通过一个简单实用函数查看了如何控制这个特性。我们还查看了如何使用sctp_peeloff系统调用从一个一到多式套接字剥离出一个关联并自成一个一到一式套接字，并通过例子分析了如何由此编写并发式服务器程序。我们讨论了调整SCTP定时参数前需考虑的因素。最后是改用SCTP需考虑的因素。

习题

23.1　编写一个客户程序，用于测试23.3节中使用部分递送API的服务器程序。

23.2　除了发送很大的消息给23.3节中的服务器程序外，还有什么其他方法可用于激发该程序中的部分递送API？

23.3　重新编写部分递送API服务器程序，使得它能够处理部分递送API通知。

23.4　哪些应用可从使用无需数据服务中获益呢？不能获益的又是哪些应用？请给出解释。

23.5　如何测试地址子集捆绑服务器程序？

23.6　假设你的应用系统运行在一个通过局域网互连起来的私用网络上，而且所有服务器进程和客户进程都运行在多宿主机上。为了确保在2秒或以内完成失效检测，需要调整哪些定时参数？

643

第24章

带 外 数 据

24.1 概述

许多传输层有带外数据（out-of-band data）的概念，它有时也称为经加速数据（expedited data）。其想法是一个连接的某端发生了重要的事情，而且该端希望迅速通告其对端。这里"迅速"意味着这种通知应该在已经排队等待发送的任何"普通"（有时称为"带内"）数据之前发送。也就是说，带外数据被认为具有比普通数据更高的优先级。带外数据并不要求在客户和服务器之间再使用一个连接，而是被映射到已有的连接中。

不幸的是，一旦超越普通概念光临现实世界，我们发现几乎每个传输层都各自有不同的带外数据实现。而UDP作为一个极端的例子，没有实现带外数据。在本章中，我们只关注TCP的带外数据模型，并提供众多例子说明套接字API如何处理带外数据，并描述了`telnet`、`rlogin`和FTP等应用是如何使用带外数据的。除了这样的远程非活跃应用之外，几乎很少有使用到带外数据的地方。

24.2 TCP 带外数据

TCP并没有真正的带外数据，不过提供了我们接着讲解的紧急模式（urgent mode）。假设一个进程已经往一个TCP套接字写出N字节数据，而且TCP把这些数据排队在该套接字的发送缓冲区中，等着发送到对端。图24-1展示了这样的套接字发送缓冲区，并且标记了从1到N的数据字节。 645

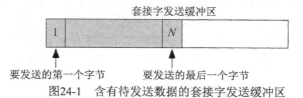

图24-1 含有待发送数据的套接字发送缓冲区

该进程接着以`MSG_OOB`标志调用`send`函数写出一个含有ASCII字符a的单字节带外数据：

```
send(fd, "a", 1, MSG_OOB);
```

TCP把这个数据放置在该套接字发送缓冲的下一个可用位置，并把该连接的TCP紧急指针（urgent pointer）设置成再下一个可用位置。图24-2展示了此时的套接字发送缓冲区，并且把带外字节标记为"OOB"。

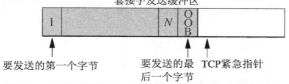

图24-2 应用进程写入1字节带外数据后的套接字发送缓冲区

TCP紧急指针对应一个TCP序列号，它是使用MSG_OOB标志写出的最后一个数据字节（即带外字节）对应的序列号加1。正如TCPv1第292～296页所述，这是一个历史性的决断，现在被所有实现所模仿。只要发送端TCP和接收端TCP在TCP紧急指针的解释上达成一致，就不会有问题。

给定如图24-2所示的TCP套接字发送缓冲区状态，发送端TCP将为待发送的下一个分节在TCP首部中设置URG标志，并把紧急偏移（urgent offset）字段设置为指向带外字节之后的字节，不过该分节可能含也可能不含我们标记为OOB的那个字节。OOB字节是否发送取决于在套接字发送缓冲区中先于它的字节数、TCP准备发送给对端的分节大小以及对端通告的当前窗口。

我们使用了"紧急指针"和"紧急偏移"这两个术语。在TCP层次上它们是不同的。TCP首部中的16位值称为紧急指针，它必须加上同一个首部中的序列号字段才能获得32位的紧急指针。只有在同一个首部中称为URG标志的位已经设置的前提下，TCP才会检查紧急偏移。从编程角度看，我们无需担心这个细节，统一指称TCP紧急指针就行。

646

这是TCP紧急模式的一个重要特点：TCP首部指出发送端已经进入紧急模式（即伴随紧急偏移的URG标志已经设置），但是由紧急指针所指的实际数据字节却不一定随同送出。事实上即使发送端TCP因流量控制而暂停发送数据（接收端的套接字接收缓冲区已满，导致其TCP向发送端TCP通告了一个值为0的窗口），紧急通知照样不伴随任何数据地发送（TCPv2第1016页～1017页），就像我们将在图24-10和图24-11看到的那样。这也是应用进程使用TCP紧急模式（即带外数据）的一个原因：即便数据的流动会因为TCP的流量控制而停止，紧急通知却总是无障碍地发送到对端TCP。

如果我们发送多字节的带外数据，情况又会如何呢？例如：

```
send(fd, "abc", 3, MSG_OOB);
```

在这个例子中，TCP的紧急指针指向最后那个字节紧后的位置，也就是说最后那个字节（字母c）被认为是带外字节。

至此我们已经讲述了带外数据的发送，下面从接收端的角度查看一下。

(1) 当收到一个设置了URG标志的分节时，接收端TCP检查紧急指针，确定它是否指向新的带外数据，也就是判断本分节是不是首个到达的引用从发送端到接收端的数据流中特定字节的紧急模式分节。发送端TCP往往发送多个含有URG标志且紧急指针指向同一个数据字节的分节（通常是在一小段时间内）。这些分节中只有第一个到达的会导致通知接收进程有新的带外数据到达。

(2) 当有新的紧急指针到达时，接收进程被通知到。首先，内核给接收套接字的属主进程发送SIGURG信号，前提是接收进程（或其他进程）曾调用fcntl或ioctl为这个套接字建立了属主（图7-20），而且该属主进程已为这个信号建立了信号处理函数。其次，如果接收进程阻塞在select调用中以等待这个套接字描述符出现一个异常条件，select调用就返回。

一旦有新的紧急指针到达，不论由紧急指针指向的实际数据字节是否已经到达接收端TCP，这两个潜在通知接收进程的手段就发生动作。

只有一个OOB标记，如果新的OOB字节在旧的OOB字节被读取之前就到达，旧的OOB字节会被丢弃。

(3) 当由紧急指针指向的实际数据字节到达接收端TCP时，该数据字节既可能被拉出带外，也可能被留在带内，即在线（inline）留存。SO_OOBINLINE套接字选项默认情况下是禁止的，对于这样的接收端套接字，该数据字节并不放入套接字接收缓冲区，而是被放入该连接的一个独立的单字节带外缓冲区（TCPv2第986～988页）。接收进程从这个单字节缓冲区读入数据的唯一方法是指定MSG_OOB标志调用recv、recvfrom或recvmsg。如果新的OOB字节在旧的OOB字节被读取之前就到达，旧的OOB字节会被丢弃。

647

然而如果接收进程开启了SO_OOBINLINE套接字选项，那么由TCP紧急指针指向的实际数据字节将被留在通常的套接字接收缓冲区中。这种情况下，接收进程不能指定MSG_OOB标志读入该数据字节。相反，接收进程通过检查该连接的带外标记（out-of-band mark）以获悉何时访问到这个数据字节，就像我们将在24.3节讲述的那样。

发生一些错误是可能的。

(1) 如果接收进程请求读入带外数据（通过指定MSG_OOB标志），但是对端尚未发送任何带外数据，读入操作将返回EINVAL。

(2) 在接收进程已被告知对端发送了一个带外字节（通过SIGURG或select手段）的前提下，如果接收进程试图读入该字节，但是该字节尚未到达，读入操作将返回EWOULDBLOCK。接收进程此时能做的仅仅是从套接字接收缓冲区读入数据（要是没有存放这些数据的空间，可能还得丢弃它们），以便在该缓冲区中腾出空间，继而允许对端TCP发送出那个带外字节。

(3) 如果接收进程试图多次读入同一个带外字节，读入操作将返回EINVAL。

(4) 如果接收进程已经开启了SO_OOBINLINE套接字选项，后来试图通过指定MSG_OOB标志读入带外数据，读入操作将返回EINVAL。

24.2.1 使用 **SIGURG** 的简单例子

我们现在给出一个发送和接收带外数据的小例子。图24-3给出了发送程序。

oob/tcpsend01.c

```
1 #include     "unp.h"

2 int
3 main(int argc, char **argv)
4 {
5     int     sockfd;

6     if (argc != 3)
7         err_quit("usage: tcpsend01 <host> <port#>");

8     sockfd = Tcp_connect(argv[1], argv[2]);

9     Write(sockfd, "123", 3);
10    printf("wrote 3 bytes of normal data\n");
11    sleep(1);

12    Send(sockfd, "4", 1, MSG_OOB);
13    printf("wrote 1 byte of OOB data\n");
14    sleep(1);

15    Write(sockfd, "56", 2);
16    printf("wrote 2 bytes of normal data\n");
17    sleep(1);

18    Send(sockfd, "7", 1, MSG_OOB);
19    printf("wrote 1 byte of OOB data\n");
20    sleep(1);

21    Write(sockfd, "89", 2);
22    printf("wrote 2 bytes of normal data\n");
23    sleep(1);

24    exit(0);
25 }
```

oob/tcpsend01.c

图24-3　简单的带外发送程序

该程序共发送9字节，每个输出操作之间有一个1秒的休眠。间以停顿的目的是让每个write或send的数据作为单个TCP分节在本端发送并在对端接收。我们将在本章靠后讨论有关带外数据的定时考虑。我们运行本程序，看到预期的输出：

```
macosx % tcpsend01 freebsd4 9999
wrote 3 bytes of normal data
wrote 1 byte of OOB data
wrote 2 bytes of normal data
wrote 1 byte of OOB data
wrote 2 bytes of normal data
```

图24-4给出了接收程序。

———oob/tcprecv01.c

```
 1 #include     "unp.h"

 2 int      listenfd, connfd;

 3 void     sig_urg(int);

 4 int
 5 main(int argc, char **argv)
 6 {
 7     int      n;
 8     char     buff[100];

 9     if (argc == 2)
10         listenfd = Tcp_listen(NULL, argv[1], NULL);
11     else if (argc == 3)
12         listenfd = Tcp_listen(argv[1], argv[2], NULL);
13     else
14         err_quit("usage: tcprecv01 [ <host> ] <port#>");

15     connfd = Accept(listenfd, NULL, NULL);

16     Signal(SIGURG, sig_urg);
17     Fcntl(connfd, F_SETOWN, getpid());

18     for ( ; ; ) {
19         if ( (n = Read(connfd, buff, sizeof(buff)-1)) == 0) {
20             printf("received EOF\n");
21             exit(0);
22         }
23         buff[n] = 0;                /* null terminate */
24         printf("read %d bytes: %s\n", n, buff);
25     }
26 }

27 void
28 sig_urg(int signo)
29 {
30     int      n;
31     char     buff[100];

32     printf("SIGURG received\n");
33     n = Recv(connfd, buff, sizeof(buff)-1, MSG_OOB);
34     buff[n] = 0;                    /* null terminate */
35     printf("read %d OOB byte: %s\n", n, buff);
36 }
```

———oob/tcprecv01.c

图24-4　简单的带外接收程序

建立信号处理函数和套接字属主

16~17　建立SIGURG的信号处理函数，使用fcntl设置已连接套接字的属主。

　　　　注意，我们直到accept返回之后才建立信号处理函数。这么做会错过一些以小概率出现的带外数据，它们在TCP完成三路握手之后但在accept返回之前到达。然而如果我们在调用accept之前建立信号处理函数并设置监听套接字的属主（本属性将传承给已连接套接字），那么如果带外数据在accept返回之前到达，我们的信号处理函数将没有真正的connfd值可用。如果这种情形对于应用程序确实重要，它就应该把connfd初始化为-1，在信号处理函数中检查该值是否为-1，若为真则简单地设置一个标志，供主循环在accept返回之后检查。另一方面，这可能阻塞accept调用周围的信号，但这个问题属于我们在20.5节中讨论过的信号竞争状态的范畴。

18~25　本进程从套接字中读，显示由read返回的每个字符串。发送进程终止连接后，接收进程随后终止。

SIGURG处理函数

27~36　我们的信号处理函数调用printf，通过指定MSG_OOB标志读入带外字节，然后显示返回的数据。注意，我们在recv调用中请求最多100字节，但是我们稍后看到，作为带外数据返回的只有1字节。

　　　　正如早先所称，从信号处理函数中调用不安全的printf不被推荐。我们这样做只是为了查看程序在干什么。

下面是先运行本接收程序，接着运行图24-3中的发送程序得到的输出：

```
freebsd4 % tcprecv01 9999
read 3 bytes: 123
SIGURG received
read 1 OOB byte: 4
read 2 bytes: 56
SIGURG received
read 1 OOB byte: 7
read 2 bytes: 89
received EOF
```

结果与我们预期的一致。发送进程带外数据的每次发送产生递交给接收进程的SIGURG信号，后者接着读入单个带外字节。

24.2.2 使用 select 的简单例子

我们现在改用select代替SIGURG信号重新编写带外接收程序，如图24-5所示。

15~20　调用select等待普通数据（读集合rset）或带外数据（异常集合xset）。每种情况下都显示接收的数据。

我们先运行本程序，接着运行早先的发送程序（图24-3），结果碰到如下错误：

```
freebsd4 % tcprecv02 9999
read 3 bytes: 123
read 1 OOB byte: 4
recv error: Invalid argument
```

问题是select一直指示一个异常条件，直到进程的读入越过带外数据（TCPv2第530~531页）。同一个带外数据不能读入多次，因为首次读入之后，内核就清空这个单字节的缓冲区。再次指定MSG_OOB标志调用recv时，它将返回EINVAL。

———*oob/tcprecv02.c*

```
1 #include    "unp.h"

2 int
3 main(int argc, char **argv)
4 {
5     int     listenfd, connfd, n;
6     char    buff[100];
7     fd_set  rset, xset;

8     if (argc == 2)
9         listenfd = Tcp_listen(NULL, argv[1], NULL);
10    else if (argc == 3)
11        listenfd = Tcp_listen(argv[1], argv[2], NULL);
12    else
13        err_quit("usage: tcprecv02 [ <host> ] <port#>");

14    connfd = Accept(listenfd, NULL, NULL);

15    FD_ZERO(&rset);
16    FD_ZERO(&xset);
17    for ( ; ; ) {
18        FD_SET(connfd, &rset);
19        FD_SET(connfd, &xset);

20        Select(connfd + 1, &rset, NULL, &xset, NULL);

21        if (FD_ISSET(connfd, &xset)) {
22            n = Recv(connfd, buff, sizeof(buff)-1, MSG_OOB);
23            buff[n] = 0;            /* null terminate */
24            printf("read %d OOB byte: %s\n", n, buff);
25        }

26        if (FD_ISSET(connfd, &rset)) {
27            if ( (n = Read(connfd, buff, sizeof(buff)-1)) == 0) {
28                printf("received EOF\n");
29                exit(0);
30            }
31            buff[n] = 0;        /* null terminate */
32            printf("read %d bytes: %s\n", n, buff);
33        }
34    }
35 }
```

———*oob/tcprecv02.c*

图24-5 （不正确地）使用select得到带外数据通知的接收程序

　　解决办法是只在读入普通数据之后才select异常条件。图24-6是图24-5的一个修订版本，它正确地处理了上述情形。

　　5　声明一个名为justreadoob的变量，用于指示我们是否刚刚读过带外数据。这个标志决定是否select异常条件。

26~27　当设置justreadoob标志时，我们还得在异常描述符集中清除已连接套接字描述符对应的位。

　本程序现在可以按预期的方式工作了。

oob/tcprecv03.c

```
1 #include      "unp.h"

2 int
3 main(int argc, char **argv)
4 {
5     int     listenfd, connfd, n, justreadoob = 0;
6     char    buff[100];
7     fd_set  rset, xset;

8     if (argc == 2)
9         listenfd = Tcp_listen(NULL, argv[1], NULL);
10    else if (argc == 3)
11        listenfd = Tcp_listen(argv[1], argv[2], NULL);
12    else
13        err_quit("usage: tcprecv03 [ <host> ] <port#>");

14    connfd = Accept(listenfd, NULL, NULL);

15    FD_ZERO(&rset);
16    FD_ZERO(&xset);
17    for ( ; ; ) {
18        FD_SET(connfd, &rset);
19        if (justreadoob == 0)
20            FD_SET(connfd, &xset);

21        Select(connfd + 1, &rset, NULL, &xset, NULL);

22        if (FD_ISSET(connfd, &xset)) {
23            n = Recv(connfd, buff, sizeof(buff)-1, MSG_OOB);
24            buff[n] = 0;            /* null terminate */
25            printf("read %d OOB byte: %s\n", n, buff);
26            justreadoob = 1;
27            FD_CLR(connfd, &xset);
28        }

29        if (FD_ISSET(connfd, &rset)) {
30            if ( (n = Read(connfd, buff, sizeof(buff)-1)) == 0) {
31                printf("received EOF\n");
32                exit(0);
33            }
34            buff[n] = 0;            /* null terminate */
35            printf("read %d bytes: %s\n", n, buff);
36            justreadoob = 0;
37        }
38    }
39 }
```

oob/tcprecv03.c

图24-6 正确地select异常条件的图24-5程序修订版本

24.3 **sockatmark** 函数

每当收到一个带外数据时，就有一个与之关联的带外标记（out-of-band mark）。这是发送进程发送带外字节时该字节在发送端普通数据流中的位置。在从套接字读入期间，接收进程通过调用sockatmark函数确定是否处于带外标记。

```
#include <sys/socket.h>

int sockatmark(int sockfd);
```
                                返回：若处于带外标记则为1，若不处于带外标记则为0，若出错则为-1

本函数是POSIX创造的。POSIX正在把许多ioctl请求替换成函数。

图24-7给出了使用常见的SIOCATMARK ioctl完成的本函数的一个实现。

——— *lib/sockatmark.c*
```
1 #include    "unp.h"

2 int
3 sockatmark(int fd)
4 {
5       int     flag;

6       if (ioctl(fd, SIOCATMARK, &flag) < 0)
7           return(-1);
8       return(flag != 0);
9 }
```
——— *lib/sockatmark.c*

图24-7   使用ioctl实现的sockatmark函数

不管接收进程在线（SO_OOBINLINE套接字选项）还是带外（MSG_OOB标志）接收带外数据，带外标记都适用。带外标记的常见用法之一是接收进程特殊地对待所有数据，直到越过它。

24.3.1   例子

我们现在给出一个简单的例子说明带外标记的以下两个特性。

(1) 带外标记总是指向普通数据最后一个字节紧后的位置。这意味着，如果带外数据在线接收，那么如果下一个待读入的字节是使用MSG_OOB标志发送的，sockatmark就返回真。而如果SO_OOBINLINE套接字选项没有开启，那么，若下一个待读入的字节是跟在带外数据后发送的第一个字节，sockatmark就返回真。

(2) 读操作总是停在带外标记上（TCPv2第519～520页）。也就是说，如果在套接字接收缓冲区中有100字节，不过在带外标记之前只有5字节，而进程执行一个请求100字节的read调用，那么返回的是带外标记之前的5字节。这种在带外标记上强制停止读操作的做法使得进程能够调用sockatmark确定缓冲区指针是否处于带外标记。

图24-8是我们的发送程序。它发送3字节普通数据，1字节带外数据，再跟1字节普通数据。每个输出操作之间没有停顿。

图24-9是接收程序。它既不使用SIGURG信号也不使用select。它调用sockatmark来确定何时碰到带外字节。

设置SO_OOBINLINE套接字选项

13   我们希望在线接收带外数据，所以必须开启SO_OOBINLINE套接字选项。但是如果我们等到accept返回之后再在已连接套接字上开启这个选项，那时三路握手已经完成，带外数据也可能已经到达。因此我们必须在监听套接字上开启这个选项，因为我们知道所有套接字选项会从监听套接字传承给已连接套接字（7.4节）。

连接接受后sleep

14~15   接受连接之后，接收进程休眠一段时间以接收来自发送进程的所有数据。这么做使得我们能够展示read停在带外标记上，即使套接字接收缓冲区中已经有额外数据也不受影响。

oob/tcpsend04.c

```
 1 #include      "unp.h"

 2 int
 3 main(int argc, char **argv)
 4 {
 5     int      sockfd;

 6     if (argc != 3)
 7         err_quit("usage: tcpsend04 <host> <port#>");

 8     sockfd = Tcp_connect(argv[1], argv[2]);

 9     Write(sockfd, "123", 3);
10     printf("wrote 3 bytes of normal data\n");

11     Send(sockfd, "4", 1, MSG_OOB);
12     printf("wrote 1 byte of OOB data\n");

13     Write(sockfd, "5", 1);
14     printf("wrote 1 byte of normal data\n");

15     exit(0);
16 }
```

oob/tcpsend04.c

图24-8   发送程序

oob/tcprecv04.c

```
 1 #include      "unp.h"

 2 int
 3 main(int argc, char **argv)
 4 {
 5     int      listenfd, connfd, n, on=1;
 6     char     buff[100];

 7     if (argc == 2)
 8         listenfd = Tcp_listen(NULL, argv[1], NULL);
 9     else if (argc == 3)
10         listenfd = Tcp_listen(argv[1], argv[2], NULL);
11     else
12         err_quit("usage: tcprecv04 [ <host> ] <port#>");

13     Setsockopt(listenfd, SOL_SOCKET, SO_OOBINLINE, &on, sizeof(on));

14     connfd = Accept(listenfd, NULL, NULL);
15     sleep(5);

16     for ( ; ; ) {
17         if (Sockatmark(connfd))
18             printf("at OOB mark\n");

19         if ( (n = Read(connfd, buff, sizeof(buff)-1)) == 0) {
20             printf("received EOF\n");
21             exit(0);
22         }
23         buff[n] = 0;                /* null terminate */
24         printf("read %d bytes: %s\n", n, buff);
25     }
26 }
```

oob/tcprecv04.c

图24-9   调用sockatmark的接收程序

读入来自发送进程的所有数据

16~25 程序循环调用read，并显示收到的数据。不过在调用read之前，先调用sockatmark检查缓冲区指针是否处于带外标记。

我们运行本程序得到如下输出：

```
freebsd4 % tcprecv04 6666
read 3 bytes: 123
at OOB mark
read 2 bytes: 45
recvived EOF
```

尽管接收进程首次调用read时接收端TCP已经接收了所有数据（因为接收进程调用了sleep），但是首次read调用因遇到带外标记而仅仅返回3字节。下一个读入的字节是带外字节（值为4），因为我们早已告知内核在线放置带外数据。

24.3.2 例子

我们现在给出另一个简单的例子，用于展示早先提到过的带外数据的另外两个特性。

(1) 即使因为流量控制而停止发送数据了，TCP仍然发送带外数据的通知（即它的紧急指针）。

(2) 在带外数据到达之前，接收进程可能被通知说发送进程已经发送了带外数据（使用SIGURG信号或通过select）。如果接收进程接着指定MSG_OOB调用recv，而带外数据却尚未到达，recv将返回EWOULDBLOCK错误。

图24-10是发送程序。

oob/tcpsend05.c

```
 1 #include     "unp.h"

 2 int
 3 main(int argc, char **argv)
 4 {
 5     int     sockfd, size;
 6     char    buff[16384];

 7     if (argc != 3)
 8         err_quit("usage: tcpsend05 <host> <port#>");

 9     sockfd = Tcp_connect(argv[1], argv[2]);

10     size = 32768;
11     Setsockopt(sockfd, SOL_SOCKET, SO_SNDBUF, &size, sizeof(size));

12     Write(sockfd, buff, 16384);
13     printf("wrote 16384 bytes of normal data\n");
14     sleep(5);

15     Send(sockfd, "a", 1, MSG_OOB);
16     printf("wrote 1 byte of OOB data\n");

17     Write(sockfd, buff, 1024);
18     printf("wrote 1024 bytes of normal data\n");

19     exit(0);
20 }
```

oob/tcpsend05.c

图24-10 发送程序

9~19 该进程把它的套接字发送缓冲区大小设置为32768，写出16384字节的普通数据，然后休眠5秒。我们稍后将看到接收进程把它的套接字接收缓冲区大小设置为4096，因此发送进程的这些操作确保发送端TCP填满接收端的套接字接收缓冲区。发送进程接着发送单字节的带外数据，后跟1024字节的普通数据，然后终止。

图24-11给出了接收程序。

oob/tcprecv05.c

```
1 #include      "unp.h"

2 int       listenfd, connfd;

3 void      sig_urg(int);

4 int
5 main(int argc, char **argv)
6 {
7     int       size;

8     if (argc == 2)
9         listenfd = Tcp_listen(NULL, argv[1], NULL);
10    else if (argc == 3)
11        listenfd = Tcp_listen(argv[1], argv[2], NULL);
12    else
13        err_quit("usage: tcprecv05 [ <host> ] <port#>");

14    size = 4096;
15    Setsockopt(listenfd, SOL_SOCKET, SO_RCVBUF, &size, sizeof(size));

16    connfd = Accept(listenfd, NULL, NULL);

17    Signal(SIGURG, sig_urg);
18    Fcntl(connfd, F_SETOWN, getpid());

19    for ( ; ; )
20        pause();
21 }

22 void
23 sig_urg(int signo)
24 {
25    int       n;
26    char      buff[2048];

27    printf("SIGURG received\n");
28    n = Recv(connfd, buff, sizeof(buff)-1, MSG_OOB);
29    buff[n] = 0;                    /* null terminate */
30    printf("read %d OOB byte\n", n);
31 }
```

oob/tcprecv05.c

图24-11 接收程序

14~20 接收进程把监听套接字接收缓冲区大小设置为4096。连接建立之后，这个大小将传承给已连接套接字。接收进程接着accept连接，建立一个SIGURG信号处理函数，并建立套接字的属主。主控程序然后在一个无穷循环中调用pause。

22~31 信号处理函数调用recv读入带外数据。

我们先启动接收进程，接着启动发送进程，以下是来自发送进程的输出：

```
macosx % tcpsend05 freebsd4 5555
wrote 16384 bytes of normal data
wrote 1 byte of OOB data
wrote 1024 bytes of normal data
```

正如所期，所有这些数据适合发送进程套接字发送缓冲区的大小，发送进程随后终止。以下是来自接收进程的输出：

```
freebsd4 % tcprecv05 5555
SIGURG received
recv error: Resource temporarily unavailable
```

由我们的err_sys函数显示的出错消息串对应于EAGAIN，EAGAIN等同于FreeBSD中的EWOULDBLOCK。发送端TCP向接收端TCP发送了带外通知，由此产生递交给接收进程的SIGURG信号。然而当接收进程指定MSG_OOB标志调用recv时，相应带外字节不能读入。

解决办法是让接收进程通过读入已排队的普通数据，在套接字接收缓冲区中腾出空间。这将导致接收端TCP向发送端通告一个非零的窗口，最终允许发送端发送带外字节。

657
~
659

> 我们指出源自Berkeley的实现中的两个相关事情（TCPv2第1016~1017页）。首先，即使套接字发送缓冲区已满，内核也总能从发送进程接受将发送到对端的一个带外字节。其次，当发送进程发送一个带外字节时，一个含有紧急通知的TCP分节将被立刻发送。所有正常的TCP输出检查（Nagle算法、无义窗口避免等）都被略过。

24.3.3 例子

我们的下一个例子展示了一个给定TCP连接只有一个带外标记，如果在接收进程读入某个现有带外数据之前有新的带外数据到达，先前的标记就丢失。

图24-12是发送程序，它与图24-8相似，增加了用于发送带外数据的另一个send调用，后跟用于发送普通数据的另一个write调用。

————————————————————————————————— *oob/tcpsend06.c*

```
 1 #include      "unp.h"

 2 int
 3 main(int argc, char **argv)
 4 {
 5     int     sockfd;

 6     if (argc != 3)
 7         err_quit("usage: tcpsend06 <host> <port#>");

 8     sockfd = Tcp_connect(argv[1], argv[2]);

 9     Write(sockfd, "123", 3);
10     printf("wrote 3 bytes of normal data\n");

11     Send(sockfd, "4", 1, MSG_OOB);
12     printf("wrote 1 byte of OOB data\n");

13     Write(sockfd, "5", 1);
14     printf("wrote 1 byte of normal data\n");

15     Send(sockfd, "6", 1, MSG_OOB);
16     printf("wrote 1 byte of OOB data\n");

17     Write(sockfd, "7", 1);
18     printf("wrote 1 byte of normal data\n");

19     exit(0);
20 }
```

————————————————————————————————— *oob/tcpsend06.c*

图24-12　紧挨着发送两个带外字节

各个输出调用之间没有停顿，使得所有数据能够迅速地发送到接收端TCP。

接收程序就是图24-9所示的程序，它在接受连接之后休眠5秒，以允许来自发送端的数据到达接收端TCP。以下是接收进程的输出：

```
freebsd4 % tcprecv06 5555
read 5 bytes: 12345
at OOB mark
read 2 bytes: 67
received EOF
```

第二个带外字节（6）的到来覆写了第一个带外字节（4）到来时存放的带外标记。正像我们所说，每个TCP连接最多只有一个带外标记。

24.4 TCP 带外数据小结

至此我们使用带外数据的所有例子都是简易的。不幸的是，当我们考虑可能出现的定时问题时，带外数据将变得繁杂起来。首先要考虑的一点是带外数据概念实际上向接收端传达三个不同的信息。

(1) 发送端进入紧急模式这个事实。接收进程得以通知这个事实的手段不外乎SIGURG信号或select调用。本通知在发送进程发送带外字节后由发送端TCP立即发送，因为我们在图24-11中看到，即使往接收端的任何数据发送因流量控制而停止了，TCP仍然发送本通知。本通知可能导致接收端进入某种特殊处理模式，以处理接收的任何后继数据。

(2) 带外字节的位置，也就是它相对于来自发送端的其余数据的发送位置：带外标记。

(3) 带外字节的实际值。既然TCP是一个不解释应用进程所发送数据的字节流协议，带外字节就可以是任何8位值。

对于TCP的紧急模式，我们可以认为URG标志是通知（信息1），紧急指针是带外标记（信息2），数据字节是其本身（信息3）。

与这个带外数据概念相关的问题有：（a）每个连接只有一个TCP紧急指针，（b）每个连接只有一个带外标记，（c）每个连接只有一个单字节的带外缓冲区（该缓冲区只有在数据非在线读入时才需考虑）。我们在图24-12中看到，新到达标记覆写接收进程尚未碰到的任何先前的标记。如果带外数据是在线读入的，那么当新的带外数据到达时，先前的带外字节并未丢失，不过它们的标记却因被新的标记取代而丢失了。

带外数据的一个常见用途体现在rlogin程序中。当客户中断运行在服务器主机上的程序时（TCPv1第393～394页），服务器需要告知客户丢弃所有已在服务器排队的输出，因为已经排队等着从服务器发送到客户的输出最多有一个窗口的大小。服务器向客户发送一个特殊字节，告知后者清刷所有这些输出（在客户看来是输入），这个特殊字节就作为带外数据发送。客户收到由带外数据引发的SIGURG信号后，就从套接字中读入直到碰到带外标记，并丢弃到标记之前的所有数据。（TCPv1第398～401页有一个如此使用带外数据的例子，伴以相应的tcpdump输出。）这种情形下即使服务器相继地快速发送多个带外字节，客户也不受影响，因为客户只是读到最后一个标记为止，并丢弃所有读入的数据。

总之，带外数据是否有用取决于应用程序使用它的目的。如果目的是告知对端丢弃直到标记处的普通数据，那么丢失一个中间带外字节及其相应的标记不会有什么不良后果。但是如果不丢失带外字节本身很重要，那么必须在线接收这些数据。另外，作为带外数据发送的数据字节应该区别于普通数据，因为当有新的标记到达时，中间的标记将被覆写，从而事实上把带外字节混杂在普通数据之中。举例来说，telnet在客户和服务器之间普通的数据流中发送telnet自己的命令，手段是把值为255的一个字节作为telnet命令的前缀字节。（值为255的单个字节作为数据发送需要2个相继的值为255的字节。）这么做使得telnet能够区分其命令和普通用户数据，不过要求客户进程和服务器进程处理每个数据字节以寻找命令。

24.5　客户/服务器心搏函数[①]

我们现在为本书早先讲解的回送客户和服务器程序开发一些简单的心搏函数。这些函数可以发现对端主机或到对端的通信路径的过早失效。

在给出这些函数之前我们必须提出一些警告。首先，有人会想到使用TCP的保持存活特性（SO_KEEPALIVE套接字选项）来提供这种功能，然而TCP得在连接已经闲置2小时之后才发送一个保持存活探测段。意识到这一点以后，他们的下一个问题是如何把保持存活参数改为一个小得多的值（往往是在秒的量级），以便更快地检测到失效。尽管缩短TCP的保持存活定时器参数在许多系统上确实可行（见TCPv1的附录E），但是这些参数通常是按照内核而不是按照每个套接字维护的，因此改动它们将影响所有开启该选项的套接字。另外保持存活选项的用意绝不是这个目的（高频率地轮询）。

其次，两个端系统之间短暂的连接性丢失并非总是坏事。TCP一开始就设计成能够对付临时断连，而源自Berkeley的TCP实现将重传8～10分钟才放弃某个连接。较新的IP路由协议（例如OSPF）能够发现链接的失效，并且有可能在短时间内（譬如在秒量级上）启用候选的路径。因此应用程序开发人员必须审查想要引入心搏机制的具体应用，确定在没有听到对端应答的持续时间超过5～10秒之后终止相应连接是件好事还是坏事。有些应用系统需要这种功能，不过大多数却并不需要。

我们将使用TCP的紧急模式周期地轮询对端；在下面的讲解中我们假设每秒轮询一次，若持续5秒没有听到对端应答则认为对端已不再存活，不过这些值可以由应用程序改动。图24-13展示了客户和服务器的关系。

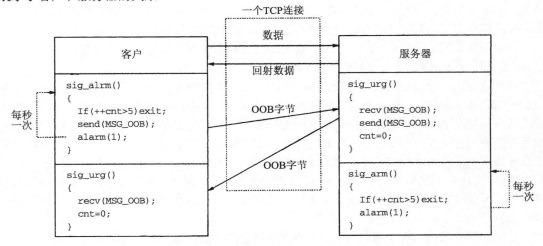

图24-13　使用带外数据的客户/服务器心搏机制

[①] 本节为第2版内容，保留在此。——译者注

在这个例子中，客户每隔1秒向服务器发送一个带外字节，服务器收取该字节将导致它向客户发送回一个带外字节。每端都需要知道对端是否不复存在或者不再可达。客户和服务器每1秒递增它们的cnt变量一次，每收到一个带外字节又把该变量重置为0。如果该计数器达到5（也就是说本进程已有5秒没有收到来自对端的带外字节），那就认定连接失效。当有带外字节到达时，客户和服务器都使用SIGURG信号得以通知。我们在该图中间指出：数据、回送数据和带外字节都通过单个TCP连接交换。

我们的客户程序main函数来自图5-4，没有改动。我们的str_cli函数（我们没有给出）与图6-13的版本相比只有3处简单的改动。

(1) 在进入for循环之前，调用我们的heartbeat_cli函数设置客户的心搏特性：

```
heartbeat_cli(sockfd, 1, 5);
```

其中第二个参数是以秒为单位的轮询频率，第三个参数是放弃当前连接之前应该经历的持续无响应轮询次数。

(2) 如果select调用返回EINTR错误，我们continue到循环开始处再次调用select。注意图24-13中客户现在捕获2个信号：SIGALRM和SIGURG，因此我们必须准备好处理被中断的系统调用。

(3) 我们调用writen而不是fputs往标准输出写出回送的文本行。这么做是因为我们在捕获2个信号，它们可能中断慢系统调用，而有些版本的标准I/O函数库没有正确地处理被中断的系统调用［Korn and Vo 1991］。

图24-14给出了为客户程序提供心搏功能的3个函数。

全局变量

2~5   前3个变量是heartbeat_cli函数参数的副本：套接字描述符（信号处理函数用它来发送和接收带外数据）、SIGALRM的频率、在客户认为服务器或连接不复存活之前处理的无服务器响应的SIGALRM总数。变量nprobes计量从收到来自服务器的最后一个应答以来处理的SIGALRM数目。

heartbeat_cli函数

7~20   heartbeat_cli函数检查并保存参数，给SIGURG和SIGALRM建立信号处理函数，并把套接字的属主设置为本进程ID。执行alarm以调度第一个SIGALRM。

SIGURG处理函数

21~32 本信号在某个带外通知到达时产生。我们尝试读入相应的带外字节，不过如果它还没有到达（EWOULDBLOCK），那也没有关系。注意，我们不采用在线接收带外数据方式，因为这种方式会干扰客户读取它的正常数据。

既然服务器仍然存活着，我们把nprobes重置为0。

SIGALRM处理函数

33~43 本信号以恒定的间隔产生。递增计数器nprobes，如果达到maxnprobes，我们就认定服务器主机或者已经崩溃，或者不再可达。在本例子中我们简单地结束客户进程，不过也可以采用其他设计：可以给主控制循环发送一个信号，或者给heartbeat_cli增设一个用于指定一个客户函数的参数，当服务器看来不复存活时调用该客户函数。

作为带外数据发送一个含有字符1的字节（该值没有任何隐含意义），再执行alarm调度下一个SIGALRM。

oob/heartbeatcli.c

```
 1 #include    "unp.h"

 2 static int        servfd;
 3 static int        nsec;         /* #seconds betweeen each alarm */
 4 static int        maxnprobes;   /* #probes w/no response before quit */
 5 static int        nprobes;      /* #probes since last server response */
 6 static void sig_urg(int), sig_alrm(int);

 7 void
 8 heartbeat_cli(int servfd_arg, int nsec_arg, int maxnprobes_arg)
 9 {
10     servfd = servfd_arg;       /* set globals for signal handlers */
11     if ( (nsec = nsec_arg) < 1)
12         nsec = 1;
13     if ( (maxnprobes = maxnprobes_arg) < nsec)
14         maxnprobes = nsec;
15     nprobes = 0;

16     Signal(SIGURG, sig_urg);
17     Fcntl(servfd, F_SETOWN, getpid());

18     Signal(SIGALRM, sig_alrm);
19     alarm(nsec);
20 }

21 static void
22 sig_urg(int signo)
23 {
24     int    n;
25     char   c;

26     if ( (n = recv(servfd, &c, 1, MSG_OOB)) < 0) {
27         if (errno != EWOULDBLOCK)
28             err_sys("recv error");
29     }
30     nprobes = 0;                /* reset counter */
31     return;                     /* may interrupt client code */
32 }

33 static void
34 sig_alrm(int signo)
35 {
36     if (++nprobes > maxnprobes) {
37         fprintf(stderr, "server is unreachable\n");
38         exit(0);
39     }
40     Send(servfd, "1", 1, MSG_OOB);
41     alarm(nsec);
42     return;                     /* may interrupt client code */
43 }
```

oob/heartbeatcli.c

图24-14　客户程序心搏函数

我们的服务器程序main函数与图5-12的一样。我们的str_echo函数与图5-3的相比只有1处改动，即在for循环前加入为服务器初始化心搏函数的如下行：

heartbeat_serv(sockfd, 1, 5);

图24-15给出了服务器程序的心搏函数。

oob/heartbeatserv.c

```
 1 #include     "unp.h"

 2 static int   servfd;
 3 static int   nsec;              /* #seconds between each alarm */
 4 static int   maxnalarms;        /* #alarms w/no client probe before quit */
 5 static int   nprobes;           /* #alarms since last client probe */
 6 static void sig_urg(int), sig_alrm(int);

 7 void
 8 heartbeat_serv(int servfd_arg, int nsec_arg, int maxnalarms_arg)
 9 {
10     servfd = servfd_arg;        /* set globals for signal handlers */
11     if ( (nsec = nsec_arg) < 1)
12         nsec = 1;
13     if ( (maxnalarms = maxnalarms_arg) < nsec)
14         maxnalarms = nsec;

15     Signal(SIGURG, sig_urg);
16     Fcntl(servfd, F_SETOWN, getpid());

17     Signal(SIGALRM, sig_alrm);
18     alarm(nsec);
19 }

20 static void
21 sig_urg(int signo)
22 {
23     int     n;
24     char    c;

25     if ( (n = recv(servfd, &c, 1, MSG_OOB)) < 0) {
26         if (errno != EWOULDBLOCK)
27             err_sys("recv error");
28     }
29     Send(servfd, &c, 1, MSG_OOB);       /* echo back out-of-band byte */

30     nprobes = 0;                /* reset counter */
31     return;                     /* may interrupt server code */
32 }

33 static void
34 sig_alrm(int signo)
35 {
36     if (++nprobes > maxnalarms) {
37         printf("no probes from client\n");
38         exit(0);
39     }
40     alarm(nsec);
41     return;                     /* may interrupt server code */
42 }
```

oob/heartbeatserv.c

图24-15 服务器程序心搏函数

heartbeat_serv函数

7~19　声明变量，函数heartbeat_serv几乎与客户的心搏初始化函数一样。

SIGURG处理函数

20~32　服务器收到一个带外通知后就尝试读入相应的带外字节。就像客户一样，如果该带外字节还没有到达，那也没有什么关系。服务器把读入的带外字节作为带外数据回送给客户。注意，如果recv返回EWOULDBLOCK错误，那么自动变量c碰巧是什么就回送什么。

既然我们不把带外字节的值用于任何目的，这么处置就不会有问题。重要的是发送1字节的带外数据本身，而不管该字节到底是什么。既然刚收到客户仍然存活着的通知，我们把nprobes重置为0。

SIGALRM处理函数

33~42　递增nprobes，如果达到由调用者指定的maxnalarms值，那就终止服务器进程，否则调度下一个SIGALRM。

24.6　小结

TCP没有真正的带外数据，不过提供紧急模式和紧急指针。一旦发送端进入紧急模式，紧急指针就出现在发送到对端的分节中的TCP首部中。连接的对端收取该指针是在告知接收进程发送端已经进入紧急模式，而且该指针指向紧急数据的最后一个字节。然而所有数据的发送仍然受TCP正常的流量控制支配。

套接字API把TCP的紧急模式映射成所谓的带外数据。发送进程通过指定MSG_OOB标志调用send让发送端进入紧急模式。该调用中的最后一个数据字节被认为是带外字节。接收端TCP收到新的紧急指针后，或者通过发送SIGURG信号，或者通过由select返回套接字有异常条件待处理的指示，让接收进程得以通知。默认情况下，接收端TCP把带外字节从普通数据流中取出存放到自己的单字节带外缓冲区，供接收进程通过指定MSG_OOB标志调用recv读取。接收进程也可以开启SO_OOBINLINE套接字选项，这种情况下，带外字节被留在普通数据流中。不管接收进程使用哪种方法读取带外字节，套接字层都在数据流中维护一个带外标记，并且不允许单个输入操作读过这个标记。接收进程通过调用sockatmark函数确定它是否已经到达该标记。

带外数据未被广泛地使用。telnet和rlogin使用它，FTP也使用它，它们使用带外数据是为了通知远端有异常情况（如客户中断）发生，而且服务器丢弃带外标记前接收的所有输入。

习题

24.1　在如下单个函数调用

```
send(fd, "ab", 2, MSG_OOB);
```

和如下两个函数调用

```
send(fd, "a", 1, MSG_OOB);
send(fd, "b", 1, MSG_OOB);
```

之间存在差异吗？

24.2　重新编写图24-6中的程序，改用poll代替select。

第 **25** 章

信号驱动式 I/O

25.1　概述

　　信号驱动式I/O是指进程预先告知内核，使得当某个描述符上发生某事时，内核使用信号通知相关进程。它在历史上曾被称为异步I/O（asynchronous I/O），不过我们讲解的信号驱动式I/O不是真正的异步I/O。后者通常定义为进程执行I/O系统调用（譬如读或写）告知内核启动某个I/O操作，内核启动I/O操作后立即返回到进程。进程在I/O操作发生期间继续执行。当操作完成或遇到错误时，内核以进程在I/O系统调用中指定的某种方式通知进程。我们已在6.2节比较了通常可用的各种I/O类型，并指出了信号驱动式I/O和异步I/O之间的差异。

　　注意，我们在第16章讲解过的非阻塞式I/O同样不是异步I/O。对于非阻塞式I/O，内核一旦启动I/O操作就不像异步I/O那样立即返回到进程，而是等到I/O操作完成或遇到错误；内核立即返回的唯一条件是I/O操作的完成不得不把进程置于休眠状态，这种情况下内核不启动I/O操作。

> 　　POSIX通过aio_XXX函数提供真正的异步I/O。这些函数允许进程指定I/O操作完成时是否由内核产生信号以及产生什么信号。

　　源自Berkeley的实现使用SIGIO信号支持套接字和终端设备上的信号驱动式I/O。SVR4使用SIGPOLL信号支持流设备上的信号驱动式I/O，SIGPOLL因而等价于SIGIO。

25.2　套接字的信号驱动式 I/O

　　针对一个套接字使用信号驱动式I/O（SIGIO）要求进程执行以下3个步骤。

　　(1) 建立SIGIO信号的信号处理函数。

　　(2) 设置该套接字的属主，通常使用fcntl的F_SETOWN命令设置（图7-20）。

　　(3) 开启该套接字的信号驱动式I/O，通常通过使用fcntl的F_SETFL命令打开O_ASYNC标志完成（图7-20）。

> 　　O_ASYNC标志是相对较晚加到POSIX规范中的。支持该标志的系统仍不多见。我们在图25-4中改用ioctl的FIOASYNC请求代为开启信号驱动式I/O。注意POSIX选用的名字并不恰当：选用O_SIGIO作为这个标志的名字也许更好些。
>
> 　　我们应该在设置套接字属主之前建立信号处理函数。在源自Berkeley的实现中，这两个步骤的函数调用顺序无关紧要，因为SIGIO的默认行为是忽略该信号。要是我们颠倒这两个函数调用的顺序，那么在调用fcntl之后但在调用signal之前有较小的机会产生SIGIO信号；若真如此，该信号只是被丢弃。然而在SVR4中，头文件<sys/signal.h>把SIGIO定义为SIGPOLL，而SLGPOLL的默认行为是终止进程。因此在SVR4中，我们必须先安装信号处理函数，再设置套接字属主。

尽管很容易把一个套接字设置成以信号驱动式I/O模式工作,确定哪些条件导致内核产生递交给套接字属主的SIGIO信号却殊非易事。这种判定取决于支撑协议。

25.2.1 对于 UDP 套接字的 SIGIO 信号

在UDP上使用信号驱动式I/O是简单的。SIGIO信号在发生以下事件时产生:
- 数据报到达套接字;
- 套接字上发生异步错误。

因此当捕获对于某个UDP套接字的SIGIO信号时,我们调用recvfrom或者读入到达的数据报,或者获取发生的异步错误。我们已在8.9节就UDP套接字讨论过异步错误,从中知道发生异步错误的前提是UDP套接字已连接。

> 这两个条件下,SIGIO信号通过调用sorwakeup产生(见TCPv2第775、779页及784页)。

25.2.2 对于 TCP 套接字的 SIGIO 信号

不幸的是,信号驱动式I/O对于TCP套接字近乎无用。问题在于该信号产生得过于频繁,并且它的出现并没有告诉我们发生了什么事件。正如TCPv2第439页所注,下列条件均导致对于一个TCP套接字产生SIGIO信号(假设该套接字的信号驱动式I/O已经开启):
- 监听套接字上某个连接请求已经完成;
- 某个断连请求已经发起;
- 某个断连请求已经完成;
- 某个连接之半已经关闭;
- 数据到达套接字;
- 数据已经从套接字发送走(即输出缓冲区有空闲空间);
- 发生某个异步错误。

举例来说,如果一个进程既读自又写往一个TCP套接字,那么当有新数据到达时或者当以前写出的数据得到确认时,SIGIO信号均会产生,而且信号处理函数中无法区分这两种情况。如果SIGIO用于这种数据读写情形,那么TCP套接字应该设置成非阻塞式,以防read或write发生阻塞。我们应该考虑只对监听TCP套接字使用SIGIO,因为对于监听套接字产生SIGIO的唯一条件是某个新连接的完成。

作者能够找到的信号驱动式I/O对于套接字的唯一现实用途是基于UDP的NTP服务器程序。服务器主循环接收来自客户的一个请求数据报并发送回一个应答数据报。然而对于每个客户请求,其处理工作量并非可以忽略(远比我们简单地回射服务器多)。对服务器而言,重要的是为每个收取的数据报记录精确的时间戳,因为该值将返送给客户,由客户用于计算到服务器的RTT。图25-1展示了构建这样的UDP服务器的两种方式。

大多数UDP服务器(包括第8章中的回射服务器)都设计成图中左侧所示的方式,不过NTP服务器却采用右侧所示的技巧,当一个新的数据报到达时,SIGIO处理函数读入该数据报,同时记录它的到达时刻,然后将它置于进程内的另一个队列中,以便主服务器循环移走并处理。尽管这个技巧让服务器代码变复杂了,却为到达数据报提供了精确的时间戳。

回顾图22-4,我们知道进程可以通过设置IP_RECVDSTADDR套接字选项获取所收取UDP

数据报的目的地址。可能有人会争论说,对于所收取UDP数据报应该同时返回另外两个信息,接收接口指示(如果主机采用普遍的弱端系统模型,那么接收接口和目的地址可能不一致)和数据报到达时刻。

对于IPv6,IPV6_PKTINFO套接字选项(22.8节)返回接收接口。对于IPv4,我们已在22.2节讨论过IP_RECVIF套接字选项。

FreeBSD还提供SO_TIMESTAMP套接字选项,它在一个timeval结构中以辅助数据的形式返回数据报的接收时刻。Linux则提供SIOCGSTAMP ioctl,它返回一个含有数据报接收时刻的timeval结构。

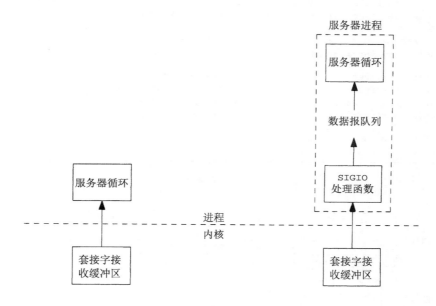

图25-1　构建一个UDP服务器的两种方式

25.3　使用 **SIGIO** 的 UDP 回射服务器程序

我们现在给出一个类似图25-1右侧的例子:一个使用SIGIO信号接收到达数据报的UDP服务器程序。

客户程序就是图8-7和图8-8,没有任何改动。服务器程序main函数与图8-3的一样。我们做的唯一修改是对dg_echo函数,将由接下来的4幅图共同给出。图25-2给出了全局声明。

已收取数据报队列

3~12　SIGIO信号处理函数把到达的数据报放入一个队列。该队列是一个DG结构数组,我们把它作为一个环形缓冲区处理。每个DG结构包括指向所收取数据报的一个指针、该数据报的长度、指向含有客户协议地址的某个套接字地址结构的一个指针、该协议地址的大小。静态分配QSIZE个DG结构,我们将在图25-4中看到,dg_echo函数调用malloc动态分配所有数据报和套接字地址结构的内存空间。我们还分配一个稍后解释的诊断用计数器cntread。图25-3展示了这个DG结构数组,其中假设第一个元素指向一个150字节的数据报,与它关联的套接字地址结构长度为16。

sigio/dgecho01.c

```
 1 #include    "unp.h"

 2 static int   sockfd;

 3 #define QSIZE      8          /* size of input queue */
 4 #define MAXDG   4096          /* max datagram size */

 5 typedef struct {
 6     void    *dg_data;         /* ptr to actual datagram */
 7     size_t  dg_len;           /* length of datagram */
 8     struct sockaddr  *dg_sa;  /* ptr to sockaddr{} w/client's address */
 9     socklen_t dg_salen;       /* length of sockaddr{} */
10 } DG;
11 static DG dg[QSIZE];          /* queue of datagrams to process */
12 static long cntread[QSIZE+1]; /* diagnostic counter */

13 static int   iget;           /* next one for main loop to process */
14 static int   iput;           /* next one for signal handler to read into */
15 static int   nqueue;         /* # on queue for main loop to process */
16 static socklen_t clilen;     /* max length of sockaddr{} */

17 static void sig_io(int);
18 static void sig_hup(int);
```

sigio/dgecho01.c

图25-2　全局声明

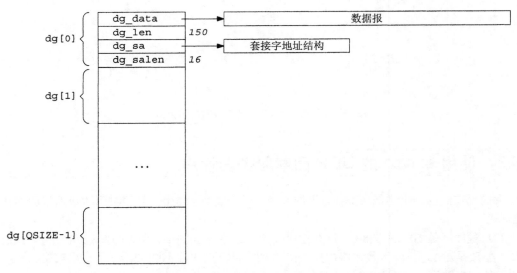

图25-3　用于存放所收取数据报及其套接字地址结构的数据结构

数组下标

665
~
667
13~15　iget是主循环将处理的下一个数组元素的下标，iput是信号处理函数将存放到的下一个数组元素的下标，nqueue是队列中供主循环处理的数据报的总数。

　　　　图25-4给出了主服务器循环，即dg_echo函数。

初始化已接收数据报队列

27~32　把套接字描述符保存在一个全局变量中，因为信号处理函数需要它。初始化已接收数据报队列。

sigio/dgecho01.c

```
19 void
20 dg_echo(int sockfd_arg, SA *pcliaddr, socklen_t clilen_arg)
21 {
22     int     i;
23     const int on = 1;
24     sigset_t   zeromask, newmask, oldmask;

25     sockfd = sockfd_arg;
26     clilen = clilen_arg;

27     for (i = 0; i < QSIZE; i++) {     /* init queue of buffers */
28         dg[i].dg_data = Malloc(MAXDG);
29         dg[i].dg_sa = Malloc(clilen);
30         dg[i].dg_salen = clilen;
31     }
32     iget = iput = nqueue = 0;

33     Signal(SIGHUP, sig_hup);
34     Signal(SIGIO, sig_io);
35     Fcntl(sockfd, F_SETOWN, getpid());
36     Ioctl(sockfd, FIOASYNC, &on);
37     Ioctl(sockfd, FIONBIO, &on);

38     Sigemptyset(&zeromask);           /* init three signal sets */
39     Sigemptyset(&oldmask);
40     Sigemptyset(&newmask);
41     Sigaddset(&newmask, SIGIO);       /* signal we want to block */

42     Sigprocmask(SIG_BLOCK, &newmask, &oldmask);
43     for ( ; ; ) {
44         while (nqueue == 0)
45             sigsuspend(&zeromask);    /* wait for datagram to process */

46             /* unblock SIGIO */
47         Sigprocmask(SIG_SETMASK, &oldmask, NULL);

48         Sendto(sockfd, dg[iget].dg_data, dg[iget].dg_len, 0,
49                 dg[iget].dg_sa, dg[iget].dg_salen);
50         if (++iget >= QSIZE)
51             iget = 0;

52             /* block SIGIO */
53         Sigprocmask(SIG_BLOCK, &newmask, &oldmask);
54         nqueue--;
55     }
56 }
```

sigio/dgecho01.c

图25-4　dg_echo函数：服务器主处理循环

668

建立信号处理函数并设置套接字标志

33~37　为SIGHUP（用于诊断目的）和SIGIO建立信号处理函数。使用fcntl设置套接字的属主，使用ioctl设置信号驱动和非阻塞式I/O标志。

　　　　我们早先提到过，fcntl的O_ASYNC标志是POSIX的信号驱动式I/O指定方式，不过由于大多数系统还不支持它，我们改用ioctl取代。尽管大多数系统确实支持使用fcntl的O_NONBLOCK标志设置非阻塞式I/O，在这儿我们仍然给出ioctl方法。

初始化信号集

38~41　初始化三个信号集：zeromask（从不改变）、oldmask（记录我们阻塞SIGIO时原来的信号掩码）和newmask。使用sigaddset打开newmask中与SIGIO对应的位。

阻塞SIGIO并等待有事可做

42~45   调用sigprocmask把进程的当前信号掩码保存到oldmask中,然后把newmask逻辑或到当前信号掩码。这将阻塞SIGIO并返回当前信号掩码。接着进入for循环,并测试nqueue计数器。只要该计数器为0,进程就无事可做,这时我们可以调用sigsuspend。该POSIX函数先内部保存当前信号掩码,再把当前信号掩码设置为它的参数(zeromask)。既然zeromask是一个空信号集,因而所有信号都被开通。sigsuspend在进程捕获一个信号并且该信号的处理函数返回之后才返回。(它是一个不寻常的函数,因为它总是返回EINTR错误。)在返回之前sigsuspend总是把当前信号掩码恢复为调用时刻的值,在本例子中就是newmask的值,从而确保sigsuspend返回之后SIGIO继续被阻塞。这是我们可以测试计数器nqueue的理由,因为我们知道测试它时SIGIO信号不可能被递交。

> 要是我们在测试nqueue这个由主循环和信号处理函数共享的变量时SIGIO未被阻塞,那么会发生什么呢?我们可能测试nqueue时发现它为0,但是刚测试完毕SIGIO信号就递交了,导致nqueue被设置为1。我们接着调用sigsuspend进入休眠状态,这样实际上就错过了这个信号。除非另有信号发生,否则我们将永远不能从sigsuspend调用中被唤醒。这一点类似我们在20.5节讲解过的竞争状态。

解阻塞SIGIO并发送应答

46~51   调用sigprocmask把进程的信号掩码设置为先前保存的值(oldmask),从而解除SIGIO的阻塞。然后调用sendto发送应答。递增iget下标,若其值等于DG结构数组元素数目则将其值置回0,因为我们把该数组作为环形缓冲区对待。注意:修改iget时我们不必阻塞SIGIO,因为只有主循环使用这个下标,信号处理函数从不改动它。

阻塞SIGIO

52~54   阻塞SIGIO,递减nqueue。修改nqueue时我们必须阻塞SIGIO,因为它是主循环和信号处理函数共同使用的变量。我们在循环顶部测试nqueue时也需要SIGIO阻塞着。

另一个手段是干脆去掉for循环内的两个sigprocmask调用,省得解阻塞SIGIO后又阻塞它。这么做的问题是执行整个循环期间SIGIO一直阻塞着,从而降低了信号处理函数的及时性。数据报不应该因为如此变动而丢失(假设套接字接收缓冲区足够大),但是SIGIO信号向进程的递交将在整个阻塞期间一直被拖延。编写执行信号处理的应用程序时,努力目标之一应该是尽可能地减少阻塞信号的时间。

图25-5给出的是SIGIO的信号处理函数。

编写本信号处理函数时我们遇到的问题是POSIX信号通常不排队。这一点意味着如果我们在信号处理函数中执行(期间内核确保该信号被阻塞),期间该信号又发生了2次,那么它实际只被递交1次。

> POSIX提供一些排队的实时信号,不过诸如SIGIO等其他信号通常不排队。

让我们考虑下述情形。一个数据报到达导致SIGIO被递交。它的信号处理函数读入该数据报并把它放到供主循环读取的队列中。然而在信号处理函数执行期间,另有两个数据报到达,导致SIGIO再产生两次。由于SIGIO被阻塞,当它的信号处理函数返回时,该处理函数仅仅再被调用一次。该信号处理函数的第二次执行读入第二个数据报,第三个数据报则仍然留在套接字接收队列中。第三个数据报被读入的前提条件是有第四个数据报到达。当第四个数据报到达时,被读入并放到供主循环读取的队列中的是第三个而不是第四个数据报。

————————————————————————————————— sigio/dgecho01.c
```
57 static void
58 sig_io(int signo)
59 {
60     ssize_t  len;
61     int      nread;
62     DG       *ptr;

63     for (nread = 0; ; ) {
64         if (nqueue >= QSIZE)
65             err_quit("receive overflow");

66         ptr = &dg[iput];
67         ptr->dg_salen = clilen;
68         len = recvfrom(sockfd, ptr->dg_data, MAXDG, 0,
69                        ptr->dg_sa, &ptr->dg_salen);
70         if (len < 0) {
71             if (errno == EWOULDBLOCK)
72                 break;                /* all done; no more queued to read */
73             else
74                 err_sys("recvfrom error");
75         }
76         ptr->dg_len = len;

77         nread++;
78         nqueue++;
79         if (++iput >= QSIZE)
80             iput = 0;

81     }
82     cntread[nread]++;            /* histogram of # datagrams read per signal */
83 }
```
————————————————————————————————— sigio/dgecho01.c

图25-5　SIGIO处理函数

　　既然信号是不排队的,开启信号驱动式I/O的描述符通常也被设置为非阻塞式。这个前提下,我们把SIGIO信号处理函数编写成在一个循环中执行读入操作,直到该操作返回EWOULDBLOCK时才结束循环。

检查队列溢出

64~65　如果DG结构数组队列已满,进程就终止。当然处理这种情况另有更合适的方法（例如分配额外的缓冲区）,不过就我们的简单例子不如干脆终止进程。

读入数据报

66~76　在非阻塞套接字上调用recvfrom。下标为iput的数组元素用于存放读入的数据报。如果没有可读的数据报,那就break出for循环。

递增计数器和下标

77~80　nread是一个计量每次信号递交读入数据报数目的诊断计数器。nqueue是有待主循环处理的数据报数目。

82　在信号处理函数返回之前,递增与每次信号递交读入数据报数目对应的计数器。当SIGHUP信号被递交时,我们在图25-6中将这个计数器数组的内容显示为诊断信息。

　　最后一个函数是SIGHUP信号处理函数（图25-6）,它显示cntread数组的内容。该数组统计以每次读入数据报数目为下标的信号递交次数。

sigio/dgecho01.c

```
84 static void
85 sig_hup(int signo)
86 {
87     int     i;

88     for (i = 0; i <= QSIZE; i++)
89         printf("cntread[%d] = %ld\n", i, cntread[i]);
90 }
```

sigio/dgecho01.c

图25-6 SIGHUP信号处理函数

为了说明信号是不排队的,并且除了设置套接字的信号驱动式I/O标志之外,还必须把套接字设置为非阻塞式,我们与6个客户一道运行本服务器。每个客户发送3645行让服务器回射的文本,而且每个客户都从同一个shell脚本以后台方式启动,因而所有客户几乎在同一时刻启动。所有客户终止之后,我们向服务器发送SIGHUP信号,促使它显示cntread数组内容。

```
linux % udpserv01
cntread[0] = 0
cntread[1] = 15899
cntread[2] = 2099
cntread[3] = 515
cntread[4] = 57
cntread[5] = 0
cntread[6] = 0
cntread[7] = 0
cntread[8] = 0
```

大多数情况下信号处理函数每次被调用只读入一个数据报,不过有些情况下可读入多个数据报。cntread[0]计数器不为0是可能的:这些信号在信号处理函数正在执行时产生,不过信号处理函数的本次执行在返回之前预先读入了对应这些信号的数据报。当信号处理函数因这些信号的提交而再次被调用执行时,已经没有剩余的数据报可以读了。最后,我们可以验证该数组元素的加权总和($15899 \times 1 + 2099 \times 2 + 515 \times 3 + 57 \times 4 = 21870$)等于6(客户数目)乘以3645(每个客户的发送的文本行数)。

25.4 小结

信号驱动式I/O就是让内核在套接字上发生"某事"时使用SIGIO信号通知进程。

- 对于已连接TCP套接字,可以导致这种通知的条件为数众多,反而使得这个特性几近无用。
- 对于监听TCP套接字,这种通知发生在有一个新连接已准备好接受之时。
- 对于UDP套接字,这种通知意味着或者到达一个数据报,或者到达一个异步错误,这两种情况下我们都调用recvfrom。

我们把早先的UDP回射服务器程序改为使用信号驱动式I/O,所用技巧类似于NTP,尽快读入已到达的每个数据报以获取其到达时刻的精确时间戳,然后将它置于某个队列供后续处理。

习题

25.1　图25-4中的循环有如下另一个设计：

```
for ( ; ; ) {
    Sigprocmask(SIG_BLOCK, &newmask, &oldmask);
    while (nqueue == 0)
        sigsuspend(&zeromask);          /* wait for datagram to process */
    nqueue--;

        /* unblock SIGIO */
    Sigprocmask(SIG_SETMASK, &oldmask, NULL);

    Sendto(sockfd, dg[iget].dg_data, dg[iget].dg_len, 0,
        dg[iget].dg_sa, dg[iget].dg_salen);

    if (++iget >= QSIZE)
        iget = 0;
}
```

这样修改可以接受吗？

673

第 **26** 章

线 程

26.1 概述

在传统的Unix模型中，当一个进程需要另一个实体来完成某事时，它就fork一个子进程并让子进程去执行处理。Unix上的大多数网络服务器程序就是这么编写的，正如我们在早先讲解的并发服务器程序例子中看到的那样：父进程accept一个连接，fork一个子进程，该子进程处理与该连接对端的客户之间的通信。

尽管这种范式多少年来一直用得挺好，fork调用却存在一些问题。

- fork是昂贵的。fork要把父进程的内存映像复制到子进程，并在子进程中复制所有描述符，如此等等。当今的实现使用称为写时复制（copy-on-write）的技术，用以避免在子进程切实需要自己的副本之前把父进程的数据空间复制到子进程。然而即便有这样的优化措施，fork仍然是昂贵的。
- fork返回之后父子进程之间信息的传递需要进程间通信（IPC）机制。调用fork之前父进程向尚未存在的子进程传递信息相当容易，因为子进程将从父进程数据空间及所有描述符的一个副本开始运行。然而从子进程往父进程返回信息却比较费力。

线程有助于解决这两个问题。线程有时称为轻权进程（lightweight process），因为线程比进程"权重轻些"。也就是说，线程的创建可能比进程的创建快10~100倍。

同一进程内的所有线程共享相同的全局内存。这使得线程之间易于共享信息，然而伴随这种简易性而来的却是同步（synchronization）问题。

675

同一进程内的所有线程除了共享全局变量外还共享：

- 进程指令；
- 大多数数据；
- 打开的文件（即描述符）；
- 信号处理函数和信号处置；
- 当前工作目录；
- 用户ID和组ID。

不过每个线程有各自的：

- 线程ID；
- 寄存器集合，包括程序计数器和栈指针；
- 栈（用于存放局部变量和返回地址）；
- errno；
- 信号掩码；
- 优先级。

就像我们在11.18节讨论过的那样，信号处理函数可以类比作某种线程。这就是说在传统的UNIX模型中，我们有主执行流（也称为主控制流，即一个线程）和某个信号处理函数（另一个线程）。如果主执行流正在更改某个链表时发生一个信号，而且该信号的处理函数也试图更改该链表，那么后果通常是灾难性的。主执行流和信号处理函数共享同样的全局变量，不过它们有各自的栈。

我们在本章讲解的是POSIX线程，也称为*Pthread*。POSIX线程作为POSIX.1c标准的一部分在1995年得到标准化，大多数UNIX版本将来会支持这类线程。我们将看到所有Pthread函数都以pthread_打头。本章只是线程的一个引子，旨在使得我们能够在网络程序中使用它们。关于线程的更多细节参见［Butenhof 1997］。

26.2　基本线程函数：创建和终止

本节讲解5个基本线程函数。在随后两节中，我们将利用这些函数把我们的TCP客户/服务器程序重新编写成改用线程取代fork。

26.2.1　pthread_create 函数

当一个程序由exec启动执行时，称为*初始线程*（initial thread）或*主线程*（main thread）的单个线程就创建了。其余线程则由pthread_create函数创建。

```
#include <pthread.h>

int pthread_create(pthread_t *tid, const pthread_attr_t *attr,
                   void *(*func)(void *), void *arg);
```

返回：若成功则为0，若出错则为正的Exxx值

一个进程内的每个线程都由一个线程ID（thread ID）标识，其数据类型为pthread_t（往往是unsigned int）。如果新的线程成功创建，其ID就通过*tid*指针返回。

每个线程都有许多属性（attribute）：优先级、初始栈大小、是否应该成为一个守护线程，等等。我们可以在创建线程时通过初始化一个取代默认设置的pthread_attr_t变量指定这些属性。通常情况下我们采纳默认设置，这时我们把attr参数指定为空指针。

创建一个线程时我们最后指定的参数是由该线程执行的函数及其参数。该线程通过调用这个函数开始执行，然后或者显式地终止（通过调用pthread_exit），或者隐式地终止（通过让该函数返回）。该函数的地址由*func*参数指定，该函数的唯一调用参数是指针*arg*。如果我们需要给该函数传递多个参数，我们就得把它们打包成一个结构，然后把这个结构的地址作为单个参数传递给这个起始函数。

注意*func*和*arg*的声明。*func*所指函数作为参数接受一个通用指针（void *），又作为返回值返回一个通用指针（void *）。这使得我们可以把一个指针（它指向我们期望的任何内容）传递给线程，又允许线程返回一个指针（它同样指向我们期望的任何内容）。

通常情况下Pthread函数的返回值成功时为0，出错时为某个非0值。与套接字函数及大多数系统调用出错时返回-1并置errno为某个正值的做法不同的是，Pthread函数出错时作为函数返回值返回正值错误指示。举例来说，如果pthread_create因在线程数目上超过某个系统限制而不能创建新线程，函数返回值将是EAGAIN。Pthread函数不设置errno。成功为0出错为非0这个约定不成问题，因为<sys/errno.h>头文件中所有的Exxx值都是正值。0值从来不被赋予任何Exxx名字。

26.2.2 pthread_join 函数

我们可以通过调用pthread_join等待一个给定线程终止。对比线程和UNIX进程，pthread_create类似于fork，pthread_join类似于waitpid。

```
#include <pthread.h>

int pthread_join(pthread_t *tid, void **status);
```

677

返回：若成功则为0，若出错则为正的Exxx值

我们必须指定要等待线程的*tid*。不幸的是，Pthread没有办法等待任意一个线程（类似指定进程ID参数为-1调用waitpid）。我们将在讨论图26-14时回到本问题。

如果*status*指针非空，来自所等待线程的返回值（一个指向某个对象的指针）将存入由*status*指向的位置。

26.2.3 pthread_self 函数

每个线程都有一个在所属进程内标识自身的ID。线程ID由pthread_create返回，而且我们已经看到pthread_join使用它。每个线程使用pthread_self获取自身的线程ID。

```
#include <pthread.h>

pthread_t pthread_self(void);
```

返回：调用线程的线程ID

对比线程和UNIX进程，pthread_self类似于getpid。

26.2.4 pthread_detach 函数

一个线程或者是可汇合的（joinable，默认值），或者是脱离的（detached）。当一个可汇合的线程终止时，它的线程ID和退出状态将留存到另一个线程对它调用pthread_join。脱离的线程却像守护进程，当它们终止时，所有相关资源都被释放，我们不能等待它们终止。如果一个线程需要知道另一个线程什么时候终止，那就最好保持第二个线程的可汇合状态。

pthread_detach函数把指定的线程转变为脱离状态。

```
#include <pthread.h>

int pthread_detach(pthread_t tid);
```

返回：若成功则为0，若出错则为正的Exxx值

本函数通常由想让自己脱离的线程调用，就如以下语句：

```
pthread_detach(pthread_self());
```

26.2.5 pthread_exit 函数

让一个线程终止的方法之一是调用pthread_exit。

```
#include <pthread.h>

void pthread_exit(void *status);
```

不返回到调用者

678

如果本线程未曾脱离，它的线程ID和退出状态将一直留存到调用进程内的某个其他线程对它调用pthread_join。

指针*status*不能指向局部于调用线程的对象，因为线程终止时这样的对象也消失。

让一个线程终止的另外两个方法是。

- 启动线程的函数（即pthread_create的第三个参数）可以返回。既然该函数必须声明成返回一个void指针，它的返回值就是相应线程的终止状态。
- 如果进程的main函数返回或者任何线程调用了exit，整个进程就终止，其中包括它的任何线程。

26.3 使用线程的 **str_cli** 函数

我们使用线程的第一个例子是把图5-9中使用fork的str_cli函数重新编写成改用线程。回顾一下，我们提供了该函数的多个其他版本：最初是图5-5中使用停-等协议的版本（我们讨论过该版本远非适合批量输入）；接着是图6-13中使用阻塞式I/O和select函数的版本；后来是从图16-3开始的使用非阻塞式I/O的版本。图26-1展示了该函数线程版本的设计。

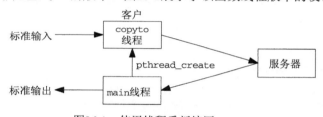

图26-1 使用线程重新编写str_cli

图26-2给出了使用线程的str_cli函数。

unpthread.h头文件

1 这是我们首次碰到unpthread.h头文件。它包含我们通常的unp.h头文件，接着包含POSIX的<pthread.h>头文件，然后定义我们为pthread_*XXX*函数编写的包裹函数（1.4节）的函数原型，这些包裹函数都以Pthread_打头。

把参数保存在外部变量中

10~11 我们将要创建的线程需要str_cli的2个参数：fp（输入文件的标准I/O库FILE指针）和sockfd（连接到服务器的TCP套接字描述符）。为简单起见，我们把这2个参数值保存到外部变量中。另一个技巧是把这两个值放到一个结构中，然后把指向这个结构的一个指针作为参数传递给我们将要创建的线程。

679

创建新线程

12 创建线程，新线程ID返回到tid中。由新线程执行的函数是copyto。没有参数传递给该线程。

主线程循环：从套接字到标准输出复制

13~14 主线程调用readline和fputs，把从套接字读入的每个文本行复制到标准输出。

终止

15 当str_cli函数返回时，main函数通过调用exit终止进程（5.4节），进程内的所有线程也随之被终止。通常情况下，copyto线程在从标准输入读到EOF时已经先于main函数的exit调用终止。然而要是发生服务器过早终止之事（5.12节），尚未读入EOF的copyto线程就得由main函数调用exit来终止。

threads/strclithread.c

```
1 #include      "unpthread.h"

2 void     *copyto(void *);

3 static int   sockfd;                    /* global for both threads to access */
4 static FILE *fp;

5 void
6 str_cli(FILE *fp_arg, int sockfd_arg)
7 {
8     char      recvline[MAXLINE];
9     pthread_t tid;

10    sockfd = sockfd_arg;              /* copy arguments to externals */
11    fp = fp_arg;

12    Pthread_create(&tid, NULL, copyto, NULL);

13    while (Readline(sockfd, recvline, MAXLINE) > 0)
14        Fputs(recvline, stdout);
15 }

16 void *
17 copyto(void *arg)
18 {
19     char      sendline[MAXLINE];

20     while (Fgets(sendline, MAXLINE, fp) != NULL)
21         Writen(sockfd, sendline, strlen(sendline));

22     Shutdown(sockfd, SHUT_WR);      /* EOF on stdin, send FIN */

23     return(NULL);
24         /* return (i.e., thread terminates) when EOF on stdin */
25 }
```

threads/strclithread.c

图26-2　使用线程的str_cli函数

copyto线程

16~25　该线程只是把读自标准输入的每个文本行复制到套接字。当在标准输入上读得EOF时，它通过调用shutdown从套接字送出FIN，然后返回。从启动该线程的函数return来终止该线程。

我们在16.2节末尾提供了用于str_cli函数不同版本的5个实现技术的性能测量结果。我们看到，刚才给出的线程版本花费8.5秒，略微快于使用fork的版本（正如所料），不过慢于非阻塞式I/O的版本。然而对比非阻塞式I/O版本（16.2节）的复杂性和线程版本的简单性，我们依然推荐使用线程而不是非阻塞式I/O。

26.4　使用线程的 TCP 回射服务器程序

现在我们重新编写图5-2中的TCP回射服务器程序，改成为每个客户使用一个线程，而不是为每个客户使用一个子进程。我们同样使用自己的tcp_listen函数使得该程序与协议无关。图26-3给出了本服务器程序。

threads/tcpserv01.c

```
 1 #include      "unpthread.h"

 2 static void *doit(void *);          /* each thread executes this function */

 3 int
 4 main(int argc, char **argv)
 5 {
 6     int        listenfd, connfd;
 7     pthread_t tid;
 8     socklen_t addrlen, len;
 9     struct sockaddr *cliaddr;

10     if (argc == 2)
11         listenfd = Tcp_listen(NULL, argv[1], &addrlen);
12     else if (argc == 3)
13         listenfd = Tcp_listen(argv[1], argv[2], &addrlen);
14     else
15         err_quit("usage: tcpserv01 [ <host> ] <service or port>");

16     cliaddr = Malloc(addrlen);

17     for ( ; ; ) {
18         len = addrlen;
19         connfd = Accept(listenfd, cliaddr, &len);
20         Pthread_create(&tid, NULL, &doit, (void *) connfd);
21     }
22 }

23 static void *
24 doit(void *arg)
25 {
26     Pthread_detach(pthread_self());
27     str_echo((int) arg);          /* same function as before */
28     Close((int) arg);             /* done with connected socket */
29     return(NULL);
30 }
```

threads/tcpserv01.c

图26-3　使用线程的TCP回射服务器程序（参见习题26.5）

创建线程

17~21　accept返回之后，改为调用pthread_create取代调用fork。我们传递给doit函数的唯一参数是已连接套接字描述符connfd。

> 我们把整数描述符connfd类型强制转换成void指针。ANSI C并不保证这么做能够起作用。只有在整数的大小小于或等于指针的大小的系统上，这样的类型强制转换才能起作用。所幸的是大多数UNIX实现具备这个特征（图1-17）。我们稍后还要讨论这一点。

线程函数

23~30　doit是由线程执行的函数。线程首先让自身脱离，因为主线程没有理由等待它创建的每个线程。然后调用图5-3中的str_echo函数。该函数返回之后，我们必须close已连接套接字，因为本线程和主线程共享所有的描述符。对于使用fork的情形，子进程就不必close已连接套接字，因为子进程旋即终止，而所有打开的描述符在进程终止时都将被关闭（参见习题26.2）。

　　还要注意的是，主线程不关闭已连接套接字，而在调用fork的并发服务器程序中我们却总是反着做。这是因为同一进程内的所有线程共享全部描述符，要是主线程调用close，它就会终止相应的连接。创建新线程并不影响已打开描述符的引用计数，这一点不同于fork。

本程序中有一个微妙的错误，我们将在26.5节详细讲解。你能指出这个错误吗？（见习题26.5）

26.4.1 给新线程传递参数

我们提到过图26-3中把整数变量connfd类型强制转换成void指针并不保证在所有系统上都能起作用。要正确地处理这一点需要做额外的工作。

首先注意我们不能简单地把connfd的地址传递给新线程。也就是说如下代码并不起作用。

```
int
main(int argc, char **argv)
{
    int    listenfd, connfd;
    ...

    for ( ; ; ) {
        len = addrlen;
        connfd = Accept(listenfd, cliaddr, &len);

        Pthread_create(&tid, NULL, &doit, &connfd);
    }
}
static void *
doit(void *arg)
{
    int  connfd;

    connfd = *((int *) arg);
    Pthread_detach(pthread_self());
    str_echo(connfd);          /* same function as before */
    Close(connfd);             /* done with connected socket */
    return(NULL);
}
```

从ANSI C角度看这是可以接受的：ANSI C保证我们能够把一个整数指针类型强制转换为void *，然后把这个（void *）指针类型强制转换回原来的整数指针。问题就出在这个整数指针指向什么上。

主线程中只有一个整数变量connfd，每次调用accept该变量都会被覆写以一个新值（已连接描述符）。因此可能发生下述情况。

- accept返回，主线程把返回值（譬如说新的描述符是5）存入connfd后调用pthread_create。pthread_create的最后一个参数是指向connfd的指针而不是connfd的内容。
- Pthread函数库创建一个线程，并准备调度doit函数启动执行。
- 另一个连接就绪且主线程在新创建的线程开始运行之前再次运行。accept返回，主线程把返回值（譬如说新的描述符现在是6）存入connfd后调用pthread_create。

尽管主线程共创建了两个线程，但是它们操作的都是存放在connfd中的最终值（我们假设是6）。问题出在多个线程不是同步地访问一个共享变量（以取得存放在connfd中的整数值）。在图26-3中，我们通过把connfd的值（而不是指向该变量的一个指针）传递给pthread_create来解决本问题。按照C向被调用函数传递整数值的方式（把该值的一个副本推入被调用函数的栈中），这个解决办法是可行的。

图26-4给出了解决本问题的更好办法。

```
                                                                    threads/tcpserv02.c
1 #include      "unpthread.h"

2 static void *doit(void *);          /* each thread executes this function */

3 int
4 main(int argc, char **argv)
5 {
6     int      listenfd, *iptr;
7     thread_t tid;
8     socklen_t addrlen, len;
9     struct sockaddr *cliaddr;

10    if (argc == 2)
11        listenfd = Tcp_listen(NULL, argv[1], &addrlen);
12    else if (argc == 3)
13        listenfd = Tcp_listen(argv[1], argv[2], &addrlen);
14    else
15        err_quit("usage: tcpserv01 [ <host> ] <service or port>");

16    cliaddr = Malloc(addrlen);

17    for ( ; ; ) {
18        len = addrlen;
19        iptr = Malloc(sizeof(int));
20        *iptr = Accept(listenfd, cliaddr, &len);
21        Pthread_create(&tid, NULL, &doit, iptr);
22    }
23 }

24 static void *
25 doit(void *arg)
26 {
27    int      connfd;

28    connfd = *((int *) arg);
29    free(arg);

30    Pthread_detach(pthread_self());
31    str_echo(connfd);                /* same function as before */
32    Close(connfd);                   /* done with connected socket */
33    return(NULL);
34 }
```
                                                                    threads/tcpserv02.c

图26-4　使用线程且参数传递更具移植性的TCP回射服务器程序

17~22　每当调用accept时，我们首先调用malloc分配一个整数变量的内存空间，用于存放有
　　　待accept返回的已连接描述符。这使得每个线程都有各自的已连接描述符副本。

28~29　线程获取已连接描述符的值，然后调用free释放内存空间。

　　malloc和free这两个函数历来是不可重入的。换句话说，在主线程正处于这两个函数之一
的内部处理期间，从某个信号处理函数中调用这两个函数之一有可能导致灾难性的后果，这是
因为这两个函数操纵相同的静态数据结构。既然如此，我们如何才能在图26-4中调用这两个函
数呢？POSIX要求这两个函数以及许多其他函数都是线程安全的（thread-safe）。这个要求通常
通过在对我们透明的库函数内部执行某种形式的同步达到。

26.4.2　线程安全函数

　　除了图26-5中列出的函数外，POSIX.1要求由POSIX.1和ANSI C标准定义的所有函数都是

线程安全的。

不必线程安全的版本	必须线程安全的版本	注　　释
asctime	asctime_r	
	ctermid	仅当参数非空时才是线程安全的
ctime	ctime_r	
getc_unlocked		
getchar_unlocked		
getgrid	getgrid_r	
getgrnam	getgrnam_r	
getlogin	getlogin_r	
getpwnam	getpwnam_r	
getpwuid	getpwuid_r	
gmtime	gmtime_r	
localtime	localtime_r	
putc_unlocked		
putchar_unlocked		
rand	rand_r	
readdir	readdir_r	
strtok	strtok_r	
	tmpnam	仅当参数非空时才是线程安全的
ttyname	ttyname_r	
gethost*XXX*		
getnet*XXX*		
getproto*XXX*		
getserv*XXX*		
inet_ntoa		

图26-5　线程安全函数

　　不幸的是，POSIX未就网络编程API函数的线程安全性作出任何规定。本表中最后5行来源于Unix 98。我们在11.18节讨论过gethostbyname和gethostbyaddr的不可重入性质。我们提到说：尽管一些厂家定义了这两个函数以_r结尾其名字的线程安全版本，不过这些线程安全函数没有标准可循，应该避免使用。图11-21汇总了所有不可重入的get*XXX*函数。

　　我们从图26-5看到，让一个函数线程安全的共通技巧是定义一个名字以_r结尾的新函数。其中两个函数（ctermid和tmpnam）的线程安全条件是：调用者为返回结果预先分配空间，并把指向该空间的指针作为参数传递给函数。

26.5　线程特定数据

　　把一个未线程化的程序转换成使用线程的版本时，有时会碰到因其中有函数使用静态变量而引起的一个常见编程错误。和许多与线程相关的其他编程错误一样，这个错误造成的故障也是非确定的。在无需考虑重入的环境下编写使用静态变量的函数无可非议，然而当同一进程内的不同线程（信号处理函数也视为线程）几乎同时调用这样的函数时就可能会有问题发生，因为这些函数使用的静态变量无法为不同的线程保存各自的值。图3-18给出的readline函数版本就是这样的一个例子。该版本是图3-17中的同名函数的性能加速版本，它调用的my_read函数使用3个静态变量。这些静态变量是为处理性能加速而增设的。[①]这个编程错误是在将现有的函

---

① 本段文字第3版和第2版出入较大。第2版中Stevens先生详细介绍了最终发现图3-18（在第2版中为图3-17，另外图3-17在第2版中为图3-16）中的readline函数版本存在因使用静态变量而引起所述编程错误的整个过程，确实略显冗长；不过第3版的新作者们未能较好地概括Stevens先生的这段话，读者看到稍后突然冒出readline和图3-18会莫名其妙；译者因此根据自己的理解概括了这段话。注意，第2版图3-17中的3个静态变量是my_read函数的局部变量，第3版中图3-18因引入一个从未用到过的readlinebuf函数而把这3个静态变量改成了全局变量；如此改动并不影响这里的讨论，只是直接使用静态变量的函数由1个变成了2个（有一个从未被调用过）。

——译者注

数转换成在线程环境中运行时经常碰到的一个问题,并有多个解决办法。

- 使用线程特定数据。这个办法并不简单,而且转换成了只能在支持线程的系统上工作的函数。本办法的优点是调用顺序无需变动,所有变动都体现在库函数中而非调用这些函数的应用程序中。我们将在本节靠后给出一个使用线程特定数据达成线程安全的`readline`版本。

- 改变调用顺序,由调用者把`readline`的所有调用参数封装在一个结构中,并在该结构中存入出自图3-18的静态变量。这个办法也曾经使用过,图26-6给出了新的结构和新的函数原型。

```
typedef struct {
    int       read_fd;        /* caller's descriptor to read from */
    char      *read_ptr;      /* caller's buffer to read into */
    size_t    read_maxlen;    /* caller's max #bytes to read */
                              /* next three are used internally by the function */
    int       rl_cnt;         /* initialize to 0 */
    char      *rl_bufptr;     /* initialize to rl_buf */
    char      rl_buf[MAXLINE];
} Rline;

void     readline_rinit(int, void *, size_t, Rline *);
ssize_t  readline_r(Rline *);
ssize_t  Readline_r(Rline *);
```

图26-6 `readline`可重入版本的数据结构及函数原型

这些新函数在支持线程和不支持线程的系统上都可以使用,不过调用`readline`的所有应用程序都必须修改。

- 改变接口的结构,避免使用静态变量,这样函数就可以是线程安全的。对于`readline`例子来说,这相当于忽略图3-18中引入的性能加速,回到图3-17的较老版本。既然我们说个这个较老版本极为低效,这个办法不一定行得通。

  使用线程特定数据是使得现有函数变为线程安全的一个常用技巧。在讲解操纵线程特定数据的Pthread函数之前,我们先讲述这个概念本身和一个可能的实现,因为这些函数看起来比实际的还要复杂。

  部分复杂性源于许多关于线程使用的教材都把对线程特定数据的讲解写得读起来像是在描述Pthreads标准本身,把键-值(key-value)对和键(key)作为不透明对象(opaque object)来讨论。我们以索引(index)和指针(pointer)来刻划线程特定数据,因为普通的实现把一个小整数索引用作键,与索引关联的值只是一个指向由线程malloc的某个内存区的指针。

每个系统支持有限数量的线程特定数据元素。POSIX要求这个限制不小于128(每个进程),在后面的例子中我们就采用128这个限制。系统(可能是线程函数库)为每个进程维护一个我们称之为Key结构的结构数组,如图26-7所示。

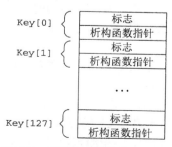

图26-7 线程特定数据的可能实现

Key结构中的标志指示这个数组元素是否正在使用，所有的标志初始化为"不在使用"。当一个线程调用pthread_key_create创建一个新的线程特定数据元素时，系统搜索其Key结构数组找出第一个不在使用的元素。该元素的索引（0～127）称为键（key），返回给调用线程的正是这个索引。我们稍后讨论Key结构的另一个成员"析构函数指针"。

除了进程范围的Key结构数组外，系统还在进程内维护关于每个线程的多条信息。这些特定于线程的信息我们称之为Pthread结构，其部分内容是我们称之为pkey数组的一个128个元素的指针数组。图26-8展示了这些信息。

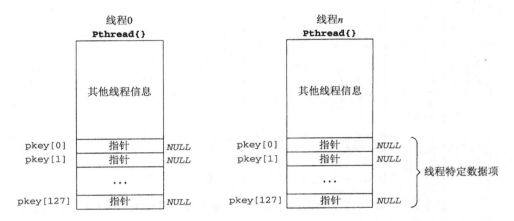

图26-8 系统维护的关于每个线程的信息

pkey数组的所有元素都被初始化为空指针。这些128个指针是和进程内的128个可能的"键"逐一关联的值。

当我们调用pthread_key_create创建一个键时，系统告诉我们这个键（索引）。每个线程可以随后为该键存储一个值（指针），而这个指针通常又是每个线程通过调用malloc获得的。线程特定数据中易于混淆的地方之一是：该指针是键-值对中的值，但是真正的线程特定数据却是该指针指向的任何内容。

我们现在仔细查看一个如何使用线程特定数据的例子，前提是我们的readline函数使用线程特定数据跨对于它的相继调用维护每个线程各自的状态。我们稍后通过修改原来的readline函数展示遵循这些步骤的代码。

(1) 一个进程被启动，多个线程被创建。

(2) 其中一个线程（譬如说线程0）是首个调用readline函数的线程，该函数转而调用pthread_key_create。系统在图26-7所示Key结构数组中找到第一个未用的元素，并把它的索引（0～127）返回给调用者。我们在本例子中假设找到的索引是1。

我们将使用pthread_once函数确保pthread_key_create只是被第一个调用readline的线程所调用。

(3) readline调用pthread_getspecific获取本线程的pkey[1]值（图26-8中作为键1之值的"指针"），返回值是一个空指针。readline于是调用malloc分配内存区，用于为本线程跨相继的readline调用保存特定于线程的信息。readline按照需要初始化该内存区，并调用pthread_setspecific把对应所创建键的线程特定数据指针（pkey[1]）设置为指向它刚刚分配的内存区。图26-9展示了此时的情形，其中假设调用线程是线程0。

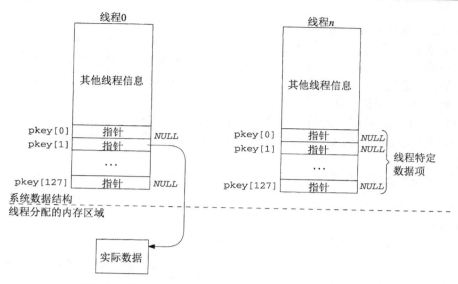

图26-9　把malloc到的内存区和线程特定数据指针相关联

我们在该图中指出，Pthread结构是系统（可能是线程函数库）维护的，而我们malloc的真正线程特定数据是由我们的函数（本例中为readline）维护的。pthread_setspecific所做的只是在Pthread结构中把对应指定键的指针设置为指向分配的内存区。类似地，pthread_getspecific所做的只是返回对应指定键的指针。

（4）另一个线程（譬如说线程n）调用readline，当时也许线程0仍然在readline内执行。

readline调用pthread_once试图初始化它的线程特定数据元素所用的键，不过既然初始化函数已被调用过，它就不再被调用。

（5）readline调用pthread_getspecific获取本线程的pkey[1]值，返回值是一个空指针。线程n于是就像线程0那样先调用malloc，再调用pthread_setspecific，以初始化相应键（1）的线程特定数据。图26-10展示了此时的情形。

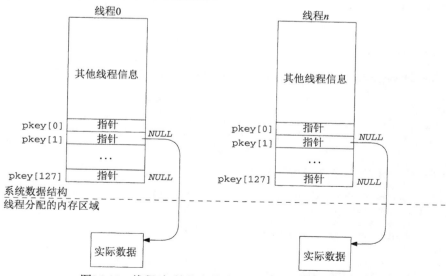

图26-10　线程n初始化它的线程特定数据后的数据结构

(6) 线程n继续在readline中执行，使用和修改它自己的线程特定数据。

我们未曾解决的一个问题是当一个线程终止时会发生什么？如果该线程调用过我们的readline函数，那么该函数已经分配了一个需要释放掉的内存区。这正是图26-7中的"析构函数指针"的用武之地。一个线程调用pthread_key_create创建某个线程特定数据元素时，所指定的函数参数之一是指向某个析构函数（destructor）的一个指针。当一个线程终止时，系统将扫描该线程的pkey数组，为每个非空的pkey指针调用相应的析构函数。"相应的析构函数"指的是存放在图26-7的Key数组中的函数指针。这是一个线程终止时释放其线程特定数据的手段。

处理线程特定数据时通常首先调用pthread_once和pthread_key_create两个函数。

```
#include <pthread.h>

int pthread_once(pthread_once_t *onceptr, void (*init)(void));

int pthread_key_create(pthread_key_t *keyptr, void (*destructor)(void *value));
```
均返回：若成功则为0，若出错则为正的E*xxx*值

每当一个使用线程特定数据的函数被调用时，pthread_once通常转而被该函数调用，不过pthread_once使用由*onceptr*参数指向的变量中的值，确保*init*参数所指的函数在进程范围内只被调用一次。

在进程范围内对于一个给定键，pthread_key_create只能被调用一次。所创建的键通过*keyptr*指针参数返回，如果*destructor*指针参数不为空指针，它所指的函数将由为该键存放过某个值的每个线程在终止时调用。

这两个函数的典型用法如下所示（不考虑出错返回）。

```
pthread_key_t  rl_key;
pthread_once_t rl_once = PTHREAD_ONCE_INIT;

void
readline_destructor(void *ptr)
{
    free(ptr);
}

void
readline_once(void)
{
    pthread_key_create(&rl_key, readline_destructor);
}

ssize_t
readline( ... )
{
    ...
    pthread_once(&rl_once, readline_once);

    if ( (ptr = pthread_getspecific(rl_key)) == NULL) {
        ptr = Malloc( ... );
        pthread_setspecific(rl_key, ptr);
        /* initialize memory pointed to by ptr */
    }
    ...
    /* use values pointed to by ptr */
}
```

每次readline被调用时，它都调用pthread_once。pthread_once使用由其*onceptr*参数指向的值（变量rl_once的内容）确保由其*init*参数指向的函数只被调用一次。初始化函数readline_once创建一个线程特定数据键存放在rl_key中，readline随后在pthread_getspecific和pthread_setspecific调用中使用这个键。

pthread_getspecific和pthread_setspecific这两个函数分别用于获取和存放与某个键关联的值。该值就是我们在图26-8中称之为"指针"的东西。该指针的具体指向取决于应用程序，不过通常情况下它指向一个动态分配的内存区。

```
#include <pthread.h>

void *pthread_getspecific(pthread_key_t key);

                         返回：指向线程特定数据的指针（有可能是一个空指针）

int pthread_setspecific(pthread_key_t key, const void *value);

                         返回：若成功则为0，若出错则为正的Exxx值
```

注意，phread_key_create的参数是一个指向某个键的指针（因为该函数需要在其中存放由系统赋予该键的值），而那两个get和set函数的参数则是键本身（可能如早先讨论的那样是一个小整数索引）。

例子：使用线程特定数据的 readline 函数

我们现在通过把图3-18中readline函数的优化版本转换为无需改变调用顺序的线程安全版本以给出一个使用线程特定数据的完整例子。

图26-11给出该函数的第一部分：pthread_key_t变量、pthread_once_t变量、readline_destructor函数、readline_once函数以及包含必须基于每个线程维护的所有信息的Rline结构。

691

```
                                                         threads/readline.c
 1 #include      "unpthread.h"

 2 static pthread_key_t   rl_key;
 3 static pthread_once_t  rl_once = PTHREAD_ONCE_INIT;

 4 static void
 5 readline_destructor(void *ptr)
 6 {
 7     free(ptr);
 8 }

 9 static void
10 readline_once(void)
11 {
12     Pthread_key_create(&rl_key, readline_destructor);
13 }

14 typedef struct {
15     int     rl_cnt;               /* initialize to 0 */
16     char    *rl_bufptr;           /* initialize to rl_buf */
17     char    rl_buf[MAXLINE];
18 } Rline;
                                                         threads/readline.c
```

图26-11　线程安全的readline函数的第一部分

析构函数

4~8 我们的析构函数仅仅释放由相应线程早先分配的内存区。

一次性函数

9~13 我们的一次性函数将由pthread_once调用一次，它只是创建由readline使用的键。

Rline结构

14~18 Rline结构含有因在图3-18中声明为static而导致前述问题的那3个变量。调用readline
的每个线程都由readline动态分配一个Rline结构，然后由析构函数释放。

图26-12给出真正的readline函数和由它调用的my_read函数。该图是对图3-18所做的一个
修改。

threads/readline.c

```
19 static ssize_t
20 my_read(Rline *tsd, int fd, char *ptr)
21 {
22     if (tsd->rl_cnt <= 0) {
23       again:
24       if ( (tsd->rl_cnt = read(fd, tsd->rl_buf, MAXLINE)) < 0) {
25             if (errno == EINTR)
26                 goto again;
27             return(-1);
28         } else if (tsd->rl_cnt == 0)
29             return(0);
30         tsd->rl_bufptr = tsd->rl_buf;
31     }

32     tsd->rl_cnt--;
33     *ptr = *tsd->rl_bufptr++;
34     return(1);
35 }
36 ssize_t
37 readline(int fd, void *vptr, size_t maxlen)
38 {
39     size_t n, rc;
40     char   c, *ptr;
41     Rline  *tsd;

42     Pthread_once(&rl_once, readline_once);
43     if ( (tsd = pthread_getspecific(rl_key)) == NULL) {
44         tsd = Calloc(1, sizeof(Rline));  /* init to 0 */
45         Pthread_setspecific(rl_key, tsd);
46     }

47     ptr = vptr;
48     for (n = 1; n < maxlen; n++) {
49         if ( (rc = my_read(tsd, fd, &c)) == 1) {
50             *ptr++ = c;
51             if (c == '\n')
52                 break;
53         } else if (rc == 0) {
54             *ptr = 0;
55             return(n - 1);           /* EOF, n - 1 bytes read */
56         } else
57             return(-1);              /* error, errno set by read() */
58     }
59     *ptr = 0;
60     return(n);
61 }
```

threads/readline.c

图26-12 线程安全的readline函数的第二部分

my_read函数

19~35　本函数的第一个参数现在是指向预先为本线程分配的Rline结构（即真正的线程特定数据）的一个指针。

分配线程特定数据

42　我们首先调用pthread_once，使得本进程内第一个调用readline的线程通过调用pthread_once创建线程特定数据键。

获取线程特定数据指针

43~46　pthread_getspecific返回指向特定于本线程的Rline结构的指针。然而如果这次是本线程首次调用readline，其返回值将是一个空指针。在这种情况下，我们分配一个Rline结构的空间，并由calloc将其rl_cnt成员初始化为0。然后我们调用pthread_setspecific为本线程存储这个指针。下一次本线程调用readline时，pthread_getspecific将返回这个刚存储的指针。

692 ~ 693

26.6　Web 客户与同时连接

我们现在回顾一下16.5节的Web客户程序例子，并把它重新编写成用线程代替非阻塞connect。改用线程之后，我们可以让套接字停留在默认的阻塞模式，改而为每个连接创建一个线程。每个线程可以阻塞在它的connect调用中，因为内核（也可能是线程函数库）会转而运行另外某个就绪的线程。

图26-13给出本程序的第一部分，包括全局变量和main函数的开首部分。

```
                                                            threads/web01.c
 1 #include      "unpthread.h"
 2 #include      <thread.h>          /* Solaris threads */

 3 #define MAXFILES    20
 4 #define SERV        "80"          /* port number or service name */

 5 struct file {
 6   char   *f_name;                 /* filename */
 7   char   *f_host;                 /* hostname or IP address */
 8   int    f_fd;                    /* descriptor */
 9   int    f_flags;                 /* F_xxx below */
10   pthread_t  f_tid;               /* thread ID */
11 } file[MAXFILES];
12 #define F_CONNECTING   1          /* connect() in progress */
13 #define F_READING      2          /* connect() complete; now reading */
14 #define F_DONE         4          /* all done */

15 #define GET_CMD        "GET %s HTTP/1.0\r\n\r\n"

16 int      nconn, nfiles, nlefttoconn, nlefttoread;

17 void     *do_get_read(void *);
18 void     home_page(const char *, const char *);
19 void     write_get_cmd(struct file *);

20 int
21 main(int argc, char **argv)
22 {
23     int        i, n, maxnconn;
```

图26-13　全局变量和main函数的开首部分

```
24        pthread_t    tid;
25        struct file *fptr;

26        if (argc < 5)
27            err_quit("usage: web <#conns> <IPaddr> <homepage> file1 ...");
28        maxnconn = atoi(argv[1]);

29        nfiles = min(argc - 4, MAXFILES);
30        for (i = 0; i < nfiles; i++) {
31            file[i].f_name = argv[i + 4];
32            file[i].f_host = argv[2];
33            file[i].f_flags = 0;
34        }
35        printf("nfiles = %d\n", nfiles);

36        home_page(argv[2], argv[3]);

37        nlefttoread = nlefttoconn = nfiles;
38        nconn = 0;
```
threads/web01.c

图26-13   (续)

全局变量

1~16   除了通常的<pthread.h>头文件外，我们还包含<thread.h>头文件，因为除了使用
       Pthread线程外，我们还需要使用Solaris线程，这一点我们稍后就讲解。

10   我们在file结构中增加了一个成员f_tid(线程ID)。这段代码其余部分与图16-15类似。
       在线程版本中我们不再使用select，因而不需要任何描述符集或变量maxfd。

36   所调用的home_page函数就是图16-16，没有改动。
       图26-14给出main线程的主处理循环。

threads/web01.c
```
39        while (nlefttoread > 0) {
40            while (nconn < maxnconn && nlefttoconn > 0) {
41                    /* find a file to read */
42                for (i = 0 ; i < nfiles; i++)
43                    if (file[i].f_flags == 0)
44                        break;
45                if (i == nfiles)
46                    err_quit("nlefttoconn = %d but nothing found", nlefttoconn);

47                file[i].f_flags = F_CONNECTING;
48                Pthread_create(&tid, NULL, &do_get_read, &file[i]);
49                file[i].f_tid = tid;
50                nconn++;
51                nlefttoconn--;
52            }

53            if ( (n = thr_join(0, &tid, (void **) &fptr)) != 0)
54                errno = n, err_sys("thr_join error");

55            nconn--;
56            nlefttoread--;
57            printf("thread id %d for %s done\n", tid, fptr->f_name);
58        }

59        exit(0);
60    }
```
threads/web01.c

图26-14   main函数的主处理循环

若可能则创建另一个线程

40~52　如果创建另一个线程的条件（nconn小于maxnconn）能够满足，我们就创建一个。每个新线程执行的函数是do_get_read，传递给它的参数是指向file结构的指针。

等待任何一个线程终止

694
~
695

53~54　通过指定第一个参数为0调用Solaris线程函数thr_join，等待任何一个线程终止。不幸的是，Pthreads没有提供等待任一线程终止的手段，pthread_join函数[①]要求我们显式指定想要等待的线程。我们将在26.9节看到，Pthreads解决本问题的办法较为复杂，它要求使用条件变量供即将终止的线程通知主线程自身何时终止。

> 我们给出的使用Solaris线程函数thr_join的办法难以移植到所有环境下。尽管如此，我们在展示这个使用线程的Web客户程序例子时，并不希望因为引入条件变量和互斥锁而搞复杂对它的讨论。所幸的是我们可以在Solaris环境下混合使用Pthreads线程和Solaris线程。

图26-15给出的是由每个线程执行的do_get_read函数。该函数建立TCP连接，给服务器发送一个HTTP GET命令，并读入来自服务器的应答。

```
                                                               threads/web01.c
61 void *
62 do_get_read(void *vptr)
63 {
64     int     fd, n;
65     char    line[MAXLINE];
66     struct file *fptr;

67     fptr = (struct file *) vptr;

68     fd = Tcp_connect(fptr->f_host, SERV);
69     fptr->f_fd = fd;
70     printf("do_get_read for %s, fd %d, thread %d\n",
71             fptr->f_name, fd, fptr->f_tid);

72     write_get_cmd(fptr);            /* write() the GET command */

73         /* Read server's reply */
74     for ( ; ; ) {
75         if ( (n = Read(fd, line, MAXLINE)) == 0)
76             break;                 /* server closed connection */

77         printf("read %d bytes from %s\n", n, fptr->f_name);
78     }
79     printf("end-of-file on %s\n", fptr->f_name);
80     Close(fd);
81     fptr->f_flags = F_DONE;        /* clears F_READING */

82     return(fptr);                  /* terminate thread */
83 }
                                                               threads/web01.c
```

图26-15　do_get_read函数

---

① 作者（Stevens）曾在Usenet上抱怨pthread_join不能等待任一线程终止，一些参与过Pthread标准工作的人员为这个设计决策辩解说，pthread_join不可能每个人想怎么样就怎么样。他们还辩解说，在进程模型中存在父子关系，因此wait或waitpid具备等待任一子进程的能力是有意义的。然而在线程环境中却不存在类似父与子的层次关系，因而等待任一线程终止并没有意义。其状态由某个等待任一线程终止之类函数返回的线程不一定是由调用线程创建的。他们补充说，如果有人真地需要等待任一线程，那也可以使用条件变量实现之（并不简单），就如我们稍后给出的那样。无论他们如何争辩，作者依然认为pthread_join的设计存在瑕疵。

创建TCP套接字并建立连接

68~71   调用tcp_connect函数创建一个TCP套接字并建立一个连接。该套接字是一个通常的阻
696   塞式套接字，因此线程将阻塞在connect调用中，直到连接建立。

向服务器写出请求

72   调用write_get_cmd构造HTTP GET命令并把它发送到服务器。我们不再给出该函数的
      代码，它和图16-18的唯一区别是线程版本不调用FD_SET，也不使用maxfd。

读入服务器的应答

73~82   写出请求后随即读入服务器的应答。连接被服务器关闭时设置F_DONE标志并返回，从
         而终止本线程。

      我们同样没有给出home_page函数，因为它和图16-16给出的版本一样。

      我们将再次回到本例子，把Solaris的thr_join函数替换成移植性更好的Pthreads方法，不
过在此之前我们必须首先讨论互斥锁和条件变量。

26.7 互斥锁

      注意图26-14中，当某个线程终止时，主循环将递减nconn和nlefttoread。我们本来可以
把这两个递减操作放在do_get_read函数中，让每个线程在即将终止之前递减这两个计数器。
然而这么做却是一个微妙而重大的并发编程错误。

      把计数器递减代码放在每个线程均执行的函数中的问题在于那两个变量是全局的，而不是
特定于线程的。如果一个线程在递减某个变量的中途被挂起，而另一个线程执行并递减同一个
变量，那就可能导致错误。举例来说，假设C编译器将递减运算符转换成3条机器指令：从内存
装载到寄存器、递减寄存器、从寄存器存储到内存。考虑如下可能的情形。

      (1) 线程A运行，把nconn的值（3）装载到一个寄存器。

      (2) 系统把运行线程从A切换到B。A的寄存器被保存，B的寄存器则被恢复。

      (3) 线程B执行与C表达式nconn--相对应的3条指令，把新值2存储到nconn。

      (4) 一段时间之后，系统把运行线程从B切换回A。A的寄存器被恢复，A从原来离开的地方
（即3指令序列中的第二条指令）继续执行，把那个寄存器的值从3递减为2，再把值2存储到nconn。

      最终的结果是nconn本该为1实际却为2。这是错误的运行结果。

      这些类型的并发编程错误很难被发现，其原因有多个。首先，这些编程错误导致的运行差
697   错很少发生。然而无论如何它们毕竟是错误，总会导致运行差错（Murphy's Law，墨菲定律）。
其次，这些编程错误导致的运行差错难以再现，因为运行差错取决于许多事件的非确定定时关
系。最后，某些系统上递减运算符的硬件指令可能是原子的，也就是说这些系统中存在可递减
内存中某个整数的单条硬件指令（顶替我们以前假设的3指令序列），而且在这条指令的执行期
内硬件不能被中断。当然我们不可能保证所有系统都是如此，因此上述代码会发生在一个系统
上起作用在另一个系统上却不起作用的现象。

      我们称线程编程为并发编程（concurrent programming）或并行编程（parallel programming），
因为多个线程可以并发地（或并行地）运行且访问相同的变量。虽然我们刚讨论的错误情形以
单CPU系统为前提，但是如果线程A和B同时运行在某个多处理器系统的不同CPU上，潜在的运
行差错仍然可能发生。对于通常的Unix编程，我们不会碰到这些并发编程问题，因为调用fork
之后，父子进程之间除了描述符外不共享任何东西。然而当我们讨论在进程之间的共享内存区
时，仍然会碰到同类问题。

我们可以使用线程轻易展现这个问题。图26-17是一个简单的程序，它创建两个线程，然后让每个线程递增同一个全局变量5000次。

为了强化运行时刻的出错可能性，我们先取得counter的当前值，再显示它的新值，然后存储这个新值。运行这个程序，我们得到如图26-16所示的输出。

```
4:     1
4:     2
4:     3
4:     4
                          线程4继续如此执行
4:     517
4:     518
4:     518              线程5现在执行
4:     519
4:     520
                          线程5继续如此执行
5:     926
5:     927
4:     519              线程4现在执行；所存储值是错误的
4:     520
```

图26-16　图26-17中程序的输出

698

```c
                                              ────── threads/example01.c
 1 #include     "unpthread.h"

 2 #define NLOOP 5000

 3 int      counter;                   /* incremented by threads */
 4 void     *doit(void *);

 5 int
 6 main(int argc, char **argv)
 7 {
 8      pthread_t    tidA, tidB;

 9      Pthread_create(&tidA, NULL, &doit, NULL);
10      Pthread_create(&tidB, NULL, &doit, NULL);

11          /* wait for both threads to terminate */
12      Pthread_join(tidA, NULL);
13      Pthread_join(tidB, NULL);

14      exit(0);
15 }

16 void *
17 doit(void *vptr)
18 {
19      int      i, val;

20      /*
21       * Each thread fetches, prints, and increments the counter NLOOP times.
22       * The value of the counter should increase monotonically.
23       */

24      for (i = 0; i < NLOOP; i++) {
25          val = counter;
26          printf("%d: %d\n", pthread_self(), val + 1);
27          counter = val + 1;
28      }

29      return(NULL);
30 }
                                              ────── threads/example01.c
```

图26-17　两个线程不正确地递增一个全局变量

请注意系统首次从线程4切换到线程5时发生的错误,每个线程存储的值都是518。这种错误在10000行输出中发生了许多次。

如果我们运行该程序若干次,这种类型问题的非确定本性就同样得以显现,每次运行的最终结果都不同于前一次运行。如果我们把程序的输出重定向到磁盘文件,有时候就不发生运行差错,因为这么一来程序运行得更快,所提供的线程间切换机会也更少。我们试验过的运行差错出现得最多的情形是:交互地运行该程序,把程序的输入写到(慢速)终端上,同时使用Unix的script程序(在APUE第19章中详细讨论)把整个交互过程的输出保存到一个文件中。

我们刚才讨论的多个线程更改一个共享变量的问题是最简单的问题。其解决办法是使用一个互斥锁(mutex,代表mutual exclusion)保护这个共享变量;访问该变量的前提条件是持有该互斥锁。按照Pthread,互斥锁是类型为pthread_mutex_t的变量。我们使用以下两个函数为一个互斥锁上锁和解锁。

```
#include <pthread.h>

int pthread_mutex_lock(pthread_mutex_t *mptr);

int pthread_mutex_unlock(pthread_mutex_t *mptr);
                                均返回:若成功则为0,若出错则为正的Exxx值
```

如果试图上锁已被另外某个线程锁住的一个互斥锁,本线程将被阻塞,直到该互斥锁被解锁为止。

如果某个互斥锁变量是静态分配的,我们就必须把它初始化为常值PTHREAD_MUTEX_INITIALIZER。我们将在30.8节看到,如果我们在共享内存区中分配一个互斥锁,那么必须通过调用pthread_mutex_init函数在运行时把它初始化。

> 有些系统(例如Solaris)把PTHREAD_MUTEX_INITIALIZER定义为0,因而忽略这个初始化步骤可以接受,因为静态分配的变量被自动初始化为0。但是这么做并不能保证可以被普遍接受,因为其他系统(例如Digital Unix)把初始化常值定义为非0。

图26-18是图26-17的改正版本,它使用单个互斥锁保护由两个线程共同访问的计数器。

threads/example02.c

```
1 #include     "unpthread.h"

2 #define NLOOP 5000

3 int     counter;                /* incremented by threads */
4 pthread_mutex_t counter_mutex = PTHREAD_MUTEX_INITIALIZER;

5 void     *doit(void *);

6 int
7 main(int argc, char **argv)
8 {
9       pthread_t    tidA, tidB;

10      Pthread_create(&tidA, NULL, &doit, NULL);
11      Pthread_create(&tidB, NULL, &doit, NULL);

12          /* wait for both threads to terminate */
13      Pthread_join(tidA, NULL);
14      Pthread_join(tidB, NULL);

15      exit(0);
```

图26-18 使用互斥锁保护共享变量的图26-17的改正版本

700

```
16 }

17 void *
18 doit(void *vptr)
19 {
20     int     i, val;

21     /*
22      * Each thread fetches, prints, and increments the counter NLOOP times.
23      * The value of the counter should increase monotonically.
24      */

25     for (i = 0; i < NLOOP; i++) {
26         Pthread_mutex_lock(&counter_mutex);

27         val = counter;
28         printf("%d: %d\n", pthread_self(), val + 1);
29         counter = val + 1;

30         Pthread_mutex_unlock(&counter_mutex);
31     }

32     return(NULL);
33 }
```

―threads/example02.c

图26-18　（续）

　　我们声明一个名为counter_mutex的互斥锁，线程在操纵counter变量之前必须锁住该互斥锁。无论何时运行这个程序，其输出总是正确的：计数器值被单调地递增，所显示的最终值总是10000。

　　使用互斥锁上锁的开销有多大呢？把图26-17和图26-18中的程序改为循环50000次，并在把输出定向到/dev/null的前提下测量时间。没有互斥的不正确版本和使用互斥锁的正确版本之间的CPU时间差别是10%。这个结果告诉我们互斥锁上锁并没有太大开销。

26.8　条件变量

　　互斥锁适合于防止同时访问某个共享变量，但是我们需要另外某种在等待某个条件发生期间能让我们进入休眠状态的东西。让我们凭借一个例子说明这一点。我们回到26.6节的Web客户程序，把Solaris的thr_join替换成pthread_join。然而在知道某个线程已经终止之前，我们无法调用这个Pthread函数。我们首先声明一个计量已终止线程数的全局变量，并使用一个互斥锁保护它。

```
int             ndone;          /* number of terminated threads */
pthread_mutex_tndone_mutex =    PTHREAD_MUTEX_INITIALIZER;
```

　　我们接着要求每个线程在即将终止之前谨慎使用所关联的互斥锁递增这个计数器。

701

```
void *
do_get_read(void *vptr)
{
    ...

    Pthread_mutex_lock(&ndone_mutex);
    ndone++;
    Pthread_mutex_unlock(&ndone_mutex);

    return(fptr);       /* terminate thread */
}
```

问题是怎样编写主循环。主循环需要一次又一次地锁住这个互斥锁以便检查是否有任何线程终止了。

```
while (nlefttoread > 0) {
    while (nconn < maxnconn && nlefttoconn > 0) {
            /* find a file to read */
        ...
    }

        /* See if one of the threads is done */
    Pthread_mutex_lock(&ndone_mutex);
    if (ndone > 0) {
        for (i = 0; i < nfiles; i++) {
            if (file[i].f_flags & F_DONE) {
                Pthread_join(file[i].f_tid, (void **) &fptr);

                /* update file[i] for terminated thread */
                ...
            }
        }
    }
    Pthread_mutex_unlock(&ndone_mutex);
}
```

如此编写主循环尽管正确，却意味着主循环永远不进入休眠状态，它就是不断地循环，每次循环回来检查一下ndone。这种方法称为轮询（polling），相当浪费CPU时间。

我们需要一个让主循环进入休眠状态，直到某个线程通知它有事可做才醒来的方法。条件变量（condition variable）结合互斥锁能够提供这个功能。互斥锁提供互斥机制，条件变量提供信号机制。

按照Pthread，条件变量是类型为pthread_cond_t的变量。以下两个函数使用条件变量。

```
#include <pthread.h>

int pthread_cond_wait(pthread_cond_t *cptr, pthread_mutex_t *mptr);

int pthread_cond_signal(pthread_cond_t *cptr);
```
均返回：若成功则为0，若出错则为正的Exxx值

702

第二个函数的名字中"signal"一词并不指称Unix的SIG*xxx*信号。

解释这些函数最容易的方法是举例说明。回到我们的Web客户程序例子，现在我们给计数器ndone同时关联一个条件变量和一个互斥锁。

```
int             ndone;
pthread_mutex_t ndone_mutex = PTHREAD_MUTEX_INITIALIZER;
pthread_cond_t  ndone_cond  = PTHREAD_COND_INITIALIZER;
```

通过在持有该互斥锁期间递增该计数器并发送信号到该条件变量，一个线程通知主循环自身即将终止。

```
Pthread_mutex_lock(&ndone_mutex);
ndone++;
Pthread_cond_signal(&ndone_cond);
Pthread_mutex_unlock(&ndone_mutex);
```

主循环阻塞在pthread_cond_wait调用中，等待某个即将终止的线程发送信号到与ndone关联的条件变量。

```
while (nlefttoread > 0) {
    while (nconn < maxnconn && nlefttoconn > 0) {
            /* find a file to read */
        ...
    }
```

```
        /* Wait for one of the threads to terminate */
    Pthread_mutex_lock(&ndone_mutex);
    while (ndone == 0)
        Pthread_cond_wait(&ndone_cond, &ndone_mutex);

    for (i = 0; i < nfiles; i++) {
        if (file[i].f_flags & F_DONE) {
            Pthread_join(file[i].f_tid, (void **) &fptr);

            /* update file[i] for terminated thread */
            ...
        }
    }
    Pthread_mutex_unlock(&ndone_mutex);
}
```

注意，主循环仍然只是在持有互斥锁期间检查ndone变量。然后，如果发现无事可做，那就调用pthread_cond_wait。该函数把调用线程置于休眠状态并释放调用线程持有的互斥锁。此外，当调用线程后来从pthread_cond_wait返回时（其他某个线程发送信号到与ndone关联的条件变量之后），该线程再次持有该互斥锁。

为什么每个条件变量都要关联一个互斥锁呢？因为"条件"通常是线程之间共享的某个变量的值。允许不同线程设置和测试该变量要求有一个与该变量关联的互斥锁。举例来说，要是刚才给出的例子代码中我们没用互斥锁，那么主循环将如下测试变量ndone。

703

```
        /* Wait for one of the threads to terminate */
    while (ndone == 0)
        Pthread_cond_wait(&ndone_cond, &ndone_mutex);
```

这里存在如此可能性：主线程外最后一个线程在主循环测试ndone==0之后但在调用pthread_cond_wait之前递增ndone。如果发生这样的情形，最后那个"信号"就丢失了，造成主循环永远阻塞在pthread_cond_wait调用中，等待永远不再发生的某事再次出现。

同样的理由要求pthread_cond_wait被调用时其所关联的互斥锁必须是上锁的，该函数作为单个原子操作解锁该互斥锁并把调用线程置于休眠状态也是出于这个理由。要是该函数不先解锁该互斥锁，到返回时再给它上锁，调用线程就不得不事先解锁事后上锁该互斥锁，测试变量ndone的代码将变为：

```
        /* Wait for one of the threads to terminate */
    Pthread_mutex_lock(&ndone_mutex);
    while (ndone == 0) {
        Pthread_mutex_unlock(&ndone_mutex);
        Pthread_cond_wait(&ndone_cond, &ndone_mutex);
        Pthread_mutex_lock(&ndone_mutext);
    }
```

然而这里再次存在如此可能性：主线程外最后一个线程在主线程调用pthread_mutex_unlock和pthread_cond_wait之间终止并递增ndone的值。

pthread_cond_signal通常唤醒等在相应条件变量上的单个线程。有时候一个线程知道自己应该唤醒多个线程，这种情况下它可以调用pthread_cond_broadcast唤醒等在相应条件变量上的所有线程。

```
#include <pthread.h>

int pthread_cond_broadcast(pthread_cond_t *cptr);

int pthread_cond_timedwait(pthread_cond_t *cptr, pthread_mutex_t *mptr,
                           const struct timespec *abstime);
                                    均返回：若成功则为0，若出错则为正的Exxx值
```

pthread_cond_timedwait允许线程设置一个阻塞时间的限制。*abstime*是一个timespec结构（我们已在6.9节随pselect函数定义过该结构），指定该函数必须返回时刻的系统时间，即使到时候相应条件变量尚未收到信号。如果发生这样的超时，那就返回ETIME错误。

这个时间值是一个绝对时间（absolute time），而不是一个时间增量（time delta）。也就是说*abstime*参数是函数应该返回时刻的系统时间——从1970年1月1日UTC时间以来的秒数和纳秒数。这一点不同于select和pselect，它们指定的是从调用时刻开始到函数应该返回时刻的秒数和微秒数（对于pselect为纳秒数）。通常采用的过程是：调用gettimeofday获取当前时间（作为一个timeval结构），把它复制到一个timespec结构中，再加上期望的时间限制。例如：

```
struct timeval   tv;
struct timespec  ts;

if (gettimeofday(&tv, NULL) <  0)
    err_sys("gettimeofday error");
ts.tv_sec = tv.tv_sec + 5;          /* 5 seconds in future */
ts.tv_nsec = tv.tv_usec * 1000;  /* microsec to nanosec */

pthread_cond_timedwait( ... , &ts);
```

使用绝对时间取代增量时间的优点是，如果该函数过早返回（可能是因为捕获了某个信号），那么不必改动timespec结构参数的内容就可以再次调用该函数，缺点是首次调用该函数之前不得不调用gettimeofday。

> POSIX规范定义了一个名为clock_gettime的函数，它把当前时间返回为一个timespec结构。

26.9 Web 客户与同时连接（续）

我们现在重新编写26.6节的Web客户程序，把其中对于Solaris之thr_join函数的调用替换成调用pthread_join。正如那节所述，这么一来我们必须明确指定等待哪一个线程。为了做到这一点，我们就像26.8节讲解的那样使用条件变量。

全局变量（图26-13）的唯一变动是增加一个新标志和一个条件变量。

```
#define    F_JOINED         8      /* main has pthread_join'ed */

int               ndone;            /* number of terminated threads */
pthread_mutex_t   ndone_mutex = PTHREAD_MUTEX_INITIALIZER;
pthread_cond_t    ndone_cond  = PTHREAD_COND_INITIALIZER;
```

do_get_read函数（图26-15）的唯一变动是在本线程终止之前递增ndone并通知主循环。

```
    printf("end-of-file on %s\n", fptr->f_name);
    Close(fd);

    Pthread_mutex_lock(&ndone_mutex);
    fptr->f_flags = F_DONE;        /* clears F_READING */
    ndone++;
    Pthread_cond_signal(&ndone_cond);
    Pthread_mutex_unlock(&ndone_mutex);

    return(fptr);             /* terminate thread */
}
```

大多数变动发生在主循环中（图26-14），图26-19给出主循环的新版本。

threads/web03.c

```
43          while (nlefttoread > 0) {
44              while (nconn < maxnconn && nlefttoconn > 0) {
45                      /* find a file to read */
46                  for (i = 0 ; i < nfiles; i++)
47                      if (file[i].f_flags == 0)
48                          break;
49                  if (i == nfiles)
50                      err_quit("nlefttoconn = %d but nothing found", nlefttoconn);

51                  file[i].f_flags = F_CONNECTING;
52                  Pthread_create(&tid, NULL, &do_get_read, &file[i]);
53                  file[i].f_tid = tid;
54                  nconn++;
55                  nlefttoconn--;
56              }

57                  /* Wait for thread to terminate */
58              Pthread_mutex_lock(&ndone_mutex);
59              while (ndone == 0)
60                  Pthread_cond_wait(&ndone_cond, &ndone_mutex);

61              for (i = 0; i < nfiles; i++) {
62                  if (file[i].f_flags & F_DONE) {
63                      Pthread_join(file[i].f_tid, (void **) &fptr);

64                      if (&file[i] != fptr)
65                          err_quit("file[i] != fptr");
66                      fptr->f_flags = F_JOINED;    /* clears F_DONE */
67                      ndone--;
68                      nconn--;
69                      nlefttoread--;
70                      printf("thread %d for %s done\n", fptr->f_tid, fptr->f_name);
71                  }
72              }
73              Pthread_mutex_unlock(&ndone_mutex);
74          }

75          exit(0);
76      }
```

threads/web03.c

图26-19 main函数的主处理循环

若可能则创建另一个线程

44~56 这段代码没有变动。

等待任何一个线程终止

57~60 为了等待某个线程终止，我们等待ndone变为非0。正如26.8节所述，这个测试必须在锁住所关联互斥锁期间进行。休眠由pthread_cond_wait执行。

处理终止的线程

61~73 当发现某个线程终止时，我们遍历所有file结构找出这个线程，再调用pthread_join，然后设置新的F_JOINED标志。

我们已在图16-20中与使用非阻塞connect的Web客户程序版本一道给出了本版本的时间性能。

26.10 小结

创建一个新线程通常比使用fork派生一个新进程快得多。仅仅这一点就能够体现线程在繁重使用的网络服务器上的优势。然而线程编程是一个新的编程范式，需要有所训练。

同一进程内的所有线程共享全局变量和描述符，从而允许不同线程之间共享这些信息。然而这种共享却引入了同步问题，我们必须使用的Pthread同步原语是互斥锁和条件变量。共享数据的同步几乎是每个线程化应用程序必不可少的部分。

编写能够被线程化应用程序调用的函数时，这些函数必须做到线程安全。有助于做到这一点的一个技巧是线程特定数据，我们通过改写readline函数展示了这样的一个例子。

我们将在第30章中重新回到线程模型，讨论另外一个服务器程序设计范式：服务器在启动时创建一个线程池，下一个客户请求就由该池中某个闲置的线程来处理。

习题

26.1 假设同时服务100个客户，比较使用fork的一个服务器和使用线程的一个服务器所用的描述符量。

26.2 图26-3中如果线程在str_echo返回之后不关闭各自的已连接套接字，将会发生什么？

26.3 在图5-5和图6-13中，当期待服务器回射某个文本行而收到的却是EOF时，客户就显示"server terminated prematurely（服务器过早终止）"（回顾5.12节）。把图26-2改为也在合适的时候显示这条消息。

26.4 把图26-11和图26-12改为能够在不支持线程的系统上编译通过。

26.5 为了观察图3-18的readline函数版本用于图26-3的线程化程序时表现出来的错误，构造这个TCP回射服务器程序并启动运行。然后构造能够以批量方式正确工作的来自图6-13的TCP回射客户程序。在自己的系统上找到一个冗长的文本文件，在批量方式下启动运行客户3次，让它们从这个文本文件中读且把输出写到各自的临时文件中。要是可能，在不同于服务器所在主机的另一个主机上运行这些客户。如果这些客户正确地终止（它们往往挂起），那就查看它们的临时输出文件，并和输入文件进行比较。

现在构造一个使用来自26.5节的readline函数线程安全版本的TCP回射服务器程序。重新以3个客户运行上述测试；这回它们都应该工作。你还应该分别在readline_destructor函数和readline_once函数中以及readline中的malloc调用①处放置一个printf。由它们的输出可以证实键只被某个线程一次性地创建，但是每个线程都各自分配了内存空间并调用了析构函数。

---

① 第3版新作者在图26-12中改用calloc调用，只是为了用上calloc可能影响效率的初始化特性。——译者注

第 27 章

IP 选项

27.1 概述

　　IPv4允许在20字节首部固定部分之后跟以最多共40字节的选项。尽管已经定义的IPv4选项共有10种,最常用的却是源路径选项。这些选项的访问途径是存取IP_OPTIONS套接字选项,我们将以一个使用源路由的例子展示这个访问方式。

　　IPv6允许在固定长度的40字节IPv6首部和传输层首部(例如ICMPv6、TCP或UDP)之间出现扩展首部(extension header)。目前定义了6种不同的扩展首部。不同于IPv4的是,IPv6扩展首部的访问途径是函数接口,而不是强求用户理解这些首部如何呈现在IPv6分组中的真实细节。

27.2 IPv4 选项

　　我们在图A-1中展示出IPv4的选项(options)字段跟在20字节IPv4首部固定部分之后。我们在A.2节指出,4位的首部长度字段把IPv4首部的总长度限制为15个32位字(60字节),因此此IPv4选项字段最长为40字节。IPv4定义了10种不同的选项。

　　(1) NOP: no-operation。单字节选项,典型用途是为某个后续选项落在4字节边界上提供填充。

　　(2) EOL: end-of-list。单字节选项,终止选项的处理。既然各个IP选项的总长度必须为4字节的倍数,因此最后一个有效选项之后可能跟以0~3个EOL字节。

　　(3) LSRR: loose source and record route(TCPv1的8.5节)。我们稍后给出使用本选项的一个例子。

　　(4) SSRR: strict source and record route(TCPv1的8.5节):我们稍后给出使用本选项的一个例子。

　　(5) Timestamp(TCPv1的7.4节)。

　　(6) Record route(TCPv1的7.3节)。

　　(7) Basic security(已作废)。

　　(8) Extended security(已作废)。

　　(9) Stream identifier(已作废)。

　　(10) Router alert。这是在RFC 2113[Katz 1997]中叙述的一种选项。包含该选项的IP数据报要求所有转发路由器都查看其内容。

　　TCPv2第9章提供了关于内核如何处理前6种选项的具体细节,上面指出的TCPv1相关章节给出了如何使用它们的例子。RFC 1108[Kent 1991]给出了关于那2种安全选项的细节,它们未得到广泛使用。

　　读取和设置IP选项字段使用getsockopt和setsockopt(*level*参数为IPPROTO_IP, *optname*参数为IP_OPTIONS)。这两个函数的第四个参数是指向某个缓冲区(其大小小于等于44字节)的一个指针,第五个参数是该缓冲区的大小。该缓冲区的大小之所以可以比选项字段的最大长度多出4字节是由源路径选项的处理方式使然,我们稍后就会讲解到。除了两种源路径选项外,其他选项在该缓冲区中的格式就是把它们置于IP数据报中的格式。

使用setsockopt设置IP选项之后，在相应套接字上发送的所有IP数据报都将包括这些选项。可以在其上设置IP选项的套接字包括TCP、UDP和原始IP套接字。清除这些选项同样使用setsockopt，只是既可把第四个参数指定为空指针，也可把第五个参数（长度）指定为0。

> 对于已经设置了IP_HDRINCL套接字选项（我们将在下一章中讲解该选项）的一个原始IP套接字，并非所有实现都支持再为它设置IP选项。许多源自Berkeley的实现在IP_HDRINCL选项开启时不发送使用IP_OPTIONS设置的IP选项，因为应用进程可能在它构造的IP首部中设置了它自己的IP选项（TCPv2第1056～1057行）。其他系统（例如FreeBSD）允许应用进程或者使用IP_OPTIONS套接字选项设置IP选项，或者通过开启IP_HDRINCL并在自己构造的IP首部中包括IP选项达到设置目的，不过不能混合使用这两种方式。

当调用getsockopt获取由accept创建的某个已连接TCP套接字的IP选项时，返回的是在相应监听套接字上收到的客户SYN分节所在IP数据报中可能出现的源路径选项的逆转（TCPv2第931页）。源路径被TCP自动逆转顺序，因为由客户指定的是从客户到服务器的源路径，服务器却需要在发送到客户的数据报中使用该路径的逆转。如果没有源路径伴随SYN分节，那么由getsockopt通过第五个参数返回的"值-结果"长度为0。对于所有其他TCP套接字及所有UDP套接字和原始IP套接字而言，调用getsockopt获取IP选项返回的仅仅是以前对于同一个套接字调用setsockopt设置的IP选项的一个副本。注意对于一个原始IP套接字，输入函数总是返回包括任何IP选项在内的接收IP首部（也就是到达IP首部），因此接收IP选项（也就是到达IP选项）也总是可得的。

> 源自Berkeley的内核[1]从来不为UDP套接字返回所收取的源路径选项或其他任何IP选项。TCPv2第775页所示的返回IP选项的代码从BSD4.3 Reno以来一直存在，不过因为不起作用而总是被注释掉。这使得UDP接收进程不可能在返送回发送进程的数据报中使用接收路径的逆转。

27.3 IPv4 源路径选项

源路径（source route）是由IP数据报的发送者指定的一个IP地址列表。如果源路径是严格的（strict），那么数据报必须且只能逐一经过所列的节点。也就是说列在源路径中的所有节点必须前后互为邻居。如果源路径是宽松的（loose），那么数据报必须逐一经过所列的节点，不过也可以经过未列在源路径中的其他节点。

> IPv4的源路由是有争议的。尽管它可能对网络排障非常有用，却也可能被用于"源地址欺骗"等攻击之中。[Cheswick, Bellovin, and Rubin 2003]倡议在所有路由器上禁用该特性，许多组织机构和服务提供商也这么做了。源路由的合理用途之一是使用traceroute程序检测非对称的路径，就像TCPv1第108～109页展示的那样，然而随着因特网上有越来越多的路由器禁用源路由，这个用途也将消失。不过无论如何指定和收取源路径是套接字API的部分内容，因而仍然需要讲解。

IPv4源路径称为源和记录路径（source and record routes，SRR，其中LSRR表示宽松的选项，SSRR表示严格的选项），因为随着数据报逐一经过所列的节点，每个节点都把列在源路径中的自己的地址替换为外出接口的地址。SRR允许接收者逆转新的列表的顺序，得到沿相反方向回到发

---

[1] 许多源自Berkeley的内核在为原始IP套接字调用getsockopt和setsockopt时发生恐慌（panic，即系统停机）。普通用户无法使用该手段攻击系统，因为创建原始IP套接字要求具备超级用户权限，而超级用户权限的拥有者本来就可以对系统进行更为恶意的活动。

送者的路径。TCPv1的8.5节给出了LSRR和SSRR这两种源路径的例子以及相应的`tcpdump`输出。

我们把源路径指定为一个IPv4地址数组,并冠以3个单字节字段,如图27-1所示。这就是我们传递给`setsockopt`的缓冲区的格式。

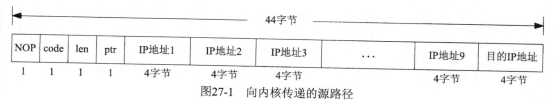

图27-1 向内核传递的源路径

我们在源路径选项之前放置一个NOP选项,使得所有IP地址在各自的4字节边界对齐。这么做并非必须,不过无须占用额外空间(IP选项总是填充成4字节的倍数),还对齐了地址。

[711]

我们在图中展示的源路径最多有10个IP地址,不过所列的第一个地址将在相应套接字的每个外出IP数据报即将离开源主机之际被移出源路径选项,并成为IP数据报的目的地址。尽管40字节的IP选项空间(别忘了我们马上讲解的3字节选项首部所占空间)只能存放9个IP地址,如果把目的地址字段也包括在内,那么IPv4首部中实际上有10个IP地址。

*code*字段对于LSRR为0x83,对于SSRR为0x89。*len*字段用于指定选项的字节长度,包括3字节选项首部和处于末尾的额外的最终目的地址(该地址不属于源路径)。对于由1个IP地址构成的源路径*len*为11,对于由2个IP地址构成的源路径*len*为15,以此类推,直到由9个IP地址构成的源路径*len*为最大值43。NOP不属于本SSR选项(它自成一个单字节IP选项),因而不包括在*len*字段的涵盖范围之内,不过包括在给`setsockopt`指定的缓冲区大小之中。当源路径地址列表中的第一个地址被移走并置于IP首部的目的地址字段时,这个*len*值被减去4(TCPv2图9-32和图9-33)。*ptr*是一个指针,也就是路径中下一个待处理IP地址的偏移量,初始值为4,表示指向第一个IP地址。该字段的值随着IP数据报被每个所列节点处理而逐次加上4。

我们现在开发3个函数,分别初始化、创建和处理一个源路径选项。这些函数只处理源路径IP选项。尽管源路径结合其他IP选项(例如路由器警告)也是可能的,但这样的组合很少使用。图27-2是第一个函数`inet_srcrt_init`以及用于构造选项内容的一些静态变量。

```
                                                              ipopts/sourceroute.c
 1 #include     "unp.h"
 2 #include     <netinet/in_systm.h>
 3 #include     <netinet/ip.h>

 4 static u_char *optr;            /* pointer into options being formed */
 5 static u_char *lenptr;          /* pointer to length byte in SRR option */
 6 static int ocnt;                /* count of # addresses */

 7 u_char *
 8 inet_srcrt_init(int type)
 9 {
10     optr = Malloc(44);          /* NOP, code, len, ptr, up to 10 addresses */
11     bzero(optr, 44);            /* guarantees EOLs at end */
12     ocnt = 0;
13     *optr++ = IPOPT_NOP;        /* NOP for alignment */
14     *optr++ = type ? IPOPT_SSRR : IPOPT_LSRR;
15     lenptr = optr++;            /* we fill in length later */
16     *optr++ = 4;                /* offset to first address */

17     return(optr - 4);           /* pointer for setsockopt() */
18 }
                                                              ipopts/sourceroute.c
```

图27-2 `inet_srcrt_init`函数:为构建一个源路径进行初始化

[712]

初始化

10~17　分配一个最大长度（44字节）的缓冲区并将它清零。EOL选项的值为0，因此清零操作把整个选项缓冲区初始化为EOL字节。接着按照图27-1设置源路径选项首部，包括用于对齐的NOP、源路径类型（LSRR或SSRR）、长度和指针。保存指向*len*字段的一个指针，以后每往地址列表中加入一个地址，就在该字段中存入新值。把指向选项缓冲区的指针返回给调用者，以便作为第四个参数传递给setsockopt。

　　下一个函数inet_srcrt_add（图27-3）把一个IPv4地址加到正在构建的源路径上。

参数

19~20　参数指向一个主机名或一个点分十进制数串IP地址。

检查溢出

25~26　我们检查尚未指定过多的地址，如果这是第一个地址则将其初始化。

ipopts/sourceroute.c
```
19 int
20 inet_srcrt_add(char *hostptr)
21 {
22     int     len;
23     struct addrinfo *ai;
24     struct sockaddr_in *sin;

25     if (ocnt > 9)
26         err_quit("too many source routes with: %s", hostptr);

27     ai = Host_serv(hostptr, NULL, AF_INET, 0);
28     sin = (struct sockaddr_in *) ai->ai_addr;
29     memcpy(optr, &sin->sin_addr, sizeof(struct in_addr));
30     freeaddrinfo(ai);

31     optr += sizeof(struct in_addr);
32     ocnt++;
33     len = 3 + (ocnt * sizeof(struct in_addr));
34     *lenptr = len;
35     return(len + 1);                 /* size for setsockopt() */
36 }
```
ipopts/sourceroute.c

图27-3　inet_srcrt_add函数：向源路径加入一个IPv4地址

取得二进制IP地址并存入路径

27~35　调用我们的host_serv函数转换主机名或点分十进制数串，并把最终的二进制地址存入路径地址列表。更改*len*字段的值，返回缓冲区的总长度（包括NOP），以便调用者把它作为第五个参数传递给setsockopt。

　　通过getsockopt调用返回给应用进程的接收源路径格式不同于图27-1所示的发送源路径。图27-4展示了接收格式。

　　首先，地址的顺序是所收取的源路径被内核逆转后的顺序。这里"逆转"指的是如果所收取的源路径按顺序包括A、B、C和D四个地址，该路径的逆转顺序就是D、C、B和A。头4字节是该列表的第一个IP地址，后跟一个单字节NOP（为了对齐），再跟以3字节源路径选项首部，最后跟以其余的IP地址。3字节选项首部之后最多可跟以9个IP地址，所返回首部中*len*字段相应的最大值为39。NOP始终存在，因此由getsockopt返回的长度于是总为4字节的倍数。

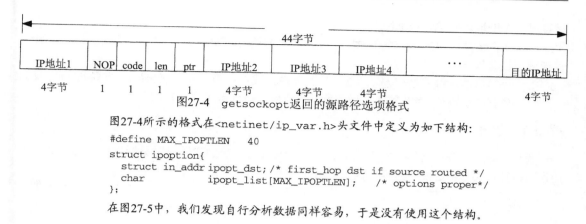

图27-4　getsockopt返回的源路径选项格式

图27-4所示的格式在<netinet/ip_var.h>头文件中定义为如下结构:

```
#define MAX_IPOPTLEN    40
struct ipoption{
  struct in_addr ipopt_dst;/* first_hop dst if source routed */
  char            ipopt_list[MAX_IPOPTLEN];   /* options proper*/
};
```

在图27-5中，我们发现自行分析数据同样容易，于是没有使用这个结构。

这个返回的格式不同于我们传递给setsockopt的格式。如果想要把图27-4中的格式转换到图27-1中的格式，我们就必须对换头4字节和随后的4字节，再给*len*字段加上4。所幸的是我们并非必须这么做，因为源自Berkeley的实现对于TCP套接字自动使用来自SYN所在IP数据报的接收源路径的逆转。换句话说，图27-4展示的由getsockopt返回的源路径信息纯粹用于了解目的。我们不必调用setsockopt告诉内核使用该路径发送相应TCP连接上的外出IP数据报，内核自动这么做了。我们稍后随TCP回射服务器程序的修改查看这样的一个例子。

下一个源路径函数取得图27-4所示格式的一个接收源路径并显示该信息。图27-5给出了这个名为inet_srcrt_print的函数。

── ipopts/sourceroute.c
```
37 void
38 inet_srcrt_print(u_char *ptr, int len)
39 {
40     u_char c;
41     char    str[INET_ADDRSTRLEN];
42     struct in_addr  hop1;

43     memcpy(&hop1, ptr, sizeof(struct in_addr));
44     ptr += sizeof(struct in_addr);

45     while ( (c = *ptr++) == IPOPT_NOP) ;           /* skip any leading NOPs */
46     if (c == IPOPT_LSRR)
47         printf("received LSRR: ");
48     else if (c == IPOPT_SSRR)
49         printf("received SSRR: ");
50     else {
51         printf("received option type %d\n", c);
52         return;
53     }
54     printf("%s ", Inet_ntop(AF_INET, &hop1, str, sizeof(str)));

55     len = *ptr++ - sizeof(struct in_addr);  /* subtract dest IP addr */
56     ptr++;                               /* skip over pointer */
57     while (len > 0) {
58         printf("%s ", Inet_ntop(AF_INET, ptr, str, sizeof(str)));
59         ptr += sizeof(struct in_addr);
60         len -= sizeof(struct in_addr);
61     }
62     printf("\n");
63 }
```
── ipopts/sourceroute.c

图27-5　inet_srcrt_print函数：显示一个接收源路径

保存第一个IP地址并跳过任何NOP

43~45   保存缓冲区中的第一个IP地址，跳过后跟的任何NOP。

检查源路径选项

46~62   我们只显示源路径信息，从3字节首部中，我们检查 *code*，取出 *len*，并跳过 *ptr*。我们接着显示跟在3字节首部之后的所有IP地址，不过末尾那个目的IP地址除外。

27.3.1   例子

我们现在把TCP回射客户程序改为指定一个源路径，把TCP回射服务器程序改为显示一个接收源路径。图27-6是我们的客户程序。

ipopts/tcpcli01.c

```
 1 #include      "unp.h"
 2 int
 3 main(int argc, char **argv)
 4 {
 5     int      c, sockfd, len = 0;
 6     u_char   *ptr = NULL;
 7     struct   addrinfo *ai;
 8     if (argc < 2)
 9         err_quit("usage: tcpcli01 [ -[gG] <hostname> ... ] <hostname>");
10     opterr = 0;                    /* don't want getopt() writing to stderr */
11     while ( (c = getopt(argc, argv, "gG")) != -1) {
12         switch (c) {
13         case 'g':                  /* loose source route */
14             if (ptr)
15                 err_quit("can't use both -g and -G");
16             ptr = inet_srcrt_init(0);
17             break;
18         case 'G':                  /* strict source route */
19             if (ptr)
20                 err_quit("can't use both -g and -G");
21             ptr = inet_srcrt_init(1);
22             break;
23         case '?':
24             err_quit("unrecognized option: %c", c);
25         }
26     }
27     if (ptr)
28         while (optind < argc-1)
29             len = inet_srcrt_add(argv[optind++]);
30     else if (optind < argc-1)
31         err_quit("need -g or -G to specify route");
32     if (optind != argc-1)
33         err_quit("missing <hostname>");
34     ai = Host_serv(argv[optind], SERV_PORT_STR, AF_INET, SOCK_STREAM);
35     sockfd = Socket(ai->ai_family, ai->ai_socktype, ai->ai_protocol);
36     if (ptr) {
37         len = inet_srcrt_add(argv[optind]); /* dest at end */
38         Setsockopt(sockfd, IPPROTO_IP, IP_OPTIONS, ptr, len);
39         free(ptr);
40     }
41     Connect(sockfd, ai->ai_addr, ai->ai_addrlen);
42     str_cli(stdin, sockfd);        /* do it all */
43     exit(0);
44 }
```

ipopts/tcpcli01.c

图27-6   指定一个源路径的TCP回射客户程序

处理命令行参数

12~26　调用inet_srcrt_init函数初始化源路径，路径类型由命令行选项-g（表示LSRR）或 -G（表示SSRR）指定。

27~33　如果初始化成功，那么ptr指针不为空，我们于是调用inet_srcrt_add函数把通过命令行指定的每个中间地址加到源路径中。否则如果剩余命令行参数不止一个，那是用户指定了路径却没有指定其类型，我们就要显示出错消息并退出。

714
～
716

处理目的地址并创建套接字

34~35　最后一个命令行参数是服务器主机的主机名或点分十进制数串地址，由我们的host_serv函数处理。这里不能调用我们的tcp_connect函数，因为我们必须在socket和connect这两个调用之间指定源路径。connect将发起三路握手，我们期望SYN分节所在初始外出分组和所有后续外出分组都使用这个源路径。

36~42　如果用户指定了一个源路径，我们就必须把服务器的IP地址加到IP地址列表的末尾（图27-1）。setsockopt给套接字安装源路径。接着我们调用connect，随后调用我们的str_cli函数（图5-5）。

我们的TCP服务器程序几乎等同于图5-12中的版本，只有两处改动。我们首先为IP选项分配空间：

```
int        len;
u_char     *opts;

opts = Malloc(44);
```

然后在调用accept之后但在调用fork之前获取并显示IP选项：

```
len = 44;
Getsockopt(connfd, IPPROTO_IP, IP_OPTIONS, opts, &len);
if (len > 0) {
    printf("received IP options, len = %d\n", len);
    inet_srcrt_print(opts, len);
}
```

如果所收取的来自客户的SYN分节所在IP数据报不包含任何IP选项，那么由getsockopt返回的len变量结果将为0（len是一个"值-结果"参数）。正如早先所提，我们不必做任何事情导致TCP使用所收取源路径的逆转：这是TCP自动完成的（TCPv2第931页）。我们调用setsockopt只是为了获取逆转了的接收源路径的一个副本。如果不希望TCP使用这个路径，那么我们可以在accept返回之后通过指定其第五个参数（长度）为0调用setsockopt，从而去除当前正在使用的IP选项。TCP已在三路握手（图2-5）第二个分节所在IP数据报中使用接收源路径的逆转，不过如果我们后来去除了这些选项，那么相应TCP连接中以后发送到客户的分组将纯粹由IP确定外出路径。

我们接着给出指定源路径运行以上客户/服务器程序的一个例子。适当地配置源路径的处理和分组的转发之后，我们在主机freebsd4上按以下方式运行客户：

```
freebsd4 % tcpcli01 -g macosx freebsd4 macosx
```

在进行了处理源路径和转发IP的适当配置后，该命令导致IP数据报从freebsd4转发到macosx，再转发回freebsd4，最后到达运行服务器的主机macosx。两个中间系统freebsd4和

717 `macosx`必须接受并转发源路由的数据报，以使本例子能够工作。[①]

连接建立之时服务器的输出如下：

```
macosx % tcpserv01
received IP options, len = 16
received LSRR: 172.24.37.94 172.24.37.78 172.24.37.94
```

显示的第一个IP地址是逆转路径的第一跳（`freebsd4`，如图27-4所示），下两个地址的顺序也和服务器把数据报发送回客户所用的顺序一致。如果使用`tcpdump`观察客户/服务器的交互，我们就可以看到两个方向上每个数据报中的源路径选项。

> 不幸的是，`IP_OPTIONS`套接字选项的操作从未有过正式文档，因而在不是源自Berkeley源代码的系统上可能会碰到一些异变。举例来说，在Solaris 2.5系统上由`getsockopt`在缓冲区中返回的第一个地址（图27-4）并不是返转路径的第一跳地址，而是对端主机的地址。尽管如此，由TCP使用的逆转路径仍然是正确的。另外，Solaris 2.5总是在源路径选项之前填充4个NOP，从而限制源路径最多有8个IP地址，而不是实际最多可达到的9个。

27.3.2   删除所收取的源路径

不幸的是，源路径对于单纯使用源IP地址进行认证的服务器程序来说存在一个安全漏洞。要是某个黑客作为客户发送的分组以一个受服务器信任的地址作为源地址，又把本地地址包括在源路径中，那么由服务器使用逆转的接收源路径返回的分组将无需经过列在源路径中的所有节点就到达黑客的本地主机。从Net/1版本（1989）开始，`rlogind`和`rshd`这两个服务器程序有类似如下的代码。

```
u_char buf[44];
char   lbuf[BUFSIZ];
int    optsize;

optsize = sizeof(buf);
if (getsockopt(0, IPPROTO_IP, IP_OPTIONS,
               buf, &optsize) == 0 && optsize != 0) {
   /* format the options as hex numbers to print in lbuf[] */
   syslog(LOG_NOTICE,
          "Connection received using IP options (ignored):%s", lbuf);
   setsockopt(0, ipproto, IP_OPTIONS, NULL, 0);
}
```

如果到达一个含有任何IP选项的已完成连接（即由`getsockopt`返回的`optsize`值不为0），那就使用`syslog`登记一条消息，再调用`setsockopt`去除这些选项。这么做防止该连接上以后发送的任何TCP分节使用接收源路径的逆转（实际上由承载该TCP分节的IP数据报使用）。现在已知这个技巧是不充分的，因为到应用进程接受该连接时，TCP三路握手已经完成，而三路握手的第二个分节（图2-5中服务器的SYN-ACK）已经沿循所收取源路径的逆转回到客户（或者至少回到了列在源路径中的某个中间节点，黑客可能恰好就在该节点）。既然黑客已经看到两个方向上的TCP序列号，即使来自服务器的后续分组不再使用源路径发送，黑客仍能够以正确的序列号向服务器发送分组。

718 解决这个潜在问题的唯一办法是：当使用源IP地址进行某种形式的认证时（如`rlogind`和

---

① 注意区分源路径（source route）和源路由（source routing或source routed）两词。源路由指的是给一个IP数据报添置一个SSR选项的行为（source routing），或者是一个IP数据报拥有一个SSR选项的状态（source routed）。

——译者注

rshd所为），禁止使用源路径到达的所有TCP连接。在刚才给出的代码片段中，把setsockopt调用替换为关闭刚接受的连接并终止新派生的服务器。这么一来尽管三路握手的第二个分节已经送出，但是连接却不会仍然打开着。

27.4 IPv6扩展首部

我们在图A-2中没有随IPv6首部展示任何选项（IPv6首部的长度总是40字节），不过IPv6首部可以后跟如下几种可选的扩展首部（extention header）。

(1) 步跳选项（hop_by_hop options）。如果有的话步跳选项必须紧跟40字节的IPv6首部。目前没有定义可供应用程序使用的这类选项。

(2) 目的地选项（destination options）。目前没有定义可供应用程序使用的这类选项。

(3) 路径首部（routing header）。这是一个源路由选项，在概念上类似于我们在27.3节讲解的IPv4源路径选项。

(4) 分片首部（fragmentation header）。该首部由对IPv6数据报执行分片的主机自动产生，然后由最终目的主机在重组片段时处理。

(5) 认证首部（authentication header，AH）。该首部的用法在RFC 2402 ［Kent and Atkinson 1998b］中说明。

(6) 安全净荷封装（encapsulating security payload，ESP）。该首部的用法在RFC 2406 ［Kent and Atkinson 1998c］中说明。

其中分片首部完全由内核处理，AH和ESP这两个首部可以由内核基于SADB和SPDB自动处理，而SADB和SPDB使用PF_KEY套接字维护（第19章）。这样只剩下前3个扩展首部，我们将在下两节中讨论它们。RFC 3542 ［Stevens et al. 2003］定义了指定和获取这些扩展首部（包括其中的选项）的API。

27.5 IPv6步跳选项和目的地选项

步跳选项和目的地选项有类似的格式，如图27-7所示。8位的下一个首部（next header）字段标识跟在本扩展首部之后的下一个首部。8位的首部扩展长度（header extension length）是本扩展首部的长度，以8字节为单位，但是不包括第一个8字节。举例来说，如果本扩展首部占据8字节，其首部扩展长度就为0；如果本扩展首部占据16字节，其首部扩展长度就为1，以此类推。这两种首部都被填充成8字节的整数倍，所用填充选项或为pad1，或为padN，我们稍后讲解这两种填充选项。

719

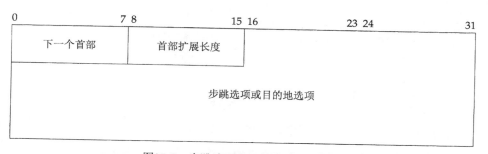

图27-7 步跳选项和目的地选项的格式

步跳选项首部和目的地选项首部都容纳任意数量的个体选项，其格式如图27-8所示。

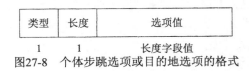

类型	长度	选项值
1	1	长度字段值

图27-8　个体步跳选项或目的地选项的格式

个体选项的编排格式称为TLV编码（TLV coding），因为每个选项都呈现为它的类型（type）、长度（length）和值（value）三个字段。8位的类型字段标识选项类型。除此之外，该字段的高序两位指定IPv6节点在不理解本选项的情况下如何处理它。

00　跳过本选项，继续处理本首部。

01　丢弃本分组。

00　丢弃本分组，并且不论本分组的目的地址是否为一个多播地址，均发送一个ICMP参数问题类型2错误（图A-16）给发送者。

00　丢弃本分组，并且只在本分组的目的地址不是一个多播地址的前提下，发送一个ICMP参数问题类型2错误（图A-16）给发送者。

下一个高序位指定本选项的数据在途中有无变化。

0　选项数据在途中无变化。

1　选项数据在途中可能变化。

低序5位指定选项本身。需注意的是，低序5位不能孤立标识一个选项，而是需要与高序3位共同标识。尽管如此，类型字段的赋值仍然尽可能保持低序5位的唯一性。

8位的长度字段指定选项数据的字节长度，类型字段和本长度字段不在这个长度的计量范围之内。

那两个填充选项定义在RFC 2460［Deering and Hinden 1998］中，在步跳选项首部和目的地选项首部中都可以使用。特大净荷长度（jumbo payload length）是一个步跳选项，定义在RFC 2675［Borman, Deering, and Hinden 1999］中，它完全由内核在需要时产生，在收到时处理。路由器告警（router alert）也是一个步跳选项，在RFC 2711［Partridge and Jackson］中讲解，类似于IPv4的路由器告警。图27-9展示了这些选项。定义过的选项还有一些（例如Mobile-IPv6所用的一些选项），我们不讨论它们。

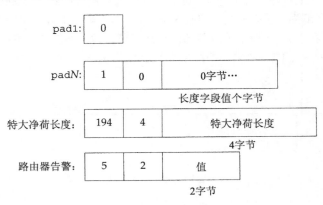

图27-9　IPv6步跳选项

pad1选项是唯一没有长度和值这两个字段的选项。它提供1字节的填充。padN选项用于需要2字节或多字节填充的场合。对于2字节填充，本选项的长度字段为0，整个选项就由类型和长度这两个字段构成。对于3字节填充，本选项的长度字段为1，后跟1字节的0值。特大净荷长度选项提供一个32位的数据报长度，用于图A-2中展示的16位净荷长度字段不够大的场合。路由器告警选项指示本分组应由沿途路由器截取，其值指出哪些路由器需关注本分组。

我们展示这些选项的原因在于每个步跳选项和目的地选项都有一个对齐要求（alignment requirement），写作$xn+y$，表示这个选项必须出现在距离所在扩展首部开始处x字节整数倍加y字节的位置。举例来说，特大净荷长度选项的对齐要求是$4n+2$，该要求迫使4字节的选项值（特大净荷长度）处于某个4字节边界。该选项的y值取2是因为出现在每个步跳选项和目的地选项值字段之前的2字节（图27-8）。路由器告警选项写作$2n+0$的对齐要求迫使2字节选项值处于某个2字节边界。

步跳选项和目的地选项通常作为辅助数据通过调用sendmsg指定，并由recvmsg调用作为辅助数据返回。应用进程无需为发送这两类选项做任何特别之事，而只需在某个sendmsg调用中指定它们。为了接收这两类选项，应用进程必须开启对应的套接字选项：步跳选项对应IPV6_RECVHOPOPTS，目的地选项对应IPV6_RECVDSTOPTS。举例来说，允许这两类选项都返回的代码如下。

```
const int on = 1;

setsockopt(sockfd, IPPROTO_IPV6, IPV6_RECVHOPOPTS, &on, sizeof(on));
setsockopt(sockfd, IPPROTO_IPV6, IPV6_RECVDSTOPTS, &on, sizeof(on));
```

图27-10展示了用于发送和接收步跳选项和目的地选项的辅助数据对象的格式。

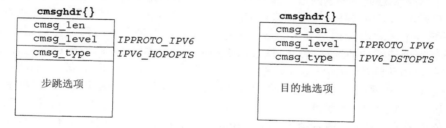

图27-10　步跳选项和目的地选项的辅助数据对象

这两类选项首部的实际内容作为辅助数据对象的cmsg_data部分在进程和内核之间传递。为了避免直接定义这些内容，相关API定义了7个用于创建和处理这些辅助数据对象数据部分的函数。以下4个函数用于构造待发送的选项。

```
#include <netinet/in.h>

int inet6_opt_init(void *extbuf, socklen_t extlen);
                                    返回：容纳空扩展首部所需的字节数，若出错则为-1

int inet6_opt_append(void *extbuf, socklen_t extlen,
                     int offset, uint8_t type, socklen_t len,
                     uint8_t align, void **databufp);
                                    返回：添加选项后更新的扩展首部总长度，若出错则为-1

int inet6_opt_finish(void *extbuf, socklen_t extlen, int offset);
                                    返回：完成设置后更新的扩展首部总长度，若出错则为-1

int inet6_opt_set_val(void *databuf, int offset,
                      const void *val, socklen_t vallen);
                                    返回：databuf中新的偏移
```

inet6_opt_init返回容纳一个空扩展首部所需的字节数。如果*extbuf*指针参数不为空，它就初始化这个扩展首部。如果*extbuf*参数不为空，但是*extlen*参数却不是8的倍数，它就以-1失败返回。（所有IPv6步跳和目的地选项扩展首部必须是8的倍数。）

inet6_opt_append返回添加指定的个体选项后更新的扩展首部总长度。如果*extbuf*参数不为空，它就初始化该个体选项并按照对齐要求插入必要的填充。如果所提供的缓冲区放不下新选项，它就以-1失败返回。*offset*参数是当前游动的总长度，必须是先前某个inet6_opt_init或inet6_opt_append调用的返回值。参数*type*和*len*分别指定了选项的类型和长度，并直接被复制到选项首部中。*align*参数指定对齐要求，即*xn+y*中的*x*值，而*y*值可由*align*和*len*值得出，因此不必显式地指定。*databufp*参数用于返回指向所添加选项值的填写位置的一个指针，调用者随后可以使用inet6_opt_set_val函数或其他方法往这个位置复制选项值。

inet6_opt_finish用于结束一个扩展首部的设置，添加任何必要的填充，使得总长度为8的倍数。如果*extbuf*参数不为空，它就把填充真正插入缓冲区中，否则它只是计算并更新总长度。与inet6_opt_append一样，*offset*参数是当前游动的总长度，必须是先前某个inet6_opt_init或inet6_opt_append调用的返回值。本函数返回已完成设置的扩展首部总长度，不过如果所提供的缓冲区放不下所需的填充，那就返回-1。

inet6_opt_set_val用于把给定的选项值复制到由inet6_opt_append返回的数据缓冲区中。*databuf*参数是由inet6_opt_append返回的指针。*offset*参数在该数据缓冲区内的游动长度，调用者必须为每个选项将其初始化为0，以后随着这个选项的构造完成，该参数就是前一个inet6_opt_set_val调用的返回值。参数*val*和*valen*用于指定复制到选项值缓冲区中的值。

这些函数的期望用法是遍历两趟待添加的个体选项列表：第一趟用于计算预期的长度，第二趟用于把各个选项实际构造到大小合适的缓冲区中。无论哪一趟都是先调用inet6_opt_init，再为每个待添加的选项调用一次inet6_opt_append，最后以调用inet6_opt_finish结束。第一趟中传递给*extbuf*和*extlen*这两个参数的分别是NULL和0。第一趟结束后使用由inet6_opt_finish返回的大小动态分配用于存放选项扩展首部的缓冲区，第二趟中就使用指向该缓冲区的一个指针及该缓冲区的长度作为*extbuf*和*extlen*这两个参数的值。在第二趟中，每个选项的值或者手工复制，或者调用inet6_opt_set_val复制。我们也可以预先分配一个对于待添加的选项来说应该足够大的缓冲区，从而省略掉第一趟，不过缓冲区的大小有时候不易预估，有可能导致第二趟以失败告终。

其余3个函数用于处理所接收的选项。

```
#include <netinet/in.h>

int inet6_opt_next(const void *extbuf, socklen_t extlen, int offset,
                   uint8_t *typep, socklen_t *lenp, void **databufp);
                                    返回：若存在下一个选项则为其偏移量，否则或若出错则为-1

int inet6_opt_find(const void *extbuf, socklen_t extlen, int offset,
                   uint8_t type, socklen_t *lenp, void **databufp);
                                    返回：若存在下一个选项则为其偏移量，否则或若出错则为-1

int inet6_opt_get_val(const void *databuf, int offset,
                      void *val, socklen_t vallen);
                                    返回：databuf中新的偏移
```

inet6_opt_next处理某个缓冲区中的下一个选项。参数*extbuf*和*extlen*用于指定该缓冲区。与inet6_opt_append类似，*offset*参数是指向该缓冲区的游动偏移量。首次调用本函数时应该指定其值为0，以后就使用前一个调用的返回值。*typep*、*lenp*和*databufp*这三个参数分别用于返回当前游动选项的类型、长度和值。如果所指定缓冲区不符合选项扩展首部格式或者已经到达该缓冲区的末尾，该函数就返回-1。

　　inet6_opt_find[①]类似上一个函数，不过它让调用者指定待搜索的选项类型（*type*参数），以取代总是返回下一个选项。

　　inet6_opt_get_val用于从由*databuf*参数指定的某个选项值中抽取数据，而这个参数是由inet6_opt_next或inet6_opt_find返回的指针。与inet6_opt_set_val一样，*offset*参数必须由调用者为每个选项初始化为0，以后使用前一个inet6_opt_get_val调用的返回值。

27.6　IPv6 路由首部

　　IPv6路由首部用于IPv6的源路由。该首部的前两个字节和图27-7所示的一样，先后分别是下一个首部（next header）字段和首部扩展长度（header extension length）字段。下两个字节分别指定路由类型（routing type）和剩余网段（segments left）数目（也就是所列节点中还有多少个需要拜访）。已经定义的路由首部只有一个类型，它的路由类型字段为0，格式如图27-11所示。

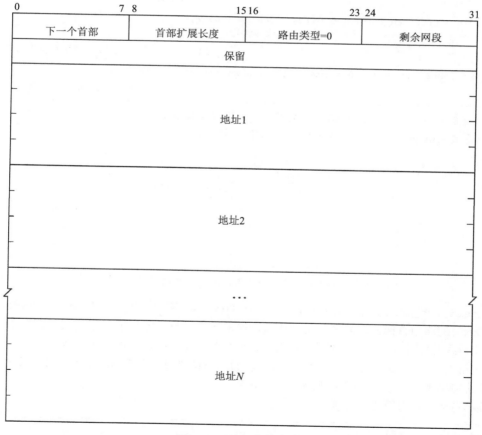

图27-11　IPv6路由首部

---

① offset参数指定开始搜索位置的偏移量。如果找到指定类型的选项，那就在参数lenp和databufp中返回该选项的长度和值，并以下一个选项（可能是选项扩展首部的末尾）的偏移量作为函数的返回值。

路由首部中可以出现的地址数目仅仅受限于分组允许长度等外在因素，而剩余分节这个字段的取值必须小于等于所列的地址数目。RFC 2460［Deering and Hinden 1998］说明了一个具有路由首部的分组在游历到最终目的地的过程中各个途经节点如何处理该路由首部的具体细节，并给出了详尽的例子。

路由首部通常作为辅助数据经调用sendmsg指定，并由recvmsg调用作为辅助数据返回。应用进程无需为发送这个首部做任何特别之事，而只需在某个sendmsg调用中指定它。为了接收路由首部，应用进程必须开启IPV6_RECVRTHDR套接字选项，如以下代码所示。

```
const int on = 1;

setsockopt(sockfd, IPPROTO_IPV6, IPV6_RECVRTHDR, &on, sizeof(on));
```

图27-12给出了用于发送和接收路由首部的辅助数据对象的格式。相关API为创建和处理路由首部定义了6个函数。以下3个函数用于构造待发送的路由首部。

```
#include <netinet/in.h>

socklen_t inet6_rth_space(int type, int segments);
                                    返回：若成功则为正的字节数，若出错则为0

void *inet6_rth_init(void *rthbuf, socklen_t rthlen,
                     int type, int segments);
                                    返回：若成功则为非空指针，若出错则为NULL

int inet6_rth_add(void *rthbuf, const struct in6_addr *addr);
                                    返回：若成功则为0，若出错则为-1
```

inet6_rth_space返回容纳一个类型由*type*参数（其值通常为IPV6_RTHDR_TYPE_0）指定且网段总数为segments参数值的路由首部所需的字节数。

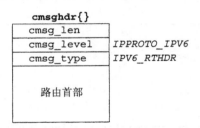

图27-12   IPv6路由首部的辅助数据对象

inet6_rth_init初始化由*rthbuf*指向的缓冲区，以容纳一个类型为*type*值且网段总数为*segments*值的路由首部。返回值是指向该缓冲区的一个指针，不过若发生错误（例如所提供的缓冲区不够大）则为空指针。不是空指针的返回值用作下一个函数的一个参数。

inet6_rth_add把由addr指向的IPv6地址加到构建中的路由首部的末尾。调用成功时该路由首部的剩余网段成员会被更新为新的地址数目。

以下3个函数用于处理所接收的路由首部。

```
#include <netinet/in.h>

int inet6_rth_reverse(const void *in, void *out);
                                    返回：若成功则为0，若出错则为-1

int inet6_rth_segments(const void *rthbuf);
```

返回: 若成功则为路由首部中的网段数目, 若出错则为-1

```
struct in6_addr *inet6_rth_getaddr(const void *rthbuf, int index);
```

返回: 若成功则为非空指针, 若出错则为NULL

inet6_rth_reverse根据由*in*参数所指缓冲区中存放的某个接收路由首部创建一个新的路由首部, 存放在由*out*参数所指的缓冲区中, 以便接收进程沿逆转的路径发送回数据报。路径的逆转可以当场发生, 也就是说, *in*和*out*这两个指针可以指向同一个缓冲区。

inet6_rth_segments返回由*rthbuf*所指路由首部中的网段数目。调用成功时返回值应该大于0。

inet6_rth_getaddr用于返回由*rthbuf*所指路由首部中索引号为*index*的那个IPv6地址, 返回值是指向该地址所在位置的一个指针。*index*的值必须在以0和inet6_rth_segments的返回值减去1为界限的闭区间内。

为了展示IPv6路由首部的用法, 我们编写一对UDP客户程序和服务器程序。该客户程序如图27-13所示, 它就像图27-6所示的IPv4 TCP客户程序那样从命令行接受一个源路径。该服务器显示所收取IPv6数据报的接收源路径, 再把该数据报沿接收源路径的逆转发送回客户。

ipopts/udpcli01.c
```
 1  #include     "unp.h"
 2  int
 3  main(int argc, char **argv)
 4  {
 5      int     c, sockfd, len = 0;
 6      u_char *ptr = NULL;
 7      void   *rth;
 8      struct addrinfo *ai;
 9      if (argc < 2)
10          err_quit("usage: udpcli01 [ <hostname> ... ] <hostname>");
11      if (argc > 2) {
12          int i;
13          len = Inet6_rth_space(IPV6_RTHDR_TYPE_0, argc-2);
14          ptr = Malloc(len);
15          Inet6_rth_init(ptr, len, IPV6_RTHDR_TYPE_0, argc-2);
16          for (i = 1; i < argc-1; i++) {
17              ai = Host_serv(argv[i], NULL, AF_INET6, 0);
18              Inet6_rth_add(ptr,
19                          &((struct sockaddr_in6 *)ai->ai_addr)->sin6_addr);
20          }
21      }
22      ai = Host_serv(argv[argc-1], SERV_PORT_STR, AF_INET6, SOCK_DGRAM);
23      sockfd = Socket(ai->ai_family, ai->ai_socktype, ai->ai_protocol);
24      if (ptr) {
25          Setsockopt(sockfd, IPPROTO_IPV6, IPV6_RTHDR, ptr, len);
26          free(ptr);
27      }
28      dg_cli(stdin, sockfd, ai->ai_addr, ai->ai_addrlen);  /* do it all */
29      exit(0);
30  }
```
ipopts/udpcli01.c

图27-13 指定一个源路径的IPv6 UDP客户程序

创建源路径

11~21   如果所提供的主机名参数不止一个，那么源路径由除最后一个之外的所有参数构成。
首先调用inet6_rth_space确定创建路由首部需要多大空间，调用malloc分配这个空
间后再调用inet6_rth_init初始化所分配的缓冲区。然后对源路径中的每个地址先调
用host_serv把它转换成数值格式，再调用inet6_rth_add把它添加到构建中的源路
径。这个过程类似对照的IPv4 TCP客户程序，差别是IPv4的API要求我们自行编写帮手
函数，而IPv6的API由系统作为库函数提供。

查找目的地并创建套接字

22~23   使用host_serv查找目的主机名的数值格式地址，并创建一个套接字。

设置IPV6_RTHDR并调用工作者函数

24~27   我们将在27.7节看到，通过调用setsockopt设置IPV6_RTHDR套接字选项可以把一个路
由首部应用于从某个套接字发送的所有分组，以取代为每个分组发送同样辅助数据的
做法。我们只在早先分配过路由首部的前提下（即ptr非空）设置该选项。最后调用图
8-8中给出的工作者函数dg_cli。

　　服务器程序类似图8-3给出的简单程序：打开一个UDP套接字并调用dg_echo。其设置相当
简单，我们没有给出。不过我们在图27-14中给出了所调用的dg_echo函数版本：如果收到一个
携带源路径的分组，那就显示这个源路径，并逆转它以用于返送该分组。

—— ipopts/dgechoprintroute.c

```
 1 #include     "unp.h"
 2 void
 3 dg_echo(int sockfd, SA *pcliaddr, socklen_t clilen)
 4 {
 5      int      n;
 6      char     mesg[MAXLINE];
 7      int      on;
 8      char     control[MAXLINE];
 9      struct msghdr    msg;
10      struct cmsghdr   *cmsg;
11      struct iovec     iov[1];

12      on = 1;
13      Setsockopt(sockfd, IPPROTO_IPV6, IPV6_RECVRTHDR, &on, sizeof(on));
14      bzero(&msg, sizeof(msg));
15      iov[0].iov_base = mesg;
16      msg.msg_name = pcliaddr;
17      msg.msg_iov = iov;
18      msg.msg_iovlen = 1;
19      msg.msg_control = control;
20      for ( ; ; ) {
21          msg.msg_namelen = clilen;
22          msg.msg_controllen = sizeof(control);
23          iov[0].iov_len = MAXLINE;
24          n = Recvmsg(sockfd, &msg, 0);
25          for (cmsg = CMSG_FIRSTHDR(&msg); cmsg != NULL;
26               cmsg = CMSG_NXTHDR(&msg, cmsg)) {
27              if (cmsg->cmsg_level == IPPROTO_IPV6 &&
28                  cmsg->cmsg_type == IPV6_RTHDR) {
29                  inet6_srcrt_print(CMSG_DATA(cmsg));
30                  Inet6_rth_reverse(CMSG_DATA(cmsg), CMSG_DATA(cmsg));
31              }
32          }
33          iov[0].iov_len = n;
34          Sendmsg(sockfd, &msg, 0);
35      }
36 }
```

—— ipopts/dgechoprintroute.c

图27-14   显示并逆转IPv6源路径的dg_echo函数

开启`IPV6_RECVRTHDR`并设置`msghdr`结构

12~19　我们必须开启`IPV6_RECVRTHDR`套接字选项才能接收外来源路径。我们还设置用于接收外来源路径的`msghdr`结构的恒定字段。

设置`msghdr`结构可变字段并调用`recvmsg`

21~24　对于`msghdr`结构中会被`recvmsg`调用改掉的若干个长度字段,我们在每次调用该函数前重新设置它们。

寻找并处理路由首部

25~32　使用宏`CMSG_FIRSTHDR`和`CMSG_NXTHDR`遍历辅助数据以寻找路由首部。虽然我们只需要一份辅助数据,但如此遍历仍不失为一种好做法。如果找到一个,那就调用我们的`inet6_srcrt_print`函数(图27-15)显示其中的源路径,然后使用`inet6_rth_reverse`逆转该路径,以便沿同样的路径返送所接收的分组。本例子中`inet6_rth_reverse`当场逆转路径,因此我们可以使用同一个`msghdr`结构返送所接收的分组。

回射分组

33~34　设置好所回射数据的长度,然后调用`sendmsg`返送所接收的分组。

　　我们的`inet6_srcrt_print`函数因为使用IPv6路由首部帮手函数而显得相当简单。

```
                                            ———————— ipopts/sourceroute6.c
 1 #include     "unp.h"

 2 void
 3 inet6_srcrt_print(void *ptr)
 4 {
 5     int     i, segments;
 6     char    str[INET6_ADDRSTRLEN];

 7     segments = Inet6_rth_segments(ptr);
 8     printf("received source route: ");
 9     for (i = 0; i < segments; i++)
10         printf("%s ", Inet_ntop(AF_INET6, Inet6_rth_getaddr(ptr, i),
11                         str, sizeof(str)));
12     printf("\n");
13 }
                                            ———————— ipopts/sourceroute6.c
```

图27-15　显示一个IPv6接收源路径的`inet6_srcrt_print`函数

确定源路径中的网段数

7　调用`inet6_rth_segments`确定源路径中存在的网段数。

遍历每个网段

9~11　遍历所有网段,对于每个网段调用`inet6_rth_getaddr`获取其地址,再使用`inet_ntop`把该地址由数值格式转换成表达格式。

　　处理IPv6源路径的客户和服务器程序无需了解源路径在分组中是如何格式化的。API提供的库函数隐藏了分组格式的细节,但为我们提供了从IPv4中的高速暂存器构造选项时所提供的全部灵活性。

27.7　IPv6 粘附选项

　　我们已经讲解了作为辅助数据使用`sendmsg`和`recvmsg`发送和接收的7种辅助数据对象。

　　(1) IPv6分组信息:`in6_pktinfo`结构或者包含目的地址和外出接口索引,或者包含源地址

728
~
730

和到达接口索引（图22-21）。

(2) 外出跳限或接收跳限（图22-21）。

(3) 下一跳地址（图22-21）。只能发送不能接收。

(4) 外出流通类别或接收流通类别（图22-21）。

(5) 步跳选项（图27-10）。

(6) 目的地选项（图27-10）。

(7) 路由首部（图27-12）。

731

我们在图14-11中与其他辅助数据对象一道汇总了这些对象的cmsg_level值和cmsg_type值。

如果这些辅助数据对象各自有单个值将应用于从某个套接字发送的所有分组，那么我们不必每次调用sendmsg时都发送它们，而是代之以设置相应的套接字选项。这些套接字选项所用常值与辅助数据对象一致，也就是说调用setsockopt的级别参数总是IPPROTO_IPV6，选项名参数可以是IPV6_PKTINFO、IPV6_HOPLIMIT、IPV6_NEXTHOP、IPV6_TCLASS、IPV6_HOPOPTS、IPV6_DSTOPTS或IPV6_RTHDR。然而对于UDP套接字和原始IPv6套接字，我们可以通过在sendmsg调用中指定相应辅助数据对象这一手段，针对每个分组覆写这些粘附性选项。如果sendmsg调用中指定了某个辅助数据对象，相应粘附性选项就不随所发送的数据报发送。

粘附性选项的概念同样适用于TCP，因为在TCP套接字上绝不能使用sendmsg或recvmsg发送或接收辅助数据。TCP应用进程可以通过设置相应的套接字选项以指定上述7种辅助数据对象之任意组合。这些对象随后影响在相应套接字上发送的所有分组。然而如果某个分组需要重传，且发送原初分组和重传分组时粘附性选项的设置发生变更，那么设置在重传分组上的粘附性选项既可能是原初的，也可能是新的。

希望在某个套接字上调用recvmsg接收这些辅助数据对象的应用进程必须预先在该套接字上开启相应的套接字选项IPV6_RECVPKTINFO、IPV6_RECVHOPLIMIT、IPV6_RECVTCLASS、IPV6_RECVHOPOPTS、IPV6_RECVDSTOPTS或IPV6_RECVRTHDR。TCP应用进程也可以如此获取这些辅助数据对象，不过既然在TCP套接字上不能使用recvmsg与用户数据一道接收辅助数据，由recvmsg返回的这些粘附性选项实际上来自最近收取的分节所在的IPv6分组。这些选项应该是面向整个TCP连接的，也就是说所有外来段所在的IPv6分组具有相同的选项。[1]

27.8 历史性 IPv6 高级 API

RFC 2292［Stevens and Thomas 1998］定义了本章讲解的IPv6高级API的一个早期版本。在这个早期版本中，用于处理步跳和目的地选项的函数是inet6_option_space、inet6_option_init、inet6_option_append、inet6_option_alloc、inet6_option_next和inet6_option_find。若所有选项都包含在辅助数据中，这些函数会直接处理cmsghdr结构中的对象。用于处理路由首部的函数是inet6_rthdr_space、inet6_rthdr_init、inet6_rthdr_add、inet6_rthdr_lasthop、inet6_rthdr_reverse、inet6_rthdr_segments、inet6_rthdr_getaddr

---

[1] 这段文字由译者整理。第2版使用的是现已被淘汰的API（IPV6_PKTOPTIONS套接字选项），第3版新作者又没有理解Stevens区分了获取（retrieving）和接收（receiving）两词的含义，所语与Stevens先生大相径庭。第3版原文仅一句"There is no way to retrieve options received via TCP since there is no relationship between received packets and user receive operations"。——译者注

和inet6_rthdr_getflags。它们都直接操作cmsghdr结构中的辅助数据对象。

在这个API中，粘附性选项使用IPV6_PKTOPTIONS单个套接字选项设置或获取。原本传递给sendmsg或由recvmsg返回的辅助数据对象也可以作为IPV6_PKTOPTIONS套接字选项的数据部分。另外，套接字选项IPV6_DSTOPTS、IPV6_HOPOPTS和IPV6_RTHDR是标志值，用于请求经由辅助数据接收相应的IPv6扩展首部。

以上操作的详细信息参见RFC 2292［Stevens and Thomas 1998］第4节到第8节。

732

27.9 小结

在10个已定义的IPv4选项中最常用的是源路径选项，不过出于安全考虑，它的使用正在日益萎缩。IPv4首部中选项的访问通过IP_OPTIONS套接字选项完成。

IPv6定义了6个扩展首部，不过对它们的支持至今依然鲜见。IPv6扩展首部的访问通过函数接口完成，因而无需了解它们出现在分组中的真实格式。这些扩展首部作为辅助数据经调用sendmsg发送，又作为辅助数据由recvmsg调用返回。

习题

27.1 在27.3节末尾的IPv4源路径例子中，如果我们指定-G选项而不是-g选项，将有什么变化？

27.2 调用setsockopt设置IP_OPTIONS套接字选项时所指定的缓冲区长度必须是4字节的倍数。如果我们没有像图27-1所示的那样在缓冲区开始处安置一个NOP，那么该怎么办？

27.3 当使用IP记录路径（Record Route）选项时（在TCPv1的7.3节讲解），ping程序如何接收源路径？

27.4 在27.3节末尾给出的出自rlogind服务器程序用于清除接收源路径的示例代码中，为什么getsockopt和setsockopt的套接字描述符参数为0？

27.5 27.3节末尾给出的用于清除接收源路径的代码曾经有很多年大体如下：

```
optsize = 0;
setsockopt(0, IPPROTO_IP, IP_OPTIONS, NULL, &optsize);
```

这段代码有什么差错？是否要紧？

733

第28章

原始套接字

28.1 概述

原始套接字提供普通的TCP和UDP套接字所不提供的以下3个能力。

- 有了原始套接字，进程可以读与写ICMPv4、IGMPv4和ICMPv6等分组。举例来说，`ping`程序就使用原始套接字发送ICMP回射请求并接收ICMP回射应答。（我们将在28.5节自行开发`ping`程序的一个版本。）多播路由守护程序`mrouted`也使用原始套接字发送和接收IGMPv4分组。

  这个能力还使得使用ICMP或IGMP构筑的应用程序能够完全作为用户进程处理，而不必往内核中额外添加编码。举例来说，路由器发现守护程序（在Solaris 2.x上名为`in.rdisc`，TCPv1附录F讲解如何获取它的一个公开可得版本的源代码）就是如此构筑的。该程序处理内核完全不认识的两个ICMP消息（路由器通告和路由器征求）。

- 有了原始套接字，进程可以读写内核不处理其协议字段的IPv4数据报。回顾图A-1所示的8位IPv4协议字段。大多数内核仅仅处理该字段值为1（ICMP）、2（IGMP）、6（TCP）和17（UDP）的数据报。然而为协议字段定义的值还有不少：IANA的"Protocol Numbers"注册处列出了所有取值。举例来说，OSPF路由协议既不使用TCP也不使用UDP，而是通过收发协议字段为89的IP数据报而直接使用IP。实现OSPF的`gated`守护程序必须使用原始套接字读与写这些IP数据报，因为内核不知道如何处理协议字段值为89的IPv4数据报。这个能力还延续到IPv6。

- 有了原始套接字，进程还可以使用`IP_HDRINCL`套接字选项自行构造IPv4首部。这个能力可用于构造譬如说TCP或UDP分组，我们将在29.7节给出这样的一个例子。

本章介绍了原始套接字的创建、输入和输出。我们还将开发在IPv4和IPv6环境下均可使用的`ping`和`traceroute`程序。

28.2 原始套接字创建

创建一个原始套接字涉及如下步骤。

(1) 把第二个参数指定为`SOCK_RAW`并调用`socket`函数，以创建一个原始套接字。第三个参数（协议）通常不为0。举例来说，我们使用如下代码创建一个IPv4原始套接字：

```
int sockfd;
sockfd = socket(AF_INET, SOCK_RAW, protocol);
```

其中*protocol*参数是形如`IPPROTO_xxx`的某个常值，定义在`<netinet/in.h>`头文件中，如`IPPROTO_IGMP`。[①]

[①] 需清楚的是，并非因为该头文件中定义了某个协议的名字（如`IPPROTO_EGP`）就意味着内核必然支持这个协议。

　　只有超级用户才能创建原始套接字，这么做可防止普通用户往网络写出它们自行构造的IP数据报。

　　（2）可以在这个原始套接字上按以下方式开启IP_HDRINCL套接字选项：

```
const int on = 1;

if (setsockopt(sockfd, IPPROTO_IP, IP_HDRINCL, &on, sizeof(on)) < 0)
    出错处理
```

我们将在下一节讲解本套接字选项的效用。

　　（3）可以在这个原始套接字上调用bind函数，不过比较少见。bind函数仅仅设置本地地址，因为原始套接字不存在端口号的概念。就输出而言，调用bind设置的是将用于从这个原始套接字发送的所有数据报的源IP地址（只在IP_HDRINCL套接字选项未开启的前提下）。如果不调用bind，内核就把源IP地址设置为外出接口的主IP地址。

　　（4）可以在这个原始套接字上调用connect函数，不过也比较少见。connect函数仅仅设置外地地址，同样因为原始套接字不存在端口号的概念。就输出而言，调用connect之后我们可以把sendto调用改为write或send调用，因为目的IP地址已经指定了。

736

28.3　原始套接字输出

　　原始套接字的输出遵循以下规则。

- 普通输出通过调用sendto或sendmsg并指定目的IP地址完成。如果套接字已经连接，那么也可以调用write、writev或send。
- 如果IP_HDRINCL套接字选项未开启，那么由进程让内核发送的数据的起始地址指的是IP首部之后的第一个字节，因为内核将构造IP首部并把它置于来自进程的数据之前。内核把所构造IPv4首部的协议字段设置成来自socket调用的第三个参数。
- 如果IP_HDRINCL套接字选项已开启，那么由进程让内核发送的数据的起始地址指的是IP首部的第一个字节。进程调用输出函数写出的数据量必须包括IP首部的大小。整个IP首部由进程构造，不过（a）IPv4标识字段可置为0，从而告知内核设置该值，（b）IPv4首部校验和字段总是由内核计算并存储，（c）IPv4选项字段是可选的。
- 内核会对超出外出接口MTU的原始分组执行分片。

> 　　原始套接字在文档中被描述为如果它处于内核中，那么就为协议所拥有的原始套接字提供同样的接口。[McKusick et al.1996]不幸的是，这表示某些API是依赖于操作系统内核的，尤其是和IP首部字段的字节序有关。在许多源自Berkeley的内核上，除了ip_len和ip_off采用主机字节序外，其他字段都采用网络字节序（TCPv2第233页和第1057页）。然而在Linux和OpenBSD上，所有字段都采用网络字节序。
>
> 　　IP_HDRINCL套接字选项随4.3BSD Reno引入。在此之前，应用进程为通过某个原始套接字发送的分组自行指定IP首部的唯一手段是应用由Van Jacobson为支持traceroute而于1988年给出的一个内核补丁。该补丁要求应用进程指定协议参数为IPPROTO_RAW调用socket创建一个原始IP套接字。IPPROTO_RAW的值为255，它是一个保留值，从不允许作为IP首部中的协议字段出现。
>
> 　　在原始套接字上执行输入和输出的函数属于内核中最简单的一些函数。举例来说，在TCPv2中，原始套接字上的输入和输出函数各自约需40行C代码（第1054~1057页），而TCP输入函数约需2000行，TCP输出函数约需700行。

我们就IP_HDRINCL套接字选项的讲解针对的是4.4BSD。更早的版本（例如Net/2）在开启该选项之后会由内核在IP首部中填写更多的字段。

对于IPv4，计算并设置IPv4首部之后所含的任何首部校验和是用户进程的责任。举例来说，在我们的ping程序中（图28-14），我们必须在调用sendto之前计算ICMPv4校验和并将它存入ICMPv4首部。

737

28.3.1　IPv6 的差异

IPv6原始套接字与IPv4相比存在如下差异（RFC 3542［Stevens et al. 2003]）。
- 通过IPv6原始套接字发送和接收的协议首部中的所有字段均采用网络字节序。
- IPv6不存在与IPv4的IP_HDRINCL套接字选项类似的东西。通过IPv6原始套接字无法读入或写出完整的IPv6分组（包括IPv6首部和任何扩展首部）。IPv6首部的几乎所有字段以及所有扩展首部都可以通过套接字选项或辅助数据由应用进程指定或获取（见习题28.1）。如果应用进程需要读入或写出完整的IPv6数据报，那就必须使用数据链路访问（第29章）。
- IPv6原始套接字的校验和处理存在差异，我们马上就讲解。

28.3.2　IPV6_CHECKSUM 套接字选项

对于ICMPv6原始套接字，内核总是计算并存储ICMPv6首部中的校验和。这一点不同于ICMPv4原始套接字，也就是说ICMPv4首部中的校验和必须由应用进程自行计算并存储（比较图28-14和图28-16）。尽管ICMPv4和ICMPv6都要求发送者计算校验和，ICMPv6却在其校验和中包括一个伪首部（pseudoheader）（我们将在图29-14中计算UDP校验和时讨论伪首部的概念）。该伪首部中的字段之一是源IPv6地址，而应用进程通常让内核选择其值。与其让应用进程就为了计算校验和而不得不试图自行选择这个地址，还不如由内核计算校验和来得更为容易。

对于其他IPv6原始套接字（不是以IPPROTO_ICMPV6为第三个参数调用socket创建的那些原始套接字），进程可以使用一个套接字选项告知内核是否计算并存储外出分组中的校验和，且验证接收分组中的校验和。该选项默认情况下是禁止的，不过把它的值设置为某个非负值就可以开启该选项，例如如下代码：

```
int offset = 2;
if (setsockopt(sockfd, IPPROTO_IPV6, IPV6_CHECKSUM,
               &offset, sizeof(offset)) < 0)
    出错处理
```

这段代码不仅开启指定套接字上的校验和，而且告知内核这个16位的校验和字段的字节偏移量：本例中为自应用数据开始处起偏移2字节。禁止该选项要求把这个偏移量设置为-1。一旦开启，内核将为在指定套接字上发送的外出分组计算并存储校验和，并且为在该套接字接收的外来分组验证校验和。

738

28.4　原始套接字输入

就原始套接字的输入我们必须首先回答的问题是，内核把哪些接收到的IP数据报传递到原始套接字？这儿遵循如下规则。
- 接收到的UDP分组和TCP分组绝不传递到任何原始套接字。如果一个进程想要读取含有UDP分组或TCP分组的IP数据报，它就必须在数据链路层读取这些分组（第29章）。
- 大多数ICMP分组在内核处理完其中的ICMP消息后传递到原始套接字。源自Berkeley的实现把不是回射请求、时间戳请求或地址掩码请求（这三类ICMP消息全由内核处理）的所有接收到的ICMP分组传递给原始套接字（TCPv2第302~303页）。

- 所有IGMP分组在内核完成处理其中的IGMP消息后传递到原始套接字。
- 内核不认识其协议字段的所有IP数据报传递到原始套接字。内核对这些分组执行的唯一处理是针对某些IP首部字段的最小验证：IP版本、IPv4首部校验和、首部长度以及目的IP地址（TCPv2第213~220页）。
- 如果某个数据报以片段形式到达，那么在它的所有片段均到达且重组出该数据报之前，不传递任何片段分组到原始套接字。

当内核有一个需传递到原始套接字的IP数据报时，它将检查所有进程上的所有原始套接字，以寻找所有匹配的套接字。每个匹配的套接字将被递送以该IP数据报的一个副本。内核对每个原始套接字均执行如下3个测试，只有这3个测试结果均为真，内核才把接收到的数据报递送到这个套接字。

- 如果创建这个原始套接字时指定了非0的协议参数（socket的第三个参数），那么接收到的数据报的协议字段必须匹配该值，否则该数据报不递送到这个套接字。
- 如果这个原始套接字已由bind调用绑定了某个本地IP地址，那么接收到的数据报的目的IP地址必须匹配这个绑定地址，否则该数据报不递送到这个套接字。
- 如果这个原始套接字已由connect调用指定了某个外地IP地址，那么接收到的数据报的源IP地址必须匹配这个已连接地址，否则该数据报不递送到这个套接字。

注意，如果一个原始套接字是以0值协议参数创建的，而且既未对它调用过bind，也未对它调用过connect，那么该套接字将接收可由内核传递到原始套接字的每个原始数据报的一个副本。

无论何时往一个原始IPv4套接字递送一个接收到的数据报，传递到该套接字所在进程的都是包括IP首部在内的完整数据报。然而对于原始IPv6套接字，传递到套接字的只是扣除了IPv6首部和所有扩展首部的净荷（payload）（例如图28-11和图28-22）。

739

> 在传递给应用进程的IPv4首部中，ip_len、ip_off和ip_id采用主机字节序，其中ip_len是扣除IP首部（包括IP选项字段）的净荷长度，其余字段则采用网络字节序。在Linux上所有字段均保持原本的网络字节序不变。
>
> 正如早先所提，定义原始套接字的目的在于提供一个访问某个协议的接口，就像该协议在内核中提供了这个接口那样，因此这些字段的内容取决于OS内核。
>
> 我们在上一节提到过，在原始IPv6套接字上收取的数据报中所有字段均保持原本的网络字节序不变。

ICMPv6 类型过滤

原始ICMPv4套接字被递送以由内核接收的大多数ICMPv4消息。然而ICMPv6在功用上是ICMPv4的超集，它把ARP和IGMP（2.2节）的功能也包括在内。因此相比原始ICMPv4套接字，原始ICMPv6套接字有可能收取多得多的分组。可是使用原始套接字的应用程序大多数仅仅关注所有ICMP消息的某个小子集。

为了缩减由内核通过原始ICMPv6套接字传递到应用进程的分组数量，应用进程可以自行提供一个过滤器。原始ICMPv6套接字上的过滤器使用定义在<netinet/icmp6.h>头文件中的数据类型struct icmp6_filter声明，并使用*level*参数为IPPROTO_ICMPV6且*optname*参数为ICMP6_FILTER的setsockopt和getsockopt调用来设置和获取。

以下6个宏用于操作icmp6_filter结构。

```
#include <netinet/icmp6.h>
void ICMP6_FILTER_SETPASSALL(struct icmp6_filter *filt);
void ICMP6_FILTER_SETBLOCKALL(struct icmp6_filter *filt);
void ICMP6_FILTER_SETPASS(int msgtype, struct icmp6_filter *filt);
void ICMP6_FILTER_SETBLOCK(int msgtype, struct icmp6_filter *filt);
int ICMP6_FILTER_WILLPASS(int msgtype, const struct icmp6_filter *filt);
int ICMP6_FILTER_WILLBLOCK(int msgtype, const struct icmp6_filter *filt);
```
                              均返回：若过滤器放行（或阻止）给定消息类型则为1，否则为0

　　所有这些宏中的*filt*参数是指向某个icmp6_filter变量的一个指针，其中前4个宏修改该变量，后2个宏查看该变量。msgtype参数在0~255之间取值，指定ICMP消息类型。

　　SETPASSALL宏指定所有消息类型都传递到应用进程，SETBLOCKALL宏则指定不传递任何消息类型。作为默认设置，任一应用进程一旦创建一个ICMPv6原始套接字，所有ICMPv6消息类型都允许通过该套接字传递到该应用进程。

　　SETPASS宏放行某个指定消息类型到应用进程的传递，SETBLOCK宏则阻止某个指定消息类型的传递。如果指定消息类型被过滤器放行，WILLPASS宏就返回1，否则返回0；如果指定消息类型被过滤器阻止，WILLBLOCK宏就返回1，否则返回0。

[740]

　　作为一个例子，考虑只想接收ICMPv6路由器通告消息的某个应用程序的如下代码片段。

```
struct icmp6_filter myfilt;

fd = Socket(AF_INET6, SOCK_RAW, IPPROTO_ICMPV6);

ICMP6_FILTER_SETBLOCKALL(&myfilt);
ICMP6_FILTER_SETPASS(ND_ROUTER_ADVERT, &myfilt);
Setsockopt(fd, IPPROTO_ICMPV6, ICMP6_FILTER, &myfilt, sizeof(myfilt));
```

　　本例子首先阻止所有消息类型的传递（因为默认设置是传递所有消息类型），然后只放行路由器通告消息的传递。尽管如此设置了过滤器，该应用仍得做好会收到所有消息类型的准备，因为在socket和setsockopt这两个调用之间到达的任何ICMPv6消息将被添加到接收队列中。ICMP6_FILTER套接字选项仅仅是一个优化措施。

28.5　ping程序

　　我们在本节开发一个同时支持IPv4和IPv6的ping程序版本。我们自行开发这个程序而不直接提供它的公开可得版本源代码的理由有两个。首先，公开可得的ping程序犯有被称为特性蔓延（creeping featurism）的一个编程通病：它支持多个不同的选项。我们查看ping程序的目的是了解网络编程概念和技巧，而不应该被众多的选项分散了注意力。我们的ping程序版本仅仅支持一个选项，篇幅约为公开可得版本的五分之一。其次，公开可得版本仅仅支持IPv4，而我们希望展示一个也支持IPv6的版本。

　　ping程序的操作非常简单，往某个IP地址发送一个ICMP回射请求，该节点则以一个ICMP回射应答响应。IPv4和IPv6都支持这两种ICMP消息。图28-1展示了ICMP消息的格式。

　　图A-15和图A-16给出了这些消息的类型（type）值，并指出它们的代码（code）值为0。在我们的ping程序中，我们把标识符（identifier）设置为ping进程的进程ID，并且为每个发送出去的分组递增序列号（sequence number）。我们还以可选数据（optional data）的形式存放分组发送时刻的8字节时间戳。ICMP规则要求在回射应答中返回来自回射请求的标识符、序列号和任何可选数据。在回射请求中存放时间戳使得我们可以在收到回射应答时计算RTT。

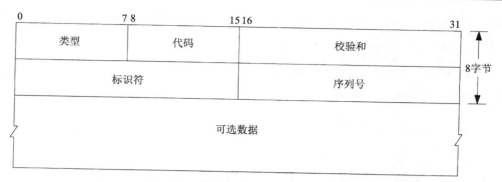

图28-1 ICMPv4和ICMPv6回射请求和回射应答消息的格式

图28-2展示了本程序的两个运行例子：第一个使用IPv4，第二个使用IPv6。我们为这个程序的可执行文件设置了setuid到root的属性，因为创建原始套接字需要超级用户特权。

```
freebsd % ping www.google.com
PING www.google.com (216.239.57.99): 56 data bytes
64 bytes from 216.239.57.99: seq=0, ttl=53, rtt=5.611 ms
64 bytes from 216.239.57.99: seq=1, ttl=53, rtt=5.562 ms
64 bytes from 216.239.57.99: seq=2, ttl=53, rtt=5.589 ms
64 bytes from 216.239.57.99: seq=3, ttl=53, rtt=5.910 ms

freebsd % ping www.kame.net
PING orange.kame.net (2001:200:0:4819:203:47ff:fea5:3085): 56 data bytes
64 bytes from 2001:200:0:4819:203:47ff:fea5:3085: seq=0, hlim=52, rtt=422.066 ms
64 bytes from 2001:200:0:4819:203:47ff:fea5:3085: seq=1, hlim=52, rtt=417.398 ms
64 bytes from 2001:200:0:4819:203:47ff:fea5:3085: seq=2, hlim=52, rtt=416.528 ms
64 bytes from 2001:200:0:4819:203:47ff:fea5:3085: seq=3, hlim=52, rtt=429.192 ms
```

图28-2 ping程序运行例子输出

图28-3是构成我们的ping程序的各个函数及调用关系的概貌。

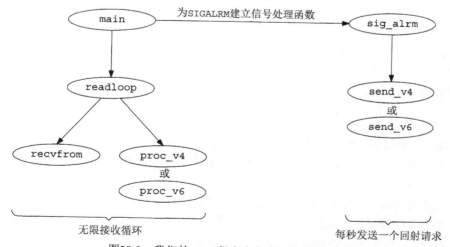

图28-3 我们的ping程序中各个函数的概貌

程序分为两大部分，一部分在一个原始套接字上读入收到的每个分组，显示ICMP回射应答，另一部分每隔1秒发送一个ICMP回射请求。第二部分由SIGALRM信号每秒驱动一次。

图28-4给出了所有程序文件都包含的头文件ping.h。

ping/ping.h

```
 1 #include    "unp.h"
 2 #include    <netinet/in_systm.h>
 3 #include    <netinet/ip.h>
 4 #include    <netinet/ip_icmp.h>

 5 #define BUFSIZE      1500

 6            /* globals */
 7 char    sendbuf[BUFSIZE];

 8 int     datalen;                    /* # bytes of data following ICMP header */
 9 char    *host;
10 int     nsent;                      /* add 1 for each sendto() */
11 pid_t   pid;                        /* our PID */
12 int     sockfd;
13 int     verbose;

14            /* function prototypes */
15 void    init_v6(void);
16 void    proc_v4(char *, ssize_t, struct msghdr *, struct timeval *);
17 void    proc_v6(char *, ssize_t, struct msghdr *, struct timeval *);
18 void    send_v4(void);
19 void    send_v6(void);
20 void    readloop(void);
21 void    sig_alrm(int);
22 void    tv_sub(struct timeval *, struct timeval *);

23 struct proto {
24     void    (*fproc)(char *, ssize_t, struct msghdr *, struct timeval *);
25     void    (*fsend)(void);
26     void    (*finit)(void);
27     struct sockaddr  *sasend;      /* sockaddr{} for send, from getaddrinfo */
28     struct sockaddr  *sarecv;      /* sockaddr{} for receiving */
29     socklen_t salen;               /* length of sockaddr{}s */
30     int     icmpproto;             /* IPPROTO_xxx value for ICMP */
31 } *pr;

32 #ifdef  IPV6

33 #include    <netinet/ip6.h>
34 #include    <netinet/icmp6.h>

35 #endif
```

ping/ping.h

图28-4 ping.h头文件

包含IPv4和ICMPv4头文件

1~22 我们包含基本的IPv4和ICMPv4头文件，定义一些全局变量以及各个函数的原型。

定义proto结构

23~31 我们使用proto结构处理IPv4与IPv6之间的差异。这个结构包含3个函数指针、2个套接字地址结构指针、这2个套接字地址结构的大小以及ICMP的协议值。全局指针变量pr将指向为IPv4或IPv6初始化的某个proto结构。

包含IPv6和ICMPv6头文件

32~35 我们包含定义IPv6和ICMPv6结构和常值的2个头文件（RFC 3542[Stevens et al. 2003]）。main函数如图28-5所示。

```
                                                                  ping/main.c
 1 #include    "ping.h"
 2 struct proto proto_v4 =
 3     { proc_v4, send_v4, NULL, NULL, NULL, 0, IPPROTO_ICMP };
 4 #ifdef  IPV6
 5 struct protoproto_v6 =
 6     { proc_v6, send_v6, init_v6, NULL, NULL, 0, IPPROTO_ICMPV6 };
 7 #endif

 8 int datalen = 56;                    /* data that goes with ICMP echo request */
 9 int
10 main(int argc, char **argv)
11 {
12     int    c;
13     struct addrinfo *ai;
14     char   *h;

15     opterr = 0;                      /* don't want getopt() writing to stderr */
16     while ( (c = getopt(argc, argv, "v")) != -1) {
17         switch (c) {
18         case 'v':
19             verbose++;
20             break;

21         case '?':
22             err_quit("unrecognized option: %c", c);
23         }
24     }

25     if (optind != argc-1)
26         err_quit("usage: ping [ -v ] <hostname>");
27     host = argv[optind];

28     pid = getpid() & 0xffff;    /* ICMP ID field is 16 bits */
29     Signal(SIGALRM, sig_alrm);

30     ai = Host_serv(host, NULL, 0, 0);

31     h = Sock_ntop_host(ai->ai_addr, ai->ai_addrlen);
32     printf("PING %s (%s): %d data bytes\n",
33             ai->ai_canonname ? ai->ai_canonname : h, h, datalen);

34         /* initialize according to protocol */
35     if (ai->ai_family == AF_INET) {
36         pr = &proto_v4;
37 #ifdef  IPV6
38     } else if (ai->ai_family == AF_INET6) {
39         pr = &proto_v6;
40         if (IN6_IS_ADDR_V4MAPPED(&(((struct sockaddr_in6 *)
41                             ai->ai_addr)->sin6_addr)))
42             err_quit("cannot ping IPv4-mapped IPv6 address");
43 #endif
44     } else
45         err_quit("unknown address family %d", ai->ai_family);

46     pr->sasend = ai->ai_addr;
47     pr->sarecv = Calloc(1, ai->ai_addrlen);
48     pr->salen = ai->ai_addrlen;

49     readloop();

50     exit(0);
51 }
```
```
                                                                  ping/main.c
```

744

图28-5　main函数

定义IPv4和IPv6的**proto**结构

2~7　为IPv4和IPv6分别定义一个proto结构。其中套接字地址结构指针成员均初始化为空指针，因为我们还不知道最终使用的是IPv4还是IPv6。

可选数据的长度

8　把随同回射请求发送的可选数据量设置为56字节，由此产生84字节的IPv4数据报（包括20字节IPv4首部和8字节ICMP首部）或104字节的IPv6数据报。随同某个回射请求发送的任何数据必须在对应的回射应答中返送回来。我们将在这个数据区的前8字节存放本回射请求发送时刻的时间戳，然后在收到对应的回射应答之时使用返送回来的时间戳计算并显示RTT。

处理命令行选项

15~29　本程序唯一支持的命令行选项是-v，它可使我们显示接收到的大多数ICMP消息。（我们只显示属于本ping进程的ICMP回射应答。）建立SIGALRM信号的信号处理函数，我们将看到该信号一经启动将每秒产生一次，导致每秒发送一个ICMP回射请求。

处理主机名参数

30~48　在命令行参数中必须有一个主机名或IP地址数串，我们调用host_serv函数来处理它。返回的addrinfo结构中含有协议族：或为AF_INET，或为AF_INET6。据此初始化全局指针变量pr，让它指向正确的proto结构。我们还调用IN6_IS_ADDR_V4MAPPED确认由host_serv返回的IPv6地址不是一个IPv4映射的IPv6地址，因为这样的地址尽管是一个IPv6地址，发送给其主机的却是IPv4分组。（这种情况下我们可以直接改用IPv4地址。）把已由getaddrinfo函数分配的套接字地址结构用于发送，并另行分配一个同样大小的套接字地址结构用于接收。

49　调用readloop函数执行处理。该函数如图28-6所示。

创建套接字

12~13　创建一个合适协议的原始套接字。调用setuid把进程的有效用户ID设置为实际用户ID，适用于本程序的可执行文件具有setuid到root的属性且以普通用户执行它的情形。运行本程序的进程必须拥有超级用户特权才能创建原始套接字，不过既然套接字已经建成，该进程就可以放弃这个额外特权了。这类需要短暂拥有额外特权的程序最好是一旦不再需要某个额外特权就放弃它，以防程序中可能潜伏的缺陷被攻击者利用。

执行特定于协议的初始化

14~15　如果所用协议有一个初始化函数，那就调用它。我们将在图28-10给出用于IPv6的初始化函数。

设置套接字接收缓冲区的大小

16~17　我们试图把套接字接收缓冲区大小设置为61440字节（60×1024），它应该比默认设置大。这么做可以防备用户对IPv4广播地址或某个多播地址执行ping，两者均可能产生大量的应答。套接字接收缓冲区设置得越大，它发生溢出的可能性也就越小。

发送第一个分组

18　调用SIGALRM信号处理函数发送第一个分组。该函数除发送一个分组外，还调度下一个SIGALRM信号在1秒之后产生。如此直接调用信号处理函数并不常见，不过可以接受。信号处理函数也是C函数，尽管它们通常是异步调用的。

```
 1 #include     "ping.h"                                    ping/readloop.c

 2 void
 3 readloop(void)
 4 {
 5     int      size;
 6     char     recvbuf[BUFSIZE];
 7     char     controlbuf[BUFSIZE];
 8     struct msghdr msg;
 9     struct iovec iov;
10     ssize_t n;
11     struct timeval  tval;

12     sockfd = Socket(pr->sasend->sa_family, SOCK_RAW, pr->icmpproto);
13     setuid(getuid());              /* don't need special permissions any more */
14     if (pr->finit)
15         (*pr->finit)();

16     size = 60 * 1024;             /* OK if setsockopt fails */
17     setsockopt(sockfd, SOL_SOCKET, SO_RCVBUF, &size, sizeof(size));

18     sig_alrm(SIGALRM);            /* send first packet */

19     iov.iov_base = recvbuf;
20     iov.iov_len = sizeof(recvbuf);
21     msg.msg_name = pr->sarecv;
22     msg.msg_iov = &iov;
23     msg.msg_iovlen = 1;
24     msg.msg_control = controlbuf;
25     for ( ; ; ) {
26         msg.msg_namelen = pr->salen;
27         msg.msg_controllen = sizeof(controlbuf);
28         n = recvmsg(sockfd, &msg, 0);
29         if (n < 0) {
30             if (errno == EINTR)
31                 continue;
32             else
33                 err_sys("recvmsg error");
34         }

35         Gettimeofday(&tval, NULL);
36         (*pr->fproc)(recvbuf, n, &msg, &tval);
37     }
38 }
                                                            ping/readloop.c
```

图28-6 readloop函数

为recvmsg设置msghdr结构

19~24　设置将传递给recvmsg的msghdr结构及iovec结构中的恒定成员。

读入所有ICMP消息的无限循环

25~37　本程序的主循环是一个无限循环，它读入返回到原始ICMP套接字的每个分组。我们调用gettimeofday记录分组收取时刻，然后调用合适的协议函数（proc_v4或proc_v6）处理包含在该分组中的ICMP消息。

　　图28-7给出了tv_sub函数，它把两个timeval结构中存放的时间值相减，并把结果存入第一个timeval结构中。

lib/tv_sub.c

```
1 #include      "unp.h"

2 void
3 tv_sub(struct timeval *out, struct timeval *in)
4 {
5     if ( (out->tv_usec -= in->tv_usec) < 0) {    /* out -= in */
6         --out->tv_sec;
7         out->tv_usec += 1000000;
8     }
9     out->tv_sec -= in->tv_sec;
10 }
```

lib/tv_sub.c

图28-7　tv_sub函数：两个timeval结构相减

图28-8给出了proc_v4函数，它处理所有接收到的ICMPv4消息。其中涉及的IPv4首部格式参见图A-1。另外需知道，当一个ICMPv4消息由进程在原始套接字上收取时，内核已经证实它的IPv4首部和ICMPv4首部中的基本字段的有效性（TCPv2第214~311页）。

ping/proc_v4.c

```
1 #include      "ping.h"

2 void
3 proc_v4(char *ptr, ssize_t len, struct msghdr *msg, struct timeval *tvrecv)
4 {
5     int         hlen1, icmplen;
6     double      rtt;
7     struct ip   *ip;
8     struct icmp *icmp;
9     struct timeval *tvsend;

10    ip = (struct ip *) ptr;          /* start of IP header */
11    hlen1 = ip->ip_hl << 2;          /* length of IP header */
12    if (ip->ip_p != IPPROTO_ICMP)
13        return;                      /* not ICMP */

14    icmp = (struct icmp *) (ptr + hlen1);   /* start of ICMP header */
15    if ( (icmplen = len - hlen1) < 8)
16        return;                      /* malformed packet */

17    if (icmp->icmp_type == ICMP_ECHOREPLY) {
18        if (icmp->icmp_id != pid)
19            return;                  /* not a response to our ECHO_REQUEST */
20        if (icmplen < 16)
21            return;                  /* not enough data to use */

22        tvsend = (struct timeval *) icmp->icmp_data;
23        tv_sub(tvrecv, tvsend);
24        rtt = tvrecv->tv_sec * 1000.0 + tvrecv->tv_usec / 1000.0;

25        printf("%d bytes from %s: seq=%u, ttl=%d, rtt=%.3f ms\n",
26                icmplen, Sock_ntop_host(pr->sarecv, pr->salen),
27                icmp->icmp_seq, ip->ip_ttl, rtt);

28    } else if (verbose) {
29        printf("  %d bytes from %s: type = %d, code = %d\n",
30                icmplen, Sock_ntop_host(pr->sarecv, pr->salen),
31                icmp->icmp_type, icmp->icmp_code);
32    }
33 }
```

ping/proc_v4.c

图28-8　proc_v4函数：处理所接收的ICMPv4消息

获取ICMP首部指针

10~16 将IPv4首部长度字段乘以4得出IPv4首部以字节为单位的大小。(IPv4首部可能含有选项。)我们据此把icmp设置成指向ICMP首部的开始位置[①]。我们确定IP协议是ICMP,而且有足够的回射数据来查看包含在回射请求中的时间戳。图28-9标示了本段代码所用的各个首部、指针和长度。

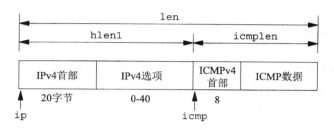

图28-9 处理ICMPv4应答涉及的首部、指针和长度

检查ICMP回射应答

17~21 如果所处理的消息是一个ICMP回射应答,那么我们必须检查标识符字段,判定该应答是否响应于由本进程发出的请求。如果本主机上同时运行着多个ping进程,那么每个进程都得到内核接收到的所有ICMP消息的一个副本。

22~27 通过从当前时间(由函数参数tvrecv指向)减去消息发送时间(包含在ICMP应答的可选数据部分中),我们计算出RTT。把RTT从微秒数转换成毫秒数之后,与序列号字段以及接收TTL一道显示输出。序列号字段使得用户能够查看是否发生过分组丢失、错序或重复,接收TTL则给出两个彼此通信主机之间步跳数的某种指示。

若指定-v则显示所有接收ICMP消息

28~32 如果用户指定了-v(详尽输出)命令行选项,那就显示除回射应答外的所有接收ICMP消息的类型字段和代码字段。

ICMPv6消息的处理由proc_v6函数完成,如图28-12所示。它类似于proc_v4函数,不过既然IPv6原始套接字不返回IPv6首部,它就以辅助数据的形式接收ICMPv6分组的跳限。接收这个辅助数据要求预先为所用的原始套接字开启相关套接字选项,这是由图28-10给出的init_v6函数完成的。

设置ICMPv6接收过滤器

6~14 如果用户没有指定-v命令行选项,那就在所用的原始ICMPv6套接字上安装一个过滤器,阻止除回射应答外的所有ICMPv6消息。这么做可以缩减该套接字上收取的分组数。

请求IPV6_HOPLIMIT辅助数据

15~22 请求随外来分组收取跳限的API发生过变动,不过新旧两个版本都通过开启某个套接字选项完成。我们首选较新版本(IPV6_RECVHOPLIMIT),但如果没有定义相应常值就可以尝试旧版本(IPV6_HOPLIMIT)。我们不检查setsockopt的返回值,因为是否接收跳限无关紧要。

---

① 本书的新作者在此验证IPv4首部确实是ICMPv4,以防内核错误地把非ICMP分组递送到原始ICMP套接字完全是多此一举。——译者注

ping/init_v6.c

```
1 void
2 init_v6()
3 {
4 #ifdef IPV6
5     int     on = 1;

6     if (verbose == 0) {
7         /* install a filter that only passes ICMP6_ECHO_REPLY unless verbose */
8         struct icmp6_filter myfilt;
9         ICMP6_FILTER_SETBLOCKALL(&myfilt);
10        ICMP6_FILTER_SETPASS(ICMP6_ECHO_REPLY, &myfilt);
11        setsockopt(sockfd, IPPROTO_IPV6, ICMP6_FILTER, &myfilt,
12                   sizeof(myfilt));
13        /* ignore error return; the filter is an optimization */
14    }

15    /* ignore error returned below; we just won't receive the hop limit */
16 #ifdef IPV6_RECVHOPLIMIT
17    /* RFC 3542 */
18    setsockopt(sockfd, IPPROTO_IPV6, IPV6_RECVHOPLIMIT, &on, sizeof(on));
19 #else
20    /* RFC 2292 */
21    setsockopt(sockfd, IPPROTO_IPV6, IPV6_HOPLIMIT, &on, sizeof(on));
22 #endif
23 #endif
24 }
```

ping/init_v6.c

图28-10   init_v6函数：初始化原始ICMPv6套接字

proc_v6函数（图28-12）处理外来分组。

获取ICMPv6首部的指针

11~13   从原始ICMPv6套接字接收的仅仅是ICMPv6首部。（回顾一下，由IPv6原始套接字上的输入操作作为普通数据返回的是扣除了IPv6首部和所有扩展首部的净荷，IPv6首部中的字段以及扩展首部只能作为附加数据返回。）图28-11标示了本段代码所用的各个首部、指针和长度。

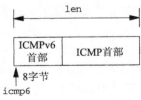

图28-11   处理ICMPv4应答涉及的首部、指针和长度

检查ICMP回射应答

14~37   如果所处理的ICMP消息是一个回射应答，那就检查标识符字段，判定它是不是给本进程的应答。若是则计算RTT，并与序列号和IPv6跳限一道显示输出。其中跳限来自IPV6_HOPLIMIT辅助数据对象。

若指定-v则显示所有接收ICMP消息

38~41   如果用户指定了 –v（详尽输出）命令行选项，那就显示除回射应答外所有接收到的ICMP

消息的类型字段和代码字段。

```
                                                                  ping/proc_v6.c
 1 #include      "ping.h"

 2 void
 3 proc_v6(char *ptr, ssize_t len, struct msghdr *msg, struct timeval* tvrecv)
 4 {
 5 #ifdef  IPV6
 6     double  rtt;
 7     struct icmp6_hdr*icmp6;
 8     struct timeval *tvsend;
 9     struct cmsghdr *cmsg;
10     int     hlim;

11     icmp6 = (struct icmp6_hdr *) ptr;
12     if (len < 8)
13         return;                     /* malformed packet */

14     if (icmp6->icmp6_type == ICMP6_ECHO_REPLY) {
15         if (icmp6->icmp6_id != pid)
16             return;                 /* not a response to our ECHO_REQUEST */
17         if (len < 16)
18             return;                 /* not enough data to use */

19         tvsend = (struct timeval *) (icmp6 + 1);
20         tv_sub(tvrecv, tvsend);
21         rtt = tvrecv->tv_sec * 1000.0 + tvrecv->tv_usec / 1000.0;

22         hlim = -1;
23         for (cmsg = CMSG_FIRSTHDR(msg); cmsg != NULL;
24              cmsg = CMSG_NXTHDR(msg, cmsg)) {
25             if (cmsg->cmsg_level == IPPROTO_IPV6
26                 && cmsg->cmsg_type == IPV6_HOPLIMIT) {
27                 hlim = *(u_int32_t *)CMSG_DATA(cmsg);
28                 break;
29             }
30         }
31         printf("%d bytes from %s: seq=%u, hlim=",
32                len, Sock_ntop_host(pr->sarecv, pr->salen),icmp6->icmp6_seq);
33         if (hlim == -1)
34             printf("???");          /* ancillary data missing */
35         else
36             printf("%d", hlim);
37         printf(", rtt=%.3f ms\n", rtt);
38     } else if (verbose) {
39         printf("  %d bytes from %s: type = %d, code = %d\n",
40                len, Sock_ntop_host(pr->sarecv, pr->salen),
41                icmp6->icmp6_type, icmp6->icmp6_code);
42     }
43 #endif  /* IPV6 */
44 }
                                                                  ping/proc_v6.c
```

图28-12 proc_v6函数：处理所接收的ICMPv6消息

　　我们的SIGALRM信号处理函数是sig_alrm函数，如图28-13所示。我们在图28-6的readloop函数中一早就调用过该函数一次，从而发送出第一个分组。该函数仅仅调用协议相关的函数发送一个ICMP回射请求（send_v4或send_v6），然后调度下一个SIGALRM在1秒之后产生。

ping/sig_alrm.c

```
1 #include    "ping.h"

2 void
3 sig_alrm(int signo)
4 {
5     (*pr->fsend)();

6     alarm(1);
7     return;
8 }
```

ping/sig_alrm.c

图28-13   sig_alrm函数：SIGALRM信号处理函数

图28-14给出的send_v4函数构造一个ICMPv4回射请求消息并把它写出到原始套接字。

ping/send_v4.c

```
1 #include    "ping.h"

2 void
3 send_v4(void)
4 {
5     int     len;
6     struct icmp *icmp;

7     icmp = (struct icmp *) sendbuf;
8     icmp->icmp_type = ICMP_ECHO;
9     icmp->icmp_code = 0;
10    icmp->icmp_id = pid;
11    icmp->icmp_seq = nsent++;
12    memset(icmp->icmp_data, 0xa5, datalen); /* fill with pattern */
13    Gettimeofday((struct timeval *) icmp->icmp_data, NULL);

14    len = 8 + datalen;              /* checksum ICMP header and data */
15    icmp->icmp_cksum = 0;
16    icmp->icmp_cksum = in_cksum((u_short *) icmp, len);

17    Sendto(sockfd, sendbuf, len, 0, pr->sasend, pr->salen);
18 }
```

ping/send_v4.c

图28-14   send_v4函数：构造并发送一个ICMPv4回射请求消息

构造ICMPv4消息

7~13   构造ICMPv4消息，把标识符字段设置为本进程ID，把序列号字段设置为全局变量
nsent，然后为下一个分组递增nsent，先在该ICMP消息的数据部分填充以值为0xa5
的模式，再在这个数据部分的开始处存入当前时间。

计算ICMP校验和

14~16   为了计算ICMP校验和，我们先把校验和字段设置为0，再调用in_cksum函数，并把返
回值存入校验和字段。ICMPv4校验和的计算涵盖ICMPv4首部及后跟的任何数据。

发送数据报

17   通过原始套接字发送刚才构造的ICMP消息。既然我们没有开启IP_HDRINCL套接字选
项，内核将为我们构造IPv4首部并把它安置在我们的缓冲区之前。

网际网校验和是被校验的各个16位值的二进制反码和（ones-complement sum）。如果数据
长度为奇数个字节，那就为计算校验和而在数据末尾逻辑地添加一个值为0的字节。在计算校验

和之前，要将校验和字段置0。本算法适用于IPv4、ICMPv4、IGMPv4、ICMPv6、UDP和TCP等首部的校验和字段。关于网际网校验和的额外信息及若干数值例子参见RFC 1071［Braden, Borman, and Partridge 1988］。TCPv2的8.7节更为详细地讨论了这个算法，并给出了一个效率更高的实现。图28-15给出的in_cksum函数用于计算校验和。

libfree/in_cksum.c

```
1 uint16_t
2 in_cksum(uint16_t *addr, int len)
3 {
4      int        nleft = len;
5      uint32_t sum = 0;
6      uint16_t *w = addr;
7      uint16_t answer = 0;

8      /*
9       * Our algorithm is simple, using a 32 bit accumulator (sum), we add
10      * sequential 16 bit words to it, and at the end, fold back all the
11      * carry bits from the top 16 bits into the lower 16 bits.
12      */
13     while (nleft > 1)  {
14         sum += *w++;
15         nleft -= 2;
16     }

17         /* mop up an odd byte, if necessary */
18     if (nleft == 1) {
19         *(unsigned char *)(&answer) = *(unsigned char *)w ;
20         sum += answer;
21     }

22         /* add back carry outs from top 16 bits to low 16 bits */
23     sum = (sum >> 16) + (sum & 0xffff);     /* add hi 16 to low 16 */
24     sum += (sum >> 16);            /* add carry */
25     answer = ~sum;                 /* truncate to 16 bits */
26     return(answer);
27 }
```

libfree/in_cksum.c

图28-15 in_cksum函数：计算网际网校验和

753

网际网校验和算法

1~27 第一个while循环计算所有16位值的和。如果长度为奇数，那就把最后一个字节也加入总和中。图28-15所示的算法是一个简单的算法，对于我们的ping程序确实够用了，然而对于由内核执行的大数据量校验和计算却显然不够用，因而内核通常都有特别优化过的校验和算法。

本函数取自由Mike Muuss编写的ping程序的公开域（public domain）版本。

我们的ping程序版本的最后一个函数是如图28-16所示的send_v6，它构造并发送一个ICMPv6回射请求。

send_v6函数类似send_v4，不过需注意它并不计算ICMPv6校验和。正如我们在本章早先所提，既然ICMPv6校验和的计算涉及IPv6首部中的源地址，该校验和就由内核在选取源地址之后替我们计算并设置。

ping/send_v6.c

```
1 #include  "ping.h"

2 void
3 send_v6()
4 {
5 #ifdef  IPV6
6     int  len;
7     struct icmp6_hdr*icmp6;

8     icmp6 = (struct icmp6_hdr *) sendbuf;
9     icmp6->icmp6_type = ICMP6_ECHO_REQUEST;
10    icmp6->icmp6_code = 0;
11    icmp6->icmp6_id = pid;
12    icmp6->icmp6_seq = nsent++;
13    memset((icmp6 + 1), 0xa5, datalen);     /* fill with pattern */
14    Gettimeofday((struct timeval *) (icmp6 + 1), NULL);

15    len = 8 + datalen;              /* 8-byte ICMPv6 header */

16    Sendto(sockfd, sendbuf, len, 0, pr->sasend, pr->salen);
17         /* kernel calculates and stores checksum for us */
18 #endif  /* IPV6 */
19 }
```

ping/send_v6.c

图28-16　send_v6函数：构造并发送一个ICMPv6回射请求消息

754

28.6　traceroute 程序

　　我们在本节开发一个自己的traceroute程序。与上一节开发的ping程序一样，我们也是开发自己的版本，而不是给出公开可得版本。这么做的理由仍然是我们既需要一个同时支持IPv4和IPv6的版本，又不希望与我们关于网络编程的讨论无多大关系的众多选项分散了注意力。

　　traceroute允许我们确定IP数据报从本地主机游历到某个远程主机所经过的路径。它的操作比较简单，TCPv1第8章以多个使用例子详细讲解了它的原理和用途。traceroute使用IPv4的TTL字段或IPv6的跳限字段以及两种ICMP消息。它一开始向目的地发送一个TTL（或跳限）为1的UDP数据报。这个数据报导致第一跳路由器返送一个ICMP"time exceeded in transmit"（传输中超时）错误。接着它每递增TTL一次发送一个UDP数据报，从而逐步确定下一跳路由器。当某个UDP数据报到达最终目的地时，目标是由这个主机返送一个ICMP"port unreachable（端口不可达）"错误。这个目标通过向一个随机选取的（但愿）未被目的主机使用的端口发送UDP数据报得以实现。

　　早期版本的traceroute程序只能通过设置IP_HDRINCL套接字选项直接构造自己的IPv4首部来设置TTL字段。然而如今的系统却提供IP_TTL套接字选项，它允许我们指定外出数据报所用的TTL。（这个套接字选项随4.3BSD Reno版本引入。）设置这个套接字选项比构造完整的IPv4首部容易得多（尽管我们将在29.7节给出构造IPv4首部和UDP首部的方法）。IPv6的IPV6_UNICAST_HOPS套接字选项允许我们控制IPv6数据报的跳限字段。

　　图28-17给出所有程序文件都包含的trace.h头文件。

1~11　我们包含定义IPv4、ICMPv4和UDP的结构和常值的标准IPv4头文件。rec结构定义我们发送的UDP数据报的数据部分，不过我们将发现其实无需查看这些数据。发送它们主要是为了调试目的。

traceroute/trace.h

```
 1 #include    "unp.h"
 2 #include    <netinet/in_systm.h>
 3 #include    <netinet/ip.h>
 4 #include    <netinet/ip_icmp.h>
 5 #include    <netinet/udp.h>

 6 #define BUFSIZE    1500

 7 struct rec {                    /* format of outgoing UDP data */
 8     u_short rec_seq;            /* sequence number */
 9     u_short rec_ttl;            /* TTL packet left with */
10     struct timeval rec_tv;      /* time packet left */
11 };

12             /* globals */
13 char        recvbuf[BUFSIZE];
14 char        sendbuf[BUFSIZE];

15 int         datalen;           /* # bytes of data following ICMP header */
16 char        *host;
17 u_short      sport, dport;
18 int         nsent;             /* add 1 for each sendto() */
19 pid_t       pid;               /* our PID */
20 int         probe, nprobes;
21 int         sendfd, recvfd;    /* send on UDP sock, read on raw ICMP sock */
22 int         ttl, max_ttl;
23 int         verbose;

24              /* function prototypes */
25 const char  *icmpcode_v4(int);
26 const char  *icmpcode_v6(int);
27 int      recv_v4(int, struct timeval *);
28 int      recv_v6(int, struct timeval *);
29 void     sig_alrm(int);
30 void     traceloop(void);
31 void     tv_sub(struct timeval *, struct timeval *);

32 struct proto {
33     const char  *(*icmpcode)(int);
34     int      (*recv)(int, struct timeval *);
35     struct sockaddr *sasend;    /* sockaddr{} for send, from getaddrinfo */
36     struct sockaddr *sarecv;    /* sockaddr{} for receiving */
37     struct sockaddr *salast;    /* last sockaddr{} for receiving */
38     struct sockaddr *sabind;    /* sockaddr{} for binding source port */
39     socklen_t salen;            /* length of sockaddr{}s */
40     int      icmpproto;         /* IPPROTO_xxx value for ICMP */
41     int      ttllevel;          /* setsockopt() level to set TTL */
42     int      ttloptname;        /* setsockopt() name to set TTL */
43 } *pr;

44 #ifdef  IPV6

45 #include    <netinet/ip6.h>
46 #include    <netinet/icmp6.h>

47 #endif
```

traceroute/trace.h

图28-17 trace.h头文件

定义proto结构

32~43 与上一节的ping程序一样，我们通过定义一个proto结构来处理IPv4和IPv6之间的差异，该结构含有体现这两个IP版本之间差异之所在的函数指针、套接字地址结构指针和其他常值。当main函数处理完目的地址之后（程序将使用IPv4还是IPv6就由目的地址决定），全局指针变量pr将被按照所用IP版本设置为指向某个为IPv4或IPv6初始化过的proto结构。

755
~
756

包括IPv6头文件

44~47 我们包含定义IPv6和ICMPv6结构和常值的头文件。

图28-18给出main函数。它处理命令行参数，为IPv4或IPv6初始化pr指针，并调用traceloop函数。

traceroute/main.c

```
 1 #include      "trace.h"

 2 struct protoproto_v4 = { icmpcode_v4, recv_v4, NULL, NULL, NULL, NULL, 0,
 3     IPPROTO_ICMP, IPPROTO_IP, IP_TTL
 4 };

 5 #ifdef  IPV6
 6 struct protoproto_v6 = { icmpcode_v6, recv_v6, NULL, NULL, NULL, NULL, 0,
 7     IPPROTO_ICMPV6, IPPROTO_IPV6, IPV6_UNICAST_HOPS
 8 };
 9 #endif

10 int     datalen = sizeof(struct rec);  /* defaults */
11 int     max_ttl = 30;
12 int     nprobes = 3;
13 u_short dport = 32768 + 666;

14 int
15 main(int argc, char **argv)
16 {
17     int     c;
18     struct addrinfo *ai;
19     char    *h;

20     opterr = 0;                      /* don't want getopt() writing to stderr */
21     while ( (c = getopt(argc, argv, "m:v")) != -1) {
22         switch (c) {
23         case 'm':
24             if ( (max_ttl = atoi(optarg)) <= 1)
25                 err_quit("invalid -m value");
26             break;

27         case 'v':
28             verbose++;
29             break;

30         case '?':
31             err_quit("unrecognized option: %c", c);
32         }
33     }

34     if (optind != argc-1)
35         err_quit("usage: traceroute [ -m <maxttl> -v ] <hostname>");
36     host = argv[optind];

37     pid = getpid();
```

图28-18 traceroute程序的main函数

```
38        Signal(SIGALRM, sig_alrm);

39        ai = Host_serv(host, NULL, 0, 0);

40        h = Sock_ntop_host(ai->ai_addr, ai->ai_addrlen);
41        printf("traceroute to %s (%s): %d hops max, %d data bytes\n",
42               ai->ai_canonname ? ai->ai_canonname : h, h, max_ttl, datalen);

43        /* initialize according to protocol */
44        if (ai->ai_family == AF_INET) {
45            pr = &proto_v4;
46 #ifdef  IPV6
47        } else if (ai->ai_family == AF_INET6) {
48            pr = &proto_v6;
49            if (IN6_IS_ADDR_V4MAPPED
50               (&(((struct sockaddr_in6 *)ai->ai_addr)->sin6_addr)))
51               err_quit("cannot traceroute IPv4-mapped IPv6 address");
52 #endif
53        } else
54            err_quit("unknown address family %d", ai->ai_family);

55        pr->sasend = ai->ai_addr;      /* contains destination address */
56        pr->sarecv = Calloc(1, ai->ai_addrlen);
57        pr->salast = Calloc(1, ai->ai_addrlen);
58        pr->sabind = Calloc(1, ai->ai_addrlen);
59        pr->salen = ai->ai_addrlen;

60        traceloop();

61        exit(0);
62 }
```

— traceroute/main.c

图28-18   (续)

定义proto结构

2~9   为IPv4和IPv6分别定义一个proto结构，不过直到本函数末尾才分配指向套接字地址结构的指针。

设置默认值

10~13   本程序使用的最大TTL或跳限默认为30，不过用户可以使用-m命令行选项修改该值。对于每个TTL值，我们发送3个控测分组，不过用户同样可以使用某个命令行选项修改该值。目的端口的初始值为32768+666，以后每发送一个UDP数据报其值就递增1。我们但愿数据报最终到达目的地时，目的主机上未在使用这些端口，不过无法保证。

处理命令行参数

19~37   -v命令行选项致使显示大多数接收ICMP消息。

处理主机名或IP地址参数并结束初始化

38~58   调用我们的host_serv函数处理目的主机名或IP地址，它返回指向某个addrinfo结构的一个指针。根据返回地址的类型（IPv4或IPv6），完成所用proto结构的初始化，把指向该结构的指针存入全局变量pr，并分配若干个大小合适的套接字地址结构。

59   调用图28-19中给出的traceloop函数发送UDP数据报并读取返送的ICMP出错消息。该函数是本程序的主循环。

我们接着查看由图28-19给出的traceloop函数。

```
 1 #include    "trace.h"

 2 void
 3 traceloop(void)
 4 {
 5     int    seq, code, done;
 6     double rtt;
 7     struct rec *rec;
 8     struct timeval tvrecv;

 9     recvfd = Socket(pr->sasend->sa_family, SOCK_RAW, pr->icmpproto);
10     setuid(getuid());           /* don't need special permissions anymore */
11 #ifdef  IPV6
12     if (pr->sasend->sa_family == AF_INET6 && verbose == 0) {
13         struct icmp6_filter myfilt;
14         ICMP6_FILTER_SETBLOCKALL(&myfilt);
15         ICMP6_FILTER_SETPASS(ICMP6_TIME_EXCEEDED, &myfilt);
16         ICMP6_FILTER_SETPASS(ICMP6_DST_UNREACH, &myfilt);
17         setsockopt(recvfd, IPPROTO_IPV6, ICMP6_FILTER,
18                    &myfilt, sizeof(myfilt));
19     }
20 #endif

21     sendfd = Socket(pr->sasend->sa_family, SOCK_DGRAM, 0);

22     pr->sabind->sa_family = pr->sasend->sa_family;
23     sport = (getpid() & 0xffff) | 0x8000;   /* our source UDP port # */
24     sock_set_port(pr->sabind, pr->salen, htons(sport));
25     Bind(sendfd, pr->sabind, pr->salen);

26     sig_alrm(SIGALRM);

27     seq = 0;
28     done = 0;
29     for (ttl = 1; ttl <= max_ttl && done == 0; ttl++) {
30         Setsockopt(sendfd, pr->ttllevel, pr->ttloptname, &ttl, sizeof(int));
31         bzero(pr->salast, pr->salen);

32         printf("%2d ", ttl);
33         fflush(stdout);

34         for (probe = 0; probe < nprobes; probe++) {
35             rec = (struct rec *) sendbuf;
36             rec->rec_seq = ++seq;
37             rec->rec_ttl = ttl;
38             Gettimeofday(&rec->rec_tv, NULL);

39             sock_set_port(pr->sasend, pr->salen, htons(dport + seq));
40             Sendto(sendfd, sendbuf, datalen, 0, pr->sasend, pr->salen);

41             if ( (code = (*pr->recv)(seq, &tvrecv)) == -3)
42                 printf(" *");       /* timeout, no reply */
43             else {
44                 char   str[NI_MAXHOST];

45                 if (sock_cmp_addr(pr->sarecv, pr->salast, pr->salen) != 0) {
46                     if (getnameinfo(pr->sarecv, pr->salen, str, sizeof(str),
47                                     NULL, 0, 0) == 0)
48                         printf(" %s (%s)", str,
49                                Sock_ntop_host(pr->sarecv, pr->salen));
```

图28-19　traceloop函数：主处理循环

```
50                    else
51                        printf(" %s",Sock_ntop_host(pr->sarecv, pr->salen));
52                    memcpy(pr->salast, pr->sarecv, pr->salen);
53                }
54                tv_sub(&tvrecv, &rec->rec_tv);
55                rtt = tvrecv.tv_sec * 1000.0 + tvrecv.tv_usec / 1000.0;
56                printf("  %.3f ms", rtt);
57                if (code == -1)              /* port unreachable; at destination */
58                    done++;
59                else if (code >= 0)
60                    printf(" (ICMP %s)", (*pr->icmpcode)(code));
61            }
62            fflush(stdout);
63        }
64        printf("\n");
65    }
66 }
```
— traceroute/traceloop.c

图28-19   （续）

创建两个套接字

9~10　我们需要两个套接字：从中读入所有返送ICMP消息的一个原始套接字，从中以不断递增的TTL写出探测分组的一个UDP套接字。原始套接字创建完毕之后，我们把本进程的有效用户ID重置为实际用户ID，因为我们不再需要超级用户权限。

设置ICMPv6接收过滤器

11~21　如果这是一个IPv6原始套接字，而且用户没有指定-v命令行选项，那就在这个原始套接字上安装一个过滤器，阻止除"time exceeded"和"destination unreachable"这两类ICMPv6出错消息外的所有ICMPv6消息。这么做可以缩减该套接字上收取的分组数。

给UDP套接字捆绑源端口

21~25　调用bind在UDP套接字上捆绑一个用于发送的源端口，所用值为本进程ID的低序16位，不过高序位总是置为1。既然本程序可能有多个副本同时运行在本地主机上，我们有必要区分一个接收ICMP消息是出于响应本进程发送的数据报产生的还是出于响应其他traceroute进程发送的数据报产生的。我们为此使用UDP首部的源端口字段标识发送进程，因为返送的ICMP出错消息必须包含引发该ICMP错误的那个UDP数据报的首部。

建立SIGALRM的信号处理函数

26　为SIGALRM信号建立信号处理函数（sig_alrm），因为每发送一个探测分组之后，我们为接收ICMP消息等待3秒，然后才发送下一个探测分组。

主循环：设置TTL或跳限并发送3个探测分组

27~38　本函数的主循环是嵌套的两个for循环。外层循环从TTL或跳限为1开始，每循环一次加1，内层循环则为每个TTL或跳限值向目的地发送3个探测分组（UDP数据报）。每当TTL或跳限值发生变化时，我们就使用套接字选项IP_TTL或IPV6_UNICAST_HOPS为外出探测分组设置新值。

外层循环每一轮开始时，我们把由salast成员指向的套接字地址结构初始化成0。每当读入一个ICMP消息时，该结构将与由recvfrom返回的套接字地址结构作比较，如果两者不一致，那就把后者复制到前者，并显示取自后者的IP地址。使用这个技巧可以做到：对每个TTL都显示响应第一个探测分组的IP地址，要是对于某个给定TTL值这

个IP地址发生变化（譬如说就在我们运行本程序期间某个路径出现变动），那么新的IP
地址也被显示。

设置目的端口并发送UDP数据报

39~40　在发送每个探测分组之前，调用我们的soct_set_port函数修改sasend成员指向的套
接字地址结构中的目的端口。为每个探测分组更改目的端口的理由是：当这些探测分
组到达最终目的地时，所有3个探测分组被发送到不同的端口，我们但愿其中至少有一
个未在使用中。探测分组（UDP数据报）调用sendto发送。

读入ICMP消息

41~42　通过使用recv_v4和recv_v6这两个函数之一调用recvfrom读入并处理返送的ICMP消
息。这两个函数在发生超时时返回-3（如果尚未为当前TTL值发送3个探测分组，那么
该返回值是在告知我们要发送另一个探测分组），在收到一个ICMP "time exceeded in
transit" 错误时返回-2，在收到一个ICMP "port unreachable" 错误时返回-1（意味着
探测分组已经到达最终目的地），在收到某个其他代码的ICMP目的地不可达错误时返
回某个非负的ICMP代码值。

757
~
761

显示应答

43~63　如前所提，如果所读入的ICMP消息是某个给定TTL值的第一个应答，或者就当前TTL
值而言发送应答（ICMP消息）的节点IP地址发生了变化，我们就显示应答发送主机的
主机名和IP地址（若getnameinfo不返回主机名则只显示IP地址）。作为探测分组发送
时刻和相应应答（ICMP消息）收取时刻的时间差计算并显示RTT。
　　　图28-20给出recv_v4函数。

—— traceroute/recv_v4.c

```
 1 #include      "trace.h"

 2 extern int gotalarm;

 3 /*
 4  * Return: -3 on timeout
 5  *         -2 on ICMP time exceeded in transit (caller keeps going)
 6  *         -1 on ICMP port unreachable (caller is done)
 7  *        >= 0 return value is some other ICMP unreachable code
 8  */

 9 int
10 recv_v4(int seq, struct timeval *tv)
11 {
12     int     hlen1, hlen2, icmplen, ret;
13     socklen_t len;
14     ssize_t n;
15     struct ip *ip, *hip;
16     struct icmp *icmp;
17     struct udphdr *udp;

18     gotalarm = 0;
19     alarm(3);
20     for ( ; ; ) {
21         if (gotalarm)
22             return(-3);          /* alarm expired */
23         len = pr->salen;
24         n = recvfrom(recvfd, recvbuf, sizeof(recvbuf), 0, pr->sarecv, &len);
25         if (n < 0) {
```

图28-20　recv_v4函数：读入并处理ICMPv4消息

```
26                if (errno == EINTR)
27                    continue;
28                else
29                    err_sys("recvfrom error");
30            }

31        ip = (struct ip *) recvbuf;      /* start of IP header */
32        hlen1 = ip->ip_hl << 2;          /* length of IP header */

33        icmp = (struct icmp *) (recvbuf + hlen1); /* start of ICMP header */
34        if ( (icmplen = n - hlen1) < 8)
35            continue;                    /* not enough to look at ICMP header */

36        if (icmp->icmp_type == ICMP_TIMXCEED &&
37            icmp->icmp_code == ICMP_TIMXCEED_INTRANS) {
38            if (icmplen < 8 + sizeof(struct ip))
39                continue;                /* not enough data to look at inner IP */

40            hip = (struct ip *) (recvbuf + hlen1 + 8);
41            hlen2 = hip->ip_hl << 2;
42            if (icmplen < 8 + hlen2 + 4)
43                continue;                     /* not enough data to look at UDP ports */

44            udp = (struct udphdr *) (recvbuf + hlen1 + 8 + hlen2);
45            if (hip->ip_p == IPPROTO_UDP &&
46                udp->uh_sport == htons(sport) &&
47                udp->uh_dport == htons(dport + seq)) {
48                ret = -2;                 /* we hit an intermediate router */
49                break;
50            }

51        } else if (icmp->icmp_type == ICMP_UNREACH) {
52            if (icmplen < 8 + sizeof(struct ip))
53                continue;                       /* not enough data to look at inner IP */

54            hip = (struct ip *) (recvbuf + hlen1 + 8);
55            hlen2 = hip->ip_hl << 2;
56            if (icmplen < 8 + hlen2 + 4)
57                continue;                /* not enough data to look at UDP ports */

58            udp = (struct udphdr *) (recvbuf + hlen1 + 8 + hlen2);
59            if (hip->ip_p == IPPROTO_UDP &&
60                udp->uh_sport == htons(sport) &&
61                udp->uh_dport == htons(dport + seq)) {
62                if (icmp->icmp_code == ICMP_UNREACH_PORT)
63                    ret = -1;    /* have reached destination */
64                else
65                    ret = icmp->icmp_code;  /* 0, 1, 2, ... */
66                break;
67            }
68        }
69        if (verbose) {
70            printf(" (from %s: type = %d, code = %d)\n",
71                    Sock_ntop_host(pr->sarecv, pr->salen),
72                    icmp->icmp_type, icmp->icmp_code);
73        }
74        /* Some other ICMP error, recvfrom() again */
75    }
76    alarm(0);                            /* don't leave alarm running */
77    Gettimeofday(tv, NULL);              /* get time of packet arrival */
78    return(ret);
79 }
```

traceroute/recv_v4.c

图28-20   (续)

设置报警时钟并读入每个ICMP消息

19~30 设置一个3秒的报警时钟后进入一个调用recvfrom的循环,以读入返送到原始套接字的所有ICMPv4消息。

本函数使用一个全局标志在相当程度上避免了我们在20.5节讲解过的竞争状态。

获取ICMP首部指针

31~35 ip指向IPv4首部的开始位置(回顾一下,在原始套接字上的读入操作总是返回IP首部),icmp则指向ICMP首部的开始位置。图28-21标示了本段代码所用的各个首部、指针和长度。

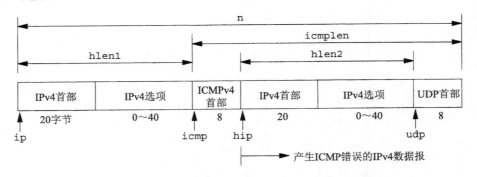

图28-21 处理ICMPv4错误涉及的首部、指针和长度

处理ICMP传输中超时错误

36~50 如果所读入的ICMP消息是一个"time exceeded in transmit"出错消息,那么它可能是响应本进程某个探测分组的应答。hip指向在这个ICMP消息中返回的IPv4首部,它跟在8字节的ICMP首部之后。udp指向跟在这个IPv4首部之后的UDP首部。如果该ICMP消息是由某个UDP数据报引起的,而且这个UDP数据报的源端口和目的端口确实是本进程发送的值,那么它是来自某个中间路由器的响应我们的探测分组的一个应答。

处理ICMP端口不可达错误

51~68 如果所读入的ICMP消息是一个"destination unreachable"出错消息,我们就查看在这个ICMP消息中返回的UDP首部,判定它是不是响应本进程某个探测分组的应答。在这个ICMP消息确实是响应本进程某个探测分组的应答这一前提下,如果它的ICMP代码为"port unreachable",那就返回-1,因为其探测分组已经到达最终目的地,否则就返回它的ICMP代码值。后者的常见例子之一是由某个防火墙为我们探测的目的主机返回一个其他不可达代码。

处理其他ICMP消息

69~73 如果用户指定了-v命令行选项,那就显示所有其他ICMP消息。

下一个函数recv_v6由图28-24给出,它是刚才讲解的函数的IPv6等价函数。它与recv_v4几近相同,不过使用不同的常值名和结构成员名。此外,从IPv6原始套接字收取的数据不包括IPv6首部和任何扩展首部,对于我们的原始ICMPv6套接字而言,所收取的数据一开始就是ICMPv6首部。图28-22标示了本段代码所用的各个首部、指针和长度。

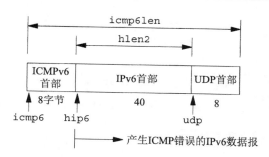

图28-22 处理ICMPv6错误涉及的首部、指针和长度

我们额外定义了两个函数icmpcode_v4和icmpcode_v6，它们可以从traceloop函数末尾作为printf的参数调用，以显示与ICMP目的地不可达类型错误某个具体代码对应的描述串。图28-25给出了其中的IPv6函数。IPv4函数与之类似，不过稍长些，因为ICMPv4目的地不可达类型错误有更多的代码（图A-15）。

我们的traceroute程序的最后一个函数是SIGALRM信号的处理函数，即由图28-23给出的sig_alrm函数。该函数所做的仅仅是返回，使recv_v4或recv_v6中已阻塞的recvfrom调用被中断，从而返回EINTR错误。

traceroute/sig_alrm.c
```
1 #include    "trace.h"

2 int       gotalarm;

3 void
4 sig_alrm(int signo)
5 {
6     gotalarm = 1;                /* set flag to note that alarm occurred */
7     return;                      /* and interrupt the recvfrom() */
8 }
```
traceroute/sig_alrm.c

图28-23 sig_alrm函数

765

traceroute/recv_v6.c
```
 1 #include    "trace.h"

 2 extern int gotalarm;

 3 /*
 4  * Return: -3 on timeout
 5  *         -2 on ICMP time exceeded in transit (caller keeps going)
 6  *         -1 on ICMP port unreachable (caller is done)
 7  *      >= 0 return value is some other ICMP unreachable code
 8  */

 9 int
10 recv_v6(int seq, struct timeval *tv)
11 {
12 #ifdef   IPV6
13     int     hlen2, icmp6len, ret;
14     ssize_t n;
15     socklen_t len;
16     struct ip6_hdr *hip6;
17     struct icmp6_hdr *icmp6;
18     struct udphdr *udp;
```

图28-24 recv_v6函数：读入并处理ICMPv6消息

```
19      gotalarm = 0;
20      alarm(3);
21      for ( ; ; ) {
22          if (gotalarm)
23              return(-3);                 /* alarm expired */
24          len = pr->salen;
25          n = recvfrom(recvfd, recvbuf, sizeof(recvbuf), 0, pr->sarecv, &len);
26          if (n < 0) {
27              if (errno == EINTR)
28                  continue;
29              else
30                  err_sys("recvfrom error");
31          }

32          icmp6 = (struct icmp6_hdr *) recvbuf;      /* ICMP header */
33          if ( ( icmp6len = n ) < 8)
34              continue;               /* not enough to look at ICMP header */

35          if (icmp6->icmp6_type == ICMP6_TIME_EXCEEDED &&
36              icmp6->icmp6_code == ICMP6_TIME_EXCEED_TRANSIT) {
37              if (icmp6len < 8 + sizeof(struct ip6_hdr) + 4)
38                  continue;           /* not enough data to look at inner header */

39              hip6 = (struct ip6_hdr *) (recvbuf + 8);
40              hlen2 = sizeof(struct ip6_hdr);
41              udp = (struct udphdr *) (recvbuf + 8 + hlen2);
42              if (hip6->ip6_nxt == IPPROTO_UDP &&
43                  udp->uh_sport == htons(sport) &&
44                  udp->uh_dport == htons(dport + seq))
45                  ret = -2;               /* we hit an intermediate router */
46              break;

47          } else if (icmp6->icmp6_type == ICMP6_DST_UNREACH) {
48              if (icmp6len < 8 + sizeof(struct ip6_hdr) + 4)
49                  continue;           /* not enough data to look at inner header */

50              hip6 = (struct ip6_hdr *) (recvbuf + 8);
51              hlen2 = sizeof(struct ip6_hdr);
52              udp = (struct udphdr *) (recvbuf + 8 + hlen2);
53              if (hip6->ip6_nxt == IPPROTO_UDP &&
54                  udp->uh_sport == htons(sport) &&
55                  udp->uh_dport == htons(dport + seq)) {
56                  if (icmp6->icmp6_code == ICMP6_DST_UNREACH_NOPORT)
57                      ret = -1; /* have reached destination */
58                  else
59                      ret = icmp6->icmp6_code;    /* 0, 1, 2, ... */
60                  break;
61              }
62          } else if (verbose) {
63              printf(" (from %s: type = %d, code = %d)\n",
64                      Sock_ntop_host(pr->sarecv, pr->salen),
65                      icmp6->icmp6_type, icmp6->icmp6_code);
66          }
67          /* Some other ICMP error, recvfrom() again */
68      }
69      alarm(0);                           /* don't leave alarm running */
70      Gettimeofday(tv, NULL);             /* get time of packet arrival */
71      return(ret);
72  #endif
73  }
```

traceroute/recv_v6.c

图28-24 （续）

```
 1 #include      "trace.h"                                    ──traceroute/icmpcode_v6.c

 2 const char *
 3 icmpcode_v6(int code)
 4 {
 5 #ifdef   IPV6
 6     static char errbuf[100];
 7     switch (code) {
 8     case  ICMP6_DST_UNREACH_NOROUTE:
 9         return("no route to host");
10     case  ICMP6_DST_UNREACH_ADMIN:
11         return("administratively prohibited");
12     case  ICMP6_DST_UNREACH_NOTNEIGHBOR:
13         return("not a neighbor");
14     case  ICMP6_DST_UNREACH_ADDR:
15         return("address unreachable");
16     case  ICMP6_DST_UNREACH_NOPORT:
17         return("port unreachable");
18     default:
19         sprintf(errbuf, "[unknown code %d]", code);
20         return errbuf;
21     }
22 #endif
23 }
                                                              ──traceroute/icmpcode_v6.c
```

图28-25   返回对应于某个ICMPv6不可达代码的描述串

例子

我们先给出使用IPv4的例子，其中对过长的输出行做了折行处理。

```
freebsd % traceroute www.unpbook.com
traceroute to www.unpbook.com (206.168.112.219): 30 hops max, 24 data bytes
 1  12.106.32.1 (12.106.32.1)  0.799 ms  0.719 ms  0.540 ms
 2  12.124.47.113 (12.124.47.113)  1.758 ms  1.760 ms  1.839 ms
 3  gbr2-p27.sffca.ip.att.net (12.123.195.38)  2.744 ms  2.575 ms  2.648 ms
 4  tbr2-p012701.sffca.ip.att.net (12.122.11.85)  3.770 ms  3.689 ms  3.848 ms
 5  gbr3-p50.dvmco.ip.att.net (12.122.2.66)  26.202 ms  26.242 ms  26.102 ms
 6  gbr2-p20.dvmco.ip.att.net (12.122.5.26)  26.255 ms  26.194 ms  26.470 ms
 7  gar2-p370.dvmco.ip.att.net (12.123.36.141)  26.443 ms  26.310 ms  26.427 ms
 8  att-46.den.internap.ip.att.net (12.124.158.58)  26.962 ms  27.130 ms
                                                                   27.279 ms
 9  border10.ge3-0-bbnet2.den.pnap.net (216.52.40.79)  27.285 ms  27.293 ms
                                                                   26.860 ms
10  coop-2.border10.den.pnap.net (216.52.42.118)  28.721 ms  28.991 ms
                                                                   30.077 ms
11  199.45.130.33 (199.45.130.33)  29.095 ms  29.055 ms  29.378 ms
12  border-to-141-netrack.boulder.co.coop.net (207.174.144.178)  30.875 ms
                                                          29.747 ms  30.142 ms
13  linux.unpbook.com (206.168.112.219)  31.713 ms  31.573 ms  33.952 ms
```

接着给出使用IPv6的例子，对其中过长的输出行也做了折行处理。

```
freebsd % traceroute www.kame.net
traceroute to orange.kame.net (2001:200:0:4819:203:47ff:fea5:3085):
             30 hops max, 24 data bytes
 1  3ffe:b80:3:9ad1::1 (3ffe:b80:3:9ad1::1)  107.437 ms  99.341 ms  103.477 ms
 2  Viagenie_gw.int.ipv6.ascc.net (2001:288:3b0::55)
             105.129 ms 89.418 ms 90.016 ms
```

```
 3  gw-Viagenie.int.ipv6.ascc.net (2001:288:3b0::54)
          302.300 ms 291.580 ms 289.839 ms
 4  c7513-gw.int.ipv6.ascc.net (2001:288:3b0::c)
          296.088 ms 298.600 ms  292.196 ms
 5  m160-c7513.int.ipv6.ascc.net (2001:288:3b0::1e)
          296.266 ms 314.878 ms 302.429 ms
 6  m20jp-m160tw.int.ipv6.ascc.net (2001:288:3b0::1b)
          327.637 ms 326.897 ms 347.062 ms
 7  hitachi1.otemachi.wide.ad.jp (2001:200:0:1800::9c4:2)
          420.140 ms 426.592 ms  422.756 ms
 8  pc3.yagami.wide.ad.jp (2001:200:0:1c04::1000:2000)
          415.471 ms 418.308 ms 461.654 ms
 9  gr2000.k2c.wide.ad.jp (2001:200:0:8002::2000:1)
          416.581 ms 422.430 ms 427.692 ms
10  2001:200:0:4819:203:47ff:fea5:3085 (2001:200:0:4819:203:47ff:fea5:3085)
          417.169 ms 434.674 ms  424.037 ms
```

768

28.7　一个 ICMP 消息守护程序

在UDP套接字上接收异步ICMP错误（即ICMP出错消息）一直以来都是一个问题。ICMP错误由内核收取之后很少被递送到需要了解它们的应用进程。在套接字API中我们已经看到收取这些错误要求把UDP套接字连接到某个IP地址（8.11节）。如此限制的原因在于，能够由recvfrom返回的错误信息仅仅是一个errno整数代码，如果一个应用进程在向多个目的地发送数据报之后调用recvfrom，那么该函数难以告知应用进程到底是哪个数据报引发了一个错误。[①]

我们将在本节给出无需改动内核的另一个解决办法。我们将提供一个名为icmpd的ICMP消息守护程序，它创建一个ICMPv4原始套接字和一个ICMPv6原始套接字，接收内核传递给这两个原始套接字的所有ICMP消息。它还创建一个Unix域字节流套接字，把路径名/tmp/icmpd捆绑在其上，然后在这个套接字上监听针对该路径名的外来客户连接。图28-26展示了icmpd创建的这3个套接字。

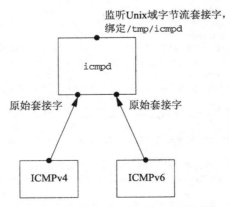

图28-26　icmpd守护进程：初始创建的套接字

[①] 本书第3版不再讲解的X/Open传输接口（XTI）API在这方面略有改善，它的recvfrom对等函数（t_rcvudata）为此返回出错代码TLOOK，表明调用进程早先发送的某个数据报引发了一个错误,应用进程随后必须调用另一个函数（t_rcvuderr）获取真正的错误以及引发这个错误的数据报的宿地址和目的端口号。然而这个办法存在如下问题：内核在任意时刻也许只能维持这些异步错误之一的有关信息。如果应用进程发送了（譬如说）3个数据报，而且有2个引发了ICMP错误，那么只有其中一个异步地返回给应用进程。

作为icmpd守护进程的客户，一个UDP应用进程首先创建它自身的UDP套接字，该套接字也是它希望为之接收异步错误的套接字。该应用进程必须捆绑一个临时端口到这个UDP套接字，其原因我们稍后讨论。接着它创建一个Unix域字节流套接字，并把该套接字连接到icmpd的众所周知路径名（/tmp/icmpd）。图28-27展示了此时的情形。

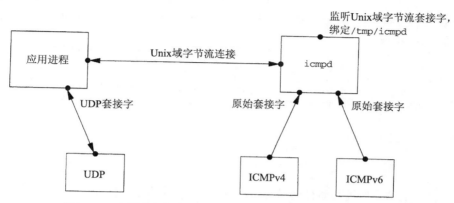

图28-27 应用进程创建自身的UDP套接字和到icmpd的Unix域连接

该应用进程然后使用我们在15.7节讲解过的描述符传递机制通过这个Unix域连接把它的UDP套接字"传递"给icmpd。icmpd于是得到这个套接字的一个副本，从而可以调用getsockname获取绑定在这个套接字上的端口号。图28-28展示了这个套接字传递过程。

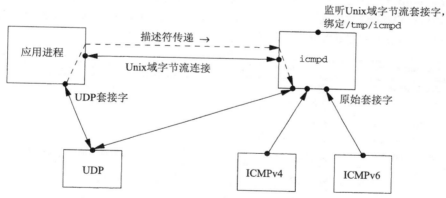

图28-28 应用进程跨Unix域连接把UDP套接字传递给icmpd

icmpd获取绑定在那个UDP套接字上的端口号之后就关闭该套接字的本地副本，它和应用进程的关系于是恢复到图28-27所示的情形。

> 如果主机支持凭证传递（15.8节），该应用进程也可以把它的凭证发送给icmpd，以便icmpd检查是否允许该进程的属主用户访问本异步错误返回机制。

从此时起，icmpd一旦收取由该应用进程通过绑定在它的UDP套接字上的端口发送的UDP数据报所引发的任何ICMP错误，就通过Unix域连接向该应用进程发送一个消息（我们稍后讲解该消息）。该应用进程因此必须使用select或poll，等待它的UDP套接字和Unix域套接字中任何一个有数据到达而变为可读。

下面我们首先查看使用icmpd的一个应用程序，然后查看icmpd守护程序本身。我们从图

28-29开始讲解，它是应用程序和icmpd守护程序都包含的头文件。

icmpd/unpicmpd.h

```
 1 #ifndef __unpicmp_h
 2 #define __unpicmp_h

 3 #include    "unp.h"

 4 #define ICMPD_PATH       "/tmp/icmpd"   /* server's well-known pathname */

 5 struct icmpd_err {
 6     int         icmpd_errno;      /* EHOSTUNREACH, EMSGSIZE, ECONNREFUSED */
 7     char        icmpd_type;       /* actual ICMPv[46] type */
 8     char        icmpd_code;       /* actual ICMPv[46] code */
 9     socklen_t   icmpd_len;        /* length of sockaddr{} that follows */
10     struct sockaddr_storage icmpd_dest;/* sockaddr_storage handles any size*/
11 };

12 #endif  /* __unpicmp_h */
```

icmpd/unpicmpd.h

图28-29　unpicmpd.h头文件

4~11　定义icmpd的众所周知路径名以及由icmpd传递给应用进程的icmpd_err结构。icmpd一旦收到一个必须传递给某个应用进程的ICMP消息就传递一个icmpd_err结构给这个应用进程。

6~8　问题是ICMPv4消息类型和ICMPv6消息类型在数值上（有时甚至在概念上）存在差异（图A-15和图A-16）。除了返回真正的ICMP类型值和代码值外，我们还把它们映射成一个errno值（icmpd_errno成员），类似图A-15和图A-16的“处理者或errno”栏。应用进程可以直接处理这个errno值，以取代处理协议相关的ICMPv4或ICMPv6值。图28-30给出了icmpd处理的ICMP消息类型以及它们的errno映射值。

icmpd_errno	ICMPv4 错误	ICMPv6 错误
ECONNREFUSED	端口不可达	端口不可达
EMSGSIZE	需分片但 DF 位已设置	分组过大
EHOSTUNREACH	超时	超时
EHOSTUNREACH	源熄灭	
EHOSTUNREACH	所有其他目的地不可达代码	所有其他目的地不可达代码

图28-30　从ICMPv4和ICMPv6错误映射到icmpd_errno

icmpd返回5种类型的ICMP错误。

- 端口不可达（port unreachable），指示在目的IP地址上没有绑定目的端口的套接字。
- 分组过大（packet too big），用于MTU发现。目前尚未定义允许UDP应用进程执行路径MTU发现的API。在对UDP提供路径MTU发现支持的内核上通常发生如下情形，该ICMP错误的收取导致内核把其中携带的路径MTU新值记录在自身的路由表中，但是不通知所发送数据报因此被网络丢弃的那个UDP应用进程。该应用进程必须超时并重传该数据报，这种情况下内核将在自身的路由表中找到新的（而且是更小的）MTU值，于是照此对该数据报执行分片。要是内核把这个ICMP错误传递回该应用进程，它就不仅能够更早地重传这个被网络而不是被目的地丢弃的数据报，而且有可能应用其中携带的路径MTU新值自行降低待发送数据报的大小。
- 超时（time exceeded），本ICMP错误类型常见的代码为0，表示IPv4的TTL或IPv6的跳限已到达0值。本错误往往表征出现路由循环，因而也许是一个暂时性的错误。

- ICMPv4源熄灭（source quench），尽管RFC 1812［Baker 1995］反对使用本ICMP错误，路由器（或误配成用作路由器的主机）仍可能发送它们。本ICMP错误指示某个分组已被丢弃，因此我们像处理目的地不可达错误那样处理它们。注意IPv6没有源熄灭错误。
- 所有其他目的地不可达错误指示某个分组已被丢弃。

10　icmpd_dest成员是一个套接字地址结构，用于存放引发本ICMP错误的那个数据报的目的IP地址和目的端口。该成员既可为IPv4的sockaddr_in结构，也可为IPv6的sockaddr_in6结构。如果应用进程往多个目的地发送数据报，那么每个目的地都有一个这样的套接字地址结构。通过以一个套接字地址结构返回目的IP地址和端口信息，应用进程可以将它和自己的各个结构相比较，从而找出导致错误的那个结构。这是一个sockaddr_storage结构，能容纳系统支持的任何套接字地址结构。

28.7.1　使用 icmpd 的 UDP 回射客户程序

我们现在把UDP回射客户程序的dg_cli函数改为使用我们的icmpd守护程序。图28-31给出了该函数的前半部分。

```
                                                                icmpd/dgcli01.c
 1 #include      "unpicmpd.h"
 2 void
 3 dg_cli(FILE *fp, int sockfd, const SA *pservaddr, socklen_t servlen)
 4 {
 5     int      icmpfd, maxfdp1;
 6     char     sendline[MAXLINE], recvline[MAXLINE + 1];
 7     fd_set   rset;
 8     ssize_t n;
 9     struct timeval  tv;
10     struct icmpd_err icmpd_err;
11     struct sockaddr_un sun;

12     Sock_bind_wild(sockfd, pservaddr->sa_family);

13     icmpfd = Socket(AF_LOCAL, SOCK_STREAM, 0);
14     sun.sun_family = AF_LOCAL;
15     strcpy(sun.sun_path, ICMPD_PATH);
16     Connect(icmpfd, (SA *)&sun, sizeof(sun));
17     Write_fd(icmpfd, "1", 1, sockfd);
18     n = Read(icmpfd, recvline, 1);
19     if (n != 1 || recvline[0] != '1')
20         err_quit("error creating icmp socket, n = %d, char = %c",
21                 n, recvline[0]);
22     FD_ZERO(&rset);
23     maxfdp1 = max(sockfd, icmpfd) + 1;
                                                                icmpd/dgcli01.c
```

图28-31　dg_cli函数前半部分

2~3　这个版本的dg_cli函数有与它的所有先前版本同样的函数参数。

捆绑通配地址和临时端口

12　调用我们的sock_bind_wild函数把通配IP地址和一个临时端口捆绑到UDP套接字。这么做使得稍后传递给icmpd的那个本套接字的副本有一个绑定的端口，因为icmpd需要知道这个端口。

如果icmpd收取的本套接字副本未曾绑定一个本地端口，那么该守护进程也可以执行这样的捆绑，不过这种做法并非在所有环境中都行之有效。在SVR4实现（譬如Solaris 2.5）中套接字并不是内核的一部分，在一个进程把一个端口捆绑到某个共享的套接字上之后，拥有这个套接字的一个副本的其他进程会在试图使用该套接字时碰到奇怪的错误。最简易的解决办法就是要求应用进程在把本套接字传递给icmpd之前绑定本地端口。

与icmpd建立Unix域连接

13~16 创建一个AF_LOCAL套接字，并connect到icmpd的众所周知路径名。

把UDP套接字发送给icmpd并等待它的应答

17~21 调用我们的write_fd函数（图15-13）把本UDP套接字的一个副本发送给icmpd。我们还发送一个值为字符"1"的单字节普通数据，因为有些实现不会在没有任何普通数据的条件下以辅助数据的形式传递描述符。icmpd通过发送回一个值为字符"1"的单字节数据表示成功。任何其他应答均表示发生某个错误。

22~23 初始化一个描述符集，并计算select的第一个参数（两个套接字描述符的较大值再加1）。

772
～
773

图28-32给出dg_cli函数的后半部分。它是一个循环：从标准输入读入一个文本行，并把该文本行发送给服务器，然后读入来自服务器的应答，并把该应答写出到标准输出。

——*icmpd/dgcli01.c*

```
24      while (Fgets(sendline, MAXLINE, fp) != NULL) {
25          Sendto(sockfd, sendline, strlen(sendline), 0, pservaddr, servlen);

26          tv.tv_sec = 5;
27          tv.tv_usec = 0;
28          FD_SET(sockfd, &rset);
29          FD_SET(icmpfd, &rset);
30          if ( (n = Select(maxfdp1, &rset, NULL, NULL, &tv)) == 0) {
31              fprintf(stderr, "socket timeout\n");
32              continue;
33          }

34          if (FD_ISSET(sockfd, &rset)) {
35              n = Recvfrom(sockfd, recvline, MAXLINE, 0, NULL, NULL);
36              recvline[n] = 0;        /* null terminate */
37              Fputs(recvline, stdout);
38          }

39          if (FD_ISSET(icmpfd, &rset)) {
40              if ( (n = Read(icmpfd, &icmpd_err, sizeof(icmpd_err))) == 0)
41                  err_quit("ICMP daemon terminated");
42              else if (n != sizeof(icmpd_err))
43                  err_quit("n = %d, expected %d", n, sizeof(icmpd_err));
44              printf("ICMP error: dest = %s, %s, type = %d, code = %d\n",
45                      Sock_ntop(&icmpd_err.icmpd_dest, icmpd_err.icmpd_len),
46                      strerror(icmpd_err.icmpd_errno),
47                      icmpd_err.icmpd_type, icmpd_err.icmpd_code);
48          }
49      }
50  }
```

——*icmpd/dgcli01.c*

图28-32   dg_cli函数后半部分

调用select

26~33 既然是在调用select，我们可就此轻易地在等待来自回射服务器的应答上设置一个超时。我们把超时时间设置为5秒，打开两个套接字在读描述符集中对应的位，然后调用select。一旦发生超时，我们就显示一个消息并跳转到循环开始处。

显示服务器的应答

34~38 如果服务器返回一个数据报，我们就把它显示到标准输出。

处理ICMP错误

39~48 如果到icmpd的Unix域连接变为可读，我们就试图读入一个icmpd_err结构。如果读入成功，那就显示由icmpd返回的相关信息。

> strerror是移植性本该更好的简单函数的一个例子。首先，ANSI C没有就该函数如何返回错误给出任何说明。Solaris上的手册页面说，如果参数超出有效范围，该函数就返回一个空指针。可是这却意味着如下代码:
>
> printf("%s", strerror(arg));
>
> 是不正确的，因为strerror有可能返回一个空指针。但是FreeBSD实现以及作者们能够找到的所有其他源代码实现都把无效参数处理成返回一个指向诸如"Unknown error"等字符串的指针。这么做意思清楚，也使得上述代码不会出错。然而POSIX又做了改动，指出由于没有任何返回值保留用于指示错误，如果参数超出有效范围，该函数就把errno设置为EINVAL。（POSIX未就出错情况下返回的指针给出任何说明。）这就意味着完全符合POSIX的代码必须先把errno设置为0，再调用strerror函数，然后测试errno值是否等于EINVAL，如果发现出错那就显示另外某个消息。

774

28.7.2 UDP 回射客户程序运行例子

在查看icmpd源代码之前，我们给出运行本客户程序的一些例子。首先往一个未接入因特网的IP地址发送数据报。

```
freebsd % udpcli01 192.0.2.5 echo
hi there
socket timeout
and hello
socket timeout
```

我们假设icmpd正在运行，并且期望某个路由器返送ICMP "host unreachable"错误，不过没有接收到任何ICMP错误，而且我们的应用进程发生超时。我们给出这个例子是为了强调超时仍然是必需的，诸如 "host unreachable"等ICMP出错消息的产生可能不会发生。

我们的下一个例子是向一个不在运行标准echo服务器的主机发送目的端口为标准echo服务器的数据报。正如所料，我们会收到一个ICMPv4 "port unreachable"错误。

```
freebsd % udpcli01 aix-4 echo
hello, world
ICMP error: dest = 192.168.42.2:7, Connection refused, type = 3, code = 3
```

我们使用IPv6再次尝试，也如愿收到一个ICMPv6 "port unreachable"错误（我们对过长的输出行做了折行处理）。

```
freebsd % udpcli01 aix-6 echo
hello, world
ICMP error: dest = [3ffe:b80:1f8d:2:204:acff:fe17:bf38]:7,
                              Connection refused, type = 1, code = 4
```

28.7.3 icmpd 守护进程

我们从如图28-33所示的icmpd.h头文件开始讲解我们的icmpd守护程序。

client数组

2~17 既然icmpd能够处理任意数目的客户，于是我们使用一个client结构数组来保存关于每个客户的信息。该结构数组类似于我们在6.8节所用的数据结构。除了到每个客户的Unix域已连接描述符外，我们还保存该客户的UDP套接字的地址族（AF_INET或AF_INET6）以及绑定在该套接字上的端口号。我们还声明各个函数原型以及由它们共享的全局变量。

775

—— *icmpd/icmpd.h*

```
 1 #include  "unpicmpd.h"

 2 struct client {
 3   int  connfd;          /* Unix domain stream socket to client */
 4   int  family;          /* AF_INET or AF_INET6 */
 5   int  lport;           /* local port bound to client's UDP socket */
 6   /* network byte ordered */
 7 } client[FD_SETSIZE];

 8                          /* globals */
 9 int      fd4, fd6, listenfd, maxi, maxfd, nready;
10 fd_set   rset, allset;
11 struct sockaddr_un cliaddr;

12              /* function prototypes */
13 int      readable_conn(int);
14 int      readable_listen(void);
15 int      readable_v4(void);
16 int      readable_v6(void);
```

—— *icmpd/icmpd.h*

图28-33 icmpd守护程序的icmpd.h头文件

图28-34给出main函数的前半部分。

—— *icmpd/icmpd.c*

```
 1 #include    "icmpd.h"

 2 int
 3 main(int argc, char **argv)
 4 {
 5     int     i, sockfd;
 6     struct sockaddr_un sun;

 7     if (argc != 1)
 8         err_quit("usage: icmpd");

 9     maxi = -1;                    /* index into client[] array */
10     for (i = 0; i < FD_SETSIZE; i++)
11         client[i].connfd = -1;  /* -1 indicates available entry */
12     FD_ZERO(&allset);

13     fd4 = Socket(AF_INET, SOCK_RAW, IPPROTO_ICMP);
14     FD_SET(fd4, &allset);
15     maxfd = fd4;

16 #ifdef  IPV6
17     fd6 = Socket(AF_INET6, SOCK_RAW, IPPROTO_ICMPV6);
18     FD_SET(fd6, &allset);
19     maxfd = max(maxfd, fd6);
20 #endif
21     listenfd = Socket(AF_UNIX, SOCK_STREAM, 0);
22     sun.sun_family = AF_LOCAL;
23     strcpy(sun.sun_path, ICMPD_PATH);
24     unlink(ICMPD_PATH);
25     Bind(listenfd, (SA *)&sun, sizeof(sun));
26     Listen(listenfd, LISTENQ);
27     FD_SET(listenfd, &allset);
28     maxfd = max(maxfd, listenfd);
```

—— *icmpd/icmpd.c*

776

图28-34 main函数前半部分：创建套接字

初始化`client`数组

9~11　通过把已连接套接字成员设置为−1初始化`client`数组。

创建套接字

12~28　创建3个套接字：一个原始ICMPv4套接字、一个原始ICMPv6套接字和一个Unix域字节流套接字。`unlink`最近一次运行`icmpd`可能遗留的Unix域套接字路径名，`bind`它的众所周知路径名到这个Unix域套接字，然后`listen`外来连接。这是客户`connect`的目标套接字。计算`select`和为调用`accept`所分配的套接字地址结构所需的最大描述符。

图28-35给出`main`函数的后半部分。它是一个无限循环：调用`select`，等待任一描述符变为可读。

icmpd/icmpd.c

```
29      for ( ; ; ) {
30          rset = allset;
31          nready = Select(maxfd+1, &rset, NULL, NULL, NULL);

32          if (FD_ISSET(listenfd, &rset))
33              if (readable_listen() <= 0)
34                  continue;

35          if (FD_ISSET(fd4, &rset))
36              if (readable_v4() <= 0)
37                  continue;

38 #ifdef  IPV6
39          if (FD_ISSET(fd6, &rset))
40              if (readable_v6() <= 0)
41                  continue;
42 #endif

43          for (i = 0; i <= maxi; i++) {  /* check all clients for data */
44              if ( (sockfd = client[i].connfd) < 0)
45                  continue;
46              if (FD_ISSET(sockfd, &rset))
47                  if (readable_conn(i) <= 0)
48                      break;          /* no more readable descriptors */
49          }
50      }
51      exit(0);
52  }
```

icmpd/icmpd.c

图28-35　`main`函数后半部分：处理可读描述符

检查监听Unix域套接字

32~34　首先测试监听Unix域套接字，若已就绪则调用`readable_listen`。存放`select`返回的可读描述符数的变量`nready`是一个全局变量。每个形如`readable_XXX`的函数都递减该变量，并作为函数返回值返回它的新值。当该值到达0时，所有可读描述符都已被处理，于是再次调用`select`。

检查原始ICMP套接字

35~42　先测试原始ICMPv4套接字，再测试原始ICMPv6套接字。

检查已连接Unix域套接字

43~49　测试每个已连接Unix域套接字，其中任何一个变为可读意味着相应客户已发送一个描述符，或者该客户已终止。

777

图28-36给出的readable_listen函数在icmpd的监听套接字变为可读时被调用，表示出现一个新的客户连接。

———————————————————————————————— *icmpd/readable_listen.c*

```
 1 #include    "icmpd.h"

 2 int
 3 readable_listen(void)
 4 {
 5     int    i, connfd;
 6     socklen_t clilen;

 7     clilen = sizeof(cliaddr);
 8     connfd = Accept(listenfd, (SA *)&cliaddr, &clilen);

 9         /* find first available client[] structure */
10     for (i = 0; i < FD_SETSIZE; i++)
11         if (client[i].connfd < 0) {
12             client[i].connfd = connfd; /* save descriptor */
13             break;
14         }
15     if (i == FD_SETSIZE) {
16         close(connfd);                 /* can't handle new client, */
17         return(--nready);              /* rudely close the new connection */
18     }
19     printf("new connection, i = %d, connfd = %d\n", i, connfd);

20     FD_SET(connfd, &allset);           /* add new descriptor to set */
21     if (connfd > maxfd)
22         maxfd = connfd;                /* for select() */
23     if (i > maxi)
24         maxi = i;                      /* max index in client[] array */

25     return(--nready);
26 }
```

———————————————————————————————— *icmpd/readable_listen.c*

图28-36　处理新的客户连接

7~25　接受新的客户连接，并选用client数组中第一个可用元素。本函数中的代码复制自图6-22前半部分。如果在客户数组中未找到数据项，我们就直接关闭新的客户连接，转而处理当前的客户。

图28-37给出readable_conn函数的前半部分，它在某个已连接套接字变为可读时被调用，其参数为相应客户在client数组中的下标。

778

读取客户发送的数据及可能有的描述符

13~18　调用图15-11中的read_fd函数读入来自客户的数据和可能有的描述符。如果返回值为0，那么相应客户已关闭它所在的连接端，这可能由进程终止引起。

　　　　为了在应用进程和icmpd之间传递描述符，我们可以使用Unix域字节流套接字，也可以使用Unix域数据报套接字。应用进程的UDP套接字可经由任一类型的Unix域套接字传递。之所以采用字节流套接字是为了检测客户何时终止。当一个客户终止时，它的所有描述符（包括它到icmpd的Unix域连接）都被自动关闭，这就告知icmpd从client数组中清除关于这个客户的信息。要是使用数据报套接字，我们就无法得知客户何时终止。

16~20　如果客户未关闭本连接，那么我们期待收取一个描述符。

```
                                                              ─── icmpd/readable_conn.c
 1 #include    "icmpd.h"

 2 int
 3 readable_conn(int i)
 4 {
 5     int     unixfd, recvfd;
 6     char    c;
 7     ssize_t n;
 8     socklen_t len;
 9     struct sockaddr_storage  ss;

10     unixfd = client[i].connfd;
11     recvfd = -1;
12     if ( (n = Read_fd(unixfd, &c, 1, &recvfd)) == 0) {
13         err_msg("client %d terminated, recvfd = %d", i, recvfd);
14         goto clientdone;          /* client probably terminated */
15     }

16         /* data from client; should be descriptor */
17     if (recvfd < 0) {
18         err_msg("read_fd did not return descriptor");
19         goto clienterr;
20     }
                                                              ─── icmpd/readable_conn.c
```

图28-37　读入来自客户的数据和可能有的描述符

图28-38给出readable_conn函数的后半部分。

```
                                                              ─── icmpd/readable_conn.c
21     len = sizeof(ss);
22     if (getsockname(recvfd, (SA *) &ss, &len) < 0) {
23         err_ret("getsockname error");
24         goto clienterr;
25     }

26     client[i].family = ss.ss_family;
27     if ( (client[i].lport = sock_get_port((SA *)&ss, len)) == 0) {
28         client[i].lport = sock_bind_wild(recvfd, client[i].family);
29         if (client[i].lport <= 0) {
30             err_ret("error binding ephemeral port");
31             goto clienterr;
32         }
33     }
34     Write(unixfd, "1", 1);         /* tell client all OK */
35     Close(recvfd);                 /* all done with client's UDP socket */
36     return(--nready);

37 clienterr:
38     Write(unixfd, "0", 1);         /* tell client error occurred */
39 clientdone:
40     Close(unixfd);
41     if (recvfd >= 0)
42         Close(recvfd);
43     FD_CLR(unixfd, &allset);
44     client[i].connfd = -1;
45     return(--nready);
46 }
                                                              ─── icmpd/readable_conn.c
```

图28-38　获取客户捆绑在UDP套接字上的端口号

获取绑定在UDP套接字上的端口号

21~25　icmpd调用getsockname以获取客户捆绑在它的UDP套接字上的端口号。既然我们不知道该为这个套接字地址结构分配多大的缓冲区，于是我们使用一个sockaddr_storage结构，该结构既足够大又适当地对齐，适合存放系统支持的任何套接字地址结构。

26~33　把客户UDP套接字的地址族和端口号存放在该客户的client结构中。如果端口号为0，那就调用我们的sock_bind_wild函数把通配地址和一个临时端口捆绑到这个套接字，不过如前所提，这么做在SVR4实现上行不通。

通知客户操作成功

34　把值为字符"1"的单字节数据发送回客户。

关闭客户的UDP套接字

35　我们已经在由客户传递来的UDP套接字的副本上完成相关任务，于是关闭它。既然该描述符是客户传递来的，因而只是一个副本；尽管关闭了这个副本，该UDP套接字在客户中仍然是打开着的。

处理错误发生和客户终止

37~45　如果发生错误，那就把值为字符"0"的单字节数据发送回客户。如果客户终止（即客户关闭了所在的连接端），那就关闭本Unix域连接的服务器端，并从select的描述符集中清除该描述符。把该客户的client结构中的connfd成员设置为−1，以指示作为client数组元素之一的这个client结构又可以使用。

779
~
780

　　我们的readable_v4函数在原始ICMPv4套接字变为可读时被调用。图28-39给出了它的前半部分。这部分代码类似我们早先在图28-8和图28-20中给出的ICMPv4处理代码。

icmpd/readable_v4.c

```
 1 #include      "icmpd.h"
 2 #include      <netinet/in_systm.h>
 3 #include      <netinet/ip.h>
 4 #include      <netinet/ip_icmp.h>
 5 #include      <netinet/udp.h>
 6 int
 7 readable_v4(void)
 8 {
 9     int       i, hlen1, hlen2, icmplen, sport;
10     char      buf[MAXLINE];
11     char      srcstr[INET_ADDRSTRLEN], dststr[INET_ADDRSTRLEN];
12     ssize_t   n;
13     socklen_t len;
14     struct ip *ip, *hip;
15     struct icmp *icmp;
16     struct udphdr *udp;
17     struct sockaddr_in from, dest;
18     struct icmpd_err  icmpd_err;
19     len = sizeof(from);
20     n = Recvfrom(fd4, buf, MAXLINE, 0, (SA *) &from, &len);
21     printf("%d bytes ICMPv4 from %s:", n, Sock_ntop_host((SA *) &from, len));
22     ip = (struct ip *) buf;          /* start of IP header */
23     hlen1 = ip->ip_hl << 2;          /* length of IP header */
24     icmp = (struct icmp *) (buf + hlen1);   /* start of ICMP header */
25     if ( (icmplen = n - hlen1) < 8)
26         err_quit("icmplen (%d) < 8", icmplen);
27     printf(" type = %d, code = %d\n", icmp->icmp_type, icmp->icmp_code);
```

icmpd/readable_v4.c

图28-39　处理所接收的ICMPv4数据报，前半部分

这部分代码显示每个接收到的ICMPv4消息的有关信息。它们是在开发本守护程序时为便于调试而增加的，当时可以基于一个命令行参数打开这些输出。

图28-40给出readable_v4函数的后半部分。

icmpd/readable_v4.c

```
28     if (icmp->icmp_type == ICMP_UNREACH ||
29         icmp->icmp_type == ICMP_TIMXCEED ||
30         icmp->icmp_type == ICMP_SOURCEQUENCH) {
31         if (icmplen < 8 + 20 + 8)
32             err_quit("icmplen (%d) < 8 + 20 + 8", icmplen);

33         hip = (struct ip *) (buf + hlen1 + 8);
34         hlen2 = hip->ip_hl << 2;
35         printf("\tsrcip = %s, dstip = %s, proto = %d\n",
36                 Inet_ntop(AF_INET, &hip->ip_src, srcstr, sizeof(srcstr)),
37                 Inet_ntop(AF_INET, &hip->ip_dst, dststr, sizeof(dststr)),
38                 hip->ip_p);
39         if (hip->ip_p == IPPROTO_UDP) {
40             udp = (struct udphdr *) (buf + hlen1 + 8 + hlen2);
41             sport = udp->uh_sport;

42                 /* find client's Unix domain socket, send headers */
43             for (i = 0; i <= maxi; i++) {
44                 if (client[i].connfd >= 0 &&
45                     client[i].family == AF_INET &&
46                     client[i].lport == sport) {

47                     bzero(&dest, sizeof(dest));
48                     dest.sin_family = AF_INET;
49 #ifdef  HAVE_SOCKADDR_SA_LEN
50                     dest.sin_len = sizeof(dest);
51 #endif
52                     memcpy(&dest.sin_addr, &hip->ip_dst,
53                         sizeof(struct in_addr));
54                     dest.sin_port = udp->uh_dport;

55                     icmpd_err.icmpd_type = icmp->icmp_type;
56                     icmpd_err.icmpd_code = icmp->icmp_code;
57                     icmpd_err.icmpd_len = sizeof(struct sockaddr_in);
58                     memcpy(&icmpd_err.icmpd_dest, &dest, sizeof(dest));

59                         /* convert type & code to reasonable errno value */
60                     icmpd_err.icmpd_errno = EHOSTUNREACH;    /* default */
61                     if (icmp->icmp_type == ICMP_UNREACH) {
62                         if (icmp->icmp_code == ICMP_UNREACH_PORT)
63                             icmpd_err.icmpd_errno = ECONNREFUSED;
64                         else if (icmp->icmp_code == ICMP_UNREACH_NEEDFRAG)
65                             icmpd_err.icmpd_errno = EMSGSIZE;
66                     }
67                     Write(client[i].connfd, &icmpd_err, sizeof(icmpd_err));
68                 }
69             }
70         }
71     }
72     return(--nready);
73 }
```

icmpd/readable_v4.c

图28-40　处理所接收的ICMPv4数据报，后半部分

检查需通知应用进程的消息类型

29~31 我们只把类型为目的地不可达、超时或源熄灭的ICMPv4消息（图28-30）传递给相应的
应用进程。

检查UDP出错信息，找出相应客户

34~42 hip指向所接收的ICMP消息中跟在ICMP首部之后的IP首部，它是引发本ICMP错误的
那个数据报的IP首部。我们验证这个IP数据报是一个UDP数据报，然后从跟在IP首部之
后的UDP首部中取出源UDP端口号。

43~55 搜索client数组的所有client结构元素，寻找地址族和端口号都匹配的客户。如果找
到这个客户，那就构造一个IPv4套接字地址结构，存放引发本错误的那个UDP数据报
的目的IP地址和目的端口号。

构造icmpd_err结构

56~70 构造一个icmpd_err结构，并通过到达相应客户的Unix域连接把它发送出去。如图28-30
所示，我们首先把ICMPv4消息类型和代码映射成某个errno值。

ICMPv6错误由我们的readable_v6函数处理，图28-41给出了它的前半部分。ICMPv6的处
理类似图28-12和图28-24中的代码。

icmpd/readable_v6.c

```
 1 #include      "icmpd.h"
 2 #include      <netinet/in_systm.h>
 3 #include      <netinet/ip.h>
 4 #include      <netinet/ip_icmp.h>
 5 #include      <netinet/udp.h>

 6 #ifdef   IPV6
 7 #include      <netinet/ip6.h>
 8 #include      <netinet/icmp6.h>
 9 #endif

10 int
11 readable_v6(void)
12 {
13 #ifdef   IPV6
14     int      i, hlen2, icmp6len, sport;
15     char     buf[MAXLINE];
16     char     srcstr[INET6_ADDRSTRLEN], dststr[INET6_ADDRSTRLEN];
17     ssize_t n;
18     socklen_t len;
19     struct ip6_hdr *ip6, *hip6;
20     struct icmp6_hdr  *icmp6;
21     struct udphdr *udp;
22     struct sockaddr_in6 from, dest;
23     struct icmpd_err   icmpd_err;

24     len = sizeof(from);
25     n = Recvfrom(fd6, buf, MAXLINE, 0, (SA *) &from, &len);

26     printf("%d bytes ICMPv6 from %s:", n, Sock_ntop_host((SA *) &from, len));

27     icmp6 = (struct icmp6_hdr *) buf;       /* start of ICMPv6 header */
28     if ( (icmp6len = n) < 8)
29         err_quit("icmp6len (%d) < 8", icmp6len);

30     printf(" type = %d, code = %d\n", icmp6->icmp6_type, icmp6->icmp6_code);
```

icmpd/readable_v6.c

图28-41 处理所接收的ICMPv6数据报，前半部分

图28-42给出了readable_v6函数的后半部分。这部分代码类似图28-40：先检查ICMP错误类型，再查看引发本错误的IP数据报是否为一个UDP数据报，然后构造一个icmpd_err结构发送给相应客户。

icmpd/readable_v6.c

```
31        if (icmp6->icmp6_type == ICMP6_DST_UNREACH ||
32            icmp6->icmp6_type == ICMP6_PACKET_TOO_BIG ||
33            icmp6->icmp6_type == ICMP6_TIME_EXCEEDED) {
34            if (icmp6len < 8 + 8)
35                err_quit("icmp6len (%d) < 8 + 8", icmp6len);

36            hip6 = (struct ip6_hdr *) (buf + 8);
37            hlen2 = sizeof(struct ip6_hdr);
38            printf("\tsrcip = %s, dstip = %s, next hdr = %d\n",
39                    Inet_ntop(AF_INET6, &hip6->ip6_src, srcstr, sizeof(srcstr)),
40                    Inet_ntop(AF_INET6, &hip6->ip6_dst, dststr, sizeof(dststr)),
41                    hip6->ip6_nxt);
42            if (hip6->ip6_nxt == IPPROTO_UDP) {
43                udp = (struct udphdr *) (buf + 8 + hlen2);
44                sport = udp->uh_sport;

45                    /* find client's Unix domain socket, send headers */
46                for (i = 0; i <= maxi; i++) {
47                    if (client[i].connfd >= 0 &&
48                        client[i].family == AF_INET6 &&
49                        client[i].lport == sport) {

50                        bzero(&dest, sizeof(dest));
51                        dest.sin6_family = AF_INET6;
52 #ifdef    HAVE_SOCKADDR_SA_LEN
53                        dest.sin6_len = sizeof(dest);
54 #endif
55                        memcpy(&dest.sin6_addr, &hip6->ip6_dst,
56                                sizeof(struct in6_addr));
57                        dest.sin6_port = udp->uh_dport;

58                        icmpd_err.icmpd_type = icmp6->icmp6_type;
59                        icmpd_err.icmpd_code = icmp6->icmp6_code;
60                        icmpd_err.icmpd_len = sizeof(struct sockaddr_in6);
61                        memcpy(&icmpd_err.icmpd_dest, &dest, sizeof(dest));

62                            /* convert type & code to reasonable errno value */
63                        icmpd_err.icmpd_errno = EHOSTUNREACH; /* default */
64                        if (icmp6->icmp6_type == ICMP6_DST_UNREACH &&
65                            icmp6->icmp6_code == ICMP6_DST_UNREACH_NOPORT)
66                            icmpd_err.icmpd_errno = ECONNREFUSED;
67                        if (icmp6->icmp6_type == ICMP6_PACKET_TOO_BIG)
68                            icmpd_err.icmpd_errno = EMSGSIZE;
69                        Write(client[i].connfd, &icmpd_err, sizeof(icmpd_err));
70                    }
71                }
72            }
73        }
74    return(--nready);
75 #endif
76 }
```

icmpd/readable_v6.c

图28-42　处理所接收的ICMPv6数据报，后半部分

28.8 小结

原始套接字提供以下3个能力。

- 进程可以读写ICMPv4、IGMPv4和ICMPv6等分组。
- 进程可以读写内核不处理其协议字段的IP数据报。
- 进程可以自行构造IPv4首部，通常用于诊断目的（或不幸地被黑客们利用）。

ping和traceroute这两个常用的诊断工具使用原始套接字完成任务，我们自行开发的这两个程序同时支持IPv4和IPv6。我们还自行开发了icmpd守护程序，使得UDP应用进程能够访问由自己的UDP套接字异步触发的ICMP错误。这个守护程序也是一个通过Unix域套接字在无亲缘关系的客户和服务器之间传递描述符的例子。

习题

28.1 我们说过IPv6首部的几乎所有字段以及所有扩展首部都可以通过套接字选项或辅助数据由应用进程指定或获取。应用进程无法获取或指定IPv6数据报中的哪些信息？

28.2 在图28-40中如果由于某种原因客户停止从通往icmpd守护进程的Unix域连接读入数据，然而来自icmpd的ICMP错误信息却大量到达，那将会发生什么？最简单的解决办法是什么？

28.3 如果我们指定本地子网的子网定向广播地址运行我们的ping程序（注意，路由器通常不转发子网定向广播地址），它将正常工作。也就是说，即使我们不设置SO_BROADCAST套接字选项，广播的ICMP回射请求也作为一个链路层广播帧发送。为什么？

28.4 如果使用我们的ping程序在一个多宿主机上ping所有主机多播组的地址224.0.0.1，将会发生什么？

第 29 章

数据链路访问

29.1 概述

目前大多数操作系统都为应用程序提供访问数据链路层的强大功能。这种功能可以提供如下能力。

- 能够监视由数据链路层接收的分组，使得诸如tcpdump之类的程序能够在普通计算机系统上运行，而无需使用专门的硬件设备来监视分组。如果结合使用网络接口进入混杂模式（promiscuous mode）的能力，那么应用程序甚至能够监视本地电缆上流通的所有分组，而不仅仅是以程序运行所在主机为目的地的分组。

  > 网络接口进入混杂模式的能力在日益普及的交换式网络中用处不大。这是因为交换机仅仅把单播、多播或广播分组传递到数据链路层目的地址所在的物理端口。为了监视流经所有端口或某些端口的分组，监视端口必须配置成接收其他端口的分组流通，这种行为称为监视器模式（monitor mode）或端口镜像（port mirroring）。注意，许多通常被你认为没有交换机的存储转发能力的设备实际上也具备这种能力，譬如说双速率10/100 Mbit/s集线器通常也是一个双端口的交换机：一个端口上连接100 Mbit/s系统，另一个端口上连接10 Mbit/s系统。

- 能够作为普遍应用进程而不是内核的一部分运行某些程序。举例来说，RARP服务器的大多数Unix版本是普通的应用进程，它们从数据链路读入RARP请求，又往数据链路写出RARP应答（RARP请求和应答都不是IP数据报）。

Unix上访问数据链路层的3个常用方法是BSD的分组过滤器BPF、SVR4的数据链路提供者接口DLPI和Linux的SOCK_PACKET接口。我们首先简要介绍这3个数据链路访问接口，然后讲解libpcap这个公开可得的分组捕获函数库。该函数库适用于所有这3个接口，使用它可以编写独立于操作系统提供的实际数据链路访问接口的程序。我们通过开发一个程序来讲解该函数库，该程序向一个名字服务器发送DNS查询（我们自行构造这些UDP数据报并往一个原始套接字写出它们），然后使用libpcap读入来自该名字服务器的应答，以便判断它是否开启了UDP校验和。

29.2 BPF：BSD 分组过滤器

4.4BSD以及源自Berkeley的许多其他实现都支持BSD分组过滤器（BSD Packet Filter，BPF）。BPF的实现在TCPv2第31章中讲解。BPF的历史、BPF伪机器（pseudomachine）的描述及与SunOS 4.1.x上NIT分组过滤器的比较参见 [McCanne and Jacobson 1993]。

在支持BPF的系统上，每个数据链路驱动程序都在发送一个分组之前或在接收一个分组之后调用BPF，如图29-1所示。

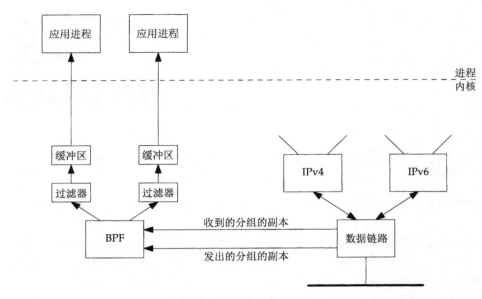

图29-1 使用BPF截获分组

TCPv2图4-11和图4-19给出了某个以太网接口驱动程序中这些调用的例子。在分组接收之后尽早调用BPF以及在分组发送之前尽量晚调用BPF的原因是为了提供精确的时间戳。

尽管往数据链路中安置一个用于捕获所有分组的"龙头"并不困难，BPF的强大威力却在于它的过滤能力。打开一个BPF设备的每个应用进程可以装载各自的过滤器，这个过滤器随后由BPF应用于每个分组。有些过滤器比较简单（例如"udp or tcp"只接收UDP或TCP分组），不过更复杂的过滤器可以检查分组首部某些字段是否为特定值。举例来说，TCPv3第14章中使用如下过滤器：

```
tcp and port 80 and tcp[13:1] & 0x7 != 0
```

达成只收集去往或来自端口80的设置了SYN、FIN或RST标志的TCP分节，其中表达式 tcp[13:1]指代从TCP首部开始位置起字节偏移量为13那个位置始的1字节值。BPF实现一个基于寄存器的过滤器机器，特定于应用进程的过滤器就通过过滤器机器应用于每个接收分组。尽管可以直接使用这个伪机器的机器语言（在BPF手册页面中讲解）编写过滤器程序，最简单的接口却是使用我们将在29.7节讲解的pcap_compile函数把ASCII字符串（例如刚才给出的以tcp开头的那个字符串）编译成BPF伪机器的机器语言。

BPF使用以下3个技术来降低开销。

- BPF过滤在内核中进行，以此把从BPF到应用进程的数据复制量减少到最小。这种从内核空间到用户空间的复制开销高昂。要是每个分组都如此复制，BPF可能就跟不上快速的数据链路。
- 由BPF传递到应用进程的只是每个分组的一段定长部分。这个长度称为捕获长度（capture length），也称为快照长度（snapshot length，简写为snaplen）。大多数应用进程只需要分组首部而不需要分组数据。这个技术同样减少了由BPF复制到应用进程的数据量。举例来说，tcpdump默认把该值设置为96，能够容纳一个14字节的以太网首部、一个40字节的IPv6首部、一个20字节的TCP首部以及22字节的数据。如果需要显示来自其他协议（譬如说DNS和NFS）的额外信息，用户就得在运行tcpdump时增大该值。

- BPF为每个应用进程分别缓冲数据,只有当缓冲区已满或读超时(read timeout)期满时该缓冲区中的数据才复制到应用进程。该超时值可由应用进程指定。例如tcpdump把它设置为1000ms,RARP守护进程把它设置为0(因为RARP分组数量极少,而且RARP服务器需要一接收请求就发送应答)。如此缓冲的目的在于减少系统调用的次数。尽管从BPF复制到应用进程的仍然是相同数量的分组,但是每次系统调用都有一定的开销,因而减少系统调用次数总能降低开销。(举例来说,APUE图3-1比较了以在1字节到131072字节之间变化的不同数据块大小读一个给定文件时read系统调用的开销。)

尽管我们在图29-1中只画出单个缓冲区,BPF其实为每个应用进程维护两个缓冲区,在其中一个缓冲区中的数据被复制到应用进程期间,另一个缓冲区被用于装填数据。这就是标准的双缓冲(double buffering)技术。 789

我们在图29-1只展示了BPF的分组接收,包括由数据链路从下方(网络)接收的分组和由数据链路从上方(IP)接收的分组。应用进程也可以写往BPF,致使分组通过数据链路往外(向上和向下)发送出去,不过大多数应用进程仅仅读自BPF而已。没有理由通过写往BPF发送IP数据报,因为IP_HDRINCL套接字选项允许我们写出任何期望类型(包括IP首部在内)的IP数据报。(我们将在26.7节给出如此写出IP数据报的一个例子。)写往BPF的唯一理由是为了自行发送不是IP数据报的网络分组,例如RARP守护进程就如此发送不是IP数据报的RARP应答。

为了访问BPF,我们必须打开一个当前关闭着的BPF设备。举例来说,我们可以尝试打开/dev/bpf0,如果返回EBUSY错误,那就尝试打开/dev/bpf1,如此等等。一旦打开一个BPF设备,我们可以使用大约一打ioctl命令来设置该设备的特征,包括:装载过滤器、设置读超时、设置缓冲区大小、往该BPF设备附接某个数据链路、开启混杂模式,等等。然后就使用read和write执行I/O。

29.3 DLPI:数据链路提供者接口

SVR4通过数据链路提供者接口(Datalink Provider Interface,DLPI)提供数据链路访问。DLPI是一个由AT&T设计的独立于协议的访问数据链路层所提供服务的接口[Unix International 1991]。其访问通过发送和接收流消息(STREAMS message)实施。

DLPI有两种打开方式:一种方式是应用进程先打开一个统一的伪设备,再使用DLPI的DL_ATTACH_REQ往其上附接某个数据链路(即网络接口);另一种方式是应用进程直接打开某个网络接口设备(例如le0)。无论以哪种方式打开DLPI,通常尚需为提高操作效率而压入2个流模块(STREAMS module):在内核中进行分组过滤的pfmod模块和为应用进程缓冲数据的bufmod模块,如图29-2所示。

从概念上说,这两个模块类似上一节讲解的BPF开销降低技术:pfmod支持使用伪机器的内核中过滤,bufmod则通过支持捕获长度和读超时减少数据量和系统调用次数。

但BPF与pfmod两者在过滤器所支持的伪机器类型上存在一个有趣的差别。BPF过滤器使用一个有向无环控制流图(CFG),pfmod过滤器则使用一个布尔表达式树。前者自然地映射成寄存器型机器代码,后者自然地映射成堆栈型机器代码[McCanne and Jacobson 1993]。这篇论文指出BPF使用的CFG实现通常比pfmod使用的布尔表达式树实现快3~20倍,具体取决于过滤器的复杂程度。

另外,BPF总是在复制分组之前做出过滤决策,以省却复制将被丢弃的分组。DLPI则因为与pfmod模块相对独立而可能不得不增加内核中的分组复制次数,具体取决于实现。 790

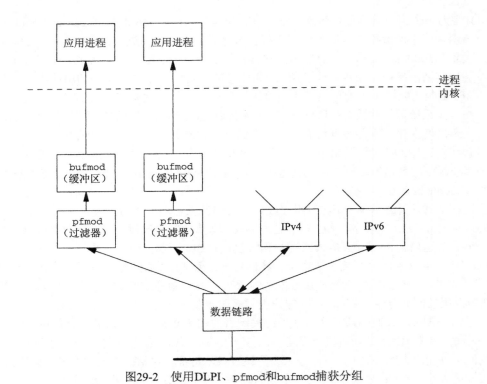

图29-2　使用DLPI、pfmod和bufmod捕获分组

29.4　Linux：`SOCK_PACKET` 和 `PF_PACKET`

　　Linux先后有两个从数据链路层接收分组的方法。较旧的方法是创建类型为SOCK_PACKET的套接字，这个方法的可用面较宽，不过缺乏灵活性。较新的方法创建协议族为PF_PACKET的套接字，这个方法引入了更多的过滤和性能特性。我们必须有足够的权限才能创建这两种套接字（类似原始套接字的创建），而且调用socket的第三个参数必须是指定以太网帧类型的某个非0值。创建PF_PACKET套接字时，调用socket的第二个参数既可以是SOCK_DGRAM，表示扣除链路层首部的"煮熟"（cooked）分组，也可以是SOCK_RAW，表示完整的链路层分组（以太网帧）。SOCK_PACKET套接字只返回以太网帧。举例来说，从数据链路接收所有帧应如下创建套接字：

```
    fd = socket(PF_PACKET, SOCK_RAW, htons(ETH_P_ALL));      /* 较新方法 */
```
或
```
    fd = socket(AF_INET, SOCK_PACKET, htons(ETH_P_ALL));     /* 较旧方法 */
```
791　由数据链路接收的任何协议的以太网帧将返回到这些套接字。

　　如果只想捕获IPv4帧，那就如下创建套接字：

```
    fd = socket(PF_PACKET, SOCK_RAW, htons(ETH_P_IP));       /* 较新方法 */
```
或
```
    fd = socket(AF_INET, SOCK_PACKET, htons(ETH_P_IP));      /* 较旧方法 */
```
用作socket调用第三个参数的常值还有ETH_P_ARP、ETH_P_IPV6等。

　　指定这个协议参数为某个ETH_P_*xxx*常值是在告知数据链路应该把由它接收的帧中哪些类

型的帧传递给所创建的套接字。如果数据链路支持混杂模式（例如以太网），那么需要的话还必须把设备投入混杂模式。对于PF_PACKET套接字，把一个网络接口投入混杂模式通过设置PACKET_ADD_MEMBERSHIP套接字选项完成，在作为setsockopt第四个参数传递的packet_mreq结构中需指定网络接口和值为PACKET_MR_PROMISC的行为。对于SOCK_PACKET套接字，投入混杂模式通过使用SIOCGIFFLAGS ioctl获取标志，设置IFF_PROMISC标志，再使用SIOCSIFFLAGS存储标志。不幸的是，若采用此方法，多路混杂监听程序可能互相干扰，而且设计得不好的程序可能在退出后还保持着混杂模式。

Linux的数据链路访问方法相比BPF和DLPI存在如下差别。

- Linux方法不提供内核缓冲，而且只有较新的方法才能提供内核过滤（通过设置SO_ATTACH_FILTER套接字选项安装）。尽管这些套接字有普通的套接字接收缓冲区，但是多个帧不能缓冲在一起由单个读入操作一次性地传递给应用进程。这么一来势必增长从内核到应用进程复制大量数据所涉及的开销。

- Linux较旧的方法不提供针对设备的过滤。（较新的方法可以通过调用bind与某个设备关联。）如果调用socket时指定了ETH_P_IP，那么来自任何设备（例如以太网、PPP链路、SLIP链路和回馈设备）的所有IPv4分组都被传递到所创建的套接字。recvfrom将返回一个通用套接字地址结构，其中的sa_data成员含有设备名字（例如eth0）。应用进程然后必须自行丢弃来自任何非所关注设备的数据。这里的问题仍然是可能会有太多的数据返回到应用进程，从而妨碍对于高速网络的监视。

29.5 libpcap：分组捕获函数库

libpcap是访问操作系统所提供的分组捕获机制的分组捕获函数库，它是与实现无关的。目前它只支持分组的读入（当然只需往该函数库中增加一些代码行就可以让调用者写出数据链路分组）。下一节讲解的libnet函数库不仅支持写出数据链路分组，而且可以构造任意协议的分组。

libpcap目前支持源自Berkeley内核中的BPF、Solaris 2.x和HP-UX中的DLPI、SunOS 4.1.x中的NIT、Linux的SOCK_PACKET套接字和PF_PACKET套接字，以及其他若干操作系统。tcpdump就使用该函数库。libpcap由大约25个函数组成，不过我们不准备单独讲解这些函数，而是在再下一节以一个完整的例子给出其中常用函数的实际用法。所有库函数均以pcap_前缀打头。pcap手册页面详细讲解了这些函数。

该函数库可以从http://www.tcpdump.org/公开获取。

792

29.6 libnet：分组构造与输出函数库

libnet函数库提供构造任意协议的分组并将其输出到网络中的接口。它以与实现无关的方式提供原始套接字访问方式和数据链路访问方式。

libnet隐藏了构造IP、UDP和TCP首部的许多细节，并提供简单且便于移植的数据链路和原始套接字写出访问接口。与libpcap一样，libnet也由许多函数组成。我们将在下一节给出的例子中展示其中若干个函数的用法，并与直接使用原始套接字所需的代码相比较。libnet的所有库函数均以libnet_前缀打头。libnet手册页面和在线手册详细讲解了这些函数。

编写本书时唯一可用的手册是不再支持的版本1.0的；受支持的版本1.1在API上变动较大。本例子是用版本1.1的API。

29.7 检查 UDP 的校验和字段

我们现在开发一个例子程序，它向一个名字服务器发送含有某个DNS查询的UDP数据报，然后使用分组捕获函数库读入应答。本例子程序的目的是确定这个名字服务器是否计算UDP校验和。对于IPv4，UDP校验和的计算是可选的。如今大多数系统默认就开启校验和，不过较老的系统（尤如SunOS 4.1.x）默认禁止校验和。当今所有系统（特别是运行名字服务器的系统）都应该总是开启UDP校验和，否则受损的数据报有可能破坏服务器的数据库。

开启和禁止UDP校验和通常是基于系统范围设置的，如TCPv1附录E所述。

我们将自行构造UDP数据报（即DNS查询），并把它写出到一个原始套接字。这个查询使用普通的UDP套接字就可以发送，不过我们想展示如何使用IP_HDRINCL套接字选项构造一个完整的IP数据报。

另一方面，我们无法在从普通UDP套接字读入时获取UDP校验和，使用原始套接字也无法读入UDP或TCP分组（28.4节）。因此我们必须使用分组捕获机制获取含有名字服务器的应答的完整UDP数据报。

我们还检查所获取UDP首部中的校验和字段，如果其值为0，那么该名字服务器没有开启UDP校验和。我们还给出使用libnet编写的相同程序。

图29-3汇总了本程序的操作。

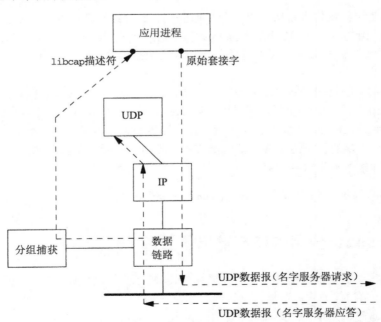

图29-3 检查某个名字服务器是否开启UDP校验和的应用程序

我们把自行构造的UDP数据报写出到原始套接字，然后使用libpcap读回其应答。注意，

UDP模块也接收到这个来自名字服务器的应答，并将响应以一个ICMP端口不可达错误，因为UDP模块根本不知道我们为自行构造的UDP数据报选用的源端口号。名字服务器将忽略这个ICMP错误。我们同时指出，使用TCP编写一个如此形式的测试程序比较困难，因为尽管我们很容易把自行构造的TCP分节写出到网络，但是对于我们如此产生的TCP分节的任何应答却通常导致我们的TCP模块响应以一个RST，结果是连三路握手都完成不了。

　　绕过这个难题的方法之一是以属于所连接子网的某个当前未被使用的IP地址为源地址发送TCP分节，并且事先在发送主机上为这个新IP地址增加一个ARP表项，使得发送主机能够回答对于这个新地址的ARP请求，但是不把这个新IP地址作为别名地址配置在发送主机上。这将导致发送主机上的IP协议栈丢弃所接收的目的地址为这个新地址的分组，前提是发送主机并不用作路由器。

图29-4是构成本程序的函数的汇总。

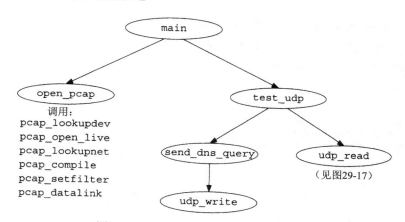

图29-4　udpcksum程序中的函数汇总

图29-5给出头文件udpcksum.h，它包含我们的基本头文件unp.h以及访问IP和UDP分组首部的结构定义所需的各个系统头文件。

```
                                                      ─── udpcksum/udpcksum.h
 1 #include    "unp.h"
 2 #include    <pcap.h>

 3 #include    <netinet/in_systm.h>      /* required for ip.h */
 4 #include    <netinet/in.h>
 5 #include    <netinet/ip.h>
 6 #include    <netinet/ip_var.h>
 7 #include    <netinet/udp.h>
 8 #include    <netinet/udp_var.h>
 9 #include    <net/if.h>
10 #include    <netinet/if_ether.h>

11 #define TTL_OUT      64                 /* outgoing TTL */

12                          /* declare global variables */
13 extern struct sockaddr  *dest, *local;
14 extern socklen_t     destlen, locallen;
15 extern int datalink;
16 extern char *device;
```

图29-5　udpcksum.h头文件

```
17 extern pcap_t   *pd;
18 extern int  rawfd;
19 extern int  snaplen;
20 extern int  verbose;
21 extern int  zerosum;

22                     /* function prototypes */
23 void        cleanup(int);
24 char        *next_pcap(int *);
25 void        open_output(void);
26 void        open_pcap(void);
27 void        send_dns_query(void);
28 void        test_udp(void);
29 void        udp_write(char *, int);
30 struct udpiphdr *udp_read(void);
```
udpcksum/udpcksum.h

图29-5 （续）

3~10 处理IP和UDP首部字段需要额外的网际网头文件。

11~29 定义一些全局变量和相关函数的原型。

图29-6给出main函数的第一部分。

udpcksum/main.c

```
 1 #include    "udpcksum.h"

 2                 /* DefinE global variables */
 3 struct sockaddr *dest, *local;
 4 struct sockaddr_in locallookup;
 5 socklen_t destlen, locallen;

 6 int     datalink;               /* from pcap_datalink(), in <net/bpf.h> */
 7 char    *device;                /* pcap device */
 8 pcap_t *pd;                     /* packet capture struct pointer */
 9 int     rawfd;                  /* raw socket to write on */
10 int     snaplen = 200;          /* amount of data to capture */
11 int     verbose;
12 int     zerosum;                /* send UDP query with no checksum */

13 static void usage(const char *);

14 int
15 main(int argc, char *argv[])
16 {
17     int     c, lopt=0;
18     char    *ptr, localname[1024], *localport;
19     struct addrinfo *aip;
```
udpcksum/main.c

图29-6 main函数：定义

图29-7给出main函数的下一部分，它处理命令行参数。

处理命令行参数

20~25 调用getopt处理命令行参数。-0选项即要求不设置UDP校验和就发送UDP查询，以便查看服务器对它的处理是否不同于对设置了校验和的数据报的处理。

26~28 -i选项用于指定接收服务器的应答的接口。如果这个接口未曾指定，分组捕获函数库将会选择一个，不过选定的接口在多宿主机上也许不正确。从分组捕获设备读入与从普通套接字读入的差别之一就体现在此：使用套接字的话我们可以通配本地地址，从而允许我们接收到达任意接口的分组；然而如果使用分组捕获设备，我们就只能在单个接口上接收到达的分组。

udpcksum/main.c

```
20      opterr = 0;                      /* don't want getopt() writing to stderr */
21      while ( (c = getopt(argc, argv, "0i:l:v")) != -1) {
22          switch (c) {

23          case '0':
24              zerosum = 1;
25              break;

26          case 'i':
27              device = optarg;              /* pcap device */
28              break;

29          case 'l':                        /* local IP address and port #: a.b.c.d.p */
30              if ( (ptr = strrchr(optarg, '.')) == NULL)
31                  usage("invalid -l option");

32              *ptr++ = 0;                   /* null replaces final period */
33              localport = ptr;             /* service name or port number */
34              strncpy(localname, optarg, sizeof(localname));
35              lopt = 1;
36              break;

37          case 'v':
38              verbose = 1;
39              break;

40          case '?':
41              usage("unrecognized option");
42          }
43      }
```

udpcksum/main.c

图29-7　main函数：处理命令行参数

　　　　我们指出Linux的SOCK_PACKET方法并没有把它的数据链路捕获限定在单个设备。尽管如此，libpcap却基于其默认设置或我们的–i选项提供限定接口形式的过滤。

29~36　–1选项用于指定源IP地址和源端口号。在本选项的参数中，端口号（或服务名）是其中最后一个点号之后的部分，源IP地址是其中最后一个点号之前的部分。

〔797〕

　　　　图29-8给出main函数的最后一部分。

处理目的主机名和端口

46~49　验证剩余命令行参数恰好是两个：运行DNS服务器的目的主机名或IP地址，以及服务器的服务名（domain）或端口号（53）。调用host_serv把这两个参数转换成一个套接字地址结构，并把指向该结构的指针存入dest。

处理本地主机名和端口

50~74　如果本地主机名（或IP地址）和端口已经作为命令行–1选项的参数指定，那就对它们执行同样的转换，并把指向转换出的套接字地址结构的指针存入local。否则我们通过把一个UDP套接字连接到目的地确定由内核选定的本地IP地址和临时端口号，存放在由local指向的套接字地址结构中。既然我们将自行构造DNS查询的IP首部和UDP首部，在写出该UDP数据报之前我们必须知道源IP地址。我们不能让它保留0值以便由IP模块为它选择实际值，因为它是UDP伪首部（我们稍后讲解）的一部分，而UDP校验和计算必须使用伪首部。

```
44      if (optind != argc-2)
45          usage("missing <host> and/or <serv>");

46          /* convert destination name and service */
47      aip = Host_serv(argv[optind], argv[optind+1], AF_INET, SOCK_DGRAM);
48      dest = aip->ai_addr;        /* don't freeaddrinfo() */
49      destlen = aip->ai_addrlen;

50      /*
51       * Need local IP address for source IP address for UDP datagrams.
52       * Can't specify 0 and let IP choose, as we need to know it for
53       * the pseudoheader to calculate the UDP checksum.
54       * If -l option supplied, then use those values; otherwise,
55       * connect a UDP socket to the destination to determine the right
56       * source address.
57       */
58      if (lopt) {
59              /* convert local name and service */
60          aip = Host_serv(localname, localport, AF_INET, SOCK_DGRAM);
61          local = aip->ai_addr;        /* don't freeaddrinfo() */
62          locallen = aip->ai_addrlen;
63      } else {
64          int     s;
65          s = Socket(AF_INET, SOCK_DGRAM, 0);
66          Connect(s, dest, destlen);
67          /* kernel chooses correct local address for dest */
68          locallen = sizeof(locallookup);
69          local = (struct sockaddr *)&locallookup;
70          Getsockname(s, local, &locallen);
71          if (locallookup.sin_addr.s_addr == htonl(INADDR_ANY))
72              err_quit("Can't determine local address - use -l\n");
73          close(s);
74      }

75      open_output();                      /* open output, either raw socket or libnet */

76      open_pcap();                        /* open packet capture device */

77      setuid(getuid());                   /* don't need superuser privileges anymore */

78      Signal(SIGTERM, cleanup);
79      Signal(SIGINT, cleanup);
80      Signal(SIGHUP, cleanup);

81      test_udp();

82      cleanup(0);
83  }
```

图29-8   main函数：转换主机名和服务名，创建套接字

创建原始套接字并打开分组捕获设备

75~76   调用open_output函数创建一个原始套接字并开启IP_HDRINCL套接字选项，我们于是可以往这个套接字写出包括IP首部在内的完整IP数据报。open_output还有一个使用libnet实现的版本。然后调用我们接着给出的open_pcap函数打开分组捕获设备。

改变权限并建立信号处理函数

77~80   创建原始套接字需要超级用户特权。打开分组捕获设备通常同样需要超级用户特权，不过具体取决于实现。譬如说对于BPF，管理员可以根据系统所需设置/dev/bpf设备

的访问权限。既然已经完成特权操作，我们于是放弃这个额外的特权，假定这个特权确实是因为程序文件具有setuid到root的属性而额外获取的。具有超级用户特权的进程调用setuid将把它的实际用户ID、有效用户ID以及保存的重设用户ID（set-user-ID）都设置为当前的实际用户ID（getuid的返回值）。为了防备用户在程序运行完之前强行终止它，我们要建立一些信号处理函数。

执行测试与清理

81~82　test_udp函数（图29-10）进行本程序的测试任务后返回。cleanup函数（图29-18）显示来自分组捕获函数库的统计结果后终止进程。

图29-9给出open_pcap函数，它由main函数调用以打开分组捕获设备。

——udpcksum/pcap.c

```
 1 #include      "udpcksum.h"

 2 #define CMD          "udp and src host %s and src port %d"

 3 void
 4 open_pcap(void)
 5 {
 6     uint32_t localnet, netmask;
 7     char    cmd[MAXLINE], errbuf[PCAP_ERRBUF_SIZE],
 8         str1[INET_ADDRSTRLEN], str2[INET_ADDRSTRLEN];
 9     struct bpf_program  fcode;
10     if (device == NULL) {
11         if ( (device = pcap_lookupdev(errbuf)) == NULL)
12             err_quit("pcap_lookup: %s", errbuf);
13     }
14     printf("device = %s\n", device);

15         /* hardcode: promisc=0, to_ms=500 */
16     if ( (pd = pcap_open_live(device, snaplen, 0, 500, errbuf)) == NULL)
17         err_quit("pcap_open_live: %s", errbuf);

18     if (pcap_lookupnet(device, &localnet, &netmask, errbuf) < 0)
19         err_quit("pcap_lookupnet: %s", errbuf);
20     if (verbose)
21         printf("localnet = %s, netmask = %s\n",
22                 Inet_ntop(AF_INET, &localnet, str1, sizeof(str1)),
23                 Inet_ntop(AF_INET, &netmask, str2, sizeof(str2)));
24     snprintf(cmd, sizeof(cmd), CMD,
25             Sock_ntop_host(dest, destlen),
26             ntohs(sock_get_port(dest, destlen)));
27     if (verbose)
28         printf("cmd = %s\n", cmd);
29     if (pcap_compile(pd, &fcode, cmd, 0, netmask) < 0)
30         err_quit("pcap_compile: %s", pcap_geterr(pd));

31     if (pcap_setfilter(pd, &fcode) < 0)
32         err_quit("pcap_setfilter: %s", pcap_geterr(pd));

33     if ( (datalink = pcap_datalink(pd)) < 0)
34         err_quit("pcap_datalink: %s", pcap_geterr(pd));
35     if (verbose)
36         printf("datalink = %d\n", datalink);
37 }
```

——udpcksum/pcap.c

图29-9　open_pcap函数：打开并初始化分组捕获设备

634 第 29 章 数据链路访问

选择分组捕获设备

10~14 如果分组捕获设备未曾指定（通过-i命令行选项），那就调用pcap_lookupdev函数选择一个设备。该函数发出SIOCGIFCONF ioctl命令选择索引号最小的在工（即UP状态）设备，不过环回接口除外。许多pcap库函数在出错时填写一个出错消息串。传递给pcap_lookupdev的唯一参数就是一个用于填写出错消息串的字符数组。

打开设备

15~17 调用pcap_open_live打开这个设备。函数名中的"live"表明所打开的是一个真实的设备，而不是一个含有先前保存之分组的"save"文件。该函数的第一个参数是设备名，第二个参数是每个分组的保存字节数（snaplen，在图29-6中被初始化为200），第三个参数是混杂标志，第四个参数是以毫秒为单位的超时值，第五个参数是指向某个用于返回出错消息串的字符数组的指针。

如果设置了混杂标志，网络接口就被投入混杂模式，导致它接收在电缆上流经的所有分组。对于tcpdump这是通常的模式。然而对于我们的例子，来自DNS服务器的应答将被发送到DNS查询的发送主机（即运行本程序的主机），因而无需设置混杂标志。

超时参数指的是读超时。要是每收到一个分组就让设备把该分组返送到应用进程，那会引起从内核到应用进程的大量个体分组复制，因而效率可能比较低。libpcap仅当设备的读缓冲区被填满或读超时发生时才返送分组。如果把超时值设置为0，那么每个分组一经接收就被返送。

获取网络地址与子网掩码

18~23 pcap_lookupnet返回分组捕获设备的网络地址和子网掩码。我们接下去调用pcap_compile时必须指定这个子网掩码，因为分组过滤器需要拿它来确定一个IP地址是否为一个子网定向广播地址。

编译分组过滤器

24~30 pcap_compile把我们在cmd字符数组中构造的过滤器字符串编译成一个过滤器程序，存放在fcode中。这个过滤器将选择我们希望接收的分组。

装载过滤器程序

31~32 pcap_setfilter把我们刚编译出来的过滤器程序装载到分组捕获设备，同时引发对我们用该过滤器选取的分组的捕获。

确定数据链路类型

33~36 pcap_datalink返回分组捕获设备的数据链路类型。当接收分组时我们需要该值来确定位于每个所读入分组开始处的数据链路首部的大小（图29-15）。

调用open_pcap之后main函数接着调用如图29-10所示的test_udp。该函数发送一个DNS查询，并读入服务器的应答。

volatile变量

15 我们希望两个自动变量nsent和timeout在从信号处理函数siglongjmp到本函数之后保持它们的值不变。具体实现允许在siglongjmp之后把自动变量恢复成调用sigsetjmp时刻的值（APUE第178页[①]），然而给自动变量加上volatile限定词就能防止它们被恢复成初始值。

[①] 此处为APUE第1版英文原版书的页码，第2版英文原版书为第201页，第2版中文版为第163~164页。——编者注

建立信号处理函数和跳转缓冲区

17~18　调用signal建立SIGALRM信号的处理函数，再调用sigsetjmp为siglongjmp准备一个
　　　　跳转缓冲区。（APUE的10.15节详细讲解了这两个函数。）传递给sigsetjmp的第二个参
　　　　数为1是在告知该函数保存当前信号掩码，因为我们将从信号处理函数中调用siglongjmp。

```
                                                  —— udpcksum/udpcksum.c
12 void
13 test_udp(void)
14 {
15     volatile int nsent = 0, timeout = 3;
16     struct udpiphdr *ui;

17     Signal(SIGALRM, sig_alrm);
18     if (sigsetjmp(jmpbuf, 1)) {
19         if (nsent >= 3)
20             err_quit("no response");
21         printf("timeout\n");
22         timeout *= 2;                    /* exponential backoff: 3, 6, 12 */
23     }
24     canjump = 1;                         /* siglongjmp is now OK */

25     send_dns_query();
26     nsent++;

27     alarm(timeout);
28     ui = udp_read();
29     canjump = 0;
30     alarm(0);

31     if (ui->ui_sum == 0)
32         printf("UDP checksums off\n");
33     else
34         printf("UDP checksums on\n");
35     if (verbose)
36         printf("received UDP checksum = %x\n", ntohs(ui->ui_sum));
37 }
```
　　　　　　　　　　　　　　　　　　　　　　　　　　—— udpcksum/udpcksum.c

图29-10　test_udp函数：发送DNS查询并读取应答

处理siglongjmp

19~23　这段代码仅当siglongjmp从我们的信号处理函数中调用之后才被执行。如此情形表明
　　　　发生了超时：我们发送了一个请求，但是一直没有收到任何应答。如果我们已发送了3
　　　　个请求，那就终止进程。否则显示一条消息并倍增超时值。这就是我们在22.5节讲解过
　　　　的指数回退（exponential backoff）。首次超时值为3秒，然后依次是6秒和12秒。

　　　　我们在本例子中使用sigsetjmp和siglongjmp，而不是简单地捕获EINTR（如图14-1
　　　　中所示），其原因在于分组捕获函数库的读函数（由我们的udp_read函数调用）在read
　　　　操作返回EINTR错误时将重新启动该操作。既然我们不想为了返回EINTR错误而修改这
　　　　些库函数，唯一的解决办法就是捕获SIGALRM信号并执行一个非本地的长跳转，让控
　　　　制返回到我们的代码，而不是信号函数执行完毕仍然返回到函数库代码。

发送DNS查询并读入应答

25~30　send_dns_query函数（图29-12）用于向一个名字服务器发送一个DNS查询，udp_read
　　　　函数（图29-15）用于读入应答。在读入应答之前我们调用alarm以防止读操作永久阻
　　　　塞。当所指定的超时期满时，内核将产生SIGALRM信号，使我们的信号处理函数调用
　　　　siglongjmp。

802

检查收到的UDP分组的校验和

31~36 如果所接收的UDP校验和为0，那么名字服务器未曾计算并发送校验和。

图29-11给出我们的信号处理程序sig_alrm，它处理SIGALRM信号。

————————————————————————udpcksum/udpcksum.c

```
 1 #include    "udpcksum.h"
 2 #include    <setjmp.h>

 3 static sigjmp_buf jmpbuf;
 4 static int canjump;

 5 void
 6 sig_alrm(int signo)
 7 {
 8     if (canjump == 0)
 9         return;
10     siglongjmp(jmpbuf, 1);
11 }
```

————————————————————————udpcksum/udpcksum.c

图29-11 sig_alrm函数：处理SIGALRM信号

8~10 canjump标志是在图29-10中跳转缓冲区被初始化之后设置的，并在读入应答之后清除。我们在该标志已经设置的前提下调用siglongjmp，致使控制流变成仿佛图29-10中的sigsetjmp返回了值1。

803 图29-12给出send_dns_query函数，它构造了一个DNS查询，并通过原始套接字把该UDP数据报发送给名字服务器。

————————————————————————udpcksum/senddnsquery-raw.c

```
 6 void
 7 send_dns_query(void)
 8 {
 9     size_t  nbytes;
10     char    *buf, *ptr;

11     buf = Malloc(sizeof(struct udpiphdr) + 100);
12     ptr = buf + sizeof(struct udpiphdr);   /* leave room for IP/UDP headers */

13     *((uint16_t *) ptr) = htons(1234); /* identification */
14     ptr += 2;
15     *((uint16_t *) ptr) = htons(0x0100);   /* flags: recursion desired */
16     ptr += 2;
17     *((uint16_t *) ptr) = htons(1); /* # questions */
18     ptr += 2;
19     *((uint16_t *) ptr) = 0;    /* # answer RRs */
20     ptr += 2;
21     *((uint16_t *) ptr) = 0;    /* # authority RRs */
22     ptr += 2;
23     *((uint16_t *) ptr) = 0;    /* # additional RRs */
24     ptr += 2;

25     memcpy(ptr, "\001a\014root-servers\003net\000", 20);
26     ptr += 20;
27     *((uint16_t *) ptr) = htons(1); /* query type = A */
28     ptr += 2;
29     *((uint16_t *) ptr) = htons(1); /* query class = 1 (IP addr) */
30     ptr += 2;

31     nbytes = (ptr - buf) - sizeof(struct udpiphdr);
32     udp_write(buf, nbytes);
33     if (verbose)
34         printf("sent: %d bytes of data\n", nbytes);
35 }
```

————————————————————————udpcksum/senddnsquery-raw.c

图29-12 send_dns_query函数：向DNS服务器发送一个查询

分配缓冲区并初始化指针

11~12　使用malloc分配缓冲区buf，它足以存放20字节的IP首部、8字节的UDP首部以及100字节的用户数据。把指针ptr初始化为指向用户数据的第一个字节。

构造DNS查询

13~24　理解由本函数构造的UDP数据报的细节需要了解DNS消息格式，参见TCPv1的14.3节。这里我们设置标识字段为1234，标志为0，问题数为1，至于资源记录（RR），我们把回答RR数、权威RR数和额外RR数都设置为0。

25~30　我们接着构造这个DNS消息中后跟的单个问题：查询主机a.root-servers.net的IP地址。这个域名存放在20字节中，由4个标签构成：1字节标签a、12字节标签root-servers（注意\014是一个八进制字符常数）、3字节标签net和长度为0的根标签。查询类型为1（称为A查询），查询类别也为1。

804

写出UDP数据报

31~32　这个消息由36字节的用户数据构成（8个2字节字段和单个20字节域名），不过我们通过计算缓冲区内当前指针和缓冲区起始位置之差得出消息长度，以免每次变动待发送消息的格式就得修改这个常数（36）。最后调用我们的udp_write函数构造UDP和IP首部，并把构造完毕的IP数据报写出到原始套接字。

图29-13给出了open_output函数。

```
                                                                    —— udpcksum/udpwrite.c
 2  int       rawfd;                        /* raw socket to write on */

 3  void
 4  open_output(void)
 5  {
 6      int       on=1;
 7      /*
 8       * Need a raw socket to write our own IP datagrams to.
 9       * Process must have superuser privileges to create this socket.
10       * Also must set IP_HDRINCL so we can write our own IP headers.
11       */
12      rawfd = Socket(dest->sa_family, SOCK_RAW, 0);

13      Setsockopt(rawfd, IPPROTO_IP, IP_HDRINCL, &on, sizeof(on));
14  }
                                                                    —— udpcksum/udpwrite.c
```

图29-13　open_output函数：准备原始套接字

声明原始套接字描述符

2　声明存放原始套接字描述符的全局变量。

创建原始套接字并开启IP_HDRINCL

7~13　创建一个原始套接字并开启IP_HDRINCL套接字选项。该选项允许我们往套接字写出包括IP首部在内的完整IP数据报。

图29-14给出了udp_write函数，它构造IP和UDP首部并把结果数据报写出到原始套接字。

初始化分组首部指针

24~26　ip指向IP首部（一个ip结构）的开始位置，ui指向同一位置，不过它的udpiphdr结构是IP首部和UDP首部的组合。

清零首部

27　显式清零首部区域，以免影响可能留在缓冲区中的剩余数据的校验和计算。

805

udpcksum/udpwrite.c

```
19 void
20 udp_write(char *buf, int userlen)
21 {
22     struct udpiphdr *ui;
23     struct ip *ip;

24         /* fill in and checksum UDP header */
25     ip = (struct ip *) buf;
26     ui = (struct udpiphdr *) buf;
27     bzero(ui, sizeof(*ui));
28             /* add 8 to userlen for pseudoheader length */
29     ui->ui_len = htons((uint16_t) (sizeof(struct udphdr) + userlen));
30             /* then add 28 for IP datagram length */
31     userlen += sizeof(struct udpiphdr);

32     ui->ui_pr = IPPROTO_UDP;
33     ui->ui_src.s_addr = ((struct sockaddr_in *) local)->sin_addr.s_addr;
34     ui->ui_dst.s_addr = ((struct sockaddr_in *) dest)->sin_addr.s_addr;
35     ui->ui_sport = ((struct sockaddr_in *) local)->sin_port;
36     ui->ui_dport = ((struct sockaddr_in *) dest)->sin_port;
37     ui->ui_ulen = ui->ui_len;
38     if (zerosum == 0) {
39 #if 1                              /* change to if 0 for Solaris 2.x, x < 6 */
40         if ( (ui->ui_sum = in_cksum((u_int16_t *) ui, userlen)) == 0)
41             ui->ui_sum = 0xffff;
42 #else
43         ui->ui_sum = ui->ui_len;
44 #endif
45     }

46         /* fill in rest of IP header; */
47         /* ip_output() calcuates & stores IP header checksum */
48     ip->ip_v = IPVERSION;
49     ip->ip_hl = sizeof(struct ip) >> 2;
50     ip->ip_tos = 0;
51 #if defined(linux) || defined(__OpenBSD__)
52     ip->ip_len = htons(userlen);        /* network byte order */
53 #else
54     ip->ip_len = userlen;               /* host byte order */
55 #endif
56     ip->ip_id = 0;                      /* let IP set this */
57     ip->ip_off = 0;                     /* frag offset, MF and DF flags */
58     ip->ip_ttl = TTL_OUT;

59     Sendto(rawfd, buf, userlen, 0, dest, destlen);
60 }
```

udpcksum/udpwrite.c

图29-14   udp_write函数：构造UDP首部和IP首部，往原始套接字写出IP数据报

这段代码的早先版本显式清零struct udpiphdr的每个成员，然而该结构含有一些实现细节，因而不同系统之间会有差异。在显式构造首部时，这是一个典型的移植性问题。

更新长度

28~31   ui_len是UDP长度，即用户数据字节数加上UDP首部长度（8字节）。userlen（跟在UDP首部之后的用户数据字节数）加上28（20字节的IP首部和8字节的UDP首部）是整个IP数据报的大小。

填写UDP首部并计算UDP校验和

32~45   UDP校验和计算不仅涵盖UDP首部和UDP数据，而且涉及来自IP首部的若干字段。这

些来自IP首部的额外字段构成所谓的伪首部（pseudoheader）。校验和计算涵盖伪首部能够提供如下额外验证：如果校验和正确，那么数据报确实已被递送到正确的主机和正确的协议处理代码。这些语句初始化IP首部中构成伪首部的那些字段。它们有些难懂，不过TCPv2的23.6节有相应的解释。最终结果是如果zerosum标志（对应-0命令行参数）没有设置，那就在ui_sum成员中存入UDP校验和。

如果计算出的校验和为0，那就改为存入0xffff。在二进制反码算术（ones-complement arithmetic）中这两个值是同义的，不过UDP通过设置校验和为0值指示发送者没有存放UDP校验和。注意，我们在图28-14中并没有检查计算出的校验和是否为0，因为ICMPv4校验和是必需的：其值为0并不指示没有校验和。

> 我们指出Solaris 2.x（x<6）就通过设置了IP_HDRINCL套接字选项的原始套接字发送的TCP分节或UDP数据报而言，在校验和字段上存在一个缺陷。这些校验和由内核计算，不过进程必须把ui_sum成员设置为TCP或UDP的长度。

填写IP首部

46~59 既然已经开启了IP_HDRINCL套接字选项，我们就必须填写IP首部中的大多数字段。（28.3节讨论了如何往设置了该套接字选项的原始套接字写出这些字段。）我们把标识字段（ip_id）设置为0，以告知IP模块去设置这个字段。IP模块还计算IP首部校验和。最后调用sendto写出IP数据报。

> 注意，对于ip_len成员，我们会根据所用的操作系统或按主机字节序设置，或按网络字节序设置。在使用原始套接字时这通常是个移植性问题。

806
~
807

下一个函数是图29-15给出udp_read函数，它从图29-10中调用。

```
                                                    —udpcksum/udppread.c
 7 struct udpiphdr *
 8 udp_read(void)
 9 {
10     int        len;
11     char       *ptr;
12     struct ether_header *eptr;

13     for ( ; ; ) {
14         ptr = next_pcap(&len);

15         switch (datalink) {
16         case DLT_NULL:            /* loopback header = 4 bytes */
17             return(udp_check(ptr+4, len-4));

18         case DLT_EN10MB:
19             eptr = (struct ether_header *) ptr;
20             if (ntohs(eptr->ether_type) != ETHERTYPE_IP)
21                 err_quit("Ethernet type %x not IP", ntohs(eptr->ether_type));
22             return(udp_check(ptr+14, len-14));

23         case DLT_SLIP:            /* SLIP header = 24 bytes */
24             return(udp_check(ptr+24, len-24));

25         case DLT_PPP:             /* PPP header = 24 bytes */
26             return(udp_check(ptr+24, len-24));

27         default:
28             err_quit("unsupported datalink (%d)", datalink);
29         }
30     }
31 }
                                                    —udpcksum/udppread.c
```

图29-15 udp_read函数：从分组捕获设备读入下一个分组

14~29   调用我们的next_pcap函数（图29-16）从分组捕获设备获取下一个分组。既然数据
链路首部依照实际设备类型存在差异，于是我们根据pcap_datalink函数的返回值
作跳转。

　　TCPv2图31-9展示了这里出现的4、14和24这几个神秘的偏移量。与SLIP和PPP对应的24
字节偏移量适用于BSD/OS 2.1。
　　尽管名字DLT_EN10MB中存在"10MB"这个限定词，这个数据链路类型也用于100 Mbit/s
以太网。

我们的udp_check函数（图29-19）检查分组并验证IP和UDP首部中的字段。
图29-16给出next_pcap函数，它返回来自分组捕获设备的下一个分组。

```
                                                              udpcksum/pcap.c
38 char *
39 next_pcap(int *len)
40 {
41     char     *ptr;
42     struct pcap_pkthdr  hdr;

43         /* keep looping until packet ready */
44     while ( (ptr = (char *) pcap_next(pd, &hdr)) == NULL) ;

45     *len = hdr.caplen;           /* captured length */
46     return(ptr);
47 }
                                                              udpcksum/pcap.c
```

图29-16   next_pcap函数：返回下一个分组

43~44   库函数pcap_next或者返回下一个分组，或者因发生超时而返回NULL。我们在一个
循环中调用pcap_next，直到返回一个分组（或者被SIGALRM信号中断）。该函数的
返回值是指向所返回分组的一个指针，由它的第二个参数指向的pcap_pkthdr结构
也在返回时被填写：

```
struct pcap_pkthdr {
    struct timeval   ts;        /* timestamp */
    bpf_u_int32      caplen;    /* length of portion captured */
    bpf_u_int32      len;       /* length of this packet (off wire) */
};
```

其中时间戳是分组捕获设备读入该分组的时间，而不是稍后该分组真正递送到进程
的时间。caplen是实际捕获的数据量（回顾一下，我们在图29-6中把变量snaplen
设置为200，然后在图29-9中把它作为pcap_open_live函数的第二个参数）。分组捕
获机制旨在捕获每个分组的各个首部，而不是捕获其中的所有数据。len是该分组
在电缆上出现的完整长度。caplen总是小于等于len。

45~46   分组捕获长度通过本函数的指针参数返回给调用者，本函数的返回值则是指向所捕
获分组的指针。切记，函数返回值指针指向的是数据链路首部，对于以太网帧是14
字节的以太网首部，对于环回接口则是4字节的伪链路首部。

　　查看pcap_next在函数库中的实现，可看出不同函数之间的分工与协作，如图29-17所
示。我们的应用程序调用各个pcap_函数，其中有些与设备无关，有些则依赖于分组捕获设
备的类型。举例来说，图中示出BPF实现调用read，DLPI实现调用getmsg，Linux实现调用
recvfrom。

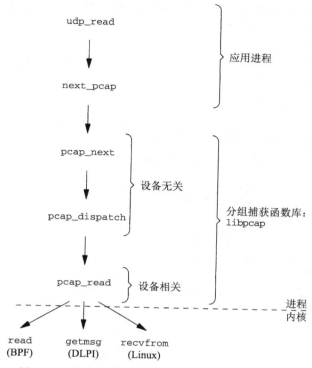

图29-17 从分组捕获函数库读入分组的相关函数调用

图29-18给出cleanup函数，它由main函数在程序即将终止时调用，同时也是用于中断程序的那些键盘输入信号的信号处理函数。

```
                                                                    udpcksum/cleanup.c
2 void
3 cleanup(int signo)
4 {
5      struct pcap_stat stat;

6      putc('\n', stdout);

7      if (verbose) {
8          if (pcap_stats(pd, &stat) < 0)
9              err_quit("pcap_stats: %s\n", pcap_geterr(pd));
10         printf("%d packets received by filter\n", stat.ps_recv);
11         printf("%d packets dropped by kernel\n", stat.ps_drop);
12     }

13     exit(0);
14 }
                                                                    udpcksum/cleanup.c
```

图29-18 cleanup函数

808
~
810

获取并显示分组捕获统计数据

7~12   使用pcap_stats获取分组捕获统计信息：由过滤器接收的分组总数以及由内核丢弃的分组总数。

图29-19给出udp_check函数，它验证IP和UDP首部中的多个字段。我们必须执行这些验证

工作,因为由分组捕获设备传递给我们的分组绕过了IP层。这一点不同于原始套接字。

udpcksum/udpread.c

```
38 struct udpiphdr *
39 udp_check(char *ptr, int len)
40 {
41     int     hlen;
42     struct ip *ip;
43     struct udpiphdr *ui;

44     if (len < sizeof(struct ip) + sizeof(struct udphdr))
45         err_quit("len = %d", len);
46         /* minimal verification of IP header */
47     ip = (struct ip *) ptr;
48     if (ip->ip_v != IPVERSION)
49         err_quit("ip_v = %d", ip->ip_v);
50     hlen = ip->ip_hl << 2;
51     if (hlen < sizeof(struct ip))
52         err_quit("ip_hl = %d", ip->ip_hl);
53     if (len < hlen + sizeof(struct udphdr))
54         err_quit("len = %d, hlen = %d", len, hlen);

55     if ( (ip->ip_sum = in_cksum((uint16_t *) ip, hlen)) != 0)
56         err_quit("ip checksum error");

57     if (ip->ip_p == IPPROTO_UDP) {
58         ui = (struct udpiphdr *) ip;
59         return(ui);
60     } else
61         err_quit("not a UDP packet");
62 }
```

udpcksum/udpread.c

图29-19 udp_check函数:检验IP首部和UDP首部

44~61   分组长度必须至少包括IP和UDP首部。IP版本以及IP首部长度和IP首部校验和都必须验
证。如果协议字段表明这是一个UDP数据报,那就返回指向IP/UDP组合首部的指针。
否则终止程序运行,因为我们在图29-9中调用pcap_setfilter时指定的分组捕获过滤
器不应该返回任何其他类型的分组。

29.7.1 例子

我们首先使用-0命令行选项运行本程序,以验证名字服务器对于不带校验和的到达数据报
也给出响应。我们还同时指定-v命令行选项。

```
macosx # udpcksum -i en1 -0 -v bridget.rudoff.com domain
device = en1
localnet = 172.24.37.64, netmask = 255.255.255.224
cmd = udp and src host 206.168.112.96 and src port 53
datalink = 1
sent: 36 bytes of data
UDP checksums on
recevied UDP checksum = 9d15

3 packets received by filter
0 packets dropped by kernel
```

我们接着针对一个未开启UDP校验和的本地名字服务器(我们的主机freebsd4)运行本程
序。要注意的是不开启UDP校验和的名字服务器是越来越少了。

```
macosx # udpcksum -i en1 -v freebsd4.unpbook.com domain
device = en1
localnet = 172.24.37.64, netmask = 255.255.255.224
cmd = udp and src host 172.24.37.94 and src port 53
datalink = 1
sent: 36 bytes of data
UDP checksums off
recevied UDP checksum = 0

3 packets received by filter
0 packets dropped by kernel
```

29.7.2 `libnet` 输出函数

我们现在给出open_output和send_dns_query这两个函数用libnet取代原始套接字实现的版本。libnet替我们操心许多细节问题，包括校验和以及IP首部字节序的可移植性。图29-20给出使用libnet的open_output函数。

——————————————————————— udpcksum/senddnsquery-libnet.c

```
 7 static libnet_t *l;                   /* libnet descriptor */

 8 void
 9 open_output(void)
10 {
11     char      errbuf[LIBNET_ERRBUF_SIZE];

12     /* Initialize libnet with an IPv4 raw socket */
13     l = libnet_init(LIBNET_RAW4, NULL, errbuf);
14     if (l == NULL) {
15         err_quit("Can't initialize libnet: %s", errbuf);
16     }
17 }
```

——————————————————————— udpcksum/senddnsquery-libnet.c

图29-20　open_output函数：准备使用libnet

声明libnet描述符

7　libnet使用一个不透明数据类型（libnet_t）作为调用者和函数库的联接。libnet_init函数返回一个libnet_t指针，调用者把它传递给以后的libnet函数以指示所期望的libnet运行实例。从这个意义上说，它类似套接字和pcap描述符。

初始化libnet

12~16　通过将第一个参数指定为LIBNET_RAW4调用libnet_init函数请求打开一个IPv4原始套接字。如果发生错误，libnet_init将在它的*errbuf*参数中返回出错信息，并返回空指针。这种情况下我们显示出错信息。

图29-21给出使用libnet的send_dns_query函数。将它与使用原始套接字的send_dns_query（图29-12）和udp_write（图29-14）相比较。

构造DNS查询

25~32　构造DNS分组的查询问题部分，类似图29-12第25~30行。

34~40　调用libnet_build_dnsv4函数，它接受调用者将DNS分组的每个字段指定为独立的函数参数。我们只需要知道查询问题部分的布局，如何构造出DNS分组首部的细节则不用我们操心。

```
18 void
19 send_dns_query(void)
20 {
21     char      qbuf[24], *ptr;
22     u_int16_t one;
23     int       packet_size = LIBNET_UDP_H + LIBNET_DNSV4_H + 24;
24     static libnet_ptag_t ip_tag, udp_tag, dns_tag;

25     /* build query portion of DNS packet */
26     ptr = qbuf;
27     memcpy(ptr, "\001a\014root-servers\003net\000", 20);
28     ptr += 20;
29     one = htons(1);
30     memcpy(ptr, &one, 2);          /* query type = A */
31     ptr += 2;
32     memcpy(ptr, &one, 2);          /* query class = 1 (IP addr) */

33     /* build DNS packet */
34     dns_tag = libnet_build_dnsv4(1234 /* identification */,
35                                  0x0100 /* flags: recursion desired */,
36                                  1 /* # questions */, 0 /* # answer RRs */,
37                                  0 /* # authority RRs */,
38                                  0 /* # additional RRs */,
39                                  qbuf /* query */,
40                                  24 /* length of query */, 1, dns_tag);
41     /* build UDP header */
42     udp_tag = libnet_build_udp(((struct sockaddr_in *) local)->
43                                sin_port /* source port */,
44                                ((struct sockaddr_in *) dest)->
45                                sin_port /* dest port */,
46                                packet_size /* length */, 0 /* checksum */,
47                                NULL /* payload */, 0 /* payload length */,
48                                1, udp_tag);
49     /* Since we specified the checksum as 0, libnet will automatically */
50     /* calculate the UDP checksum.  Turn it off if the user doesn't want it.*/
51     if (zerosum)
52         if (libnet_toggle_checksum(1, udp_tag, LIBNET_OFF) < 0)
53             err_quit("turning off checksums: %s\n", libnet_geterror(1));
54     /* build IP header */
55     ip_tag = libnet_build_ipv4(packet_size + LIBNET_IPV4_H /* len */,
56             0 /* tos */, 0 /* IP ID */, 0 /* fragment */,
57             TTL_OUT /* ttl */, IPPROTO_UDP /* protocol */,
58             0 /* checksum */,
59             ((struct sockaddr_in *) local)->sin_addr.s_addr /* source */,
60             ((struct sockaddr_in *) dest)->sin_addr.s_addr /* dest */,
61             NULL /* payload */, 0 /* payload length */, 1, ip_tag);

62     if (libnet_write(1) < 0) {
63         err_quit("libnet_write: %s\n", libnet_geterror(1));
64     }
65     if (verbose)
66         printf("sent: %d bytes of data\n", packet_size);
67 }
```

图29-21　使用libnet的send_dns_query函数：向DNS服务器发送查询

填写UDP首部并安排UDP校验和计算

42~48　调用libnet_build_udp函数构造UDP首部。它同样接受作为独立的函数参数指定每个字段。当传入的校验和字段值为0时，libnet将自动计算校验和存入该字段。这些类似图29-14第29~45行。

49~52　如果用户请求不计算校验和，那么我们必须显式禁止校验和计算。

填写IP首部

53~65　调用 libnet_build_ipv4 函数构造 IPv4 首部以完成整个分组的构造。与其他 libnet_build函数一样，我们仅仅提供字段内容，把它们组装成首部是libnet之事。这些类似图29-14第46~58行。

> 注意，libnet自动留意ip_len字段是否为网络字节序。这是通过使用libnet令移植性得以改善的一个例子。

写出UDP数据报

66~70　调用libnet_write函数把组装成的数据报写出到网络。

注意，send_dns_query函数的libnet版本只有67行，而原始套接字版本（send_dns_query和udp_write的组合）却有96行，且含有至少2个移植性小问题。

813
～
814

29.8　小结

原始套接字使得我们有能力读写内核不理解的IP数据报，数据链路层访问则把这个能力进一步扩展成读与写任何类型的数据链路帧，而不仅仅是IP数据报。tcpdump也许是直接访问数据链路层的最常用程序。

不同操作系统有不同的数据链路层访问方法。我们查看了源自Berkeley的BPF、SVR4的DLPI和Linux的SOCK_PACKET。不过如果使用公开可得的分组捕获函数库libpcap，我们就可以忽略所有这些区别，依然编写出可移植的代码。

在不同系统上编写原始数据报可能各不相同。公开可得的libnet函数库隐藏了这些差异，所提供的输出接口既可以通过原始套接字访问，也可以在数据链路上直接访问。

习题

29.1　图29-11中的canjump标志的目的是什么？

29.2　对于我们的udpcksum程序，常见的出错应答是ICMP端口不可达（目的地没有在运行名字服务器）或ICMP主机不可达。这两种情况下，我们不必等待图29-10中的udp_read发生超时，因为这样的ICMP错误实质上也是对我们的DNS查询的应答。修改这个程序以捕获这些ICMP错误。

815

第30章

客户/服务器程序设计范式

30.1 概述

当开发一个Unix服务器程序时，我们有如下类型的进程控制可供选择。

- 本书第一个服务器程序即图1-9是一个迭代服务器（iterative server）程序，不过这种类型的适用情形极为有限，因为这样的服务器在完成对当前客户的服务之前无法处理已等待服务的新客户。
- 图5-2是本书第一个并发服务器（concurrent server）程序，它为每个客户调用fork派生一个子进程。传统上大多数Unix服务器程序属于这种类型。
- 在6.8节，我们开发的另一个版本的TCP服务器程序由使用select处理任意多个客户的单个进程构成。
- 在图26-3中我们的并发服务器程序被改为服务器为每个客户创建一个线程，以取代派生一个进程。

我们将在本章探究并发服务器程序设计的另两类变体。

- 预先派生子进程（preforking）是让服务器在启动阶段调用fork创建一个子进程池。每个客户请求由当前可用子进程池中的某个（闲置）子进程处理。
- 预先创建线程（prethreading）是让服务器在启动阶段创建一个线程池，每个客户由当前可用线程池中的某个（闲置）线程处理。

我们将在本章审视预先派生子进程和预先创建线程这两种类型的众多细节：如果池中进程和线程不够多怎么办？如果池中进程和线程过多怎么办？父进程与子进程之间以及各个线程之间怎样彼此同步？

客户程序的编写通常比服务器程序容易些，因为客户中进程控制要少得多。尽管如此，既然我们已在本书中审查了编写简单的回射客户程序的各种方法，我们就在30.2节给出总结。

我们将在本章查看9个不同的服务器程序设计范式，并针对同一个客户程序运行这些服务器程序以便互相比较。我们的客户/服务器交互情形在Web应用中是典型的，客户向服务器发送一个小请求，服务器响应以返回给客户的数据。我们已讨论过其中一些服务器程序（譬如为每个客户fork一个子进程的并发服务器程序），不过预先派生子进程类型和预先创建线程类型是新引入的，我们将在本章详细讨论这些类型的服务器程序。

我们将针对每个服务器程序运行同一客户程序的多个实例，以测量服务某个固定数目的客户请求所需的CPU时间。我们把这些CPU测时结果汇总在图30-1中并贯穿本章引用本图，而不是把它们直接分散在本章各处。我们指出本图中的时间测量的是仅仅用于进程控制所需的CPU时间，而迭代服务器是我们的基准，从其他服务器的实际CPU时间中减去迭代服务器的实际CPU时间就得到相应服务器用于进程控制所需的CPU时间，因为迭代服务器没有进程控制开销。我们在本图中包含0.0这个基准时间就是为了强调这一点。本章中我们使用进程控制CPU时间

（process control CPU time）来称谓某个给定系统与基准的CPU时间之差。①

行 号	服务器描述	进程控制CPU时间（秒数，与基准之差）			
		Solaris	DUnix	BSD/OS	第3版
0	迭代服务器（测量基准，无进程控制）	0.0	0.0	0.0	0.0
1	并发服务器，为每个客户请求fork一个进程	504.2	168.9	29.6	20.90
2	预先派生子进程，每个子进程调用accept		6.2	1.8	1.80
3	预先派生子进程，以文件上锁方式保护accept	25.2	10.0	2.7	2.07
4	预先派生子进程，以线程互斥锁上锁方式保护accept	21.5			1.75
5	预先派生子进程，由父进程向子进程传递套接字描述符	36.7	10.9	6.1	2.58
6	并发服务器，为每个客户请求创建一个线程	18.7	4.7		0.99
7	预先创建线程，以互斥锁上锁方式保护accept	8.6	3.5		1.93
8	预先创建线程，由主线程调用accept	14.5	5.0		2.05

图30-1 本章所讨论各个范式服务器的测时结果比较

所有这些服务器测时数据都通过在与服务器主机处于同一子网的两个不同的主机上运行图30-3给出的客户程序获得。对于每个测试，这两个客户都派生5个子进程以建立到服务器的5个同时存在的连接，因此服务器在任意时刻最多有10个同时存在的连接。每个客户跨每个连接请求服务器返回4000字节的数据。对于涉及预先派生子进程或预先创建线程这两种类型服务器的测试，服务器在启动阶段派生15个子进程或创建15个线程。

有些服务器程序设计涉及创建一个子进程池或一个线程池。我们需要考虑的一个问题是闲置子进程过多或闲置线程过多会有什么影响。②图30-2汇总了这些分布数据，我们也将在合适章节讨论其中每一栏。

818

---

① 本书第2版中还有这段表述："我们在3个主机上运行各个范式的服务器：sunos5（Solaris 2.5.1）、alpha（Digital Unix 4.0b）和bsdi（BSD/OS 3.0）。注意，并非所有服务器都能在这3个主机上运行。举例来说，行2的服务器不能在大多数SVR4主机上运行（见30.7节中的讨论），在BSD/OS主机上则不能运行任何线程化服务器（因为BSD/OS内核不支持线程）。这3个服务器主机的硬件体系结构是不同的，因此我们无法在它们之间比较测时结果。给出这些测时数据的意图是在某个给定主机上而不是在不同硬件体系结构和操作系统之间比较各个服务器设计范式，也就是说在图30-1中我们应该纵向比较而不应该横向比较。举例来说，行7的服务器在Solaris和Digital Unix上都是最快的，而行2的服务器在BSD/OS上是最快的。"鉴于第3版新作者们没能给出全面的测时数据且没有说明服务器运行环境，本译本的图30-1和图30-2采用Stevens先生在第2版提供的测时数据，并附以新作者们给出的数据。正如Stevens先生所言这些测时数据旨在纵向比较，因此是否采用新作者们的新数据关系不大，而且采用Stevens先生的数据更能说明一些细节问题。——译者注
② 图30-1A汇总了这些测时结果，它是原书第2版中的图27-3。我们需要考虑的另一个问题是客户请求在可用子进程池或线程池中的分布。——译者注

子进程数或线程数	进程控制CPU时间(秒数，与基准之差)					
	预先派生子进程，accept无上锁保护（行2）		预先派生子进程，accept有文件上锁保护（行3）			预先创建线程，accept有互斥锁上锁保护（行7）
	DUnix	BSD/OS	Solaris	DUnix	BSD/OS	Solaris
15	6.2	1.8	25.2	10.0	2.7	8.6
30	7.8	3.5	27.3	11.2	5.6	10.0
45	8.9	5.5	29.7	13.1	8.7	19.6
60	10.1	6.9	34.2	14.3	11.2	38.6
75	11.4	8.7	39.8	16.0	13.7	29.3
90	12.6	10.9	130.1	17.6	15.5	28.6
105	13.2	12.0		19.7	17.6	30.4
120	15.7	13.5		22.0	19.2	29.4

图30-1A 过多子进程或线程对服务器CPU时间的影响

子进程数或线程数	所服务客户数									
	预先派生子进程，accept无上锁保护（行2）		预先派生子进程，accept有文件上锁保护（行3）			预先派生子进程，描述符传递（行5）			预先创建线程，accept有互斥锁上锁保护（行7）	
	DUnix	BSD/OS	Solaris	DUnix	BSD/OS	Solaris	DUnix	BSD/OS	Solaris	DUnix
0	318	333	347	335	335	1006	718	530	333	335
1	343	340	328	334	335	950	647	529	323	337
2	326	335	332	334	332	720	589	509	333	338
3	317	335	335	333	333	582	554	502	328	311
4	309	332	338	333	331	485	526	501	329	345
5	344	331	340	335	335	457	501	495	322	332
6	340	333	335	330	332	385	447	488	324	355
7	337	333	343	334	333	250	389	484	360	322
8	340	332	324	333	334	105	314	460	341	336
9	309	331	315	333	336	32	208	443	348	337
10	356	334	326	333	331	14	62	59	358	334
11	354	333	340	334	338	9	18	0	331	340
12	356	334	330	333	333	4	14	0	321	317
13	302	332	331	333	331	1	12	0	329	326
14	349	332	336	333	331	0	1	0	320	335
	5000	5000	5000	5000	5000	5000	5000	5000	5000	5000

图30-2　15个子进程或线程中每一个所服务的客户数的分布[①]

30.2 TCP 客户程序设计范式

我们已经探究了客户程序的各种设计范式，这里有必要汇总它们各自的优缺点。

- 图5-5是基本的TCP客户程序。该程序存在两个问题。首先，进程在被阻塞以等待用户输入期间，看不到诸如对端关闭连接等网络事件。其次，它以停-等模式运作，批处理效率极低。
- 图6-9是下一个迭代客户程序，它通过调用select使得进程能够在等待用户输入期间得到网络事件通知。然而该程序存在不能正确地处理批量输入的问题。图6-13通过使用shutdown函数解决了这个问题。
- 从图16-3开始给出的是使用非阻塞式I/O实现的客户程序。
- 第一个超越单进程单线程设计范畴的客户程序是图16-10，它使用fork派生一个子进程，并由父进程（或子进程）处理从客户到服务器的数据，由子进程（或父进程）处理从服务器到客户的数据。
- 图26-2使用两个线程取代两个进程。

我们在16.2节末尾汇总了这些不同版本之间在测时结果上的差异。在那里我们指出，非阻塞式I/O版本尽管是最快的，其代码却比较复杂；使用两个进程或两个线程的版本相比之下代码简化得多，而运行速度只是稍逊而已。

____

[①] 此图根据原书第2版图27-3作了修改。在原书第3版中，只保留了第1列中BSD/OS的数据和后几列中Solaris的数据。
　　　　　　　　　　　　　　　　　　　　　　　　　　　　　　　　　　——译者注

30.3 TCP 测试用客户程序

图30-3给出的客户程序用于测试我们的服务器程序的各个变体。

server/client.c

```
1 #include     "unp.h"

2 #define MAXN    16384              /* max # bytes to request from server */

3 int
4 main(int argc, char **argv)
5 {
6     int     i, j, fd, nchildren, nloops, nbytes;
7     pid_t   pid;
8     ssize_t n;
9     char    request[MAXLINE], reply[MAXN];

10    if (argc != 6)
11        err_quit("usage: client <hostname or IPaddr> <port> <#children> "
12                 "<#loops/child> <#bytes/request>");

13    nchildren = atoi(argv[3]);
14    nloops = atoi(argv[4]);
15    nbytes = atoi(argv[5]);
16    snprintf(request, sizeof(request), "%d\n", nbytes); /* newline at end */

17    for (i = 0; i < nchildren; i++) {
18        if ( (pid = Fork()) == 0) {    /* child */
19            for (j = 0; j < nloops; j++) {
20                fd = Tcp_connect(argv[1], argv[2]);

21                Write(fd, request, strlen(request));

22                if ( (n = Readn(fd, reply, nbytes)) != nbytes)
23                    err_quit("server returned %d bytes", n);

24                Close(fd);          /* TIME_WAIT on client, not server */
25            }
26            printf("child %d done\n", i);
27            exit(0);
28        }
29        /* parent loops around to fork() again */
30    }

31    while (wait(NULL) > 0)          /* now parent waits for all children */
32        ;
33    if (errno != ECHILD)
34        err_sys("wait error");

35    exit(0);
36 }
```

server/client.c

图30-3 用于测试各个范式服务器的TCP客户程序

10~12 每次运行本客户程序时，我们指定服务器的主机名或IP地址、服务器的端口、由客户
fork的子进程数（以允许客户并发地向同一个服务器发起多个连接）、每个子进程发送
给服务器的请求数，以及每个请求要求服务器返送的数据字节数。

17~30　父进程调用fork派生指定个数的子进程,每个子进程再与服务器建立指定数目的连接。每次建立连接之后,子进程就在该连接上向服务器发送一行文本,指出需由服务器返送多少字节的数据,然后在该连接上读入这个数量的数据,最后关闭该连接。父进程只是调用wait等待所有子进程都终止。需注意的是,这里关闭每个TCP连接的是客户端,因而TCP的`TIME_WAIT`状态发生在客户端而不是服务器端。这是与通常的HTTP连接的差别之一。

我们在本章测试各个版本的服务器程序时,用于执行本客户程序的命令如下[①]:

```
% client 206.62.226.36 8888 5 500 4000
```

这将建立2500个与服务器的TCP连接:5个子进程各自发起500次连接。在每个连接上,客户向服务器发送5字节数据("4000\n"),服务器向客户返送4000字节数据。我们在两个不同的主机上针对同一个服务器执行本客户程序,于是总共提供5000个TCP连接,而且任意时刻服务器端最多同时存在10个连接。

> 已有较完善的基准测试程序(benchmark)用于测试各种Web服务器性能。WebStone是其中之一。然而就为一般性地比较本章探讨的各个服务器程序设计范式,我们用不上如此深奥的测试程序。

我们接下去逐一给出9个不同的服务器程序设计范式。

30.4　TCP 迭代服务器程序

820
~
821

迭代TCP服务器总是在完全处理某个客户的请求之后才转向下一个客户。这样的服务器程序比较少见,不过我们在图1-9展示了一个例子,一个简单的时间获取服务器程序。

我们在本章中比较各个范式服务器程序时迭代服务器程序的用途却不可磨灭。如果我们针对迭代服务器如下执行用于测试的客户程序[②]:

```
% client 206.62.226.36 8888 1 5000 4000
```

我们得到同样数目的TCP连接(5000个),跨每个连接传送的数据量也相同。然而由于服务器是迭代的,它没有执行任何进程控制。这就让我们测量出服务器处理如此数目客户所需CPU时间的一个基准值,从其他服务器的实测CPU时间中减去该值就能得到它们的进程控制时间。从进程控制角度看迭代服务器是最快的,因为它不执行进程控制。有了基准值之后,我们在图30-1中比较各个实测CPU时间与基准值的差值。

我们不给出本迭代服务器程序,因为它只不过是对下一节给出的并发服务器程序的少许修改而已。

30.5　TCP 并发服务器程序,每个客户一个子进程

传统上并发服务器调用fork派生一个子进程来处理每个客户。这使得服务器能够同时为多个客户服务,每个进程一个客户。客户数目的唯一限制是操作系统对以其名义运行服务器的用户ID能够同时拥有多少子进程的限制。图5-12就是一个并发服务器程序的例子,绝大多数TCP

---

① 此命令行原书为`% client 192.168.1.20 8888 5 500 4000`。——编者注

② 此命令行原书为`% client 192.168.1.20 8888 1 5000 4000`。——编者注

服务器程序也按照这个范式编写。

　　并发服务器的问题在于为每个客户现场fork一个子进程比较耗费CPU时间。多年前（20世纪80年代后期）当一个繁忙的服务器每天也就处理几百个或几千个客户时，这点CPU时间是可以接受的。然而Web应用的爆发式增长改变了人们的态度。繁忙的Web服务器每天测得TCP连接数以百万计。这还是就单个主机而言，更繁忙的站点往往运行多个主机来分摊负荷。（TCPv3的14.2节讨论使用称为DNS轮询的手段实施的一个常用负载散布方法。）以后若干节讲解各种技术以避免并发服务器为每个客户现场fork的做法，不过传统意义上的并发服务器依然相当普遍。

　　图30-4给出我们的并发服务器程序的main函数。

822

```
                                                              ── server/serv01.c
 1 #include       "unp.h"

 2 int
 3 main(int argc, char **argv)
 4 {
 5     int       listenfd, connfd;
 6     pid_t     childpid;
 7     void      sig_chld(int), sig_int(int), web_child(int);
 8     socklen_t clilen, addrlen;
 9     struct sockaddr *cliaddr;

10     if (argc == 2)
11         listenfd = Tcp_listen(NULL, argv[1], &addrlen);
12     else if (argc == 3)
13         listenfd = Tcp_listen(argv[1], argv[2], &addrlen);
14     else
15         err_quit("usage: serv01 [ <host> ] <port#>");
16     cliaddr = Malloc(addrlen);

17     Signal(SIGCHLD, sig_chld);
18     Signal(SIGINT, sig_int);

19     for ( ; ; ) {
20         clilen = addrlen;
21         if ( (connfd = accept(listenfd, cliaddr, &clilen)) < 0) {
22             if (errno == EINTR)
23                 continue;           /* back to for() */
24             else
25                 err_sys("accept error");
26         }

27         if ( (childpid = Fork()) == 0) {  /* child process */
28             Close(listenfd);       /* close listening socket */
29             web_child(connfd);     /* process request */
30             exit(0);
31         }
32         Close(connfd);             /* parent closes connected socket */
33     }
34 }
                                                              ── server/serv01.c
```

图30-4　TCP并发服务器程序main函数

　　本函数类似图5-12，它为每个客户连接fork一个子进程并处理来自垂死的子进程的SIGCHLD信号。不过本函数通过调用tcp_listen而变得协议无关。我们不给出sig_chld信号处理函数，它与图5-11一样，不过去掉了printf调用。

　　我们还捕获由键入终端中断键产生的SIGINT信号。在客户运行完毕之后我们键入该键以显

示服务器程序运行所需的CPU时间。图30-5给出SIGINT信号处理函数。这是一个信号处理函数
不返回而直接终止进程的例子。

server/serv01.c

```
35 void
36 sig_int(int signo)
37 {
38     void    pr_cpu_time(void);

39     pr_cpu_time();
40     exit(0);
41 }
```

server/serv01.c

图30-5 SIGINT信号处理函数

图30-6给出由SIGINT信号处理函数调用的pr_cpu_time函数。

server/pr_cpu_time.c

```
 1 #include    "unp.h"
 2 #include    <sys/resource.h>

 3 #ifndef HAVE_GETRUSAGE_PROTO
 4 int     getrusage(int, struct rusage *);
 5 #endif

 6 void
 7 pr_cpu_time(void)
 8 {
 9     double  user, sys;
10     struct rusage   myusage, childusage;

11     if (getrusage(RUSAGE_SELF, &myusage) < 0)
12         err_sys("getrusage error");
13     if (getrusage(RUSAGE_CHILDREN, &childusage) < 0)
14         err_sys("getrusage error");

15     user = (double) myusage.ru_utime.tv_sec +
16         myusage.ru_utime.tv_usec/ 1000000.0;
17     user += (double) childusage.ru_utime.tv_sec +
18         childusage.ru_utime.tv_usec/ 1000000.0;
19     sys = (double) myusage.ru_stime.tv_sec +
20         myusage.ru_stime.tv_usec/ 1000000.0;
21     sys += (double) childusage.ru_stime.tv_sec +
22         childusage.ru_stime.tv_usec/ 1000000.0;

23     printf("\nuser time = %g, sys time = %g\n", user, sys);
24 }
```

server/pr_cpu_time.c

图30-6 pr_cpu_time函数：显示总CPU时间

getrusage函数被调用了两次，分别返回调用进程（RUSAGE_SELF）和它的所有已终止子
进程（RUSAGE_CHILDREN）的资源利用统计。所显示的值包括总的用户时间（耗费在执行用户
进程上的CPU时间）和总的系统时间（内核在代表调用进程执行系统调用上耗费的CPU时间）。

图30-4中的main函数调用web_child函数处理每个客户请求。图30-7给出了这个函数。

客户在建立与服务器的连接之后通过该连接写出一行文本，指出需由服务器返送多少字节
的数据给客户。这一点与HTTP有些类似：客户发送一个小请求，服务器响应以所期望的信息（例
如一个HTML文件或一幅GIF图像）。在HTTP应用系统中，服务器通常在发送回所请求的数据之
后就关闭连接，不过较新的版本允许使用持续连接（persistent connection），为在某个时限以内

到达的额外客户请求继续保持TCP连接开放一段时间。在web_child函数中，服务器允许来自客户的额外请求，不过我们在图30-3中看到用于测试的客户每次建立连接只发送一个请求，然后就自己关闭该连接。

```
                                                            ── server/web_child.c
 1 #include     "unp.h"

 2 #define MAXN    16384           /* max # bytes client can request */

 3 void
 4 web_child(int sockfd)
 5 {
 6     int      ntowrite;
 7     ssize_t  nread;
 8     char     line[MAXLINE], result[MAXN];

 9     for ( ; ; ) {
10         if ( (nread = Readline(sockfd, line, MAXLINE)) == 0)
11             return;                /* connection closed by other end */

12         /* line from client specifies #bytes to write back */
13         ntowrite = atol(line);
14         if ((ntowrite <= 0) || (ntowrite > MAXN))
15             err_quit("client request for %d bytes", ntowrite);

16         Writen(sockfd, result, ntowrite);
17     }
18 }
                                                            ── server/web_child.c
```

图30-7　处理每个客户请求的web_child函数

图30-1中行1给出了我们的并发服务器程序的测时结果。相比后续各行，我们看到传统意义的并发服务器所需CPU时间最多，与它为每个客户现场fork的做法相吻合。

> 我们在本章中没有测量的一个服务器程序设计范式是在13.5节讲解过的由inetd激活的服务器。从进程控制角度看，由inetd激活的处理单个客户的每个服务器涉及一个fork和一个exec，因而所需CPU时间只会比图30-1中行1所示时间更多。

825

30.6　TCP预先派生子进程服务器程序，accept无上锁保护

我们的第一个"增强"型服务器程序使用称为预先派生子进程（preforking）的技术。使用该技术的服务器不像传统意义的并发服务器那样为每个客户现场派生一个子进程，而是在启动阶段预先派生一定数量的子进程，当各个客户连接到达时，这些子进程立即就能为它们服务。图30-8展示了服务器父进程预先派生出N个子进程且正有2个客户连接着的情形。

这种技术的优点在于无须引入父进程执行fork的开销就能处理新到的客户。缺点则是父进程必须在服务器启动阶段猜测需要预先派生多少子进程。如果某个时刻客户数恰好等于子进程总数，那么新到的客户将被忽略，直到至少有一个子进程重新可用。然而回顾4.5节，我们知道这些客户并未被完全忽略。内核将为每个新到的客户完成三路握手，直到达到相应套字上listen调用的backlog数为止，然后在服务器调用accept时把这些已完成的连接传递给它。这么一来客户就能觉察到服务器在响应时间上的恶化，因为尽管它的connect调用可能立即返回，但是它的第一个请求可能是在一段时间之后才被服务器处理。

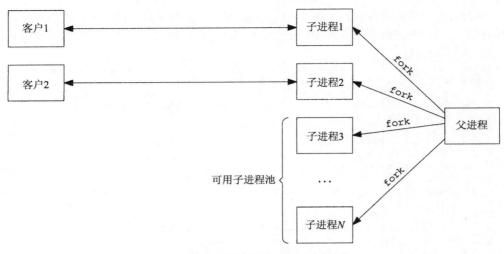

图30-8   服务器预先派生子进程

通过增加一些代码，服务器总能应对客户负载的变动。父进程必须做的就是持续监视可用（即闲置）子进程数，一旦该值降到低于某个阈值就派生额外的子进程。同样，一旦该值超过另一个阈值就终止一些过剩的子进程，因为在本章后面我们会发现过多的可用子进程也会导致性能退化。

不过在考虑这些增强之前，我们首先查看这类服务器程序的基本结构。图30-9给出了我们的预先派生子进程服务器程序第一个版本的main函数。

826

——— *server/serv02.c*

```
 1 #include    "unp.h"

 2 static int nchildren;
 3 static pid_t *pids;

 4 int
 5 main(int argc, char **argv)
 6 {
 7     int     listenfd, i;
 8     socklen_t addrlen;
 9     void    sig_int(int);
10     pid_t   child_make(int, int, int);

11     if (argc == 3)
12         listenfd = Tcp_listen(NULL, argv[1], &addrlen);
13     else if (argc == 4)
14         listenfd = Tcp_listen(argv[1], argv[2], &addrlen);
15     else
16         err_quit("usage: serv02 [ <host> ] <port#> <#children>");
17     nchildren = atoi(argv[argc-1]);
18     pids = Calloc(nchildren, sizeof(pid_t));

19     for (i = 0; i < nchildren; i++)
20         pids[i] = child_make(i, listenfd, addrlen);  /* parent returns */

21     Signal(SIGINT, sig_int);

22     for ( ; ; )
23         pause();                        /* everything done by children */
24 }
```

——— *server/serv02.c*

图30-9   预先派生子进程服务器程序main函数

11~18　增设一个命令行参数供用户指定预先派生的子进程个数。分配一个存放各个子进程ID
　　　　的数组，用于在父进程即将终止时由main函数终止所有子进程。

19~20　调用图30-11给出的child_make函数创建各个子进程。
　　　　如图30-10所示的SIGINT信号处理函数不同于图30-5。

```
25 void                                                  ───── server/serv02.c
26 sig_int(int signo)
27 {
28     int     i;
29     void    pr_cpu_time(void);

30        /* terminate all children */
31     for (i = 0; i < nchildren; i++)
32         kill(pids[i], SIGTERM);
33     while (wait(NULL) > 0)          /* wait for all children */
34         ;
35     if (errno != ECHILD)
36         err_sys("wait error");

37     pr_cpu_time();
38     exit(0);
39 }
```
───── server/serv02.c

图30-10　SIGINT信号处理函数

30~34　既然getrusage汇报的是已终止子进程的资源利用统计，在调用pr_cpu_time之前就
　　　　必须终止所有子进程。我们通过给每个子进程发送SIGTERM信号终止它们，并通过调
　　　　用wait汇集所有子进程的资源利用统计。

　　　　图30-11给出child_make函数，它由main调用以派生各个子进程。

```
1 #include     "unp.h"                                    ───── server/child02.c

2 pid_t
3 child_make(int i, int listenfd, int addrlen)
4 {
5     pid_t   pid;
6     void    child_main(int, int, int);

7     if ( (pid = Fork()) > 0)
8         return (pid);                 /* parent */

9     child_main(i, listenfd, addrlen);  /* never returns */
10 }
```
───── server/child02.c

图30-11　child_make函数：派生各个子进程

7~9　　调用fork派生子进程后只有父进程返回。子进程调用图30-12给出的child_main函数，
　　　　它是个无限循环。

20~25　每个子进程调用accept返回一个已连接套接字，然后调用web_child（图30-7）处理
　　　　客户请求，最后关闭连接。子进程一直在这个循环中反复，直到被父进程终止。

server/child02.c

```
11 void
12 child_main(int i, int listenfd, int addrlen)
13 {
14     int     connfd;
15     void    web_child(int);
16     socklen_t clilen;
17     struct sockaddr *cliaddr;

18     cliaddr = Malloc(addrlen);

19     printf("child %ld starting\n", (long) getpid());
20     for ( ; ; ) {
21         clilen = addrlen;
22         connfd = Accept(listenfd, cliaddr, &clilen);

23         web_child(connfd);             /* process the request */
24         Close(connfd);
25     }
26 }
```

server/child02.c

图30-12　child_main函数：每个子进程执行的无限循环

30.6.1　4.4BSD 上的实现

如果你从未见识过多个进程在同一个监听描述符上调用accept，你可能会想知道这到底是如何工作的。我们暂且偏离一下正题，看看在源自Berkeley的内核中这是如何实现的（也就是TCPv2中给出的分析）。

父进程在派生任何子进程之前创建监听套接字，而每次调用fork时，所有描述符也被复制。图30-13展示了proc结构（每个进程一个）、监听描述符的单个file结构以及单个socket结构之间的关系。

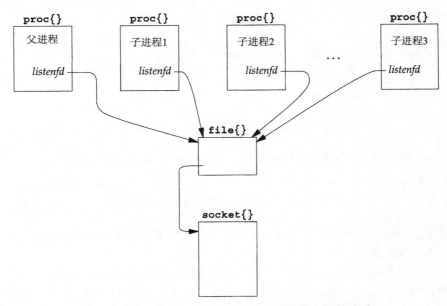

图30-13　proc、file和socket这三个结构之间的关系

描述符只是本进程引用file结构的proc结构中一个数组中某个元素的下标而已。fork调用执行期间为子进程复制描述符的特性之一是：子进程中一个给定描述符引用的file结构正是父进程中同一个描述符引用的file结构。每个file结构都有一个引用计数。当打开一个文件或套接字时，内核将为之构造一个file结构，并由作为打开操作返回值的描述符引用，它的引用计数初值自然为1；以后每当调用fork以派生子进程或对打开操作返回的描述符（或其复制品）调用dup以复制描述符时，该file结构的引用计数就递增（每次增1）。在我们的N个子进程的例子中，file结构的引用计数为N+1（别忘了父进程仍然保持这个监听描述符打开着，不过它从不调用accept）。

服务器进程在程序启动阶段派生N个子进程，它们各自调用accept并因而均被内核置于休眠状态（TCPv2第458页140行）。当第一个客户连接到达时，所有N个子进程均被唤醒。这是因为所有N个子进程所用的监听描述符（它们有相同的值）指向同一个socket结构，致使它们在同一个等待通道（wait channel）即这个socket结构的so_timeo成员上进入休眠状态。尽管所有N个子进程均被唤醒，其中只有最先运行的子进程获得那个客户连接，其余N-1个子进程继续回复休眠，因为当它们执行到TCPv2第458页135行时，将发现队列长度为0（因为最先运行的连接早已取走了本就只有一个的连接）。

这就是有时候称为惊群（thundering herd）的问题，因为尽管只有一个子进程将获得连接，所有N个子进程却都被唤醒了。尽管如此这段代码依然起作用，只是每当仅有一个连接准备好被接受时却唤醒太多进程的做法会导致性能受损。我们接着测量这个性能影响。

30.6.2　子进程过多的影响

图30-1行2中BSD/OS服务器值为1.8的CPU时间其测试条件是：预先派生15个子进程并且同时存在最多10个客户。为了测量惊群问题的影响，我们保持同时存在的最大客户数不变（10），单纯增长预先派生的子进程个数。[①] 因为单个测试结果没有什么意义，所以我们并没有给出子进程个数增长的结果。超过10个子进程就会太多，惊群问题会更严重，计时也会增加。

> 某些Unix内核有一个往往命名为wakeup_one的函数，它只是唤醒等待某个事件的多个进程中的一个，而不是唤醒所有等待该事件的进程[Schimmel 1994]。BSD/OS内核没有这样的函数。

30.6.3　连接在子进程中的分布

我们接着查看全体客户连接在阻塞于accept调用中的可用子进程池上的分布。为了采集这些信息，我们把main函数改为在共享内存区中分配一个长整数计数器数组，每个子进程一个计数器。所增加代码如下，其中meter函数在图30-14中给出。

```
long    *cptr, *meter(int);   /* for counting #clients/child */

cptr = meter(nchildren);      /* before spawning children */
```

在分配共享内存区时，如果系统支持（如4.4BSD），我们就使用匿名内存映射（anonymous memory mapping），否则使用/dev/zero映射（如SVR4）。既然该数组是本进程在尚未派生各个子进程之前调用mmap创建的，它将由本进程（父进程）和后来fork的所有子进程所共享。

---

① 我们在图30-1A中给出了本例子（行2）和将在以后相关两节讨论的另外两个例子（行3和行7）的CPU时间。本例子（前2栏）只讨论accept阻塞，另两个例子（后4栏）讨论围绕accept的上锁保护。
　我们看到CPU时间随每次增加另外15个（不必要的）的子进程而增加。为了避免惊群问题额外导致性能受损，我们不希望有太多的额外子进程一直闲置着。——译者注

server/meter.c

```
1 #include    "unp.h"
2 #include    <sys/mman.h>

3 /*
4  * Allocate an array of "nchildren" longs in shared memory that can
5  * be used as a counter by each child of how many clients it services.
6  * See pp. 467-470 of "Advanced Programming in the Unix Environment."
7  */

8 long *
9 meter(int nchildren)
10 {
11     int     fd;
12     long    *ptr;

13 #ifdef  MAP_ANON
14     ptr = Mmap(0, nchildren  * sizeof(long), PROT_READ | PROT_WRITE,
15                 MAP_ANON | MAP_SHARED, -1, 0);
16 #else
17     fd = Open("/dev/zero", O_RDWR, 0);

18     ptr = Mmap(0, nchildren  * sizeof(long), PROT_READ | PROT_WRITE,
19                 MAP_SHARED, fd, 0);
20     Close(fd);
21 #endif

22     return(ptr);
23 }
```

server/meter.c

图30-14　在共享内存区中分配一个数组的meter函数

然后我们把child_main函数（图30-12）改为让每个子进程在accept返回之后递增各自的计数器，把SIGINT信号处理函数改为在所有子进程终止之后显示这个计数器数组。

图30-2给出这个分布。当可用子进程阻塞在accept调用上时，内核调度算法把各个连接均匀地散布到各个子进程。

30.6.4　**select** 冲突

在观察4.4BSD主机上的本例子时，我们还可以探究另一个难以理解却又罕见的现象。TCPv2的16.13节提到过select函数的冲突（collision）现象以及内核如何处理这个小概率问题。当多个进程在引用同一个套接字的描述符上调用select时就会发生冲突，因为在socket结构中为存放本套接字就绪之时应该唤醒哪些进程而分配的仅仅是一个进程ID的空间。如果有多个进程在等待同一个套接字，那么内核必须唤醒的是阻塞在select调用中的所有进程，因为它不知道哪些进程受刚变得就绪的这个套接字影响。

我们可以迫使本服务器程序发生select冲突，办法是在图30-12中调用accept之前加上一个select调用，等待监听套接字变为可读。各个子进程将阻塞在select调用而不是accept调用之中。图30-15给出了child_main函数的改动部分，不同于图30-12的若干行通过标以加号指出。

如此修改之后，通过检查BSD/OS内核的nselcoll计数器在服务器运行前后的变化，我们发现某次运行本服务器出现1814个冲突，下一次运行出现2045个冲突。既然两个客户为每次运行本服务器总共产生5000个连接，这两个结果相当于约有35%~40%的select调用引起冲突。

```
        printf("child %ld starting\n", (long) getpid());
+       FD_ZERO(&rset);
        for( ; ; ) {
+           FD_SET(listenfd, &rset);
+           Select(listenfd+1, &rset, NULL, NULL, NULL);
+           if(FD_ISSET(listenfd, &rset) == 0)
+               err_quit("listenfd readable");
+
            clilen = addrlen;
            connfd = Accept(listenfd, cliaddr, &clilen);

            web_chile(connfd);          /* process the request */
            Close(connfd);
        }
```

图30-15　把图30-12变为阻塞在select而不是accept中的改动部分

如果比较本例子的BSD/OS服务器CPU时间，加上select调用之后其值由图30-1中的1.8增长到2.9。这个增长的原因一部分可能是新加了一个系统调用（由只是调用accept改为调用select和accept），另一部分可能是内核为处理select冲突而引入额外开销。

从以上讨论我们可以得出如下经验：如果有多个进程阻塞在引用同一个实体（例如套接字或普通文件，由file结构直接或间接描述）的描述符上，那么最好直接阻塞在诸如accept之类的函数而不是select之中。

30.7　TCP 预先派生子进程服务器程序，**accept** 使用文件上锁保护

我们刚才讲述的4.4BSD实现允许多个进程在引用同一个监听套接字的描述符上调用accept，然而这种做法也仅仅适用于在内核中实现accept的源自Berkeley的内核。相反，作为一个库函数实现accept的System V内核可能不允许这么做。事实上如果我们在基于SVR4的Solaris 2.5内核上运行上一节的服务器程序，那么客户开始连接到该服务器后不久，某个子进程的accept就会返回EPROTO错误（表示协议有错）。

> 造成本问题的原因在于SVR4的流实现机制（第31章）和库函数版本的accept并非一个原子操作这一事实。Solaris 2.6修复了这个问题，不过大多数其他SVR4实现仍然存在这个问题。

解决办法是让应用进程在调用accept前后安置某种形式的锁（lock），这样任意时刻只有一个子进程阻塞在accept调用中，其他子进程则阻塞在试图获取用于保护accept的锁上。

正如本系列丛书第二卷所述，我们有多种方法可用于提供包绕accept调用的上锁功能。本节我们使用以fcntl函数呈现的POSIX文件上锁功能。

main函数（图30-9）的唯一改动是在派生子进程的循环之前增加一个对我们的my_lock_init函数的调用。

```
+       my_lock_init("/tmp/lock.XXXXXX");    /* one lock file for all children */
        for (i = 0; i < nchildren; i++)
            pids[i] = child_make(i, listenfd, addrlen);    /* parent returns */
```

child_make函数仍然是图30-11。child_main函数（图30-12）的唯一改动是在调用accept之前获取文件锁，在accept返回之后释放文件锁。

```
        for ( ; ; ) {
            clilen = addrlen;
+           my_lock_wait();
```

832

```
            connfd = Accept(listenfd, cliaddr, &clilen);
+           my_lock_release();

            web_child(connfd);              /* process request */
            Close(connfd);
        }
```

图30-16给出了使用POSIX文件上锁功能的my_lock_init函数。

———server/lock_fcntl.c

```
 1 #include    "unp.h"

 2 static struct flock lock_it, unlock_it;
 3 static int lock_fd = -1;
 4                     /* fcntl() will fail if my_lock_init() not called */

 5 void
 6 my_lock_init(char *pathname)
 7 {
 8     char    lock_file[1024];

 9        /* must copy caller's string, in case it's a constant */
10     strncpy(lock_file, pathname, sizeof(lock_file));
11     lock_fd = Mkstemp(lock_file);

12     Unlink(lock_file);              /* but lock_fd remains open */

13     lock_it.l_type = F_WRLCK;
14     lock_it.l_whence = SEEK_SET;
15     lock_it.l_start = 0;
16     lock_it.l_len = 0;

17     unlock_it.l_type = F_UNLCK;
18     unlock_it.l_whence = SEEK_SET;
19     unlock_it.l_start = 0;
20     unlock_it.l_len = 0;
21 }
```

———server/lock_fcntl.c

833

图30-16   使用POSIX文件上锁功能的my_lock_init函数

9~12   调用者将一个路径名模板指定为my_lock_init的函数参数,mktemp函数根据该模板创建一个唯一的路径名。本函数随后创建一个具备该路径名的文件并立即unlink掉。通过从文件系统目录中删除该路径名,以后即使程序崩溃,这个临时文件也完全消失。然而只要有一个或多个进程打开着这个文件(也就是说它的引用计数大于0),该文件本身就不会被删除。(这也是从某个目录中删除一个路径名与关闭一个打开着的文件的本质差别。)

13~20   初始化两个flock结构,一个用于上锁文件,一个用于解锁文件。文件上锁范围起自字节偏移量0(l_whence值为SEEK_SET,l_start值为0),跨越整个文件(l_len值为0,表示锁住整个文件或到文件尾)。我们并不往该文件中写任何东西(其长度总为0),不过这是可行的,内核照常正确地处理这个劝告性锁(advisory lock)。

作者(Stevens先生)在声明这两个结构时一开始使用如下语句初始化它们:

```
static struct flock lock_it = { F_WRLCK, 0, 0, 0, 0 };
static struct flock unlock_it = { F_UNLCK, 0, 0, 0, 0 };
```

然而这么做存在两个问题。首先,常值SEEK_SET为0并无保证。更重要的是,POSIX不保证flock结构中各成员的顺序。在Solaris和Digital Unix上l_type是第一个成员,在BSD/OS上它却不是。POSIX只是保证该结构中存在POSIX必需的成员,却不保证它们的前后顺序,更何况它还允许该结构中出现非POSIX的额外成员。因此除非把它初始化为全0，否则总应该以真正的C代码初始化一个结构，而不应该在分配该结构时以初始化算子（initilizer）初始化它。

这个规则的例外是结构初始化算子由实现具体提供的情形。举例来说，我们在第26章中初始化Pthread互斥锁时所写代码为：

```
pthread_mutex_t mlock = PTHREAD_MUTEX_INITIALIZER;
```

其中pthread_mutex_t数据类型通常是一个结构，然而该初始化算子是由实现提供的，来自不同实现的该算子可以不一样。

图30-17给出了用于上锁和解锁文件的两个函数。它们仅仅使用我们在图30-16中初始化过的结构调用fcntl。

———server/lock_fcntl.c
```
22 void
23 my_lock_wait()
24 {
25     int      rc;
26
26     while ( (rc = fcntl(lock_fd, F_SETLKW, &lock_it)) < 0) {
27         if (errno == EINTR)
28             continue;
29         else
30             err_sys("fcntl error for my_lock_wait");
31     }
32 }
33
33 void
34 my_lock_release()
35 {
36     if (fcntl(lock_fd, F_SETLKW, &unlock_it) < 0)
37         err_sys("fcntl error for my_lock_release");
38 }
```
———server/lock_fcntl.c

图30-17　使用fcntl的my_lock_wait和my_lock_redease函数

现在这个新版本的预先派生子进程服务器程序在SVR4系统上照样可以工作，因为它保证每次只有一个子进程阻塞在accept调用中。对比图30-1中Digital Unix和BSD/OS服务器的行2和行3，我们看到这种围绕accept的上锁增加了服务器的进程控制CPU时间。

> Apache Web服务器程序版本1.1（http://www.apache.org）在预先派生子进程之后，如果实现允许所有子进程都阻塞在accept调用中，那就使用上一节介绍的技术，否则就使用本节介绍的包绕accept的文件上锁技术。

30.7.1　子进程过多的影响

我们可以查看本版本的预先派生子进程服务器程序是否照常存在上一节中讲解的惊群现象。图30-1A给出了增加非必要子进程数的结果。在使用文件上锁保护accept的Solaris一栏中，我们只能测得子进程数在75以内（含75）的结果，因为测量下一个步跳（90）引起CPU时间剧增。一个可能的原因是系统因进程过多而耗尽内存，导致开始对换。

30.7.2　连接在子进程中的分布

我们可以使用图30-14给出的函数查看全体客户连接在可用子进程池上的分布。图30-2给出了结果。所有3个操作系统都均匀地把文件锁散布到等待进程中。

30.8 TCP 预先派生子进程服务器程序，accept 使用线程上锁保护

我们提过有多种方法可用于实现进程之间的上锁。上一节使用的POSIX文件上锁方法可移植到所有POSIX兼容系统，不过它涉及文件系统操作，可能比较耗时。本节我们改用线程上锁保护accept，因为这种方法不仅适用于同一进程内各线程之间的上锁，而且适用于不同进程之间的上锁。

为了使用线程上锁，我们的main、child_make和child_main函数都保持不变，唯一需要改动的是那3个上锁函数。在不同进程之间使用线程上锁要求：（1）互斥锁变量必须存放在由所有进程共享的内存区中；（2）必须告知线程函数库这是在不同进程之间共享的互斥锁。

这同样要求线程库支持PTHREAD_RPOCESS_SHARED属性。[①]

834
~
835

正如本系列丛书第二卷所述，我们有多种方法可用于在不同进程之间共享内存空间。在本节的例子中我们使用mmap函数以及/dev/zero设备，它在Solaris和其他SVR4内核上均可运行。图30-18给出了新版本的my_lock_init函数。

—————————————————————————————————————— server/lock_pthread.c

```
 1 #include     "unpthread.h"
 2 #include     <sys/mman.h>

 3 static pthread_mutex_t   *mptr;     /* actual mutex will be in shared memory */

 4 void
 5 my_lock_init(char *pathname)
 6 {
 7     int     fd;
 8     pthread_mutexattr_t mattr;

 9     fd = Open("/dev/zero", O_RDWR, 0);

10     mptr = Mmap(0, sizeof(pthread_mutex_t), PROT_READ | PROT_WRITE,
11             MAP_SHARED, fd, 0);
12     Close(fd);

13     Pthread_mutexattr_init(&mattr);
14     Pthread_mutexattr_setpshared(&mattr, PTHREAD_PROCESS_SHARED);
15     Pthread_mutex_init(mptr, &mattr);
16 }
```

—————————————————————————————————————— server/lock_pthread.c

图30-18 在进程之间使用Pthread上锁的my_lock_init函数

9~12　　打开/dev/zero然后调用mmap。所映射的字节数是一个pthread_mutex_t类型变量的大小。随着关闭描述符；这么做是可行的，因为该描述符已被内存映射了。

13~15　　在先前的Pthread互斥锁例子中，我们使用常值PTHREAD_MUTEX_INITIALIZER初始化全局或静态互斥锁变量（例如图26-18）。然而对于一个存放在共享内存区中的互斥锁，我们必须调用一些Pthread库函数以告知该函数库：这是一个位于共享内存区中的互斥锁，将用于不同进程之间的上锁。我们首先为一个互斥锁以默认属性初始化一个pthread_mutexattr_t结构，然后赋予该结构PTHREAD_PROCESS_SHARED属性（该属性的默认值为PTHREAD_PROCESS_PRIVATE，即只允许在单个进程内使用）。最后调用

————————————————

① Digitial Unix 4.0b不支持这个属性，也就无法运行这个新版本的服务器程序。——译者注

pthread_mutex_init函数以这些属性初始化共享内存区中的互斥锁。

图30-19给出了新版本的my_lock_wait和my_lock_release函数。每个函数仅仅调用一个Pthread函数以上锁或解锁互斥锁。

```
                                                          server/lock_pthread.c
17 void
18 my_lock_wait()
19 {
20     Pthread_mutex_lock(mptr);
21 }

22 void
23 my_lock_release()
24 {
25     Pthread_mutex_unlock(mptr);
26 }
                                                          server/lock_pthread.c
```

图30-19   使用Pthread上锁的my_lock_wait和my_lock_release

比较图30-1中Solaris服务器的行3和行4，我们看到线程互斥锁上锁快于文件上锁。

30.9   TCP 预先派生子进程服务器程序，传递描述符

对预先派生子进程服务器程序的最后一个修改版本是只让父进程调用accept，然后把所接受的已连接套接字"传递"给某个子进程。这么做绕过了为所有子进程的accept调用提供上锁保护的可能需求，不过需要从父进程到子进程的某种形式的描述符传递。这种技术会使代码多少有点复杂，因为父进程必须跟踪子进程的忙闲状态，以便给空闲子进程传递新的套接字。

在以前的预先派生子进程的例子中，父进程无需关心由哪个子进程接收一个客户连接。操作系统处理这个细节，给予某个子进程以首先调用accept的机会，或者给予某个子进程以所需的文件锁或互斥锁。图30-2的前5栏同时表明我们测量的3个操作系统以公平的轮循方式执行这种选择。

然而对于当前的预先派生子进程例子，我们必须为每个子进程维护一个信息结构以便管理。图30-20给出的child.h头文件定义了我们的Child结构。

```
                                                          server/child.h
1 typedef struct {
2     pid_t   child_pid;          /* process ID */
3     int     child_pipefd;       /* parent's stream pipe to/from child */
4     int     child_status;       /* 0 = ready */
5     long    child_count;        /* # connections handled */
6 }   Child;

7 Child  *cptr;                   /* array of Child structures; calloc'ed */
                                                          server/child.h
```

图30-20   Child结构

我们在该结构中存放相应子进程的进程ID、父进程中连接到该子进程的字节流管道描述符、子进程状态以及该子进程已处理客户的计数。我们的SIGINT信号处理函数将在终止程序前显示各个子进程的这个计数器值，以便观察全体客户请求在各个子进程之间的分布。

我们首先查看图30-21给出的child_make函数。在调用fork之前先创建一个字节流管道，它是一对Unix域字节流套接字（第15章）。派生出子进程之后，父进程关闭其中一个描述符（sockfd[1]），子进程关闭另一个描述符（sockfd[0]）。子进程还把流管道的自身拥有端

836
~
837

（sockfd[1]）复制到标准错误输出，这样每个子进程就通过读写标准错误输出和父进程通信。父子进程之间的关系如图30-22所示。

server/child05.c

```
1 #include     "unp.h"
2 #include     "child.h"

3 pid_t
4 child_make(int i, int listenfd, int addrlen)
5 {
6     int      sockfd[2];
7     pid_t    pid;
8     void     child_main(int, int, int);

9     Socketpair(AF_LOCAL, SOCK_STREAM, 0, sockfd);

10    if ( (pid = Fork()) > 0) {
11        Close(sockfd[1]);
12        cptr[i].child_pid = pid;
13        cptr[i].child_pipefd = sockfd[0];
14        cptr[i].child_status = 0;
15        return(pid);                 /* parent */
16    }

17    Dup2(sockfd[1], STDERR_FILENO); /* child's stream pipe to parent */
18    Close(sockfd[0]);
19    Close(sockfd[1]);
20    Close(listenfd);                /* child does not need this open */
21    child_main(i, listenfd, addrlen);    /* never returns */
22 }
```

server/child05.c

图30-21　描述符传递式预先派生子进程服务器程序的child_make函数

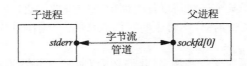

图30-22　父子进程各自关闭一端后的字节流管道

　　所有子进程均派生之后的进程关系如图30-23所示。我们关闭每个子进程中的监听套接字，因为只有父进程才调用accept。父进程必须处理监听套接字以及所有字节流套接字。正如你可能猜想的那样，父进程使用select多路选择它的所有描述符。

　　图30-24给出main函数。相比本函数以前各个版本的变动在于：分配描述符集，打开与监听套接字以及到各个子进程的字节流管道对应的位；计算最大描述符值；分配Child结构数组的内存空间；主循环由一个select调用驱动。

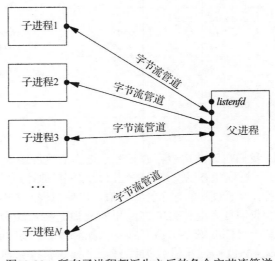

图30-23　所有子进程都派生之后的各个字节流管道

```
                                                                          server/serv05.c
 1 #include      "unp.h"
 2 #include      "child.h"

 3 static int nchildren;

 4 int
 5 main(int argc, char **argv)
 6 {
 7      int      listenfd, i, navail, maxfd, nsel, connfd, rc;
 8      void     sig_int(int);
 9      pid_t    child_make(int, int, int);
10      ssize_t n;
11      fd_set   rset, masterset;
12      socklen_t addrlen, clilen;
13      struct sockaddr *cliaddr;

14      if (argc == 3)
15          listenfd = Tcp_listen(NULL, argv[1], &addrlen);
16      else if (argc == 4)
17          listenfd = Tcp_listen(argv[1], argv[2], &addrlen);
18      else
19          err_quit("usage: serv05 [ <host> ] <port#> <#children>");
20      FD_ZERO(&masterset);
21      FD_SET(listenfd, &masterset);
22      maxfd = listenfd;
23      cliaddr = Malloc(addrlen);

24      nchildren = atoi(argv[argc - 1]);
25      navail = nchildren;
26      cptr = Calloc(nchildren, sizeof(Child));

27          /* prefork all the children */
28      for (i = 0; i < nchildren; i++) {
29          child_make(i, listenfd, addrlen);    /* parent returns */
30          FD_SET(cptr[i].child_pipefd, &masterset);
31          maxfd = max(maxfd, cptr[i].child_pipefd);
32      }

33      Signal(SIGINT, sig_int);

34      for ( ; ; ) {
35          rset = masterset;
36          if (navail <= 0)
37              FD_CLR(listenfd, &rset);    /* turn off if no available children */
38          nsel = Select(maxfd + 1, &rset, NULL, NULL, NULL);

39              /* check for new connections */
40          if (FD_ISSET(listenfd, &rset)) {
41              clilen = addrlen;
42              connfd = Accept(listenfd, cliaddr, &clilen);

43              for (i = 0; i < nchildren; i++)
44                  if (cptr[i].child_status == 0)
45                      break;        /* available */

46              if (i == nchildren)
47                  err_quit("no available children");
48              cptr[i].child_status = 1;   /* mark child as busy */
49              cptr[i].child_count++;
50              navail--;

51              n = Write_fd(cptr[i].child_pipefd, "", 1, connfd);
52              Close(connfd);
```

图30-24   使用描述符传递的main函数

```
53                if (--nsel == 0)
54                    continue;          /* all done with select() results */
55            }

56            /* find any newly-available children */
57        for (i = 0; i < nchildren; i++) {
58            if (FD_ISSET(cptr[i].child_pipefd, &rset)) {
59                if ( (n = Read(cptr[i].child_pipefd, &rc, 1)) == 0)
60                    err_quit("child %d terminated unexpectedly", i);
61                cptr[i].child_status = 0;
62                navail++;
63                if (--nsel == 0)
64                    break;             /* all done with select() results */
65            }
66        }
67    }
68 }
```

server/serv05.c

图30-24　（续）

如果无可用子进程则关掉监听套接字

36~37　计数器navail用于跟踪当前可用的子进程数。如果其值为0，那就从select的读描述符集中关掉与监听套接字对应的位。这么做防止父进程在无可用子进程的情况下accept新连接。内核仍然将这些外来连接排入队列，直到达到listen的backlog数为止，不过我们在没有得到已准备好处理客户的子进程之前不想accept它们。

accept新连接

39~55　如果监听套接字变为可读，那就有一个新连接准备好accept。我们找出第一个可用（即闲置）的子进程，并使用图15-13中的write_fd函数把就绪的已连接套接字传递给该子进程。我们随作为辅助数据传递的描述符写出一个单字节的普通数据，不过接收进程并不查看该字节的内容。父进程随后关闭这个已连接套接字。

　　我们总是从Child结构数组的第一个元素开始搜索可用子进程。这一点意味着该数组中靠前排列的子进程总是比靠后排列的子进程更优先接收新的连接。我们将在讨论图30-2以及查看服务器终止后的child_count计数值时验证这个结论。如果不希望偏向于较早的子进程，我们可以记住最近一次接收新连接的子进程在Child结构数组中的位置，下一次搜索就从该位置紧后开始，如果到达数组末端就环绕回第一个元素。不过这么做没有什么优势（如果有多个子进程可用，那么由哪个子进程处理一个客户请求无关紧要），除非操作系统进程调度算法惩罚（即降低其优先级）总CPU时间较长的进程。如果在各个子进程之间更为均匀地分摊负荷，那么每个子进程在各自的总CPU时间上更趋于一致。

处理新近可用的子进程

56~66　我们将看到child_main函数在调用子进程处理完一个客户之后，通过该子进程的字节流管道拥有端向父进程写回单个字节。这使得该字节流管道的父进程拥有端变为可读。父进程读入这个单字节（忽略其值），把该子进程标为可用，并递增navail计数器。要是该子进程意外终止，它的字节流管道拥有端将被关闭，因而read将返回0。父进程察觉到之后就终止运行，不过更好的做法是登记这个错误，并重新派生一个子进程取代意外终止的那个子进程。

图30-25给出了child_main函数。

```
                                                                    ——— server/child05.c
23 void
24 child_main(int i, int listenfd, int addrlen)
25 {
26      char    c;
27      int     connfd;
28      ssize_t n;
29      void    web_child(int);

30      printf("child %ld starting\n", (long) getpid());
31      for ( ; ; ) {
32          if ( (n = Read_fd(STDERR_FILENO, &c, 1, &connfd)) == 0)
33              err_quit("read_fd returned 0");
34          if (connfd < 0)
35              err_quit("no descriptor from read_fd");

36          web_child(connfd);              /* process request */
37          Close(connfd);

38          Write(STDERR_FILENO, "", 1);        /* tell parent we're ready again */
39      }
40 }
                                                                    ——— server/child05.c
```

图30-25   描述符传递式预先派生子进程服务器程序的child_main函数

等待来自父进程的描述符

32~33   这个函数不同于前两节中的版本，因为这儿的子进程不再调用accept，而是阻塞在read_fd调用中，等待父进程传递过来一个已连接套接字描述符。

告知父进程已准备好

38   完成客户处理之后，子进程通过它的字节流管道拥有端写出一个字节，告知父进程本子进程已可用（即闲置）。

在图30-1中，比较Solaris服务器的行4和行5，我们看到本服务器慢于上一节中在子进程之间使用线程上锁的服务器。再比较Digtial Unix和BSD/OS服务器的行3和行5，我们得出类似的结论：父进程通过字节流管道把描述符传递到各个子进程，并且各个子进程通过字节流管道写回单个字节，无论是比使用共享内存区中的互斥锁，还是与使用文件锁实施的上锁和解锁相比都更费时。

图30-2给出Child结构中child_count计数器值的分布，它是在终止服务器时由SIGINT信号处理函数显示的。正如我们随图30-24所作的讨论，越早派生从而在Child结构数组中排位越靠前的子进程所处理的客户数越多。

30.10   TCP 并发服务器程序，每个客户一个线程

最近5节着眼于每个客户一个进程的服务器，或为每个客户现场fork一个子进程，或者预先派生一定数目的子进程。如果服务器主机支持线程，我们就可以改用线程以取代子进程。

图30-26给出了我们的第一个创建线程的服务器程序版本。它是图30-4的一个修改版本，也就是为每个客户创建一个线程，以取代为每个客户派生一个子进程。这个版本非常类似图26-3。

server/serv06.c

```
 1 #include     "unpthread.h"

 2 int
 3 main(int argc, char **argv)
 4 {
 5     int     listenfd, connfd;
 6     void    sig_int(int);
 7     void    *doit(void *);
 8     pthread_t tid;
 9     socklen_t clilen, addrlen;
10     struct sockaddr *cliaddr;

11     if (argc == 2)
12         listenfd = Tcp_listen(NULL, argv[1], &addrlen);
13     else if (argc == 3)
14         listenfd = Tcp_listen(argv[1], argv[2], &addrlen);
15     else
16         err_quit("usage: serv06 [ <host> ] <port#>");
17     cliaddr = Malloc(addrlen);

18     Signal(SIGINT, sig_int);

19     for ( ; ; ) {
20         clilen = addrlen;
21         connfd = Accept(listenfd, cliaddr, &clilen);

22         Pthread_create(&tid, NULL, &doit, (void *) connfd);
23     }
24 }

25 void *
26 doit(void *arg)
27 {
28     void    web_child(int);

29     Pthread_detach(pthread_self());
30     web_child((int) arg);
31     Close((int) arg);
32     return (NULL);
33 }
```

server/serv06.c

图30-26　创建线程TCP服务器程序的main函数

主线程循环

19~23　主线程大部分时间阻塞在一个accept调用之中，每当它返回一个客户连接时，就调用pthread_create创建一个新线程。新线程执行的函数是doit，其参数是所返回的已连接套接字。

每个线程的函数

25~33　doit函数先让自己脱离，使得主线程不必等待它，然后调用web_client函数（图30-3）。该函数返回后关闭已连接套接字。

图30-1表明这个简单的创建线程版本在Solaris和Digital Unix上都快于所有预先派生子进程的版本。这个为每个客户现场创建一个线程的版本比为每个客户现场派生一个子进程的版本（行1）快许多倍。

我们曾在26.5节指出，有3个办法可用于将非线程安全函数转变成线程安全函数。我们的web_child函数调用readline函数，而图3-18给出的readline函数版本是非线程安全的。我们针对图30-26中的例子运用26.5节中第二和第三个办法并测时，结果从第三个办法到第二个办法的加速比少于1%，也许是因为readline仅仅用于读入来自客户的5字符计数值而已的缘故。因此为了简单起见，我们给本章中创建线程的服务器程序使用图3-17给出的效率稍低却线程安全的版本。

30.11 TCP 预先创建线程服务器程序，每个线程各自 **accept**

我们已从本章早先的讨论获悉预先派生一个子进程池快于为每个客户现场派生一个子进程。在支持线程的系统上，我们有理由预期在服务器启动阶段预先创建一个线程池以取代为每个客户现场创建一个线程的做法有类似的性能加速。本服务器的基本设计是预先创建一个线程池，并让每个线程各自调用accept。取代让每个线程都阻塞在accept调用之中的做法，我们改用互斥锁（类似于30.8节）以保证任何时刻只有一个线程在调用accept。这里没有理由使用文件上锁保护各个线程中的accept调用，因为对于单个进程中的多个线程，我们总可以使用互斥锁达到同样目的。

图30-27给出的pthread07.h头文件定义了用于维护关于每个线程若干信息的Thread结构。

server/pthread07.h

```
1 typedef struct {
2     pthread_t  thread_tid;          /* thread ID */
3     long       thread_count;        /* # connections handled */
4 } Thread;
5 Thread *tptr;                       /* array of Thread structures; calloc'ed */

6 int       listenfd, nthreads;
7 socklen_t addrlen;
8 pthread_mutex_t mlock;
```

server/pthread07.h

图30-27 pthread07.h头文件

我们还声明了一些全局变量，譬如监听套接字描述符和一个需由所有线程共享的互斥锁变量等。

图30-28给出了main函数。

server/serv07.c

```
1 #include    "unpthread.h"
2 #include    "pthread07.h"

3 pthread_mutex_t mlock = PTHREAD_MUTEX_INITIALIZER;

4 int
5 main(int argc, char **argv)
6 {
7     int    i;
8     void   sig_int(int), thread_make(int);

9     if (argc == 3)
10        listenfd = Tcp_listen(NULL, argv[1], &addrlen);
11    else if (argc == 4)
12        listenfd = Tcp_listen(argv[1], argv[2], &addrlen);
13    else
14        err_quit("usage: serv07 [ <host> ] <port#> <#threads>");
15    nthreads = atoi(argv[argc - 1]);
16    tptr = Calloc(nthreads, sizeof(Thread));
```

图30-28 预先创建线程TCP服务器程序的main函数

```
17     for (i = 0; i < nthreads; i++)
18         thread_make(i);              /* only main thread returns */

19     Signal(SIGINT, sig_int);

20     for ( ; ; )
21         pause();                     /* everything done by threads */
22 }
```
server/serv07.c

图30-28   （续）

图30-29给出了函数thread_make和thread_main。

server/pthread07.c
```
1 #include     "unpthread.h"
2 #include     "pthread07.h"

3 void
4 thread_make(int i)
5 {
6     void     *thread_main(void *);

7     Pthread_create(&tptr[i].thread_tid, NULL, &thread_main, (void *) i);
8     return;                      /* main thread returns */
9 }

10 void *
11 thread_main(void *arg)
12 {
13     int      connfd;
14     void     web_child(int);
15     socklen_t clilen;
16     struct sockaddr *cliaddr;

17     cliaddr = Malloc(addrlen);

18     printf("thread %d starting\n", (int) arg);
19     for ( ; ; ) {
20         clilen = addrlen;
21         Pthread_mutex_lock(&mlock);
22         connfd = Accept(listenfd, cliaddr, &clilen);
23         Pthread_mutex_unlock(&mlock);
24         tptr[(int) arg].thread_count++;

25         web_child(connfd);          /* process request */
26         Close(connfd);
27     }
28 }
```
server/pthread07.c

图30-29   thread_make和thread_main函数

创建线程

7   创建线程并使之执行thread_main函数，该函数的唯一参数是本线程在Thread结构数组中的下标。

21~23   thread_main函数在调用accept前后调用pthread_mutex_lock和pthread_mutex_unlock加以保护。

比较图30-1中Solaris和Digital Unix服务器的行6和行7，我们看到当前的服务器版本快于为每个客户现场创建一个线程的版本。我们预期如此，毕竟我们只是在服务器启动阶段一次性地创建线程池，而不是每来一个客户现场创建一个线程。事实上在这两个主机上当前版本的服务器是所有版本之中最快的。

图30-2给出了Thread结构中thread_count计数器值的分布，它们由SIGINT信号处理函数在服务器终止前显示输出。这个分布的均衡性是由线程调度算法带来的，该算法在选择由哪个线程接收互斥锁上表现为按顺序轮询所有线程。

> 在诸如Digital Unix等源自Berkeley的内核上，我们不必为调用accept而上锁，因而可以把图30-29改为没有互斥锁上锁和解锁的版本。然而这么做导致进程控制CPU时间由图30-1中行7的3.5秒增长到3.9秒。如果继续查看CPU时间的两个构成部分（用户时间和系统时间），我们发现没有上锁的用户时间有所减少（因为上锁是由在用户空间中执行的线程函数库完成的），系统时间却增长较多（因为当一个连接到达时所有阻塞在accept之中的线程都被唤醒，引发内核的惊群问题）。由于把每个连接派遣到线程池中某个线程需要某种形式的互斥，因此让内核执行派遣还不如让线程自行通过线程函数库执行派遣来得快。

30.12　TCP 预先创建线程服务器程序，主线程统一 accept

最后一个使用线程的服务器程序设计范式是在程序启动阶段创建一个线程池之后只让主线程调用accept并把每个客户连接传递给池中某个可用线程。这一点类似于30.9节的描述符传递版本。

本设计范式的问题在于主线程如何把一个已连接套接字传递给线程池中某个可用线程。这里有多个实现手段。我们原本可以如前使用描述符传递，不过既然所有线程和所有描述符都在同一个进程之内，我们没有必要把一个描述符从一个线程传递到另一个线程。接收线程只需知道这个已连接套接字描述符的值，而描述符传递实际传递的并非这个值，而是对这个套接字的一个引用，因而将返回一个不同于原值的描述符（该套接字的引用计数也被递增）。图30-30给出的pthread08.h头文件定义了一个与图30-27等同的Thread结构。

```
                                                                    ─── server/pthread08.h
1 typedef struct {
2     pthread_t thread_tid;                    /* thread ID */
3     long     thread_count;                   /* # connections handled */
4 } Thread;
5 Thread *tptr;                                /* array of Thread structures; calloc'ed */

6 #define  MAXNCLI 32
7 int      clifd[MAXNCLI], iget, iput;
8 pthread_mutex_t clifd_mutex;
9 pthread_cond_t clifd_cond;
                                                                    ─── server/pthread08.h
```

图30-30　pthread08.h头文件

定义存放已连接套接字描述符的共享数组

6~9　我们还定义一个clifd数组，由主线程往中存入已接受的已连接套接字描述符，并由线程池中的可用线程从中取出一个以服务相应的客户。iput是主线程将往该数组中存入的下一个元素的下标，iget是线程池中某个线程将从该数组中取出的下一个元素的下标。这个由所有线程共享的数据结构自然必须得到保护，我们使用互斥锁和条件变量做到这一点。

图30-31给出了main函数。

———— server/serv08.c

```
 1 #include    "unpthread.h"
 2 #include    "pthread08.h"

 3 static int nthreads;
 4 pthread_mutex_t clifd_mutex = PTHREAD_MUTEX_INITIALIZER;
 5 pthread_cond_t clifd_cond = PTHREAD_COND_INITIALIZER;

 6 int
 7 main(int argc, char **argv)
 8 {
 9     int     i, listenfd, connfd;
10     void    sig_int(int), thread_make(int);
11     socklen_t addrlen, clilen;
12     struct sockaddr *cliaddr;

13     if (argc == 3)
14         listenfd = Tcp_listen(NULL, argv[1], &addrlen);
15     else if (argc == 4)
16         listenfd = Tcp_listen(argv[1], argv[2], &addrlen);
17     else
18         err_quit("usage: serv08 [ <host> ] <port#> <#threads>");
19     cliaddr = Malloc(addrlen);

20     nthreads = atoi(argv[argc - 1]);
21     tptr = Calloc(nthreads, sizeof(Thread));
22     iget = iput = 0;

23         /* create all the threads */
24     for (i = 0; i < nthreads; i++)
25         thread_make(i);          /* only main thread returns */

26     Signal(SIGINT, sig_int);

27     for ( ; ; ) {
28         clilen = addrlen;
29         connfd = Accept(listenfd, cliaddr, &clilen);

30         Pthread_mutex_lock(&clifd_mutex);
31         clifd[iput] = connfd;
32         if (++iput == MAXNCLI)
33             iput = 0;
34         if (iput == iget)
35             err_quit("iput = iget = %d", iput);
36         Pthread_cond_signal(&clifd_cond);
37         Pthread_mutex_unlock(&clifd_mutex);
38     }
39 }
```

———— server/serv08.c

图30-31 预先创建线程服务器程序的main函数

创建线程池

23~25   使用thread_make创建池中每个线程。

等待客户连接

27~38   主线程大部分时间阻塞在accept调用中,等待各个客户连接的到达。一旦某个客户连接到达,主线程就把它的已连接套接字描述符存入clifd数组的下一个元素,不过需事先获取保护该数组的互斥锁。主线程还检查iput下标没有赶上iget下标(若赶上则说明该数组不够大),并发送信号到条件变量信号,然后释放互斥锁,以允许线程池中某个线程为这个客户服务。

图30-32给出了thread_make和thread_main函数。前者与图30-29中的版本相同。

```
                                                          ——— server/pthread08.c
 1 #include    "unpthread.h"
 2 #include    "pthread08.h"

 3 void
 4 thread_make(int i)
 5 {
 6     void    *thread_main(void *);

 7     Pthread_create(&tptr[i].thread_tid, NULL, &thread_main, (void *) i);
 8     return;                         /* main thread returns */
 9 }

10 void *
11 thread_main(void *arg)
12 {
13     int     connfd;
14     void    web_child(int);

15     printf("thread %d starting\n", (int) arg);
16     for ( ; ; ) {
17         Pthread_mutex_lock(&clifd_mutex);
18         while (iget == iput)
19             Pthread_cond_wait(&clifd_cond, &clifd_mutex);
20         connfd = clifd[iget];       /* connected socket to service */
21         if (++iget == MAXNCLI)
22             iget = 0;
23         Pthread_mutex_unlock(&clifd_mutex);
24         tptr[(int) arg].thread_count++;

25         web_child(connfd);          /* process request */
26         Close(connfd);
27     }
28 }
                                                          ——— server/pthread08.c
```

图30-32 thread_make和thread_main函数

等待为之服务的客户描述符

17~26 线程池中每个线程都试图获取保护clifd数组的互斥锁。获得之后就测试iput与iget，若两者相等则无事可做，于是通过调用pthread_cond_wait休眠在条件变量上。主线程接受一个连接后将调用pthread_cond_signal向条件变量发送信号，以唤醒休眠在其上的线程。若测得iput与iget不等，则从clifd数组中取出下一个元素以获得一个连接，然后调用web_child。

图30-1中的测时数据表明这个版本的服务器慢于上一节中先获取一个互斥锁再调用accept的版本。原因在于本节的例子同时需要互斥锁和条件变量，而图30-29中只需要互斥锁。

如果检查线程池中各个线程所服务客户数的分布直方图，我们发现它类似图30-2的最后一栏。这一点意味着当主线程调用pthread_cond_signal引起线程函数库基于条件变量执行唤醒工作时，该函数库在所有可用线程中轮询唤醒其中一个。

30.13 小结

我们在本章中讨论了9个不同的服务器程序设计范式，并针对同一个Web风格的客户程序分别运行了它们，以比较它们花在执行进程控制上的CPU时间：
    (1) 迭代服务器（无进程控制，用作测量基准）；
    (2) 并发服务器，每个客户请求fork一个子进程；
    (3) 预先派生子进程，每个子进程无保护地调用accept；
    (4) 预先派生子进程，使用文件上锁保护accept；
    (5) 预先派生子进程，使用线程互斥锁上锁保护accept；
    (6) 预先派生子进程，父进程向子进程传递套接字描述符；
    (7) 并发服务器，每个客户请求创建一个线程；
    (8) 预先创建线程服务器，使用互斥锁上锁保护accept；
    (9) 预先创建线程服务器，由主线程调用accept。
经过比较，我们可以得出以下几点总结性意见。

- 当系统负载较轻时，每来一个客户请求现场派生一个子进程为之服务的传统并发服务器程序模型就足够了。这个模型甚至可以与inetd结合使用，也就是inetd处理每个连接的接受。我们的其他意见是就重负荷运行的服务器而言的，譬如Web服务器。
- 相比传统的每个客户fork一次设计范式，预先创建一个子进程池或一个线程池的设计范式能够把进程控制CPU时间降低10倍或以上。编写这些范式的程序并不复杂，不过需超越本章所给例子的是：监视闲置子进程个数，随着所服务客户数的动态变化而增加或减少这个数目。
- 某些实现允许多个子进程或线程阻塞在同一个accept调用中，另一些实现却要求包绕accept调用安置某种类型的锁加以保护。文件上锁或Pthread互斥锁上锁都可以使用。
- 让所有子进程或线程自行调用accept通常比让父进程或主线程独自调用accept并把描述符传递给子进程或线程来得简单而快速。
- 由于潜在select冲突的原因，让所有子进程或线程阻塞在同一个accept调用中比让它们阻塞在同一个select调用中更可取。
- 使用线程通常远快于使用进程。不过选择每个客户一个子进程还是每个客户一个线程取决于操作系统提供什么支持，还可能取决于为服务每个客户需激活其他什么程序（若有其他程序需激活的话）。举例来说，如果accept客户连接的服务器调用fork和exec（譬如说inetd超级守护进程），那么fork一个单线程的进程可能快于fork一个多线程的进程。

习题

30.1 在图30-13中为什么父进程在派生所有子进程之后仍然保持监听套接字打开着而不关闭它呢？

30.2 你能够把30.9节的服务器程序重新编写成改用Unix域数据报套接字取代Unix域字节流套接字吗？需要做哪些改动？

30.3 运行测试用客户程序，并按照你的系统环境支持尽可能多地运行各个服务器程序，对比你的结果和本章所报告的结果。

流

31.1 概述

在大多数源自SVR4的内核中，X/Open传输接口（X/Open Transport Interface，XTI）和网络协议通常就如终端I/O系统那样也使用流系统（STREAMS system或streams system）实现。[①]

我们将在本章给出流系统的概貌以及应用程序用于访问某个流的函数。我们的目的只是了解网络协议在流框架中的实现机制。另外我们将使用传输提供者接口（Transport Provider Interface，TPI）开发一个简单的TCP客户程序。TPI是在基于流的系统上XTI和套接字通常使用的传输层访问接口。包括如何使用流系统编写内核例程在内的关于流的更详尽信息参见［Rago 1993］。

> 流由Dennis Ritchie［Ritchie 1984］设计，并于1986年随SVR3首次广泛提供支持。POSIX规范将流定义为一个选项组（option group），意味着POSIX兼容系统可以不实现流，然而若实现则仍然必须符合POSIX规范。基本流函数包括getmsg、getpmsg、putmsg、putpmsg、fattach以及所有流ioctl命令。XTI往往使用流实现。所有源自System V的系统都应该提供流，然而各个4.xBSD版本并不提供流。
>
> 流（STREAMS）这个名字尽管全为大写字母，却不是一个首字母缩写词，因此改用全小写字母（streams）可能更为合理。注意区分我们在本章中讲解的流I/O系统（steams I/O system）和"标准I/O流"（standard I/O steams）。后者在论及标准I/O函数库（诸如fopen、fgets、printf等函数）时使用。

31.2 概貌

流在进程和驱动程序（driver）之间提供全双工的连接，如图31-1所示。虽然我们称底部那个方框为驱动程序，它却不必与某个硬件设备相关联，也就是说它可以是一个伪设备驱动程序（即软件驱动程序）。

流头（stream head）由一些内核例程构成，应用进程针对流描述符执行系统调用（例如read、putmsg、ioctl等）时这些内核例程将被激活。

进程可以在流头和驱动程序之间动态增加或删除中间处理模块（processing module）。这些模块对顺着一个流上行或下行的消息施行某种类型的过滤，如图31-2所示。

851

[①] XTI是独立于套接字API的另一个网络编程API。本章在本书第2版中属于第四部分（X/Open传输接口编程），第3版仅仅保留了这一部分如此一章。本书第3版新作者没有为孤立的本章另起一个部分，而是不恰当地把它编排在介绍套接字API的第三部分（高级套接字编程）中。通常只有在源自SVR4的内核上套接字API才会和X/Open传输接口API一样使用流系统实现。——译者注

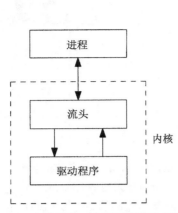

图31-1 一个进程和一个驱动程序之间的某个流

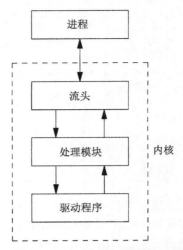

图31-2 压入一个处理模块的某个流

往一个流中可以推入任意数量的模块。我们说"推入"意指每个新模块都被插入到流头的紧下方。

多路复选器（multiplexor）是一种特殊类型的伪设备驱动程序，它从多个源接受数据。举例来说，可在SVR4上找到的TCP/IP协议族基于流的某个实现如图31-3所示，其中就有多个多路复选器。

- 在创建一个套接字时，套接字函数库把模块sockmod推入流中。向应用进程提供套接字API的正是套接字函数库和sockmod流模块两者的组合。
- 在创建一个XTI端点时，XTI函数库把模块timod推入流中。向应用进程提供XTI API的正是XTI函数库和timod流模块两者的组合。XTI API的端点相当于套接字API的套接字。

> 这里是我们提到XTI的少数几处之一。本书早先版本详细叙述了XTI API，不过它已不被广泛使用，甚至POSIX规范也不再涵盖它，本书中我们就不讲述了。图31-3展示了XTI实现所处的典型位置，本章中我们只是简略提及，而不提供任何细节，因为几乎没有继续使用XTI的理由了。

- 为了针对XTI端点使用read和write访问网络数据，通常必须把模块tirdwr推入流中。图31-3中中间那个使用TCP的进程就是这么做的。推入该模块后XTI函数库中的函数不能继续使用，那个进程这么做也许已经放弃使用XTI，因此我们没给它标上XTI函数库。
- 所标的三个服务接口定义顺着流上行和下行交换的网络消息的格式。传输提供者接口（Transport Provider Interface，TPI）[Unix International 1992b]定义了传输层提供者（例如TCP和UDP）向它上方的模块提供的接口。网络提供者接口（Network Provider Interface，NPI）[Unix International 1992a]定义了网络层提供者（例如IP）向它上方的模块提供的接口。DLPI就是29.3节介绍过的数据链路提供者接口[Unix International 1991]。关于TPI和DLPI可另行参考[Rago 1993]，其中给有C代码例子。

一个流中的每个部件——流头、所有处理模块和驱动程序——包含至少一对队列（queue）：一个写队列和一个读队列，如图31-4所示。

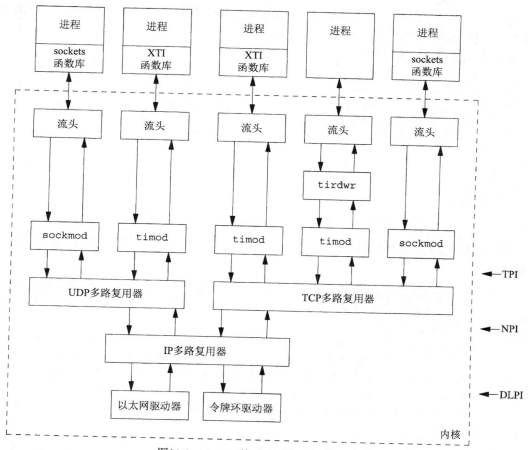

图31-3 TCP/IP基于流的某种可能的实现

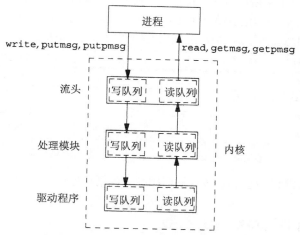

图31-4 流中每个部件至少有一对队列

消息类型

流消息可划分为高优先级（high priority）、优先级带（priority band）和普通（normal）三

853
≀
854

类。优先级共有256带，在0~255之间取值，其中普通消息位于带0。流消息的优先级用于排队和流量控制。按约定高优先级消息不受流量控制影响。

图31-5给出了一个给定队列中消息的出现顺序。

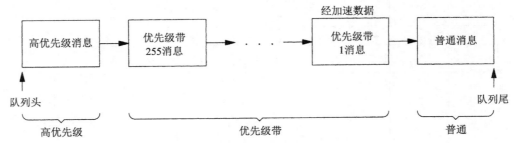

图31-5　一个队列中的流消息基于优先级的排序

虽然流系统支持256个不同的优先级带，网络协议往往只用代表经加速数据的带1和代表普通数据的带0。

> TPI不认为TCP带外数据是真正的经加速数据。事实上TCP的普通数据和带外数据都使用带0。只有那些让经加速数据（并不是像TCP中的紧急指针而已）先于普通数据发送的协议才使用带1发送经加速数据。
>
> 注意"普通"一词。在SVR4之前的版本中没有优先级带的概念，只有普通消息和优先级消息。SVR4实现了优先级带，并提供了getpmsg和putpmsg这两个函数（我们稍后讲解），较早的优先级消息于是被重新命名为高优先级。问题是如何称呼优先级带在1~255之间的新增设消息。常用的术语定义[Rago 1993]称高优先级以外的消息为普通优先级（normal priority）消息，然后把这些普通优先级消息细分到各个优先级带中。普通消息一词应该总是指处于带0的消息。

尽管我们讨论的只是普通优先级消息和高优先级消息两大类，它们却分别约有12种和18种。从应用程序以及我们马上讲解的getmsg和putmsg这两个函数的角度来看，我们仅仅关注3种不同类型的消息：M_DATA、M_PROTO和M_PCPROTO（PC表示"priority control"，优先级控制，隐指高优先级消息）。图31-6说明了这3种消息类型是如何使用write和putmsg这两个函数产生的。

函数	控制？	数据？	标志	所产生消息的类型
write		是		M_DATA
putmsg	不是	是	0	M_DATA
putmsg	是	无关	0	M_PROTO
putmsg	是	无关	MSG_HIPRI	M_PCPROTO

图31-6　由write和putmsg产生的流消息类型

855

我们将在下一节讲解putmsg函数时解释控制、数据和标志。

31.3　getmsg和putmsg函数

沿着流上行和下行的数据由消息构成，而且每个消息含有控制（control）或数据（data）或两者都有。如果在流上使用read和write，那么所传送的仅仅是数据。为了让进程能够读写数据和控制两部分信息，流系统增加了如下两个函数：

```
#include <stropts.h>
int getmsg(int fd, struct strbuf *ctlptr, struct strbuf *dataptr, int *flagsp);
int putmsg(int fd, const struct strbuf *ctlptr,
           const struct strbuf *dataptr, int flags);
```

均返回：若成功则为非负值，若出错则为-1

消息的控制和数据两部分各自由一个strbuf结构说明。

```
struct strbuf {
    int     maxlen;         /* maximum size of buf */
    int     len;            /* actual amount of data in buf */
    char    *buf;           /* data */
};
```

注意strbuf结构和XTI API所用的netbuf结构之间的相似性。它们由3个同名成员构成，不过netbuf结构的两个长度成员是无符号整数，而strbuf结构的两个长度成员是普通整数。原因在于有些流函数使用值为-1的len或maxlen表示特殊的含义。

使用putmsg可以单纯发送控制信息或数据，也可以同时发送两者。为了指示缺失控制信息，可以把*ctlptr*参数指定为空指针，也可以把*ctlptr->len*设置为-1。同样手段设置*dataptr*参数用于指示缺失数据。

如果缺失控制信息，putmsg将产生一个M_DATA消息（图31-6）；否则根据*flags*参数产生一个M_PROTO或M_PCPROTO消息。*flags*值为0表示普通消息，为RS_HIPRI表示高优先级消息。

getmsg的最后一个参数是一个值-结果参数。如果调用时指定的*flagsp*指向的整数值为0，那么返回的是流中第一个消息（既可能是普通消息，也可能是高优先级消息）。如果该整数值为RS_HIPRI，那就等待一个高优先级消息到达流头。无论哪种情况，存放到*flagsp*指向的整数中的值根据所返回消息的类型或为0，为RS_HIPRI。

假设传递给getmsg的*ctlptr*和*dataptr*参数均为非空指针，如果没有控制信息待返回（也就是即将返回一个M_DATA消息），getmsg就在返回时把*ctlptr->len*设置为-1作为指示。类似地如果没有数据待返回就把*dataptr->len*设置为-1。

putmsg在成功时返回0，在出错时返回-1。然而getmsg仅在整个消息完整返回给调用者时才返回0。如果控制缓冲区不足以容纳完整的控制信息，那就返回非负的MORECTL，类似地如果数据缓冲区太小，那就返回MOREDATA。如果两个缓冲区都太小，那就返回这两个标志的逻辑或。

31.4 **getpmsg** 和 **putpmsg** 函数

当对于不同优先级带的支持随SVR4被增加到流系统时，以下两个getmsg和putmsg的变体函数也被同时引入。

```
#include <stropts.h>
int getpmsg(int fd, struct strbuf *ctlptr,
            struct strbuf *dataptr, int *bandp, int *flagsp);
int putpmsg(int fd, const struct strbuf *ctlptr,
            const struct strbuf *dataptr, int band, int flags);
```

均返回：若成功则为非负值，若出错则为-1

putpmsg的*band*参数必须在0~255之间（含）。如果*flags*参数为MSG_BAND，那就产生一个所指定优先级带的消息。把*flags*设置为MSG_BAND并且把*band*设置设为0等效于调用putmsg。如果

*flags*为MSG_HIPRI，*band*就必须为0，所产生的是一个高优先级消息。（注意，putmsg使用不同名字的RS_HIPRI标志。）

getpmsg的*bandp*和*flagsp*参数是值-结果参数。*flagsp*指向的整数可以取值MSG_HIPRI（以读入一个高优先消息）、MSG_BAND（以读入一个优先级至少为*bandp*指向的整数值的消息）或MSG_ANY（以读入任一消息）。函数返回时，*bandp*指向的整数含有所读入消息的优先级带，*flagsp*指向的整数含有MSG_HIPRI（如果所读入的是一个高优先级消息）或MSG_BAND（如果所读入的是其他类型消息）。

31.5 `ioctl` 函数

在流系统中我们将再次使用在第17章中讲解过的ioctl函数。

```
#include <stropts.h>
int ioctl(int fd, int request, ... /* void *arg */ );
```

返回：若成功则为0，若出错则为-1

与17.2节给出的函数原型相比，唯一的变化是处理流时所必须包含的头文件是不一样的。

大约有30个ioctl请求影响流头，每个请求均以I_打头，它们的具体说明通常在streamio手册页面中给出。

31.6 TPI：传输提供者接口

在图31-3中，我们把TPI表示为传输层向它上方的模块提供的服务接口。在流环境中套接字和XTI都使用TPI。在图31-3中，应用进程跟TCP和UDP交换TPI消息的是套接字函数库和sockmod的组合，或者是XTI函数库和timod的组合。

TPI是一个基于消息的接口。它定义了在应用进程（例如XTI函数库或套接字函数库）和传输层之间沿着流上行和下行交换的消息，包括消息的格式和每个消息执行的操作。在许多实例中，应用进程向提供者发出一个请求（譬如说"捆绑这个本地地址"），提供者则发回一个响应（"成功"或"出错"）。一些事件在提供者异步地发生（对某个服务器的连接请求的到达），它们导致沿着流向上发送的消息或信号。

我们可以绕过XTI和套接字直接使用TPI。我们将在本节改用TPI取代套接字重新编写我们的简单时间获取客户程序（图1-5）。拿编程语言进行类比，使用套接字或XTI好比使用诸如C或Pascal等高级语言编程，而直接使用TPI好比使用汇编语言编程。我们并不提倡在现实应用程序中直接使用TPI。不过查看TPI如何工作并开发本例子有助于我们更好地理解在流环境中套接字函数库和XTI函数库的工作原理。

图31-7是我们的tpi_daytime.h头文件。

streams/tpi_daytime.h

```
1 #include     "unpxti.h"
2 #include     <sys/stream.h>
3 #include     <sys/tihdr.h>

4 void    tpi_bind(int, const void *, size_t);
5 void    tpi_connect(int, const void *, size_t);
6 ssize_t tpi_read(int, void *, size_t);
7 void    tpi_close(int);
```

streams/tpi_daytime.h

图31-7 我们的tpi_daytime.h头文件

我们需要与<sys/tihdr.h>一道包含一个额外的流头文件<sys/stream.h>，其中前者给出了所有TPI消息的结构定义。

图31-8是我们的时间获取客户程序的main函数。

858

streams/tpi_daytime.c

```
1 #include       "tpi_daytime.h"
2 int
3 main(int argc, char **argv)
4 {
5       int      fd, n;
6       char     recvline[MAXLINE + 1];
7       struct sockaddr_in  myaddr, servaddr;
8       if (argc != 2)
9           err_quit("usage: tpi_daytime <IPaddress>");
10      fd = Open(XTI_TCP, O_RDWR, 0);
11          /*bind any local address */
12      bzero(&myaddr, sizeof(myaddr));
13      myaddr.sin_family = AF_INET;
14      myaddr.sin_addr.s_addr = htonl(INADDR_ANY);
15      myaddr.sin_port = htons(0);
16      tpi_bind(fd, &myaddr, sizeof(struct sockaddr_in));
17          /*fill in server's address */
18      bzero(&servaddr, sizeof(servaddr));
19      servaddr.sin_family = AF_INET;
20      servaddr.sin_port  = htons(13);    /* daytime server */
21      Inet_pton(AF_INET, argv[1], &servaddr.sin_addr);
22      tpi_connect(fd, &servaddr, sizeof(struct sockaddr_in));
23      for ( ; ; ) {
24          if ( (n = tpi_read(fd, recvline, MAXLINE)) <= 0) {
25              if (n == 0)
26                  break;
27              else
28                  err_sys("tpi_read error");
29          }
30          recvline[n] = 0;           /* null terminate */
31          fputs(recvline, stdout);
32      }
33      tpi_close(fd);
34      exit(0);
35 }
```

streams/tpi_daytime.c

图31-8　TPI时间获取客户程序的main函数

打开传输提供者，捆绑本地地址

10~16　打开与传输提供者TCP对应的设备（通常为/dev/tcp）。以INADDR_ANY和端口0填写一个网际网套接字地址结构，告知TCP捆绑任意一个本地地址到本地端点。捆绑工作通过调用我们稍后给出的tpi_bind函数完成。

859

填写服务器地址，建立连接

17~22　以服务器主机IP地址（取自命令行）和端口13填写另一个网际网套接字地址结构，然后调用我们的tpi_connect函数建立连接。

从服务器读入数据，复制至标准输出

23~33　与其他时间获取客户程序一样，我们简单地把数据从连接复制到标准输出循环，并在
接收到来自服务器的EOF（即FIN分节）时跳出循环然后调用我们的tpi_close函数关
闭端点。

图31-9是我们的tpi_bind函数。

streams/tpi_bind.c

```
1 #include     "tpi_daytime.h"

2 void
3 tpi_bind(int fd, const void *addr, size_t addrlen)
4 {
5      struct {
6          struct T_bind_req     msg_hdr;
7          char        addr[128];
8      } bind_req;
9      struct {
10         struct T_bind_ack     msg_hdr;
11         char        addr[128];
12     } bind_ack;
13     struct strbuf ctlbuf;
14     struct T_error_ack  *error_ack;
15     int     flags;

16     bind_req.msg_hdr.PRIM_type = T_BIND_REQ;
17     bind_req.msg_hdr.ADDR_length = addrlen;
18     bind_req.msg_hdr.ADDR_offset = sizeof(struct T_bind_req);
19     bind_req.msg_hdr.CONIND_number = 0;
20     memcpy(bind_req.addr, addr, addrlen);   /* sockaddr_in{} */

21     ctlbuf.len = sizeof(struct T_bind_req) + addrlen;
22     ctlbuf.buf = (char *) &bind_req;
23     Putmsg(fd, &ctlbuf, NULL, 0);

24     ctlbuf.maxlen = sizeof(bind_ack);
25     ctlbuf.len = 0;
26     ctlbuf.buf = (char *) &bind_ack;
27     flags = RS_HIPRI;
28     Getmsg(fd, &ctlbuf, NULL, &flags);

29     if (ctlbuf.len < (int) sizeof(long))
30         err_quit("bad length from getmsg");

31     switch (bind_ack.msg_hdr.PRIM_type) {
32     case T_BIND_ACK:
33         return;

34     case T_ERROR_ACK:
35         if (ctlbuf.len < (int) sizeof(struct T_error_ack))
36             err_quit("bad length for T_ERROR_ACK");
37         error_ack = (struct T_error_ack *) &bind_ack.msg_hdr;
38         err_quit("T_ERROR_ACK from bind (%d, %d)",
39                 error_ack->TLI_error, error_ack->UNIX_error);

40     default:
41         err_quit("unexpected message type: %d", bind_ack.msg_hdr.PRIM_type);
42     }
43 }
```

streams/tpi_bind.c

图31-9　tpi_bind函数：捆绑一个本地地址到一个端点

填写T_bind_req结构

16~20 `<sys/tihdr.h>`头文件如下定义T_bind_req结构。

```
struct T_bind_req {
    t_scalar_t      PRIM_type;       /* T_BIND_REQ */
    t_scalar_t      ADDR_length;     /* address length */
    t_scalar_t      ADDR_offset;     /* address offset */
    t_uscalar_t     CONIND_number;   /* connect indications requested */
        /* followed by the protocol address for bind */
};
```

所有TPI请求都定义成以一个长整数类型字段开头的某个结构。我们把bind_req结构定义为以T_bind_req结构打头，后跟用于存放待捆绑本地地址的一个缓冲区。TPI对该缓冲区的内容未做任何规定，它由具体的提供者定义。TCP提供者期待该缓冲区含有一个sockaddr_in结构。

填写T_bind_req结构，把ADDR_length成员设置成地址大小（对于网际网套接字地址结构为16字节），把ADDR_offset设置成地址的字节偏移量（紧跟在T_bind_req结构之后）。这个位置难以保证是为即将存放在那儿的sockaddr_in结构适当地对齐的，因此我们调用memcpy把调用者给定的地址结构复制到bind_req结构中（而不是使用结构赋值运算等方式）。既然我们是客户而不是服务器，于是把CONIND_number设置为0。

调用putmsg

21~23 TPI要求把我们刚构造的结构作为一个M_PROTO消息传递给提供者。于是我们把这个bind_req结构指定为控制信息调用putmsg，同时指定缺失数据且标志为0。

调用getmsg读入高优先级消息

24~30 对于T_BIND_REQ请求的响应或者是T_BIND_ACK消息，或者是T_ERROR_ACK消息。这些确认消息是作为高优先级消息（M_PCPROTO）发送的，我们于是指定RS_HIPRI标志调用getmsg读入它们。既然该应答是一个高优先级消息，它将绕过流中任意普通优先级消息。

这两个可能的应答消息的结构定义如下。

```
struct T_bind_ack {
    t_scalar_t      PRIM_type;       /* T_BIND_ACK */
    t_scalar_t      ADDR_length;     /* address length */
    t_scalar_t      ADDR_offset;     /* address offset */
    t_uscalar_t     CONIND_number;   /* connect ind to be queued */
        /*followed by the bound address */
};

struct T_error_ack {
    t_scalar_t      PRIM_type;       /* T_ERROR_ACK */
    t_scalar_t      ERROR_prim;      /* primitive in error */
    t_scalar_t      TLI_error;       /* TLI error code */
    t_scalar_t      UNIX_error;      /* UNIX error code */
};
```

这两个消息都以一个同样的类型成员打头，因此我们可以假设它是一个T_BIND_ACK消息读入应答，查看类型值之后再相应地处理该消息。我们不期望来自提供者的任何数据，因此把getmsg的第三个参数指定为空指针。

在验证所返回的控制信息量至少是一个长整数的大小时，我们必须小心地把sizeof的值类型强制转换成一个整数。sizeof运算符返回的是一个无符号整型，而getmsg返回的strbuf

860
~
861

结构len成员可能是-1。然而由于小于比较运算符的左边是一个有符号值，右边是一个无符号值，C编译器于是把有符号值类型转换成无符号值。在补码（twos-complement）体系结构上，-1作为无符号值看待非常之大，导致-1大于4（假设一个长整数占据4字节）。

处理应答

31~33　如果应答是T_BIND_ACK，那么捆绑成功，我们于是返回。绑定在端点上的实际地址由bind_ack结构的addr成员返回。

34~39　如果应答是T_ERROR_ACK，那就验证所收到的是完整的消息，然后显示消息结构中的3个返回值。在我们这个简单的程序中，如果发生错误就直接终止，而不再返回到调用者。通过把我们的main函数改为捆绑某个非0端口，我们就可以看到这种出自捆绑的错误。举例来说，如果尝试捆绑端口1（这需要超级用户权限，因为它是一个1024以内的端口），我们将得到如下输出：

```
solaris % tpi_daytime 127.0.0.1
T_ERROR_ACK from bind (3, 0)
```

该系统上错误EACCES的值为3。如果我们尝试捆绑一个1023以上却正被另一个TCP端点使用的端口，我们将得到如下输出：

```
solaris % tpi_daytime 127.0.0.1
T_ERROR_ACK from bind (23, 0)
```

该系统上错误EADDRBUSY的值为23。[①]

下一个函数是图31-10中的tpi_connect，它建立与服务器的连接。

——— streams/tpi_connect.c

```
 1 #include      "tpi_daytime.h"

 2 void
 3 tpi_connect(int fd, const void *addr, size_t addrlen)
 4 {
 5     struct {
 6         struct T_conn_req msg_hdr;
 7         char      addr[128];
 8     } conn_req;
 9     struct {
10         struct T_conn_con msg_hdr;
11         char      addr[128];
12     } conn_con;
13     struct strbuf ctlbuf;
14     union T_primitives  rcvbuf;
15     struct T_error_ack  *error_ack;
16     struct T_discon_ind *discon_ind;
17     int       flags;

18     conn_req.msg_hdr.PRIM_type = T_CONN_REQ;
19     conn_req.msg_hdr.DEST_length = addrlen;
20     conn_req.msg_hdr.DEST_offset = sizeof(struct T_conn_req);
21     conn_req.msg_hdr.OPT_length = 0;
```

图31-10　tpi_connect函数：建立与服务器的连接

[①] 这个错误是TPI为支持XTI而引入的。支持TLI的较早版本TPI在请求捆绑一个已使用的端口时将另行捆绑一个未使用的端口。这意味着捆绑众所周知端口的服务器将不得不比较返回的地址（出自由第三个参数为非空指针的t_bind调用返回的T_bind_ack消息）和请求的地址，如果不一致就放弃。——译者注

```
22          conn_req.msg_hdr.OPT_offset = 0;
23          memcpy(conn_req.addr, addr, addrlen);      /* sockaddr_in{} */
24          ctlbuf.len = sizeof(struct T_conn_req) + addrlen;
25          ctlbuf.buf = (char *) &conn_req;
26          Putmsg(fd, &ctlbuf, NULL, 0);

27          ctlbuf.maxlen = sizeof(union T_primitives);
28          ctlbuf.len = 0;
29          ctlbuf.buf = (char *) &rcvbuf;
30          flags = RS_HIPRI;
31          Getmsg(fd, &ctlbuf, NULL, &flags);

32          if (ctlbuf.len < (int) sizeof(long))
33              err_quit("tpi_connect: bad length from getmsg");

34          switch(rcvbuf.type) {
35          case T_OK_ACK:
36              break;

37          case T_ERROR_ACK:
38              if (ctlbuf.len < (int) sizeof(struct T_error_ack))
39                  err_quit("tpi_connect: bad length for T_ERROR_ACK");
40              error_ack = (struct T_error_ack *) &rcvbuf;
41              err_quit("tpi_connect: T_ERROR_ACK from conn (%d, %d)",
42                      error_ack->TLI_error, error_ack->UNIX_error);

43          default:
44              err_quit("tpi_connect: unexpected message type: %d", rcvbuf.type);
45          }

46          ctlbuf.maxlen = sizeof(conn_con);
47          ctlbuf.len = 0;
48          ctlbuf.buf = (char *) &conn_con;
49          flags = 0;
50          Getmsg(fd, &ctlbuf, NULL, &flags);

51          if (ctlbuf.len < (int) sizeof(long))
52              err_quit("tpi_connect2: bad length from getmsg");

53          switch(conn_con.msg_hdr.PRIM_type) {
54          case T_CONN_CON:
55              break;

56          case T_DISCON_IND:
57              if (ctlbuf.len < (int) sizeof(struct T_discon_ind))
58                  err_quit("tpi_connect2: bad length for T_DISCON_IND");
59              discon_ind = (struct T_discon_ind *) &conn_con.msg_hdr;
60              err_quit("tpi_connect2: T_DISCON_IND from conn (%d)",
61                      discon_ind->DISCON_reason);

62          default:
63              err_quit("tpi_connect2: unexpected message type: %d",
64                      conn_con.msg_hdr.PRIM_type);
65          }
66      }
```

streams/tpi_connect.c

图31-10 （续）

填写请求结构并发送给提供者

18~26 TPI定义了一个T_conn_req结构，用于存放连接的协议地址和选项：

```
struct T_conn_req {
  t_scalar_t           PRIM_type;          /* T_CONN_REQ */
  t_scalar_t           DEST_length;        /* destination address length */
  t_scalar_t           DEST_offset;        /* destination address offset */
  t_scalar_t           OPT_length;         /* options length */
  t_scalar_t           OPT_offset;         /* options offset */
       /* followed by the protocol address and options for connection */
};
```

就像tpi_bind函数一样，我们自行定义一个名为conn_req的结构，它包含一个
T_conn_req结构以及用于存放协议地址的空间。填写一个conn_req结构，把处理选项
的那两个成员设置为0。单纯指定控制信息调用putmsg，同时把标志指定为0，以顺着
流下行发送一个M_PROTO消息。

读入响应

27~45   调用getmsg期待接收T_OK_ACK消息（如果连接建立已经启动）或者T_ERROR_OK消息
（早先已经给出）。

```
struct T_ok_ack {
  t_scalar_t           PRIM_type;                /* T_OK_ACK */
  t_scalar_t           CORRECT_prim;             /* correct primitive */
};
```

864

如果发生错误就终止。既然不知道将收取什么类型的消息，我们于是定义一个名为
T_primitives的由所有可能的请求和应答组成的联合，并分配一个这个类型的联合，
在调用getmsg时用作控制信息的输入缓冲区。

等待连接建立完成

46~65   表示成功的T_OK_ACK消息只是告诉我们连接建立已经启动。现在必须等待T_CONN_CON
消息以获悉对端已经确认该连接请求。

```
struct T_conn_con {
  t_scalar_t           PRIM_type;          /* T_CONN_CON */
  t_scalar_t           RES_length;         /* responding address length */
  t_scalar_t           RES_offset;         /* responding address offset */
  t_scalar_t           OPT_length;         /* option length */
  t_scalar_t           OPT_offset;         /* option offset */
       /* followed by peer's protocol address and options */
};
```

再次调用getmsg，不过所期待的消息是作为一个M_PROTO消息而不是一个M_PCPROTO
消息发送的，于是把标志设置为0。如果接收到T_CONN_CON消息，那么连接建立完毕，
函数接着返回；但是如果连接未能建立（对端进程不在运行、发生超时等原因），那就
会收到一个T_DISCON_IND消息：

```
struct T_discon_ind {
  t_scalar_t           PRIM_type;          /* T_DISCON_IND */
  t_scalar_t           DISCON_reason;      /* disconnect reason */
  t_scalar_t           SEQ_number;         /* sequence number */
};
```

我们可以设法查看由提供者返回的各种错误。首先指定一个不在运行标准daytime服务
器的主机的IP地址：

```
solaris % tpi_daytime 192.168.1.10
tpi_connect2: T_DISCON_IND from conn (146)
```

错误146表示ECONNREFUSED。接着指定一个未接入因特网的IP地址：

```
solaris % tpi_daytime 192.3.4.5
tpi_connect2: T_DISCON_IND from conn (145)
```

错误145表示ETIMEDOUT。再次对该IP地址运行本程序,我们得到另一个错误:

```
solaris % tpi_daytime 192.3.4.5
tpi_connect2: T_DISCON_IND from conn (148)
```

这次错误148表示EHOSTUNREACH。最后两个结果的区别在于,第一次没有导致ICMP主机不可达错误的返送,第二次则导致返送这个错误。

图31-11给出下一个函数tpi_read,它从一个流中读入数据。

—— streams/tpi_read.c

```
1  #include     "tpi_daytime.h"

2  ssize_t
3  tpi_read(int fd, void *buf, size_t len)
4  {
5      struct strbuf ctlbuf;
6      struct strbuf datbuf;
7      union T_primitives rcvbuf;
8      int      flags;

9      ctlbuf.maxlen = sizeof(union T_primitives);
10     ctlbuf.buf = (char *) &rcvbuf;

11     datbuf.maxlen = len;
12     datbuf.buf = buf;
13     datbuf.len = 0;

14     flags = 0;
15     Getmsg(fd, &ctlbuf, &datbuf, &flags);

16     if (ctlbuf.len >= (int) sizeof(long)) {
17         if (rcvbuf.type == T_DATA_IND)
18             return(datbuf.len);
19         else if (rcvbuf.type == T_ORDREL_IND)
20             return(0);
21         else
22             err_quit("tpi_read: unexpected type %d", rcvbuf.type);
23     } else if (ctlbuf.len == -1)
24         return(datbuf.len);
25     else
26         err_quit("tpi_read: bad length from getmsg");
27 }
```

—— streams/tpi_read.c

图31-11   tpi_read函数:从流中读入数据

读控制信息和数据,处理应答

9~26   这次我们调用getmsg同时读入控制信息和数据。用于返回数据的strbuf结构指向调用者给定的缓冲区。在读入时可能会在流上出现4种不同情形。

- 数据作为一个M_DATA消息到达,这通过返回的控制长度被设置为-1指示。数据由getmsg复制到调用者给定的缓冲区,其长度则作为本函数的返回值返回。
- 数据作为一个M_DATA_IND消息到达,这种情况下控制信息是一个T_data_ind结构。

```
struct T_data_ind {
  t_scalar_t   PRIM_type;      /* T_DATA_IND */
  t_scalar_t   MORE _flag;     /* more data */
};
```

如果返回这样的消息，我们就忽略MORE_flag成员（对于像TCP这样的字节流协议该成员不可能被设置），并返回由getmsg复制到调用者给定的缓冲区中的数据的大小。
- 到达一个T_ORDREL_IND消息，表示TCP提供者收取的所有分节均已被消费，下一个分节是FIN。

```
struct T_ordrel_ind {
    t_scalar_t    PRIM_type;    /* T_ORDREL_IND */
};
```

这就是顺序释放。我们就返回0，以向调用者指示已在连接上遇到EOF。
- 到达一个T_DISCON_IND消息，表示收到一个断连请求。对于TCP提供者，本情形发生于在一个已存在连接上收到一个RST之后。在我们这个简单的例子中，我们不处理这种情形。

图31-12是我们的最后一个函数tpi_close。

streams/tpi_close.c

```
1  #include    "tpi_daytime.h"

2  void
3  tpi_close(int fd)
4  {
5      struct T_ordrel_req ordrel_req;
6      struct strbuf ctlbuf;

7      ordrel_req.PRIM_type = T_ORDREL_REQ;

8      ctlbuf.len = sizeof(struct T_ordrel_req);
9      ctlbuf.buf = (char *) &ordrel_req;
10     Putmsg(fd, &ctlbuf, NULL, 0);

11     Close(fd);
12 }
```

streams/tpi_close.c

图31-12 tpi_close函数：向对端发送一个顺序释放

向对端发送顺序释放

7~10 构造一个T_ordrel_req结构并调用putmsg将其作为一个M_PROTO消息发送出去。本函数相应于XTI的t_sndrel函数。

```
struct T_ordrel_req {
    long    PRIM_type;    /* T_ORDREL_REQ */
};
```

本例子给我们展示了TPI的风味。应用进程沿着流下行向提供者发送消息（请求），提供者则沿着流上行发送回消息（应答）。一些消息交换是比较简单的请求-应答情形（例如捆绑一个本地地址），另一些消息交换则需要耗费一段时间（例如建立一个连接），并允许我们在等待应答期间做些事情而不是空等。我们选择编写使用TPI的TCP客户程序而不是服务器程序是为了简单，编写使用TPI的服务器程序并合理地处理连接则要困难得多。

从XTI到TPI的函数映射比较接近，而从套接字到TPI的映射却不那么接近。尽管如此，无论是XTI函数库还是套接字函数库都处理了TPI所需的大量细节，从而简化了应用程序的编写。

我们可以比较一下在本章中看到的使用TPI完成网络操作与在套接字实现于内核中的系统上完成同样操作所需的系统调用个数。TPI情形捆绑一个本地地址需要2个系统调用，内核套接字情形只需要1个（TCPv2第454页）。TPI情形在一个阻塞式描述符上建立一个连接需要3个系统调用，内核套接字情形只需要1个（TCPv2第466页）。

31.7　小结

XTI一般使用流来实现。为访问流子系统而提供的4个新函数是getmsg、getpmsg、putmsg和putpmsg，已有的ioctl函数也被流子系统频繁使用。

TPI是从上层进入传输层的SVR4流接口。XTI和套接字均使用TPI，如图31-3所示。作为展示TPI所用的基于消息接口的一个例子，我们直接使用TPI开发了时间获取客户程序的一个版本。

习题

31.1　在图31-12中，我们调用putmsg沿着流下行发送一个顺序释放请求，然后立即关闭该流。如果在关闭该流期间我们的顺序释放请求被流子系统弄丢，将会发生什么？

IPv4、IPv6、ICMPv4 和 ICMPv6

A.1 概述

本附录给出IPv4、IPv6、ICMPv4及ICMPv6的概貌。这些材料所提供的额外背景知识对于理解第2章中有关TCP和UDP的讨论会有所帮助。高级套接字编程部分有若干章也使用了IP和ICMP的某些特性，例如IP选项（第27章）以及ping和traceroute程序（第28章）。

A.2 IPv4 首部

IP层提供无连接不可靠的数据报递送服务（RFC 791［Postel 1981a］）。它会尽最大努力把IP数据报递送到指定的目的地，然而并不保证它们一定到达，也不保证它们的到达顺序与发送顺序一致，还不保证每个IP数据报只到达一次。任何期望的可靠性（即无差错按顺序不重复地递送用户数据）必须由上层提供支持。对于TCP（或SCTP）应用程序而言，这由TCP（或SCTP）本身完成。对于UDP应用程序而言，这得由应用程序完成，因为UDP是不可靠的；我们在22.5节给出了这样的一个例子。

IP层最重要的功能之一是路由（routing）。每个IP数据报包含一个源地址和一个目的地址。图A-1展示了IPv4数据报首部的格式。

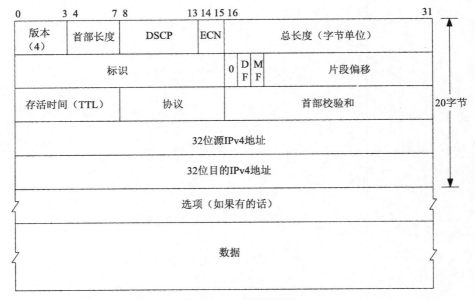

图A-1　IPv4首部格式

- 4位版本（version）字段值为4。这是自20世纪80年代早期以来一直在使用的IP版本。
- 首部长度（header length）字段是包括任何选项在内的整个IP首部的32位字长度。这个4位字段的最大取值为15，因而IP首部的最大长度为60字节。扣除首部固定部分所占据的20字节外，它最多允许40字节的选项。
- 历史性的8位服务类型（type-of-service，TOS）字段（RFC 1349［Almquist 1992］）已被替换为两个字段：6位区分服务码点（Differentiated Services Code Point，DSCP，RFC 2474［Nichols et al. 1998］）和2位显式拥塞通知（Explicit Congestion Notification，ECN，RFC 3168［Ramakrishnan, Floyd, and Black 2001］）。我们可以使用IP_TOS套接字选项设置该字段（7.6节），虽然内核可能覆盖为了实施Diffserv策略或实现ECN而设置的值。
- 16位总长度（total length）字段是包括IPv4首部在内的整个IP数据报的字节长度。数据报中的数据量就是本字段减掉4乘以首部长度（回顾一下，首部长度都是32位或4字节的整数倍）。本字段是必需的，因为有些数据链路要求把帧垫补成某个最小长度（例如以太网），因而有效IP数据报的大小有可能小于数据链路的最小长度。
- 16位标识（identification）字段由IP模块为每个IP数据报设置成不同的值，用于分片和重组（2.11节）。该字段必须就源IPv4地址、目的IPv4地址和协议这三个字段至少在数据报的网络存活期[①]唯一标识每个IP数据报。如果分组不会被分片（但如设置了*DF*位），那么就不需设置此字段。
- DF（表示don't fragment，不要分片）位、*MF*（表示more fragments，还有片段）位和13位片段偏移（fragment offset）字段也用于分片和重组。*DF*位还用于路径MTU发现（2.11节）。
- 8位存活时间（time-to-live，TTL）字段由本IP数据报的发送者设置，并由转发它的每个路由器递减（即减去1）。当被减到0时，相应路由器就丢弃该数据报。任何IP数据报的生命期限定为最多255跳。本字段的常用默认值为64，不过我们可以使用套接字选项IP_TTL和IP_MULTICAST_TTL（7.6节）查询和修改这个默认值。
- 8位协议（protocol）字段指定包含在本IP数据报中的数据类型。它的典型值有1（ICMPv4）、2（IGMPv4）、6（TCP）和17（UDP）。这些值由IANA的"Protocol Numbers"注册处［IANA］登记并提供查询。
- 16位首部检验和（header checksum）字段只对IP首部（包括任何选项）进行计算。其算法是标准的网际网校验和算法，即简单的16位反码加法（16-bit ones-complement addition），如图28-15所示。
- 源IPv4地址（source IPv4 address）和目的IPv4地址（destination IPv4 address）都是32位字段。
- 选项（options）字段我们已在27.2节叙述过，并在27.3节给出了一个使用IPv4源路径选项的例子。

869
~
870

A.3　IPv6 首部

图A-2给出了IPv6首部的格式（RFC 2460［Deering and Hinden 1998］）。

---

① 类似TCP的最大分节生命期MSL概念，不过一个IP数据报被分片成多个分组之后，每个分组各自有网络存活期，整个IP数据报的网络存活期可视为各个分组网络存活期之和。——译者注

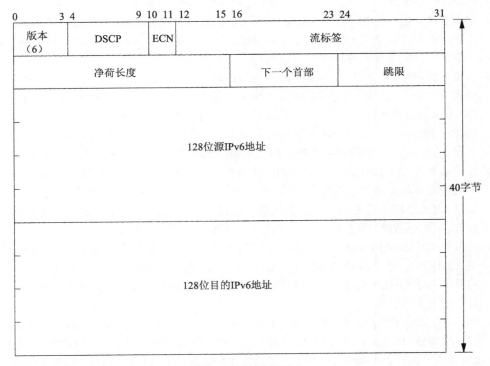

图A-2 IPv6首部格式

- 4位版本（version）字段值为6。由于本字段占据首部第一个字节的前4位（就如图A-1给出的IPv4版本字段），因此它允许支持这两个版本的接收IP协议栈区分它们。不过由于IPv4和IPv6因互不兼容而被视为不同的协议族，封装IPv4或IPv6分组的数据链路帧（譬如说以太网帧）就已经使用不同的协议族字段值区分了它们，接收数据链路层据此把它们递送到分离的IPv4模块或IPv6模块。

  20世纪90年代初期开发IPv6时，在赋予它6这个版本号之前，该协议称为IPng，表示"下一代IP"（IP next generation）。你可能仍然会碰到IPng这个称谓。

- 历史性的8位流通类别（traffic class）字段（RFC 2460）现已被替换为两个字段：6位区分服务码点（Differentiated Services Code Point，DSCP，RFC 2474［Nichols et al. 1998］）和2位显式拥塞通知（Explicit Congestion Notification，ECN，RFC 3168［Ramakrishnan, Floyd, and Black 2001］）。我们可以使用IPV6_TCLASS套接字选项设置该字段（22.8节），虽然内核可能覆盖为了实施Diffserv策略或实现ECN所设置的值。

- 20位流标签（flow label）字段可以由应用进程或内核为某个给定的套接字选取，应用于通过该套接字发送的任何IPv6数据报。所谓的流（flow）指的是从某个特定源头到某个特定目的地的一个分组序列，而且该源头期望中间的路由器对这些分组进行特殊处理。对于一个给定的流，其流标签一经源头选定就不再改变，也就是说中间路由器不能像对待DSCP和ECN字段那样重新设置本字段。值为0的流标签（默认设置）标识并不属于任何一个流的分组。［Rajahalme et al. 2003］讲解了本字段尚处于试验之中的用途。

  流标签的访问接口尚未完全定义。sockaddr_in6套接字地址结构的sin6_flowinfo成员（图3-4）原初是为留待他用所保留的。有些系统直接将sin6_flowinfo

的低28位复制到IPv6分组首部中，来覆盖DSCP和ECN字段。

- 16位净荷长度（payload length）字段是40字节IPv6首部之后所有内容的字节长度（可能出现的扩展首部也计算在内，因此并非真正的净荷即所承载上层协议数据单元的长度）。本字段与IPv4总长度字段的区别在于后者把IPv4首部也计算在内。本字段值为0表示实际长度超过16位字段的表示范围（可见不存在只含有IPv6首部的IPv6数据报），于是存放在一个特大净荷选项中（图27-9）。这样的数据报称为特大报（jumbogram）。

- 8位下一个首部（next header）字段类似于IPv4的协议字段。事实上如果上层协议基本上无变化，IPv6和IPv4的这两个字段就使用相同的值，例如6代表TCP，17代表UDP。从ICMPv4到ICMPv6的变化却比较多，以至于后者被赋给一个新值58。

  一个IPv6数据报可以在其40字节的IPv6首部之后跟以多个首部。这就是之所以称本字段为"下一个首部"而非"协议"的原因。

- 8位跳限（hop limit）字段类似于IPv4的TTL字段。一个IPv6分组的跳限字段值由转发它的每个路由器递减（即减去1），如果某个路由器把该字段值减成0，它就丢弃该分组。我们可以使用套接字选项IPV6_UNICAST_HOPS和IPV6_MULTICAST_HOPS设置与获取本字段的默认值（7.8节和21.6节），也可以使用IPV6_HOPLIMIT套接字选项设置本字段的当前值，并使用IPV6_RECVHOPLIMIT套接字选项获取接收数据报的本字段值。

  IPv4早期规范要求路由器把所转发IPv4分组的TTL字段值或者减去1，或者减去路由器存储该分组的秒数，具体取决于哪个值比较大。其名称"存活时间"就是如此而来。然而在现实中该字段值总是减去1。IPv6要求它的跳限字段总是减去1，因而换了个不同于IPv4的名称。

- 源IPv6地址（source IPv6 address）和目的IPv6地址（destination IPv6 address）都是128位字段。

从IPv4到IPv6的最显著变化自然是IPv6采用更大的地址字段。另一个变化是简化IPv6首部，因为首部越简单，路由器处理起来也更快。这两种首部之间的其他变化还有以下几点。

- IPv6没有首部长度字段，因为IPv6首部没有选项字段。固定为40字节的IPv6首部之后可跟以任意种类和数目的扩展首部，不过它们都有各自的长度字段。

- 如果首部本身64位对齐，那两个IPv6地址字段也在64位边界对齐。这样可以加快在64位体系结构上的处理。而IPv4地址即使在64位对齐的IPv4首部中也只是32位对齐的。

- IPv6首部没有用于分片的字段，因为IPv6另有一个独立的分片首部用于该目的。做出如此设计决策是因为分片属于异常情况，而异常情况不应该减慢正常处理。

- IPv6首部没有其自身的校验和字段。这是因为所有上层协议（TCP、UDP和ICMPv6）数据单元都有各自的校验和字段，其校验范围包括上层协议首部、上层协议数据及IPv6首部的如下字段：IPv6源地址、IPv6目的地址、净荷长度和下一个首部。通过从IPv6首部省去校验和字段，转发IPv6分组的路由器不必在修改跳限字段值之后重新计算首部校验和。这里加快路由器的转发速度再次成为设计的关键点。

我们另外指出从IPv4到IPv6的以下重要变更，以防你还是首次接触IPv6。

- IPv6没有广播（第20章）。对于IPv4是可选的多播（第21章）却是IPv6一个组成部分。向子网中所有系统发送数据的任务是由全节点多播组处理的。

- IPv6路由器不对所转发的分组执行分片。如果不经分片无法转发某个分组，路由器就丢弃该分组，同时向其源头发送一个ICMPv6错误（A.6节）。也就是说IPv6的分片只发生在IPv6数据报的源头主机上。

- IPv6要求支持路径MTU发现功能（2.11节）。从技术上说这种支持是可选的，诸如自举引导加载器等程序中的最小实现就可以省略这种支持，然而如果某个节点没有实现这个功能，它就不能发送超过IPv6最小链路MTU（1280字节）的数据报。22.9节讲解了控制路径MTU发现行为的套接字选项。
- IPv6要求支持认证和安全选项。这些选项出现在固定首部之后。

A.4　IPv4地址

32位长度的IPv4地址通常书写成以点号分隔的4个十进制数，称为点分十进制数记法（dotted-decimal notation），其中每个十进制数代表32位地址4字节中的某一个。这4个十进制数的第一个标识地址类别，如图A-3所示。历史上IPv4地址曾被划分成5类，其中3类用作功能等同的单播地址，并且从20世纪90年代中期开始随着无类（classless）地址概念的提出而被认为不再存在类别，因而作为单个范围展示。

用　　途	类　　别	范　　围
单播	A、B、C	**0**.0.0.0到**223**.255.255.255
多播	D	**224**.0.0.0到**239**.255.255.255
试验用	E	**240**.0.0.0到**247**.255.255.255

图A-3　IPv4地址5个类别的范围

无论在何时谈到IPv4网络或子网地址，所说的都是一个32位网络地址和一个相应的32位掩码。掩码中值为1的位涵盖网络地址部分，值为0的位涵盖主机地址部分。既然掩码中值为1的位总是从最左位向右连续排列，值为0的位总是从最右位向左连续排列，因此地址掩码也可以使用表示从最左位向右排列的值为1的连续位数的前缀长度（prefix length）指定。举例来说，掩码是255.255.255.0，则前缀长度为24。这些IPv4地址被认为是无类的，之所以这么称呼，是因为现在掩码是显式指定而非由地址类型暗指的。IPv4网络地址通常书写成一个点分十进制数串，后跟一个斜杠，再跟以前缀长度。图1-16展示了这样的例子。

　　　　没有一个RFC排除非连续子网掩码的合法性，不过这种掩码容易造成混淆，也没法以前缀记法表示。因特网域间路由协议BGP4不能表示非连续子网掩码。IPv6同样要求所有地址掩码从最左位开始保持连续。

使用无类地址要求无类路由，它通常称为无类域间路由（classless interdomain routing，CIDR）（RFC 1519 [Fuller et al. 1993]）。使用CIDR的目的在于减少因特网主干路由表的大小，延缓IPv4地址耗尽的速率。CIDR中每个路径必须伴以一个掩码或前缀长度。地址类型不再暗含掩码。TCPv1的10.8节更详细地讨论CIDR。

874

A.4.1　子网地址

IPv4地址通常划分子网（RFC 950 [Mogul and Postel 1985]）。这么做增加了另外一级地址层次：

- 网络ID（分配给网点）；
- 子网ID（由网点选择）；
- 主机ID（由网点选择）。

网络ID和子网ID之间的界线由所分配网络地址的前缀长度确定，而这个前缀长度通常由相应组织机构的ISP赋予。然而子网ID和主机ID之间的界线却由网点选择。某个给定子网上所有主机都共享同一个子网掩码（subnet mask），它指定子网ID和主机ID之间的界线。子网掩码中值为1的位涵盖网络ID和子网ID，值为0的位则涵盖主机ID。

作为一个例子，考虑某个网点被它的ISP赋予一个私用网络地址192.168.42.0/24。这个网点随后把剩余8位划分成3位子网ID和5位主机ID，如图A-4所示。

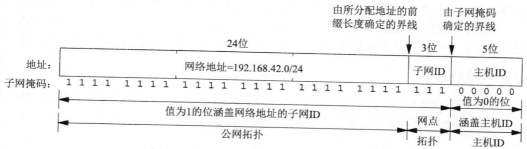

图A-4　24位网络ID伴以3位子网ID和5位主机ID

图A-5列出了如此划分形成的所有子网。①

子网ID	前缀表示
0	192.168.42.0/27
1	192.168.42.32/27
2	192.168.42.64/27
3	192.168.42.96/27
4	192.168.42.128/27
5	192.168.42.160/27
6	192.168.42.192/27
7	192.168.42.224/27

图A-5　3位子网ID和5位主机ID的子网列表

如此划分形成6至8个子网（子网ID为1~6或0~7），每个子网支持30个主机（主机ID为1~30）。RFC 950建议不要使用子网ID各位全为0或全为1的那两个子网（本例子为子网ID分别为0和7的子网），不过如今大多数系统支持这两种格式的子网ID。主机ID各位全为1的地址（本例子的主机ID为31）是相应子网的定向广播地址（20.2节）。主机ID各位全为0的地址用于标识相应子网，同时避免与把0值主机ID用作子网定向广播地址的较旧系统发生冲突。然而如果能够保准子网上不存在这样的系统，那么使用0值主机ID标识一个主机也是可能的。总的来讲，网络程序无需关心子网或主机ID的指定，而应该将IP地址视作不透明的值。

A.4.2　环回地址

按照约定，地址127.0.0.1赋予环回接口。任何发送到这个IP地址的分组在内部被环送回来作为IP模块的输入，因而这些分组根本不会出现在网络上。我们在同一个主机上测试客户和服务器程序时经常使用该地址。该地址通常为人所知的名字是INADDR_LOOPBACK。

---

① 这些地址的子网掩码是0xffffffe0或255.255.255.224。整个网络地址（192.168.42.0/24）和各个子网地址（例如192.168.42.32/27）使用同样的前缀表示记法。

网络127.0.0.0/8上任何地址都可以赋予环回接口，但是127.0.0.1是其中最常用的，往往由系统自动配置。

A.4.3　未指明地址

所有32位均为0的地址是IPv4的未指明地址（unspecified address）。这个IP地址只能作为源地址出现在IPv4分组中，而且是在其发送主机处于获悉自身IP地址之前的自举引导过程期间。在套接字API中该地址称为通配地址，其通常为人所知的名字是INADDR_ANY。在套接字API中绑定该地址（例如为了监听某套接字）表示会接受目的地为任何节点的IPv4地址的客户连接。

A.4.4　私用地址

RFC 1918［Rekhter et al. 1996］留置了若干段地址范围供"私用网际网"（private internets）使用，这些网络不能直接接入到公用因特网中，除非中间介以NAT或代理设备。这些地址范围如图A-6所示。

地址数目	前缀表示	范　围
16 777 216	10/8	10.0.0.0到10.255.255.255
1 048 576	172.16/12	172.16.0.0到172.31.255.255
65 536	192.168/16	192.168.0.0到192.168.255.255

图A-6　私用IPv4地址范围

这些地址绝不能出现在因特网上，它们是为私用网络保留的。许多小规模网点结合NAT技术使用这些私用地址，在一个或多个因特网上可用的公用IP地址和所用私用地址之间进行地址转换。

876

A.4.5　多宿与地址别名

多宿主机（multihomed host）的传统定义是具有多个接口的主机：例如两个以太网链路或者一个以太网链路加一个点到点链路。每个接口必须有一个唯一的IPv4地址。计量一个主机的接口数是否超过一个以确定它是否多宿时，环回接口不计在内。

路由器按定义是多宿的，因为它把到达某个接口的分组转发到另一个接口。然而多宿主机却不必一定是路由器，除非它们转发分组。事实上一个多宿主机不应该仅仅因为拥有多个接口而自我认定是一个路由器；除非已被配置成作为路由器（典型手段是由系统管理员开启某个配置选项），否则它绝不能扮演这个角色。

然而多宿（multihoming）这个说法现已变得更为一般化，包括两种不同情形（RFC 1122［Braden 1989］的3.3.4节）。

- 拥有多个接口的主机是多宿的，每个接口必须有各自的IP地址，不过未指定网络地址的（unnumbered）接口允许出现在点到点链路上。这是传统的定义。
- 较新的主机具备把多个IP地址赋予单个给定物理接口的能力。除第一个IP地址即主地址外的每个额外IP地址称为该接口的一个别名（alias）地址或逻辑接口（logical interface）地址。通常别名地址和主地址共享同一个子网地址，只是主机ID不同而已。不过别名地址也可能具有完全不同于主地址的网络地址或子网地址。我们在17.6节给出了一个别名地址的例子。

可见多宿主机的定义是具有多个IP层可见接口（扣除回馈接口）的主机，至于这些接口是物理的还是逻辑的则不必关心。

给予网络负荷极高的某个服务器主机到同一个以太网交换机的多个物理连接，并把这些连接汇聚成一个更高带宽的逻辑连接，这种做法并不鲜见。这样的主机不能因为拥有多个物理接口而被认为是多宿的，因为在IP层看来它们是单个逻辑接口。

多宿也用于另一个上下文中。有多个连接通达因特网的网络也称为多宿的。举例来说，有些网点有两个而非一个通达因特网的连接，以此提供因特网接入的备份能力。SCTP传输协议能从多重连接（通过联系多宿网点）中获益。

A.5　IPv6 地址

IPv6地址有128位，通常书写成以冒号分隔的8个16位值的十六进制数。IPv6地址的128位地址的高序位隐含地址类型（RFC 3513 [Hinden and Deering 2003]）。图A-7给出了高序位不同取值与所隐含地址类型的关系。①

地址分配	接口ID大小	格式前缀	参　考
未分配	不适用	0000 0000 … 0000 0000 (128位)	RFC 3513
环回地址	不适用	0000 0000 … 0000 0001 (128位)	RFC 3513
全球单播地址	任意大小	000	RFC 3513
全球基于NSAP的地址	任意大小	0000001	RFC 1888
可聚集的全球单播地址	64位	001	RFC 3587
全球单播地址	64位	（若无特别声明，可以随意）	RFC 3513
链路局部单播地址	64位	1111 1110 10	RFC 3513
网点局部单播地址	64位	1111 1110 11	RFC 3513
多播地址	不适用	1111 1111	RFC 3513

图A-7　IPv6地址中高序位的含义

---

① 图A-7既不完备又存在不少谬误，译者根据RFC 3513和Stevens先生在第2版中给出的图修订为下面的图A-7A。

——译者注

地址分配	格式前缀	地址比率	接口ID大小	参　考
保留	0000 0000	1/256	不适用	RFC 3513
未分配	0000 0001	1/256	不适用	RFC 3513
保留给NSAP	0000 001	1/128	不适用	RFC 1888
未分配	0000 01	1/64	不适用	RFC 3513
未分配	0000 1	1/32	不适用	RFC 3513
未分配	0001	1/16	不适用	RFC 3513
全球单播地址	001	1/8	64位	RFC 3587
未分配	010	1/8	不适用	RFC 3513
未分配	011	1/8	不适用	RFC 3513
未分配	100	1/8	不适用	RFC 3513
未分配	101	1/8	不适用	RFC 3513
未分配	110	1/8	不适用	RFC 3513
未分配	1110	1/16	不适用	RFC 3513
未分配	1111 0	1/32	不适用	RFC 3513
未分配	1111 10	1/64	不适用	RFC 3513
未分配	1111 110	1/128	不适用	RFC 3513
未分配	1111 1110 0	1/512	不适用	RFC 3513
链接局部单播地址	1111 1110 10	1/1024	64位	RFC 3513
网点局部单播地址	1111 1110 11	1/1024	64位	RFC 3513
多播地址	1111 1111	1/256	不适用	RFC 3513

图A-7A　IPv6地址中高序位的含义（修订）

这些高序位称为格式前缀（format prefix）。其中高序8位是00000000的保留地址范围中已经定义未指明地址（unspecified address）、环回地址（loopback address）和嵌入IPv4地址的IPv6地址，后者包括IPv4兼容的IPv6地址（IPv4-compatible IPv6 address）和IPv4映射的IPv6地址（IPv4-mapped IPv6 address），具体稍后讨论。

A.5.1　全球单播地址

按照RFC 3513，未指明地址、环回地址、链接局部单播地址（link-local unicast address）、网点局部单播地址（site-local unicast address）和多播地址以外的所有IPv6地址都是全球（或全局）单播地址（global unicast address），不过当前全球单播地址空间的分配限制在以001打头的地址范围，其余地址空间留待将来分配。全球单播地址的一般格式是可汇聚的，从最左位开始往右包含以下各个字段，并如图A-8所示：

- 全球路由前缀（n位）；
- 子网ID（64-n位）；
- 接口ID（64位）。

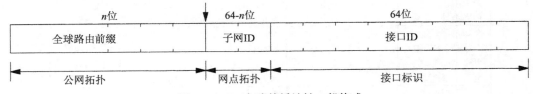

图A-8　IPv6全球单播地址一般格式

全球路由前缀是赋予某个网点的网络标识（通常具有层次结构），子网ID是该网点内某个链路的标识，接口ID是该链路上某个接口的标识。以000打头地址范围之外的所有全球单播地址都有一个64位的接口ID字段。接口ID必须按照经修正的IEEE EUI-64格式构造。IEEE EUI-64［IEEE 1997］是赋予大多数LAN接口卡的48位IEEE 802 MAC地址的一个超集，修正它们的目的仅仅是略微方便系统管理员在硬件接口地址不可得的情况下（例如点到点链路或隧道端点）手工配置非全球ID而已。要是可能的话，IPv6应该基于一个接口的硬件MAC地址自动赋予它一个接口ID。构造基于经修正EUI-64的接口ID的细节详见RFC 3513［Hinden and Deering 2003］附录A。注意，以000打头地址范围之内的全球单播地址（例如IPv4兼容的IPv6地址和IPv4映射的IPv6地址）没有接口ID字段在大小或结构上的如此限制。

既然一个经修正IEEE EUI-64可以是某个给定接口的全球唯一标识，而一个接口也可以标识一个用户，经修正的IEEE EUI-64格式于是唤起所谓的隐私性考虑。举例来说，通过追踪某个给定用户所携带的笔记本电脑产生的IPv6地址中嵌入的EUI-64值，该用户的行为和运动有可能被掌握。RFC 3041［Narten and Draves 2001］讲解了接口ID的隐私性扩展，它能够每天数次变更接口ID以避免暴露隐私。

A.5.2　6bone 测试地址

6bone是一个用于早期IPv6协议测试的虚拟网络（B.3节）。以001打头的那部分全球单播地址范围开始分配之后，6bone就按照使用其中某个特殊格式的原定计划把以0x5f打头的临时性6bone地址更换成了以0x3ffe打头的永久性6bone地址（RFC 2471［Hinden, Fink, and Postel 1998］），如图A-9所示。

图A-9　用于6bone的IPv6测试地址

6bone地址的高序两字节是0x3ffe。32位的*6bone*网点ID由6bone行动主席（the chair of the 6bone activity）赋予每个加入站点，意在体现现实环境中IPv6地址如何分配。6bone行动正在下马之中[Fink and Hinden 2003]，因为IPv6生产性部署业已起步（2002年分配的生产性地址量超过6bone在8年内分配的地址量）。子网ID和接口ID如同全球单播地址格式，分别用于标识子网和接口。

我们在11.2节展示了图1-16中名为freebsd的主机的IPv6地址为3ffe:b80:1f8d:1:a00:20ff:fea7:686b。其中6bone网点ID是0x0b801f8d，子网ID是0x1。低序64位是该主机以太网卡MAC地址的经修正IEEE EUI-64值。

A.5.3　IPv4 映射的 IPv6 地址

IPv4映射的IPv6地址允许在因特网向IPv6过渡时期让运行在同时支持IPv4和IPv6的主机上的IPv6应用进程能够与只支持IPv4的主机通信。这些地址是在IPv6应用进程查询某个只有IPv4地址的主机的IPv6地址时由DNS解析器自动创建的（图11-8）。

我们从图12-4看到在IPv6套接字上使用这种类型的地址导致往目的地IPv4主机发送IPv4数据报。这些地址并不保存在任何DNS数据文件中，它们是由解析器按需创建的。

图A-10展示了IPv4映射的IPv6地址的格式。低序32位含有一个IPv4地址。

图A-10　IPv4映射的IPv6地址

书写IPv6地址时，值为0的连续数串可以简写成两个冒号。另外，嵌在其中的IPv4地址使用点分十进制数记法书写。举例来说，我们可以把IPv4映射的IPv6地址0:0:0:0:0:FFFF:12.106.32.254简写成::FFFF:12.106.32.254。

A.5.4　IPv4 兼容的 IPv6 地址

IPv4兼容的IPv6地址也用于从IPv4到IPv6的过渡时期（RFC 2893 [Gilligan and Nordmark 2000]）。如果一个同时支持IPv4和IPv6的主机没有邻居IPv6路由器，那么它的系统管理员应该创建一个含有IPv4兼容的IPv6地址的DNS AAAA记录。有待往这个兼容地址发送IPv6数据报的任何其他IPv6主机将先为这些IPv6数据报封装一个IPv4首部再发送；这种发送方式称为自动隧道（automatic tunnel）。然而IPv6部署上的一些考虑却削弱了这种地址的如此用途。我们将在B.3节讨论隧穿（tunneling），并在图B-2中给出在一个IPv4数据报中封装一个IPv6数据报的例子。需注意的是，6bone上的每个隧道都是经配置的隧道（configured tunnel），譬如说由系统管理员通过某个启动文件预先配置；然而对于IPv4兼容的IPv6地址，只有地址需要手工配置（例如作为一个AAAA记录置于某个DNS数据文件中），隧穿（也就是隧道形成）则是自动的。

图A-11展示了IPv4兼容的IPv6地址的格式。这种类型地址的一个例子是::12.106.32.254。

0000 0000	0000	IPv4地址
80位	16位	32位

图A-11　IPv4兼容的IPv6地址

当使用SIIT IPv4/IPv6过渡机制（RFC 2765［Nordmark 2000］）时，IPv4兼容的IPv6地址也可以作为非隧穿IPv6分组的源地址或目的地址。

A.5.5　环回地址

由127个值为0位后跟单个值为1位构成的IPv6地址（书写成::1）是IPv6的环回地址。在套接字API中，环回地址为人所知的名字是in6addr_loopback或IN6ADDR_LOOPBACK_INIT。

A.5.6　未指明地址

所有128位值均为0的IPv6地址（书写成0::0或干脆::）是IPv6的未指明地址。这个地址在IPv6分组中只能作为源地址出现，而且是在其发送主机处于获悉自身IP地址之前的自举引导过程期间。

在套接字API中该地址称为通配地址，其为人所知的名字是in6addr_any或IN6ADDR_ANY_INIT。通过绑定该地址的套接字发送IPv6分组时，内核会选择一个本地地址作为源地址，除非尚未配置任何本地地址（这种情况下就以未指明地址为源地址）；通过绑定这个地址的套接字接收IPv6分组时，内核把没法递送到绑定更明确地址之套接字的接收IPv6分组递送到这个通配套接字。

A.5.7　链路局部地址

链路局部地址用在单个链路上，并且是在已知数据报不会被转发的前提下。这种地址的使用例子包括自举引导阶段的自动地址配置和以后的邻居发现（类似IPv4的ARP）。图A-12展示了这些地址的格式。

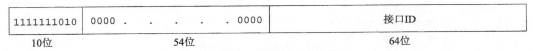

1111111010	0000 . . . 0000	接口ID
10位	54位	64位

图A-12　IPv6链路局部地址

这些地址总是以0xfe80打头。IPv6路由器绝不能把源地址或目的地址为链路局部地址的数据报转发到其他链路。我们在11.2节给出了与名字aix_611相关联的链路局部地址。

A.5.8　网点局部地址

在本书写至此处时，IETF的IPv6工作组已决定废弃当前形式的网点局部地址。即将来临的替换品使用还是不使用原初为网点局部地址定义的地址范围（fec0/10）尚未知晓。这种地址本打算用于某个网点范围内无需全球路由前缀的寻址。图A-13展示了这些地址原初定义的格式。

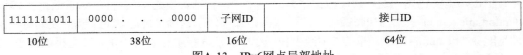

1111111011	0000 . . 0000	子网ID	接口ID
10位	38位	16位	64位

图A-13　IPv6网点局部地址

这些地址总是以0xfec0开头。IPv6路由器绝不能把源地址或目的地址为网点局部地址的数据报转发到所在网点以外。

A.6　ICMPv4 和 ICMPv6：网际网控制消息协议

ICMP是任何IPv4或IPv6实现都必需的有机组成部分。它通常用于在IP节点（即路由器和主机）之间互通出错消息或信息性消息，不过应用程序偶尔也会使用它们获取信息性消息或出错消息，例如ping和traceroute程序（第28章）都使用ICMP。

ICMPv4和ICMPv6消息的前32位是相同的，如图A-14所示。RFC 792［Postel 1981b］讲述了ICMPv4，RFC2463［Conta and Deering 1998］讲述了ICMPv6。

8位类型（type）字段是ICMPv4或ICMPv6消息的类型，有些类型有一个8位代码（code）字段提供额外信息。校验和（checksum）字段是标准的网际网检验和，不过在具体校验哪些字段上ICMPv4和ICMPv6存在差异：ICMPv4检验和仅仅校验ICMP消息本身，ICMPv6检验和的校验范围还包括IPv6伪首部。

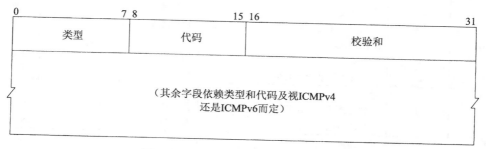

图A-14　ICMPv4和ICMPv6消息的格式

从网络编程角度看，我们需要知道哪些ICMP消息能够返送到应用进程，哪些条件导致出错以及这些出错消息如何返送到应用进程。图A-15列出了所有的ICMPv4消息以及FreeBSD对它们的处理，图A-16则列出了ICMPv6消息。倒数第二栏指出导致向发送主机返送ICMP出错消息的IP数据报发送操作返回给调用进程的errno变量值。对于TCP应用进程，这些错误只是在TCP最终放弃重传尝试时才返回。对于使用已连接套接字的UDP应用进程，这些错误由下次发送或接手操作返回，但在使用已连接套接字时是个例外（如8.9节所述）。

882

类　型	代　码	说　明	处理者或errno	RFC
0	0	回射应答（Ping）	用户进程（Ping）	792
3		目的地不可达：		
	0	网络不可达	EHOSTUNREACH	792
	1	主机不可达	EHOSTUNREACH	792
	2	协议不可达	ECONNREFUSED	792
	3	端口不可达（*）	ECONNREFUSED	792
	4	需分片但DF位已设	EMSGSIZE	792, 1191
	5	源路径失败	EHOSTUNREACH	792
	6	目的网络不可知	EHOSTUNREACH	1122
	7	目的主机不可知	EHOSTUNREACH	1122
	8	源主机被隔离（过时不用）	EHOSTUNREACH	1122
	9	目的网络由管理手段禁用	EHOSTUNREACH	1108, 1122
	10	目的主机由管理手段禁用	EHOSTUNREACH	1108, 1122
	11	因TOS网络不可达	EHOSTUNREACH	1122
	12	因TOS主机不可达	EHOSTUNREACH	1122
	13	通信由管理手段禁止	ECONNREFUSED	1812
	14	主机优先级侵权	ECONNREFUSED	1812
	15	优先级有效截止	ECONNREFUSED	1812

图A-15　FreeBSD对ICMPv4消息类型的处理

类　型	代　码	说　　　明	处理者或errno	RFC
4	0	源熄灭	TCP由内核处理，UDP被忽略	792, 1812
5		重定向：		
	0	为网络重定向	内核更新路由表（†）	792
	1	为主机重定向	内核更新路由表（†）	792
	2	为服务类型和网络重定向	内核更新路由表（†）	792
	3	为服务类型和主机重定向	内核更新路由表（†）	792
8	0	回射请求（ping）	内核产生应答	792
9		路由器通告：		
	0	普通路由器	用户进程	1256
	16	仅限可移动IP路由器	用户进程	2002
10		路由器征求：		
	0	普通路由器	用户进程	1256
	16	仅限可移动IP路由器	用户进程	2002
11		超时：		
	0	传送期间TTL等于0	用户进程	792
	1	片段重组发生超时	用户进程	792
12		参数问题：		
	0	IP首部坏（包罗一切的错误）	ENOPROTOOPT	792
	1	所需选项遗漏	ENOPROTOOPT	1108, 1122
13	0	时间戳请求	内核产生应答	792
14	0	时间戳应答	用户进程	792
15	0	信息请求（过时不用）	（忽略）	792
16	0	信息应答（过时不用）	用户进程	792
17	0	地址掩码请求	内核产生应答	950
18	0	地址掩码应答	用户进程	950

图A-15 （续）

* "端口不可达"仅仅由本身缺乏信令机制的传输协议使用，这种机制可用于告知对端本端并没有进程在某个端口上监听。举例来说，这种情况下具备信令机制的TCP会发送一个RST分节，因此不需要"端口不可达"消息。

† 通过转发分组充当路由器的系统可能忽略重定向消息。

类　型	代　码	说　　　明	处理者或errno	RFC
1		目的地不可达：		
	0	没有到目的地的路径	EHOSTUNREACH	2463
	1	由管理手段禁止（防火墙过滤器）	EHOSTUNREACH	2463
	2	超越围绕源地址的范围	ENOPROTOOPT	2463bis(**)
	3	地址不可达（任何其他原因）	EHOSTDOWN	2463
	4	端口不可达（*）	ECONNREFUSED	2463
2	0	分组太大	内核进行PMTU发现	2463
3		超时：		
	0	传送期间超过跳限	用户进程	2463
	1	片段重组发生超时	用户进程	2463

图A-16 ICMPv6消息

类　型	代　码	说　　明	处理者或errno	RFC
4		参数问题：		
	0	错误的首部字段	ENOPROTOOPT	2463
	1	无法认出下一个首部	ENOPROTOOPT	2463
	2	无法认出选项	ENOPROTOOPT	2463
128	0	回射请求（Ping）	内核产生应答	2463
129	0	回射应答（Ping）	用户进程（Ping）	2463
130	0	多播收听者查询	用户进程	2710
131	0	多播收听者汇报	用户进程	2710
132	0	多播收听者结束	用户进程	2710
133	0	路由器征求	用户进程	2461
134	0	路由器通告	用户进程	2461
135	0	邻居征求	用户进程	2461
136	0	邻居通告	用户进程	2461
137	0	重定向	内核更新路由表†	2461
141	0	反向邻居征求	用户进程	3122
142	0	反向邻居通告	用户进程	3122

图A-16　（续）

**　"RFC 2463bis" 指的是RFC 2463修订过程中的版本［Conta and Deering 2001］。

　　其中端口不可达（对于ICMPv4类型为3代码为3，对于ICMPv6类型为1代码为4）仅用于自身无法通告对端某个端口上无进程在监听的传输协议。TCP为此发送RST分节，因而不需要这个ICMP出错消息。作为路由器运作（即转发分组）的系统忽略重定向（对于ICMPv4类型为5，对于ICMPv6类型为137）。

　　记号"用户进程"意味着内核不处理这样的消息，它们由打开原始套接字的用户进程处理。我们还得注意不同的实现对于特定的消息可能有不同的处理。举例来说，尽管Unix系统通常在用户进程中处理路由器征求与路由器通告，其他实现却有可能在内核中处理这些消息。

　　ICMPv6为出错消息（类型1~4）清除类型字段的高序位，并为信息性消息（类型128~137）设置该位。

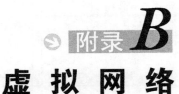

虚 拟 网 络

B.1 概述

往TCP中加入一个新特性时，对于该特性的支持只需在使用TCP的主机上实现，路由器则无需改动。举例来说，在RFC 1323中定义的长胖管道支持就是这样的一个特性，它要求的变动正在缓慢地出现在TCP的主机实现中，当建立一个新的TCP连接时，每端都可能判定对端是否已支持这个新特性。如果两端主机都支持该特性，它就可能被用上。

这一点不同于对IP层所做的改动，譬如说20世纪80年代末的多播和90年代中的IPv6，因为这些新特性要求所有主机和所有路由器都进行改动。然而人们不愿意等到所有系统都升完级才开始使用这些新特性。为此，人们使用隧道（tunnel）在已有的IPv4因特网上建立虚拟网络（virtual network）。

B.2 MBone

我们使用隧道构造的第一个虚拟网络例子是MBone，它起始于1992年前后［Eriksson 1994］。如果一个LAN上有2个或多个主机支持多播，多播应用系统就可以运行在所有这些主机上并彼此通信。为了把这样的LAN连接到另外一个同样有主机支持多播的LAN上，这两个LAN中需各有一个主机相互之间配置出一个隧道，如图B-1所示。我们在该图中用数字标出了如下的步骤。

885

(1) 源主机MH1上的某个应用进程向一个D类地址发送一个多播数据报。

(2) 我们把它展示成一个UDP数据报，因为大多数多播应用程序都使用UDP。我们已在第21章较具体地讨论过多播以及如何发送和接收多播数据报。

(3) 该数据报由本LAN上所有支持多播的主机接收，其中包括MR2。我们把MR2标注成也用作多播路由器，运行着执行多播路由功能的mrouted程序。

(4) MR2在该数据报之前冠以另一个IPv4首部，并把这个新首部的目的IPv4地址设置成隧道端点（tunnel endpoint）MR5的单播地址。这个单播地址是由MR2的系统管理员配置并由mrouted程序在启动阶段读入的。类似地，在隧道对端的MR5上也配置了MR2的单播地址。新的IPv4首部的协议字段被设置成4，代表IPv4套IPv4（IPv4-in-IPv4）封装。MR2然后把该数据报发送给下一跳路由器UR3，它被明确地标注成一个单播路由器。也就是说UR3不理解多播，这正是我们使用隧道的原因。新的IPv4数据报的阴影部分相比步骤1所发送的数据报除了所封装IPv4首部的TTL字段递减外没有其他变化。

(5) UR3查找最外层IPv4首部中的目的IPv4地址，然后把该数据报转发给下一跳路由器UR4，它是另外一个单播路由器。

(6) UR4把该数据报递送到它的目的地MR5，它是隧道端点之一。

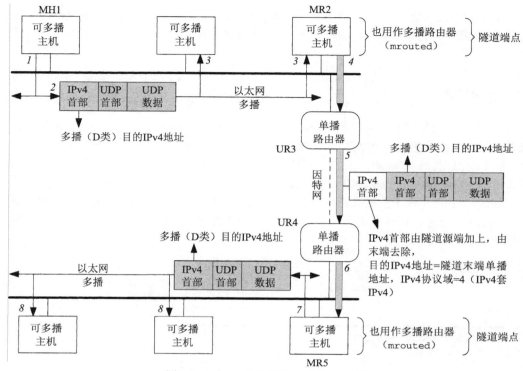

图B-1　MBone上使用的IPv4套IPv4封装

(7) MR5接收该数据报，发现其协议字段指明IPv4套IPv4封装，于是去除最外层IPv4首部，然后把该数据报的剩余部分（也就是在顶部LAN上多播过的UDP数据报的一个副本）作为一个多播数据报输出到自己所在的LAN上。

(8) 底部LAN上的所有支持多播的主机都接收到这个多播数据报。

最终结果是在顶部LAN上发送的多播数据报被同样作为多播数据报在底部LAN上传送。即使跟这两个LAN分别相连的那两个路由器以及它们之间的所有因特网路由器都没有多播能力，该结果也照样发生。

本例中我们展出每个LAN各有一个主机通过运行mrouted程序提供多播路由功能。这是MBone一开始的做法。然而到了1996年左右，多播路由功能开始出现在大多数主要路由器厂商生产的路由器中。要是图B-1中的那两个单播路由路UR3和UR4具有多播能力，我们就根本不需要运行mrouted，因为UR3和UR4将用作多播路由器。然而只要UR3和UR4之间仍然有无多播能力的其他路由器，隧道就是必需的。这时的隧道端点将是MR3（UR3的能多播替代物）和MR4（UR4的能多播替代物），而不是MR2和MR5。

在图B-1所示的情形中，每个多播分组在顶部和底部的LAN上均出现两次：一次是作为一个多播分组，另一次是作为隧道内的一个单播分组穿行在运行着mrouted的主机和下一跳单播路由器之间（例如MR2和UR3之间以及UR4和MR5之间）。这个额外的副本是隧穿的代价。把图B-1中的那两个单播路由器UR3和UR4替换成多播路由器（称为MR3和MR4）的优势在于避免每个多播分组的这个额外副本出现在LAN上。即使MR3和MR4之间因为某些中间路由器（图中未展示）没有多播能力而必须建立一个隧道，这种替换依然优势明显，毕竟能够避免在每个LAN上复制副本。

MBone如今已被原生（native）多播网络取代而几乎不复存在。在因特网多播基础设施中仍可能出现隧道，不过它们往往存在于同一个ISP内部的多播路由器之间，对于最终用户是不可见的。

B.3   6bone

6bone是出于类似MBone的原因于1996年创建的一个虚拟网络：由支持IPv6的主机构成的各个孤岛上的用户希望使用一个虚拟网络连接在一起，而不必等到所有的中间路由器都变成支持IPv6。本书写至此处时，6bone已因人们更偏好原生IPv6部署而趋于淘汰，估计到2006年6月6bone将停止运作［Fink and Hinden 2003］。我们讨论6bone是因为它是展示经配置隧道的一个例子。我们将在B.4节把这个例子扩展成包含动态隧道。图B-2展示的例子中有两个支持IPv6的LAN使用一个隧道彼此连接，而该隧道穿越的中间路由器只支持IPv4。我们还在该图中用数字标出了如下的步骤。

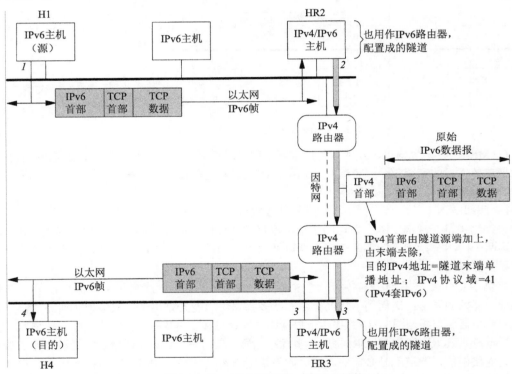

图B-2   6bone上使用的IPv4套IPv6封装

(1) 顶部LAN上的主机H1发送一个承载某个TCP分节的IPv6数据报到底部LAN上的主机H4。我们把这两个主机标注成"IPv6主机"，不过它们均可能还运行IPv4。H1上的IPv6路由表指定主机HR2为下一跳路由器，因此这个IPv6数据报事实上先被数据链路发送给主机HR2，再由它转发。

(2) 主机HR2有一个到达主机HR3的经配置隧道。该隧道通过在IPv4数据报中封装IPv6数据报（称为IPv4套IPv6封装）使得IPv6数据报能够穿越IPv4因特网在两个隧道端点之间传送。IPv4协议字段的值为41。我们指出隧道两端的那两个IPv4/IPv6主机HR2和HR3还同时扮演IPv6路由器角色，因为它们都把从一个接口接收到的IPv6数据报转发到另一个接口。经配置隧道也计作一个接口，不过它是一个虚拟接口而不是一个物理接口。

(3) 隧道端点之一的HR3接收这个经过封装的数据报，剥掉它的IPv4首部后把剩下的IPv6数据报发送到自己所在的LAN上。

(4) 目的主机H4接收到这个IPv6数据报。

B.4 6to4：IPv6 过渡

在 "Connection of IPv6 Domains via IPv4 Clouds"（RFC 3056［Carpenter and Moore 2001］）一文中详述的6to4过渡机制是在图B-2所示虚拟网络中动态创建隧道的一个方法。与先前设计的动态隧穿机制不同的是，6to4仅仅涉及执行隧穿处理的路由器，先前设计的机制却要求每个个体主机都有一个IPv4地址并清楚隧穿机制本身。6to4使得配置更为简单，并有一个便于实施安全策略的集中位置。6to4功能还允许与在网络边界常见的NAT/防火墙功能（例如处于某个DSL或线缆调制解调器连接的用户端的一个小型NAT/防火墙设备）并置。

6to4地址格式如图B-3所示，处于2002/16范围之内。16位格式前缀0x2002之后跟以32位IPv4地址，两者共同构成公网拓扑ID，剩下16位子网ID和64位接口ID。举例来说，与我们的主机freebsd（其IPv4地址为12.106.32.254）对应的6to4前缀是2002:c6a:20fe:48。

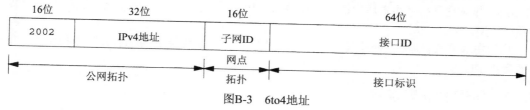

图B-3　6to4地址

6to4相比6bone的优势体现在构成6to4基础设施的隧道是自动建立的，不需要预先进行配置。使用6to4的网点使用一个众所周知的IPv4任播地址（RFC 3068［Huitema 2001］）192.88.99.1配置一个默认路由器，它对应于IPv6地址2002:c058:6301::。愿意扮演6to4网关角色的原生（native）IPv6基础设施上的路由器必须通告一个去往2002/16的路径，然后把接收到的IPv6数据报封装在IPv4数据报中转发出去，所用IPv4目的地址取自嵌在6to4地址中的IPv4地址。这些路由器既可以局部于一个网点或一个区域，也可以是全球的，具体取决于它们的路径通告范围。

这些虚拟网络的最终目标是随着时间的推移，当中间环节的路由器逐渐获得所需的功能（就MBone而言是多播路由，就6bone和其他过渡机制而言是IPv6路由）之后，它们将消失。

调 试 技 术

本附录包含调试网络应用程序的一些建议和技巧。没有单个技巧能够答复所有疑问，而是介绍了我们应熟悉各种各样的工具，然后在我们的环境中使用起作用的任何工具。

C.1 系统调用跟踪

许多版本的Unix提供一个系统调用跟踪机制。它通常可以作为一个有价值的调试技巧。

在这个级别上调试程序时，我们需要区分**系统调用**和**函数**。前者是进入内核的入口点，本节介绍的工具所能跟踪的正是它们。POSIX和其他大多数标准使用函数一词来描述在用户看来是函数的东西，即便它们在某些实现上可能是系统调用。举例来说，在源自Berkeley的内核上socket是一个系统调用，不过它在应用程序开发人员看来只是一个普通的C函数。然而在SVR4上socket却只是套接字函数库中的一个库函数，由它调用putmsg和getmsg，后两者才是真正的系统调用。

我们在本节查看运行时间获取客户程序过程中涉及的系统调用。我们在图1-5中给出了该程序的套接字版本。

C.1.1 BSD 内核套接字

我们的下一个例子是源自Berkeley的内核之一FreeBSD，它的所有套接字函数都是系统调用。FreeBSD用于运行一个程序并跟踪所执行之系统调用的程序是ktrace。它把跟踪信息写到一个可使用kdump程序显示的文件（其默认名字为ktrace.out）。我们如下执行套接字版本的时间获取客户程序：

891

```
freebsd % ktrace daytimetcpcli 192.168.42.2
Tue Aug 19 23:35:10 2003
```

然后执行kdump把跟踪信息倾泻到标准输出。

```
3211 daytimetcpcli CALL    socket(0x2, 0x1, 0)
3211 daytimetcpcli RET     socket 3

3211 daytimetcpcli CALL    connect(0x3, 0x7fdfffffe820, 0x10)
3211 daytimetcpcli RET     connect 0

3211 daytimetcpcli CALL    read(0x3, 0x7fdfffffe830, 0x1000)
3211 daytimetcpcli GIO     fd 3 read 26 bytes
     "Tue Aug 19 23:35:10 2003\r\n
     "
3211 daytimetcpcli RET     read 26/0x1a

...
3211 daytimetcpcli CALL    write(0x1, 0x204000, 0xla)
3211 daytimetcpcli GIO     fd 1 wrote 26 bytes
     "Tue Aug 19 23:35:10 2003\r\n
     "
```

```
3211 daytimetcpcli RET        write 26/0x1a
3211 daytimetcpcli CALL       read(0x3, 0x7fdffffe830, 0x1000)
3211 daytimetcpcli GIO        fd 3 read 0 bytes
                   ""
3211 daytimetcpcli RET        read 0

3211 daytimetcpcli CALL       exit(0)
```

其中，3211是进程ID。CALL标明系统调用，RET表示返回值，GIO代表普通进程I/O。我们看到socket调用和connect调用之后是返回26字节的read调用。客户进程把这些字节写到标准输出，下一个read调用返回0（EOF）。

C.1.2 Solaris 9 内核套接字

Solaris 2.x基于SVR4，2.6以前的所有版本如图31-3所示实现套接字。以这种式样实现套接字的所有SVR4系统存在的一个问题是难以100%地兼容源自Berkeley的内核套接字。为了提供额外的兼容性，Solaris 2.6及以后的版本更改了实现手段，改用sockfs文件系统实现套接字。这样就提供了内核套接字，我们可以使用truss在我们的套接字客户上进行验证。

```
solaris % truss -v connect daytimetcpcli 127.0.0.1
Mon Sep  8 12:16:42 2003
```

经过通常的函数库动态链接之后，我们看到的第一个系统调用是so_socket，它是由我们的socket调用引发的系统调用。它的前3个参数就是我们调用socket的3个参数。

```
so_socket(PF_INET, SOCK_STREAM, IPPROTO_IP, "", 1) = 3
connect(3, 0xFFBFDEF0, 16, 1)                     = 0
        AF_INET  name = 127.0.0.1  port = 13
read(3, " M o n   S e p     8   1".., 4096)       = 26
Mon Sep  8 12:48:06 2003
write(1, " M o n   S e p     8   1".., 26)        = 26
read(3, 0xFFBFDF03, 4096)                         = 0
_exit(0)
```

我们接下来看到的系统调用是connect，当以-v connect标志执行truss时，它还显示由第二个参数指向的套接字地址结构的内容（IP地址和端口号）。我们用省略号省掉的只是一些处理标准输入和标准输出的系统调用。

C.2 标准因特网服务

我们应该已经熟悉图2-18中说明的标准因特网服务了。我们已经多次为测试所编写的客户程序使用了aytime服务。discard服务是我们向它发送数据的方便端口。echo服务类似于贯穿本书使用的回射服务器。

> 许多网点现在禁止穿越防火墙访问这些服务，因为从1996年起出现的一些拒绝服务型攻击利用了这些服务（习题13.3）。尽管如此，你在自己的网络内部还是有希望使用这些服务的。

C.3 sock 程序

Stevens先生编写的sock程序最早出现在TCPv1中，在那里它经常用于产生特殊的个案条件，其中大多数在随后的正文中使用tcpdump予以探查。sock程序的便利之处在于能够产生如此之多的不同情形,从而免除我们被迫编写特殊测试程序之苦。

我们不在正文中给出这个程序的源代码(超过2000行的C代码),不过是可以公开获取的(参见前言)。

该程序运作在以下四个模式之一,而且每个模式既可以使用TCP,也可以使用UDP。

- 标准输入,标准输出客户(图C-1)。

图C-1 sock客户,标准输入,标准输出

在这个客户模式中,从标准输入读入的任何东西都写出到网络,而从网络接收的任何东西都写出到标准输出。服务器的IP地址和端口必须指定,如果是TCP情形,该程序就提前执行一次主动打开操作。

- 标准输入,标准输出服务器。这个模式类似上一个模式,差别只是在服务器模式下该程序捆绑一个众所周知的端口到它的套接字,并且如果是TCP情形,那就提前执行一次被动打开操作。
- 源客户(图C-2)。

图C-2 作为源客户的sock程序

该程序以某个指定的大小向网络执行某个固定数目的写操作。

- 漏槽服务器(图C-3)。

图C-3 作为漏槽服务器的sock程序

该程序从网络执行固定数目的读操作。

这4种运作模式与以下4个命令相对应:

```
sock [options] hostname service
sock [options] -s [hostname] service
sock [options] -i hostname service
sock [options] -is [hostname] service
```

其中*hostname*是一个主机名或IP地址,*service*是一个服务名或端口号。除非在使用那两个服务器模式时指定了可选的*hostname*,否则捆绑的是通配地址。

sock程序约有40个命令行选项可以指定,它们开启该程序的可选特性。我们不详细说明这些选项,不过第7章中讲解的套接字选项差不多都能够设置。不给出任何参数执行本程序显示如下的选项汇总输出。

```
-b n      bind n as client's local port number
-c        convert newline to CR/LF & vice versa
-f a.b.c.d.p  foreign IP address = a.b.c.d, foreign port# = p
-g a.b.c.d     loose source route
-h        issue TCP half-close on standard input EOF
-i        "source" data to socket, "sink" data from socket (w/-s)
-j a.b.c.d     join multicast group
-k        write or writev in chunks
-l a.b.c.d.p  client's local IP address = a.b.c.d, local port# = p
-n n      #buffers to write for "source" client (default 1024)
-o        do NOT connect UDP client
-p n      #ms to pause before each read or write (source/sink)
-q n      size of listen queue for TCP server (default 5)
-r n      #bytes per read() for "sink" server (default 1024)
-s        operate as server instead of client
-t n      set multicast ttl
-u        use UDP instead of TCP
-v        verbose
-w n      #bytes per write() for "source" client (default 1024)
-x n      #ms for SO_RCVTIMEO (receive timeout)
-y n      #ms for SO_SNDTIMEO (send timeout)
-A        SO_REUSEADDR option
-B        SO_BROADCAST option
-C        set terminal to cbreak mode
-D        SO_DEBUG option
-E        IP_RECVDSTADDR option
-F        fork after connection accepted (TCP concurrent server)
-G a.b.c.d strict source route
-H n      IP_TOS option (16=min del, 8=max thru, 4=max rel, 2=min cost)
-I        SIGIO signal
-J n      IP_TTL option
-K        SO_KEEPALIVE option
-L n      SO_LINGER option, n = linger time
-N        TCP_NODELAY option
-O n      #ms to pause after listen, but before first accept
-P n      #ms to pause before first read or write (source/sink)
-Q n      #ms to pause after receiving FIN, but before close
-R n      SO_RCVBUF option
-S n      SO_SNDBUF option
-T        SO_REUSEPORT option
-U n      enter urgent mode before write number n (source only)
-V        use writev() instead of write(); enables -k too
-W        ignore write errors for sink client
-X n      TCP_MAXSEG option (set MSS)
-Y        SO_DONTROUTE option
-Z        MSG_PEEK
```

C.4 小测试程序

作者（Stevens先生）在撰写本书期间一直使用的另一个有用的调试技巧就是编写小测试程序以检查某个给定的特性在精心构造的测试个案中如何工作。有一组库函数的包裹函数和一些简单的错误处理函数（就如贯穿本书使用的那些）有助于编写这些小测试程序。这些函数缩减了我们被迫编写的代码量，不过仍然提供所需的错误测试能力。

C.5 `tcpdump` 程序

像tcpdump这样的工具在网络编程中的价值是难以衡量的。该程序一边从网络读入分组一边显示关于这些分组的大量信息。它还能够只显示与所指定的准则匹配的那些分组。例如:

    % tcpdump '(udp and port daytime) or icmp'

只显示源端口或目的端口为13（daytime服务）的UDP数据报或ICMP分组。再如:

    % tcpdump 'tcp and port 80 and tcp[13:1] & 2 !=0'

只显示源端口或目的端口为80（HTTP服务）且设置了SYN标志的TCP分节。SYN标志在从TCP首部开始处起字节偏移量为13的那个字节中的值为2。又如:

    % tcpdump 'tcp and tcp[0:2] > 7000 and tcp[0:2] <= 7005'

只显示源端口在7001和7005之间的TCP分节。源端口在TCP首部中从字节偏移量为0开始占据2字节。

TCPv1的附录A详细讲述了这个程序的具体运作。

> 该程序可从http://www.tcpdump.org/获取，能够工作在许多不同版本的Unix上。它最初是由LBL的Van Jacobson、Craig Leres和Steven McCanne编写的，现在由tcpdump.org的一支队伍维护。
>
> 有些厂家自己提供具有类似功能的程序，例如Solaris 2.x提供snoop程序。tcpdump的优势在于它在许多版本的Unix上都能工作，而在异构环境中使用单个工具而不是为每个环境分别使用一个工具这一点本身就是一个大优点。

C.6 `netstat` 程序

我们已经贯穿全书多次使用netstat程序。该程序服务于多个目的。

- 展示网络端点的状态。我们在5.6节启动TCP回射客户和服务器程序之后如此追踪两个端点的状态。
- 展示某个主机上各个接口所属的多播组。-ia标志是展露多播组的通常方式，在Solaris 2.x上则使用-g标志。
- 使用-s选项显示各个协议的统计信息。我们在8.13节查看UDP缺乏流量控制能力时给出了这样的例子。
- 使用-r选项显示路由表或使用-i选项显示接口信息。我们在1.9节使用netstat发现我们的网络拓扑时给出了这样的例子。

netstat还有其他的用途，大多数厂家又自行添加了一些特性，具体参见自己系统上的手册页面。

C.7 `lsof` 程序

名字lsof代表"列出打开的文件"（list open files）。与tcpdump一样，lsof也是一个公开可得的方便调试的工具，并已被移植到许多版本的Unix中。

lsof的常见用途之一是找出哪个进程在指定的IP地址或端口上打开了一个套接字。netstat告诉我们哪些IP地址和端口正在使用中以及各个TCP连接的状态，却没有标识相应的进程。lsof弥补了这个缺陷。举例来说，为找出哪些进程在提供daytime服务，我们执行如下命令：

```
freebsd % lsof -i TCP:daytime
COMMAND   PID   USER   FD    TYPE                  DEVICE SIZE/OFF NODE    NAME
inetd     561   root   5u    IPv4  0xfffff8003027a260    0t0  TCP   *:daytime (LISTEN)
inetd     561   root   7u    IPv6  0xfffff800302b6720    0t0  TCP   *:daytime
```

lsof告诉我们命令（本服务由inetd服务器提供）、它的进程ID、属主、描述符（IPv4为5，IPv6为7，u表示打开目的是读与写）、套接字类型、协议控制块地址、文件的大小或偏移（对于套接字没有意义）、协议类型及名称。[①]

该程序的常见用途之一是：如果在启动一个捆绑其众所周知端口的服务器时得到该地址已在使用的出错消息，那么我们可以使用lsof找出正在使用该端口的进程。

由于lsof只报告打开着的文件，因此无法报告不跟某个打开着的文件关联的网络端点：处于TIME_WAIT状态的TCP端点。

> lsof程序可从ftp://lsof.itap.purdue.edu/pub/tools/unix/lsof/获取。它是由Vic Abell编写的。
> 有些厂家提供自己的类似工具，例如FreeBSD提供fstat程序。lsof的优势跟tcpdump一样，仍然在于它在许多版本的Unix上都能工作。

---

① 作者在正文中说文件的大小或偏移对于套接字没有意义，然而这个程序（lsof）的作者却认为套接字的偏移可能会很有用。大多数Unix系统上偏移来自file结构的f_offset成员。该结构成员在每次输入或输出文件中字节时都会增长。因此偏移量的变化对套接字来说意味着数据的传送在进行中。

杂凑的源代码

D.1　unp.h 头文件

本书正文中几乎每个程序都包含如图D-1所示的unp.h头文件。该头文件包含大多数网络程序都需要的所有标准系统头文件以及一些普通的系统头文件。它还定义了诸如MAXLINE等常值，并定义了我们在正文中定义过的函数（例如readline）以及所用到的所有包裹函数的ANSI C函数原型。我们没有给出这些原型。

lib/unp.h

```
1 /* Our own header.  Tabs are set for 4 spaces, not 8 */

2 #ifndef __unp_h
3 #define __unp_h

4 #include    "../config.h"     /* configuration options for current OS */
5                               /* "../config.h" is generated by configure */

6 /* If anything changes in the following list of #includes, must change
7    acsite.m4 also, for configure's tests. */

8 #include    <sys/types.h>    /* basic system data types */
9 #include    <sys/socket.h>   /* basic socket definitions */
10 #include   <sys/time.h>     /* timeval{} for select() */
11 #include   <time.h>         /* timespec{} for pselect() */
12 #include   <netinet/in.h>   /* sockaddr_in{} and other Internet defns */
13 #include   <arpa/inet.h>    /* inet(3) functions */
14 #include   <errno.h>
15 #include   <fcntl.h>        /* for nonblocking */
16 #include   <netdb.h>
17 #include   <signal.h>
18 #include   <stdio.h>
19 #include   <stdlib.h>
20 #include   <string.h>
21 #include   <sys/stat.h>     /* for S_xxx file mode constants */
22 #include   <sys/uio.h>      /* for iovec{} and readv/writev */
23 #include   <unistd.h>
24 #include   <sys/wait.h>
25 #include   <sys/un.h>       /* for Unix domain sockets */

26 #ifdef  HAVE_SYS_SELECT_H
27 # include   <sys/select.h>   /* for convenience */
28 #endif

29 #ifdef  HAVE_SYS_SYSCTL_H
30 # include   <sys/sysctl.h>
31 #endif

32 #ifdef  HAVE_POLL_H
```

图D-1　我们的unp.h头文件

```
33 # include    <poll.h>              /* for convenience */
34 #endif

35 #ifdef  HAVE_SYS_EVENT_H
36 # include    <sys/event.h>            /* for kqueue */
37 #endif

38 #ifdef  HAVE_STRINGS_H
39 # include    <strings.h>             /* for convenience */
40 #endif

41 /* Three headers are normally needed for socket/file ioctl's:
42  * <sys/ioctl.h>, <sys/filio.h>, and <sys/sockio.h>.
43  */
44 #ifdef  HAVE_SYS_IOCTL_H
45 # include    <sys/ioctl.h>
46 #endif
47 #ifdef  HAVE_SYS_FILIO_H
48 # include    <sys/filio.h>
49 #endif
50 #ifdef  HAVE_SYS_SOCKIO_H
51 # include    <sys/sockio.h>
52 #endif

53 #ifdef  HAVE_PTHREAD_H
54 # include    <pthread.h>
55 #endif

56 #ifdef HAVE_NET_IF_DL_H
57 # include    <net/if_dl.h>
58 #endif

59 #ifdef HAVE_NETINET_SCTP_H
60 #include     <netinet/sctp.h>
61 #endif

62 /* OSF/1 actually disables recv() and send() in <sys/socket.h> */
63 #ifdef  __osf__
64 #undef  recv
65 #undef  send

66 #define recv(a,b,c,d)    recvfrom(a,b,c,d,0,0)
67 #define send(a,b,c,d)    sendto(a,b,c,d,0,0)
68 #endif

69 #ifndef INADDR_NONE
70 #define INADDR_NONE 0xffffffff     /* should have been in <netinet/in.h> */
71 #endif

72 #ifndef SHUT_RD                    /* these three POSIX names are new */
73 #define SHUT_RD     0              /* shutdown for reading */
74 #define SHUT_WR     1              /* shutdown for writing */
75 #define SHUT_RDWR   2              /* shutdown for reading and writing */
76 #endif

77 #ifndef INET_ADDRSTRLEN
78 #define INET_ADDRSTRLEN  16        /* "ddd.ddd.ddd.ddd\0"
79                                       1234567890123456 */
80 #endif

81 /* Define following even if IPv6 not supported, so we can always allocate
```

900

图D-1 （续）

```
82     an adequately sized buffer without #ifdefs in the code. */
83 #ifndef INET6_ADDRSTRLEN
84 #define INET6_ADDRSTRLEN 46  /* max size of IPv6 address string:
85                    "xxxx:xxxx:xxxx:xxxx:xxxx:xxxx:xxxx:xxxx" or
86                    "xxxx:xxxx:xxxx:xxxx:xxxx:xxxx:ddd.ddd.ddd.ddd\0"
87                     1234567890123456789012345678901234567890123456 */
88 #endif

89 /* Define bzero() as a macro if it's not in standard C library. */
90 #ifndef HAVE_BZERO
91 #define bzero(ptr,n)      memset(ptr, 0, n)
92 #endif

93 /* Older resolvers do not have gethostbyname2() */
94 #ifndef HAVE_GETHOSTBYNAME2
95 #define gethostbyname2(host,family)           gethostbyname((host))
96 #endif

97 /* The structure returned by recvfrom_flags() */
98 struct unp_in_pktinfo {
99   struct in_addr ipi_addr;    /* dst IPv4 address */
100   int      ipi_ifindex;        /* received interface index */
101 };

102 /* We need the newer CMSG_LEN() and CMSG_SPACE() macros, but few
103    implementations support them today.  These two macros really need
104    an ALIGN() macro, but each implementation does this differently. */
105 #ifndef CMSG_LEN
106 #define CMSG_LEN(size)   (sizeof(struct cmsghdr) + (size))
107 #endif
108 #ifndef CMSG_SPACE
109 #define CMSG_SPACE(size)          (sizeof(struct cmsghdr) + (size))
110 #endif

111 /* POSIX requires the SUN_LEN() macro, but not all implementations define
112    it (yet).  Note that this 4.4BSD macro works regardless whether there is
113    a length field or not. */
114 #ifndef    SUN_LEN
115 # define   SUN_LEN(su) \
116    (sizeof(*(su)) - sizeof((su)->sun_path) + strlen((su)->sun_path))
117 #endif

118 /* POSIX renames "Unix domain" as "local IPC."
119    Not all systems DefinE AF_LOCAL and PF_LOCAL (yet). */
120 #ifndef AF_LOCAL
121 #define AF_LOCAL    AF_UNIX
122 #endif
123 #ifndef PF_LOCAL
124 #define PF_LOCAL    PF_UNIX
125 #endif

126 /* POSIX requires that an #include of <poll.h> define INFTIM, but many
127    systems still define it in <sys/stropts.h>.  We don't want to include
128    all the STREAMS stuff if it's not needed, so we just define INFTIM here.
129    This is the standard value, but there's no guarantee it is -1. */
130 #ifndef INFTIM
131 #define INFTIM            (-1)             /* infinite poll timeout */
132 #ifdef   HAVE_POLL_H
133 #define INFTIM_UNPH                         /* tell unpxti.h we defined it */
```

图D-1 （续）

```
134 #endif
135 #endif

136 /* Following could be derived from SOMAXCONN in <sys/socket.h>, but many
137    kernels still #define it as 5, while actually supporting many more */
138 #define LISTENQ      1024           /* 2nd argument to listen() */

139 /* Miscellaneous constants */
140 #define MAXLINE      4096           /* max text line length */
141 #define BUFFSIZE     8192           /* buffer size for reads and writes */

142 /* Define some port number that can be used for our examples */
143 #define SERV_PORT        9877       /* TCP and UDP */
144 #define SERV_PORT_STR    "9877"     /* TCP and UDP */
145 #define UNIXSTR_PATH     "/tmp/unix.str"    /* Unix domain stream */
146 #define UNIXDG_PATH      "/tmp/unix.dg"     /* Unix domain datagram */

147 /* Following shortens all the typecasts of pointer arguments: */
148 #define SA  struct sockaddr

149 #define HAVE_STRUCT_SOCKADDR_STORAGE
150 #ifndef HAVE_STRUCT_SOCKADDR_STORAGE
151 /*
152  * RFC 3493: protocol-independent placeholder for socket addresses
153  */
154 #define __SS_MAXSIZE     128
155 #define __SS_ALIGNSIZE (sizeof(int64_t))
156 #ifdef HAVE_SOCKADDR_SA_LEN
157 #define __SS_PAD1SIZE    (__SS_ALIGNSIZE - sizeof(u_char) - sizeof(sa_family_t))
158 #else
159 #define __SS_PAD1SIZE    (__SS_ALIGNSIZE - sizeof(sa_family_t))
160 #endif
161 #define __SS_PAD2SIZE    (__SS_MAXSIZE - 2*__SS_ALIGNSIZE)

162 struct sockaddr_storage {
163 #ifdef HAVE_SOCKADDR_SA_LEN
164     u_char          ss_len;
165 #endif
166     sa_family_t ss_family;
167     char        __ss_pad1[__SS_PAD1SIZE];
168     int64_t __ss_align;
169     char        __ss_pad2[__SS_PAD2SIZE];
170 };
171 #endif

172 #define FILE_MODE    (S_IRUSR | S_IWUSR | S_IRGRP | S_IROTH)
173                         /* default file access permissions for new files */
174 #define DIR_MODE     (FILE_MODE | S_IXUSR | S_IXGRP | S_IXOTH)
175                         /* default permissions for new directories */

176 typedef void Sigfunc(int);   /* for signal handlers */

177 #define min(a,b)    ((a) < (b) ? (a) : (b))
178 #define max(a,b)    ((a) > (b) ? (a) : (b))

179 #ifndef     HAVE_ADDRINFO_STRUCT
180 # include   "../lib/addrinfo.h"
181 #endif

182 #ifndef     HAVE_IF_NAMEINDEX_STRUCT
183 struct if_nameindex {
184     unsigned int if_index;   /* 1, 2, ... */
```

902

图D-1　（续）

```
185    char    *if_name;              /* null-terminated name: "le0", ... */
186 };
187 #endif

188 #ifndef    HAVE_TIMESPEC_STRUCT
189 struct timespec {
190    time_t    tv_sec;              /* seconds */
191    long      tv_nsec;             /* and nanoseconds */
192 };
193 #endif
```
——— lib/unp.h

图D-1   （续）

903

D.2   config.h 头文件

本书使用GNU autoconf工具辅助保障所有源代码的可移植性，它可以从http://ftp.gnu.
org/gnu/autoconf获取。这个工具生成一个名为configure的shell脚本，你把软件下载到本地系
统之后必须运行它。该脚本确定你的Unix系统提供哪些特性：套接字地址结构有长度字段吗？
支持多播吗？支持数据链路套接字地址结构吗？等等，生成一个名为config.h的头文件。它是
上一节介绍的unp.h文件包含的第一个头文件。图D-2给出了FreeBSD 5.1上生成的这个
config.h头文件。

其中从第一列开始以#define打头的行表示该系统提供的特性。注释掉并含有#undef的行
代表该系统没有提供的特性。

——— sparc64-unknown-freebsd5.1/config.h

```
 1 /* config.h.  Generated automatically by configure.  */
 2 /* config.h.in.  Generated automatically from configure.in by autoheader.  */

 3 /* CPU, vendor, and operating system */
 4 #define CPU_VENDOR_OS "sparc64-unknown-freebsd5.1"

 5 /* Define if <netdb.h> defines struct addrinfo */
 6 #define HAVE_ADDRINFO_STRUCT 1

 7 /* Define if you have the <arpa/inet.h> header file. */
 8 #define HAVE_ARPA_INET_H 1

 9 /* Define if you have the bzero function. */
10 #define HAVE_BZERO 1

11 /* Define if the /dev/streams/xtiso/tcp device exists */
12 /* #undef HAVE_DEV_STREAMS_XTISO_TCP */

13 /* Define if the /dev/tcp device exists */
14 /* #undef HAVE_DEV_TCP */

15 /* Define if the /dev/xti/tcp device exists */
16 /* #undef HAVE_DEV_XTI_TCP */

17 /* Define if you have the <errno.h> header file. */
18 #define HAVE_ERRNO_H 1

19 /* Define if you have the <fcntl.h> header file. */
20 #define HAVE_FCNTL_H 1

21 /* Define if you have the getaddrinfo function. */
22 #define HAVE_GETADDRINFO 1
```

图D-2   FreeBSD 5.1系统的config.h头文件

```
23  /* define if getaddrinfo prototype is in <netdb.h> */
24  #define HAVE_GETADDRINFO_PROTO 1

25  /* Define if you have the gethostbyname2 function. */
26  #define HAVE_GETHOSTBYNAME2 1

27  /* Define if you have the gethostbyname_r function. */
28  /* #undef HAVE_GETHOSTBYNAME_R */

29  /* Define if you have the gethostname function. */
30  #define HAVE_GETHOSTNAME 1

31  /* define if gethostname prototype is in <unistd.h> */
32  #define HAVE_GETHOSTNAME_PROTO 1

33  /* Define if you have the getnameinfo function. */
34  #define HAVE_GETNAMEINFO 1

35  /* define if getnameinfo prototype is in <netdb.h> */
36  #define HAVE_GETNAMEINFO_PROTO 1

37  /* define if getrusage prototype is in <sys/resource.h> */
38  #define HAVE_GETRUSAGE_PROTO 1

39  /* Define if you have the hstrerror function. */
40  #define HAVE_HSTRERROR 1

41  /* define if hstrerror prototype is in <netdb.h> */
42  #define HAVE_HSTRERROR_PROTO 1

43  /* Define if <net/if.h> defines struct if_nameindex */
44  #define HAVE_IF_NAMEINDEX_STRUCT 1

45  /* Define if you have the if_nametoindex function. */
46  #define HAVE_IF_NAMETOINDEX 1

47  /* define if if_nametoindex prototype is in <net/if.h> */
48  #define HAVE_IF_NAMETOINDEX_PROTO 1

49  /* Define if you have the inet_aton function. */
50  #define HAVE_INET_ATON 1

51  /* define if inet_aton prototype is in <arpa/inet.h> */
52  #define HAVE_INET_ATON_PROTO 1

53  /* Define if you have the inet_pton function. */
54  #define HAVE_INET_PTON 1

55  /* define if inet_pton prototype is in <arpa/inet.h> */
56  #define HAVE_INET_PTON_PROTO 1

57  /* Define if you have the kevent function. */
58  #define HAVE_KEVENT 1

59  /* Define if you have the kqueue function. */
60  #define HAVE_KQUEUE 1

61  /* Define if you have the nsl library (-lnsl). */
62  /* #undef HAVE_LIBNSL */

63  /* Define if you have the pthread library (-lpthread). */
64  /* #undef HAVE_LIBPTHREAD */

65  /* Define if you have the pthreads library (-lpthreads). */
```

图D-2 （续）

```
66 /* #undef HAVE_LIBPTHREADS */

67 /* Define if you have the resolv library (-lresolv). */
68 /* #undef HAVE_LIBRESOLV */

69 /* Define if you have the xti library (-lxti). */
70 /* #undef HAVE_LIBXTI */

71 /* Define if you have the mkstemp function. */
72 #define HAVE_MKSTEMP 1

73 /* define if struct msghdr contains the msg_control element */
74 #define HAVE_MSGHDR_MSG_CONTROL 1

75 /* Define if you have the <netconfig.h> header file. */
76 #define HAVE_NETCONFIG_H 1

77 /* Define if you have the <netdb.h> header file. */
78 #define HAVE_NETDB_H 1

79 /* Define if you have the <netdir.h> header file. */
80 /* #undef HAVE_NETDIR_H */

81 /* Define if you have the <netinet/in.h> header file. */
82 #define HAVE_NETINET_IN_H 1

83 /* Define if you have the <net/if_dl.h> header file. */
84 #define HAVE_NET_IF_DL_H 1

85 /* Define if you have the poll function. */
86 #define HAVE_POLL 1

87 /* Define if you have the <poll.h> header file. */
88 #define HAVE_POLL_H 1

89 /* Define if you have the pselect function. */
90 #define HAVE_PSELECT 1

91 /* define if pselect prototype is in <sys/stat.h> */
92 #define HAVE_PSELECT_PROTO 1

93 /* Define if you have the <pthread.h> header file. */
94 #define HAVE_PTHREAD_H 1

95 /* Define if you have the <signal.h> header file. */
96 #define HAVE_SIGNAL_H 1

97 /* Define if you have the snprintf function. */
98 #define HAVE_SNPRINTF 1

99 /* define if snprintf prototype is in <stdio.h> */
100 #define HAVE_SNPRINTF_PROTO 1

101 /* Define if <net/if_dl.h> defines struct sockaddr_dl */
102 #define HAVE_SOCKADDR_DL_STRUCT 1

103 /* define if socket address structures have length fields */
104 #define HAVE_SOCKADDR_SA_LEN 1

105 /* Define if you have the sockatmark function. */
106 #define HAVE_SOCKATMARK 1

107 /* define if sockatmark prototype is in <sys/socket.h> */
108 #define HAVE_SOCKATMARK_PROTO 1
```

图D-2 （续）

```
109 /* Define if you have the <stdio.h> header file. */
110 #define HAVE_STDIO_H 1

111 /* Define if you have the <stdlib.h> header file. */
112 #define HAVE_STDLIB_H 1

113 /* Define if you have the <strings.h> header file. */
114 #define HAVE_STRINGS_H 1

115 /* Define if you have the <string.h> header file. */
116 #define HAVE_STRING_H 1

117 /* Define if you have the <stropts.h> header file. */
118 /* #undef HAVE_STROPTS_H */

119 /* Define if ifr_mtu is member of struct ifreq. */
120 #define HAVE_STRUCT_IFREQ_IFR_MTU 1

121 /* Define if the system has the type struct sockaddr_storage. */
122 #define HAVE_STRUCT_SOCKADDR_STORAGE 1

123 /* Define if you have the <sys/event.h> header file. */
124 #define HAVE_SYS_EVENT_H 1

125 /* Define if you have the <sys/filio.h> header file. */
126 #define HAVE_SYS_FILIO_H 1

127 /* Define if you have the <sys/ioctl.h> header file. */
128 #define HAVE_SYS_IOCTL_H 1

129 /* Define if you have the <sys/select.h> header file. */
130 #define HAVE_SYS_SELECT_H 1

131 /* Define if you have the <sys/socket.h> header file. */
132 #define HAVE_SYS_SOCKET_H 1

133 /* Define if you have the <sys/sockio.h> header file. */
134 #define HAVE_SYS_SOCKIO_H 1

135 /* Define if you have the <sys/stat.h> header file. */
136 #define HAVE_SYS_STAT_H 1

137 /* Define if you have the <sys/sysctl.h> header file. */
138 #define HAVE_SYS_SYSCTL_H 1

139 /* Define if you have the <sys/time.h> header file. */
140 #define HAVE_SYS_TIME_H 1

141 /* Define if you have the <sys/types.h> header file. */
142 #define HAVE_SYS_TYPES_H 1

143 /* Define if you have the <sys/uio.h> header file. */
144 #define HAVE_SYS_UIO_H 1

145 /* Define if you have the <sys/un.h> header file. */
146 #define HAVE_SYS_UN_H 1

147 /* Define if you have the <sys/wait.h> header file. */
148 #define HAVE_SYS_WAIT_H 1

149 /* Define if <time.h> defines struct timespec */
150 #define HAVE_TIMESPEC_STRUCT 1

151 /* Define if you have the <time.h> header file. */
152 #define HAVE_TIME_H 1
```

907

图D-2 （续）

```
153 /* Define if you have the <unistd.h> header file. */
154 #define HAVE_UNISTD_H 1

155 /* Define if you have the vsnprintf function. */
156 #define HAVE_VSNPRINTF 1

157 /* Define if you have the <xti.h> header file. */
158 /* #undef HAVE_XTI_H */

159 /* Define if you have the <xti_inet.h> header file. */
160 /* #undef HAVE_XTI_INET_H */

161 /* Define if the system supports IPv4 */
162 #define IPV4 1

163 /* Define if the system supports IPv6 */
164 #define IPV6 1

165 /* Define if the system supports IPv4 */
166 #define IPv4 1

167 /* Define if the system supports IPv6 */
168 #define IPv6 1

169 /* Define if the system supports IP Multicast */
170 #define MCAST 1

171 /* the size of the sa_family field in a socket address structure */
172 /* #undef SA_FAMILY_T */

173 /* Define if you have the ANSI C header files. */
174 #define STDC_HEADERS 1

175 /* Define if you can safely include both <sys/time.h> and <time.h>. */
176 #define TIME_WITH_SYS_TIME 1

177 /* Define if the system supports UNIX domain sockets */
178 #define UNIXDOMAIN 1

179 /* Define if the system supports UNIX domain sockets */
180 #define UNIXdomain 1

181 /* 16 bit signed type */
182 /* #undef int16_t */

183 /* 32 bit signed type */
184 /* #undef int32_t */

185 /* the type of the sa_family struct element */
186 /* #undef sa_family_t */

187 /* unsigned integer type of the result of the sizeof operator */
188 /* #undef size_t */

189 /* a type appropriate for address */
190 /* #undef socklen_t */

191 /* define to __ss_family if sockaddr_storage has that instead of ss_family */
192 /* #undef ss_family */

193 /* a signed type appropriate for a count of bytes or an error indication */
194 /* #undef ssize_t */

195 /* scalar type */
```

图D-2 （续）

```
196 #define t_scalar_t int32_t

197 /* unsigned scalar type */
198 #define t_uscalar_t uint32_t

199 /* 16 bit unsigned type */
200 /* #undef uint16_t */

201 /* 32 bit unsigned type */
202 /* #undef uint32_t */

203          /* -bit unsigned type */
204 /* #undef uint8_t */
```

sparc64-unknown-freebsd5.1/config.h

图D-2　（续）

909

D.3　标准错误处理函数

我们自行定义了一组用于贯穿全书处理出错条件的错误处理函数。如此定义和使用这组错误处理函数的原因是我们可以如下所示使用一行C代码写出错误处理过程：

```
if (出错条件)
    err_sys(带任意数目参数的 printf 格式串);
```

而不是如下所示使用多行C代码：

```
if (出错条件) {
    char    buff[200];
    snprintf(buff, sizeof(buff), 带任意数目参数的 printf 格式串);
    perror(buff);
    exit(1);
}
```

我们的错误处理函数使用ANSI C的可变长度参数列表机制，具体细节参见［Kernighan and Ritchie 1988］的7.3节。

图D-3列出了各个错误处理函数之间的差异。如果全局整数daemon_proc不为0，出错消息就按指定的级别传递给syslog，否则出错消息显示在标准错误输出上。

函　　数	strerror(errno)?	结束语句	syslog级别
err_dump	是	abort();	LOG_ERR
err_msg	否	return;	LOG_INFO
err_quit	否	exit(1);	LOG_ERR
err_ret	是	return;	LOG_INFO
err_sys	是	exit(1);	LOG_ERR

图D-3　标准错误处理函数汇总

图D-4给出了图D-4中的5个函数。

lib/error.c

```
1 #include   "unp.h"

2 #include   <stdarg.h>       /* ANSI C header file */
3 #include   <syslog.h>       /* for syslog() */

4 int        daemon_proc;     /* set nonzero by daemon_init() */
```

图D-4　我们的标准错误处理函数

```
 5 static void err_doit(int, int, const char *, va_list);

 6 /* Nonfatal error related to system call
 7  * Print message and return */

 8 void
 9 err_ret(const char *fmt, ...)
10 {
11     va_list     ap;

12     va_start(ap, fmt);
13     err_doit(1, LOG_INFO, fmt, ap);
14     va_end(ap);
15     return;
16 }

17 /* Fatal error related to system call
18  * Print message and terminate */

19 void
20 err_sys(const char *fmt, ...)
21 {
22     va_list ap;

23     va_start(ap, fmt);
24     err_doit(1, LOG_ERR, fmt, ap);
25     va_end(ap);
26     exit(1);
27 }

28 /* Fatal error related to system call
29  * Print message, dump core, and terminate */

30 void
31 err_dump(const char *fmt, ...)
32 {
33     va_list     ap;

34     va_start(ap, fmt);
35     err_doit(1, LOG_ERR, fmt, ap);
36     va_end(ap);
37     abort();                        /* dump core and terminate */
38     exit(1);                        /* shouldn't get here */
39 }

40 /* Nonfatal error unrelated to system call
41  * Print message and return */

42 void
43 err_msg(const char *fmt, ...)
44 {
45     va_list     ap;

46     va_start(ap, fmt);
47     err_doit(0, LOG_INFO, fmt, ap);
48     va_end(ap);
49     return;
50 }

51 /* Fatal error unrelated to system call
52  * Print message and terminate */
```

图D-4   (续)

```
53 void
54 err_quit(const char *fmt, ...)
55 {
56     va_list     ap;

57     va_start(ap, fmt);
58     err_doit(0, LOG_ERR, fmt, ap);
59     va_end(ap);
60     exit(1);
61 }

62 /* Print message and return to caller
63  * Caller specifies "errnoflag" and "level" */
64 static void
65 err_doit(int errnoflag, int level, const char *fmt, va_list ap)
66 {
67     int     errno_save, n;
68     char    buf[MAXLINE + 1];

69     errno_save = errno;             /* value caller might want printed */
70 #ifdef  HAVE_VSNPRINTF
71     vsnprintf(buf, MAXLINE, fmt, ap);  /* safe */
72 #else
73     vsprintf(buf, fmt, ap);         /* not safe */
74 #endif
75     n = strlen(buf);
76     if (errnoflag)
77         snprintf(buf + n, MAXLINE - n, ": %s", strerror(errno_save));
78     strcat(buf, "\n");

79     if (daemon_proc) {
80         syslog(level, buf);
81     } else {
82         fflush(stdout);             /* in case stdout and stderr are the same */
83         fputs(buf, stderr);
84         fflush(stderr);
85     }
86     return;
87 }
```

图D-4　（续）

附录 **E**

精选习题答案

第1章

1.3 在Solaris上我们得到

```
solaris % daytimetcpcli 127.0.0.1
socket error: Protocol not supported
```

要找出有关这个错误的详细信息，我们首先在<sys/errno.h>头文件中使用grep查找字符串Protocol not supported。

```
solaris % grep 'Protocol not supported' /usr/include/sys/errno.h
#define EPROTONOSUPPORT 120      /* Protocol not supported */
```

这就是由socket返回的errno值。我们然后查看手册页面：

```
solaris % man socket
```

大多数手册页面在将近结束处形如"Errors"的标题下给出这个错误的额外信息，不过有些简洁。

1.4 我们把第一个声明改成：

```
int      sockfd, n, counter = 0;
```

再作为while循环的第一个语句加上如下行：

```
counter++;
```

最后在结束之前加上如下行：

```
printf("counter = %d\n", counter);
```

所显示的值总是1。

1.5 我们声明一个名为i的int变量，再把write调用改为：

```
                    for (i = 0; i < strlen(buff); i++)
                        Write(connfd, &buff[i], 1);
```

其结果随客户主机和服务器主机而定。如果客户和服务器运行在同一个主机上，那么计数器值通常是1，意味着尽管服务器调用了26次write，所写出数据也仅由客户的一次read返回。然而如果客户运行在Solaris 2.5.1上而服务器运行在BSD/OS 3.0上，那么计数器值通常是2。如果监视以太网上的分组，我们发现第一个字符自成一个分组发送，剩余25个字符包含在下一个分组内发送。（我们在7.9节就Nagle算法的讨论解释了如此行为的原因。）相反，如果客户运行在BSD/OS 3.0上而服务器运行在Solaris 2.5.1上，那么计数器值是26。如果监视以太网上的分组，我们发现每个字符自成一个分组发送。

本例子的目的在于强调不同的TCP对数据做不同的处理，我们的应用程序必须做好作为字节流读入这些数据的准备，直到遇上数据流末尾。

913

第2章

2.1 访问http://www.iana.org/numbers.htm，找到名为"IP Version Number"的注册处，我们看到版本0是保留的，版本1～3未曾分配，版本5是网际网流协议（Internet Stream Protocol）。

2.2 所有RFC都可以通过电子邮件、匿名FTP或Web免费获取。起始点之一是http://www.ietf.org。目录ftp://ftp.isi.edu/in-notes是一个存放RFC的位置。可以从取得当前RFC索引开始，它通常是文件rfc-index.txt（也可以取得它的HTML版本http://www.rfc-editor.org/rfc-index.html）。使用某种形式的编辑器搜索RFC索引（参见上一个习题的解答）查找"Stream"一词，我们发现RFC 1819定义了网际网流协议的版本2。无论何时查找可能是由某个RFC涵盖的信息，别忘了先搜索RFC索引。

2.3 对于IPv4这个默认值产生576字节的IP数据报（其中IPv4首部占用20字节，TCP首部占用20字节，剩下536字节的TCP净荷），这是IPv4的最小重组缓冲区大小。

2.4 本例子中执行主动关闭操作的是服务器而不是客户。

2.5 令牌环网上的主机不能发送超过1460字节的数据，因为它接收到的MSS是1460。以太网上的主机可以发送最多4096字节的数据，但是为了避免分片，它不会超过外出接口（即以太网）的MTU。TCP净荷不能超过由对端宣告的MSS，但是净荷小于这个数量的TCP分节总是可以发送的。

2.6 Assigned Numbers网页（http://www.iana.org/numbers.htm）中的"Protocol Numbers"注册处给出OSPF的协议号为89。

2.7 选择性确认只是表明由选择性确认消息反映的序列号所涵盖的数据已被接收，而累积确认表明由累积确认消息中的序列号指示的所有以前的数据都已被接收。如果从发送缓冲区中基于选择性确认释放数据，那么系统只能释放确切被确认的数据，而不能释放之前或之后的任何数据。

914

第3章

3.1 C中函数不能改变按值传递的参数的值。要让被调用的函数修改由调用者传入的某个值，调用者必须传递指向这个待修改值的一个指针。

3.2 指针必须按所读或所写的字节数增长，但是C不允许void指针如此增长（因为C编译器不知道void指针指向的数据类型）。

第4章

4.1 看一下除INADDR_ANY（它的各位全为0）和INADDR_NONE（它的各位全为1）外以INADDR_打头的各个常值的定义。譬如说D类多播地址INADDR_MAX_LOCAL_GROUP的定义是0xe00000ff，其注释是"224.0.0.255"，它显然是按主机字节序定义的。

4.2 下面是在connect调用之后新添加的若干行：

```
len = sizeof(cliaddr);
Getsockname(sockfd, (SA *) &cliaddr, &len);
printf("local addr: %s\n",
       Sock_ntop((SA *) &cliaddr, len));
```

这要求声明len为socklen_t变量并声明cliaddr为struct sockaddr_in变量。注意

getsockname的值-结果参数（len）必须在调用之前初始化成由第二个参数所指向变量的大小。涉及值-结果参数的最常见编程错误就是忘记了这样的初始化。

4.3   子进程调用close时引用计数从2递减为1，因此不会向客户发送FIN。以后当父进程调用close时引用计数递减为0，于是发送FIN。

4.4   accept返回EINVAL，因为它的第一个参数不是一个监听套接字描述符。

4.5   不调用bind的话，listen调用赋予监听套接字一个临时端口。

第 5 章

5.1   TIME_WAIT状态的持续时间应该在1分钟到4分钟之间，前提是MSL在30秒到2分钟之间。

5.2   把一个二进制文件作为客户的标准输入时我们的客户/服务器程序并不工作。假设前3个字节为二进制数1、二进制数0和一个换行符。图5-5中fgets调用最多读入MAXLINE-1个字符，除非碰到换行符或已到达文件尾而提前返回。在本例子中它将读入前3个字符，然后以一个空字节结束待返回的字符串。然而图5-5中strlen调用返回的是1，因为它只计到第一个空字节。客户于是只把第一个字节发送给服务器，导致服务器阻塞在readline调用上，等待一个换行符。客户也阻塞在等待服务器的应答上。这就是所谓的死锁（deadlock）：两个进程都阻塞在等待因对方原因而永远不会到达的事件上。这里的问题是fgets以一个空字节表征所返回数据的结尾，因此它读入的数据不能含有任何空字节。

5.3   Telnet把输入行转换成NVT ASCII（TCPv1的26.4节），意味着以CR（回车符）后跟LF（换行符）的双字节序列终止每一行。而我们的客户程序只加一个换行符。尽管如此，我们仍然可以使用Telnet客户与我们的服务器通信，因为我们的服务器回射每个字符，包括每个换行符之前的回车符。

5.4   连接终止序列的最后两个分节并不发送。我们杀掉服务器子进程之后（在客户输入"another line"之前），客户向服务器发送数据导致服务器TCP响应以一个RST。这个RST使得连接中止，并防止连接的服务器端（执行主动关闭的那一端）经历TIME_WAIT状态。

5.5   没有什么变化，因为在服务器主机上新启动的服务器进程创建一个监听套接字就等待新的连接请求的到达。我们在步骤3发送的是需进入某个ESTABLISHED状态TCP连接的数据分节，而新启动的服务器在其监听套接字上绝看不到这些数据分节，因此服务器主机的TCP对它们的响应仍然是RST。

5.6   图E-1给出了这个程序。在Solaris上运行它产生如下输出：

```
solaris % tsigpipe 192.168.1.10
SIGPIPE received
write error: Broken pipe
```

第一个2秒的sleep用于让daytime服务器发送应答并关闭它的连接所在端。第一个write导致发送一个数据分节到服务器，服务器则响应以RST（因为daytime服务器已经完全关闭了它的套接字）。注意，TCP允许我们继续写出到一个已收到FIN的套接字。第二个sleep让客户接收到服务器的RST，于是第二个write引发SIGPIPE信号。既然信号处理函数返回主控制流，write于是返回一个EPIPE的错误。

tcpcliserv/tsigpipe.c

```
 1 #include      "unp.h"

 2 void
 3 sig_pipe(int signo)
 4 {
 5      printf("SIGPIPE received\n");
 6      return;
 7 }

 8 int
 9 main(int argc, char **argv)
10 {
11      int      sockfd;
12      struct sockaddr_in  servaddr;

13      if (argc != 2)
14          err_quit("usage: tcpcli <IPaddress>");

15      sockfd = Socket(AF_INET, SOCK_STREAM, 0);

16      bzero(&servaddr, sizeof(servaddr));
17      servaddr.sin_family = AF_INET;
18      servaddr.sin_port = htons(13);     /* daytime server */
19      Inet_pton(AF_INET, argv[1], &servaddr.sin_addr);

20      Signal(SIGPIPE, sig_pipe);

21      Connect(sockfd, (SA *) &servaddr, sizeof(servaddr));

22      sleep(2);
23      Write(sockfd, "hello", 5);
24      sleep(2);
25      Write(sockfd, "world", 5);

26      exit(0);
27 }
```

tcpcliserv/tsigpipe.c

图E-1 产生SIGPIPE

5.7 假设服务器主机支持弱端系统模型（weak end system model，在8.8节讲解），那么一切
正常。也就是说即使目的IP地址是右端数据链路的IP地址，服务器主机也会接受到达
左端数据链路的外来IP数据报（本例子中它承载一个TCP分节）。我们可以如下测试这
一点：在主机linux（图1-16）上运行服务器，然后在主机solaris上启动客户，不过
给客户指定的是服务器主机的另一个IP地址（206.168.112.96）。连接建立之后如果在
服务器主机上运行netstat，我们将看到该连接的本地IP地址是来自客户SYN的目的
IP地址，而不是SYN到达数据链路的IP地址（这跟我们在4.4节提及的一样）。

5.8 我们的客户运行在小端字节序的Intel系统上，那儿32位整数值1按图E-2所示格式存放。

图E-2 32位整数值1的小端字节序格式表示

这4个字节按*A*、*A+1*、*A+2*和*A+3*的顺序通过套接字发送，然后以如图E-3所示的大端

916
~
917

字节序格式存放。

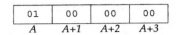

图E-3 来自图E-2的32位整数以大端字节序格式表示

值0x01000000就是16777216。类似地，由客户发送的整数2将被服务器解释成0x02000000即33554432。这两个整数的和是50331648即0x03000000。服务器把这个大端字节序值发送给客户后，客户把它解释成整数3。

然而32位整数值-22在小端字节序系统上如图E-4表示，采用的是负数的二进制补码表示。

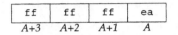

图E-4 32位整数值-22的小端字节序格式表示

它在大端字节序服务器主机上被解释成0xeaffffff即-352321537。类似地，-77的小端字节序表示是0xffffffb3，但是在大端字节序服务器主机上却表示成0xb3ffffff即-1275068417。服务器上的这两个整数相加的结果是0x9efffffe即-1627389954。这个大端字节序的值通过套接字发送给客户后以小端字节序解释的值是0xfefffff9e即-16777314，它就是我们的例子所显示的值。

5.9 技术路线是正确的（把二进制值转换成网络字节序表示），但是不能使用htonl和ntohl这两个函数。尽管这两个函数中的l曾经表意"long"（长整数），它们却只是操作在32位整数上（3.4节）。64位系统上一个长整数可能占据64位，这两个函数就不能正确工作了。有人也许定义hton64和ntoh64这两个函数来解决本问题，但是它们在使用32位表示长整数的系统上又不能工作。

5.10 第一种情形下服务器将永远阻塞在图5-20的readn中，因为客户发送的是2个32位值，但是服务器等待的却是2个64位值。这两个主机之间对换客户和服务器将导致客户发送2个64位值，但是服务器只读入第一个64位，并把它解释成2个32位值。第二个64位值仍然在服务器的套接字接收缓冲区中。服务器往回写出1个32位值，但是客户却仍然永远阻塞在图5-19的readn中，等待读入1个64位值。

5.11 IP路由功能查看目的IP地址（服务器主机的IP地址），搜索路由表确定外出接口和下一跳（TCPv1第9章）。外出接口的主IP地址用作源IP地址，前提是该套接字尚未绑定某个本地IP地址。

第 6 章

6.1 这个整数数组包含在一个结构中，而C是允许结构跨等号赋值的。

6.2 如果select告诉我们某个套接字可写，该套接字的发送缓冲区就有8192字节的可用空间，但是当我们以8193字节的缓冲区长度对这个阻塞式套接字调用write时，write将会阻塞，等待最后1字节的可用空间。对阻塞式套接字的读操作只要有数据总会返回一个不足计数（short count），然而对阻塞式套接字的写操作将一直阻塞到所有数据都能被内核接受为止。可见当使用select测试某个套接字的可写条件时，我们必须把该套接字预先设置成非阻塞以避免阻塞。

6.3 如果两个描述符都可读，那么只执行第一个测试，它测试的是套接字描述符。不过这么做并没有导致客户程序不能工作，它只是降低了效率而已。这就是说，如果select返回值表明两个描述符均可读，那么第一个if语句为真，导致客户从套接字readline并fputs到标准输出。下一个if语句却被跳过（就因为我们在这个if关键词之前所冠的else关键词），不过select接着再次被调用，它马上发现标准输入可读，于是立即返回。这里的关键概念是清除"标准输入可读"条件的不是select的返回，而是从标准输入真正地读入。

6.4 使用getrlimit函数取得RLIMIT_NOFILE资源的当前值，然后调用setrlimit把当前软限制（rlim_cur）设置成硬限制（rlim_max）。举例来说，Solaris 2.5上描述符数目的软限制是64，但是任何进程都可以把它增长到默认的硬限制1024。

getrlimit和setrlimit不属于POSIX.1，但是在Unix 98中却是必需的。

6.5 服务器应用进程持续向客户发送数据，客户TCP确认后扔掉它们。

6.6 以参数SHUT_RDWR或SHUT_WR调用shutdown总是发送FIN，而close只在调用时描述符引用计数为1的条件下才发送FIN。

6.7 read返回一个错误，我们的Read包裹函数于是终止服务器。服务器不应该如此脆弱。注意我们在图6-26中处理了这种情况，尽管即便这样的代码还是不够健壮。考虑客户和服务器之间丧失连接的情况，服务器某个响应的发送尝试最终发生超时，返回的错误可能是ETIMEDOUT。

通常服务器不应该因为这样的原因而中止。它应该登记错误，关闭出错套接字，并继续服务其他客户。对于像这样由单个进程来应付所有客户的服务器来说，简单中止的错误处理方式是难以接受的。然而如果服务器是由一个子进程来应付仅仅一个客户，那么中止某个子进程并不会影响父进程（我们假定它处理所有的新连接并派生子进程）和服务其他客户的任何其他子进程。

919

第 7 章

7.2 图E-5给出了本习题的解答之一。我们去掉了用于显示由服务器返回的数据串的那些语句，因为本例子用不着这些值。

首先声明这个程序没有"唯一正确"的输出，其结果随系统而变化。有些系统（尤如Solaris 2.5.1及更早版本）总是返回0值的套接字缓冲区大小，使得我们无法查看该值在连接前后有什么事发生。

至于MSS，在connect之前显示的值是实现的默认值（通常是536或512），在connect之后显示的值则取决于可能有的来自对端的MSS选项。举例来说，本地以太网上connect之后的值可能是1460。然而connect某个远程网络上的一个服务器主机之后显示的MSS值可能类似默认值，除非你的系统支持路径MTU发现功能。如果可能的话，在程序运行期间运行一个像tcpdump（C.5节）这样的工具，以查看来自对端的SYN分节中的真正MSS选项。

至于套接字接收缓冲区的大小，许多实现在连接建立之后把它向上舍入成MSS的倍数。查看连接建立之后套接字接收缓冲区大小的另一个方法是使用像tcpdump这样的工具监视分组，观察TCP的通告窗口（advertised window）。

sockopt/rcvbuf.c

```
 1 #include        "unp.h"
 2 #include        <netinet/tcp.h>           /* for TCP_MAXSEG */

 3 int
 4 main(int argc, char **argv)
 5 {
 6     int      sockfd, rcvbuf, mss;
 7     socklen_t len;
 8     struct sockaddr_in  servaddr;

 9     if (argc != 2)
10         err_quit("usage: rcvbuf <IPaddress>");

11     sockfd = Socket(AF_INET, SOCK_STREAM, 0);

12     len = sizeof(rcvbuf);
13     Getsockopt(sockfd, SOL_SOCKET, SO_RCVBUF, &rcvbuf, &len);
14     len = sizeof(mss);
15     Getsockopt(sockfd, IPPROTO_TCP, TCP_MAXSEG, &mss, &len);
16     printf("defaults: SO_RCVBUF = %d, MSS = %d\n", rcvbuf, mss);

17     bzero(&servaddr, sizeof(servaddr));
18     servaddr.sin_family = AF_INET;
19     servaddr.sin_port = htons(13);          /* daytime server */
20     Inet_pton(AF_INET, argv[1], &servaddr.sin_addr);

21     Connect(sockfd, (SA *) &servaddr, sizeof(servaddr));

22     len = sizeof(rcvbuf);
23     Getsockopt(sockfd, SOL_SOCKET, SO_RCVBUF, &rcvbuf, &len);
24     len = sizeof(mss);
25     Getsockopt(sockfd, IPPROTO_TCP, TCP_MAXSEG, &mss, &len);
26     printf("after connect: SO_RCVBUF = %d, MSS = %d\n", rcvbuf, mss);

27     exit(0);
28 }
```

sockopt/rcvbuf.c

图E-5　在连接建立前后显示套接字接收缓冲区大小和MSS值

7.3　分配一个名为ling的linger结构并如下初始化它：

```
str_cli(stdin, sockfd);

ling.l_onoff = 1;
ling.l_linger = 0;
Setsockopt(sockfd, SOL_SOCKET, SO_LINGER, &ling, sizeof(ling));

exit(0);
```

这应该使得客户TCP以一个RST而不是正常的4分节交换终止连接。服务器子进程的readline调用返回ECONNRESET错误，所显示的消息如下：

```
readline error: Connection reset by peer
```

尽管执行主动关闭的是客户，它也不应该经历TIME_WAIT状态。

7.4　第一个客户调用setsockopt、bind和connect。如果第二个客户在第一个客户调用bind和connect之间调用bind，那么它将返回EADDRINUSE错误。然而一旦第一个客户已连接到对端，第二个客户的bind就正常工作，因为第一个客户的套接字当时处于已连接状态。处理这种竞争状态的唯一办法是让第二个客户在bind调用返回EADDRINUSE

错误的情况下再尝试调用bind多次，而不是一返回该错误就放弃。

7.5 我们在支持多播的一个主机（MacOS X 10.2.6）上运行这个程序①。

```
macosx % sock -s 9999 &                          以通配地址启动第一个服务器
[1]      29297
macosx % sock -s 172.24.37.78 9999               不使用-A尝试启动第二个服务器
can't bind local address: Address already in use
macosx % sock -s -A 172.24.37.78 9999 &          使用-A再次尝试；成功
[2]      29699
macosx % sock -s -A 127.0.0.1 9999 &             使用-A启动第三个服务器；成功
[3]      29700
macosx % netstat -na | grep 9999
tcp4     0    0    127.0.0.1.9999        *.*      LISTEN
tcp4     0    0    172.24.37.78.9999     *.*      LISTEN
tcp4     0    0    *.9999                *.*      LISTEN
```

```
920
~
921
```

7.6 我们首先在支持多播但不支持SO_REUSEPORT选项的一个主机（Solaris 9）上尝试②。

---

① 本书第2版解答如下。我们在不支持多播的一个主机（UnixWare 2.1.2）上运行这个程序。
```
unixware % sock -s 9999 &                         以通配地址启动第一个服务器
[1]  29697
unixware % sock -s 206.62.226.37 9999             不使用-A尝试启动第二个服务器
can't bind local address: Address already in use
unixware % sock -s -A 206.62.226.37 9999 &        使用-A再次尝试，成功
[2]  29699
unixware % sock -s -A 127.0.0.1 9999 &            使用-A启动第三个服务器，成功
[3]  29700
unixware % netstat -na | grep 9999
tcp   0    0    127.0.0.1.9999      *.*      LISTEN
tcp   0    0    206.62.226.37.9999  *.*      LISTEN
tcp   0    0    *.9999                   *.*      LISTEN        ——译者注
```

② 本书第2版解答如下。我们首先在不支持多播的一个主机（UnixWare 2.1.2）上尝试。
```
unixware % sock -s -u -A 206.62.226.37 8888 &        第一个服务器启动
[4]  29707
unixware % sock -s -u -A 206.62.226.37 8888
can't bind local address: Address already in use     不能启动第二个服务器
```
我们给这两个运行实例都指定了SO_REUSEADDR选项，但是它不起作用。
我们接着在支持多播但不支持SO_REUSEPORT选项的一个主机（Solaris 2.6）上尝试。
```
solaris26 % sock -s -u 8888 &                         第一个服务器启动
[1]   1135
solaris26 % sock -s -u 8888
can't bind local address: Address already in use
solaris26 % sock -s -u -A 8888 &                     使用-A启动第二个服务器；成功
solaris26 % netstat -na | grep 8888                  我们看到重复的捆绑
    *.8888          Idle
    *.8888          Idle
```
这个系统上第一个bind不必指定SO_REUSEADDR，但是第二个起必须指定。
最后我们在既支持多播又支持SO_REUSEPORT选项的BSD/OS 3.0上进行尝试。我们首先给一前一后两个服务器尝试SO_REUSEADDR选项，但是它不起作用。
```
bsdi % sock -u -s -A 7777 &
[1]   17610
bsdi % sock -u -s -A 7777
can't bind local address: Address already in use
```
接着只给第二个服务器而不给第一个服务器尝试SO_REUSEPORT选项。这也不起作用，因为完全重复的捆绑要求共享同一捆绑的所有套字都使用该选项。
```
bsdi % sock -u -s 8888 &
[1]   17612
bsdi % sock -u -s -T 8888
can't bind local address: Address already in use
```
最后给两个服务器都指定SO_REUSEPORT选项，这是起作用的。
```
bsdi % sock -u -s -T 9999 &
[1]   17614
bsdi % sock -u -s -T 9999 &
[2]   17615
bsdi % netstat -na | grep 9999
udp   0    0    *.9999        *.*
udp   0    0    *.9999        *.*                  ——译者注
```

```
solaris % sock -s -u 8888 &                              第一个服务器启动
[1]              24051
solaris % sock -s -u 8888
can't bind local address: Address already in use
solaris % sock -s -u -A 8888 &                           使用-A启动第二个服务器；成功
solaris % netstat -na | grep 8888                        我们看到重复的捆绑
      *.8888                              Idle
      *.8888                              Idle
```

这个系统上第一个bind不必指定SO_REUSEADDR，但是第二个起必须指定。

最后我们在既支持多播又支持SO_REUSEPORT选项的MacOS X 10.2.6上进行尝试。我们首先给一前一后两个服务器尝试SO_REUSEADDR选项，但是它不起作用。

```
macosx % sock -u -s -A 7777 &
[1]              17610
macosx % sock -u -s -A 7777
can't bind local address: Address already in use
```

接着只给第二个服务器而不给第一个服务器尝试SO_REUSEPORT选项。这也不起作用，因为完全重复的捆绑要求共享同一捆绑的所有套接字都使用该选项。

```
macosx % sock -u -s 8888 &
[1]              17612
macosx % sock -u -s -T 8888
can't bind local address: Address already in use
```

最后给两个服务器都指定SO_REUSEPORT选项，这是起作用的。

```
macosx % sock -u -s -T 9999 &
[1]              17614
macosx % sock -u -s -T 9999 &
[2]              17615
macosx % netstat -na | grep 9999
udp4         0         0     *.9999          *.*
udp4         0         0     *.9999          *.*
```

7.7 它不起任何作用，因为ping使用ICMP套接字，而SO_DEBUG套接字选项只影响TCP套接字。SO_DEBUG套接字选项的描述一直有些笼统，譬如说"这个选项开启相应协议层中的调试"，但是实现该选项的唯一协议层一直只是TCP。

7.8 图E-6给出了时间线。

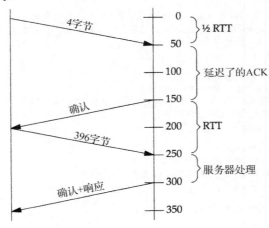

图E-6 Nagle算法与延滞ACK的交互情况

7.9 设置TCP_NODELAY套接字选项导致来自第二个write的数据被立即发送，即使该连接上还有一个尚未得到确认的小分组。这种情况如图E-7所示。本例子中总时间只稍微超过150 ms。

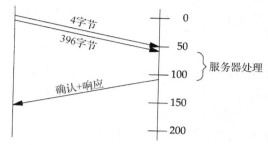

图E-7 通过设置TCP_NODELAY套接字选项避免Nagle算法

7.10 这种办法的优点是减少了分组的个数，如图E-8所示。

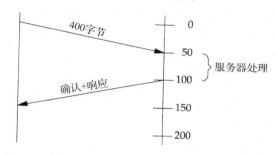

图E-8 使用writev代替设置TCP_NODELAY套接字选项

7.11 4.2.3.2节声称"延滞必须低于0.5秒，而且在完全大小分节流上至少每隔一个分节就应该有一个ACK"。源自Berkeley的实现延滞ACK最久200毫秒（TCPv2第821页）。

7.12 图5-2中的服务器父进程大部分时间花在阻塞于accept调用中，图5-3中的子进程则大部分时间花在阻塞于read调用中，它是由readline调用的。保持存活选项对于监听套接字不起作用，因此父进程不受客户主机崩溃影响。子进程的read将返回ETIMEDOUT错误，它在跨连接的最后一次数据交换之后约2小时发生。

7.13 图5-5中的客户大部分时间花在阻塞于fgets调用中，fgets本身则阻塞在标准I/O函数库中对于标准输入某种类型的读操作中。当跨连接的最后一次数据交换之后约2小时保持存活定时器超时并且所有保持存活侦探分组都没有诱发来自服务器的响应时，套接字的待处理错误被设置成ETIMEDOUT。然而客户阻塞在对于标准输入的fgets调用中，因此看不到这个错误，直到对于套接字执行读或写操作。这就是我们在第6章把图5-5改成使用select的原因之一。

7.14 客户大部分时间花在阻塞于select调用中，一旦待处理错误被设置成ETIMEDOUT（如上一题的解答所述），select就立即返回套接字的可读条件。

7.15 只交换2个而不是4个TCP分节。两个系统的定时器精确同步的可能性非常低；因此一端的保持存活定时器会比另一端略早一点超时。首先超时的那一端发送保持存活侦探分组，导致另一端确认这个分组。然而保持存活侦探分组的接收导致时钟略慢的主机把保持存活定时器重置成2小时。

7.16　最初的套接字API并没有listen函数。相反，socket函数的第四个参数含有套接字选项，而SO_ACCEPTCON就是用来指定监听套接字的。加了listen函数后，这个选项还是保留着，不过现在只是由内核来设置（TCPv2第456页）。

第8章

8.1　是的。read返回4096字节的数据，recvfrom则返回2048字节（2个数据报中的第一个）。不管应用请求多大，recvfrom决不会返回多于1个数据报的数据。

8.2　如果协议使用可变长度套接字地址结构，clilen很可能太大。我们将在第15章看到这对于Unix域套接字地址结构是可以接受的，不过正确编写这个函数的方式是把由recvfrom返回的真正长度用作sendto的长度。

8.4　像这样运行ping是查看由运行ping的主机接收到的ICMP消息的简易方法。我们把分组发送频率由通常的每秒1次降低到每60秒1次以减少输出量。如果我们在主机aix上运行我们的UDP客户程序，所指定的服务器IP地址为192.168.42.1，同时运行ping程序，就会得到如下输出（注意即使指定-v选项，也并非所有ping客户程序都显示所接收到的ICMP错误）：

```
aix % ping -v -i 60 127.0.0.1
PING 127.0.0.1: (127.0.0.1): 56 data bytes
64 bytes from 127.0.0.1: icmp_seq=0 ttl=255 time=0 ms
36 bytes from 192.168.42.1: Destination Port Unreachable
Vr HL TOS  Len   ID Flg  off TTL Pro  cks     Src      Dst Data
 4  5 00 0022 0007   0 0000  1e  11 c770 192.168.42.2  192.168.42.1
UDP: from port 40645, to port 9877  (decimal)
```

8.5　监听TCP套接字也许有一个套接字接收缓冲区大小，但是它绝不会接受数据。大多数实现并不预先给套接字发送缓冲区或接收缓冲区分配内存空间。使用SO_SNDBUF和SO_RCVBUF套接字选项指定的套接字缓冲区大小仅仅是给套接字设定的上限。

8.6　我们在多宿主机freebsd上指定-u选项（使用UDP）和-l选项（指定本地IP地址和端口）运行sock程序。

```
freebsd % sock -u -l 12.106.32.254.4444 192.168.42.2 8888
hello
```

本地IP地址在图1-16中是主机freebsd的因特网侧接口，但是数据报要到达目的地则必须从另一个接口出去。[①]使用tcpdump监视网络表明源IP地址确实是由客户绑定的那个地址，而不是外出接口的地址。

```
14:28:29.614846 12.106.32.254.4444 > 192.168.42.2.8888: udp 6
14:28:29.615225 192.168.42.2 > 12.106.32.254: icmp: 192.168.42.2
                                        udp port 8888 unreachable
```

8.7　在客户程序中放一个printf调用会在每个数据报之间引入一个延迟，从而允许服务器接收更多的数据报。在服务器程序中放一个printf调用则会导致服务器丢失更多数据报。

8.8　IPv4数据报最大为65535字节，这由图A-1中16位的总长度字段限定。IPv4首部需要20

---

① "Connection refused"（连接被拒）错误的返回是因为sock程序调用connect，导致服务器主机返回ICMP端口不可达错误。——译者注

字节，UDP首部需要8字节，留给UDP用户数据最大65507字节。对于没有任何扩展首部的IPv6数据报而言（自然没有特大报支持，因为特大净荷长度是一个步跳选项，出现在步跳选项扩展首部中），扣除IPv6首部的净荷最大为65535字节（图A-2），再扣除8字节UDP首部，留给UDP用户数据最大65527字节。[①]

图E-9给出了`dg_cli`函数的新版本。如果没有预先设置发送缓冲区大小，源自Berkeley的内核就给`sendto`调用返回EMSGSIZE错误，因为套接字发送缓冲区的默认大小通常不足以暂存最大的UDP数据报（先做完习题7.1）。然而如果我们运行如图E-9所示客户程序，先设置客户套接字缓冲区大小再发送和接收UDP数据报，那么服务器不返送任何数据报。我们可以运行tcpdump验证客户的数据报发送到了服务器上，但是如果在服务器程序中放一个printf调用，我们就发现它的`recvfrom`调用并没有返回这个数据报。问题出在服务器的UDP套接字接收缓冲区小于我们发送的数据报，因此该数据报被丢弃掉而不是被递送到套接字。在FreeBSD系统上我们可通过运行netstat -s命令，并查看接收这个大数据报前后"dropped due to full socket buffers"（因套接字缓冲区满而丢弃）计数器值的变化加以验证。最终的办法就是修改服务器程序，预先设置它的套接字发送缓冲区与接收缓冲区的大小。

```
                                                          udpcliserv/dgclibig.c
1 #include     "unp.h"

2 #undef   MAXLINE
3 #define MAXLINE 65507

4 void
5 dg_cli(FILE *fp, int sockfd, const SA *pservaddr, socklen_t servlen)
6 {
7       int     size;
8       char    sendline[MAXLINE], recvline[MAXLINE + 1];
9       ssize_t n;

10      size = 70000;
11      Setsockopt(sockfd, SOL_SOCKET, SO_SNDBUF, &size, sizeof(size));
12      Setsockopt(sockfd, SOL_SOCKET, SO_RCVBUF, &size, sizeof(size));

13      Sendto(sockfd, sendline, MAXLINE, 0, pservaddr, servlen);

14      n = Recvfrom(sockfd, recvline, MAXLINE, 0, NULL, NULL);

15      printf("received %d bytes\n", n);
16 }
                                                          udpcliserv/dgclibig.c
```

图E-9　写出最大的UDP/IPv4数据报

大多数网络上65535字节的IP数据报需要分片。回顾2.11节，我们知道IP层必须支持的重组缓冲区大小只有576字节，因此你可能会碰到接收不了本习题发送的最大大小数据报的主机。另外源自Berkeley的许多实现（包括4.4BSD-Lite 2）有一个正负号缺陷（bug），它导致UDP不能接受大于32767字节的数据报（TCPv2第770页第95行）。

第9章

9.1　总的来说，整体上接受短期请求偶尔需要长期会话的应用系统可以利用`sctp_peeloff`。举例来说，某个类似传统UDP的SCTP应用系统中，服务器通常有如短期事务处理那般响应客户的请求，不过偶尔被请求执行长期的音频数据传送。大多数情况下服务器发

[①] 本书第2版Stevens先生可能据于早期IPv6规范得出UDP/IPv6用户数据最大为65 487字节（65535-40-8），第3版新作者尽管一直在强调最新的IPv6规范，在UDP/IPv6用户数据的计算上却仍然使用第2版不合时的推导。译者对此做了修正。——译者注

送少数几个短小的UDP消息就行了；然而一旦音频请求到达，长期会话就被激活，以发送音频信息。这种情形下可以使用该函数把音频流剥离出来给专门的线程或进程处理。

9.2 因为SCTP不支持半关闭状态，造成当客户调用close时，关联终止序列把来自服务器的任何已排队但尚未处理的未决数据冲刷掉以终止关联，达到关闭关联目的。

9.3 对于一到一式套接字客户必须首先调用sctp_connect显式建立关联，但是该函数没有额外指定数据的参数，因此无法在四路握手的第三个分组中随COOKIE ECHO消息携带数据。对于一到多式套接字客户不比先建立关联再发送数据，而是可以调用sctp_sendto同时完成两者，也就是说这样发送的数据随COOKIE ECHO消息被IP数据报载送到对端，这样的关联是隐式建立的。

9.4 本端准备与之建立关联的对端在关联建立阶段能够发送回数据的唯一可能情形是它在关联建立之前就准备好了数据。当两端都使用一到多式套接字几乎同时发送数据隐式建立关联时就会发生这种情形。这种关联建立称为INIT冲突，详见［Stewart and Xie 2001］第4章。

9.5 某些情况下并非所有绑定的地址都可以传递到对端端点。具体地说，如果某个应用进程绑定的IP地址中既有公用的又有私用的，那么可能只有公用地址可以与对端共享。另一个例子是IPv6的链路局部地址不一定能够与对端共享。

第 10 章

10.1 如果sctp_sendmsg调用返回错误，那就不会发送任何消息，客户进程于是阻塞在sctp_recvmsg调用中，等待永远不会返送回来的响应消息。解决该问题的办法显然是检查这个函数调用的返回值，如果发现消息发送出错，那就报告错误而不再接收。
　　 如果sctp_recvmsg调用返回错误，那就不会有响应消息达到，客户进程循环回去继续尝试发送消息，可能导致建立新的关联。避免这个问题的办法也是检查这个函数调用的返回值，根据情况或者报告错误并关闭套接字，从而让服务器也收到一个错误，或者若错误是暂时的则重新尝试sctp_recvmsg调用。

10.2 如果服务器在接收一个请求后退出，客户将被永远挂起，等着决不会到来的消息。客户检测这种情况的方法之一是开启关联事件。这样当服务器退出时客户将收到一个消息，告知客户该关联已经不复存在。客户可就此采取恢复手段，譬如说联系另外一个服务器。方法之二是客户启动一个定时器，过一段时间收不到响应消息就取消关联。

10.3 我们选择800字节是为了试图让每个SCTP块处于单个分组中。更好的方法也许是通过SCTP_MAXSEG套接字选项确定适合一个SCTP块的大小。

10.4 Nagle算法（由SCTP_NODELAY套接字选项控制，见7.10节）只会在选择较小的数据传送大小前提下导致问题。只要以迫使SCTP立即发送的大小写出数据就不会发生危害。然而如果给out_sz选择一个偏小的值，结果就会发生扭曲，暂缓发送某些数据以等待来自对端的SACK。因此如果使用较小的大小值，那么禁止Nagle算法（即开启SCTP_NODELAY套接字选项）可能比较可取。

10.5 如果应用进程在建立一个关联之后改动流的数目，那么这个关联的实际流数不会改变。这是因为流数的变更仅仅影响新的关联，而不影响现有关联。

10.6　一到多式套接字允许隐式设置关联。为了使用辅助数据更改某个关联的设置，我们首先需要使用sendmsg调用把这些数据提供给对端。因此请求更多的流要求使用辅助数据通过sendmsg进行隐式关联重新设置。

第 11 章

11.1　图E-10给出了调用gethostbyaddr的程序。

——names/hostent2.c

```
 1  #include     "unp.h"

 2  int
 3  main(int argc, char **argv)
 4  {
 5      char    *ptr, **pptr;
 6      char    str[INET6_ADDRSTRLEN];
 7      struct hostent  *hptr;

 8      while (--argc > 0) {
 9          ptr = *++argv;
10          if ( (hptr = gethostbyname(ptr)) == NULL) {
11              err_msg("gethostbyname error for host: %s: %s",
12                      ptr, hstrerror(h_errno));
13              continue;
14          }
15          printf("official hostname: %s\n", hptr->h_name);

16          for (pptr = hptr->h_aliases; *pptr != NULL; pptr++)
17              printf("    alias: %s\n", *pptr);

18          switch (hptr->h_addrtype) {
19          case AF_INET:
20  #ifdef  AF_INET6
21          case AF_INET6:
22  #endif

23              pptr = hptr->h_addr_list;
24              for ( ; *pptr != NULL; pptr++) {
25                  printf("\taddress: %s\n",
26                          Inet_ntop(hptr->h_addrtype, *pptr, str, sizeof(str)));
27                  if ( (hptr = gethostbyaddr(*pptr, hptr->h_length,
28                                  hptr->h_addrtype)) == NULL)
29                      printf("\t(gethostbyaddr failed)\n");
30                  else if (hptr->h_name != NULL)
31                      printf("\tname = %s\n", hptr->h_name);
32                  else
33                      printf("\t(no hostname returned by gethostbyaddr)\n");
34              }
35              break;

36          default:
37              err_ret("unknown address type");
38              break;
39          }
40      }
41      exit(0);
42  }
```

——names/hostent2.c

图E-10　图11-3改成调用gethostbyaddr的结果

本程序针对只有一个IP地址的主机运行没有问题。如果针对拥有8个IP地址的一个主机运行图11-3中的程序，我们得到如下输出：

```
freebsd % hostent cnn.com
official hostname: cnn.com
        address: 64.236.16.20
        address: 64.236.16.52
        address: 64.236.16.84
        address: 64.236.16.116
        address: 64.236.24.4
        address: 64.236.24.12
        address: 64.236.24.20
        address: 64.236.24.28
```

但是如果我们针对同一个主机运行图E-10中的程序，那么它只输出其中一个IP地址：

```
freebsd % hostent2 cnn.com
official hostname: cnn.com
        address: 64.236.24.4
        name = www1.cnn.com
```

问题在于gethostbyname和gethostbyaddr这两个函数共享同一个hostent结构，就如11.18节开首部分所示。当我们的新程序在调用gethostbyname之后调用gethostbyaddr时，它重用了这个结构以及由它指向的存储区（即h_addr_list指针数组及由该数组所指向的数据），结果冲掉了由gethostbyname返回的其余7个IP地址。

11.2 如果你的系统不支持重入版本的gethostbyaddr（我们将在11.19节讲解），那么你必须在调用gethostbyaddr之前复制由gethostbyname返回的指针数组以及由该数组所指向的数据。

11.3 chargen服务器一直向客户发送数据，直到客户关闭连接为止（也就是说你中断客户为止）。

11.4 这是较新版本BIND的一个特性，不过POSIX没有规定这种处理方式，在可移植程序中不能依赖它。图E-11给出了图11-4中程序的修改后版本。对主机名字符串的测试顺序很重要。我们首先调用inet_pton，因为它是一个快速的全内存访问测试函数，用于判定主机名字符串是不是一个有效的点分十进制数IP地址。仅当这种测试失败时我们才调用gethostbyname，它往往牵涉某些网络资源，因而得花一段时间。

如果这个字符串是一个有效的点分十进制数IP地址，我们就自行构造指向这个IP地址的指针数组（addrs），它使得以后使用pptr的循环代码保持不变。

既然主机名字符串已被转换成套接字地址结构中的二进制数格式，我们于是进入使用pptr的循环。我们把图11-4中的memcpy调用改为memmove（两者功能相同，不过后者能够正确处理源目的内存区重叠的情形），这是因为如果主机名字符串是一个点分十进制数IP地址，那么调用memmove的源和目的内存区是相同的。

11.5 图E-12给出了这个程序。

我们使用由gethostbyname返回的h_addrtype值判定地址类型，并使用我们的sock_set_port和sock_set_addr这两个函数（3.8节）在合适的套接字地址结构中设置端口和地址这两个字段。

本程序尽管能够工作，却存在两个局限。首先，我们必须处理所有差异，查看h_addrtype后再适当地设置sa和salen。更好的办法是由某个库函数不仅完成主机名和服务名的查找，而且完成整个套接字地址结构的填写（例如11.6节的getaddrinfo）。其次，本程序只在支持IPv6的主机上能够编译。要在仅仅支持IPv4的主机上编译就得添加不少#ifdef伪代码，从而把代码弄得复杂起来。

---

names/daytimetcpcli2.c

```
1  #include     "unp.h"

2  int
3  main(int argc, char **argv)
4  {
5      int     sockfd, n;
6      char    recvline[MAXLINE + 1];
7      struct sockaddr_in  servaddr;
8      struct in_addr  **pptr, *addrs[2];
9      struct hostent  *hp;
10     struct servent  *sp;

11     if (argc != 3)
12         err_quit("usage: daytimetcpcli2 <hostname> <service>");

13     bzero(&servaddr, sizeof(servaddr));
14     servaddr.sin_family = AF_INET;

15     if (inet_pton(AF_INET, argv[1], &servaddr.sin_addr) == 1) {
16         addrs[0] = &servaddr.sin_addr;
17         addrs[1] = NULL;
18         pptr = &addrs[0];
19     } else if ( (hp = gethostbyname(argv[1])) != NULL) {
20         pptr = (struct in_addr **) hp->h_addr_list;
21     } else
22         err_quit("hostname error for %s: %s", argv[1], hstrerror(h_errno));

23     if ( (n = atoi(argv[2])) > 0)
24         servaddr.sin_port = htons(n);
25     else if ( (sp = getservbyname(argv[2], "tcp")) != NULL)
26         servaddr.sin_port = sp->s_port;
27     else
28         err_quit("getservbyname error for %s", argv[2]);

29     for ( ; *pptr != NULL; pptr++) {
30         sockfd = Socket(AF_INET, SOCK_STREAM, 0);

31         memmove(&servaddr.sin_addr, *pptr, sizeof(struct in_addr));
32         printf("trying %s\n", Sock_ntop((SA *) &servaddr, sizeof(servaddr)));

33         if (connect(sockfd, (SA *) &servaddr, sizeof(servaddr)) == 0)
34             break;                      /* success */
35         err_ret("connect error");
36         close(sockfd);
37     }
38     if (*pptr == NULL)
39         err_quit("unable to connect");

40     while ( (n = Read(sockfd, recvline, MAXLINE)) > 0) {
41         recvline[n] = 0;               /* null terminate */
42         Fputs(recvline, stdout);
43     }
44     exit(0);
45 }
```

names/daytimetcpcli2.c

图E-11 允许点分十进制数IP地址或主机名，端口号或服务名的版本

names/daytimetcpcli3.c

```
 1 #include     "unp.h"

 2 int
 3 main(int argc, char **argv)
 4 {
 5     int      sockfd, n;
 6     char     recvline[MAXLINE + 1];
 7     struct sockaddr_in  servaddr;
 8     struct sockaddr_in6 servaddr6;
 9     struct sockaddr *sa;
10     socklen_t salen;
11     struct in_addr **pptr;
12     struct hostent *hp;
13     struct servent *sp;

14     if (argc != 3)
15         err_quit("usage: daytimetcpcli3 <hostname> <service>");

16     if ( (hp = gethostbyname(argv[1])) == NULL)
17         err_quit("hostname error for %s: %s", argv[1],hstrerror(h_errno));

18     if ( (sp = getservbyname(argv[2], "tcp")) == NULL)
19         err_quit("getservbyname error for %s", argv[2]);

20     pptr = (struct in_addr **) hp->h_addr_list;
21     for ( ; *pptr != NULL; pptr++) {
22         sockfd = Socket(hp->h_addrtype, SOCK_STREAM, 0);

23         if (hp->h_addrtype == AF_INET) {
24             sa = (SA *) &servaddr;
25             salen = sizeof(servaddr);
26         } else if (hp->h_addrtype == AF_INET6) {
27             sa = (SA *) &servaddr6;
28             salen = sizeof(servaddr6);
29         } else
30             err_quit("unknown addrtype %d", hp->h_addrtype);

31         bzero(sa, salen);
32         sa->sa_family = hp->h_addrtype;
33         sock_set_port(sa, salen, sp->s_port);
34         sock_set_addr(sa, salen, *pptr);

35         printf("trying %s\n", Sock_ntop(sa, salen));

36         if (connect(sockfd, sa, salen) == 0)
37             break;       /* success */
38         err_ret("connect error");
39         close(sockfd);
40     }
41     if (*pptr == NULL)
42         err_quit("unable to connect");

43     while ( (n = Read(sockfd, recvline, MAXLINE)) > 0) {
44         recvline[n] = 0;/* null terminate */
45         Fputs(recvline, stdout);
46     }
47     exit(0);
48 }
```

names/daytimetcpcli3.c

图E-12 图11-4中程序同时适用于IPv4和IPv6的修改版本

11.7　分配一个大缓冲区（比任何套接字地址结构都要大）并调用getsockname。它的第三个参数是一个值-结果参数，由它返回真正的协议地址大小。不过这种方法只适合具有固定长度套接字地址结构的协议（例如IPv4和IPv6），对于能够返回可变长度套接字地址结构的协议（例如Unix域套接字，第15章）却不能保证正确工作。

932

11.8　我们首先分配存放主机名和服务名的数组：

```
char host[NI_MAXHOST], serv[NI_MAXSERV];
```

然后在accept返回之后改为调用getnameinfo以取代sock_ntop：

```
if (getnameinfo(cliaddr, len, host, NI_MAXHOST, serv,
            NI_MAXSERV, NI_NUMERICHOST | NI_NUMERICSERV) == 0)
    printf("connection from %s.%s\n", host, serv);
```

既然这是服务器程序，我们指定NI_NUMERICHOST和NI_NUMERICSERV标志以避免查询DNS和查找/etc/services文件。

11.9　第二个服务器碰到的第一个问题是无法捆绑与第一个服务器相同的端口，这是因为没有设置SO_REUSEADDR套接字选项。最容易的解决办法是制作udp_server函数的一个副本，把它命名为udp_server_reuseaddr，由它设置这个套接字选项，再从服务器程序调用这个新函数。

11.10　当客户输出"Trying 206.62.226.35..."时，gethostbyname已经返回了IP地址。客户在此之前的任何停顿是解析器用于查找主机名的时间。输出"Connected to bsdi.kohala.com"意味着connect已经返回。这两个输出行之间的任何停顿是connect用来建立连接的时间。

第 12 章

12.1　下面是相关的摘录片段（省掉了登录和列目录等内容）。主机freebsd上的FTP客户不论使用IPv4还是IPv6总是先尝试EPRT命令，若不工作则退回到PORT命令。

```
freebsd % ftp aix-4
Connected to aix-4.unpbook.com.
220 aix FTP server ...
...
230 Guest login ok, access restrictions apply.
ftp> debug
Debugging on (debug=1).
ftp> passive
Passive mode: off; fallback to active mode: off.
ftp> dir
---> EPRT |1|192.168.42.1|50484|
500 'EPRT |1|192.168.42.1|50484|': command not understood.
disabling epsv4 for this connection
---> PORT 192,168,42,1,197,52
200 PORT command successful.
---> LIST
150 Opening ASCII mode data connection for /bin/ls.
...
freebsd % ftp ftp.kame.net
Trying 2001:200:0:4819:203:47ff:fea5:3085...
Connected to orange.kame.com.
220 orange.kame.com FTP server ...
...
230 Guest login ok, access restrictions apply.
```

933

```
ftp> debug
Debugging on (debug=1).
ftp> passive
Passive mode: off; fallback to active mode: off.
ftp> dir
---> EPRT |2|3ffe:b80:3:9ad1::2|50480|
200 EPRT command successful.
---> LIST
150 Opening ASCII mode data connection for '/bin/ls'.
```

第 13 章

13.1 daemon_init中关闭所有描述符的close调用也将关闭由tcp_listen建立的监听TCP套接字。既然作为守护进程编写的程序可能是从某个系统启动命令脚本执行的,因此我们不应该假设任何出错消息都能写到某个终端。所有出错消息都应该使用syslog登记,即使诸如命令行参数无效之类的启动出错消息也不例外。

13.2 TCP版本的echo、discard和chargen服务器由inetd派生出来之后作为子进程运行,因为它们需要运行到客户终止连接为止。另外2个TCP服务器time和daytime并不需要inetd派生子进程,因为它们的服务极易实现(即取得当前时间和日期,把它格式化后写出,再关闭连接),于是由inetd直接处理。所有5个UDP服务的处理都不需要inetd派生子进程,因为每个服务对于引发它的任一客户数据报所做的响应只是最多产生一个数据报。因此这5个服务也由inetd直接处理。

13.3 这是一个众所周知的拒绝服务型攻击([CERT 1996a])。来自端口7的第一个数据报导致chargen服务器发送回一个数据报到端口7,它被回射成发送到chargen服务器的下一个数据报,这样一直循环下去。FreeBSD上实现的解决办法是拒绝源端口和目的端口都是内部服务的外来数据报。另一个常用的解决办法是在每个主机上通过inetd禁止这些内部服务,或者在一个组织机构接入因特网的路由器上这么做。

13.4 客户的IP地址和端口取自由accept填写的套接字地址结构。
inetd对UDP套接字无能为力的原因是读入数据报的recvfrom是由通过exec激活的真正服务器而不是inetd本身执行的。
inetd可以仅仅为了获取客户的IP地址和端口而指定MSG_PEEK标志(14.7节)窥读数据报,被窥读的数据报保持原地不动,留待真正的服务器读入。

934

第 14 章

14.1 如果未曾建立过信号处理函数,那么第一个signal调用将返回SIG_DFL,而重新设置信号处理函数的第二个signal调用只是把它设置回默认处置。

14.3 下面是修改后的for循环:

```
for ( ; ; ) {
    if ( (n = Recv(sockfd, recvline, MAXLINE, MSG_PEEK)) == 0)
        break;      /* server closed connection */

    Ioctl(sockfd, FIONREAD, &npend);
    printf("%d bytes from PEEK, %d bytes pending\n", n, npend);

    n = Read(sockfd, recvline, MAXLINE);
    recvline[n] = 0;        /* null terminate */
    Fputs(recvline, stdout);
}
```

14.4　数据仍然输出，因为掉出main函数末尾等同于从这个函数返回，而main函数又是由C
　　　启动例程如下调用的：

```
exit(main(argc, argv));
```

　　　因此exit仍然被调用，标准I/O清扫例程也同样被调用。

第 15 章

15.1　unlink从文件系统中删除了路径名，此后客户调用connect就会失败。服务器的监听
　　　套接字不受影响，不过unlink之后没有客户能够成功connect到其上。

15.2　即使路径名仍然存在，客户也无法connect到服务器，这是因为connect成功要求当前
　　　有一个打开着的绑定了那个路径名的Unix域套接字（15.4节）。

15.3　当服务器通过调用sock_ntop显示客户的协议地址时，输出信息将是"datagram from
　　　(no pathname bound)"（数据报来自（无路径名绑定）），因为默认情况下客户的套接字
　　　上不绑定任何路径名。

　　　解决办法之一是在udp_client和udp_connect中明确检查是否为一个Unix域套接字，
　　　若是则调用bind给它捆绑一个临时路径名。这么做把协议相关处理置于原本所属的库
　　　函数中，而不是置于我们的应用程序中。

15.4　尽管我们迫使服务器程序为它的26字节应答逐个字节调用write，客户程序中放置的
　　　sleep调用还是保证在调用read之前所有26个分节都接收到，使得单个read调用返回
　　　完整的应答。这个例子只是为了（再次）验证TCP是一个没有内在记录边界的字节流。
　　　要使用Unix域协议，我们以2个命令行参数/local（或/unix）和/tmp/daytime（或
　　　你想使用的任何其他临时路径名）启动客户和服务器。情况没有变化：每次运行客户
　　　程序由read返回的都是26字节。

　　　服务器为每个send指定MSG_EOR标志之后逐个发送的每个字节都被认为是一个逻辑记
　　　录，客户每次调用read所返回的也将是1字节。这里碰巧的是源自Berkeley的实现默认
　　　支持MSG_EOR标志。不过这一点没有写在正式文档中，在生产性代码中不应该使用。
　　　我们这儿使用它作为表现字节流协议和面向记录协议之差异的一个例子。从实现角度
　　　看，每个输出操作都进入一个内存缓冲区（mbuf），MSG_EOR标志由内核随mbuf从发送
　　　套接字转移到接收套接字的接收缓冲区维持在mbuf中。调用read时MSG_EOR标志仍然
　　　依附在每个mbuf上，因此通用内核read例程（它支持MSG_EOR标志，因为一些协议使
　　　用它）独自返回每个字节。如果我们改用recvmsg取代read，它将在每次返回一个字
　　　节时还在msg_flags成员中返回MSG_EOR标志。这个特性并不适用于TCP，因为发送端
　　　TCP从来不看所发送mbuf中的MSG_EOR标志，而且即使它看了，它也无法在TCP首部中
　　　把这个标志传递给接收端TCP。（感谢Matt Thomas指出这个没有写在文档中的"特性"。）
　　　图E-13给出了这个程序的实现。

```
1 #include    "unp.h"                              debug/backlog.c

2 #define PORT        9999
3 #define ADDR        "127.0.0.1"
4 #define MAXBACKLOG  100
```

图E-13　确定不同的*backlog*值对应的真正已排队连接数

```
 5              /* globals */
 6 struct sockaddr_in serv;
 7 pid_t    pid;                        /* of child */

 8 int      pipefd[2];
 9 #define pfd pipefd[1]                /* parent's end */
10 #define cfd pipefd[0]                /* child's end */

11              /* function prototypes */
12 void     do_parent(void);
13 void     do_child(void);

14 int
15 main(int argc, char **argv)
16 {
17     if (argc != 1)
18         err_quit("usage: backlog");

19     Socketpair(AF_UNIX, SOCK_STREAM, 0, pipefd);

20     bzero(&serv, sizeof(serv));
21     serv.sin_family = AF_INET;
22     serv.sin_port = htons(PORT);
23     Inet_pton(AF_INET, ADDR, &serv.sin_addr);

24     if ( (pid = Fork()) == 0)
25         do_child();
26     else
27         do_parent();

28     exit(0);
29 }

30 void
31 parent_alrm(int signo)
32 {
33     return;      /* just interrupt blocked connect() */
34 }

35 void
36 do_parent(void)
37 {
38     int     backlog, j, k, junk, fd[MAXBACKLOG + 1];

39     Close(cfd);
40     Signal(SIGALRM, parent_alrm);

41     for (backlog = 0; backlog <= 14; backlog++) {
42         printf("backlog = %d: ", backlog);
43         Write(pfd, &backlog, sizeof(int));  /* tell child value */
44         Read(pfd, &junk, sizeof(int));      /* wait for child */

45         for (j = 1; j <= MAXBACKLOG; j++) {
46             fd[j] = Socket(AF_INET, SOCK_STREAM, 0);
47             alarm(2);
48             if (connect(fd[j], (SA * ) &serv, sizeof(serv)) < 0) {
49                 if (errno != EINTR)
50                     err_sys("connect error, j = %d", j);
51                 printf("timeout, %d connections completed\n", j-1);
52                 for (k = 1; k <= j; k++)
53                     Close(fd[k]);
```

图E-13   （续）

```
54                break;   /* next value of backlog */
55            }
56            alarm(0);
57        }
58        if (j > MAXBACKLOG)
59            printf("%d connections?\n", MAXBACKLOG);
60    }
61    backlog = -1;                    /* tell child we're all done */
62    Write(pfd, &backlog, sizeof(int));
63 }
64 void
65 do_child(void)
66 {
67     int      listenfd, backlog, junk;
68     const int    on = 1;

69     Close(pfd);

70     Read(cfd, &backlog, sizeof(int));   /* wait for parent */
71     while (backlog >= 0) {
72         listenfd = Socket(AF_INET, SOCK_STREAM, 0);
73         Setsockopt(listenfd, SOL_SOCKET, SO_REUSEADDR, &on, sizeof(on));
74         Bind(listenfd, (SA *) &serv, sizeof(serv));
75         Listen(listenfd, backlog);       /* start the listen */

76         Write(cfd, &junk, sizeof(int));     /* tell parent */

77         Read(cfd, &backlog, sizeof(int));   /* just wait for parent */
78         Close(listenfd);/* closes all queued connections, too */
79     }
80 }
```

[937]

debug/backlog.c

图E-13 （续）

第 16 章

16.1 套接字描述符是在父子进程之间共享的，因此它的引用计数为2。要是父进程调用 close，那么这只是把该引用计数由2减为1，而且既然它仍然大于0，FIN就不发送。这就是使用shutdown函数的另一个理由：即使描述符的引用计数仍然大于0，FIN也被强迫发送出去。

16.2 父进程将继续写出到已经接收FIN的套接字。它发送给服务器的第一个分节将引发RST响应。此后的那个write调用将导致内核像我们在5.12节讨论过的那样向父进程发送 SIGPIPE信号。

16.3 当子进程调用getppid以向父进程发送SIGTERM信号时，所返回的进程ID将是1即init进程，它是所有孤儿进程的继父（也就是说它继承所有其父进程在子进程仍在运行时就终止的那些子进程）。子进程试图向init进程发送这个信号，但是没有足够的权限。然而如果这个客户程序有机会以超级用户特权运行，从而允许它向init发送信号，那么在发送该信号之前应该检测getppid的返回值。

16.4 如果去掉这两行，select就被调用。不过select调用将立即返回，因为连接建立之后套接字是可写的。这个测试加goto语句只是避免不必要地调用select。

16.5 如果服务器在accept调用返回之后立即发送数据，而当三路握手的第二个分节到达以在客户端完成连接的时候客户主机却比较忙（图2-5），那么来自服务器的数据可能在客户的connect调用返回之前到达。举例来说，SMTP服务器在未从中读之前就立即往

[938]

一个新建立的连接中写，以便给客户发送一个问候消息。

第 17 章

17.1　无关紧要，因为图17-2中union的前3个成员都是套接字地址结构。

第 18 章

18.1　sdl_nlen成员将是5，sdl_alen成员将是8。整个sockaddr_dl结构需要21字节，在32位体系结构上则向上舍入成24字节（TCPv2第89页）。

18.2　内核的响应绝不发送到这个套接字。SO_USELOOPBACK套接字选项确定内核是否把应答发送给发送进程，TCPv2第649～650页讨论了这一点。它的默认设置是开启，因为大多数进程需要这些应答。禁止该选项将防止内核把应答发送给发送进程。

第 20 章

20.1　如果你接收到许多应答，它们每次到达的先后顺序不应该都一样。不过发送主机本身的应答通常是第一个，因为其数据报的来往并不出现在真正的网络上。

20.2　FreeBSD上当信号处理函数往管道中写入一个空字节并返回之后，select返回EINTR。select再次被调用时返回管道的可读条件。

第 21 章

21.1　我们运行该程序得不到任何输出。为了防止进程偶尔收取并非期待的多播数据报，内核不把接收到的多播数据报递送给未曾在其上执行过任何多播操作（譬如加入某个组）的目的地套接字。这里发送的那个UDP数据报的目的地址是224.0.0.1，它是所有具备多播能力的节点都必须参加的所有主机组。该UDP数据报作为一个多播以太网帧发送，因而所有具备多播能力的节点都接收到它，因为它们都属于这个组。然而内核丢弃了接收到的数据报，因为捆绑了daytime端口的那个进程（通常就是inetd）未曾设置任何多播选项。[①]

---

① 本书第2版解答如下。我们运行该程序的输出如下：

```
solaris % udpcli05 224.0.0.1
hi
from 206.62.226.34: Thu Jun 19 17:28:32 1997
from 206.62.226.43: Thu Jun 19 17:28:32 1997
from 206.62.226.42: Thu Jun 19 17:28:32 1997
from 206.62.226.40: Thu Jun 19 17:28:32 1997
from 206.62.226.35: Thu Jun 19 17:28:32 1997
```

5个给出响应的主机运行的操作系统有AIX、BSD/OS、Digital Unix和Linux。没有给出响应却具有多播能力的仅有节点是运行Solaris 2.5的主机和Cisco路由器。
这里发送的那个UDP数据报的目的地址是224.0.0.1，它是所有具备多播能力的节点都必须参加的所有主机组。该UDP数据报作为一个多播以太网帧发送，因而所有具备多播能力的节点都接收到它，因为它们都属于这个组。给出响应的主机都把接收到的数据报传递给UDP版本的daytime服务器（它通常是inetd的一部分），而不管其套接字是否已经加入所有主机组。然而Solaris的实现却要求目的地套接字必须加入所有主机组才能接收该数据报。本例子表明决不是设计来响应多播数据报的UDP程序也能接收到多播数据报。我们在第20章看到过这个daytime例子发生同样的事情：决不是设计来响应广播数据报的UDP程序也能接收广播数据报。——译者注

21.2　图E-14给出了调用bind捆绑多播地址和端口0的main函数简单修改版本。不幸的是，我们尝试运行本程序的3个系统（FreeBSD 4.8、MacOS X和Linux 2.4.7）都允许如此bind，随后发送的UDP数据报具有多播源IP地址。[①]

21.3　在支持多播的主机aix上这么做的输出如下：

```
aix % ping 224.0.0.1
PING 224.0.0.1: 56 data bytes
64 bytes from 192.168.42.2: icmp_seq=0 ttl=255 time=0 ms
64 bytes from 192.168.42.1: icmp_seq=0 ttl=64 time=1 ms (DUP!)
^C
----224.0.0.1 PING Statistics----
1 packets transmitted, 1 packets received, +1 duplicates, 0% packet loss
round-trip min/avg/max = 0/0/0 ms
```

图1-16中右侧以太网上两个主机都给出响应。[②]

为了防护特定拒绝服务攻击，某些系统默认情况下对于广播或多播ping不给出响应。为了让主机freebsd给出响应，我们必须使用如下命令进行配置：

```
freebsd % sysctl net.inet.icmp.bmcastecho=1
```

21.5　值1073741824转换成浮点数并除以4294967296得到0.250。再乘以1000000得到250000，

---

① 本书第2版接着解答如下。不幸的是，我们尝试运行本程序的3个系统（BSD/OS、Digital Unix和Solaris 2.5）都允许如此bind，随后发送的UDP数据报具有多播源IP地址。给出响应的那5个系统（跟上一道习题一样）都在应答中对换源IP地址和目的IP地址，结果所有5个应答都是多播数据报！接收了这些应答的具有多播能力的客户主机倒没对它们过度反应，因为这些应答的目的端口就是最初捆绑多播地址时由客户主机的内核选定的临时端口，当时该端口没有绑定在任何套接字上。对于多播UDP数据报，ICMP不产生端口不可达消息。——译者注

② 本书第2版解答如下。在支持多播的主机solaris上这么做的输出如下：

```
solaris % ping 224.0.0.1
PING 224.0.0.1: 56 data bytes
64 bytes from solaris.kohala.com (206.62.226.33): icmp_seq=0. time=4. ms
64 bytes from linux.kohala.com(206.62.226.40): icmp_seq=0. time=9. ms
64 bytes from aix.kohala.com (206.62.226.43): icmp_seq=0. time=11. ms
64 bytes from bsdi.kohala.com (206.62.226.35): icmp_seq=0. time=13. ms
64 bytes from alpha.kohala.com (206.62.226.42): icmp_seq=0. time=15. ms
64 bytes from sunos5.kohala.com (206.62.226.36): icmp_seq=0. time=17. ms
64 bytes from bsdi2.kohala.com (206.62.226.34): icmp_seq=0. time=54. ms
64 bytes from gw.kohala.com (206.62.226.62): icmp_seq=0. time=75. ms
^?
----224.0.0.1 PING Statistics----
1 packets transmitted, 8 packets received, 8.00 times amplification
round-trip (ms) min/avg/max = 4/24/75
solaris % ping 224.0.0.2
PING 224.0.0.2: 56 data bytes
64 bytes from bsdi.kohala.com (206.62.226.35): icmp_seq=0. time=3. ms
64 bytes from gw.kohala.com (206.62.226.62): icmp_seq=0. time=24. ms
^?
----224.0.0.2  PING Statistics ----
1 packets transmitted, 2 packets received, 2.00 times amplification
round-trip (ms) min/avg/max = 3/13/24
```

对于所有主机组，本书第2版图1-16中顶部以太网上除没有多播能力的unixware外所有主机都给出响应（当然包括发送主机本身）。对于所有路由器组，我们期待bsdi给出响应，因为它是所在子网上的多播路由器，有一个通往MBone（B.2节）的隧道，且运行着mrouted。路由器gw也给出响应，不过它并不扮演多播路由器角色。

——译者注

它以微秒为单位就是1/4秒。

最大的整数小数部分是4294967295，它除以4294967296得到0.99999999976716935634。

再乘以1000000并截成整数得到999999，它就是最大的微秒数。

—— *mcast/udpcli06.c*

```
 1 #include      "unp.h"

 2 int
 3 main(int argc, char **argv)
 4 {
 5     int       sockfd;
 6     socklen_t salen;
 7     struct sockaddr *cli, *serv;

 8     if (argc != 2)
 9         err_quit("usage: udpcli06 <IPaddress>");

10     sockfd = Udp_client(argv[1], "daytime", (void **) &serv, &salen);

11     cli = Malloc(salen);
12     memcpy(cli, serv, salen);      /* copy socket address struct */
13     sock_set_port(cli, salen, 0); /* and set port to 0 */
14     Bind(sockfd, cli, salen);

15     dg_cli(stdin, sockfd, serv, salen);

16     exit(0);
17 }
```
—— *mcast/udpcli06.c*

图E-14　捆绑多播地址的UDP客户程序main函数

第22章

22.1　我们已经知道sock_ntop使用自己的静态缓冲区存放结果。如果我们在同一个printf中作为参数调用它两次，第二次调用就会覆写第一次调用的结果。

22.2　是的，如果应答中包含0字节的用户数据的话（也就是仅有一个hdr结构）。

22.3　由于select并不修改指定其时间限制的timeval结构，因此你必须记下第一个分组的发送时刻（它已由rtt_ts以微秒为单位返回）。当select返回套接字的可读条件时，记下当前时刻；如果需要再次调用recvmsg，那就给select计算新的超时值。

22.4　常用的技巧就如我们在22.6节所做的那样给每个接口地址创建一个套接字，然后就从请求到达的那个套接字发送相应的应答。

22.5　既不给出主机名参数也不设置AI_PASSIVE标志就调用getaddrinfo会导致它假定获取本地主机地址0::1（IPv6）或127.0.0.1（IPv4）的信息。回顾一下，我们知道在主机支持IPv6的前提下，getaddrinfo先于IPv4套接字地址结构返回IPv6套接字地址结构。如果主机同时支持这两个协议，那么udp_client中的socket调用尝试将以地址族为AF_INET6的首次尝试成功告终。

图E-15是这个程序的协议无关版本。

—— *advio/udpserv04.c*

```
 1 #include      "unpifi.h"

 2 void    mydg_echo(int, SA *, socklen_t);

 3 int
```

图E-15　22.6节中程序的协议无关版本

```
 4 main(int argc, char **argv)
 5 {
 6     int      sockfd, family, port;
 7     const int on = 1;
 8     pid_t    pid;
 9     socklen_t salen;
10     struct sockaddr *sa, *wild;
11     struct ifi_info *ifi, *ifihead;

12     if (argc == 2)
13         sockfd = Udp_client(NULL, argv[1], (void **) &sa, &salen);
14     else if (argc == 3)
15         sockfd = Udp_client(argv[1], argv[2], (void **) &sa, &salen);
16     else
17         err_quit("usage: udpserv04 [ <host> ] <service or port>");
18     family = sa->sa_family;
19     port = sock_get_port(sa, salen);
20     Close(sockfd);         /* we just want family, port, salen */

21     for (ifihead = ifi = Get_ifi_info(family, 1);
22          ifi != NULL; ifi = ifi->ifi_next) {
23             /* bind unicast address */
24         sockfd = Socket(family, SOCK_DGRAM, 0);
25         Setsockopt(sockfd, SOL_SOCKET, SO_REUSEADDR, &on, sizeof(on));

26         sock_set_port(ifi->ifi_addr, salen, port);
27         Bind(sockfd, ifi->ifi_addr, salen);
28         printf("bound %s\n", Sock_ntop(ifi->ifi_addr, salen));

29         if ( (pid = Fork()) == 0) { /* child */
30             mydg_echo(sockfd, ifi->ifi_addr, salen);
31             exit(0);     /* never executed */
32         }

33         if (ifi->ifi_flags & IFF_BROADCAST) {
34                 /* try to bind broadcast address */
35             sockfd = Socket(family, SOCK_DGRAM, 0);
36             Setsockopt(sockfd, SOL_SOCKET, SO_REUSEADDR, &on, sizeof(on));

37             sock_set_port(ifi->ifi_brdaddr, salen, port);
38             if (bind(sockfd, ifi->ifi_brdaddr, salen) < 0) {
39                 if (errno == EADDRINUSE) {
40                     printf("EADDRINUSE: %s\n",
41                         Sock_ntop(ifi->ifi_brdaddr, salen));
42                     Close(sockfd);
43                     continue;
44                 } else
45                     err_sys("bind error for %s",
46                         Sock_ntop(ifi->ifi_brdaddr, salen));
47             }
48             printf("bound %s\n", Sock_ntop(ifi->ifi_brdaddr, salen));

49             if ( (pid = Fork()) == 0) { /* child */
50                 mydg_echo(sockfd, ifi->ifi_brdaddr, salen);
51                 exit(0);        /* never executed */
52             }
53         }
54     }
```

图E-15 （续）

```
55              /* bind wildcard address */
56      sockfd = Socket(family, SOCK_DGRAM, 0);
57      Setsockopt(sockfd, SOL_SOCKET, SO_REUSEADDR, &on, sizeof(on));

58      wild = Malloc(salen);
59      memcpy(wild, sa, salen);  /* copy family and port */
60      sock_set_wild(wild, salen);

61      Bind(sockfd, wild, salen);
62      printf("bound %s\n", Sock_ntop(wild, salen));

63      if ( (pid = Fork()) == 0) {/* child */
64          mydg_echo(sockfd, wild, salen);
65          exit(0);                      /* never executed */
66      }
67      exit(0);
68 }

69 void
70 mydg_echo(int sockfd, SA *myaddr, socklen_t salen)
71 {
72      int         n;
73      char        mesg[MAXLINE];
74      socklen_t   len;
75      struct sockaddr *cli;

76      cli = Malloc(salen);

77      for ( ; ; ) {
78          len = salen;
79          n = Recvfrom(sockfd, mesg, MAXLINE, 0, cli, &len);
80          printf("child %d, datagram from %s", getpid(), Sock_ntop(cli, len));
81          printf(", to %s\n", Sock_ntop(myaddr, salen));

82          Sendto(sockfd, mesg, n, 0, cli, len);
83      }
84 }
```
advio/udpserv04.c

图E-15   （续）

第 24 章

24.1   是的。第一个例子中的2字节是随单个紧急指针发送的，该指针指向的是b后面的字节。
第二个例子（两个函数调用）中首先发送的是a以及指向它之后字节的紧急指针，接着
以另外一个TCP分节发送的是b和指向它之后字节的另外一个紧急指针。

24.2   图E-16给出了使用poll的版本。
oob/tcprecv03p.c

```
1 #include   "unp.h"

2 int
3 main(int argc, char **argv)
4 {
5      int        listenfd, connfd, n, justreadoob = 0;
6      char       buff[100];
7      struct pollfd   pollfd[1];

8      if (argc == 2)
```

图E-16   以poll代替select的图24-6中程序的修改版本

```
 9              listenfd = Tcp_listen(NULL, argv[1], NULL);
10      else if (argc == 3)
11              listenfd = Tcp_listen(argv[1], argv[2], NULL);
12      else
13              err_quit("usage: tcprecv03p [ <host> ] <port#>");

14      connfd = Accept(listenfd, NULL, NULL);

15      pollfd[0].fd = connfd;
16      pollfd[0].events = POLLRDNORM;
17      for ( ; ; ) {
18          if (justreadoob == 0)
19              pollfd[0].events |= POLLRDBAND;

20          Poll(pollfd, 1, INFTIM);

21          if (pollfd[0].revents & POLLRDBAND) {
22              n = Recv(connfd, buff, sizeof(buff)-1, MSG_OOB);
23              buff[n] = 0;        /* null terminate */
24              printf("read %d OOB byte: %s\n", n, buff);
25              justreadoob = 1;
26              pollfd[0].events &= ~POLLRDBAND;     /* turn bit off */
27          }

28          if (pollfd[0].revents & POLLRDNORM) {
29              if ( (n = Read(connfd, buff, sizeof(buff)-1)) == 0) {
30                  printf("received EOF\n");
31                  exit(0);
32              }
33              buff[n] = 0;            /* null terminate */
34              printf("read %d bytes: %s\n", n, buff);
35              justreadoob = 0;
36          }
37      }
38  }
```

oob/tcprecv03p.c

图E-16　（续）

第 25 章

25.1　这样的改动引入了一个错误。问题在于nqueue是在处理数组元素dg[iget]之前递减的，导致信号处理函数有可能把新的数据报从套接字读入到这个数组元素。

第 26 章

26.1　使用fork的例子将会使用101个描述符，其中1个是监听套接字描述符，其余100个是已连接套接字描述符。不过101个进程（1个父进程，100个子进程）的每一个只打开着一个描述符（忽略任何其他描述符，例如服务器不是守护进程时的标准输入）。然而线程化的服务器是单个进程中有101个描述符，每个线程（包括主线程）处理其中一个。

26.2　TCP连接终止序列的最后2个分节（服务器的FIN和客户对于该FIN的ACK）将不会交换。这使得连接的客户端一直处于FIN_WAIT_2状态（图2-4）。源自Berkeley的实现在客户端保持这种状态超过11分钟时就会超时断连（TCPv2第825～827页）。服务器还可能（最终）耗尽描述符。

26.3　这个消息应该在主线程已从套接字读入EOF而另一个线程却还在运行时显示。这么做的一个简单方法是声明名为done且初始化为0的另一个外部变量。线程copyto在返回之前把该变量设置成1。主线程检查该变量，如果其值为0就显示这个出错消息。既然设置该变量的线程只有一个，因而没有任何同步的必要。

844

第 27 章

27.1　没有变化，所有系统都是邻居，因此严格的源路径等同于宽松的源路径。

27.2　我们会在缓冲区的末尾放一个EOL（值为0的单个字节）。

27.3　ping创建的是一个原始套接字（第28章），因此能够获取使用recvfrom读入的每个数据报的完整IP首部，包括任何IP选项在内。

27.4　因为rlogind是由inetd激活的（13.5节），而描述符0正是通达客户的套接字。

27.5　问题在于setsockopt的第五个参数以指向长度的指针取代长度本身。这个缺陷可能是在开始使用ANSI C原型时修正的。

　　　这个缺陷结果是无害的，因为正如我们所提，禁止IP_OPTIONS套接字选项既可以指定一个空指针作为第四个参数，也可以使用值为0的第五个（长度）参数（TCPv2第269页）。

第 28 章

28.1　IPv6首部中的版本字段和下一个首部字段是无法得到的。净荷长度字段或者作为某个输出函数的一个参数，或者作为来自某个输入函数的返回值总是可得到，但是如果需要特大净荷选项，那么真正的选项本身应用进程是得不到的。分片首部应用进程也得不到。

28.2　最终客户的套接字接收缓冲区会被填满，导致作为服务器的icmpd守护进程的write调用阻塞。我们不希望发生这种情况，因为它使得icmpd在任何套接字上都停止处理新的数据。最容易的解决办法是让icmpd把它跟客户的Unix域连接的本地端设置成非阻塞式。icmpd然后必须改为调用write以取代它的包裹函数Write，并仅仅忽略EWOULDBLOCK错误。

28.3　源自Berkeley的内核默认允许在原始套接字上的广播（TCPv2第1057页）。SO_BROADCAST套接字选项只有UDP套接字才需指定。

28.4　我们的程序既不检查多播地址，也不设置IP_MULTICAST_IF套接字选项，因此内核可能通过搜索224.0.0.1的路由表项选定外出接口。我们也不设置IP_MULTICAST_TTL套接字选项，因此它默认成1，这是合理的。

845

第 29 章

29.1　这个标志表示跳转缓冲区已由sigsetjmp设置（图29-10）。尽管这个标志看似多余，但是在信号处理函数建立之后和调用sigsetjmp之前，SIGALRM信号被递交的机会还是存在的。即使程序本身不会导致产生该信号，它也可能以其他方式产生，譬如使用kill命令。

第 30 章

30.1　父进程保持监听套接字打开着是为以后需要fork额外的子进程而做准备（这是对于现行代码的一种改进）。

30.2　是的，数据报套接字能够取代字节流套接字用于传递描述符。在使用数据报套接字情况下，当某个子进程过早终止时，父进程在流管道的拥有端接收不到EOF，不过父进程可以使用SIGCHLD信号达到这个目的。这种能够使用SIGCHLD的情形与28.7节中的icmpd守护进程情形相比的一个差别是：后者的客户和服务器之间不存在父子关系，因此流管道上的EOF是服务器检测某个客户已消失的唯一办法。

第 31 章

31.1　我们假定流关闭时协议的默认处理就是顺序释放，这对TCP来说是正确的。

参 考 文 献

所有RFC都可以通过电子邮件、匿名FTP或WWW免费获取，起始点之一是http://www.ietf.org。目录ftp://ftp.isi.edu/in-notes是一个存放RFC的位置。这里不给出RFC的URL。

标记为"Internet Draft"（因特网草案）的条目是因特网工程任务攻坚组（Internet Engineering Task Force，IETF）正在进展中的著作。这些草案在出版后6个月就完成使命。因此它们或者在本书付印之后就有新版本出现，或者已经作为RFC出版。它们跟RFC一样，也可以免费从因特网上获取。访问因特网草案的起始点之一也是http://www.ietf.org。这里给出每个因特网草案的URL中的文件名部分，因为文件名含有版本号。

要是能够找到本参考文献所引用的论文或报告的电子文件，其URL就同时列出。需留意的是这些URL可能随时间而变动，因此读者应该经常访问本书的主页（http://www.unpbook.com/），检查本书的最新勘误表。http://citeseer.nj.nec.com/cs是一个相当棒的论文在线数据库。通过这个数据库输入一篇论文或报告的标题不仅可以找到引用它的其他论文，还能给出已知的在线版本。

Albitz, P. and Liu, C. 2001, *DNS and Bind, Fourth Edition*. O'Reilly & Associates, Sebastopol, CA.

Allman, M., Floyd, S., and Partridge, C. 2002. "Increasing TCP's Initial Window," RFC 3390.

Allman, M., Ostermann, S., and Metz, C.W. 1998. "FTP Extensions for IPv6 and NATs," RFC 2428.

Allman, M., Paxson, V., and Stevens, W.R. 1999. "TCP Congestion Control," RFC 2581.

Almquist, P. 1992. "Type of Service in the Internet Protocol Suite," RFC 1349 (obsoleted by RFC 2474).

> 如何使用IPv4首部的服务类型字段。已被RFC 2474［Nicholset al. 1998］和RFC 3168［Ramakrishnan, Floyd, and Black 2001］淘汰。

Baker, F. 1995. "Requirements for IP Version 4 Routers," RFC 1812.

Borman, D.A. 1997a. "Re: Frequency of RST Terminated Connections," end2end-interest mailing list (http://www.unpbook.com/borman.97jan30.txt).

Borman, D.A. 1997b. "Re: SYN/RST cookies," tcp-impl mailing list (http://www.unpbook.com/borman.97jun06.txt).

Borman, D.A. Deering, S.E., and Hinden,R. 1999. "IPv6 Jumbograms," RFC 2675.

Braden, R.T., 1989. "Requirements for Internet Hosts-Communication Layers," RFC 1122.

> 主机要求RFC（Host Requirements RFC）的前半部分。这部分的内容包括链路层、IPv4、ICMPv4、IGMPv4、ARP、TCP及UDP。

Braden, R.T. 1992. "TIME-WAIT Assassination Hazards in TCP", RFC 1337.

Braden, R.T. Borman, D.A., and Partridge, C. 1988. "Computing the Internet Checksum," RFC 1071.

Bradner, S. 1996. "The Internet Standards Process-Revision3," RFC 2026.

Bush, R. 2001. "Delegation of IP6.ARPA," RFC 3152.

Butenhof, D.R. 1997. *Programming with POSIX Threads*. Addison-Wesley, Reading, MA.

Cain, B., Deering, S.E., Kouvelas, I., Fenner, B., and Thyagarajan, A. 2002. "Internet Group Managenent Protocol, Bersion 3," RFC 3376.

Carpenter, B. and Moore, K. 2001. "Connection of IPv6 Domains via IPv4 Clouds," RFC 3056.

CERT. 1996a. "UDP Port Denial-of-Service Attack," Advisory CA-96.01, Computer Emergency Response Team, Pittsburgh, PA.

CERT. 1996b. "TCP SYN Flooding and IP Spoofing Attacks," Advisory CA-96.21, Computer Emergency Response Team, Pittsburgh, PA.

Cheswick, W.R., Bellovin, S.M. and Rubin, A.D. 2003. *Firewalls and Internet Security: Repelling the Wily Hacker, Second Edition*. Addison-Wesley, Reading, MA.

Conta, A., and Deering, S.E. 1998. "Internet Control Message Protocol (ICMPv6) for the Internet Protocol Version 6 (IPv6) Specification," RFC 2463.

Conta, A., and Deering, S.E. 2001. "Internet Control Message Protocol (ICMPv6) for the Internet Protocol Version 6 (IPv6) Specification," draft-ietf-ipngwg-icmp-v3-02.txt (Internet Draft).

这是对 [Conta and Deering 1998] 的修订版本，期望最终取代它。

Crawford, M. 1999a. "Transmission of IPv6 Packets over Ethernet Networks," RFC 2464.

Crawford, M. 1998b. "Transmission of IPv6 Packets over FDDI Networks," RFC 2467.

Crawford, M., Narten, T., and Thomas, S. 1998. "Transmission of IPv6 Packets over Token Ring Networks," RFC 2470.

Deering, S.E. 1989. "Host Extensions for IP Multicasting," RFC 1112.

Deering, S.E. and Hinden, R. 1998. "Internet Protocol, Version 6 (IPv6) Specification," RFC 2460.

Dewar, R.B.K., and Smosna, M. 1990. Microprocessors: A Programmers View. McGraw-Hill, NY.

Draves, R. 2003. "Default Address Selection for Internet Protocol version 6 (IPv6)," RFC 3484.

Eriksson, H. 1994. "MBONE: The Multicast Backbone," *Communications of the ACM*, vol.37, no.8, pp.54-60.

Fenner, W.C. 1997. Private Communication.

Fink, R. and Hinden, R. 2003. "6bone (IPv6 Testing Address Allocation) Phaseout," draft-fink-6bone-phaseout-04.txt (Internet Draft).

Fuller, V., Li, T., Yu, J.Y., and Varadhan, K. 1993. "Classless Inter-Domain Routing (CIDR):an Address Assignment and Aggregation Strategy," RFC 1519.

Garfinkel, S.L., Schwartz, A., and Spafford, E.H. 2003. *Practical UNIX & Internet Security, 3rd Edition*. O'Reilly & Associates, Sebastopol, CA.

Gettys, J. and Nielsen, H.F. 1998. *SMUX Protocol Specification*.

Gierth, A. 1996. *Private Communication*.

Gilligan, R.E. and Nordmark, E. 2000. "Transition Mechanisms for IPv6 Hosts & Routers," RFC 2893.

Gilligan, R.E., Thomson, S., Bound, J., McCann, J., and Stevens, W.R. 2003. "Basic Socket Interface Extensions for IPv6," RFC 3493.

Gilligan, R.E., Thomson, S., Bound, J., and Stevens, W.R. 1997. "Basic Socket Interface Extensions for IPv6," RFC 2133(obsoleted by RFC 2553).

Gilligan, R.E., Thomson, S., Bound, J., and Stevens, W.R. 1999. "Basic Socket Interface Extensions for

IPv6," RFC 2553(obsoleted by RFC 3493).

Haberman, B. 2002. "Allocation Guidelines for IPv6 Multicast Addresses," RFC 3307.

Haberman, B. and Thaler, D. 2002. "Unicast-Prefix-based IPv6 Multicast Addresses," RFC 3306.

Handley, M. and Jacobson, V. 1998. "SDP: Session Description Protocol," RFC 2327.

Handley, M., Perkins, C., and Whelan, E. 2000. "Session Announcement Protocol," RFC 2974.

Harkins, D. and Carrel, D. 1998. "The Internet Key Exchange (IKE)," RFC 2409.

Hinden, R. and Deering, S.E. 2003. "Internet Protocol Version 6 (IPv6) Addressing Architecture," RFC 3513.

Hinden, R., Deering, S.E., and Nordmark, E. 2003. "IP6 Global Unicast Address Format," RFC 3587.

Hinden, R., Fink, R., and Postel, J.B. 1998. "IPv6 Testing Address Allocation," RFC 2471.

Holbrook, H. and Cheriton, D. 1999. "IP multicast channels: EXPRESS support for large-scale single-source applications," *Computer Communication Review*, vol.29, no.4, pp.65-78.

Huitema, C. 2001. "An Anycast Prefix for 6to4 Relay Routers," RFC 3068.

IANA. 2003. *Protocol/Number Assignments Directory* (http://www.iana.org/numbers.htm).

IEEE. 1996. "Information Technology-Portable Operationg System Interface (POSIX)—Part 1: System Application Program Interface (API) [C Language]," IEEE Std 1003.1, 1996 Edition, Institute of Electrical and Electronics Enginerrs, Piscataway, NJ.

　　　　这个版本的POSIX.1含有1990基本API、1003.1b实时扩展（1993）、1003.1c pthreads（1995）以及1003-li技术性更正（1995）。它同时也是国际标准ISO/IEC 9945-1: 1996(E)。IEEE正式标准和草案标准的订购信息可从http://www.ieee.org获取。

IEEE. 1997. *Guidelines for 64-bit Global Identifier (EUI-64) Registration Authority*. Institute of Electrical and Electronics Engineers, Piscataway, NJ.(http://standards.ieee.org/regauth/oui/tutorials/EUI64.html).

Jacobson, V. 1988. "Congestion Avoidance and Control," *Computer Communication Review*, vol.18, no.4, pp.314-329.

　　　　描述TCP的慢启动和拥塞避免算法的经典论文。

Jacobson, V., Braden, R.T., and Borman, D.A. 1992. "TCP Extensions for High Performance," RFC 1323.

　　　　描述窗口规模选项、时间戳选项、PAWS算法以及添加它们的理由。［Braden 1993］是对它的更新。

Jacobson, V., Braden, R.T., and Zhang, L. 1990. "TCP Extensions for High-Speed Paths," RFC 1185 (obsoleted by RFC 1323).

Josey, A., ed. 1997. *Go Solo 2: The Authorized Guide to Version 2 of the Single UNIX Specification*. Prentice Hall, Upper Saddle River, NJ.

Josey, A., ed. 2002. *The Single UNIX Specification-The Authorized Guide to Version 3*. The Open Group, Berkshire, UK.

Joy, W.N. 1994. *Private Communication*.

Karn, P., and Partridge, C. 1991. "Improving Round-Trip Time Estimates in Reliable Transport Protocols," *ACM Transactions on Computer Systems*, vol.9, no.4, pp.364-373.

Katz, D. 1993. "Transmission of IP and ARP over FDDI Network," RFC 1390.

Katz, D. 1997. "IP Router Alert Option," RFC 2113.

Kent, S.T. 1991. "U.S. Department of Defense Security Options for the Internet Protocol," RFC 1108.

Kent, S.T. 2003a. "IP Authentication Header," draft-ietf-ipsec-rfc2402bis-04.txt (Internet Draft).

Kent, S.T. 2003b. "IP Encapsulating Security Payload (ESP)," draft-ietf-ipsec-esp-v3-06.txt (Internet Draft).

Kent, S.T. and Atkinson, R.J. 1998a. "Security Architecture for the Internet Protocol," RFC 2401.

Kent, S.T. and Atkinson, R.J. 1998b. "IP Authentication Header," RFC 2402.

　　　　本书写至此处时IETF IPsec工作组正在更新本RFC(见 [Kent 2003a])。

Kent, S.T. and Atkinson, R.J. 1998c. "IP Encapsulating Security Payload (ESP)," RFC 2406.

　　　　本书写至此处时IETF IPsec工作组正在更新本RFC(见 [Kent 2003b])。

Kernighan, B.W. and Pike, R. 1984. *The UNIX Programming Environment*. Prentice Hall, Englewood Cliffs, NJ.

Kernighan, B.W. and Ritchie, D.M. 1988. *The C Programming Language, Second Edition*. Prentice Hall, Englewood Cliffs, NJ.

Lanciani, D. 1996. "Re: sockets: AF_INET vs. PF_INET," Message-ID: <3561@news. IPSWI-TCH.COM>, USENET comp.protocols.tcp-ip Newsgroup (http://www.unpbook.com/lanciani. 96apr10.txt).

Maslen, T.M. 1997. "Re: gethostbyXXXX() and Threads," Message-ID: <maslen.862463530@ shellx>, USENET comp.programming.threads Newsgroup (http://www.unpbook.com/maslen.97 may01.txt).

McCann, J., Deering, S.E., and Mogul, J.C. 1996. "Path MTU Discovery for IP version 6," RFC 1981.

McCanne, S. and Jacobson, V. 1993. "The BSD Packet Filter: A New Architecture for User-Level Packet Capture," *Proceedings of the 1993 Winter USENIX Conference*, San Diego. CA, pp.259-269.

McDonald, D.L., Metz, C.W., and Phan, B.G. 1998. "PF_KEY Key Management API, Version 2," RFC 2367.

McKusick, M.K., Bostic, K., Karels, M.J., and Quarterman, J.S. 1996. *The Design and Implementation of the 4.4BSD Operating System*. Addison-Wesley, Reading, MA.

Meyer, D. 1998. "Administratively Scoped IP Multicast," RFC 2365.

Mills, D.L. 1992. "Network Time Protocol(Version 3) Specification, Implementation," RFC 1305.

Mills, D.L. 1996. "Simple Network Time Protocol (SNTP) Version 4 for IPv4, IPv6 and OSI," RFC 2030.

Mogul, J.C., and Deering, S.E. 1990. "Path MTU Discovery," RFC 1191.

Mogul, J.C., and Postel, J.B. 1985. "Internet Standard Subnetting Procedure," RFC 950.

Narten, T. and Draves, R. 2001. "Privacy Extensions for Stateless Address Autoconfiguration in IPv6," RFC 3041.

Nemeth, E. 1997. *Private Communication*.

Nichols, K., Blake, S., Baker, F., and Black, D. 1998. "Definition of the Differentiated Services Field (DS Field) in the IPv4 and IPv6 Headers," RFC 2474.

Nordmark, E. 2000. "Stateless IP/ICMP Translation Algorithm (SITT)," RFC 2765.

Ong, L., Rytina, I. Garcia, M., Schwarzbauer, H., Coene, L., Lin, H., Juhasz, I., Holdrege, M. and Sharp, C. 1999. "Framework Architecture for Signaling Transport," RFC 2719.

Ong, L., and Yoakum, J. 2002. "An Introduction to the Stream Control Transmission Protocol (SCTP)," RFC 3286.

The Open Group. 1997. *CAE Specification, Networking Services(XNS), Issue 5*. The Open Group, Berkshire, UK.

> 这是Unix 98中套接字和XTI这两个API的规范，现已被The Single Unix Specification, Version 3超越。本手册还在其附录中描述了XTI在NetBIOS、OSI协议族、SNA及Netware的IPX和SPX协议中的使用。另有三个附录介绍套接字和XTI这两个API在ATM中的使用。

Partridge, C. and Jackson, A. 1999. "IPv6 Router Alert Option," RFC 2711.

Partridge, C., Mendez, T., and Milliken, W. 1993. "Host Anycasting Service," RFC 1546.

Partridge, C. and Pink, S. 1993. "A Faster UDP," *IEEE/ACM Transactions on Networking*, vol.1, no.4, pp.429-440.

Paxson, V. 1996. "End-to-End Routing Behavior in the Internet," *Computer Communication Review*, vol.26, no.4, pp. 25-38 (ftp://ftp.ee.lbl.gov/papers/routing.SIGCOMM.ps.Z).

Paxson, V. and Allman, M. 2000. "Computing TCP's Retransmission Timer," RFC 2988.

Plauger, P.J. 1992. *The Standard C Library*. Prentice Hall, Englewood Cliffs, NJ.

Postel, J.B. 1980. "User Datagram Protocol," RFC 768.

Postel, J.B. 1981a. "Internet Protocol," RFC 791.

Postel, J.B. 1981b. "Internet Control Message Protocol," RC 792.

Postel, J.B. 1981c. "Transmission Control Protocol," RFC 793.

Pusateri, T. 1993. "IP Multicast Over Token-Ring Local Area Networks," RFC 1469.

Rago.S.A. 1993. *UNIX System V Network Programming*. Addison-Wesley, Reading, MA.

Rajahalme, J., Conta, A., Carpenter, B., and Deering, S.E. 2003. "IPv6 Flow Label Specification," draft-ietf-ipv6-flow-label-07.txt (Internet Draft).

Ramakrishnan, K., Floyd, S., and Black, D. 2001. "The Addition of Explicit Congestion Notification (ECN) to IP," RFC 3168.

Rekhter, Y., Moskowitz, B., Karrenberg, D., de Groot, G. J., and Lear, E. 1996. "Address Allocation for Private Intermets," RFC 1918.

Reynolds, J.K. 2002. "Assigned Numbers: RFC 1700 is Replaced by an On-line Database," RFC 3232.

> 本RFC指的数据库就是［IANA 2003］。

Reynolds, J.K., and Postel, J.B. 1994. "Assigned Numbers," RFC 1700 (obsoleted by RFC 3232).

> 本RFC是"Assigned Numbers"系列RFC中的最后一个。由于其信息经常变化，因此整个目录都被放在因特网上。可参阅[Reynolds 2002]以获取更多解释，或是参考[IANA 2003]来了解数据库本身。

Ritchie, D.M. 1984. "A Stream Input-Output System," *AT&T Bell Laboratories Technical Journal*, vol.63, no, 8, pp.1897-1910.

Salus, P.H. 1994. *A Quarter Century of Unix*. Addison-Wesley, Reading, MA.

Salus, P.H. 1995. *Casting the Net: From ARPANET to Internet and Beyond*. Addison-Wesley, Reading, MA.

Schimmel, C. 1994. *UNIX Systems for Modern Architectures: Symmetric Multiprocessing and Caching for Kernel Programmers*. Addison-Wesley, Reading, MA.

Spero, S. 1996. *Session Control Protocol (SCP)*.

Srinivasan, R. 1995. "XDR: External Data Representation Standard," RFC 1832.

Stevens, W.R. 1992. *Advanced Programming in the UNIX Environment*. Addison-Wesley, Reading, MA.

> Unix编程的所有细节。本书称之为APUE。

Stevens, W.R. 1994. *TCP/IP Illustrated, Volume 1: The Protocols*. Addison-Wesley, Reading, MA.

> 对网际网协议的完整介绍。本书称之为TCPv1。

Stevens, W.R. 1996. *TCP/IP Illustrated, Volume 3: TCP for Transactions, HTTP, NTTP, and the UNIX Domain Protocols*. Addison-Wesley, Reading, MA.

> 本书称之为TCPv3。

Stevens, W.R. and Thomas, M. 1998. "Advanced Sockets API for IPv6," RFC 2292 (obsoleted by RFC 3542).

Stevens, W.R., Thomas, M., Nordmark, E., and Jinmei, T. 2003. "Advanced Sockets Application Program Interface (API) for IPv6," RFC 3542.

Stewart, R.R., Bestler, C., Jim, J., Ganguly, S., Shah, H., and Kashyap, V. 2003a. "Stream Control Transmission Protocol (SCTP) Remote Direct Memory Access (RDMA) Direct Data Placement (DDP) Adaptation," draft-stewart-rddp-sctp-02.txt (Internet Draft).

Stewart, R.R., Ramalho, M., Xie, Q., Tuexen, M., Rytina, I., Belinchon, M., and Conrad, P. 2003b. "Stream Control Transmission Protocol (SCTP) Dynamic Address Reconfiguration," draft-ietf-tsvwg-addip-sctp-07.txt (Internet Draft).

Stewart, R.R. and Xie, Q. 2001. *Stream Control Transmission Protocol (SCTP): A Reference Guide*. Addison-Wesley, Reading, MA.

Stewart, R.R., Xie, Q., Morneault, K., Sharp, C., Schwarzbauer, H., Taylor, T., Rytina, I., Kalla, M., Zhang, L., and Paxson, V. 2000. "Stream Control Transmission Protocol," RFC 2960.

Stone, J., Stewart, R.R., and Otis, D. 2002. "Stream Control Transmission Protocol (SCTP) Checksum Change," RFC 3309.

Tanenbaum, A.S. 1987. *Operating Systems Design and Implementation*. Prentice Hall, Englewood Cliffs, NJ.

Thomson, S. and Huitema, C. 1995. "DNS Extensions to Support IP version 6," RFC 1886.

Torek, C. 1994. "Re: Delay in re-using TCP/IP port," Message-ID: <199501010028. QAA16863@ elf.bsdi.com>, USENET comp.unix.wizards Newsgroup (http://www.unpbook.com/ torek.94dec31.txt).

Touch, J. 1997. "TCP Control Block Interdependence," RFC2140.

Unix International. 1991. *Data Link Provider Interface Specification*, Unix International, Parsippany,

NJ *Revision 2.0.0.* (http://www.unpbook.com/dlpi.2.0.0.ps).

Unix International. 1992a. *Network Provider Interface Specification.* Unix International, Parsippany, NJ , *Revision 2.0.0* (http://www.unpbook.com/npi.2.0.0.ps).

Unix International. 1992b. *Transport Provider Interface Specification.* Unix International, Parsippany, NJ , *Revision 1.5* (http://www.unpbook.com/tpi.1.5.ps).

Vixie, P.A. 1996. *Private Communication.*

Wright, G.R. and Stevens, W.R. 1995. *TCP/IP Illustrated, Volume 2: The Implementation.* AddisonWesley, Reading, MA.

　　　　　　网际网协议在4.4BSD-Lite操作系统上的实现。本书称之为TCPv2。

索　　引

网络编程是一个密布首字母缩写词的领域。我们不提供一个单独的词汇表（其中大多数条目将是首字母缩写词），不过本索引也可用作本书所用所有首字母缩写词的词汇表。可以首字母缩写的词条其主条目编排在缩写词之下。举例来说，所有对Internet Control Message Protocol（网际网控制消息协议）的引用出现在ICMP之下，在完整词条"Internet Control Message Protocol"之下的条目只是引用回ICMP之下的主条目。

每个C函数的"definition of"（定义）条目给出该函数带方框的函数原型即基本描述的所在页。每个结构的"definition of"（定义）条目给出该结构的基本定义的所在页。那些在本书中有源代码实现的函数还有"source code"（源代码）条目。

索引中的页码为英文原书页码，与书中页边标注的页码一致。

函数和宏定义索引表

（下面所列页码均指页边栏中标注的页码，加粗的页码指示源代码实现所在之处）

结构定义索引表

（下面所列页码均指页边栏中标注的页码）

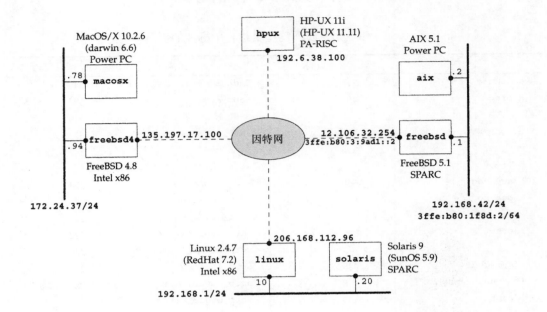

用于正文中大多数示例的主机和网络